钢筋混凝土结构设计用表
（第二版）

胡允棒　编著

中国建筑工业出版社

图书在版编目(CIP)数据

钢筋混凝土结构设计用表/胡允棒编著. —2版. —北京：中国建筑工业出版社，2013.3
ISBN 978-7-112-15071-7

Ⅰ.①钢…　Ⅱ.①胡…　Ⅲ.①钢筋混凝土结构-结构设计-图表　Ⅳ.①TU375.04-64

中国版本图书馆 CIP 数据核字（2013）第 018121 号

责任编辑：赵梦梅
责任设计：张　虹
责任校对：张　颖　王雪竹

钢筋混凝土结构设计用表（第二版）
胡允棒　编著
*
中国建筑工业出版社出版、发行（北京西郊百万庄）
各地新华书店、建筑书店经销
北京市书林印刷有限公司印刷
*

开本：787×1092 毫米　1/16　印张：41½　字数：1010 千字
2013 年 6 月第二版　　2013 年 6 月第三次印刷
定价：**89.00**元
ISBN 978-7-112-15071-7
（23170）

本书根据国家最新颁布的《混凝土结构设计规范》GB 50010—2010、《建筑抗震设计规范》GB 50011—2010、《高层建筑混凝土结构技术规程》JGJ 3—2010、《冷轧带肋钢筋混凝土结构技术规程》JGJ 95—2011、《底部框架-抗震墙砌体房屋抗震技术规程》JGJ 248—2012、《冷轧扭钢筋混凝土构件技术规程》JGJ 115—2006、《人民防空地下室设计规范》GB 50038—2005 等编制。在本书中，可以很方便地查到具体化了的规范的有关规定，如受拉钢筋在不同混凝土强度等级时的锚固和搭接长度、各种构件的最小最大配筋率、柱及剪力墙边缘构件的最小配箍率、各种梁在采用不同强度等级混凝土和钢筋时沿全长的最小配箍量（分别以"mm²/m"和箍筋直径与间距表示）、板在采用不同强度等级混凝土和钢筋时的最小配筋量（以"mm²/m"和钢筋直径与间距表示）、梁附加横向钢筋承载力表等，并编制有钢筋（钢丝）直径 3～50mm 在不同根数时的钢筋面积及 1m 宽度内各种间距的钢筋面积表，在柱（矩形柱和圆柱）和异形柱（剪力墙边缘构件）配筋表中，可以根据不同的抗震等级（箍筋肢距）和配筋量（配筋率）及加密区的配箍率要求，选定所需要的、比较合理的截面形式。本书主要解决规范（规程）对结构构件的定量构造要求问题，对保证设计质量和提高设计进度具有显著效果，特别适用于建筑结构设计人员、施工图设计文件审校人员、施工图设计文件审查人员，也可供规范编制人员、建筑结构科研人员、施工及监理人员、土建类大中专院校师生等参考。

第二版前言

本书第一版于 2004 年 11 月出版。国家后来颁发了《人民防空地下室设计规范》GB 50038—2005、《混凝土异形柱结构技术规程》JGJ 149—2006，国家新规范《混凝土结构设计规范》GB 50010—2010（以下简称新《混凝土规范》）、《建筑抗震设计规范》GB 50011—2010（以下简称新《抗规》）、《高层建筑混凝土结构技术规程》JGJ 3—2010（以下简称新《高规》）、《冷轧带肋钢筋混凝土结构技术规程》JGJ 95—2011、《底部框架-抗震墙砌体房屋抗震技术规程》》JGJ 248—2012、《冷轧扭钢筋混凝土构件技术规程》JGJ 115—2006（以下简称新《冷轧扭规程》）等与旧规范（规程）相比有较多修改，如新《混凝土规范》及新《抗规》增加了 HPB300 钢筋，取消了 HPB235 钢筋，新《混凝土规范》增加了 HRB500、HRBF500 钢筋、修改了混凝土保护层厚度及其定义、计算受拉钢筋锚固长度的混凝土轴心抗拉强度设计值由旧规范的混凝土最高强度等级 C40 改为 C60 且最小锚固长度由原 250mm 改为 200mm、梁柱板的最小配筋率作了调整并增加了次要受弯构件的最小配筋率，新《高规》增加了短肢剪力墙的最小配筋率、剪力墙暗柱和扶壁柱的最小配筋率及型钢混凝土梁、柱的最小配箍率规定（《型钢混凝土组合结构技术规程》JGJ 138—2001 对型钢混凝土梁、柱的最小配箍率亦有规定，与《混凝土结构设计规范》GBJ 10—89 及《建筑抗震设计规范》GBJ 11—89 基本相同，但对型钢混凝土梁的配箍率没有不应小于 0.15% 的规定）等等，因此需对本书进行修订。此次修订的主要内容有：

一、在各相关设计用表中增加了 HPB300 钢筋，但仍保留 HPB235 钢筋（新《混凝土规范》第 4.2.1 条条文说明："在规范的过渡期及对既有结构进行设计时，235MPa 级光圆钢筋的设计值仍按原规范取值"，新《抗规》第 3.9.2、3.9.3 条条文说明："现有生产的 HPB235 级钢筋仍可继续作为箍筋使用"）。

二、钢筋面积表中的冷轧扭钢筋面积按新《冷轧扭规程》作了修订。

三、增加了混凝土耐久性设计的规定（环境类别、混凝土保护层厚度、最低及最高混凝土强度等级等）。

四、对受拉钢筋锚固长度和搭接长度进行修订（混凝土轴心抗拉强度设计值由混凝土最高强度等级 C40 改为 C60）。

五、按新规范的规定对各种混凝土构件的最小配筋率和最大配筋率作了修订。

六、增加了次要受弯构件——板的临界弯矩设计值及其最小配筋率。

七、增加了型钢混凝土梁和型钢混凝土柱的最小配箍率及型钢混凝土梁沿全长按最小配箍量决定的箍筋直径与间距。

八、修订了各种厚度（60～4000mm）的板按不同配筋率决定的钢筋直径及间距。

九、增加了剪力墙（厚度 140～1200mm）及短肢剪力墙（厚度 140～300mm）按最小配筋率决定的配筋量（按钢筋直径与间距表示）。

十、增加了异形柱箍筋加密区的最小配箍率。

十一、修订了柱（矩形柱、圆柱）配筋表中的配箍率（核心区面积按新《混凝土规范》的规定计算）。

十二、增加了异形柱（剪力墙边缘构件）配筋表（核心区面积按新《混凝土规范》的规定计算）。

十三、增加了房屋的适用高度及结构的抗震等级（规范在若干条文中有较多的补充规定，笔者收集整理成表格），以方便读者查用。

十四、将各规范散落在各章节的关于各种构件的最小截面尺寸及最小配筋率的规定收集整理成表格，以方便读者查用。

十五、相关表格中增加《人民防空地下室设计规范》GB 50038—2005 的有关规定。

十六、为了减少篇幅，删去第一版书中以"mm"表示的受拉钢筋锚固长度及搭接长度、《规范关于梁箍筋配置的规定》、《规范关于柱的构造规定》和《柱轴压力限值表》。

十七、对表格的编排顺序作了调整。

十八、对第一版书中的若干数据错误作了改正（如普通钢筋受弯构件纵向受拉钢筋的最大配筋率，2005 年 7 月有江苏盐城张姓工程师指出当为 HRB335 和 HRB400、RRB400 钢筋时有误，笔者查对原计算资料，发现系用 Excel 表格计算时 HRB335 和 HRB400、RRB400 钢筋的 ξ_b 值套用了 HPB235 钢筋的 ξ_b 值，此问题在《土木在线》网络上也有读者指出有误；钢筋面积表及柱配筋表等表中有个别数据错误，矩形柱配筋表中有个别柱截面图形与表中主筋根数不符，等等）。

十九、在本书中凡属于强制性条文的内容均用黑体字表示，以与规范的字体相同。

由于《混凝土异形柱结构技术规程》JGJ 149—2006、《人民防空地下室设计规范》GB 50038—2005、《冷轧扭钢筋混凝土构件技术规程》JGJ 115—2006 的版本号早于 2010 年，如有新版本时应执行新版本的规定。

异形柱（剪力墙边缘构件）配筋表中的截面图形由四川省建筑设计院杨晓同志（高级工程师、国家一级注册结构工程师）绘制，谨致谢意。向指出第一版书中数据错误的读者表示感谢。

笔者学识浅薄，对新规范的学习尚较肤浅，且由于本书数据浩繁，读者在使用过程中如发现有错误与不妥之处或意见及建议，请不吝赐教，以便再版时修订。

编著者

于四川省建筑设计院

2012.11.28

第一版前言

笔者 1965 年毕业于浙江大学工业与民用建筑专业五年制本科，从事建筑结构设计工作已逾 38 年，近十余年来主要从事技术管理、施工图设计文件审校与施工图设计文件审查工作。在工程设计实践中，经常发现有钢筋混凝土构件配筋不符合规范规定，如板的配筋未满足最小配筋率要求、梁的箍筋未满足最小配筋率要求、柱的纵向钢筋间距不符合规范要求、柱加密区的箍筋肢距或配箍率不满足规范要求，又如有些设计人员在截面 500mm × 500mm 的柱中配置 5 肢甚至 6 肢箍筋，实无必要，既浪费钢材，又使箍筋肢距太小，影响混凝土的浇注等等。笔者于 1999 年编制了一本《混凝土结构设计用表》供内部使用，对保证设计质量和提高设计进度取得了明显的效果，本书是在该设计用表的基础上编成的。

国家新规范（规程）《混凝土结构设计规范》GB 50010—2002、《建筑抗震设计规范》GB 50011—2001、《高层建筑混凝土结构技术规程》JGJ 3—2002、《冷轧带肋钢筋混凝土结构技术规程》JGJ 95—2003（以下简称四本新规范）与旧规范（规程）相比有较大改动、新增加的内容较多、对构造要求有更多的规定，而且如钢筋的锚固长度与搭接长度、构件的最小配筋率、梁的配箍率、柱加密区的配箍率等，都和混凝土设计强度与钢筋设计强度的比值或结构的抗震等级有关，钢筋的搭接长度还与接头的面积百分率有关，使结构设计工作更加繁重。为便于查用，特按新规范（规程）编制这本钢筋混凝土结构设计用表。在书中可以很方便地查到具体化了的规范的有关规定，在柱（包括矩形柱和圆柱）配筋表中，可以根据不同的抗震等级（箍筋肢距）和配筋量（配筋率）及加密区的配箍率要求，选定所需要的比较合理的截面形式；关于受力钢筋的锚固和搭接长度、梁的箍筋及附加横向钢筋、柱的配筋及箍筋设置与其他构造要求等，书中均有编制说明，并汇总了新规范的有关规定，以方便查阅。

笔者在学习四本新规范和编制本钢筋混凝土结构设计用表的过程中，发现四本新规范中有不少条文是相同的或基本相同的，有的条文是相似的但又有差别，有的条文对相同的问题则有不同的规定（从本书中的某些表格和摘录的规范有关规定中也可见一斑），这有待于四本新规范的编制者加以协调或解疑。笔者本想编制剪力墙约束边缘构件及构造边缘构件配筋表（包括截面形式、配筋率及配箍率），但由于对新规范的有关规定尚存疑问，故目前无法完成。

在本书编制过程中，得到我院领导的大力支持，总工程师（教授级高级工程师）章一萍同志曾多次过问并组织结构副主任工程师以上的技术骨干进行讨论，顾问总工程师（原总工程师、教授级高级工程师）刘学海同志等曾提出过宝贵意见，唐锦蜀、夏鹏同志对部分数据的计算曾给予帮助，余萌、李放、郭驰、张青等同志绘制了部分插图，熊蓉华同志协助部分文字的录入，在此一并致以谢意。

本书特别适用于建筑结构设计人员、施工图设计文件审校人员、施工图设计文件审查人员，也可供规范编制人员、建筑结构科研人员、施工及监理人员、土建类大中专院校师生等参考。

笔者学识浅薄，对新规范的学习尚较肤浅，且由于本书数据浩繁，读者在使用过程中如发现有错误与不妥之处或意见及建议，请不吝赐教，以便再版时修订。

于四川省建筑设计院

目　录

十、梁的箍筋配置 ··· 120

一、钢筋面积表

钢筋面积（mm²）、1m 宽度内各种间距的钢筋面积（mm²/m）　　表 1.1

直径（mm）	3	4	5	6	6.5	7	8	9
理论重量（kg/m）	0.0555	0.0986	0.1541	0.2220	0.2605	0.3021	0.3946	0.4994
1 根钢筋面积	7.0686	12.566	19.635	28.274	33.183	38.484	50.265	63.617
2 根钢筋面积（梁宽：上/下）	14.1	25.1	39.270	56.549	66.366	76.969	100.53	127.2（110/105）
3 根钢筋面积（梁宽：上/下）	21.2	37.7	58.905	84.823	99.549	115.45	150.80	190.9（150/140）
4 根钢筋面积（梁宽：上/下）	28.3	50.3	78.540	113.10	132.73	153.94	201.06	254.5（190/175）
5 根钢筋面积（梁宽：上/下）	35.3	62.8	98.175	141.37	165.92	192.42	251.33	318.1（225/205）
6 根钢筋面积（梁宽：上/下）	42.4	75.4	117.81	169.65	199.10	230.91	301.59	381.7（265/240）
7 根钢筋面积（梁宽：上/下）	49.5	88.0	137.44	197.92	232.28	269.39	351.86	445.3（305/275）
8 根钢筋面积（梁宽：上/下）	56.5	100.5	157.08	226.19	265.46	307.88	402.12	508.9（345/310）
9 根钢筋面积（梁宽：上/下）	63.6	113.1	176.71	254.47	298.65	346.36	452.39	572.6（385/345）
钢筋间距	70	100.9	179.5	280.4	403.9	474.0	549.7	718.0	908.8
	75	94.2	167.5	261.7	376.9	442.4	513.1	670.2	848.2
	80	88.3	157.0	245.4	353.4	414.7	481.0	628.3	795.2
	85	83.1	147.8	230.9	332.6	390.3	452.7	591.3	748.4
	90	78.5	139.6	218.1	314.1	368.7	427.6	558.5	706.8
	95	74.4	132.2	206.6	297.6	349.2	405.1	529.1	669.6
	100	70.6	125.6	196.3	282.7	331.8	384.3	502.6	636.1
	110	64.2	114.2	178.4	257.0	301.6	349.8	456.9	578.3
	120	58.9	104.7	163.6	235.6	276.5	320.7	418.8	530.1
	125	56.5	100.5	157.0	226.1	265.4	307.8	402.1	508.9
	130	54.3	96.6	151.1	217.4	255.2	296.0	386.6	489.3
	140	50.4	89.7	140.2	201.9	237.0	274.8	359.0	454.4
	150	47.1	83.7	130.8	188.4	221.2	256.5	335.1	424.1
	160	44.1	78.5	122.7	176.7	207.3	240.5	314.1	397.6
	170	41.5	73.9	115.4	166.3	195.1	226.3	295.6	374.2

直径（mm）	3	4	5	6	6.5	7	8	9
理论重量（kg/m）	0.0555	0.0986	0.1541	0.2220	0.2605	0.3021	0.3946	0.4994
钢筋间距 180	39.2	69.8	109.0	157.0	184.3	213.8	279.2	353.4
190	37.2	66.1	103.3	148.8	174.6	202.5	264.5	334.8
200	35.3	62.8	98.1	141.3	165.9	192.4	251.3	318.0
210	33.6	59.8	93.4	134.6	158.0	183.2	239.3	302.9
220	32.1	57.1	89.2	128.5	150.8	174.9	228.4	289.1
230	30.7	54.6	85.3	122.9	144.2	167.3	218.5	276.5
240	29.4	52.3	81.8	117.8	138.2	160.3	209.4	265.0
250	28.2	50.2	78.5	113.0	132.7	153.9	201.0	254.4
260	27.1	48.3	75.5	108.7	127.6	148.0	193.3	244.6
270	26.1	46.5	72.7	104.7	122.9	142.5	186.1	235.6
280	25.2	44.8	70.1	100.9	118.5	137.4	179.5	227.2
290	24.3	43.3	67.7	97.4	114.4	132.7	173.3	219.3
300	23.5	41.8	65.4	94.2	110.6	128.2	167.5	212.0

直径（mm）	10	11	12	14	16	18	20
理论重量（kg/m）	0.6165	0.7460	0.8878	1.2084	1.5783	1.9976	2.4661
1 根钢筋面积	78.540	95.033	113.097	153.938	201.062	254.469	314.159
2 根钢筋面积（梁宽：上/下）	157.1 (110/105)	190.1 (115/100)	226.2 (115/110)	307.9 (120/115)	402.1 (125/120)	508.9 (130/125)	628.3 (130/125)
3 根钢筋面积（梁宽：上/下）	235.6 (150/140)	285.1 (155/145)	339.3 (160/150)	461.8 (165/155)	603.2 (170/160)	763.4 (175/165)	942.5 (180/170)
4 根钢筋面积（梁宽：上/下）	314.2 (190/175)	380.1 (195/180)	452.4 (200/180)	615.8 (210/195)	804.2 (215/200)	1017.9 (225/210)	1256.6 (230/215)
5 根钢筋面积（梁宽：上/下）	392.7 (230/210)	475.2 (235/215)	565.5 (240/220)	769.7 (250/230)	1005.3 (260/240)	1272.3 (270/250)	1570.8 (280/260)
6 根钢筋面积（梁宽：上/下）	471.2 (270/245)	570.2 (280/255)	678.6 (285/260)	923.6 (295/270)	1206.4 (310/285)	1526.8 (320/290)	1885.0 (330/305)
7 根钢筋面积（梁宽：上/下）	549.8 (310/280)	665.2 (320/290)	791.7 (325/295)	1077.6 (340/310)	1407.4 (355/325)	1781.3 (370/335)	2199.1 (380/350)
8 根钢筋面积（梁宽：上/下）	628.3 (350/315)	760.3 (360/325)	904.8 (370/330)	1231.5 (385/350)	1608.5 (400/365)	2035.8 (415/375)	2513.3 (430/390)
9 根钢筋面积（梁宽：上/下）	706.9 (390/350)	855.3 (400/360)	1017.9 (410/365)	1385.4 (430/390)	1809.6 (445/405)	2290.2 (465/425)	2827.4 (480/440)

直径（mm）	10	11	12	14	16	18	20
理论重量（kg/m）	0.6165	0.7460	0.8878	1.2084	1.5783	1.9976	2.4661
钢筋间距 70	1121.9	1357.6	1615.6	2199.1	2872.3	3635.2	4487.9
75	1047.1	1267.1	1507.9	2052.5	2680.8	3392.9	4188.7
80	981.7	1187.9	1413.7	1924.2	2513.2	3180.8	3926.9
85	923.9	1118.0	1330.5	1811.0	2365.4	2993.7	3695.9
90	872.6	1055.9	1256.6	1710.4	2234.0	2827.4	3490.6
95	826.7	1000.3	1190.4	1620.4	2116.4	2678.6	3306.9
100	785.3	950.3	1130.9	1539.3	2010.6	2544.6	3141.5
110	713.9	863.9	1028.1	1399.4	1827.8	2313.3	2855.9
120	654.4	791.9	942.4	1282.8	1675.5	2120.5	2617.9
125	628.3	760.2	904.7	1231.5	1608.4	2035.7	2513.2
130	604.1	731.0	869.9	1184.1	1546.6	1957.4	2416.6
140	560.9	678.8	807.8	1099.5	1436.1	1817.6	2243.9
150	523.5	633.5	753.9	1026.2	1340.4	1696.4	2094.3
160	490.8	593.9	706.8	962.1	1256.6	1590.4	1963.4
170	461.9	559.0	665.2	905.5	1182.7	1496.8	1847.9
180	436.3	527.9	628.3	855.2	1117.0	1413.7	1745.3
190	413.3	500.1	595.2	810.2	1058.2	1339.3	1653.4
200	392.6	475.1	565.4	769.6	1005.3	1272.3	1570.7
210	373.9	452.5	538.5	733.0	957.4	1211.7	1495.9
220	356.9	431.9	514.0	699.7	913.9	1156.6	1427.9
230	341.4	413.1	491.7	669.2	874.1	1106.3	1365.9
240	327.2	395.9	471.2	641.4	837.4	1060.2	1308.9
250	314.1	380.1	452.3	615.7	804.2	1017.8	1256.6
260	302.0	365.5	434.9	592.0	773.3	978.7	1208.3
270	290.8	351.9	418.8	570.1	744.6	942.4	1163.5
280	280.4	339.4	403.9	549.8	718.0	908.8	1121.9
290	270.8	327.7	389.9	530.8	693.3	877.4	1083.3
300	261.7	316.7	376.9	513.1	670.2	848.2	1047.1

直径（mm）	22	25	28	32	36	40	50
理论重量（kg/m）	2.9840	3.8534	4.8337	6.313344	7.9903	9.8646	15.4134
1根钢筋面积	380.133	490.874	615.752	804.248	1017.88	1256.64	1963.50
2根钢筋面积（梁宽：上/下）	760.3 (140/130)	981.7 (150/135)	1231.5 (160/145)	1608.5 (175/160)	2035.8 (190/170)	2513.3 (200/180)	3927.0 (235/210)
3根钢筋面积（梁宽：上/下）	1140.4 (195/180)	1472.6 (210/185)	1847.3 (230/200)	2412.7 (255/220)	3053.6 (280/240)	3769.9 (300/260)	5890.5 (360/310)
4根钢筋面积（梁宽：上/下）	1520.5 (250/225)	1963.5 (275/235)	2463.0 (300/260)	3217.0 (335/285)	4071.5 (370/315)	5026.5 (400/340)	7854.0 (485/410)

直径（mm）	22	25	28	32	36	40	50
理论重量（kg/m）	2.9840	3.8534	4.8337	6.313344	7.9903	9.8646	15.4134
5根钢筋面积（梁宽：上/下）	1900.7 (305/270)	2454.4 (335/285)	3078.8 (370/315)	4021.2 (415/350)	5089.4 (460/385)	6283.2 (500/420)	9817.5 (610/510)
6根钢筋面积（梁宽：上/下）	2280.8 (360/320)	2945.2 (400/335)	3694.5 (440/370)	4825.5 (495/415)	6107.3 (550/460)	7539.8 (600/500)	11781.0 (735/610)
7根钢筋面积（梁宽：上/下）	2660.9 (415/365)	3436.1 (460/385)	4310.3 (510/425)	5629.7 (575/480)	7125.1 (640/530)	8796.5 (700/580)	13744.5 (860/710)
8根钢筋面积（梁宽：上/下）	3041.1 (470/415)	3927.0 (525/435)	4926.0 (580/480)	6434.0 (655/540)	8143.0 (730/600)	10053.1 (800/640)	15708.0 (985/810)
9根钢筋面积（梁宽：上/下）	3421.2 (525/460)	4417.9 (585/485)	5541.8 (650/540)	7238.2 (735/605)	9160.9 (820/675)	11309.7 (900/720)	17671.5 (1110/910)

钢筋间距		22	25	28	32	36	40	50
	70	5430.4	7012.4	8796.4	11489.2	14541.0	17951.9	28049.9
	75	5068.4	6544.9	8210.0	10723.3	13571.6	16755.1	26179.9
	80	4751.6	6135.9	7696.9	10053.0	12723.4	15707.9	24543.6
	85	4472.1	5774.9	7244.1	9461.7	11975.0	14783.9	23099.9
	90	4223.6	5454.1	6841.6	8936.0	11309.7	13962.6	21816.6
	95	4001.3	5167.0	6481.6	8465.7	10714.4	13227.7	20668.3
	100	3801.3	4908.7	6157.5	8042.4	10178.7	12566.3	19634.9
	110	3455.7	4462.4	5597.7	7311.3	9253.4	11423.9	17849.9
	120	3167.7	4090.6	5131.2	6702.0	8482.2	10471.9	16362.4
	125	3041.0	3926.9	4926.0	6433.9	8143.0	10053.0	15707.9
	130	2924.0	3775.9	4736.5	6186.5	7829.8	9666.4	15103.8
	140	2715.2	3506.2	4398.2	5744.6	7270.5	8975.9	14024.9
	150	2534.2	3272.4	4105.0	5361.6	6785.8	8377.5	13089.9
	160	2375.8	3067.9	3848.4	5026.5	6361.7	7853.9	12271.8
	170	2236.0	2887.4	3622.0	4730.8	5987.5	7391.9	11549.9
	180	2111.8	2727.0	3420.8	4468.0	5654.8	6981.3	10908.3
	190	2000.6	2583.5	3240.8	4232.8	5357.2	6613.8	10334.1
	200	1900.6	2454.3	3078.7	4021.2	5089.3	6283.1	9817.4
	210	1810.1	2337.4	2932.1	3829.7	4847.0	5983.9	9349.9
	220	1727.8	2231.2	2798.8	3655.6	4626.7	5711.9	8924.9
	230	1652.7	2134.2	2677.1	3496.7	4425.5	5463.6	8536.9
	240	1583.8	2045.3	2565.6	3351.0	4241.1	5235.9	8181.2
	250	1520.5	1963.4	2463.0	3216.9	4071.5	5026.5	7853.9
	260	1462.0	1887.9	2368.2	3093.2	3914.9	4833.2	7551.9
	270	1407.8	1818.0	2280.5	2978.6	3769.9	4654.2	7272.2
	280	1357.6	1753.1	2199.1	2872.3	3635.2	4487.9	7012.4
	290	1310.8	1692.6	2123.2	2773.2	3509.9	4333.2	6770.6
	300	1267.1	1636.2	2052.5	2680.8	3392.9	4188.7	6544.9

说明：表内"梁宽"为钢筋排成一排、梁混凝土强度等级>C25、箍筋直径为10mm、在一类环境时梁的最小宽度，"上"用于梁上部，"下"用于梁下部，当为二 a、二 b、三 a、三 b 类环境时梁宽应分别增加10、30、40、60mm，当混凝土强度等级≤C25 时梁宽应再增加10mm。

钢铰线面积（mm²）　　　　　表1.2

直径（mm）	8.6	9.5	10.8	12.7	12.9	15.2	17.8	21.6
1根面积	58.088	70.882	91.609	126.677	130.698	181.458	248.845	366.435
2根面积	116.2	141.8	183.2	253.4	261.4	362.9	497.691	732.87
3根面积	174.3	212.7	274.8	380.0	392.1	544.4	746.536	1099.31
4根面积	232.4	283.5	366.4	506.7	522.8	725.8	995.382	1465.74
5根面积	290.4	354.4	458.1	633.4	653.5	907.3	1244.23	1832.18
6根面积	348.5	425.3	549.7	760.1	784.2	1088.8	1493.07	2198.61
7根面积	406.6	496.2	641.3	886.7	914.9	1270.2	1741.92	2565.05
8根面积	464.7	567.1	732.9	1013.4	1045.6	1451.7	1990.76	2931.48
9根面积	522.8	637.9	824.5	1140.1	1176.3	1633.1	2239.61	3297.92

CTB550级冷轧扭钢筋实际面积（mm²）、
1m宽度内各种间距的冷轧扭钢筋实际面积（mm²/m）　　　　表1.3

钢筋类型		Ⅰ型				Ⅱ型				Ⅲ型		
标志直径（mm）		6.5	8	10	12	6.5	8	10	12	6.5	8	10
等效直径（mm）		6.129	7.594	9.325	11.06	6.097	7.339	9.174	10.87	6.166	7.590	9.487
理论重量（kg/m）		0.232	0.356	0.536	0.755	0.229	0.332	0.519	0.728	0.234	0.355	0.555
钢筋实际面积	1根	29.50	45.30	68.30	96.14	29.20	42.30	66.10	92.74	29.86	45.24	70.69
	2根	59.00	90.60	136.6	192.3	58.40	84.60	132.2	185.5	59.72	90.48	141.4
	3根	88.50	135.9	204.9	288.4	87.60	126.9	198.3	278.2	89.58	135.7	212.1
	4根	118.0	181.2	273.2	384.6	116.8	169.2	264.4	371.0	119.4	181.0	282.8
	5根	147.5	226.5	341.5	480.7	146.0	211.5	330.5	463.7	149.3	226.2	353.5
	6根	177.0	271.8	409.8	177.0	177.0	177.0	177.0	177.0	177.0	177.0	177.0
	7根	206.5	317.1	478.1	673.0	204.4	296.1	462.7	649.2	209.0	316.7	494.8
	8根	236.0	362.4	546.4	769.1	233.6	338.4	528.8	741.9	238.9	361.9	565.5
	9根	265.5	407.7	614.7	865.3	262.8	380.7	594.9	834.7	268.7	407.2	636.2
钢筋间距	70	421.4	647.1	975.7	1373	417.1	604.3	944.3	1325	426.6	646.3	1010
	75	393.3	604.0	910.7	1282	389.3	564.0	881.3	1237	398.1	603.2	942.5
	80	368.8	566.3	853.8	1202	365.0	528.8	826.3	1159	373.3	565.5	883.6
	85	347.1	532.9	803.5	1131	343.5	497.6	777.6	1091	351.3	532.2	831.6
	90	327.8	503.3	758.9	1068	324.4	470.0	734.4	1030	331.8	502.7	785.4
	95	310.5	476.8	718.9	1012	307.4	445.3	695.8	976.2	314.3	476.2	744.1
	100	295.0	453.0	683.0	961.4	292.0	423.0	661.0	927.4	298.6	452.4	706.9

钢筋类型	Ⅰ型				Ⅱ型				Ⅲ型		
110	268.2	411.8	620.9	874.0	265.5	384.5	600.9	843.1	271.5	411.3	642.6
120	245.8	377.5	569.2	801.2	243.3	352.5	550.8	772.8	248.8	377.0	589.1
125	236.0	362.4	546.4	769.1	233.6	338.4	528.8	741.9	238.9	361.9	565.5
130	226.9	348.5	525.4	739.5	224.6	325.4	508.5	713.4	229.7	348.0	543.8
140	210.7	323.6	487.9	686.7	208.6	302.1	472.1	662.4	213.3	323.1	504.9
150	196.7	302.0	455.3	640.9	194.7	282.0	440.7	618.3	199.1	301.6	471.3
160	184.4	283.1	426.9	600.9	182.5	264.4	413.1	579.6	186.6	282.8	441.8
170	173.5	266.5	401.8	565.5	171.8	248.8	388.8	545.5	175.6	266.1	415.8
180	163.9	251.7	379.4	534.1	162.2	235.0	367.2	515.2	165.9	251.3	392.7
190	155.3	238.4	359.5	506.0	153.7	222.6	347.9	488.1	157.2	238.1	372.1
200	147.5	226.5	341.5	480.7	146.0	211.5	330.5	463.7	149.3	226.2	353.5
210	140.5	215.7	325.2	457.8	139.0	201.4	314.8	441.6	142.2	215.4	336.6
220	134.1	205.9	310.5	437.0	132.7	192.3	300.5	421.5	135.7	205.6	321.3
230	128.3	197.0	297.0	418.0	127.0	183.9	287.4	403.2	129.8	196.7	307.3
240	122.9	188.8	284.6	400.6	121.7	176.3	275.4	386.4	124.4	188.5	294.5
250	118.0	181.2	273.2	384.6	116.8	169.2	264.4	371.0	119.4	181.0	282.8
260	113.5	174.2	262.7	369.8	112.3	162.7	254.2	356.7	114.8	174.0	271.9
270	109.3	167.8	253.0	356.1	108.1	156.7	244.8	343.5	110.6	167.6	261.8
280	105.4	161.8	243.9	343.4	104.3	151.1	236.1	331.2	106.6	161.6	252.5
290	101.7	156.2	235.5	331.5	100.7	145.9	227.9	319.8	103.0	156.0	243.8
300	98.3	151.0	227.7	320.5	97.3	141.0	220.3	309.1	99.5	150.8	235.6

说明：本表根据国家《冷轧扭钢筋混凝土构件技术规程》JGJ 115—2006 第3.2.2条编制；Ⅰ型为矩形截面，Ⅱ型为方形截面，Ⅲ型为圆形截面。

CTB650级预应力Ⅲ型冷轧扭钢筋实际面积（mm²）　　　　表1.4

标志直径 d (mm)	等效直径 d_0 (mm)	理论重量 (kg/m)	钢筋实际面积								
			1根	2根	3根	4根	5根	6根	7根	8根	9根
6.5	5.992	0.221	28.20	56.40	84.60	112.8	141.0	177.0	197.4	225.6	253.8
8	7.376	0.335	42.73	85.54	128.2	170.9	213.7	177.0	299.1	341.8	384.6
10	9.220	0.524	66.76	133.5	200.3	267.0	333.8	177.0	467.3	534.1	600.8

说明：同表1.3。

二、混凝土耐久性设计规定

混凝土结构的环境类别 表 2.1

环境类别	条件
一	室内干燥环境；无侵蚀性静水浸没环境
二 a	室内潮湿环境；非严寒和非寒冷地区的露天环境；非严寒和非寒冷地区与无侵蚀性的水或土壤直接接触的环境；严寒和寒冷地区的冰冻线以下与无侵蚀性的水或土壤直接接触的环境
二 b	干湿交替环境；水位频繁变动环境；严寒和寒冷地区的露天环境；严寒和寒冷地区冰冻线以上与无侵蚀性的水或土壤直接接触的环境
三 a	严寒和寒冷地区冬季水位变动区环境；受除冰盐影响环境；海风环境
三 b	盐渍土环境；受除冰盐作用环境；海岸环境
四	海水环境
五	受人为或自然的侵蚀性物质影响的环境

说明：室内潮湿环境是指构件表面经常处于结露或湿润状态的环境；严寒和寒冷地区的划分应符合现行国家标准《民用建筑热工设计规范》GB 50176 的有关规定；海岸环境和海风环境宜根据当地情况，考虑主导风向及结构所处迎风、背风部位等因素的影响，由调查研究和工程经验确定；受除冰盐影响环境是指受到除冰盐盐雾影响的环境；受除冰盐作用环境是指被除冰盐溶液溅射的环境以及使用除冰盐地区的洗车房、停车楼等建筑；暴露的环境是指混凝土结构表面所处的环境。

混凝土保护层最小厚度（mm） 表 2.2

设计使用年限		50 年				100 年			
构件类型		板、墙、壳		梁、柱、杆		板、墙、壳		梁、柱、杆	
混凝土强度等级		≤C25	>C25	≤C25	>C25	≤C25	>C25	≤C25	>C25
环境类别	一	20	15	25	20	28	21	35	28
	二 a	25	20	30	25	—	—	—	—
	二 b	30	25	40	35	—	—	—	—
	三 a	35	30	45	40	—	—	—	—
	三 b	45	40	55	50	—	—	—	—

型钢混凝土梁中型钢的混凝土保护层厚度不宜小于 100mm，栓钉顶面的混凝土保护层厚度不应小于 15mm，型钢混凝土柱中型钢的混凝土保护层厚度不宜小于 150mm。

说明：1. 本表根据《混凝土结构设计规范》GB 50010—2010 第 8.2.1 条、《冷轧带肋钢筋混凝土结构技术规程》JGJ 95—2011 第 6.1.1 条、《高层建筑混凝土结构技术规程》JGJ 3—2010 第 11.4.2 条 3 款、6 款、11.4.5 条 3 款编制。

2. 混凝土保护层厚度指最外层钢筋外边缘至混凝土表面的距离；构件中受力钢筋的保护层厚度不应小于钢筋的公称直径；钢筋混凝土基础宜设置混凝土垫层，基础中钢筋的混凝土保护层厚度应从垫层顶面算起且不应小于 40mm。

3. 当有充分依据并采取下列措施时，可减小混凝土保护层的厚度：构件表面有可靠的保护层；采用工厂化生产的预制构件；在混凝土中掺加阻锈剂或采用阴极保护等防锈措施；当对地下室墙体采取可靠的建筑防水做法或防护措施时，与土壤直接接触一侧钢筋的保护层厚度可适当减小，但不应小于 25mm（《混凝土结构设计规范》GB 50010—2010 第 8.2.2 条）。

4. 当梁、柱、墙中纵向受力钢筋的保护层厚度大于 50mm 时，宜对保护层采取有效的保护措施；当在钢筋的保护层内配置防裂、防剥落的钢筋网片时，网片钢筋的保护层厚度不应小于 25mm（《混凝土结构设计规范》GB 50010—2010 第 8.2.3 条）。

5. 二、三类环境中，设计使用年限 100 年的混凝土结构应采取专门的有效措施（《混凝土结构设计规范》GB 50010—2010 第 3.5.6 条）。

混凝土构件最低混凝土强度等级　　　　　　　　　表 2.3

构件类别		最低强度等级	依 据
素混凝土结构		C15	《混凝土结构设计规范》GB 50010—2010 第3.5.3条，3.5.5条1款，4.1.2条，《高层建筑混凝土结构技术规程》JGJ 3—2010 第3.2.2条5款
设计使用年限为50年的钢筋混凝土结构	一类环境	C20	
	二a类环境	C25	
	二b类环境	C30（C25）	
	三a类环境	C35（C30）	
	三b类环境	C40	
	钢筋混凝土结构采用≥400级钢筋	C25	
	承受重复荷载的钢筋混凝土构件	C30	
	预应力混凝土结构	≥C30，不宜低于C40	
设计使用年限为100年的钢筋混凝土结构（一类环境）		C30	《混凝土结构设计规范》GB 50010—2010 第3.5.5条1款
设计使用年限为100年的预应力混凝土结构（一类环境）		C40	
框支梁、框支柱及抗震等级为一级的框架梁、柱、节点核心区，高层建筑抗震设计时的错层处框架柱		**C30**	见说明5
构造柱、芯柱、圈梁及其他各类构件		**C20**	见说明6
筒体结构，转换层楼板、转换梁、转换柱、箱形转换结构，底部框架-抗震墙砌体房屋的框架柱、梁、节点核心区及钢筋混凝土抗震墙，型钢混凝土梁、柱，错层处剪力墙，作为上部结构嵌固部位的地下室顶板		C30	见说明7
异形柱结构		C25	见说明8
冷轧带肋钢筋混凝土结构		C20	见说明9
预应力冷轧带肋钢筋混凝土结构		C30	

说明：1. 有可靠工程经验时，二类环境中的最低混凝土强度等级可降低一个等级（《混凝土结构设计规范》GB 50010—2010 表4.5.3注4）。

2. 处于严寒和寒冷地区二b、三a类环境中的混凝土应使用引气剂，并可采用括号中的混凝土强度等级（《混凝土结构设计规范》GB 50010—2010 表4.5.3注5）。

3. 二、三类环境中，设计使用年限为100年的混凝土结构应采取专门的有效措施（《混凝土结构设计规范》GB 50010—2010 第3.5.6条）。

4. 四、五类环境中的混凝土结构，其耐久性应符合有关标准的规定。

5. 《建筑抗震设计规范》GB 50011—2010 第**3.9.2条2款**（《混凝土结构设计规范》GB 50010—2010 第11.2.1条2款，《高层建筑混凝土结构技术规程》JGJ 3—2010 第3.2.2条1款类同），《高层建筑混凝土结构技术规程》JGJ 3—2010 第**10.4.4条**。

6. 《建筑抗震设计规范》GB 50011—2010 第**3.9.2**条2款（《混凝土结构设计规范》GB 50010—2010 第11.2.1条2款类同）。

7. 《高层建筑混凝土结构技术规程》JGJ 3—2010 第3.2.2条2款、3款、4款、6款、10.4.6条，《建筑抗震设计规范》GB 50011—2010 第6.1.14条1款，《底部框架-抗震墙砌体房屋抗震技术规程》JGJ 248—2012 第3.0.12条3款。

8. 《混凝土异形柱结构技术规程》JGJ 149—2006 第6.1.2条1款。

9. 《冷轧带肋钢筋混凝土结构技术规程》JGJ 95—2011 第3.2.1条。

表 2.4

构件类别		最高强度等级	依　据
现浇非预应力混凝土楼盖		C40	《高层建筑混凝土结构技术规程》JGJ 3—2010 第 3.2.2 条 7 款
抗震设计时的柱、梁	9 度	C60	《混凝土结构设计规范》GB 50010—2010 第 11.2.1 条 1 款，《建筑抗震设计规范》GB 50011—2010 第 3.9.3 条 2 款，《高层建筑混凝土结构技术规程》JGJ 3—2010 第 3.2.2 条 8 款
	8 度	C70	
抗震设计时的剪力墙		C60	
异形柱结构，底部框架-抗震墙砌体结构		C50	《混凝土异形柱结构技术规程》JGJ 149—2006 第 6.1.2 条 1 款，《底部框架-抗震墙砌体房屋抗震技术规程》JGJ 248—2012 第 3.0.12 条 6 款

三、房屋适用高度及结构的抗震等级

A 级高度钢筋混凝土房屋的最大适用高度（m）　　表 3.1

结构体系		非抗震设计	抗震设防烈度				
			6 度	7 度	8 度		9 度
					0.20g	0.30g	
框架		70	60	50	40	35	24
框架—剪力墙		150	130	120	100	80	50
错层的框架—剪力墙				80	60	60	不应采用
剪力墙	全部落地剪力墙	150	140	120	100	80	60
	部分框支剪力墙	130	120	100	80	50	不应采用
	含有较多短肢剪力墙			100	80	60	不应采用
	错层的剪力墙			80	60	60	不应采用
筒体	框架—核心筒	160	150	130	100	90	70
	筒中筒	200	180	150	120	100	80
板柱—剪力墙		110	80	70	55	40	不应采用

说明：1. 本表根据《高层建筑混凝土结构技术规程》JGJ 3—2010 第 3.3.1 条、7.1.8 条、10.1.3 条、《建筑抗震设计规范》GB 50011—2010 第 6.1.1 条编制。

2. 房屋高度指室外地面到主要屋面板板顶的高度（不包括局部突出屋顶部分）；表中框架不含异形柱框架结构；框架—核心筒指周边稀柱框架与核心筒组成的结构；部分框支剪力墙结构指地面以上有部分框支剪力墙的剪力墙结构（不包括仅个别框支墙的情况）；板柱—剪力墙结构指板柱、框架和剪力墙组成抗侧力体系的结构；含有较多短肢剪力墙的剪力墙结构，是指在规定的水平地震作用下，短肢剪力墙承担的底部倾覆力矩不小于结构底部总倾覆力矩的 30% 的剪力墙结构；甲类建筑，6、7、8 度时宜按本地区抗震设防烈度提高一度后符合本表的要求，9 度时应专门研究；框架结构、板柱—剪力墙结构以及 9 度抗震设防的表列其他结构，当房屋高度超过本表数值时，结构设计应有可靠依据，并采取有效的加强措施。

3. 9 度抗震设计时不应采用带转换层的结构、带加强层的结构、错层结构和连体结构（《高层建筑混凝土结构技术规程》JGJ 3—2010 第 10.1.2 条）。

B 级高度钢筋混凝土高层建筑的最大适用高度（m）　　表 3.2

结构体系	非抗震设计	抗震设防烈度			
		6 度	7 度	8 度	
				0.20g	0.30g
框架—剪力墙	170	160	140	120	100
错层的框架—剪力墙			80	60	60

结构体系		非抗震设计	抗震设防烈度			
			6度	7度	8度	
					0.20g	0.30g
剪力墙	全部落地剪力墙	180	170	150	130	110
	部分框支剪力墙	150	140	120	100	80
	含有较多短肢剪力墙			100	80	60
	错层的剪力墙			80	60	60
筒体	框架—核心筒	220	210	180	140	120
	筒中筒	300	280	230	170	150

说明：1. 本表根据《高层建筑混凝土结构技术规程》JGJ 3—2010第3.3.1条、7.1.8条、10.1.3条编制。

　　　2. 部分框支剪力墙结构指地面以上有部分框支剪力墙的剪力墙结构；抗震设计时，B级高度工程建筑不宜采用连体结构；底部带转换层的B级高度筒中筒，当外筒框支层以上采用由剪力墙构成的壁式框架时，其最大适用高度应适当降低；甲类建筑，6、7度时应按本地区设防烈度提高一度后符合本表的要求，8度时应专门研究；当房屋高度超过表中数值时，结构设计应有可靠依据，并采取有效的加强措施。

异形柱结构适用的房屋最大高度（m）　　　　表3.3

结构体系	非抗震设计	抗震设防烈度			
		6度	7度		8度
		0.05g	0.10g	0.15g	0.20g
异形柱框架	24	24	21	18	12
异形柱框架—剪力墙	45	45	40	35	28

说明：1. 本表根据《混凝土异形柱结构技术规程》JGJ 149—2006第3.1.2条、A.0.2条、A.0.3条、A.0.4条编制。

　　　2. 房屋高度指室外地面至主要屋面板板顶的高度（不包括局部突出屋顶部分）；框架-剪力墙结构在基本振型地震作用下，当框架部分承受的地震倾覆力矩大于结构总地震倾覆力矩的50%时，其适用的房屋最大高度可比框架结构适当增加；平面和竖向均不规则的异形柱结构或IV类场地上的异形柱结构，适用的房屋最大高度应适当降低；底部抽柱带转换层的异形柱结构可用于非抗震设计和6度、7度（0.10g）抗震设计的房屋建筑，在地面以上大空间的层数：非抗震设计不宜超过3层，抗震设计不宜超过2层，适用的房屋最大高度应按表内规定的限值降低不少于10%，且框架结构不应超过6层；框架-剪力墙结构，非抗震设计不应超过12层，抗震设计不应超过10层；房屋高度超过表内规定的数值时，结构设计应有可靠依据，并采取有效的加强措施。

钢—混凝土混合结构房屋适用的最大高度（m）　　　　表3.4

结构体系		非抗震设计	抗震设防烈度				
			6度	7度	8度		9度
					0.2g	0.3g	
框架-核心筒	钢框架—钢筋混凝土核心筒	210	200	160	120	100	70
	型钢（钢管）混凝土框架—钢筋混凝土核心筒	240	220	190	150	130	70
筒中筒	钢外筒—钢筋混凝土筒体	280	260	210	160	140	80
	型钢（钢管）混凝土外筒—钢筋混凝土核心筒	300	280	230	170	150	90

说明：1. 本表根据《高层建筑混凝土结构技术规程》JGJ 3—2010第11.1.2条编制。

　　　2. 平面和竖向不规则的结构，最大适用高度应适当降低。

结构类型		抗震设防烈度									
		6		**7**			**8**			**9**	
框架结构	高度（m）	≤24	>24	≤24	>24	>24	≤24	>24	>24	≤24	
	框架	四	三	三	二	二	二	一	一	—	
	大跨度框架	三	三	二	二	二	一	一	一	—	
底框结构	框架	三		二			一				
	抗震墙	三		三			二				
框架-剪力墙结构	高度（m）	≤60	>60	≤24	25～60	>60	≤24	25～60	>60	≤24	25～50
	框架	四	三	四	三	二	三	二	一	二	一
	剪力墙	三	三	三	三	三	二	二	二	一	一
剪力墙结构	高度（m）	≤80	>80	≤24	25～80	>80	≤24	25～80	>80	≤24	25～60
	抗震墙	四	三	四	三	二	三	二	一	二	一
部分框支剪力墙结构	高度（m）	≤80	>80	≤24	25～80		≤24	25～80			
	一般部位剪力墙	四	三	四	三		三	二			
	底部加强部位	三	二	三	二		二	一			
	框支框架	二	二	二	二		一	一			
框架-核心筒结构	框架	三	三	二	二	二	一	一	一	—	
	核心筒	二	二	二	二	二	一	一	一	—	
筒中筒结构	外筒	三	三	二	二	二	一	一	一	—	
	内筒	三	三	二	二	二	一	一	一	—	
板柱-剪力墙结构	高度（m）	≤35	>35	≤35	>35	>35	≤35	>35	>35		
	框架、板柱及柱上板带	三	二	二	二	二	二	二	二		
	剪力墙	二	二	二	二	二	二	二	二		
单层厂房	铰接排架	四	四	三	三	三	二	二	二	—	
钢筋混凝土地下结构		四	四	四	四	四	三	三	三	三	三

说明：1. 本表根据《混凝土结构设计规范》GB 50010—2010 第 **11.1.3** 条、《建筑抗震设计规范》GB 50011—2010 第 6.1.2 条、7.1.9 条、第 14.1.4 条、《高层建筑混凝土结构技术规程》JGJ 3—2010 第 3.9.1 条、3.9.3 条编制。

2. 房屋高度指室外地面到主要屋面板板顶的高度（不包括局部突出屋顶部分）。

3. 建筑场地为Ⅰ类时，除 **6** 度外应允许按表内降低一度所对应的抗震构造措施，但相应的计算要求不应降低；接近或等于高度分界时，应允许结合房屋不规则程度及场地、地基条件确定抗震等级；大跨度框架指跨度不小于 **18m** 的框架；底部带转换层的筒体结构，其框支框架的抗震等级应按表中部分框支剪力墙结构的规定采用；当框架-核心筒结构的高度不超过 **60m** 上，其抗震等级应允许按框架—剪力墙采用。

4. 抗震墙底部加强部位的范围，应符合下列规定：底部加强部位的高度，应从地下室顶板算起；部分框支抗震墙结构的抗震墙，其底部加强部位的高度，可取框支层加框支层以上两层的高度及落地抗震墙总高度的 1/10 二者的较大值，其他结构的抗震墙，房屋高度大于 24m 时，底部加强部位的高度可取底部两层和墙体总高度的 1/10 二者的较大值；房屋高度不大于 24m 时，底部加强部位可取底部一层；当结构计算嵌固端位于地下一层的底板或以下时，底部加强部位尚宜向下延伸到计算嵌固端（《建筑抗震设计规范》GB 50011—2010 第 6.1.10 条）（《高层建筑混凝土结构技术规程》JGJ 3—2010 第 7.1.4 条、10.2.2 条类同）。

5. 对框架-剪力墙结构，在规定的水平地震力作用下，框架底部（指计算嵌固端所在的层）所承单的倾覆力矩大于结构底部总倾覆力矩的 50% 时，其框架的抗震等级应按框架结构确定，抗震墙的抗震等级可与框架的抗震等级相同；与主楼相连的裙房，除应按裙房本身确定抗震等级外，相关范围不应低于主楼的抗震等级，主楼结构在裙房顶板对应的相邻上下各一层应适当加强抗震构造措施；裙房与主楼分离时，应按裙房本身确定抗震等级；当地下室顶板作为上部结构的嵌固部位时，地下一层的抗震等级应与上部结构相同，地下一层以下确定抗震构造措施的抗震等级可逐层降低一级，但不应低于四级；地下室中无上部结构的部分，其抗震构造措施的抗震等级可根据具体情况采用三级或四级；甲、乙类建筑按规定提高一度确定其抗震等级时，如其高度超过对应的房屋最大适用高度，则应采取比相应抗震等级更有效的抗震构造措施（《混凝土结构设计规范》GB 50010—2010 第 11.1.4 条）（《建筑抗震设计规范》GB 50011—2010 第 6.1.3 条、《高层建筑混凝土结构技术规程》JGJ 3—2010 第 3.9.5、3.9.6 条、3.9.7 条类同）。

6. 当建筑场地为Ⅲ、Ⅳ类时，对设计基本地震加速度为 0.15g 和 0.30g 的地区，宜分别按抗震设防烈度 8 度（0.20g）和 9 度（0.40g）时各类建筑的要求采取抗震构造措施（《高层建筑混凝土结构技术规程》JGJ 3—2010 第 3.9.2 条）。

7. 带托柱转换层的简体结构，其转换柱和转换梁的抗震等级按部分框支剪力墙结构中的框支框架采用；对部分框支剪力墙结构，当转换层的位置设置在 3 层及 3 层以上上，其框支柱、剪力墙底部加强部位的抗震等级宜按本表的规定提高一级采用，已为特一级时可不提高（《高层建筑混凝土结构技术规程》JGJ 3—2010 第 12.2.6 条）。

8. 抗震设计时，带加强层高层建筑结构的加强层及其相邻层的框架柱抗震等级应提高一级采用，一级应提高至特一级，但抗震等级已经为特一级时应允许不再提高，箍筋应全柱段加密配置，轴压比限值应按其他楼层框架柱的数值减小 0.05 采用（《高层建筑混凝土结构技术规程》JGJ 3—2010 第 10.3.3 条 1、2 款）。

9. 抗震设计时，错层结构错层处框架柱的截面高度不应小于 600mm，混凝土强度等级不应低于 C30，箍筋应全柱段加密配置，抗震等级应提高一级采用，一级应提高至特一级，但抗震等级已经为特一级时应允许不再提高（《高层建筑混凝土结构技术规程》JGJ 3—2010 第 10.4.4 条）。

10. 错层结构错层处平面外受力的剪力墙，……抗震设计时，其抗震等级应提高一级采用（《高层建筑混凝土结构技术规程》JGJ 3—2010 第 10.4.6 条）。

11. 抗震设计时，连体结构的连接体及与连接体相连的结构构件在连接体高度范围及其上、下层，抗震等级应提高一级采用，一级提高至特一级，但抗震等级已经为特一级时应允许不再提高；与连接体相连的框架柱在连接体高度范围及其上、下层，箍筋应全柱段加密配置，轴压比限值应按其他楼层框架柱的数值减小 0.05 采用（《高层建筑混凝土结构技术规程》JGJ 3—2010 第 10.5.6 条 1、2 款）。

12. 抗震设计时，悬挑结构的关键构件以及与之相邻的主体结构的关键构件的抗震等级宜提高一级采用，一级提高至特一级，抗震等级已经为特一级时，允许不再提高（《高层建筑混凝土结构技术规程》JGJ 3—2010 第 10.6.4 条 5 款）。

13. 抗震设计时，体型收进部位上、下各 2 层塔楼周边竖向结构构件的抗震等级宜提高一级采用，一级提高至特一级，抗震等级已经为特一级时，允许不再提高（《高层建筑混凝土结构技术规程》JGJ 3—2010 第 10.6.5 条 2 款）。

14. 甲类、乙类建筑应按本地区抗震设防烈度提高一度的要求加强其抗震措施，但抗震设防烈度为 9 度时应按比 9 度更高的要求采取抗震措施；当建筑场地为Ⅰ类时，应允许仍按本地区抗震设防烈度的要求采取抗震构造措施（《高层建筑混凝土结构技术规程》JGJ 3—2010 第 3.9.1 条 1 款）。

15. 当本地区的设防烈度为 9 度时，A 级高度乙类建筑抗震等级应按特一级采用，甲类建筑应采取更有效的抗震措施（《高层建筑混凝土结构技术规程》JGJ 3—2010 第 3.9.3 条）。

B 级高度丙类建筑钢筋混凝土结构的抗震等级 表 3.6

结构类型		抗震设防烈度		
		6 度	7 度	8 度
框架—剪力墙	框架	二	一	一
	剪力墙	二	一	特一
剪力墙	剪力墙	二	一	一
部分框支剪力墙	非底部加强部位剪力墙	二	一	一
	底部加强部位剪力墙	二	一	特一
	框支框架	一	特一	特一
框架—核心筒	框架	二	一	一
	筒体	二	一	特一
筒中筒	外筒	二	一	特一
	内筒	二	一	特一

说明：1. 本表根据《高层建筑混凝土结构技术规程》JGJ 3—2010 第 **3.9.4** 条编制。

2. 底部带转换层的筒体结构，其框支框架和底部加强部位筒体的抗震等级应按表中部分框支剪力墙结构的规定采用。

异形柱结构的抗震等级 表 3.7

结构体系		抗震设防烈度						
		6 度		7 度				8 度
		0.05g		0.10g		0.15g		0.20g
框架结构	高度（m）	≤21	>21	≤21	>21	≤18	>18	≤12
	框架	四	三	三	二	三（二）	二（二）	二
框架—剪力墙结构	高度（m）	≤30	>30	≤30	>30	≤30	>30	≤28
	框架	四	三	三	二	二	二（二）	二
	剪力墙	三	三	三	二	二	二（二）	二（一）

说明：1. 本表根据《混凝土异形柱结构技术规程》JGJ 149—2006 第 **3.3.1** 条编制。

2. 房屋高度指室外地面到主要屋面板板顶的高度（不包括局部突出屋顶部分）。

3. 建筑场地为Ⅰ类时，除 6 度外，应允许按本地区抗震设防烈度降低一度所对应的抗震等级采取抗震构造措施，但相应的计算要求不应降低；对 7 度（**0.15g**）时建于Ⅲ、Ⅳ类场地的异形柱框架结构和异形柱框架—剪力墙结构，应按表中括号内所示的抗震等级采取抗震构造措施；接近或等于高度分界线时，应结合房屋不规则程度及场地、地基条件确定抗震等级。

4. 框架—剪力墙结构，在基本振型地震作用下，当框架部分承受的地震倾覆力矩大于结构总地震倾覆力矩的 50％时，其框架部分的抗震等级应按框架结构确定（《混凝土异形柱结构技术规程》JGJ 149—2006 第 3.3.2 条）。

5. 当异形柱结构的地下室顶层作为上部结构的嵌固端时，地下一层结构的抗震等级应按与上部结构的相应等级采用，地下一层以下的抗震等级可根据具体情况采用三级或四级（《混凝土异形柱结构技术规程》JGJ 149—2006 第 3.3.3 条）。

丙类建筑钢—混凝土混合结构抗震等级

表 3.8

结构类型		抗震设防烈度						
		6 度		7 度		8 度		9 度
房屋高度（m）		≤150	>150	≤130	>130	≤100	>100	≤70
钢框架—钢筋混凝土核心筒	筋混凝土核心筒	二	一	一	特一	一	特一	特一
	钢框架	四	四	三	三	二	二	一
型钢（钢管）混凝土框架-钢筋混凝土核心筒	钢筋混凝土核心筒	二	二	二	一	一	特一	特一
	型钢（钢管）混凝土框架	三	二	二	二	一	一	一
房屋高度（m）		≤180	>180	≤150	>150	≤120	>120	≤90
钢外筒—钢筋混凝土核心筒	钢筋混凝土核心筒	二	一	一	特一	一	特一	特一
	钢外筒	四	四	三	三	二	二	一
型钢（钢管）混凝土外筒-钢筋混凝土核心筒	钢筋混凝土核心筒	二	二	二	一	一	特一	特一
	型钢（钢管）混凝土外筒	三	二	二	二	一	一	一

说明：本表根据《高层建筑混凝土结构技术规程》JGJ 3—2010 第 **11.1.4** 条编制。

四、构件截面最小尺寸

混凝土构件截面最小尺寸 表 4.1

构件类型	构件类别			最小尺寸（mm）	依据
现浇板	装配整体式楼、屋盖的配筋现浇面层厚度			50	见说明 1
	屋面板厚度，民用建筑楼板厚度，悬臂板悬臂长度不大于 500mm 时的根部厚度			60	《混凝土结构设计规范》GB 50010—2010 第 9.1.2 条、9.1.5 条、9.1.11 条
	工业建筑楼板厚度			70	
	行车道下的楼板厚度，双向板厚度			80	
	悬臂板悬臂长度 1200mm 时的根部厚度			100	
	无梁楼板厚度，板柱结构中配置抗冲切箍筋或弯起钢筋的板厚度			150	
	现浇空心楼盖	楼盖厚度		200	
		采用箱型内孔时	顶板厚度	50 且不小于肋间净距的 1/15	
			底板厚度	50	
			肋宽	60，当为预应力板时不小于 80	
		采用管型内孔时	顶板、底板厚度	40	
			肋宽	50 且不小于内孔径的 1/15，当为预应力板时不小于 60	
	密肋楼盖	面板厚度		50	
		肋高		250	
	一般楼层现浇板厚度			80	《高层建筑混凝土结构技术规程》JGJ 3—2010 第 3.6.3 条
	板内预埋暗管时楼板厚度			100	
	屋面板厚度			120	
	普通地下室顶板厚度			160	
	作为上部结构嵌固部位的地下室顶板厚度			180	见说明 2
	底部框架-抗震墙砌体房屋过渡层楼板厚度			120	见说明 3

构件类型	构件类别		最小尺寸（mm）	依　据
现浇板	转换厚板上、下一层的楼板厚度，连体结构楼板厚度，多塔楼结构以及体型收进、悬挑结构、竖向体型突变部位的楼板厚度，现浇预应力混凝土楼板厚度，异形柱结构转换层楼板厚度		150	《高层建筑混凝土结构技术规程》JGJ 3—2010 第 3.6.4 条、8.1.9 条 4 款、10.2.13 条、10.2.14 条 6 款、10.2.23 条、10.5.5 条、10.6.2 条，《混凝土异形柱结构技术规程》JGJ 149—2006 第 A.0.9 条、
	框支转换层楼板厚度，箱形转换结构上、下楼板厚度		180	
	板柱-剪力墙结构的无柱帽楼板厚度		200	
梁	框架梁宽度		200	见说明 4
	框架梁高度		计算跨度的 1/10～1/18	《高层建筑混凝土结构技术规程》JGJ 3—2010 第 6.3.1 条
	异形柱框架梁高度		计算跨度的 1/10～1/15 且不宜小于 350（非抗震）、400（抗震）	《混凝土异形柱结构技术规程》JGJ 149—2006 第 6.1.3 条
	转换梁（框支梁、托柱梁）高度		计算跨度的 1/8	见说明 5
	框筒梁宽度		400	见说明 6
	型钢混凝土梁截面宽度		300	见说明 7
	底部框架-抗震墙砌体房屋的钢筋混凝土托墙梁	宽度	300	见说明 8
		高度	不应小于计算跨度的 1/10	
	框支转换层楼板的边梁宽度		不宜小于板厚的 2 倍	《高层建筑混凝土结构技术规程》JGJ 3—2010 第 10.2.23 条
	框架-剪力墙结构的楼面暗梁高度		400	见说明 9
柱	矩形柱（圆形柱）截面尺寸	四级或不超过 2 层	300（ϕ350）	见说明 10
		一、二、三级且超过 2 层	400（ϕ550）	
		抗震设计时高层建筑错层处的框架柱截面高度	600	
	转换柱截面宽度	抗震设计	450	《高层建筑混凝土结构技术规程》JGJ 3—2010 第 10.2.11 条 1 款
		非抗震设计	400	
	异形柱	异形柱截面的肢厚	200	《混凝土异形柱结构技术规程》JGJ 149—2006 第 6.1.4 条
		异形柱截面的肢高	500	

构件类型	构件类别			最小尺寸（mm）	依 据
剪力墙	（高层）剪力墙结构的剪力墙厚度	一、二级	底部加强部位	200	《混凝土结构设计规范》GB 50010—2010 第 11.7.12 条 1 款，《建筑抗震设计规范》GB 50011—2010 第 6.4.1 条，（《高层建筑混凝土结构技术规程》JGJ3—2010 第 7.2.1 条 3 款）
			一般部位	160	
		三、四级	底部加强部位	160	
			一般部位	140（160）	
		非抗震	所有部位	160	
	高层一字形独立剪力墙厚度	一、二级	底部加强部位	220	《高层建筑混凝土结构技术规程》JGJ 3—2010 第 7.2.1 条
			一般部位	180	
		三、四级	底部加强部位	180	
			一般部位	160	
	电梯井或管道井的墙肢厚度		所有部位	160	
	短肢剪力墙厚度		底部加强部位	200	
			一般部位	180	
	框架-剪力墙结构的剪力墙厚度		底部加强部位	200	见说明 11
			一般部位	160	
	框架-核心筒结构的剪力墙厚度		底部加强部位	200	《混凝土结构设计规范》GB 50010—2010 第 11.7.12 条 3 款
			一般部位	160	
			筒体外墙	200	《高层建筑混凝土结构技术规程》JGJ 3—2010 第 9.1.7 条 3 款
			筒体内墙	160	
	错层结构错层处平面外受力的剪力墙厚度		非抗震设计	200	《高层建筑混凝土结构技术规程》JGJ 3—2010 第 10.4.6 条
			抗震设计	250	
	底部框架-抗震墙砌体房屋的抗震墙		抗震设计	160	见说明 12
	板柱-剪力墙结构的剪力墙厚度		房屋高度 ≤12m	180	《建筑抗震设计规范》GB 50011—2010 第 6.6.2 条 2 款
			房屋高度 >12m	200	
防空地下室	顶板、中间楼板厚度			200	《人民防空地下室设计规范》GB 50038—2005 第 4.11.3 条。说明：顶板、中间楼板厚度系指实心截面，如为密肋板，其实心截面厚度不宜小于 100mm，如为现浇空心板，其板顶厚度不宜小于 100mm。且其折合厚度均不应小于 200mm
	承重外墙厚度			250	
	承重内墙厚度			200	
	临空墙厚度			250	
	防护密闭门门框墙厚度			300	
	密闭门门框墙厚度			250	

说明：1.《建筑抗震设计规范》GB 50011—2010 第 6.1.7 条，《高层建筑混凝土结构技术规程》JGJ 3—2010 第 3.6.2 条 5 款。

2. 《建筑抗震设计规范》GB 50011—2010 第 6.1.14 条 1 款，《高层建筑混凝土结构技术规程》JGJ 3—2010 第 3.6.3 条。

3. 《建筑抗震设计规范》GB 50011—2010 第 **7.5.7 条 1 款**《底部框架-抗震墙砌体房屋抗震技术规程》JGJ 248—2012 第 **5.5.28 条 1 款**。

4. 《混凝土结构设计规范》GB 50010—2010 第 11.3.5 条 1 款《建筑抗震设计规范》GB 50011—2010 第 6.3.1 条 1 款、《高层建筑混凝土结构技术规程》JGJ 3—2010 第 6.3.1 条、《混凝土异形柱结构技术规程》JGJ 149—2006 第 6.1.3 条。

5. 《高层建筑混凝土结构技术规程》JGJ 3—2010 第 10.2.8 条 2 款《混凝土异形柱结构技术规程》JGJ 149—2006 第 A.0.7 条。

6. 《高层建筑混凝土结构技术规程》JGJ 3—2010 第 9.3.8 条 1 款。

7. 《型钢混凝土组合结构技术规程》JGJ 138—2001 第 5.4.1 条。

8. 《建筑抗震设计规范》GB 50011—2010 第 **7.5.8 条 1 款**（《底部框架-抗震墙砌体房屋抗震技术规程》》JGJ 248—2012 **第 5.5.15 条 1 款**同）。

9. 《建筑抗震设计规范》GB 50011—2010 第 6.5.1 条 2 款。

10. 《混凝土结构设计规范》GB 50010—2010 第 11.4.11 条 1 款《建筑抗震设计规范》GB 50011—2010 第 6.3.5 条 1 款、《高层建筑混凝土结构技术规程》JGJ 3—2010 第 6.4.1 条 1 款、**10.4.4 条 1 款**。

11. 《混凝土结构设计规范》GB 50010—2010 第 11.7.12 条 2 款《建筑抗震设计规范》GB 50011—2010 第 6.5.1 条 1 款、《高层建筑混凝土结构技术规程》JGJ 3—2010 第 8.2.2 条 1 款。

12. 《底部框架-抗震墙砌体房屋抗震技术规程》JGJ 248—2012 第 5.5.18 条 2 款。

钢管混凝土柱中的钢管截面最小尺寸　　　　表 4.2

构件类别	最小尺寸（mm）	依 据
圆形钢管混凝土柱中的钢管最小直径	400	《高层建筑混凝土结构技术规程》JGJ 3—2010 第 11.4.9 条、11.4.10 条
矩形钢管混凝土柱中的钢管截面短边最小尺寸	400	
钢管壁厚	80	

五、受拉钢筋的锚固长度及搭接长度

受拉钢筋锚固长度 l_a 或 l_{aE} 表 5.1

抗震等级	钢筋强度等级（MPa）	钢筋直径	混凝土强度等级								
			C20	C25	C30	C35	C40	C45	C50	C55	≥C60
非抗震 l_a、四级 l_{aE}	235		31d	27d	24d	22d	20d	19d	18d	18d	17d
	300		40d	35d	31d	28d	26d	24d	23d	23d	22d
	335	≤25	39d	34d	30d	27d	25d	24d	23d	22d	21d
		>25	42d	37d	33d	31d	28d	26d	25d	24d	23d
	400	≤25	—	40d	36d	33d	30d	28d	27d	26d	25d
		>25	—	44d	39d	36d	33d	31d	30d	29d	28d
	500	≤25	—	48d	43d	39d	36d	34d	33d	32d	30d
		>25	—	53d	47d	43d	40d	38d	36d	35d	33d
三级 l_{aE}	235		33d	28d	25d	23d	21d	20d	19d	18d	18d
	300		42d	36d	32d	29d	27d	26d	24d	24d	23d
	335	≤25	41d	35d	31d	29d	26d	25d	24d	23d	22d
		>25	45d	39d	34d	31d	29d	27d	26d	25d	24d
	400	≤25	—	42d	38d	34d	31d	30d	28d	27d	26d
		>25	—	46d	41d	38d	35d	33d	31d	30d	29d
	500	≤25	—	51d	45d	41d	38d	36d	34d	33d	32d
		>25	—	56d	50d	45d	42d	40d	38d	36d	35d
一、二级 l_{aE}	235		36d	31d	28d	25d	23d	22d	21d	20d	19d
	300		46d	40d	35d	32d	30d	28d	27d	26d	25d
	335	≤25	44d	39d	34d	31d	29d	27d	26d	25d	24d
		>25	49d	42d	38d	34d	32d	30d	29d	28d	27d
	400	≤25	—	46d	41d	37d	34d	33d	31d	30d	29d
		>25	—	51d	45d	41d	38d	36d	34d	33d	32d
	500	≤25	—	56d	49d	45d	41d	39d	38d	36d	35d
		>25	—	61d	54d	50d	46d	43d	41d	40d	38d

说明：1. 本表根据《混凝土结构设计规范》GB 50010—2010 第 8.3.1 条、8.3.2 条 1 款编制；虽然《混凝土结构设计规范》GB 50010—2010、《建筑抗震设计规范》GB 50011—2010 已取消 HPB235 钢筋，但全国各地仍有可能采用，因此本表仍保留 HPB235 钢筋。

2. 光圆钢筋末端应做 180°弯钩，弯后平直段长度不应小于 3d，但作受压钢筋时可不做弯钩。

3. 受拉钢筋的锚固长度不应小于 200mm。

4. 纵向受拉普通钢筋的锚固长度应按下列规定修正：环氧树脂涂层带肋钢筋锚固长度应增大 1.10 倍；施工过程中易受扰动的钢筋锚固长度应增大 1.10 倍；当纵向受力钢筋的实际配筋面积大于其设计计算面积时，修正系数取设计计算面积与实际配筋面积的比值，但对有抗震设防要求及直接承受动力荷载的结构构件不应考虑此项修正；锚固钢筋的保护层厚度为 3d（d 为钢筋直径）时，修正系数可取 0.80，保护层厚度为 5d 时，修正系数可取 0.70，中间按内插取值；修正系数可按连乘计算，但不应小于 0.6（《混凝土结构设计规范》GB 50010—2010 第 8.3.1 条 2 款、8.3.2 条）。

抗震等级	钢筋强度等级（MPa）	钢筋直径	混凝土强度等级								
			C20	C25	C30	C35	C40	C45	C50	C55	≥C60
非抗震 l_l、四级 l_{lE}	235		37d	32d	29d	26d	24d	23d	22d	21d	20d
	300		48d	41d	37d	34d	31d	29d	28d	27d	26d
	335	≤25	46d	40d	36d	33d	30d	28d	27d	26d	25d
		>25	51d	44d	39d	36d	33d	31d	30d	29d	28d
	400	≤25	—	48d	43d	39d	36d	34d	32d	31d	30d
		>25	—	53d	47d	43d	39d	40d	36d	34d	33d
	500	≤25	—	58d	52d	47d	43d	41d	39d	38d	36d
		>25	—	64d	57d	52d	48d	45d	43d	41d	40d
三级 l_{lE}	335	≤25	49d	42d	38d	34d	31d	28d	27d	26d	25d
		>25	53d	46d	41d	38d	35d	31d	30d	29d	28d
	400	≤25	—	50d	45d	41d	38d	34d	32d	31d	30d
		>25	—	55d	49d	45d	41d	37d	36d	34d	33d
	500	≤25	—	58d	52d	47d	43d	41d	39d	38d	36d
		>25	—	64d	57d	52d	47d	45d	43d	41d	40d
一、二级 l_{lE}	335	≤25	53d	46d	41d	37d	34d	33d	31d	30d	29d
		>25	58d	51d	45d	41d	38d	36d	34d	33d	32d
	400	≤25	—	55d	49d	45d	41d	39d	37d	36d	34d
		>25	—	61d	54d	49d	45d	43d	41d	39d	38d
	500	≤25	—	67d	59d	54d	50d	47d	45d	43d	42d
		>25	—	73d	65d	59d	54d	52d	49d	48d	46d

说明：1. 本表根据《混凝土结构设计规范》GB 50010—2010 第 8.4.4 条编制。虽然《混凝土结构设计规范》GB 50010—2010、《建筑抗震设计规范》GB 50011—2010 已取消 HPB235 钢筋，但全国各地（特别是边远地区）仍有可能采用，因此本表仍保留 HPB235 钢筋。

2. 光圆钢筋末端应做 180°弯钩，弯后平直段长度不应小于 3d，但作受压钢筋时可不做弯钩。

3. 纵向受拉钢筋绑扎搭接接头的搭接长度不应小于 300mm。

4. 《混凝土结构设计规范》GB 50010—2010：轴心受拉及小偏心受拉杆件（如桁架和拱的拉杆）的纵向受力钢筋不得采用绑扎搭接，其他构件中的钢筋采用绑扎搭接时，受拉钢筋直径不宜大于 25mm，受压钢筋直径不宜大于 28mm（8.4.2 条）；同一构件中相邻纵向受力钢筋的绑扎搭接接头宜相互错开，钢筋绑扎搭接接头连接区段的长度为 1.3 倍搭接长度，凡搭接接头中点位于该连接区段长度内的搭接接头均属于同一连接区段，同一连接区段内纵向钢筋搭接接头面积百分率为该区段内有搭接接头的纵向受力钢筋截面面积与全部纵向受力钢筋截面面积的比值，位于同一连接区段内的受拉钢筋搭接接头面积百分率：对梁类、板类及墙类构件，不宜大于 25%；对柱类构件，不宜大于 50%；当工程中确有必要增大受拉钢筋搭接接头面积百分率时，对梁类构件，不应大于 50%；对板类、墙类及柱类构件，可根据实际情况放宽（8.4.3 条）。

受拉钢筋绑扎搭接接头面积百分率为 50%时的搭接长度 l_l 或 l_{lE}　　表 5.3

抗震等级	钢筋强度等级（MPa）	钢筋直径	混凝土强度等级								
			C20	C25	C30	C35	C40	C45	C50	C55	≥C60
非抗震 l_l、四级 l_{lE}	235		43d	38d	33d	30d	29d	27d	25d	24d	23d
	300		55d	48d	43d	39d	36d	34d	32d	31d	27d
	335	≤25	54d	47d	42d	38d	35d	33d	32d	30d	29d
		>25	59d	51d	46d	42d	38d	36d	35d	33d	32d
	400	≤25	—	56d	50d	45d	42d	40d	38d	36d	35d
		>25	—	62d	55d	50d	46d	44d	42d	40d	39d
	500	≤25	—	68d	60d	55d	50d	48d	46d	44d	42d
		>25	—	74d	66d	60d	55d	53d	50d	48d	46d
三级 l_{lE}	335	≤25	57d	49d	44d	40d	37d	35d	33d	32d	31d
		>25	62d	54d	48d	44d	40d	38d	36d	35d	34d
	400	≤25	—	59d	52d	48d	44d	42d	40d	38d	37d
		>25	—	65d	57d	52d	48d	46d	44d	42d	40d
	500	≤25	—	71d	63d	58d	53d	50d	48d	46d	44d
		>25	—	78d	69d	63d	58d	55d	53d	51d	49d
一、二级 l_{lE}	335	≤25	62d	54d	48d	44d	40d	38d	36d	35d	34d
		>25	68d	59d	53d	48d	44d	42d	40d	38d	37d
	400	≤25	—	64d	57d	52d	48d	46d	43d	42d	40d
		>25	—	71d	63d	57d	53d	50d	48d	46d	44d
	500	≤25	—	78d	69d	63d	58d	55d	52d	50d	48d
		>25	—	85d	76d	69d	63d	60d	57d	55d	53d

受拉钢筋绑扎搭接接头面积百分率为 100%时的搭接长度 l_l 或 l_{lE}　　表 5.4

抗震等级	钢筋强度等级（MPa）	钢筋直径	混凝土强度等级								
			C20	C25	C30	C35	C40	C45	C50	C55	≥C60
非抗震 l_l、四级 l_{lE}	235		49d	43d	38d	35d	33d	30d	29d	28d	27d
	300		63d	55d	49d	45d	41d	39d	37d	36d	34d
	335	≤25	62d	53d	47d	43d	42d	38d	36d	35d	33d
		>25	68d	59d	52d	48d	44d	42d	40d	38d	37d
	400	≤25	—	64d	57d	52d	48d	45d	43d	42d	40d
		>25	—	70d	63d	57d	52d	50d	47d	46d	44d
	500	≤25	—	77d	69d	63d	57d	55d	52d	50d	48d
		>25	—	85d	75d	69d	63d	60d	57d	55d	53d

抗震等级	钢筋强度等级（MPa）	钢筋直径	混凝土强度等级								
			C20	C25	C30	C35	C40	C45	C50	C55	≥C60
三级 l_{lE}	335	≤25	65d	56d	50d	45d	42d	40d	38d	36d	35d
		>25	71d	62d	55d	50d	46d	44d	42d	40d	39d
	400	≤25	—	67d	60d	54d	50d	47d	45d	44d	42d
		>25	—	74d	66d	60d	55d	52d	50d	48d	46d
	500	≤25	—	81d	72d	66d	60d	57d	55d	53d	51d
		>25	—	89d	79d	72d	66d	63d	60d	58d	56d
一、二级 l_{lE}	335	≤25	71d	61d	55d	50d	46d	43d	41d	40d	38d
		>25	78d	67d	60d	55d	50d	48d	45d	44d	42d
	400	≤25	—	74d	65d	60d	55d	52d	50d	48d	46d
		>25	—	81d	72d	65d	60d	57d	54d	52d	50d
	500	≤25	—	89d	79d	72d	66d	63d	60d	58d	55d
		>25	—	97d	87d	79d	72d	69d	66d	63d	61d

纵向受拉冷轧带肋钢筋的最小锚固长度 l_a　　　　　　表 5.5

钢筋级别	混凝土强度等级					注：d 为冷轧带肋钢筋的公称直径（mm）；锚固长度不应小于200mm；两根等直径并筋的锚固长度应按表中数值乘以系数 1.4 后取用。
	C20	C25	C30	C35	≥C40	
CRB550，CRB600H	45d	40d	35d	35d	30d	

说明：本表根据《冷轧带肋钢筋混凝土结构技术规程》JGJ 95—2011 第 6.1.3 条编制。

纵向受拉冷轧带肋钢筋绑扎搭接接头的最小搭接长度 l_l　　　　　　表 5.6

钢筋级别	搭接接头面积百分率	混凝土强度等级					注：本表根据《冷轧带肋钢筋混凝土结构技术规程》JGJ 95—2011 第 6.1.4 条中的式 6.1.4 及表 7.1.4-1、6.1.4-2 编制；纵向受拉钢筋的搭接长度不应小于300mm。
		C20	C25	C30	C35	≥C40	
CRB550，CRB600H	≤25	55d	50d	45d	42d	36d	
	50	63d	56d	49d	49d	42d	
	100	72d	64d	56d	56d	48d	

预应力冷轧带肋钢筋的最小锚固长度 l_a　　　　　　表 5.7

钢筋级别	混凝土强度等级					注：本表根据《冷轧带肋钢筋混凝土结构技术规程》JGJ 95—2011 附录 B.0.1 条 2 款编制；d 为钢筋的公称直径。
	C30	C35	C40	C45	≥C50	
CRB650，CRB650H	37d	33d	31d	29d	28d	
CRB800，CRB800H	45d	41d	38d	36d	34d	
CRB970	55d	50d	46d	44d	42d	

纵向受拉冷轧扭钢筋的最小锚固长度 l_a   表 5.8

钢筋级别	钢筋型号	混凝土强度等级					注：本表根据《冷轧扭钢筋混凝土构件技术规程》JGJ 115—2006 第 7.2.1 条编制；d 为冷轧扭钢筋的标志直径；锚固长度在任何情况下不应小于 200mm；两根并筋的锚固长度应按表中数值乘以系数 1.4 后取用。
		C20	C25	C30	C35	≥C40	
CTB550	Ⅰ	45d	40d	35d	35d	30d	
	Ⅱ	50d	45d	40d	40d	35d	
CTB650	预应力Ⅲ	—	—	50d	45d	40d	

纵向受拉冷轧扭钢筋绑扎搭接接头面积百分率≤25%时的最小搭接长度 l_l   表 5.9

钢筋级别	钢筋型号	混凝土强度等级					注：d 为冷轧扭钢筋的标志直径；纵向受拉钢筋在规定的搭接长度区段内，有接头的受力钢筋截面面积不应大于总钢筋截面面积的 25%；搭接长度在任何情况下不应小于 300mm。
		C20	C25	C30	C35	≥C40	
CTB550	Ⅰ	52d	48d	42d	42d	36d	
	Ⅱ	60d	52d	48d	48d	42d	

说明：本表根据《冷轧扭钢筋混凝土构件技术规程》JGJ 115—2006 第 7.3.2 条、7.3.3 条编制。

六、混凝土构件的最小配筋率（配筋量）

（一）一般构件和人防构件的最小配筋率

受弯构件、偏心受拉、轴心受拉构件一侧的受拉钢筋、
受压构件的全部纵向受力钢筋的最小配筋率 ρ（%）　　　表 6.1

混凝土强度等级	受弯构件、偏心受拉、轴心受拉构件一侧的受拉钢筋						受压构件的全部纵向受力钢筋		
	钢筋强度等级（MPa）						钢筋强度等级（MPa）		
	235	300	335	400	500	CRB 550	300、335	400	500
C20	0.236	0.200	0.200	——	——	0.200（0.150）	0.60	——	——
C25	0.273	0.212	0.200	0.200（0.159）	0.200（0.150）	0.200（0.150）	0.60	0.55	0.50
C30	0.307	0.239	0.215	0.200（0.179）	0.200（0.150）	0.200（0.161）	0.60	0.55	0.50
C35	0.337	0.262	0.236	0.200（0.196）	0.200（0.163）	0.200（0.177）	0.60	0.55	0.50
C40	0.367	0.285	0.257	0.214	0.200（0.177）	0.200（0.193）	0.60	0.55	0.50
C45	0.386	0.300	0.270	0.225	0.200（0.187）	0.203	0.60	0.55	0.50
C50	0.405	0.315	0.284	0.237	0.200（0.196）	0.213	0.60	0.55	0.50
C55	0.420	0.327	0.294	0.245	0.203	0.221	0.60	0.55	0.50
C60	0.438	0.340	0.306	0.255	0.211	0.230	0.60	0.55	0.50
C65	0.448	0.349	0.314	0.262	0.217	0.236	0.70	0.65	0.60
C70	0.459	0.357	0.321	0.268	0.222	0.241	0.70	0.65	0.60
C75	0.468	0.364	0.327	0.273	0.226	0.246	0.70	0.65	0.60
C80	0.476	0.370	0.333	0.278	0.230	0.250	0.70	0.65	0.60

说明：1. 本表根据《混凝土结构设计规范》GB 50010—2010 第 8.5.1 条、《冷轧带肋钢筋混凝土结构技术规程》JGJ—2011 第 6.1.5 条编制，括号内数值用于不包括悬臂板的板类受弯构件。

2. 偏心受拉构件中的受压钢筋，应按受压钢筋一侧纵向钢筋考虑。

3. 受压构件一侧纵向钢筋的最小配筋率为 0.2%。

4. 受压构件的全部纵向钢筋和一侧纵向钢筋的配筋率以及轴心受拉构件和小偏心受拉构件一侧受拉钢筋的配筋率应按构件的全截面面积计算；受弯构件、大偏心受拉构件一侧受拉钢筋的配筋率应按全截面面积扣除受压翼缘计算面积 $(b'_f - b) h'_f$ 后的截面面积计算。

5. 当钢筋沿构件截面周边布置时，"一侧纵向钢"系指沿受力方向两个对边中的一边布置的纵向钢筋。

6. 虽然《混凝土结构设计规范》GB 50010—2010 已取消 HPB235 钢筋，但如钢厂仍有生产，全国各地仍有可能在板类受弯构件中采用，因此本表仍保留 HPB235 钢筋。

纵向受拉 CTB550 级冷轧扭钢筋的最小配筋率 ρ（%）　　　表 6.2

混凝土强度等级	≤C35	>C35
最小配筋率 ρ（%）	0.20	同本书表 6.1 中 400 级钢筋非括号内的数值

注：矩形截面受弯构件受拉钢筋构件的受拉钢筋最小配筋率按全截面面积扣除位于受压边或受拉较小边翼缘面积 $(b'_f - b) h'_f$ 后的截面面积计算。

说明：本表根据《冷轧扭钢筋混凝土构件技术规程》JGJ 115—2006 第 7.4.1 条编制。

<h2 style="text-align:center">人防结构承受动荷载的钢筋混凝土构件受力钢筋的最小配筋率 ρ（%）　表 6.3</h2>

类　　别		钢筋级别	混凝土强度等级		
			C20～C35	C40～C55	C60～C80
受压构件全部纵向钢筋	柱	335	0.60	0.60	0.70
		400	0.50	0.50	0.60
	墙	335	0.40	0.40	0.40
		400	0.30	0.30	0.30
偏心受压及偏心受拉构件一侧的受压钢筋			0.20	0.20	0.20
受弯构件、偏心受压及偏心受拉构件一侧的受拉钢筋			0.25	0.30	0.35

说明：1. 本表根据《人民防空地下室设计规范》GB 50038—2005 第 4.11.7 条编制。

2. 受压构件的受压钢筋以及偏心受压、小偏心受拉构件的受压钢筋的最小配筋率按构件的全截面面积计算，受弯构件、大偏心受拉构件的受拉钢筋的最小配筋率按全截面面积扣除位于受压边或受拉较小边翼缘面积后的截面面积计算。

3. 受弯构件、偏心受压及偏心受拉构件一侧的受拉钢筋的最小配筋率不适用于 HPB235 级钢筋，当采用 HPB235 级钢筋时，应符合《混凝土结构设计规范》（GB 50010）中有关规定。

4. 对卧置于地基上的核 5 级、核 6 级和核 6B 级甲类防空地下室结构底板，当其内力系由平时设计荷载控制时，板中受拉钢筋的最小配筋率可适当降低，但不应小于 0.15%。

5. 钢筋混凝土受弯构件，宜在受压区内配置构造钢筋，构造钢筋面积不宜小于受拉钢筋的最小配筋率，在连续梁支座和框架节点处，且不宜小于受拉主筋面积的 1/3（《人民防空地下室设计规范》GB 50038—2005 第 4.11.9 条）。

6. 笔者注：所有构件的配筋率尚应符合《混凝土结构设计规范》GB 50010—2010 的有关规定。

<h2 style="text-align:center">其余构件的最小配筋率 ρ（%）　表 6.4</h2>

构件及钢筋类别	最小配筋率（%）
板表面防裂构造钢筋	0.10
单向板非受力方向的分布钢筋；卧置于地基上的混凝土板的受拉钢筋	0.15
作为上部结构嵌固部位的地下室顶板的板面、板底钢筋；框架-双筒结构的双筒间楼板开洞时，洞口附近楼板（应加厚）的板面、板底钢筋；连体结构的楼板上、下钢筋；多塔楼结构以及体型收进、悬挑结构，竖向体型突变部位的楼板上、下钢筋；防护密闭门门框墙的受力钢筋；框支转换层楼板和异形柱结构转换层楼板（应双层双向配筋）每层每方向的配筋率	0.25
筒体结构的楼盖外角板面、板底钢筋；型钢混凝土梁的纵向钢筋；高层建筑地下室外墙竖向和水平钢筋（每侧每向）；跨高比不大于 2.5 的连梁两侧腰筋的总面积配筋率	0.30
转换板内暗梁的抗剪箍筋面积配筋率	0.45
转换厚板板面、板底受弯纵向钢筋每一方向的总配筋率	0.60
型钢混凝土柱的全部纵向受力钢筋	0.80
框支转换楼板的边梁全截面纵向钢筋配筋率	1.00
型钢混凝土柱的型钢含钢率	4.00

说明：本表根据《混凝土结构设计规范》GB 50010—2010 第 9.1.8 条、9.1.7 条（《冷轧扭钢筋混凝土构件技术规程》JGJ 115—2006 第 7.5.7 条同）、8.5.2 条、《建筑抗震设计规范》GB 50011—2010 第 6.1.14 条 1 款（《高层建筑混凝土结构技术规程》JGJ 3—2011：第 3.6.3 条同）、《高层建筑混凝土结构技术规程》JGJ 3—2010 第 7.2.27 条 4 款、9.1.4 条、9.2.7 条、10.2.14 条 3 款、10.2.23 条、10.5.5 条、10.6.2 条、11.4.2 条 2 款（《型钢混凝土组合结构技术规程》JGJ 138—2001 第 5.4.2 条同）、11.4.5 条 4 款及 6 款（《型钢混凝土组合结构技术规程》JGJ 138—2001 第 6.2.4 条同）、12.2.14 条 3 款、12.2.5 条、12.4.5 条 4、5 款、《人民防空地下室设计规范》GB 50038—2005 第 4.11.12 条 1 款、《混凝土异形柱结构技术规程》JGJ 149—2006 第 A.0.9 条编制。

（二）次要受弯构件的最小配筋率

1.《混凝土结构设计规范》GB 50010—2010 第 8.5.3 条规定："对结构中次要的钢筋混凝土受弯构件，当构造所需截面高度远大于承载的需求时，其纵向受拉钢筋的配筋率可按下列公式计算：

$$\rho_s \geq h_{cr}\rho_{min}/h \qquad (8.5.3\text{-}1)$$

$$h_{cr} = 1.05\sqrt{\frac{M}{\rho_{min}f_y b}} \qquad (8.5.3\text{-}2)$$

式中：ρ_s 为构件按全截面计算的纵向受拉钢筋的配筋率；ρ_{min} 为纵向受力钢筋的最小配筋率，按本规范第 8.5.1 条取用；h_{cr} 为构件截面的临界高度，当小于 $h/2$ 时取 $h/2$；h 为构件截面的高度；b 为构件的截面宽度；M 为构件的正截面受弯承载力设计值。"

式 8.5.3-2 两边平方，可得 $h_{cr}^2 = 1.05^2 \times M/(\rho_{min}f_y b)$

故临界弯矩设计值 $M_1 = \rho_{min}f_y b h_{cr}^2/1.05^2 = 0.90703\rho_{min}f_y b(h/2)^2 = 0.22676\rho_{min}f_y bh^2$

$M_2 = 0.90703\rho_{min}f_y bh^2 = 4M_1$

通过计算可得到板在不同厚度时的临界弯矩设计值 M_1 及 M_2 如表 6.5。

次要受弯构件——板的临界弯矩设计值 M_1 及 M_2 表 6.5

序号	板厚 (mm)	混凝土强度等级	临界弯矩设计值 M_1（kN·m/m）					临界弯矩设计值 M_2（kN·m/m）				
			钢筋强度等级（MPa）					钢筋强度等级（MPa）				
			235	300	335	400	500	235	300	335	400	500
1	60	C20	0.40	0.44	0.49			1.62	1.76	1.96		
		C25	0.47	0.47	0.49	0.47	0.53	1.87	1.87	1.96	1.87	2.13
		C30	0.53	0.53	0.53	0.53	0.53	2.10	2.10	2.10	2.10	2.13
		C35	0.58	0.58	0.58	0.58	0.58	2.31	2.31	2.31	2.31	2.31
		C40	0.63	0.63	0.63	0.63	0.63	2.51	2.51	2.51	2.51	2.51
2	80	C20	0.72	0.78	0.87			2.87	3.13	3.48		
		C25	0.83	0.83	0.87	0.83	0.95	3.32	3.32	3.48	3.32	3.79
		C30	0.93	0.93	0.93	0.93	0.95	3.74	3.74	3.74	3.74	3.79
		C35	1.03	1.03	1.03	1.03	1.03	4.10	4.10	4.10	4.10	4.10
		C40	1.12	1.12	1.12	1.12	1.12	4.47	4.47	4.47	4.47	4.47
3	100	C20	1.12	1.22	1.36			4.49	4.90	5.44		
		C25	1.30	1.30	1.36	1.30	1.48	5.18	5.18	5.44	5.18	5.92
		C30	1.46	1.46	1.46	1.46	1.48	5.84	5.84	5.84	5.84	5.92
		C35	1.60	1.60	1.60	1.60	1.60	6.41	6.41	6.41	6.41	6.41
		C40	1.74	1.74	1.74	1.74	1.74	6.98	6.98	6.98	6.98	6.98
4	120	C20	1.62	1.76	1.96			6.47	7.05	7.84		
		C25	1.87	1.87	1.96	1.87	2.13	7.46	7.46	7.84	7.46	8.52
		C30	2.10	2.10	2.10	2.10	2.13	8.40	8.40	8.40	8.40	8.52
		C35	2.31	2.31	2.31	2.31	2.31	9.23	9.23	9.23	9.23	9.23
		C40	2.51	2.51	2.51	2.51	2.51	10.1	10.1	10.1	10.1	10.1

序号	板厚（mm）	混凝土强度等级	临界弯矩设计值 M_1（kN·m/m） 钢筋强度等级（MPa）					临界弯矩设计值 M_2（kN·m/m） 钢筋强度等级（MPa）				
			235	300	335	400	500	235	300	335	400	500
5	150	C20	2.53	2.76	3.06			10.1	11	12.2		
		C25	2.92	2.92	3.06	2.92	3.33	11.7	11.7	12.2	11.7	13.3
		C30	3.28	3.28	3.28	3.28	3.33	13.1	13.1	13.1	13.1	13.3
		C35	3.60	3.60	3.60	3.60	3.60	14.4	14.4	14.4	14.4	14.4
		C40	3.93	3.93	3.93	3.93	3.93	15.7	15.7	15.7	15.7	15.7
6	160	C20	2.87	3.13	3.48			11.5	12.5	13.9		
		C25	3.32	3.32	3.48	3.32	3.79	13.3	13.3	13.9	13.3	15.2
		C30	3.74	3.74	3.74	3.74	3.79	14.9	14.9	14.9	14.9	15.2
		C35	4.10	4.10	4.10	4.10	4.10	16.4	16.4	16.4	16.4	16.4
		C40	4.47	4.47	4.47	4.47	4.47	17.9	17.9	17.9	17.9	17.9
7	180	C20	3.64	3.97	4.41			14.5	15.9	17.6		
		C25	4.20	4.20	4.41	4.20	4.79	16.8	16.8	17.6	16.8	19.2
		C30	4.73	4.73	4.73	4.73	4.79	18.9	18.9	18.9	18.9	19.2
		C35	5.19	5.19	5.19	5.19	5.19	20.8	20.8	20.8	20.8	20.8
		C40	5.65	5.65	5.65	5.65	5.65	22.6	22.6	22.6	22.6	22.6
8	200	C20	4.49	4.90	5.44			18.0	19.6	21.8		
		C25	5.18	5.18	5.44	5.18	5.92	20.7	20.7	21.8	20.7	23.7
		C30	5.84	5.84	5.84	5.84	5.92	23.3	23.3	23.3	23.3	23.7
		C35	6.41	6.41	6.41	6.41	6.41	25.6	25.6	25.6	25.6	25.6
		C40	6.98	6.98	6.98	6.98	6.98	27.9	27.9	27.9	27.9	27.9
9	220	C20	5.43	5.93	6.59			21.7	23.7	26.3		
		C25	6.27	6.27	6.59	6.27	7.16	25.1	25.1	26.3	25.1	28.6
		C30	7.06	7.06	7.06	7.06	7.16	28.2	28.2	28.2	28.2	28.6
		C35	7.75	7.75	7.75	7.75	7.75	31.0	31.0	31.0	31.0	31.0
		C40	8.45	8.45	8.45	8.45	8.45	33.8	33.8	33.8	33.8	33.8
10	240	C20	6.47	7.05	7.84			25.9	28.2	31.3		
		C25	7.46	7.46	7.84	7.46	8.52	29.9	29.9	31.3	29.9	34.1
		C30	8.40	8.40	8.40	8.40	8.52	33.6	33.6	33.6	33.6	34.1
		C35	9.23	9.23	9.23	9.23	9.23	36.9	36.9	36.9	36.9	36.9
		C40	10.1	10.1	10.1	10.1	10.1	40.2	40.2	40.2	40.2	40.2
11	250	C20	7.02	7.65	8.50			28.1	30.6	34.0		
		C25	8.10	8.10	8.50	8.10	9.25	32.4	32.4	34.0	32.4	37.0
		C30	9.12	9.12	9.12	9.12	9.25	36.5	36.5	36.5	36.5	37.0
		C35	10.0	10.0	10.0	10.0	10.0	40.1	40.1	40.1	40.1	40.1
		C40	10.9	10.9	10.9	10.9	10.9	43.6	43.6	43.6	43.6	43.6

2．当板的弯矩设计值 $M \leqslant$ 临界弯矩设计值 M_1 时（以住宅飘窗的窗台竖板及屋面女儿墙为例，当其厚度不小于 120mm 时，通过计算可得到其弯矩设计值 M 一般都小于临界弯矩设计值 M_1），其纵向受力钢筋的最小配筋率 $\rho_s = 0.5\rho_{min}$，当板的弯矩设计值 $M >$ 临界弯矩设计值 M_2 时，其纵向受力钢筋的最小配筋率 $\rho_s = \rho_{min}$（如计算其临界高度，则临界高度 h_{cr} 会大于梁的截面高度 h，因此会得到其 $\rho_s > \rho_{min}$，这显然是不合理的），ρ_{min} 见本书表 6.1；当板的弯矩设计值 M 在临界弯矩设计值 $M_1 \sim M_2$ 之间时，其纵向受力钢筋的最小配筋率 ρ_s 在 $0.5\rho_{min} \sim \rho_{min}$ 之间，具体见本书表 6.6。

3．《混凝土结构设计规范》GB 50010—2010 第 8.5.3 条没有明确哪些受弯构件属于"次要构件"，笔者认为如住宅飘窗的窗台竖板、屋面女儿墙等主要承受风荷载的竖向构件可视为次要构件，水平方向的受弯构件如楼板厚度大大超过结构实际受力需要也可视为次要受弯构件。至于哪些梁属于"次要构件"比较难以界定，读者在设计时可以酌情掌握。

次要受弯构件——板的最小配筋率 ρ_s（%）　　　　　表 6.6

序号	板厚 (mm)	弯矩设计值 M (kN·m/m)	混凝土强度等级	钢筋强度等级（MPa）				
				235	300	335	400	500
1	120	2.6	C20	0.149	0.121	0.115		
			C25	0.161	0.125	0.115	0.094	0.083
			C30	0.170	0.133	0.119	0.099	0.083
			C35	0.179	0.139	0.125	0.104	0.086
			C40	0.186	0.145	0.130	0.109	0.090
2	120	3.5	C20	0.173	0.141	0.134		
			C25	0.186	0.145	0.134	0.109	0.096
			C30	0.198	0.154	0.138	0.115	0.096
			C35	0.207	0.161	0.145	0.121	0.100
			C40	0.216	0.168	0.151	0.126	0.104
3	120	4.4	C20	0.194	0.158	0.150		
			C25	0.209	0.163	0.150	0.122	0.108
			C30	0.222	0.172	0.155	0.129	0.108
			C35	0.232	0.181	0.163	0.136	0.112
			C40	0.242	0.189	0.170	0.141	0.117
4	120	5.3	C20	0.213	0.173	0.164		
			C25	0.229	0.178	0.164	0.134	0.118
			C30	0.243	0.189	0.170	0.142	0.118
			C35	0.255	0.198	0.178	0.149	0.123
			C40	0.266	0.207	0.186	0.155	0.128
5	120	6.2	C20	0.231	0.188	0.178		
			C25	0.248	0.193	0.178	0.145	0.128
			C30	0.263	0.205	0.184	0.154	0.128
			C35	0.276	0.214	0.193	0.161	0.133
			C40	0.288	0.224	0.201	0.168	0.139

序号	板厚（mm）	弯矩设计值 M（kN·m/m）	混凝土强度等级	钢筋强度等级（MPa）				
				235	300	335	400	500
6	150	4.0	C20	0.148	0.120	0.114		
			C25	0.159	0.124	0.114	0.093	0.082
			C30	0.169	0.132	0.118	0.099	0.082
			C35	0.177	0.138	0.124	0.103	0.086
			C40	0.185	0.144	0.129	0.108	0.089
7	150	5.5	C20	0.174	0.141	0.134		
			C25	0.187	0.145	0.134	0.109	0.096
			C30	0.198	0.154	0.139	0.116	0.096
			C35	0.208	0.162	0.145	0.121	0.100
			C40	0.217	0.169	0.152	0.126	0.105
8	150	7.0	C20	0.196	0.159	0.151		
			C25	0.211	0.164	0.151	0.123	0.109
			C30	0.224	0.174	0.157	0.131	0.109
			C35	0.234	0.182	0.164	0.137	0.113
			C40	0.245	0.190	0.171	0.143	0.118
9	150	8.5	C20	0.216	0.176	0.167		
			C25	0.232	0.181	0.167	0.136	0.120
			C30	0.247	0.192	0.173	0.144	0.120
			C35	0.258	0.201	0.181	0.151	0.125
			C40	0.270	0.210	0.189	0.157	0.130
10	150	10.0	C20	0.235	0.191	0.181		
			C25	0.252	0.196	0.181	0.147	0.130
			C30	0.267	0.208	0.187	0.156	0.130
			C35	0.280	0.218	0.196	0.163	0.135
			C40	0.292	0.227	0.205	0.171	0.141
11	160	4.6	C20	0.149	0.121	0.115		
			C25	0.160	0.125	0.115	0.093	0.083
			C30	0.170	0.132	0.119	0.099	0.083
			C35	0.178	0.139	0.125	0.104	0.086
			C40	0.186	0.145	0.130	0.108	0.090
12	160	6.2	C20	0.173	0.141	0.133		
			C25	0.186	0.145	0.133	0.109	0.096
			C30	0.197	0.154	0.138	0.115	0.096
			C35	0.207	0.161	0.145	0.121	0.100
			C40	0.216	0.168	0.151	0.126	0.104

序号	板厚（mm）	弯矩设计值 M（kN·m/m）	混凝土强度等级	钢筋强度等级（MPa）				
				235	300	335	400	500
13	160	7.8	C20	0.194	0.158	0.150		
			C25	0.209	0.162	0.150	0.122	0.108
			C30	0.221	0.172	0.155	0.129	0.108
			C35	0.232	0.180	0.162	0.135	0.112
			C40	0.242	0.188	0.169	0.141	0.117
14	160	9.4	C20	0.213	0.173	0.164		
			C25	0.229	0.178	0.164	0.134	0.118
			C30	0.243	0.189	0.170	0.142	0.118
			C35	0.255	0.198	0.178	0.149	0.123
			C40	0.266	0.207	0.186	0.155	0.128
15	160	11.0	C20	0.231	0.187	0.178		
			C25	0.248	0.193	0.178	0.145	0.128
			C30	0.263	0.204	0.184	0.153	0.128
			C35	0.275	0.214	0.193	0.161	0.133
			C40	0.288	0.224	0.201	0.168	0.139
16	180	6.0	C20	0.151	0.123	0.117		
			C25	0.163	0.127	0.117	0.095	0.084
			C30	0.173	0.134	0.121	0.101	0.084
			C35	0.181	0.141	0.127	0.105	0.087
			C40	0.189	0.147	0.132	0.110	0.091
17	180	8.0	C20	0.175	0.142	0.135		
			C25	0.188	0.146	0.135	0.110	0.097
			C30	0.199	0.155	0.140	0.116	0.097
			C35	0.209	0.162	0.146	0.122	0.101
			C40	0.218	0.170	0.153	0.127	0.105
18	180	10.0	C20	0.195	0.159	0.151		
			C25	0.210	0.163	0.151	0.122	0.108
			C30	0.223	0.173	0.156	0.13	0.108
			C35	0.233	0.182	0.163	0.136	0.113
			C40	0.244	0.190	0.171	0.142	0.118
19	180	12.0	C20	0.214	0.174	0.165		
			C25	0.230	0.179	0.165	0.134	0.119
			C30	0.244	0.190	0.171	0.142	0.119
			C35	0.256	0.199	0.179	0.149	0.123
			C40	0.267	0.208	0.187	0.156	0.129

序号	板厚（mm）	弯矩设计值 M（kN·m/m）	混凝土强度等级	钢筋强度等级（MPa）				
				235	300	335	400	500
20	180	14.0	C20	0.231	0.188	0.178		
			C25	0.248	0.193	0.178	0.145	0.128
			C30	0.264	0.205	0.185	0.154	0.128
			C35	0.276	0.215	0.193	0.161	0.133
			C40	0.288	0.224	0.202	0.168	0.139
21	200	8.0	C20	0.157	0.128	0.121		
			C25	0.169	0.131	0.121	0.099	0.087
			C30	0.179	0.140	0.126	0.105	0.087
			C35	0.188	0.146	0.132	0.110	0.091
			C40	0.196	0.153	0.137	0.114	0.095
22	200	10.0	C20	0.176	0.143	0.136		
			C25	0.189	0.147	0.136	0.110	0.097
			C30	0.201	0.156	0.140	0.117	0.097
			C35	0.210	0.163	0.147	0.123	0.101
			C40	0.219	0.171	0.154	0.128	0.106
23	200	12.0	C20	0.193	0.157	0.148		
			C25	0.207	0.161	0.148	0.121	0.107
			C30	0.220	0.171	0.154	0.128	0.107
			C35	0.230	0.179	0.161	0.134	0.111
			C40	0.240	0.187	0.168	0.140	0.116
24	200	14.0	C20	0.208	0.169	0.160		
			C25	0.224	0.174	0.160	0.130	0.115
			C30	0.237	0.185	0.166	0.138	0.115
			C35	0.249	0.193	0.174	0.145	0.120
			C40	0.259	0.202	0.182	0.151	0.125
25	200	16.0	C20	0.222	0.181	0.171		
			C25	0.239	0.186	0.171	0.139	0.123
			C30	0.254	0.197	0.178	0.148	0.123
			C35	0.266	0.207	0.186	0.155	0.128
			C40	0.277	0.216	0.194	0.162	0.134
26	240	11.0	C20	0.154	0.125	0.118		
			C25	0.165	0.128	0.118	0.096	0.085
			C30	0.175	0.136	0.123	0.102	0.085
			C35	0.184	0.143	0.129	0.107	0.089
			C40	0.192	0.149	0.134	0.112	0.093

序号	板厚（mm）	弯矩设计值 M（kN·m/m）	混凝土强度等级	钢筋强度等级（MPa）				
				235	300	335	400	500
27	240	14.5	C20	0.177	0.143	0.136		
			C25	0.190	0.148	0.136	0.111	0.098
			C30	0.201	0.157	0.141	0.117	0.098
			C35	0.211	0.164	0.148	0.123	0.102
			C40	0.220	0.171	0.154	0.128	0.106
28	240	18.0	C20	0.197	0.160	0.152		
			C25	0.211	0.164	0.152	0.123	0.109
			C30	0.224	0.174	0.157	0.131	0.109
			C35	0.235	0.183	0.164	0.137	0.113
			C40	0.245	0.191	0.172	0.143	0.118
29	240	21.5	C20	0.215	0.175	0.166		
			C25	0.231	0.180	0.166	0.135	0.119
			C30	0.245	0.191	0.172	0.143	0.119
			C35	0.257	0.200	0.180	0.150	0.124
			C40	0.268	0.208	0.188	0.156	0.129
30	240	25.0	C20	0.232	0.188	0.179		
			C25	0.249	0.194	0.179	0.145	0.128
			C30	0.264	0.206	0.185	0.154	0.128
			C35	0.277	0.215	0.194	0.162	0.134
			C40	0.289	0.225	0.202	0.169	0.139
31	250	12.0	C20	0.154	0.125	0.119		
			C25	0.166	0.129	0.119	0.097	0.085
			C30	0.176	0.137	0.123	0.103	0.085
			C35	0.184	0.143	0.129	0.107	0.089
			C40	0.192	0.149	0.135	0.112	0.093
32	250	15.5	C20	0.175	0.142	0.135		
			C25	0.188	0.146	0.135	0.110	0.097
			C30	0.200	0.155	0.140	0.117	0.097
			C35	0.209	0.163	0.147	0.122	0.101
			C40	0.218	0.170	0.153	0.127	0.105
33	250	19.0	C20	0.194	0.158	0.149		
			C25	0.208	0.162	0.149	0.122	0.108
			C30	0.221	0.172	0.155	0.129	0.108
			C35	0.232	0.180	0.162	0.135	0.112
			C40	0.242	0.188	0.169	0.141	0.117

序号	板厚(mm)	弯矩设计值M (kN·m/m)	混凝土强度等级	钢筋强度等级（MPa）				
				235	300	335	400	500
34	250	22.5	C20	0.211	0.171	0.163		
			C25	0.227	0.176	0.163	0.132	0.117
			C30	0.241	0.187	0.168	0.140	0.117
			C35	0.252	0.196	0.177	0.147	0.122
			C40	0.263	0.205	0.184	0.154	0.127
35	250	26.0	C20	0.227	0.184	0.175		
			C25	0.244	0.190	0.175	0.142	0.126
			C30	0.259	0.201	0.181	0.151	0.126
			C35	0.271	0.211	0.19	0.158	0.131
			C40	0.283	0.220	0.198	0.165	0.137

（三）梁的最小配筋率

框架梁支座截面纵向受拉钢筋的最小配筋率 ρ（%）　　表 6.7

混凝土强度等级	抗震等级及钢筋强度等级（MPa）											
	一级				二级				三、四级			
	300	335	400	500	300	335	400	500	300	335	400	500
C20	—	—	—	—	0.300	0.300	—	—	0.250	0.250	—	—
C25	—	—	—	—	0.306	0.300	0.300	0.300	0.259	0.250	0.250	0.250
C30	0.424	0.400	0.400	0.400	0.344	0.310	0.300	0.300	0.291	0.262	0.250	0.250
C35	0.465	0.419	0.400	0.400	0.378	0.340	0.300	0.300	0.320	0.288	0.250	0.250
C40	0.507	0.456	0.400	0.400	0.412	0.371	0.309	0.300	0.348	0.314	0.261	0.250
C45	0.533	0.480	0.400	0.400	0.433	0.390	0.325	0.300	0.367	0.330	0.275	0.250
C50	0.560	0.504	0.420	0.400	0.455	0.410	0.341	0.300	0.385	0.347	0.289	0.250
C55	0.581	0.523	0.436	0.400	0.472	0.425	0.354	0.300	0.399	0.359	0.299	0.250
C60	0.604	0.544	0.453	0.400	0.491	0.442	0.368	0.305	0.416	0.374	0.312	0.258
C65	0.503	0.558	0.465	0.400	0.503	0.453	0.377	0.312	0.426	0.383	0.319	0.264
C70	0.634	0.571	0.476	0.400	0.436	0.464	0.386	0.271	0.436	0.392	0.327	0.271

说明：1. 本表根据《混凝土结构设计规范》GB 50010—2010 第 **11.3.6 条 1 款**、《高层建筑混凝土结构技术规程》JGJ 3—2010 第 **6.3.2 条 2 款** 编制。

2. 非抗震设计时框架梁支座截面纵向受拉钢筋的最小配筋率同本书表 6.1 中受弯构件或表 6.4 中抗震等级为三、四级的框架梁跨中截面纵向受拉钢筋的最小配筋率。

混凝土强度等级	抗震等级及钢筋强度等级（MPa）											
	一级				二级				三、四级及非抗震			
	300	335	400	500	300	335	400	500	300	335	400	500
C20	0.300	0.300	—	—	0.250	0.250	—	—	0.200	0.200	—	—
C25	0.306	0.300	0.300	0.300	0.259	0.250	0.250	0.250	0.212	0.200	0.200	0.200
C30	0.344	0.310	0.300	0.300	0.291	0.262	0.250	0.250	0.238	0.215	0.200	0.200
C35	0.378	0.340	0.300	0.300	0.320	0.288	0.250	0.250	0.262	0.236	0.200	0.200
C40	0.412	0.371	0.309	0.300	0.348	0.314	0.261	0.250	0.285	0.257	0.214	0.200
C45	0.433	0.390	0.325	0.300	0.367	0.330	0.275	0.250	0.300	0.270	0.225	0.200
C50	0.455	0.410	0.341	0.300	0.385	0.347	0.289	0.250	0.315	0.284	0.236	0.200
C55	0.472	0.425	0.354	0.300	0.399	0.359	0.299	0.250	0.327	0.294	0.245	0.203
C60	0.491	0.442	0.368	0.305	0.416	0.374	0.312	0.258	0.340	0.306	0.255	0.211
C65	0.503	0.453	0.377	0.312	0.426	0.383	0.319	0.264	0.348	0.314	0.261	0.216
C70	0.436	0.464	0.386	0.271	0.436	0.392	0.327	0.271	0.357	0.321	0.268	0.221

说明：本表根据《混凝土结构设计规范》GB 50010—2010 第 **11.3.6 条 1 款**、《高层建筑混凝土结构技术规程》JGJ 3—2010 第 **6.3.2 条 2 款**编制。

混凝土强度等级	抗震等级及钢筋强度等级（MPa）						
	特一级	一级		二级		非抗震	
	335、400、500	335	400、500	335	400、500	335	400、500
C25	—	—	—	—	—	0.30	0.30
C30	0.60	0.50	0.50	0.40	0.40	0.30	0.30
C35	0.60	0.50	0.50	0.40	0.40	0.30	0.30
C40	0.60	0.50	0.50	0.40	0.40	0.30	0.30
C45	0.60	0.50	0.50	0.40	0.40	0.30	0.30
C50	0.60	0.504	0.50	0.410	0.40	0.30	0.30
C55	0.60	0.523	0.50	0.425	0.40	0.30	0.30
C60	0.60	0.544	0.50	0.442	0.40	0.306	0.30
C65	0.60	0.558	0.50	0.453	0.40	0.314	0.30
C70	0.60	0.571	0.50	0.464	0.40	0.321	0.30

说明：本表根据《高层建筑混凝土结构技术规程》JGJ 3—2010 第 **10.2.7 条 1 款**、**6.3.2 条 2 款**及《混凝土结设计规范》GB 50010—2010 第 **11.3.6 条 1 款**、**8.5.1 条**编制。

类　别	抗震设计		非抗震设计
跨高比	$L/h_b \leqslant 0.5$	$0.5 < L/h_b \leqslant 1.5$	
最小配筋率 ρ（%）	0.2 和 $45f_t/f_y$ 的较大值	0.25 和 $55f_t/f_y$ 的较大值	0.2（见说明2）

说明：1. 本表根据《高层建筑混凝土结构技术规程》JGJ 3—2010 第 7.2.24 条编制。

2. 笔者认为：非抗震设计时连梁纵向钢筋的最小配筋率取 0.20%是不对的，应按《混凝土结构设计规范》GB 50010—2010 第 **8.5.1 条**（强制性条文）取 **0.2 和 $45f_t/f_y$ 的较大值**。

3. 表中最小配筋率 0.2 和 $45f_t/f_y$ 的较大值同本书表 6.8 中三、四级框架梁跨中的最小配筋率，最小配筋率 0.25 和 $55f_t/f_y$ 的较大值同本书表 6.8 中二级框架梁跨中的最小配筋率。

（四）柱的最小配筋率

柱全部纵向受力钢筋的最小配筋率 ρ（%）　　　　表 6.11

混凝土强度等级		C25～C60			C65～C80		
钢筋强度等级（MPa）		335	400	500	335	400	500
中柱、边柱	特一级	1.4	1.4	1.4	1.4	1.4	1.4
	一级	1.0（1.1）	0.95（1.05）	0.9（1.0）	1.1（1.2）	1.05（1.15）	1.0（1.1）
	二级	0.8（0.9）	0.75（0.85）	0.7（0.8）	0.9（1.0）	0.85（0.95）	0.8（0.9）
	三级	0.7（0.8）	0.65（0.75）	0.6（0.7）	0.8（0.9）	0.75（0.85）	0.7（0.8）
	四级	0.6（0.7）	0.55（0.65）	0.5（0.6）	0.7（0.8）	0.65（0.75）	0.6（0.7）
	非抗震	0.6	0.55	0.5	0.7	0.65	0.6
角柱	特一级	1.6	1.6	1.6	1.6	1.6	1.6
	一级	1.2	1.15	1.1	1.3	1.25	1.2
	二级	1.0	0.95	0.9	1.1	1.05	1.0
	三级	0.9	0.85	0.8	1.0	0.95	0.9
	四级	0.8	0.75	0.7	0.9	0.85	0.8
	非抗震	0.6	0.55	0.5	0.7	0.65	0.6
框支柱	特一级	1.6	1.6	1.6	1.6	1.6	1.6
	一级	1.2	1.15	1.1	1.3	1.25	1.2
	二级	1.0	0.95	0.9	1.1	1.05	1.0
	非抗震	0.8	0.75	0.7	0.9	0.85	0.8
剪力墙的暗柱、附壁柱	一级	1.0	0.95	0.9	1.0	0.95	0.9
	二级	0.8	0.75	0.7	0.8	0.75	0.7
	三级	0.7	0.65	0.6	0.7	0.65	0.6
	四级	0.6	0.55	0.5	0.6	0.55	0.5
	非抗震	0.6	0.55	0.5	0.6	0.55	0.5

说明：1. 本表根据《混凝土结构设计规范》GB 50010—2010 第 **11.4.12** 条 1 款、《建筑抗震设计规范》GB 50011—2010 第 **6.3.7** 条 1 款、《高层建筑混凝土结构技术规程》JGJ 3—2010 第 **6.4.3** 条 1 款、3.10.2 条 3 款、7.1.6 条 4 款编制；表中括号内数值适用于框架结构的柱；抗震设计时，对Ⅳ类场地上较高的高层建筑，表中的数值应增加 0.1（特一级除外）。

2. 柱截面每一侧纵向钢筋配筋率不应小于 0.2%。

3. 抗震设计时，带加强层高层建筑结构的加强层及其相邻层的框架柱抗震等级应提高一级采用，一级应提高至特一级，但抗震等级已经为特一级时允许不再提高，箍筋应全柱段加密配置，轴压比限值应按其他楼层框架柱的数值减小 0.05 采用（《高层建筑混凝土结构技术规程》JGJ 3—2010 第 **10.3.3** 条 1、2 款）。

4. 抗震设计时，错层结构错层处框架柱的截面高度不应小于 **600mm**，混凝土强度等级不应低于 **C30**，箍筋应全柱段加密配置，抗震等级应提高一级采用，一级应提高至特一级，但抗震等级已经为特一级时允许不再提高（《高层建筑混凝土结构技术规程》JGJ 3—2010 第 **10.4.4** 条）。

5. 抗震设计时，连体结构的连接体与连接体相连的结构构件在连接体高度范围及其上、下层，抗震等级应提高一级采用，一级提高至特一级，但抗震等级已经为特一级时允许不再提高；与连接体相连的框架柱在连接体高度范围及其上、下层，箍筋应全柱段加密配置，轴压比限值应按其他楼层框架柱的数值减小 0.05 采用（《高层建筑混凝土结构技术规程》JGJ 3—2010 第 **10.5.6** 条 1、2 款）。

异形柱全部纵向受力钢筋的最小配筋率 ρ（%）

表 6.12

柱类型	钢筋级别	抗震等级				附 注
		二级	三级	四级	非抗震	
中柱、边柱	HRB335、HRB400	0.8	0.8	0.8	0.8	建于Ⅳ类场地且高于28m的框架，全部纵向受力钢筋的最小配筋率应按表列数字增加0.1采用；柱肢各肢端纵向受力钢筋不应小于按柱全截面面积计算的0.2%。
角柱	HRB335	1.0	0.9	0.8	0.8	
	HRB400	0.9	0.8	0.8	0.8	

说明：本表根据《混凝土异形柱结构技术规程》JGJ 149—2006 第 6.2.5 条编制。

（五）剪力墙的最小配筋要求

剪力墙水平和竖向分布钢筋的最小配筋率 ρ（%）

表 6.13

类别	抗震等级	部位	最小配筋率 ρ(%)	依据
一般剪力墙	特一级	底部加强部位	0.40	《高层建筑混凝土结构技术规程》JGJ 3—2010 第3.10.5 条 2 款
		一般部位	0.35	
	一、二、三级	所有部位	0.25	见说明1
	四级及非抗震	所有部位	0.20	
	房屋顶层剪力墙、长矩形平面房屋的楼梯间和电梯间剪力墙、端开间纵向剪力墙以及端山墙		0.25	《高层建筑混凝土结构技术规程》JGJ 3—2010 第 7.2.19 条
高度小于24m且剪压比很小	四级	竖向分布筋	0.15	见说明2
框架-剪力墙结构、板柱-剪力墙结构的剪力墙	抗震设计	所有部位	0.25	《高层建筑混凝土结构技术规程》JGJ 3—2010 第 8.2.1 条
	非抗震设计	所有部位	0.20	
部分框支剪力墙	抗震设计	底部加强部位	0.30	见说明3
	非抗震设计	底部加强部位	0.25	见说明4
短肢剪力墙	一、二级	底部加强部位	1.2	《高层建筑混凝土结构技术规程》JGJ 3—2010 第 7.2.2 条 5 款
		其他部位	1.0	
	三、四级	底部加强部位	1.0	
		其他部位	0.8	
框架-核心筒结构	抗震设计	底部加强部位	0.30	《高层建筑混凝土结构技术规程》JGJ 3—2010 第 9.2.2 条 1 款
错层结构错层处平面外受力的剪力墙	抗震设计	错层处	0.50	《高层建筑混凝土结构技术规程》JGJ 3—2010 第 10.4.6 条
	非抗震设计	错层处	0.30	

类别	抗震等级	部位	最小配筋率 ρ（%）	依据
钢框架-钢筋混凝土核心筒结构	抗震设计	底部加强部位	0.35	《高层建筑混凝土结构技术规程》JGJ 3—2010 第 11.4.18 条 1 款
		一般部位	0.30	
钢板剪力墙		所有部位	0.40	《高层建筑混凝土结构技术规程》JGJ 3—2010 第 11.4.15 条 2 款

说明：1．《混凝土结构设计规范》GB 50010—2010 第 **11.7.14 条 1 款**、《建筑抗震设计规范》GB 50011—2010 第 **6.4.3 条 1 款**、《高层建筑混凝土结构技术规程》JGJ 3—2010 第 **7.2.17 条**．

2．《混凝土结构设计规范》GB 50010—2010 第 11.7.14 条注、《建筑抗震设计规范》GB 50011—2010 第 **6.4.3 条 1 款注**。

3．《混凝土结构设计规范》GB 50010—2010 第 **11.7.14 条 2 款**、《建筑抗震设计规范》GB 50011—2010 第 6.4.3 条 2 款、《高层建筑混凝土结构技术规程》JGJ 3—2010 第 10.2.19 条。

4．《高层建筑混凝土结构技术规程》JGJ 3—2010 第 10.2.19 条。

5．部分框支剪力墙结构中的剪力墙，抗震设计时钢筋间距不应大于 **200mm**，钢筋直径不应小于 **8 mm**（《高层建筑混凝土结构技术规程 JGJ 3—2010》第 **10.2.19 条**）。

6．抗震设计时，带加强层高层建筑结构的加强层及其相邻层的核心筒剪力墙抗震等级应提高一级采用，一级应提高至特一级，但抗震等级已经为特一级时应允许不再提高（《高层建筑混凝土结构技术规程》JGJ 3—2010 第 **10.3.3 条 1 款**）。

7．剪力墙水平和竖向分布钢筋的的间距不宜大于 300mm，直径不宜大于墙厚的 1/10 且不应小于 8mm；竖向分布钢筋直径不宜小于 10mm；部分框支剪力墙结构的落地剪力墙底部加强部位水平和竖向分布钢筋的的间距不宜大于 200mm（《混凝土结构设计规范》GB 50010—2010 第 11.7.15 条、《建筑抗震设计规范》GB 50011—2010 第 6.4.4 条）。

8．重要部位的剪力墙，水平和竖向分布钢筋的配筋率宜适当提高；墙中温度、收缩应力较大的部位，水平分布钢筋的配筋率宜适当提高（《混凝土结构设计规范》GB 50010—2010 第 9.4.4 条）。

9．房屋顶层剪力墙、长矩形平面房屋的楼梯间和电梯间剪力墙、端开间纵向剪力墙以及端山墙的水平和竖向分布钢筋的间距均不应大于 200mm（《高层建筑混凝土结构技术规程》JGJ 3—2010 第 7.2.19 条）。

10．错层结构错层处平面外受力的剪力墙，抗震设计时，其抗震等级应提高一级采用（《高层建筑混凝土结构技术规程》JGJ 3—2010 第 10.4.6 条）。

11．短肢剪力墙是指截面厚度不大于 300mm、各肢截面高度与厚度之比的最大值大于 4 但不大于 8 的剪力墙（《高层建筑混凝土结构技术规程》JGJ 3—2010 第 7.1.8 条）。

筒体、剪力墙约束边缘构件阴影部分的竖向钢筋最小配筋要求　　**表 6.14**

抗震等级	特一级	一级	二级	三级
最小配筋率 ρ（%）	1.4	1.2	1.0	1.0
最小配筋量	8ϕ16	8ϕ16	6ϕ16	6ϕ14

说明：1．本表根据《高层建筑混凝土结构技术规程》JGJ 3—2010 第 3.10.5 条 3 款、7.2.15 条 2 款、《建筑抗震设计规范》GB 50011—2010 第 6.4.5 条 2 款、《混凝土结构设计规范》GB 50010—2010 第 11.7.18 条 2 款编制（《混凝土结构设计规范》GB 50010—2010 第 11.7.18 条 2 款没有最小配筋量的要求）。

2．规范关于边缘构件设置的规定：

1）《混凝土结构设计规范》GB 50010—2010：剪力墙两端及洞口两侧应设置边缘构件，并应符合下列要求：一、二、三级抗震等级剪力墙，在重力荷载代表值作用下，当墙肢底截面轴压比大于一级（9 度）0.1、一级（7、8 度）0.2、二、三级 0.3 时，其底部加强部位及其以上一层墙肢应设置约束边缘构件，当墙肢底截面轴压比小于上述规定时，可设置构造边缘构件；部分框支剪力墙结构中，一、二、三级抗震等级落地剪力墙的底部加强部位及以上一层的墙肢两端，宜设置翼墙或端柱，并设置约束边缘构件；不落地的剪力墙，应在底部加强部位及以上一层剪力墙的墙肢两端设置约束边缘构件；一、二、三级抗震等级的剪力墙的一般部位剪力墙以及三、四级抗震等级剪力墙，应设置构造边缘构件；对框架-核心筒结构，

一、二、三级抗震等级的核心筒角部墙体的边缘构件尚应按下列要求加强：底部加强部位墙肢约束边缘构件的长度宜取墙肢截面高度的 1/4，且约束边缘构件范围内宜全部采用箍筋；底部加强部位以上宜设置约束边缘构件（第 11.7.17 条）。

2）《建筑抗震设计规范》GB 50011—2010：对于抗震墙结构，底层墙肢底截面轴压比不大于一级（9 度）0.1、一级（7、8 度）0.2、二、三级 0.3 时，墙肢两端两端可设置构造边缘构件；底层墙肢底截面轴压比大于一级（9 度）0.1、一级（7、8 度）0.2、二、三级 0.3 的抗震墙，以及部分框支抗震墙结构的抗震墙，应在底部加强部位及相邻的上一层设置约束边缘构件（《第 6.4.5 条）；框架-抗震墙结构和板柱-抗震墙结构的抗震墙其抗震构造措施应符合抗震墙结构的规定（第 6.5.4 条、6.6.1 条）。

3）《高层建筑混凝土结构技术规程》JGJ 3—2010：一、二、三级剪力墙底层墙肢底截面的轴压比大于一级（9 度）0.1、一级（7、8 度）0.2、二、三级 0.3 时，以及部分框支剪力墙结构的剪力墙，应在底部加强部位及相邻的上一层设置约束边缘构件；其他剪力墙应设置构造边缘构件；B 级高度高层建筑的剪力墙，宜在约束边缘构件层与构造边缘构件层之间设置 1～2 层过渡层，过渡层边缘构件的箍筋配置可低于约束边缘构件，但应高于构造边缘构件的要求（第 7.2.14 条）；筒体结构的筒体墙的加强部位高度、轴压比限值、边缘构件设置以及截面设计，应符合剪力墙结构的有关规定（第 9.1.8 条 6 款）；框架-核心筒结构底部加强部位约束边缘构件沿墙肢的长度宜取墙肢截面高度的 1/4，约束边缘构件内应主要采用箍筋，底部加强部位以上宜设置约束边缘构件（第 9.2.2 条）；部分框支剪力墙结构的剪力墙底部加强部位，墙体两端宜设置翼墙或端柱……（第 10.2.20 条）；抗震设计时，带加强层高层建筑结构的加强层及其相邻层核心筒剪力墙应设置约束边缘构件（第 10.3.3 条 3 款）；抗震设计时，连体结构中与连接体相连的剪力墙在连接体高度范围及其上、下层应设置约束边缘构件（第 10.5.6 条 3 款）。

抗震等级特一级剪力墙（筒体）约束边缘构件的最小配箍率 ρ_v（%）　　表 6.15

轴压比			>0.2					≤0.2		
ρ_v		$1.2 \times 0.20 f_c/f_{yv} = 0.24 f_c/f_{yv}$					$1.2 \times 0.12 f_t/f_{yv} = 0.144 f_c/f_{yv}$			
箍筋强度等级	235	300	335	400	500	235	300	335	400	500
混凝土强度等级	C30	1.634	1.271	1.144	0.953	0.789	0.981	0.763	0.686	0.572	0.473
	C35	1.909	1.484	1.336	1.113	0.921	1.145	0.891	0.802	0.668	0.553
	C40	2.183	1.698	1.528	1.273	1.054	1.310	1.019	0.917	0.764	0.632
	C45	2.411	1.876	1.688	1.407	1.164	1.447	1.125	1.013	0.844	0.698
	C50	2.640	2.053	1.848	1.540	1.274	1.584	1.232	1.109	0.924	0.765
	C55	2.891	2.249	2.024	1.687	1.396	1.735	1.349	1.214	1.012	0.838
	C60	3.143	2.444	2.200	1.833	1.517	1.886	1.467	1.320	1.100	0.910
	C65	3.394	2.640	2.376	1.980	1.639	2.037	1.584	1.426	1.188	0.983
	C70	3.634	2.827	2.544	2.120	1.754	2.181	1.696	1.526	1.272	1.053

说明：1. 本表根据《高层建筑混凝土结构技术规程》JGJ 3—2010 第 7.2.15 条 1 款、第 3.10.5 条 3 款编制。

2. 剪力墙的混凝土强度等级不宜高于 C60（《混凝土结构设计规范》GB 50010—2010 第 11.2.1 条 1 款、《建筑抗震设计规范》GB 50011—2010 第 3.9.3 条 2 款、《高层建筑混凝土结构技术规程》JGJ 3—2010 第 3.2.3 条 8 款）

3. 剪力墙约束边缘构件内箍筋或拉筋沿竖向的间距，一级不宜大于 100mm，二、三级不宜大于 150mm，箍筋、拉筋沿水平方向的肢距不宜大于 300mm，不应大于竖向钢筋间距的 2 倍（《高层建筑混凝土结构技术规程》JGJ 3—2010 第 7.2.15 条 3 款）。

4. 虽然《混凝土结构设计规范》GB 50010—2010、《建筑抗震设计规范》GB 50011—2010 已取消 HPB235 钢筋，但全国各地仍有可能采用 HPB235 箍筋，因此本表仍保留 HPB235 钢筋。

抗震等级一、二、三级剪力墙（筒体）约束边缘构件的最小配箍率 ρ_v（%） 表 6.16

抗震等级及其轴压比	一级（9度），轴压比>0.2					一级（9度），轴压比≤0.2				
	一级（6、7、8度），轴压比>0.3					一级（6、7、8度），轴压比≤0.3				
	二、三级，轴压比>0.4					二、三级，轴压比≤0.4				
ρ_v	$0.20f_c/f_{yv}$					$0.12f_c/f_{yv}$				
箍筋强度等级	235	300	335	400	500	235	300	335	400	500
混凝土强度等级 C25	1.133	0.881	0.793	0.661	0.547	0.680	0.529	0.476	0.397	0.328
C30	1.362	1.059	0.953	0.794	0.657	0.817	0.636	0.572	0.477	0.394
C35	1.590	1.237	1.113	0.928	0.768	0.954	0.742	0.668	0.557	0.461
C40	1.819	1.415	1.273	1.061	0.878	1.091	0.849	0.764	0.637	0.527
C45	2.010	1.563	1.407	1.172	0.970	1.206	0.938	0.844	0.703	0.582
C50	2.200	1.711	1.540	1.283	1.062	1.320	1.027	0.924	0.770	0.637
C55	2.410	1.874	1.687	1.406	1.163	1.446	1.124	1.012	0.843	0.698
C60	2.619	2.037	1.833	1.528	1.264	1.571	1.222	1.100	0.917	0.759
C65	2.829	2.200	1.980	1.650	1.366	1.697	1.320	1.188	0.990	0.819
C70	3.029	2.356	2.120	1.767	1.462	1.817	1.413	1.272	1.060	0.877

说明：本表根据《混凝土结构设计规范》GB 50010—2010 第 11.7.18 条 1 款、《建筑抗震设计规范》GB 50011—2010 第 6.4.5 条 2 款、《高层建筑混凝土结构技术规程》JGJ 3—2010 第 7.2.15 条 1 款编制，其余同表 6.14、表 6.15、表 6.17 的相关说明。

筒体、剪力墙构造边缘构件的最小配筋要求 表 6.17

抗震等级	底部加强部位			其他部位		
	纵向钢筋最小配筋量（取较大值）	箍筋、拉筋		纵向钢筋最小配筋量（取较大值）	箍筋、拉筋	
		最小直径（mm）	最大间距（mm）		最小直径（mm）	最大间距（mm）
特一级	0.012Ac，6ϕ16	8	100	0.012Ac，6ϕ16	8	150
一级	0.010（0.011）Ac，6ϕ16	8	100	0.008（0.009）Ac，6ϕ14	8	150
二级	0.008（0.009）Ac，6ϕ14	8	150	0.006（0.007）Ac，6ϕ12	8	200
三级	0.006（0.007）Ac，6ϕ12	6	150	0.005（0.006）Ac，4ϕ12	6	200
四级	0.005（0.006）Ac，4ϕ12	6	200	0.004（0.005）Ac，4ϕ12	6	250

说明：1. 本表根据《高层建筑混凝土结构技术规程》JGJ 3—2010 第 7.2.16 条、3.10.5 条 3 款、《混凝土结构设计规范》GB 50010—2010 第 11.7.19 条、《建筑抗震设计规范》GB 50011—2010 第 6.4.5 条编制。

2. 括号内的数值用于抗震设计时的连体结构、错层结构以及 B 级高度高层建筑结构中的的剪力墙（筒体）（《高层建筑混凝土结构技术规程》JGJ 3—2010 第 7.2.16 条 4 款）。

3. Ac 为构造边缘构件的截面面积（取阴影部分）。

4. 当端柱承受集中荷载时，应满足框架柱的配筋要求（《混凝土结构设计规范》GB 50010—2010 表 12.7.19 注 3、《建筑抗震设计规范》GB 50011—2010 表 7.4.5-2 注 3）。

5. 抗震墙的墙肢长度不大于墙厚的 3 倍时，应按柱的有关要求设计；矩形墙肢的厚度不大于 300mm 时，尚宜全高加密箍筋（《建筑抗震设计规范》GB 50011—2010 第 6.4.6 条）；当墙肢的截面高度与厚度之比不大于 4 时，宜按框架柱进行截面设计（《高层建筑混凝土结构技术规程》JGJ 3—2010 第 7.1.7 条）；核心筒或内筒的外墙不宜在水平方向连续开洞，洞间墙肢的截面高度不宜小于1.2m，当洞间墙肢的截面高度与厚度之比小于4时，宜按框架柱进行截面设计（《高层建筑混凝土结构技术规程》JGJ 3—2010 第9.1.8条）。约束边缘构件也应照此执行。

6. 剪力墙构造边缘构件的箍筋、拉筋沿水平方向的肢距不宜大于300mm，不应大于竖向钢筋间距的2倍（《高层建筑混凝土结构技术规程》JGJ 3—2010 第7.2.16条3款）。

7. 非抗震设计的剪力墙，墙肢端部应配置不少于 $4\phi 12$ 的纵向钢筋，箍筋直径不应小于6mm，间距不宜大于250mm（《高层建筑混凝土结构技术规程》JGJ 3—2010 第7.2.16条5款）。

8. 规范关于边缘构件设置的规定见表6.14说明2。

抗震设计时的连体结构、错层结构以及 B 级高度
高层建筑中的剪力墙（筒体）构造边缘构件的最小配箍率 $\rho_v =0.10f_C/f_{yv}$（%）　　表 6.18

混凝土强度等级		C25	C30	C35	C40	C45	C50	C55	C60	C65	C70	C75	C80
箍筋强度等级（MPa）	235	0.567	0.681	0.795	0.910	1.005	1.100	1.205	1.310	1.414	1.514	1.610	1.710
	300	0.441	0.530	0.619	0.707	0.781	0.856	0.937	1.019	1.100	1.178	1.252	1.330
	335	0.397	0.477	0.557	0.637	0.703	0.770	0.843	0.917	0.990	1.060	1.127	1.197
	400	0.331	0.397	0.464	0.531	0.586	0.642	0.703	0.764	0.825	0.883	0.939	0.997
	500	0.274	0.329	0.384	0.439	0.485	0.531	0.582	0.632	0.683	0.731	0.777	0.825

说明：本表根据《高层建筑混凝土结构技术规程》JGJ 3—2010 第7.2.16条4款2）项编制。

（六）梁的最小配箍率

梁沿全长的最小配箍率 ρ_v（%）　　表 6.19

构件类型	抗震等级	钢筋强度等级	混凝土强度等级										
			C20	C25	C30	C35	C40	C45	C50	C55	C60	C65	C70
普通梁	特一级一级	235	—	—	0.204	0.224	0.244	0.257	0.270	0.280	0.291	0.299	0.306
		300	—	—	0.159	0.174	0.190	0.200	0.210	0.218	0.227	0.232	0.238
		335	—	—	0.143	0.157	0.171	0.180	0.189	0.196	0.204	0.209	0.214
		400、500		0.119	0.131	0.143	0.150	0.158	0.163	0.170	0.174	0.178	
	二级	235	0.147	0.169	0.191	0.209	0.228	0.240	0.252	0.261	0.272	0.279	0.285
		300	0.114	0.132	0.148	0.163	0.177	0.187	0.196	0.203	0.212	0.217	0.222
		335	0.103	0.119	0.133	0.147	0.160	0.168	0.176	0.183	0.190	0.195	0.200
		400、500	0.086	0.099	0.111	0.122	0.133	0.140	0.147	0.152	0.159	0.163	0.166
	三级四级	235	0.136	0.157	0.177	0.194	0.212	0.223	0.234	0.243	0.253	0.259	0.265
		300	0.106	0.122	0.138	0.151	0.165	0.173	0.182	0.189	0.196	0.201	0.206
		335	0.095	0.110	0.124	0.136	0.148	0.156	0.164	0.170	0.177	0.181	0.185
		400、500	0.079	0.092	0.103	0.113	0.124	0.130	0.137	0.142	0.147	0.151	0.155
	非抗震	235	0.126	0.145	0.163	0.179	0.195	0.206	0.216	0.224	0.233	0.239	0.245
		300	0.098	0.113	0.127	0.140	0.152	0.160	0.168	0.174	0.181	0.186	0.190
		335	0.088	0.102	0.114	0.126	0.137	0.144	0.151	0.157	0.163	0.167	0.171
		400、500	0.073	0.085	0.095	0.105	0.114	0.120	0.126	0.131	0.136	0.139	0.143

构件类型	抗震等级	钢筋强度等级	混凝土强度等级										
			C20	C25	C30	C35	C40	C45	C50	C55	C60	C65	C70
型钢混凝土梁	特一级 一级	235	—	—	0.204	0.224	0.244	0.257	0.270	0.280	0.291	0.299	0.306
		300	—	—	0.159	0.174	0.190	0.200	0.210	0.218	0.227	0.232	0.238
		335	—	—	0.150	0.157	0.171	0.180	0.189	0.196	0.204	0.209	0.214
		400、500	—	—	0.150	0.150	0.150	0.150	0.158	0.163	0.170	0.174	0.178
	二级	235	0.150	0.169	0.191	0.209	0.228	0.240	0.252	0.261	0.272	0.279	0.285
		300	0.150	0.150	0.150	0.163	0.177	0.187	0.196	0.203	0.212	0.217	0.222
		335	0.150	0.150	0.150	0.150	0.160	0.168	0.176	0.183	0.190	0.195	0.200
		400、500	0.150	0.150	0.150	0.150	0.150	0.150	0.150	0.152	0.159	0.163	0.166
	三级 四级	235	0.150	0.157	0.177	0.194	0.212	0.223	0.234	0.243	0.253	0.259	0.265
		300	0.150	0.150	0.150	0.151	0.165	0.173	0.182	0.189	0.196	0.201	0.206
		335	0.150	0.150	0.150	0.150	0.150	0.156	0.164	0.170	0.177	0.181	0.185
		400、500	0.150	0.150	0.150	0.150	0.150	0.150	0.150	0.150	0.150	0.151	0.155
	非抗震	235	0.150	0.150	0.163	0.179	0.195	0.206	0.216	0.224	0.233	0.239	0.245
		300	0.150	0.150	0.150	0.150	0.152	0.160	0.168	0.174	0.181	0.186	0.190
		335	0.150	0.150	0.150	0.150	0.150	0.150	0.151	0.157	0.163	0.167	0.171
		400、500	0.150	0.150	0.150	0.150	0.150	0.150	0.150	0.150	0.150	0.150	0.150

说明：1. 本表根据《混凝土结构设计规范》GB 50010—2010 第 11.3.9 条、9.2.9 条 3 款、《高层建筑混凝土结构技术规程》JGJ 3—2010 第 6.3.5 条 1 款、11.4.3 条 1 款编制。

2. 抗震设计及非抗震设计时，弯剪扭梁的最小配箍率应与二级抗震等级的梁相同（《混凝土结构设计规范》GB 50010—2010 第 9.2.10 条）。

3. 非抗震设计时，当梁 $V \leqslant 0.7 f_t b h_0 + 0.05 N_{p0}$ 时无最小配箍率要求（《混凝土结构设计规范》GB 50010—2010 第 9.2.9 条 3 款）。

特一级框架梁、转换梁加密区的最小配箍率 ρ_v（%） 表 6.20

构件类型	抗震等级	钢筋强度等级	混凝土强度等级								
			C30	C35	C40	C45	C50	C55	C60	C65	C70
框架梁	特一级	235	0.225	0.247	0.269	0.283	0.297	0.308	0.321	0.328	0.336
		300	0.175	0.192	0.209	0.220	0.231	0.240	0.249	0.255	0.262
		335	0.157	0.173	0.188	0.198	0.208	0.216	0.224	0.230	0.235
		400、500	0.131	0.144	0.157	0.165	0.173	0.180	0.187	0.192	0.196
转换梁	特一级	235	0.885	0.972	1.059	1.114	1.170	1.213	1.263	1.294	1.325
		300	0.689	0.756	0.823	0.867	0.910	0.944	0.982	1.006	1.030
		335	0.620	0.680	0.741	0.780	0.819	0.849	0.884	0.906	0.927
		400、500	0.516	0.567	0.618	0.650	0.683	0.708	0.737	0.755	0.773
	一级	235	0.817	0.897	0.977	1.029	1.080	1.120	1.166	1.194	1.223

构件类型	抗震等级	钢筋强度等级	混凝土强度等级								
			C30	C35	C40	C45	C50	C55	C60	C65	C70
转换梁	一级	300	0.636	0.698	0.760	0.800	0.840	0.871	0.907	0.929	0.951
		335	0.572	0.628	0.684	0.720	0.756	0.784	0.816	0.836	0.856
		400、500	0.477	0.523	0.570	0.600	0.630	0.653	0.680	0.697	0.713
	二级	235	0.749	0.822	0.896	0.943	0.990	1.027	1.069	1.095	1.121
		300	0.583	0.640	0.697	0.733	0.770	0.799	0.831	0.851	0.872
		335	0.524	0.576	0.627	0.660	0.693	0.719	0.748	0.766	0.785
		400、500	0.437	0.480	0.523	0.550	0.578	0.599	0.623	0.639	0.654
	非抗震	235	0.613	0.673	0.733	0.771	0.810	0.840	0.874	0.896	0.917
		300	0.477	0.523	0.570	0.600	0.630	0.653	0.680	0.697	0.713
		335	0.429	0.471	0.513	0.540	0.567	0.588	0.612	0.627	0.642
		400、500	0.358	0.393	0.428	0.450	0.473	0.490	0.510	0.523	0.535

说明：1. 本表根据《高层建筑混凝土结构技术规程》JGJ 3—2010 第 3.10.4 条 2 款、11.4.3 条 1 款编制。

2. 按《高层建筑混凝土结构技术规程》JGJ 3—2010 第 3.10.4 条 2 款规定，抗震等级为特一级的框架梁梁端加密区箍筋构造最小配箍率应比抗震等级为一级的框架梁增大 10%，但该规程及《混凝土结构设计规范》GB 50010—2010、《建筑抗震设计规范》GB 50011—2010 对框架梁梁端加密区箍筋构造最小配箍率均未有规定，仅规定一级框架梁沿梁全长的箍筋最小配箍率为 $0.30 f_t/f_{yv}$，故本表对特一级框架梁梁端加密区箍筋构造最小配箍率按 $1.1 \times 0.30 f_t/f_{yv} = 0.33 f_t/f_{yv}$ 计算。只要框架梁梁端加密区箍筋肢距不大于 200mm、箍筋直径用 10mm、间距 100mm（《高层建筑混凝土结构技术规程》JGJ 3—2010 第 6.3.2 条 4 款、6.3.52 条 2 款、《混凝土结构设计规范》GB 50010—2010 第 11.3.6 条 3 款、11.3.8 条、《建筑抗震设计规范》GB 50011 第 6.3.3 条 3 款、6.3.4 条 3 款），均能满足本表最小配箍率要求。

（七）柱箍筋加密区的最小配箍率

1. 用 235 级箍筋（$f_{yv} = 210 \text{ N/mm}^2$）时柱加密区的最小配箍率

混凝土强度等级≤C35、用 235 级箍筋（$f_{yv} = 210 \text{ N/mm}^2$）时柱加密区的最小配箍率 ρ_v（%）　　　　表 6.21-1

类别	抗震等级	箍筋形式	柱轴压比								
			≤0.3	0.4	0.5	0.6	0.7	0.8	0.9	1.0	1.05
框架柱	特一级	普通箍、复合箍	0.954	1.034	1.193	1.352	1.511	1.750	1.988		
		螺旋箍、复合或连续复合（矩形）螺旋箍	0.800	0.875	1.034	1.193	1.352	1.591	1.829		
	一级	普通箍、复合箍	0.800	0.875	1.034	1.193	1.352	1.591	1.829		
		螺旋箍、复合或连续复合（矩形）螺旋箍	0.800	0.800	0.875	1.034	1.193	1.431	1.670		
	二级	普通箍、复合箍	0.636	0.716	0.875	1.034	1.193	1.352	1.511	1.750	1.909
		螺旋箍、复合或连续复合（矩形）螺旋箍	0.600	0.600	0.716	0.875	1.034	1.193	1.352	1.591	1.750
	三级四级	普通箍、复合箍	0.477	0.557	0.716	0.875	1.034	1.193	1.352	1.591	1.750
		螺旋箍、复合或连续复合（矩形）螺旋箍	0.400	0.477	0.557	0.716	0.875	1.034	1.193	1.431	1.591

类别	抗震等级	箍筋形式	柱轴压比								
			≤0.3	0.4	0.5	0.6	0.7	0.8	0.9	1.0	1.05
框支柱	特一级	井字复合箍	1.600	1.600	1.600	1.600	1.600				
		复合螺旋箍	1.600	1.600	1.600	1.600	1.600				
	一级	井字复合箍	1.500	1.500	1.500	1.500	1.511				
		复合螺旋箍	1.500	1.500	1.500	1.500	1.500				
	二级	井字复合箍	1.500	1.500	1.500	1.500	1.500	1.500			
		复合螺旋箍	1.500	1.500	1.500	1.500	1.500	1.500			
型钢混凝土柱	一级	井字复合箍	0.676	0.744	0.879	1.014	1.149	1.352	1.555		
		复合螺旋箍	0.541	0.608	0.744	0.879	1.014	1.217	1.420		
	二级	井字复合箍	0.541	0.608	0.744	0.879	1.014	1.149	1.284	1.487	1.622
		复合螺旋箍	0.406	0.473	0.608	0.744	0.879	1.014	1.149	1.352	1.487
	三级	井字复合箍	0.406	0.473	0.608	0.744	0.879	1.014	1.149	1.352	1.487
		复合螺旋箍	0.338	0.406	0.473	0.608	0.744	0.879	1.014	1.217	1.352

说明：1. 本表根据《混凝土结构设计规范》GB 50010—2010 第 11.4.17 条、《建筑抗震设计规范》GB 50011—2010 第 6.3.9 条 3 款、《高层建筑混凝土结构技术规程》JGJ 3—2010 第 6.4.7 条、3.10.4 条 3 款、10.2.12 条 3 款编制。

2. 普通箍指单个矩形箍或单个圆形箍，螺旋箍指单个连续螺旋箍筋，复合箍指由矩形、多边形、圆形或拉筋组成的箍筋，复合螺旋箍指由螺旋箍与矩形、多边形、圆形箍或拉筋组成的箍筋，连续复合（矩形）螺旋箍指全部螺旋箍由同一根钢筋加工而成的箍筋。

3. 当剪跨比 λ 不大于 2 的柱宜采用复合螺旋箍或井字复合箍，其箍筋体积配筋率不应小于 1.2%，9 度设防烈度一级抗震等级时不应小于 1.5%（《混凝土结构设计规范》GB 50010—2010 第 11.4.17 条 4 款，《建筑抗震设计规范》GB 50011—2010 第 6.3.9 条 3 款，《高层建筑混凝土结构技术规程》JGJ 3—2010 第 6.4.7 条 3 款）；抗震设计时，对剪跨比 λ 不大于 2 的型钢混凝土柱，其箍筋体积配筋率不应小于 1.2%，9 度时尚不应小于 1.3%（《高层建筑混凝土结构技术规程》JGJ 3—2010 第 11.4.6 条 4 款）。

4. （抗震设计时）框支柱和剪跨比不大于 2 的框架柱应在柱全高范围内加密箍筋，且箍筋间距应符合一级抗震等级的要求（《混凝土结构设计规范》GB 50010—2010 第 11.4.12 条 3 款）；剪跨比不大于 2 的柱、因设置填充墙等形成的柱净高与柱截面高度之比不大于 4 的柱、框支柱、一级及二级框架的角柱，箍筋应全高加密（《建筑抗震设计规范》GB 50011—2010 第 6.3.9 条 1 款）。

5. 抗震设计时，转换柱箍筋应采用复合螺旋箍或井字复合箍，并应沿柱全高加密，箍筋直径不应小于 10mm，箍筋间距不应大于 100mm 和 6 倍纵向钢筋直径的较小值（《高层建筑混凝土结构技术规程》JGJ 3—2010 第 10.2.10 条 2 款）

6. 非抗震设计时，转换柱宜采用复合螺旋箍或井字复合箍，其箍筋体积配箍率不宜小于 0.8%，箍筋直径不宜小于 10mm，箍筋间距不宜大于 150mm（《高层建筑混凝土结构技术规程》JGJ 3—2010 第 10.2.11 条 8 款）。

混凝土强度等级 C40、用 235 级箍筋（$f_{yv}=210\ \text{N/mm}^2$）时柱加密区的最小配箍率 ρ_v（%） 表 6.21-2

类别	抗震等级	箍筋形式	柱轴压比								
			≤0.3	0.4	0.5	0.6	0.7	0.8	0.9	1.0	1.05
框架柱	特一级	普通箍、复合箍	1.091	1.182	1.364	1.546	1.728	2.001	2.274		
		螺旋箍、复合或连续复合（矩形）螺旋箍	0.910	1.000	1.183	1.365	1.546	1.819	2.092		

类别	抗震等级	箍筋形式	柱轴压比								
			≤0.3	0.4	0.5	0.6	0.7	0.8	0.9	1.0	1.05
框架柱	一级	普通箍、复合箍	0.910	1.000	1.183	1.365	1.546	1.819	2.092		
		螺旋箍、复合或连续复合（矩形）螺旋箍	0.800	0.819	1.000	1.183	1.365	1.637	1.910		
	二级	普通箍、复合箍	0.728	0.819	1.000	1.183	1.365	1.546	1.728	2.001	2.183
		螺旋箍、复合或连续复合（矩形）螺旋箍	0.600	0.637	0.819	1.000	1.183	1.365	1.546	1.819	2.001
	三级 四级	普通箍、复合箍	0.546	0.637	0.819	1.000	1.183	1.365	1.546	1.819	2.001
		螺旋箍、复合或连续复合（矩形）螺旋箍	0.455	0.546	0.637	0.819	1.000	1.183	1.365	1.637	1.819
框支柱	特一级	井字复合箍	1.600	1.600	1.600	1.637	1.819				
		复合螺旋箍	1.600	1.600	1.600	1.600	1.637				
	一级	井字复合箍	1.500	1.500	1.500	1.546	1.728				
		复合螺旋箍	1.500	1.500	1.500	1.500	1.546				
	二级	井字复合箍	1.500	1.500	1.500	1.500	1.546	1.728			
		复合螺旋箍	1.500	1.500	1.500	1.500	1.546				
型钢混凝土柱	一级	井字复合箍	0.773	0.850	1.005	1.160	1.314	1.546	1.778		
		复合螺旋箍	0.618	0.696	0.85	1.005	1.160	1.392	1.624		
	二级	井字复合箍	0.618	0.696	0.85	1.005	1.160	1.314	1.469	1.701	1.855
		复合螺旋箍	0.464	0.541	0.696	0.850	1.005	1.160	1.314	1.546	1.701
	三级	井字复合箍	0.464	0.541	0.696	0.850	1.005	1.160	1.314	1.546	1.701
		复合螺旋箍	0.387	0.464	0.541	0.696	0.850	1.005	1.160	1.392	1.546

说明：同表 6.21-1，下同。

混凝土强度等级 C45、用 235 级箍筋（$f_{yv}=210$ N/mm^2）时柱加密区的最小配箍率 ρ_v（%） 表 6.21-3

类别	抗震等级	箍筋形式	柱轴压比								
			≤0.3	0.4	0.5	0.6	0.7	0.8	0.9	1.0	1.05
框架柱	特一级	普通箍、复合箍	1.206	1.306	1.507	1.708	1.909	2.210	2.512		
		螺旋箍、复合或连续复合（矩形）螺旋箍	1.005	1.105	1.306	1.507	1.708	2.010	2.311		
	一级	普通箍、复合箍	1.005	1.105	1.306	1.507	1.708	2.010	2.311		
		螺旋箍、复合或连续复合（矩形）螺旋箍	0.804	0.905	1.105	1.306	1.507	1.809	2.110		
	二级	普通箍、复合箍	0.804	0.905	1.105	1.306	1.507	1.708	1.909	2.211	2.412
		螺旋箍、复合或连续复合（矩形）螺旋箍	0.603	0.704	0.905	1.105	1.306	1.507	1.708	2.010	2.211

类别	抗震等级	箍筋形式	柱轴压比								
			≤0.3	0.4	0.5	0.6	0.7	0.8	0.9	1.0	1.05
框架柱	三级	普通箍、复合箍	0.603	0.704	0.905	1.105	1.306	1.507	1.708	2.010	2.211
		螺旋箍、复合或连续复合（矩形）螺旋箍	0.503	0.603	0.704	0.905	1.105	1.306	1.507	1.809	2.010
框支柱	特一级	井字复合箍	1.600	1.600	1.608	1.809	2.010	2.311	2.612		
		复合螺旋箍	1.600	1.600	1.600	1.608	1.809	2.110	2.411		
	一级	井字复合箍	1.500	1.500	1.507	1.708	1.909	2.210	2.512		
		复合螺旋箍	1.500	1.500	1.500	1.507	1.708	2.010	2.311		
	二级	井字复合箍	1.500	1.500	1.500	1.507	1.708	1.909	2.110		
		复合螺旋箍	1.500	1.500	1.500	1.500	1.507	1.708	1.909		
型钢混凝土柱	一级	井字复合箍	0.854	0.939	1.110	1.281	1.452	1.708	1.964		
		复合螺旋箍	0.683	0.769	0.939	1.110	1.281	1.537	1.794		
	二级	井字复合箍	0.683	0.769	0.939	1.110	1.281	1.452	1.623	1.879	2.05
		复合螺旋箍	0.512	0.598	0.769	0.939	1.110	1.281	1.452	1.708	1.879
	三级	井字复合箍	0.512	0.598	0.769	0.939	1.110	1.281	1.452	1.708	1.879
		复合螺旋箍	0.427	0.512	0.598	0.769	0.939	1.110	1.281	1.537	1.708

混凝土强度等级 C50、用 235 级箍筋（$f_{yv}=210 \text{ N/mm}^2$）时 柱加密区的最小配箍率 ρ_v（%）　　　表 6.21-4

类别	抗震等级	箍筋形式	柱轴压比								
			≤0.3	0.4	0.5	0.6	0.7	0.8	0.9	1.0	1.05
框架柱	特一级	普通箍、复合箍	1.320	1.430	1.650	1.980	2.090	2.420	2.750		
		螺旋箍、复合或连续复合（矩形）螺旋箍	1.100	1.210	1.430	1.650	1.870	2.200	2.530		
	一级	普通箍、复合箍	1.100	1.210	1.430	1.650	1.870	2.200	2.530		
		螺旋箍、复合或连续复合（矩形）螺旋箍	0.880	0.990	1.210	1.430	1.650	1.980	2.310		
	二级	普通箍、复合箍	0.880	0.990	1.210	1.430	1.650	1.870	2.090	2.420	2.640
		螺旋箍、复合或连续复合（矩形）螺旋箍	0.660	0.770	0.990	1.210	1.430	1.650	1.870	2.200	2.420
	三级	普通箍、复合箍	0.660	0.770	0.990	1.210	1.430	1.650	1.870	2.200	2.420
		螺旋箍、复合或连续复合（矩形）螺旋箍	0.550	0.660	0.770	0.990	1.210	1.430	1.650	1.980	2.200
框支柱	特一级	井字复合箍	1.600	1.600	1.760	1.980	2.220				
		复合螺旋箍	1.600	1.600	1.600	1.760	1.980				
	一级	井字复合箍	1.500	1.500	1.650	1.870	2.090				
		复合螺旋箍	1.500	1.500	1.500	1.650	1.870				

类别	抗震等级	箍筋形式	柱轴压比								
			≤0.3	0.4	0.5	0.6	0.7	0.8	0.9	1.0	1.05
框支柱	二级	井字复合箍	1.500	1.500	1.500	1.650	1.870	2.090			
		复合螺旋箍	1.500	1.500	1.500	1.500	1.650	1.870			
型钢混凝土柱	一级	井字复合箍	0.935	1.029	1.216	1.403	1.590	1.870	2.151		
		复合螺旋箍	0.748	0.842	1.029	1.216	1.403	1.683	1.964		
	二级	井字复合箍	0.748	0.842	1.029	1.216	1.403	1.590	1.777	2.057	2.244
		复合螺旋箍	0.561	0.655	0.842	1.029	1.216	1.403	1.590	1.870	2.057
	三级	井字复合箍	0.561	0.655	0.842	1.029	1.216	1.403	1.590	1.870	2.057
		复合螺旋箍	0.468	0.561	0.655	0.842	1.029	1.216	1.403	1.683	1.870

**混凝土强度等级 C55、用 235 级箍筋（$f_{yv}=210\,\mathrm{N/mm^2}$）时
柱加密区的最小配箍率 ρ_v（%）** 表 6.21-5

类别	抗震等级	箍筋形式	柱轴压比								
			≤0.3	0.4	0.5	0.6	0.7	0.8	0.9	1.0	1.05
框架柱	特一级	普通箍、复合箍	1.446	1.566	1.807	2.048	2.289	2.650	3.012		
		螺旋箍、复合或连续复合（矩形）螺旋箍	1.205	1.325	1.566	1.807	2.048	2.410	2.771		
	一级	普通箍、复合箍	1.205	1.325	1.566	1.807	2.048	2.410	2.771		
		螺旋箍、复合或连续复合（矩形）螺旋箍	0.964	1.084	1.325	1.566	1.807	2.069	2.530		
	二级	普通箍、复合箍	0.964	1.084	1.325	1.566	1.807	2.048	2.289	2.651	2.891
		螺旋箍、复合或连续复合（矩形）螺旋箍	0.723	0.844	1.084	1.325	1.566	1.807	2.048	2.410	2.651
	三级	普通箍、复合箍	0.723	0.844	1.084	1.325	1.566	1.807	2.048	2.410	2.651
		螺旋箍、复合或连续复合（矩形）螺旋箍	0.603	0.723	0.844	1.084	1.325	1.566	1.807	2.169	2.410
框支柱	特一级	井字复合箍	1.600	1.687	1.928	2.169	2.410	2.771	3.132		
		复合螺旋箍	1.600	1.600	1.687	1.928	2.169	2.530	2.891		
	一级	井字复合箍	1.500	1.566	1.807	2.048	2.289	2.650	3.012		
		复合螺旋箍	1.500	1.500	1.566	1.807	2.048	2.410	2.771		
	二级	井字复合箍	1.500	1.500	1.566	1.807	2.048	2.289	2.53		
		复合螺旋箍	1.500	1.500	1.500	1.566	1.807	2.048	2.289		
型钢混凝土柱	一级	井字复合箍	1.024	1.126	1.331	1.536	1.741	2.048	2.355		
		复合螺旋箍	0.819	0.922	1.126	1.331	1.536	1.843	2.151		
	二级	井字复合箍	0.819	0.922	1.126	1.331	1.536	1.741	1.946	2.253	2.458
		复合螺旋箍	0.614	0.717	0.922	1.126	1.331	1.536	1.741	2.048	2.253
	三级	井字复合箍	0.614	0.717	0.922	1.126	1.331	1.536	1.741	2.048	2.253
		复合螺旋箍	0.512	0.614	0.717	0.922	1.126	1.331	1.536	1.843	2.048

类别	抗震等级	箍筋形式	柱轴压比								
			≤0.3	0.4	0.5	0.6	0.7	0.8	0.9	1.0	1.05
框架柱	特一级	普通箍、复合箍	1.571	1.702	1.964	2.226	2.488	2.881	3.274		
		螺旋箍、复合或连续复合（矩形）螺旋箍	1.310	1.441	1.703	1.965	2.226	2.619	3.012		
	一级	普通箍、复合箍	1.310	1.441	1.703	1.965	2.226	2.619	3.012		
		螺旋箍、复合或连续复合（矩形）螺旋箍	1.048	1.179	1.441	1.703	1.965	2.357	2.750		
	二级	普通箍、复合箍	1.048	1.179	1.441	1.703	1.965	2.226	2.488	2.881	3.143
		螺旋箍、复合或连续复合（矩形）螺旋箍	0.786	0.917	1.179	1.441	1.703	1.965	2.226	2.619	2.881
	三级	普通箍、复合箍	0.786	0.917	1.179	1.441	1.703	1.965	2.226	2.619	2.881
		螺旋箍、复合或连续复合（矩形）螺旋箍	0.655	0.786	0.917	1.179	1.441	1.703	1.965	2.357	2.619
框支柱	特一级	井字复合箍	1.702	1.833	2.095	2.357	2.619	3.012	3.405		
		复合螺旋箍	1.600	1.600	1.833	2.095	2.357	2.750	3.143		
	一级	井字复合箍	1.571	1.703	1.965	2.226	2.488	2.881	3.274		
		复合螺旋箍	1.500	1.500	1.703	1.965	2.226	2.619	3.012		
	二级	井字复合箍	1.500	1.500	1.703	1.965	2.226	2.488	2.750		
		复合螺旋箍	1.500	1.500	1.500	1.703	1.965	2.226	2.488		
型钢混凝土柱	一级	井字复合箍	1.113	1.224	1.447	1.670	1.892	2.226	2.560		
		复合螺旋箍	0.890	1.002	1.224	1.447	1.670	2.004	2.338		
	二级	井字复合箍	0.890	1.002	1.224	1.447	1.670	1.892	2.115	2.449	2.671
		复合螺旋箍	0.668	0.779	1.002	1.224	1.447	1.670	1.892	2.226	2.449
	三级	井字复合箍	0.668	0.779	1.002	1.224	1.447	1.670	1.892	2.226	2.449
		复合螺旋箍	0.557	0.668	0.779	1.002	1.224	1.447	1.670	2.004	2.226

类别	抗震等级	箍筋形式	柱轴压比								
			≤0.3	0.4	0.5	0.6	0.7	0.8	0.9	1.0	1.05
框架柱	特一级	普通箍、复合箍	1.697	1.839	2.122	2.404	2.687	3.111	3.536		
		螺旋箍、复合或连续复合（矩形）螺旋箍	1.415	1.556	1.839	2.122	2.405	2.823	3.253		
	一级	普通箍、复合箍	1.415	1.556	1.839	2.122	2.405	2.823	3.253		
		螺旋箍、复合或连续复合（矩形）螺旋箍	1.132	1.273	1.556	1.839	2.122	2.546	2.970		
	二级	普通箍、复合箍	1.132	1.273	1.556	1.839	2.122	2.405	2.687	3.112	3.395
		螺旋箍、复合或连续复合（矩形）螺旋箍	0.849	0.990	1.273	1.556	1.839	2.122	2.405	2.823	3.112

类别	抗震等级	箍筋形式	柱轴压比								
			≤0.3	0.4	0.5	0.6	0.7	0.8	0.9	1.0	1.05
框架柱	三级	普通箍、复合箍	0.849	0.990	1.273	1.556	1.839	2.122	2.405	2.823	3.112
		螺旋箍、复合或连续复合（矩形）螺旋箍	0.707	0.849	0.990	1.273	1.556	1.839	2.122	2.546	2.823
框支柱	特一级	井字复合箍	1.839	1.980	2.404	2.546	2.829	3.253	3.677		
		复合螺旋箍	1.600	1.697	1.980	2.404	2.546	2.970	3.394		
	一级	井字复合箍	1.697	1.839	2.122	2.405	2.687	3.111	3.536		
		复合螺旋箍	1.500	1.556	1.839	2.122	2.405	2.829	3.253		
	二级	井字复合箍	1.500	1.556	1.839	2.122	2.405	2.687	2.97		
		复合螺旋箍	1.500	1.500	1.556	1.839	2.122	2.404	2.687		
型钢混凝土柱	一级	井字复合箍	1.202	1.322	1.563	1.803	2.044	2.404	2.765		
		复合螺旋箍	0.962	1.082	1.322	1.563	1.803	2.164	2.525		
	二级	井字复合箍	0.962	1.082	1.322	1.563	1.803	2.044	2.284	2.645	2.885
		复合螺旋箍	0.721	0.842	1.082	1.322	1.563	1.803	2.044	2.404	2.645
	三级	井字复合箍	0.721	0.842	1.082	1.322	1.563	1.803	2.044	2.404	2.645
		复合螺旋箍	0.601	0.721	0.842	1.082	1.322	1.563	1.803	2.164	2.404

说明：本表根据《高层建筑混凝土结构技术规程》JGJ 3-2010 第 6.4.7 条、3.10.2 条 3 款、3.10.4 条 3 款、11.4.6 条 4 款编制（下同）。

混凝土强度等级 C70、用 235 级箍筋（$f_{yv}=210$ N/mm^2）时柱加密区的最小配箍率 ρ_v（%）

表 6.21-8

类别	抗震等级	箍筋形式	柱轴压比								
			≤0.3	0.4	0.5	0.6	0.7	0.8	0.9	1.0	1.05
框架柱	特一级	普通箍、复合箍	1.817	1.969	2.271	2.574	2.877	3.331	3.786		
		螺旋箍、复合或连续复合（矩形）螺旋箍	1.515	1.666	1.969	2.272	2.575	3.029	3.483		
	一级	普通箍、复合箍	1.515	1.666	1.969	2.272	2.575	3.029	3.483		
		螺旋箍、复合或连续复合（矩形）螺旋箍	1.215	1.363	1.666	1.969	2.272	2.726	3.180		
	二级	普通箍、复合箍	1.215	1.363	1.666	1.969	2.272	2.575	2.877	3.332	3.635
		螺旋箍、复合或连续复合（矩形）螺旋箍	0.909	1.060	1.363	1.666	1.969	2.272	2.575	3.029	3.332
	三级	普通箍、复合箍	0.909	1.060	1.363	1.666	1.969	2.272	2.575	3.029	3.332
		螺旋箍、复合或连续复合（矩形）螺旋箍	0.757	0.909	1.060	1.363	1.666	1.969	2.272	2.726	3.029
框支柱	特一级	井字复合箍	1.969	2.120	2.423	2.726	3.029	3.483	3.937		
		复合螺旋箍	1.666	1.817	2.120	2.423	2.726	3.180	3.634		
	一级	井字复合箍	1.697	1.969	2.272	2.575	2.877	3.331	3.786		
		复合螺旋箍	1.515	1.666	1.969	2.272	2.575	3.029	3.483		

类别	抗震等级	箍筋形式	柱轴压比								
			≤0.3	0.4	0.5	0.6	0.7	0.8	0.9	1.0	1.05
框支柱	二级	井字复合箍	1.515	1.666	1.969	2.272	2.575	2.877	3.180		
		复合螺旋箍	1.500	1.500	1.666	1.969	2.272	2.574	2.877		
型钢混凝土柱	一级	井字复合箍	1.287	1.416	1.673	1.931	2.188	2.574	2.960		
		复合螺旋箍	1.030	1.158	1.416	1.673	1.931	2.317	2.703		
	二级	井字复合箍	1.030	1.158	1.416	1.673	1.931	2.188	2.446	2.832	3.089
		复合螺旋箍	0.772	0.901	1.158	1.416	1.673	1.931	2.188	2.574	2.832
	三级	井字复合箍	0.772	0.901	1.158	1.416	1.673	1.931	2.188	2.574	2.832
		复合螺旋箍	0.644	0.772	0.901	1.158	1.416	1.673	1.931	2.317	2.574

混凝土强度等级 C65、用 235 级箍筋（$f_{yv}=210\ N/mm^2$）时 柱加密区的最小配箍率 ρ_v（%）   表 6.21-9

类别	抗震等级	箍筋形式	柱轴压比								
			≤0.3	0.4	0.5	0.6	0.7	0.8	0.9	1.0	1.05
框架柱	一级	普通箍、复合箍	1.697	1.839	2.122	2.404	2.829	3.253	3.677		
		螺旋箍、复合或连续复合（矩形）螺旋箍	1.415	1.556	1.839	2.122	2.546	2.970	3.395		
	二级	普通箍、复合箍	1.415	1.556	1.839	2.122	2.546	2.829	3.112	3.536	3.819
		螺旋箍、复合或连续复合（矩形）螺旋箍	1.132	1.273	1.556	1.839	2.263	2.546	2.829	3.253	3.536
	三级	普通箍、复合箍	1.132	1.273	1.556	1.839	2.263	2.546	2.829	3.253	3.536
		螺旋箍、复合或连续复合（矩形）螺旋箍	0.990	1.132	1.273	1.556	1.980	2.263	2.546	2.970	3.253
框支柱	一级	普通箍、复合箍	1.980	2.121	2.404	2.687	3.111	3.536	3.960		
		螺旋箍、复合或连续复合（矩形）螺旋箍	1.697	1.839	2.121	2.404	2.829	3.253	3.677		
	二级	井字复合箍	1.697	1.839	2.121	2.404	2.829	3.111	3.394		
		复合螺旋箍	1.500	1.556	1.839	2.121	2.546	2.829	3.111		
型钢混凝土柱	一级	井字复合箍	1.443	1.563	1.803	2.044	2.404	2.765	3.126		
		复合螺旋箍	1.202	1.322	1.563	1.803	2.164	2.525	2.885		
	二级	井字复合箍	1.202	1.322	1.563	1.803	2.164	2.404	2.645	3.005	3.246
		复合螺旋箍	0.962	1.082	1.322	1.563	1.923	2.164	2.404	2.765	3.005
	三级	井字复合箍	0.962	1.082	1.322	1.563	1.923	2.164	2.404	2.765	3.005
		复合螺旋箍	0.842	0.962	1.082	1.322	1.683	2.044	2.164	2.525	2.765

说明：1. 本表根据《混凝土结构设计规范》GB 50010—2010 表 12.4.17 注 3 及《建筑抗震设计规范》GB 50011—2010 附录 B.0.3 条 4 款编制。由于《高层建筑混凝土结构技术规程》JGJ 3—2010 第 1.0.5 条规定："高层建筑 混凝土结构设计与施工，除应符合规程外，尚应符合国家现行有关标准的规定"，因此笔者认为高层建 筑柱的配箍率也应符合本表的规定。

2. 其余说明同表 6.21-1。

类别	抗震等级	箍筋形式	柱轴压比								
			≤0.3	0.4	0.5	0.6	0.7	0.8	0.9	1.0	1.05
框架柱	一级	普通箍、复合箍	1.817	1.969	2.272	2.575	3.029	3.483	3.937		
		螺旋箍、复合或连续复合（矩形）螺旋箍	1.515	1.666	1.969	2.272	2.726	3.180	3.635		
	二级	普通箍、复合箍	1.515	1.666	1.969	2.272	2.726	3.029	3.332	3.786	4.089
		螺旋箍、复合或连续复合（矩形）螺旋箍	1.215	1.363	1.666	1.969	2.423	2.726	3.029	3.483	3.786
	三级	普通箍、复合箍	1.215	1.363	1.666	1.969	2.423	2.726	3.029	3.483	3.786
		螺旋箍、复合或连续复合（矩形）螺旋箍	0.909	1.215	1.363	1.666	2.120	2.423	2.726	3.180	3.483
框支柱	一级	普通箍、复合箍	2.120	2.271	2.574	2.877	3.331	3.786	4.240		
		螺旋箍、复合或连续复合（矩形）螺旋箍	1.817	1.969	2.271	2.574	3.029	3.483	3.937		
	二级	井字复合箍	1.817	1.969	2.271	2.574	3.029	3.331	3.634		
		复合螺旋箍	1.514	1.666	1.969	2.271	2.726	3.029	3.331		
型钢混凝土柱	一级	井字复合箍	1.545	1.673	1.931	2.188	2.574	2.96	3.347		
		复合螺旋箍	1.287	1.416	1.673	1.931	2.317	2.703	3.089		
	二级	井字复合箍	1.287	1.416	1.673	1.931	2.317	2.574	2.832	3.218	3.475
		复合螺旋箍	1.030	1.158	1.416	1.673	2.059	2.317	2.574	2.960	3.218
	三级	井字复合箍	1.030	1.158	1.416	1.673	2.059	2.317	2.574	2.960	3.218
		复合螺旋箍	0.901	1.03	1.158	1.416	1.802	2.059	2.317	2.703	2.960

说明：同表 6.21-11。

2. 用 300 级箍筋（$f_{yv} = 270 \text{N/mm}^2$）时柱加密区的最小配箍率

类别	抗震等级	箍筋形式	柱轴压比								
			≤0.3	0.4	0.5	0.6	0.7	0.8	0.9	1.0	1.05
框架柱	特一级	普通箍、复合箍	0.800	0.804	0.928	1.051	1.175	1.361	1.546		
		螺旋箍、复合或连续复合（矩形）螺旋箍	0.800	0.800	0.804	0.928	1.051	1.237	1.423		
	一级	普通箍、复合箍	0.800	0.800	0.804	0.928	1.051	1.237	1.423		
		螺旋箍、复合或连续复合（矩形）螺旋箍	0.800	0.800	0.800	0.804	0.928	1.113	1.299		
	二级	普通箍、复合箍	0.600	0.600	0.680	0.804	0.928	1.051	1.175	1.361	1.484
		螺旋箍、复合或连续复合（矩形）螺旋箍	0.600	0.600	0.600	0.680	0.804	0.928	1.051	1.237	1.361

类别	抗震等级	箍筋形式	柱轴压比								
			≤0.3	0.4	0.5	0.6	0.7	0.8	0.9	1.0	1.05
框架柱	三级 四级	普通箍、复合箍	0.400	0.433	0.557	0.68	0.804	0.928	1.051	1.237	1.361
		螺旋箍、复合或连续复合（矩形）螺旋箍	0.400	0.400	0.433	0.557	0.680	0.804	0.928	1.113	1.237
框支柱	特一级	井字复合箍	1.600	1.600	1.600	1.600	1.600	1.600	1.608		
		复合螺旋箍	1.600	1.600	1.600	1.600	1.600	1.600	1.600		
	一级	井字复合箍	1.500	1.500	1.500	1.500	1.500	1.500	1.546		
		复合螺旋箍	1.500	1.500	1.500	1.500	1.500	1.500	1.500		
	二级	井字复合箍	1.500	1.500	1.500	1.500	1.500	1.500	1.500		
		复合螺旋箍	1.500	1.500	1.500	1.500	1.500	1.500	1.500		
型钢混凝土柱	一级	井字复合箍	0.526	0.578	0.683	0.789	0.894	1.051	1.209		
		复合螺旋箍	0.421	0.473	0.578	0.683	0.789	0.946	1.104		
	二级	井字复合箍	0.421	0.473	0.578	0.683	0.789	0.894	0.999	1.157	1.262
		复合螺旋箍	0.315	0.368	0.473	0.578	0.683	0.789	0.894	1.051	1.157
	三级	井字复合箍	0.315	0.368	0.473	0.578	0.683	0.789	0.894	1.051	1.157
		复合螺旋箍	0.263	0.315	0.368	0.473	0.578	0.683	0.789	0.946	1.051

说明：同 5.21-1，下同。

**混凝土强度等级 C40、用 300 级箍筋（$f_{yv}=270\ \text{N/mm}^2$）时
柱加密区的最小配箍率 ρ_v（%）** 表 6.22-2

类别	抗震等级	箍筋形式	柱轴压比								
			≤0.3	0.4	0.5	0.6	0.7	0.8	0.9	1.0	1.05
框架柱	特一级	普通箍、复合箍	0.849	0.920	1.061	1.203	1.344	1.556	1.769		
		螺旋箍、复合或连续复合（矩形）螺旋箍	0.800	0.800	0.920	1.061	1.203	1.415	1.627		
	一级	普通箍、复合箍	0.800	0.800	0.920	1.061	1.203	1.415	1.627		
		螺旋箍、复合或连续复合（矩形）螺旋箍	0.800	0.800	0.800	0.920	1.061	1.273	1.486		
	二级	普通箍、复合箍	0.600	0.637	0.778	0.920	1.061	1.203	1.344	1.556	1.698
		螺旋箍、复合或连续复合（矩形）螺旋箍	0.600	0.600	0.637	0.778	0.920	1.061	1.203	1.415	1.556
	三级 四级	普通箍、复合箍	0.424	0.495	0.637	0.778	0.920	1.061	1.203	1.415	1.556
		螺旋箍、复合或连续复合（矩形）螺旋箍	0.400	0.424	0.495	0.637	0.778	0.920	1.061	1.273	1.415
框支柱	特一级	井字复合箍	1.600	1.600	1.600	1.600	1.600	1.627	1.839		
		复合螺旋箍	1.600	1.600	1.600	1.600	1.600	1.600	1.698		
	一级	井字复合箍	1.500	1.500	1.500	1.500	1.500	1.556	1.769		
		复合螺旋箍	1.500	1.500	1.500	1.500	1.500	1.500	1.627		
	二级	井字复合箍	1.500	1.500	1.500	1.500	1.500	1.500	1.500		
		复合螺旋箍	1.500	1.500	1.500	1.500	1.500	1.500	1.500		

类别	抗震等级	箍筋形式	柱轴压比								
			≤0.3	0.4	0.5	0.6	0.7	0.8	0.9	1.0	1.05
型钢混凝土柱	一级	井字复合箍	0.601	0.661	0.782	0.902	1.022	1.203	1.383		
		复合螺旋箍	0.481	0.541	0.661	0.782	0.902	1.082	1.263		
	二级	井字复合箍	0.481	0.541	0.661	0.782	0.902	1.022	1.142	1.323	1.443
		复合螺旋箍	0.361	0.421	0.541	0.661	0.782	0.902	1.022	1.203	1.323
	三级	井字复合箍	0.361	0.421	0.541	0.661	0.782	0.902	1.022	1.203	1.323
		复合螺旋箍	0.301	0.361	0.421	0.541	0.661	0.782	0.902	1.082	1.203

混凝土强度等级 C45、用 300 级箍筋（$f_{yv}=270\,\text{N/mm}^2$）时
柱加密区的最小配箍率 ρ_v（%）

表 6.22-3

类别	抗震等级	箍筋形式	柱轴压比								
			≤0.3	0.4	0.5	0.6	0.7	0.8	0.9	1.0	1.05
框架柱	特一级	普通箍、复合箍	0.938	1.016	1.172	1.329	1.485	1.719	1.954		
		螺旋箍、复合或连续复合（矩形）螺旋箍	0.800	0.860	1.016	1.172	1.329	1.563	1.797		
	一级	普通箍、复合箍	0.800	0.860	1.016	1.172	1.329	1.563	1.797		
		螺旋箍、复合或连续复合（矩形）螺旋箍	0.800	0.800	0.860	1.016	1.172	1.407	1.641		
	二级	普通箍、复合箍	0.625	0.703	0.860	1.016	1.172	1.329	1.485	1.719	1.876
		螺旋箍、复合或连续复合（矩形）螺旋箍	0.600	0.600	0.703	0.86	1.016	1.172	1.329	1.563	1.719
	三级	普通箍、复合箍	0.469	0.547	0.703	0.86	1.016	1.172	1.329	1.563	1.719
		螺旋箍、复合或连续复合（矩形）螺旋箍	0.400	0.469	0.547	0.703	0.860	1.016	1.172	1.407	1.563
框支柱	特一级	井字复合箍	1.600	1.600	1.600	1.600	1.600	1.797	2.032		
		复合螺旋箍	1.600	1.600	1.600	1.600	1.600	1.641	1.876		
	一级	井字复合箍	1.500	1.500	1.500	1.500	1.500	1.719	1.954		
		复合螺旋箍	1.500	1.500	1.500	1.500	1.500	1.563	1.797		
	二级	井字复合箍	1.500	1.500	1.500	1.500	1.500	1.500	1.641		
		复合螺旋箍	1.500	1.500	1.500	1.500	1.500	1.500	1.500		
型钢混凝土柱	一级	井字复合箍	0.664	0.731	0.864	0.996	1.129	1.329	1.528		
		复合螺旋箍	0.531	0.598	0.731	0.864	0.996	1.196	1.395		
	二级	井字复合箍	0.531	0.598	0.731	0.864	0.996	1.129	1.262	1.461	1.594
		复合螺旋箍	0.399	0.465	0.598	0.731	0.864	0.996	1.129	1.329	1.461
	三级	井字复合箍	0.399	0.465	0.598	0.731	0.864	0.996	1.129	1.329	1.461
		复合螺旋箍	0.332	0.399	0.465	0.598	0.731	0.864	0.996	1.196	1.329

混凝土强度等级 **C50**、用 **300** 级箍筋（$f_{yv}=270\,\text{N/mm}^2$）时
柱加密区的最小配箍率 ρ_v（%）   表 6.22-4

类别	抗震等级	箍筋形式	柱轴压比								
			≤0.3	0.4	0.5	0.6	0.7	0.8	0.9	1.0	1.05
框架柱	特一级	普通箍、复合箍	1.027	1.112	1.283	1.454	1.626	1.882	2.139		
		螺旋箍、复合或连续复合（矩形）螺旋箍	0.856	0.941	1.112	1.283	1.454	1.711	1.968		
	一级	普通箍、复合箍	0.856	0.941	1.112	1.283	1.454	1.711	1.968		
		螺旋箍、复合或连续复合（矩形）螺旋箍	0.800	0.800	0.941	1.112	1.283	1.540	1.797		
	二级	普通箍、复合箍	0.684	0.77	0.941	1.112	1.283	1.454	1.626	1.882	2.053
		螺旋箍、复合或连续复合（矩形）螺旋箍	0.600	0.600	0.770	0.941	1.112	1.283	1.454	1.711	1.882
	三级	普通箍、复合箍	0.513	0.599	0.770	0.941	1.112	1.283	1.454	1.711	1.882
		螺旋箍、复合或连续复合（矩形）螺旋箍	0.428	0.513	0.599	0.77	0.941	1.112	1.283	1.54	1.711
框支柱	特一级	井字复合箍	1.600	1.600	1.600	1.600	1.711	1.968	2.224		
		复合螺旋箍	1.600	1.600	1.600	1.600	1.600	1.797	2.053		
	一级	井字复合箍	1.500	1.500	1.500	1.500	1.626	1.882	2.139		
		复合螺旋箍	1.500	1.500	1.500	1.500	1.500	1.711	1.968		
	二级	井字复合箍	1.500	1.500	1.500	1.500	1.500	1.626	1.797		
		复合螺旋箍	1.500	1.500	1.500	1.500	1.500	1.500	1.626		
型钢混凝土柱	一级	井字复合箍	0.727	0.800	0.945	1.091	1.236	1.454	1.673		
		复合螺旋箍	0.582	0.655	0.800	0.945	1.091	1.309	1.527		
	二级	井字复合箍	0.582	0.655	0.800	0.945	1.091	1.236	1.382	1.600	1.745
		复合螺旋箍	0.436	0.509	0.655	0.800	0.945	1.091	1.236	1.454	1.6
	三级	井字复合箍	0.436	0.509	0.655	0.800	0.945	1.091	1.236	1.454	1.6
		复合螺旋箍	0.364	0.436	0.509	0.655	0.800	0.945	1.091	1.309	1.454

混凝土强度等级 **C55**、用 **300** 级箍筋（$f_{yv}=270\,\text{N/mm}^2$）时
柱加密区的最小配箍率 ρ_v（%）   表 6.22-5

类别	抗震等级	箍筋形式	柱轴压比								
			≤0.3	0.4	0.5	0.6	0.7	0.8	0.9	1.0	1.05
框架柱	特一级	普通箍、复合箍	1.124	1.218	1.406	1.593	1.780	2.061	2.343		
		螺旋箍、复合或连续复合（矩形）螺旋箍	0.937	1.031	1.218	1.406	1.593	1.874	2.155		
	一级	普通箍、复合箍	0.937	1.031	1.218	1.406	1.593	1.874	2.155		
		螺旋箍、复合或连续复合（矩形）螺旋箍	0.800	0.843	1.031	1.218	1.406	1.687	1.968		

类别	抗震等级	箍筋形式	柱轴压比								
			≤0.3	0.4	0.5	0.6	0.7	0.8	0.9	1.0	1.05
框架柱	二级	普通箍、复合箍	0.750	0.843	1.031	1.218	1.406	1.593	1.78	2.061	2.249
		螺旋箍、复合或连续复合（矩形）螺旋箍	0.600	0.656	0.843	1.031	1.218	1.406	1.593	1.874	2.061
	三级	普通箍、复合箍	0.562	0.656	0.843	1.031	1.218	1.406	1.593	1.874	2.061
		螺旋箍、复合或连续复合（矩形）螺旋箍	0.469	0.562	0.656	0.843	1.031	1.218	1.406	1.687	1.874
框支柱	特一级	井字复合箍	1.600	1.600	1.600	1.687	1.874	2.155	2.436		
		复合螺旋箍	1.600	1.600	1.600	1.600	1.687	1.968	2.249		
	一级	井字复合箍	1.500	1.500	1.500	1.593	1.78	2.061	2.343		
		复合螺旋箍	1.500	1.500	1.500	1.500	1.593	1.874	2.155		
	二级	井字复合箍	1.500	1.500	1.500	1.500	1.593	1.780	1.968		
		复合螺旋箍	1.500	1.500	1.500	1.500	1.500	1.593	1.780		
型钢混凝土柱	一级	井字复合箍	0.796	0.876	1.035	1.195	1.354	1.593	1.832		
		复合螺旋箍	0.637	0.717	0.876	1.035	1.195	1.434	1.673		
	二级	井字复合箍	0.637	0.717	0.876	1.035	1.195	1.354	1.513	1.752	1.912
		复合螺旋箍	0.478	0.558	0.717	0.876	1.035	1.195	1.354	1.593	1.752
	三级	井字复合箍	0.478	0.558	0.717	0.876	1.035	1.195	1.354	1.593	1.752
		复合螺旋箍	0.398	0.478	0.558	0.717	0.876	1.035	1.195	1.434	1.593

混凝土强度等级 C60、用 300 级箍筋（$f_{yv} = 270 \text{ N/mm}^2$）时 柱加密区的最小配箍率 ρ_v（%）

表 6.22-6

类别	抗震等级	箍筋形式	柱轴压比								
			≤0.3	0.4	0.5	0.6	0.7	0.8	0.9	1.0	1.05
框架柱	特一级	普通箍、复合箍	1.222	1.324	1.528	1.731	1.935	2.241	2.546		
		螺旋箍、复合或连续复合（矩形）螺旋箍	1.019	1.12	1.324	1.528	1.731	2.037	2.343		
	一级	普通箍、复合箍	1.019	1.12	1.324	1.528	1.731	2.037	2.343		
		螺旋箍、复合或连续复合（矩形）螺旋箍	0.815	0.917	1.120	1.324	1.528	1.833	2.139		
	二级	普通箍、复合箍	0.815	0.917	1.120	1.324	1.528	1.731	1.935	2.241	2.444
		螺旋箍、复合或连续复合（矩形）螺旋箍	0.611	0.713	0.917	1.120	1.324	1.528	1.731	2.037	2.241
	三级	普通箍、复合箍	0.611	0.713	0.917	1.120	1.324	1.528	1.731	2.037	2.241
		螺旋箍、复合或连续复合（矩形）螺旋箍	0.509	0.611	0.713	0.917	1.120	1.324	1.528	1.833	2.037
框支柱	特一级	井字复合箍	1.600	1.600	1.63	1.833	2.037	2.343	2.648		
		复合螺旋箍	1.600	1.600	1.600	1.630	1.833	2.139	2.444		
	一级	井字复合箍	1.500	1.500	1.528	1.731	1.935	2.241	2.546		
		复合螺旋箍	1.500	1.500	1.500	1.528	1.731	2.037	2.343		

类别	抗震等级	箍筋形式	柱轴压比								
			≤0.3	0.4	0.5	0.6	0.7	0.8	0.9	1.0	1.05
框支柱	二级	井字复合箍	1.500	1.500	1.500	1.528	1.731	1.935	2.139		
		复合螺旋箍	1.500	1.500	1.500	1.500	1.528	1.731	1.935		
型钢混凝土柱	一级	井字复合箍	0.866	0.952	1.125	1.299	1.472	1.731	1.991		
		复合螺旋箍	0.693	0.779	0.952	1.125	1.299	1.558	1.818		
	二级	井字复合箍	0.693	0.779	0.952	1.125	1.299	1.472	1.645	1.905	2.078
		复合螺旋箍	0.519	0.606	0.779	0.952	1.125	1.299	1.472	1.731	1.905
	三级	井字复合箍	0.519	0.606	0.779	0.952	1.125	1.299	1.472	1.731	1.905
		复合螺旋箍	0.433	0.519	0.606	0.779	0.952	1.125	1.299	1.558	1.731

混凝土强度等级 C65、用 300 级箍筋（$f_{yv} = 270 \text{ N/mm}^2$）时柱加密区的最小配箍率 ρ_v（%）　　　　　表 6.22-7

类别	抗震等级	箍筋形式	柱轴压比								
			≤0.3	0.4	0.5	0.6	0.7	0.8	0.9	1.0	1.05
框架柱	特一级	普通箍、复合箍	1.320	1.430	1.650	1.870	2.090	2.420	2.750		
		螺旋箍、复合或连续复合（矩形）螺旋箍	1.100	1.210	1.430	1.650	1.870	2.200	2.530		
	一级	普通箍、复合箍	1.100	1.210	1.430	1.650	1.870	2.200	2.530		
		螺旋箍、复合或连续复合（矩形）螺旋箍	0.880	0.990	1.210	1.430	1.650	1.980	2.310		
	二级	普通箍、复合箍	0.880	0.990	1.210	1.430	1.650	1.870	2.090	2.420	2.640
		螺旋箍、复合或连续复合（矩形）螺旋箍	0.660	0.770	0.990	1.210	1.430	1.650	1.870	2.200	2.420
	三级	普通箍、复合箍	0.660	0.770	0.990	1.210	1.430	1.650	1.870	2.200	2.420
		螺旋箍、复合或连续复合（矩形）螺旋箍	0.550	0.660	0.770	0.990	1.210	1.430	1.650	1.980	2.200
框支柱	特一级	井字复合箍	1.600	1.600	1.760	1.980	2.200	2.530	2.860		
		复合螺旋箍	1.600	1.600	1.600	1.760	1.980	2.310	2.640		
	一级	井字复合箍	1.500	1.500	1.650	1.870	2.090	2.420	2.750		
		复合螺旋箍	1.500	1.500	1.500	1.650	1.870	2.200	2.530		
	二级	井字复合箍	1.500	1.500	1.500	1.650	1.870	2.090	2.310		
		复合螺旋箍	1.500	1.500	1.500	1.500	1.650	1.870	2.090		
型钢混凝土柱	一级	井字复合箍	0.935	1.029	1.216	1.403	1.590	1.870	2.151		
		复合螺旋箍	0.748	0.842	1.029	1.216	1.403	1.683	1.964		
	二级	井字复合箍	0.748	0.842	1.029	1.216	1.403	1.590	1.777	2.057	2.244
		复合螺旋箍	0.561	0.655	0.842	1.029	1.216	1.403	1.590	1.870	2.057
	三级	井字复合箍	0.561	0.655	0.842	1.029	1.216	1.403	1.590	1.870	2.057
		复合螺旋箍	0.468	0.561	0.655	0.842	1.029	1.216	1.403	1.683	1.870

说明：同 5.21-7，下同。

混凝土强度等级 **C70**、用 **300** 级箍筋（$f_{yv}=270\,\text{N/mm}^2$）时
柱加密区的最小配箍率 ρ_v（%）

表 6.22-8

类别	抗震等级	箍筋形式	柱轴压比								
			≤0.3	0.4	0.5	0.6	0.7	0.8	0.9	1.0	1.05
框架柱	特一级	普通箍、复合箍	1.413	1.531	1.767	2.002	2.238	2.591	2.944		
		螺旋箍、复合或连续复合（矩形）螺旋箍	1.178	1.296	1.531	1.767	2.002	2.356	2.709		
	一级	普通箍、复合箍	1.178	1.296	1.531	1.767	2.002	2.356	2.709		
		螺旋箍、复合或连续复合（矩形）螺旋箍	0.942	1.060	1.296	1.531	1.767	2.12	2.473		
	二级	普通箍、复合箍	0.942	1.060	1.296	1.531	1.767	2.002	2.238	2.591	2.827
		螺旋箍、复合或连续复合（矩形）螺旋箍	0.707	0.824	1.060	1.296	1.531	1.767	2.002	2.356	2.591
	三级	普通箍、复合箍	0.707	0.824	1.060	1.296	1.531	1.767	2.002	2.356	2.591
		螺旋箍、复合或连续复合（矩形）螺旋箍	0.589	0.707	0.824	1.060	1.296	1.531	1.767	2.120	2.356
框支柱	特一级	井字复合箍	1.600	1.649	1.884	2.120	2.356	2.709	3.062		
		复合螺旋箍	1.600	1.600	1.649	1.884	2.12	2.473	2.827		
	一级	井字复合箍	1.500	1.531	1.767	2.002	2.238	2.591	2.944		
		复合螺旋箍	1.500	1.500	1.531	1.767	2.002	2.356	2.709		
	二级	井字复合箍	1.500	1.531	1.767	2.002	2.238	2.473			
		复合螺旋箍	1.500	1.500	1.500	1.531	1.767	2.002	2.238		
型钢混凝土柱	一级	井字复合箍	1.001	1.101	1.301	1.502	1.702	2.002	2.303		
		复合螺旋箍	0.801	0.901	1.101	1.301	1.502	1.802	2.102		
	二级	井字复合箍	0.801	0.901	1.101	1.301	1.502	1.702	1.902	2.202	2.403
		复合螺旋箍	0.601	0.701	0.901	1.101	1.301	1.502	1.702	2.002	2.202
	三级	井字复合箍	0.601	0.701	0.901	1.101	1.301	1.502	1.702	2.002	2.202
		复合螺旋箍	0.501	0.601	0.701	0.901	1.101	1.301	1.502	1.802	2.002

混凝土强度等级 **C65**、用 **300** 级箍筋（$f_{yv}=270\,\text{N/mm}^2$）时
柱加密区的最小配箍率 ρ_v（%）

表 6.22-9

类别	抗震等级	箍筋形式	柱轴压比								
			≤0.3	0.4	0.5	0.6	0.7	0.8	0.9	1.0	1.05
框架柱	一级	普通箍、复合箍	1.320	1.43	1.650	1.870	2.200	2.530	2.860		
		螺旋箍、复合或连续复合（矩形）螺旋箍	1.100	1.210	1.430	1.650	1.980	2.310	2.640		
	二级	普通箍、复合箍	1.100	1.210	1.430	1.650	1.980	2.200	2.420	2.750	2.970
		螺旋箍、复合或连续复合（矩形）螺旋箍	0.880	0.990	1.210	1.430	1.760	1.980	2.200	2.530	2.750
	三级	普通箍、复合箍	0.880	0.990	1.210	1.430	1.760	1.980	2.200	2.530	2.750
		螺旋箍、复合或连续复合（矩形）螺旋箍	0.770	0.880	0.990	1.210	1.540	1.760	1.980	2.310	2.530

类别	抗震等级	箍筋形式	柱轴压比								
			≤0.3	0.4	0.5	0.6	0.7	0.8	0.9	1.0	1.05
框支柱	一级	普通箍、复合箍	1.540	1.650	1.870	2.090	2.420	2.750	3.080		
		螺旋箍、复合或连续复合（矩形）螺旋箍	1.500	1.500	1.650	1.870	2.200	2.530	2.860		
	二级	井字复合箍	1.500	1.500	1.650	1.870	2.200	2.420	2.640		
		复合螺旋箍	1.500	1.500	1.500	1.650	1.980	2.200	2.420		
型钢混凝土柱	一级	井字复合箍	1.122	1.216	1.403	1.590	1.870	2.151	2.431		
		复合螺旋箍	0.935	1.029	1.216	1.403	1.683	1.964	2.244		
	二级	井字复合箍	0.935	1.029	1.216	1.403	1.683	1.870	2.057	2.338	2.525
		复合螺旋箍	0.748	0.842	1.029	1.216	1.496	1.683	1.870	2.151	2.338
	三级	井字复合箍	0.748	0.842	1.029	1.216	1.496	1.683	1.870	2.151	2.338
		复合螺旋箍	0.655	0.748	0.842	1.029	1.309	1.496	1.683	1.964	2.151

说明：同表 6.22-11，下同。

混凝土强度等级 C70、用 300 级箍筋（$f_{yv}=270 \, \text{N/mm}^2$）时柱加密区的最小配箍率 ρ_v（%）

表 6.22-10

类别	抗震等级	箍筋形式	柱轴压比								
			≤0.3	0.4	0.5	0.6	0.7	0.8	0.9	1.0	1.05
框架柱	一级	普通箍、复合箍	1.413	1.531	1.767	2.002	2.356	2.709	3.062		
		螺旋箍、复合或连续复合（矩形）螺旋箍	1.178	1.296	1.531	1.767	2.120	2.473	2.827		
	二级	普通箍、复合箍	1.178	1.296	1.531	1.767	2.120	2.356	2.591	2.944	3.18
		螺旋箍、复合或连续复合（矩形）螺旋箍	0.942	1.060	1.296	1.531	1.884	2.120	2.356	2.709	2.944
	三级	普通箍、复合箍	0.942	1.060	1.296	1.531	1.884	2.120	2.356	2.709	2.944
		螺旋箍、复合或连续复合（矩形）螺旋箍	0.824	0.942	1.060	1.296	1.649	1.884	2.120	2.473	2.709
框支柱	一级	普通箍、复合箍	1.649	1.767	2.002	2.238	2.591	2.944	3.298		
		螺旋箍、复合或连续复合（矩形）螺旋箍	1.500	1.531	1.767	2.002	2.356	2.709	3.062		
	二级	井字复合箍	1.500	1.531	1.767	2.002	2.356	2.591	2.827		
		复合螺旋箍	1.500	1.500	1.531	1.767	2.120	2.356	2.591		
型钢混凝土柱	一级	井字复合箍	1.201	1.301	1.502	1.702	2.002	2.303	2.603		
		复合螺旋箍	1.001	1.101	1.301	1.502	1.802	2.102	2.403		
	二级	井字复合箍	1.001	1.101	1.301	1.502	1.802	2.002	2.202	2.503	2.703
		复合螺旋箍	0.801	0.901	1.101	1.301	1.602	1.802	2.002	2.303	2.503
	三级	井字复合箍	0.801	0.901	1.101	1.301	1.602	1.802	2.002	2.303	2.503
		复合螺旋箍	0.701	0.801	0.901	1.101	1.402	1.602	1.802	2.102	2.303

3. 用 335 级箍筋（$f_{yv}=300\,\text{N/mm}^2$）时柱加密区的最小配箍率

混凝土强度等级≤C35、用 335 级箍筋（$f_{yv}=300\,\text{N/mm}^2$）时
柱加密区的最小配箍率 ρ_v（%）

表 6.23-1

类别	抗震等级	箍筋形式	柱轴压比								
			≤0.3	0.4	0.5	0.6	0.7	0.8	0.9	1.0	1.05
框架柱	特一级	普通箍、复合箍	0.800	0.800	0.835	0.947	1.058	1.225	1.392		
		螺旋箍、复合或连续复合（矩形）螺旋箍	0.800	0.800	0.800	0.835	0.947	1.114	1.281		
	一级	普通箍、复合箍	0.800	0.800	0.800	0.835	0.947	1.114	1.281		
		螺旋箍、复合或连续复合（矩形）螺旋箍	0.800	0.800	0.800	0.800	0.835	1.002	1.169		
框架柱	二级	普通箍、复合箍	0.600	0.600	0.613	0.724	0.835	0.947	1.058	1.225	1.336
		螺旋箍、复合或连续复合（矩形）螺旋箍	0.600	0.600	0.600	0.613	0.724	0.835	0.947	1.114	1.225
	三级	普通箍、复合箍	0.400	0.400	0.501	0.613	0.724	0.835	0.947	1.114	1.225
		螺旋箍、复合或连续复合（矩形）螺旋箍	0.400	0.400	0.400	0.501	0.613	0.724	0.835	1.002	1.114
框支柱	特一级	井字复合箍	1.600	1.600	1.600	1.600	1.600				
		复合螺旋箍	1.600	1.600	1.600	1.600	1.600				
	一级	井字复合箍	1.500	1.500	1.500	1.500	1.500				
		复合螺旋箍	1.500	1.500	1.500	1.500	1.500				
	二级	井字复合箍	1.500	1.500	1.500	1.500	1.500	1.500			
		复合螺旋箍	1.500	1.500	1.500	1.500	1.500	1.500			
型钢混凝土柱	一级	井字复合箍	0.473	0.52	0.615	0.710	0.804	0.946	1.088		
		复合螺旋箍	0.379	0.426	0.520	0.615	0.710	0.852	0.994		
	二级	井字复合箍	0.379	0.426	0.520	0.615	0.710	0.804	0.899	1.041	1.136
		复合螺旋箍	0.284	0.331	0.426	0.520	0.615	0.710	0.804	0.946	1.041
	三级	井字复合箍	0.284	0.331	0.426	0.520	0.615	0.710	0.804	0.946	1.041
		复合螺旋箍	0.237	0.284	0.331	0.426	0.520	0.615	0.710	0.852	0.946

说明：同表 6.21-1，下同。

混凝土强度等级 C40、用 335 级箍筋（$f_{yv}=300\,\text{N/mm}^2$）时
柱加密区的最小配箍率 ρ_v（%）

表 6.23-2

类别	抗震等级	箍筋形式	柱轴压比								
			≤0.3	0.4	0.5	0.6	0.7	0.8	0.9	1.0	1.05
框架柱	特一级	普通箍、复合箍	0.800	0.828	0.955	1.083	1.210	1.401	1.592		
		螺旋箍、复合或连续复合（矩形）螺旋箍	0.800	0.800	0.828	0.955	1.083	1.274	1.465		
	一级	普通箍、复合箍	0.800	0.800	0.828	0.955	1.083	1.274	1.465		
		螺旋箍、复合或连续复合（矩形）螺旋箍	0.800	0.800	0.800	0.828	0.955	1.146	1.337		

类别	抗震等级	箍筋形式	柱轴压比								
			≤0.3	0.4	0.5	0.6	0.7	0.8	0.9	1.0	1.05
框架柱	二级	普通箍、复合箍	0.600	0.600	0.701	0.828	0.955	1.083	1.210	1.401	1.528
		螺旋箍、复合或连续复合（矩形）螺旋箍	0.600	0.600	0.600	0.701	0.828	0.955	1.083	1.274	1.401
	三级	普通箍、复合箍	0.400	0.446	0.573	0.701	0.828	0.955	1.083	1.274	1.401
		螺旋箍、复合或连续复合（矩形）螺旋箍	0.400	0.400	0.446	0.573	0.701	0.828	0.955	1.146	1.274
框支柱	特一级	井字复合箍	1.600	1.600	1.600	1.600	1.600				
		复合螺旋箍	1.600	1.600	1.600	1.600	1.600				
	一级	井字复合箍	1.500	1.500	1.500	1.500	1.500				
		复合螺旋箍	1.500	1.500	1.500	1.500	1.500				
	二级	井字复合箍	1.500	1.500	1.500	1.500	1.500	1.500			
		复合螺旋箍	1.500	1.500	1.500	1.500	1.500	1.500			
型钢混凝土柱	一级	井字复合箍	0.541	0.595	0.704	0.812	0.920	1.082	1.245		
		复合螺旋箍	0.433	0.487	0.595	0.704	0.812	0.974	1.136		
	二级	井字复合箍	0.433	0.487	0.595	0.704	0.812	0.920	1.028	1.191	1.299
		复合螺旋箍	0.325	0.379	0.487	0.595	0.704	0.812	0.920	1.082	1.191
	三级	井字复合箍	0.325	0.379	0.487	0.595	0.704	0.812	0.920	1.082	1.191
		复合螺旋箍	0.271	0.325	0.379	0.487	0.595	0.704	0.812	0.974	1.082

混凝土强度等级 C45、用 335 级箍筋（$f_{yv} = 300\,\text{N/mm}^2$）时
柱加密区的最小配箍率 ρ_v（%）   表 6.23-3

类别	抗震等级	箍筋形式	柱轴压比								
			≤0.3	0.4	0.5	0.6	0.7	0.8	0.9	1.0	1.05
框架柱	特一级	普通箍、复合箍	0.844	0.915	1.055	1.196	1.336	1.547	1.758		
		螺旋箍、复合或连续复合（矩形）螺旋箍	0.800	0.800	0.915	1.055	1.196	1.407	1.618		
	一级	普通箍、复合箍	0.800	0.800	0.915	1.055	1.196	1.407	1.618		
		螺旋箍、复合或连续复合（矩形）螺旋箍	0.800	0.800	0.800	0.915	1.055	1.266	1.477		
	二级	普通箍、复合箍	0.600	0.633	0.774	0.915	1.055	1.196	1.337	1.548	1.688
		螺旋箍、复合或连续复合（矩形）螺旋箍	0.600	0.600	0.633	0.774	0.915	1.055	1.196	1.407	1.548
	三级	普通箍、复合箍	0.422	0.493	0.633	0.774	0.915	1.055	1.196	1.407	1.548
		螺旋箍、复合或连续复合（矩形）螺旋箍	0.400	0.422	0.493	0.633	0.774	0.915	1.055	1.266	1.407

类别	抗震等级	箍筋形式	柱轴压比								
			≤0.3	0.4	0.5	0.6	0.7	0.8	0.9	1.0	1.05
框支柱	特一级	井字复合箍	1.600	1.600	1.600	1.600	1.600				
		复合螺旋箍	1.600	1.600	1.600	1.600	1.600				
	一级	井字复合箍	1.500	1.500	1.500	1.500	1.500				
		复合螺旋箍	1.500	1.500	1.500	1.500	1.500				
	二级	井字复合箍	1.500	1.500	1.500	1.500	1.500	1.500			
		复合螺旋箍	1.500	1.500	1.500	1.500	1.500	1.500			
型钢混凝土柱	一级	井字复合箍	0.598	0.658	0.777	0.897	1.016	1.196	1.375		
		复合螺旋箍	0.478	0.538	0.658	0.777	0.897	1.076	1.255		
	二级	井字复合箍	0.478	0.538	0.658	0.777	0.897	1.016	1.136	1.315	1.435
		复合螺旋箍	0.359	0.418	0.538	0.658	0.777	0.897	1.016	1.196	1.315
	三级	井字复合箍	0.359	0.418	0.538	0.658	0.777	0.897	1.016	1.196	1.315
		复合螺旋箍	0.299	0.359	0.418	0.538	0.658	0.777	0.897	1.076	1.196

混凝土强度等级 C50、用 335 级箍筋（$f_{yv}=300 \, \text{N/mm}^2$）时柱加密区的最小配箍率 ρ_v（%） 表 6.23-4

类别	抗震等级	箍筋形式	柱轴压比								
			≤0.3	0.4	0.5	0.6	0.7	0.8	0.9	1.0	1.05
框架柱	特一级	普通箍、复合箍	0.924	1.001	1.155	1.309	1.463	1.694	1.925		
		螺旋箍、复合或连续复合（矩形）螺旋箍	0.800	0.847	1.001	1.155	1.309	1.540	1.771		
	一级	普通箍、复合箍	0.800	0.847	1.001	1.155	1.309	1.540	1.771		
		螺旋箍、复合或连续复合（矩形）螺旋箍	0.800	0.800	0.847	1.001	1.155	1.386	1.617		
	二级	普通箍、复合箍	0.616	0.693	0.847	1.001	1.155	1.309	1.463	1.694	1.848
		螺旋箍、复合或连续复合（矩形）螺旋箍	0.600	0.600	0.693	0.847	1.001	1.155	1.309	1.540	1.694
	三级	普通箍、复合箍	0.462	0.539	0.693	0.847	1.001	1.155	1.309	1.540	1.694
		螺旋箍、复合或连续复合（矩形）螺旋箍	0.400	0.462	0.539	0.693	0.847	1.001	1.155	1.386	1.540
框支柱	特一级	井字复合箍	1.600	1.600	1.600	1.600	1.600				
		复合螺旋箍	1.600	1.600	1.600	1.600	1.600				
	一级	井字复合箍	1.500	1.500	1.500	1.500	1.500				
		复合螺旋箍	1.500	1.500	1.500	1.500	1.500				
	二级	井字复合箍	1.500	1.500	1.500	1.500	1.500	1.500			
		复合螺旋箍	1.500	1.500	1.500	1.500	1.500	1.500			

类别	抗震等级	箍筋形式	柱轴压比								
			≤0.3	0.4	0.5	0.6	0.7	0.8	0.9	1.0	1.05
型钢混凝土柱	一级	井字复合箍	0.655	0.720	0.851	0.982	1.113	1.309	1.505		
		复合螺旋箍	0.524	0.589	0.720	0.851	0.982	1.178	1.374		
	二级	井字复合箍	0.524	0.589	0.720	0.851	0.982	1.113	1.244	1.440	1.571
		复合螺旋箍	0.393	0.458	0.589	0.72	0.851	0.982	1.113	1.309	1.440
	三级	井字复合箍	0.393	0.458	0.589	0.72	0.851	0.982	1.113	1.309	1.440
		复合螺旋箍	0.327	0.393	0.458	0.589	0.720	0.851	0.982	1.178	1.309

混凝土强度等级 C55、用 335 级箍筋（$f_{yv}=300\ \text{N/mm}^2$）时柱加密区的最小配箍率 ρ_v（%）　　表 6.23-5

类别	抗震等级	箍筋形式	柱轴压比								
			≤0.3	0.4	0.5	0.6	0.7	0.8	0.9	1.0	1.05
框架柱	特一级	普通箍、复合箍	1.012	1.097	1.265	1.434	1.602	1.855	2.108		
		螺旋箍、复合或连续复合（矩形）螺旋箍	0.844	0.928	1.097	1.265	1.434	1.687	1.940		
	一级	普通箍、复合箍	0.844	0.928	1.097	1.265	1.434	1.687	1.940		
		螺旋箍、复合或连续复合（矩形）螺旋箍	0.800	0.800	0.928	1.097	1.265	1.518	1.771		
	二级	普通箍、复合箍	0.675	0.759	0.928	1.097	1.265	1.434	1.603	1.856	2.024
		螺旋箍、复合或连续复合（矩形）螺旋箍	0.600	0.600	0.759	0.928	1.097	1.265	1.434	1.687	1.856
	三级	普通箍、复合箍	0.506	0.591	0.759	0.928	1.097	1.265	1.434	1.687	1.856
		螺旋箍、复合或连续复合（矩形）螺旋箍	0.422	0.506	0.591	0.759	0.928	1.097	1.265	1.518	1.687
框支柱	特一级	井字复合箍	1.600	1.600	1.600	1.600	1.687				
		复合螺旋箍	1.600	1.600	1.600	1.600	1.600				
	一级	井字复合箍	1.500	1.500	1.500	1.500	1.603				
		复合螺旋箍	1.500	1.500	1.500	1.500	1.500				
	二级	井字复合箍	1.500	1.500	1.500	1.500	1.500	1.500			
		复合螺旋箍	1.500	1.500	1.500	1.500	1.500	1.500			
型钢混凝土柱	一级	井字复合箍	0.717	0.789	0.932	1.075	1.219	1.434	1.649		
		复合螺旋箍	0.573	0.645	0.789	0.932	1.075	1.290	1.505		
	二级	井字复合箍	0.573	0.645	0.789	0.932	1.075	1.219	1.362	1.577	1.720
		复合螺旋箍	0.430	0.502	0.645	0.789	0.932	1.075	1.219	1.434	1.577
	三级	井字复合箍	0.430	0.502	0.645	0.789	0.932	1.075	1.219	1.434	1.577
		复合螺旋箍	0.358	0.43	0.502	0.645	0.789	0.932	1.075	1.290	1.434

混凝土强度等级 **C60**、用 **335** 级箍筋（$f_{yv}=300\ \text{N/mm}^2$）时
柱加密区的最小配箍率 ρ_v（%）   表 6.23-6

类别	抗震等级	箍筋形式	柱轴压比								
			≤0.3	0.4	0.5	0.6	0.7	0.8	0.9	1.0	1.05
框架柱	特一级	普通箍、复合箍	1.100	1.192	1.375	1.559	1.742	2.017	2.292		
		螺旋箍、复合或连续复合（矩形）螺旋箍	0.917	1.009	1.192	1.375	1.559	1.834	2.109		
	一级	普通箍、复合箍	0.917	1.009	1.192	1.375	1.559	1.834	2.109		
		螺旋箍、复合或连续复合（矩形）螺旋箍	0.800	0.825	1.009	1.192	1.375	1.650	1.925		
	二级	普通箍、复合箍	0.734	0.825	1.009	1.192	1.375	1.559	1.742	2.017	2.200
		螺旋箍、复合或连续复合（矩形）螺旋箍	0.600	0.642	0.825	1.009	1.192	1.375	1.559	1.834	2.017
	三级	普通箍、复合箍	0.550	0.642	0.825	1.009	1.192	1.375	1.559	1.834	2.017
		螺旋箍、复合或连续复合（矩形）螺旋箍	0.459	0.550	0.642	0.825	1.009	1.192	1.375	1.650	1.834
框支柱	特一级	井字复合箍	1.600	1.600	1.600	1.650	1.833				
		复合螺旋箍	1.600	1.600	1.600	1.600	1.650				
	一级	井字复合箍	1.500	1.500	1.500	1.559	1.742				
		复合螺旋箍	1.500	1.500	1.500	1.500	1.559				
	二级	井字复合箍	1.500	1.500	1.500	1.500	1.559	1.742			
		复合螺旋箍	1.500	1.500	1.500	1.500	1.500	1.559			
型钢混凝土柱	一级	井字复合箍	0.779	0.857	1.013	1.169	1.325	1.558	1.792		
		复合螺旋箍	0.623	0.701	0.857	1.013	1.169	1.403	1.636		
	二级	井字复合箍	0.623	0.701	0.857	1.013	1.169	1.325	1.480	1.714	1.870
		复合螺旋箍	0.468	0.545	0.701	0.857	1.013	1.169	1.325	1.558	1.714
	三级	井字复合箍	0.468	0.545	0.701	0.857	1.013	1.169	1.325	1.558	1.714
		复合螺旋箍	0.39	0.468	0.545	0.701	0.857	1.013	1.169	1.403	1.558

混凝土强度等级 **C65**、用 **335** 级箍筋（$f_{yv}=300\ \text{N/mm}^2$）时
柱加密区的最小配箍率 ρ_v（%）   表 6.23-7

类别	抗震等级	箍筋形式	柱轴压比								
			≤0.3	0.4	0.5	0.6	0.7	0.8	0.9	1.0	1.05
框架柱	特一级	普通箍、复合箍	1.188	1.287	1.485	1.683	1.881	2.178	2.475		
		螺旋箍、复合或连续复合（矩形）螺旋箍	0.990	1.089	1.287	1.485	1.683	1.980	2.277		
	一级	普通箍、复合箍	0.990	1.089	1.287	1.485	1.683	1.980	2.277		
		螺旋箍、复合或连续复合（矩形）螺旋箍	0.800	0.891	1.089	1.287	1.485	1.782	2.079		
	二级	普通箍、复合箍	0.792	0.891	1.089	1.287	1.485	1.683	1.881	2.178	2.376
		螺旋箍、复合或连续复合（矩形）螺旋箍	0.600	0.693	0.891	1.089	1.287	1.485	1.683	1.980	2.178

类别	抗震等级	箍筋形式	柱轴压比								
			≤0.3	0.4	0.5	0.6	0.7	0.8	0.9	1.0	1.05
框架柱	三级	普通箍、复合箍	0.594	0.693	0.891	1.089	1.287	1.485	1.683	1.980	2.178
		螺旋箍、复合或连续复合（矩形）螺旋箍	0.495	0.594	0.693	0.891	1.089	1.287	1.485	1.782	1.980
框支柱	特一级	井字复合箍	1.600	1.600	1.600	1.782	1.980				
		复合螺旋箍	1.600	1.600	1.600	1.600	1.782				
	一级	井字复合箍	1.500	1.500	1.500	1.683	1.881				
		复合螺旋箍	1.500	1.500	1.500	1.500	1.683				
	二级	井字复合箍	1.500	1.500	1.500	1.500	1.683	1.881			
		复合螺旋箍	1.500	1.500	1.500	1.500	1.500	1.683			
型钢混凝土柱	一级	井字复合箍	0.842	0.926	1.094	1.262	1.431	1.683	1.935		
		复合螺旋箍	0.673	0.757	0.926	1.094	1.262	1.515	1.767		
	二级	井字复合箍	0.673	0.757	0.926	1.094	1.262	1.431	1.599	1.851	2.020
		复合螺旋箍	0.505	0.589	0.757	0.926	1.094	1.262	1.431	1.683	1.851
	三级	井字复合箍	0.505	0.589	0.757	0.926	1.094	1.262	1.431	1.683	1.851
		复合螺旋箍	0.421	0.505	0.589	0.757	0.926	1.094	1.262	1.515	1.683

说明：同表 6.21-7，下同。

混凝土强度等级 C70、用 335 级箍筋（$f_{yv} = 300 \text{ N/mm}^2$）时柱加密区的最小配箍率 ρ_v（%）　　　　表 6.23-8

类别	抗震等级	箍筋形式	柱轴压比								
			≤0.3	0.4	0.5	0.6	0.7	0.8	0.9	1.0	1.05
框架柱	特一级	普通箍、复合箍	1.272	1.378	1.590	1.802	2.014	2.332	2.650		
		螺旋箍、复合或连续复合（矩形）螺旋箍	1.060	1.166	1.378	1.590	1.802	2.120	2.438		
	一级	普通箍、复合箍	1.060	1.166	1.378	1.590	1.802	2.120	2.438		
		螺旋箍、复合或连续复合（矩形）螺旋箍	0.848	0.954	1.166	1.378	1.590	1.908	2.226		
	二级	普通箍、复合箍	0.848	0.954	1.166	1.378	1.590	1.802	2.014	2.332	2.544
		螺旋箍、复合或连续复合（矩形）螺旋箍	0.636	0.742	0.954	1.166	1.378	1.590	1.802	2.120	2.332
	三级	普通箍、复合箍	0.636	0.742	0.954	1.166	1.378	1.590	1.802	2.120	2.332
		螺旋箍、复合或连续复合（矩形）螺旋箍	0.530	0.636	0.742	0.954	1.166	1.378	1.590	1.908	2.120
框支柱	特一级	井字复合箍	1.600	1.600	1.696	1.908	2.120	2.438	2.756		
		复合螺旋箍	1.600	1.600	1.600	1.696	1.908	2.226	2.544		
	一级	井字复合箍	1.500	1.500	1.590	1.802	2.014	2.332	2.650		
		复合螺旋箍	1.500	1.500	1.500	1.590	1.802	2.120	2.438		

类别	抗震等级	箍筋形式	柱轴压比								
			≤0.3	0.4	0.5	0.6	0.7	0.8	0.9	1.0	1.05
框支柱	二级	井字复合箍	1.500	1.500	1.500	1.590	1.802	2.014	2.226		
		复合螺旋箍	1.500	1.500	1.500	1.378	1.590	1.802	2.014		
型钢混凝土柱	一级	井字复合箍	0.901	0.991	1.171	1.352	1.532	1.802	2.072		
		复合螺旋箍	0.721	0.811	0.991	1.171	1.352	1.622	1.892		
	二级	井字复合箍	0.721	0.811	0.991	1.171	1.352	1.532	1.712	1.982	2.162
		复合螺旋箍	0.541	0.631	0.811	0.991	1.171	1.352	1.532	1.802	1.982
	三级	井字复合箍	0.541	0.631	0.811	0.991	1.171	1.352	1.532	1.802	1.982
		复合螺旋箍	0.451	0.541	0.631	0.811	0.991	1.171	1.352	1.622	1.802

混凝土强度等级 C65、用 335 级箍筋（$f_{yv}=300$ N/mm²）时柱加密区的最小配箍率 ρ_v（%）　　　　表 6.23-9

类别	抗震等级	箍筋形式	柱轴压比								
			≤0.3	0.4	0.5	0.6	0.7	0.8	0.9	1.0	1.05
框架柱	一级	普通箍、复合箍	1.188	1.287	1.485	1.683	1.980	2.277	2.574		
		螺旋箍、复合或连续复合（矩形）螺旋箍	0.990	1.089	1.287	1.485	1.782	2.079	2.376		
	二级	普通箍、复合箍	0.990	1.089	1.287	1.485	1.782	1.980	2.178	2.475	2.673
		螺旋箍、复合或连续复合（矩形）螺旋箍	0.792	0.891	1.089	1.287	1.584	1.782	1.980	2.277	2.475
	三级	普通箍、复合箍	0.792	0.891	1.089	1.287	1.584	1.782	1.980	2.277	2.475
		螺旋箍、复合或连续复合（矩形）螺旋箍	0.693	0.792	0.891	1.089	1.386	1.584	1.782	2.079	2.277
框支柱	一级	普通箍、复合箍	1.500	1.500	1.683	1.881	2.178	2.475	2.772		
		螺旋箍、复合或连续复合（矩形）螺旋箍	1.500	1.500	1.500	1.683	1.980	2.277	2.574		
	二级	井字复合箍	1.500	1.500	1.500	1.683	1.980	2.178	2.376		
		复合螺旋箍	1.500	1.500	1.500	1.500	1.782	1.980	2.178		
型钢混凝土柱	一级	井字复合箍	1.010	1.094	1.262	1.431	1.683	1.935	2.188		
		复合螺旋箍	0.842	0.926	1.094	1.262	1.515	1.767	2.020		
	二级	井字复合箍	0.842	0.926	1.094	1.262	1.515	1.683	1.851	2.104	2.272
		复合螺旋箍	0.673	0.757	0.926	1.094	1.346	1.515	1.683	1.935	2.104
	三级	井字复合箍	0.673	0.757	0.926	1.094	1.346	1.515	1.683	1.935	2.104
		复合螺旋箍	0.589	0.673	0.757	0.926	1.178	1.346	1.515	1.767	1.935

说明：同表 6.21-11，下同。

类别	抗震等级	箍筋形式	柱轴压比								
			≤0.3	0.4	0.5	0.6	0.7	0.8	0.9	1.0	1.05
框架柱	一级	普通箍、复合箍	1.272	1.378	1.590	1.802	2.120	2.438	2.756		
		螺旋箍、复合或连续复合（矩形）螺旋箍	1.060	1.166	1.378	1.590	1.908	2.226	2.544		
	二级	普通箍、复合箍	1.060	1.166	1.378	1.590	1.908	2.120	2.332	2.650	2.862
		螺旋箍、复合或连续复合（矩形）螺旋箍	0.848	0.954	1.166	1.378	1.696	1.908	2.120	2.438	2.650
	三级	普通箍、复合箍	0.848	0.954	1.166	1.378	1.696	1.908	2.120	2.438	2.650
		螺旋箍、复合或连续复合（矩形）螺旋箍	0.742	0.848	0.954	1.166	1.484	1.696	1.908	2.226	2.438
框支柱	一级	普通箍、复合箍	1.500	1.590	1.802	2.014	2.332	2.650	2.968		
		螺旋箍、复合或连续复合（矩形）螺旋箍	1.500	1.500	1.590	1.802	2.120	2.438	2.756		
	二级	井字复合箍	1.500	1.500	1.590	1.802	2.120	2.332	2.544		
		复合螺旋箍	1.500	1.500	1.500	1.590	1.908	2.120	2.332		
型钢混凝土柱	一级	井字复合箍	1.081	1.171	1.352	1.532	1.802	2.072	2.343		
		复合螺旋箍	0.901	0.991	1.171	1.352	1.622	1.892	2.162		
	二级	井字复合箍	0.901	0.991	1.171	1.352	1.622	1.802	1.982	2.253	2.433
		复合螺旋箍	0.721	0.811	0.991	1.171	1.442	1.622	1.802	2.072	2.253
	三级	井字复合箍	0.721	0.811	0.991	1.171	1.442	1.622	1.802	2.072	2.253
		复合螺旋箍	0.631	0.721	0.811	0.991	1.261	1.442	1.622	1.892	2.072

4. 用 400、550 级箍筋（$f_{yv}=360\ N/mm^2$）时柱加密区的最小配箍率

类别	抗震等级	箍筋形式	柱轴压比								
			≤0.3	0.4	0.5	0.6	0.7	0.8	0.9	1.0	1.05
框架柱	特一级	普通箍、复合箍	0.800	0.800	0.800	0.800	0.881	1.021	1.160		
		螺旋箍、复合或连续复合（矩形）螺旋箍	0.800	0.800	0.800	0.800	0.800	0.928	1.067		
	一级	普通箍、复合箍	0.800	0.800	0.800	0.800	0.800	0.928	1.067		
		螺旋箍、复合或连续复合（矩形）螺旋箍	0.800	0.800	0.800	0.800	0.800	0.835	0.974		
	二级	普通箍、复合箍	0.600	0.006	0.600	0.603	0.696	0.789	0.882	1.021	1.114
		螺旋箍、复合或连续复合（矩形）螺旋箍	0.600	0.006	0.600	0.600	0.603	0.696	0.789	0.928	1.021
	三级 四级	普通箍、复合箍	0.400	0.400	0.418	0.511	0.603	0.696	0.789	0.928	1.021
		螺旋箍、复合或连续复合（矩形）螺旋箍	0.400	0.400	0.400	0.418	0.511	0.603	0.696	0.835	0.928

类别	抗震等级	箍筋形式	柱轴压比								
			≤0.3	0.4	0.5	0.6	0.7	0.8	0.9	1.0	1.05
框支柱	特一级	井字复合箍	1.600	1.600	1.600	1.600	1.600				
		复合螺旋箍	1.600	1.600	1.600	1.600	1.600				
	一级	井字复合箍	1.500	1.500	1.500	1.500	1.500				
		复合螺旋箍	1.500	1.500	1.500	1.500	1.500				
	二级	井字复合箍	1.500	1.500	1.500	1.500	1.500	1.500			
		复合螺旋箍	1.500	1.500	1.500	1.500	1.500	1.500			
型钢混凝土柱	一级	井字复合箍	0.394	0.434	0.513	0.591	0.670	0.789	0.907		
		复合螺旋箍	0.315	0.355	0.434	0.513	0.591	0.710	0.828		
	二级	井字复合箍	0.315	0.355	0.434	0.513	0.591	0.670	0.749	0.867	0.946
		复合螺旋箍	0.237	0.276	0.355	0.434	0.513	0.591	0.670	0.789	0.867
	三级	井字复合箍	0.237	0.276	0.355	0.434	0.513	0.591	0.670	0.789	0.867
		复合螺旋箍	0.197	0.237	0.276	0.355	0.434	0.513	0.591	0.710	0.789

说明：同表 6.21-1，下同。

混凝土强度等级 C40、用 400、500 级箍筋（$f_{yv}=360 \text{ N/mm}^2$）时柱加密区的最小配箍率 ρ_v（%）　　表 6.24-2

类别	抗震等级	箍筋形式	柱轴压比								
			≤0.3	0.4	0.5	0.6	0.7	0.8	0.9	1.0	1.05
框架柱	特一级	普通箍、复合箍	0.800	0.800	0.800	0.902	1.008	1.167	1.326		
		螺旋箍、复合或连续复合（矩形）螺旋箍	0.800	0.800	0.800	0.800	0.902	1.061	1.221		
	一级	普通箍、复合箍	0.800	0.800	0.800	0.800	0.902	1.061	1.221		
		螺旋箍、复合或连续复合（矩形）螺旋箍	0.800	0.800	0.800	0.800	0.800	0.955	1.114		
	二级	普通箍、复合箍	0.600	0.600	0.600	0.690	0.796	0.902	1.008	1.167	1.274
		螺旋箍、复合或连续复合（矩形）螺旋箍	0.600	0.600	0.600	0.600	0.690	0.796	0.902	1.061	1.167
	三级 四级	普通箍、复合箍	0.400	0.400	0.478	0.584	0.690	0.796	0.902	1.061	1.167
		螺旋箍、复合或连续复合（矩形）螺旋箍	0.400	0.400	0.400	0.478	0.584	0.690	0.796	0.955	1.061
框支柱	特一级	井字复合箍	1.600	1.600	1.600	1.600	1.600				
		复合螺旋箍	1.600	1.600	1.600	1.600	1.600				
	一级	井字复合箍	1.500	1.500	1.500	1.500	1.500				
		复合螺旋箍	1.500	1.500	1.500	1.500	1.500				
	二级	井字复合箍	1.500	1.500	1.500	1.500	1.500				
		复合螺旋箍	1.500	1.500	1.500	1.500	1.500	1.500			

类别	抗震等级	箍筋形式	柱轴压比								
			≤0.3	0.4	0.5	0.6	0.7	0.8	0.9	1.0	1.05
型钢混凝土柱	一级	井字复合箍	0.451	0.496	0.586	0.676	0.767	0.902	1.037		
		复合螺旋箍	0.361	0.406	0.496	0.586	0.676	0.812	0.947		
	二级	井字复合箍	0.361	0.406	0.496	0.586	0.676	0.767	0.857	0.992	1.082
		复合螺旋箍	0.271	0.316	0.406	0.496	0.586	0.676	0.767	0.902	0.992
	三级	井字复合箍	0.271	0.316	0.406	0.496	0.586	0.676	0.767	0.902	0.992
		复合螺旋箍	0.225	0.271	0.316	0.406	0.496	0.586	0.676	0.812	0.902

混凝土强度等级 C45、用 400、550 级箍筋（$f_{yv} = 360 \text{ N/mm}^2$）时
柱加密区的最小配箍率 ρ_v（%）   表 6.24-3

类别	抗震等级	箍筋形式	柱轴压比								
			≤0.3	0.4	0.5	0.6	0.7	0.8	0.9	1.0	1.05
框架柱	特一级	普通箍、复合箍	0.800	0.800	0.879	0.997	1.114	1.289	1.465		
		螺旋箍、复合或连续复合（矩形）螺旋箍	0.800	0.800	0.800	0.879	0.997	1.173	1.348		
	一级	普通箍、复合箍	0.800	0.800	0.800	0.879	0.997	1.173	1.348		
		螺旋箍、复合或连续复合（矩形）螺旋箍	0.800	0.800	0.800	0.800	0.879	1.055	1.231		
	二级	普通箍、复合箍	0.600	0.600	0.645	0.762	0.879	0.997	1.114	1.290	1.407
		螺旋箍、复合或连续复合（矩形）螺旋箍	0.600	0.600	0.600	0.645	0.762	0.879	0.997	1.173	1.290
	三级	普通箍、复合箍	0.400	0.411	0.528	0.645	0.762	0.879	0.997	1.173	1.290
		螺旋箍、复合或连续复合（矩形）螺旋箍	0.400	0.400	0.411	0.528	0.645	0.762	0.879	1.055	1.173
框支柱	特一级	井字复合箍	1.600	1.600	1.600	1.600	1.600				
		复合螺旋箍	1.600	1.600	1.600	1.600	1.600				
	一级	井字复合箍	1.500	1.500	1.500	1.500	1.500				
		复合螺旋箍	1.500	1.500	1.500	1.500	1.500				
	二级	井字复合箍	1.500	1.500	1.500	1.500	1.500	1.500			
		复合螺旋箍	1.500	1.500	1.500	1.500	1.500	1.500			
型钢混凝土柱	一级	井字复合箍	0.498	0.548	0.648	0.747	0.847	0.996	1.146		
		复合螺旋箍	0.399	0.448	0.548	0.648	0.747	0.897	1.046		
	二级	井字复合箍	0.399	0.448	0.548	0.648	0.747	0.847	0.947	1.096	1.196
		复合螺旋箍	0.299	0.349	0.448	0.548	0.648	0.747	0.847	0.996	1.096
	三级	井字复合箍	0.299	0.349	0.448	0.548	0.648	0.747	0.847	0.996	1.096
		复合螺旋箍	0.249	0.299	0.349	0.448	0.548	0.648	0.747	0.897	0.996

类别	抗震等级	箍筋形式	柱轴压比								
			≤0.3	0.4	0.5	0.6	0.7	0.8	0.9	1.0	1.05
框架柱	特一级	普通箍、复合箍	0.800	0.834	0.963	1.091	1.219	1.417	1.604		
		螺旋箍、复合或连续复合（矩形）螺旋箍	0.800	0.800	0.834	0.963	1.091	1.284	1.476		
	一级	普通箍、复合箍	0.800	0.800	0.834	0.963	1.091	1.284	1.476		
		螺旋箍、复合或连续复合（矩形）螺旋箍	0.800	0.800	0.800	0.834	0.963	1.155	1.348		
	二级	普通箍、复合箍	0.600	0.600	0.706	0.834	0.963	1.091	1.220	1.412	1.540
		螺旋箍、复合或连续复合（矩形）螺旋箍	0.600	0.600	0.600	0.706	0.834	0.963	1.091	1.284	1.412
	三级	普通箍、复合箍	0.400	0.449	0.578	0.706	0.834	0.963	1.091	1.284	1.412
		螺旋箍、复合或连续复合（矩形）螺旋箍	0.400	0.400	0.449	0.578	0.706	0.834	0.963	1.155	1.284
框支柱	特一级	井字复合箍	1.600	1.600	1.600	1.600	1.600				
		复合螺旋箍	1.600	1.600	1.600	1.600	1.600				
	一级	井字复合箍	1.500	1.500	1.500	1.500	1.500				
		复合螺旋箍	1.500	1.500	1.500	1.500	1.500				
	二级	井字复合箍	1.500	1.500	1.500	1.500	1.500	1.500			
		复合螺旋箍	1.500	1.500	1.500	1.500	1.500	1.500			
型钢混凝土柱	一级	井字复合箍	0.545	0.600	0.709	0.818	0.927	1.091	1.254		
		复合螺旋箍	0.436	0.491	0.600	0.709	0.818	0.982	1.145		
	二级	井字复合箍	0.436	0.491	0.600	0.709	0.818	0.927	1.036	1.200	1.309
		复合螺旋箍	0.327	0.382	0.491	0.600	0.709	0.818	0.927	1.091	1.200
	三级	井字复合箍	0.327	0.382	0.491	0.600	0.709	0.818	0.927	1.091	1.200
		复合螺旋箍	0.273	0.327	0.382	0.491	0.600	0.709	0.818	0.982	1.091

混凝土强度等级 **C55**、用 **400、550** 级箍筋（$f_{yv}=360\,\text{N/mm}^2$）时
柱加密区的最小配箍率 ρ_v（%）　　　　表 6.24-5

类别	抗震等级	箍筋形式	柱轴压比								
			≤0.3	0.4	0.5	0.6	0.7	0.8	0.9	1.0	1.05
框架柱	特一级	普通箍、复合箍	0.812	0.914	1.054	1.195	1.335	1.546	1.757		
		螺旋箍、复合或连续复合（矩形）螺旋箍	0.800	0.800	0.914	1.054	1.195	1.406	1.617		
	一级	普通箍、复合箍	0.800	0.800	0.914	1.054	1.195	1.406	1.617		
		螺旋箍、复合或连续复合（矩形）螺旋箍	0.800	0.800	0.800	0.914	1.054	1.265	1.476		
	二级	普通箍、复合箍	0.600	0.633	0.773	0.914	1.054	1.195	1.336	1.546	1.687
		螺旋箍、复合或连续复合（矩形）螺旋箍	0.600	0.600	0.633	0.773	0.914	1.054	1.195	1.406	1.546

类别	抗震等级	箍筋形式	柱轴压比								
			≤0.3	0.4	0.5	0.6	0.7	0.8	0.9	1.0	1.05
框架柱	三级	普通箍、复合箍	0.422	0.492	0.633	0.773	0.914	1.054	1.195	1.406	1.546
		螺旋箍、复合或连续复合（矩形）螺旋箍	0.400	0.422	0.492	0.633	0.773	0.914	1.054	1.265	1.406
框支柱	特一级	井字复合箍	1.600	1.600	1.600	1.600	1.600				
		复合螺旋箍	1.600	1.600	1.600	1.600	1.600				
	一级	井字复合箍	1.500	1.500	1.500	1.500	1.500				
		复合螺旋箍	1.500	1.500	1.500	1.500	1.500				
	二级	井字复合箍	1.500	1.500	1.500	1.500	1.500	1.500			
		复合螺旋箍	1.500	1.500	1.500	1.500	1.500	1.500			
型钢混凝土柱	一级	井字复合箍	0.597	0.657	0.777	0.896	1.016	1.195	1.374		
		复合螺旋箍	0.478	0.538	0.657	0.777	0.896	1.075	1.254		
	二级	井字复合箍	0.478	0.538	0.657	0.777	0.896	1.016	1.135	1.314	1.434
		复合螺旋箍	0.358	0.418	0.538	0.657	0.777	0.896	1.016	1.195	1.314
	三级	井字复合箍	0.358	0.418	0.538	0.657	0.777	0.896	1.016	1.195	1.314
		复合螺旋箍	0.299	0.358	0.418	0.538	0.657	0.777	0.896	1.075	1.195

混凝土强度等级 C60、用 400、550 级箍筋（$f_{yv}=360\ \text{N/mm}^2$）时柱加密区的最小配箍率 ρ_v（%）　　表 6.24-6

类别	抗震等级	箍筋形式	柱轴压比								
			≤0.3	0.4	0.5	0.6	0.7	0.8	0.9	1.0	1.05
框架柱	特一级	普通箍、复合箍	0.917	0.993	1.146	1.299	1.451	1.681	1.910		
		螺旋箍、复合或连续复合（矩形）螺旋箍	0.800	0.841	0.993	1.146	1.299	1.528	1.757		
	一级	普通箍、复合箍	0.800	0.841	0.993	1.146	1.299	1.528	1.757		
		螺旋箍、复合或连续复合（矩形）螺旋箍	0.800	0.800	0.841	0.993	1.146	1.375	1.604		
	二级	普通箍、复合箍	0.611	0.688	0.841	0.993	1.146	1.229	1.452	1.681	1.834
		螺旋箍、复合或连续复合（矩形）螺旋箍	0.600	0.600	0.688	0.841	0.993	1.146	1.229	1.528	1.681
	三级	普通箍、复合箍	0.459	0.535	0.688	0.841	0.993	1.146	1.229	1.528	1.681
		螺旋箍、复合或连续复合（矩形）螺旋箍	0.400	0.459	0.535	0.688	0.841	0.993	1.146	1.375	1.528
框支柱	特一级	井字复合箍	1.600	1.600	1.600	1.600	1.600				
		复合螺旋箍	1.600	1.600	1.600	1.600	1.600				
	一级	井字复合箍	1.500	1.500	1.500	1.500	1.500				
		复合螺旋箍	1.500	1.500	1.500	1.500	1.500				
	二级	井字复合箍	1.500	1.500	1.500	1.500	1.500	1.500			
		复合螺旋箍	1.500	1.500	1.500	1.500	1.500	1.500			

类别	抗震等级	箍筋形式	柱轴压比								
			≤0.3	0.4	0.5	0.6	0.7	0.8	0.9	1.0	1.05
型钢混凝土柱	一级	井字复合箍	0.649	0.714	0.844	0.974	1.104	1.299	1.493		
		复合螺旋箍	0.519	0.584	0.714	0.844	0.974	1.169	1.364		
	二级	井字复合箍	0.519	0.584	0.714	0.844	0.974	1.104	1.234	1.428	1.558
		复合螺旋箍	0.390	0.455	0.584	0.714	0.844	0.974	1.104	1.299	1.428
	三级	井字复合箍	0.390	0.455	0.584	0.714	0.844	0.974	1.104	1.299	1.428
		复合螺旋箍	0.325	0.39	0.455	0.584	0.714	0.844	0.974	1.169	1.299

混凝土强度等级 C65、用 400、550 级箍筋（$f_{yv} = 360 \, \text{N/mm}^2$）时柱加密区的最小配箍率 ρ_v（%）　　　　表 6.24-7

类别	抗震等级	箍筋形式	柱轴压比								
			≤0.3	0.4	0.5	0.6	0.7	0.8	0.9	1.0	1.05
框架柱	特一级	普通箍、复合箍	0.990	1.073	1.238	1.403	1.568	1.815	2.063		
		螺旋箍、复合或连续复合（矩形）螺旋箍	0.825	0.908	1.073	1.238	1.403	1.650	1.898		
	一级	普通箍、复合箍	0.825	0.908	1.073	1.238	1.403	1.650	1.898		
		螺旋箍、复合或连续复合（矩形）螺旋箍	0.800	0.800	0.908	1.073	1.238	1.485	1.773		
	二级	普通箍、复合箍	0.660	0.743	0.908	1.073	1.238	1.403	1.568	1.815	1.980
		螺旋箍、复合或连续复合（矩形）螺旋箍	0.600	0.600	0.743	0.908	1.073	1.238	1.403	1.650	1.815
	三级	普通箍、复合箍	0.495	0.578	0.743	0.908	1.073	1.238	1.403	1.650	1.815
		螺旋箍、复合或连续复合（矩形）螺旋箍	0.413	0.495	0.578	0.743	0.908	1.073	1.238	1.485	1.650
框支柱	特一级	井字复合箍	1.600	1.600	1.600	1.600	1.650				
		复合螺旋箍	1.600	1.600	1.600	1.600	1.600				
	一级	井字复合箍	1.500	1.500	1.500	1.500	1.500				
		复合螺旋箍	1.500	1.500	1.500	1.500	1.500				
	二级	井字复合箍	1.500	1.500	1.500	1.500	1.500	1.500			
		复合螺旋箍	1.500	1.500	1.500	1.500	1.500	1.500			
型钢混凝土柱	一级	井字复合箍	0.701	0.771	0.912	1.052	1.192	1.403	1.613		
		复合螺旋箍	0.561	0.631	0.771	0.912	1.052	1.262	1.473		
	二级	井字复合箍	0.561	0.631	0.771	0.912	1.052	1.192	1.332	1.543	1.683
		复合螺旋箍	0.421	0.491	0.631	0.771	0.912	1.052	1.192	1.403	1.543
	三级	井字复合箍	0.421	0.491	0.631	0.771	0.912	1.052	1.192	1.403	1.543
		复合螺旋箍	0.351	0.421	0.491	0.631	0.771	0.912	1.052	1.262	1.403

说明：同表 6.21-7，下同。

混凝土强度等级 C70、用 400、550 级箍筋（$f_{yv}=360\ \text{N/mm}^2$）时
柱加密区的最小配箍率 ρ_v（%） 表 6.24-8

类别	抗震等级	箍筋形式	柱轴压比								
			≤0.3	0.4	0.5	0.6	0.7	0.8	0.9	1.0	1.05
框架柱	特一级	普通箍、复合箍	1.060	1.148	1.325	1.502	1.678	1.943	2.208		
		螺旋箍、复合或连续复合（矩形）螺旋箍	0.884	0.972	1.149	1.325	1.502	1.767	2.032		
	一级	普通箍、复合箍	0.884	0.972	1.149	1.325	1.502	1.767	2.032		
		螺旋箍、复合或连续复合（矩形）螺旋箍	0.800	0.800	0.972	1.149	1.325	1.590	1.855		
	二级	普通箍、复合箍	0.707	0.795	0.972	1.149	1.325	1.502	1.679	1.943	
		螺旋箍、复合或连续复合（矩形）螺旋箍	0.6	0.619	0.795	0.972	1.149	1.325	1.502	1.767	
	三级	普通箍、复合箍	0.530	0.619	0.795	0.972	1.149	1.325	1.502	1.767	1.943
		螺旋箍、复合或连续复合（矩形）螺旋箍	0.442	0.530	0.619	0.795	0.972	1.149	1.325	1.590	1.767
框支柱	特一级	井字复合箍	1.600	1.600	1.600	1.600	1.767				
		复合螺旋箍	1.600	1.600	1.600	1.600	1.600				
	一级	井字复合箍	1.500	1.500	1.500	1.502	1.679				
		复合螺旋箍	1.500	1.500	1.500	1.500	1.502				
	二级	井字复合箍	1.500	1.500	1.500	1.500	1.502	1.679			
		复合螺旋箍	1.500	1.500	1.500	1.500	1.500	1.502			
型钢混凝土柱	一级	井字复合箍	0.751	0.826	0.976	1.126	1.276	1.502	1.727		
		复合螺旋箍	0.601	0.676	0.826	0.976	1.126	1.352	1.577		
	二级	井字复合箍	0.601	0.676	0.826	0.976	1.126	1.276	1.427	1.652	1.802
		复合螺旋箍	0.451	0.526	0.676	0.826	0.976	1.126	1.276	1.502	1.652
	三级	井字复合箍	0.451	0.526	0.676	0.826	0.976	1.126	1.276	1.502	1.652
		复合螺旋箍	0.375	0.451	0.526	0.676	0.826	0.976	1.126	1.352	1.502

混凝土强度等级 C65、用 400、550 级箍筋（$f_{yv}=360\ \text{N/mm}^2$）时
柱加密区的最小配箍率 ρ_v（%） 表 6.24-9

类别	抗震等级	箍筋形式	柱轴压比								
			≤0.3	0.4	0.5	0.6	0.7	0.8	0.9	1.0	1.05
框架柱	一级	普通箍、复合箍	0.990	1.073	1.238	1.403	1.650	1.898	2.145		
		螺旋箍、复合或连续复合（矩形）螺旋箍	0.825	0.908	1.073	1.238	1.485	1.773	1.980		
	二级	普通箍、复合箍	0.825	0.908	1.073	1.238	1.485	1.650	1.815	2.063	2.228
		螺旋箍、复合或连续复合（矩形）螺旋箍	0.660	0.743	0.908	1.073	1.320	1.485	1.650	1.898	2.063
	三级	普通箍、复合箍	0.660	0.743	0.908	1.073	1.320	1.485	1.650	1.898	2.063
		螺旋箍、复合或连续复合（矩形）螺旋箍	0.578	0.660	0.743	0.908	1.155	1.320	1.485	1.773	1.898

类别	抗震等级	箍筋形式	柱轴压比								
			≤0.3	0.4	0.5	0.6	0.7	0.8	0.9	1.0	1.05
框支柱	一级	普通箍、复合箍	1.500	1.500	1.500	1.568	1.815	2.063	2.310		
		螺旋箍、复合或连续复合（矩形）螺旋箍	1.500	1.500	1.500	1.500	1.650	1.898	2.145		
	二级	井字复合箍	1.500	1.500	1.500	1.500	1.650	1.815	1.980		
		复合螺旋箍	1.500	1.500	1.500	1.500	1.500	1.65	1.815		
型钢混凝土柱	一级	井字复合箍	0.842	0.912	1.052	1.192	1.403	1.613	1.823		
		复合螺旋箍	0.701	0.771	0.912	1.052	1.262	1.473	1.683		
	二级	井字复合箍	0.701	0.771	0.912	1.052	1.262	1.403	1.543	1.753	1.893
		复合螺旋箍	0.561	0.631	0.771	0.912	1.122	1.262	1.403	1.613	1.753
	三级	井字复合箍	0.561	0.631	0.771	0.912	1.122	1.262	1.403	1.613	1.753
		复合螺旋箍	0.491	0.561	0.631	0.771	0.982	1.122	1.262	1.473	1.613

说明：同表 6.21-11，下同。

混凝土强度等级 C70、用 400、550 级箍筋（$f_{yv} = 360$ N/mm^2）时柱加密区的最小配箍率 ρ_v（%） 表 6.24-10

类别	抗震等级	箍筋形式	柱轴压比								
			≤0.3	0.4	0.5	0.6	0.7	0.8	0.9	1.0	1.05
框架柱	一级	普通箍、复合箍	1.060	1.148	1.325	1.502	1.767	2.032	2.297		
		螺旋箍、复合或连续复合（矩形）螺旋箍	0.884	0.972	1.149	1.325	1.590	1.855	2.120		
	二级	普通箍、复合箍	0.884	0.972	1.149	1.325	1.590	1.767	1.943	2.208	2.385
		螺旋箍、复合或连续复合（矩形）螺旋箍	0.707	0.795	0.972	1.149	1.414	1.590	1.767	2.032	2.208
	三级	普通箍、复合箍	0.707	0.795	0.972	1.149	1.414	1.590	1.767	2.032	2.208
		螺旋箍、复合或连续复合（矩形）螺旋箍	0.619	0.707	0.795	0.972	1.237	1.414	1.590	1.855	2.032
框支柱	一级	普通箍、复合箍	1.500	1.500	1.502	1.678	1.943	2.208	2.473		
		螺旋箍、复合或连续复合（矩形）螺旋箍	1.500	1.500	1.500	1.502	1.767	2.032	2.297		
	二级	井字复合箍	1.500	1.500	1.500	1.502	1.767	1.943	2.120		
		复合螺旋箍	1.500	1.500	1.500	1.500	1.590	1.767	1.943		
型钢混凝土柱	一级	井字复合箍	0.901	0.976	1.126	1.276	1.502	1.727	1.952		
		复合螺旋箍	0.751	0.826	0.976	1.126	1.352	1.577	1.802		
	二级	井字复合箍	0.751	0.826	0.976	1.126	1.352	1.502	1.652	1.877	2.027
		复合螺旋箍	0.601	0.676	0.826	0.976	1.201	1.352	1.502	1.727	1.877
	三级	井字复合箍	0.601	0.676	0.826	0.976	1.201	1.352	1.502	1.727	1.877
		复合螺旋箍	0.526	0.601	0.676	0.826	1.051	1.201	1.352	1.577	1.727

（八）异形柱箍筋加密区的最小配箍率

用 235、300 级箍筋时异形柱加密区的最小配箍率 ρ_v（%）　　　　表 6.25

抗震等级	截面形式	轴压比	235 级箍筋（$f_{yv}=210$ N/mm²）				300 级箍筋（$f_{yv}=270$ N/mm²）			
			混凝土强度等级				混凝土强度等级			
			≤C35	C40	C45	C50	≤C35	C40	C45	C50
二级	L形	≤0.30	0.800	0.814	0.857	0.900	0.800	0.800	0.800	0.800
		0.40	0.972	1.059	1.114	1.170	0.800	0.823	0.867	0.910
		0.45	1.121	1.221	1.286	1.350	0.872	0.950	1.000	1.050
		0.50	1.346	1.466	1.543	1.620	1.047	1.140	1.200	1.260
		0.55	1.495	1.629	1.714	1.800	1.163	1.267	1.333	1.400
	T形	≤0.30	0.800	0.800	0.800	0.810	0.800	0.800	0.800	0.800
		0.40	0.897	0.977	1.029	1.080	0.800	0.800	0.800	0.840
		0.45	1.047	1.140	1.200	1.260	0.814	0.887	0.933	0.980
		0.50	1.271	1.384	1.457	1.530	0.989	1.077	1.133	1.190
		0.55	1.420	1.547	1.629	1.710	1.105	1.203	1.267	1.330
		0.60	1.570	1.710	1.800	1.890	1.221	1.330	1.400	1.470
	十字形	≤0.30	0.800	0.800	0.800	0.800	0.800	0.800	0.800	0.800
		0.40	0.822	0.896	0.943	0.990	0.800	0.800	0.800	0.800
		0.45	0.972	1.059	1.114	1.170	0.800	0.823	0.867	0.910
		0.50	1.196	1.303	1.371	1.440	0.930	1.013	1.067	1.120
		0.55	1.346	1.466	1.543	1.620	1.047	1.140	1.200	1.260
		0.60	1.495	1.629	1.714	1.800	1.163	1.267	1.333	1.400
		0.65	1.645	1.791	1.886	1.980	1.279	1.393	1.467	1.540
三级	L形	≤0.30	0.673	0.733	0.771	0.810	0.600	0.600	0.600	0.630
		0.40	0.748	0.814	0.857	0.900	0.600	0.633	0.667	0.700
		0.45	0.897	0.977	1.029	1.080	0.698	0.760	0.800	0.840
		0.50	1.047	1.140	1.200	1.260	0.814	0.887	0.933	0.980
		0.55	1.196	1.303	1.371	1.440	0.930	1.013	1.067	1.120
		0.60	1.346	1.466	1.543	1.620	1.047	1.140	1.200	1.260
		0.65	1.495	1.629	1.714	1.800	1.163	1.267	1.333	1.400
	T形	≤0.30	0.600	0.651	0.686	0.720	0.600	0.600	0.600	0.600
		0.40	0.673	0.733	0.771	0.810	0.600	0.600	0.600	0.630
		0.45	0.822	0.896	0.943	0.990	0.640	0.697	0.733	0.770
		0.50	0.972	1.059	1.114	1.170	0.756	0.823	0.867	0.910
		0.55	1.121	1.221	1.286	1.350	0.872	0.950	1.000	1.050
		0.60	1.271	1.384	1.457	1.530	0.989	1.077	1.133	1.190
		0.65	1.420	1.547	1.629	1.710	1.105	1.203	1.267	1.330
		0.70	1.570	1.710	1.800	1.890	1.221	1.330	1.400	1.470
	十字形	≤0.30	0.600	0.600	0.600	0.630	0.600	0.600	0.600	0.600
		0.40	0.598	0.651	0.686	0.720	0.600	0.600	0.600	0.600
		0.45	0.748	0.814	0.857	0.900	0.600	0.633	0.667	0.700

抗震等级	截面形式	轴压比	235级箍筋（$f_{yv}=210\ \text{N/mm}^2$）				300级箍筋（$f_{yv}=270\ \text{N/mm}^2$）			
			混凝土强度等级				混凝土强度等级			
			≤C35	C40	C45	C50	≤C35	C40	C45	C50
三级	十字形	0.50	0.897	0.977	1.029	1.080	0.698	0.760	0.800	0.840
		0.55	1.047	1.140	1.200	1.260	0.814	0.887	0.933	0.980
		0.60	1.196	1.303	1.371	1.440	0.930	1.013	1.067	1.120
		0.65	1.346	1.466	1.543	1.620	1.047	1.140	1.200	1.260
		0.70	1.495	1.629	1.714	1.800	1.163	1.267	1.333	1.400
		0.75	1.645	1.791	1.886	1.980	1.279	1.393	1.467	1.540
四级	L形	≤0.30	0.598	0.651	0.686	0.720	0.500	0.507	0.533	0.560
		0.40	0.673	0.733	0.771	0.810	0.523	0.570	0.600	0.630
		0.45	0.748	0.814	0.857	0.900	0.581	0.633	0.667	0.700
		0.50	0.822	0.896	0.943	0.990	0.640	0.697	0.733	0.770
		0.55	0.897	0.977	1.029	1.080	0.698	0.760	0.800	0.840
		0.60	1.047	1.140	1.200	1.260	0.814	0.887	0.933	0.980
		0.65	1.196	1.303	1.371	1.440	0.930	1.013	1.067	1.120
		0.70	1.346	1.466	1.543	1.620	1.047	1.140	1.200	1.260
		0.75	1.495	1.629	1.714	1.800	1.163	1.267	1.333	1.400
	T形	≤0.30	0.523	0.570	0.600	0.630	0.500	0.500	0.500	0.500
		0.40	0.598	0.651	0.686	0.720	0.500	0.507	0.533	0.560
		0.45	0.673	0.733	0.771	0.810	0.523	0.570	0.600	0.630
		0.50	0.748	0.814	0.857	0.900	0.581	0.633	0.667	0.700
		0.55	0.822	0.896	0.943	0.990	0.640	0.697	0.733	0.770
		0.60	0.972	1.059	1.114	1.170	0.756	0.823	0.867	0.910
		0.65	1.121	1.221	1.286	1.350	0.872	0.950	1.000	1.050
		0.70	1.271	1.384	1.457	1.530	0.989	1.077	1.133	1.190
		0.75	1.420	1.547	1.629	1.710	1.105	1.203	1.267	1.330
		0.80	1.570	1.710	1.800	1.890	1.221	1.330	1.400	1.470
	十字形	≤0.30	0.500	0.500	0.514	0.540	0.500	0.500	0.500	0.500
		0.40	0.523	0.570	0.600	0.630	0.500	0.500	0.500	0.500
		0.45	0.598	0.651	0.686	0.720	0.500	0.507	0.533	0.560
		0.50	0.673	0.733	0.771	0.810	0.523	0.570	0.600	0.630
		0.55	0.748	0.814	0.857	0.900	0.581	0.633	0.667	0.700
		0.60	0.897	0.977	1.029	1.080	0.698	0.760	0.800	0.840
		0.65	1.047	1.140	1.200	1.260	0.814	0.887	0.933	0.980
		0.70	1.196	1.303	1.371	1.440	0.930	1.013	1.067	1.120
		0.75	1.346	1.466	1.543	1.620	1.047	1.140	1.200	1.260
		0.80	1.495	1.629	1.714	1.800	1.163	1.267	1.333	1.400
		0.85	1.645	1.791	1.886	1.980	1.279	1.393	1.467	1.540

说明：本表根据《混凝土异形柱结构技术规程》JGJ 149—2006 第 6.2.9 条 1、2 款编制；当剪跨比 $\lambda \leqslant 2$ 时，二、三级抗震等级的柱，箍筋加密区的箍筋体积配箍率不应小于 1.2%（第 6.2.9 条 3 款）。

用 335、400 级箍筋时异形柱加密区的最小配箍率 ρ_v（%）　　表 6.26

抗震等级	截面形式	轴压比	335、400级箍筋 (f_{yv}=300 N/mm²) 混凝土强度等级			
			≤C35	C40	C45	C50
二级	L形	≤0.30	0.800	0.800	0.800	0.800
		0.40	0.800	0.800	0.800	0.819
		0.45	0.800	0.855	0.900	0.945
		0.50	0.942	1.026	1.080	1.134
		0.55	1.047	1.140	1.200	1.260
	T形	≤0.30	0.800	0.800	0.800	0.800
		0.40	0.800	0.800	0.800	0.800
		0.45	0.800	0.800	0.840	0.882
		0.50	0.890	0.969	1.020	1.071
		0.55	0.994	1.083	1.140	1.197
		0.60	1.099	1.197	1.260	1.323
	十字形	≤0.40	0.800	0.800	0.800	0.800
		0.45	0.800	0.800	0.800	0.819
		0.50	0.837	0.912	0.960	1.008
		0.55	0.942	1.026	1.080	1.134
		0.60	1.047	1.140	1.200	1.260
		0.65	1.151	1.254	1.320	1.386
三级	L形	≤0.30	0.600	0.600	0.600	0.600
		0.40	0.600	0.600	0.600	0.630
		0.45	0.628	0.684	0.720	0.756
		0.50	0.733	0.798	0.840	0.882
		0.55	0.837	0.912	0.960	1.008
		0.60	0.942	1.026	1.080	1.134
		0.65	1.047	1.140	1.200	1.260
	T形	≤0.40	0.600	0.600	0.600	0.600
		0.45	0.600	0.627	0.660	0.693
		0.50	0.680	0.741	0.780	0.819
		0.55	0.785	0.855	0.900	0.945
		0.60	0.890	0.969	1.020	1.071
		0.65	0.994	1.083	1.140	1.197
		0.70	1.099	1.197	1.260	1.323
	十字形	≤0.40	0.600	0.600	0.600	0.600
		0.45	0.600	0.600	0.600	0.630
		0.50	0.628	0.684	0.720	0.756
三级	十字形	0.55	0.733	0.798	0.840	0.882
		0.60	0.837	0.912	0.960	1.008
		0.65	0.942	1.026	1.080	1.134
		0.70	1.047	1.140	1.200	1.260
		0.75	1.151	1.254	1.320	1.386
四级	L形	≤0.30	0.500	0.500	0.500	0.504
		0.40	0.500	0.513	0.540	0.567
		0.45	0.523	0.570	0.600	0.630
		0.50	0.576	0.627	0.660	0.693
		0.55	0.628	0.684	0.720	0.756
		0.60	0.733	0.798	0.840	0.882
		0.65	0.837	0.912	0.960	1.008
		0.70	0.942	1.026	1.080	1.134
		0.75	1.047	1.104	1.200	1.260
	T形	≤0.30	0.500	0.500	0.500	0.500
		0.40	0.500	0.500	0.500	0.504
		0.45	0.500	0.513	0.540	0.567
		0.50	0.523	0.570	0.600	0.630
		0.55	0.576	0.627	0.660	0.693
		0.60	0.680	0.741	0.780	0.819
		0.65	0.785	0.855	0.900	0.945
		0.70	0.890	0.969	1.020	1.071
		0.75	0.994	1.083	1.140	1.197
		0.80	1.099	1.197	1.260	1.323
	十字形	≤0.40	0.500	0.500	0.500	0.500
		0.45	0.500	0.500	0.500	0.504
		0.50	0.500	0.513	0.540	0.567
		0.55	0.523	0.570	0.600	0.630
		0.60	0.628	0.684	0.720	0.756
		0.65	0.733	0.798	0.840	0.882
		0.70	0.837	0.912	0.960	1.008
		0.75	0.942	1.026	1.080	1.134
		0.80	1.047	1.140	1.200	1.260
		0.85	1.151	1.254	1.320	1.386

说明：同表 6.25。

（九）单层厂房排架柱柱顶箍筋加密区的最小配箍率

铰接排架柱柱顶箍筋加密区的最小配箍率 ρ_v（%）　　　　　**表 6.27**

抗震等级	一级	二级	三、四级	依　据
柱顶箍筋加密区的最小配箍率 ρ_v（%）	1.2	1.0	0.8	《混凝土结构设计规范》GB 50010-2010 第 11.5.3 条 2 款

说明：本表适用于当铰接排架侧向受约束且约束点至柱顶的高度不大于柱截面在该方向边长的 2 倍、柱顶轴向力在排架平面内的偏心距 e_0 在 $h/6 \sim h/4$ 范围内。

排架柱柱顶箍筋加密区的最小配箍率 ρ_v（%）　　　　　**表 6.28**

抗震设防烈度	9 度	8 度	6、7 度	依　据
柱顶箍筋加密区的最小配箍率 ρ_v（%）	1.2	1.0	0.8	《建筑抗震设计规范》GB 50011-2010 第 9.1.20 条 3 款

说明：本表适用于厂房柱侧向受约束且剪跨比不大于 2 的排架柱、柱顶轴向力排架平面内的偏心距在截面高度的 $1/6 \sim 1/4$ 范围内，加密区箍筋宜配置四肢箍，肢距不大于 200mm。本表与表 6.27 实质上完全相同。

七、构件的最大配筋率

单筋矩形截面受弯构件纵向受拉钢筋的最大配筋率 ρ_{max}（%）　　　表 7.1

钢筋强度等级	混凝土强度等级												
	C20	C25	C30	C35	C40	C45	C50	C55	C60	C65	C70	C75	C80
235	2.807	3.479	4.181	4.882	5.584	6.169							
300	2.047	2.537	3.049	3.561	4.073	4.499	4.925						
335	1.760	2.182	2.622	3.062	3.502	3.868	4.235	4.362	4.453	4.508	4.517	4.484	4.439
400	—	1.711	2.056	2.401	2.746	3.034	3.322	3.419	3.488	3.529	3.534	3.506	3.468
500	—	1.319	1.585	1.851	2.117	2.339	2.561	2.634	2.685	2.715	2.717	2.693	2.662

说明：1. 本表根据《混凝土结构设计规范》GB 50010—2010 公式（6.2.1-5）、（6.2.7-1）、（6.2.10-1）、（6.2.10-3）及 6.2.6 条、6.3.1 条编制，$\rho_{max} = \xi \alpha_1 \beta_c f_c / f_y$，仅适用于用有屈服点钢筋（粗钢筋）配筋的单筋受弯构件。

2. 在工程设计实践中，本表及下面的表 7.2、表 6.3、表 6.5、表 6.6、表 6.7 等并未严格执行，而是执行表 7.4（如框架梁端负筋在 C30 混凝土时用 HRB400 钢筋的配筋率可达 2.5%>ρ_{max}=2.056%）。

抗震等级为一、二、三级的框架梁计入纵向受压钢筋的梁端纵向受力钢筋的
最大配筋率 $\rho_{max} = (A_s - A_s') / (bh_0)$（%）　　　表 7.2

抗震等级	钢筋强度等级	混凝土强度等级											
		C25	C30	C35	C40	C45	C50	C55	C60	C65	C70	C75	C80
一级	235	—	1.702	1.988	2.274	2.512	2.750	—					
	300	—	1.324	1.546	1.769	1.954	2.139	2.265	—				
	335	—	1.192	1.392	1.592	1.758	1.925	2.038	2.139	2.228	2.297	2.374	2.393
	400	—	0.993	1.160	1.326	1.465	1.604	1.698	1.782	1.856	1.914	1.956	1.994
	500	—	0.822	0.960	1.098	1.213	1.328	1.406	1.475	1.536	1.584	1.619	1.651
二级、三级	235	1.983	2.383	2.783	3.183	3.517	3.850						
	300	1.543	1.854	2.165	2.476	2.735	2.994	3.170					
	335	1.388	1.668	1.948	2.228	2.462	2.695	2.853	2.994	3.119	3.215	3.286	3.351
	400	1.157	1.390	1.624	1.857	2.051	2.246	2.378	2.495	2.599	2.679	2.738	2.792
	500	0.957	1.151	1.344	1.537	1.698	1.859	1.968	2.065	2.151	2.217	2.266	2.311

说明：本表根据《混凝土结构设计规范》GB 50010—2010 第 11.3.1 条（《建筑抗震设计规范》GB 50011—2010 第 6.3.3 条 1 款、《高层建筑混凝土结构技术规程》JGJ 3—2010 第 6.3.2 条 1 款同）编制，$\rho_{max} = \xi \beta_c f_c / f_y$，$\xi = 0.25$（一级）、0.35（二、三级）。

钢筋强度等级	混凝土强度等级												
	C20	C25	C30	C35	C40	C45	C50	C55	C60	C65	C70	C75	C80
235	1.600	1.983	2.383	2.783	3.183	3.517	3.850	—					
300	1.244	1.543	1.854	2.165	2.476	2.735	2.994	3.170					
335	1.120	1.388	1.668	1.948	2.228	2.462	2.695	2.853	2.994	3.119	3.215	3.286	3.351
400		1.157	1.390	1.624	1.857	2.051	2.246	2.378	2.495	2.599	2.679	2.738	2.792
500		0.957	1.151	1.344	1.537	1.698	1.859	1.968	2.065	2.151	2.217	2.266	2.311

说明：1. 本表根据《混凝土结构设计规范》GB 50010—2010 第9.3.8条编制，$\rho_{max} = 0.35\beta_c f_c/f_y$。
　　　2. 同表7.1。

钢筋混凝土梁、柱的最大配筋率 ρ_{max}（%）　　　　表 7.4

构件类别	钢筋类别	抗震等级	最大配筋率（%）	依据
框架柱 框支柱	全部纵向 受力钢筋	抗震设计	5.0	见说明1
		非抗震设计	6.0	
	柱每侧纵向钢筋	一级且剪跨比不大于2	1.2	
框架梁	梁端纵向 受拉钢筋	抗震设计	不宜大于2.50，不应大于2.75	见说明2
		混凝土 C65～C80	2.6（300级钢筋），3.0（400级钢筋）	见说明3
异形柱	全部纵向 受力钢筋	抗震设计	3.0	见说明4
		非抗震设计	4.0	
型钢混凝土柱	型钢混凝土柱中的受力型钢		10.0	见说明5

说明：1.《混凝土结构设计规范》GB 50010—2010 第11.4.13条，《建筑抗震设计规范》GB 50011—2010 第6.3.8条3款，《高层建筑混凝土结构技术规程》JGJ 3—2010 第6.4.4条3、4款。
　　　2.《混凝土结构设计规范》GB 50010-2010 第11.3.7条，《建筑抗震设计规范》GB 50011—2010 第6.3.4条1款，《高层建筑混凝土结构技术规程》JGJ 3—2010 第6.3.3条1款。
　　　3.《建筑抗震设计规范》GB 50011—2010 第B.0.3条1款。
　　　4.《混凝土异形柱结构技术规程》JGJ 149—2006 第6.2.6条。
　　　5.《型钢混凝土组合结构技术规程》JGJ 138—2001 第6.2.4条。
　　　6. 当框架梁梁端纵向受拉钢筋的配筋率大于 2.50%时，受压钢筋的配筋率不应小于受拉钢筋的一半（《高层建筑混凝土结构技术规程》JGJ 3—2010 第6.3.3条1款）。

连梁顶面或底面纵向钢筋的最大配筋率 ρ_{max}（%）　　　　表 7.5

类别	抗震设计			非抗震设计
跨高比	$L/h_b \leqslant 1.0$	$1.0 < L/h_b \leqslant 2.0$	$2.0 < L/h_b \leqslant 2.5$	—
连梁顶面或底面纵向钢筋的最大配筋率 ρ_{max}（%）	0.6	1.2	1.5	2.5

说明：本表根据《高层建筑混凝土结构技术规程》JGJ 3—2010 第7.2.25条编制；如不满足本表的规定，则应按实配钢筋进行连梁强剪弱弯的验算。

异形柱框架梁梁端纵向受拉钢筋的最大配筋率 ρ_{max}（%）　　　表 7.6

| 抗震等级 | 钢筋级别 | 混凝土强度等级 | | | | | | 依　据 |
		C25	C30	C35	C40	C45	C50	
二、三级	HRB335	1.4	1.7	2.0	2.2	2.4	2.4	《混凝土异形柱结构技术规程》JGJ 149-2006 第 6.3.5 条 4 款
	HRB400	1.1	1.4	1.7	1.9	2.1	2.1	

人防动荷载作用下钢筋混凝土受弯构件和大偏心受压构件受拉钢筋的最大配筋率 ρ_{max}（%）表 7.7

| 钢筋强度等级 | 混凝土强度等级 | | 依　据 |
	C25	≥C30	
335 级	2.2	2.5	《人民防空地下室设计规范》GB 50038-2005 第 4.11.8 条
400 级	2.0	2.4	

八、板的配筋量

编制说明：根据本书表 8.1～表 5.4，板的最小配筋率有 0.10%、0.15%、0.159%、0.161%、0.163%、0.177%、0.179%、0.187%、0.193%、0.196%、0.20%、0.203%、0.211%、0.212%、0.213%、0.214%、0.215%、0.217%、0.221%、0.222%、0.225%、0.226%、0.230%、0.236%、0.237%、0.239%、0.041%、0.245%、0.246%、0.25%、0.255%、0.257%、0.262%、0.268%、0.270%、0.273%、0.278%、0.284%、0.285%、0.294%、0.30%、0.306%、0.307%、0.314%、0.315%、0.321%、0.327%、0.333%、0.337%、0.340%、0.349%、0.35%、0.357%、0.364%、0.367%、0.370%、0.386%、0.405%、0.420%、0.438%、0.448%、0.459%、0.468%、0.476% 等共 64 个，笔者选择比较常用的最小配筋率 0.10%、0.15%、0.159%、0.163%、0.179%、0.187%、0.20%、0.214%（用于冷轧扭钢筋）、0.215%、0.225%、0.239%、0.25%、0.257%、0.273%、0.285%、0.30%、0.307%、0.337%、0.35% 共 19 个编制板的配筋量表，其余配筋率（包括次要构件的最小配筋率）可就近参照较大的配筋率来决定配筋量。

板配筋率 $\rho = 0.10\%$ 时的配筋量　　　　　　表 8.1

序号	板厚 h (mm)	钢筋面积 (mm²/m)	配筋率 $\rho = 0.10\%$				
			钢筋直径和间距				
1	60	60	$\phi 5@325$				
2	70	70	$\phi 5@280$				
3	80	80	$\phi 5@245$				
4	90	90	$\phi 5@215$	$\phi 6@310$			
5	100	100	$\phi 5@195$	$\phi 6@280$			
6	110	110	$\phi 5@175$	$\phi 6@255$	$\phi 6.5@300$		
7	120	120	$\phi 5@160$	$\phi 6@235$	$\phi 6.5@275$	$\phi 7@320$	
8	130	130	$\phi 5@150$	$\phi 6@215$	$\phi 6.5@255$	$\phi 7@295$	
9	140	140	$\phi 5@140$	$\phi 6@200$	$\phi 6.5@235$	$\phi 7@270$	
10	150	150	$\phi 5@130$	$\phi 6@185$	$\phi 6.5@220$	$\phi 7@255$	
11	160	160	$\phi 5@120$	$\phi 6@175$	$\phi 6.5@205$	$\phi 7@240$	$\phi 8@310$
12	170	170	$\phi 5@115$	$\phi 6@165$	$\phi 6.5@190$	$\phi 7@225$	$\phi 8@295$
13	180	180	$\phi 5@105$	$\phi 6@155$	$\phi 6.5@180$	$\phi 7@210$	$\phi 8@275$
14	190	190	$\phi 5@100$	$\phi 6@145$	$\phi 6.5@170$	$\phi 7@200$	$\phi 8@260$
15	200	200	$\phi 5@95$	$\phi 6@140$	$\phi 6.5@165$	$\phi 7@190$	$\phi 8@250$
16	220	220	$\phi 5@85$	$\phi 6@125$	$\phi 6.5@150$	$\phi 7@170$	$\phi 8@225$	$\phi 9@285$

序号	板厚 h (mm)	钢筋面积 (mm²/m)	配筋率 ρ = 0.10%					
			钢筋直径和间距					
17	240	240	ϕ5@80	ϕ6@115	ϕ6.5@135	ϕ7@160	ϕ8@205	ϕ9@265
18	250	250	ϕ5@80	ϕ6@110	ϕ6.5@130	ϕ7@150	ϕ8@200	ϕ9@250
19	280	280	ϕ10@280	ϕ6@100	ϕ6.5@115	ϕ7@135	ϕ8@175	ϕ9@225
20	300	300	ϕ10@260	ϕ6@90	ϕ6.5@110	ϕ7@125	ϕ8@165	ϕ9@210
21	350	350	ϕ10@220	ϕ6@80	ϕ6.5@90	ϕ7@105	ϕ8@140	ϕ9@180
22	400	400	ϕ10@195	ϕ11@235	ϕ6.5@80	ϕ7@95	ϕ8@125	ϕ9@155
23	450	450	ϕ10@170	ϕ11@210	ϕ6.5@70	ϕ7@85	ϕ8@110	ϕ9@140
24	500	500	ϕ10@155	ϕ11@190	ϕ12@225	ϕ7@75	ϕ8@100	ϕ9@125

说明：表中 ϕ 仅代表直径，而不代表钢筋种类（下同）。

板配筋率 ρ = 0.15%时的配筋量　　　　　　　　　　表 8.2

序号	板厚 h (mm)	钢筋面积 (mm²/m)	配筋率 ρ = 0.15%					
			钢筋直径和间距					
1	60	90	ϕ5@215					
2	70	105	ϕ5@185					
3	80	120	ϕ5@160					
4	90	135	ϕ5@140	ϕ6@200				
5	100	150	ϕ5@130	ϕ6@180				
6	110	165	ϕ5@115	ϕ6@170	ϕ6.5@200			
7	120	180	ϕ5@105	ϕ6@150	ϕ6.5@180	ϕ7@200		
8	130	195	ϕ5@100	ϕ6@140	ϕ6.5@170	ϕ7@190		
9	140	210	ϕ5@90	ϕ6@130	ϕ6.5@150	ϕ7@180		
10	150	225	ϕ5@85	ϕ6@125	ϕ6.5@145	ϕ7@170	ϕ8@220	
11	160	240	ϕ5@80	ϕ6@110	ϕ6.5@135	ϕ7@160	ϕ8@205	
12	170	255	ϕ5@75	ϕ6@110	ϕ6.5@130	ϕ7@150	ϕ8@190	ϕ9@240
13	180	270	ϕ5@70	ϕ6@100	ϕ6.5@120	ϕ7@140	ϕ8@180	ϕ9@230
14	190	285		ϕ6@95	ϕ6.5@115	ϕ7@130	ϕ8@170	ϕ9@220
15	200	300		ϕ6@90	ϕ6.5@110	ϕ7@125	ϕ8@160	ϕ9@210
16	220	330	ϕ10@230	ϕ6@85	ϕ6.5@100	ϕ7@115	ϕ8@150	ϕ9@190
17	240	360	ϕ10@210	ϕ6@75	ϕ6.5@90	ϕ7@105	ϕ8@140	ϕ9@175
18	250	375	ϕ10@205	ϕ6@75	ϕ6.5@85	ϕ7@100	ϕ8@130	ϕ9@165
19	280	420	ϕ10@180	ϕ11@225	ϕ6.5@75	ϕ7@90	ϕ8@110	ϕ9@150

序号	板厚 h（mm）	配筋率 $\rho = 0.15\%$					
		钢筋面积（mm²/m）	钢筋直径和间距				
20	300	450	$\phi10@175$	$\phi11@210$	$\phi6.5@70$	$\phi7@85$	$\phi8@110$	$\phi9@140$
21	350	525	$\phi10@145$	$\phi11@180$		$\phi7@70$	$\phi8@95$	$\phi9@120$
22	400	600	$\phi10@130$	$\phi11@155$	$\phi12@185$		$\phi8@80$	$\phi9@105$
23	450	675	$\phi10@115$	$\phi11@140$	$\phi12@165$	$\phi14@225$	$\phi8@70$	$\phi9@90$
24	500	750	$\phi10@100$	$\phi11@125$	$\phi12@150$	$\phi14@205$		$\phi9@80$
25	550	825	$\phi10@95$	$\phi11@115$	$\phi12@135$	$\phi14@185$	$\phi16@240$	$\phi9@75$
26	600	900	$\phi10@85$	$\phi11@105$	$\phi12@125$	$\phi14@170$	$\phi16@220$	$\phi9@70$
27	650	975	$\phi10@80$	$\phi11@95$	$\phi12@115$	$\phi14@155$	$\phi16@205$	
28	700	1050	$\phi10@70$	$\phi11@90$	$\phi12@105$	$\phi14@145$	$\phi16@190$	$\phi18@240$
29	750	1125		$\phi11@80$	$\phi12@100$	$\phi14@135$	$\phi16@175$	$\phi18@225$
30	800	1200	$\phi20@260$	$\phi11@75$	$\phi12@95$	$\phi14@125$	$\phi16@165$	$\phi18@210$
31	850	1275	$\phi20@245$	$\phi11@70$	$\phi12@85$	$\phi14@120$	$\phi16@155$	$\phi18@195$
32	900	1350	$\phi20@230$		$\phi12@80$	$\phi14@110$	$\phi16@145$	$\phi18@185$
33	950	1425	$\phi20@220$	$\phi22@260$	$\phi12@75$	$\phi14@105$	$\phi16@140$	$\phi18@175$
34	1000	1500	$\phi20@205$	$\phi22@250$	$\phi12@75$	$\phi14@100$	$\phi16@130$	$\phi18@165$
35	1050	1575	$\phi20@195$	$\phi22@240$	$\phi12@70$	$\phi14@95$	$\phi16@125$	$\phi18@160$
36	1100	1650	$\phi20@190$	$\phi22@230$		$\phi14@90$	$\phi16@120$	$\phi18@150$
37	1150	1725	$\phi20@180$	$\phi22@220$	$\phi25@280$	$\phi14@85$	$\phi16@115$	$\phi18@145$
38	1200	1800	$\phi20@170$	$\phi22@210$	$\phi25@270$	$\phi14@85$	$\phi16@110$	$\phi18@140$
39	1250	1875	$\phi20@165$	$\phi22@200$	$\phi25@260$	$\phi14@80$	$\phi16@105$	$\phi18@135$
40	1300	1950	$\phi20@160$	$\phi22@195$	$\phi25@250$	$\phi14@75$	$\phi16@100$	$\phi18@130$
41	1350	2025	$\phi20@155$	$\phi22@185$	$\phi25@240$	$\phi14@75$	$\phi16@95$	$\phi18@125$
42	1400	2100	$\phi20@145$	$\phi22@180$	$\phi25@230$	$\phi14@70$	$\phi16@95$	$\phi18@120$
43	1450	2175	$\phi20@140$	$\phi22@170$	$\phi25@225$	$\phi14@70$	$\phi16@90$	$\phi18@115$
44	1500	2250	$\phi20@135$	$\phi22@165$	$\phi25@215$		$\phi16@85$	$\phi18@110$
45	1550	2325	$\phi20@135$	$\phi22@160$	$\phi25@210$	$\phi28@260$	$\phi16@85$	$\phi18@105$
46	1600	2400	$\phi20@130$	$\phi22@155$	$\phi25@200$	$\phi28@250$	$\phi16@80$	$\phi18@105$
47	1650	2475	$\phi20@125$	$\phi22@150$	$\phi25@195$	$\phi28@245$	$\phi16@80$	$\phi18@100$
48	1700	2550	$\phi20@120$	$\phi22@145$	$\phi25@190$	$\phi28@240$		$\phi18@95$
49	1750	2625	$\phi20@115$	$\phi22@140$	$\phi25@185$	$\phi28@230$	$\phi32@300$	$\phi18@95$
50	1800	2700	$\phi20@115$	$\phi22@140$	$\phi25@180$	$\phi28@225$	$\phi32@295$	$\phi18@90$
51	1850	2775	$\phi20@110$	$\phi22@135$	$\phi25@175$	$\phi28@220$	$\phi32@285$	$\phi18@90$

序号	板厚 h（mm）	配筋率 ρ = 0.15%					
		钢筋面积（mm²/m）	钢筋直径和间距				
52	1900	2850	φ20@110	φ22@130	φ25@170	φ28@215	φ32@280	φ18@85
53	1950	2925	φ20@105	φ22@125	φ25@165	φ28@210	φ32@270	φ18@85
54	2000	3000	φ20@100	φ22@125	φ25@160	φ28@200	φ32@265	φ18@80
55	2050	3075	φ20@100	φ22@120	φ25@155	φ28@200	φ32@260	
56	2100	3150	φ20@95	φ22@120	φ25@155	φ28@195	φ32@250	
57	2150	3225	φ20@95	φ22@115	φ25@150	φ28@190	φ32@245	φ40@385
58	2200	3300	φ20@95	φ22@115	φ25@145	φ28@185	φ32@240	φ40@380
59	2250	3375	φ20@90	φ22@110	φ25@145	φ28@180	φ32@235	φ40@370
60	2300	3450	φ20@90	φ22@110	φ25@140	φ28@175	φ32@230	φ40@360
61	2350	3525	φ20@85	φ22@105	φ25@135	φ28@170	φ32@225	φ40@350
62	2400	3600	φ20@85	φ22@105	φ25@135	φ28@170	φ32@220	φ40@340
63	2450	3675	φ20@85	φ22@100	φ25@130	φ28@165	φ32@215	φ40@340
64	2500	3750	φ20@80	φ22@100	φ25@130	φ28@160	φ32@215	φ40@335
65	2550	3825	φ20@80	φ22@95	φ25@125	φ28@160	φ32@210	φ40@325
66	2600	3900	φ20@80	φ22@95	φ25@125	φ28@155	φ32@205	φ40@320
67	2650	3975	φ20@75	φ22@95	φ25@120	φ28@155	φ32@200	φ40@315
68	2700	4050	φ20@75	φ22@90	φ25@120	φ28@150	φ32@195	φ40@310
69	2750	4125	φ20@75	φ22@90	φ25@115	φ28@145	φ32@190	φ40@300
70	2800	4200	φ20@70	φ22@90	φ25@115	φ28@145	φ32@190	φ40@295
71	2850	4275	φ20@70	φ22@85	φ25@115	φ28@140	φ32@185	φ40@290
72	2900	4350	φ20@70	φ22@85	φ25@110	φ28@140	φ32@185	φ40@285
73	2950	4425	φ20@70	φ22@85	φ25@110	φ28@135	φ32@180	φ40@280
74	3000	4500		φ22@80	φ25@105	φ28@135	φ32@180	φ40@275
75	3050	4575	φ36@220	φ22@80	φ25@105	φ28@135	φ32@175	φ40@270
76	3100	4650	φ36@215	φ22@80	φ25@105	φ28@130	φ32@170	φ40@270
77	3150	4725	φ36@215	φ22@80	φ25@100	φ28@130	φ32@170	φ40@265
78	3200	4800	φ36@210	φ22@75	φ25@100	φ28@125	φ32@165	φ40@260
79	3250	4875	φ36@205	φ22@75	φ25@100	φ28@125	φ32@165	φ40@255
80	3300	4950	φ36@205	φ22@75	φ25@95	φ28@120	φ32@160	φ40@250
81	3350	5025	φ36@200	φ22@75	φ25@95	φ28@120	φ32@160	φ40@250
82	3400	5100	φ36@195	φ22@70	φ25@95	φ28@120	φ32@155	φ40@245
83	3450	5175	φ36@190	φ22@70	φ25@90	φ28@115	φ32@155	φ40@240

序号	板厚 h (mm)	配筋率 ρ = 0.15%					
		钢筋面积 (mm²/m)	钢筋直径和间距				
84	3500	5250	φ36@190	φ22@70	φ25@90	φ28@115	φ32@150	φ40@235
85	3550	5325	φ36@190	φ22@70	φ25@90	φ28@115	φ32@150	φ40@235
86	3600	5400	φ36@185	φ22@70	φ25@90	φ28@110	φ32@145	φ40@230
87	3650	5475	φ36@185		φ25@85	φ28@110	φ32@145	φ40@225
88	3700	5550	φ36@180	φ50@350	φ25@85	φ28@110	φ32@140	φ40@225
89	3750	5625	φ36@180	φ50@345	φ25@85	φ28@105	φ32@140	φ40@220
90	3800	5700	φ36@175	φ50@340	φ25@85	φ28@105	φ32@140	φ40@220
91	3850	5775	φ36@175	φ50@340	φ25@85	φ28@105	φ32@135	φ40@215
92	3900	5850	φ36@170	φ50@335	φ25@80	φ28@105	φ32@135	φ40@210
93	3950	5925	φ36@170	φ50@330	φ25@80	φ28@100	φ32@130	φ40@210
94	4000	6000	φ36@165	φ50@325	φ25@80	φ28@100	φ32@130	φ40@205

板配筋率 ρ = 0.159%时的配筋量　　　　　　　　　表 8.3

序号	板厚 h (mm)	配筋率 ρ = 0.159%					
		钢筋面积 (mm²/m)	钢筋直径和间距				
1	60	95.4	φ5@205					
2	70	111.3	φ5@175					
3	80	127.2	φ5@150					
4	90	143.1	φ5@135	φ6@195				
5	100	159.0	φ5@120	φ6@175	φ6.5@205			
6	110	174.9	φ5@110	φ6@160	φ6.5@185	φ7@220		
7	120	190.8	φ5@100	φ6@145	φ6.5@170	φ7@200		
8	130	206.7	φ5@100	φ6@135	φ6.5@160	φ7@185		
9	140	222.6	φ5@90	φ6@125	φ6.5@145	φ7@170		
10	150	238.5	φ5@85	φ6@115	φ6.5@135	φ7@160	φ8@210	
11	160	254.4	φ5@80	φ6@110	φ6.5@130	φ7@150	φ8@195	
12	170	270.3	φ5@70	φ6@100	φ6.5@120	φ7@140	φ8@185	φ9@235
13	180	286.2		φ6@95	φ6.5@115	φ7@135	φ8@175	φ9@220
14	190	302.1		φ6@90	φ6.5@105	φ7@125	φ8@165	φ9@210
15	200	318.0		φ6@85	φ6.5@100	φ7@120	φ8@155	φ9@200
16	220	349.8	φ10@220	φ6@80	φ6.5@90	φ7@110	φ8@140	φ9@180
17	240	381.6	φ10@205	φ6@70	φ6.5@85	φ7@100	φ8@130	φ9@165

序号	板厚 h（mm）	配筋率 $\rho = 0.159\%$					
		钢筋面积（mm²/m）	钢筋直径和间距				
18	250	397.5	$\phi 10@195$	$\phi 6@70$	$\phi 6.5@80$	$\phi 7@95$	$\phi 8@125$	$\phi 9@160$
19	280	445.2	$\phi 10@175$	$\phi 11@210$	$\phi 6.5@70$	$\phi 7@85$	$\phi 8@110$	$\phi 9@140$
20	300	477.0	$\phi 10@160$	$\phi 11@195$		$\phi 7@80$	$\phi 8@105$	$\phi 9@130$
21	350	556.5	$\phi 10@140$	$\phi 11@170$	$\phi 12@200$		$\phi 8@90$	$\phi 9@110$
22	400	636.0	$\phi 10@120$	$\phi 11@145$	$\phi 12@175$		$\phi 8@75$	$\phi 9@100$

板配筋率 $\rho = 0.163\%$ 时的配筋量　　　　　　　　　　表 8.4

序号	板厚 h（mm）	配筋率 $\rho = 0.163\%$					
		钢筋面积（mm²/m）	钢筋直径和间距				
1	60	97.8	$\phi 5@200$					
2	70	114.1	$\phi 5@170$					
3	80	130.4	$\phi 5@150$	$\phi 6@210$				
4	90	146.7	$\phi 5@135$	$\phi 6@190$	$\phi 6.5@225$			
5	100	163.0	$\phi 5@120$	$\phi 6@170$	$\phi 6.5@200$	$\phi 7@235$		
6	110	179.3	$\phi 5@110$	$\phi 6@155$	$\phi 6.5@185$	$\phi 7@215$		
7	120	195.6	$\phi 5@100$	$\phi 6@145$	$\phi 6.5@170$	$\phi 7@195$		
8	130	211.9	$\phi 5@95$	$\phi 6@130$	$\phi 6.5@155$	$\phi 7@180$		
9	140	228.2	$\phi 5@85$	$\phi 6@120$	$\phi 6.5@145$	$\phi 7@165$	$\phi 8@220$	
10	150	244.5	$\phi 5@80$	$\phi 6@115$	$\phi 6.5@135$	$\phi 7@155$	$\phi 8@205$	
11	160	260.8	$\phi 5@75$	$\phi 6@105$	$\phi 6.5@125$	$\phi 7@145$	$\phi 8@190$	
12	170	277.1	$\phi 5@70$	$\phi 6@100$	$\phi 6.5@120$	$\phi 7@135$	$\phi 8@180$	$\phi 9@230$
13	180	293.4		$\phi 6@95$	$\phi 6.5@110$	$\phi 7@130$	$\phi 8@170$	$\phi 9@215$
14	190	309.7		$\phi 6@90$	$\phi 6.5@105$	$\phi 7@125$	$\phi 8@160$	$\phi 9@205$
15	200	326.0		$\phi 6@85$	$\phi 6.5@100$	$\phi 7@115$	$\phi 8@155$	$\phi 9@195$
16	220	358.6	$\phi 10@220$	$\phi 6@75$	$\phi 6.5@90$	$\phi 7@105$	$\phi 8@140$	$\phi 9@175$
17	240	391.2	$\phi 10@200$	$\phi 6@70$	$\phi 6.5@85$	$\phi 7@95$	$\phi 8@125$	$\phi 9@160$
18	250	407.5	$\phi 10@190$		$\phi 6.5@80$	$\phi 7@90$	$\phi 8@120$	$\phi 9@155$
19	280	456.4	$\phi 10@170$	$\phi 11@205$	$\phi 6.5@70$	$\phi 7@80$	$\phi 8@110$	$\phi 9@140$
20	300	489.0	$\phi 10@160$	$\phi 11@195$		$\phi 7@75$	$\phi 8@100$	$\phi 9@130$
21	350	570.5	$\phi 10@135$	$\phi 11@165$	$\phi 12@195$		$\phi 8@95$	$\phi 9@110$
22	400	652.0	$\phi 10@120$	$\phi 11@145$	$\phi 12@170$		$\phi 8@75$	$\phi 9@95$

板配筋率 ρ = 0.179%时的配筋量 表 8.5

序号	板厚 h（mm）	配筋率 ρ = 0.179%					
		钢筋面积（mm²/m）	钢筋直径和间距				
1	60	107.4	φ5@180				
2	70	125.3	φ5@155	φ6@220			
3	80	143.2	φ5@135	φ6@195	φ6.5@230		
4	90	161.1	φ5@120	φ6@175	φ6.5@200		
5	100	179.0	φ5@105	φ6@155	φ6.5@185	φ7@210	
6	110	196.9	φ5@95	φ6@140	φ6.5@165	φ7@195	
7	120	214.8	φ5@90	φ6@130	φ6.5@155	φ7@175	φ8@230
8	130	232.7	φ5@80	φ6@120	φ6.5@140	φ7@165	φ8@215
9	140	250.6	φ5@80	φ6@110	φ6.5@130	φ7@150	φ8@200
10	150	268.5	φ5@70	φ6@105	φ6.5@120	φ7@140	φ8@185
11	160	286.4		φ6@95	φ6.5@115	φ7@130	φ8@175	φ9@220
12	170	304.3		φ6@90	φ6.5@105	φ7@125	φ8@165	φ9@205
13	180	322.2		φ6@85	φ6.5@100	φ7@115	φ8@155	φ9@195
14	190	340.1	φ10@230	φ6@80	φ6.5@95	φ7@110	φ8@145	φ9@185
15	200	358.0	φ10@215	φ6@75	φ6.5@90	φ7@105	φ8@140	φ9@175
16	220	393.8	φ10@195	φ6@70	φ6.5@80	φ7@95	φ8@125	φ9@160
17	240	429.6	φ10@180	φ11@220	φ6.5@75	φ7@85	φ8@115	φ9@145
18	250	447.5	φ10@175	φ11@210	φ6.5@70	φ7@85	φ8@110	φ9@140
19	280	501.2	φ10@155	φ11@185	φ12@225	φ7@75	φ8@100	φ9@125
20	300	537.0	φ10@145	φ11@175	φ12@175	φ7@70	φ8@90	φ9@115
21	350	626.5	φ10@125	φ11@150	φ12@150		φ8@80	φ9@100
22	400	716.0	φ10@105	φ11@130	φ12@130		φ8@70	φ9@85

板配筋率 ρ = 0.187%时的配筋量 表 8.6

序号	板厚 h（mm）	配筋率 ρ = 0.187%					
		钢筋面积（mm²/m）	钢筋直径和间距				
1	60	112.2	φ6@250				
2	70	130.9	φ6@215				
3	80	149.6	φ6@190	φ6.5@220			
4	90	168.3	φ6@165	φ6.5@195			
5	100	187.0	φ6@150	φ6.5@175	φ7@205		
6	110	205.7	φ6@135	φ6.5@160	φ7@185		

序号	板厚 h（mm）	配筋率 $\rho = 0.187\%$					
		钢筋面积（mm²/m）	钢筋直径和间距				
7	120	224.4	$\phi6@125$	$\phi6.5@155$	$\phi7@165$	$\phi8@220$	
8	130	243.1	$\phi6@115$	$\phi6.5@135$	$\phi7@155$	$\phi8@205$	
9	140	261.8	$\phi6@105$	$\phi6.5@125$	$\phi7@145$	$\phi8@190$	
10	150	280.5	$\phi6@100$	$\phi6.5@120$	$\phi7@135$	$\phi8@180$	
11	160	299.2	$\phi6@95$	$\phi6.5@115$	$\phi7@125$	$\phi8@165$	
12	170	317.9	$\phi6@85$	$\phi6.5@105$	$\phi7@120$	$\phi8@155$	
13	180	336.6	$\phi6@80$	$\phi6.5@95$	$\phi7@115$	$\phi8@150$	$\phi10@230$
14	190	355.3	$\phi6@80$	$\phi6.5@90$	$\phi7@105$	$\phi8@140$	$\phi10@220$
15	200	374.0	$\phi6@75$	$\phi6.5@85$	$\phi7@100$	$\phi8@135$	$\phi10@210$
16	220	411.4		$\phi6.5@80$	$\phi7@90$	$\phi8@120$	$\phi10@190$
17	240	448.8		$\phi6.5@70$	$\phi7@85$	$\phi8@110$	$\phi10@175$
18	250	467.5		$\phi6.5@70$	$\phi7@80$	$\phi8@105$	$\phi10@165$	$\phi12@240$
19	280	523.6			$\phi7@70$	$\phi8@95$	$\phi10@150$	$\phi12@215$
20	300	561.0	$\phi14@270$			$\phi8@90$	$\phi10@140$	$\phi12@200$
21	350	654.5	$\phi14@235$	$\phi16@305$		$\phi8@75$	$\phi10@120$	$\phi12@170$
22	400	748.0	$\phi14@205$	$\phi16@270$			$\phi10@105$	$\phi12@150$

板配筋率 $\rho = 0.20\%$ 时的配筋量　　　　　　　表 8.7

序号	板厚 h（mm）	配筋率 $\rho = 0.20\%$					
		钢筋面积（mm²/m）	钢筋直径和间距				
1	60	120	$\phi5@160$				
2	70	140	$\phi5@140$	$\phi6@200$			
3	80	160	$\phi5@120$	$\phi6@170$	$\phi6.5@200$		
4	90	180	$\phi5@100$	$\phi6@150$	$\phi6.5@180$	$\phi7@210$	
5	100	200	$\phi5@95$	$\phi6@140$	$\phi6.5@165$	$\phi7@190$	
6	110	220	$\phi5@85$	$\phi6@125$	$\phi6.5@150$	$\phi7@170$	
7	120	240	$\phi5@80$	$\phi6@110$	$\phi6.5@135$	$\phi7@160$	$\phi8@200$
8	130	260	$\phi5@75$	$\phi6@105$	$\phi6.5@125$	$\phi7@145$	$\phi8@190$
9	140	280	$\phi5@70$	$\phi6@100$	$\phi6.5@115$	$\phi7@135$	$\phi8@175$
10	150	300		$\phi6@90$	$\phi6.5@110$	$\phi7@125$	$\phi8@165$	$\phi9@210$
11	160	320		$\phi6@85$	$\phi6.5@100$	$\phi7@120$	$\phi8@155$	$\phi9@195$
12	170	340		$\phi6@80$	$\phi6.5@95$	$\phi7@110$	$\phi8@145$	$\phi9@185$

序号	板厚 h（mm）	钢筋面积（mm²/m）	配筋率 $\rho=0.20\%$					
			钢筋直径和间距					
13	180	360		φ6@75	φ6.5@90	φ7@105	φ8@135	φ9@175
14	190	380	φ10@200	φ6@70	φ6.5@85	φ7@100	φ8@130	φ9@165
15	200	400	φ10@190	φ6@70	φ6.5@80	φ7@95	φ8@125	φ9@155
16	220	440	φ10@175	φ11@215		φ7@85	φ8@110	φ9@140
17	240	480	φ10@160	φ11@195	φ12@235	φ7@80	φ8@100	φ9@130
18	250	500	φ10@155	φ11@190	φ12@220		φ8@100	φ9@125
19	280	560	φ10@140	φ11@165	φ12@200	φ14@270	φ8@90	φ9@110
20	300	600	φ10@130	φ11@155	φ12@185	φ14@255	φ8@80	φ9@105
21	350	700	φ10@110	φ11@135	φ12@160	φ14@215	φ8@70	φ9@90
22	400	800	φ10@95	φ11@115	φ12@140	φ14@190		φ9@75
23	450	900	φ10@85	φ11@105	φ12@125	φ14@170	φ16@250	
24	500	1000	φ10@75	φ11@95	φ12@110	φ14@150	φ16@220	φ18@250
25	550	1100		φ11@85	φ12@100	φ14@135	φ16@200	φ18@230
26	600	1200	φ20@260	φ11@75	φ12@90	φ14@125	φ16@180	φ18@210
27	650	1300	φ20@240		φ12@85	φ14@115	φ16@165	φ18@195
28	700	1400	φ20@220	φ22@270	φ12@80	φ14@110	φ16@150	φ18@180
29	750	1500	φ20@205	φ22@250		φ14@100	φ16@140	φ18@165
30	800	1600	φ20@195	φ22@235	φ25@300	φ14@95	φ16@130	φ18@155
31	850	1700	φ20@180	φ22@220	φ25@285	φ14@90	φ16@125	φ18@145
32	900	1800	φ20@170	φ22@210	φ25@270	φ14@85	φ16@115	φ18@140
33	950	1900	φ20@165	φ22@200	φ25@255	φ14@80	φ16@110	φ18@130
34	1000	2000	φ20@155	φ22@190	φ25@240	φ14@75	φ16@105	φ18@125
35	1050	2100	φ20@145	φ22@180	φ25@230	φ14@70	φ16@100	φ18@120
36	1100	2200	φ20@140	φ22@170	φ25@220		φ16@95	φ18@115
37	1150	2300	φ20@135	φ22@160	φ25@210		φ16@90	φ18@110
38	1200	2400	φ20@130	φ22@155	φ25@200	φ28@255	φ16@85	φ18@105
39	1250	2500	φ20@125	φ22@150	φ25@195	φ28@245	φ16@80	φ18@100
40	1300	2600	φ20@120	φ22@145	φ25@185	φ28@235	φ16@75	φ18@95
41	1350	2700	φ20@115	φ22@140	φ25@180	φ28@225	φ16@70	φ18@90
42	1400	2800	φ20@110	φ22@135	φ25@175	φ28@215	φ16@70	φ18@90
43	1450	2900	φ20@105	φ22@130	φ25@165	φ28@210		φ18@85
44	1500	3000	φ20@100	φ22@125	φ25@160	φ28@205		φ18@80

序号	板厚 h (mm)	钢筋面积 (mm²/m)	配筋率 ρ＝0.20%					
			钢筋直径和间距					
45	1550	3100	ϕ20@100	ϕ22@120	ϕ25@155	ϕ28@195		ϕ18@80
46	1600	3200	ϕ20@95	ϕ22@115	ϕ25@150	ϕ28@190		ϕ18@75
47	1650	3300	ϕ20@95	ϕ22@115	ϕ25@145	ϕ28@185		ϕ18@75
48	1700	3400	ϕ20@90	ϕ22@110	ϕ25@140	ϕ28@180	ϕ32@235	ϕ18@70
49	1750	3500	ϕ20@85	ϕ22@105	ϕ25@140	ϕ28@175	ϕ32@225	ϕ18@70
50	1800	3600	ϕ20@85	ϕ22@105	ϕ25@135	ϕ28@170	ϕ32@220	ϕ18@70
51	1850	3700	ϕ20@80	ϕ22@100	ϕ25@130	ϕ28@165	ϕ32@215	
52	1900	3800	ϕ20@80	ϕ22@100	ϕ25@125	ϕ28@160	ϕ32@210	ϕ36@260
53	1950	3900	ϕ20@80	ϕ22@95	ϕ25@125	ϕ28@155	ϕ32@205	ϕ36@260
54	2000	4000	ϕ20@75	ϕ22@95	ϕ25@120	ϕ28@150	ϕ32@200	ϕ36@250
55	2050	4100	ϕ20@75	ϕ22@90	ϕ25@115	ϕ28@145	ϕ32@195	ϕ36@245
56	2100	4200	ϕ20@70	ϕ22@90	ϕ25@115	ϕ28@145	ϕ32@190	ϕ36@240
57	2150	4300	ϕ20@70	ϕ22@85	ϕ25@110	ϕ28@140	ϕ32@185	ϕ36@235
58	2200	4400	ϕ20@70	ϕ22@85	ϕ25@110	ϕ28@135	ϕ32@180	ϕ36@230
59	2250	4500		ϕ22@80	ϕ25@105	ϕ28@135	ϕ32@175	ϕ36@225
60	2300	4600	ϕ40@270	ϕ22@80	ϕ25@105	ϕ28@130	ϕ32@170	ϕ36@220
61	2350	4700	ϕ40@265	ϕ22@80	ϕ25@100	ϕ28@130	ϕ32@170	ϕ36@215
62	2400	4800	ϕ40@260	ϕ22@75	ϕ25@100	ϕ28@125	ϕ32@165	ϕ36@210
63	2450	4900	ϕ40@255	ϕ22@75	ϕ25@100	ϕ28@125	ϕ32@160	ϕ36@205
64	2500	5000	ϕ40@250	ϕ22@75	ϕ25@95	ϕ28@120	ϕ32@160	ϕ36@200
65	2550	5100	ϕ40@245	ϕ22@70	ϕ25@95	ϕ28@120	ϕ32@155	ϕ36@195
66	2600	5200	ϕ40@240	ϕ22@70	ϕ25@90	ϕ28@115	ϕ32@150	ϕ36@195
67	2650	5300	ϕ40@235	ϕ22@70	ϕ25@90	ϕ28@115	ϕ32@150	ϕ36@190
68	2700	5400	ϕ40@230	ϕ22@70	ϕ25@90	ϕ28@110	ϕ32@145	ϕ36@185
69	2750	5500	ϕ40@225		ϕ25@85	ϕ28@110	ϕ32@145	ϕ36@185
70	2800	5600	ϕ40@220		ϕ25@85	ϕ28@105	ϕ32@140	ϕ36@180
71	2850	5700	ϕ40@220		ϕ25@85	ϕ28@105	ϕ32@140	ϕ36@175
72	2900	5800	ϕ40@215		ϕ25@80	ϕ28@105	ϕ32@135	ϕ36@175
73	2950	5900	ϕ40@210		ϕ25@80	ϕ28@100	ϕ32@135	ϕ36@170
74	3000	6000	ϕ40@205		ϕ25@80	ϕ28@100	ϕ32@130	ϕ36@165
75	3050	6100	ϕ40@205		ϕ25@80	ϕ28@100	ϕ32@130	ϕ36@165
76	3100	6200	ϕ40@200		ϕ25@75	ϕ28@95	ϕ32@125	ϕ36@160

序号	板厚 h（mm）	钢筋面积（mm²/m）	配筋率 ρ=0.20%					
			钢筋直径和间距					
77	3150	6300	φ40@195		φ25@75	φ28@95	φ32@125	φ36@160
78	3200	6400	φ40@195		φ25@75	φ28@95	φ32@125	φ36@155
79	3250	6500	φ40@190		φ25@75	φ28@90	φ32@120	φ36@155
80	3300	6600	φ40@190		φ25@70	φ28@90	φ32@120	φ36@150
81	3350	6700	φ40@185		φ25@70	φ28@90	φ32@120	φ36@150
82	3400	6800	φ40@185		φ25@70	φ28@90	φ32@115	φ36@145
83	3450	6900	φ40@180		φ25@70	φ28@85	φ32@115	φ36@145
84	3500	7000	φ40@175	φ50@280	φ25@70	φ28@85	φ32@115	φ36@145
85	3550	7100	φ40@175	φ50@275		φ28@85	φ32@110	φ36@140
86	3600	7200	φ40@170	φ50@270		φ28@85	φ32@110	φ36@140
87	3650	7300	φ40@170	φ50@265		φ28@80	φ32@110	φ36@135
88	3700	7400	φ40@165	φ50@265		φ28@80	φ32@105	φ36@135
89	3750	7500	φ40@165	φ50@260		φ28@80	φ32@105	φ36@135
90	3800	7600	φ40@165	φ50@255		φ28@80	φ32@105	φ36@130
91	3850	7700	φ40@160	φ50@255		φ28@75	φ32@100	φ36@130
92	3900	7800	φ40@160	φ50@250		φ28@75	φ32@100	φ36@130
93	3950	7900	φ40@155	φ50@245		φ28@75	φ32@100	φ36@125
94	4000	8000	φ40@155	φ50@245		φ28@75	φ32@100	φ36@125

板配筋率 ρ=0.215%时的配筋量　　　　　表 8.8

序号	板厚 h（mm）	钢筋面积（mm²/m）	配筋率 ρ=0.215%					
			钢筋直径和间距					
1	60	129.0	φ5@150	φ6@200				
2	70	150.5	φ5@130	φ6@185	φ6.5@220			
3	80	172.0	φ5@110	φ6@160	φ6.5@190	φ7@220		
4	90	193.5	φ5@100	φ6@145	φ6.5@170	φ7@195		
5	100	215.0	φ5@90	φ6@130	φ6.5@150	φ7@175		
6	110	236.5	φ5@80	φ6@115	φ6.5@140	φ7@160	φ8@210	
7	120	258.0	φ5@75	φ6@105	φ6.5@125	φ7@145	φ8@190	
8	130	279.5	φ5@70	φ6@100	φ6.5@115	φ7@135	φ8@175	
9	140	301.0		φ6@90	φ6.5@110	φ7@125	φ8@165	φ9@210
10	150	322.5		φ6@85	φ6.5@100	φ7@115	φ8@155	φ9@195

序号	板厚 h (mm)	配筋率 ρ = 0.215%					
		钢筋面积 (mm²/m)	钢筋直径和间距				
11	160	344.0		φ6@80	φ6.5@95	φ7@110	φ8@145	φ9@180
12	170	365.5		φ6@75	φ6.5@90	φ7@105	φ8@135	φ9@170
13	180	387.0	φ10@200	φ6@70	φ6.5@85	φ7@95	φ8@125	φ9@160
14	190	408.5	φ10@190		φ6.5@80	φ7@90	φ8@120	φ9@155
15	200	430.0	φ10@180			φ7@85	φ8@115	φ9@145
16	220	473.0	φ10@160	φ11@200		φ7@80	φ8@105	φ9@130
17	240	516.0	φ10@150	φ11@180	φ12@215	φ7@70	φ8@95	φ9@120
18	250	537.5	φ10@145	φ11@175	φ12@210	φ7@70	φ8@90	φ9@115
19	280	602.0	φ10@130	φ11@155	φ12@185	φ14@255	φ8@80	φ9@100
20	300	645.0	φ10@120	φ11@145	φ12@175	φ14@235	φ8@75	φ9@95
21	350	752.5	φ10@100	φ11@125	φ12@150	φ14@200		φ9@80
22	400	860.0	φ10@90	φ11@110	φ12@130	φ14@175	φ16@230	φ9@70
23	450	967.5	φ10@80	φ11@95	φ12@115	φ14@155	φ16@205	
24	500	1075.0	φ10@70	φ11@85	φ12@105	φ14@140	φ16@185	φ18@235
25	550	1182.5		φ11@80	φ12@95	φ14@130	φ16@170	φ18@215
26	600	1290.0	φ20@240		φ12@85	φ14@110	φ16@155	φ18@195
27	650	1397.5	φ20@220	φ22@270	φ12@80	φ14@110	φ16@145	φ18@180
28	700	1505.0	φ20@205	φ22@250	φ12@75	φ14@100	φ16@130	φ18@165
29	750	1612.5	φ20@190	φ22@235	φ12@70	φ14@95	φ16@120	φ18@155
30	800	1720.0	φ20@180	φ22@220		φ14@85	φ16@115	φ18@145
31	850	1827.5	φ20@170	φ22@205	φ25@265	φ14@80	φ16@110	φ18@135
32	900	1935.0	φ20@160	φ22@195	φ25@250	φ14@75	φ16@100	φ18@130
33	950	2042.5	φ20@150	φ22@185	φ25@240	φ14@75	φ16@95	φ18@120
34	1000	2150.0	φ20@145	φ22@175	φ25@225	φ14@70	φ16@90	φ18@115
35	1050	2257.5	φ20@135	φ22@165	φ25@215		φ16@85	φ18@110
36	1100	2365.0	φ20@130	φ22@160	φ25@205	φ28@260	φ16@85	φ18@105
37	1150	2472.5	φ20@125	φ22@150	φ25@195	φ28@245	φ16@80	φ18@100
38	1200	2580.0	φ20@120	φ22@145	φ25@190	φ28@235	φ16@75	φ18@95
39	1250	2687.5	φ20@115	φ22@140	φ25@180	φ28@225		φ18@90
40	1300	2795.0	φ20@110	φ22@135	φ25@175	φ28@220	φ32@285	φ18@90
41	1350	2902.5	φ20@105	φ22@130	φ25@165	φ28@210	φ32@275	φ18@85
42	1400	3010.0	φ20@100	φ22@125	φ25@160	φ28@200	φ32@260	φ18@80
43	1450	3117.5	φ20@100	φ22@120	φ25@155	φ28@195	φ32@250	φ18@80
44	1500	3225.0	φ20@95	φ22@115	φ25@150	φ28@190	φ32@245	φ18@75

板配筋率 $\rho=0.225\%$ 时的配筋量

表8.9

序号	板厚 h（mm）	钢筋面积（mm²/m）	配筋率 $\rho=0.225\%$ 钢筋直径和间距					
1	60	135.0	$\phi5@145$	$\phi6@200$				
2	70	157.5	$\phi5@120$	$\phi6@175$	$\phi6.5@200$			
3	80	180.0	$\phi5@105$	$\phi6@155$	$\phi6.5@180$	$\phi7@210$		
4	90	202.5	$\phi5@95$	$\phi6@135$	$\phi6.5@160$	$\phi7@190$		
5	100	225.0	$\phi5@85$	$\phi6@125$	$\phi6.5@145$	$\phi7@175$		
6	110	247.5	$\phi5@75$	$\phi6@110$	$\phi6.5@130$	$\phi7@155$	$\phi8@200$	
7	120	270.0	$\phi5@70$	$\phi6@100$	$\phi6.5@120$	$\phi7@145$	$\phi8@185$	
8	130	292.5		$\phi6@95$	$\phi6.5@110$	$\phi7@130$	$\phi8@170$	
9	140	315.0	$\phi10@245$	$\phi6@85$	$\phi6.5@105$	$\phi7@120$	$\phi8@155$	$\phi9@200$
10	150	337.5	$\phi10@230$	$\phi6@80$	$\phi6.5@95$	$\phi7@110$	$\phi8@145$	$\phi9@185$
11	160	360.0	$\phi10@215$	$\phi6@75$	$\phi6.5@90$	$\phi7@105$	$\phi8@135$	$\phi9@175$
12	170	382.5	$\phi10@200$	$\phi6@70$	$\phi6.5@85$	$\phi7@100$	$\phi8@130$	$\phi9@165$
13	180	405.0	$\phi10@190$		$\phi6.5@80$	$\phi7@95$	$\phi8@120$	$\phi9@155$
14	190	427.5	$\phi10@180$	$\phi11@220$	$\phi6.5@75$	$\phi7@90$	$\phi8@115$	$\phi9@145$
15	200	450.0	$\phi10@170$	$\phi11@210$	$\phi6.5@70$	$\phi7@85$	$\phi8@110$	$\phi9@140$
16	220	495.0	$\phi10@155$	$\phi11@190$		$\phi7@75$	$\phi8@100$	$\phi9@125$
17	240	540.0	$\phi10@145$	$\phi11@175$	$\phi12@205$	$\phi7@70$	$\phi8@90$	$\phi9@115$
18	250	562.5	$\phi10@135$	$\phi11@165$	$\phi12@200$		$\phi8@85$	$\phi9@110$
19	280	630.0	$\phi10@120$	$\phi11@150$	$\phi12@175$	$\phi14@240$	$\phi8@75$	$\phi9@100$
20	300	675.0	$\phi10@115$	$\phi11@140$	$\phi12@165$	$\phi14@225$	$\phi8@70$	$\phi9@90$
21	350	787.5	$\phi10@95$	$\phi11@120$	$\phi12@140$	$\phi14@195$		$\phi9@80$
22	400	900.0	$\phi10@85$	$\phi11@105$	$\phi12@125$	$\phi14@170$	$\phi16@220$	$\phi9@70$
23	450	1012.5	$\phi10@75$	$\phi11@90$	$\phi12@110$	$\phi14@150$	$\phi16@195$	
24	500	1125.0		$\phi11@80$	$\phi12@100$	$\phi14@135$	$\phi16@175$	$\phi18@225$
25	550	1237.5	$\phi20@250$	$\phi11@75$	$\phi12@90$	$\phi14@120$	$\phi16@155$	$\phi18@205$
26	600	1350.0	$\phi20@230$	$\phi11@70$	$\phi12@80$	$\phi14@110$	$\phi16@145$	$\phi18@185$
27	650	1462.5	$\phi20@210$		$\phi12@75$	$\phi14@105$	$\phi16@135$	$\phi18@170$
28	700	1575.0	$\phi20@195$	$\phi22@240$	$\phi12@70$	$\phi14@95$	$\phi16@125$	$\phi18@160$
29	750	1687.5	$\phi20@185$	$\phi22@225$		$\phi14@90$	$\phi16@115$	$\phi18@150$
30	800	1800.0	$\phi20@170$	$\phi22@210$	$\phi25@270$	$\phi14@85$	$\phi16@110$	$\phi18@140$
31	850	1912.5	$\phi20@160$	$\phi22@195$	$\phi25@255$	$\phi14@80$	$\phi16@105$	$\phi18@130$
32	900	2025.0	$\phi20@155$	$\phi22@185$	$\phi25@240$	$\phi14@75$	$\phi16@95$	$\phi18@125$

序号	板厚 h（mm）	钢筋面积（mm²/m）	配筋率 $\rho=0.225\%$ 钢筋直径和间距					
33	950	2137.5	$\phi20@145$	$\phi22@175$	$\phi25@225$	$\phi14@70$	$\phi16@90$	$\phi18@115$
34	1000	2250.0	$\phi20@135$	$\phi22@165$	$\phi25@215$		$\phi16@85$	$\phi18@110$
35	1050	2362.5	$\phi20@130$	$\phi22@160$	$\phi25@205$	$\phi28@260$	$\phi16@85$	$\phi18@105$
36	1100	2475.0	$\phi20@125$	$\phi22@150$	$\phi25@195$	$\phi28@245$	$\phi16@80$	$\phi18@100$
37	1150	2587.5	$\phi20@120$	$\phi22@145$	$\phi25@185$	$\phi28@235$	$\phi16@75$	$\phi18@95$
38	1200	2700.0	$\phi20@115$	$\phi22@140$	$\phi25@180$	$\phi28@225$	$\phi16@70$	$\phi18@90$
39	1250	2812.5	$\phi20@110$	$\phi22@135$	$\phi25@170$	$\phi28@215$	$\phi16@70$	$\phi18@90$
40	1300	2925.0	$\phi20@105$	$\phi22@125$	$\phi25@165$	$\phi28@210$		$\phi18@85$
41	1350	3037.5	$\phi20@100$	$\phi22@125$	$\phi25@160$	$\phi28@200$	$\phi32@260$	$\phi18@80$
42	1400	3150.0	$\phi20@95$	$\phi22@120$	$\phi25@155$	$\phi28@195$	$\phi32@255$	$\phi18@80$
43	1450	3262.5	$\phi20@95$	$\phi22@115$	$\phi25@150$	$\phi28@185$	$\phi32@245$	$\phi18@75$
44	1500	3375.0	$\phi20@90$	$\phi22@110$	$\phi25@145$	$\phi28@180$	$\phi32@235$	$\phi18@75$
45	1550	3487.5	$\phi20@90$	$\phi22@105$	$\phi25@140$	$\phi28@175$	$\phi32@230$	$\phi18@70$
46	1600	3600.0	$\phi20@85$	$\phi22@105$	$\phi25@135$	$\phi28@170$	$\phi32@220$	$\phi18@70$
47	1650	3712.5	$\phi20@80$	$\phi22@100$	$\phi25@130$	$\phi28@165$	$\phi32@215$	
48	1700	3825.0	$\phi20@80$	$\phi22@95$	$\phi25@125$	$\phi28@160$	$\phi32@210$	$\phi36@260$
49	1750	3937.5	$\phi20@75$	$\phi22@95$	$\phi25@120$	$\phi28@150$	$\phi32@200$	$\phi36@255$
50	1800	4050.0	$\phi20@75$	$\phi22@90$	$\phi25@120$	$\phi28@150$	$\phi32@195$	$\phi36@250$
51	1850	4162.5	$\phi20@75$	$\phi22@90$	$\phi25@115$	$\phi28@145$	$\phi32@190$	$\phi36@240$
52	1900	4275.0	$\phi20@70$	$\phi22@85$	$\phi25@115$	$\phi28@140$	$\phi32@185$	$\phi36@235$
53	1950	4387.5	$\phi20@70$	$\phi22@85$	$\phi25@110$	$\phi28@140$	$\phi32@180$	$\phi36@230$
54	2000	4500.0		$\phi22@80$	$\phi25@105$	$\phi28@135$	$\phi32@175$	$\phi36@225$
55	2050	4612.5		$\phi22@80$	$\phi25@105$	$\phi28@130$	$\phi32@170$	$\phi36@220$
56	2100	4725.0	$\phi40@265$	$\phi22@80$	$\phi25@100$	$\phi28@130$	$\phi32@170$	$\phi36@215$
57	2150	4837.5	$\phi40@255$	$\phi22@75$	$\phi25@100$	$\phi28@125$	$\phi32@165$	$\phi36@210$
58	2200	4950.0	$\phi40@250$	$\phi22@75$	$\phi25@95$	$\phi28@120$	$\phi32@160$	$\phi36@205$
59	2250	5062.5	$\phi40@245$	$\phi22@75$	$\phi25@95$	$\phi28@120$	$\phi32@155$	$\phi36@200$
60	2300	5175.0	$\phi40@240$	$\phi22@70$	$\phi25@90$	$\phi28@115$	$\phi32@155$	$\phi36@195$
61	2350	5287.5	$\phi40@235$	$\phi22@70$	$\phi25@90$	$\phi28@115$	$\phi32@150$	$\phi36@190$
62	2400	5400.0	$\phi40@230$	$\phi22@70$	$\phi25@90$	$\phi28@110$	$\phi32@145$	$\phi36@185$
63	2450	5512.5	$\phi40@225$		$\phi25@85$	$\phi28@110$	$\phi32@145$	$\phi36@180$
64	2500	5625.0	$\phi40@220$		$\phi25@85$	$\phi28@105$	$\phi32@140$	$\phi36@180$

序号	板厚 h（mm）	钢筋面积（mm²/m）	配筋率 ρ＝0.225%					
			钢筋直径和间距					
65	2550	5737.5	φ40@215			φ25@85	φ28@105	φ32@140	φ36@175
66	2600	5850.0	φ40@210			φ25@80	φ28@105	φ32@135	φ36@170
67	2650	5962.5	φ40@210			φ25@80	φ28@100	φ32@135	φ36@170
68	2700	6075.0	φ40@205			φ25@80	φ28@100	φ32@130	φ36@165
69	2750	6187.5	φ40@200			φ25@75	φ28@95	φ32@125	φ36@160
70	2800	6300.0	φ40@195			φ25@75	φ28@95	φ32@125	φ36@160
71	2850	6412.5	φ40@190			φ25@75	φ28@95	φ32@120	φ36@155
72	2900	6525.0	φ40@190			φ25@75	φ28@90	φ32@120	φ36@155
73	2950	6637.5	φ40@185			φ25@70	φ28@90	φ32@120	φ36@150
74	3000	6750.0	φ40@185			φ25@70	φ28@90	φ32@115	φ36@150
75	3050	6862.5	φ40@180			φ25@70	φ28@85	φ32@115	φ36@145
76	3100	6975.0	φ40@180			φ25@70	φ28@85	φ32@115	φ36@145
77	3150	7087.5	φ40@175				φ28@85	φ32@110	φ36@140
78	3200	7200.0	φ40@170				φ28@85	φ32@110	φ36@140
79	3250	7312.5	φ40@170				φ28@80	φ32@105	φ36@135
80	3300	7425.0	φ40@165				φ28@80	φ32@105	φ36@135
81	3350	7537.5	φ40@165	φ50@260			φ28@80	φ32@105	φ36@135
82	3400	7650.0	φ40@160	φ50@255			φ28@80	φ32@105	φ36@130
83	3450	7762.5	φ40@160	φ50@250			φ28@75	φ32@100	φ36@130
84	3500	7875.0	φ40@155	φ50@245			φ28@75	φ32@100	φ36@125
85	3550	7987.5	φ40@155	φ50@245			φ28@75	φ32@100	φ36@125
86	3600	8100.0	φ40@155	φ50@240			φ28@75	φ32@95	φ36@125
87	3650	8212.5	φ40@150	φ50@235			φ28@70	φ32@95	φ36@120
88	3700	8325.0	φ40@150	φ50@235			φ28@70	φ32@95	φ36@120
89	3750	8437.5	φ40@145	φ50@230			φ28@70	φ32@95	φ36@120
90	3800	8550.0	φ40@145	φ50@225			φ28@70	φ32@90	φ36@115
91	3850	8662.5	φ40@145	φ50@225			φ28@70	φ32@90	φ36@115
92	3900	8775.0	φ40@140	φ50@220			φ28@70	φ32@90	φ36@115
93	3950	8887.5	φ40@140	φ50@220				φ32@90	φ36@110
94	4000	9000.0	φ40@135	φ50@215				φ32@85	φ36@110

序号	板厚 h (mm)	钢筋面积 (mm²/m)	钢筋直径和间距					
		配筋率 ρ = 0.239%						
1	60	143.4	φ5@135	φ6@195	φ6.5@230			
2	70	167.3	φ5@115	φ6@165	φ6.5@195			
3	80	191.2	φ5@100	φ6@145	φ6.5@170	φ7@200		
4	90	215.1	φ5@90	φ6@130	φ6.5@155	φ7@175	φ8@230	
5	100	239.0	φ5@80	φ6@105	φ6.5@135	φ7@160	φ8@210	
6	110	262.9	φ5@70	φ6@105	φ6.5@125	φ7@145	φ8@190	
7	120	286.8		φ6@95	φ6.5@115	φ7@130	φ8@175	φ9@220
8	130	310.7	φ10@250	φ6@90	φ6.5@105	φ7@120	φ8@160	φ9@205
9	140	334.6	φ10@235	φ6@80	φ6.5@95	φ7@115	φ8@150	φ9@190
10	150	358.5	φ10@215	φ6@75	φ6.5@90	φ7@105	φ8@140	φ9@175
11	160	382.4	φ10@200	φ6@70	φ6.5@85	φ7@100	φ8@130	φ9@165
12	170	406.3	φ10@190		φ6.5@80	φ7@95	φ8@120	φ9@155
13	180	430.2	φ10@180	φ11@220	φ6.5@75	φ7@85	φ8@115	φ9@145
14	190	454.1	φ10@170	φ11@210	φ6.5@70	φ7@85	φ8@110	φ9@140
15	200	478.0	φ10@160	φ11@195	φ6.5@70	φ7@80	φ8@105	φ9@130
16	220	525.8	φ10@145	φ11@180	φ12@215	φ7@70	φ8@95	φ9@120
17	240	573.6	φ10@135	φ11@165	φ12@195		φ8@85	φ9@110
18	250	597.5	φ10@130	φ11@155	φ12@190	φ14@255	φ8@80	φ9@105
19	280	669.2	φ10@115	φ11@140	φ12@165	φ14@230	φ8@75	φ9@95
20	300	717.0	φ10@105	φ11@130	φ12@155	φ14@215	φ8@70	φ9@85
21	350	836.5	φ10@90	φ11@110	φ12@135	φ14@180		φ9@75
22	400	956.0	φ10@80	φ11@95	φ12@115	φ14@160	φ16@210	

序号	板厚 h (mm)	钢筋面积 (mm²/m)	钢筋直径和间距				
		配筋率 ρ = 0.25%					
1	60	150	φ5@125	φ6@180	φ6.5@220		
2	70	175	φ5@110	φ6@160	φ6.5@185	φ7@215	
3	80	200	φ5@95	φ6@140	φ6.5@165	φ7@190	
4	90	225	φ5@85	φ6@125	φ6.5@145	φ7@170	φ8@220
5	100	250	φ5@80	φ6@110	φ6.5@130	φ7@150	φ8@200
6	110	275	φ5@70	φ6@100	φ6.5@120	φ7@135	φ8@180

序号	板厚 h（mm）	钢筋面积（mm²/m）	配筋率 ρ= 0.25%					
			钢筋直径和间距					
7	120	300		$\phi6@90$	$\phi6.5@110$	$\phi7@125$	$\phi8@165$	$\phi9@210$
8	130	325		$\phi6@85$	$\phi6.5@100$	$\phi7@115$	$\phi8@155$	$\phi9@195$
9	140	350	$\phi10@220$	$\phi6@80$	$\phi6.5@90$	$\phi7@105$	$\phi8@140$	$\phi9@180$
10	150	375	$\phi10@205$	$\phi6@75$	$\phi6.5@85$	$\phi7@100$	$\phi8@130$	$\phi9@165$
11	160	400	$\phi10@195$	$\phi6@70$	$\phi6.5@80$	$\phi7@95$	$\phi8@125$	$\phi9@155$
12	170	425	$\phi10@180$		$\phi6.5@75$	$\phi7@90$	$\phi8@115$	$\phi9@145$
13	180	450	$\phi10@170$	$\phi11@210$	$\phi6.5@70$	$\phi7@85$	$\phi8@110$	$\phi9@140$
14	190	475	$\phi10@160$	$\phi11@200$		$\phi7@80$	$\phi8@105$	$\phi9@130$
15	200	500	$\phi10@155$	$\phi11@190$	$\phi12@225$	$\phi7@85$	$\phi8@100$	$\phi9@125$
16	220	550	$\phi10@140$	$\phi11@170$	$\phi12@205$		$\phi8@90$	$\phi9@115$
17	240	600	$\phi10@130$	$\phi11@155$	$\phi12@185$	$\phi14@255$	$\phi8@80$	$\phi9@105$
18	250	625	$\phi10@125$	$\phi11@150$	$\phi12@180$	$\phi14@245$	$\phi8@80$	$\phi9@100$
19	280	700	$\phi10@110$	$\phi11@135$	$\phi12@160$	$\phi14@215$	$\phi8@70$	$\phi9@90$
20	300	750	$\phi10@105$	$\phi11@125$	$\phi12@150$	$\phi14@205$	$\phi16@265$	$\phi9@80$
21	350	875	$\phi10@85$	$\phi11@105$	$\phi12@125$	$\phi14@175$	$\phi16@225$	$\phi9@70$
22	400	1000	$\phi10@75$	$\phi11@95$	$\phi12@110$	$\phi14@150$	$\phi16@200$	
23	450	1125		$\phi11@80$	$\phi12@100$	$\phi14@135$	$\phi16@175$	$\phi18@225$
24	500	1250	$\phi20@250$	$\phi11@75$	$\phi12@90$	$\phi14@120$	$\phi16@160$	$\phi18@205$
25	550	1375	$\phi20@225$		$\phi12@80$	$\phi14@110$	$\phi16@145$	$\phi18@185$
26	600	1500	$\phi20@205$	$\phi22@250$	$\phi12@75$	$\phi14@100$	$\phi16@130$	$\phi18@165$
27	650	1625	$\phi20@190$	$\phi22@230$		$\phi14@90$	$\phi16@120$	$\phi18@155$
28	700	1750	$\phi20@175$	$\phi22@215$	$\phi25@280$	$\phi14@85$	$\phi16@115$	$\phi18@145$
29	750	1875	$\phi20@165$	$\phi22@205$	$\phi25@260$	$\phi14@80$	$\phi16@105$	$\phi18@135$
30	800	2000	$\phi20@155$	$\phi22@190$	$\phi25@240$	$\phi14@75$	$\phi16@100$	$\phi18@125$
31	850	2125	$\phi20@145$	$\phi22@175$	$\phi25@230$	$\phi14@70$	$\phi16@90$	$\phi18@115$
32	900	2250	$\phi20@135$	$\phi22@165$	$\phi25@215$		$\phi16@85$	$\phi18@110$
33	950	2375	$\phi20@130$	$\phi22@160$	$\phi25@205$	$\phi28@255$	$\phi16@80$	$\phi18@105$
34	1000	2500	$\phi20@125$	$\phi22@150$	$\phi25@195$	$\phi28@245$	$\phi16@80$	$\phi18@100$
35	1050	2625	$\phi20@115$	$\phi22@140$	$\phi25@185$	$\phi28@230$	$\phi16@75$	$\phi18@95$
36	1100	2750	$\phi20@110$	$\phi22@135$	$\phi25@175$	$\phi28@220$	$\phi16@70$	$\phi18@90$
37	1150	2875	$\phi20@105$	$\phi22@130$	$\phi25@170$	$\phi28@210$		$\phi18@85$
38	1200	3000	$\phi20@100$	$\phi22@125$	$\phi25@160$	$\phi28@200$	$\phi32@265$	$\phi18@80$

序号	板厚 h (mm)	配筋率 ρ= 0.25%					
		钢筋面积 (mm²/m)	钢筋直径和间距				
39	1250	3125	φ20@100	φ22@120	φ25@155	φ28@195	φ32@255	φ18@80
40	1300	3250	φ20@95	φ22@115	φ25@150	φ28@185	φ32@245	φ18@75
41	1350	3375	φ20@90	φ22@110	φ25@145	φ28@180	φ32@235	φ18@75
42	1400	3500	φ20@85	φ22@105	φ25@140	φ28@175	φ32@225	φ18@70
43	1450	3625	φ20@85	φ22@105	φ25@135	φ28@165	φ32@220	φ18@70
44	1500	3750	φ20@80	φ22@100	φ25@130	φ28@160	φ32@210	
45	1550	3875	φ20@80	φ22@95	φ25@125	φ28@155	φ32@205	φ36@260
46	1600	4000	φ20@75	φ22@95	φ25@120	φ28@150	φ32@200	φ36@250
47	1650	4125	φ20@75	φ22@90	φ25@115	φ28@145	φ32@195	φ36@245
48	1700	4250	φ20@70	φ22@85	φ25@115	φ28@145	φ32@185	φ36@235
49	1750	4375	φ20@70	φ22@85	φ25@110	φ28@140	φ32@180	φ36@230
50	1800	4500		φ22@80	φ25@105	φ28@135	φ32@175	φ36@225
51	1850	4625	φ40@270	φ22@80	φ25@105	φ28@130	φ32@170	φ36@220
52	1900	4750	φ40@260	φ22@80	φ25@100	φ28@125	φ32@165	φ36@210
53	1950	4875	φ40@255	φ22@75	φ25@100	φ28@125	φ32@165	φ36@205
54	2000	5000	φ40@250	φ22@75	φ25@95	φ28@120	φ32@160	φ36@200

板配筋率 ρ = 0.257%时的配筋量　　　　　　　　　　　　　　　**表 8.12**

序号	板厚 h (mm)	配筋率 ρ= 0.257%					
		钢筋面积 (mm²/m)	钢筋直径和间距				
1	60	154.2	φ5@125	φ6@180	φ6.5@215		
2	70	179.9	φ5@105	φ6@155	φ6.5@185	φ7@210	
3	80	205.6	φ5@95	φ6@135	φ6.5@160	φ7@185	
4	90	231.3	φ5@80	φ6@120	φ6.5@140	φ7@165	φ8@215
5	100	257.0	φ5@75	φ6@110	φ6.5@125	φ7@145	φ8@195
6	110	282.7		φ6@100	φ6.5@115	φ7@135	φ8@175
7	120	308.4		φ6@90	φ6.5@105	φ7@120	φ8@160	φ9@205
8	130	334.1		φ6@80	φ6.5@95	φ7@115	φ8@150	φ9@190
9	140	359.8	φ10@215	φ6@75	φ6.5@90	φ7@105	φ8@135	φ9@175
10	150	385.5	φ10@200	φ6@70	φ6.5@85	φ7@95	φ8@130	φ9@165
11	160	411.2	φ10@190		φ6.5@80	φ7@90	φ8@120	φ9@155
12	170	436.9	φ10@175	φ11@215	φ6.5@75	φ7@85	φ8@115	φ9@145

序号	板厚 h (mm)	配筋率 ρ= 0.257%					
		钢筋面积 (mm²/m)	钢筋直径和间距				
13	180	462.6	φ10@165	φ11@205	φ6.5@70	φ7@80	φ8@105	φ9@135
14	190	488.3	φ10@160	φ11@190		φ7@75	φ8@100	φ9@130
15	200	514.0	φ10@150	φ11@180	φ12@220	φ7@70	φ8@95	φ9@120
16	220	565.4	φ10@135	φ11@165	φ12@200		φ8@85	φ9@110
17	240	616.8	φ10@125	φ11@150	φ12@180	φ14@245	φ8@80	φ9@100
18	250	642.5	φ10@120	φ11@145	φ12@175	φ14@235	φ8@75	φ9@95
19	280	719.6	φ10@105	φ11@130	φ12@155	φ14@210		φ9@85
20	300	771.0	φ10@100	φ11@120	φ12@145	φ14@195	φ16@260	φ9@80
21	350	899.5	φ10@85	φ11@105	φ12@125	φ14@170	φ16@220	φ9@70
22	400	1028.0	φ10@75	φ11@90	φ12@110	φ14@145	φ16@195	
23	450	1156.5		φ11@80	φ12@95	φ14@130	φ16@170	φ18@220
24	500	1285.0	φ20@240	φ11@70	φ12@85	φ14@115	φ16@155	φ18@195
25	550	1413.5	φ20@220		φ12@80	φ14@105	φ16@140	φ18@180
26	600	1542.0	φ20@200	φ22@245	φ12@70	φ14@95	φ16@130	φ18@160
27	650	1670.5	φ20@185	φ22@225		φ14@90	φ16@120	φ18@150
28	700	1799.0	φ20@170	φ22@210	φ25@270	φ14@85	φ16@110	φ18@140
29	750	1927.5	φ20@160	φ22@195	φ25@250	φ14@75	φ16@100	φ18@130
30	800	2056.0	φ20@150	φ22@180	φ25@235	φ14@70	φ16@95	φ18@120
31	850	2184.5	φ20@140	φ22@170	φ25@225	φ14@70	φ16@90	φ18@115
32	900	2313.0	φ20@135	φ22@160	φ25@210		φ16@85	φ18@110
33	950	2441.5	φ20@125	φ22@155	φ25@200	φ28@250	φ16@80	φ18@100
34	1000	2570.0	φ20@120	φ22@145	φ25@190	φ28@235	φ16@75	φ18@95
35	1050	2698.5	φ20@115	φ22@140	φ25@180	φ28@225	φ16@70	φ18@90
36	1100	2827.0	φ20@110	φ22@130	φ25@170	φ28@215	φ16@70	φ18@90
37	1150	2955.5	φ20@105	φ22@125	φ25@165	φ28@205		φ18@85
38	1200	3084.0	φ20@100	φ22@120	φ25@155	φ28@195	φ32@260	φ18@80
39	1250	3212.5	φ20@95	φ22@115	φ25@150	φ28@190	φ32@250	φ18@75
40	1300	3341.0	φ20@90	φ22@110	φ25@145	φ28@180	φ32@240	φ18@75
41	1350	3469.5	φ20@90	φ22@105	φ25@140	φ28@175	φ32@230	φ18@70
42	1400	3598.0	φ20@85	φ22@100	φ25@135	φ28@170	φ32@220	φ18@70
43	1450	3726.5	φ20@80	φ22@100	φ25@130	φ28@165	φ32@215	
44	1500	3855.0	φ20@80	φ22@95	φ25@125	φ28@155	φ32@205	φ36@260

序号	板厚 h（mm）	配筋率 ρ= 0.257%					
		钢筋面积（mm²/m）	钢筋直径和间距				
45	1550	3983.5	φ20@75	φ22@95	φ25@120	φ28@150	φ32@200	φ36@255
46	1600	4112.0	φ20@75	φ22@90	φ25@115	φ28@145	φ32@195	φ36@245
47	1650	4240.5	φ20@70	φ22@85	φ25@115	φ28@145	φ32@185	φ36@240
48	1700	4369.0	φ20@70	φ22@85	φ25@110	φ28@140	φ32@180	φ36@230
49	1750	4497.5		φ22@80	φ25@105	φ28@135	φ32@175	φ36@225
50	1800	4626.0	φ40@270	φ22@80	φ25@105	φ28@130	φ32@170	φ36@220
51	1850	4754.5	φ40@260	φ22@75	φ25@100	φ28@125	φ32@165	φ36@210
52	1900	4883.0	φ40@255	φ22@75	φ25@100	φ28@125	φ32@160	φ36@205
53	1950	5011.5	φ40@250	φ22@75	φ25@95	φ28@120	φ32@160	φ36@200
54	2000	5140.0	φ40@245	φ22@70	φ25@95	φ28@115	φ32@155	φ36@195

板配筋率 ρ = 0.273%时的配筋量　　　　　　　　　　表 8.13

序号	板厚 h（mm）	配筋率 ρ= 0.273%					
		钢筋面积（mm²/m）	钢筋直径和间距				
1	60	163.8	φ5@120	φ6@170	φ6.5@200			
2	70	191.1	φ5@100	φ6@145	φ6.5@170	φ7@200		
3	80	218.4	φ5@90	φ6@130	φ6.5@150	φ7@175		
4	90	245.7	φ5@80	φ6@115	φ6.5@135	φ7@155	φ8@200	
5	100	273.0	φ5@70	φ6@100	φ6.5@120	φ7@140	φ8@180	
6	110	300.3		φ6@90	φ6.5@110	φ7@125	φ8@165	φ9@200
7	120	327.6		φ6@85	φ6.5@100	φ7@115	φ8@150	φ9@190
8	130	354.9		φ6@80	φ6.5@90	φ7@105	φ8@140	φ9@180
9	140	382.2	φ10@200	φ6@70	φ6.5@85	φ7@100	φ8@130	φ9@165
10	150	409.5	φ10@190		φ6.5@80	φ7@90	φ8@120	φ9@155
11	160	436.8	φ10@180	φ11@215	φ6.5@75	φ7@85	φ8@115	φ9@145
12	170	464.1	φ10@165	φ11@205	φ6.5@70	φ7@80	φ8@105	φ9@135
13	180	491.4	φ10@160	φ11@190		φ7@75	φ8@100	φ9@130
14	190	518.7	φ10@150	φ11@180	φ12@215	φ7@70	φ8@95	φ9@120
15	200	546.0	φ10@140	φ11@170	φ12@205	φ7@70	φ8@90	φ9@115
16	220	600.6	φ10@130	φ11@155	φ12@185	φ14@255	φ8@80	φ9@105
17	240	655.2	φ10@120	φ11@145	φ12@170	φ14@235	φ8@75	φ9@95
18	250	682.5	φ10@115	φ11@135	φ12@165	φ14@220	φ8@70	φ9@90
19	280	764.4	φ10@100	φ11@120	φ12@145	φ14@200	φ16@260	φ9@80
20	300	819.0	φ10@95	φ11@115	φ12@135	φ14@185	φ16@245	φ9@75

板配筋率 $\rho=0.285\%$ 时的配筋量　　　　　　　　　表 8.14

序号	板厚 h（mm）	钢筋面积（mm²/m）	钢筋直径和间距					
		配筋率 $\rho=0.285\%$						
1	60	171.0	φ6@165	φ6.5@190				
2	70	199.5	φ6@145	φ6.5@165				
3	80	228.0	φ6@120	φ6.5@145	φ8@220			
4	90	256.5	φ6@100	φ6.5@125	φ8@195			
5	100	285.0	φ6@95	φ6.5@115	φ8@175	φ10@275		
6	110	313.5	φ6@90	φ6.5@105	φ8@160	φ10@250		
7	120	342.0	φ6@80	φ6.5@95	φ8@145	φ10@225		
8	130	370.5	φ6@75	φ6.5@85	φ8@135	φ10@210		
9	140	399.0	φ6@70	φ6.5@80	φ8@125	φ10@195		
10	150	427.5		φ6.5@75	φ8@115	φ10@180		
11	160	456.0		φ6.5@70	φ8@110	φ10@170	φ12@245	
12	170	484.5			φ8@100	φ10@160	φ12@235	
13	180	513.0			φ8@95	φ10@150	φ12@220	
14	190	541.5			φ8@90	φ10@140	φ12@205	
15	200	570.0			φ8@85	φ10@135	φ12@195	φ14@270
16	220	627.0			φ8@80	φ10@125	φ12@180	φ14@245
17	240	684.0			φ8@70	φ10@115	φ12@165	φ14@225
18	250	712.5			φ8@70	φ10@110	φ12@155	φ14@215
19	280	798.0	φ16@250			φ10@95	φ12@140	φ14@190
20	300	855.0	φ16@235			φ10@90	φ12@130	φ14@180
21	350	997.5	φ16@200	φ18@255		φ10@75	φ12@110	φ14@150
22	400	1140.0	φ16@175	φ18@220	φ20@270		φ12@95	φ14@135

板配筋率 $\rho=0.30\%$ 时的配筋量　　　　　　　　　表 8.15

序号	板厚 h（mm）	钢筋面积（mm²/m）	钢筋直径和间距					
		配筋率 $\rho=0.30\%$						
1	60	180	φ5@105	φ6@155	φ6.5@180	φ7@210		
2	70	210	φ5@95	φ6@130	φ6.5@155	φ7@180	φ8@235	
3	80	240	φ5@80	φ6@115	φ6.5@135	φ7@160	φ8@205	
4	90	270	φ5@70	φ6@100	φ6.5@125	φ7@140	φ8@185	
5	100	300		φ6@90	φ6.5@110	φ7@125	φ8@165	φ9@210
6	110	330	φ10@215	φ6@85	φ6.5@100	φ7@115	φ8@150	φ9@190

序号	板厚h（mm）	钢筋面积（mm²/m）	配筋率 ρ= 0.30% 钢筋直径和间距					
7	120	360	φ10@215	φ6@75	φ6.5@90	φ7@105	φ8@135	φ9@175
8	130	390	φ10@200	φ6@70	φ6.5@85	φ7@95	φ8@125	φ9@160
9	140	420	φ10@185		φ6.5@75	φ7@90	φ8@115	φ9@150
10	150	450	φ10@170	φ11@210	φ6.5@70	φ7@85	φ8@110	φ9@140
11	160	480	φ10@160	φ11@195		φ7@80	φ8@100	φ9@130
12	170	510	φ10@150	φ11@185	φ12@220	φ7@75	φ8@95	φ9@120
13	180	540	φ10@145	φ11@175	φ12@205	φ7@70	φ8@90	φ9@115
14	190	570	φ10@135	φ11@165	φ12@195		φ8@85	φ9@110
15	200	600	φ10@130	φ11@155	φ12@185	φ14@255	φ8@80	φ9@100
16	220	660	φ10@115	φ11@140	φ12@170	φ14@230	φ8@75	φ9@95
17	240	720	φ10@105	φ11@130	φ12@155	φ14@210		φ9@85
18	250	750	φ10@100	φ11@125	φ12@150	φ14@205	φ16@265	φ9@80
19	280	840	φ10@90	φ11@110	φ12@130	φ14@180	φ16@235	φ9@75
20	300	900	φ10@85	φ11@105	φ12@120	φ14@170	φ16@220	φ9@70
21	350	1050	φ10@70	φ11@90	φ12@105	φ14@145	φ16@190	
22	400	1200		φ11@75	φ12@90	φ14@125	φ16@165	φ18@210
23	450	1350	φ20@230	φ11@70	φ12@80	φ14@110	φ16@145	φ18@185
24	500	1500	φ20@205		φ12@75	φ14@100	φ16@130	φ18@165
25	550	1650	φ20@190	φ22@230		φ14@90	φ16@120	φ18@150
26	600	1800	φ20@170	φ22@210	φ25@270	φ14@85	φ16@115	φ18@140
27	650	1950	φ20@160	φ22@195	φ25@250	φ14@75	φ16@100	φ18@130
28	700	2100	φ20@145	φ22@180	φ25@230	φ14@70	φ16@95	φ18@120
29	750	2250	φ20@135	φ22@165	φ25@215		φ16@85	φ18@110
30	800	2400	φ20@130	φ22@155	φ25@200	φ28@255	φ16@80	φ18@105
31	850	2550	φ20@125	φ22@145	φ25@190	φ28@240	φ16@75	φ18@95
32	900	2700	φ20@115	φ22@140	φ25@180	φ28@225	φ16@70	φ18@90
33	950	2850	φ20@110	φ22@130	φ25@170	φ28@215	φ16@70	φ18@85
34	1000	3000	φ20@100	φ22@125	φ25@160	φ28@205		φ18@80
35	1050	3150	φ20@95	φ22@120	φ25@155	φ28@195	φ32@255	φ18@80
36	1100	3300	φ20@95	φ22@115	φ25@145	φ28@185	φ32@240	φ18@75
37	1150	3450	φ20@90	φ22@110	φ25@140	φ28@175	φ32@230	φ18@70
38	1200	3600	φ20@85	φ22@105	φ25@135	φ28@170	φ32@220	φ18@70

序号	板厚 h (mm)	配筋率 ρ= 0.30%					
		钢筋面积 (mm²/m)	钢筋直径和间距				
39	1250	3750	φ20@80	φ22@100	φ25@130	φ28@160	φ32@210	
40	1300	3900	φ20@80	φ22@95	φ25@125	φ28@155	φ32@205	φ36@260
41	1350	4050	φ20@75	φ22@90	φ25@120	φ28@150	φ32@195	φ36@250
42	1400	4200	φ20@70	φ22@90	φ25@115	φ28@145	φ32@190	φ36@240
43	1450	4350	φ20@70	φ22@85	φ25@110	φ28@140	φ32@185	φ36@230
44	1500	4500		φ22@80	φ25@105	φ28@135	φ32@175	φ36@225
45	1550	4650	φ40@270	φ22@80	φ25@105	φ28@130	φ32@170	φ36@215
46	1600	4800	φ40@260	φ22@75	φ25@100	φ28@125	φ32@165	φ36@210
47	1650	4950	φ40@250	φ22@75	φ25@95	φ28@120	φ32@160	φ36@205
48	1700	5100	φ40@245	φ22@70	φ25@95	φ28@120	φ32@155	φ36@195
49	1750	5250	φ40@235	φ22@70	φ25@90	φ28@115	φ32@150	φ36@190
50	1800	5400	φ40@230	φ22@70	φ25@90	φ28@110	φ32@145	φ36@185
51	1850	5550	φ40@225		φ25@85	φ28@110	φ32@145	φ36@180
52	1900	5700	φ40@220		φ25@85	φ28@105	φ32@140	φ36@175
53	1950	5850	φ40@210		φ25@80	φ28@105	φ32@135	φ36@170
54	2000	6000	φ40@205		φ25@80	φ28@100	φ32@130	φ36@165
55	2050	6150	φ40@205		φ25@75	φ28@110	φ32@130	φ36@165
56	2100	6300	φ40@195		φ25@75	φ28@95	φ32@125	φ36@160
57	2150	6450	φ40@190		φ25@75	φ28@95	φ32@120	φ36@155
58	2200	6600	φ40@190		φ25@70	φ28@90	φ32@120	φ36@150
59	2250	6750	φ40@185		φ25@70	φ28@90	φ32@115	φ36@150
60	2300	6900	φ40@180		φ25@70	φ28@85	φ32@115	φ36@145
61	2350	7050	φ40@175			φ28@85	φ32@110	φ36@140
62	2400	7200	φ40@170			φ28@85	φ32@110	φ36@140
63	2450	7350	φ40@170			φ28@80	φ32@105	φ36@135
64	2500	7500	φ40@165	φ50@260		φ28@80	φ32@105	φ36@135
65	2550	7650	φ40@160	φ50@255		φ28@80	φ32@105	φ36@130
66	2600	7800	φ40@160	φ50@250		φ28@75	φ32@100	φ36@130
67	2650	7950	φ40@155	φ50@245		φ28@75	φ32@100	φ36@125
68	2700	8100	φ40@155	φ50@240		φ28@75	φ32@95	φ36@125
69	2750	8250	φ40@150	φ50@235		φ28@70	φ32@95	φ36@120
70	2800	8400	φ40@145	φ50@230		φ28@70	φ32@95	φ36@120

序号	板厚 h (mm)	配筋率 ρ= 0.30%					
		钢筋面积 (mm²/m)	钢筋直径和间距				
71	2850	8550	φ40@145	φ50@225	φ28@70	φ32@95	φ36@115
72	2900	8700	φ40@140	φ50@220	φ28@70	φ32@90	φ36@115
73	2950	8850	φ40@140	φ50@220		φ32@90	φ36@115
74	3000	9000	φ40@135	φ50@215		φ32@85	φ36@110
75	3050	9150	φ40@135	φ50@210		φ32@85	φ36@110
76	3100	9300	φ40@135	φ50@210		φ32@85	φ36@105
77	3150	9450	φ40@130	φ50@205		φ32@85	φ36@105
78	3200	9600	φ40@130	φ50@200		φ32@80	φ36@105
79	3250	9750	φ40@125	φ50@200		φ32@80	φ36@100
80	3300	9900	φ40@125	φ50@195		φ32@80	φ36@100
81	3350	10050	φ40@125	φ50@195		φ32@80	φ36@100
82	3400	10200	φ40@120	φ50@190		φ32@75	φ36@95
83	3450	10350	φ40@120	φ50@185		φ32@75	φ36@95
84	3500	10500	φ40@115	φ50@185		φ32@75	φ36@95
85	3550	10650	φ40@115	φ50@180		φ32@75	φ36@95
86	3600	10800	φ40@115	φ50@180		φ32@70	φ36@90
87	3650	10950	φ40@115	φ50@175		φ32@70	φ36@90
88	3700	11100	φ40@110	φ50@175		φ32@70	φ36@90
89	3750	11250	φ40@110	φ50@175		φ32@70	φ36@90
90	3800	11400	φ40@110	φ50@170		φ32@70	φ36@85
91	3850	11550	φ40@105	φ50@165			φ36@85
92	3900	11700	φ40@105	φ50@165			φ36@85
93	3950	11850	φ40@105	φ50@165			φ36@85
94	4000	12000	φ40@100	φ50@160			φ36@80

板配筋率 ρ = 0.307%时的配筋量　　　　　　　　　　表 8.16

序号	板厚 h (mm)	配筋率 ρ= 0.307%					
		钢筋面积 (mm²/m)	钢筋直径和间距				
1	60	184.2	φ5@105	φ6@150	φ6.5@180	φ7@200	
2	70	214.9	φ5@90	φ6@130	φ6.5@155	φ7@175	
3	80	245.6	φ5@80	φ6@115	φ6.5@135	φ7@155	φ8@200
4	90	276.3	φ5@70	φ6@100	φ6.5@120	φ7@135	φ8@180

序号	板厚 h（mm）	配筋率 ρ= 0.307%					
		钢筋面积（mm²/m）	钢筋直径和间距				
5	100	307.0		φ6@90	φ6.5@105	φ7@125	φ8@160	φ9@200
6	110	337.7		φ6@80	φ6.5@95	φ7@110	φ8@145	φ9@185
7	120	368.4	φ10@200	φ6@75	φ6.5@90	φ7@100	φ8@135	φ9@170
8	130	399.1	φ10@195	φ6@70	φ6.5@80	φ7@95	φ8@125	φ9@160
9	140	429.8	φ10@180		φ6.5@75	φ7@85	φ8@115	φ9@145
10	150	460.5	φ10@170	φ11@205	φ6.5@70	φ7@80	φ8@105	φ9@135
11	160	491.2	φ10@160	φ11@190		φ7@75	φ8@100	φ9@130
12	170	521.9	φ10@150	φ11@180	φ12@215	φ7@70	φ8@95	φ9@120
13	180	552.6	φ10@140	φ11@170	φ12@200		φ8@90	φ9@110
14	190	583.3	φ10@135	φ11@160	φ12@190	φ14@260	φ8@85	φ9@105
15	200	614.0	φ10@125	φ11@155	φ12@180	φ14@250	φ8@80	φ9@100
16	220	675.4	φ10@115	φ11@140	φ12@165	φ14@225	φ8@70	φ9@90
17	240	736.8	φ10@105	φ11@125	φ12@150	φ14@205		φ9@85
18	250	767.5	φ10@100	φ11@120	φ12@145	φ14@200	φ16@260	φ9@80
19	280	859.6	φ10@90	φ11@110	φ12@130	φ14@175	φ16@230	φ9@70
20	300	921.0	φ10@85	φ11@100	φ12@120	φ14@165	φ16@215	φ18@275

板配筋率 ρ = 0.337%时的配筋量　　　　　　　　　　表 8.17

序号	板厚 h（mm）	配筋率 ρ= 0.337%					
		钢筋面积（mm²/m）	钢筋直径和间距				
1	60	202.2	φ5@95	φ6@140	φ6.5@160	φ7@190		
2	70	235.9	φ5@80	φ6@120	φ6.5@140	φ7@160	φ8@200	
3	80	269.6	φ5@70	φ6@105	φ6.5@120	φ7@140	φ8@185	
4	90	303.3		φ6@90	φ6.5@105	φ7@125	φ8@165	φ9@200
5	100	337.0		φ6@80	φ6.5@95	φ7@110	φ8@145	φ9@185
6	110	370.7	φ10@200	φ6@75	φ6.5@85	φ7@100	φ8@135	φ9@170
7	120	404.4	φ10@190	φ6@70	φ6.5@80	φ7@95	φ8@125	φ9@155
8	130	438.1	φ10@175		φ6.5@75	φ7@85	φ8@115	φ9@145
9	140	471.8	φ10@165	φ11@200	φ6.5@70	φ7@80	φ8@105	φ9@135
10	150	505.5	φ10@155	φ11@185		φ7@75	φ8@95	φ9@125
11	160	539.2	φ10@145	φ11@175	φ12@210	φ7@70	φ8@90	φ9@115
12	170	572.9	φ10@135	φ11@165	φ12@195		φ8@85	φ9@110

序号	板厚 h（mm）	钢筋面积（mm²/m）	配筋率 ρ= 0.337%					
			钢筋直径和间距					
13	180	606.6	ϕ10@125	ϕ11@155	ϕ12@185	ϕ14@250	ϕ8@80	ϕ9@100
14	190	640.3	ϕ10@120	ϕ11@145	ϕ12@175	ϕ14@240	ϕ8@75	ϕ9@95
15	200	674.0	ϕ10@115	ϕ11@140	ϕ12@165	ϕ14@225	ϕ8@70	ϕ9@90
16	220	741.4	ϕ10@105	ϕ11@125	ϕ12@150	ϕ14@205		ϕ9@85
17	240	808.8	ϕ10@95	ϕ11@115	ϕ12@140	ϕ14@190	ϕ16@245	ϕ9@75
18	250	842.5	ϕ10@90	ϕ11@110	ϕ12@130	ϕ14@180	ϕ16@235	ϕ9@75
19	280	943.6	ϕ10@80	ϕ11@100	ϕ12@120	ϕ14@160	ϕ16@210	
20	300	1011.0	ϕ10@75	ϕ11@90	ϕ12@110	ϕ14@150	ϕ16@195	ϕ18@250

板配筋率 ρ = 0.35%时的配筋量　　　　　　　　　　表 8.18

序号	板厚 h（mm）	钢筋面积（mm²/m）	配筋率 ρ= 0.35%					
			钢筋直径和间距					
1	60	210	ϕ5@90	ϕ6@130	ϕ6.5@150	ϕ7@180		
2	70	245	ϕ5@80	ϕ6@110	ϕ6.5@130	ϕ7@150	ϕ8@200	
3	80	280	ϕ5@70	ϕ6@105	ϕ6.5@110	ϕ7@130	ϕ8@175	
4	90	315		ϕ6@85	ϕ6.5@100	ϕ7@120	ϕ8@155	ϕ9@200
5	100	350	ϕ10@220	ϕ6@80	ϕ6.5@90	ϕ7@110	ϕ8@140	ϕ9@180
6	110	385	ϕ10@200	ϕ6@70	ϕ6.5@85	ϕ7@95	ϕ8@130	ϕ9@165
7	120	420	ϕ10@185		ϕ6.5@75	ϕ7@90	ϕ8@115	ϕ9@150
8	130	455	ϕ10@170	ϕ11@205	ϕ6.5@70	ϕ7@80	ϕ8@110	ϕ9@135
9	140	490	ϕ10@160	ϕ11@190		ϕ7@75	ϕ8@100	ϕ9@125
10	150	525	ϕ10@145	ϕ11@180	ϕ12@215	ϕ7@70	ϕ8@95	ϕ9@120
11	160	560	ϕ10@140	ϕ11@165	ϕ12@200		ϕ8@85	ϕ9@110
12	170	595	ϕ10@130	ϕ11@155	ϕ12@190	ϕ14@255	ϕ8@80	ϕ9@105
13	180	630	ϕ10@120	ϕ11@150	ϕ12@175	ϕ14@240	ϕ8@75	ϕ9@100
14	190	665	ϕ10@115	ϕ11@140	ϕ12@170	ϕ14@230	ϕ8@75	ϕ9@95
15	200	700	ϕ10@110	ϕ11@135	ϕ12@160	ϕ14@220	ϕ8@70	ϕ9@90
16	220	770	ϕ10@100	ϕ11@120	ϕ12@145	ϕ14@200	ϕ16@260	ϕ9@80
17	240	840	ϕ10@90	ϕ11@110	ϕ12@130	ϕ14@180	ϕ16@235	ϕ9@75
18	250	875	ϕ10@85	ϕ11@105	ϕ12@125	ϕ14@175	ϕ16@225	ϕ9@70
19	280	980	ϕ10@80	ϕ11@95	ϕ12@110	ϕ14@155	ϕ16@200	ϕ18@255
20	300	1050	ϕ10@70	ϕ11@90	ϕ12@105	ϕ14@145	ϕ16@190	ϕ18@240

序号	板厚 h (mm)	钢筋面积 (mm²/m)	配筋率 ρ= 0.35%					
			钢筋直径和间距					
21	350	1225		φ11@75	φ12@90	φ14@125	φ16@160	φ18@205
22	400	1400	φ20@225		φ12@80	φ14@110	φ16@140	φ18@180
23	450	1575	φ20@195	φ22@240	φ12@70	φ14@95	φ16@125	φ18@160
24	500	1750	φ20@175	φ22@215		φ14@85	φ16@115	φ18@140
25	550	1925	φ20@160	φ22@195	φ25@250	φ14@75	φ16@100	φ18@130
26	600	2100	φ20@145	φ22@180	φ25@220	φ14@70	φ16@95	φ18@120
27	650	2275	φ20@135	φ22@165	φ25@215		φ16@85	φ18@110
28	700	2450	φ20@125	φ22@155	φ25@200	φ28@250	φ16@80	φ18@105
29	750	2625	φ20@115	φ22@145	φ25@185	φ28@230	φ16@75	φ18@95
30	800	2800	φ20@110	φ22@135	φ25@175	φ28@220	φ16@70	φ18@90
31	850	2975	φ20@105	φ22@125	φ25@160	φ28@205		φ18@85
32	900	3150	φ20@95	φ22@120	φ25@155	φ28@190	φ32@255	φ18@80
33	950	3325	φ20@90	φ22@110	φ25@145	φ28@185	φ32@240	φ18@75
34	1000	3500	φ20@85	φ22@105	φ25@140	φ28@175	φ32@225	φ18@70
35	1050	3675	φ20@85	φ22@100	φ25@135	φ28@165	φ32@215	
36	1100	3850	φ20@80	φ22@95	φ25@125	φ28@155	φ32@205	φ36@260
37	1150	4025	φ20@75	φ22@90	φ25@120	φ28@150	φ32@195	φ36@250
38	1200	4200	φ20@70	φ22@90	φ25@115	φ28@145	φ32@190	φ36@240
39	1250	4375	φ20@70	φ22@85	φ25@110	φ28@140	φ32@180	φ36@230
40	1300	4550		φ22@80	φ25@105	φ28@135	φ32@175	φ36@220
41	1350	4725	φ40@265	φ22@80	φ25@100	φ28@130	φ32@170	φ36@210
42	1400	4900	φ40@255	φ22@75	φ25@100	φ28@125	φ32@160	φ36@205
43	1450	5075	φ40@245	φ22@70	φ25@95	φ28@120	φ32@155	φ36@200
44	1500	5250	φ40@235	φ22@70	φ25@90	φ28@115	φ32@150	φ36@190
45	1550	5425	φ40@230	φ22@70	φ25@90	φ28@110	φ32@145	φ36@185
46	1600	5600	φ40@220		φ25@85	φ28@105	φ32@140	φ36@180
47	1650	5775	φ40@215	φ50@340	φ25@85	φ28@105	φ32@135	φ36@175
48	1700	5950	φ40@210	φ50@330	φ25@80	φ28@100	φ32@135	φ36@170
49	1750	6125	φ40@205	φ50@320	φ25@80	φ28@100	φ32@130	φ36@165
50	1800	6300	φ40@195	φ50@310	φ25@75	φ28@95	φ32@125	φ36@160
51	1850	6475	φ40@190	φ50@300	φ25@75	φ28@95	φ32@120	φ36@155
52	1900	6650	φ40@185	φ50@290	φ25@70	φ28@90	φ32@120	φ36@150
53	1950	6825	φ40@180	φ50@285	φ25@70	φ28@90	φ32@115	φ36@145
54	2000	7000	φ40@175	φ50@280	φ25@70	φ28@85	φ32@110	φ36@145

板用Ⅰ、Ⅱ、Ⅲ型冷轧扭钢筋配筋 $\rho = 0.10\%$ 时的配筋量　　　　　表 8.19

序号	板厚 h（mm）	钢筋实际面积（mm²/m）	Ⅰ型冷轧扭钢筋直径和间距		Ⅱ型冷轧扭钢筋直径和间距		Ⅲ型冷轧扭钢筋直径和间距	
			配筋率 $\rho = 0.10\%$					
1	90	90	$\phi^T 6.5@300$		$\phi^T 6.5@300$		$\phi^T 6.5@300$	
2	100	100	$\phi^T 6.5@290$		$\phi^T 6.5@290$		$\phi^T 6.5@290$	
3	110	110	$\phi^T 6.5@265$		$\phi^T 6.5@265$		$\phi^T 6.5@270$	
4	120	120	$\phi^T 6.5@245$		$\phi^T 6.5@240$		$\phi^T 6.5@245$	
5	130	130	$\phi^T 6.5@225$		$\phi^T 6.5@220$		$\phi^T 6.5@225$	
6	140	140	$\phi^T 6.5@210$		$\phi^T 6.5@205$	$\phi^T 8@300$	$\phi^T 6.5@210$	
7	150	150	$\phi^T 6.5@195$	$\phi^T 8@300$	$\phi^T 6.5@190$	$\phi^T 8@280$	$\phi^T 6.5@195$	$\phi^T 8@300$
8	160	160	$\phi^T 6.5@180$	$\phi^T 8@280$	$\phi^T 6.5@180$	$\phi^T 8@260$	$\phi^T 6.5@185$	$\phi^T 8@280$
9	170	170	$\phi^T 6.5@170$	$\phi^T 8@265$	$\phi^T 6.5@170$	$\phi^T 8@245$	$\phi^T 6.5@175$	$\phi^T 8@265$
10	180	180	$\phi^T 6.5@160$	$\phi^T 8@250$	$\phi^T 6.5@160$	$\phi^T 8@230$	$\phi^T 6.5@165$	$\phi^T 8@250$
11	190	190	$\phi^T 6.5@155$	$\phi^T 8@235$	$\phi^T 6.5@150$	$\phi^T 8@220$	$\phi^T 6.5@155$	$\phi^T 8@235$
12	200	200	$\phi^T 6.5@145$	$\phi^T 8@225$	$\phi^T 6.5@145$	$\phi^T 8@210$	$\phi^T 6.5@145$	$\phi^T 8@225$

说明：由于冷轧扭钢筋的等效直径 d_0 小于标志直径 d，其实际面积小于按标志直径计算的面积，笔者在计算配筋率时用实际面积。下同。

板用Ⅰ、Ⅱ型冷轧扭钢筋配筋 $\rho = 0.159\%$ 时的配筋量　　　　　表 8.20

序号	板厚 h（mm）	钢筋实际面积（mm²/m）	Ⅰ型冷轧扭钢筋直径和间距			Ⅱ型冷轧扭钢筋直径和间距		
			配筋率 $\rho = 0.159\%$					
1	60	95.4	$\phi^T 6.5@300$			$\phi^T 6.5@300$		
2	70	111	$\phi^T 6.5@260$			$\phi^T 6.5@260$		
3	80	127	$\phi^T 6.5@230$			$\phi^T 6.5@230$	$\phi^T 8@300$	
4	90	143	$\phi^T 6.5@200$	$\phi^T 8@300$		$\phi^T 6.5@205$	$\phi^T 8@290$	
5	100	159	$\phi^T 6.5@180$	$\phi^T 8@280$		$\phi^T 6.5@180$	$\phi^T 8@265$	
6	110	175	$\phi^T 6.5@165$	$\phi^T 8@255$		$\phi^T 6.5@165$	$\phi^T 8@240$	
7	120	191	$\phi^T 6.5@150$	$\phi^T 8@235$		$\phi^T 6.5@150$	$\phi^T 8@220$	
8	130	207	$\phi^T 6.5@140$	$\phi^T 8@215$		$\phi^T 6.5@140$	$\phi^T 8@205$	$\phi^T 10@300$
9	140	223	$\phi^T 6.5@130$	$\phi^T 8@200$	$\phi^T 10@300$	$\phi^T 6.5@130$	$\phi^T 8@185$	$\phi^T 10@295$
10	150	239	$\phi^T 6.5@120$	$\phi^T 8@185$	$\phi^T 10@280$	$\phi^T 6.5@120$	$\phi^T 8@175$	$\phi^T 10@275$
11	160	254	$\phi^T 6.5@115$	$\phi^T 8@175$	$\phi^T 10@265$	$\phi^T 6.5@115$	$\phi^T 8@165$	$\phi^T 10@260$
12	170	270	$\phi^T 6.5@105$	$\phi^T 8@165$	$\phi^T 10@250$	$\phi^T 6.5@105$	$\phi^T 8@155$	$\phi^T 10@240$
13	180	286	$\phi^T 6.5@100$	$\phi^T 8@155$	$\phi^T 10@235$	$\phi^T 6.5@100$	$\phi^T 8@145$	$\phi^T 10@230$
14	190	302	$\phi^T 6.5@95$	$\phi^T 8@150$	$\phi^T 10@225$	$\phi^T 6.5@95$	$\phi^T 8@140$	$\phi^T 10@215$
15	200	318	$\phi^T 6.5@90$	$\phi^T 8@140$	$\phi^T 10@210$	$\phi^T 6.5@90$	$\phi^T 8@125$	$\phi^T 10@205$

板用Ⅲ型冷轧扭钢筋配筋 ρ＝0.159%、0.179%时的配筋量　　表8.21

序号	板厚 h（mm）	钢筋实际面积（mm²/m）	配筋率 ρ＝0.159%			配筋率 ρ＝0.179%		
			Ⅲ型冷轧扭钢筋直径和间距			Ⅲ型冷轧扭钢筋直径和间距		
1	60	95.4（107）	ϕ^T6.5@300			ϕ^T6.5@275		
2	70	111（125）	ϕ^T6.5@265			ϕ^T6.5@235		
3	80	127（143）	ϕ^T6.5@230			ϕ^T6.5@205	ϕ^T8@300	
4	90	143（161）	ϕ^T6.5@205	ϕ^T8@300		ϕ^T6.5@185	ϕ^T8@280	
5	100	159（179）	ϕ^T6.5@185	ϕ^T8@280		ϕ^T6.5@165	ϕ^T8@250	
6	110	175（197）	ϕ^T6.5@170	ϕ^T8@255		ϕ^T6.5@150	ϕ^T8@225	
7	120	191（215）	ϕ^T6.5@155	ϕ^T8@235		ϕ^T6.5@135	ϕ^T8@210	
8	130	207（233）	ϕ^T6.5@140	ϕ^T8@215		ϕ^T6.5@125	ϕ^T8@190	ϕ^T10@300
9	140	223（251）	ϕ^T6.5@130	ϕ^T8@200	ϕ^T10@300	ϕ^T6.5@115	ϕ^T8@180	ϕ^T10@280
10	150	239（269）	ϕ^T6.5@120	ϕ^T8@185	ϕ^T10@290	ϕ^T6.5@110	ϕ^T8@165	ϕ^T10@260
11	160	254（286）	ϕ^T6.5@115	ϕ^T8@175	ϕ^T10@275	ϕ^T6.5@105	ϕ^T8@155	ϕ^T10@245
12	170	270（304）	ϕ^T6.5@110	ϕ^T8@165	ϕ^T10@260	ϕ^T6.5@95	ϕ^T8@145	ϕ^T10@230
13	180	286（322）	ϕ^T6.5@100	ϕ^T8@155	ϕ^T10@245	ϕ^T6.5@90	ϕ^T8@140	ϕ^T10@215
14	190	302（340）	ϕ^T6.5@95	ϕ^T8@145	ϕ^T10@230	ϕ^T6.5@85	ϕ^T8@130	ϕ^T10@205
15	200	318（358）	ϕ^T6.5@90	ϕ^T8@140	ϕ^T10@220	ϕ^T6.5@80	ϕ^T8@125	ϕ^T10@195

说明：括号内的钢筋实际面积用于配筋率 ρ＝0.179%。

板用Ⅰ、Ⅱ型冷轧扭钢筋配筋 ρ＝0.179%时的配筋量　　表8.22

序号	板厚 h（mm）	钢筋实际面积（mm²/m）	配筋率 ρ＝0.179%					
			Ⅰ型冷轧扭钢筋直径和间距			Ⅱ型冷轧扭钢筋直径和间距		
1	60	107	ϕ^T6.5@275			ϕ^T6.5@270		
2	70	125	ϕ^T6.5@235			ϕ^T6.5@230	ϕ^T8@300	
3	80	143	ϕ^T6.5@205	ϕ^T8@300		ϕ^T6.5@200	ϕ^T8@290	
4	90	161	ϕ^T6.5@180	ϕ^T8@280		ϕ^T6.5@180	ϕ^T8@260	
5	100	179	ϕ^T6.5@160	ϕ^T8@250		ϕ^T6.5@160	ϕ^T8@235	
6	110	197	ϕ^T6.5@145	ϕ^T8@230		ϕ^T6.5@145	ϕ^T8@210	
7	120	215	ϕ^T6.5@135	ϕ^T8@210	ϕ^T10@300	ϕ^T6.5@135	ϕ^T8@195	ϕ^T10@300
8	130	233	ϕ^T6.5@125	ϕ^T8@190	ϕ^T10@290	ϕ^T6.5@125	ϕ^T8@205	ϕ^T10@280
9	140	251	ϕ^T6.5@115	ϕ^T8@180	ϕ^T10@270	ϕ^T6.5@115	ϕ^T8@165	ϕ^T10@260
10	150	269	ϕ^T6.5@105	ϕ^T8@165	ϕ^T10@250	ϕ^T6.5@105	ϕ^T8@155	ϕ^T10@245
11	160	286	ϕ^T6.5@100	ϕ^T8@155	ϕ^T10@235	ϕ^T6.5@100	ϕ^T8@145	ϕ^T10@230
12	170	304	ϕ^T6.5@95	ϕ^T8@145	ϕ^T10@220	ϕ^T6.5@95	ϕ^T8@135	ϕ^T10@215
13	180	322	ϕ^T6.5@90	ϕ^T8@140	ϕ^T10@210	ϕ^T6.5@90	ϕ^T8@130	ϕ^T10@205
14	190	340	ϕ^T6.5@85	ϕ^T8@130	ϕ^T10@200	ϕ^T6.5@85	ϕ^T8@125	ϕ^T10@190
15	200	358	ϕ^T6.5@80	ϕ^T8@125	ϕ^T10@190	ϕ^T6.5@80	ϕ^T8@115	ϕ^T10@185

板用Ⅰ、Ⅱ型冷轧扭钢筋配筋 ρ = 0.20%时的配筋量　　　　　表 8.23

序号	板厚h (mm)	钢筋实际面积 (mm²/m)	Ⅰ型冷轧扭钢筋直径和间距			Ⅱ型冷轧扭钢筋直径和间距		
			配筋率 ρ = 0.20%					
1	60	120	ϕ^T6.5@245			ϕ^T6.5@240		
2	70	140	ϕ^T6.5@210	ϕ^T8@300		ϕ^T6.5@205	ϕ^T8@300	
3	80	160	ϕ^T6.5@180	ϕ^T8@280		ϕ^T6.5@180	ϕ^T8@260	
4	90	180	ϕ^T6.5@160	ϕ^T8@250		ϕ^T6.5@160	ϕ^T8@235	
5	100	200	ϕ^T6.5@145	ϕ^T8@225		ϕ^T6.5@145	ϕ^T8@210	
6	110	220	ϕ^T6.5@130	ϕ^T8@205	ϕ^T10@300	ϕ^T6.5@130	ϕ^T8@190	ϕ^T10@300
7	120	240	ϕ^T6.5@120	ϕ^T8@185	ϕ^T10@280	ϕ^T6.5@120	ϕ^T8@175	ϕ^T10@275
8	130	260	ϕ^T6.5@110	ϕ^T8@170	ϕ^T10@260	ϕ^T6.5@110	ϕ^T8@160	ϕ^T10@250
9	140	280	ϕ^T6.5@105	ϕ^T8@160	ϕ^T10@240	ϕ^T6.5@100	ϕ^T8@150	ϕ^T10@235
10	150	300	ϕ^T6.5@95	ϕ^T8@150	ϕ^T10@225	ϕ^T6.5@95	ϕ^T8@140	ϕ^T10@220
11	160	320	ϕ^T6.5@90	ϕ^T8@140	ϕ^T10@210	ϕ^T6.5@90	ϕ^T8@130	ϕ^T10@205
12	170	340	ϕ^T6.5@85	ϕ^T8@130	ϕ^T10@200	ϕ^T6.5@85	ϕ^T8@120	ϕ^T10@190
13	180	360	ϕ^T6.5@80	ϕ^T8@125	ϕ^T10@185	ϕ^T6.5@80	ϕ^T8@115	ϕ^T10@180
14	190	380	ϕ^T6.5@75	ϕ^T8@115	ϕ^T10@175	ϕ^T6.5@75	ϕ^T8@110	ϕ^T10@170
15	200	400	ϕ^T6.5@70	ϕ^T8@110	ϕ^T10@170	ϕ^T6.5@70	ϕ^T8@105	ϕ^T10@165

板用Ⅲ型冷轧扭钢筋配筋 ρ = 0.20%、0.214%时的配筋量　　　　　表 8.24

序号	板厚h (mm)	钢筋实际面积 (mm²/m)	配筋率 ρ = 0.20% Ⅲ型冷轧扭钢筋直径和间距			配筋率 ρ = 0.214% Ⅲ型冷轧扭钢筋直径和间距		
1	60	120 (128.4)	ϕ^T6.5@245			ϕ^T6.5@230		
2	70	140 (149.8)	ϕ^T6.5@210	ϕ^T8@300		ϕ^T6.5@195	ϕ^T8@300	
3	80	160 (171.2)	ϕ^T6.5@185	ϕ^T8@280		ϕ^T6.5@170	ϕ^T8@260	
4	90	180 (192.6)	ϕ^T6.5@165	ϕ^T8@240		ϕ^T6.5@155	ϕ^T8@235	
5	100	200 (214.0)	ϕ^T6.5@145	ϕ^T8@225		ϕ^T6.5@135	ϕ^T8@210	
6	110	220 (235.4)	ϕ^T6.5@135	ϕ^T8@205	ϕ^T10@300	ϕ^T6.5@125	ϕ^T8@190	ϕ^T10@300
7	120	240 (256.8)	ϕ^T6.5@125	ϕ^T8@185	ϕ^T10@290	ϕ^T6.5@115	ϕ^T8@175	ϕ^T10@275
8	130	260 (278.2)	ϕ^T6.5@115	ϕ^T8@170	ϕ^T10@270	ϕ^T6.5@105	ϕ^T8@160	ϕ^T10@250
9	140	280 (299.6)	ϕ^T6.5@105	ϕ^T8@160	ϕ^T10@250	ϕ^T6.5@95	ϕ^T8@150	ϕ^T10@235
10	150	300 (321.0)	ϕ^T6.5@95	ϕ^T8@150	ϕ^T10@235	ϕ^T6.5@90	ϕ^T8@140	ϕ^T10@220
11	160	320 (342.4)	ϕ^T6.5@90	ϕ^T8@140	ϕ^T10@220	ϕ^T6.5@85	ϕ^T8@130	ϕ^T10@205
12	170	340 (363.8)	ϕ^T6.5@85	ϕ^T8@130	ϕ^T10@205	ϕ^T6.5@80	ϕ^T8@120	ϕ^T10@190
13	180	360 (385.2)	ϕ^T6.5@80	ϕ^T8@125	ϕ^T10@195	ϕ^T6.5@75	ϕ^T8@115	ϕ^T10@180
14	190	380 (406.6)	ϕ^T6.5@75	ϕ^T8@115	ϕ^T10@185	ϕ^T6.5@70	ϕ^T8@110	ϕ^T10@170
15	200	400 (428.0)	ϕ^T6.5@70	ϕ^T8@110	ϕ^T10@175		ϕ^T8@105	ϕ^T10@165

说明：括号内的钢筋实际面积用于配筋率 ρ = 0.214%。

板用Ⅰ、Ⅱ型冷轧扭钢筋配筋 $\rho = 0.214\%$时的配筋量　　　　表 8.25

序号	板厚h（mm）	钢筋实际面积（mm²/m）	配筋率 $\rho = 0.214\%$					
			Ⅰ型冷轧扭钢筋直径和间距			Ⅱ型冷轧扭钢筋直径和间距		
1	60	128.4	ϕ^T6.5@225			ϕ^T6.5@225	ϕ^T8@300	
2	70	149.8	ϕ^T6.5@195	ϕ^T8@300		ϕ^T6.5@195	ϕ^T8@280	
3	80	171.2	ϕ^T6.5@170	ϕ^T8@260		ϕ^T6.5@170	ϕ^T8@245	
4	90	192.6	ϕ^T6.5@150	ϕ^T8@235		ϕ^T6.5@150	ϕ^T8@215	
5	100	214.0	ϕ^T6.5@135	ϕ^T8@210	ϕ^T10@300	ϕ^T6.5@135	ϕ^T8@195	ϕ^T10@300
6	110	235.4	ϕ^T6.5@125	ϕ^T8@190	ϕ^T10@290	ϕ^T6.5@120	ϕ^T8@175	ϕ^T10@280
7	120	256.8	ϕ^T6.5@115	ϕ^T8@175	ϕ^T10@265	ϕ^T6.5@110	ϕ^T8@160	ϕ^T10@255
8	130	278.2	ϕ^T6.5@105	ϕ^T8@160	ϕ^T10@245	ϕ^T6.5@100	ϕ^T8@150	ϕ^T10@235
9	140	299.6	ϕ^T6.5@95	ϕ^T8@150	ϕ^T10@225	ϕ^T6.5@95	ϕ^T8@140	ϕ^T10@220
10	150	321.0	ϕ^T6.5@90	ϕ^T8@140	ϕ^T10@210	ϕ^T6.5@90	ϕ^T8@130	ϕ^T10@205
11	160	342.4	ϕ^T6.5@85	ϕ^T8@130	ϕ^T10@195	ϕ^T6.5@85	ϕ^T8@120	ϕ^T10@190
12	170	363.8	ϕ^T6.5@80	ϕ^T8@120	ϕ^T10@185	ϕ^T6.5@80	ϕ^T8@115	ϕ^T10@180
13	180	385.2	ϕ^T6.5@75	ϕ^T8@115	ϕ^T10@175	ϕ^T6.5@75	ϕ^T8@105	ϕ^T10@170
14	190	406.6	ϕ^T6.5@70	ϕ^T8@110	ϕ^T10@165	ϕ^T6.5@70	ϕ^T8@100	ϕ^T10@160
15	200	428.0		ϕ^T8@105	ϕ^T10@155		ϕ^T8@95	ϕ^T10@150

九、剪力墙的配筋量

剪力墙全截面配筋率 $\rho = 0.15\%$ 时的配筋量　　　　　　表 9.1

序号	墙厚 h（mm）	全截面配筋率 $\rho = 0.15\%$		
		钢筋面积（mm²/m）	钢筋直径和间距	
1	140	210	$2\phi 8@300$	
2	150	225	$2\phi 8@300$	
3	160	240	$2\phi 8@300$	
4	180	270	$2\phi 8@300$	
5	200	300	$2\phi 8@300$	
6	220	330	$2\phi 8@300$	
7	240	360	$2\phi 8@275$	
8	250	375	$2\phi 8@265$	
9	280	420	$2\phi 8@235$	
10	300	450	$2\phi 8@220$	$2\phi 10@300$
11	350	525	$2\phi 8@190$	$2\phi 10@295$
12	400	600	$2\phi 8@165$	$2\phi 10@260$

说明：1. 表中 ϕ 仅代表直径，而不代表钢筋种类；$2\phi 8$ 表示双排配筋，$3\phi 8$ 表示三排配筋，余类推。

2. 《混凝土结构设计规范》GB 50010—2010：剪力墙水平和竖向分布钢筋的间距不宜大于 300mm，直径不宜大于墙厚的 1/10 且不应小于 8mm，竖向分布钢筋直径不宜小于 10mm；部分框支剪力墙结构的底部加强部位，剪力墙水平和竖向分布钢筋的间距不宜大于 200mm（第 11.7.15 条）《建筑抗震设计规范》GB 50011—2010 第 6.4.4 条 1 款、第 6.4.4 条 3 款同）。

3. 《建筑抗震设计规范》GB 50011—2010：框架—抗震墙结构的抗震墙，其竖向和横向分布钢筋的直径不宜小于 10mm，间距不宜大于 300mm（第 6.5.2 条）。

4. 《高层建筑混凝土结构技术规程》JGJ 3—2011：高层剪力墙结构的竖向和水平分布钢筋不应单排配置；剪力墙截面厚度不大于 400mm 时可采用双排配筋，大于 400mm 但不大于 700mm 时宜采用三排配筋，大于 700mm 时宜采用四排配筋（第 7.2.3 条）；剪力墙的竖向和水平分布钢筋的间距均不大于 300mm，直径不应小于 8mm，且不宜大于墙厚的 1/10（第 7.2.18 条）；房屋顶层剪力墙、长矩形平面房屋的楼梯间和电梯间剪力墙、端开间纵向剪力墙以及端山墙的水平和竖向分布钢筋的间距均不应大于 200mm（第 7.2.19 条）；部分框支剪力墙结构中，剪力墙底部加强部位墙体的水平和竖向分布钢筋，抗震设计时钢筋间距不应大于 200mm，钢筋直径不应小于 8mm（第 10.2.19 条）。

5. 笔者建议：为了防裂，剪力墙的水平和竖向分布钢筋的间距均不宜大于 200mm。

剪力墙全截面配筋率 $\rho = 0.20\%$ 时的配筋量　　　　　　表 9.2

序号	墙厚 h（mm）	全截面配筋率 $\rho = 0.20\%$		
		钢筋面积（mm²/m）	钢筋直径和间距	
1	140	280	$2\phi 8@300$	$2\phi 10@300$
2	150	300	$2\phi 8@300$	$2\phi 10@300$

序号	墙厚 h（mm）	全截面配筋率 ρ＝0.20%			
		钢筋面积（mm²/m）	钢筋直径和间距		
3	160	320	2φ8@300	2φ10@300	
4	180	360	2φ8@275	2φ10@300	
5	200	400	2φ8@250	2φ10@300	
6	220	440	2φ8@225	2φ10@300	
7	240	480	2φ8@205	2φ10@300	
8	250	500	2φ8@200	2φ10@300	
9	280	560	2φ8@175	2φ10@280	2φ12@300
10	300	600	2φ8@165	2φ10@260	2φ12@300
11	350	700	2φ8@140	2φ10@220	2φ12@300
12	400	800	2φ8@125	2φ10@195	2φ12@280
13	450	900	3φ8@165	3φ10@260	3φ12@300
14	500	1000	3φ8@150	3φ10@235	3φ12@300
15	550	1100	3φ8@135	3φ10@215	3φ12@300
16	600	1200	3φ8@125	3φ10@195	3φ12@280
17	650	1300	3φ8@115	3φ10@180	3φ12@260
18	700	1400	3φ8@105	3φ10@165	3φ12@240
19	750	1500	4φ8@130	4φ10@205	4φ12@300
20	800	1600	4φ8@125	4φ10@195	4φ12@280
21	850	1700	4φ8@115	4φ10@180	4φ12@265
22	900	1800	4φ8@110	4φ10@170	4φ12@250
23	950	1900	4φ8@105	4φ10@165	4φ12@235

序号	墙厚 h（mm）	全截面配筋率 ρ＝0.20%				
24	1000	2000	4φ8@100	4φ10@155	4φ12@225	4φ14@300
25	1050	2100	4φ8@95	4φ10@145	4φ12@215	4φ14@290
26	1100	2200	4φ8@90	4φ10@140	4φ12@205	4φ14@275
27	1150	2300	4φ8@85	4φ10@135	4φ12@195	4φ14@265
28	1200	2400	4φ8@80	4φ10@130	4φ12@185	4φ14@255

剪力墙全截面配筋率 ρ＝0.25%时的配筋量　　　　　　表 9.3

序号	墙厚 h（mm）	全截面配筋率 ρ＝0.25%		
		钢筋面积（mm²/m）	钢筋直径和间距	
1	140	350	2φ8@285	2φ10@300
2	150	375	2φ8@265	2φ10@300
3	160	400	2φ8@250	2φ10@300

序号	墙厚 h (mm)	全截面配筋率 ρ = 0.25%			
		钢筋面积 (mm²/m)	钢筋直径和间距		
4	180	450	2φ8@225	2φ10@300	
5	200	500	2φ8@200	2φ10@300	
6	220	550	2φ8@180	2φ10@285	2φ12@300
7	240	600	2φ8@165	2φ10@260	2φ12@300
8	250	625	2φ8@160	2φ10@250	2φ12@300
9	280	700	2φ8@140	2φ10@220	2φ12@300
10	300	750	2φ8@130	2φ10@205	2φ12@300
11	350	875	2φ8@115	2φ10@175	2φ12@255	2φ14@300
12	400	1000	2φ8@100	2φ10@155	2φ12@225	2φ14@300
13	450	1125	3φ8@130	3φ10@200	3φ12@300	3φ14@300
14	500	1250	3φ8@120	3φ10@185	3φ12@270	3φ14@300
15	550	1375	3φ8@105	3φ10@170	3φ12@245	3φ14@300
16	600	1500	3φ8@100	3φ10@155	3φ12@225	3φ14@300
17	650	1625	3φ8@90	3φ10@145	3φ12@205	3φ14@280
18	700	1750	3φ8@85	3φ10@130	3φ12@190	3φ14@260
19	750	1875	4φ8@100	4φ10@165	4φ12@240	4φ14@300
20	800	2000	4φ8@100	4φ10@155	4φ12@225	4φ14@300
21	850	2125	4φ8@90	4φ10@145	4φ12@210	4φ14@285
22	900	2250	4φ8@85	4φ10@135	4φ12@190	4φ14@270
23	950	2375	4φ8@80	4φ10@130	4φ12@160	4φ14@255
24	1000	2500	4φ8@80	4φ10@125	4φ12@180	4φ14@245
25	1050	2625	4φ8@75	4φ10@115	4φ12@170	4φ14@235
26	1100	2750	4φ8@70	4φ10@110	4φ12@160	4φ14@225
27	1150	2875		4φ10@105	4φ12@155	4φ14@210
28	1200	3000		4φ10@100	4φ12@150	4φ14@200

剪力墙全截面配筋率 ρ = 0.30%时的配筋量　　　　　　　　表9.4

序号	墙厚 h (mm)	全截面配筋率 ρ = 0.30%			
		钢筋面积 (mm²/m)	钢筋直径和间距		
1	140	420	2φ8@235	2φ10@300	
2	150	450	2φ8@220	2φ10@300	
3	160	480	2φ8@205	2φ10@300	
4	180	540	2φ8@185	2φ10@290	2φ12@300

序号	墙厚 h（mm）	全截面配筋率 ρ = 0.30%				
		钢筋面积（mm²/m）	钢筋直径和间距			
5	200	600	2φ8@165	2φ10@260	2φ12@300	
6	220	660	2φ8@150	2φ10@235	2φ12@300	
7	240	720	2φ8@135	2φ10@215	2φ12@300	
8	250	750	2φ8@130	2φ10@205	2φ12@300	
9	280	840	2φ8@115	2φ10@185	2φ12@265	2φ14@300
10	300	900	2φ8@110	2φ10@170	2φ12@250	2φ14@300
11	350	1050	2φ8@95	2φ10@145	2φ12@215	2φ14@290
12	400	1200	2φ8@80	2φ10@130	2φ12@185	2φ14@255
13	450	1350	3φ8@115	3φ10@170	3φ12@250	3φ14@300
14	500	1500	3φ8@105	3φ10@155	3φ12@225	3φ14@300
15	550	1650	3φ8@90	3φ10@140	3φ12@205	3φ14@275
16	600	1800	3φ8@80	3φ10@130	3φ12@185	3φ14@255
17	650	1950	3φ8@75	3φ10@120	3φ12@170	3φ14@235
18	700	2100	3φ8@70	3φ10@110	3φ12@160	3φ14@215
19	750	2250	4φ8@90	4φ10@135	4φ12@200	4φ14@270
20	800	2400	4φ8@80	4φ10@130	4φ12@185	4φ14@255
21	850	2550	4φ8@80	4φ10@120	4φ12@175	4φ14@240
22	900	2700	4φ16@295	4φ10@115	4φ12@165	4φ14@225
23	950	2850	4φ16@280	4φ10@110	4φ12@155	4φ14@215
24	1000	3000	4φ16@265	4φ10@100	4φ12@150	4φ14@200
25	1050	3150	4φ16@255	4φ10@95	4φ12@140	4φ14@195
26	1100	3300	4φ16@240	4φ10@95	4φ12@135	4φ14@185
27	1150	3450	4φ16@230	4φ10@90	4φ12@130	4φ14@175
28	1200	3600	4φ16@220	4φ10@85	4φ12@125	4φ14@170

剪力墙全截面配筋率 ρ = 0.35%时的配筋量　　　　表 9.5

序号	墙厚 h（mm）	全截面配筋率 ρ = 0.35%		
		钢筋面积（mm²/m）	钢筋直径和间距	
1	140	490	2φ8@205	2φ10@300
2	150	525	2φ8@190	2φ10@295
3	160	560	2φ8@175	2φ10@280
4	180	630	2φ8@155	2φ10@245
5	200	700	2φ8@140	2φ10@220

序号	墙厚 h (mm)	全截面配筋率 ρ = 0.35%				
		钢筋面积 (mm²/m)	钢筋直径和间距			
6	220	770	2φ8@130	2φ10@200	2φ12@290	
7	240	840	2φ8@115	2φ10@185	2φ12@265	
8	250	875	2φ8@115	2φ10@175	2φ12@255	
9	280	980	2φ8@100	2φ10@160	2φ12@230	
10	300	1050	2φ8@95	2φ10@145	2φ12@215	2φ14@290
11	350	1225	2φ8@80	2φ10@125	2φ12@180	2φ14@250
12	400	1400	2φ8@70	2φ10@110	2φ12@160	2φ14@215
13	450	1575	3φ8@95	3φ10@145	3φ12@215	3φ14@290
14	500	1750	3φ8@85	3φ10@130	3φ12@190	3φ14@260
15	550	1925	3φ8@75	3φ10@120	3φ12@175	3φ14@235
16	600	2100	3φ8@70	3φ10@110	3φ12@160	3φ14@215
17	650	2275	3φ16@265	3φ10@100	3φ12@145	3φ14@200
18	700	2450	3φ16@245	3φ10@95	3φ12@135	3φ14@185
19	750	2625	4φ8@75	4φ10@115	4φ12@170	4φ14@230
20	800	2800	4φ8@70	4φ10@110	4φ12@160	4φ14@215
21	850	2975	4φ16@270	4φ10@105	4φ12@150	4φ14@205
22	900	3150	4φ16@255	4φ10@95	4φ12@145	4φ14@195
23	950	3325	4φ16@240	4φ10@90	4φ12@135	4φ14@185
24	1000	3500	4φ16@225	4φ10@85	4φ12@125	4φ14@175
25	1050	3675	4φ16@215	4φ10@85	4φ12@120	4φ14@165
26	1100	3850	4φ16@205	4φ10@80	4φ12@115	4φ14@155
27	1150	4025	4φ16@195	4φ10@75	4φ12@110	4φ14@150
28	1200	4200	4φ16@190	4φ10@70	4φ12@105	4φ14@145

剪力墙全截面配筋率 ρ = 0.40%时的配筋量　　　　　　表 9.6

序号	墙厚 h (mm)	全截面配筋率 ρ = 0.40%			
		钢筋面积 (mm²/m)	钢筋直径和间距		
1	140	560	2φ8@175	2φ10@280	
2	150	600	2φ8@165	2φ10@260	
3	160	640	2φ8@150	2φ10@245	
4	180	720	2φ8@135	2φ10@215	2φ12@300
5	200	800	2φ8@125	2φ10@195	2φ12@280
6	220	880	2φ8@110	2φ10@175	2φ12@255

序号	墙厚 h（mm）	全截面配筋率 ρ = 0.40%			
		钢筋面积（mm²/m）	钢筋直径和间距		
7	240	960	2φ8@100	2φ10@160	2φ12@235	
8	250	1000	2φ8@100	2φ10@155	2φ12@225	2φ14@300
9	280	1120	2φ8@85	2φ10@140	2φ12@200	3φ14@270
10	300	1200	2φ8@80	2φ10@130	2φ12@185	2φ14@255
11	350	1400	2φ8@70	2φ10@110	2φ12@160	2φ14@215
12	400	1600	2φ16@250	2φ10@95	2φ12@140	2φ14@190
13	450	1800		3φ10@130	3φ12@185	3φ14@255
14	500	2000	3φ16@300	3φ10@115	3φ12@165	3φ14@230
15	550	2200	3φ16@270	3φ10@105	3φ12@150	3φ14@205
16	600	2400	3φ16@250	3φ10@95	3φ12@140	3φ14@190
17	650	2600	3φ16@230	3φ10@90	3φ12@130	3φ14@175
18	700	2800	3φ16@215	3φ10@80	3φ12@120	3φ14@165
19	750	3000	4φ16@265		4φ12@150	4φ14@205
20	800	3200	4φ16@250		4φ12@140	4φ14@190
21	850	3400	4φ16@235	4φ18@295	4φ12@130	4φ14@180
22	900	3600	4φ16@220	4φ18@280	4φ12@125	4φ14@170
23	950	3800	4φ16@210	4φ18@265	4φ12@115	4φ14@160
24	1000	4000	4φ16@200	4φ18@250	4φ12@110	4φ14@150
25	1050	4200	4φ16@190	4φ18@240	4φ12@105	4φ14@145
26	1100	4400	4φ16@180	4φ18@230	4φ12@100	4φ14@135
27	1150	4600	4φ16@170	4φ18@220	4φ12@95	4φ14@130
28	1200	4800	4φ16@165	4φ18@210	4φ12@90	4φ14@125

剪力墙全截面配筋率 ρ = 0.50%时的配筋量　　　　表 9.7

序号	墙厚 h（mm）	全截面配筋率 ρ = 0.50%			
		钢筋面积（mm²/m）	钢筋直径和间距		
1	140	700	2φ8@140	2φ10@220	2φ12@300	
2	150	750	2φ8@135	2φ10@205	2φ12@300	
3	160	800	2φ8@125	2φ10@195	2φ12@280	2φ14@300
4	180	900	2φ8@110	2φ10@170	2φ12@250	2φ14@300
5	200	1000	2φ8@100	2φ10@155	2φ12@225	2φ14@300
6	220	1100	2φ8@90	2φ10@140	2φ12@205	2φ14@275
7	240	1200	2φ8@80	2φ10@130	2φ12@185	2φ14@255

序号	墙厚 h (mm)	全截面配筋率 ρ = 0.50%				
		钢筋面积 (mm²/m)	钢筋直径和间距			
8	250	1250	2φ8@80	2φ10@125	2φ12@180	2φ14@245
9	280	1400	2φ8@70	2φ10@110	2φ12@160	3φ14@215
10	300	1500	2φ16@265	2φ10@100	2φ12@150	2φ14@205
11	350	1750	2φ16@225	2φ10@85	2φ12@125	2φ14@175
12	400	2000	2φ16@200	2φ10@75	2φ12@110	2φ14@150
13	450	2250	3φ16@265	3φ10@100	3φ12@150	3φ14@205
14	500	2500	3φ16@240	3φ10@90	3φ12@135	3φ14@180
15	550	2750	3φ16@215	3φ10@85	3φ12@120	3φ14@165
16	600	3000	3φ16@200	3φ10@75	3φ12@110	3φ14@150
17	650	3250	3φ16@185	3φ10@70	3φ12@100	3φ14@140
18	700	3500	3φ16@170	3φ18@215	3φ12@95	3φ14@130
19	750	3750	4φ16@210		4φ12@120	4φ14@160
20	800	4000	4φ16@200	4φ18@250	4φ12@110	4φ14@150
21	850	4250	4φ16@185	4φ18@235	4φ12@105	4φ14@140
22	900	4500	4φ16@175	4φ18@225	4φ12@100	4φ14@135
23	950	4750	4φ16@165	4φ18@210	4φ12@95	4φ14@125
24	1000	5000	4φ16@160	4φ18@200	4φ12@95	4φ14@120
25	1050	5250	4φ16@150	4φ18@190	4φ12@85	4φ14@115
26	1100	5500	4φ16@145	4φ18@185	4φ12@80	4φ14@110
27	1150	5750	4φ16@135	4φ18@175	4φ12@75	4φ14@105
28	1200	6000	4φ16@130	4φ18@165	4φ12@75	4φ14@100

短肢剪力墙全截面配筋率 ρ = 0.80%时的配筋量　　　　表 9.8

序号	墙厚 h (mm)	全截面配筋率 ρ = 0.80%				
		钢筋面积 (mm²/m)	钢筋直径和间距			
1	140	1120	2φ8@85	2φ10@135	2φ12@200	2φ14@270
2	150	1200	2φ8@80	2φ10@130	2φ12@185	2φ14@255
3	160	1280	2φ8@75	2φ10@120	2φ12@175	2φ14@240
4	180	1440	2φ16@275	2φ10@105	2φ12@155	2φ14@210
5	200	1600	2φ16@250	2φ10@95	2φ12@140	2φ14@190
6	220	1760	2φ16@225	2φ10@85	2φ12@125	2φ14@175
7	240	1920	2φ16@205	2φ10@80	2φ12@115	2φ14@160
8	250	2000	2φ16@200	2φ10@75	2φ12@110	2φ14@150
9	280	2240	2φ16@175	2φ10@70	2φ12@100	3φ14@135
10	300	2400	2φ16@165	2φ18@210	2φ12@90	2φ14@125

<h3 align="center">短肢剪力墙全截面配筋率 ρ=1.0%时的配筋量</h3>

表 9.9

序号	墙厚 h (mm)	全截面配筋率 ρ=1.0%				
		钢筋面积（mm²/m）	钢筋直径和间距			
1	140	1400	2ϕ10@110	2ϕ12@160	2ϕ14@215	2ϕ16@285
2	150	1500	2ϕ10@100	2ϕ12@150	2ϕ14@205	2ϕ16@265
3	160	1600	2ϕ10@95	2ϕ12@140	2ϕ14@190	2ϕ16@250
4	180	1800	2ϕ10@85	2ϕ12@125	2ϕ14@170	2ϕ16@220
5	200	2000	2ϕ18@250	2ϕ12@110	2ϕ14@150	2ϕ16@200
6	220	2200	2ϕ18@230	2ϕ12@100	2ϕ14@135	2ϕ16@180
7	240	2400	2ϕ18@210	2ϕ12@90	2ϕ14@125	2ϕ16@165
8	250	2500	2ϕ18@200	2ϕ12@90	2ϕ14@120	2ϕ16@160
9	280	2800	2ϕ18@180	2ϕ12@80	3ϕ14@105	2ϕ16@140
10	300	3000	2ϕ18@165	2ϕ20@205	2ϕ14@100	2ϕ16@130

<h3 align="center">短肢剪力墙全截面配筋率 ρ=1.2%时的配筋量</h3>

表 9.10

序号	墙厚 h (mm)	全截面配筋率 ρ=1.2%				
		钢筋面积（mm²/m）	钢筋直径和间距			
1	140	1680	2ϕ12@130	2ϕ14@180	2ϕ16@235	2ϕ18@300
2	150	1800	2ϕ12@125	2ϕ14@170	2ϕ16@220	2ϕ18@280
3	160	1920	2ϕ12@115	2ϕ14@160	2ϕ16@205	2ϕ18@265
4	180	2160	2ϕ12@100	2ϕ14@140	2ϕ16@185	2ϕ18@235
5	200	2400	2ϕ12@90	2ϕ14@125	2ϕ16@165	2ϕ18@210
6	220	2640	2ϕ20@235	2ϕ14@115	2ϕ16@150	2ϕ18@190
7	240	2880	2ϕ20@215	2ϕ14@105	2ϕ16@135	2ϕ18@175
8	250	3000	2ϕ20@205	2ϕ14@100	2ϕ16@130	2ϕ18@165
9	280	3360	2ϕ20@185	2ϕ22@225	2ϕ16@115	2ϕ18@150
10	300	3600	2ϕ20@170	2ϕ22@210	2ϕ16@110	2ϕ18@140

十、梁的箍筋配置

（一）普通梁沿全长的最小配箍量

用 235 级箍筋（$f_{yv}=210\text{N/mm}^2$）时梁沿全长的最小配箍量（mm^2/m）　　表 10.1-1

梁宽 b（mm）	抗震等级	梁配箍率	混凝土强度等级										
			C20	C25	C30	C35	C40	C45	C50	C55	C60	C65	C70
100	非抗震	$0.24f_t/f_{yv}$	126	146	164	180	196	206	216	224	234	239	245
120	非抗震	$0.24f_t/f_{yv}$	151	175	197	216	235	247	260	269	280	287	294
140	非抗震	$0.24f_t/f_{yv}$	176	203	229	251	274	288	302	314	326	334	342
	三、四级	$0.26f_t/f_{yv}$	191	220	248	272	296	312	328	340	354	362	371
	二级	$0.28f_t/f_{yv}$	205	237	267	293	319	336	353	366	381	390	399
	特一级、一级	$0.30f_t/f_{yv}$	—	—	286	314	342	360	378	392	408	418	428
150	非抗震	$0.24f_t/f_{yv}$	189	218	245	269	293	309	324	336	350	358	367
	三、四级	$0.26f_t/f_{yv}$	204	236	266	292	318	334	351	364	379	388	397
	二级	$0.28f_t/f_{yv}$	220	254	286	314	342	360	378	392	408	418	428
	特一级、一级	$0.30f_t/f_{yv}$	—	—	306	336	366	386	405	420	437	448	459
160	非抗震	$0.24f_t/f_{yv}$	201	232	261	287	313	329	346	358	373	382	391
	三、四级	$0.26f_t/f_{yv}$	218	252	283	311	339	357	374	388	404	414	424
	二级	$0.28f_t/f_{yv}$	235	271	305	335	365	384	403	418	435	446	457
	特一级、一级	$0.30f_t/f_{yv}$	—	—	327	359	391	411	432	448	466	478	489
180	非抗震	$0.24f_t/f_{yv}$	226	261	294	323	352	370	389	403	420	430	440
	三、四级	$0.26f_t/f_{yv}$	245	283	319	350	381	401	421	437	455	466	477
	二级	$0.28f_t/f_{yv}$	264	305	343	377	410	432	454	470	490	502	514
	特一级、一级	$0.30f_t/f_{yv}$	—	—	368	404	440	463	486	504	525	537	550
200	非抗震	$0.24f_t/f_{yv}$	251	290	327	359	391	411	432	448	466	478	489
	三、四级	$0.26f_t/f_{yv}$	272	314	354	389	423	446	468	485	505	518	530
	二级	$0.28f_t/f_{yv}$	293	339	381	419	456	480	504	523	544	557	571
	特一级、一级	$0.30f_t/f_{yv}$	—	—	409	449	489	514	540	560	583	597	611
220	非抗震	$0.24f_t/f_{yv}$	277	319	360	395	430	453	475	493	513	525	538
	三、四级	$0.26f_t/f_{yv}$	300	346	390	428	466	490	515	534	556	569	583
	二级	$0.28f_t/f_{yv}$	323	373	419	461	502	528	554	575	598	613	628
	特一级、一级	$0.30f_t/f_{yv}$	—	—	449	493	537	566	594	616	641	657	673

梁宽 b（mm）	抗震等级	梁配箍率	混凝土强度等级										
			C20	C25	C30	C35	C40	C45	C50	C55	C60	C65	C70
240	非抗震	$0.24f_t/f_{yv}$	302	349	393	431	469	494	519	538	560	574	587
	三、四级	$0.26f_t/f_{yv}$	327	378	425	467	509	535	562	583	607	621	636
	二级	$0.28f_t/f_{yv}$	352	407	458	503	548	576	605	628	653	669	685
	特一级、一级	$0.30f_t/f_{yv}$	—	—	491	539	587	618	648	672	700	717	734
250	非抗震	$0.24f_t/f_{yv}$	315	363	409	449	489	515	540	560	583	598	612
	三、四级	$0.26f_t/f_{yv}$	341	394	443	486	530	558	585	607	632	647	663
	二级	$0.28f_t/f_{yv}$	367	424	477	524	570	600	630	654	580	697	714
	特一级、一级	$0.30f_t/f_{yv}$	—	—	511	561	611	643	675	701	729	747	765
300	非抗震	$0.24f_t/f_{yv}$	378	436	491	539	587	618	648	672	700	717	734
	三、四级	$0.26f_t/f_{yv}$	409	472	532	584	636	669	702	728	758	777	795
	二级	$0.28f_t/f_{yv}$	440	508	572	628	684	720	756	784	816	836	857
	特一级、一级	$0.30f_t/f_{yv}$	—	—	613	673	733	772	810	841	875	896	918
350	非抗震	$0.24f_t/f_{yv}$	440	508	572	628	684	720	756	784	816	836	856
	三、四级	$0.26f_t/f_{yv}$	477	551	620	681	741	780	819	850	884	906	928
	二级	$0.28f_t/f_{yv}$	514	593	668	733	798	840	882	915	952	976	999
	特一级、一级	$0.30f_t/f_{yv}$	—	—	715	786	856	900	945	981	1020	1071	1071
400	非抗震	$0.24f_t/f_{yv}$	503	581	654	718	782	823	864	896	933	956	979
	三、四级	$0.26f_t/f_{yv}$	545	629	709	778	847	892	936	971	1011	1036	1060
	二级	$0.28f_t/f_{yv}$	587	678	763	838	912	960	1008	1046	1088	1115	1142
	特一级、一级	$0.30f_t/f_{yv}$	—	—	818	898	978	1029	1080	1121	1166	1192	1223
450	非抗震	$0.24f_t/f_{yv}$	566	654	736	808	880	926	972	1008	1050	1075	1101
	三、四级	$0.26f_t/f_{yv}$	613	708	797	875	953	1003	1053	1092	1137	1165	1193
	二级	$0.28f_t/f_{yv}$	660	762	858	943	1026	1080	1134	1176	1224	1254	1285
	特一级、一级	$0.30f_t/f_{yv}$	—	—	920	1010	1100	1158	1215	1261	1321	1344	1376
500	非抗震	$0.24f_t/f_{yv}$	629	726	818	898	978	1029	1080	1120	1166	1195	1223
	三、四级	$0.26f_t/f_{yv}$	681	787	886	972	1059	1115	1170	1214	1263	1294	1325
	二级	$0.28f_t/f_{yv}$	734	847	954	1047	1140	1200	1260	1307	1360	1394	1427
	特一级、一级	$0.30f_t/f_{yv}$	—	—	1022	1122	1222	1286	1350	1401	1458	1493	1529
550	非抗震	$0.24f_t/f_{yv}$	692	799	899	987	1075	1132	1188	1232	1283	1314	1346
	三、四级	$0.26f_t/f_{yv}$	750	865	974	1070	1165	1226	1287	1335	1390	1424	1458
	二级	$0.28f_t/f_{yv}$	807	932	1049	1152	1254	1320	1386	1438	1496	1533	1570
	特一级、一级	$0.30f_t/f_{yv}$	—	—	1124	1234	1344	1415	1485	1541	1603	1643	1682

梁宽 b（mm）	抗震等级	梁配箍率	混凝土强度等级										
			C20	C25	C30	C35	C40	C45	C50	C55	C60	C65	C70
600	非抗震	$0.24f_t/f_{yv}$	755	871	981	1077	1173	1235	1296	1344	1399	1434	1468
	三、四级	$0.26f_t/f_{yv}$	818	944	1063	1167	1271	1338	1404	1456	1516	1553	1590
	二级	$0.28f_t/f_{yv}$	880	1016	1144	1256	1368	1440	1512	1568	1632	1672	1713
	特一级、一级	$0.30f_t/f_{yv}$	—	—	1226	1346	1466	1543	1320	1681	1749	1792	1835
650	非抗震	$0.24f_t/f_{yv}$	818	944	1063	1167	1271	1338	1404	1456	1516	1553	1590
	三、四级	$0.26f_t/f_{yv}$	886	1023	1151	1264	1377	1449	1521	1578	1642	1682	1723
	二级	$0.28f_t/f_{yv}$	954	1101	1240	1361	1482	1560	1638	1699	1768	1812	1855
	特一级、一级	$0.30f_t/f_{yv}$	—	—	1328	1458	1588	1672	1755	1821	1895	1941	1988
700	非抗震	$0.24f_t/f_{yv}$	880	1016	1144	1256	1368	1440	1512	1568	1632	1672	1712
	三、四级	$0.26f_t/f_{yv}$	954	1101	1240	1361	1482	1560	1638	1699	1768	1812	1855
	二级	$0.28f_t/f_{yv}$	1027	1186	1335	1466	1596	1680	1764	1830	1904	1951	1998
	特一级、一级	$0.30f_t/f_{yv}$	—	—	1430	1571	1711	1800	1890	1961	2040	2090	2141
750	非抗震	$0.24f_t/f_{yv}$	943	1089	1226	1346	1466	1543	1620	1820	1749	1792	1835
	三、四级	$0.26f_t/f_{yv}$	1022	1180	1328	1458	1588	1672	1755	1680	1895	1941	1988
	二级	$0.28f_t/f_{yv}$	1100	1270	1430	1570	1710	1800	1890	1960	2040	2090	2140
	特一级、一级	$0.30f_t/f_{yv}$	—	—	1533	1683	1833	1929	2026	2101	2186	2240	2293
800	非抗震	$0.24f_t/f_{yv}$	1006	1162	1308	1436	1564	1646	1728	1792	1866	1911	1957
	三、四级	$0.26f_t/f_{yv}$	1090	1258	1417	1556	1694	1783	1872	1942	2021	2071	2120
	二级	$0.28f_t/f_{yv}$	1174	1355	1526	1675	1824	1920	2016	2091	2176	2230	2283
	特一级、一级	$0.30f_t/f_{yv}$	1258	1452	1635	1795	1955	2058	2160	2241	2332	2389	2446
850	非抗震	$0.24f_t/f_{yv}$	1069	1234	1390	1526	1662	1749	1836	1904	1982	2031	2079
	三、四级	$0.26f_t/f_{yv}$	1158	1337	1505	1653	1800	1895	1989	2063	2147	2200	2253
	二级	$0.28f_t/f_{yv}$	1247	1440	1621	1780	1938	2040	2142	2222	2312	2369	2426
	特一级、一级	$0.30f_t/f_{yv}$	—	—	1737	1907	2077	2186	2295	2381	2478	2538	2599
900	非抗震	$0.24f_t/f_{yv}$	1132	1307	1471	1615	1759	1852	1944	2016	2099	2150	2202
	三、四级	$0.26f_t/f_{yv}$	1226	1416	1594	1750	1906	2006	2106	2184	2274	2329	2385
	二级	$0.28f_t/f_{yv}$	1320	1524	1716	1885	2052	2160	2268	2352	2448	2508	2569
	特一级、一级	$0.30f_t/f_{yv}$	—	—	1839	2019	2199	2315	2430	2521	2623	2688	2752
950	非抗震	$0.24f_t/f_{yv}$	1195	1379	1553	1705	1857	1955	2052	2128	2215	2270	2324
	三、四级	$0.26f_t/f_{yv}$	1294	1494	1683	1847	2012	2118	2223	2306	2400	2459	2518
	二级	$0.28f_t/f_{yv}$	1394	1609	1812	1989	2166	2280	2394	2483	2584	2648	2711
	特一级、一级	$0.30f_t/f_{yv}$	—	—	1941	2131	2321	2443	2565	2661	2769	2837	2905

梁宽 b（mm）	抗震等级	梁配箍率	混凝土强度等级										
			C20	C25	C30	C35	C40	C45	C50	C55	C60	C65	C70
1000	非抗震	$0.24f_t/f_{yv}$	1258	1452	1635	1795	1955	2058	2160	2240	2332	2398	2446
	三、四级	$0.26f_t/f_{yv}$	1362	1573	1771	1944	2118	2229	2340	2427	2526	2588	2650
	二级	$0.28f_t/f_{yv}$	1467	1694	1907	2094	2280	2400	2520	2614	2720	2787	2854
	特一级、一级	$0.30f_t/f_{yv}$	—	—	2043	2243	2443	2572	2700	2801	2915	2986	3058
1050	非抗震	$0.24f_t/f_{yv}$	1320	1524	1716	1884	2052	2160	2268	2352	2448	2508	2568
	三、四级	$0.26f_t/f_{yv}$	1430	1651	1859	2041	2223	2340	2457	2548	2652	2717	2782
	二级	$0.28f_t/f_{yv}$	1540	1778	2002	2198	2394	2520	2646	2744	2856	2926	2997
	特一级、一级	$0.30f_t/f_{yv}$	—	—	2145	2356	2566	2700	2835	2941	3060	3135	3211
1100	非抗震	$0.24f_t/f_{yv}$	1383	1597	1798	1974	2150	2263	2376	2464	2565	2628	2691
	三、四级	$0.26f_t/f_{yv}$	1499	1730	1948	2139	2329	2452	2574	2670	2779	2847	2915
	二级	$0.28f_t/f_{yv}$	1614	1863	2098	2303	2508	2640	2772	2875	2992	3066	3139
	特一级、一级	$0.30f_t/f_{yv}$	—	—	2248	2468	2688	2829	2970	3081	3209	3285	3363
1150	非抗震	$0.24f_t/f_{yv}$	1446	1670	1880	2064	2248	2366	2484	2576	2682	2747	2813
	三、四级	$0.26f_t/f_{yv}$	1567	1809	2037	2236	2435	2563	2691	2791	2905	2976	3047
	二级	$0.28f_t/f_{yv}$	1687	1948	2193	2408	2622	2760	2898	3006	3128	3205	3282
	特一级、一级	$0.30f_t/f_{yv}$	—	—	2350	2580	2810	2958	3105	3221	3352	3434	3516
1200	非抗震	$0.24f_t/f_{yv}$	1509	1742	1962	2154	2346	2469	2592	2688	2798	2867	2935
	三、四级	$0.26f_t/f_{yv}$	1635	1887	2125	2333	2541	2675	2808	2912	3031	3106	3180
	二级	$0.28f_t/f_{yv}$	1760	2032	2288	2512	2736	2880	3024	3136	3264	3344	3425
	特一级、一级	$0.30f_t/f_{yv}$	—	—	2452	2692	2932	3086	3240	3361	3198	3583	3669

说明：1. 本表根据《混凝土结构设计规范》GB 50010—2010 第11.3.9条、9.2.9条3款、《高层建筑混凝土结构技术规程》JGJ 3—2010 第6.3.5条1款、11.4.3条1款编制。

2. 抗震设计及非抗震设计时，弯剪扭梁的最小配箍率应与二级抗震等级的梁相同（《混凝土结构设计规范》GB 50010—2010 第9.2.10条）。

3. 非抗震设计时，当梁的剪力 $V \leqslant 0.7f_tbh_0 + 0.05N_{p0}$ 时无最小配箍率要求（《混凝土结构设计规范》GB 50010—2010 第9.2.9条3款）。

用300级箍筋（$f_{yv}=270N/mm^2$）时梁沿全长的最小配箍量（mm^2/m）　　　表10.1-2

梁宽 b（mm）	抗震等级	梁配箍率	混凝土强度等级										
			C20	C25	C30	C35	C40	C45	C50	C55	C60	C65	C70
100	非抗震	$0.24f_t/f_{yv}$	97.8	113	127	140	152	160	168	174	181	186	190
120	非抗震	$0.24f_t/f_{yv}$	117	135	153	167	182	192	202	209	218	223	228
140	非抗震	$0.24f_t/f_{yv}$	137	158	178	195	213	224	235	244	254	260	266
	三、四级	$0.26f_t/f_{yv}$	148	171	193	212	231	243	255	264	275	282	289
	二级	$0.28f_t/f_{yv}$	160	184	208	228	248	261	274	285	296	303	311
	特一级、一级	$0.30f_t/f_{yv}$	—	—	222	244	266	280	294	305	317	325	333

梁宽 b（mm）	抗震等级	梁配箍率	混凝土强度等级										
			C20	C25	C30	C35	C40	C45	C50	C55	C60	C65	C70
150	非抗震	$0.24f_t/f_{yv}$	147	169	191	209	228	240	252	261	272	279	285
	三、四级	$0.26f_t/f_{yv}$	159	183	207	227	247	260	273	283	295	302	309
	二级	$0.28f_t/f_{yv}$	171	198	222	244	266	280	294	305	317	325	333
	特一级、一级	$0.30f_t/f_{yv}$	—	—	238	262	285	300	315	327	340	348	357
160	非抗震	$0.24f_t/f_{yv}$	156	181	203	223	243	256	269	279	290	297	304
	三、四级	$0.26f_t/f_{yv}$	169	196	220	242	263	277	291	302	314	322	330
	二级	$0.28f_t/f_{yv}$	183	211	237	261	284	299	314	325	338	347	355
	特一级、一级	$0.30f_t/f_{yv}$	—	—	254	279	304	320	336	348	363	372	380
180	非抗震	$0.24f_t/f_{yv}$	176	203	229	251	274	288	302	314	326	334	342
	三、四级	$0.26f_t/f_{yv}$	191	220	248	272	296	312	328	340	354	362	371
	二级	$0.28f_t/f_{yv}$	205	237	267	293	319	336	353	366	381	390	399
	特一级、一级	$0.30f_t/f_{yv}$	—	—	286	314	342	360	378	392	408	418	428
200	非抗震	$0.24f_t/f_{yv}$	196	226	254	279	304	320	336	348	363	372	380
	三、四级	$0.26f_t/f_{yv}$	212	245	275	302	329	347	364	377	393	403	412
	二级	$0.28f_t/f_{yv}$	228	263	297	326	355	373	392	407	423	433	444
	特一级、一级	$0.30f_t/f_{yv}$	—	—	318	349	380	400	420	436	453	464	476
220	非抗震	$0.24f_t/f_{yv}$	215	248	280	307	334	352	370	383	399	409	418
	三、四级	$0.26f_t/f_{yv}$	233	269	303	333	362	381	400	415	432	443	453
	二级	$0.28f_t/f_{yv}$	251	290	326	358	390	411	431	447	465	477	488
	特一级、一级	$0.30f_t/f_{yv}$	—	—	350	384	418	440	462	479	499	511	523
240	非抗震	$0.24f_t/f_{yv}$	235	271	305	335	365	384	403	418	435	446	457
	三、四级	$0.26f_t/f_{yv}$	254	294	330	363	395	416	437	453	471	483	495
	二级	$0.28f_t/f_{yv}$	274	316	356	391	426	448	470	488	508	520	533
	特一级、一级	$0.30f_t/f_{yv}$	—	—	381	419	456	480	504	523	544	557	571
250	非抗震	$0.24f_t/f_{yv}$	244	282	318	349	380	400	420	436	453	464	476
	三、四级	$0.26f_t/f_{yv}$	265	306	344	378	412	433	455	472	491	503	515
	二级	$0.28f_t/f_{yv}$	285	329	371	407	443	467	490	508	529	542	555
	特一级、一级	$0.30f_t/f_{yv}$	—	—	397	436	475	500	525	544	567	581	594
300	非抗震	$0.24f_t/f_{yv}$	293	339	381	419	456	480	504	523	544	557	571
	三、四级	$0.26f_t/f_{yv}$	318	367	413	454	494	520	546	566	589	604	618
	二级	$0.28f_t/f_{yv}$	342	395	445	488	532	560	588	610	635	650	666
	特一级、一级	$0.30f_t/f_{yv}$	—	—	477	523	570	600	630	653	680	697	713

梁宽 b(mm)	抗震等级	梁配箍率	混凝土强度等级										
			C20	C25	C30	C35	C40	C45	C50	C55	C60	C65	C70
350	非抗震	$0.24f_t/f_{yv}$	342	395	445	488	532	560	588	610	635	650	666
	三、四级	$0.26f_t/f_{yv}$	371	428	482	529	576	607	637	661	688	704	721
	二级	$0.28f_t/f_{yv}$	399	461	519	570	621	653	686	711	740	759	777
	特一级、一级	$0.30f_t/f_{yv}$	—	—	556	611	665	700	735	762	793	813	832
400	非抗震	$0.24f_t/f_{yv}$	391	452	508	558	608	640	672	697	725	743	761
	三、四级	$0.26f_t/f_{yv}$	424	489	551	605	659	693	728	755	786	805	824
	二级	$0.28f_t/f_{yv}$	456	527	593	651	709	747	784	813	846	867	888
	特一级、一级	$0.30f_t/f_{yv}$	—	—	636	698	760	800	840	871	907	929	951
450	非抗震	$0.24f_t/f_{yv}$	440	508	572	628	684	720	756	784	816	836	856
	三、四级	$0.26f_t/f_{yv}$	477	550	620	680	741	780	819	849	884	906	927
	二级	$0.28f_t/f_{yv}$	513	593	667	733	798	840	882	915	952	975	999
	特一级、一级	$0.30f_t/f_{yv}$	—	—	715	785	855	900	945	980	1020	1045	1070
500	非抗震	$0.24f_t/f_{yv}$	489	564	636	698	760	800	840	871	907	929	951
	三、四级	$0.26f_t/f_{yv}$	530	611	689	756	823	867	910	944	982	1006	1030
	二级	$0.28f_t/f_{yv}$	570	659	741	814	887	933	980	1016	1058	1084	1110
	特一级、一级	$0.30f_t/f_{yv}$	—	—	794	872	950	1000	1050	1089	1133	1161	1189
550	非抗震	$0.24f_t/f_{yv}$	538	621	699	768	836	880	924	958	997	1022	1046
	三、四级	$0.26f_t/f_{yv}$	583	673	757	832	906	953	1001	1038	1080	1107	1133
	二级	$0.28f_t/f_{yv}$	627	724	816	895	975	1027	1078	1118	1164	1192	1221
	特一级、一级	$0.30f_t/f_{yv}$	—	—	874	959	1045	1100	1155	1198	1247	1277	1308
600	非抗震	$0.24f_t/f_{yv}$	587	677	763	837	912	960	1008	1045	1088	1115	1141
	三、四级	$0.26f_t/f_{yv}$	636	734	826	907	988	1040	1092	1132	1179	1208	1236
	二级	$0.28f_t/f_{yv}$	684	790	890	977	1064	1120	1176	1220	1269	1300	1332
	特一级、一级	$0.30f_t/f_{yv}$	—	—	953	1047	1140	1200	1260	1307	1360	1393	1427
650	非抗震	$0.24f_t/f_{yv}$	636	734	826	907	988	1040	1092	1132	1179	1208	1236
	三、四级	$0.26f_t/f_{yv}$	689	795	895	983	1070	1127	1183	1227	1277	1308	1339
	二级	$0.28f_t/f_{yv}$	741	856	964	1058	1153	1213	1274	1321	1375	1409	1443
	特一级、一级	$0.30f_t/f_{yv}$	—	—	1033	1134	1235	1300	1365	1416	1473	1509	1546
700	非抗震	$0.24f_t/f_{yv}$	684	790	890	977	1064	1120	1176	1220	1269	1300	1332
	三、四级	$0.26f_t/f_{yv}$	741	856	964	1058	1153	1213	1274	1321	1375	1409	1443
	二级	$0.28f_t/f_{yv}$	799	922	1038	1140	1241	1307	1372	1423	1481	1517	1553
	特一级、一级	$0.30f_t/f_{yv}$	—	—	1112	1221	1330	1400	1470	1524	1587	1626	1664

梁宽 b（mm）	抗震等级	梁配箍率	混凝土强度等级										
			C20	C25	C30	C35	C40	C45	C50	C55	C60	C65	C70
750	非抗震	$0.24f_t/f_{yv}$	733	847	953	1047	1140	1200	1260	1307	1360	1393	1427
	三、四级	$0.26f_t/f_{yv}$	794	917	1033	1134	1235	1300	1365	1416	1473	1509	1546
	二级	$0.28f_t/f_{yv}$	856	988	1112	1221	1330	1400	1470	1524	1587	1626	1664
	特一级、一级	$0.30f_t/f_{yv}$	—	—	1192	1308	1425	1500	1575	1633	1700	1742	1783
800	非抗震	$0.24f_t/f_{yv}$	782	903	1017	1116	1216	1280	1344	1394	1451	1486	1522
	三、四级	$0.26f_t/f_{yv}$	847	978	1102	1209	1317	1387	1456	1510	1572	1610	1649
	二级	$0.28f_t/f_{yv}$	913	1054	1186	1303	1419	1493	1568	1626	1692	1734	1775
	特一级、一级	$0.30f_t/f_{yv}$	—	—	1271	1396	1520	1600	1680	1742	1813	1858	1902
850	非抗震	$0.24f_t/f_{yv}$	831	960	1080	1186	1292	1360	1428	1481	1541	1579	1617
	三、四级	$0.26f_t/f_{yv}$	900	1040	1170	1285	1400	1473	1547	1604	1670	1711	1752
	二级	$0.28f_t/f_{yv}$	970	1119	1261	1384	1507	1587	1666	1728	1798	1842	1886
	特一级、一级	$0.30f_t/f_{yv}$	—	—	1351	1483	1615	1700	1785	1851	1927	1974	2021
900	非抗震	$0.24f_t/f_{yv}$	880	1016	1144	1256	1368	1440	1512	1568	1632	1672	1712
	三、四级	$0.26f_t/f_{yv}$	953	1101	1239	1361	1482	1560	1638	1699	1768	1811	1855
	二级	$0.28f_t/f_{yv}$	1027	1185	1335	1465	1596	1680	1764	1829	1904	1951	1997
	特一级、一级	$0.30f_t/f_{yv}$	—	—	1430	1570	1710	1800	1890	1960	2040	2090	2140
950	非抗震	$0.24f_t/f_{yv}$	929	1072	1208	1326	1444	1520	1596	1655	1723	1765	1807
	三、四级	$0.26f_t/f_{yv}$	1006	1162	1308	1436	1564	1647	1729	1793	1866	1912	1958
	二级	$0.28f_t/f_{yv}$	1084	1251	1409	1547	1685	1773	1862	1931	2010	2059	2108
	特一级、一级	$0.30f_t/f_{yv}$	—	—	1509	1657	1805	1900	1995	2069	2153	2206	2259
1000	非抗震	$0.24f_t/f_{yv}$	978	1129	1271	1396	1520	1600	1680	1742	1813	1858	1902
	三、四级	$0.26f_t/f_{yv}$	1059	1223	1377	1512	1647	1733	1820	1887	1964	2013	2061
	二级	$0.28f_t/f_{yv}$	1141	1317	1483	1628	1773	1867	1960	2033	2116	2167	2219
	特一级、一级	$0.30f_t/f_{yv}$	—	—	1589	1744	1900	2000	2100	2178	2267	2322	2378
1050	非抗震	$0.24f_t/f_{yv}$	1027	1185	1335	1465	1596	1680	1764	1829	1904	1951	1997
	三、四级	$0.26f_t/f_{yv}$	1112	1284	1446	1587	1729	1820	1911	1982	2063	2113	2164
	二级	$0.28f_t/f_{yv}$	1198	1383	1557	1710	1862	1960	2058	2134	2221	2276	2330
	特一级、一级	$0.30f_t/f_{yv}$	—	—	1668	1832	1995	2100	2205	2287	2380	2438	2497
1100	非抗震	$0.24f_t/f_{yv}$	1076	1242	1398	1535	1672	1760	1848	1916	1995	2044	2092
	三、四级	$0.26f_t/f_{yv}$	1165	1345	1515	1663	1811	1907	2002	2076	2161	2214	2267
	二级	$0.28f_t/f_{yv}$	1255	1449	1631	1791	1951	2053	2156	2236	2327	2384	2441
	特一级、一级	$0.30f_t/f_{yv}$	—	—	1748	1919	2090	2200	2310	2396	2493	2554	2616

梁宽 b（mm）	抗震等级	梁配箍率	混凝土强度等级										
			C20	C25	C30	C35	C40	C45	C50	C55	C60	C65	C70
1150	非抗震	$0.24f_t/f_{yv}$	1124	1298	1462	1605	1748	1840	1932	2004	2085	2136	2188
	三、四级	$0.26f_t/f_{yv}$	1218	1406	1584	1739	1894	1993	2093	2171	2259	2314	2370
	二级	$0.28f_t/f_{yv}$	1312	1515	1705	1872	2039	2147	2254	2337	2433	2493	2552
	特一级、一级	$0.30f_t/f_{yv}$	—	—	1827	2006	2185	2300	2415	2504	2607	2671	2734
1200	非抗震	$0.24f_t/f_{yv}$	1173	1355	1525	1675	1824	1920	2016	2091	2176	2229	2283
	三、四级	$0.26f_t/f_{yv}$	1271	1468	1652	1814	1976	2080	2184	2265	2357	2415	2473
	二级	$0.28f_t/f_{yv}$	1369	1580	1780	1954	2128	2240	2352	2439	2539	2601	2663
	特一级、一级	$0.30f_t/f_{yv}$	—	—	1907	2093	2280	2400	2520	2613	2720	2787	2853

说明：同表 10.1-1，下同。

用 335 级箍筋（$f_{yv}=300\text{N/mm}^2$）时梁沿全长的最小配箍量（mm^2/m） 表 10.1-3

梁宽 b（mm）	抗震等级	梁配箍率	混凝土强度等级										
			C20	C25	C30	C35	C40	C45	C50	C55	C60	C65	C70
100	非抗震	$0.24f_t/f_{yv}$	88	102	114	126	137	144	151	157	163	167	171
120	非抗震	$0.24f_t/f_{yv}$	106	122	137	151	164	173	181	188	196	201	205
140	非抗震	$0.24f_t/f_{yv}$	123	142	160	176	192	202	212	220	228	234	240
	三、四级	$0.26f_t/f_{yv}$	133	154	174	190	207	218	229	238	248	254	260
	二级	$0.28f_t/f_{yv}$	144	166	187	205	223	235	247	256	267	273	280
	特一级、一级	$0.30f_t/f_{yv}$	—	—	200	220	239	252	265	274	286	293	300
150	非抗震	$0.24f_t/f_{yv}$	132	152	172	188	205	216	227	235	245	251	257
	三、四级	$0.26f_t/f_{yv}$	143	165	186	204	222	234	246	255	265	272	278
	二级	$0.28f_t/f_{yv}$	154	178	200	220	239	252	265	274	286	293	300
	特一级、一级	$0.30f_t/f_{yv}$	—	—	215	236	257	270	284	294	306	314	321
160	非抗震	$0.24f_t/f_{yv}$	141	163	183	201	219	230	242	251	261	268	274
	三、四级	$0.26f_t/f_{yv}$	153	176	198	218	237	250	262	272	283	290	297
	二级	$0.28f_t/f_{yv}$	164	190	214	234	255	269	282	293	305	312	320
	特一级、一级	$0.30f_t/f_{yv}$	—	—	229	251	274	288	302	314	326	334	342
180	非抗震	$0.24f_t/f_{yv}$	158	183	206	226	246	259	272	282	294	301	308
	三、四级	$0.26f_t/f_{yv}$	172	198	223	245	267	281	295	306	318	326	334
	二级	$0.28f_t/f_{yv}$	185	213	240	264	287	302	318	329	343	351	360
	特一级、一级	$0.30f_t/f_{yv}$	—	—	257	283	308	324	340	353	367	376	385
200	非抗震	$0.24f_t/f_{yv}$	176	203	229	251	274	288	302	314	326	334	342
	三、四级	$0.26f_t/f_{yv}$	191	220	248	272	296	312	328	340	354	362	371
	二级	$0.28f_t/f_{yv}$	205	237	267	293	319	336	353	366	381	390	399
	特一级、一级	$0.30f_t/f_{yv}$	—	—	286	314	342	360	378	392	408	418	428

梁宽 b（mm）	抗震等级	梁配箍率	混凝土强度等级										
			C20	C25	C30	C35	C40	C45	C50	C55	C60	C65	C70
220	非抗震	$0.24f_t/f_{yv}$	194	224	252	276	301	317	333	345	359	368	377
	三、四级	$0.26f_t/f_{yv}$	210	242	273	299	326	343	360	374	389	398	408
	二级	$0.28f_t/f_{yv}$	226	261	294	322	351	370	388	402	419	429	439
	特一级、一级	$0.30f_t/f_{yv}$	—	—	315	345	376	396	416	431	449	460	471
240	非抗震	$0.24f_t/f_{yv}$	211	244	275	301	328	346	363	376	392	401	411
	三、四级	$0.26f_t/f_{yv}$	229	264	297	327	356	374	393	408	424	435	445
	二级	$0.28f_t/f_{yv}$	246	284	320	352	383	403	423	439	457	468	479
	特一级、一级	$0.30f_t/f_{yv}$	—	—	343	377	410	432	454	470	490	502	514
250	非抗震	$0.24f_t/f_{yv}$	220	254	286	314	342	360	378	392	408	418	428
	三、四级	$0.26f_t/f_{yv}$	238	275	310	340	371	390	410	425	442	453	464
	二级	$0.28f_t/f_{yv}$	257	296	334	366	399	420	441	457	476	488	499
	特一级、一级	$0.30f_t/f_{yv}$	—	—	358	393	428	450	473	490	510	523	535
300	非抗震	$0.24f_t/f_{yv}$	264	305	343	377	410	432	454	470	490	502	514
	三、四级	$0.26f_t/f_{yv}$	286	330	372	408	445	468	491	510	530	543	556
	二级	$0.28f_t/f_{yv}$	308	356	400	440	479	504	529	549	571	585	599
	特一级、一级	$0.30f_t/f_{yv}$	—	—	429	471	513	540	567	588	612	627	642
350	非抗震	$0.24f_t/f_{yv}$	308	356	400	440	479	504	529	549	571	585	599
	三、四级	$0.26f_t/f_{yv}$	334	385	434	476	519	546	573	595	619	634	649
	二级	$0.28f_t/f_{yv}$	359	415	467	513	559	588	617	640	666	683	699
	特一级、一级	$0.30f_t/f_{yv}$	—	—	501	550	599	630	662	686	714	732	749
400	非抗震	$0.24f_t/f_{yv}$	352	406	458	502	547	576	605	627	653	669	685
	三、四级	$0.26f_t/f_{yv}$	381	440	496	544	593	624	655	679	707	725	742
	二级	$0.28f_t/f_{yv}$	411	474	534	586	638	672	706	732	762	780	799
	特一级、一级	$0.30f_t/f_{yv}$	—	—	572	628	684	720	756	784	816	836	856
450	非抗震	$0.24f_t/f_{yv}$	396	457	515	565	616	648	680	706	734	752	770
	三、四级	$0.26f_t/f_{yv}$	429	495	558	612	667	702	737	764	796	815	835
	二级	$0.28f_t/f_{yv}$	462	533	601	659	718	756	794	823	857	878	899
	特一级、一级	$0.30f_t/f_{yv}$	—	—	644	707	770	810	851	882	918	941	963
500	非抗震	$0.24f_t/f_{yv}$	440	508	572	628	684	720	756	784	816	836	856
	三、四级	$0.26f_t/f_{yv}$	477	550	620	680	741	780	819	849	884	906	927
	二级	$0.28f_t/f_{yv}$	513	593	667	733	798	840	882	915	952	975	999
	特一级、一级	$0.30f_t/f_{yv}$	—	—	715	785	855	900	945	980	1020	1045	1070

梁宽 b（mm）	抗震等级	梁配箍率	混凝土强度等级										
			C20	C25	C30	C35	C40	C45	C50	C55	C60	C65	C70
550	非抗震	$0.24f_t/f_{yv}$	484	559	629	691	752	792	832	862	898	920	942
	三、四级	$0.26f_t/f_{yv}$	524	605	682	748	815	858	901	934	972	996	1020
	二级	$0.28f_t/f_{yv}$	565	652	734	806	878	924	970	1006	1047	1073	1099
	特一级、一级	$0.30f_t/f_{yv}$	—	—	787	864	941	990	1040	1078	1122	1150	1177
600	非抗震	$0.24f_t/f_{yv}$	528	610	686	754	821	864	907	941	979	1003	1027
	三、四级	$0.26f_t/f_{yv}$	572	660	744	816	889	936	983	1019	1061	1087	1113
	二级	$0.28f_t/f_{yv}$	616	711	801	879	958	1008	1058	1098	1142	1170	1198
	特一级、一级	$0.30f_t/f_{yv}$	—	—	858	942	1026	1080	1134	1176	1224	1254	1284
650	非抗震	$0.24f_t/f_{yv}$	572	660	744	816	889	936	983	1019	1061	1087	1113
	三、四级	$0.26f_t/f_{yv}$	620	715	806	884	963	1014	1065	1104	1149	1177	1206
	二级	$0.28f_t/f_{yv}$	667	770	868	952	1037	1092	1147	1189	1238	1268	1298
	特一级、一级	$0.30f_t/f_{yv}$	—	—	930	1021	1112	1170	1229	1274	1326	1359	1391
700	非抗震	$0.24f_t/f_{yv}$	616	711	801	879	958	1008	1058	1098	1142	1170	1198
	三、四级	$0.26f_t/f_{yv}$	667	770	868	952	1037	1092	1147	1189	1238	1268	1298
	二级	$0.28f_t/f_{yv}$	719	830	934	1026	1117	1176	1235	1281	1333	1365	1398
	特一级、一级	$0.30f_t/f_{yv}$	—	—	1001	1099	1197	1260	1323	1372	1428	1463	1498
750	非抗震	$0.24f_t/f_{yv}$	660	762	858	942	1026	1080	1134	1176	1224	1254	1284
	三、四级	$0.26f_t/f_{yv}$	715	826	930	1021	1112	1170	1229	1274	1326	1359	1391
	二级	$0.28f_t/f_{yv}$	770	889	1001	1099	1197	1260	1323	1372	1428	1463	1498
	特一级、一级	$0.30f_t/f_{yv}$	—	—	1073	1178	1283	1350	1418	1470	1530	1568	1605
800	非抗震	$0.24f_t/f_{yv}$	704	813	915	1005	1094	1152	1210	1254	1306	1338	1370
	三、四级	$0.26f_t/f_{yv}$	763	881	991	1089	1186	1248	1310	1359	1414	1449	1484
	二级	$0.28f_t/f_{yv}$	821	948	1068	1172	1277	1344	1411	1463	1523	1561	1598
	特一级、一级	$0.30f_t/f_{yv}$	—	—	1144	1256	1368	1440	1512	1568	1632	1672	1712
850	非抗震	$0.24f_t/f_{yv}$	748	864	972	1068	1163	1224	1285	1333	1387	1421	1455
	三、四级	$0.26f_t/f_{yv}$	810	936	1053	1157	1260	1326	1392	1444	1503	1540	1576
	二级	$0.28f_t/f_{yv}$	873	1008	1134	1246	1357	1428	1499	1555	1618	1658	1698
	特一级、一级	$0.30f_t/f_{yv}$	—	—	1216	1335	1454	1530	1607	1666	1734	1777	1819
900	非抗震	$0.24f_t/f_{yv}$	792	914	1030	1130	1231	1296	1361	1411	1469	1505	1541
	三、四级	$0.26f_t/f_{yv}$	858	991	1115	1225	1334	1404	1474	1529	1591	1630	1669
	二级	$0.28f_t/f_{yv}$	924	1067	1201	1319	1436	1512	1588	1646	1714	1756	1798
	特一级、一级	$0.30f_t/f_{yv}$	—	—	1287	1413	1539	1620	1701	1764	1836	1881	1926

梁宽 b (mm)	抗震等级	梁配箍率	混凝土强度等级										
			C20	C25	C30	C35	C40	C45	C50	C55	C60	C65	C70
950	非抗震	$0.24f_t/f_{yv}$	836	965	1087	1193	1300	1368	1436	1490	1550	1588	1626
	三、四级	$0.26f_t/f_{yv}$	906	1046	1177	1293	1408	1482	1556	1614	1680	1721	1762
	二级	$0.28f_t/f_{yv}$	975	1126	1268	1392	1516	1596	1676	1738	1809	1853	1897
	特一级、一级	$0.30f_t/f_{yv}$	—	—	1359	1492	1625	1710	1796	1862	1938	1986	2033
1000	非抗震	$0.24f_t/f_{yv}$	880	1016	1144	1256	1368	1440	1512	1568	1632	1672	1712
	三、四级	$0.26f_t/f_{yv}$	953	1101	1239	1361	1482	1560	1638	1699	1768	1811	1855
	二级	$0.28f_t/f_{yv}$	1027	1185	1335	1465	1596	1680	1764	1829	1904	1951	1997
	特一级、一级	$0.30f_t/f_{yv}$	—	—	1430	1570	1710	1800	1890	1960	2040	2090	2140
1050	非抗震	$0.24f_t/f_{yv}$	924	1067	1201	1319	1436	1512	1588	1646	1714	1756	1798
	三、四级	$0.26f_t/f_{yv}$	1001	1156	1301	1429	1556	1638	1720	1784	1856	1902	1947
	二级	$0.28f_t/f_{yv}$	1078	1245	1401	1539	1676	1764	1852	1921	1999	2048	2097
	特一级、一级	$0.30f_t/f_{yv}$	—	—	1502	1649	1796	1890	1985	2058	2142	2195	2247
1100	非抗震	$0.24f_t/f_{yv}$	968	1118	1258	1382	1505	1584	1663	1725	1795	1839	1883
	三、四级	$0.26f_t/f_{yv}$	1049	1211	1363	1497	1630	1716	1802	1869	1945	1992	2040
	二级	$0.28f_t/f_{yv}$	1129	1304	1468	1612	1756	1848	1940	2012	2094	2146	2197
	特一级、一级	$0.30f_t/f_{yv}$	—	—	1573	1727	1881	1980	2079	2156	2244	2299	2354
1150	非抗震	$0.24f_t/f_{yv}$	1012	1168	1316	1444	1573	1656	1739	1803	1877	1923	1969
	三、四级	$0.26f_t/f_{yv}$	1096	1266	1425	1565	1704	1794	1884	1953	2033	2083	2133
	二级	$0.28f_t/f_{yv}$	1181	1363	1535	1685	1835	1932	2029	2104	2190	2243	2297
	特一级、一级	$0.30f_t/f_{yv}$	—	—	1645	1806	1967	2070	2174	2254	2346	2404	2461
1200	非抗震	$0.24f_t/f_{yv}$	1056	1219	1373	1507	1642	1728	1814	1882	1958	2006	2054
	三、四级	$0.26f_t/f_{yv}$	1144	1321	1487	1633	1778	1872	1966	2038	2122	2174	2226
	二级	$0.28f_t/f_{yv}$	1232	1422	1602	1758	1915	2016	2117	2195	2285	2341	2397
	特一级、一级	$0.30f_t/f_{yv}$	—	—	1716	1884	2052	2160	2268	2352	2448	2508	2568

用 400、500 级箍筋（$f_{yv}=360\text{N/mm}^2$）时梁沿全长的最小配箍量（mm^2/m）　　　　　　表 10.1-4

梁宽 b (mm)	抗震等级	梁配箍率	混凝土强度等级										
			C20	C25	C30	C35	C40	C45	C50	C55	C60	C65	C70
100	非抗震	$0.24f_t/f_{yv}$	73.3	84.7	95.3	105	114	120	126	131	136	139	143
120	非抗震	$0.24f_t/f_{yv}$	88	102	114	126	137	144	151	157	163	167	171
140	非抗震	$0.24f_t/f_{yv}$	103	119	133	147	160	168	176	183	190	195	200
	三、四级	$0.26f_t/f_{yv}$	111	128	145	159	173	182	191	198	206	211	216
	二级	$0.28f_t/f_{yv}$	120	138	156	171	186	196	206	213	222	228	233
	特一级、一级	$0.30f_t/f_{yv}$	—	—	167	183	200	210	221	229	238	244	250

梁宽 b (mm)	抗震等级	梁配箍率	混凝土强度等级										
			C20	C25	C30	C35	C40	C45	C50	C55	C60	C65	C70
150	非抗震	$0.24f_t/f_{yv}$	110	127	143	157	171	180	189	196	204	209	214
	三、四级	$0.26f_t/f_{yv}$	119	138	155	170	185	195	205	212	221	226	232
	二级	$0.28f_t/f_{yv}$	128	148	167	183	200	210	221	229	238	244	250
	特一级、一级	$0.30f_t/f_{yv}$	—	—	179	196	214	225	236	245	255	261	268
160	非抗震	$0.24f_t/f_{yv}$	117	135	153	167	182	192	202	209	218	223	228
	三、四级	$0.26f_t/f_{yv}$	127	147	165	181	198	208	218	226	236	242	247
	二级	$0.28f_t/f_{yv}$	137	158	178	195	213	224	235	244	254	260	266
	特一级、一级	$0.30f_t/f_{yv}$	—	—	191	209	228	240	252	261	272	279	285
180	非抗震	$0.24f_t/f_{yv}$	132	152	172	188	205	216	227	235	245	251	257
	三、四级	$0.26f_t/f_{yv}$	143	165	186	204	222	234	246	255	265	272	278
	二级	$0.28f_t/f_{yv}$	154	178	200	220	239	252	265	274	286	293	300
	特一级、一级	$0.30f_t/f_{yv}$	—	—	215	236	257	270	284	294	306	314	321
200	非抗震	$0.24f_t/f_{yv}$	147	169	191	209	228	240	252	261	272	279	285
	三、四级	$0.26f_t/f_{yv}$	159	183	207	227	247	260	273	283	295	302	309
	二级	$0.28f_t/f_{yv}$	171	198	222	244	266	280	294	305	317	325	333
	特一级、一级	$0.30f_t/f_{yv}$	—	—	238	262	285	300	315	327	340	348	357
220	非抗震	$0.24f_t/f_{yv}$	161	186	210	230	251	264	277	287	299	307	314
	三、四级	$0.26f_t/f_{yv}$	175	202	227	249	272	286	300	311	324	332	340
	二级	$0.28f_t/f_{yv}$	188	217	245	269	293	308	323	335	349	358	366
	特一级、一级	$0.30f_t/f_{yv}$	—	—	262	288	314	330	347	359	374	383	392
240	非抗震	$0.24f_t/f_{yv}$	176	203	229	251	274	288	302	314	326	334	342
	三、四级	$0.26f_t/f_{yv}$	191	220	248	272	296	312	328	340	354	362	371
	二级	$0.28f_t/f_{yv}$	205	237	267	293	319	336	353	366	381	390	399
	特一级、一级	$0.30f_t/f_{yv}$	—	—	286	314	342	360	378	392	408	418	428
250	非抗震	$0.24f_t/f_{yv}$	183	212	238	262	285	300	315	327	340	348	357
	三、四级	$0.26f_t/f_{yv}$	199	229	258	283	309	325	341	354	368	377	386
	二级	$0.28f_t/f_{yv}$	214	247	278	305	333	350	368	381	397	406	416
	特一级、一级	$0.30f_t/f_{yv}$	—	—	298	327	356	375	394	408	425	435	446
300	非抗震	$0.24f_t/f_{yv}$	220	254	286	314	342	360	378	392	408	418	428
	三、四级	$0.26f_t/f_{yv}$	238	275	310	340	371	390	410	425	442	453	464
	二级	$0.28f_t/f_{yv}$	257	296	334	366	399	420	441	457	476	488	499
	特一级、一级	$0.30f_t/f_{yv}$	—	—	358	393	428	450	473	490	510	523	535

梁宽 b（mm）	抗震等级	梁配箍率	混凝土强度等级										
			C20	C25	C30	C35	C40	C45	C50	C55	C60	C65	C70
350	非抗震	$0.24f_t/f_{yv}$	257	296	334	366	399	420	441	457	476	488	499
	三、四级	$0.26f_t/f_{yv}$	278	321	361	397	432	455	478	495	516	528	541
	二级	$0.28f_t/f_{yv}$	299	346	389	427	466	490	515	534	555	569	583
	特一级、一级	$0.30f_t/f_{yv}$	—	—	417	458	499	525	551	572	595	610	624
400	非抗震	$0.24f_t/f_{yv}$	293	339	381	419	456	480	504	523	544	557	571
	三、四级	$0.26f_t/f_{yv}$	318	367	413	454	494	520	546	566	589	604	618
	二级	$0.28f_t/f_{yv}$	342	395	445	488	532	560	588	610	635	650	666
	特一级、一级	$0.30f_t/f_{yv}$	—	—	477	523	570	600	630	653	680	697	713
450	非抗震	$0.24f_t/f_{yv}$	330	381	429	471	513	540	567	588	612	627	642
	三、四级	$0.26f_t/f_{yv}$	358	413	465	510	556	585	614	637	663	679	696
	二级	$0.28f_t/f_{yv}$	385	445	501	550	599	630	662	686	714	732	749
	特一级、一级	$0.30f_t/f_{yv}$	—	—	536	589	641	675	709	735	765	784	803
500	非抗震	$0.24f_t/f_{yv}$	367	423	477	523	570	600	630	653	680	697	713
	三、四级	$0.26f_t/f_{yv}$	397	459	516	567	618	650	683	708	737	755	773
	二级	$0.28f_t/f_{yv}$	428	494	556	611	665	700	735	762	793	813	832
	特一级、一级	$0.30f_t/f_{yv}$	—	—	596	654	713	750	788	817	850	871	892
550	非抗震	$0.24f_t/f_{yv}$	403	466	524	576	627	660	693	719	748	766	785
	三、四级	$0.26f_t/f_{yv}$	437	504	568	624	679	715	751	779	810	830	850
	二级	$0.28f_t/f_{yv}$	471	543	612	672	732	770	809	838	873	894	915
	特一级、一级	$0.30f_t/f_{yv}$	—	—	655	720	784	825	866	898	935	958	981
600	非抗震	$0.24f_t/f_{yv}$	440	508	572	628	684	720	756	784	816	836	856
	三、四级	$0.26f_t/f_{yv}$	477	550	620	680	741	780	819	849	884	906	927
	二级	$0.28f_t/f_{yv}$	513	593	667	733	798	840	882	915	952	975	999
	特一级、一级	$0.30f_t/f_{yv}$	—	—	715	785	855	900	945	980	1020	1045	1070
650	非抗震	$0.24f_t/f_{yv}$	477	550	620	680	741	780	819	849	884	906	927
	三、四级	$0.26f_t/f_{yv}$	516	596	671	737	803	845	887	920	958	981	1005
	二级	$0.28f_t/f_{yv}$	556	642	723	794	865	910	956	991	1031	1057	1082
	特一级、一级	$0.30f_t/f_{yv}$	—	—	775	850	926	975	1024	1062	1105	1132	1159
700	非抗震	$0.24f_t/f_{yv}$	513	593	667	733	798	840	882	915	952	975	999
	三、四级	$0.26f_t/f_{yv}$	556	642	723	794	865	910	956	991	1031	1057	1082
	二级	$0.28f_t/f_{yv}$	599	691	779	855	931	980	1029	1067	1111	1138	1165
	特一级、一级	$0.30f_t/f_{yv}$	—	—	834	916	998	1050	1103	1143	1190	1219	1248

梁宽 b（mm）	抗震等级	梁配箍率	混凝土强度等级										
			C20	C25	C30	C35	C40	C45	C50	C55	C60	C65	C70
750	非抗震	$0.24f_t/f_{yv}$	550	635	715	785	855	900	945	980	1020	1045	1070
	三、四级	$0.26f_t/f_{yv}$	596	688	775	850	926	975	1024	1062	1105	1132	1159
	二级	$0.28f_t/f_{yv}$	642	741	834	916	998	1050	1103	1143	1190	1219	1248
	特一级、一级	$0.30f_t/f_{yv}$	—	—	894	981	1069	1125	1181	1225	1275	1306	1338
800	非抗震	$0.24f_t/f_{yv}$	587	677	763	837	912	960	1008	1045	1088	1115	1141
	三、四级	$0.26f_t/f_{yv}$	636	734	826	907	988	1040	1092	1132	1179	1208	1236
	二级	$0.28f_t/f_{yv}$	684	790	890	977	1064	1120	1176	1220	1269	1300	1332
	特一级、一级	$0.30f_t/f_{yv}$	—	—	953	1047	1140	1200	1260	1307	1360	1393	1427
850	非抗震	$0.24f_t/f_{yv}$	623	720	810	890	969	1020	1071	1111	1156	1184	1213
	三、四级	$0.26f_t/f_{yv}$	675	780	878	964	1050	1105	1160	1203	1252	1283	1314
	二级	$0.28f_t/f_{yv}$	727	840	945	1038	1131	1190	1250	1296	1349	1382	1415
	特一级、一级	$0.30f_t/f_{yv}$	—	—	1013	1112	1211	1275	1339	1388	1445	1480	1516
900	非抗震	$0.24f_t/f_{yv}$	660	762	858	942	1026	1080	1134	1176	1224	1254	1284
	三、四级	$0.26f_t/f_{yv}$	715	826	930	1021	1112	1170	1229	1274	1326	1359	1391
	二级	$0.28f_t/f_{yv}$	770	889	1001	1099	1197	1260	1323	1372	1428	1463	1498
	特一级、一级	$0.30f_t/f_{yv}$	—	—	1073	1178	1283	1350	1418	1470	1530	1568	1605
950	非抗震	$0.24f_t/f_{yv}$	697	804	906	994	1083	1140	1197	1241	1292	1324	1355
	三、四级	$0.26f_t/f_{yv}$	755	871	981	1077	1173	1235	1297	1345	1400	1434	1468
	二级	$0.28f_t/f_{yv}$	813	938	1057	1160	1264	1330	1397	1448	1507	1544	1581
	特一级、一级	$0.30f_t/f_{yv}$	—	—	1132	1243	1354	1425	1496	1552	1615	1655	1694
1000	非抗震	$0.24f_t/f_{yv}$	733	847	953	1047	1140	1200	1260	1307	1360	1393	1427
	三、四级	$0.26f_t/f_{yv}$	794	917	1033	1134	1235	1300	1365	1416	1473	1509	1546
	二级	$0.28f_t/f_{yv}$	856	988	1112	1221	1330	1400	1470	1524	1587	1626	1664
	特一级、一级	$0.30f_t/f_{yv}$	—	—	1192	1308	1425	1500	1575	1633	1700	1742	1783
1050	非抗震	$0.24f_t/f_{yv}$	770	889	1001	1099	1197	1260	1323	1372	1428	1463	1498
	三、四级	$0.26f_t/f_{yv}$	834	963	1084	1191	1297	1365	1433	1486	1547	1585	1623
	二级	$0.28f_t/f_{yv}$	898	1037	1168	1282	1397	1470	1544	1601	1666	1707	1748
	特一级、一级	$0.30f_t/f_{yv}$	—	—	1251	1374	1496	1575	1654	1715	1785	1829	1873
1100	非抗震	$0.24f_t/f_{yv}$	807	931	1049	1151	1254	1320	1386	1437	1496	1533	1569
	三、四级	$0.26f_t/f_{yv}$	874	1009	1136	1247	1359	1430	1502	1557	1621	1660	1700
	二级	$0.28f_t/f_{yv}$	941	1087	1223	1343	1463	1540	1617	1677	1745	1788	1831
	特一级、一级	$0.30f_t/f_{yv}$	—	—	1311	1439	1568	1650	1733	1797	1870	1916	1962

梁宽 b（mm）	抗震等级	梁配箍率	混凝土强度等级										
			C20	C25	C30	C35	C40	C45	C50	C55	C60	C65	C70
1150	非抗震	$0.24f_t/f_{yv}$	843	974	1096	1204	1311	1380	1449	1503	1564	1602	1641
	三、四级	$0.26f_t/f_{yv}$	914	1055	1188	1304	1420	1495	1570	1628	1694	1736	1777
	二级	$0.28f_t/f_{yv}$	984	1136	1279	1404	1530	1610	1691	1753	1825	1869	1914
	特一级、一级	$0.30f_t/f_{yv}$	—	—	1370	1505	1639	1725	1811	1878	1955	2003	2051
1200	非抗震	$0.24f_t/f_{yv}$	880	1016	1144	1256	1368	1440	1512	1568	1632	1672	1712
	三、四级	$0.26f_t/f_{yv}$	953	1101	1239	1361	1482	1560	1638	1699	1768	1811	1855
	二级	$0.28f_t/f_{yv}$	1027	1185	1335	1465	1596	1680	1764	1829	1904	1951	1997
	特一级、一级	$0.30f_t/f_{yv}$	—	—	1430	1570	1710	1800	1890	1960	2040	2090	2140

（二）型钢混凝土梁沿全长的最小配箍量

型钢混凝土梁用 235 级箍筋（$f_{yv}=210 \text{N/mm}^2$）时沿全长的最小配箍量（mm^2/m）　　表 10.2-1

梁宽 b（mm）	抗震等级	梁配箍率	混凝土强度等级								
			C30	C35	C40	C45	C50	C55	C60	C65	C70
300	非抗震	$0.24f_t/f_{yv}$	490	538	586	617	648	672	699	717	734
	三、四级	$0.26f_t/f_{yv}$	531	583	635	669	702	728	758	776	795
	二级	$0.28f_t/f_{yv}$	572	628	684	720	756	784	816	836	856
	特一级、一级	$0.30f_t/f_{yv}$	613	673	733	771	810	840	874	896	917
350	非抗震	$0.24f_t/f_{yv}$	572	628	684	720	756	784	816	836	856
	三、四级	$0.26f_t/f_{yv}$	620	680	741	780	819	849	884	906	927
	二级	$0.28f_t/f_{yv}$	667	733	798	840	882	915	952	975	999
	特一级、一级	$0.30f_t/f_{yv}$	715	785	855	900	945	980	1020	1045	1070
400	非抗震	$0.24f_t/f_{yv}$	654	718	782	823	864	896	933	955	978
	三、四级	$0.26f_t/f_{yv}$	708	778	847	891	936	971	1010	1035	1060
	二级	$0.28f_t/f_{yv}$	763	837	912	960	1008	1045	1088	1115	1141
	特一级、一级	$0.30f_t/f_{yv}$	817	897	977	1029	1080	1120	1166	1194	1223
450	非抗震	$0.24f_t/f_{yv}$	735	807	879	926	972	1008	1049	1075	1101
	三、四级	$0.26f_t/f_{yv}$	797	875	953	1003	1053	1092	1137	1164	1192
	二级	$0.28f_t/f_{yv}$	858	942	1026	1080	1134	1176	1224	1254	1284
	特一级、一级	$0.30f_t/f_{yv}$	919	1009	1099	1157	1215	1260	1311	1344	1376
500	非抗震	$0.24f_t/f_{yv}$	817	897	977	1029	1080	1120	1166	1194	1223
	三、四级	$0.26f_t/f_{yv}$	885	972	1059	1114	1170	1213	1263	1294	1325
	二级	$0.28f_t/f_{yv}$	953	1047	1140	1200	1260	1307	1360	1393	1427
	特一级、一级	$0.30f_t/f_{yv}$	1021	1121	1221	1286	1350	1400	1457	1493	1529

梁宽 b(mm)	抗震等级	梁配箍率	混凝土强度等级								
			C30	C35	C40	C45	C50	C55	C60	C65	C70
550	非抗震	$0.24f_t/f_{yv}$	899	987	1075	1131	1188	1232	1282	1314	1345
	三、四级	$0.26f_t/f_{yv}$	974	1069	1164	1226	1287	1335	1389	1423	1457
	二级	$0.28f_t/f_{yv}$	1049	1151	1254	1320	1386	1437	1496	1533	1569
	特一级、一级	$0.30f_t/f_{yv}$	1124	1234	1344	1414	1485	1540	1603	1642	1681
600	非抗震	$0.24f_t/f_{yv}$	981	1077	1173	1234	1296	1344	1399	1433	1467
	三、四级	$0.26f_t/f_{yv}$	1062	1166	1270	1337	1404	1456	1515	1553	1590
	二级	$0.28f_t/f_{yv}$	1144	1256	1368	1440	1512	1568	1632	1672	1712
	特一级、一级	$0.30f_t/f_{yv}$	1226	1346	1466	1543	1620	1680	1749	1791	1834
650	非抗震	$0.24f_t/f_{yv}$	1062	1166	1270	1337	1404	1456	1515	1553	1590
	三、四级	$0.26f_t/f_{yv}$	1151	1263	1376	1449	1521	1577	1642	1682	1722
	二级	$0.28f_t/f_{yv}$	1239	1361	1482	1560	1638	1699	1768	1811	1855
	特一级、一级	$0.30f_t/f_{yv}$	1328	1458	1588	1671	1755	1820	1894	1941	1987
700	非抗震	$0.24f_t/f_{yv}$	1144	1256	1368	1440	1512	1568	1632	1672	1712
	三、四级	$0.26f_t/f_{yv}$	1239	1361	1482	1560	1638	1699	1768	1811	1855
	二级	$0.28f_t/f_{yv}$	1335	1465	1596	1680	1764	1829	1904	1951	1997
	特一级、一级	$0.30f_t/f_{yv}$	1430	1570	1710	1800	1890	1960	2040	2090	2140
750	非抗震	$0.24f_t/f_{yv}$	1226	1346	1466	1543	1620	1680	1749	1791	1834
	三、四级	$0.26f_t/f_{yv}$	1328	1458	1588	1671	1755	1820	1894	1941	1987
	二级	$0.28f_t/f_{yv}$	1430	1570	1710	1800	1890	1960	2040	2090	2140
	特一级、一级	$0.30f_t/f_{yv}$	1532	1682	1832	1929	2025	2100	2186	2239	2293
800	非抗震	$0.24f_t/f_{yv}$	1307	1435	1563	1646	1728	1792	1865	1911	1957
	三、四级	$0.26f_t/f_{yv}$	1416	1555	1694	1783	1872	1941	2021	2070	2120
	二级	$0.28f_t/f_{yv}$	1525	1675	1824	1920	2016	2091	2176	2229	2283
	特一级、一级	$0.30f_t/f_{yv}$	1634	1794	1954	2057	2160	2240	2331	2389	2446
850	非抗震	$0.24f_t/f_{yv}$	1389	1525	1661	1749	1836	1904	1982	2030	2079
	三、四级	$0.26f_t/f_{yv}$	1505	1652	1800	1894	1989	2063	2147	2199	2252
	二级	$0.28f_t/f_{yv}$	1621	1779	1938	2040	2142	2221	2312	2369	2425
	特一级、一级	$0.30f_t/f_{yv}$	1736	1906	2076	2186	2295	2380	2477	2538	2599
900	非抗震	$0.24f_t/f_{yv}$	1471	1615	1759	1851	1944	2016	2098	2150	2201
	三、四级	$0.26f_t/f_{yv}$	1593	1749	1905	2006	2106	2184	2273	2329	2385
	二级	$0.28f_t/f_{yv}$	1716	1884	2052	2160	2268	2352	2448	2508	2568
	特一级、一级	$0.30f_t/f_{yv}$	1839	2019	2199	2314	2430	2520	2623	2687	2751

梁宽 b（mm）	抗震等级	梁配箍率	混凝土强度等级								
			C30	C35	C40	C45	C50	C55	C60	C65	C70
950	非抗震	$0.24f_t/f_{yv}$	1553	1705	1857	1954	2052	2128	2215	2269	2323
	三、四级	$0.26f_t/f_{yv}$	1682	1847	2011	2117	2223	2305	2399	2458	2517
	二级	$0.28f_t/f_{yv}$	1811	1989	2166	2280	2394	2483	2584	2647	2711
	特一级、一级	$0.30f_t/f_{yv}$	1941	2131	2321	2443	2565	2660	2769	2836	2904
1000	非抗震	$0.24f_t/f_{yv}$	1634	1794	1954	2057	2160	2240	2331	2389	2446
	三、四级	$0.26f_t/f_{yv}$	1770	1944	2117	2229	2340	2427	2526	2588	2650
	二级	$0.28f_t/f_{yv}$	1907	2093	2280	2400	2520	2613	2720	2787	2853
	特一级、一级	$0.30f_t/f_{yv}$	2043	2243	2443	2571	2700	2800	2914	2986	3057
1050	非抗震	$0.24f_t/f_{yv}$	1716	1884	2052	2160	2268	2352	2448	2508	2568
	三、四级	$0.26f_t/f_{yv}$	1859	2041	2223	2340	2457	2548	2652	2717	2782
	二级	$0.28f_t/f_{yv}$	2002	2198	2394	2520	2646	2744	2856	2926	2996
	特一级、一级	$0.30f_t/f_{yv}$	2145	2355	2565	2700	2835	2940	3060	3135	3210
1100	非抗震	$0.24f_t/f_{yv}$	1798	1974	2150	2263	2376	2464	2565	2627	2690
	三、四级	$0.26f_t/f_{yv}$	1948	2138	2329	2451	2574	2669	2778	2846	2914
	二级	$0.28f_t/f_{yv}$	2097	2303	2508	2640	2772	2875	2992	3065	3139
	特一级、一级	$0.30f_t/f_{yv}$	2247	2467	2687	2829	2970	3080	3206	3284	3363
1150	非抗震	$0.24f_t/f_{yv}$	1879	2063	2247	2366	2484	2576	2681	2747	2813
	三、四级	$0.26f_t/f_{yv}$	2036	2235	2435	2563	2691	2791	2905	2976	3047
	二级	$0.28f_t/f_{yv}$	2193	2407	2622	2760	2898	3005	3128	3205	3281
	特一级、一级	$0.30f_t/f_{yv}$	2349	2579	2809	2957	3105	3220	3351	3434	3516
1200	非抗震	$0.24f_t/f_{yv}$	1961	2153	2345	2469	2592	2688	2798	2866	2935
	三、四级	$0.26f_t/f_{yv}$	2125	2333	2541	2674	2808	2912	3031	3105	3179
	二级	$0.28f_t/f_{yv}$	2288	2512	2736	2880	3024	3136	3264	3344	3424
	特一级、一级	$0.30f_t/f_{yv}$	2451	2691	2931	3086	3240	3360	3497	3583	3669

说明：本表根据《高层建筑混凝土结构技术规程》JGJ 3—2010 第 11.4.3 条 1 款编制。

型钢混凝土梁用 300 级箍筋（$f_{yv}=270\,\text{N/mm}^2$）时沿全长的最小配箍量（$\text{mm}^2/\text{m}$）　　　表 10.2-2

梁宽 b（mm）	抗震等级	梁配箍率	混凝土强度等级								
			C30	C35	C40	C45	C50	C55	C60	C65	C70
300	非抗震	$0.24f_t/f_{yv}$	450	450	456	480	504	523	544	557	571
	三、四级	$0.26f_t/f_{yv}$	450	454	494	520	546	566	589	604	618
	二级	$0.28f_t/f_{yv}$	467	488	532	560	588	610	635	650	666
	特一级、一级	$0.30f_t/f_{yv}$	500	523	570	600	630	653	680	697	713

梁宽 b（mm）	抗震等级	梁配箍率	混凝土强度等级								
			C30	C35	C40	C45	C50	C55	C60	C65	C70
350	非抗震	$0.24f_t/f_{yv}$	525	525	532	560	588	610	635	650	666
	三、四级	$0.26f_t/f_{yv}$	525	529	576	607	637	661	688	704	721
	二级	$0.28f_t/f_{yv}$	544	570	621	653	686	711	740	759	777
	特一级、一级	$0.30f_t/f_{yv}$	583	611	665	700	735	762	793	813	832
400	非抗震	$0.24f_t/f_{yv}$	600	600	608	640	672	697	725	743	761
	三、四级	$0.26f_t/f_{yv}$	600	605	659	693	728	755	786	805	824
	二级	$0.28f_t/f_{yv}$	622	651	709	747	784	813	846	867	888
	特一级、一级	$0.30f_t/f_{yv}$	667	698	760	800	840	871	907	929	951
450	非抗震	$0.24f_t/f_{yv}$	675	675	684	720	756	784	816	836	856
	三、四级	$0.26f_t/f_{yv}$	675	680	741	780	819	849	884	906	927
	二级	$0.28f_t/f_{yv}$	700	733	798	840	882	915	952	975	999
	特一级、一级	$0.30f_t/f_{yv}$	750	785	855	900	945	980	1020	1045	1070
500	非抗震	$0.24f_t/f_{yv}$	750	750	760	800	840	871	907	929	951
	三、四级	$0.26f_t/f_{yv}$	750	756	823	867	910	944	982	1006	1030
	二级	$0.28f_t/f_{yv}$	778	814	887	933	980	1016	1058	1084	1110
	特一级、一级	$0.30f_t/f_{yv}$	833	872	950	1000	1050	1089	1133	1161	1189
550	非抗震	$0.24f_t/f_{yv}$	825	825	836	880	924	958	997	1022	1046
	三、四级	$0.26f_t/f_{yv}$	825	832	906	953	1001	1038	1080	1107	1133
	二级	$0.28f_t/f_{yv}$	856	895	975	1027	1078	1118	1164	1192	1221
	特一级、一级	$0.30f_t/f_{yv}$	917	959	1045	1100	1155	1198	1247	1277	1308
600	非抗震	$0.24f_t/f_{yv}$	900	900	912	960	1008	1045	1088	1115	1141
	三、四级	$0.26f_t/f_{yv}$	900	907	988	1040	1092	1132	1179	1208	1236
	二级	$0.28f_t/f_{yv}$	933	977	1064	1120	1176	1220	1269	1300	1332
	特一级、一级	$0.30f_t/f_{yv}$	1000	1047	1140	1200	1260	1307	1360	1393	1427
650	非抗震	$0.24f_t/f_{yv}$	975	975	988	1040	1092	1132	1179	1208	1236
	三、四级	$0.26f_t/f_{yv}$	975	983	1070	1127	1183	1227	1277	1308	1339
	二级	$0.28f_t/f_{yv}$	1011	1058	1153	1213	1274	1321	1375	1409	1443
	特一级、一级	$0.30f_t/f_{yv}$	1083	1134	1235	1300	1365	1416	1473	1509	1546
700	非抗震	$0.24f_t/f_{yv}$	1050	1050	1064	1120	1176	1220	1269	1300	1332
	三、四级	$0.26f_t/f_{yv}$	1050	1058	1153	1213	1274	1321	1375	1409	1443
	二级	$0.28f_t/f_{yv}$	1089	1140	1241	1307	1372	1423	1481	1517	1553
	特一级、一级	$0.30f_t/f_{yv}$	1167	1221	1330	1400	1470	1524	1587	1626	1664

梁宽 b (mm)	抗震等级	梁配箍率	混凝土强度等级								
			C30	C35	C40	C45	C50	C55	C60	C65	C70
750	非抗震	$0.24f_t/f_{yv}$	1125	1125	1140	1200	1260	1307	1360	1393	1427
	三、四级	$0.26f_t/f_{yv}$	1125	1134	1235	1300	1365	1416	1473	1509	1546
	二级	$0.28f_t/f_{yv}$	1167	1221	1330	1400	1470	1524	1587	1626	1664
	特一级、一级	$0.30f_t/f_{yv}$	1250	1308	1425	1500	1575	1633	1700	1742	1783
800	非抗震	$0.24f_t/f_{yv}$	1200	1200	1216	1280	1344	1394	1451	1486	1522
	三、四级	$0.26f_t/f_{yv}$	1200	1209	1317	1387	1456	1510	1572	1610	1649
	二级	$0.28f_t/f_{yv}$	1244	1303	1419	1493	1568	1626	1692	1734	1775
	特一级、一级	$0.30f_t/f_{yv}$	1333	1396	1520	1600	1680	1742	1813	1858	1902
850	非抗震	$0.24f_t/f_{yv}$	1275	1275	1292	1360	1428	1481	1541	1579	1617
	三、四级	$0.26f_t/f_{yv}$	1275	1285	1400	1473	1547	1604	1670	1711	1752
	二级	$0.28f_t/f_{yv}$	1322	1384	1507	1587	1666	1728	1798	1842	1886
	特一级、一级	$0.30f_t/f_{yv}$	1417	1483	1615	1700	1785	1851	1927	1974	2021
900	非抗震	$0.24f_t/f_{yv}$	1350	1350	1368	1440	1512	1568	1632	1672	1712
	三、四级	$0.26f_t/f_{yv}$	1350	1361	1482	1560	1638	1699	1768	1811	1855
	二级	$0.28f_t/f_{yv}$	1400	1465	1596	1680	1764	1829	1904	1951	1997
	特一级、一级	$0.30f_t/f_{yv}$	1500	1570	1710	1800	1890	1960	2040	2090	2140
950	非抗震	$0.24f_t/f_{yv}$	1425	1425	1444	1520	1596	1655	1723	1765	1807
	三、四级	$0.26f_t/f_{yv}$	1425	1436	1564	1647	1729	1793	1866	1912	1958
	二级	$0.28f_t/f_{yv}$	1478	1547	1685	1773	1862	1931	2010	2059	2108
	特一级、一级	$0.30f_t/f_{yv}$	1583	1657	1805	1900	1995	2069	2153	2206	2259
1000	非抗震	$0.24f_t/f_{yv}$	1500	1500	1520	1600	1680	1742	1813	1858	1902
	三、四级	$0.26f_t/f_{yv}$	1500	1512	1647	1733	1820	1887	1964	2013	2061
	二级	$0.28f_t/f_{yv}$	1556	1628	1773	1867	1960	2033	2116	2167	2219
	特一级、一级	$0.30f_t/f_{yv}$	1667	1744	1900	2000	2100	2178	2267	2322	2378
1050	非抗震	$0.24f_t/f_{yv}$	1575	1575	1596	1680	1764	1829	1904	1951	1997
	三、四级	$0.26f_t/f_{yv}$	1575	1587	1729	1820	1911	1982	2063	2113	2164
	二级	$0.28f_t/f_{yv}$	1633	1710	1862	1960	2058	2134	2221	2276	2330
	特一级、一级	$0.30f_t/f_{yv}$	1750	1832	1995	2100	2205	2287	2380	2438	2497
1100	非抗震	$0.24f_t/f_{yv}$	1650	1650	1672	1760	1848	1916	1995	2044	2092
	三、四级	$0.26f_t/f_{yv}$	1650	1663	1811	1907	2002	2076	2161	2214	2267
	二级	$0.28f_t/f_{yv}$	1711	1791	1951	2053	2156	2236	2327	2384	2441
	特一级、一级	$0.30f_t/f_{yv}$	1833	1919	2090	2200	2310	2396	2493	2554	2616

梁宽 b（mm）	抗震等级	梁配箍率	混凝土强度等级								
			C30	C35	C40	C45	C50	C55	C60	C65	C70
1150	非抗震	$0.24f_t/f_{yv}$	1725	1725	1748	1840	1932	2004	2085	2136	2188
	三、四级	$0.26f_t/f_{yv}$	1725	1739	1894	1993	2093	2171	2259	2314	2370
	二级	$0.28f_t/f_{yv}$	1789	1872	2039	2147	2254	2337	2433	2493	2552
	特一级、一级	$0.30f_t/f_{yv}$	1917	2006	2185	2300	2415	2504	2607	2671	2734
1200	非抗震	$0.24f_t/f_{yv}$	1800	1800	1824	1920	2016	2091	2176	2229	2283
	三、四级	$0.26f_t/f_{yv}$	1800	1814	1976	2080	2184	2265	2357	2415	2473
	二级	$0.28f_t/f_{yv}$	1867	1954	2128	2240	2352	2439	2539	2601	2663
	特一级、一级	$0.30f_t/f_{yv}$	2000	2093	2280	2400	2520	2613	2720	2787	2853

说明：同表 10.2-1，下同。

型钢混凝土梁用 335 级箍筋（$f_{yv}=300\ N/mm^2$）时沿全长的最小配箍量（mm²/m）　　表 10.2-3

梁宽 b（mm）	抗震等级	梁配箍率	混凝土强度等级								
			C30	C35	C40	C45	C50	C55	C60	C65	C70
300	非抗震	$0.24f_t/f_{yv}$	450	450	450	450	454	470	490	502	514
	三、四级	$0.26f_t/f_{yv}$	450	450	450	468	491	510	530	543	556
	二级	$0.28f_t/f_{yv}$	450	450	479	504	529	549	571	585	599
	特一级、一级	$0.30f_t/f_{yv}$	450	471	513	540	567	588	612	627	642
350	非抗震	$0.24f_t/f_{yv}$	525	525	525	525	529	549	571	585	599
	三、四级	$0.26f_t/f_{yv}$	525	525	525	546	573	595	619	634	649
	二级	$0.28f_t/f_{yv}$	525	525	559	588	617	640	666	683	699
	特一级、一级	$0.30f_t/f_{yv}$	525	550	599	630	662	686	714	732	749
400	非抗震	$0.24f_t/f_{yv}$	600	600	600	600	605	627	653	669	685
	三、四级	$0.26f_t/f_{yv}$	600	600	600	624	655	679	707	725	742
	二级	$0.28f_t/f_{yv}$	600	600	638	672	706	732	762	780	799
	特一级、一级	$0.30f_t/f_{yv}$	600	628	684	720	756	784	816	836	856
450	非抗震	$0.24f_t/f_{yv}$	675	675	675	675	680	706	734	752	770
	三、四级	$0.26f_t/f_{yv}$	675	675	675	702	737	764	796	815	835
	二级	$0.28f_t/f_{yv}$	675	675	718	756	794	823	857	878	899
	特一级、一级	$0.30f_t/f_{yv}$	675	707	770	810	851	882	918	941	963
500	非抗震	$0.24f_t/f_{yv}$	750	750	750	750	756	784	816	836	856
	三、四级	$0.26f_t/f_{yv}$	750	750	750	780	819	849	884	906	927
	二级	$0.28f_t/f_{yv}$	750	750	798	840	882	915	952	975	999
	特一级、一级	$0.30f_t/f_{yv}$	750	785	855	900	945	980	1020	1045	1070

梁宽 b（mm）	抗震等级	梁配箍率	混凝土强度等级								
			C30	C35	C40	C45	C50	C55	C60	C65	C70
550	非抗震	$0.24f_t/f_{yv}$	825	825	825	825	832	862	898	920	942
	三、四级	$0.26f_t/f_{yv}$	825	825	825	858	901	934	972	996	1020
	二级	$0.28f_t/f_{yv}$	825	825	878	924	970	1006	1047	1073	1099
	特一级、一级	$0.30f_t/f_{yv}$	825	864	941	990	1040	1078	1122	1150	1177
600	非抗震	$0.24f_t/f_{yv}$	900	900	900	900	907	941	979	1003	1027
	三、四级	$0.26f_t/f_{yv}$	900	900	900	936	983	1019	1061	1087	1113
	二级	$0.28f_t/f_{yv}$	900	900	958	1008	1058	1098	1142	1170	1198
	特一级、一级	$0.30f_t/f_{yv}$	900	942	1026	1080	1134	1176	1224	1254	1284
650	非抗震	$0.24f_t/f_{yv}$	975	975	975	975	983	1019	1061	1087	1113
	三、四级	$0.26f_t/f_{yv}$	975	975	975	1014	1065	1104	1149	1177	1206
	二级	$0.28f_t/f_{yv}$	975	975	1037	1092	1147	1189	1238	1268	1298
	特一级、一级	$0.30f_t/f_{yv}$	975	1021	1112	1170	1229	1274	1326	1359	1391
700	非抗震	$0.24f_t/f_{yv}$	1050	1050	1050	1050	1058	1098	1142	1170	1198
	三、四级	$0.26f_t/f_{yv}$	1050	1050	1050	1092	1147	1189	1238	1268	1298
	二级	$0.28f_t/f_{yv}$	1050	1050	1117	1176	1235	1281	1333	1365	1398
	特一级、一级	$0.30f_t/f_{yv}$	1050	1099	1197	1260	1323	1372	1428	1463	1498
750	非抗震	$0.24f_t/f_{yv}$	1125	1125	1125	1125	1134	1176	1224	1254	1284
	三、四级	$0.26f_t/f_{yv}$	1125	1125	1125	1170	1229	1274	1326	1359	1391
	二级	$0.28f_t/f_{yv}$	1125	1125	1197	1260	1323	1372	1428	1463	1498
	特一级、一级	$0.30f_t/f_{yv}$	1125	1178	1283	1350	1418	1470	1530	1568	1605
800	非抗震	$0.24f_t/f_{yv}$	1200	1200	1200	1200	1210	1254	1306	1338	1370
	三、四级	$0.26f_t/f_{yv}$	1200	1200	1200	1248	1310	1359	1414	1449	1484
	二级	$0.28f_t/f_{yv}$	1200	1200	1277	1344	1411	1463	1523	1561	1598
	特一级、一级	$0.30f_t/f_{yv}$	1200	1256	1368	1440	1512	1568	1632	1672	1712
850	非抗震	$0.24f_t/f_{yv}$	1275	1275	1275	1275	1285	1333	1387	1421	1455
	三、四级	$0.26f_t/f_{yv}$	1275	1275	1275	1326	1392	1444	1503	1540	1576
	二级	$0.28f_t/f_{yv}$	1275	1275	1357	1428	1499	1555	1618	1658	1698
	特一级、一级	$0.30f_t/f_{yv}$	1275	1335	1454	1530	1607	1666	1734	1777	1819
900	非抗震	$0.24f_t/f_{yv}$	1350	1350	1350	1350	1361	1411	1469	1505	1541
	三、四级	$0.26f_t/f_{yv}$	1350	1350	1350	1404	1474	1529	1591	1630	1669
	二级	$0.28f_t/f_{yv}$	1350	1350	1436	1512	1588	1646	1714	1756	1798
	特一级、一级	$0.30f_t/f_{yv}$	1350	1413	1539	1620	1701	1764	1836	1881	1926

梁宽 b (mm)	抗震等级	梁配箍率	混凝土强度等级								
			C30	C35	C40	C45	C50	C55	C60	C65	C70
950	非抗震	$0.24f_t/f_{yv}$	1425	1425	1425	1425	1436	1490	1550	1588	1626
	三、四级	$0.26f_t/f_{yv}$	1425	1425	1425	1482	1556	1614	1680	1721	1762
	二级	$0.28f_t/f_{yv}$	1425	1425	1516	1596	1676	1738	1809	1853	1897
	特一级、一级	$0.30f_t/f_{yv}$	1425	1492	1625	1710	1796	1862	1938	1986	2033
1000	非抗震	$0.24f_t/f_{yv}$	1500	1500	1500	1500	1512	1568	1632	1672	1712
	三、四级	$0.26f_t/f_{yv}$	1500	1500	1500	1560	1638	1699	1768	1811	1855
	二级	$0.28f_t/f_{yv}$	1500	1500	1596	1680	1764	1829	1904	1951	1997
	特一级、一级	$0.30f_t/f_{yv}$	1500	1570	1710	1800	1890	1960	2040	2090	2140
1050	非抗震	$0.24f_t/f_{yv}$	1575	1575	1575	1575	1588	1646	1714	1756	1798
	三、四级	$0.26f_t/f_{yv}$	1575	1575	1575	1638	1720	1784	1856	1902	1947
	二级	$0.28f_t/f_{yv}$	1575	1575	1676	1764	1852	1921	1999	2048	2097
	特一级、一级	$0.30f_t/f_{yv}$	1575	1649	1796	1890	1985	2058	2142	2195	2247
1100	非抗震	$0.24f_t/f_{yv}$	1650	1650	1650	1650	1663	1725	1795	1839	1883
	三、四级	$0.26f_t/f_{yv}$	1650	1650	1650	1716	1802	1869	1945	1992	2040
	二级	$0.28f_t/f_{yv}$	1650	1650	1756	1848	1940	2012	2094	2146	2197
	特一级、一级	$0.30f_t/f_{yv}$	1650	1727	1881	1980	2079	2156	2244	2299	2354
1150	非抗震	$0.24f_t/f_{yv}$	1725	1725	1725	1725	1739	1803	1877	1923	1969
	三、四级	$0.26f_t/f_{yv}$	1725	1725	1725	1794	1884	1953	2033	2083	2133
	二级	$0.28f_t/f_{yv}$	1725	1725	1835	1932	2029	2104	2190	2243	2297
	特一级、一级	$0.30f_t/f_{yv}$	1725	1806	1967	2070	2174	2254	2346	2404	2461
1200	非抗震	$0.24f_t/f_{yv}$	1800	1800	1800	1800	1814	1882	1958	2006	2054
	三、四级	$0.26f_t/f_{yv}$	1800	1800	1800	1872	1966	2038	2122	2174	2226
	二级	$0.28f_t/f_{yv}$	1800	1800	1915	2016	2117	2195	2285	2341	2397
	特一级、一级	$0.30f_t/f_{yv}$	1800	1884	2052	2160	2268	2352	2448	2508	2568

型钢混凝土梁用 400、500 级箍筋（$f_{yv}=360\,\text{N/mm}^2$）时沿全长的最小配箍量（$\text{mm}^2/\text{m}$）　　表 10.2-4

梁宽 b (mm)	抗震等级	梁配箍率	混凝土强度等级								
			C30	C35	C40	C45	C50	C55	C60	C65	C70
300	非抗震	$0.24f_t/f_{yv}$	450	450	450	450	450	450	450	450	450
	三、四级	$0.26f_t/f_{yv}$	450	450	450	450	450	450	450	453	464
	二级	$0.28f_t/f_{yv}$	450	450	450	450	450	457	476	488	499
	特一级、一级	$0.30f_t/f_{yv}$	450	450	450	450	473	490	510	523	535

梁宽 b（mm）	抗震等级	梁配箍率	混凝土强度等级								
			C30	C35	C40	C45	C50	C55	C60	C65	C70
350	非抗震	$0.24f_t/f_{yv}$	525	525	525	525	525	525	525	525	525
	三、四级	$0.26f_t/f_{yv}$	525	525	525	525	525	525	525	528	541
	二级	$0.28f_t/f_{yv}$	525	525	525	525	525	534	555	569	583
	特一级、一级	$0.30f_t/f_{yv}$	525	525	525	525	551	572	595	610	624
400	非抗震	$0.24f_t/f_{yv}$	600	600	600	600	600	600	600	600	600
	三、四级	$0.26f_t/f_{yv}$	600	600	600	600	600	600	600	604	618
	二级	$0.28f_t/f_{yv}$	600	600	600	600	600	610	635	650	666
	特一级、一级	$0.30f_t/f_{yv}$	600	600	600	600	630	653	680	697	713
450	非抗震	$0.24f_t/f_{yv}$	675	675	675	675	675	675	675	675	675
	三、四级	$0.26f_t/f_{yv}$	675	675	675	675	675	675	675	679	696
	二级	$0.28f_t/f_{yv}$	675	675	675	675	675	686	714	732	749
	特一级、一级	$0.30f_t/f_{yv}$	675	675	675	675	709	735	765	784	803
500	非抗震	$0.24f_t/f_{yv}$	750	750	750	750	750	750	750	750	750
	三、四级	$0.26f_t/f_{yv}$	750	750	750	750	750	750	750	755	773
	二级	$0.28f_t/f_{yv}$	750	750	750	750	750	762	793	813	832
	特一级、一级	$0.30f_t/f_{yv}$	750	750	750	750	788	817	850	871	892
550	非抗震	$0.24f_t/f_{yv}$	825	825	825	825	825	825	825	825	825
	三、四级	$0.26f_t/f_{yv}$	825	825	825	825	825	825	825	830	850
	二级	$0.28f_t/f_{yv}$	825	825	825	825	825	838	873	894	915
	特一级、一级	$0.30f_t/f_{yv}$	825	825	825	825	866	898	935	958	981
600	非抗震	$0.24f_t/f_{yv}$	900	900	900	900	900	900	900	900	900
	三、四级	$0.26f_t/f_{yv}$	900	900	900	900	900	900	900	906	927
	二级	$0.28f_t/f_{yv}$	900	900	900	900	900	915	952	975	999
	特一级、一级	$0.30f_t/f_{yv}$	900	900	900	900	945	980	1020	1045	1070
650	非抗震	$0.24f_t/f_{yv}$	975	975	975	975	975	975	975	975	975
	三、四级	$0.26f_t/f_{yv}$	975	975	975	975	975	975	975	981	1005
	二级	$0.28f_t/f_{yv}$	975	975	975	975	975	991	1031	1057	1082
	特一级、一级	$0.30f_t/f_{yv}$	975	975	975	975	1024	1062	1105	1132	1159
700	非抗震	$0.24f_t/f_{yv}$	1050	1050	1050	1050	1050	1050	1050	1050	1050
	三、四级	$0.26f_t/f_{yv}$	1050	1050	1050	1050	1050	1050	1050	1057	1082
	二级	$0.28f_t/f_{yv}$	1050	1050	1050	1050	1050	1067	1111	1138	1165
	特一级、一级	$0.30f_t/f_{yv}$	1050	1050	1050	1050	1103	1143	1190	1219	1248

梁宽 b（mm）	抗震等级	梁配箍率	混凝土强度等级								
			C30	C35	C40	C45	C50	C55	C60	C65	C70
750	非抗震	$0.24f_t/f_{yv}$	1125	1125	1125	1125	1125	1125	1125	1125	1125
	三、四级	$0.26f_t/f_{yv}$	1125	1125	1125	1125	1125	1125	1125	1132	1159
	二级	$0.28f_t/f_{yv}$	1125	1125	1125	1125	1125	1143	1190	1219	1248
	特一级、一级	$0.30f_t/f_{yv}$	1125	1125	1125	1125	1181	1225	1275	1306	1338
800	非抗震	$0.24f_t/f_{yv}$	1200	1200	1200	1200	1200	1200	1200	1200	1200
	三、四级	$0.26f_t/f_{yv}$	1200	1200	1200	1200	1200	1200	1200	1208	1236
	二级	$0.28f_t/f_{yv}$	1200	1200	1200	1200	1200	1220	1269	1300	1332
	特一级、一级	$0.30f_t/f_{yv}$	1200	1200	1200	1200	1260	1307	1360	1393	1427
850	非抗震	$0.24f_t/f_{yv}$	1275	1275	1275	1275	1275	1275	1275	1275	1275
	三、四级	$0.26f_t/f_{yv}$	1275	1275	1275	1275	1275	1275	1275	1283	1314
	二级	$0.28f_t/f_{yv}$	1275	1275	1275	1275	1275	1296	1349	1382	1415
	特一级、一级	$0.30f_t/f_{yv}$	1275	1275	1275	1275	1339	1388	1445	1480	1516
900	非抗震	$0.24f_t/f_{yv}$	1350	1350	1350	1350	1350	1350	1350	1350	1350
	三、四级	$0.26f_t/f_{yv}$	1350	1350	1350	1350	1350	1350	1350	1359	1391
	二级	$0.28f_t/f_{yv}$	1350	1350	1350	1350	1350	1372	1428	1463	1498
	特一级、一级	$0.30f_t/f_{yv}$	1350	1350	1350	1350	1418	1470	1530	1568	1605
950	非抗震	$0.24f_t/f_{yv}$	1425	1425	1425	1425	1425	1425	1425	1425	1425
	三、四级	$0.26f_t/f_{yv}$	1425	1425	1425	1425	1425	1425	1425	1434	1468
	二级	$0.28f_t/f_{yv}$	1425	1425	1425	1425	1425	1448	1507	1544	1581
	特一级、一级	$0.30f_t/f_{yv}$	1425	1425	1425	1425	1496	1552	1615	1655	1694
1000	非抗震	$0.24f_t/f_{yv}$	1500	1500	1500	1500	1500	1500	1500	1500	1500
	三、四级	$0.26f_t/f_{yv}$	1500	1500	1500	1500	1500	1500	1500	1509	1546
	二级	$0.28f_t/f_{yv}$	1500	1500	1500	1500	1500	1524	1587	1626	1664
	特一级、一级	$0.30f_t/f_{yv}$	1500	1500	1500	1500	1575	1633	1700	1742	1783
1050	非抗震	$0.24f_t/f_{yv}$	1575	1575	1575	1575	1575	1575	1575	1575	1575
	三、四级	$0.26f_t/f_{yv}$	1575	1575	1575	1575	1575	1575	1575	1585	1623
	二级	$0.28f_t/f_{yv}$	1575	1575	1575	1575	1575	1601	1666	1707	1748
	特一级、一级	$0.30f_t/f_{yv}$	1575	1575	1575	1575	1654	1715	1785	1829	1873
1100	非抗震	$0.24f_t/f_{yv}$	1650	1650	1650	1650	1650	1650	1650	1650	1650
	三、四级	$0.26f_t/f_{yv}$	1650	1650	1650	1650	1650	1650	1650	1660	1700
	二级	$0.28f_t/f_{yv}$	1650	1650	1650	1650	1650	1677	1745	1788	1831
	特一级、一级	$0.30f_t/f_{yv}$	1650	1650	1650	1650	1733	1797	1870	1916	1962

梁宽 b（mm）	抗震等级	梁配箍率	混凝土强度等级								
			C30	C35	C40	C45	C50	C55	C60	C65	C70
1150	非抗震	$0.24f_t/f_{yv}$	1725	1725	1725	1725	1725	1725	1725	1725	1725
	三、四级	$0.26f_t/f_{yv}$	1725	1725	1725	1725	1725	1725	1725	1736	1777
	二级	$0.28f_t/f_{yv}$	1725	1725	1725	1725	1725	1753	1825	1869	1914
	特一级、一级	$0.30f_t/f_{yv}$	1725	1725	1725	1725	1811	1878	1955	2003	2051
1200	非抗震	$0.24f_t/f_{yv}$	1800	1800	1800	1800	1800	1800	1800	1800	1800
	三、四级	$0.26f_t/f_{yv}$	1800	1800	1800	1800	1800	1800	1800	1811	1855
	二级	$0.28f_t/f_{yv}$	1800	1800	1800	1800	1800	1829	1904	1951	1997
	特一级、一级	$0.30f_t/f_{yv}$	1800	1800	1800	1800	1890	1960	2040	2090	2140

（三）转换梁加密区的最小配箍量

转换梁用 235 级箍筋（$f_{yv}=210 \, \text{N/mm}^2$）时加密区的最小配箍量（mm²/m）　　　表 10.3-1

梁宽 b（mm）	抗震等级	梁配箍率	混凝土强度等级								
			C30	C35	C40	C45	C50	C55	C60	C65	C70
200	非抗震	$0.9f_t/f_{yv}$	1226	1346	1466	1543	1620	1680	1749	1791	1834
	二级	$1.1f_t/f_{yv}$	1498	1645	1791	1886	1980	2053	2137	2190	2242
	一级	$1.2f_t/f_{yv}$	1634	1794	1954	2057	2160	2240	2331	2389	2446
	特一级	$1.3f_t/f_{yv}$	1770	1944	2117	2229	2340	2427	2526	2588	2650
220	非抗震	$0.9f_t/f_{yv}$	1348	1480	1612	1697	1782	1848	1923	1971	2018
	二级	$1.1f_t/f_{yv}$	1648	1809	1971	2074	2178	2259	2351	2408	2466
	一级	$1.2f_t/f_{yv}$	1798	1974	2150	2263	2376	2464	2565	2627	2690
	特一级	$1.3f_t/f_{yv}$	1948	2138	2329	2451	2574	2669	2778	2846	2914
240	非抗震	$0.9f_t/f_{yv}$	1471	1615	1759	1851	1944	2016	2098	2150	2201
	二级	$1.1f_t/f_{yv}$	1798	1974	2150	2263	2376	2464	2565	2627	2690
	一级	$1.2f_t/f_{yv}$	1961	2153	2345	2469	2592	2688	2798	2866	2935
	特一级	$1.3f_t/f_{yv}$	2125	2333	2541	2674	2808	2912	3031	3105	3179
250	非抗震	$0.9f_t/f_{yv}$	1532	1682	1832	1929	2025	2100	2186	2239	2293
	二级	$1.1f_t/f_{yv}$	1873	2056	2239	2357	2475	2567	2671	2737	2802
	一级	$1.2f_t/f_{yv}$	2043	2243	2443	2571	2700	2800	2914	2986	3057
	特一级	$1.3f_t/f_{yv}$	2213	2430	2646	2786	2925	3033	3157	3235	3312
300	非抗震	$0.9f_t/f_{yv}$	1839	2019	2199	2314	2430	2520	2623	2687	2751
	二级	$1.1f_t/f_{yv}$	2247	2467	2687	2829	2970	3080	3206	3284	3363
	一级	$1.2f_t/f_{yv}$	2451	2691	2931	3086	3240	3360	3497	3583	3669
	特一级	$1.3f_t/f_{yv}$	2656	2916	3176	3343	3510	3640	3789	3881	3974

梁宽 b (mm)	抗震等级	梁配箍率	混凝土强度等级								
			C30	C35	C40	C45	C50	C55	C60	C65	C70
350	非抗震	$0.9f_t/f_{yv}$	2145	2355	2565	2700	2835	2940	3060	3135	3210
	二级	$1.1f_t/f_{yv}$	2622	2878	3135	3300	3465	3593	3740	3832	3923
	一级	$1.2f_t/f_{yv}$	2860	3140	3420	3600	3780	3920	4080	4180	4280
	特一级	$1.3f_t/f_{yv}$	3098	3402	3705	3900	4095	4247	4420	4528	4637
400	非抗震	$0.9f_t/f_{yv}$	2451	2691	2931	3086	3240	3360	3497	3583	3669
	二级	$1.1f_t/f_{yv}$	2996	3290	3583	3771	3960	4107	4274	4379	4484
	一级	$1.2f_t/f_{yv}$	3269	3589	3909	4114	4320	4480	4663	4777	4891
	特一级	$1.3f_t/f_{yv}$	3541	3888	4234	4457	4680	4853	5051	5175	5299
450	非抗震	$0.9f_t/f_{yv}$	2758	3028	3298	3471	3645	3780	3934	4031	4127
	二级	$1.1f_t/f_{yv}$	3371	3701	4031	4243	4455	4620	4809	4926	5044
	一级	$1.2f_t/f_{yv}$	3677	4037	4397	4629	4860	5040	5246	5374	5503
	特一级	$1.3f_t/f_{yv}$	3984	4374	4764	5014	5265	5460	5683	5822	5961
500	非抗震	$0.9f_t/f_{yv}$	3064	3364	3664	3857	4050	4200	4371	4479	4586
	二级	$1.1f_t/f_{yv}$	3745	4112	4479	4714	4950	5133	5343	5474	5605
	一级	$1.2f_t/f_{yv}$	4086	4486	4886	5143	5400	5600	5829	5971	6114
	特一级	$1.3f_t/f_{yv}$	4426	4860	5293	5571	5850	6067	6314	6469	6624
550	非抗震	$0.9f_t/f_{yv}$	3371	3701	4031	4243	4455	4620	4809	4926	5044
	二级	$1.1f_t/f_{yv}$	4120	4523	4926	5186	5445	5647	5877	6021	6165
	一级	$1.2f_t/f_{yv}$	4494	4934	5374	5657	5940	6160	6411	6569	6726
	特一级	$1.3f_t/f_{yv}$	4869	5345	5822	6129	6435	6673	6946	7116	7286
600	非抗震	$0.9f_t/f_{yv}$	3677	4037	4397	4629	4860	5040	5246	5374	5503
	二级	$1.1f_t/f_{yv}$	4494	4934	5374	5657	5940	6160	6411	6569	6726
	一级	$1.2f_t/f_{yv}$	4903	5383	5863	6171	6480	6720	6994	7166	7337
	特一级	$1.3f_t/f_{yv}$	5311	5831	6351	6686	7020	7280	7577	7763	7949
650	非抗震	$0.9f_t/f_{yv}$	3984	4374	4764	5014	5265	5460	5683	5822	5961
	二级	$1.1f_t/f_{yv}$	4869	5345	5822	6129	6435	6673	6946	7116	7286
	一级	$1.2f_t/f_{yv}$	5311	5831	6351	6686	7020	7280	7577	7763	7949
	特一级	$1.3f_t/f_{yv}$	5754	6317	6881	7243	7605	7887	8209	8410	8611
700	非抗震	$0.9f_t/f_{yv}$	4290	4710	5130	5400	5670	5880	6120	6270	6420
	二级	$1.1f_t/f_{yv}$	5243	5757	6270	6600	6930	7187	7480	7663	7847
	一级	$1.2f_t/f_{yv}$	5720	6280	6840	7200	7560	7840	8160	8360	8560
	特一级	$1.3f_t/f_{yv}$	6197	6803	7410	7800	8190	8493	8840	9057	9273

梁宽 b（mm）	抗震等级	梁配箍率	混凝土强度等级								
			C30	C35	C40	C45	C50	C55	C60	C65	C70
750	非抗震	$0.9f_t/f_{yv}$	4596	5046	5496	5786	6075	6300	6557	6718	6879
	二级	$1.1f_t/f_{yv}$	5618	6168	6718	7071	7425	7700	8014	8211	8407
	一级	$1.2f_t/f_{yv}$	6129	6729	7329	7714	8100	8400	8743	8957	9171
	特一级	$1.3f_t/f_{yv}$	6639	7289	7939	8357	8775	9100	9471	9704	9936
800	非抗震	$0.9f_t/f_{yv}$	4903	5383	5863	6171	6480	6720	6994	7166	7337
	二级	$1.1f_t/f_{yv}$	5992	6579	7166	7543	7920	8213	8549	8758	8968
	一级	$1.2f_t/f_{yv}$	6537	7177	7817	8229	8640	8960	9326	9554	9783
	特一级	$1.3f_t/f_{yv}$	7082	7775	8469	8914	9360	9707	10103	10350	10598
850	非抗震	$0.9f_t/f_{yv}$	5209	5719	6229	6557	6885	7140	7431	7614	7796
	二级	$1.1f_t/f_{yv}$	6367	6990	7614	8014	8415	8727	9083	9305	9528
	一级	$1.2f_t/f_{yv}$	6946	7626	8306	8743	9180	9520	9909	10151	10394
	特一级	$1.3f_t/f_{yv}$	7525	8261	8998	9471	9945	10313	10734	10997	11260
900	非抗震	$0.9f_t/f_{yv}$	5516	6056	6596	6943	7290	7560	7869	8061	8254
	二级	$1.1f_t/f_{yv}$	6741	7401	8061	8486	8910	9240	9617	9853	10089
	一级	$1.2f_t/f_{yv}$	7354	8074	8794	9257	9720	10080	10491	10749	11006
	特一级	$1.3f_t/f_{yv}$	7967	8747	9527	10029	10530	10920	11366	11644	11923
950	非抗震	$0.9f_t/f_{yv}$	5822	6392	6962	7329	7695	7980	8306	8509	8713
	二级	$1.1f_t/f_{yv}$	7116	7813	8509	8957	9405	9753	10151	10400	10649
	一级	$1.2f_t/f_{yv}$	7763	8523	9283	9771	10260	10640	11074	11346	11617
	特一级	$1.3f_t/f_{yv}$	8410	9233	10056	10586	11115	11527	11997	12291	12585
1000	非抗震	$0.9f_t/f_{yv}$	6129	6729	7329	7714	8100	8400	8743	8957	9171
	二级	$1.1f_t/f_{yv}$	7490	8224	8957	9429	9900	10267	10686	10948	11210
	一级	$1.2f_t/f_{yv}$	8171	8971	9771	10286	10800	11200	11657	11943	12229
	特一级	$1.3f_t/f_{yv}$	8852	9719	10586	11143	11700	12133	12629	12938	13248
1050	非抗震	$0.9f_t/f_{yv}$	6435	7065	7695	8100	8505	8820	9180	9405	9630
	二级	$1.1f_t/f_{yv}$	7865	8635	9405	9900	10395	10780	11220	11495	11770
	一级	$1.2f_t/f_{yv}$	8580	9420	10260	10800	11340	11760	12240	12540	12840
	特一级	$1.3f_t/f_{yv}$	9295	10205	11115	11700	12285	12740	13260	13585	13910
1100	非抗震	$0.9f_t/f_{yv}$	6741	7401	8061	8486	8910	9240	9617	9853	10089
	二级	$1.1f_t/f_{yv}$	8240	9046	9853	10371	10890	11293	11754	12042	12330
	一级	$1.2f_t/f_{yv}$	8989	9869	10749	11314	11880	12320	12823	13137	13451
	特一级	$1.3f_t/f_{yv}$	9738	10691	11644	12257	12870	13347	13891	14232	14572

梁宽 b（mm）	抗震等级	梁配箍率	混凝土强度等级								
			C30	C35	C40	C45	C50	C55	C60	C65	C70
1150	非抗震	$0.9f_t/f_{yv}$	7048	7738	8428	8871	9315	9660	10054	10301	10547
	二级	$1.1f_t/f_{yv}$	8614	9457	10301	10843	11385	11807	12289	12590	12891
	一级	$1.2f_t/f_{yv}$	9397	10317	11237	11829	12420	12880	13406	13734	14063
	特一级	$1.3f_t/f_{yv}$	10180	11177	12174	12814	13455	13953	14523	14879	15235
1200	非抗震	$0.9f_t/f_{yv}$	7354	8074	8794	9257	9720	10080	10491	10749	11006
	二级	$1.1f_t/f_{yv}$	8989	9869	10749	11314	11880	12320	12823	13137	13451
	一级	$1.2f_t/f_{yv}$	9806	10766	11726	12343	12960	13440	13989	14331	14674
	特一级	$1.3f_t/f_{yv}$	10623	11663	12703	13371	14040	14560	15154	15526	15897

说明：本表根据《高层建筑混凝土结构技术规程》JGJ 3—2010 第 10.2.7 条 2 款编制。

转换梁用 300 级箍筋（$f_{yv}=270\,\text{N/mm}^2$）时加密区的最小配箍量（mm²/m）　　表 10.3-2

梁宽 b（mm）	抗震等级	梁配箍率	混凝土强度等级								
			C30	C35	C40	C45	C50	C55	C60	C65	C70
200	非抗震	$0.9f_t/f_{yv}$	954	1047	1140	1200	1260	1307	1360	1393	1427
	二级	$1.1f_t/f_{yv}$	1165	1279	1393	1467	1540	1597	1662	1703	1744
	一级	$1.2f_t/f_{yv}$	1271	1396	1520	1600	1680	1742	1813	1858	1902
	特一级	$1.3f_t/f_{yv}$	1377	1512	1647	1733	1820	1887	1964	2013	2061
220	非抗震	$0.9f_t/f_{yv}$	1049	1151	1254	1320	1386	1437	1496	1533	1569
	二级	$1.1f_t/f_{yv}$	1282	1407	1533	1613	1694	1757	1828	1873	1918
	一级	$1.2f_t/f_{yv}$	1398	1535	1672	1760	1848	1916	1995	2044	2092
	特一级	$1.3f_t/f_{yv}$	1515	1663	1811	1907	2002	2076	2161	2214	2267
240	非抗震	$0.9f_t/f_{yv}$	1144	1256	1368	1440	1512	1568	1632	1672	1712
	二级	$1.1f_t/f_{yv}$	1398	1535	1672	1760	1848	1916	1995	2044	2092
	一级	$1.2f_t/f_{yv}$	1525	1675	1824	1920	2016	2091	2176	2229	2283
	特一级	$1.3f_t/f_{yv}$	1652	1814	1976	2080	2184	2265	2357	2415	2473
250	非抗震	$0.9f_t/f_{yv}$	1192	1308	1425	1500	1575	1633	1700	1742	1783
	二级	$1.1f_t/f_{yv}$	1456	1599	1742	1833	1925	1996	2078	2129	2180
	一级	$1.2f_t/f_{yv}$	1589	1744	1900	2000	2100	2178	2267	2322	2378
	特一级	$1.3f_t/f_{yv}$	1721	1890	2058	2167	2275	2359	2456	2516	2576
300	非抗震	$0.9f_t/f_{yv}$	1430	1570	1710	1800	1890	1960	2040	2090	2140
	二级	$1.1f_t/f_{yv}$	1748	1919	2090	2200	2310	2396	2493	2554	2616
	一级	$1.2f_t/f_{yv}$	1907	2093	2280	2400	2520	2613	2720	2787	2853
	特一级	$1.3f_t/f_{yv}$	2066	2268	2470	2600	2730	2831	2947	3019	3091

梁宽 b（mm）	抗震等级	梁配箍率	混凝土强度等级								
			C30	C35	C40	C45	C50	C55	C60	C65	C70
350	非抗震	$0.9f_t/f_{yv}$	1668	1832	1995	2100	2205	2287	2380	2438	2497
	二级	$1.1f_t/f_{yv}$	2039	2239	2438	2567	2695	2795	2909	2980	3051
	一级	$1.2f_t/f_{yv}$	2224	2442	2660	2800	2940	3049	3173	3251	3329
	特一级	$1.3f_t/f_{yv}$	2410	2646	2882	3033	3185	3303	3438	3522	3606
400	非抗震	$0.9f_t/f_{yv}$	1907	2093	2280	2400	2520	2613	2720	2787	2853
	二级	$1.1f_t/f_{yv}$	2330	2559	2787	2933	3080	3194	3324	3406	3487
	一级	$1.2f_t/f_{yv}$	2542	2791	3040	3200	3360	3484	3627	3716	3804
	特一级	$1.3f_t/f_{yv}$	2754	3024	3293	3467	3640	3775	3929	4025	4121
450	非抗震	$0.9f_t/f_{yv}$	2145	2355	2565	2700	2835	2940	3060	3135	3210
	二级	$1.1f_t/f_{yv}$	2622	2878	3135	3300	3465	3593	3740	3832	3923
	一级	$1.2f_t/f_{yv}$	2860	3140	3420	3600	3780	3920	4080	4180	4280
	特一级	$1.3f_t/f_{yv}$	3098	3402	3705	3900	4095	4247	4420	4528	4637
500	非抗震	$0.9f_t/f_{yv}$	2383	2617	2850	3000	3150	3267	3400	3483	3567
	二级	$1.1f_t/f_{yv}$	2913	3198	3483	3667	3850	3993	4156	4257	4359
	一级	$1.2f_t/f_{yv}$	3178	3489	3800	4000	4200	4356	4533	4644	4756
	特一级	$1.3f_t/f_{yv}$	3443	3780	4117	4333	4550	4719	4911	5031	5152
550	非抗震	$0.9f_t/f_{yv}$	2622	2878	3135	3300	3465	3593	3740	3832	3923
	二级	$1.1f_t/f_{yv}$	3204	3518	3832	4033	4235	4392	4571	4683	4795
	一级	$1.2f_t/f_{yv}$	3496	3838	4180	4400	4620	4791	4987	5109	5231
	特一级	$1.3f_t/f_{yv}$	3787	4158	4528	4767	5005	5190	5402	5535	5667
600	非抗震	$0.9f_t/f_{yv}$	2860	3140	3420	3600	3780	3920	4080	4180	4280
	二级	$1.1f_t/f_{yv}$	3496	3838	4180	4400	4620	4791	4987	5109	5231
	一级	$1.2f_t/f_{yv}$	3813	4187	4560	4800	5040	5227	5440	5573	5707
	特一级	$1.3f_t/f_{yv}$	4131	4536	4940	5200	5460	5662	5893	6038	6182
650	非抗震	$0.9f_t/f_{yv}$	3098	3402	3705	3900	4095	4247	4420	4528	4637
	二级	$1.1f_t/f_{yv}$	3787	4158	4528	4767	5005	5190	5402	5535	5667
	一级	$1.2f_t/f_{yv}$	4131	4536	4940	5200	5460	5662	5893	6038	6182
	特一级	$1.3f_t/f_{yv}$	4475	4914	5352	5633	5915	6134	6384	6541	6697
700	非抗震	$0.9f_t/f_{yv}$	3337	3663	3990	4200	4410	4573	4760	4877	4993
	二级	$1.1f_t/f_{yv}$	4078	4477	4877	5133	5390	5590	5818	5960	6103
	一级	$1.2f_t/f_{yv}$	4449	4884	5320	5600	5880	6098	6347	6502	6658
	特一级	$1.3f_t/f_{yv}$	4820	5291	5763	6067	6370	6606	6876	7044	7213

梁宽 b（mm）	抗震等级	梁配箍率	混凝土强度等级								
			C30	C35	C40	C45	C50	C55	C60	C65	C70
750	非抗震	$0.9f_t/f_{yv}$	3575	3925	4275	4500	4725	4900	5100	5225	5350
	二级	$1.1f_t/f_{yv}$	4369	4797	5225	5500	5775	5989	6233	6386	6539
	一级	$1.2f_t/f_{yv}$	4767	5233	5700	6000	6300	6533	6800	6967	7133
	特一级	$1.3f_t/f_{yv}$	5164	5669	6175	6500	6825	7078	7367	7547	7728
800	非抗震	$0.9f_t/f_{yv}$	3813	4187	4560	4800	5040	5227	5440	5573	5707
	二级	$1.1f_t/f_{yv}$	4661	5117	5573	5867	6160	6388	6649	6812	6975
	一级	$1.2f_t/f_{yv}$	5084	5582	6080	6400	6720	6969	7253	7431	7609
	特一级	$1.3f_t/f_{yv}$	5508	6047	6587	6933	7280	7550	7858	8050	8243
850	非抗震	$0.9f_t/f_{yv}$	4052	4448	4845	5100	5355	5553	5780	5922	6063
	二级	$1.1f_t/f_{yv}$	4952	5437	5922	6233	6545	6787	7064	7238	7411
	一级	$1.2f_t/f_{yv}$	5402	5931	6460	6800	7140	7404	7707	7896	8084
	特一级	$1.3f_t/f_{yv}$	5852	6425	6998	7367	7735	8021	8349	8554	8758
900	非抗震	$0.9f_t/f_{yv}$	4290	4710	5130	5400	5670	5880	6120	6270	6420
	二级	$1.1f_t/f_{yv}$	5243	5757	6270	6600	6930	7187	7480	7663	7847
	一级	$1.2f_t/f_{yv}$	5720	6280	6840	7200	7560	7840	8160	8360	8560
	特一级	$1.3f_t/f_{yv}$	6197	6803	7410	7800	8190	8493	8840	9057	9273
950	非抗震	$0.9f_t/f_{yv}$	4528	4972	5415	5700	5985	6207	6460	6618	6777
	二级	$1.1f_t/f_{yv}$	5535	6076	6618	6967	7315	7586	7896	8089	8283
	一级	$1.2f_t/f_{yv}$	6038	6629	7220	7600	7980	8276	8613	8824	9036
	特一级	$1.3f_t/f_{yv}$	6541	7181	7822	8233	8645	8965	9331	9560	9789
1000	非抗震	$0.9f_t/f_{yv}$	4767	5233	5700	6000	6300	6533	6800	6967	7133
	二级	$1.1f_t/f_{yv}$	5826	6396	6967	7333	7700	7985	8311	8515	8719
	一级	$1.2f_t/f_{yv}$	6356	6978	7600	8000	8400	8711	9067	9289	9511
	特一级	$1.3f_t/f_{yv}$	6885	7559	8233	8667	9100	9437	9822	10063	10304
1050	非抗震	$0.9f_t/f_{yv}$	5005	5495	5985	6300	6615	6860	7140	7315	7490
	二级	$1.1f_t/f_{yv}$	6117	6716	7315	7700	8085	8384	8727	8941	9154
	一级	$1.2f_t/f_{yv}$	6673	7327	7980	8400	8820	9147	9520	9753	9987
	特一级	$1.3f_t/f_{yv}$	7229	7937	8645	9100	9555	9909	10313	10566	10819
1100	非抗震	$0.9f_t/f_{yv}$	5243	5757	6270	6600	6930	7187	7480	7663	7847
	二级	$1.1f_t/f_{yv}$	6409	7036	7663	8067	8470	8784	9142	9366	9590
	一级	$1.2f_t/f_{yv}$	6991	7676	8360	8800	9240	9582	9973	10218	10462
	特一级	$1.3f_t/f_{yv}$	7574	8315	9057	9533	10010	10381	10804	11069	11334

梁宽 b（mm）	抗震等级	梁配箍率	混凝土强度等级								
			C30	C35	C40	C45	C50	C55	C60	C65	C70
1150	非抗震	$0.9f_t/f_{yv}$	5482	6018	6555	6900	7245	7513	7820	8012	8203
	二级	$1.1f_t/f_{yv}$	6700	7356	8012	8433	8855	9183	9558	9792	10026
	一级	$1.2f_t/f_{yv}$	7309	8024	8740	9200	9660	10018	10427	10682	10938
	特一级	$1.3f_t/f_{yv}$	7918	8693	9468	9967	10465	10853	11296	11572	11849
1200	非抗震	$0.9f_t/f_{yv}$	5720	6280	6840	7200	7560	7840	8160	8360	8560
	二级	$1.1f_t/f_{yv}$	6991	7676	8360	8800	9240	9582	9973	10218	10462
	一级	$1.2f_t/f_{yv}$	7627	8373	9120	9600	10080	10453	10880	11147	11413
	特一级	$1.3f_t/f_{yv}$	8262	9071	9880	10400	10920	11324	11787	12076	12364

说明：同表 10.3-1，下同。

转换梁用 335 级箍筋（$f_{yv}=300\,\text{N/mm}^2$）时加密区的最小配箍量（mm²/m）　表 10.3-3

梁宽 b（mm）	抗震等级	梁配箍率	混凝土强度等级								
			C30	C35	C40	C45	C50	C55	C60	C65	C70
200	非抗震	$0.9f_t/f_{yv}$	858	942	1026	1080	1134	1176	1224	1254	1284
	二级	$1.1f_t/f_{yv}$	1049	1151	1254	1320	1386	1437	1496	1533	1569
	一级	$1.2f_t/f_{yv}$	1144	1256	1368	1440	1512	1568	1632	1672	1712
	特一级	$1.3f_t/f_{yv}$	1239	1361	1482	1560	1638	1699	1768	1811	1855
220	非抗震	$0.9f_t/f_{yv}$	944	1036	1129	1188	1247	1294	1346	1379	1412
	二级	$1.1f_t/f_{yv}$	1154	1266	1379	1452	1525	1581	1646	1686	1726
	一级	$1.2f_t/f_{yv}$	1258	1382	1505	1584	1663	1725	1795	1839	1883
	特一级	$1.3f_t/f_{yv}$	1363	1497	1630	1716	1802	1869	1945	1992	2040
240	非抗震	$0.9f_t/f_{yv}$	1030	1130	1231	1296	1361	1411	1469	1505	1541
	二级	$1.1f_t/f_{yv}$	1258	1382	1505	1584	1663	1725	1795	1839	1883
	一级	$1.2f_t/f_{yv}$	1373	1507	1642	1728	1814	1882	1958	2006	2054
	特一级	$1.3f_t/f_{yv}$	1487	1633	1778	1872	1966	2038	2122	2174	2226
250	非抗震	$0.9f_t/f_{yv}$	1073	1178	1283	1350	1418	1470	1530	1568	1605
	二级	$1.1f_t/f_{yv}$	1311	1439	1568	1650	1733	1797	1870	1916	1962
	一级	$1.2f_t/f_{yv}$	1430	1570	1710	1800	1890	1960	2040	2090	2140
	特一级	$1.3f_t/f_{yv}$	1549	1701	1853	1950	2048	2123	2210	2264	2318
300	非抗震	$0.9f_t/f_{yv}$	1287	1413	1539	1620	1701	1764	1836	1881	1926
	二级	$1.1f_t/f_{yv}$	1573	1727	1881	1980	2079	2156	2244	2299	2354
	一级	$1.2f_t/f_{yv}$	1716	1884	2052	2160	2268	2352	2448	2508	2568
	特一级	$1.3f_t/f_{yv}$	1859	2041	2223	2340	2457	2548	2652	2717	2782
350	非抗震	$0.9f_t/f_{yv}$	1502	1649	1796	1890	1985	2058	2142	2195	2247
	二级	$1.1f_t/f_{yv}$	1835	2015	2195	2310	2426	2515	2618	2682	2746
	一级	$1.2f_t/f_{yv}$	2002	2198	2394	2520	2646	2744	2856	2926	2996
	特一级	$1.3f_t/f_{yv}$	2169	2381	2594	2730	2867	2973	3094	3170	3246

梁宽 b（mm）	抗震等级	梁配箍率	混凝土强度等级								
			C30	C35	C40	C45	C50	C55	C60	C65	C70
400	非抗震	$0.9f_t/f_{yv}$	1716	1884	2052	2160	2268	2352	2448	2508	2568
	二级	$1.1f_t/f_{yv}$	2097	2303	2508	2640	2772	2875	2992	3065	3139
	一级	$1.2f_t/f_{yv}$	2288	2512	2736	2880	3024	3136	3264	3344	3424
	特一级	$1.3f_t/f_{yv}$	2479	2721	2964	3120	3276	3397	3536	3623	3709
450	非抗震	$0.9f_t/f_{yv}$	1931	2120	2309	2430	2552	2646	2754	2822	2889
	二级	$1.1f_t/f_{yv}$	2360	2591	2822	2970	3119	3234	3366	3449	3531
	一级	$1.2f_t/f_{yv}$	2574	2826	3078	3240	3402	3528	3672	3762	3852
	特一级	$1.3f_t/f_{yv}$	2789	3062	3335	3510	3686	3822	3978	4076	4173
500	非抗震	$0.9f_t/f_{yv}$	2145	2355	2565	2700	2835	2940	3060	3135	3210
	二级	$1.1f_t/f_{yv}$	2622	2878	3135	3300	3465	3593	3740	3832	3923
	一级	$1.2f_t/f_{yv}$	2860	3140	3420	3600	3780	3920	4080	4180	4280
	特一级	$1.3f_t/f_{yv}$	3098	3402	3705	3900	4095	4247	4420	4528	4637
550	非抗震	$0.9f_t/f_{yv}$	2360	2591	2822	2970	3119	3234	3366	3449	3531
	二级	$1.1f_t/f_{yv}$	2884	3166	3449	3630	3812	3953	4114	4215	4316
	一级	$1.2f_t/f_{yv}$	3146	3454	3762	3960	4158	4312	4488	4598	4708
	特一级	$1.3f_t/f_{yv}$	3408	3742	4076	4290	4505	4671	4862	4981	5100
600	非抗震	$0.9f_t/f_{yv}$	2574	2826	3078	3240	3402	3528	3672	3762	3852
	二级	$1.1f_t/f_{yv}$	3146	3454	3762	3960	4158	4312	4488	4598	4708
	一级	$1.2f_t/f_{yv}$	3432	3768	4104	4320	4536	4704	4896	5016	5136
	特一级	$1.3f_t/f_{yv}$	3718	4082	4446	4680	4914	5096	5304	5434	5564
650	非抗震	$0.9f_t/f_{yv}$	2789	3062	3335	3510	3686	3822	3978	4076	4173
	二级	$1.1f_t/f_{yv}$	3408	3742	4076	4290	4505	4671	4862	4981	5100
	一级	$1.2f_t/f_{yv}$	3718	4082	4446	4680	4914	5096	5304	5434	5564
	特一级	$1.3f_t/f_{yv}$	4028	4422	4817	5070	5324	5521	5746	5887	6028
700	非抗震	$0.9f_t/f_{yv}$	3003	3297	3591	3780	3969	4116	4284	4389	4494
	二级	$1.1f_t/f_{yv}$	3670	4030	4389	4620	4851	5031	5236	5364	5493
	一级	$1.2f_t/f_{yv}$	4004	4396	4788	5040	5292	5488	5712	5852	5992
	特一级	$1.3f_t/f_{yv}$	4338	4762	5187	5460	5733	5945	6188	6340	6491
750	非抗震	$0.9f_t/f_{yv}$	3218	3533	3848	4050	4253	4410	4590	4703	4815
	二级	$1.1f_t/f_{yv}$	3933	4318	4703	4950	5198	5390	5610	5748	5885
	一级	$1.2f_t/f_{yv}$	4290	4710	5130	5400	5670	5880	6120	6270	6420
	特一级	$1.3f_t/f_{yv}$	4648	5103	5558	5850	6143	6370	6630	6793	6955

梁宽 b (mm)	抗震等级	梁配箍率	混凝土强度等级								
			C30	C35	C40	C45	C50	C55	C60	C65	C70
800	非抗震	$0.9f_t/f_{yv}$	3432	3768	4104	4320	4536	4704	4896	5016	5136
	二级	$1.1f_t/f_{yv}$	4195	4605	5016	5280	5544	5749	5984	6131	6277
	一级	$1.2f_t/f_{yv}$	4576	5024	5472	5760	6048	6272	6528	6688	6848
	特一级	$1.3f_t/f_{yv}$	4957	5443	5928	6240	6552	6795	7072	7245	7419
850	非抗震	$0.9f_t/f_{yv}$	3647	4004	4361	4590	4820	4998	5202	5330	5457
	二级	$1.1f_t/f_{yv}$	4457	4893	5330	5610	5891	6109	6358	6514	6670
	一级	$1.2f_t/f_{yv}$	4862	5338	5814	6120	6426	6664	6936	7106	7276
	特一级	$1.3f_t/f_{yv}$	5267	5783	6299	6630	6962	7219	7514	7698	7882
900	非抗震	$0.9f_t/f_{yv}$	3861	4239	4617	4860	5103	5292	5508	5643	5778
	二级	$1.1f_t/f_{yv}$	4719	5181	5643	5940	6237	6468	6732	6897	7062
	一级	$1.2f_t/f_{yv}$	5148	5652	6156	6480	6804	7056	7344	7524	7704
	特一级	$1.3f_t/f_{yv}$	5577	6123	6669	7020	7371	7644	7956	8151	8346
950	非抗震	$0.9f_t/f_{yv}$	4076	4475	4874	5130	5387	5586	5814	5957	6099
	二级	$1.1f_t/f_{yv}$	4981	5469	5957	6270	6584	6827	7106	7280	7454
	一级	$1.2f_t/f_{yv}$	5434	5966	6498	6840	7182	7448	7752	7942	8132
	特一级	$1.3f_t/f_{yv}$	5887	6463	7040	7410	7781	8069	8398	8604	8810
1000	非抗震	$0.9f_t/f_{yv}$	4290	4710	5130	5400	5670	5880	6120	6270	6420
	二级	$1.1f_t/f_{yv}$	5243	5757	6270	6600	6930	7187	7480	7663	7847
	一级	$1.2f_t/f_{yv}$	5720	6280	6840	7200	7560	7840	8160	8360	8560
	特一级	$1.3f_t/f_{yv}$	6197	6803	7410	7800	8190	8493	8840	9057	9273
1050	非抗震	$0.9f_t/f_{yv}$	4505	4946	5387	5670	5954	6174	6426	6584	6741
	二级	$1.1f_t/f_{yv}$	5506	6045	6584	6930	7277	7546	7854	8047	8239
	一级	$1.2f_t/f_{yv}$	6006	6594	7182	7560	7938	8232	8568	8778	8988
	特一级	$1.3f_t/f_{yv}$	6507	7144	7781	8190	8600	8918	9282	9510	9737
1100	非抗震	$0.9f_t/f_{yv}$	4719	5181	5643	5940	6237	6468	6732	6897	7062
	二级	$1.1f_t/f_{yv}$	5768	6332	6897	7260	7623	7905	8228	8430	8631
	一级	$1.2f_t/f_{yv}$	6292	6908	7524	7920	8316	8624	8976	9196	9416
	特一级	$1.3f_t/f_{yv}$	6816	7484	8151	8580	9009	9343	9724	9962	10201
1150	非抗震	$0.9f_t/f_{yv}$	4934	5417	5900	6210	6521	6762	7038	7211	7383
	二级	$1.1f_t/f_{yv}$	6030	6620	7211	7590	7970	8265	8602	8813	9024
	一级	$1.2f_t/f_{yv}$	6578	7222	7866	8280	8694	9016	9384	9614	9844
	特一级	$1.3f_t/f_{yv}$	7126	7824	8522	8970	9419	9767	10166	10415	10664

梁宽 b（mm）	抗震等级	梁配箍率	混凝土强度等级								
			C30	C35	C40	C45	C50	C55	C60	C65	C70
1200	非抗震	$0.9f_t/f_{yv}$	5148	5652	6156	6480	6804	7056	7344	7524	7704
	二级	$1.1f_t/f_{yv}$	6292	6908	7524	7920	8316	8624	8976	9196	9416
	一级	$1.2f_t/f_{yv}$	6864	7536	8208	8640	9072	9408	9792	10032	10272
	特一级	$1.3f_t/f_{yv}$	7436	8164	8892	9360	9828	10192	10608	10868	11128

转换梁用 400、500 级箍筋（$f_{yv}=360\,\text{N/mm}^2$）时加密区的最小配箍量（$\text{mm}^2/\text{m}$）　　表 10.3-4

梁宽 b（mm）	抗震等级	梁配箍率	混凝土强度等级								
			C30	C35	C40	C45	C50	C55	C60	C65	C70
200	非抗震	$0.9f_t/f_{yv}$	715	785	855	900	945	980	1020	1045	1070
	二级	$1.1f_t/f_{yv}$	874	959	1045	1100	1155	1198	1247	1277	1308
	一级	$1.2f_t/f_{yv}$	953	1047	1140	1200	1260	1307	1360	1393	1427
	特一级	$1.3f_t/f_{yv}$	1033	1134	1235	1300	1365	1416	1473	1509	1546
220	非抗震	$0.9f_t/f_{yv}$	787	864	941	990	1040	1078	1122	1150	1177
	二级	$1.1f_t/f_{yv}$	961	1055	1150	1210	1271	1318	1371	1405	1439
	一级	$1.2f_t/f_{yv}$	1049	1151	1254	1320	1386	1437	1496	1533	1569
	特一级	$1.3f_t/f_{yv}$	1136	1247	1359	1430	1502	1557	1621	1660	1700
240	非抗震	$0.9f_t/f_{yv}$	858	942	1026	1080	1134	1176	1224	1254	1284
	二级	$1.1f_t/f_{yv}$	1049	1151	1254	1320	1386	1437	1496	1533	1569
	一级	$1.2f_t/f_{yv}$	1144	1256	1368	1440	1512	1568	1632	1672	1712
	特一级	$1.3f_t/f_{yv}$	1239	1361	1482	1560	1638	1699	1768	1811	1855
250	非抗震	$0.9f_t/f_{yv}$	894	981	1069	1125	1181	1225	1275	1306	1338
	二级	$1.1f_t/f_{yv}$	1092	1199	1306	1375	1444	1497	1558	1597	1635
	一级	$1.2f_t/f_{yv}$	1192	1308	1425	1500	1575	1633	1700	1742	1783
	特一级	$1.3f_t/f_{yv}$	1291	1417	1544	1625	1706	1769	1842	1887	1932
300	非抗震	$0.9f_t/f_{yv}$	1073	1178	1283	1350	1418	1470	1530	1568	1605
	二级	$1.1f_t/f_{yv}$	1311	1439	1568	1650	1733	1797	1870	1916	1962
	一级	$1.2f_t/f_{yv}$	1430	1570	1710	1800	1890	1960	2040	2090	2140
	特一级	$1.3f_t/f_{yv}$	1549	1701	1853	1950	2048	2123	2210	2264	2318
350	非抗震	$0.9f_t/f_{yv}$	1251	1374	1496	1575	1654	1715	1785	1829	1873
	二级	$1.1f_t/f_{yv}$	1529	1679	1829	1925	2021	2096	2182	2235	2289
	一级	$1.2f_t/f_{yv}$	1668	1832	1995	2100	2205	2287	2380	2438	2497
	特一级	$1.3f_t/f_{yv}$	1807	1984	2161	2275	2389	2477	2578	2642	2705

梁宽 b (mm)	抗震等级	梁配箍率	混凝土强度等级								
			C30	C35	C40	C45	C50	C55	C60	C65	C70
400	非抗震	$0.9f_t/f_{yv}$	1430	1570	1710	1800	1890	1960	2040	2090	2140
	二级	$1.1f_t/f_{yv}$	1748	1919	2090	2200	2310	2396	2493	2554	2616
	一级	$1.2f_t/f_{yv}$	1907	2093	2280	2400	2520	2613	2720	2787	2853
	特一级	$1.3f_t/f_{yv}$	2066	2268	2470	2600	2730	2831	2947	3019	3091
450	非抗震	$0.9f_t/f_{yv}$	1609	1766	1924	2025	2126	2205	2295	2351	2408
	二级	$1.1f_t/f_{yv}$	1966	2159	2351	2475	2599	2695	2805	2874	2943
	一级	$1.2f_t/f_{yv}$	2145	2355	2565	2700	2835	2940	3060	3135	3210
	特一级	$1.3f_t/f_{yv}$	2324	2551	2779	2925	3071	3185	3315	3396	3478
500	非抗震	$0.9f_t/f_{yv}$	1788	1963	2138	2250	2363	2450	2550	2613	2675
	二级	$1.1f_t/f_{yv}$	2185	2399	2613	2750	2888	2994	3117	3193	3269
	一级	$1.2f_t/f_{yv}$	2383	2617	2850	3000	3150	3267	3400	3483	3567
	特一级	$1.3f_t/f_{yv}$	2582	2835	3088	3250	3413	3539	3683	3774	3864
550	非抗震	$0.9f_t/f_{yv}$	1966	2159	2351	2475	2599	2695	2805	2874	2943
	二级	$1.1f_t/f_{yv}$	2403	2638	2874	3025	3176	3294	3428	3512	3596
	一级	$1.2f_t/f_{yv}$	2622	2878	3135	3300	3465	3593	3740	3832	3923
	特一级	$1.3f_t/f_{yv}$	2840	3118	3396	3575	3754	3893	4052	4151	4250
600	非抗震	$0.9f_t/f_{yv}$	2145	2355	2565	2700	2835	2940	3060	3135	3210
	二级	$1.1f_t/f_{yv}$	2622	2878	3135	3300	3465	3593	3740	3832	3923
	一级	$1.2f_t/f_{yv}$	2860	3140	3420	3600	3780	3920	4080	4180	4280
	特一级	$1.3f_t/f_{yv}$	3098	3402	3705	3900	4095	4247	4420	4528	4637
650	非抗震	$0.9f_t/f_{yv}$	2324	2551	2779	2925	3071	3185	3315	3396	3478
	二级	$1.1f_t/f_{yv}$	2840	3118	3396	3575	3754	3893	4052	4151	4250
	一级	$1.2f_t/f_{yv}$	3098	3402	3705	3900	4095	4247	4420	4528	4637
	特一级	$1.3f_t/f_{yv}$	3357	3685	4014	4225	4436	4601	4788	4906	5023
700	非抗震	$0.9f_t/f_{yv}$	2503	2748	2993	3150	3308	3430	3570	3658	3745
	二级	$1.1f_t/f_{yv}$	3059	3358	3658	3850	4043	4192	4363	4470	4577
	一级	$1.2f_t/f_{yv}$	3337	3663	3990	4200	4410	4573	4760	4877	4993
	特一级	$1.3f_t/f_{yv}$	3615	3969	4323	4550	4778	4954	5157	5283	5409
750	非抗震	$0.9f_t/f_{yv}$	2681	2944	3206	3375	3544	3675	3825	3919	4013
	二级	$1.1f_t/f_{yv}$	3277	3598	3919	4125	4331	4492	4675	4790	4904
	一级	$1.2f_t/f_{yv}$	3575	3925	4275	4500	4725	4900	5100	5225	5350
	特一级	$1.3f_t/f_{yv}$	3873	4252	4631	4875	5119	5308	5525	5660	5796

梁宽 b（mm）	抗震 等级	梁配 箍率	混凝土强度等级								
			C30	C35	C40	C45	C50	C55	C60	C65	C70
800	非抗震	$0.9f_t/f_{yv}$	2860	3140	3420	3600	3780	3920	4080	4180	4280
	二级	$1.1f_t/f_{yv}$	3496	3838	4180	4400	4620	4791	4987	5109	5231
	一级	$1.2f_t/f_{yv}$	3813	4187	4560	4800	5040	5227	5440	5573	5707
	特一级	$1.3f_t/f_{yv}$	4131	4536	4940	5200	5460	5662	5893	6038	6182
850	非抗震	$0.9f_t/f_{yv}$	3039	3336	3634	3825	4016	4165	4335	4441	4548
	二级	$1.1f_t/f_{yv}$	3714	4078	4441	4675	4909	5091	5298	5428	5558
	一级	$1.2f_t/f_{yv}$	4052	4448	4845	5100	5355	5553	5780	5922	6063
	特一级	$1.3f_t/f_{yv}$	4389	4819	5249	5525	5801	6016	6262	6415	6569
900	非抗震	$0.9f_t/f_{yv}$	3218	3533	3848	4050	4253	4410	4590	4703	4815
	二级	$1.1f_t/f_{yv}$	3933	4318	4703	4950	5198	5390	5610	5748	5885
	一级	$1.2f_t/f_{yv}$	4290	4710	5130	5400	5670	5880	6120	6270	6420
	特一级	$1.3f_t/f_{yv}$	4648	5103	5558	5850	6143	6370	6630	6793	6955
950	非抗震	$0.9f_t/f_{yv}$	3396	3729	4061	4275	4489	4655	4845	4964	5083
	二级	$1.1f_t/f_{yv}$	4151	4557	4964	5225	5486	5689	5922	6067	6212
	一级	$1.2f_t/f_{yv}$	4528	4972	5415	5700	5985	6207	6460	6618	6777
	特一级	$1.3f_t/f_{yv}$	4906	5386	5866	6175	6484	6724	6998	7170	7341
1000	非抗震	$0.9f_t/f_{yv}$	3575	3925	4275	4500	4725	4900	5100	5225	5350
	二级	$1.1f_t/f_{yv}$	4369	4797	5225	5500	5775	5989	6233	6386	6539
	一级	$1.2f_t/f_{yv}$	4767	5233	5700	6000	6300	6533	6800	6967	7133
	特一级	$1.3f_t/f_{yv}$	5164	5669	6175	6500	6825	7078	7367	7547	7728
1050	非抗震	$0.9f_t/f_{yv}$	3754	4121	4489	4725	4961	5145	5355	5486	5618
	二级	$1.1f_t/f_{yv}$	4588	5037	5486	5775	6064	6288	6545	6705	6866
	一级	$1.2f_t/f_{yv}$	5005	5495	5985	6300	6615	6860	7140	7315	7490
	特一级	$1.3f_t/f_{yv}$	5422	5953	6484	6825	7166	7432	7735	7925	8114
1100	非抗震	$0.9f_t/f_{yv}$	3933	4318	4703	4950	5198	5390	5610	5748	5885
	二级	$1.1f_t/f_{yv}$	4806	5277	5748	6050	6353	6588	6857	7025	7193
	一级	$1.2f_t/f_{yv}$	5243	5757	6270	6600	6930	7187	7480	7663	7847
	特一级	$1.3f_t/f_{yv}$	5680	6236	6793	7150	7508	7786	8103	8302	8501
1150	非抗震	$0.9f_t/f_{yv}$	4111	4514	4916	5175	5434	5635	5865	6009	6153
	二级	$1.1f_t/f_{yv}$	5025	5517	6009	6325	6641	6887	7168	7344	7520
	一级	$1.2f_t/f_{yv}$	5482	6018	6555	6900	7245	7513	7820	8012	8203
	特一级	$1.3f_t/f_{yv}$	5938	6520	7101	7475	7849	8139	8472	8679	8887

梁宽 b（mm）	抗震等级	梁配箍率	混凝土强度等级								
			C30	C35	C40	C45	C50	C55	C60	C65	C70
1200	非抗震	$0.9f_t/f_{yv}$	4290	4710	5130	5400	5670	5880	6120	6270	6420
	二级	$1.1f_t/f_{yv}$	5243	5757	6270	6600	6930	7187	7480	7663	7847
	一级	$1.2f_t/f_{yv}$	5720	6280	6840	7200	7560	7840	8160	8360	8560
	特一级	$1.3f_t/f_{yv}$	6197	6803	7410	7800	8190	8493	8840	9057	9273

（四）特一级框架梁梁端加密区的最小配箍量

特一级框架梁用 235 级箍筋（$f_{yv}=210\,\text{N/mm}^2$）时梁端加密区的最小配箍量（mm²/m）　　　表 10.4-1

梁宽 b（mm）	梁配箍率	混凝土强度等级								
		C30	C35	C40	C45	C50	C55	C60	C65	C70
300	$0.33f_t/f_{yv}$	674	740	806	849	891	924	962	985	1009
350	$0.33f_t/f_{yv}$	562	617	672	707	743	770	801	821	841
400	$0.33f_t/f_{yv}$	899	987	1075	1131	1188	1232	1282	1314	1345
450	$0.33f_t/f_{yv}$	1011	1110	1209	1273	1337	1386	1443	1478	1513
500	$0.33f_t/f_{yv}$	1124	1234	1344	1414	1485	1540	1603	1642	1681
550	$0.33f_t/f_{yv}$	1236	1357	1478	1556	1634	1694	1763	1806	1850
600	$0.33f_t/f_{yv}$	1348	1480	1612	1697	1782	1848	1923	1971	2018
650	$0.33f_t/f_{yv}$	1461	1604	1747	1839	1931	2002	2084	2135	2186
700	$0.33f_t/f_{yv}$	1573	1727	1881	1980	2079	2156	2244	2299	2354
750	$0.33f_t/f_{yv}$	1685	1850	2015	2121	2228	2310	2404	2463	2522
800	$0.33f_t/f_{yv}$	1798	1974	2150	2263	2376	2464	2565	2627	2690
850	$0.33f_t/f_{yv}$	1910	2097	2284	2404	2525	2618	2725	2792	2858
900	$0.33f_t/f_{yv}$	2022	2220	2418	2546	2673	2772	2885	2956	3027
950	$0.33f_t/f_{yv}$	2135	2344	2553	2687	2822	2926	3045	3120	3195
1000	$0.33f_t/f_{yv}$	2247	2467	2687	2829	2970	3080	3206	3284	3363
1050	$0.33f_t/f_{yv}$	2360	2591	2822	2970	3119	3234	3366	3449	3531
1100	$0.33f_t/f_{yv}$	2472	2714	2956	3111	3267	3388	3526	3613	3699
1150	$0.33f_t/f_{yv}$	2584	2837	3090	3253	3416	3542	3687	3777	3867
1200	$0.33f_t/f_{yv}$	2697	2961	3225	3394	3564	3696	3847	3941	4035

说明：1. 按《高层建筑混凝土结构技术规程》JGJ 3—2010 第 3.10.3 条 2 款规定，抗震等级为特一级的框架梁梁端加密区箍筋构造最小配箍率应比抗震等级为一级的框架梁增大 10%，但该规程及《混凝土结构设计规范》GB 50010—2010、《建筑抗震设计规范》GB 50011—2010 对框架梁梁端加密区箍筋构造最小配箍率均未有规定，仅规定一级框架梁沿梁全长的箍筋最小配箍率为 $0.30f_t/f_{yv}$，故本表对特一级框架梁梁端加密区箍筋构造最小配箍率按 $1.1×0.30f_t/f_{yv}=0.33f_t/f_{yv}$ 计算。

2. 只要特一级框架梁梁端加密区箍筋肢距不大于 200、箍筋直径用 10、间距 100（《高层建筑混凝土结构技术规程》JGJ 3—2010 第 6.3.2 条 4 款、6.3.5 条 2 款），均能满足本表最小配箍量要求。

特一级框架梁用**300**级箍筋（$f_{yv}=270\ \mathrm{N/mm^2}$）时梁端加密区的最小配箍量（$\mathrm{mm^2/m}$）　　表 **10.4-2**

梁宽 b（mm）	梁配箍率	混凝土强度等级								
		C30	C35	C40	C45	C50	C55	C60	C65	C70
300	$0.33f_t/f_{yv}$	524	576	627	660	693	719	748	766	785
350	$0.33f_t/f_{yv}$	437	480	523	550	578	599	623	639	654
400	$0.33f_t/f_{yv}$	699	768	836	880	924	958	997	1022	1046
450	$0.33f_t/f_{yv}$	787	864	941	990	1040	1078	1122	1150	1177
500	$0.33f_t/f_{yv}$	874	959	1045	1100	1155	1198	1247	1277	1308
550	$0.33f_t/f_{yv}$	961	1055	1150	1210	1271	1318	1371	1405	1439
600	$0.33f_t/f_{yv}$	1049	1151	1254	1320	1386	1437	1496	1533	1569
650	$0.33f_t/f_{yv}$	1136	1247	1359	1430	1502	1557	1621	1660	1700
700	$0.33f_t/f_{yv}$	1223	1343	1463	1540	1617	1677	1745	1788	1831
750	$0.33f_t/f_{yv}$	1311	1439	1568	1650	1733	1797	1870	1916	1962
800	$0.33f_t/f_{yv}$	1398	1535	1672	1760	1848	1916	1995	2044	2092
850	$0.33f_t/f_{yv}$	1486	1631	1777	1870	1964	2036	2119	2171	2223
900	$0.33f_t/f_{yv}$	1573	1727	1881	1980	2079	2156	2244	2299	2354
950	$0.33f_t/f_{yv}$	1660	1823	1986	2090	2195	2276	2369	2427	2485
1000	$0.33f_t/f_{yv}$	1748	1919	2090	2200	2310	2396	2493	2554	2616
1050	$0.33f_t/f_{yv}$	1835	2015	2195	2310	2426	2515	2618	2682	2746
1100	$0.33f_t/f_{yv}$	1923	2111	2299	2420	2541	2635	2743	2810	2877
1150	$0.33f_t/f_{yv}$	2010	2207	2404	2530	2657	2755	2867	2938	3008
1200	$0.33f_t/f_{yv}$	2097	2303	2508	2640	2772	2875	2992	3065	3139

说明：同表 10.4-1，下同。

特一级框架梁用**335**级箍筋（$f_{yv}=300\ \mathrm{N/mm^2}$）时梁端加密区的最小配箍量（$\mathrm{mm^2/m}$）　　表 **10.4-3**

梁宽 b（mm）	梁配箍率	混凝土强度等级								
		C30	C35	C40	C45	C50	C55	C60	C65	C70
300	$0.33f_t/f_{yv}$	472	518	564	594	624	647	673	690	706
350	$0.33f_t/f_{yv}$	393	432	470	495	520	539	561	575	589
400	$0.33f_t/f_{yv}$	629	691	752	792	832	862	898	920	942
450	$0.33f_t/f_{yv}$	708	777	846	891	936	970	1010	1035	1059
500	$0.33f_t/f_{yv}$	787	864	941	990	1040	1078	1122	1150	1177
550	$0.33f_t/f_{yv}$	865	950	1035	1089	1143	1186	1234	1264	1295
600	$0.33f_t/f_{yv}$	944	1036	1129	1188	1247	1294	1346	1379	1412
650	$0.33f_t/f_{yv}$	1022	1123	1223	1287	1351	1401	1459	1494	1530
700	$0.33f_t/f_{yv}$	1101	1209	1317	1386	1455	1509	1571	1609	1648
750	$0.33f_t/f_{yv}$	1180	1295	1411	1485	1559	1617	1683	1724	1766

梁宽 b（mm）	梁配箍率	混凝土强度等级								
		C30	C35	C40	C45	C50	C55	C60	C65	C70
800	$0.33f_t/f_{yv}$	1258	1382	1505	1584	1663	1725	1795	1839	1883
850	$0.33f_t/f_{yv}$	1337	1468	1599	1683	1767	1833	1907	1954	2001
900	$0.33f_t/f_{yv}$	1416	1554	1693	1782	1871	1940	2020	2069	2119
950	$0.33f_t/f_{yv}$	1494	1641	1787	1881	1975	2048	2132	2184	2236
1000	$0.33f_t/f_{yv}$	1573	1727	1881	1980	2079	2156	2244	2299	2354
1050	$0.33f_t/f_{yv}$	1652	1813	1975	2079	2183	2264	2356	2414	2472
1100	$0.33f_t/f_{yv}$	1730	1900	2069	2178	2287	2372	2468	2529	2589
1150	$0.33f_t/f_{yv}$	1809	1986	2163	2277	2391	2479	2581	2644	2707
1200	$0.33f_t/f_{yv}$	1888	2072	2257	2376	2495	2587	2693	2759	2825

特一级框架梁用 400、500 级箍筋（$f_{yv}=360\,\text{N/mm}^2$）时梁端加密区的最小配箍量（$\text{mm}^2/\text{m}$）   表 10.4-4

梁宽 b（mm）	梁配箍率	混凝土强度等级								
		C30	C35	C40	C45	C50	C55	C60	C65	C70
300	$0.33f_t/f_{yv}$	393	432	470	495	520	539	561	575	589
350	$0.33f_t/f_{yv}$	328	360	392	413	433	449	468	479	490
400	$0.33f_t/f_{yv}$	524	576	627	660	693	719	748	766	785
450	$0.33f_t/f_{yv}$	590	648	705	743	780	809	842	862	883
500	$0.33f_t/f_{yv}$	655	720	784	825	866	898	935	958	981
550	$0.33f_t/f_{yv}$	721	792	862	908	953	988	1029	1054	1079
600	$0.33f_t/f_{yv}$	787	864	941	990	1040	1078	1122	1150	1177
650	$0.33f_t/f_{yv}$	852	935	1019	1073	1126	1168	1216	1245	1275
700	$0.33f_t/f_{yv}$	918	1007	1097	1155	1213	1258	1309	1341	1373
750	$0.33f_t/f_{yv}$	983	1079	1176	1238	1299	1348	1403	1437	1471
800	$0.33f_t/f_{yv}$	1049	1151	1254	1320	1386	1437	1496	1533	1569
850	$0.33f_t/f_{yv}$	1114	1223	1332	1403	1473	1527	1590	1628	1667
900	$0.33f_t/f_{yv}$	1180	1295	1411	1485	1559	1617	1683	1724	1766
950	$0.33f_t/f_{yv}$	1245	1367	1489	1568	1646	1707	1777	1820	1864
1000	$0.33f_t/f_{yv}$	1311	1439	1568	1650	1733	1797	1870	1916	1962
1050	$0.33f_t/f_{yv}$	1376	1511	1646	1733	1819	1887	1964	2012	2060
1100	$0.33f_t/f_{yv}$	1442	1583	1724	1815	1906	1976	2057	2107	2158
1150	$0.33f_t/f_{yv}$	1507	1655	1803	1898	1992	2066	2151	2203	2256
1200	$0.33f_t/f_{yv}$	1573	1727	1881	1980	2079	2156	2244	2299	2354

（五）普通梁沿全长按最小配箍量决定的箍筋直径与间距

用 235 级箍筋（$f_{yv}=210\text{N/mm}^2$）时梁沿全长的最小配箍量　　　表 10.5-1

序号	梁截面宽度 b（mm）	混凝土强度等级	抗震等级			非抗震
			特一级、一级	二级	三级[四级]	
1	150	C20				6.5-340 或 6-290（2）
		C25				6.5-300 或 6-250（2）
		C30				6.5-260 或 6-220（2）
		C35				6.5-240 或 6-210（2）
		C40				6.5-220 或 6-190（2）
2	180	C20				6.5-290 或 6-250（2）
		C25				6.5-250 或 6-210（2）
		C30				6.5-220 或 6-190（2）
		C35				6.5-200 或 6-170（2）
		C40				6.5-180 或 6-160（2）
3	200	C20		8-340（2）	8-360[6.5-220]（2）	6.5-260 或 6-220（2）
		C25		8-290（2）	8-310[6.5-210]（2）	6.5-220 或 6-190（2）
		C30	10-380（2）	8-260（2）	8-280[6.5-180]（2）	6.5-200 或 6-170（2）
		C35	10-350（2）	8-240（2）	8-250[6.5-170]（2）	6.5-180 或 6-150（2）
		C40	10-320（2）	8-220（2）	8-230[6.5-150]（2）	6.5-160 或 6-140（2）
4	240	C20		8-280（2）	8-300[6.5-200]（2）	6.5-220 或 6-180（2）
		C25		8-240（2）	8-260[6.5-170]（2）	6.5-190 或 6-160（2）
		C30	10-320（2）	8-220（2）	8-230[6.5-150]（2）	6.5-160 或 6-140（2）
		C35	10-290（2）	8-200（2）	8-210[6.5-140]（2）	6.5-150 或 6-130（2）
		C40	10-260（2）	8-180（2）	8-190[6.5-130]（2）	6.5-140 或 6-120（2）
5	250	C20		8-270（2）	8-270[6.5-220]（2）	6.5-210 或 6-170（2）
		C25		8-230（2）	8-250[6.5-160]（2）	6.5-180 或 6-150（2）
		C30	10-300（2）	8-210（2）	8-220[6.5-140]（2）	6.5-160 或 6-130（2）
		C35	10-280（2）	8-190（2）	8-200[6.5-130]（2）	6.5-140 或 6-125（2）
		C40	10-240（2）	8-170（2）	8-180[6.5-120]（2）	6.5-130 或 6-110（2）
6	300	C20		8-220（2）	8-240[6.5-160]（2）	6.5-170 或 6-140（2）
		C25		8-190（2）	8-210[6.5-140]（2）	6.5-150 或 6-125（2）
		C30	10-250（2）	8-170（2）	8-180[6.5-120]（2）	6.5-130 或 6-110（2）
		C35	10-230（2）	8-160（2）	8-170[6.5-110]（2）	6.5-120 或 6-100（2）
		C40	10-210（2）	8-140（2）	8-150[6.5-100]（2）	6.5-110 或 8-170（2）
		C45	10-200（2）	8-130（2）	8-150 或 10-230（2）	6.5-110 或 8-160（2）
		C50	10-190（2）	8-130（2）	8-140 或 10-220（2）	6.5-100 或 8-150（2）

序号	梁截面宽度 b（mm）	混凝土强度等级	抗震等级			非抗震
			特一级、一级	二级	三级[四级]	
7	350	C20		8-190（2）	8-210[6.5-130]（2）	6.5-150 或 6-125（2）
		C25		8-160（2）	8-180[6.5-120]（2）	6.5-130 或 6-110（2）
		C30	10-210（2）	8-150（2）	8-160[6.5-100]（2）	6.5-110 或 8-170（2）
		C35	10-200（2）	8-130（2）	8-140 或 10-230（2）	6.5-100 或 8-160（2）
		C40	10-180（2）	8-125（2）	8-130 或 10-210（2）	8-140 或 10-220（2）
		C45	10-170（2）	8-110（2）	8-125 或 10-200（2）	8-130 或 10-210（2）
		C50	10-160（2）	8-110（2）	8-120 或 10-190（2）	8-130 或 10-200（2）
8	350	C20		8-290（3）	8-310[6.5-200]（3）	6.5-220 或 6-190（3）
		C25		8-250（3）	8-270[6.5-180]（3）	6.5-190 或 6-160（3）
		C30	10-320（3）	8-220（3）	8-240[6.5-160]（3）	6.5-170 或 6-140（3）
		C35	10-290（3）	8-200（3）	8-220[6.5-140]（3）	6.5-150 或 6-130（3）
		C40	10-270（3）	8-180（3）	8-200[6.5-130]（3）	6.5-140 或 6-120（3）
		C45	10-260（3）	8-170（3）	8-190[6.5-125]（3）	6.5-130 或 6-110（3）
		C50	10-240（3）	8-170（3）	8-180[6.5-120]（3）	6.5-130 或 6-110（3）
9	400	C20		8-170（2）	8-180[6.5-120]（2）	6.5-130 或 6-110（2）
		C25		8-150（2）	8-150[6.5-100]（2）	6.5-110 或 8-170（2）
		C30	10-190（2）	8-130（2）	8-140 或 10-220（2）	6.5-100 或 8-150（2）
		C35	10-170（2）	8-120（2）	8-125 或 10-200（2）	10-210 或 8-140（2）
		C40	10-160（2）	8-110（2）	8-110 或 10-180（2）	10-200 或 8-125（2）
		C45	10-150（2）	8-100（2）	8-110 或 10-170（2）	10-190 或 8-120（2）
		C50	10-140（2）	10-150（2）	8-100 或 10-160（2）	10-180 或 8-110（2）
10	400	C20		8-250（3）	8-270[6.5-180]（3）	6.5-190 或 6-160（3）
		C25		8-220（3）	8-230[6.5-150]（3）	6.5-170 或 6-140（3）
		C30	10-280（3）	8-190（3）	8-210[6.5-140]（3）	6.5-150 或 6-125（3）
		C35	10-260（3）	8-180（3）	8-190[6.5-125]（3）	6.5-130 或 6-110（3）
		C40	10-240（3）	8-160（3）	8-170[6.5-110]（3）	6.5-125 或 6-100（3）
		C45	10-220（3）	8-150（3）	8-160[6.5-110]（3）	6.5-120 或 6-100（3）
		C50	10-210（3）	8-140（3）	8-160[6.5-100]（3）	6.5-110 或 8-170（3）
11	400	C20		8-340（4）	8-360[6.5-240]（4）	6.5-260 或 6-220（4）
		C25		8-290（4）	8-310[6.5-210]（4）	6.5-220 或 6-190（4）
		C30	10-380（4）	8-260（4）	8-280[6.5-180]（4）	6.5-200 或 6-170（4）
		C35	10-350（4）	8-240（4）	8-250[6.5-170]（4）	6.5-180 或 6-150（4）
		C40	10-320（4）	8-220（4）	8-230[6.5-150]（4）	6.5-160 或 6-140（4）
		C45	10-300（4）	8-200（4）	8-220[6.5-140]（4）	6.5-160 或 6-130（4）
		C50	10-290（4）	8-190（4）	8-210[6.5-140]（4）	6.5-150 或 6-130（4）

序号	梁截面宽度 b（mm）	混凝土强度等级	抗震等级			非抗震
			特一级、一级	二级	三级[四级]	
12	450	C20		8-220（3）	8-240[6.5-160]（3）	6.5-170 或 6-140（3）
		C25		8-190（3）	8-210[6.5-140]（3）	6.5-150 或 6-125（3）
		C30	10-250（3）	8-170（3）	8-180[6.5-125]（3）	6.5-130 或 6-110（3）
		C35	10-230（3）	8-160（3）	8-170[6.5-110]（3）	6.5-120 或 6-100（3）
		C40	10-210（3）	8-140（3）	8-150[6.5-100]（3）	6.5-110 或 8-170（3）
		C45	10-200（3）	8-130（3）	8-150 或 10-230（3）	6.5-100 或 8-160（3）
		C50	10-190（3）	8-130（3）	8-140 或 10-220（3）	6.5-100 或 8-150（3）
13	450	C20		8-300（4）	8-320[6.5-210]（4）	6.5-230 或 6-190（4）
		C25		8-260（4）	8-280[6.5-180]（4）	6.5-200 或 6-170（4）
		C30	10-340（4）	8-230（4）	8-250[6.5-160]（4）	6.5-180 或 6-150（4）
		C35	10-310（4）	8-210（4）	8-220[6.5-150]（4）	6.5-160 或 6-140（4）
		C40	10-280（4）	8-190（4）	8-210[6.5-130]（4）	6.5-150 或 6-125（4）
		C45	10-270（4）	8-180（4）	8-200[6.5-130]（4）	6.5-140 或 6-120（4）
		C50	10-250（4）	8-170（4）	8-190[6.5-125]（4）	6.5-130 或 6-110（4）
14	500	C20		8-270（4）	8-290[6.5-190]（4）	6.5-210 或 6-170（4）
		C25		8-230（4）	8-250[6.5-160]（4）	6.5-180 或 6-150（4）
		C30	10-300（4）	8-210（4）	8-220[6.5-150]（4）	6.5-160 或 6-130（4）
		C35	10-280（4）	8-190（4）	8-200[6.5-130]（4）	6.5-140 或 6-125（4）
		C40	10-250（4）	8-170（4）	8-190[6.5-125]（4）	6.5-130 或 6-110（4）
		C45	10-240（4）	8-160（4）	8-180[6.5-110]（4）	6.5-125 或 6-100（4）
		C50	10-230（4）	8-150（4）	8-170[6.5-110]（4）	6.5-120 或 6-100（4）
15	550	C20		8-240（4）	8-260[6.5-170]（4）	6.5-190 或 6-160（4）
		C25		8-210（4）	8-230[6.5-150]（4）	6.5-160 或 6-140（4）
		C30	10-270（4）	8-190（4）	8-200[6.5-130]（4）	6.5-140 或 6-125（4）
		C35	10-250（4）	8-170（4）	8-180[6.5-120]（4）	6.5-130 或 6-110（4）
		C40	10-230（4）	8-160（4）	8-170[6.5-110]（4）	6.5-120 或 6-100（4）
		C45	10-220（4）	8-150（4）	8-160[6.5-100]（4）	6.5-110 或 8-170（4）
		C50	10-210（4）	8-140（4）	8-150[6.5-100]（4）	6.5-110 或 8-160（4）
16	600	C20		8-220（4）	8-240[6.5-160]（4）	6.5-170 或 6-140（4）
		C25		8-190（4）	8-210[6.5-140]（4）	6.5-150 或 6-125（4）
		C30	10-250（4）	8-170（4）	8-180[6.5-120]（4）	6.5-130 或 6-110（4）
		C35	10-230（4）	8-160（4）	8-170[6.5-110]（4）	6.5-120 或 6-100（4）
		C40	10-210（4）	8-140（4）	8-150[6.5-100]（4）	6.5-110 或 8-170（4）
		C45	10-200（4）	8-130（4）	8-150 或 10-230（4）	6.5-100 或 8-160（4）
		C50	10-190（4）	8-130（4）	8-140 或 10-220（4）	6.5-100 或 8-150（4）

序号	梁截面宽度 b（mm）	混凝土强度等级	抗震等级			非抗震
			特一级、一级	二级	三级[四级]	
17	650	C20		8-210（4）	8-220[6.5-150]（4）	6.5-160 或 6-130（4）
		C25		8-180（4）	8-190[6.5-125]（4）	6.5-140 或 6-110（4）
		C30	10-230（4）	8-160（4）	8-170[6.5-110]（4）	6.5-120 或 6-100（4）
		C35	10-210（4）	8-140（4）	8-150[6.5-100]（4）	6.5-110 或 8-170（4）
		C40	10-190（4）	8-130（4）	8-140 或 10-220（4）	6.5-100 或 8-150（4）
		C45	10-180（4）	8-125（4）	8-130 或 10-210（4）	10-230 或 8-150（4）
		C50	10-170（4）	8-120（4）	8-130 或 10-200（4）	10-220 或 8-140（4）
18	700	C20		8-190（4）	8-210[6.5-130]（4）	6.5-150 或 6-125（4）
		C25		8-160（4）	8-180[6.5-120]（4）	6.5-130 或 6-110（4）
		C30	10-210（4）	8-150（4）	8-160[6.5-100]（4）	6.5-110 或 8-170（4）
		C35	10-200（4）	8-130（4）	8-140 或 10-230（4）	6.5-100 或 8-160（4）
		C40	10-180（4）	8-125（4）	8-130 或 10-210（4）	10-220 或 8-140（4）
		C45	10-170（4）	8-110（4）	8-125 或 10-200（4）	10-200 或 8-130（4）
		C50	10-160（4）	8-110（4）	8-120 或 10-190（4）	10-200 或 8-130（4）
19	700	C20		8-240（5）	8-260[6.5-170]（5）	6.5-180 或 6-160（5）
		C25		8-210（5）	8-220[6.5-150]（5）	6.5-160 或 6-130（5）
		C30	10-270（5）	8-180（5）	8-200[6.5-130]（5）	6.5-140 或 6-120（5）
		C35	10-250（5）	8-170（5）	8-180[6.5-120]（5）	6.5-130 或 6-110（5）
		C40	10-220（5）	8-150（5）	8-160[6.5-110]（5）	6.5-120 或 6-100（5）
		C45	10-210（5）	8-140（5）	8-160[6.5-100]（5）	6.5-110 或 8-170（5）
		C50	10-200（5）	8-140（5）	8-150[6.5-100]（5）	6.5-100 或 8-160（5）
20	750	C20		8-180（4）	8-190[6.5-125]（4）	6.5-140 或 6-120（4）
		C25		8-150（4）	8-170[6.5-110]（4）	6.5-120 或 6-100（4）
		C30	10-200（4）	8-140（4）	8-150[6.5-100]（4）	6.5-100 或 8-160（4）
		C35	10-180（4）	8-125（4）	8-130 或 10-210（4）	10-230 或 8-140（4）
		C40	10-170（4）	8-110（4）	8-125 或 10-190（4）	10-210 或 8-130（4）
		C45	10-160（4）	8-110（4）	8-120 或 10-180（4）	10-200 或 8-130（4）
		C50	10-150（4）	8-100（4）	8-110 或 10-170（4）	10-190 或 8-120（4）
21	750	C20	—	8-220（5）	8-240[6.5-160]（5）	6.5-170 或 6-150（5）
		C25	—	8-190（5）	8-210[6.5-140]（5）	6.5-150 或 6-130（5）
		C30	10-250（5）	8-170（5）	8-190[6.5-120]（5）	6.5-130 或 6-110（5）
		C35	10-230（5）	8-160（5）	8-180[6.5-110]（5）	6.5-120 或 6-100（5）
		C40	10-210（5）	8-140（5）	8-150[6.5-100]（5）	6.5-110 或 8-170（5）
		C45	10-200（5）	8-130（5）	8-150 或 10-230（5）	6.5-100 或 8-160（5）
		C50	10-190（5）	8-130（5）	8-140 或 10-220（5）	6.5-100 或 8-150（5）

序号	梁截面宽度 b（mm）	混凝土强度等级	抗震等级			非抗震
			特一级、一级	二级	三级[四级]	
22	800	C20		8-170（4）	8-180[6.5-120]（4）	6.5-130 或 6-110（4）
		C25		8-140（4）	8-150[6.5-100]（4）	6.5-110 或 8-170（4）
		C30	10-190（4）	8-130（4）	8-140 或 10-220（4）	6.5-100 或 8-150（4）
		C35	10-170（4）	8-120（4）	8-125 或 10-200（4）	10-210 或 8-140（4）
		C40	10-160（4）	8-110（4）	8-110 或 10-180（4）	10-200 或 8-125（4）
		C45	10-150（4）	8-100（4）	8-110 或 10-170（4）	10-190 或 8-120（4）
		C50	10-140（4）	10-150（4）	8-100 或 10-160（4）	10-180 或 8-110（4）
23	800	C20		8-210（5）	8-230[6.5-160]（5）	6.5-160 或 6-140（5）
		C25		8-180（5）	8-190[6.5-140]（5）	6.5-140 或 6-120（5）
		C30	10-240（5）	8-160（5）	8-170[6.5-125]（5）	6.5-125 或 6-100（5）
		C35	10-210（5）	8-150（5）	8-160[6.5-110]（5）	6.5-110 或 8-170（5）
		C40	10-200（5）	8-130（5）	8-160[6.5-100]（5）	6.5-100 或 8-160（5）
		C45	10-190（5）	8-130（5）	8-150 或 10-220（5）	6.5-100 或 8-150（5）
		C50	10-180（5）	8-120（5）	8-140 或 10-200（5）	10-220 或 8-140（5）
24	850	C20		8-200（5）	8-210[6.5-140]（5）	6.5-150 或 6-130（5）
		C25		8-170（5）	8-180[6.5-120]（5）	6.5-130 或 6-110（5）
		C30	10-220（5）	8-150（5）	8-160[6.5-110]（5）	6.5-110 或 6-100（5）
		C35	10-200（5）	8-140（5）	8-150[6.5-100]（5）	6.5-100 或 8-160（5）
		C40	10-180（5）	8-125（5）	8-130 或 10-210（5）	10-230 或 8-150（5）
		C45	10-170（5）	8-120（5）	8-130 或 10-200（5）	10-220 或 8-140（5）
		C50	10-170（5）	8-110（5）	8-125 或 10-190（5）	10-210 或 8-130（5）
25	850	C20		8-240（6）	8-260[6.5-170]（6）	6.5-180 或 6-150（6）
		C25		8-200（6）	8-220[6.5-140]（6）	6.5-160 或 6-130（6）
		C30	10-270（6）	8-180（6）	8-200[6.5-130]（6）	6.5-140 或 6-120（6）
		C35	10-240（6）	8-160（6）	8-180[6.5-120]（6）	6.5-130 或 6-110（6）
		C40	10-220（6）	8-150（6）	8-160[6.5-110]（6）	6.5-110 或 6-100（6）
		C45	10-210（6）	8-140（6）	8-150[6.5-100]（6）	6.5-110 或 8-170（6）
		C50	10-200（6）	8-140（6）	8-150[6.5-100]（6）	6.5-100 或 8-160（6）
26	900	C20		8-190（5）	8-200[6.5-130]（5）	6.5-140 或 6-125（5）
		C25		8-160（5）	8-170[6.5-110]（5）	6.5-125 或 6-100（5）
		C30	10-210（5）	8-140（5）	8-140 或 10-220（5）	6.5-110 或 8-170（5）
		C35	10-190（5）	8-130（5）	8-140 或 10-220（5）	6.5-100 或 8-150（5）
		C40	10-170（5）	8-120（5）	8-130 或 10-200（5）	10-220 或 8-140（5）
		C45	10-160（5）	8-110（5）	8-125 或 10-190（5）	10-210 或 8-130（5）
		C50	10-160（5）	8-110（5）	8-110 或 10-180（5）	10-200 或 8-125（5）

序号	梁截面宽度 b（mm）	混凝土强度等级	抗震等级			非抗震
			特一级、一级	二级	三级[四级]	
27	900	C20		8-220（6）	8-240[6.5-160]（6）	6.5-170 或 6-140（6）
		C25		8-190（6）	8-210[6.5-140]（6）	6.5-150 或 6-125（6）
		C30	10-250（6）	8-170（6）	8-180[6.5-120]（6）	6.5-130 或 6-110（6）
		C35	10-230（6）	8-160（6）	8-170[6.5-110]（6）	6.5-120 或 6-100（6）
		C40	10-210（6）	8-140（6）	8-150[6.5-100]（6）	6.5-110 或 8-170（6）
		C45	10-200（6）	8-130（6）	8-150 或 10-230（6）	6.5-100 或 8-160（6）
		C50	10-190（6）	8-130（6）	8-140 或 10-220（6）	6.5-100 或 8-150（6）
28	950	C20		8-190（5）	8-190[6.5-125]（5）	6.5-130 或 6-110（5）
		C25		8-150（5）	8-160[6.5-110]（5）	6.5-120 或 6-100（5）
		C30	10-200（5）	8-130（5）	8-140 或 10-230（5）	6.5-100 或 8-160（5）
		C35	10-180（5）	8-125（5）	8-130 或 10-210（5）	10-230 或 8-140（5）
		C40	10-160（5）	8-110（5）	8-120 或 10-190（5）	10-210 或 8-130（5）
		C45	10-160（5）	8-110（5）	8-110 或 10-180（5）	10-200 或 8-125（5）
		C50	10-150（5）	8-100（5）	8-110 或 10-170（5）	10-190 或 8-120（5）
29	950	C20		8-210（6）	8-230[6.5-150]（6）	6.5-160 或 6-140（6）
		C25		8-180（6）	8-200[6.5-130]（6）	6.5-140 或 6-120（6）
		C30	10-240（6）	8-160（6）	8-170[6.5-110]（6）	6.5-125 或 6-100（6）
		C35	10-220（6）	8-150（6）	8-160[6.5-100]（6）	6.5-110 或 8-170（6）
		C40	10-210（6）	8-130（6）	8-140 或 10-230（6）	6.5-100 或 8-160（6）
		C45	10-190（6）	8-130（6）	8-140 或 10-220（6）	6.5-100 或 8-150（6）
		C50	10-180（6）	8-125（6）	8-130 或 10-210（6）	10-220 或 8-140（6）
30	1000	C20		8-170（5）	8-180[6.5-120]（5）	6.5-130 或 6-110（5）
		C25		8-140（5）	8-150[6.5-100]（5）	6.5-110 或 8-170（5）
		C30	10-190（5）	8-130（5）	8-140 或 10-220（5）	10-240 或 8-150（5）
		C35	10-170（5）	8-120（5）	8-125 或 10-200（5）	10-210 或 8-140（5）
		C40	10-160（5）	8-110（5）	8-110 或 10-180（5）	10-200 或 8-125（5）
		C45	10-150（5）	8-100（5）	8-110 或 10-170（5）	10-190 或 8-120（5）
		C50	10-140（5）	10-150（5）	8-100 或 10-160（5）	10-180 或 8-110（5）
31	1000	C20		8-200（6）	8-220[6.5-140]（6）	6.5-150 或 6-130（6）
		C25		8-170（6）	8-180[6.5-125]（6）	6.5-130 或 6-110（6）
		C30	10-230（6）	8-150（6）	8-170[6.5-110]（6）	6.5-120 或 6-100（6）
		C35	10-210（6）	8-140（6）	8-150[6.5-100]（6）	6.5-110 或 8-160（6）
		C40	10-190（6）	8-130（6）	8-140 或 10-220（6）	6.5-100 或 8-150（6）
		C45	10-180（6）	8-125（6）	8-130 或 10-210（6）	10-220 或 8-140（6）
		C50	10-170（6）	8-110（6）	8-125 或 10-200（6）	10-210 或 8-130（6）

说明：1. 如 8-200（2），8 为箍筋直径、200 为箍筋间距（mm）、（2）为双肢箍，余类推。

2. 其余说明同表 10.1-1。

<h3 align="center">用 300 级箍筋（$f_{yv}=270\mathrm{N/mm^2}$）时梁沿全长的最小配箍量　　表 10.5-2</h3>

序号	梁截面宽度 b（mm）	混凝土强度等级	抗震等级 特一级、一级	二级	三级[四级]	非抗震
1	150	C20				6.5-400 或 6-380（2）
		C25				6.5-390 或 6-330（2）
		C30				6.5-340 或 6-290（2）
		C35				6.5-310 或 6-270（2）
		C40				6.5-290 或 6-240（2）
2	180	C20				6.5-370 或 6-320（2）
		C25				6.5-320 或 6-270（2）
		C30				6.5-280 或 6-240（2）
		C35				6.5-260 或 6-220（2）
		C40				6.5-240 或 6-200（2）
3	200	C20		8-400（2）	8-400[6-260]（2）	6.5-330 或 6-280（2）
		C25		8-380（2）	8-400[6-230]（2）	6.5-290 或 6-250（2）
		C30	10-400（2）	8-330（2）	8-360[6-200]（2）	6.5-260 或 6-220（2）
		C35	10-400（2）	8-300（2）	8-330[6.5-210]（2）	6.5-230 或 6-200（2）
		C40	10-400（2）	8-280（2）	8-300[6.5-200]（2）	6.5-210 或 6-180（2）
		C45	10-390（2）	8-260（2）	8-280[6.5-190]（2）	6.5-200 或 6-170（2）
		C50	10-370（2）	8-250（2）	8-270[6.5-180]（2）	6.5-190 或 6-160（2）
4	240	C20		8-360（2）	8-390[6-220]（2）	6.5-280 或 6-240（2）
		C25		8-310（2）	8-340[6-190]（2）	6.5-240 或 6-200（2）
		C30	10-400（2）	8-280（2）	8-300[6.5-200]（2）	6.5-210 或 6-180（2）
		C35	10-370（2）	8-250（2）	8-270[6.5-180]（2）	6.5-190 或 6-160（2）
		C40	10-340（2）	8-230（2）	8-250[6.5-160]（2）	6.5-180 或 6-150（2）
		C45	10-320（2）	8-220（2）	8-240[6.5-150]（2）	6.5-170 或 6-140（2）
		C50	10-310（2）	8-210（2）	8-230[6.5-150]（2）	6.5-160 或 6-140（2）
5	250	C20		8-350（2）	8-370[6-210]（2）	6.5-270 或 6-230（2）
		C25		8-300（2）	8-320[6.5-210]（2）	6.5-230 或 6-200（2）
		C30	10-390（2）	8-270（2）	8-290[6-190]（2）	6.5-200 或 6-170（2）
		C35	10-360（2）	8-240（2）	8-260[6.5-170]（2）	6.5-190 或 6-160（2）
		C40	10-330（2）	8-220（2）	8-240[6.5-160]（2）	6.5-170 或 6-140（2）
		C45	10-310（2）	8-210（2）	8-230[6.5-150]（2）	6.5-160 或 6-140（2）
		C50	10-290（2）	8-200（2）	8-220[6.5-140]（2）	6.5-150 或 6-130（2）

序号	梁截面宽度 b（mm）	混凝土强度等级	抗震等级			非抗震
			特一级、一级	二级	三级[四级]	
6	300	C20		8-290（2）	8-310[6.5-200]（2）	6.5-220 或 6-190（2）
		C25		8-250（2）	8-270[6.5-180]（2）	6.5-190 或 6-160（2）
		C30	10-320（2）	8-220（2）	8-240[6.5-160]（2）	6.5-170 或 6-140（2）
		C35	10-300（2）	8-200（2）	8-220[6.5-140]（2）	6.5-150 或 6-130（2）
		C40	10-270（2）	8-180（2）	8-200[6.5-130]（2）	6.5-140 或 6-120（2）
		C45	10-260（2）	8-170（2）	8-190[6.5-125]（2）	6.5-130 或 6-110（2）
		C50	10-240（2）	8-170（2）	8-180[6.5-120]（2）	6.5-130 或 6-110（2）
7	300	C20		8-400（3）	8-400[6-260]（3）	6.5-330 或 6-280（3）
		C25		8-380（3）	8-400[6-230]（3）	6.5-290 或 6-250（3）
		C30	10-400（3）	8-330（3）	8-360[6-200]（3）	6.5-260 或 6-220（3）
		C35	10-400（3）	8-300（3）	8-330[6.5-210]（3）	6.5-230 或 6-200（3）
		C40	10-400（3）	8-280（3）	8-300[6.5-200]（3）	6.5-210 或 6-180（3）
		C45	10-390（3）	8-260（3）	8-290[6.5-190]（3）	6.5-200 或 6-170（3）
		C50	10-370（3）	8-250（3）	8-270[6.5-180]（3）	6.5-190 或 6-160（3）
8	350	C20		8-370（3）	8-400[6-220]（3）	6.5-290 或 6-240（3）
		C25		8-320（3）	8-350[6-190]（3）	6.5-250 或 6-210（3）
		C30	10-400（3）	8-290（3）	8-310[6.5-200]（3）	6.5-220 或 6-190（3）
		C35	10-380（3）	8-260（3）	8-280[6.5-180]（3）	6.5-200 或 6-170（3）
		C40	10-350（3）	8-240（3）	8-260[6.5-170]（3）	6.5-180 或 6-150（3）
		C45	10-330（3）	8-230（3）	8-240[6.5-160]（3）	6.5-170 或 6-150（3）
		C50	10-320（3）	8-210（3）	8-230[6.5-150]（3）	6.5-160 或 6-140（3）
9	350	C20		8-400（4）	8-400[6-300]（4）	6.5-380 或 6-330（4）
		C25		8-400（4）	8-400[6-260]（4）	6.5-330 或 6-280（4）
		C30	10-400（4）	8-380（4）	8-400[6-230]（4）	6.5-290 或 6-250（4）
		C35	10-400（4）	8-350（4）	8-370[6-210]（4）	6.5-270 或 6-230（4）
		C40	10-400（4）	8-320（4）	8-340[6-190]（4）	6.5-240 或 6-210（4）
		C45	10-400（4）	8-300（4）	8-330[6.5-210]（4）	6.5-230 或 6-200（4）
		C50	10-400（4）	8-290（4）	8-310[6.5-200]（4）	6.5-220 或 6-190（4）
10	400	C20		8-330（3）	8-350[6-200]（3）	6.5-250 或 6-210（3）
		C25		8-280（3）	8-300[6.5-200]（3）	6.5-220 或 6-180（3）
		C30	10-370（3）	8-250（3）	8-270[6.5-180]（3）	6.5-190 或 6-160（3）
		C35	10-330（3）	8-230（3）	8-240[6.5-160]（3）	6.5-170 或 6-150（3）
		C40	10-310（3）	8-210（3）	8-220[6.5-150]（3）	6.5-160 或 6-130（3）
		C45	10-290（3）	8-200（3）	8-210[6.5-140]（3）	6.5-150 或 6-130（3）
		C50	10-280（3）	8-190（3）	8-200[6.5-130]（3）	6.5-140 或 6-125（3）

序号	梁截面宽度 b（mm）	混凝土强度等级	抗震等级			非抗震
			特一级、一级	二级	三级[四级]	
11	400	C20		8-400（4）	8-400[6-260]（4）	6.5-330 或 6-280（4）
		C25		8-380（4）	8-400[6-230]（4）	6.5-290 或 6-250（4）
		C30	10-400（4）	8-330（4）	8-360[6-200]（4）	6.5-260 或 6-220（4）
		C35	10-400（4）	8-300（4）	8-330[6.5-210]（4）	6.5-230 或 6-200（4）
		C40	10-400（4）	8-280（4）	8-300[6.5-200]（4）	6.5-210 或 6-180（4）
		C45	10-390（4）	8-260（4）	8-290[6.5-190]（4）	6.5-200 或 6-170（4）
		C50	10-370（4）	8-250（4）	8-270[6.5-180]（4）	6.5-190 或 6-160（4）
12	450	C20		8-290（3）	8-310[6.5-200]（3）	6.5-220 或 6-190（3）
		C25		8-250（3）	8-270[6.5-180]（3）	6.5-190 或 6-160（3）
		C30	10-320（3）	8-220（3）	8-240[6.5-160]（3）	6.5-170 或 6-140（3）
		C35	10-300（3）	8-200（3）	8-220[6.5-140]（3）	6.5-150 或 6-130（3）
		C40	10-270（3）	8-180（3）	8-200[6.5-130]（3）	6.5-140 或 6-120（3）
		C45	10-260（3）	8-170（3）	8-190[6.5-125]（3）	6.5-130 或 6-110（3）
		C50	10-240（3）	8-170（3）	8-180[6.5-120]（3）	6.5-130 或 6-110（3）
13	450	C20		8-390（4）	8-400[6-230]（4）	6.5-300 或 6-250（4）
		C25		8-330（4）	8-360[6-200]（4）	6.5-260 或 6-220（4）
		C30	10-400（4）	8-300（4）	8-320[6-180]（4）	6.5-230 或 6-190（4）
		C35	10-400（4）	8-270（4）	8-290[6.5-190]（4）	6.5-210 或 6-180（4）
		C40	10-360（4）	8-250（4）	8-270[6.5-170]（4）	6.5-190 或 6-160（4）
		C45	10-340（4）	8-230（4）	8-250[6.5-170]（4）	6.5-180 或 6-150（4）
		C50	10-330（4）	8-220（4）	8-240[6.5-160]（4）	6.5-170 或 6-140（4）
14	500	C20		8-350（4）	8-370[6-210]（4）	6.5-270 或 6-230（4）
		C25		8-300（4）	8-320[6-180]（4）	6.5-230 或 6-200（4）
		C30	10-390（4）	8-270（4）	8-290[6.5-190]（4）	6.5-200 或 6-170（4）
		C35	10-360（4）	8-240（4）	8-260[6.5-170]（4）	6.5-190 或 6-160（4）
		C40	10-330（4）	8-220（4）	8-240[6.5-160]（4）	6.5-170 或 6-140（4）
		C45	10-310（4）	8-210（4）	8-230[6.5-150]（4）	6.5-160 或 6-140（4）
		C50	10-290（4）	8-200（4）	8-220[6.5-140]（4）	6.5-150 或 6-130（4）
15	500	C20		8-260（3）	8-280[6.5-180]（3）	6.5-200 或 6-170（3）
		C25		8-220（3）	8-240[6.5-160]（3）	6.5-170 或 6-150（3）
		C30	10-290（3）	8-200（3）	8-210[6.5-140]（3）	6.5-150 或 6-130（3）
		C35	10-270（3）	8-180（3）	8-190[6.5-130]（3）	6.5-140 或 6-120（3）
		C40	10-240（3）	8-160（3）	8-180[6.5-120]（3）	6.5-130 或 6-110（3）
		C45	10-230（3）	8-160（3）	8-170[6.5-110]（3）	6.5-120 或 6-100（3）
		C50	10-220（3）	8-150（3）	8-160[6.5-100]（3）	6.5-110 或 6-100（3）

序号	梁截面宽度 b（mm）	混凝土强度等级	抗震等级			非抗震
			特一级、一级	二级	三级[四级]	
16	550	C20		8-320（4）	8-340[6-190]（4）	6.5-240 或 6-200（4）
		C25		8-270（4）	8-290[6.5-190]（4）	6.5-210 或 6-180（4）
		C30	10-350（4）	8-240（4）	8-260[6.5-170]（4）	6.5-180 或 6-160（4）
		C35	10-320（4）	8-220（4）	8-240[6.5-150]（4）	6.5-170 或 6-140（4）
		C40	10-300（4）	8-200（4）	8-220[6.5-140]（4）	6.5-150 或 6-130（4）
		C45	10-280（4）	8-190（4）	8-210[6.5-130]（4）	6.5-150 或 6-125（4）
		C50	10-270（4）	8-180（4）	8-200[6.5-130]（4）	6.5-140 或 6-120（4）
17	550	C20		8-240（3）	8-250[6.5-170]（3）	6.5-180 或 6-150（3）
		C25		8-200（3）	8-220[6.5-140]（3）	6.5-160 或 6-130（3）
		C30	10-260（3）	8-180（3）	8-190[6.5-130]（3）	6.5-140 或 6-120（3）
		C35	10-240（3）	8-160（3）	8-180[6.5-110]（3）	6.5-125 或 6-110（3）
		C40	10-220（3）	8-150（3）	8-160[6.5-100]（3）	6.5-110 或 6-100（3）
		C45	10-210（3）	8-140（3）	8-150[6.5-100]（3）	6.5-110 或 8-170（3）
		C50	10-200（3）	8-130（3）	8-150 或 10-230（3）	6.5-100 或 8-160（3）
18	600	C20		8-290（4）	8-310[6.5-200]（4）	6.5-220 或 6-190（4）
		C25		8-250（4）	8-270[6.5-180]（4）	6.5-190 或 6-160（4）
		C30	10-320（4）	8-220（4）	8-240[6.5-160]（4）	6.5-170 或 6-140（4）
		C35	10-290（4）	8-200（4）	8-220[6.5-140]（4）	6.5-150 或 6-130（4）
		C40	10-270（4）	8-180（4）	8-200[6.5-130]（4）	6.5-140 或 6-120（4）
		C45	10-260（4）	8-170（4）	8-190[6.5-125]（4）	6.5-130 或 6-110（4）
		C50	10-240（4）	8-170（4）	8-180[6.5-120]（4）	6.5-130 或 6-110（4）
19	650	C20		8-270（4）	8-290[6.5-190]（4）	6.5-200 或 6-170（4）
		C25		8-230（4）	8-250[6.5-160]（4）	6.5-180 或 6-150（4）
		C30	10-300（4）	8-200（4）	8-220[6.5-140]（4）	6.5-160 或 6-130（4）
		C35	10-270（4）	8-190（4）	8-200[6.5-130]（4）	6.5-140 或 6-120（4）
		C40	10-250（4）	8-170（4）	8-180[6.5-120]（4）	6.5-130 或 6-110（4）
		C45	10-240（4）	8-160（4）	8-170[6.5-110]（3）	6.5-125 或 6-100（4）
		C50	10-230（4）	8-150（4）	8-160[6.5-110]	6.5-120 或 6-100（4）
20	650	C20		8-330（5）	8-360[6-200]（5）	6.5-260 或 6-220（5）
		C25		8-290（5）	8-310[6-170]（5）	6.5-220 或 6-190（5）
		C30	10-380（5）	8-260（5）	8-280[6-150]（5）	6.5-200 或 6-170（5）
		C35	10-340（5）	8-230（5）	8-250[6-140]（5）	6.5-180 或 6-150（5）
		C40	10-310（5）	8-210（5）	8-230[6-130]（5）	6.5-160 或 6-140（5）
		C45	10-300（5）	8-200（5）	8-220[6-125]（5）	6.5-150 或 6-130（5）
		C50	10-280（5）	8-190（5）	8-210[6.5-140]（5）	6.5-150 或 6-125（5）

序号	梁截面宽度 b（mm）	混凝土强度等级	抗震等级			非抗震
			特一级、一级	二级	三级[四级]	
21	700	C20		8-310（5）	8-330[6-190]（5）	6.5-240 或 6-200（5）
		C25		8-270（5）	8-290[6-160]（5）	6.5-210 或 6-170（5）
		C30	10-350（5）	8-240（5）	8-260[6.5-170]（5）	6.5-180 或 6-150（5）
		C35	10-320（5）	8-220（5）	8-230[6.5-150]（5）	6.5-160 或 6-140（5）
		C40	10-290（5）	8-200（5）	8-210[6.5-140]（5）	6.5-150 或 6-130（5）
		C45	10-280（5）	8-190（5）	8-200[6.5-130]（5）	6.5-140 或 6-125（5）
		C50	10-260（5）	8-180（5）	8-190[6.5-130]（5）	6.5-140 或 6-120（5）
22	700	C20		8-250（4）	8-270[6-150]（4）	6.5-190 或 6-160（4）
		C25		8-210（4）	8-230[6-130]（4）	6.5-160 或 6-140（4）
		C30	10-280（4）	8-190（4）	8-200[6.5-130]（4）	6.5-140 或 6-125（4）
		C35	10-250（4）	8-170（4）	8-190[6.5-125]（4）	6.5-130 或 6-110（4）
		C40	10-230（4）	8-160（4）	8-170[6.5-110]（4）	6.5-120 或 6-100（4）
		C45	10-220（4）	8-150（4）	8-160[6.5-100]（4）	6.5-110 或 6-100（4）
		C50	10-210（4）	8-140（4）	8-150[6.5-100]（4）	6.5-110 或 8-170（4）
23	750	C20		8-290（5）	8-310[6.5-200]（5）	6.5-220 或 6-190（5）
		C25		8-250（5）	8-270[6.5-180]（5）	6.5-190 或 6-160（5）
		C30	10-320（5）	8-220（5）	8-240[6.5-160]（5）	6.5-170 或 6-140（5）
		C35	10-300（5）	8-200（5）	8-220[6.5-140]（5）	6.5-150 或 6-130（5）
		C40	10-270（5）	8-180（5）	8-200[6.5-130]（5）	6.5-140 或 6-120（5）
		C45	10-260（5）	8-170（5）	8-190[6.5-125]（5）	6.5-130 或 6-110（5）
		C50	10-240（5）	8-170（5）	8-180[6.5-120]（5）	6.5-130 或 6-110（5）
24	750	C20		8-230（4）	8-250[6-140]（4）	6.5-170 或 6-150（4）
		C25		8-200（4）	8-210[6-120]（4）	6.5-150 或 6-130（4）
		C30	10-260（4）	8-180（4）	8-190[6.5-125]（4）	6.5-130 或 6-110（4）
		C35	10-240（4）	8-160（4）	8-170[6.5-110]（4）	6.5-125 或 6-100（4）
		C40	10-220（4）	8-150（4）	8-160[6.5-100]（4）	6.5-110 或 8-170（4）
		C45	10-200（4）	8-140（4）	8-150[6.5-100]（4）	6.5-110 或 8-160（4）
		C50	10-190（4）	8-130（4）	8-140 或 10-230（4）	6.5-100 或 8-150（4）
25	800	C20		8-270（5）	8-290[6.5-190]（5）	6.5-210 或 6-180（5）
		C25		8-230（5）	8-250[6.5-160]（5）	6.5-180 或 6-150（5）
		C30	10-300（5）	8-210（5）	8-220[6.5-150]（5）	6.5-160 或 6-130（5）
		C35	10-280（5）	8-190（5）	8-200[6.5-130]（5）	6.5-140 或 6-125（5）
		C40	10-250（5）	8-170（5）	8-190[6.5-125]（5）	6.5-130 或 6-110（5）
		C45	10-240（5）	8-160（5）	8-180[6.5-110]（5）	6.5-125 或 6-110（5）
		C50	10-230（5）	8-160（5）	8-170[6.5-110]（5）	6.5-120 或 6-100（5）

序号	梁截面宽度 b（mm）	混凝土强度等级	抗震等级			非抗震
			特一级、一级	二级	三级[四级]	
26	800	C20		8-220（4）	8-230[6.5-130]（4）	6.5-160 或 6-140（4）
		C25		8-190（4）	8-200[6.5-130]（4）	6.5-140 或 6-125（4）
		C30	10-240（4）	8-160（4）	8-180[6.5-120]（4）	6.5-130 或 6-110（4）
		C35	10-220（4）	8-150（4）	8-160[6.5-100]（4）	6.5-110 或 6-100（4）
		C40	10-200（4）	8-140（4）	8-150[6.5-100]（4）	6.5-100 或 8-160（4）
		C45	10-190（4）	8-130（4）	8-140 或 10-220（4）	6.5-100 或 8-150（4）
		C50	10-180（4）	8-125（4）	8-130 或 10-210（4）	8-140 或 10-230（4）
27	850	C20		8-250（5）	8-270[6.5-180]（5）	6.5-190 或 6-170（5）
		C25		8-220（5）	8-240[6.5-150]（5）	6.5-170 或 6-140（5）
		C30	10-290（5）	8-190（5）	8-210[6.5-140]（5）	6.5-150 或 6-130（5）
		C35	10-260（5）	8-180（5）	8-190[6.5-125]（5）	6.5-130 或 6-110（5）
		C40	10-240（5）	8-160（5）	8-170[6.5-110]（5）	6.5-125 或 6-100（5）
		C45	10-230（5）	8-150（5）	8-170[6.5-110]（5）	6.5-120 或 6-100（5）
		C50	10-210（5）	8-150（5）	8-160[6.5-100]（5）	6.5-110 或 8-170（5）
28	900	C20		8-290（6）	8-310[6.5-200]（6）	6.5-220 或 6-190（6）
		C25		8-250（6）	8-270[6.5-180]（6）	6.5-190 或 6-160（6）
		C30	10-320（6）	8-220（6）	8-240[6.5-160]（6）	6.5-170 或 6-140（6）
		C35	10-300（6）	8-200（6）	8-220[6.5-140]（6）	6.5-150 或 6-130（6）
		C40	10-270（6）	8-180（6）	8-200[6.5-130]（6）	6.5-140 或 6-120（6）
		C45	10-260（6）	8-170（6）	8-190[6.5-125]（6）	6.5-130 或 6-110（6）
		C50	10-240（6）	8-170（6）	8-180[6.5-120]（6）	6.5-130 或 6-110（6）
29	900	C20		8-240（5）	8-260[6.5-170]（5）	6.5-180 或 6-160（5）
		C25		8-210（5）	8-220[6.5-150]（5）	6.5-160 或 6-130（5）
		C30	10-270（5）	8-180（5）	8-200[6.5-130]（5）	6.5-140 或 6-120（5）
		C35	10-250（5）	8-170（5）	8-180[6.5-120]（5）	6.5-130 或 6-110（5）
		C40	10-220（5）	8-150（5）	8-160[6.5-110]（5）	6.5-120 或 6-100（5）
		C45	10-210（5）	8-140（5）	8-160[6.5-100]（5）	6.5-110 或 8-170（5）
		C50	10-200（5）	8-140（5）	8-150[6.5-100]（5）	6.5-100 或 8-160（5）
30	950	C20		8-270（6）	8-290[6.5-190]（6）	6.5-210 或 6-180（6）
		C25		8-240（6）	8-250[6.5-170]（6）	6.5-180 或 6-150（6）
		C30	10-310（6）	8-210（6）	8-230[6.5-150]（6）	6.5-160 或 6-140（6）
		C35	10-280（6）	8-190（6）	8-210[6.5-130]（6）	6.5-150 或 6-125（6）
		C40	10-260（6）	8-170（6）	8-190[6.5-125]（6）	6.5-130 或 6-110（6）
		C45	10-240（6）	8-170（6）	8-180[6.5-120]（6）	6.5-130 或 6-110（6）
		C50	10-230（6）	8-160（6）	8-170[6.5-110]（6）	6.5-120 或 6-100（6）

序号	梁截面宽度 b (mm)	混凝土强度等级	抗震等级 特一级、一级	二级	三级[四级]	非抗震
31	950	C20		8-230（5）	8-240[6.5-160]（5）	6.5-170 或 6-150（5）
		C25		8-200（5）	8-210[6.5-140]（5）	6.5-150 或 6-130（5）
		C30	10-260（5）	8-170（5）	8-190[6.5-125]（5）	6.5-130 或 6-110（5）
		C35	10-230（5）	8-160（5）	8-170[6.5-110]（5）	6.5-125 或 6-100（5）
		C40	10-210（5）	8-140（5）	8-160[6.5-100]（5）	6.5-110 或 8-170（5）
		C45	10-200（5）	8-140（5）	8-150[6.5-100]（5）	6.5-100 或 8-160（5）
		C50	10-190（5）	8-130（5）	8-140 或 10-220（5）	6.5-100 或 8-150（5）
32	1000	C20		8-260（6）	8-280[6.5-180]（6）	6.5-200 或 6-170（6）
		C25		8-220（6）	8-240[6.5-160]（6）	6.5-170 或 6-150（6）
		C30	10-290（6）	8-200（6）	8-210[6.5-140]（6）	6.5-150 或 6-130（6）
		C35	10-270（6）	8-180（6）	8-190[6.5-130]（6）	6.5-140 或 6-120（6）
		C40	10-240（6）	8-170（6）	8-180[6.5-120]（6）	6.5-130 或 6-110（6）
		C45	10-230（6）	8-160（6）	8-170[6.5-110]（6）	6.5-120 或 6-100（6）
		C50	10-220（6）	8-150（6）	8-160[6.5-100]（6）	6.5-110 或 6-100（6）
33	1000	C20		8-220（5）	8-230[6.5-150]（5）	6.5-160 或 6-140（5）
		C25		8-190（5）	8-200[6.5-130]（5）	6.5-140 或 6-125（5）
		C30	10-240（5）	8-160（5）	8-180[6.5-120]（5）	6.5-130 或 6-110（5）
		C35	10-220（5）	8-150（5）	8-160[6.5-100]（5）	6.5-110 或 6-100（5）
		C40	10-200（5）	8-140（5）	8-150[6.5-100]（5）	6.5-100 或 8-160（5）
		C45	10-190（5）	8-130（5）	8-140 或 10-220（6）	6.5-100 或 8-150（5）
		C50	10-180（5）	8-125（5）	8-130 或 10-210（6）	8-140 或 10-230（5）

说明：同表 10.5-1，下同。

用 335 级箍筋（$f_{yv}=300\text{N/mm}^2$）时梁沿全长的最小配箍量　　表 10.5-3

序号	梁截面宽度 b (mm)	混凝土强度等级	抗震等级 特一级、一级	二级	三级[四级]	非抗震
1	180	C20			[6-320（2）]	6-350（2）
		C25			[6-280（2）]	6-300（2）
		C30			[6-250（2）]	6-270（2）
		C35			[6-230（2）]	6-250（2）
		C40			[6-210（2）]	6-220（2）

序号	梁截面宽度 b（mm）	混凝土强度等级	抗震等级			非抗震
			特一级、一级	二级	三级[四级]	
2	200	C20		8-400（2）	8-400[6.5-340]（2）	6.5-370 或 6-320（2）
		C25		8-400（2）	8-400[6.5-300]（2）	6.5-320 或 6-270（2）
		C30	10-400（2）	8-370（2）	8-400[6.5-260]（2）	6.5-290 或 6-240（2）
		C35	10-400（2）	8-340（2）	8-360[6.5-240]（2）	6.5-260 或 6-220（2）
		C40	10-400（2）	8-310（2）	8-330[6.5-220]（2）	6.5-240 或 6-200（2）
		C45	10-400（2）	8-290（2）	8-320[6.5-210]（2）	6.5-230 或 6-190（2）
		C50	10-400（2）	8-280（2）	8-300[6.5-200]（2）	6.5-210 或 6-180（2）
3	240	C20		8-400（2）	8-400[6.5-280]（2）	6.5-310 或 6-260（2）
		C25		8-350（2）	8-380[6.5-250]（2）	6.5-270 或 6-230（2）
		C30	10-400（2）	8-310（2）	8-330[6.5-220]（2）	6.5-240 或 6-220（2）
		C35	10-400（2）	8-280（2）	8-300[6.5-200]（2）	6.5-220 或 6-180（2）
		C40	10-380（2）	8-260（2）	8-280[6.5-180]（2）	6.5-200 或 6-170（2）
		C45	10-360（2）	8-240（2）	8-260[6.5-170]（2）	6.5-190 或 6-160（2）
		C50	10-340（2）	8-230（2）	8-250[6.5-160]（2）	6.5-180 或 6-150（2）
4	250	C20		8-390（2）	8-400[6.5-270]（2）	6.5-300 或 6-250（2）
		C25		8-330（2）	8-360[6.5-240]（2）	6.5-260 或 6-220（2）
		C30	10-400（2）	8-300（2）	8-320[6.5-210]（2）	6.5-230 或 6-190（2）
		C35	10-380（2）	8-270（2）	8-290[6.5-190]（2）	6.5-210 或 6-180（2）
		C40	10-360（2）	8-250（2）	8-270[6.5-170]（2）	6.5-190 或 6-160（2）
		C45	10-340（2）	8-230（2）	8-250[6.5-170]（2）	6.5-180 或 6-150（2）
		C50	10-330（2）	8-220（2）	8-240[6.5-160]（2）	6.5-180 或 6-140（2）
5	300	C20		8-320（2）	8-350[6.5-230]（2）	6.5-250 或 6-210（2）
		C25		8-280（2）	8-300[6.5-200]（2）	6.5-210 或 6-180（2）
		C30	10-360（2）	8-250（2）	8-270[6.5-170]（2）	6.5-190 或 6-160（2）
		C35	10-330（2）	8-220（2）	8-240[6.5-160]（2）	6.5-170 或 6-150（2）
		C40	10-300（2）	8-210（2）	8-220[6.5-140]（2）	6.5-160 或 6-130（2）
		C45	10-290（2）	8-190（2）	8-210[6.5-140]（2）	6.5-150 或 6-130（2）
		C50	10-270（2）	8-180（2）	8-200[6.5-130]（2）	6.5-140 或 6-120（2）
6	350	C20		8-270（2）	8-300[6.5-190]（2）	6.5-210 或 6-180（2）
		C25		8-240（2）	8-260[6.5-170]（2）	6.5-180 或 6-150（2）
		C30	10-310（2）	8-210（2）	8-230[6.5-150]（2）	6.5-160 或 6-140（2）
		C35	10-280（2）	8-190（2）	8-210[6.5-130]（2）	6.5-150 或 6-125（2）
		C40	10-260（2）	8-170（2）	8-190[6.5-125]（2）	6.5-130 或 6-110（2）
		C45	10-240（2）	8-170（2）	8-180[6.5-120]（2）	6.5-130 或 6-110（2）
		C50	10-230（2）	8-160（2）	8-170[6.5-110]（2）	6.5-125 或 6-100（2）

序号	梁截面宽度 b（mm）	混凝土强度等级	抗震等级			非抗震
			特一级、一级	二级	三级[四级]	
7	350	C20		8-410（3）	8-450[6.5-290]（3）	6.5-320 或 6-270（3）
		C25		8-360（3）	8-390[6.5-250]（3）	6.5-280 或 6-230（3）
		C30	10-400（3）	8-320（3）	8-340[6.5-220]（3）	6.5-240 或 6-210（3）
		C35	10-400（3）	8-290（3）	8-310[6.5-200]（3）	6.5-220 或 6-190（3）
		C40	10-390（3）	8-260（3）	8-290[6.5-190]（3）	6.5-200 或 6-170（3）
		C45	10-370（3）	8-250（3）	8-270[6.5-180]（3）	6.5-190 或 6-160（3）
		C50	10-350（3）	8-240（3）	8-260[6.5-170]（3）	6.5-180 或 6-160（3）
8	400	C20		8-240（2）	8-260[6.5-170]（2）	6.5-180 或 6-160（2）
		C25		8-210（2）	8-220[6.5-150]（2）	6.5-160 或 6-130（2）
		C30	10-270（2）	8-180（2）	8-200[6.5-130]（2）	6.5-140 或 6-120（2）
		C35	10-240（2）	8-170（2）	8-180[6.5-120]（2）	6.5-130 或 6-110（2）
		C40	10-220（2）	8-150（2）	8-160[6.5-110]（2）	6.5-120 或 6-100（2）
		C45	10-210（2）	8-140（2）	8-160[6.5-100]（2）	6.5-110 或 8-170（2）
		C50	10-200（2）	8-140（2）	8-150[6.5-100]（2）	6.5-100 或 8-160（2）
9	400	C20		8-360（3）	8-390[6.5-260]（3）	6.5-280 或 6-240（3）
		C25		8-310（3）	8-340[6.5-220]（3）	6.5-240 或 6-200（3）
		C30	10-400（3）	8-280（3）	8-300[6.5-200]（3）	6.5-210 或 6-180（3）
		C35	10-370（3）	8-250（3）	8-270[6.5-180]（3）	6.5-190 或 6-160（3）
		C40	10-340（3）	8-230（3）	8-250[6.5-160]（3）	6.5-180 或 6-150（3）
		C45	10-320（3）	8-220（3）	8-240[6.5-150]（3）	6.5-170 或 6-140（3）
		C50	10-300（3）	8-210（3）	8-230[6.5-150]（3）	6.5-160 或 6-140（3）
10	400	C20		8-480（4）	8-500[6.5-340]（4）	6.5-370[6-320]（4）
		C25		8-420（4）	8-450[6.5-300]（4）	6.5-320[6-270]（4）
		C30	10-400（4）	8-370（4）	8-400[6.5-260]（4）	6.5-290[6-240]（4）
		C35	10-400（4）	8-340（4）	8-360[6.5-240]（4）	6.5-260[6-220]（4）
		C40	10-400（4）	8-310（4）	8-330[6.5-220]（4）	6.5-240[6-200]（4）
		C45	10-400（4）	8-290（4）	8-320[6.5-210]（4）	6.5-230[6-190]（4）
		C50	10-400（4）	8-280（4）	8-300[6.5-200]（4）	6.5-210[6-180]（4）
11	450	C20		8-320（3）	8-350[6.5-230]（3）	6.5-250 或 6-210（3）
		C25		8-280（3）	8-300[6.5-200]（3）	6.5-210 或 6-180（3）
		C30	10-360（3）	8-250（3）	8-270[6.5-170]（3）	6.5-190 或 6-160（3）
		C35	10-330（3）	8-220（3）	8-240[6.5-160]（3）	6.5-170 或 6-150（3）
		C40	10-300（3）	8-200（3）	8-220[6.5-140]（3）	6.5-160 或 6-130（3）
		C45	10-290（3）	8-190（3）	8-210[6.5-140]（3）	6.5-150 或 6-130（3）
		C50	10-270（3）	8-190（3）	8-200[6.5-130]（3）	6.5-140 或 6-120（3）

序号	梁截面宽度 b（mm）	混凝土强度等级	抗震等级			非抗震
			特一级、一级	二级	三级[四级]	
12	450	C20		8-430（4）	8-400[6.5-300]（4）	6.5-330 或 6-280（4）
		C25		8-370（4）	8-400[6.5-260]（4）	6.5-290 或 6-240（4）
		C30	10-400（4）	8-330（4）	8-360[6.5-230]（4）	6.5-250 或 6-210（4）
		C35	10-400（4）	8-300（4）	8-320[6.5-210]（4）	6.5-230 或 6-190（4）
		C40	10-400（4）	8-270（4）	8-300[6.5-190]（4）	6.5-210 或 6-180（4）
		C45	10-380（4）	8-260（4）	8-280[6.5-180]（4）	6.5-200 或 6-170（4）
		C50	10-360（4）	8-250（4）	8-270[6.5-170]（4）	6.5-190 或 6-160（4）
13	500	C20		8-390（4）	8-400[6.5-270]（4）	6.5-300 或 6-250（4）
		C25		8-330（4）	8-360[6.5-240]（4）	6.5-260 或 6-220（4）
		C30	10-400（4）	8-300（4）	8-320[6.5-210]（4）	6.5-230 或 6-190（4）
		C35	10-390（4）	8-270（4）	8-290[6.5-190]（4）	6.5-210 或 6-180（4）
		C40	10-360（4）	8-250（4）	8-270[6.5-170]（4）	6.5-190 或 6-160（4）
		C45	10-340（4）	8-230（4）	8-250[6.5-170]（4）	6.5-180 或 6-150（4）
		C50	10-330（4）	8-220（4）	8-240[6.5-160]（4）	6.5-170 或 6-140（4）
14	550	C20		8-350（4）	8-370[6.5-250]（4）	6.5-270 或 6-230（4）
		C25		8-300（4）	8-320[6.5-210]（4）	6.5-230 或 6-200（4）
		C30	10-390（4）	8-270（4）	8-280[6.5-190]（4）	6.5-210 或 6-170（4）
		C35	10-360（4）	8-240（4）	8-260[6.5-170]（4）	6.5-190 或 6-160（4）
		C40	10-330（4）	8-220（4）	8-240[6.5-160]（4）	6.5-170 或 6-150（4）
		C45	10-310（4）	8-210（4）	8-230[6.5-150]（4）	6.5-160 或 6-140（4）
		C50	10-300（4）	8-200（4）	8-220[6.5-140]（4）	6.5-150 或 6-130（4）
15	600	C20		8-320（4）	8-350[6.5-230]（4）	6.5-250 或 6-210（4）
		C25		8-280（4）	8-300[6.5-200]（4）	6.5-210 或 6-180（4）
		C30	10-360（4）	8-250（4）	8-270[6.5-170]（4）	6.5-190 或 6-160（4）
		C35	10-330（4）	8-220（4）	8-240[6.5-160]（4）	6.5-170 或 6-150（4）
		C40	10-300（4）	8-200（4）	8-220[6.5-140]（4）	6.5-160 或 6-130（4）
		C45	10-290（4）	8-190（4）	8-210[6.5-140]（4）	6.5-150 或 6-130（4）
		C50	10-270（4）	8-190（4）	8-200[6.5-130]（4）	6.5-140 或 6-120（4）
16	650	C20		8-300（4）	8-320[6.5-210]（4）	6.5-230 或 6-190（4）
		C25		8-260（4）	8-280[6.5-180]（4）	6.5-200 或 6-170（4）
		C30	10-330（4）	8-230（4）	8-240[6.5-160]（4）	6.5-170 或 6-150（4）
		C35	10-300（4）	8-210（4）	8-220[6.5-150]（4）	6.5-160 或 6-130（4）
		C40	10-280（4）	8-190（4）	8-200[6.5-130]（4）	6.5-140 或 6-125（4）
		C45	10-260（4）	8-180（4）	8-190[6.5-130]（4）	6.5-140 或 6-120（4）
		C50	10-250（4）	8-170（4）	8-180[6.5-120]（4）	6.5-130 或 6-110（4）

序号	梁截面宽度 b（mm）	混凝土强度等级	抗震等级			非抗震
			特一级、一级	二级	三级[四级]	
17	700	C20		8-270（4）	8-300[6.5-190]（4）	6.5-210 或 6-180（4）
		C25		8-240（4）	8-260[6.5-170]（4）	6.5-180 或 6-150（4）
		C30	10-310（4）	8-210（4）	8-230[6.5-150]（4）	6.5-160 或 6-140（4）
		C35	10-280（4）	8-190（4）	8-210[6.5-130]（4）	6.5-150 或 6-125（4）
		C40	10-260（4）	8-170（4）	8-190[6.5-125]（4）	6.5-130 或 6-110（4）
		C45	10-240（4）	8-170（4）	8-180[6.5-120]（4）	6.5-130 或 6-110（4）
		C50	10-230（4）	8-160（4）	8-170[6.5-110]（4）	6.5-125 或 6-100（4）
18	700	C20		8-340（5）	8-370[6.5-240]（5）	6.5-260 或 6-220（5）
		C25		8-300（5）	8-320[6.5-210]（5）	6.5-230 或 6-190（5）
		C30	10-390（5）	8-260（5）	8-280[6.5-190]（5）	6.5-200 或 6-170（5）
		C35	10-350（5）	8-240（5）	8-260[6.5-170]（5）	6.5-180 或 6-160（5）
		C40	10-320（5）	8-220（5）	8-240[6.5-150]（5）	6.5-170 或 6-140（5）
		C45	10-310（5）	8-210（5）	8-230[6.5-150]（5）	6.5-160 或 6-140（5）
		C50	10-290（5）	8-200（5）	8-210[6.5-140]（5）	6.5-150 或 6-130（5）
19	750	C20		8-260（4）	8-280[6.5-180]（4）	6.5-200 或 6-170（4）
		C25		8-220（4）	8-240[6.5-160]（4）	6.5-170 或 6-140（4）
		C30	10-290（4）	8-200（4）	8-210[6.5-140]（4）	6.5-150 或 6-130（4）
		C35	10-260（4）	8-180（4）	8-190[6.5-130]（4）	6.5-140 或 6-120（4）
		C40	10-240（4）	8-160（4）	8-180[6.5-110]（4）	6.5-125 或 6-110（4）
		C45	10-230（4）	8-150（4）	8-170[6.5-110]（4）	6.5-120 或 6-100（4）
		C50	10-220（4）	8-150（4）	8-160[6.5-100]（4）	6.5-110 或 8-170（4）
20	750	C20		8-320（5）	8-350[6.5-230]（5）	6.5-250 或 6-210（5）
		C25		8-280（5）	8-300[6.5-200]（5）	6.5-210 或 6-180（5）
		C30	10-360（5）	8-250（5）	8-270[6.5-170]（5）	6.5-190 或 6-160（5）
		C35	10-320（5）	8-220（5）	8-240[6.5-160]（5）	6.5-170 或 6-150（5）
		C40	10-300（5）	8-200（5）	8-220[6.5-140]（5）	6.5-160 或 6-130（5）
		C45	10-290（5）	8-190（5）	8-210[6.5-140]（5）	6.5-150 或 6-130（5）
		C50	10-270（5）	8-180（5）	8-200[6.5-130]（5）	6.5-140 或 6-120（5）
21	800	C20		8-240（4）	8-260[6.5-170]（4）	6.5-180 或 6-160（4）
		C25		8-210（4）	8-220[6.5-150]（4）	6.5-160 或 6-130（4）
		C30	10-270（4）	8-180（4）	8-200[6.5-130]（4）	6.5-140 或 6-120（4）
		C35	10-240（4）	8-170（4）	8-180[6.5-120]（4）	6.5-130 或 6-110（4）
		C40	10-220（4）	8-150（4）	8-160[6.5-110]（4）	6.5-120 或 6-100（4）
		C45	10-210（4）	8-140（4）	8-160[6.5-100]（4）	6.5-125 或 6-100（4）
		C50	10-200（4）	8-140（4）	8-150[6.5-100]（4）	6.5-110 或 8-170（4）

序号	梁截面宽度 b（mm）	混凝土强度等级	抗震等级			非抗震
			特一级、一级	二级	三级[四级]	
22	800	C20		8-300（5）	8-320[6.5-210]（5）	6.5-230 或 6-200（5）
		C25		8-260（5）	8-280[6.5-180]（5）	6.5-200 或 6-170（5）
		C30	10-340（5）	8-230（5）	8-250[6.5-160]（5）	6.5-180 或 6-150（5）
		C35	10-310（5）	8-210（5）	8-220[6.5-150]（5）	6.5-160 或 6-140（5）
		C40	10-280（5）	8-190（5）	8-210[6.5-140]（5）	6.5-150 或 6-125（5）
		C45	10-270（5）	8-180（5）	8-200[6.5-130]（5）	6.5-140 或 6-120（5）
		C50	10-250（5）	8-170（5）	8-190[6.5-125]（5）	6.5-130 或 6-110（5）
23	850	C20		8-280（5）	8-310[6.5-200]（5）	6.5-220 或 6-180（5）
		C25		8-240（5）	8-260[6.5-170]（5）	6.5-190 或 6-160（5）
		C30	10-320（5）	8-220（5）	8-230[6.5-150]（5）	6.5-170 或 6-140（5）
		C35	10-290（5）	8-200（5）	8-210[6.5-140]（5）	6.5-150 或 6-130（5）
		C40	10-260（5）	8-180（5）	8-190[6.5-130]（5）	6.5-140 或 6-120（5）
		C45	10-250（5）	8-170（5）	8-180[6.5-125]（5）	6.5-130 或 6-110（5）
		C50	10-240（5）	8-160（5）	8-180[6.5-110]（5）	6.5-125 或 6-110（5）
24	850	C20		8-340（6）	8-370[6-200]（6）	6-220（6）
		C25		8-290（6）	8-320[6-180]（6）	6-190（6）
		C30	10-380（6）	8-260（6）	8-280[6-160]（6）	6-170（6）
		C35	10-350（6）	8-240（6）	8-260[6-140]（6）	6-160（6）
		C40	10-320（6）	8-220（6）	8-230[6-130]（6）	6-140 或 8-250（6）
		C45	10-300（6）	8-210（6）	8-220[6-125]（6）	6-130 或 8-240（6）
		C50	10-290（6）	8-200（6）	8-210[6-120]（6）	6-130 或 8-230（6）
25	900	C20		8-270（5）	8-290[6.5-190]（5）	6.5-200 或 6-170（5）
		C25		8-240（5）	8-250[6.5-160]（5）	6.5-180 或 6-150（5）
		C30	10-300（5）	8-200（5）	8-220[6.5-140]（5）	6.5-160 或 6-130（5）
		C35	10-270（5）	8-190（5）	8-200[6.5-130]（5）	6.5-140 或 6-125（5）
		C40	10-250（5）	8-170（5）	8-180[6.5-120]（5）	6.5-130 或 6-110（5）
		C45	10-240（5）	8-160（5）	8-170[6.5-110]（5）	6.5-125 或 6-100（5）
		C50	10-230（5）	8-150（5）	8-170[6.5-110]（5）	6.5-120 或 6-100（5）
26	900	C20		8-320（6）	8-350[6-190]（6）	6-210（6）
		C25		8-280（6）	8-300[6-170]（6）	6-180（6）
		C30	10-360（6）	8-250（6）	8-270[6-150]（6）	6-160（6）
		C35	10-330（6）	8-220（6）	8-240[6-130]（6）	6-150（6）
		C40	10-300（6）	8-210（6）	8-220[6-125]（6）	6-130 或 8-240（6）
		C45	10-290（6）	8-190（6）	8-210[6-120]（6）	6-130 或 8-230（6）
		C50	10-270（6）	8-180（6）	8-200[6-110]（6）	6-120 或 8-220（6）

序号	梁截面宽度 b（mm）	混凝土强度等级	抗震等级 特一级、一级	二级	三级[四级]	非抗震
27	950	C20		8-250（5）	8-270[6-150]（5）	6-160（5）
		C25		8-220（5）	8-240[6-130]（5）	6-140（5）
		C30	10-280（5）	8-190（5）	8-210[6-120]（5）	6-130 或 8-230（5）
		C35	10-260（5）	8-180（5）	8-190[6-100]（5）	6-110 或 8-210（5）
		C40	10-240（5）	8-160（5）	8-170[6-100]（5）	6-100 或 8-190（5）
		C45	10-220（5）	8-150（5）	8-160 或 10-260（5）	6-100 或 8-180（5）
		C50	10-210（5）	8-140（5）	8-160 或 10-250（5）	8-170（5）
28	950	C20		8-300（6）	8-330[6-180]（6）	6-200（6）
		C25		8-260（6）	8-280[6-160]（6）	6-170（6）
		C30	10-340（6）	8-230（6）	8-250[6-140]（6）	6-150（6）
		C35	10-310（6）	8-210（6）	8-230[6-130]（6）	6-140 或 8-250（6）
		C40	10-290（6）	8-190（6）	8-210[6-120]（6）	6-130 或 8-230（6）
		C45	10-270（6）	8-180（6）	8-200[6-110]（6）	6-120 或 8-220（6）
		C50	10-260（6）	8-170（6）	8-190[6-100]（6）	6-110 或 8-210（6）
29	1000	C20		8-240（5）	8-260[6-140]（5）	6-160（5）
		C25		8-210（5）	8-220[6-125]（5）	6-130 或 8-240（5）
		C30	10-270（5）	8-180（5）	8-200[6-110]（5）	6-120 或 8-210（5）
		C35	10-250（5）	8-170（5）	8-180[6-100]（5）	6-110 或 8-200（5）
		C40	10-220（5）	8-150（5）	8-160 或 10-260（5）	6-100 或 8-180（5）
		C45	10-210（5）	8-140（5）	8-160 或 10-250（5）	8-170 或 10-270（5）
		C50	10-200（5）	8-140（5）	8-150 或 10-230（5）	8-160 或 10-250（5）
30	1000	C20		8-290（6）	8-310[6-170]（6）	6-190（6）
		C25		8-250（6）	8-270[6-150]（6）	6-160（6）
		C30	10-320（6）	8-220（6）	8-240[6-130]（6）	6-140 或 8-260（6）
		C35	10-300（6）	8-200（6）	8-220[6-120]（6）	6-130 或 8-240（6）
		C40	10-270（6）	8-180（6）	8-200[6-110]（6）	6-120 或 8-220（6）
		C45	10-260（6）	8-170（6）	8-190[6-100]（6）	6-110 或 8-200（6）
		C50	10-240（6）	8-170（6）	8-180[6-100]（6）	6-110 或 8-190（6）

用 400、500 级箍筋（$f_{yv}＝360\text{N/mm}^2$）时梁沿全长的最小配箍量　　　　表 10.5-4

序号	梁截面宽度 b（mm）	混凝土强度等级	抗震等级 特一级、一级	二级	三级[四级]	非抗震
1	200	C25		8-400（2）	8-400[6-300]（2）	6-330（2）
		C30	10-400（2）	8-400（2）	8-400[6-270]（2）	6-290（2）
		C35	10-400（2）	8-400（2）	8-400[6-240]（2）	6-260（2）

序号	梁截面宽度 b（mm）	混凝土强度等级	抗震等级			非抗震
			特一级、一级	二级	三级[四级]	
1	200	C40	10-400（2）	8-370（2）	8-400[6-220]（2）	6-240（2）
		C45	10-400（2）	8-350（2）	8-380[6-210]（2）	6-230（2）
		C50	10-400（2）	8-340（2）	8-360[6-200]（2）	6-220（2）
2	240	C25		8-400（2）	8-400[6-250]（2）	6-270（2）
		C30	10-400（2）	8-370（2）	8-400[6-220]（2）	6-240（2）
		C35	10-400（2）	8-340（2）	8-360[6-200]（2）	6-220（2）
		C40	10-400（2）	8-310（2）	8-330[6-190]（2）	6-200（2）
		C45	10-400（2）	8-290（2）	8-320[6-180]（2）	6-190（2）
		C50	10-400（2）	8-280（2）	8-300[6-170]（2）	6-180（2）
3	250	C25		8-400（2）	8-400[6-240]（2）	6-260（2）
		C30	10-400（2）	8-360（2）	8-380[6-210]（2）	6-230（2）
		C35	10-400（2）	8-320（2）	8-350[6-190]（2）	6-210（2）
		C40	10-400（2）	8-300（2）	8-320[6-180]（2）	6-190（2）
		C45	10-400（2）	8-280（2）	8-300[6-170]（2）	6-180（2）
		C50	10-390（2）	8-270（2）	8-290[6-160]（2）	6-170（2）
4	300	C25		8-330（2）	8-360[6-200]（2）	6-220（2）
		C30	10-400（2）	8-300（2）	8-320[6-180]（2）	6-190（2）
		C35	10-390（2）	8-270（2）	8-290[6-160]（2）	6-180（2）
		C40	10-360（2）	8-250（2）	8-270[6-150]（2）	6-160（2）
		C45	10-340（2）	8-220（2）	8-250[6-140]（2）	6-150（2）
		C50	10-330（2）	8-220（2）	8-240[6-130]（2）	6-140（2）
5	350	C25		8-290（2）	8-310[6-170]（2）	6-190（2）
		C30	10-370（2）	8-250（2）	8-270[6-150]（2）	6-160（2）
		C35	10-340（2）	8-230（2）	8-250[6-140]（2）	6-150（2）
		C40	10-310（2）	8-210（2）	8-230[6-130]（2）	6-140（2）
		C45	10-290（2）	8-200（2）	8-220[6-120]（2）	6-130（2）
		C50	10-280（2）	8-190（2）	8-210[6-110]（2）	6-125（2）
6	350	C25		8-400（3）	8-400[6-260]（3）	6-280（3）
		C30	10-400（3）	8-380（3）	8-400[6-230]（3）	6-250（3）
		C35	10-400（3）	8-350（3）	8-370[6-210]（3）	6-230（3）
		C40	10-400（3）	8-320（3）	8-340[6-190]（3）	6-210（3）
		C45	10-400（3）	8-300（3）	8-330[6-180]（3）	6-200（3）
		C50	10-400（3）	8-290（3）	8-310[6-170]（3）	6-190（3）

序号	梁截面宽度 b（mm）	混凝土强度等级	抗震等级			非抗震
			特一级、一级	二级	三级[四级]	
7	400	C25		8-250（2）	8-270[6-150]（2）	6-160（2）
		C30	10-320（2）	8-220（2）	8-240[6-130]（2）	6-140（2）
		C35	10-290（2）	8-200（2）	8-220[6-120]（2）	6-130（2）
		C40	10-270（2）	8-180（2）	8-200[6-110]（2）	6-120（2）
		C45	10-260（2）	8-170（2）	8-190[6-100]（2）	6-110 或 8-200（2）
		C50	10-240（2）	8-170（2）	8-180[6-100]（2）	6-110 或 8-190（2）
8	400	C25		8-380（3）	8-400[6-230]（3）	6-250（3）
		C30	10-400（3）	8-330（3）	8-360[6-200]（3）	6-220（3）
		C35	10-400（3）	8-300（3）	8-330[6-180]（3）	6-200（3）
		C40	10-400（3）	8-280（3）	8-300[6-170]（3）	6-180（3）
		C45	10-390（3）	8-260（3）	8-290[6-160]（3）	6-170（3）
		C50	10-370（3）	8-250（3）	8-270[6-150]（3）	6-160（3）
9	400	C25		8-400（4）	8-400[6-300]（4）	6-330（4）
		C30	10-400（4）	8-400（4）	8-400[6-270]（4）	6-290（4）
		C35	10-400（4）	8-400（4）	8-400[6-240]（4）	6-270（4）
		C40	10-400（4）	8-400（4）	8-400[6-220]（4）	6-240（4）
		C45	10-400（4）	8-380（4）	8-380[6-210]（4）	6-230（4）
		C50	10-400（4）	8-360（4）	8-360[6-200]（4）	6-220（4）
10	450	C25		8-330（3）	8-360[6-200]（3）	6-220（3）
		C30	10-400（3）	8-300（3）	8-320[6-180]（3）	6-190（3）
		C35	10-400（3）	8-270（3）	8-290[6-160]（3）	6-180（3）
		C40	10-360（3）	8-250（3）	8-270[6-150]（3）	6-160（3）
		C45	10-340（3）	8-230（3）	8-250[6-140]（3）	6-150（3）
		C50	10-330（3）	8-220（3）	8-240[6-130]（3）	6-140（3）
11	450	C25		8-450（4）	8-400[6-270]（4）	6-290（4）
		C30	10-400（4）	8-400（4）	8-400[6-240]（4）	6-260（4）
		C35	10-400（4）	8-360（4）	8-390[6-220]（4）	6-240（4）
		C40	10-400（4）	8-330（4）	8-360[6-200]（4）	6-220（4）
		C45	10-400（4）	8-310（4）	8-340[6-190]（4）	6-200（4）
		C50	10-440（4）	8-300（4）	8-320[6-180]（4）	6-190（4）
12	500	C25		8-400（4）	8-400[6-240]（4）	6-260（4）
		C30	10-400（4）	8-360（4）	8-380[6-210]（4）	6-230（4）
		C35	10-400（4）	8-320（4）	8-350[6-190]（4）	6-210（4）
		C40	10-400（4）	8-300（4）	8-320[6-180]（4）	6-190（4）
		C45	10-400（4）	8-280（4）	8-300[6-170]（4）	6-180（4）
		C50	10-390（4）	8-270（4）	8-290[6-160]（4）	6-170（4）

序号	梁截面宽度 b（mm）	混凝土强度等级	抗震等级			非抗震
			特一级、一级	二级	三级[四级]	
13	550	C25		8-360（4）	8-390[6-220]（4）	6-240（4）
		C30	10-400（4）	8-320（4）	8-350[6-190]（4）	6-210（4）
		C35	10-400（4）	8-290（4）	8-320[6-180]（4）	6-190（4）
		C40	10-400（4）	8-270（4）	8-290[6-160]（4）	6-180（4）
		C45	10-380（4）	8-260（4）	8-280[6-150]（4）	6-170（4）
		C50	10-360（4）	8-240（4）	8-260[6-150]（4）	6-160（4）
14	600	C25		8-330（4）	8-360[6-200]（4）	6-220（4）
		C30	10-400（4）	8-300（4）	8-320[6-180]（4）	6-190（4）
		C35	10-390（4）	8-270（4）	8-290[6-160]（4）	6-180（4）
		C40	10-360（4）	8-250（4）	8-270[6-150]（4）	6-160（4）
		C45	10-340（4）	8-230（4）	8-250[6-140]（4）	6-150（4）
		C50	10-330（4）	8-220（4）	8-240[6-130]（4）	6-140（4）
15	650	C25		8-310（4）	8-330[6-180]（4）	6-200（4）
		C30	10-400（4）	8-270（4）	8-290[6-160]（4）	6-180（4）
		C35	10-360（4）	8-250（4）	8-270[6-150]（4）	6-160（4）
		C40	10-330（4）	8-230（4）	8-250[6-140]（4）	6-150（4）
		C45	10-320（4）	8-220（4）	8-230[6-130]（4）	6-140（4）
		C50	10-300（4）	8-210（4）	8-220[6-125]（4）	6-130（4）
16	700	C25		8-290（4）	8-310[6-170]（4）	6-190（4）
		C30	10-370（4）	8-250（4）	8-270[6-150]（4）	6-160（4）
		C35	10-340（4）	8-230（4）	8-250[6-140]（4）	6-150（4）
		C40	10-310（4）	8-210（4）	8-230[6-130]（4）	6-140（4）
		C45	10-290（4）	8-200（4）	8-220[6-120]（4）	6-130（4）
		C50	10-280（4）	8-190（4）	8-210[6-110]（4）	6-125（4）
17	700	C25		8-360（5）	8-390[6-210]（5）	6-230（5）
		C30	10-400（5）	8-320（5）	8-340[6-190]（5）	6-210（5）
		C35	10-400（5）	8-290（5）	8-310[6-170]（5）	6-190（5）
		C40	10-390（5）	8-260（5）	8-290[6-160]（5）	6-170（5）
		C45	10-370（5）	8-250（5）	8-270[6-150]（5）	6-160（5）
		C50	10-350（5）	8-240（5）	8-260[6-140]（5）	6-160（5）
18	750	C25		8-270（4）	8-290[6-160]（4）	6-170（4）
		C30	10-350（4）	8-240（4）	8-250[6-130]（4）	6-150（4）
		C35	10-310（4）	8-210（4）	8-230[6-130]（4）	6-140（4）
		C40	10-290（4）	8-200（4）	8-210[6-120]（4）	6-130（4）
		C45	10-270（4）	8-190（4）	8-200[6-110]（4）	6-125（4）
		C50	10-260（4）	8-180（4）	8-190[6-110]（4）	6-110 或 8-210（4）

序号	梁截面宽度 b（mm）	混凝土强度等级	抗震等级			非抗震
			特一级、一级	二级	三级[四级]	
19	750	C25		8-330（5）	8-360[6-200]（5）	6-220（5）
		C30	10-400（5）	8-300（5）	8-320[6-180]（5）	6-190（5）
		C35	10-390（5）	8-270（5）	8-290[6-160]（5）	6-180（5）
		C40	10-360（5）	8-250（5）	8-270[6-150]（5）	6-160（5）
		C45	10-340（5）	8-230（5）	8-250[6-140]（5）	6-150（5）
		C50	10-330（5）	8-220（5）	8-240[6-130]（5）	6-140（5）
20	800	C25		8-250（4）	8-270[6-150]（4）	6-160（4）
		C30	10-320（4）	8-220（4）	8-240[6-130]（4）	6-140（4）
		C35	10-290（4）	8-200（4）	8-220[6-120]（4）	6-130（4）
		C40	10-270（4）	8-190（4）	8-200[6-110]（4）	6-120（4）
		C45	10-260（4）	8-170（4）	8-190[6-100]（4）	6-110 或 8-200（4）
		C50	10-240（4）	8-170（4）	8-180[6-100]（4）	6-110 或 8-190（4）
21	800	C25		8-310（5）	8-340[6-190]（5）	6-200（5）
		C30	10-400（5）	8-280（5）	8-300[6-170]（5）	6-180（5）
		C35	10-370（5）	8-250（5）	8-270[6-150]（5）	6-160（5）
		C40	10-340（5）	8-230（5）	8-250[6-140]（5）	6-150（5）
		C45	10-320（5）	8-220（5）	8-240[6-130]（5）	6-140（5）
		C50	10-310（5）	8-210（5）	8-230[6-125]（5）	6-140（5）
22	850	C25		8-230（4）	8-250[6-140]（4）	6-150（4）
		C30	10-310（4）	8-210（4）	8-220[6-125]（4）	6-130 或 8-240（4）
		C35	10-280（4）	8-190（4）	8-200[6-110]（4）	6-125 或 8-220（4）
		C40	10-250（4）	8-170（4）	8-190[6-100]（4）	6-110 或 8-200（4）
		C45	10-240（4）	8-160（4）	8-180[6-100]（4）	6-110 或 8-190（4）
		C50	10-230（4）	8-160（4）	8-170 或 10-270（4）	6-100 或 8-180（4）
23	850	C25		8-290（5）	8-320[6-180]（5）	6-190（5）
		C30	10-380（5）	8-260（5）	8-280[6-160]（5）	6-170（5）
		C35	10-350（5）	8-240（5）	8-260[6-140]（5）	6-150（5）
		C40	10-320（5）	8-220（5）	8-230[6-130]（5）	6-140 或 8-250（5）
		C45	10-300（5）	8-210（5）	8-220[6-125]（5）	6-130 或 8-240（5）
		C50	10-290（5）	8-200（5）	8-210[6-120]（5）	6-130 或 8-230（5）
24	900	C25		8-280（5）	8-300[6-170]（5）	6-180（5）
		C30	10-360（5）	8-250（5）	8-270[6-150]（5）	6-160（5）
		C35	10-330（5）	8-220（5）	8-240[6-130]（5）	6-150（5）
		C40	10-300（5）	8-200（5）	8-220[6-125]（5）	6-130 或 8-240（5）
		C45	10-290（5）	8-190（5）	8-210[6-120]（5）	6-130 或 8-230（5）
		C50	10-270（5）	8-180（5）	8-200[6-110]（5）	6-120 或 8-220（5）

序号	梁截面宽度 b（mm）	混凝土强度等级	抗震等级			非抗震
			特一级、一级	二级	三级[四级]	
25	900	C25		8-330（6）	8-360[6-200]（6）	6-220（6）
		C30	10-400（6）	8-300（6）	8-320[6-180]（6）	6-190（6）
		C35	10-390（6）	8-270（6）	8-290[6-160]（6）	6-180（6）
		C40	10-360（6）	8-250（6）	8-270[6-150]（6）	6-160（6）
		C45	10-340（6）	8-230（6）	8-250[6-140]（6）	6-150（6）
		C50	10-330（6）	8-220（6）	8-240[6-130]（6）	6-140 或 8-260（6）
26	950	C25		8-260（5）	8-280[6-160]（5）	6-170（5）
		C30	10-340（5）	8-230（5）	8-250[6-140]（5）	6-150（5）
		C35	10-310（5）	8-210（5）	8-230[6-130]（5）	6-140 或 8-250（5）
		C40	10-290（5）	8-190（5）	8-210[6-120]（5）	6-130 或 8-230（5）
		C45	10-270（5）	8-180（5）	8-200[6-110]（5）	6-120 或 8-220（5）
		C50	10-260（5）	8-170（5）	8-190[6-100]（5）	6-110 或 8-200（5）
27	950	C25		8-320（6）	8-340[6-190]（6）	6-210（6）
		C30	10-400（6）	8-280（6）	8-300[6-170]（6）	6-180（6）
		C35	10-370（6）	8-250（6）	8-280[6-150]（6）	6-170（6）
		C40	10-340（6）	8-230（6）	8-250[6-140]（6）	6-150（6）
		C45	10-330（6）	8-220（6）	8-240[6-130]（6）	6-140 或 8-260（6）
		C50	10-310（6）	8-210（6）	8-220[6-130]（6）	6-140 或 8-250（6）
28	1000	C25		8-250（5）	8-270[6-150]（5）	6-160（5）
		C30	10-320（5）	8-220（5）	8-240[6-130]（5）	6-140 或 8-260（5）
		C35	10-300（5）	8-200（5）	8-220[6-120]（5）	6-130 或 8-240（5）
		C40	10-270（5）	8-180（5）	8-200[6-110]（5）	6-120 或 8-220（5）
		C45	10-260（5）	8-170（5）	8-190[6-100]（5）	6-110 或 8-200（5）
		C50	10-240（5）	8-170（5）	8-180[6-100]（5）	6-110 或 8-190（5）
29	1000	C25		8-300（6）	8-320[6-180]（6）	6-200（6）
		C30	10-390（6）	8-270（6）	8-290[6-160]（6）	6-170（6）
		C35	10-360（6）	8-240（6）	8-260[6-140]（6）	6-160（6）
		C40	10-330（6）	8-220（6）	8-240[6-130]（6）	6-140 或 8-260（6）
		C45	10-310（6）	8-210（6）	8-230[6-130]（6）	6-140 或 8-250（6）
		C50	10-290（6）	8-200（6）	8-220[6-120]（6）	6-130 或 8-230（6）

（六）型钢混凝土梁沿全长按最小配箍量决定的箍筋直径与间距

用 235 级箍筋（$f_{yv}=210\text{N/mm}^2$）时型钢混凝土梁沿全长的最小配箍量　　表 10.6-1

序号	梁截面宽度 b（mm）	混凝土强度等级	抗震等级 特一级、一级	抗震等级 二级	抗震等级 三级	非抗震
1	300	C30	12-180（2）	10-200（2）	10-250（2）	8-200（2）
		C35	12-180（2）	10-200（2）	10-250（2）	8-180（2）
		C40	12-180（2）	10-200（2）	10-240（2）	8-170（2）
		C45	12-180（2）	10-200（2）	10-230（2）	8-160（2）
		C50	12-180（2）	10-200（2）	10-220（2）	8-150（2）
2	350	C30	12-180（2）	10-200（2）	10-250（2）	8-170（2）
		C35	12-180（2）	10-200（2）	10-230（2）	8-160（2）
		C40	12-180（2）	10-190（2）	10-210（2）	8-140 或 10-220（2）
		C45	12-180（2）	10-180（2）	10-200（2）	8-130 或 10-210（2）
		C50	12-180（2）	10-170（2）	10-190（2）	8-130 或 10-200（2）
3	400	C30	12-180（2）	10-200（2）	10-220（2）	8-150（2）
		C35	12-180（2）	10-180（2）	10-200（2）	8-140 或 10-210（2）
		C40	12-180（2）	10-170（2）	10-180（2）	8-125 或 10-200（2）
		C45	12-180（2）	10-160（2）	10-170（2）	8-120 或 10-190（2）
		C50	12-180（2）	10-150（2）	10-160（2）	8-110 或 10-180（2）
4	450	C30	12-180（2）	10-180（2）	10-190（2）	8-130 或 10-210（2）
		C35	12-180（2）	10-160（2）	10-170（2）	8-120 或 10-190（2）
		C40	12-180（2）	10-150（2）	10-160（2）	8-110 或 10-170（2）
		C45	12-180（2）	10-140 或 12-200（2）	10-150（2）	8-100 或 10-160（2）
		C50	12-180（2）	10-130 或 12-190（2）	10-140（2）	8-100 或 10-160（2）
5	450	C30	12-180（4）	10-200（4）	10-250（4）	8-250（4）
		C35	12-180（4）	10-200（4）	10-250（4）	8-240（4）
		C40	12-180（4）	10-200（4）	10-250（4）	8-220（4）
		C45	12-180（4）	10-200（4）	10-250（4）	8-210（4）
		C50	12-180（4）	10-200（4）	10-250（4）	8-200（4）
6	500	C30	12-180（2）	10-160（2）	10-170（2）	8-120 或 10-190（2）
		C35	12-180（2）	10-150 或 12-200（2）	10-160（2）	8-110 或 10-170（2）
		C40	12-180（2）	10-130 或 12-190（2）	10-140（2）	8-100 或 10-160（2）
		C45	12-170（2）	10-130 或 12-180（2）	10-140（2）	10-150 或 12-210（2）
		C50	12-160（2）	10-120 或 12-170（2）	10-130（2）	10-140 或 12-200（2）

序号	梁截面宽度 b（mm）	混凝土强度等级	抗震等级			非抗震
			特一级、一级	二级	三级	
7	500	C30	12-180（4）	10-200（4）	10-250（4）	8-240（4）
		C35	12-180（4）	10-200（4）	10-250（4）	8-220（4）
		C40	12-180（4）	10-200（4）	10-250（4）	8-200（4）
		C45	12-180（4）	10-200（4）	10-250（4）	8-190（4）
		C50	12-180（4）	10-200（4）	10-250（4）	8-180（4）
8	550	C30	12-180（4）	10-200（4）	10-250（4）	8-220（4）
		C35	12-180（4）	10-200（4）	10-250（4）	8-200（4）
		C40	12-180（4）	10-200（4）	10-250（4）	8-180（4）
		C45	12-180（4）	10-200（4）	10-250（4）	8-170（4）
		C50	12-180（4）	10-200（4）	10-240（4）	8-160（4）
9	600	C30	12-180（4）	10-200（4）	10-250（4）	8-200（4）
		C35	12-180（4）	10-200（4）	10-250（4）	8-180（4）
		C40	12-180（4）	10-200（4）	10-240（4）	8-170（4）
		C45	12-180（4）	10-200（4）	10-230（4）	8-160（4）
		C50	12-180（4）	10-200（4）	10-220（4）	8-150 或 10-240（4）
10	650	C30	12-180（4）	10-200（4）	10-250（4）	8-180（4）
		C35	12-180（4）	10-200（4）	10-240（4）	8-170（4）
		C40	12-180（4）	10-200（4）	10-220（4）	8-150（4）
		C45	12-180（4）	10-200（4）	10-210（4）	8-150（4）
		C50	12-180（4）	10-190（4）	10-200（4）	8-140 或 10-220（4）
11	700	C30	12-180（4）	10-200（4）	10-250（4）	8-170（4）
		C35	12-180（4）	10-200（4）	10-230（4）	8-160（4）
		C40	12-180（4）	10-190（4）	10-210（4）	8-140 或 10-220（4）
		C45	12-180（4）	10-180（4）	10-200（4）	8-130 或 10-210（4）
		C50	12-180（4）	10-170（4）	10-190（4）	8-130 或 10-200（4）
12	750	C30	12-180（4）	10-200（4）	10-230（4）	8-160（4）
		C35	12-180（4）	10-200（4）	10-210（4）	8-140 或 10-230（4）
		C40	12-180（4）	10-180（4）	10-190（4）	8-130 或 10-210（4）
		C45	12-180（4）	10-170（4）	10-180（4）	8-130 或 10-200（4）
		C50	12-180（4）	10-160（4）	10-170（4）	8-120 或 10-190（4）
13	800	C30	12-180（4）	10-200（4）	10-220（4）	8-150（4）
		C35	12-180（4）	10-180（4）	10-200（4）	8-140 或 10-210（4）
		C40	12-180（4）	10-170（4）	10-180（4）	8-125 或 10-200（4）
		C45	12-180（4）	10-160（4）	10-170（4）	8-120 或 10-190（4）
		C50	12-180（4）	10-150（4）	10-160（4）	8-110 或 10-180（4）

序号	梁截面宽度 b（mm）	混凝土强度等级	抗震等级			非抗震
			特一级、一级	二级	三级	
14	850	C30	12-180（4）	10-190（4）	10-200（4）	8-140 或 10-220（4）
		C35	12-180（4）	10-170（4）	10-190（4）	8-130 或 10-200（4）
		C40	12-180（4）	10-160（4）	10-170（4）	8-120 或 10-180（4）
		C45	12-180（4）	10-150（4）	10-160（4）	8-110 或 10-170（4）
		C50	12-180（4）	10-140（4）	10-150（4）	8-100 或 10-170（4）
15	900	C30	12-180（4）	10-180（4）	10-190（4）	8-130 或 10-210（4）
		C35	12-180（4）	10-160（4）	10-170（4）	8-120 或 10-190（4）
		C40	12-180（4）	10-150（4）	10-160（4）	8-110 或 10-170（4）
		C45	12-180（4）	10-140 或 12-200（4）	10-150（4）	8-100 或 10-160（4）
		C50	12-180（4）	10-130 或 12-190（4）	10-140（4）	8-100 或 10-160（4）
16	950	C30	12-180（4）	10-170（4）	10-180（4）	8-125 或 10-200（4）
		C35	12-180（4）	10-150（4）	10-170（4）	8-110 或 10-180（4）
		C40	12-180（4）	10-140 或 12-200（4）	10-150（4）	8-100 或 10-160（4）
		C45	12-180（4）	10-130 或 12-190（4）	10-140（4）	8-100 或 10-160（4）
		C50	12-170（4）	10-130 或 12-180（4）	10-140（4）	10-150 或 12-220（4）
17	950	C30	12-180（6）	10-200（6）	10-250（6）	8-190（6）
		C35	12-180（6）	10-200（6）	10-250（6）	8-170（6）
		C40	12-180（6）	10-200（6）	10-230（6）	8-160 或 10-250（6）
		C45	12-180（6）	10-200（6）	10-220（6）	8-150 或 10-240（6）
		C50	12-180（6）	10-190（6）	10-210（6）	8-140 或 10-220（6）
18	1000	C30	12-180（4）	10-160（4）	10-170（4）	8-120 或 10-190（4）
		C35	12-180（4）	10-150（4）	10-160（4）	8-110 或 10-170（4）
		C40	12-180（4）	10-130 或 12-190（4）	10-140（4）	8-100 或 10-160（4）
		C45	12-170（4）	10-130 或 12-180（4）	10-140（4）	10-150 或 12-210（4）
		C50	12-160（4）	10-120 或 12-170（4）	10-130（4）	10-140 或 12-200（4）
19	1000	C30	12-180（6）	10-200（6）	10-250（6）	8-180（6）
		C35	12-180（6）	10-200（6）	10-240（6）	8-160 或 10-250（6）
		C40	12-180（6）	10-200（6）	10-220（6）	8-150 或 10-240（6）
		C45	12-180（6）	10-190（6）	10-210（6）	8-140 或 10-220（6）
		C50	12-180（6）	10-180（6）	10-200（6）	8-130 或 10-210（6）
20	1050	C30	12-180（4）	10-150（4）	10-160（4）	8-110 或 10-180（4）
		C35	12-180（4）	10-140 或 12-200（4）	10-150（4）	8-100 或 10-160（4）
		C40	12-170（4）	10-130 或 12-180（4）	10-140（4）	10-150 或 12-220（4）
		C45	12-160（4）	10-120 或 12-170（4）	10-130（4）	10-140 或 12-200（4）
		C50	12-150（4）	10-110 或 12-170（4）	10-125（4）	10-130 或 12-190（4）

序号	梁截面宽度 b（mm）	混凝土强度等级	抗震等级			非抗震
			特一级、一级	二级	三级	
21	1050	C30	12-180（6）	10-200（6）	10-250（6）	8-170（6）
		C35	12-180（6）	10-200（6）	10-230（6）	8-160 或 10-250（6）
		C40	12-180（6）	10-190（6）	10-210（6）	8-140 或 10-220（6）
		C45	12-180（6）	10-180（6）	10-200（6）	8-130 或 10-210（6）
		C50	12-180（6）	10-170（6）	10-190（6）	8-130 或 10-200（6）
22	1100	C30	12-180（4）	10-140 或 12-200（4）	10-160（4）	8-110 或 10-170（4）
		C35	12-180（4）	10-130 或 12-190（4）	10-140（4）	8-100 或 10-150（4）
		C40	12-160（4）	10-125 或 12-180（4）	10-130（4）	10-140 或 12-210（4）
		C45	12-150（4）	10-110 或 12-170（4）	10-125（4）	10-130 或 12-190（4）
		C50	12-150（4）	10-110 或 12-160（4）	10-120（4）	10-130 或 12-190（4）
23	1100	C30	12-180（6）	10-200（6）	10-240（6）	8-160 或 10-250（6）
		C35	12-180（6）	10-200（6）	10-220（6）	8-150 或 10-230（6）
		C40	12-180（6）	10-180（6）	10-200（6）	8-140 或 10-210（6）
		C45	12-180（6）	10-170（6）	10-190（6）	8-130 或 10-200（6）
		C50	12-180（6）	10-160（6）	10-180（6）	8-125 或 10-190（6）
24	1150	C30	12-180（4）	10-140 或 12-200（4）	10-150（4）	8-100 或 10-160（4）
		C35	12-170（4）	10-130 或 12-180（4）	10-140（4）	10-150 或 12-210（4）
		C40	12-160（4）	10-110 或 12-170（4）	10-125（4）	10-130 或 12-200（4）
		C45	12-150（4）	10-110 或 12-160（4）	10-120（4）	10-130 或 12-190（4）
		C50	12-140（4）	10-100 或 12-150（4）	10-110（4）	10-125 或 12-180（4）
25	1150	C30	12-180（6）	10-200（6）	10-200（6）	8-160 或 10-250（6）
		C35	12-180（6）	10-190（6）	10-200（6）	8-140 或 10-220（6）
		C40	12-180（6）	10-170（6）	10-190（6）	8-130 或 10-200（6）
		C45	12-180（6）	10-170（6）	10-180（6）	8-125 或 10-190（6）
		C50	12-180（6）	10-160（6）	10-170（6）	8-120 或 10-180（6）
26	1200	C30	12-180（4）	10-130 或 12-190（4）	10-140（4）	8-100 或 10-160（4）
		C35	12-160（4）	10-125 或 12-180（4）	10-130（4）	10-140 或 12-210（4）
		C40	12-150（4）	10-110 或 12-160（4）	10-120（4）	10-130 或 12-190（4）
		C45	12-140（4）	10-100 或 12-150（4）	10-110（4）	10-125 或 12-180（4）
		C50	12-130（4）	10-100 或 12-140（4）	10-110（4）	10-120 或 12-170（4）
27	1200	C30	12-180（6）	10-200（6）	10-220（6）	8-150 或 10-240（6）
		C35	12-180（6）	10-180（6）	10-200（6）	8-140 或 10-210（6）
		C40	12-180（6）	10-170（6）	10-180（6）	8-125 或 10-200（6）
		C45	12-180（6）	10-160（6）	10-170（6）	8-120 或 10-190（6）
		C50	12-180（6）	10-150（6）	10-160（6）	8-110 或 10-180（6）

说明：1. 本表根据《高层建筑混凝土结构技术规程》JGJ 3—2011 第 11.4.3 条 1 款、3 款编制。

2. 当梁净跨小于梁截面高度的 4 倍时，梁箍筋应全跨加密配置。加密区箍筋间距：抗震等级一级≤120mm，二级≤150mm，三级≤180mm（《高层建筑混凝土结构技术规程》JGJ 3—2011 第 11.4.3 条 2 款、3 款）。

用 300 级箍筋（$f_{yv} = 270\text{N/mm}^2$）时型钢混凝土梁沿全长的最小配箍量　　　表 10.6-2

序号	梁截面宽度 b（mm）	混凝土强度等级	抗震等级			非抗震
			特一级、一级	二级	三级	
1	300	C30	12-180（2）	10-200（2）	10-250（2）	8-220（2）
		C35	12-180（2）	10-200（2）	10-250（2）	8-220（2）
		C40	12-180（2）	10-200（2）	10-250（2）	8-220（2）
		C45	12-180（2）	10-200（2）	10-250（2）	8-200（2）
		C50	12-180（2）	10-200（2）	10-250（2）	8-190（2）
2	350	C30	12-180（2）	10-200（2）	10-250（2）	8-190（2）
		C35	12-180（2）	10-200（2）	10-250（2）	8-190（2）
		C40	12-180（2）	10-200（2）	10-250（2）	8-180（2）
		C45	12-180（2）	10-200（2）	10-250（2）	8-170（2）
		C50	12-180（2）	10-200（2）	10-240（2）	8-170（2）
3	400	C30	12-180（2）	10-200（2）	10-250（2）	8-160 或 10-250（2）
		C35	12-180（2）	10-200（2）	10-250（2）	8-160 或 10-250（2）
		C40	12-180（2）	10-200（2）	10-230（2）	8-160 或 10-250（2）
		C45	12-180（2）	10-200（2）	10-220（2）	8-150 或 10-240（2）
		C50	12-180（2）	10-200（2）	10-210（2）	8-140 或 10-230（2）
4	450	C30	12-180（2）	10-200（2）	10-230（2）	8-140 或 10-230（2）
		C35	12-180（2）	10-200（2）	10-230（2）	8-140 或 10-230（2）
		C40	12-180（2）	10-190（2）	10-210（2）	8-140 或 10-220（2）
		C45	12-180（2）	10-180（2）	10-200（2）	8-130 或 10-210（2）
		C50	12-180（2）	10-170（2）	10-190（2）	8-130 或 10-200（2）
5	450	C30	12-180（4）	10-200（4）	10-250（4）	8-250（4）
		C35	12-180（4）	10-200（4）	10-250（4）	8-250（4）
		C40	12-180（4）	10-200（4）	10-250（4）	8-250（4）
		C45	12-180（4）	10-200（4）	10-250（4）	8-250（4）
		C50	12-180（4）	10-200（4）	10-250（4）	8-250（4）
6	500	C30	12-180（2）	10-200（2）	10-200（2）	8-130 或 10-200（2）
		C35	12-180（2）	10-190（2）	10-200（2）	8-130 或 10-200（2）
		C40	12-180（2）	10-170（2）	10-190（2）	8-130 或 10-200（2）
		C45	12-180（2）	10-160（2）	10-180（2）	8-125 或 10-190（2）
		C50	12-180（2）	10-160（2）	10-170（2）	8-110 或 10-180（2）
7	500	C30	12-180（4）	10-200（4）	10-250（4）	8-250（4）
		C35	12-180（4）	10-200（4）	10-250（4）	8-250（4）
		C40	12-180（4）	10-200（4）	10-250（4）	8-250（4）
		C45	12-180（4）	10-200（4）	10-250（4）	8-250（4）
		C50	12-180（4）	10-200（4）	10-250（4）	8-230（4）

序号	梁截面宽度 b（mm）	混凝土强度等级	抗震等级			非抗震
			特一级、一级	二级	三级	
8	550	C30	12-180（4）	10-200（4）	10-250（4）	8-240（4）
		C35	12-180（4）	10-200（4）	10-250（4）	8-240（4）
		C40	12-180（4）	10-200（4）	10-250（4）	8-240（4）
		C45	12-180（4）	10-200（4）	10-250（4）	8-220（4）
		C50	12-180（4）	10-200（4）	10-250（4）	8-210（4）
9	600	C30	12-180（4）	10-200（4）	10-250（4）	8-220（4）
		C35	12-180（4）	10-200（4）	10-250（4）	8-220（4）
		C40	12-180（4）	10-200（4）	10-250（4）	8-220（4）
		C45	12-180（4）	10-200（4）	10-250（4）	8-200（4）
		C50	12-180（4）	10-200（4）	10-250（4）	8-190（4）
10	650	C30	12-180（4）	10-200（4）	10-250（4）	8-200（4）
		C35	12-180（4）	10-200（4）	10-250（4）	8-200（4）
		C40	12-180（4）	10-200（4）	10-250（4）	8-200（4）
		C45	12-180（4）	10-200（4）	10-250（4）	8-190（4）
		C50	12-180（4）	10-200（4）	10-250（4）	8-180（4）
11	700	C30	12-180（4）	10-200（4）	10-250（4）	8-190（4）
		C35	12-180（4）	10-200（4）	10-250（4）	8-190（4）
		C40	12-180（4）	10-200（4）	10-250（4）	8-180（4）
		C45	12-180（4）	10-200（4）	10-250（4）	8-170（4）
		C50	12-180（4）	10-200（4）	10-240（4）	8-170（4）
12	750	C30	12-180（4）	10-200（4）	10-250（4）	8-170（4）
		C35	12-180（4）	10-200（4）	10-250（4）	8-170（4）
		C40	12-180（4）	10-200（4）	10-250（4）	8-170（4）
		C45	12-180（4）	10-200（4）	10-240（4）	8-160 或 10-250（4）
		C50	12-180（4）	10-200（4）	10-230（4）	8-150 或 10-240（4）
13	800	C30	12-180（4）	10-200（4）	10-250（4）	8-160（4）
		C35	12-180（4）	10-200（4）	10-250（4）	8-160（4）
		C40	12-180（4）	10-200（4）	10-230（4）	8-160 或 10-250（4）
		C45	12-180（4）	10-200（4）	10-220（4）	8-150 或 10-240（4）
		C50	12-180（4）	10-200（4）	10-210（4）	8-140 或 10-230（4）
14	850	C30	12-180（4）	10-200（4）	10-240（4）	8-150 或 10-240（4）
		C35	12-180（4）	10-200（4）	10-240（4）	8-150 或 10-240（4）
		C40	12-180（4）	10-200（4）	10-220（4）	8-150 或 10-240（4）
		C45	12-180（4）	10-190（4）	10-210（4）	8-140 或 10-230（4）
		C50	12-180（4）	10-180（4）	10-200（4）	8-140 或 10-210（4）

序号	梁截面宽度 b（mm）	混凝土强度等级	抗震等级			非抗震
			特一级、一级	二级	三级	
15	900	C30	12-180（4）	10-200（4）	10-230（4）	8-140 或 10-230（4）
		C35	12-180（4）	10-200（4）	10-230（4）	8-140 或 10-230（4）
		C40	12-180（4）	10-190（4）	10-210（4）	8-140 或 10-220（4）
		C45	12-180（4）	10-180（4）	10-200（4）	8-130 或 10-210（4）
		C50	12-180（4）	10-170（4）	10-190（4）	8-130 或 10-200（4）
16	950	C30	12-180（4）	10-200（4）	10-220（4）	8-140 或 10-220（4）
		C35	12-180（4）	10-200（4）	10-210（4）	8-140 或 10-220（4）
		C40	12-180（4）	10-180（4）	10-200（4）	8-130 或 10-210（4）
		C45	12-180（4）	10-170（4）	10-190（4）	8-130 或 10-200（4）
		C50	12-180（4）	10-160（4）	10-180（4）	8-125 或 10-190（4）
17	950	C30	12-180（6）	10-200（6）	10-250（6）	8-210（6）
		C35	12-180（6）	10-200（6）	10-250（6）	8-210（6）
		C40	12-180（6）	10-200（6）	10-250（6）	8-200（6）
		C45	12-180（6）	10-200（6）	10-250（6）	8-190（6）
		C50	12-180（6）	10-200（6）	10-250（6）	8-180（6）
18	1000	C30	12-180（4）	10-200（4）	10-200（4）	8-130 或 10-200（4）
		C35	12-180（4）	10-190（4）	10-200（4）	8-130 或 10-200（4）
		C40	12-180（4）	10-170（4）	10-190（4）	8-130 或 10-200（4）
		C45	12-180（4）	10-160（4）	10-180（4）	8-120 或 10-190（4）
		C50	12-180（4）	10-160（4）	10-170（4）	8-110 或 10-180（4）
19	1000	C30	12-180（6）	10-200（6）	10-250（6）	8-200（6）
		C35	12-180（6）	10-200（6）	10-250（6）	8-200（6）
		C40	12-180（6）	10-200（6）	10-250（6）	8-190（6）
		C45	12-180（6）	10-200（6）	10-250（6）	8-180（6）
		C50	12-180（6）	10-200（6）	10-250（6）	8-170（6）
20	1050	C30	12-180（4）	10-190（4）	10-190（4）	8-125 或 10-190（4）
		C35	12-180（4）	10-180（4）	10-190（4）	8-125 或 10-190（4）
		C40	12-180（4）	10-160（4）	10-180（4）	8-125 或 10-190（4）
		C45	12-180（4）	10-160（4）	10-170（4）	8-110 或 10-180（4）
		C50	12-180（4）	10-150（4）	10-160（4）	8-110 或 10-170（4）
21	1050	C30	12-180（6）	10-200（6）	10-250（6）	8-190（6）
		C35	12-180（6）	10-200（6）	10-250（6）	8-190（6）
		C40	12-180（6）	10-200（6）	10-250（6）	8-180（6）
		C45	12-180（6）	10-200（6）	10-250（6）	8-170（6）
		C50	12-180（6）	10-200（6）	10-240（6）	8-170（6）

序号	梁截面宽度 b（mm）	混凝土强度等级	抗震等级			非抗震
			特一级、一级	二级	三级	
22	1100	C30	12-180（4）	10-190（4）	10-190（4）	8-120 或 10-190（4）
		C35	12-180（4）	10-170（4）	10-180（4）	8-120 或 10-190（4）
		C40	12-180（4）	10-160（4）	10-170（4）	8-120 或 10-180（4）
		C45	12-180（4）	10-150（4）	10-160（4）	8-110 或 10-170（4）
		C50	12-180（4）	10-140 或 12-200（4）	10-150（4）	8-100 或 10-160（4）
23	1100	C30	12-180（6）	10-200（6）	10-250（6）	8-180（6）
		C35	12-180（6）	10-200（6）	10-250（6）	8-180（6）
		C40	12-180（6）	10-200（6）	10-250（6）	8-180（6）
		C45	12-180（6）	10-200（6）	10-240（6）	8-170（6）
		C50	12-180（6）	10-200（6）	10-230（6）	8-160（6）
24	1150	C30	12-180（4）	10-180（4）	10-180（4）	8-110 或 10-180（4）
		C35	12-180（4）	10-160（4）	10-180（4）	8-110 或 10-180（4）
		C40	12-180（4）	10-150（4）	10-160（4）	8-110 或 10-170（4）
		C45	12-180（4）	10-140 或 12-200（4）	10-150（4）	8-100 或 10-170（4）
		C50	12-180（4）	10-130 或 12-200（4）	10-150（4）	8-100 或 10-160（4）
25	1150	C30	12-180（6）	10-200（6）	10-250（6）	8-170（6）
		C35	12-180（6）	10-200（6）	10-250（6）	8-170（6）
		C40	12-180（6）	10-200（6）	10-240（6）	8-170（6）
		C45	12-180（6）	10-200（6）	10-230（6）	8-160（6）
		C50	12-180（6）	10-200（6）	10-220（6）	8-150（6）
26	1200	C30	12-180（4）	10-170（4）	10-170（4）	8-110 或 10-170（4）
		C35	12-180（4）	10-160（4）	10-170（4）	8-110 或 10-170（4）
		C40	12-180（4）	10-140 或 12-200（4）	10-150（4）	8-110 或 10-170（4）
		C45	12-180（4）	10-140 或 12-200（4）	10-150（4）	8-100 或 10-160（4）
		C50	12-170（4）	10-130 或 12-190（4）	10-140（4）	10-150（4）
27	1200	C30	12-180（6）	10-200（6）	10-250（6）	8-160（6）
		C35	12-180（6）	10-200（6）	10-250（6）	8-160（6）
		C40	12-180（6）	10-200（6）	10-230（6）	8-160（6）
		C45	12-180（6）	10-200（6）	10-220（6）	8-150（6）
		C50	12-180（6）	10-200（6）	10-210（6）	8-140 或 10-230（6）

说明：同表 10.6-1，下同。

用 335 级箍筋（$f_{yv}=300N/mm^2$）时型钢混凝土梁沿全长的最小配箍量 　　　　表 10.6-3

序号	梁截面宽度 b（mm）	混凝土强度等级	抗震等级			非抗震
			特一级、一级	二级	三级	
1	300	C30	12-180（2）	10-200（2）	10-250（2）	8-220（2）
		C35	12-180（2）	10-200（2）	10-250（2）	8-220（2）
		C40	12-180（2）	10-200（2）	10-250（2）	8-220（2）
		C45	12-180（2）	10-200（2）	10-250（2）	8-220（2）
		C50	12-180（2）	10-200（2）	10-250（2）	8-220（2）
2	350	C30	12-180（2）	10-200（2）	10-250（2）	8-190（2）
		C35	12-180（2）	10-200（2）	10-250（2）	8-190（2）
		C40	12-180（2）	10-200（2）	10-250（2）	8-190（2）
		C45	12-180（2）	10-200（2）	10-250（2）	8-190（2）
		C50	12-180（2）	10-200（2）	10-250（2）	8-190（2）
3	400	C30	12-180（2）	10-200（2）	10-250（2）	8-160（2）
		C35	12-180（2）	10-200（2）	10-250（2）	8-160（2）
		C40	12-180（2）	10-200（2）	10-250（2）	8-160（2）
		C45	12-180（2）	10-200（2）	10-250（2）	8-160（2）
		C50	12-180（2）	10-200（2）	10-230（2）	8-160（2）
4	450	C30	12-180（2）	10-200（2）	10-230（2）	8-140 或 10-230（2）
		C35	12-180（2）	10-200（2）	10-230（2）	8-140 或 10-230（2）
		C40	12-180（2）	10-200（2）	10-230（2）	8-140 或 10-230（2）
		C45	12-180（2）	10-200（2）	10-220（2）	8-140 或 10-230（2）
		C50	12-180（2）	10-190（2）	10-210（2）	8-140 或 10-230（2）
5	450	C30	12-180（4）	10-200（4）	10-250（4）	8-250（4）
		C35	12-180（4）	10-200（4）	10-250（4）	8-250（4）
		C40	12-180（4）	10-200（4）	10-250（4）	8-250（4）
		C45	12-180（4）	10-200（4）	10-250（4）	8-250（4）
		C50	12-180（4）	10-200（4）	10-250（4）	8-250（4）
6	500	C30	12-180（2）	10-200（2）	10-200（2）	8-130 或 10-200（2）
		C35	12-180（2）	10-200（2）	10-200（2）	8-130 或 10-200（2）
		C40	12-180（2）	10-190（2）	10-200（2）	8-130 或 10-200（2）
		C45	12-180（2）	10-180（2）	10-200（2）	8-130 或 10-200（2）
		C50	12-180（2）	10-170（2）	10-190（2）	8-130 或 10-200（2）
7	500	C30	12-180（4）	10-200（4）	10-250（4）	8-250（4）
		C35	12-180（4）	10-200（4）	10-250（4）	8-250（4）
		C40	12-180（4）	10-200（4）	10-250（4）	8-250（4）
		C45	12-180（4）	10-200（4）	10-250（4）	8-250（4）
		C50	12-180（4）	10-200（4）	10-250（4）	8-250（4）

序号	梁截面宽度 b（mm）	混凝土强度等级	抗震等级			非抗震
			特一级、一级	二级	三级	
8	550	C30	12-180（4）	10-200（4）	10-250（4）	8-240（4）
		C35	12-180（4）	10-200（4）	10-250（4）	8-240（4）
		C40	12-180（4）	10-200（4）	10-250（4）	8-240（4）
		C45	12-180（4）	10-200（4）	10-250（4）	8-240（4）
		C50	12-180（4）	10-200（4）	10-250（4）	8-240（4）
9	600	C30	12-180（4）	10-200（4）	10-250（4）	8-220（4）
		C35	12-180（4）	10-200（4）	10-250（4）	8-220（4）
		C40	12-180（4）	10-200（4）	10-250（4）	8-220（4）
		C45	12-180（4）	10-200（4）	10-250（4）	8-220（4）
		C50	12-180（4）	10-200（4）	10-250（4）	8-220（4）
10	650	C30	12-180（4）	10-200（4）	10-250（4）	8-200（4）
		C35	12-180（4）	10-200（4）	10-250（4）	8-200（4）
		C40	12-180（4）	10-200（4）	10-250（4）	8-200（4）
		C45	12-180（4）	10-200（4）	10-250（4）	8-200（4）
		C50	12-180（4）	10-200（4）	10-250（4）	8-200（4）
11	700	C30	12-180（4）	10-200（4）	10-250（4）	8-190（4）
		C35	12—180（4）	10-200（4）	10-250（4）	8-190（4）
		C40	12-180（4）	10-200（4）	10-250（4）	8-190（4）
		C45	12-180（4）	10-200（4）	10-250（4）	8-190（4）
		C50	12-180（4）	10-200（4）	10-250（4）	8-190（4）
12	750	C30	12-180（4）	10-200（4）	10-250（4）	8-170（4）
		C35	12-180（4）	10-200（4）	10-250（4）	8-170（4）
		C40	12-180（4）	10-200（4）	10-250（4）	8-170（4）
		C45	12-180（4）	10-200（4）	10-250（4）	8-170（4）
		C50	12-180（4）	10-200（4）	10-250（4）	8-170（4）
13	800	C30	12-180（4）	10-200（4）	10-250（4）	8-160（4）
		C35	12-180（4）	10-200（4）	10-250（4）	8-160（4）
		C40	12—180（4）	10-200（4）	10-250（4）	8-160（4）
		C45	12-180（4）	10-200（4）	10-250（4）	8-160（4）
		C50	12-180（4）	10-200（4）	10-230（4）	8-160（4）
14	850	C30	12-180（4）	10-200（4）	10-240（4）	8-150 或 10-240（4）
		C35	12-180（4）	10-200（4）	10-240（4）	8-150 或 10-240（4）
		C40	12-180（4）	10-200（4）	10-240（4）	8-150 或 10-240（4）
		C45	12-180（4）	10-200（4）	10-230（4）	8-150 或 10-240（4）
		C50	12-180（4）	10-200（4）	10-220（4）	8-150 或 10-240（4）

序号	梁截面宽度 b（mm）	混凝土强度等级	抗震等级			非抗震
			特一级、一级	二级	三级	
15	900	C30	12-180（4）	10-200（4）	10-230（4）	8-140 或 10-230（4）
		C35	12-180（4）	10-200（4）	10-230（4）	8-140 或 10-230（4）
		C40	12-180（4）	10-200（4）	10-230（4）	8-140 或 10-230（4）
		C45	12-180（4）	10-200（4）	10-220（4）	8-140 或 10-230（4）
		C50	12-180（4）	10-190（4）	10-210（4）	8-140 或 10-230（4）
16	950	C30	12-180（4）	10-200（4）	10-220（4）	8-140 或 10-220（4）
		C35	12-180（4）	10-200（4）	10-220（4）	8-140 或 10-220（4）
		C40	12-180（4）	10-200（4）	10-220（4）	8-140 或 10-220（4）
		C45	12-180（4）	10-190（4）	10-210（4）	8-140 或 10-220（4）
		C50	12-180（4）	10-180（4）	10-200（4）	8-140 或 10-200（4）
17	950	C30	12-180（6）	10-200（6）	10-250（6）	8-210（6）
		C35	12-180（6）	10-200（6）	10-250（6）	8-210（6）
		C40	12-180（6）	10-200（6）	10-250（6）	8-210（6）
		C45	12-180（6）	10-200（6）	10-250（6）	8-210（6）
		C50	12-180（6）	10-200（6）	10-250（6）	8-200（6）
18	1000	C30	12-180（4）	10-200（4）	10-200（4）	8-130 或 10-200（4）
		C35	12-180（4）	10-200（4）	10-200（4）	8-130 或 10-200（4）
		C40	12-180（4）	10-190（4）	10-200（4）	8-130 或 10-200（4）
		C45	12-180（4）	10-180（4）	10-200（4）	8-130 或 10-200（4）
		C50	12-180（4）	10-170（4）	10-190（4）	8-130 或 10-200（4）
19	1000	C30	12-180（6）	10-200（6）	10-250（6）	8-200（6）
		C35	12-180（6）	10-200（6）	10-250（6）	8-200（6）
		C40	12-180（6）	10-200（6）	10-250（6）	8-200（6）
		C45	12-180（6）	10-200（6）	10-250（6）	8-200（6）
		C50	12-180（6）	10-200（6）	10-250（6）	8-190（6）
20	1050	C30	12-180（4）	10-190（4）	10-190（4）	8-125 或 10-190（4）
		C35	12-180（4）	10-190（4）	10-190（4）	8-125 或 10-190（4）
		C40	12-180（4）	10-180（4）	10-190（4）	8-125 或 10-190（4）
		C45	12-180（4）	10-170（4）	10-190（4）	8-125 或 10-190（4）
		C50	12-180（4）	10-160（4）	10-180（4）	8-125 或 10-190（4）
21	1050	C30	12-180（6）	10-200（6）	10-250（6）	8-190（6）
		C35	12-180（6）	10-200（6）	10-250（6）	8-190（6）
		C40	12-180（6）	10-200（6）	10-250（6）	8-190（6）
		C45	12-180（6）	10-200（6）	10-250（6）	8-190（6）
		C50	12-180（6）	10-200（6）	10-250（6）	8-180（6）

序号	梁截面宽度 b（mm）	混凝土强度等级	抗震等级			非抗震
			特一级、一级	二级	三级	
22	1100	C30	12-180（4）	10-190（4）	10-190（4）	8-120 或 10-190（4）
		C35	12-180（4）	10-190（4）	10-190（4）	8-120 或 10-190（4）
		C40	12-180（4）	10-170（4）	10-190（4）	8-120 或 10-190（4）
		C45	12-180（4）	10-160（4）	10-180（4）	8-120 或 10-190（4）
		C50	12-180（4）	10-160（4）	10-170（4）	8-120 或 10-180（4）
23	1100	C30	12-180（6）	10-200（6）	10-250（6）	8-180（6）
		C35	12-180（6）	10-200（6）	10-250（6）	8-180（6）
		C40	12-180（6）	10-200（6）	10-250（6）	8-180（6）
		C45	12-180（6）	10-200（6）	10-250（6）	8-180（6）
		C50	12-180（6）	10-200（6）	10-250（6）	8-170（6）
24	1150	C30	12-180（4）	10-180（4）	10-180（4）	8-110 或 10-180（4）
		C35	12-180（4）	10-180（4）	10-180（4）	8-110 或 10-180（4）
		C40	12-180（4）	10-170（4）	10-180（4）	8-110 或 10-180（4）
		C45	12-180（4）	10-160（4）	10-170（4）	8-110 或 10-180（4）
		C50	12-180（4）	10-150（4）	10-160（4）	8-110 或 10-180（4）
25	1150	C30	12-180（6）	10-200（6）	10-250（6）	8-170（6）
		C35	12-180（6）	10-200（6）	10-250（6）	8-170（6）
		C40	12-180（6）	10-200（6）	10-250（6）	8-170（6）
		C45	12-180（6）	10-200（6）	10-250（6）	8-170（6）
		C50	12-180（6）	10-200（6）	10-250（6）	8-170（6）
26	1200	C30	12-180（4）	10-170（4）	10-170（4）	8-110 或 10-170（4）
		C35	12-180（4）	10-170（4）	10-170（4）	8-110 或 10-170（4）
		C40	12-180（4）	10-160（4）	10-170（4）	8-110 或 10-170（4）
		C45	12-180（4）	10-150（4）	10-160（4）	8-110 或 10-170（4）
		C50	12-180（4）	10-140 或 12-200（4）	10-150（4）	8-110 或 10-170（4）
27	1200	C30	12-180（6）	10-200（6）	10-250（6）	8-160（6）
		C35	12-180（6）	10-200（6）	10-250（6）	8-160（6）
		C40	12-180（6）	10-200（6）	10-250（6）	8-160（6）
		C45	12-180（6）	10-200（6）	10-250（6）	8-160（6）
		C50	12-180（6）	10-200（6）	10-230（6）	8-160（6）

用 400、500 级箍筋（$f_{yv}=360\text{N/mm}^2$）时型钢混凝土梁沿全长的最小配箍量　　表 10.6-4

序号	梁截面宽度 b（mm）	混凝土强度等级	抗震等级			非抗震
			特一级、一级	二级	三级	
1	300	C30	12-180（2）	10-200（2）	10-250（2）	8-220（2）
		C35	12-180（2）	10-200（2）	10-250（2）	8-220（2）
		C40	12-180（2）	10-200（2）	10-250（2）	8-220（2）
		C45	12-180（2）	10-200（2）	10-250（2）	8-220（2）
		C50	12-180（2）	10-200（2）	10-250（2）	8-220（2）
2	350	C30	12-180（2）	10-200（2）	10-250（2）	8-190（2）
		C35	12-180（2）	10-200（2）	10-250（2）	8-190（2）
		C40	12-180（2）	10-200（2）	10-250（2）	8-190（2）
		C45	12-180（2）	10-200（2）	10-250（2）	8-190（2）
		C50	12-180（2）	10-200（2）	10-250（2）	8-190（2）
3	400	C30	12-180（2）	10-200（2）	10-250（2）	8-160（2）
		C35	12-180（2）	10-200（2）	10-250（2）	8-160（2）
		C40	12-180（2）	10-200（2）	10-250（2）	8-160（2）
		C45	12-180（2）	10-200（2）	10-250（2）	8-160（2）
		C50	12-180（2）	10-200（2）	10-250（2）	8-160（2）
4	450	C30	12-180（2）	10-200（2）	10-230（2）	8-140 或 10-230（2）
		C35	12-180（2）	10-200（2）	10-230（2）	8-140 或 10-230（2）
		C40	12-180（2）	10-200（2）	10-230（2）	8-140 或 10-230（2）
		C45	12-180（2）	10-200（2）	10-230（2）	8-140 或 10-230（2）
		C50	12-180（2）	10-200（2）	10-230（2）	8-140 或 10-230（2）
5	450	C30	12-180（4）	10-200（4）	10-250（4）	8-250（4）
		C35	12-180（4）	10-200（4）	10-250（4）	8-250（4）
		C40	12-180（4）	10-200（4）	10-250（4）	8-250（4）
		C45	12-180（4）	10-200（4）	10-250（4）	8-250（4）
		C50	12-180（4）	10-200（4）	10-250（4）	8-250（4）
6	500	C30	12-180（2）	10-200（2）	10-200（2）	8-130 或 10-200（2）
		C35	12-180（2）	10-200（2）	10-200（2）	8-130 或 10-200（2）
		C40	12-180（2）	10-200（2）	10-200（2）	8-130 或 10-200（2）
		C45	12-180（2）	10-200（2）	10-200（2）	8-130 或 10-200（2）
		C50	12-180（2）	10-200（2）	10-200（2）	8-130 或 10-200（2）
7	500	C30	12-180（4）	10-200（4）	10-250（4）	8-250（4）
		C35	12-180（4）	10-200（4）	10-250（4）	8-250（4）
		C40	12-180（4）	10-200（4）	10-250（4）	8-250（4）
		C45	12-180（4）	10-200（4）	10-250（4）	8-250（4）
		C50	12-180（4）	10-200（4）	10-250（4）	8-250（4）

序号	梁截面宽度 b (mm)	混凝土强度等级	抗震等级			非抗震
			特一级、一级	二级	三级	
8	550	C30	12-180（4）	10-200（4）	10-250（4）	8-240（4）
		C35	12-180（4）	10-200（4）	10-250（4）	8-240（4）
		C40	12-180（4）	10-200（4）	10-250（4）	8-240（4）
		C45	12-180（4）	10-200（4）	10-250（4）	8-240（4）
		C50	12-180（4）	10-200（4）	10-250（4）	8-240（4）
9	600	C30	12-180（4）	10-200（4）	10-250（4）	8-220（4）
		C35	12-180（4）	10-200（4）	10-250（4）	8-220（4）
		C40	12-180（4）	10-200（4）	10-250（4）	8-220（4）
		C45	12-180（4）	10-200（4）	10-250（4）	8-220（4）
		C50	12-180（4）	10-200（4）	10-250（4）	8-220（4）
10	650	C30	12-180（4）	10-200（4）	10-250（4）	8-200（4）
		C35	12-180（4）	10-200（4）	10-250（4）	8-200（4）
		C40	12-180（4）	10-200（4）	10-250（4）	8-200（4）
		C45	12-180（4）	10-200（4）	10-250（4）	8-200（4）
		C50	12-180（4）	10-200（4）	10-250（4）	8-200（4）
11	700	C30	12-180（4）	10-200（4）	10-250（4）	8-190（4）
		C35	12-180（4）	10-200（4）	10-250（4）	8-190（4）
		C40	12-180（4）	10-200（4）	10-250（4）	8-190（4）
		C45	12-180（4）	10-200（4）	10-250（4）	8-190（4）
		C50	12-180（4）	10-200（4）	10-250（4）	8-190（4）
12	750	C30	12-180（4）	10-200（4）	10-250（4）	8-170（4）
		C35	12-180（4）	10-200（4）	10-250（4）	8-170（4）
		C40	12-180（4）	10-200（4）	10-250（4）	8-170（4）
		C45	12-180（4）	10-200（4）	10-250（4）	8-170（4）
		C50	12-180（4）	10-200（4）	10-250（4）	8-170（4）
13	800	C30	12-180（4）	10-200（4）	10-250（4）	8-160（4）
		C35	12-180（4）	10-200（4）	10-250（4）	8-160（4）
		C40	12-180（4）	10-200（4）	10-250（4）	8-160（4）
		C45	12-180（4）	10-200（4）	10-250（4）	8-160（4）
		C50	12-180（4）	10-200（4）	10-250（4）	8-160（4）
14	850	C30	12-180（4）	10-200（4）	10-240（4）	8-150（4）
		C35	12-180（4）	10-200（4）	10-240（4）	8-150（4）
		C40	12-180（4）	10-200（4）	10-240（4）	8-150（4）
		C45	12-180（4）	10-200（4）	10-240（4）	8-150（4）
		C50	12-180（4）	10-200（4）	10-240（4）	8-150（4）

序号	梁截面宽度 b (mm)	混凝土强度等级	抗震等级			非抗震
			特一级、一级	二级	三级	
15	900	C30	12-180（4）	10-200（4）	10-230（4）	8-140 或 10-230（4）
		C35	12-180（4）	10-200（4）	10-230（4）	8-140 或 10-230（4）
		C40	12-180（4）	10-200（4）	10-230（4）	8-140 或 10-230（4）
		C45	12-180（4）	10-200（4）	10-230（4）	8-140 或 10-230（4）
		C50	12-180（4）	10-200（4）	10-230（4）	8-140 或 10-230（4）
16	950	C30	12-180（4）	10-200（4）	10-220（4）	8-140 或 10-210（4）
		C35	12-180（4）	10-200（4）	10-220（4）	8-140 或 10-210（4）
		C40	12-180（4）	10-200（4）	10-220（4）	8-140 或 10-210（4）
		C45	12-180（4）	10-200（4）	10-220（4）	8-140 或 10-210（4）
		C50	12-180（4）	10-200（4）	10-220（4）	8-140 或 10-210（4）
17	950	C30	12-180（6）	10-200（6）	10-250（6）	8-210（6）
		C35	12-180（6）	10-200（6）	10-250（6）	8-210（6）
		C40	12-180（6）	10-200（6）	10-250（6）	8-210（6）
		C45	12-180（6）	10-200（6）	10-250（6）	8-210（6）
		C50	12-180（6）	10-200（6）	10-250（6）	8-210（6）
18	1000	C30	12-180（4）	10-200（4）	10-200（4）	8-130 或 10-200（4）
		C35	12-180（4）	10-200（4）	10-200（4）	8-130 或 10-200（4）
		C40	12-180（4）	10-200（4）	10-200（4）	8-130 或 10-200（4）
		C45	12-180（4）	10-200（4）	10-200（4）	8-130 或 10-200（4）
		C50	12-180（4）	10-200（4）	10-200（4）	8-130 或 10-200（4）
19	1000	C30	12-180（6）	10-200（6）	10-250（6）	8-200（6）
		C35	12-180（6）	10-200（6）	10-250（6）	8-200（6）
		C40	12-180（6）	10-200（6）	10-250（6）	8-200（6）
		C45	12-180（6）	10-200（6）	10-250（6）	8-200（6）
		C50	12-180（6）	10-200（6）	10-250（6）	8-200（6）
20	1050	C30	12-180（4）	10-190（4）	10-190（4）	8-125 或 10-190（4）
		C35	12-180（4）	10-190（4）	10-190（4）	8-125 或 10-190（4）
		C40	12-180（4）	10-190（4）	10-190（4）	8-125 或 10-190（4）
		C45	12-180（4）	10-190（4）	10-190（4）	8-125 或 10-190（4）
		C50	12-180（4）	10-190（4）	10-190（4）	8-125 或 10-190（4）
21	1050	C30	12-180（6）	10-200（6）	10-250（6）	8-190（6）
		C35	12-180（6）	10-200（6）	10-250（6）	8-190（6）
		C40	12-180（6）	10-200（6）	10-250（6）	8-190（6）
		C45	12-180（6）	10-200（6）	10-250（6）	8-190（6）
		C50	12-180（6）	10-200（6）	10-250（6）	8-190（6）

序号	梁截面宽度 b（mm）	混凝土强度等级	抗震等级			非抗震
			特一级、一级	二级	三级	
22	1100	C30	12-180（4）	10-190（4）	10-190（4）	8-120 或 10-190（4）
		C35	12-180（4）	10-190（4）	10-190（4）	8-120 或 10-190（4）
		C40	12-180（4）	10-190（4）	10-190（4）	8-120 或 10-190（4）
		C45	12-180（4）	10-190（4）	10-190（4）	8-120 或 10-190（4）
		C50	12-180（4）	10-190（4）	10-190（4）	8-120 或 10-190（4）
23	1100	C30	12-180（6）	10-200（6）	10-250（6）	8-180（6）
		C35	12-180（6）	10-200（6）	10-250（6）	8-180（6）
		C40	12-180（6）	10-200（6）	10-250（6）	8-180（6）
		C45	12-180（6）	10-200（6）	10-250（6）	8-180（6）
		C50	12-180（6）	10-200（6）	10-250（6）	8-180（6）
24	1150	C30	12-180（4）	10-180（4）	10-180（4）	8-110 或 10-180（4）
		C35	12-180（4）	10-180（4）	10-180（4）	8-110 或 10-180（4）
		C40	12-180（4）	10-180（4）	10-180（4）	8-110 或 10-180（4）
		C45	12-180（4）	10-180（4）	10-180（4）	8-110 或 10-180（4）
		C50	12-180（4）	10-180（4）	10-180（4）	8-110 或 10-180（4）
25	1150	C30	12-180（6）	10-200（6）	10-250（6）	8-170（6）
		C35	12-180（6）	10-200（6）	10-250（6）	8-170（6）
		C40	12-180（6）	10-200（6）	10-250（6）	8-170（6）
		C45	12-180（6）	10-200（6）	10-250（6）	8-170（6）
		C50	12-180（6）	10-200（6）	10-250（6）	8-170（6）
26	1200	C30	12-180（4）	10-170（4）	10-170（4）	8-110 或 10-170（4）
		C35	12-180（4）	10-170（4）	10-170（4）	8-110 或 10-170（4）
		C40	12-180（4）	10-170（4）	10-170（4）	8-110 或 10-170（4）
		C45	12-180（4）	10-170（4）	10-170（4）	8-110 或 10-170（4）
		C50	12-180（4）	10-170（4）	10-170（4）	8-110 或 10-170（4）
27	1200	C30	12-180（6）	10-200（6）	10-250（6）	8-160（6）
		C35	12-180（6）	10-200（6）	10-250（6）	8-160（6）
		C40	12-180（6）	10-200（6）	10-250（6）	8-160（6）
		C45	12-180（6）	10-200（6）	10-250（6）	8-160（6）
		C50	12-180（6）	10-200（6）	10-250（6）	8-160（6）

（七）转换梁（框支梁）加密区按最小配箍率决定的箍筋的直径与间距

用 235 级箍筋（$f_{yv} = 210\text{N/mm}^2$）时框支梁加密区的最小配箍量　　　　表 10.7-1

序号	梁截面宽度 b（mm）	混凝土强度等级	抗震等级			非抗震
			特一级	一级	二级	
1	300	C30	14-100（2）	12-90（2）	12-100（2）	12-100（2）
		C35	14-100（2）	12-80（2）	12-90（2）	12-100（2）
		C40	14-95（2）	14-100（2）	12-80（2）	12-100（2）
		C45	14-90（2）	14-95（2）	14-100（2）	12-95（2）
		C50	14-80（2）	14-95（2）	14-100（2）	12-90（2）
2	300	C30	12-100（3）	10-95（3）	10-100（3）	10-100（3）
		C35	12-100（3）	10-85（3）	10-95（3）	10-100（3）
		C40	12-100（3）	10-80（3）	10-85（3）	10-100（3）
		C45	12-100（3）	12-100（3）	10-80（3）	10-100（3）
		C50	12-95（3）	12-100（3）	12-100（3）	10-95（3）
3	350	C30	12-100（3）	10-80（3）	10-85（3）	10-100（3）
		C35	12-95（3）	12-100（3）	10-80（3）	10-100（3）
		C40	12-90（3）	12-95（3）	12-100（3）	10-90（3）
		C45	12-85（3）	12-90（3）	12-100（3）	10-85（3）
		C50	12-80（3）	12-85（3）	12-95（3）	10-80（3）
4	350	C30	10-100（4）	10-100（4）	10-100（4）	10-100（4）
		C35	10-90（4）	10-100（4）	10-100（4）	10-100（4）
		C40	10-80（4）	10-90（4）	10-100（4）	10-100（4）
		C45	10-80（4）	10-85（4）	10-95（4）	10-100（4）
		C50	12-100（4）	10-80（4）	10-90（4）	10-100（4）
5	400	C30	14-100（3）	12-100（3）	12-100（3）	12-100（3）
		C35	14-100（3）	14-100（3）	12-100（3）	12-100（3）
		C40	14-100（3）	14-100（3）	14-100（3）	12-100（3）
		C45	14-100（3）	14-100（3）	14-100（3）	12-100（3）
		C50	16-100（3）	14-100（3）	14-100（3）	12-100（3）
6	400	C30	12-100（4）	12-100（4）	10-100（4）	10-100（4）
		C35	12-100（4）	12-100（4）	12-100（4）	10-100（4）
		C40	12-100（4）	12-100（4）	12-100（4）	10-100（4）
		C45	12-100（4）	12-100（4）	12-100（4）	10-100（4）
		C50	14-100（4）	12-100（4）	12-100（4）	12-100（4）

序号	梁截面宽度 b（mm）	混凝土强度等级	抗震等级			非抗震
			特一级	一级	二级	
7	450	C30	14-100（3）	14-100（3）	12-100（3）	12-100（3）
		C35	14-100（3）	14-100（3）	14-100（3）	12-100（3）
		C40	16-100（3）	14-100（3）	14-100（3）	12-100（3）
		C45	16-100（3）	16-100（3）	14-100（3）	14-100（3）
		C50	16-100（3）	16-100（3）	14-100（3）	14-100（3）
8	450	C30	12-100（4）	12-100（4）	12-100（4）	10-100（4）
		C35	12-100（4）	12-100（4）	12-100（4）	10-100（4）
		C40	14-100（4）	12-100（4）	12-100（4）	12-100（4）
		C45	14-100（4）	14-100（4）	12-100（4）	12-100（4）
		C50	14-100（4）	14-100（4）	12-100（4）	12-100（4）
9	500	C30	12-100（4）	12-100（4）	12-100（4）	10-100（4）
		C35	14-100（4）	12-100（4）	12-100（4）	12-100（4）
		C40	14-100（4）	14-100（4）	12-100（4）	12-100（4）
		C45	14-100（4）	14-100（4）	14-100（4）	12-100（4）
		C50	14-100（4）	14-100（4）	14-100（4）	12-100（4）
10	500	C30	12-100（5）	12-100（5）	10-100（5）	10-100（5）
		C35	12-100（5）	12-100（5）	12-100（5）	10-100（5）
		C40	12-100（5）	12-100（5）	12-100（5）	10-100（5）
		C45	12-100（5）	12-100（5）	12-100（5）	10-100（5）
		C50	14-100（5）	12-100（5）	12-100（5）	12-100（5）
11	550	C30	14-100（4）	12-100（4）	12-100（4）	12-100（4）
		C35	14-100（4）	14-100（4）	12-100（4）	12-100（4）
		C40	14-100（4）	14-100（4）	14-100（4）	12-100（4）
		C45	14-100（4）	14-100（4）	14-100（4）	12-100（4）
		C50	16-100（4）	14-100（4）	14-100（4）	12-100（4）
12	550	C30	12-100（5）	12-100（5）	12-100（5）	10-100（5）
		C35	12-100（5）	12-100（5）	12-100（5）	10-100（5）
		C40	14-100（5）	12-100（5）	12-100（5）	12-100（5）
		C45	14-100（5）	14-100（5）	12-100（5）	12-100（5）
		C50	14-100（5）	14-100（5）	12-100（5）	12-100（5）
13	600	C30	14-100（4）	14-100（4）	12-100（4）	12-100（4）
		C35	14-100（4）	14-100（4）	14-100（4）	12-100（4）
		C40	16-100（4）	14-100（4）	14-100（4）	12-100（4）
		C45	16-100（4）	16-100（4）	14-100（4）	14-100（4）
		C50	16-100（4）	16-100（4）	14-100（4）	14-100（4）

序号	梁截面宽度 *b*（mm）	混凝土强度等级	抗震等级			非抗震
			特一级	一级	二级	
14	600	C30	12-100（5）	12-100（5）	12-100（5）	10-100（5）
		C35	14-100（5）	12-100（5）	12-100（5）	12-100（5）
		C40	14-100（5）	14-100（5）	12-100（5）	12-100（5）
		C45	14-100（5）	14-100（5）	14-100（5）	12-100（5）
		C50	14-100（5）	14-100（5）	14-100（5）	12-100（5）
15	600	C30	12-100（6）	12-100（6）	10-100（6）	10-100（6）
		C35	12-100（6）	12-100（6）	12-100（6）	10-100（6）
		C40	12-100（6）	12-100（6）	12-100（6）	10-100（6）
		C45	12-100（6）	12-100（6）	12-100（6）	10-100（6）
		C50	14-100（6）	12-100（6）	12-100（6）	12-100（6）
		C55	14-100（6）	12-100（6）	12-100（6）	12-100（6）
		C60	14-100（6）	14-100（6）	12-100（6）	12-100（6）
16	650	C30	14-100（4）	14-100（4）	14-100（4）	12-100（4）
		C35	16-100（4）	14-100（4）	14-100（4）	12-100（4）
		C40	16-100（4）	16-100（4）	14-100（4）	14-100（4）
		C45	16-100（4）	16-100（4）	14-100（4）	14-100（4）
		C50	16-100（4）	16-100（4）	16-100（4）	14-100（4）
17	650	C30	14-100（5）	12-100（5）	12-100（5）	12-100（5）
		C35	14-100（5）	14-100（5）	12-100（5）	12-100（5）
		C40	14-100（5）	14-100（5）	14-100（5）	12-100（5）
		C45	14-100（5）	14-100（5）	14-100（5）	12-100（5）
		C50	14-100（5）	14-100（5）	14-100（5）	12-100（5）
18	650	C30	12-100（6）	12-100（6）	12-100（6）	10-100（6）
		C35	12-100（6）	12-100（6）	12-100（6）	10-100（6）
		C40	14-100（6）	12-100（6）	12-100（6）	12-100（6）
		C45	14-100（6）	12-100（6）	12-100（6）	12-100（6）
		C50	14-100（6）	14-100（6）	12-100（6）	12-100（6）
		C55	14-100（6）	14-100（6）	12-100（6）	12-100（6）
		C60	14-100（6）	14-100（6）	14-100（6）	12-100（6）
19	700	C30	14-95（4）	14-100（4）	14-100（4）	12-100（4）
		C35	14-90（4）	14-95（4）	14-100（4）	14-100（4）
		C40	14-80（4）	14-90（4）	16-100（4）	14-100（4）
		C45	16-100（4）	14-85（4）	16-100（4）	14-100（4）
		C50	16-95（4）	14-80（4）	16-100（4）	14-100（4）

序号	梁截面宽度 b（mm）	混凝土强度等级	抗震等级			非抗震
			特一级	一级	二级	
20	700	C30	14-100（5）	14-100（5）	12-100（5）	12-100（5）
		C35	14-100（5）	14-100（5）	14-100（5）	12-100（5）
		C40	14-100（5）	14-100（5）	14-100（5）	12-100（5）
		C45	16-100（5）	14-100（5）	14-100（5）	12-100（5）
		C50	16-100（5）	14-100（5）	14-100（5）	14-100（5）
21	700	C30	14-100（6）	14-100（6）	12-100（6）	10-100（6）
		C35	14-100（6）	14-100（6）	12-100（6）	10-100（6）
		C40	14-100（6）	14-100（6）	12-100（6）	12-100（6）
		C45	16-100（6）	14-100（6）	12-100（6）	12-100（6）
		C50	16-100（6）	14-100（6）	14-100（6）	12-100（6）
22	750	C30	14-90（4）	14-100（4）	14-100（4）	14-100（4）
		C35	14-80（4）	14-90（4）	16-100（4）	14-100（4）
		C40	16-100（4）	14-80（4）	16-100（4）	14-100（4）
		C45	16-95（4）	16-100（4）	16-100（4）	14-100（4）
		C50	16-90（4）	16-95（4）	16-100（4）	14-100（4）
23	750	C30	14-100（5）	14-100（5）	12-100（5）	12-100（5）
		C35	14-100（5）	14-100（5）	14-100（5）	12-100（5）
		C40	16-100（5）	14-100（5）	14-100（5）	12-100（5）
		C45	16-100（5）	16-100（5）	14-100（5）	14-100（5）
		C50	16-100（5）	16-100（5）	14-100（5）	14-100（5）
24	750	C30	12-100（6）	12-100（6）	12-100（6）	10-100（6）
		C35	14-100（6）	12-100（6）	12-100（6）	12-100（6）
		C40	14-100（6）	14-100（6）	12-100（6）	12-100（6）
		C45	14-100（6）	14-100（6）	14-100（6）	12-100（6）
		C50	14-100（6）	14-100（6）	14-100（6）	12-100（6）
25	800	C30	14-100（5）	14-100（5）	14-100（5）	12-100（5）
		C35	16-100（5）	14-100（5）	14-100（5）	12-100（5）
		C40	16-100（5）	16-100（5）	14-100（5）	14-100（5）
		C45	16-100（5）	16-100（5）	14-100（5）	14-100（5）
		C50	16-100（5）	16-100（5）	16-100（5）	14-100（5）
26	800	C30	14-100（6）	12-100（6）	12-100（6）	12-100（6）
		C35	16-100（6）	14-100（6）	12-100（6）	12-100（6）
		C40	16-100（6）	14-100（6）	14-100（6）	12-100（6）
		C45	16-100（6）	14-100（6）	14-100（6）	12-100（6）
		C50	16-100（6）	14-100（6）	14-100（6）	12-100（6）

序号	梁截面宽度 b（mm）	混凝土强度等级	抗震等级			非抗震
			特一级	一级	二级	
27	850	C30	14-100（5）	14-100（5）	14-100（5）	12-100（5）
		C35	16-100（5）	14-100（5）	14-100（5）	14-100（5）
		C40	16-100（5）	16-100（5）	14-100（5）	14-100（5）
		C45	16-100（5）	16-100（5）	16-100（5）	14-100（5）
		C50	16-100（5）	16-100（5）	16-100（5）	14-100（5）
28	850	C30	14-100（6）	14-100（6）	12-100（6）	12-100（6）
		C35	14-100（6）	14-100（6）	14-100（6）	12-100（6）
		C40	14-100（6）	14-100（6）	14-100（6）	12-100（6）
		C45	16-100（6）	14-100（6）	14-100（6）	12-100（6）
		C50	16-100（6）	14-100（6）	14-100（6）	14-100（6）
29	900	C30	16-100（6）	14-100（6）	12-100（6）	12-100（6）
		C35	16-100（6）	16-100（6）	14-100（6）	12-100（6）
		C40	16-100（6）	16-100（6）	14-100（6）	12-100（6）
		C45	16-100（6）	16-100（6）	14-100（6）	14-100（6）
		C50	18-100（6）	16-100（6）	14-100（6）	14-100（6）
30	900	C30	14-100（7）	12-100（7）	12-100（7）	12-100（7）
		C35	14-100（7）	14-100（7）	12-100（7）	12-100（7）
		C40	14-100（7）	14-100（7）	14-100（7）	12-100（7）
		C45	14-100（7）	14-100（7）	14-100（7）	12-100（7）
		C50	14-100（7）	14-100（7）	14-100（7）	12-100（7）
31	900	C30	12-100（8）	12-100（8）	12-100（8）	10-100（8）
		C35	12-100（8）	12-100（8）	12-100（8）	10-100（8）
		C40	14-100（8）	12-100（8）	12-100（8）	12-100（8）
		C45	14-100（8）	14-100（8）	12-100（8）	12-100（8）
		C50	14-100（8）	14-100（8）	12-100（8）	12-100（8）
32	950	C30	14-100（6）	14-100（6）	14-100（6）	12-100（6）
		C35	14-100（6）	14-100（6）	14-100（6）	12-100（6）
		C40	16-100（6）	16-100（6）	14-100（6）	14-100（6）
		C45	16-100（6）	16-100（6）	14-100（6）	14-100（6）
		C50	16-100（6）	16-100（6）	16-100（6）	14-100（6）
33	950	C30	14-100（7）	12-100（7）	12-100（7）	12-100（7）
		C35	14-100（7）	14-100（7）	12-100（7）	12-100（7）
		C40	14-100（7）	14-100（7）	14-100（7）	12-100（7）
		C45	14-100（7）	14-100（7）	14-100（7）	12-100（7）
		C50	16-100（7）	14-100（7）	14-100（7）	12-100（7）

序号	梁截面宽度 b (mm)	混凝土强度等级	抗震等级			非抗震
			特一级	一级	二级	
34	950	C30	12-100（8）	12-100（8）	12-100（8）	10-100（8）
		C35	14-100（8）	12-100（8）	12-100（8）	12-100（8）
		C40	14-100（8）	14-100（8）	12-100（8）	12-100（8）
		C45	14-100（8）	14-100（8）	12-100（8）	12-100（8）
		C50	14-100（8）	14-100（8）	14-100（8）	12-100（8）
35	1000	C30	14-100（6）	14-100（6）	14-100（6）	12-100（6）
		C35	16-100（6）	14-100（6）	14-100（6）	12-100（6）
		C40	16-100（6）	16-100（6）	14-100（6）	14-100（6）
		C45	16-100（6）	16-100（6）	16-100（6）	14-100（6）
		C50	16-100（6）	16-100（6）	16-100（6）	14-100（6）
36	1000	C30	14-100（7）	14-100（7）	12-100（7）	12-100（7）
		C35	14-100（7）	14-100（7）	14-100（7）	12-100（7）
		C40	14-100（7）	14-100（7）	14-100（7）	12-100（7）
		C45	16-100（7）	14-100（7）	14-100（7）	12-100（7）
		C50	16-100（7）	16-100（7）	14-100（7）	14-100（7）
37	1000	C30	12-100（8）	12-100（8）	12-100（8）	10-100（8）
		C35	14-100（8）	12-100（8）	12-100（8）	12-100（8）
		C40	14-100（8）	14-100（8）	12-100（8）	12-100（8）
		C45	14-100（8）	14-100（8）	14-100（8）	12-100（8）
		C50	14-100（8）	14-100（8）	14-100（8）	12-100（8）
38	1050	C30	16-100（6）	14-100（6）	14-100（6）	12-100（6）
		C35	16-100（6）	16-100（6）	14-100（6）	14-100（6）
		C40	16-100（6）	16-100（6）	16-100（6）	14-100（6）
		C45	16-100（6）	16-100（6）	16-100（6）	14-100（6）
		C50	18-100（6）	16-100（6）	16-100（6）	14-100（6）
39	1050	C30	14-100（7）	14-100（7）	12-100（7）	12-100（7）
		C35	14-100（7）	14-100（7）	14-100（7）	12-100（7）
		C40	16-100（7）	14-100（7）	14-100（7）	12-100（7）
		C45	16-100（7）	16-100（7）	14-100（7）	14-100（7）
		C50	16-100（7）	16-100（7）	14-100（7）	14-100（7）
40	1050	C30	14-100（8）	12-100（8）	12-100（8）	12-100（8）
		C35	14-100（8）	14-100（8）	12-100（8）	12-100（8）
		C40	14-100（8）	14-100（8）	14-100（8）	12-100（8）
		C45	14-100（8）	14-100（8）	14-100（8）	12-100（8）
		C50	14-100（8）	14-100（8）	14-100（8）	12-100（8）

序号	梁截面宽度 b（mm）	混凝土强度等级	抗震等级			非抗震
			特一级	一级	二级	
41	1100	C30	14-90（6）	14-100（6）	14-100（6）	12-100（6）
		C35	14-85（6）	14-90（6）	14-100（6）	14-100（6）
		C40	16-100（6）	14-85（6）	16-100（6）	14-100（6）
		C45	16-95（6）	14-80（6）	16-100（6）	14-100（6）
		C50	16-90（6）	16-100（6）	16-100（6）	14-100（6）
42	1100	C30	14-100（7）	14-100（7）	14-100（7）	12-100（7）
		C35	14-100（7）	14-100（7）	14-100（7）	12-100（7）
		C40	16-100（7）	14-100（7）	14-100（7）	14-100（7）
		C45	16-100（7）	16-100（7）	14-100（7）	14-100（7）
		C50	16-100（7）	16-100（7）	16-100（7）	14-100（7）
43	1100	C30	14-100（8）	12-100（8）	12-100（8）	12-100（8）
		C35	14-100（8）	14-100（8）	12-100（8）	12-100（8）
		C40	14-100（8）	14-100（8）	14-100（8）	12-100（8）
		C45	14-100（8）	14-100（8）	14-100（8）	12-100（8）
		C50	16-100（8）	14-100（8）	14-100（8）	12-100（8）
44	1150	C30	14-100（7）	14-100（7）	14-100（7）	12-100（7）
		C35	16-100（7）	14-100（7）	14-100（7）	12-100（7）
		C40	16-100（7）	16-100（7）	14-100（7）	14-100（7）
		C45	16-100（7）	16-100（7）	16-100（7）	14-100（7）
		C50	16-100（7）	16-100（7）	16-100（7）	14-100（7）
45	1150	C30	14-100（8）	14-100（8）	12-100（8）	12-100（8）
		C35	14-100（8）	14-100（8）	14-100（8）	12-100（8）
		C40	14-100（8）	14-100（8）	14-100（8）	12-100（8）
		C45	16-100（8）	14-100（8）	14-100（8）	12-100（8）
		C50	16-100（8）	16-100（8）	14-100（8）	14-100（8）
46	1200	C30	14-100（7）	14-100（7）	14-100（7）	12-100（7）
		C35	16-100（7）	14-100（7）	14-100（7）	14-100（7）
		C40	16-100（7）	16-100（7）	14-100（7）	14-100（7）
		C45	16-100（7）	16-100（7）	16-100（7）	14-100（7）
		C50	16-100（7）	16-100（7）	16-100（7）	14-100（7）
47	1200	C30	14-100（8）	14-100（8）	12-100（8）	12-100（8）
		C35	14-100（8）	14-100（8）	14-100（8）	12-100（8）
		C40	16-100（8）	14-100（8）	14-100（8）	12-100（8）
		C45	16-100（8）	16-100（8）	14-100（8）	14-100（8）
		C50	16-100（8）	16-100（8）	14-100（8）	14-100（8）

用 **300** 级箍筋（$f_{yv} = 270\text{N/mm}^2$）时框支梁加密区的最小配箍量 表 10.7-2

序号	梁截面宽度 b（mm）	混凝土强度等级	抗震等级			非抗震
			特一级	一级	二级	
1	300	C30	12-100（2）	12-100（2）	10-85（2）	10-100（2）
		C35	12-95（2）	12-100（2）	10-80（2）	10-100（2）
		C40	12-90（2）	12-95（2）	12-100（2）	10-90（2）
		C45	12-85（2）	12-90（2）	12-100（2）	10-85（2）
		C50	12-80（2）	12-85（2）	12-95（2）	10-80（2）
2	300	C30	10-100（3）	10-100（3）	10-100（3）	10-100（3）
		C35	10-100（3）	10-100（3）	10-100（3）	10-100（3）
		C40	10-95（3）	10-100（3）	10-100（3）	10-100（3）
		C45	10-90（3）	10-95（3）	10-100（3）	10-100（3）
		C50	10-85（3）	10-90（3）	10-100（3）	10-100（3）
3	350	C30	10-95（3）	10-100（3）	10-100（3）	10-100（3）
		C35	10-85（3）	10-95（3）	10-100（3）	10-100（3）
		C40	10-80（3）	10-90（3）	10-95（3）	10-100（3）
		C45	12-100（3）	10-80（3）	10-90（3）	10-100（3）
		C50	12-100（3）	10-80（3）	10-85（3）	10-100（3）
4	350	C30	10-100（4）	10-100（4）	10-100（4）	10-100（4）
		C35	10-100（4）	10-100（4）	10-100（4）	10-100（4）
		C40	10-100（4）	10-100（4）	10-100（4）	10-100（4）
		C45	10-100（4）	10-100（4）	10-100（4）	10-100（4）
		C50	10-95（4）	10-100（4）	10-100（4）	10-100（4）
5	400	C30	10-85（3）	10-90（3）	10-100（3）	10-100（3）
		C35	12-100（3）	10-80（3）	10-90（3）	10-100（3）
		C40	12-100（3）	12-100（3）	10-80（3）	10-100（3）
		C45	12-95（3）	12-100（3）	10-80（3）	10-95（3）
		C50	12-90（3）	12-100（3）	12-100（3）	10-90（3）
6	400	C30	10-100（4）	10-100（4）	10-100（4）	10-100（4）
		C35	10-100（4）	10-100（4）	10-100（4）	10-100（4）
		C40	10-95（4）	10-100（4）	10-100（4）	10-100（4）
		C45	10-90（4）	10-95（4）	10-100（4）	10-100（4）
		C50	10-85（4）	10-90（4）	10-100（4）	10-100（4）
7	450	C30	12-100（3）	10-80（3）	10-85（3）	10-100（3）
		C35	12-95（3）	12-100（3）	10-80（3）	10-100（3）
		C40	12-90（3）	12-95（3）	12-100（3）	10-90（3）
		C45	12-85（3）	12-90（3）	12-100（3）	10-85（3）
		C50	12-80（3）	12-85（3）	12-95（3）	10-80（3）

序号	梁截面宽度 b（mm）	混凝土强度等级	抗震等级			非抗震
			特一级	一级	二级	
8	450	C30	10-100（4）	10-100（4）	10-100（4）	10-100（4）
		C35	10-90（4）	10-100（4）	10-100（4）	10-100（4）
		C40	10-80（4）	10-90（4）	10-100（4）	10-100（4）
		C45	10-80（4）	10-85（4）	10-95（4）	10-100（4）
		C50	12-100（4）	10-80（4）	10-90（4）	10-100（4）
9	500	C30	10-90（4）	10-95（4）	10-100（4）	10-100（4）
		C35	10-80（4）	10-90（4）	10-95（4）	10-100（4）
		C40	12-100（4）	10-80（4）	10-90（4）	10-100（4）
		C45	12-100（4）	12-100（4）	10-85（4）	10-100（4）
		C50	12-95（4）	12-100（4）	10-80（4）	10-85（4）
10	500	C30	10-100（5）	10-100（5）	10-100（5）	10-100（5）
		C35	10-100（5）	10-100（5）	10-100（5）	10-100（5）
		C40	10-95（5）	10-100（5）	10-100（5）	10-100（5）
		C45	10-90（5）	10-95（5）	10-100（5）	10-100（5）
		C50	10-85（5）	10-90（5）	10-100（5）	10-100（5）
11	550	C30	10-80（4）	10-85（4）	10-95（4）	10-100（4）
		C35	12-100（4）	10-80（4）	10-85（4）	10-100（4）
		C40	12-95（4）	12-100（4）	10-80（4）	10-100（4）
		C45	10-90（4）	12-100（4）	12-100（4）	10-95（4）
		C50	10-90（4）	12-95（4）	12-100（4）	10-90（4）
12	550	C30	10-100（5）	10-100（5）	10-100（5）	10-100（5）
		C35	10-90（5）	10-100（5）	10-100（5）	10-100（5）
		C40	10-85（5）	10-90（5）	10-100（5）	10-100（5）
		C45	10-80（5）	10-85（5）	10-95（5）	10-100（5）
		C50	12-100（5）	10-80（5）	10-90（5）	10-100（5）
13	600	C30	12-100（4）	10-80（4）	10-85（4）	10-100（4）
		C35	12-95（4）	12-100（4）	10-80（4）	10-100（4）
		C40	12-90（4）	12-95（4）	12-100（4）	10-90（4）
		C45	12-85（4）	12-90（5）	12-100（4）	10-85（4）
		C50	12-80（4）	12-85（4）	12-95（4）	10-80（4）
14	600	C30	10-95（5）	10-100（5）	10-100（5）	10-100（5）
		C35	10-85（5）	10-90（5）	10-100（5）	10-100（5）
		C40	12-100（5）	10-85（5）	10-90（5）	10-100（5）
		C45	12-100（5）	10-80（5）	10-85（5）	10-100（5）
		C50	12-100（5）	12-100（5）	10-80（5）	10-100（5）

序号	梁截面宽度 b（mm）	混凝土强度等级	抗震等级			非抗震
			特一级	一级	二级	
15	600	C30	10-100（6）	10-100（6）	10-100（6）	10-100（6）
		C35	10-100（6）	10-100（6）	10-100（6）	10-100（6）
		C40	10-95（6）	10-100（6）	10-100（6）	10-100（6）
		C45	10-90（6）	10-95（6）	10-100（6）	10-100（6）
		C50	10-85（6）	10-90（6）	10-100（6）	10-100（6）
16	650	C30	12-100（4）	12-100（4）	10-80（4）	10-100（4）
		C35	12-90（4）	12-95（4）	12-100（4）	10-90（4）
		C40	12-80（4）	12-90（4）	12-95（4）	10-80（4）
		C45	12-80（4）	12-85（4）	12-90（4）	10-80（4）
		C50	14-100（4）	12-80（4）	12-90（4）	12-100（4）
17	650	C30	10-85（5）	10-95（5）	10-100（5）	10-100（5）
		C35	12-100（5）	10-85（5）	10-90（5）	10-100（5）
		C40	12-100（5）	12-100（5）	10-85（5）	10-100（5）
		C45	12-100（5）	12-100（5）	10-80（5）	10-100（5）
		C50	12-95（5）	12-100（5）	12-100（5）	10-95（5）
18	650	C30	10-100（6）	10-100（6）	10-100（6）	10-100（6）
		C35	10-95（6）	10-100（6）	10-100（6）	10-100（6）
		C40	10-85（6）	10-95（6）	10-100（6）	10-100（6）
		C45	10-80（6）	10-90（6）	10-95（6）	10-100（6）
		C50	12-100（6）	10-85（6）	10-90（6）	10-100（6）
19	700	C30	12-90（4）	12-100（4）	12-100（4）	10-90（4）
		C35	12-85（4）	12-90（4）	12-100（4）	10-85（4）
		C40	14-100（4）	12-85（4）	12-90（4）	12-100（4）
		C45	14-100（4）	12-80（4）	12-85（4）	12-100（4）
		C50	14-95（4）	14-100（4）	12-80（4）	12-100（4）
20	700	C30	10-80（5）	10-85（5）	10-95（5）	10-100（5）
		C35	12-100（5）	10-80（5）	10-85（5）	10-100（5）
		C40	12-95（5）	12-100（5）	10-80（5）	10-95（5）
		C45	12-90（5）	12-100（5）	12-100（5）	10-90（5）
		C50	12-85（5）	12-95（5）	12-100（5）	10-85（5）
21	700	C30	10-95（6）	10-100（6）	10-100（6）	10-100（6）
		C35	10-85（6）	10-95（6）	10-100（6）	10-100（6）
		C40	10-80（6）	10-85（6）	10-95（6）	10-100（6）
		C45	12-100（6）	10-80（6）	10-90（6）	10-100（6）
		C50	12-100（6）	10-80（6）	10-85（6）	10-100（6）

序号	梁截面宽度 *b*（mm）	混凝土强度等级	抗震等级			非抗震
			特一级	一级	二级	
22	750	C30	12-85（4）	12-90（4）	12-100（4）	10-85（4）
		C35	14-100（4）	12-85（4）	12-90（4）	10-80（4）
		C40	14-95（4）	14-100（4）	12-85（4）	12-100（4）
		C45	14-90（4）	14-100（4）	12-80（4）	12-100（4）
		C50	14-90（4）	14-95（4）	14-100（4）	12-95（4）
23	750	C30	12-100（5）	10-80（5）	10-85（5）	10-100（5）
		C35	12-95（5）	12-100（5）	10-80（5）	10-100（5）
		C40	12-90（5）	12-95（5）	12-100（5）	10-90（5）
		C45	12-85（5）	12-90（5）	12-100（5）	10-85（5）
		C50	12-80（5）	12-85（5）	12-95（5）	10-80（5）
24	750	C30	10-90（6）	10-95（6）	10-100（6）	10-100（6）
		C35	10-80（6）	10-90（6）	10-95（6）	10-100（6）
		C40	12-100（6）	10-80（6）	10-90（6）	10-100（6）
		C45	12-100（6）	12-100（6）	10-85（6）	10-100（6）
		C50	12-95（6）	12-100（6）	10-80（6）	10-95（6）
25	800	C30	12-100（5）	12-100（5）	10-80（5）	10-100（5）
		C35	12-90（5）	12-100（5）	12-100（5）	10-90（5）
		C40	12-85（5）	12-90（5）	12-100（5）	10-85（5）
		C45	12-80（5）	12-85（5）	12-95（5）	10-80（5）
		C50	14-100（5）	12-80（5）	12-90（5）	12-100（5）
26	800	C30	10-85（6）	10-90（6）	10-100（6）	10-100（6）
		C35	12-100（6）	10-80（6）	10-90（6）	10-100（6）
		C40	12-100（6）	12-100（6）	10-80（6）	10-100（6）
		C45	12-95（6）	12-100（6）	10-80（6）	10-95（6）
		C50	12-90（6）	12-100（6）	12-100（6）	10-90（6）
27	850	C30	12-95（5）	12-100（5）	12-100（5）	10-95（5）
		C35	12-85（5）	12-95（5）	12-100（5）	10-85（5）
		C40	12-80（5）	12-85（5）	12-95（5）	10-80（5）
		C45	14-100（5）	12-80（5）	12-90（5）	12-100（5）
		C50	14-95（5）	14-100（5）	12-85（5）	12-100（5）
28	850	C30	10-80（6）	10-85（6）	10-95（6）	10-100（6）
		C35	12-100（6）	12-100（6）	10-85（6）	10-100（6）
		C40	12-95（6）	12-100（6）	12-100（6）	10-95（6）
		C45	12-90（6）	12-95（6）	12-100（6）	10-90（6）
		C50	12-85（6）	12-95（6）	12-100（6）	10-85（6）

序号	梁截面宽度 b（mm）	混凝土强度等级	抗震等级			非抗震
			特一级	一级	二级	
29	900	C30	12-90（5）	12-95（5）	12-100（5）	10-90（5）
		C35	12-80（5）	12-90（5）	12-95（5）	10-80（5）
		C40	14-100（5）	12-80（5）	12-90（5）	12-100（5）
		C45	14-95（5）	14-100（5）	12-85（5）	12-100（5）
		C50	14-90（5）	14-100（5）	12-80（5）	12-95（5）
30	900	C30	12-100（6）	10-80（6）	10-85（6）	10-100（6）
		C35	12-95（6）	12-100（6）	10-80（6）	10-100（6）
		C40	12-90（6）	12-95（6）	12-100（6）	10-90（6）
		C45	12-85（6）	12-90（6）	12-100（6）	10-85（6）
		C50	12-80（6）	12-85（6）	12-95（6）	10-80（6）
31	900	C30	10-85（7）	10-95（7）	10-100（7）	10-100（7）
		C35	10-80（7）	10-85（7）	10-95（7）	10-100（7）
		C40	12-100（7）	10-80（7）	10-85（7）	10-100（7）
		C45	12-100（7）	12-100（7）	10-80（7）	10-100（7）
		C50	12-95（7）	12-100（7）	12-100（7）	10-95（7）
32	950	C30	12-85（5）	12-90（5）	12-100（5）	10-85（5）
		C35	14-100（5）	12-85（5）	12-90（5）	12-100（5）
		C40	14-95（5）	14-100（5）	12-85（5）	12-100（5）
		C45	14-90（5）	14-100（5）	12-80（5）	12-95（6）
		C50	14-85（5）	14-95（5）	14-100（5）	12-90（6）
33	950	C30	12-100（6）	12-100（6）	10-85（6）	10-100（6）
		C35	12-90（6）	12-100（6）	12-100（6）	10-90（6）
		C40	12-85（6）	12-90（6）	12-100（6）	10-85（6）
		C45	12-80（6）	12-85（6）	12-95（6）	10-80（6）
		C50	14-100（6）	12-85（6）	12-90（6）	12-100（6）
34	950	C30	10-80（7）	10-90（7）	10-95（7）	10-100（7）
		C35	12-100（7）	10-80（7）	10-90（7）	10-100（7）
		C40	12-100（7）	12-100（7）	10-80（7）	10-100（7）
		C45	12-95（7）	12-100（7）	12-100（7）	10-95（7）
		C50	12-90（7）	12-95（7）	12-100（7）	10-90（7）
35	1000	C30	12-80（5）	12-85（5）	12-95（5）	10-80（5）
		C35	14-100（5）	12-80（5）	12-85（5）	12-100（5）
		C40	14-90（5）	14-100（5）	12-80（5）	12-95（5）
		C45	14-85（5）	14-95（5）	14-100（5）	12-90（5）
		C50	14-80（5）	14-90（5）	14-95（5）	12-85（5）

序号	梁截面宽度 b（mm）	混凝土强度等级	抗震等级			非抗震
			特一级	一级	二级	
36	1000	C30	12-95（6）	12-100（6）	10-80（6）	10-95（6）
		C35	12-85（6）	12-95（6）	12-100（6）	10-90（6）
		C40	12-80（6）	12-85（6）	12-95（6）	10-80（6）
		C45	14-100（6）	12-80（6）	12-90（6）	12-100（6）
		C50	14-100（6）	12-80（6）	12-85（6）	12-100（6）
37	1000	C30	12-100（7）	10-85（7）	10-90（7）	10-100（7）
		C35	12-100（7）	12-100（7）	10-85（7）	10-100（7）
		C40	12-95（7）	12-100（7）	12-100（7）	10-95（7）
		C45	12-90（7）	12-95（7）	12-100（7）	10-90（7）
		C50	12-85（7）	12-90（7）	12-100（7）	10-85（7）
38	1050	C30	14-100（5）	12-80（5）	12-90（5）	12-100（5）
		C35	14-95（5）	14-100（5）	12-80（5）	12-100（5）
		C40	14-85（5）	14-95（5）	14-100（5）	12-90（5）
		C45	14-80（5）	14-90（5）	14-95（5）	12-85（5）
		C50	14-80（5）	14-85（5）	14-95（5）	12-85（5）
39	1050	C30	12-90（6）	12-100（6）	12-100（6）	10-90（6）
		C35	12-85（6）	12-90（6）	12-100（6）	10-85（6）
		C40	14-100（6）	12-85（6）	12-90（6）	12-100（6）
		C45	14-100（6）	12-80（6）	12-85（6）	12-100（6）
		C50	14-95（6）	14-100（6）	12-80（6）	12-100（6）
40	1050	C30	12-100（7）	10-80（7）	10-85（7）	10-100（7）
		C35	12-95（7）	12-100（7）	10-80（7）	10-100（7）
		C40	12-90（7）	12-95（7）	12-100（7）	10-90（7）
		C45	12-85（7）	12-90（7）	12-100（7）	10-85（7）
		C50	12-80（7）	12-85（7）	12-95（7）	10-80（7）
41	1100	C30	12-85（6）	12-95（6）	12-100（6）	10-85（6）
		C35	12-80（6）	12-85（6）	12-95（6）	10-80（6）
		C40	14-100（6）	12-80（6）	12-85（6）	12-100（6）
		C45	14-95（6）	14-100（6）	12-80（6）	12-100（6）
		C50	14-95（6）	14-95（6）	12-80（6）	12-95（6）
42	1100	C30	12-100（7）	12-100（7）	10-85（7）	10-100（7）
		C35	12-95（7）	12-100（7）	12-100（7）	10-95（7）
		C40	12-85（7）	12-90（7）	12-100（7）	10-85（7）
		C45	12-80（7）	12-85（7）	12-95（7）	10-80（7）
		C50	14-100（7）	12-85（7）	12-90（7）	12-100（7）

序号	梁截面宽度 b（mm）	混凝土强度等级	抗震等级			非抗震
			特一级	一级	二级	
43	1100	C30	10-80（8）	10-85（8）	10-95（8）	10-100（8）
		C35	12-100（8）	10-80（8）	10-85（8）	10-100（8）
		C40	12-95（8）	12-100（8）	10-80（8）	10-100（8）
		C45	12-90（8）	12-100（8）	12-100（8）	10-95（8）
		C50	12-90（8）	12-95（8）	12-100（8）	10-90（8）
44	1150	C30	12-85（6）	12-90（6）	12-100（6）	10-85（6）
		C35	14-100（6）	12-80（6）	12-90（6）	12-100（6）
		C40	14-95（6）	14-100（6）	12-80（6）	12-100（6）
		C45	14-90（6）	14-100（6）	12-80（6）	12-95（6）
		C50	14-85（6）	14-95（6）	14-100（6）	12-90（6）
45	1150	C30	12-95（7）	12-100（7）	10-80（7）	10-100（7）
		C35	12-90（7）	12-95（7）	12-100（7）	10-90（7）
		C40	12-80（7）	12-90（7）	12-95（7）	10-80（7）
		C45	14-100（7）	12-85（7）	12-90（7）	12-100（7）
		C50	14-100（7）	12-80（7）	12-85（7）	12-100（7）
46	1150	C30	12-100（8）	10-85（8）	10-90（8）	10-100（8）
		C35	12-100（8）	12-100（8）	10-85（8）	10-100（8）
		C40	12-95（8）	12-100（8）	12-100（8）	10-95（8）
		C45	12-90（8）	12-95（8）	12-100（8）	10-90（8）
		C50	12-85（8）	12-90（8）	12-100（8）	10-85（8）
47	1200	C30	12-80（6）	12-85（6）	12-95（6）	10-80（6）
		C35	14-100（6）	12-80（6）	12-85（6）	12-100（6）
		C40	14-90（6）	14-100（6）	12-80（6）	12-95（6）
		C45	14-85（6）	14-95（6）	14-100（6）	12-90（6）
		C50	14-80（6）	14-90（6）	14-95（6）	12-85（6）
48	1200	C30	12-95（7）	12-100（7）	12-100（7）	10-95（7）
		C35	12-85（7）	12-90（7）	12-100（7）	10-85（7）
		C40	12-80（7）	12-85（7）	12-90（7）	10-80（7）
		C45	14-100（7）	12-80（7）	12-85（7）	12-100（7）
		C50	14-95（7）	14-100（7）	12-85（7）	12-100（7）
49	1200	C30	12-100（8）	10-80（8）	10-85（8）	10-100（8）
		C35	12-95（8）	12-100（8）	10-80（8）	10-100（8）
		C40	12-90（8）	12-95（8）	12-100（8）	10-90（8）
		C45	12-85（8）	12-90（8）	12-100（8）	10-85（8）
		C50	12-80（8）	12-85（8）	12-95（8）	10-80（8）

用 335 级箍筋（$f_{yv} = 300\text{N/mm}^2$）时框支梁加密区的最小配箍量 表 10.7-3

序号	梁截面宽度 b（mm）	混凝土强度等级	抗震等级			非抗震
			特一级	一级	二级	
1	300	C30	12-100（2）	12-100（2）	10-95（2）	10-100（2）
		C35	12-100（2）	12-100（2）	10-90（2）	10-100（2）
		C40	12-100（2）	12-100（2）	10-80（2）	10-100（2）
		C45	12-95（2）	12-100（2）	12-100（2）	10-95（2）
		C50	12-90（2）	12-95（2）	12-100（2）	10-90（2）
2	300	C30	10-100（3）	10-100（3）	10-100（3）	10-100（3）
		C35	10-100（3）	10-100（3）	10-100（3）	10-100（3）
		C40	10-100（3）	10-100（3）	10-100（3）	10-100（3）
		C45	10-100（3）	10-100（3）	10-100（3）	10-100（3）
		C50	10-95（3）	10-100（3）	10-100（3）	10-100（3）
3	350	C30	10-100（3）	10-100（3）	10-100（3）	10-100（3）
		C35	10-95（3）	10-100（3）	10-100（3）	10-100（3）
		C40	10-90（3）	10-95（3）	10-100（3）	10-100（3）
		C45	10-85（3）	10-90（3）	10-100（3）	10-100（3）
		C50	10-80（3）	10-85（3）	10-95（3）	10-100（3）
4	350	C30	10-100（4）	10-100（4）	10-100（4）	10-100（4）
		C35	10-100（4）	10-100（4）	10-100（4）	10-100（4）
		C40	10-100（4）	10-100（4）	10-100（4）	10-100（4）
		C45	10-100（4）	10-100（4）	10-100（4）	10-100（4）
		C50	10-100（4）	10-100（4）	10-100（4）	10-100（4）
5	400	C30	12-100（3）	10-100（3）	10-100（3）	10-100（3）
		C35	12-100（3）	12-100（3）	10-100（3）	10-100（3）
		C40	12-100（3）	12-100（3）	12-100（3）	10-100（3）
		C45	12-100（3）	12-100（3）	12-100（3）	10-100（3）
		C50	12-100（3）	12-100（3）	12-100（3）	10-100（3）
6	400	C30	10-100（4）	10-100（4）	10-100（4）	10-100（4）
		C35	10-100（4）	10-100（4）	10-100（4）	10-100（4）
		C40	10-100（4）	10-100（4）	10-100（4）	10-100（4）
		C45	10-100（4）	10-100（4）	10-100（4）	10-100（4）
		C50	12-100（4）	10-100（4）	10-100（4）	10-100（4）
7	450	C30	12-100（3）	12-100（3）	10-100（3）	10-100（3）
		C35	12-100（3）	12-100（3）	10-100（3）	10-100（3）
		C40	12-100（3）	12-100（3）	12-100（3）	10-100（3）
		C45	12-100（3）	12-100（3）	12-100（3）	12-100（3）
		C50	14-100（3）	12-100（3）	12-100（3）	12-100（3）

序号	梁截面宽度 b（mm）	混凝土强度等级	抗震等级			非抗震
			特一级	一级	二级	
8	450	C30	10-100（4）	10-100（4）	10-100（4）	10-100（4）
		C35	10-100（4）	10-100（4）	10-100（4）	10-100（4）
		C40	12-100（4）	10-100（4）	10-100（4）	10-100（4）
		C45	12-100（4）	12-100（4）	10-100（4）	10-100（4）
		C50	12-100（4）	12-100（4）	10-100（4）	10-100（4）
9	500	C30	10-100（4）	10-100（4）	10-100（4）	10-100（4）
		C35	12-100（4）	12-100（4）	10-100（4）	10-100（4）
		C40	12-100（4）	12-100（4）	10-100（4）	10-100（4）
		C45	12-100（4）	12-100（4）	12-100（4）	10-100（4）
		C50	12-100（4）	12-100（4）	12-100（4）	10-100（4）
10	500	C30	10-100（5）	10-100（5）	10-100（5）	10-100（5）
		C35	10-100（5）	10-100（5）	10-100（5）	10-100（5）
		C40	10-100（5）	10-100（5）	10-100（5）	10-100（5）
		C45	10-100（5）	10-100（5）	10-100（5）	10-100（5）
		C50	12-100（5）	10-100（5）	10-100（5）	10-100（5）
11	550	C30	12-100（4）	12-100（4）	10-100（4）	10-100（4）
		C35	12-100（4）	12-100（4）	12-100（4）	10-100（4）
		C40	12-100（4）	12-100（4）	12-100（4）	10-100（4）
		C45	12-100（4）	12-100（4）	12-100（4）	10-100（4）
		C50	12-100（4）	12-100（4）	12-100（4）	10-100（4）
12	550	C30	10-100（5）	10-100（5）	10-100（5）	10-100（5）
		C35	10-100（5）	10-100（5）	10-100（5）	10-100（5）
		C40	12-100（5）	10-100（5）	10-100（5）	10-100（5）
		C45	12-100（5）	12-100（5）	10-100（5）	10-100（5）
		C50	12-100（5）	12-100（5）	10-100（5）	10-100（5）
13	600	C30	12-100（4）	12-100（4）	12-100（4）	10-100（4）
		C35	12-100（4）	12-100（4）	12-100（4）	10-100（4）
		C40	12-100（4）	12-100（4）	12-100（4）	10-100（4）
		C45	14-100（4）	12-100（4）	12-100（4）	12-100（4）
		C50	14-100（4）	14-100（4）	12-100（4）	12-100（4）
14	600	C30	10-100（5）	10-100（5）	10-100（5）	10-100（5）
		C35	12-100（5）	10-100（5）	10-100（5）	10-100（5）
		C40	12-100（5）	12-100（5）	10-100（5）	10-100（5）
		C45	12-100（5）	12-100（5）	12-100（5）	10-100（5）
		C50	12-100（5）	12-100（5）	12-100（5）	10-100（5）

序号	梁截面宽度 b（mm）	混凝土强度等级	抗震等级			非抗震
			特一级	一级	二级	
15	600	C30	10-100（6）	10-100（6）	10-100（6）	10-100（6）
		C35	10-100（6）	10-100（6）	10-100（6）	10-100（6）
		C40	10-100（6）	10-100（6）	10-100（6）	10-100（6）
		C45	10-100（6）	10-100（6）	10-100（6）	10-100（6）
		C50	12-100（6）	10-100（6）	10-100（6）	10-100（6）
16	650	C30	12-100（4）	12-100（4）	12-100（4）	10-100（4）
		C35	12-100（4）	12-100（4）	12-100（4）	10-100（4）
		C40	14-100（4）	12-100（4）	12-100（4）	12-100（4）
		C45	14-100（4）	14-100（4）	12-100（4）	12-100（4）
		C50	14-100（4）	14-100（4）	12-100（4）	12-100（4）
17	650	C30	12-100（5）	10-100（5）	10-100（5）	10-100（5）
		C35	12-100（5）	12-100（5）	10-100（5）	10-100（5）
		C40	12-100（5）	12-100（5）	12-100（5）	10-100（5）
		C45	12-100（5）	12-100（5）	12-100（5）	10-100（5）
		C50	12-100（5）	12-100（5）	12-100（5）	10-100（5）
18	650	C30	10-100（6）	10-100（6）	10-100（6）	10-100（6）
		C35	10-100（6）	10-100（6）	10-100（6）	10-100（6）
		C40	12-100（6）	10-100（6）	10-100（6）	10-100（6）
		C45	12-100（6）	10-100（6）	10-100（6）	10-100（6）
		C50	12-100（6）	12-100（6）	10-100（6）	10-100（6）
19	700	C30	12-100（4）	12-100（4）	12-100（4）	10-100（4）
		C35	12-90（4）	12-100（4）	12-100（4）	12-100（4）
		C40	12-85（4）	12-90（4）	12-100（4）	12-100（4）
		C45	12-80（4）	12-85（4）	14-100（4）	12-100（4）
		C50	14-100（4）	12-85（4）	14-100（4）	12-100（4）
20	700	C30	12-100（5）	12-100（5）	10-100（5）	10-100（5）
		C35	12-100（5）	12-100（5）	12-100（5）	10-100（5）
		C40	12-100（5）	12-100（5）	12-100（5）	10-100（5）
		C45	12-100（5）	12-100（5）	12-100（5）	10-100（5）
		C50	14-100（5）	12-100（5）	12-100（5）	12-100（5）
21	700	C30	10-100（6）	10-100（6）	10-100（6）	10-100（6）
		C35	12-100（6）	10-100（6）	10-100（6）	10-100（6）
		C40	12-100（6）	12-100（6）	10-100（6）	10-100（6）
		C45	12-100（6）	12-100（6）	10-100（6）	10-100（6）
		C50	12-100（6）	12-100（6）	12-100（6）	10-100（6）

序号	梁截面宽度 b（mm）	混凝土强度等级	抗震等级			非抗震
			特一级	一级	二级	
22	750	C30	12-95（4）	12-100（4）	12-100（4）	12-100（4）
		C35	12-85（4）	12-95（4）	12-100（4）	12-100（4）
		C40	12-80（4）	12-85（4）	14-100（4）	12-100（4）
		C45	14-100（4）	12-80（4）	14-100（4）	12-100（4）
		C50	14-100（4）	14-100（4）	14-100（4）	12-100（4）
23	750	C30	12-100（5）	12-100（5）	12-100（5）	10-100（5）
		C35	12-100（5）	12-100（5）	12-100（5）	10-100（5）
		C40	12-100（5）	12-100（5）	12-100（5）	10-100（5）
		C45	14-100（5）	12-100（5）	12-100（5）	12-100（5）
		C50	14-100（5）	14-100（5）	12-100（5）	12-100（5）
24	750	C30	10-100（6）	10-100（6）	10-100（6）	10-100（6）
		C35	12-100（6）	10-100（6）	10-100（6）	10-100（6）
		C40	12-100（6）	12-100（6）	10-100（6）	10-100（6）
		C45	12-100（6）	12-100（6）	12-100（6）	10-100（6）
		C50	12-100（6）	12-100（6）	12-100（6）	10-100（6）
25	800	C30	12-100（5）	12-100（5）	12-100（5）	10-100（5）
		C35	12-100（5）	12-100（5）	12-100（5）	10-100（5）
		C40	14-100（5）	12-100（5）	12-100（5）	12-100（5）
		C45	14-100（5）	14-100（5）	12-100（5）	12-100（5）
		C50	14-100（5）	14-100（5）	12-100（5）	12-100（5）
26	800	C30	12-100（6）	10-100（6）	10-100（6）	10-100（6）
		C35	12-100（6）	12-100（6）	10-100（6）	10-100（6）
		C40	12-100（6）	12-100（6）	12-100（6）	10-100（6）
		C45	12-100（6）	12-100（6）	12-100（6）	10-100（6）
		C50	12-100（6）	12-100（6）	12-100（6）	10-100（6）
27	850	C30	12-100（5）	12-100（5）	12-100（5）	10-100（5）
		C35	14-100（5）	12-100（5）	12-100（5）	12-100（5）
		C40	14-100（5）	14-100（5）	12-100（5）	12-100（5）
		C45	14-100（5）	14-100（5）	12-100（5）	12-100（5）
		C50	14-100（5）	14-100（5）	14-100（5）	12-100（5）
28	850	C30	12-100（6）	12-100（6）	10-100（6）	10-100（6）
		C35	12-100（6）	12-100（6）	12-100（6）	10-100（6）
		C40	12-100（6）	12-100（6）	12-100（6）	10-100（6）
		C45	12-100（6）	12-100（6）	12-100（6）	10-100（6）
		C50	14-100（6）	12-100（6）	12-100（6）	12-100（6）

序号	梁截面宽度 b（mm）	混凝土强度等级	抗震等级			非抗震
			特一级	一级	二级	
29	900	C30	12-100（6）	12-100（6）	12-100（6）	10-100（6）
		C35	12-100（6）	12-100（6）	12-100（6）	10-100（6）
		C40	12-100（6）	12-100（6）	12-100（6）	10-100（6）
		C45	14-100（6）	12-100（6）	12-100（6）	12-100（6）
		C50	14-100（6）	14-100（6）	12-100（6）	12-100（6）
30	900	C30	12-100（7）	10-100（7）	10-100（7）	10-100（7）
		C35	12-100（7）	12-100（7）	10-100（7）	10-100（7）
		C40	12-100（7）	12-100（7）	12-100（7）	10-100（7）
		C45	12-100（7）	12-100（7）	12-100（7）	10-100（7）
		C50	12-100（7）	12-100（7）	12-100（7）	10-100（7）
31	900	C30	10-100（8）	10-100（8）	10-100（8）	10-100（8）
		C35	12-100（8）	10-100（8）	10-100（8）	10-100（8）
		C40	12-100（8）	12-100（8）	10-100（8）	10-100（8）
		C45	12-100（8）	12-100（8）	10-100（8）	10-100（8）
		C50	12-100（8）	12-100（8）	12-100（8）	10-100（8）
32	950	C30	12-100（6）	12-100（6）	12-100（6）	10-100（6）
		C35	12-100（6）	12-100（6）	12-100（6）	10-100（6）
		C40	14-100（6）	12-100（6）	12-100（6）	12-100（6）
		C45	14-100（6）	14-100（6）	12-100（6）	12-100（6）
		C50	14-100（6）	14-100（6）	12-100（6）	12-100（6）
33	950	C30	12-100（7）	12-100（7）	10-100（7）	10-100（7）
		C35	12-100（7）	12-100（7）	12-100（7）	10-100（7）
		C40	12-100（7）	12-100（7）	12-100（7）	10-100（7）
		C45	14-100（7）	12-100（7）	12-100（7）	10-100（7）
		C50	14-100（7）	12-100（7）	12-100（7）	12-100（7）
34	950	C30	10-100（8）	10-100（8）	10-100（8）	10-100（8）
		C35	12-100（8）	10-100（8）	10-100（8）	10-100（8）
		C40	12-100（8）	12-100（8）	10-100（8）	10-100（8）
		C45	12-100（8）	12-100（8）	10-100（8）	10-100（8）
		C50	12-100（8）	12-100（8）	12-100（8）	10-100（8）
35	1000	C30	12-100（6）	12-100（6）	12-100（6）	10-100（6）
		C35	14-100（6）	12-100（6）	12-100（6）	10-100（6）
		C40	14-100（6）	14-100（6）	12-100（6）	12-100（6）
		C45	14-100（6）	14-100（6）	12-100（6）	12-100（6）
		C50	14-100（6）	14-100（6）	14-100（6）	12-100（6）

序号	梁截面宽度 b（mm）	混凝土强度等级	抗震等级			非抗震
			特一级	一级	二级	
36	1000	C30	12-100（7）	12-100（7）	10-100（7）	10-100（7）
		C35	12-100（7）	12-100（7）	12-100（7）	10-100（7）
		C40	12-100（7）	12-100（7）	12-100（7）	10-100（7）
		C45	14-100（7）	12-100（7）	12-100（7）	10-100（7）
		C50	14-100（7）	12-100（7）	12-100（7）	12-100（7）
37	1000	C30	10-100（8）	10-100（8）	10-100（8）	10-100（8）
		C35	12-100（8）	10-100（8）	10-100（8）	10-100（8）
		C40	12-100（8）	12-100（8）	10-100（8）	10-100（8）
		C45	12-100（8）	12-100（8）	12-100（8）	10-100（8）
		C50	12-100（8）	12-100（8）	12-100（8）	10-100（8）
38	1050	C30	12-100（6）	12-100（6）	12-100（6）	10-100（6）
		C35	14-100（6）	12-100（6）	12-100（6）	12-100（6）
		C40	14-100（6）	14-100（6）	12-100（6）	12-100（6）
		C45	14-100（6）	14-100（6）	14-100（6）	12-100（6）
		C50	14-100（6）	14-100（6）	14-100（6）	12-100（6）
39	1050	C30	12-100（7）	12-100（7）	12-100（7）	10-100（7）
		C35	12-100（7）	12-100（7）	12-100（7）	10-100（7）
		C40	12-100（7）	12-100（7）	12-100（7）	10-100（7）
		C45	14-100（7）	12-100（7）	12-100（7）	12-100（7）
		C50	14-100（7）	14-100（7）	12-100（7）	12-100（7）
40	1050	C30	12-100（8）	10-100（8）	10-100（8）	10-100（8）
		C35	12-100（8）	12-100（8）	10-100（8）	10-100（8）
		C40	12-100（8）	12-100（8）	12-100（8）	10-100（8）
		C45	12-100（8）	12-100（8）	12-100（8）	10-100（8）
		C50	12-100（8）	12-100（8）	12-100（8）	10-100（8）
41	1100	C30	12-95（6）	12-100（6）	12-100（6）	12-100（6）
		C35	12-90（6）	12-95（6）	12-100（6）	12-100（6）
		C40	12-80（6）	12-90（6）	14-100（6）	12-100（6）
		C45	14-100（6）	12-85（6）	14-100（6）	12-100（6）
		C50	14-100（6）	12-80（6）	14-100（6）	12-100（6）
42	1100	C30	12-100（7）	12-100（7）	12-100（7）	10-100（7）
		C35	12-100（7）	12-100（7）	12-100（7）	10-100（7）
		C40	14-100（7）	12-100（7）	12-100（7）	12-100（7）
		C45	14-100（7）	14-100（7）	12-100（7）	12-100（7）
		C50	14-100（7）	14-100（7）	12-100（7）	12-100（7）

序号	梁截面宽度 b（mm）	混凝土强度等级	抗震等级			非抗震
			特一级	一级	二级	
43	1100	C30	12-100（8）	12-100（8）	10-100（8）	10-100（8）
		C35	12-100（8）	12-100（8）	12-100（8）	10-100（8）
		C40	12-100（8）	12-100（8）	12-100（8）	10-100（8）
		C45	12-100（8）	12-100（8）	12-100（8）	10-100（8）
		C50	12-100（8）	12-100（8）	12-100（8）	10-100（8）
44	1150	C30	12-95（6）	12-100（6）	12-100（6）	10-95（6）
		C35	12-85（6）	12-90（6）	12-100（6）	10-85（6）
		C40	14-100（6）	12-85（6）	12-90（6）	12-100（6）
		C45	14-100（6）	12-80（6）	12-85（6）	12-100（6）
		C50	14-95（6）	14-100（6）	12-85（6）	12-100（6）
45	1150	C30	12-100（7）	12-100（7）	12-100（7）	10-100（7）
		C35	12-100（7）	12-100（7）	12-100（7）	10-100（7）
		C40	14-100（7）	12-100（7）	12-100（7）	12-100（7）
		C45	14-100（7）	14-100（7）	12-100（7）	12-100（7）
		C50	14-100（7）	14-100（7）	14-100（7）	12-100（7）
46	1150	C30	12-100（8）	12-100（8）	10-100（8）	10-100（8）
		C35	12-100（8）	12-100（8）	12-100（8）	10-100（8）
		C40	12-100（8）	12-100（8）	12-100（8）	10-100（8）
		C45	12-100（8）	12-100（8）	12-100（8）	10-100（8）
		C50	14-100（8）	12-100（8）	12-100（8）	12-100（8）
47	1200	C30	12-90（6）	12-95（6）	12-100（6）	10-90（6）
		C35	12-80（6）	12-90（6）	12-95（6）	10-80（6）
		C40	14-100（6）	12-80（6）	12-90（6）	12-100（6）
		C45	14-95（6）	14-100（6）	12-85（6）	12-100（6）
		C50	14-90（6）	14-100（6）	12-80（6）	12-95（6）
48	1200	C30	12-100（7）	12-100（7）	12-100（7）	10-100（7）
		C35	14-100（7）	12-100（7）	12-100（7）	12-100（7）
		C40	14-100（7）	14-100（7）	12-100（7）	12-100（7）
		C45	14-100（7）	14-100（7）	14-100（7）	12-100（7）
		C50	14-100（7）	14-100（7）	14-100（7）	12-100（7）
49	1200	C30	12-100（8）	12-100（8）	12-100（8）	10-100（8）
		C35	12-100（8）	12-100（8）	12-100（8）	10-100（8）
		C40	12-100（8）	12-100（8）	12-100（8）	10-100（8）
		C45	14-100（8）	12-100（8）	12-100（8）	12-100（8）
		C50	14-100（8）	14-100（8）	12-100（8）	12-100（8）

用 400 级箍筋（$f_{yv} = 360\text{N/mm}^2$）时框支梁加密区的最小配箍量　　　　表 10.7-4

序号	梁截面宽度 b（mm）	混凝土强度等级	抗震等级			非抗震
			特一级	一级	二级	
1	300	C30	12-100（2）	12-100（2）	10-100（2）	10-100（2）
		C35	12-100（2）	12-100（2）	10-100（2）	10-100（2）
		C40	12-100（2）	12-100（2）	10-100（2）	10-100（2）
		C45	12-100（2）	12-100（2）	10-95（2）	10-100（2）
		C50	12-100（2）	12-100（2）	10-90（2）	10-100（2）
2	300	C30	10-100（3）	10-100（3）	10-100（3）	10-100（3）
		C35	10-100（3）	10-100（3）	10-100（3）	10-100（3）
		C40	10-100（3）	10-100（3）	10-100（3）	10-100（3）
		C45	10-100（3）	10-100（3）	10-100（3）	10-100（3）
		C50	10-100（3）	10-100（3）	10-100（3）	10-100（3）
3	350	C30	10-100（3）	10-100（3）	10-100（3）	10-100（3）
		C35	10-100（3）	10-100（3）	10-100（3）	10-100（3）
		C40	10-100（3）	10-100（3）	10-100（3）	10-100（3）
		C45	10-100（3）	10-100（3）	10-100（3）	10-100（3）
		C50	10-95（3）	10-100（3）	10-100（3）	10-100（3）
4	350	C30	10-100（4）	10-100（4）	10-100（4）	10-100（4）
		C35	10-100（4）	10-100（4）	10-100（4）	10-100（4）
		C40	10-100（4）	10-100（4）	10-100（4）	10-100（4）
		C45	10-100（4）	10-100（4）	10-100（4）	10-100（4）
		C50	10-100（4）	10-100（4）	10-100（4）	10-100（4）
		C55	10-100（4）	10-100（4）	10-100（4）	10-100（4）
		C60	10-100（4）	10-100（4）	10-100（4）	10-100（4）
5	400	C30	10-100（3）	10-100（3）	10-100（3）	10-100（3）
		C35	10-100（3）	10-100（3）	10-100（3）	10-100（3）
		C40	12-100（3）	10-100（3）	10-100（3）	10-100（3）
		C45	12-100（3）	12-100（3）	10-100（3）	10-100（3）
		C50	12-100（3）	12-100（3）	10-100（3）	10-100（3）
6	400	C30	10-100（4）	10-100（4）	10-100（4）	10-100（4）
		C35	10-100（4）	10-100（4）	10-100（4）	10-100（4）
		C40	10-100（4）	10-100（4）	10-100（4）	10-100（4）
		C45	10-100（4）	10-100（4）	10-100（4）	10-100（4）
		C50	10-100（4）	10-100（4）	10-100（4）	10-100（4）
7	450	C30	10-100（3）	10-100（3）	10-100（3）	10-100（3）
		C35	12-100（3）	10-100（3）	10-100（3）	10-100（3）
		C40	12-100（3）	12-100（3）	10-100（3）	10-100（3）
		C45	12-100（3）	12-100（3）	12-100（3）	10-100（3）
		C50	12-100（3）	12-100（3）	12-100（3）	10-100（3）

序号	梁截面宽度 b（mm）	混凝土强度等级	抗震等级			非抗震
			特一级	一级	二级	
8	450	C30	10-100（4）	10-100（4）	10-100（4）	10-100（4）
		C35	10-100（4）	10-100（4）	10-100（4）	10-100（4）
		C40	10-100（4）	10-100（4）	10-100（4）	10-100（4）
		C45	10-100（4）	10-100（4）	10-100（4）	10-100（4）
		C50	10-100（4）	10-100（4）	10-100（4）	10-100（4）
9	500	C30	12-100（3）	12-100（3）	10-100（3）	10-100（3）
		C35	12-100（3）	12-100（3）	10-95（3）	10-100（3）
		C40	12-100（3）	12-100（3）	10-90（3）	10-100（3）
		C45	12-100（3）	12-100（3）	10-85（3）	10-100（3）
		C50	12-95（3）	12-100（3）	10-80（3）	10-95（3）
10	500	C30	10-100（4）	10-100（4）	10-100（4）	10-100（4）
		C35	10-100（4）	10-100（4）	10-100（4）	10-100（4）
		C40	10-100（4）	10-100（4）	10-100（4）	10-100（4）
		C45	12-100（4）	10-100（4）	10-100（4）	10-100（4）
		C50	12-100（4）	12-100（4）	10-100（4）	10-100（4）
11	550	C30	10-100（4）	10-100（4）	10-100（4）	10-100（4）
		C35	10-100（4）	10-100（4）	10-100（4）	10-100（4）
		C40	12-100（4）	10-100（4）	10-100（4）	10-100（4）
		C45	12-100（4）	12-100（4）	10-100（4）	10-100（4）
		C50	12-100（4）	12-100（4）	12-100（4）	10-100（4）
12	550	C30	10-100（5）	10-100（5）	10-100（5）	10-100（5）
		C35	10-100（5）	10-100（5）	10-100（5）	10-100（5）
		C40	10-100（5）	10-100（5）	10-100（5）	10-100（5）
		C45	10-100（5）	10-100（5）	10-100（5）	10-100（5）
		C50	10-100（5）	10-100（5）	10-100（5）	10-100（5）
13	600	C30	10-100（4）	10-100（4）	10-100（4）	10-100（4）
		C35	12-100（4）	10-100（4）	10-100（4）	10-100（4）
		C40	12-100（4）	12-100（4）	10-100（4）	10-100（4）
		C45	12-100（4）	12-100（4）	12-100（4）	10-100（4）
		C50	12-100（4）	12-100（4）	12-100（4）	10-100（4）
14	600	C30	10-100（5）	10-100（5）	10-100（5）	10-100（5）
		C35	12-100（5）	10-100（5）	10-100（5）	10-100（5）
		C40	12-100（5）	10-100（5）	10-100（5）	10-100（5）
		C45	12-100（5）	10-100（5）	10-100（5）	10-100（5）
		C50	12-100（5）	10-100（5）	10-100（5）	10-100（5）

序号	梁截面宽度 b（mm）	混凝土强度等级	抗震等级			非抗震
			特一级	一级	二级	
15	600	C30	10-100（6）	10-100（6）	10-100（6）	10-100（6）
		C35	10-100（6）	10-100（6）	10-100（6）	10-100（6）
		C40	10-100（6）	10-100（6）	10-100（6）	10-100（6）
		C45	10-100（6）	10-100（6）	10-100（6）	10-100（6）
		C50	10-100（6）	10-100（6）	10-100（6）	10-100（6）
16	650	C30	12-100（4）	10-100（4）	10-100（4）	10-100（4）
		C35	12-100（4）	12-100（4）	10-100（4）	10-100（4）
		C40	12-100（4）	12-100（4）	12-100（4）	10-100（4）
		C45	12-100（4）	12-100（4）	12-100（4）	10-100（4）
		C50	12-100（4）	12-100（4）	12-100（4）	10-100（4）
17	650	C30	10-100（5）	10-100（5）	10-100（5）	10-100（5）
		C35	10-100（5）	10-100（5）	10-100（5）	10-100（5）
		C40	12-100（5）	10-100（5）	10-100（5）	10-100（5）
		C45	12-100（5）	10-100（5）	10-100（5）	10-100（5）
		C50	12-100（5）	12-100（5）	10-100（5）	10-100（5）
18	650	C30	10-100（6）	10-100（6）	10-100（6）	10-100（6）
		C35	10-100（6）	10-100（6）	10-100（6）	10-100（6）
		C40	12-100（6）	10-100（6）	10-100（6）	10-100（6）
		C45	12-100（6）	10-100（6）	10-100（6）	10-100（6）
		C50	12-100（6）	10-100（6）	10-100（6）	10-100（6）
19	700	C30	12-100（4）	12-100（4）	10-100（4）	10-100（4）
		C35	12-100（4）	12-100（4）	12-100（4）	10-100（4）
		C40	12-100（4）	12-100（4）	12-100（4）	10-100（4）
		C45	12-95（4）	12-100（4）	12-100（4）	12-100（4）
		C50	12-90（4）	12-100（4）	12-100（4）	12-100（4）
20	700	C30	10-100（5）	10-100（5）	10-100（5）	10-100（5）
		C35	12-100（5）	10-100（5）	10-100（5）	10-100（5）
		C40	12-100（5）	12-100（5）	10-100（5）	10-100（5）
		C45	12-100（5）	12-100（5）	10-100（5）	10-100（5）
		C50	12-100（5）	12-100（5）	12-100（5）	10-100（5）
21	700	C30	10-100（6）	10-100（6）	10-100（6）	10-100（6）
		C35	10-100（6）	10-100（6）	10-100（6）	10-100（6）
		C40	10-100（6）	10-100（6）	10-100（6）	10-100（6）
		C45	10-100（6）	10-100（6）	10-100（6）	10-100（6）
		C50	12-100（6）	10-100（6）	10-100（6）	10-100（6）

序号	梁截面宽度 b（mm）	混凝土强度等级	抗震等级			非抗震
			特一级	一级	二级	
22	750	C30	12-100（4）	12-100（4）	12-100（4）	10-100（4）
		C35	12-100（4）	12-100（4）	12-100（4）	10-100（4）
		C40	12-95（4）	12-100（4）	12-100（4）	12-100（4）
		C45	12-90（4）	12-100（4）	12-100（4）	12-100（4）
		C50	12-85（4）	12-95（4）	12-100（4）	12-100（4）
23	750	C30	10-100（5）	10-100（5）	10-100（5）	10-100（5）
		C35	12-100（5）	10-100（5）	10-100（5）	10-100（5）
		C40	12-100（5）	12-100（5）	10-100（5）	10-100（5）
		C45	12-100（5）	12-100（5）	12-100（5）	10-100（5）
		C50	12-100（5）	12-100（5）	12-100（5）	10-100（5）
24	750	C30	10-100（6）	10-100（6）	10-100（6）	10-100（6）
		C35	10-100（6）	10-100（6）	10-100（6）	10-100（6）
		C40	10-100（6）	10-100（6）	10-100（6）	10-100（6）
		C45	12-100（6）	10-100（6）	10-100（6）	10-100（6）
		C50	12-100（6）	12-100（6）	10-100（6）	10-100（6）
25	800	C30	12-100（5）	10-100（5）	10-100（5）	10-100（5）
		C35	12-100（5）	12-100（5）	10-100（5）	10-100（5）
		C40	12-100（5）	12-100（5）	12-100（5）	10-100（5）
		C45	12-100（5）	12-100（5）	12-100（5）	10-100（5）
		C50	12-100（5）	12-100（5）	12-100（5）	10-100（5）
26	800	C30	10-100（6）	10-100（6）	10-100（6）	10-100（6）
		C35	10-100（6）	10-100（6）	10-100（6）	10-100（6）
		C40	12-100（6）	10-100（6）	10-100（6）	10-100（6）
		C45	12-100（6）	12-100（6）	10-100（6）	10-100（6）
		C50	12-100（6）	12-100（6）	10-100（6）	10-100（6）
27	850	C30	12-100（5）	12-100（5）	10-100（5）	10-100（5）
		C35	12-100（5）	12-100（5）	12-100（5）	10-100（5）
		C40	12-100（5）	12-100（5）	12-100（5）	10-100（5）
		C45	12-100（5）	12-100（5）	12-100（5）	10-100（5）
		C50	14-100（5）	12-100（5）	12-100（5）	12-100（5）
28	850	C30	10-100（6）	10-100（6）	10-100（6）	10-100（6）
		C35	12-100（6）	10-100（6）	10-100（6）	10-100（6）
		C40	12-100（6）	12-100（6）	10-100（6）	10-100（6）
		C45	12-100（6）	12-100（6）	10-100（6）	10-100（6）
		C50	12-100（6）	12-100（6）	12-100（6）	10-100（6）

序号	梁截面宽度 b（mm）	混凝土强度等级	抗震等级			非抗震
			特一级	一级	二级	
29	900	C30	12-100（5）	12-100（5）	10-95（5）	10-100（5）
		C35	12-100（5）	12-100（5）	10-90（5）	10-100（5）
		C40	12-100（5）	12-100（5）	10-80（5）	10-100（5）
		C45	12-95（5）	12-100（5）	12-100（5）	10-95（5）
		C50	12-90（5）	12-95（5）	12-100（5）	10-90（5）
30	900	C30	10-100（6）	10-100（6）	10-100（6）	10-100（6）
		C35	12-100（6）	10-100（6）	10-100（6）	10-100（6）
		C40	12-100（6）	12-100（6）	10-100（6）	10-100（6）
		C45	12-100（6）	12-100（6）	12-100（6）	10-100（6）
		C50	12-100（6）	12-100（6）	12-100（6）	10-100（6）
31	900	C30	10-100（7）	10-100（7）	10-100（7）	10-100（7）
		C35	10-100（7）	10-100（7）	10-100（7）	10-100（7）
		C40	12-100（7）	10-100（7）	10-100（7）	10-100（7）
		C45	12-100（7）	10-100（7）	10-100（7）	10-100（7）
		C50	12-100（7）	12-100（7）	10-100（7）	10-100（7）
32	950	C30	12-100（5）	12-100（5）	10-90（5）	10-100（5）
		C35	12-100（5）	12-100（5）	10-85（5）	10-100（5）
		C40	12-95（5）	12-100（5）	12-100（5）	10-95（5）
		C45	12-90（5）	12-95（5）	12-100（5）	10-90（5）
		C50	12-85（5）	12-90（5）	12-100（5）	10-85（5）
33	950	C30	12-100（6）	10-100（6）	10-100（6）	10-100（6）
		C35	12-100（6）	12-100（6）	10-100（6）	10-100（6）
		C40	12-100（6）	12-100（6）	12-100（6）	10-100（6）
		C45	12-100（6）	12-100（6）	12-100（6）	10-100（6）
		C50	12-100（6）	12-100（6）	12-100（6）	10-100（6）
34	950	C30	10-100（7）	10-100（7）	10-100（7）	10-100（7）
		C35	10-100（7）	10-100（7）	10-100（7）	10-100（7）
		C40	12-100（7）	10-100（7）	10-100（7）	10-100（7）
		C45	12-100（7）	12-100（7）	10-100（7）	10-100（7）
		C50	12-100（7）	12-100（7）	10-100（7）	10-100（7）
35	1000	C30	12-100（5）	12-100（5）	10-85（5）	10-100（5）
		C35	12-95（5）	12-100（5）	10-80（5）	10-100（5）
		C40	12-90（5）	12-95（5）	12-100（5）	10-90（5）
		C45	12-85（5）	12-90（5）	12-100（5）	10-85（5）
		C50	12-80（5）	12-85（5）	12-95（5）	10-80（5）

序号	梁截面宽度 b（mm）	混凝土强度等级	抗震等级			非抗震
			特一级	一级	二级	
36	1000	C30	12-100（6）	12-100（6）	10-100（6）	10-100（6）
		C35	12-100（6）	12-100（6）	12-100（6）	10-100（6）
		C40	12-100（6）	12-100（6）	12-100（6）	10-100（6）
		C45	12-100（6）	12-100（6）	12-100（6）	10-100（6）
		C50	14-100（6）	12-100（6）	12-100（6）	12-100（6）
37	1000	C30	10-100（7）	10-100（7）	10-100（7）	10-100（7）
		C35	12-100（7）	10-100（7）	10-100（7）	10-100（7）
		C40	12-100（7）	12-100（7）	10-100（7）	10-100（7）
		C45	12-100（7）	12-100（7）	12-100（7）	10-100（7）
		C50	12-100（7）	12-100（7）	12-100（7）	10-100（7）
38	1050	C30	12-100（6）	12-100（6）	10-100（6）	10-100（6）
		C35	12-100（6）	12-100（6）	12-100（6）	10-100（6）
		C40	12-100（6）	12-100（6）	12-100（6）	10-100（6）
		C45	14-100（6）	12-100（6）	12-100（6）	12-100（6）
		C50	14-100（6）	12-100（6）	12-100（6）	12-100（6）
39	1050	C30	10-100（7）	10-100（7）	10-100（7）	10-100（7）
		C35	12-100（7）	10-100（7）	10-100（7）	10-100（7）
		C40	12-100（7）	12-100（7）	10-100（7）	10-100（7）
		C45	12-100（7）	12-100（7）	12-100（7）	10-100（7）
		C50	12-100（7）	12-100（7）	12-100（7）	10-100（7）
40	1050	C30	10-100（8）	10-100（8）	10-100（8）	10-100（8）
		C35	10-100（8）	10-100（8）	10-100（8）	10-100（8）
		C40	12-100（8）	10-100（8）	10-100（8）	10-100（8）
		C45	12-100（8）	12-100（8）	10-100（8）	10-100（8）
		C50	12-100（8）	12-100（8）	10-100（8）	10-100（8）
41	1100	C30	12-100（6）	12-100（6）	12-100（6）	10-100（6）
		C35	12-100（6）	12-100（6）	12-100（6）	10-100（6）
		C40	12-95（6）	12-100（6）	12-100（6）	10-100（6）
		C45	12-90（6）	12-100（6）	12-100（6）	12-100（6）
		C50	12-90（6）	12-95（6）	12-100（6）	12-100（6）
42	1100	C30	12-100（7）	10-100（7）	10-100（7）	10-100（7）
		C35	12-100（7）	12-100（7）	10-100（7）	10-100（7）
		C40	12-100（7）	12-100（7）	12-100（7）	10-100（7）
		C45	12-100（7）	12-100（7）	12-100（7）	10-100（7）
		C50	12-100（7）	12-100（7）	12-100（7）	10-100（7）

序号	梁截面宽度 b（mm）	混凝土强度等级	抗震等级			非抗震
			特一级	一级	二级	
43	1100	C30	10-100（8）	10-100（8）	10-100（8）	10-100（8）
		C35	10-100（8）	10-100（8）	10-100（8）	10-100（8）
		C40	12-100（8）	10-100（8）	10-100（8）	10-100（8）
		C45	12-100（8）	12-100（8）	10-100（8）	10-100（8）
		C50	12-100（8）	12-100（8）	12-100（8）	10-100（8）
44	1150	C30	12-100（6）	12-100（6）	10-90（6）	10-100（6）
		C35	12-100（6）	12-100（6）	10-85（6）	10-100（6）
		C40	12-100（6）	12-100（6）	12-100（6）	10-95（6）
		C45	12-90（6）	12-95（6）	12-100（6）	10-90（6）
		C50	12-85（6）	12-90（6）	12-100（6）	10-85（6）
45	1150	C30	12-100（7）	10-100（7）	10-100（7）	10-100（7）
		C35	12-100（7）	12-100（7）	12-100（7）	10-100（7）
		C40	12-100（7）	12-100（7）	12-100（7）	10-100（7）
		C45	12-100（7）	12-100（7）	12-100（7）	10-100（7）
		C50	12-100（7）	12-100（7）	12-100（7）	10-100（7）
46	1150	C30	10-100（8）	10-100（8）	10-100（8）	10-100（8）
		C35	12-100（8）	10-100（8）	10-100（8）	10-100（8）
		C40	12-100（8）	12-100（8）	10-100（8）	10-100（8）
		C45	12-100（8）	12-100（8）	12-100（8）	10-100（8）
		C50	12-100（8）	12-100（8）	12-100（8）	10-100（8）
47	1200	C30	12-100（6）	12-100（6）	10-85（6）	10-100（6）
		C35	12-95（6）	12-100（6）	10-80（6）	10-100（6）
		C40	12-90（6）	12-95（6）	12-100（6）	10-90（6）
		C45	12-85（6）	12-90（6）	12-100（6）	10-85（6）
		C50	12-80（6）	12-85（6）	12-95（6）	10-80（6）
48	1200	C30	12-100（7）	12-100（7）	10-100（7）	10-100（7）
		C35	12-100（7）	12-100（7）	12-100（7）	10-100（7）
		C40	12-100（7）	12-100（7）	12-100（7）	10-100（7）
		C45	12-100（7）	12-100（7）	12-100（7）	10-100（7）
		C50	14-100（7）	12-100（7）	12-100（7）	12-100（7）
49	1200	C30	10-100（8）	10-100（8）	10-100（8）	10-100（8）
		C35	12-100（8）	10-100（8）	10-100（8）	10-100（8）
		C40	12-100（8）	12-100（8）	10-100（8）	10-100（8）
		C45	12-100（8）	12-100（8）	12-100（8）	10-100（8）
		C50	12-100（8）	12-100（8）	12-100（8）	10-100（8）

十一、梁的附加横向钢筋

（一）梁附加横向钢筋表编制说明

1. 《混凝土结构设计规范》GB 50010—2010 第 9.2.11 条规定：位于梁下部或梁截面高度范围内的集中荷载，应全部由附加横向钢筋承担；附加横向钢筋宜采用箍筋。箍筋应布置在长度为 $2h_1$ 与 $3b$ 之和的范围内（图 11.1）。当采用吊筋时，弯起段应伸至梁的上边缘，且末端水平段长度不应小于本规范第 9.2.7 条的规定（即在受拉区不应小于 $20d$，在受压区不应小于 $10d$，d 为弯起钢筋的直径——笔者注）。

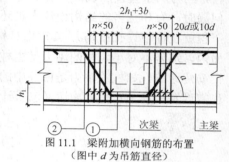

图 11.1　梁附加横向钢筋的布置
（图中 d 为吊筋直径）

附加横向钢筋所需的总截面面积应符合下列规定：

$$A_{sv} \geq F/(f_{yv}\sin\alpha) \tag{9.2.11}$$

式中：A_{sv}——承受集中荷载所需的附加横向钢筋总截面面积；当采用附加吊筋时，A_{sv} 应为左、右弯起段截面面积之和；

　　　F——作用在梁的下部或梁截面高度范围内的集中荷载设计值；

　　　α——附加横向钢筋与梁轴线间的夹角。

2. 梁附加箍筋共 n 道，承载力按 $n-2$ 道计算，其中 2 道靠近次梁的箍筋作为主梁原需配置的基本箍筋而不计入"附加箍筋"中（参见《简明建筑结构设计手册》[13]第二版 399页）；按《混凝土结构设计规范》GB 50010—2010 第 4.2.3 条规定：横向钢筋的抗拉强度设计值 f_{yv} 应按 f_y 的数值采用，吊筋不是抗剪、抗扭、抗冲切钢筋，是抗拉钢筋，因此 HRB500 吊筋的抗拉强度设计值应为 $f_{yv}=f_y=435\text{N/mm}^2$；吊筋与梁轴线间的夹角 α 分别取 60° 及 45°（见图 11.1）；梁附加横向钢筋表中 ϕ 仅表示钢筋直径而不表示钢筋种类。

3. 《混凝土结构设计规范》GB 50010—2010 第 9.2.7 条规定："混凝土梁……当采用弯起钢筋时，弯起角宜取 45° 或 60°"，一般的混凝土结构构造手册又规定梁纵向受力钢筋的弯起角度一般为 45°，当梁高 $h>800\text{mm}$ 时可为 60°，因此吊筋与梁轴线间的夹角 α 也是一般为 45°，当梁高 $h>800\text{mm}$ 时为 60°。笔者建议所有的梁其吊筋与梁轴线间的夹角 α 可均取为 60°，这是由于 α 取 60° 时吊筋的承载力比取 45° 时大、吊筋的总长度比取 45° 时短（可节约钢筋用量），而《混凝土结构设计规范》也没有明确规定梁的弯起钢筋及吊筋的弯起角 α 非取 45° 不可。但为了照顾一般设计人员的习惯，本书仍给出吊筋 $\alpha=45°$ 时的梁附加横向钢筋承载力表。

4. 梁附加横向钢筋应按首先选用附加箍筋的原则设置，附加箍筋的间距均为 50mm，当附加箍筋共 10 根不满足要求时才增设吊筋。如附加横向钢筋只设吊筋而不设附加箍筋，则主梁下腹部在次梁边容易出现斜裂缝（参见笔者于 1992 年撰写的论文《钢筋混凝土梁裂缝预防对策探讨》[14]。

5．有梁上柱时，梁上柱的集中荷载作用于梁截面的上面，而不是作用于梁截面高度范围内，故梁不需在梁上柱处设置附加横向钢筋，但该处剪力较大，抗剪箍筋应满足计算要求（参见 11G101-1 图集[15]61、66 页或 03G101-1 图集[16]39、45 页），或见笔者在 1999 年撰写的论文《从一个工程实例看温州地区"框混结构"民房的危险性》[17]，文中指出"基础梁在柱下设吊筋 $2\phi20$，可取消"；杨金明、邱仓虎、秦玉康、修龙撰写的《对新规范条文的理解及审图中常见问题的看法》[18]（《建筑科学》2003 年 1 期）一文也指出"梁上起柱，因为属于直接加载，不会出现'拉脱'效应，故不需配置附加横向钢筋"。而在讨论此问题时，有相当多的结构设计人员还是认为梁上起柱应设附加横向钢筋（笔者审查的不少工程就在柱下设有吊筋），其理由是柱的轴力（集中荷载）会通过柱中的纵向钢筋传至梁截面内，这就不对了，柱的轴力是由柱截面的混凝土传至梁的上表面，而不是由柱中的纵向钢筋传递的，如柱的轴力是由柱中的纵向钢筋传递的理由成立，那岂不是柱下扩展基础内也需设置吊筋了？另外冲切又怎么计算呢？所以这种说法显然是没有道理的。

（二）梁附加横向钢筋表

梁附加横向钢筋表（235 级双肢箍，335 级吊筋 60°、45°）　　　　表 11.1

序号	①号箍筋	②号吊筋	允许承受集中力（kN）		序号	①号箍筋	②号吊筋	允许承受集中力（kN）	
			吊筋 60°	吊筋 45°				吊筋 60°	吊筋 45°
1	$4\phi6$（2）	—	23.7	23.7	16	$4\phi6.5$（2）	—	27.8	27.8
2	$6\phi6$（2）	—	47.5	47.5	17	$6\phi6.5$（2）	—	55.7	55.7
3	$8\phi6$（2）	—	71.2	71.2	18	$8\phi6.5$（2）	—	83.6	83.6
4	$10\phi6$（2）	—	95.0	95.0	19	$10\phi6.5$（2）	—	111.4	111.4
5	$10\phi6$（2）	$2\phi10$	176.6	161.6	20	$10\phi6.5$（2）	$2\phi10$	193.1	178.1
6	同上	$2\phi12$	212.5	190.9	21	同上	$2\phi12$	229.0	207.4
7	同上	$2\phi14$	254.9	225.6	22	同上	$2\phi14$	271.4	242.1
8	同上	$2\phi16$	303.9	265.6	23	同上	$2\phi16$	320.4	282.1
9	同上	$2\phi18$	359.4	310.9	24	同上	$2\phi18$	375.9	327.6
10	同上	$2\phi20$	421.4	361.5	25	同上	$2\phi20$	437.9	378.0
11	同上	$2\phi22$	490.0	417.5	26	同上	$2\phi22$	506.5	434.0
12	同上	$2\phi25$	605.1	511.5	27	同上	$2\phi25$	621.6	528.0
13	同上	$2\phi28$	734.9	617.1	28	同上	$2\phi28$	751.3	633.9
14	同上	$2\phi32$	930.8	777.4	29	同上	$2\phi32$	947.3	793.9
15	同上	$2\phi36$	1152.8	958.7	30	同上	$2\phi36$	1169.3	975.1

序号	①号箍筋	②号吊筋	允许承受集中力（kN）		序号	①号箍筋	②号吊筋	允许承受集中力（kN）	
			吊筋60°	吊筋45°				吊筋60°	吊筋45°
31	4ϕ8（2）	—	42.2	42.2	61	4ϕ12（2）	—	95.0	95.0
32	6ϕ8（2）	—	84.4	84.4	62	6ϕ12（2）	—	190.0	190.0
33	8ϕ8（2）	—	126.6	126.6	63	8ϕ12（2）	—	285.0	285.0
34	10ϕ8（2）	—	168.8	168.8	64	10ϕ12（2）	—	380.0	380.0
35	10ϕ8（2）	2ϕ10	250.5	235.5	65	10ϕ12（2）	2ϕ10	461.6	446.6
36	同上	2ϕ12	286.4	264.8	66	同上	2ϕ12	497.5	380.0
37	同上	2ϕ14	328.8	299.5	67	同上	2ϕ14	540.0	510.6
38	同上	2ϕ16	377.8	339.5	68	同上	2ϕ16	588.9	550.6
39	同上	2ϕ18	433.3	384.8	69	同上	2ϕ18	644.4	595.9
40	同上	2ϕ20	495.3	435.4	70	同上	2ϕ20	706.4	646.5
41	同上	2ϕ22	563.9	491.4	71	同上	2ϕ22	775.0	702.5
42	同上	2ϕ25	678.9	585.4	72	同上	2ϕ25	890.1	796.5
43	同上	2ϕ28	808.7	691.3	73	同上	2ϕ28	1019.9	902.4
44	同上	2ϕ32	1004.7	851.3	74	同上	2ϕ32	1215.8	1062.4
45	同上	2ϕ36	1226.7	1032.5	75	同上	2ϕ36	1437.8	1243.7
46	4ϕ10（2）	—	65.9	65.9	76	4ϕ14（2）	—	129.3	129.3
47	6ϕ10（2）	—	131.9	131.9	77	6ϕ14（2）	—	258.6	258.6
48	8ϕ10（2）	—	197.9	197.9	78	8ϕ14（2）	—	387.9	387.9
49	10ϕ10（2）	—	263.8	263.8	79	10ϕ14（2）	—	517.2	517.2
50	10ϕ10（2）	2ϕ10	345.5	330.5	80	10ϕ14（2）	2ϕ10	598.8	583.8
51	同上	2ϕ12	381.4	359.8	81	同上	2ϕ12	634.7	613.2
52	同上	2ϕ14	423.8	394.5	82	同上	2ϕ14	677.2	647.8
53	同上	2ϕ16	472.8	434.5	83	同上	2ϕ16	726.1	687.8
54	同上	2ϕ18	528.3	479.8	84	同上	2ϕ18	781.6	733.1
55	同上	2ϕ20	590.3	530.4	85	同上	2ϕ20	843.7	783.8
56	同上	2ϕ22	658.9	586.4	86	同上	2ϕ22	912.2	839.7
57	同上	2ϕ25	773.9	680.4	87	同上	2ϕ25	1027.3	933.7
58	同上	2ϕ28	903.7	786.3	88	同上	2ϕ28	1157.1	1039.7
59	同上	2ϕ32	1099.7	946.3	89	同上	2ϕ32	1353.0	1199.6
60	同上	2ϕ36	1321.7	1127.5	90	同上	2ϕ36	1575.0	1380.9

序号	①号箍筋	②号吊筋	允许承受集中力（kN）		序号	①号箍筋	②号吊筋	允许承受集中力（kN）	
			吊筋60°	吊筋45°				吊筋60°	吊筋45°
1	10ϕ6（2）	2ϕ10	192.9	174.9	34	10ϕ10（2）	2ϕ10	361.8	343.8
2	同上	2ϕ12	236.0	210.1	35	同上	2ϕ12	404.9	379.0
3	同上	2ϕ14	286.9	251.7	36	同上	2ϕ14	455.8	420.6
4	同上	2ϕ16	345.7	299.7	37	同上	2ϕ16	514.6	468.6
5	同上	2ϕ18	412.3	354.1	38	同上	2ϕ18	581.2	523.0
6	同上	2ϕ20	486.7	414.8	39	同上	2ϕ20	655.6	583.7
7	同上	2ϕ22	569.0	482.0	40	同上	2ϕ22	737.9	650.9
8	同上	2ϕ25	707.1	594.8	41	同上	2ϕ25	876.0	763.7
9	同上	2ϕ28	862.8	721.9	42	同上	2ϕ28	1031.7	890.8
10	同上	2ϕ32	1097.9	913.9	43	同上	2ϕ32	1266.8	1082.8
11	同上	2ϕ36	1364.3	1131.4	44	同上	2ϕ36	1533.2	1300.3
12	10ϕ6.5（2）	2ϕ10	209.4	191.4	45	10ϕ12（2）	2ϕ10	477.9	459.9
13	同上	2ϕ12	252.5	226.6	46	同上	2ϕ12	380.0	495.1
14	同上	2ϕ14	303.4	268.2	47	同上	2ϕ14	571.9	536.7
15	同上	2ϕ16	362.2	316.2	48	同上	2ϕ16	630.7	584.7
16	同上	2ϕ18	428.8	370.6	49	同上	2ϕ18	697.3	639.1
17	同上	2ϕ20	503.2	431.3	50	同上	2ϕ20	771.7	699.8
18	同上	2ϕ22	585.5	498.5	51	同上	2ϕ22	854.0	767.0
19	同上	2ϕ25	723.6	611.3	52	同上	2ϕ25	992.1	879.8
20	同上	2ϕ28	879.3	738.4	53	同上	2ϕ28	1147.9	1006.9
21	同上	2ϕ32	1114.4	930.4	54	同上	2ϕ32	1382.9	1198.9
22	同上	2ϕ36	1380.8	1147.9	55	同上	2ϕ36	1649.3	1416.4
23	10ϕ8（2）	2ϕ10	266.8	248.8	56	10ϕ14（2）	2ϕ10	615.1	597.2
24	同上	2ϕ12	309.9	168.8	57	同上	2ϕ12	658.2	632.3
25	同上	2ϕ14	360.8	325.6	58	同上	2ϕ14	709.2	673.9
26	同上	2ϕ16	419.6	373.6	59	同上	2ϕ16	767.9	721.9
27	同上	2ϕ18	486.2	428.0	60	同上	2ϕ18	834.5	776.3
28	同上	2ϕ20	560.6	488.7	61	同上	2ϕ20	909.0	837.1
29	同上	2ϕ22	642.9	555.9	62	同上	2ϕ22	991.2	904.3
30	同上	2ϕ25	781.0	668.7	63	同上	2ϕ25	1129.3	1017.0
31	同上	2ϕ28	936.7	795.8	64	同上	2ϕ28	1285.1	1144.2
32	同上	2ϕ32	1171.8	987.8	65	同上	2ϕ32	1520.1	1336.1
33	同上	2ϕ36	1438.2	1205.3	66	同上	2ϕ36	1786.6	1553.6

序号	①号箍筋	②号吊筋	允许承受集中力（kN）		序号	①号箍筋	②号吊筋	允许承受集中力（kN）	
			吊筋60°	吊筋45°				吊筋60°	吊筋45°
1	4φ6（2）	—	30.5	30.5	34	10φ8（2）	—	217.1	217.1
2	6φ6（2）	—	61.0	61.0	35	10φ8（2）	2φ10	298.7	283.7
3	8φ6（2）	—	91.6	91.6	36	同上	2φ12	334.6	313.1
4	10φ6（2）	—	122.1	122.1	37	同上	2φ14	377.1	347.7
5	10φ6（2）	2φ10	203.7	188.7	38	同上	2φ16	426.1	387.7
6	同上	2φ12	239.6	218.1	39	同上	2φ18	481.6	433.0
7	同上	2φ14	282.1	252.7	40	同上	2φ20	543.6	483.7
8	同上	2φ16	331.0	292.7	41	同上	2φ22	612.1	539.7
9	同上	2φ18	386.6	338.0	42	同上	2φ25	727.2	633.6
10	同上	2φ20	448.6	388.7	43	同上	2φ28	857.0	739.6
11	同上	2φ22	517.1	444.7	44	同上	2φ32	1052.9	899.5
12	同上	2φ25	632.2	538.6	45	同上	2φ36	1274.9	1080.8
13	同上	2φ28	762.0	644.6	46	4φ10（2）	—	84.8	84.8
14	同上	2φ32	957.9	804.5	47	6φ10（2）	—	169.6	169.6
15	同上	2φ36	1179.9	985.8	48	8φ10（2）	—	254.4	254.4
16	4φ6.5（2）	—	35.8	35.8	49	10φ10（2）	—	339.2	339.2
17	6φ6.5（2）	—	71.6	71.6	50	10φ10（2）	2φ10	420.9	405.9
18	8φ6.5（2）	—	107.5	107.5	51	同上	2φ12	456.8	435.2
19	10φ6.5（2）	—	143.3	143.3	52	同上	2φ14	499.2	469.9
20	10φ6.5（2）	2φ10	224.9	209.9	53	同上	2φ16	548.2	509.9
21	同上	2φ12	260.8	239.3	54	同上	2φ18	603.7	555.2
22	同上	2φ14	303.3	273.9	55	同上	2φ20	665.7	605.8
23	同上	2φ16	352.3	313.9	56	同上	2φ22	734.3	661.8
24	同上	2φ18	407.8	359.2	57	同上	2φ25	849.4	755.8
25	同上	2φ20	469.8	409.9	58	同上	2φ28	979.2	861.7
26	同上	2φ22	538.4	465.9	59	同上	2φ32	1175.0	1021.7
27	同上	2φ25	653.4	559.8	60	同上	2φ36	1397.1	1202.9
28	同上	2φ28	783.2	665.8	61	4φ12（2）	—	122.1	122.1
29	同上	2φ32	979.1	825.7	62	6φ12（2）	—	244.2	244.2
30	同上	2φ36	1201.1	1007.0	63	8φ12（2）	—	366.4	366.4
31	4φ8（2）	—	54.2	54.2	64	10φ12（2）	—	488.5	488.5
32	6φ8（2）	—	108.5	108.5	65	10φ12（2）	2φ10	570.2	555.2
33	8φ8（2）	—	162.8	162.8	66	同上	2φ12	606.1	584.5

序号	①号箍筋	②号吊筋	允许承受集中力（kN）		序号	①号箍筋	②号吊筋	允许承受集中力（kN）	
			吊筋60°	吊筋45°				吊筋60°	吊筋45°
67	同上	2φ14	648.5	619.2	79	10φ14（2）	—	665.0	665.0
68	同上	2φ16	697.5	659.1	80	10φ14（2）	2φ10	746.6	731.6
69	同上	2φ18	753.0	704.5	81	同上	2φ12	782.5	760.9
70	同上	2φ20	815.0	755.1	82	同上	2φ14	824.9	795.6
71	同上	2φ22	883.6	811.1	83	同上	2φ16	873.9	835.6
72	同上	2φ25	998.7	905.1	84	同上	2φ18	929.4	880.9
73	同上	2φ28	1128.4	1011.0	85	同上	2φ20	991.5	931.5
74	同上	2φ32	1324.3	1171.0	86	同上	2φ22	1060.0	987.5
75	同上	2φ36	1546.3	1352.2	87	同上	2φ25	1175.1	1081.5
76	4φ14（2）	—	166.2	166.2	88	同上	2φ28	1304.9	1187.4
77	6φ14（2）	—	332.5	332.5	89	同上	2φ32	1500.8	1347.4
78	8φ14（2）	—	498.7	498.7	90	同上	2φ36	1722.8	1528.7

梁附加横向钢筋表（300级双肢箍，400级吊筋60°、45°）　　　　表11.4

序号	①号箍筋	②号吊筋	允许承受集中力（kN）		序号	①号箍筋	②号吊筋	允许承受集中力（kN）	
			吊筋60°	吊筋45°				吊筋60°	吊筋45°
1	10φ6（2）	2φ10	220.0	202.1	17	同上	2φ20	535.1	463.2
2	同上	2φ12	263.1	237.3	18	同上	2φ22	617.4	530.4
3	同上	2φ14	314.1	278.8	19	同上	2φ25	755.5	643.1
4	同上	2φ16	372.8	326.8	20	同上	2φ28	911.2	770.3
5	同上	2φ18	439.4	381.2	21	同上	2φ32	1146.3	962.2
6	同上	2φ20	513.9	442.0	22	同上	2φ36	1412.7	1179.7
7	同上	2φ22	596.2	509.2	23	10φ8（2）	2φ10	315.0	297.1
8	同上	2φ25	734.5	621.9	24	同上	2φ12	358.1	217.1
9	同上	2φ28	890.0	749.1	25	同上	2φ14	409.1	373.8
10	同上	2φ32	1125.1	941.0	26	同上	2φ16	467.8	421.8
11	同上	2φ36	1391.5	1158.5	27	同上	2φ18	534.4	476.2
12	10φ6.5（2）	2φ10	241.3	223.3	28	同上	2φ20	608.9	537.0
13	同上	2φ12	284.3	258.5	29	同上	2φ22	691.2	604.2
14	同上	2φ14	335.3	300.1	30	同上	2φ25	829.3	716.9
15	同上	2φ16	394.0	348.0	31	同上	2φ28	985.0	844.1
16	同上	2φ18	460.6	402.4	32	同上	2φ32	1220.1	1036.0

序号	①号箍筋	②号吊筋	允许承受集中力（kN）		序号	①号箍筋	②号吊筋	允许承受集中力（kN）	
			吊筋60°	吊筋45°				吊筋60°	吊筋45°
33	同上	2φ36	1486.5	1253.5	50	同上	2φ20	880.3	808.4
34	10φ10（2）	2φ10	437.2	419.2	51	同上	2φ22	962.6	875.6
35	同上	2φ12	480.3	454.4	52	同上	2φ25	1100.7	988.4
36	同上	2φ14	531.2	496.0	53	同上	2φ28	1256.4	1115.5
37	同上	2φ16	590.0	544.0	54	同上	2φ32	1491.5	1307.4
38	同上	2φ18	656.6	598.4	55	同上	2φ36	1757.9	1525.0
39	同上	2φ20	731.0	659.1	56	10φ14（2）	2φ10	762.9	744.9
40	同上	2φ22	813.3	726.3	57	同上	2φ12	806.0	780.1
41	同上	2φ25	951.4	839.1	58	同上	2φ14	856.9	821.7
42	同上	2φ28	1107.1	966.2	59	同上	2φ16	915.7	869.7
43	同上	2φ32	1342.2	1158.2	60	同上	2φ18	982.3	924.1
44	同上	2φ36	1608.6	1375.7	61	同上	2φ20	1056.7	984.9
45	10φ12（2）	2φ10	586.5	568.5	62	同上	2φ22	1139.0	1052.0
46	同上	2φ12	629.6	603.7	63	同上	2φ25	1277.1	1164.8
47	同上	2φ14	680.5	645.3	64	同上	2φ28	1432.9	1291.9
48	同上	2φ16	739.3	693.3	65	同上	2φ32	1667.9	1483.9
49	同上	2φ18	805.9	747.6	66	同上	2φ36	1934.3	1701.4

梁附加横向钢筋表（300级双肢箍，500级吊筋60°、45°）　　　　表 11.5

序号	①号箍筋	②号吊筋	允许承受集中力（kN）		序号	①号箍筋	②号吊筋	允许承受集中力（kN）	
			吊筋60°	吊筋45°				吊筋60°	吊筋45°
1	10φ6（2）	2φ10	240.5	218.7	13	同上	2φ12	313.7	282.5
2	同上	2φ12	292.5	261.3	14	同上	2φ14	375.3	332.7
3	同上	2φ14	354.1	311.5	15	同上	2φ16	446.3	390.7
4	同上	2φ16	425.1	369.5	16	同上	2φ18	526.8	456.4
5	同上	2φ18	505.6	435.2	17	同上	2φ20	616.7	529.8
6	同上	2φ20	595.5	508.6	18	同上	2φ22	716.1	611.0
7	同上	2φ22	694.9	589.8	19	同上	2φ25	883.0	747.3
8	同上	2φ25	861.8	726.1	20	同上	2φ28	1071.2	900.9
9	同上	2φ28	1050.0	879.7	21	同上	2φ32	1355.2	1132.8
10	同上	2φ32	1334.0	1111.6	22	同上	2φ36	1677.1	1395.7
11	同上	2φ36	1655.9	1374.5	23	10φ8（2）	2φ10	335.5	313.7
12	10φ6.5（2）	2φ10	261.7	239.9	24	同上	2φ12	387.5	356.3

序号	①号箍筋	②号吊筋	允许承受集中力（kN）		序号	①号箍筋	②号吊筋	允许承受集中力（kN）	
			吊筋60°	吊筋45°				吊筋60°	吊筋45°
25	同上	2φ14	449.1	406.5	46	同上	2φ12	488.5	627.7
26	同上	2φ16	520.1	464.5	47	同上	2φ14	720.5	677.9
27	同上	2φ18	600.6	530.2	48	同上	2φ16	791.5	735.9
28	同上	2φ20	690.5	603.6	49	同上	2φ18	872.0	801.6
29	同上	2φ22	789.9	684.8	50	同上	2φ20	961.9	875.1
30	同上	2φ25	956.8	821.1	51	同上	2φ22	1061.4	956.2
31	同上	2φ28	1145.0	974.7	52	同上	2φ25	1228.2	1092.5
32	同上	2φ32	1429.0	1206.6	53	同上	2φ28	1416.4	1246.1
33	同上	2φ36	1750.9	1469.5	54	同上	2φ32	1700.4	1478.1
34	10φ10（2）	2φ10	457.6	435.9	55	同上	2φ36	2022.4	1740.9
35	同上	2φ12	509.7	478.4	56	10φ14（2）	2φ10	783.3	761.6
36	同上	2φ14	571.2	528.6	57	同上	2φ12	835.4	804.1
37	同上	2φ16	642.2	586.6	58	同上	2φ14	896.9	854.4
38	同上	2φ18	722.7	652.3	59	同上	2φ16	967.9	912.3
39	同上	2φ20	812.6	725.8	60	同上	2φ18	1048.4	978.1
40	同上	2φ22	912.1	806.9	61	同上	2φ20	1138.4	1051.5
41	同上	2φ25	1078.9	943.2	62	同上	2φ22	1237.8	1132.7
42	同上	2φ28	1267.1	1096.8	63	同上	2φ25	1404.7	1268.9
43	同上	2φ32	1551.2	1328.8	64	同上	2φ28	1592.8	1422.6
44	同上	2φ36	1873.1	1591.6	65	同上	2φ32	1876.9	1654.5
45	10φ12（2）	2φ10	606.9	585.2	66	同上	2φ36	2198.8	1917.3

梁附加横向钢筋表（335级双肢箍，335级吊筋60°、45°）　　　**表 11.6**

序号	①号箍筋	②号吊筋	允许承受集中力（kN）		序号	①号箍筋	②号吊筋	允许承受集中力（kN）	
			吊筋60°	吊筋45°				吊筋60°	吊筋45°
1	4φ6（2）	—	33.9	33.9	9	同上	2φ18	400.1	351.6
2	6φ6（2）	—	67.8	67.8	10	同上	2φ20	462.1	402.2
3	8φ6（2）	—	101.7	101.7	11	同上	2φ22	530.7	458.2
4	10φ6（2）	—	135.7	135.7	12	同上	2φ25	645.8	552.2
5	10φ6（2）	2φ10	217.3	202.3	13	同上	2φ28	775.6	658.2
6	同上	2φ12	253.2	231.6	14	同上	2φ32	971.5	818.1
7	同上	2φ14	295.7	266.3	15	同上	2φ36	1193.5	999.4
8	同上	2φ16	344.6	306.3	16	4φ6.5（2）	—	39.8	39.8

序号	①号箍筋	②号吊筋	允许承受集中力（kN）		序号	①号箍筋	②号吊筋	允许承受集中力（kN）	
			吊筋60°	吊筋45°				吊筋60°	吊筋45°
17	6φ6.5（2）	—	79.6	79.6	54	同上	2φ18	641.4	592.9
18	8φ6.5（2）	—	119.4	119.4	55	同上	2φ20	703.4	643.5
19	10φ6.5（2）	—	159.2	159.2	56	同上	2φ22	772.0	699.5
20	10φ6.5（2）	2φ10	240.9	225.9	57	同上	2φ25	887.0	793.5
21	同上	2φ12	276.8	255.2	58	同上	2φ28	1016.8	899.4
22	同上	2φ14	319.2	289.9	59	同上	2φ32	1212.7	1059.4
23	同上	2φ16	368.2	329.8	60	同上	2φ36	1434.8	1240.6
24	同上	2φ18	423.7	375.2	61	4φ12（2）	—	135.7	135.7
25	同上	2φ20	485.7	425.8	62	6φ12（2）	—	271.4	271.4
26	同上	2φ22	554.3	481.8	63	8φ12（2）	—	407.1	407.1
27	同上	2φ25	669.3	575.8	64	10φ12（2）	—	542.8	542.8
28	同上	2φ28	799.1	681.7	65	10φ12（2）	2φ10	624.5	609.5
29	同上	2φ32	995.0	841.7	66	同上	2φ12	660.4	638.8
30	同上	2φ36	1217.0	1022.9	67	同上	2φ14	702.8	673.4
31	4φ8（2）	—	60.3	60.3	68	同上	2φ16	751.8	713.4
32	6φ8（2）	—	120.6	120.6	69	同上	2φ18	807.3	758.7
33	8φ8（2）	—	180.9	180.9	70	同上	2φ20	869.3	809.4
34	10φ8（2）	—	241.2	241.2	71	同上	2φ22	937.9	865.4
35	10φ8（2）	2φ10	322.8	307.9	72	同上	2φ25	1052.9	959.3
36	同上	2φ12	358.8	337.2	73	同上	2φ28	1182.7	1065.3
37	同上	2φ14	401.2	371.8	74	同上	2φ32	1378.6	1225.2
38	同上	2φ16	450.2	411.8	75	同上	2φ36	1600.6	1406.5
39	同上	2φ18	505.6	457.2	76	4φ14（2）	—	184.7	184.7
40	同上	2φ20	567.7	507.8	77	6φ14（2）	—	369.4	369.4
41	同上	2φ22	636.3	563.8	78	8φ14（2）	—	554.1	554.1
42	同上	2φ25	751.3	657.7	79	10φ14（2）	—	738.9	738.9
43	同上	2φ28	881.1	763.7	80	10φ14（2）	2φ10	820.5	805.5
44	同上	2φ32	1077.0	923.7	81	同上	2φ12	856.4	834.8
45	同上	2φ36	1299.0	1104.9	82	同上	2φ14	898.8	869.5
46	4φ10（2）	—	94.2	94.2	83	同上	2φ16	947.8	909.5
47	6φ10（2）	—	188.5	188.5	84	同上	2φ18	1003.3	954.8
48	8φ10（2）	—	282.7	282.7	85	同上	2φ20	1065.3	1005.4
49	10φ10（2）	—	376.9	376.9	86	同上	2φ22	1133.9	1061.4
50	10φ10（2）	2φ10	458.6	443.6	87	同上	2φ25	1249.0	1155.4
51	同上	2φ12	494.5	472.9	88	同上	2φ28	1378.8	1261.3
52	同上	2φ14	536.9	507.6	89	同上	2φ32	1574.7	1421.3
53	同上	2φ16	585.9	547.6	90	同上	2φ36	1796.7	1602.6

梁附加横向钢筋表（335 级双肢箍，400 级吊筋 60°、45°）　　表 11.7

序号	①号箍筋	②号吊筋	允许承受集中力（kN）		序号	①号箍筋	②号吊筋	允许承受集中力（kN）	
			吊筋 60°	吊筋 45°				吊筋 60°	吊筋 45°
1	10φ6（2）	2φ10	233.6	215.6	34	10φ10（2）	2φ10	474.9	456.9
2	同上	2φ12	276.7	250.8	35	同上	2φ12	518.0	492.1
3	同上	2φ14	327.6	292.4	36	同上	2φ14	568.9	533.7
4	同上	2φ16	386.4	340.4	37	同上	2φ16	627.7	581.7
5	同上	2φ18	453.0	394.8	38	同上	2φ18	694.3	636.1
6	同上	2φ20	527.5	455.6	39	同上	2φ20	768.7	696.8
7	同上	2φ22	609.7	522.7	40	同上	2φ22	851.0	764.0
8	同上	2φ25	747.8	635.5	41	同上	2φ25	989.1	876.8
9	同上	2φ28	903.6	762.7	42	同上	2φ28	1144.8	1003.9
10	同上	2φ32	1138.6	954.6	43	同上	2φ32	1379.9	1195.9
11	同上	2φ36	1405.0	1172.1	44	同上	2φ36	1646.3	1413.4
12	10φ6.5（2）	2φ10	257.2	239.2	45	10φ12（2）	2φ10	640.8	622.8
13	同上	2φ12	300.3	274.4	46	同上	2φ12	683.9	658.0
14	同上	2φ14	351.2	316.0	47	同上	2φ14	734.8	699.6
15	同上	2φ16	410.0	364.0	48	同上	2φ16	793.6	747.5
16	同上	2φ18	476.6	418.3	49	同上	2φ18	860.2	801.9
17	同上	2φ20	551.0	479.1	50	同上	2φ20	934.6	862.7
18	同上	2φ22	633.3	546.3	51	同上	2φ22	1016.9	929.9
19	同上	2φ25	771.4	659.1	52	同上	2φ25	1155.0	1042.6
20	同上	2φ28	927.1	786.2	53	同上	2φ28	1310.7	1169.8
21	同上	2φ32	1162.2	978.1	54	同上	2φ32	1545.8	1361.7
22	同上	2φ36	1428.6	1195.7	55	同上	2φ36	1812.2	1579.3
23	10φ8（2）	2φ10	339.2	321.2	56	10φ14（2）	2φ10	836.8	818.8
24	同上	2φ12	382.3	241.2	57	同上	2φ12	879.9	854.0
25	同上	2φ14	433.2	398.0	58	同上	2φ14	930.8	895.6
26	同上	2φ16	492.0	446.0	59	同上	2φ16	989.6	943.6
27	同上	2φ18	558.6	500.3	60	同上	2φ18	1056.2	998.0
28	同上	2φ20	633.0	561.1	61	同上	2φ20	1130.6	1058.7
29	同上	2φ22	715.3	628.3	62	同上	2φ22	1212.9	1125.9
30	同上	2φ25	853.4	741.1	63	同上	2φ25	1351.0	1238.7
31	同上	2φ28	1009.1	868.2	64	同上	2φ28	1506.7	1365.8
32	同上	2φ32	1244.2	1060.1	65	同上	2φ32	1741.8	1557.8
33	同上	2φ36	1510.6	1277.7	66	同上	2φ36	2008.2	1775.3

序号	①号箍筋	②号吊筋	允许承受集中力（kN）		序号	①号箍筋	②号吊筋	允许承受集中力（kN）	
			吊筋60°	吊筋45°				吊筋60°	吊筋45°
1	10ϕ6（2）	2ϕ10	254.0	232.3	34	10ϕ10（2）	2ϕ10	495.3	473.6
2	同上	2ϕ12	306.1	274.8	35	同上	2ϕ12	547.4	516.1
3	同上	2ϕ14	367.6	325.1	36	同上	2ϕ14	608.9	566.3
4	同上	2ϕ16	438.6	383.1	37	同上	2ϕ16	679.9	624.3
5	同上	2ϕ18	519.1	448.8	38	同上	2ϕ18	760.4	690.0
6	同上	2ϕ20	609.1	522.2	39	同上	2ϕ20	850.3	763.5
7	同上	2ϕ22	708.5	603.4	40	同上	2ϕ22	949.8	844.6
8	同上	2ϕ25	875.4	739.6	41	同上	2ϕ25	1116.6	980.9
9	同上	2ϕ28	1063.5	893.3	42	同上	2ϕ28	1304.8	1134.5
10	同上	2ϕ32	1347.6	1125.2	43	同上	2ϕ32	1588.9	1366.5
11	同上	2ϕ36	1669.5	1388.0	44	同上	2ϕ36	1910.8	1629.3
12	10ϕ6.5（2）	2ϕ10	277.6	255.9	45	10ϕ12（2）	2ϕ10	661.2	639.5
13	同上	2ϕ12	329.7	298.4	46	同上	2ϕ12	713.3	682.0
14	同上	2ϕ14	391.2	348.6	47	同上	2ϕ14	774.8	732.2
15	同上	2ϕ16	462.2	406.6	48	同上	2ϕ16	845.8	790.2
16	同上	2ϕ18	542.7	472.3	49	同上	2ϕ18	926.3	855.9
17	同上	2ϕ20	632.6	545.8	50	同上	2ϕ20	1016.2	929.4
18	同上	2ϕ22	732.0	626.9	51	同上	2ϕ22	1115.6	1010.5
19	同上	2ϕ25	898.9	763.2	52	同上	2ϕ25	1282.5	1146.8
20	同上	2ϕ28	1087.1	916.8	53	同上	2ϕ28	1470.7	1300.4
21	同上	2ϕ32	1371.1	1148.8	54	同上	2ϕ32	1754.7	1532.3
22	同上	2ϕ36	1693.1	1411.6	55	同上	2ϕ36	2076.6	1795.2
23	10ϕ8（2）	2ϕ10	359.6	337.9	56	10ϕ14（2）	2ϕ10	857.2	835.5
24	同上	2ϕ12	411.7	380.4	57	同上	2ϕ12	909.3	878.0
25	同上	2ϕ14	473.2	430.6	58	同上	2ϕ14	970.8	928.3
26	同上	2ϕ16	544.2	488.6	59	同上	2ϕ16	1041.8	986.2
27	同上	2ϕ18	624.7	554.3	60	同上	2ϕ18	1122.3	1051.9
28	同上	2ϕ20	714.6	627.8	61	同上	2ϕ20	1212.3	1125.4
29	同上	2ϕ22	814.0	708.9	62	同上	2ϕ22	1311.7	1206.6
30	同上	2ϕ25	980.9	845.2	63	同上	2ϕ25	1478.5	1342.8
31	同上	2ϕ28	1169.1	998.8	64	同上	2ϕ28	1666.7	1496.5
32	同上	2ϕ32	1453.1	1230.7	65	同上	2ϕ32	1950.8	1728.4
33	同上	2ϕ36	1775.0	1493.6	66	同上	2ϕ36	2272.7	1991.2

序号	①号箍筋	②号吊筋	允许承受集中力（kN）		序号	①号箍筋	②号吊筋	允许承受集中力（kN）	
			吊筋 60°	吊筋 45°				吊筋 60°	吊筋 45°
1	4φ6（2）	—	40.7	40.7	30	同上	2φ36	1248.9	1054.8
2	6φ6（2）	—	81.4	81.4	31	4φ8（2）	—	72.3	72.3
3	8φ6（2）	—	122.1	122.1	32	6φ8（2）	—	144.7	144.7
4	10φ6（2）	—	162.8	162.8	33	8φ8（2）	—	217.1	217.1
5	10φ6（2）	2φ10	244.4	229.5	34	10φ8（2）	—	289.5	289.5
6	同上	2φ12	280.3	258.8	35	10φ8（2）	2φ10	371.1	356.1
7	同上	2φ14	322.8	293.4	36	同上	2φ12	407.0	385.5
8	同上	2φ16	371.8	333.4	37	同上	2φ14	449.5	420.1
9	同上	2φ18	427.3	378.7	38	同上	2φ16	498.4	460.1
10	同上	2φ20	489.3	429.4	39	同上	2φ18	553.9	505.4
11	同上	2φ22	557.9	485.4	40	同上	2φ20	616.0	556.1
12	同上	2φ25	672.9	579.3	41	同上	2φ22	684.5	612.0
13	同上	2φ28	802.7	685.3	42	同上	2φ25	799.6	706.0
14	同上	2φ32	998.6	845.2	43	同上	2φ28	929.4	812.0
15	同上	2φ36	1220.6	1026.5	44	同上	2φ32	1125.3	971.9
16	4φ6.5（2）	—	47.7	47.7	45	同上	2φ36	1347.3	1153.2
17	6φ6.5（2）	—	95.5	95.5	46	4φ10（2）	—	113.1	113.1
18	8φ6.5（2）	—	143.3	143.3	47	6φ10（2）	—	226.2	226.2
19	10φ6.5（2）	—	191.1	191.1	48	8φ10（2）	—	339.2	339.2
20	10φ6.5（2）	2φ10	272.7	257.7	49	10φ10（2）	—	452.3	452.3
21	同上	2φ12	308.6	287.1	50	10φ10（2）	2φ10	534.0	519.0
22	同上	2φ14	351.1	321.7	51	同上	2φ12	569.9	548.3
23	同上	2φ16	400.0	361.7	52	同上	2φ14	612.3	583.0
24	同上	2φ18	455.5	407.6	53	同上	2φ16	661.3	623.0
25	同上	2φ20	517.6	457.7	54	同上	2φ18	716.8	668.1
26	同上	2φ22	586.1	513.6	55	同上	2φ20	778.8	718.9
27	同上	2φ25	701.2	607.6	56	同上	2φ22	847.4	774.9
28	同上	2φ28	831.0	713.6	57	同上	2φ25	962.5	868.9
29	同上	2φ32	1026.9	873.5	58	同上	2φ28	1092.3	974.8

序号	①号箍筋	②号吊筋	允许承受集中力（kN）		序号	①号箍筋	②号吊筋	允许承受集中力（kN）	
			吊筋60°	吊筋45°				吊筋60°	吊筋45°
59	同上	2φ32	1288.1	1134.8	75	同上	2φ36	1709.2	1515.1
60	同上	2φ36	1510.2	1316.0	76	4φ14（2）	—	221.6	221.6
61	4φ12（2）	—	162.8	162.8	77	6φ14（2）	—	443.3	443.3
62	6φ12（2）	—	325.7	325.7	78	8φ14（2）	—	664.9	665.0
63	8φ12（2）	—	488.5	488.5	79	10φ14（2）	—	886.6	886.6
64	10φ12（2）	—	651.4	651.4	80	10φ14（2）	2φ10	968.3	953.3
65	10φ12（2）	2φ10	733.0	718.0	81	同上	2φ12	1004.2	982.6
66	同上	2φ12	768.9	747.4	82	同上	2φ14	1046.6	1017.3
67	同上	2φ14	811.4	782.0	83	同上	2φ16	1095.6	1057.0
68	同上	2φ16	860.3	822.0	84	同上	2φ18	1151.1	1102.6
69	同上	2φ18	915.8	867.3	85	同上	2φ20	1213.1	1153.2
70	同上	2φ20	977.9	918.0	86	同上	2φ22	1281.7	1209.2
71	同上	2φ22	1046.4	973.9	87	同上	2φ25	1396.8	1303.2
72	同上	2φ25	1161.5	1067.9	88	同上	2φ28	1526.5	1409.1
73	同上	2φ28	1291.3	1173.9	89	同上	2φ32	1722.4	1569.1
74	同上	2φ32	1487.2	1333.8	90	同上	2φ36	1944.4	1750.3

梁附加横向钢筋表（400级双肢箍，400级吊筋60°、45°）　　　　　表11.10

序号	①号箍筋	②号吊筋	允许承受集中力（kN）		序号	①号箍筋	②号吊筋	允许承受集中力（kN）	
			吊筋60°	吊筋45°				吊筋60°	吊筋45°
1	10φ6（2）	2φ10	260.8	242.8	10	同上	2φ32	1165.8	981.7
2	同上	2φ12	303.9	278.0	11	同上	2φ36	1432.2	1199.2
3	同上	2φ14	354.8	319.6	12	10φ6.5（2）	2φ10	289.0	271.1
4	同上	2φ16	413.5	367.5	13	同上	2φ12	332.1	306.2
5	同上	2φ18	480.1	421.9	14	同上	2φ14	383.1	347.8
6	同上	2φ20	554.6	482.7	15	同上	2φ16	441.8	395.8
7	同上	2φ22	636.9	549.9	16	同上	2φ18	508.4	450.2
8	同上	2φ25	774.9	662.6	17	同上	2φ20	582.9	511.0
9	同上	2φ28	930.7	789.8	18	同上	2φ22	665.2	578.2

序号	①号箍筋	②号吊筋	允许承受集中力（kN）		序号	①号箍筋	②号吊筋	允许承受集中力（kN）	
			吊筋60°	吊筋45°				吊筋60°	吊筋45°
19	同上	2ϕ25	803.2	690.9	43	同上	2ϕ32	1455.3	1271.3
20	同上	2ϕ28	959.0	818.1	44	同上	2ϕ36	1721.7	1488.8
21	同上	2ϕ32	1194.0	1010.0	45	10ϕ12（2）	2ϕ10	749.4	731.4
22	同上	2ϕ36	1460.5	1227.5	46	同上	2ϕ12	792.5	766.6
23	10ϕ8（2）	2ϕ10	387.4	369.5	47	同上	2ϕ14	843.4	808.1
24	同上	2ϕ12	430.5	404.6	48	同上	2ϕ16	902.1	856.1
25	同上	2ϕ14	481.5	446.2	49	同上	2ϕ18	968.7	910.5
26	同上	2ϕ16	540.2	494.2	50	同上	2ϕ20	1043.2	971.3
27	同上	2ϕ18	606.8	548.6	51	同上	2ϕ22	1125.5	1038.5
28	同上	2ϕ20	681.2	609.4	52	同上	2ϕ25	1263.5	1151.2
29	同上	2ϕ22	763.5	676.5	53	同上	2ϕ28	1419.3	1278.4
30	同上	2ϕ25	901.6	789.3	54	同上	2ϕ32	1654.4	1470.3
31	同上	2ϕ28	1057.4	916.5	55	同上	2ϕ36	1920.8	1687.8
32	同上	2ϕ32	1292.4	1108.4	56	10ϕ14（2）	2ϕ10	984.6	966.6
33	同上	2ϕ36	1558.9	1325.9	57	同上	2ϕ12	1027.7	1001.8
34	10ϕ10（2）	2ϕ10	550.3	532.3	58	同上	2ϕ14	1078.6	1043.4
35	同上	2ϕ12	593.4	567.5	59	同上	2ϕ16	1137.4	1091.4
36	同上	2ϕ14	644.3	609.1	60	同上	2ϕ18	1204.0	1145.7
37	同上	2ϕ16	703.1	657.1	61	同上	2ϕ20	1278.4	1206.5
38	同上	2ϕ18	769.7	711.5	62	同上	2ϕ22	1360.7	1273.7
39	同上	2ϕ20	844.1	772.2	63	同上	2ϕ25	1498.8	1386.5
40	同上	2ϕ22	926.4	839.4	64	同上	2ϕ28	1654.5	1513.6
41	同上	2ϕ25	1064.5	952.2	65	同上	2ϕ32	1889.6	1705.5
42	同上	2ϕ28	1220.2	1079.3	66	同上	2ϕ36	2156.0	1923.1

梁附加横向钢筋表（400级双肢箍，500级吊筋60°、45°）　　　　表11.11

序号	①号箍筋	②号吊筋	允许承受集中力（kN）		序号	①号箍筋	②号吊筋	允许承受集中力（kN）	
			吊筋60°	吊筋45°				吊筋60°	吊筋45°
1	10ϕ6（2）	2ϕ10	281.2	259.4	4	同上	2ϕ16	465.8	410.2
2	同上	2ϕ12	333.2	302.0	5	同上	2ϕ18	546.3	475.9
3	同上	2ϕ14	394.8	352.2	6	同上	2ϕ20	636.2	549.3

序号	①号箍筋	②号吊筋	允许承受集中力（kN）		序号	①号箍筋	②号吊筋	允许承受集中力（kN）	
			吊筋60°	吊筋45°				吊筋60°	吊筋45°
7	同上	2φ22	735.6	630.5	37	同上	2φ16	755.3	699.7
8	同上	2φ25	902.5	766.8	38	同上	2φ18	835.8	765.4
9	同上	2φ28	1090.7	920.4	39	同上	2φ20	925.7	838.9
10	同上	2φ32	1374.7	1152.3	40	同上	2φ22	1025.2	920.0
11	同上	2φ36	1696.6	1415.2	41	同上	2φ25	1192.0	1056.3
12	10φ6.5（2）	2φ10	309.4	287.7	42	同上	2φ28	1380.2	1209.9
13	同上	2φ12	361.5	330.2	43	同上	2φ32	1664.3	1441.9
14	同上	2φ14	423.1	380.5	44	同上	2φ36	1986.2	1704.7
15	同上	2φ16	494.1	438.5	45	10φ12（2）	2φ10	769.7	748.0
16	同上	2φ18	574.5	504.2	46	同上	2φ12	651.44	790.5
17	同上	2φ20	664.5	577.6	47	同上	2φ14	883.41	840.8
18	同上	2φ22	763.9	658.8	48	同上	2φ16	954.42	898.8
19	同上	2φ25	930.8	795.0	49	同上	2φ18	1034.89	964.5
20	同上	2φ28	1119.0	948.7	50	同上	2φ20	1124.84	1037.9
21	同上	2φ32	1403.0	1180.6	51	同上	2φ22	1224.26	1119.1
22	同上	2φ36	1724.9	1443.4	52	同上	2φ25	1391.13	1255.3
23	10φ8（2）	2φ10	407.8	386.1	53	同上	2φ28	1579.31	1409.0
24	同上	2φ12	459.9	428.6	54	同上	2φ32	1863.35	1640.9
25	同上	2φ14	521.5	478.9	55	同上	2φ36	2185.26	1903.8
26	同上	2φ16	592.5	536.9	56	10φ14（2）	2φ10	1005.0	983.3
27	同上	2φ18	672.9	602.6	57	同上	2φ12	1057.1	1025.8
28	同上	2φ20	762.9	676.0	58	同上	2φ14	1118.6	1076.0
29	同上	2φ22	862.3	757.2	59	同上	2φ16	1189.6	1134.0
30	同上	2φ25	1029.2	893.4	60	同上	2φ18	1270.1	1199.7
31	同上	2φ28	1217.3	1047.1	61	同上	2φ20	1360.0	1273.2
32	同上	2φ32	1501.4	1279.0	62	同上	2φ22	1459.5	1354.3
33	同上	2φ36	1823.3	1541.8	63	同上	2φ25	1626.3	1490.6
34	10φ10（2）	2φ10	570.7	549.0	64	同上	2φ28	1814.5	1644.2
35	同上	2φ12	622.8	591.5	65	同上	2φ32	2098.5	1876.2
36	同上	2φ14	684.3	641.7	66	同上	2φ36	2420.5	2139.0

梁附加横向钢筋表（235 级四肢箍，335 级吊筋 60°、45°） 表 11.12

序号	①号箍筋	②号吊筋	允许承受集中力（kN）		序号	①号箍筋	②号吊筋	允许承受集中力（kN）	
			吊筋 60°	吊筋 45°				吊筋 60°	吊筋 45°
1	4φ6（4）	—	47.5	47.5	34	10φ8（4）	—	337.7	337.7
2	6φ6（4）	—	95.0	95.0	35	10φ8（4）	2φ10	419.3	404.4
3	8φ6（4）	—	142.5	142.5	36	同上	2φ12	455.3	337.7
4	10φ6（4）	—	190.0	190.0	37	同上	2φ14	497.7	468.4
5	10φ6（4）	2φ10	271.6	256.6	38	同上	2φ16	546.7	508.3
6	同上	2φ12	307.5	285.9	39	同上	2φ18	602.1	553.7
7	同上	2φ14	349.9	320.6	40	同上	2φ20	664.2	604.3
8	同上	2φ16	398.9	360.6	41	同上	2φ22	732.8	660.3
9	同上	2φ18	454.4	405.9	42	同上	2φ25	847.8	754.3
10	同上	2φ20	516.4	456.5	43	同上	2φ28	977.6	860.2
11	同上	2φ22	585.0	512.5	44	同上	2φ32	1173.5	1020.2
12	同上	2φ25	700.1	606.5	45	同上	2φ36	1395.5	1201.4
13	同上	2φ28	829.9	712.4	46	4φ10（4）	—	131.9	131.9
14	同上	2φ32	1025.8	872.4	47	6φ10（4）	—	263.9	263.8
15	同上	2φ36	1247.8	1053.7	48	8φ10（4）	—	395.8	395.8
16	4φ6.5（4）	—	55.7	55.7	49	10φ10（4）	—	527.7	527.7
17	6φ6.5（4）	—	111.4	111.5	50	10φ10（4）	2φ10	609.4	594.4
18	8φ6.5（4）	—	167.2	167.2	51	同上	2φ12	645.3	623.7
19	10φ6.5（4）	—	222.9	222.9	52	同上	2φ14	687.7	658.4
20	10φ6.5（4）	2φ10	304.6	289.6	53	同上	2φ16	736.7	698.3
21	同上	2φ12	340.5	318.9	54	同上	2φ18	792.2	743.7
22	同上	2φ14	382.9	353.6	55	同上	2φ20	854.2	794.3
23	同上	2φ16	431.9	393.6	56	同上	2φ22	922.8	850.3
24	同上	2φ18	487.4	438.9	57	同上	2φ25	1037.8	944.3
25	同上	2φ20	549.4	489.5	58	同上	2φ28	1167.6	1050.2
26	同上	2φ22	618.0	545.5	59	同上	2φ32	1363.5	1210.2
27	同上	2φ25	733.1	639.5	60	同上	2φ36	1585.5	1391.4
28	同上	2φ28	862.9	745.4	61	4φ12（4）	—	190.0	190.0
29	同上	2φ32	1058.7	905.4	62	6φ12（4）	—	380.0	380.0
30	同上	2φ36	1280.8	1086.6	63	8φ12（4）	—	570.0	570.0
31	4φ8（4）	—	84.4	84.4	64	10φ12（4）	—	760.0	760.0
32	6φ8（4）	—	168.8	168.8	65	10φ12（4）	2φ10	841.6	826.6
33	8φ8（4）	—	253.3	253.3	66	同上	2φ12	877.5	855.9

序号	①号箍筋	②号吊筋	允许承受集中力（kN）		序号	①号箍筋	②号吊筋	允许承受集中力（kN）	
			吊筋60°	吊筋45°				吊筋60°	吊筋45°
67	同上	2φ14	920.0	890.6	79	10φ14（4）	—	1034.5	1034.4
68	同上	2φ16	968.9	930.6	80	10φ14（4）	2φ10	1116.1	1101.1
69	同上	2φ18	1024.4	975.9	81	同上	2φ12	1152.0	1130.4
70	同上	2φ20	1086.5	1026.5	82	同上	2φ14	1194.5	1165.0
71	同上	2φ22	1155.0	1082.5	83	同上	2φ16	1243.4	1205.0
72	同上	2φ25	1270.1	1176.5	84	同上	2φ18	1298.9	1250.3
73	同上	2φ28	1399.9	1282.5	85	同上	2φ20	1361.0	1301.0
74	同上	2φ32	1595.8	1442.4	86	同上	2φ22	1429.6	1357.0
75	同上	2φ36	1817.8	1623.7	87	同上	2φ25	1544.6	1450.9
76	4φ14（4）	—	258.6	258.6	88	同上	2φ28	1674.3	1556.9
77	6φ14（4）	—	517.2	517.2	89	同上	2φ32	1870.2	1716.8
78	8φ14（4）	—	775.9	775.8	90	同上	2φ36	2092.2	1898.1

梁附加横向钢筋表（235级四肢箍，400级吊筋60°、45°）　　　表11.13

序号	①号箍筋	②号吊筋	允许承受集中力（kN）		序号	①号箍筋	②号吊筋	允许承受集中力（kN）	
			吊筋60°	吊筋45°				吊筋60°	吊筋45°
1	10φ6（4）	2φ10	287.9	269.9	18	同上	2φ22	697.0	610.0
2	同上	2φ12	331.0	305.1	19	同上	2φ25	835.1	722.8
3	同上	2φ14	381.9	346.7	20	同上	2φ28	990.8	849.9
4	同上	2φ16	440.7	394.7	21	同上	2φ32	1225.9	1041.9
5	同上	2φ18	507.3	449.1	22	同上	2φ36	1492.3	1259.4
6	同上	2φ20	581.7	509.8	23	10φ8（4）	2φ10	435.7	417.7
7	同上	2φ22	664.0	577.0	24	同上	2φ12	478.8	452.9
8	同上	2φ25	802.1	689.8	25	同上	2φ14	529.7	494.5
9	同上	2φ28	957.8	816.9	26	同上	2φ16	588.5	542.5
10	同上	2φ32	1192.9	1008.9	27	同上	2φ18	655.1	596.8
11	同上	2φ36	1459.3	1226.4	28	同上	2φ20	729.5	657.6
12	10φ6.5（4）	2φ10	320.9	302.9	29	同上	2φ22	811.8	724.8
13	同上	2φ12	364.0	338.1	30	同上	2φ25	949.9	837.6
14	同上	2φ14	414.9	379.7	31	同上	2φ28	1105.6	964.7
15	同上	2φ16	473.7	427.7	32	同上	2φ32	1340.7	1156.7
16	同上	2φ18	540.3	482.1	33	同上	2φ36	1607.1	1374.2
17	同上	2φ20	614.7	542.8	34	10φ10（4）	2φ10	625.7	607.7

序号	①号箍筋	②号吊筋	允许承受集中力（kN）		序号	①号箍筋	②号吊筋	允许承受集中力（kN）	
			吊筋60°	吊筋45°				吊筋60°	吊筋45°
35	同上	2φ12	668.8	642.9	51	同上	2φ22	1234.0	1147.0
36	同上	2φ14	719.7	684.5	52	同上	2φ25	1372.1	1259.8
37	同上	2φ16	778.5	732.5	53	同上	2φ28	1527.9	1386.9
38	同上	2φ18	845.1	786.9	54	同上	2φ32	1762.9	1578.9
39	同上	2φ20	919.5	847.6	55	同上	2φ36	2029.3	1796.4
40	同上	2φ22	1001.8	914.8	56	10φ14（4）	2φ10	1132.4	1114.4
41	同上	2φ25	1139.9	1027.6	57	同上	2φ12	1175.5	1149.6
42	同上	2φ28	1295.6	1154.7	58	同上	2φ14	1226.4	1191.2
43	同上	2φ32	1530.7	1346.7	59	同上	2φ16	1285.2	1239.1
44	同上	2φ36	1797.1	1564.2	60	同上	2φ18	1351.8	1293.5
45	10φ12（4）	2φ10	857.9	839.9	61	同上	2φ20	1426.2	1354.3
46	同上	2φ12	901.5	875.1	62	同上	2φ22	1508.5	1421.5
47	同上	2φ14	951.9	916.7	63	同上	2φ25	1646.6	1534.2
48	同上	2φ16	1010.7	964.7	64	同上	2φ28	1802.3	1661.4
49	同上	2φ18	1077.3	1019.1	65	同上	2φ32	2037.4	1853.3
50	同上	2φ20	1151.7	1079.9	66	同上	2φ36	2303.8	2070.9

梁附加横向钢筋表（300级四肢箍，335级吊筋60°、45°） 表11.14

序号	①号箍筋	②号吊筋	允许承受集中力（kN）		序号	①号箍筋	②号吊筋	允许承受集中力（kN）	
			吊筋60°	吊筋45°				吊筋60°	吊筋45°
1	4φ6（4）	—	61.0	61.0	14	同上	2φ32	1080.0	926.7
2	6φ6（4）	—	122.1	122.1	15	同上	2φ36	1302.1	1107.9
3	8φ6（4）	—	183.2	183.2	16	4φ6.5（4）	—	71.6	71.6
4	10φ6（4）	—	244.2	244.2	17	6φ6.5（4）	—	143.3	143.3
5	10φ6（4）	2φ10	325.9	310.9	18	8φ6.5（4）	—	215.0	215.0
6	同上	2φ12	361.8	340.2	19	10φ6.5（4）	—	286.7	286.7
7	同上	2φ14	404.2	374.9	20	10φ6.5（4）	2φ10	368.3	353.3
8	同上	2φ16	453.2	414.9	21	同上	2φ12	404.4	382.6
9	同上	2φ18	508.7	460.2	22	同上	2φ14	446.6	417.3
10	同上	2φ20	570.7	510.8	23	同上	2φ16	495.6	457.3
11	同上	2φ22	639.3	566.8	24	同上	2φ18	551.1	502.6
12	同上	2φ25	754.4	660.8	25	同上	2φ20	613.1	553.2
13	同上	2φ28	884.2	766.7	26	同上	2φ22	681.7	609.2

序号	①号箍筋	②号吊筋	允许承受集中力（kN）		序号	①号箍筋	②号吊筋	允许承受集中力（kN）	
			吊筋60°	吊筋45°				吊筋60°	吊筋45°
27	同上	2ϕ25	796.8	703.2	59	同上	2ϕ32	1514.3	1361.0
28	同上	2ϕ28	926.6	809.1	60	同上	2ϕ36	1736.3	1542.2
29	同上	2ϕ32	1122.5	969.1	61	4ϕ12（4）	—	244.2	244.2
30	同上	2ϕ36	1344.5	1150.4	62	6ϕ12（4）	—	488.5	488.5
31	4ϕ8（4）	—	108.5	108.5	63	8ϕ12（4）	—	732.8	732.8
32	6ϕ8（4）	—	217.1	217.1	64	10ϕ12（4）	—	977.1	977.1
33	8ϕ8（4）	—	325.7	325.7	65	10ϕ12（4）	2ϕ10	1058.7	1043.8
34	10ϕ8（4）	—	434.2	434.2	66	同上	2ϕ12	1094.6	1073.1
35	10ϕ8（4）	2ϕ10	515.9	500.9	67	同上	2ϕ14	1137.1	1107.7
36	同上	2ϕ12	551.8	434.2	68	同上	2ϕ16	1186.1	1147.7
37	同上	2ϕ14	594.2	564.9	69	同上	2ϕ18	1241.6	1193.0
38	同上	2ϕ16	643.2	604.9	70	同上	2ϕ20	1303.6	1243.7
39	同上	2ϕ18	698.7	650.2	71	同上	2ϕ22	1372.2	1299.7
40	同上	2ϕ20	760.7	700.8	72	同上	2ϕ25	1487.2	1393.6
41	同上	2ϕ22	829.3	756.8	73	同上	2ϕ28	1617.0	1499.6
42	同上	2ϕ25	944.4	850.8	74	同上	2ϕ32	1812.9	1659.5
43	同上	2ϕ28	1074.2	956.7	75	同上	2ϕ36	2034.9	1840.8
44	同上	2ϕ32	1270.0	1116.7	76	4ϕ14（4）	—	332.5	332.5
45	同上	2ϕ36	1492.1	1297.9	77	6ϕ14（4）	—	665.0	665.0
46	4ϕ10（4）	—	169.6	169.6	78	8ϕ14（4）	—	997.5	997.5
47	6ϕ10（4）	—	339.2	339.2	79	10ϕ14（4）	—	1330.0	1330.0
48	8ϕ10（4）	—	508.9	508.9	80	10ϕ14（4）	2ϕ10	1411.6	1396.6
49	10ϕ10（4）	—	678.5	678.5	81	同上	2ϕ12	1447.5	1425.9
50	10ϕ10（4）	2ϕ10	760.2	745.2	82	同上	2ϕ14	1490.0	1460.6
51	同上	2ϕ12	796.1	774.5	83	同上	2ϕ16	1538.9	1500.6
52	同上	2ϕ14	838.5	809.2	84	同上	2ϕ18	1594.4	1545.9
53	同上	2ϕ16	887.5	849.1	85	同上	2ϕ20	1656.5	1596.6
54	同上	2ϕ18	943.0	894.5	86	同上	2ϕ22	1725.0	1652.5
55	同上	2ϕ20	1005.0	945.1	87	同上	2ϕ25	1840.1	1746.5
56	同上	2ϕ22	1073.6	1001.1	88	同上	2ϕ28	1969.9	1852.5
57	同上	2ϕ25	1188.7	1095.1	89	同上	2ϕ32	2165.8	2012.4
58	同上	2ϕ28	1318.4	1201.0	90	同上	2ϕ36	2387.8	2193.7

序号	①号箍筋	②号吊筋	允许承受集中力（kN）		序号	①号箍筋	②号吊筋	允许承受集中力（kN）	
			吊筋60°	吊筋45°				吊筋60°	吊筋45°
1	10φ6（4）	2φ10	342.2	324.2	34	10φ10（4）	2φ10	776.5	758.5
2	同上	2φ12	385.3	359.4	35	同上	2φ12	819.6	793.7
3	同上	2φ14	436.2	401.0	36	同上	2φ14	870.5	835.3
4	同上	2φ16	495.0	449.0	37	同上	2φ16	929.3	883.3
5	同上	2φ18	561.6	503.4	38	同上	2φ18	995.9	937.6
6	同上	2φ20	636.0	564.1	39	同上	2φ20	1070.3	998.4
7	同上	2φ22	718.3	631.3	40	同上	2φ22	1152.6	1065.6
8	同上	2φ25	856.4	744.1	41	同上	2φ25	1290.7	1178.4
9	同上	2φ28	1012.1	871.2	42	同上	2φ28	1446.4	1305.5
10	同上	2φ32	1247.2	1063.2	43	同上	2φ32	1681.5	1497.4
11	同上	2φ36	1513.6	1280.7	44	同上	2φ36	1947.9	1715.0
12	10φ6.5（4）	2φ10	384.6	366.6	45	10φ12（4）	2φ10	1075.1	1057.1
13	同上	2φ12	427.7	401.8	46	同上	2φ12	977.1	1092.3
14	同上	2φ14	478.6	443.4	47	同上	2φ14	1169.1	1133.9
15	同上	2φ16	537.4	491.4	48	同上	2φ16	1227.9	1181.8
16	同上	2φ18	604.0	545.8	49	同上	2φ18	1294.5	1236.2
17	同上	2φ20	678.4	606.5	50	同上	2φ20	1368.9	1297.0
18	同上	2φ22	760.7	673.7	51	同上	2φ22	1451.2	1364.2
19	同上	2φ25	898.8	786.5	52	同上	2φ25	1589.3	1476.9
20	同上	2φ28	1054.5	913.6	53	同上	2φ28	1745.0	1604.1
21	同上	2φ32	1289.6	1105.6	54	同上	2φ32	1980.1	1796.0
22	同上	2φ36	1556.0	1323.1	55	同上	2φ36	2246.5	2013.6
23	10φ8（4）	2φ10	532.2	514.2	56	10φ14（4）	2φ10	1427.9	1410.0
24	同上	2φ12	575.3	434.2	57	同上	2φ12	1471.0	1445.1
25	同上	2φ14	626.2	591.0	58	同上	2φ14	1522.0	1486.7
26	同上	2φ16	685.0	639.0	59	同上	2φ16	1580.7	1534.7
27	同上	2φ18	751.6	693.4	60	同上	2φ18	1647.3	1589.1
28	同上	2φ20	826.0	754.1	61	同上	2φ20	1721.8	1649.9
29	同上	2φ22	908.3	821.3	62	同上	2φ22	1804.0	1717.0
30	同上	2φ25	1046.4	934.1	63	同上	2φ25	1942.1	1829.8
31	同上	2φ28	1202.1	1061.2	64	同上	2φ28	2097.9	1957.0
32	同上	2φ32	1437.2	1253.2	65	同上	2φ32	2332.9	2148.9
33	同上	2φ36	1703.6	1470.7	66	同上	2φ36	2599.3	2366.4

梁附加横向钢筋表（300级四肢箍，500级吊筋60°、45°）　　表11.16

序号	①号箍筋	②号吊筋	允许承受集中力（kN）		序号	①号箍筋	②号吊筋	允许承受集中力（kN）	
			吊筋60°	吊筋45°				吊筋60°	吊筋45°
1	10φ6（4）	2φ10	362.6	340.9	34	10φ10（4）	2φ10	796.9	775.2
2	同上	2φ12	414.7	383.4	35	同上	2φ12	849.0	817.7
3	同上	2φ14	476.2	433.6	36	同上	2φ14	910.5	867.9
4	同上	2φ16	547.2	491.6	37	同上	2φ16	981.5	925.9
5	同上	2φ18	627.7	557.3	38	同上	2φ18	1062.0	991.6
6	同上	2φ20	717.6	630.8	39	同上	2φ20	1151.9	1065.1
7	同上	2φ22	817.1	711.9	40	同上	2φ22	1251.4	1146.2
8	同上	2φ25	983.9	848.2	41	同上	2φ25	1418.2	1282.5
9	同上	2φ28	1172.1	1001.8	42	同上	2φ28	1606.4	1436.1
10	同上	2φ32	1456.2	1233.8	43	同上	2φ32	1890.4	1668.1
11	同上	2φ36	1778.1	1496.6	44	同上	2φ36	2212.4	1930.9
12	10φ6.5（4）	2φ10	405.0	383.3	45	10φ12（4）	2φ10	1095.5	1073.7
13	同上	2φ12	457.1	425.8	46	同上	2φ12	1147.8	1116.3
14	同上	2φ14	518.6	476.1	47	同上	2φ14	1209.1	1166.5
15	同上	2φ16	589.6	534.0	48	同上	2φ16	1280.1	1224.5
16	同上	2φ18	670.1	599.7	49	同上	2φ18	1360.6	1290.2
17	同上	2φ20	760.1	673.2	50	同上	2φ20	1450.5	1363.6
18	同上	2φ22	859.5	754.4	51	同上	2φ22	1549.9	1444.8
19	同上	2φ25	1026.3	890.6	52	同上	2φ25	1716.8	1581.1
20	同上	2φ28	1214.5	1044.3	53	同上	2φ28	1905.0	1734.7
21	同上	2φ32	1498.6	1276.2	54	同上	2φ32	2189.0	1966.6
22	同上	2φ36	1820.5	1539.0	55	同上	2φ36	2510.9	2229.5
23	10φ8（4）	2φ10	552.6	530.9	56	10φ14（4）	2φ10	1448.3	1426.6
24	同上	2φ12	604.7	434.2	57	同上	2φ12	1500.4	1469.1
25	同上	2φ14	666.2	623.6	58	同上	2φ14	1561.9	1519.4
26	同上	2φ16	737.2	681.6	59	同上	2φ16	1633.0	1577.4
27	同上	2φ18	817.7	747.3	60	同上	2φ18	1713.4	1643.1
28	同上	2φ20	907.6	820.8	61	同上	2φ20	1803.4	1716.5
29	同上	2φ22	1007.1	902.0	62	同上	2φ22	1902.8	1797.7
30	同上	2φ25	1173.9	1038.2	63	同上	2φ25	2069.7	1933.9
31	同上	2φ28	1362.1	1191.8	64	同上	2φ28	2257.8	2087.6
32	同上	2φ32	1646.2	1423.8	65	同上	2φ32	2541.9	2319.5
33	同上	2φ36	1968.1	1686.6	66	同上	2φ36	2863.8	2582.3

梁附加横向钢筋表（335 级四肢箍，335 级吊筋 60°、45°）　　　　　表 11.17

序号	①号箍筋	②号吊筋	允许承受集中力（kN）		序号	①号箍筋	②号吊筋	允许承受集中力（kN）	
			吊筋 60°	吊筋 45°				吊筋 60°	吊筋 45°
1	4ϕ6（4）	—	67.8	67.8	34	10ϕ8（4）	—	482.5	482.5
2	6ϕ6（4）	—	135.7	135.7	35	10ϕ8（4）	2ϕ10	580.4	549.1
3	8ϕ6（4）	—	203.5	203.5	36	同上	2ϕ12	623.5	578.5
4	10ϕ6（4）	—	271.4	271.4	37	同上	2ϕ14	674.5	613.1
5	10ϕ6（4）	2ϕ10	369.3	338.0	38	同上	2ϕ16	733.2	653.1
6	同上	2ϕ12	412.4	367.4	39	同上	2ϕ18	799.8	698.4
7	同上	2ϕ14	463.4	402.0	40	同上	2ϕ20	874.2	749.1
8	同上	2ϕ16	522.1	442.0	41	同上	2ϕ22	956.6	805.1
9	同上	2ϕ18	588.7	487.3	42	同上	2ϕ25	1094.6	899.0
10	同上	2ϕ20	663.2	538.0	43	同上	2ϕ28	1122.4	1005.0
11	同上	2ϕ22	745.5	593.9	44	同上	2ϕ32	1318.3	1164.9
12	同上	2ϕ25	883.5	687.9	45	同上	2ϕ36	1540.3	1346.2
13	同上	2ϕ28	911.3	793.9	46	4ϕ10（4）	—	188.5	188.5
14	同上	2ϕ32	1107.2	953.8	47	6ϕ10（4）	—	377.0	377.0
15	同上	2ϕ36	1329.2	1135.1	48	8ϕ10（4）	—	565.4	565.4
16	4ϕ6.5（4）	—	79.6	79.6	49	10ϕ10（4）	—	753.9	753.9
17	6ϕ6.5（4）	—	159.2	159.2	50	10ϕ10（4）	2ϕ10	851.9	820.6
18	8ϕ6.5（4）	—	238.9	238.9	51	同上	2ϕ12	895.0	849.9
19	10ϕ6.5（4）	—	318.5	318.5	52	同上	2ϕ14	945.9	884.6
20	10ϕ6.5（4）	2ϕ10	416.5	385.2	53	同上	2ϕ16	1004.6	924.5
21	同上	2ϕ12	459.6	414.5	54	同上	2ϕ18	1071.2	969.9
22	同上	2ϕ14	510.5	449.1	55	同上	2ϕ20	1145.7	1020.5
23	同上	2ϕ16	569.2	489.1	56	同上	2ϕ22	1228.0	1076.5
24	同上	2ϕ18	635.8	534.3	57	同上	2ϕ25	1366.0	1170.5
25	同上	2ϕ20	710.3	585.1	58	同上	2ϕ28	1393.8	1276.4
26	同上	2ϕ22	792.6	641.1	59	同上	2ϕ32	1589.7	1436.4
27	同上	2ϕ25	930.6	735.0	60	同上	2ϕ36	1811.7	1617.6
28	同上	2ϕ28	958.4	841.0	61	4ϕ12（4）	—	271.4	271.4
29	同上	2ϕ32	1154.3	1000.9	62	6ϕ12（4）	—	542.8	542.8
30	同上	2ϕ36	1376.3	1182.2	63	8ϕ12（4）	—	814.3	814.3
31	4ϕ8（4）	—	120.6	120.6	64	10ϕ12（4）	—	1085.7	1085.7
32	6ϕ8（4）	—	241.2	241.2	65	10ϕ12（4）	2ϕ10	1183.7	1152.3
33	8ϕ8（4）	—	361.9	361.9	66	同上	2ϕ12	1226.8	1181.7

序号	①号箍筋	②号吊筋	允许承受集中力（kN）		序号	①号箍筋	②号吊筋	允许承受集中力（kN）	
			吊筋60°	吊筋45°				吊筋60°	吊筋45°
67	同上	2φ14	1277.7	1216.3	79	10φ14（4）	—	1477.8	1477.8
68	同上	2φ16	1336.4	1256.3	80	10φ14（4）	2φ10	1575.7	1544.4
69	同上	2φ18	1403.0	1301.6	81	同上	2φ12	1618.8	1573.7
70	同上	2φ20	1477.5	1352.3	82	同上	2φ14	1669.7	1608.4
71	同上	2φ22	1559.8	1408.2	83	同上	2φ16	1728.5	1648.4
72	同上	2φ25	1697.8	1502.2	84	同上	2φ18	1795.1	1693.7
73	同上	2φ28	1725.6	1608.2	85	同上	2φ20	1869.5	1744.3
74	同上	2φ32	1921.5	1768.1	86	同上	2φ22	1951.8	1800.3
75	同上	2φ36	2143.5	1949.4	87	同上	2φ25	2089.9	1894.3
76	4φ14（4）	—	369.4	369.4	88	同上	2φ28	2117.7	2000.2
77	6φ14（4）	—	738.9	738.9	89	同上	2φ32	2313.6	2160.2
78	8φ14（4）	—	1108.3	1108.3	90	同上	2φ36	2535.6	2341.5

梁附加横向钢筋表（335 级四肢箍，400 级吊筋60°、45°）　　　表 11.18

序号	①号箍筋	②号吊筋	允许承受集中力（kN）		序号	①号箍筋	②号吊筋	允许承受集中力（kN）	
			吊筋60°	吊筋45°				吊筋60°	吊筋45°
1	10φ6（4）	2φ10	369.3	351.4	18	同上	2φ22	792.6	705.6
2	同上	2φ12	412.4	386.5	19	同上	2φ25	930.7	818.3
3	同上	2φ14	463.4	428.1	20	同上	2φ28	1086.4	945.5
4	同上	2φ16	522.1	476.1	21	同上	2φ32	1321.5	1137.4
5	同上	2φ18	588.7	530.5	22	同上	2φ36	1587.9	1354.9
6	同上	2φ20	663.2	591.3	23	10φ8（4）	2φ10	580.4	562.5
7	同上	2φ22	745.4	658.5	24	同上	2φ12	623.5	597.7
8	同上	2φ25	883.5	771.2	25	同上	2φ14	674.5	639.2
9	同上	2φ28	1039.3	898.4	26	同上	2φ16	733.2	687.2
10	同上	2φ32	1274.3	1090.3	27	同上	2φ18	799.8	741.6
11	同上	2φ36	1540.8	1307.8	28	同上	2φ20	874.3	802.4
12	10φ6.5（4）	2φ10	416.5	398.5	29	同上	2φ22	956.6	869.6
13	同上	2φ12	459.6	433.7	30	同上	2φ25	1094.7	982.3
14	同上	2φ14	510.5	475.3	31	同上	2φ28	1250.4	1109.5
15	同上	2φ16	569.3	523.2	32	同上	2φ32	1485.5	1301.4
16	同上	2φ18	635.9	577.6	33	同上	2φ36	1751.9	1518.9
17	同上	2φ20	710.3	638.4	34	10φ10（4）	2φ10	851.9	833.9

序号	①号箍筋	②号吊筋	允许承受集中力（kN）		序号	①号箍筋	②号吊筋	允许承受集中力（kN）	
			吊筋60°	吊筋45°				吊筋60°	吊筋45°
35	同上	2φ12	895.0	869.1	51	同上	2φ22	1559.7	1472.8
36	同上	2φ14	945.9	910.7	52	同上	2φ25	1697.8	1585.5
37	同上	2φ16	1004.7	958.7	53	同上	2φ28	1853.6	1712.7
38	同上	2φ18	1071.3	1013.0	54	同上	2φ32	2088.6	1904.6
39	同上	2φ20	1145.7	1073.8	55	同上	2φ36	2355.1	2122.1
40	同上	2φ22	1228.0	1141.0	56	10φ14（4）	2φ10	1575.7	1557.7
41	同上	2φ25	1366.1	1253.8	57	同上	2φ12	1618.8	1592.9
42	同上	2φ28	1521.8	1380.9	58	同上	2φ14	1669.7	1634.5
43	同上	2φ32	1756.9	1572.8	59	同上	2φ16	1728.5	1682.5
44	同上	2φ36	2023.3	1790.4	60	同上	2φ18	1795.1	1736.9
45	10φ12（4）	2φ10	1183.6	1165.7	61	同上	2φ20	1869.5	1797.6
46	同上	2φ12	1085.7	1200.8	62	同上	2φ22	1951.8	1864.8
47	同上	2φ14	1277.7	1242.4	63	同上	2φ25	2089.9	1977.6
48	同上	2φ16	1336.4	1290.4	64	同上	2φ28	2245.6	2104.7
49	同上	2φ18	1403.0	1344.8	65	同上	2φ32	2480.7	2296.7
50	同上	2φ20	1477.5	1405.6	66	同上	2φ36	2747.1	2514.2

梁附加横向钢筋表（335 级四肢箍，500 级吊筋 60°、45°）　　　　　　　**表 11.19**

序号	①号箍筋	②号吊筋	允许承受集中力（kN）		序号	①号箍筋	②号吊筋	允许承受集中力（kN）	
			吊筋60°	吊筋45°				吊筋60°	吊筋45°
1	10φ6（4）	2φ10	389.7	368.0	14	同上	2φ14	550.5	507.9
2	同上	2φ12	441.8	410.5	15	同上	2φ16	621.5	565.9
3	同上	2φ14	503.4	460.8	16	同上	2φ18	702.0	631.6
4	同上	2φ16	574.4	518.8	17	同上	2φ20	791.9	705.0
5	同上	2φ18	654.8	584.5	18	同上	2φ22	891.3	786.2
6	同上	2φ20	744.8	657.9	19	同上	2φ25	1058.2	922.5
7	同上	2φ22	844.2	739.1	20	同上	2φ28	1246.4	1076.1
8	同上	2φ25	1011.1	875.3	21	同上	2φ32	1530.4	1308.0
9	同上	2φ28	1199.3	1029.0	22	同上	2φ36	1852.3	1570.9
10	同上	2φ32	1483.3	1260.9	23	10φ8（4）	2φ10	600.9	579.1
11	同上	2φ36	1805.2	1523.7	24	同上	2φ12	652.9	621.7
12	10φ6.5（4）	2φ10	436.9	415.1	25	同上	2φ14	714.5	671.9
13	同上	2φ12	488.9	457.7	26	同上	2φ16	785.5	729.9

序号	①号箍筋	②号吊筋	允许承受集中力(kN) 吊筋60°	吊筋45°	序号	①号箍筋	②号吊筋	允许承受集中力(kN) 吊筋60°	吊筋45°
27	同上	2φ18	866.0	795.6	47	同上	2φ14	1317.7	1275.1
28	同上	2φ20	955.9	869.0	48	同上	2φ16	1388.7	1333.1
29	同上	2φ22	1055.3	950.2	49	同上	2φ18	1469.1	1398.8
30	同上	2φ25	1222.2	1086.5	50	同上	2φ20	1559.1	1472.2
31	同上	2φ28	1410.4	1240.1	51	同上	2φ22	1658.5	1553.4
32	同上	2φ32	1694.4	1472.0	52	同上	2φ25	1825.4	1689.6
33	同上	2φ36	2016.3	1734.9	53	同上	2φ28	2013.6	1843.3
34	10φ10(4)	2φ10	872.3	850.6	54	同上	2φ32	2297.6	2075.2
35	同上	2φ12	924.4	893.1	55	同上	2φ36	2619.5	2338.0
36	同上	2φ14	985.9	943.3	56	10φ14(4)	2φ10	1596.1	1574.4
37	同上	2φ16	1056.9	1001.3	57	同上	2φ12	1648.2	1616.9
38	同上	2φ18	1137.4	1067.0	58	同上	2φ14	1709.7	1667.2
39	同上	2φ20	1227.3	1140.5	59	同上	2φ16	1780.7	1725.1
40	同上	2φ22	1326.8	1221.6	60	同上	2φ18	1861.2	1790.8
41	同上	2φ25	1493.6	1357.9	61	同上	2φ20	1951.2	1864.3
42	同上	2φ28	1681.8	1511.5	62	同上	2φ22	2050.6	1945.5
43	同上	2φ32	1965.8	1743.5	63	同上	2φ25	2217.4	2081.7
44	同上	2φ36	2287.8	2006.3	64	同上	2φ28	2405.6	2235.4
45	10φ12(4)	2φ10	1204.0	1182.3	65	同上	2φ32	2689.7	2467.3
46	同上	2φ12	1085.7	1224.8	66	同上	2φ36	3011.6	2730.1

梁附加横向钢筋表（400级四肢箍，335级吊筋60°、45°）　　　　表11.20

序号	①号箍筋	②号吊筋	允许承受集中力(kN) 吊筋60°	吊筋45°	序号	①号箍筋	②号吊筋	允许承受集中力(kN) 吊筋60°	吊筋45°
1	4φ6(4)	—	81.4	81.4	11	同上	2φ22	720.7	648.2
2	6φ6(4)	—	162.8	162.8	12	同上	2φ25	835.8	742.2
3	8φ6(4)	—	244.2	244.2	13	同上	2φ28	965.6	848.2
4	10φ6(4)	—	325.7	325.7	14	同上	2φ32	1161.5	1008.1
5	10φ6(4)	2φ10	407.3	392.3	15	同上	2φ36	1383.5	1189.4
6	同上	2φ12	443.2	421.6	16	4φ6.5(4)	—	95.5	95.5
7	同上	2φ14	485.7	456.3	17	6φ6.5(4)	—	191.1	191.1
8	同上	2φ16	534.6	496.3	18	8φ6.5(4)	—	286.7	286.7
9	同上	2φ18	590.1	541.6	19	10φ6.5(4)	—	382.2	382.2
10	同上	2φ20	652.2	592.2	20	10φ6.5(4)	2φ10	463.8	448.9

序号	①号箍筋	②号吊筋	允许承受集中力（kN）		序号	①号箍筋	②号吊筋	允许承受集中力（kN）	
			吊筋60°	吊筋45°				吊筋60°	吊筋45°
21	同上	2ϕ12	499.8	478.2	56	同上	2ϕ22	1299.8	1227.3
22	同上	2ϕ14	542.2	512.8	57	同上	2ϕ25	1414.9	1321.3
23	同上	2ϕ16	591.2	552.8	58	同上	2ϕ28	1544.6	1427.2
24	同上	2ϕ18	646.7	598.1	59	同上	2ϕ32	1740.5	1587.2
25	同上	2ϕ20	708.7	648.8	60	同上	2ϕ36	1962.5	1768.4
26	同上	2ϕ22	777.3	704.8	61	4ϕ12（4）	—	325.7	325.7
27	同上	2ϕ25	892.4	798.7	62	6ϕ12（4）	—	651.4	651.4
28	同上	2ϕ28	1022.1	904.7	63	8ϕ12（4）	—	977.1	977.1
29	同上	2ϕ32	1218.0	1064.6	64	10ϕ12（4）	—	1302.8	1302.8
30	同上	2ϕ36	1440.0	1245.9	65	10ϕ12（4）	2ϕ10	1384.5	1369.5
31	4ϕ8（4）	—	144.7	144.7	66	同上	2ϕ12	1420.4	1398.8
32	6ϕ8（4）	—	289.5	289.5	67	同上	2ϕ14	1462.8	1433.5
33	8ϕ8（4）	—	434.3	434.2	68	同上	2ϕ16	1511.8	1473.4
34	10ϕ8（4）	—	579.0	579.0	69	同上	2ϕ18	1567.3	1518.8
35	10ϕ8（4）	2ϕ10	660.6	645.7	70	同上	2ϕ20	1629.3	1569.4
36	同上	2ϕ12	696.5	675.0	71	同上	2ϕ22	1697.9	1625.4
37	同上	2ϕ14	739.0	709.6	72	同上	2ϕ25	1813.0	1719.4
38	同上	2ϕ16	788.0	749.6	73	同上	2ϕ28	1942.7	1825.3
39	同上	2ϕ18	843.5	794.9	74	同上	2ϕ32	2138.6	1985.3
40	同上	2ϕ20	905.5	845.6	75	同上	2ϕ36	2360.6	2166.5
41	同上	2ϕ22	974.1	901.6	76	4ϕ14（4）	—	443.3	443.3
42	同上	2ϕ25	1089.1	995.5	77	6ϕ14（4）	—	886.7	886.6
43	同上	2ϕ28	1218.9	1101.5	78	8ϕ14（4）	—	1329.9	1330.0
44	同上	2ϕ32	1414.8	1261.4	79	10ϕ14（4）	—	1773.3	1773.3
45	同上	2ϕ36	1636.8	1442.7	80	10ϕ14（4）	2ϕ10	1854.9	1840.0
46	4ϕ10（4）	—	226.2	226.2	81	同上	2ϕ12	1890.9	1869.3
47	6ϕ10（4）	—	452.4	452.4	82	同上	2ϕ14	1933.3	1903.9
48	8ϕ10（4）	—	678.5	678.5	83	同上	2ϕ16	1982.3	1943.9
49	10ϕ10（4）	—	904.7	904.7	84	同上	2ϕ18	2037.8	1989.2
50	10ϕ10（4）	2ϕ10	986.4	971.4	85	同上	2ϕ20	2099.8	2039.9
51	同上	2ϕ12	1022.3	1000.7	86	同上	2ϕ22	2168.4	2095.9
52	同上	2ϕ14	1064.7	1035.4	87	同上	2ϕ25	2283.5	2189.8
53	同上	2ϕ16	1113.7	1075.3	88	同上	2ϕ28	2413.2	2295.8
54	同上	2ϕ18	1169.2	1120.7	89	同上	2ϕ32	2609.1	2455.7
55	同上	2ϕ20	1231.2	1171.3	90	同上	2ϕ36	2831.1	2637.0

梁附加横向钢筋表（400级四肢箍，400级吊筋60°、45°）　　表11.21

序号	①号箍筋	②号吊筋	允许承受集中力（kN）		序号	①号箍筋	②号吊筋	允许承受集中力（kN）	
			吊筋60°	吊筋45°				吊筋60°	吊筋45°
1	10ϕ6（4）	2ϕ10	423.6	405.6	34	10ϕ10（4）	2ϕ10	1002.7	984.7
2	同上	2ϕ12	466.7	440.8	35	同上	2ϕ12	1045.7	1019.9
3	同上	2ϕ14	517.7	482.4	36	同上	2ϕ14	1096.7	1061.5
4	同上	2ϕ16	576.4	530.4	37	同上	2ϕ16	1155.4	1109.5
5	同上	2ϕ18	643.0	584.8	38	同上	2ϕ18	1222.0	1163.8
6	同上	2ϕ20	717.4	645.6	39	同上	2ϕ20	1296.5	1224.6
7	同上	2ϕ22	799.8	712.7	40	同上	2ϕ22	1378.8	1291.8
8	同上	2ϕ25	937.8	825.5	41	同上	2ϕ25	1516.8	1404.6
9	同上	2ϕ28	1093.6	952.7	42	同上	2ϕ28	1672.6	1531.7
10	同上	2ϕ32	1328.6	1144.6	43	同上	2ϕ32	1907.7	1723.6
11	同上	2ϕ36	1595.0	1362.1	44	同上	2ϕ36	2174.1	1941.2
12	10ϕ6.5（4）	2ϕ10	480.2	462.2	45	10ϕ12（4）	2ϕ10	1400.8	1382.8
13	同上	2ϕ12	523.3	497.4	46	同上	2ϕ12	1443.9	1418.0
14	同上	2ϕ14	574.2	539.0	47	同上	2ϕ14	1494.9	1459.6
15	同上	2ϕ16	632.9	587.0	48	同上	2ϕ16	1553.6	1507.6
16	同上	2ϕ18	699.5	641.3	49	同上	2ϕ18	1620.2	1561.9
17	同上	2ϕ20	774.0	702.1	50	同上	2ϕ20	1694.6	1622.7
18	同上	2ϕ22	856.3	769.3	51	同上	2ϕ22	1776.9	1689.9
19	同上	2ϕ25	994.4	882.0	52	同上	2ϕ25	1915.0	1802.7
20	同上	2ϕ28	1150.1	1009.2	53	同上	2ϕ28	2070.7	1929.8
21	同上	2ϕ32	1385.2	1201.1	54	同上	2ϕ32	2305.8	2121.7
22	同上	2ϕ36	1651.6	1418.7	55	同上	2ϕ36	2572.2	2339.3
23	10ϕ8（4）	2ϕ10	676.9	659.0	56	10ϕ14（4）	2ϕ10	1871.3	1853.3
24	同上	2ϕ12	720.0	579.0	57	同上	2ϕ12	1914.4	1888.5
25	同上	2ϕ14	771.0	735.8	58	同上	2ϕ14	1965.3	1930.1
26	同上	2ϕ16	829.7	783.7	59	同上	2ϕ16	2024.0	1978.0
27	同上	2ϕ18	896.3	838.1	60	同上	2ϕ18	2090.6	2032.4
28	同上	2ϕ20	970.7	898.9	61	同上	2ϕ20	2165.1	2093.2
29	同上	2ϕ22	1053.1	966.1	62	同上	2ϕ22	2247.4	2160.4
30	同上	2ϕ25	1191.2	1078.8	63	同上	2ϕ25	2385.4	2273.1
31	同上	2ϕ28	1346.9	1206.0	64	同上	2ϕ28	2541.2	2400.3
32	同上	2ϕ32	1582.0	1397.9	65	同上	2ϕ32	2776.3	2592.2
33	同上	2ϕ36	1848.4	1615.4	66	同上	2ϕ36	3042.7	2809.8

序号	①号箍筋	②号吊筋	允许承受集中力（kN）		序号	①号箍筋	②号吊筋	允许承受集中力（kN）	
			吊筋60°	吊筋45°				吊筋60°	吊筋45°
1	10φ6（4）	2φ10	444.0	422.3	34	10φ10（4）	2φ10	1023.1	1001.4
2	同上	2φ12	496.1	464.8	35	同上	2φ12	1075.2	1043.9
3	同上	2φ14	557.6	515.1	36	同上	2φ14	1136.7	1094.1
4	同上	2φ16	628.7	573.1	37	同上	2φ16	1207.7	1152.1
5	同上	2φ18	709.1	638.8	38	同上	2φ18	1288.2	1217.8
6	同上	2φ20	799.1	712.2	39	同上	2φ20	1378.1	1291.3
7	同上	2φ22	898.5	793.4	40	同上	2φ22	1477.5	1372.4
8	同上	2φ25	1065.4	929.6	41	同上	2φ25	1644.4	1508.7
9	同上	2φ28	1253.5	1083.3	42	同上	2φ28	1832.6	1662.3
10	同上	2φ32	1537.6	1315.2	43	同上	2φ32	2116.6	1894.3
11	同上	2φ36	1859.5	1578.0	44	同上	2φ36	2438.6	2157.1
12	10φ6.5（4）	2φ10	500.6	478.9	45	10φ12（4）	2φ10	1421.2	1399.5
13	同上	2φ12	552.6	521.4	46	同上	2φ12	1302.8	1442.0
14	同上	2φ14	614.2	571.6	47	同上	2φ14	1534.8	1492.2
15	同上	2φ16	685.2	629.6	48	同上	2φ16	1605.8	1550.2
16	同上	2φ18	765.7	695.3	49	同上	2φ18	1686.3	1615.9
17	同上	2φ20	855.6	768.8	50	同上	2φ20	1776.2	1689.4
18	同上	2φ22	955.0	849.9	51	同上	2φ22	1875.7	1770.5
19	同上	2φ25	1121.9	986.2	52	同上	2φ25	2042.5	1906.8
20	同上	2φ28	1310.1	1139.8	53	同上	2φ28	2230.7	2060.4
21	同上	2φ32	1594.1	1371.7	54	同上	2φ32	2514.7	2292.4
22	同上	2φ36	1916.0	1634.6	55	同上	2φ36	2836.7	2555.2
23	10φ8（4）	2φ10	697.4	675.6	56	10φ14（4）	2φ10	1891.7	1870.0
24	同上	2φ12	749.4	718.2	57	同上	2φ12	1943.7	1912.5
25	同上	2φ14	811.0	768.4	58	同上	2φ14	2005.3	1962.7
26	同上	2φ16	882.0	826.4	59	同上	2φ16	2076.3	2020.7
27	同上	2φ18	962.5	892.1	60	同上	2φ18	2156.8	2086.4
28	同上	2φ20	1052.4	965.5	61	同上	2φ20	2246.7	2159.9
29	同上	2φ22	1151.8	1046.7	62	同上	2φ22	2346.1	2241.0
30	同上	2φ25	1318.7	1183.0	63	同上	2φ25	2513.0	2377.3
31	同上	2φ28	1506.9	1336.6	64	同上	2φ28	2701.2	2530.9
32	同上	2φ32	1790.9	1568.5	65	同上	2φ32	2985.2	2762.8
33	同上	2φ36	2112.8	1831.4	66	同上	2φ36	3307.1	3025.7

十二、柱配筋表

（一）柱配筋表编制说明及例题

1. 本表旨在为读者提供比较合理的柱箍筋布置及纵向钢筋排列，设计时应先决定箍筋布置，而不要先决定纵筋根数和排列，因为纵筋直径及根数很容易选择。笔者在施工图审查时经常发现有柱纵向钢筋排列及箍筋肢距不合理，如柱纵向钢筋间距及箍筋肢距太大（不符合规范规定）或箍筋肢距太小，有些箍筋肢距小到只有 80～120mm，影响混凝土浇注。

2. 柱纵向钢筋按一种直径、纵向钢筋间距≤200mm 并净间距≥50mm、全部纵向钢筋的配筋率 $\rho = 0.5\%～5.0\%$、矩形柱按对称配筋、一侧纵向钢筋配筋率≥0.2%、箍筋外边缘的混凝土保护层厚度 20mm（即环境类别为一类）、"箍筋肢距"（即"每肢箍筋之间的水平距离"）除柱截面宽度为 300mm 时有 130mm 外均按 150～300mm 编制。表中①号筋为纵向钢筋，②号箍筋为外箍（大箍），③、④号箍筋为内箍（小箍）或拉筋。表中 ϕ 仅代表钢筋直径而不代表钢筋种类。

3. 柱箍筋加密区的配箍率按 $\rho_v = 0.40～4.0\%$ 编制，计算配箍率时，重叠部分的箍筋体积不予计入（《混凝土结构设计规范》GB 50010—2010 第 11.4.17 条 1 款规定："柱箍筋加密区的体积配箍率，计算中应扣除重叠部分的箍筋体积"；《高层建筑混凝土结构技术规程》JG 3—2010 第 6.4.17 条 4 款规定："计算复合箍筋的体积配箍率时，可不扣除重叠部分的箍筋体积"；《建筑抗震设计规范》GB 50011—2010 第 6.3.9 条条文说明："本次修订，删除了 89 规范和 2001 规范关于复合箍应扣除重叠部分箍筋体积的规定，因重叠部分对混凝土的约束情况比较复杂，如何换算有待进一步研究"，三本规范规定不一，本书采用《混凝土结构设计规范》的规定）。圆柱的大箍按单个圆形箍筋（即非螺旋箍）考虑。配箍率 $\rho_v = \Sigma A_{si}L_{si}/(A_{cor}S)$，其中的核心区面积 A_{cor} 按《混凝土结构设计规范》GB 50010—2010 第 11.4.17 条 1 款及 6.6.3 条（《混凝土结构设计规范》GB 50010—2002 第 11.4.17 条 1 款与 7.8.3 条同）取"从箍筋内边缘算起的箍筋包裹范围内的混凝土核心面积"（笔者认为：位于核心区面积以外的大箍要计入核心面积的箍筋体积配箍率，这在理论上说是不合情理的，且箍筋直径越大则该核心区面积越小也不合理，以矩形截面柱为例，如柱截面为 500mm × 500mm，当外箍直径为 6mm 时其核心区面积 $A_{cor} = (500 - 20 × 2 - 6 × 2)^2 = 200704mm^2$，当外箍直径为 16mm 时其核心区面积 $A_{cor} = (500 - 20 × 2 - 16 × 2)^2 = 183184mm^2$，二者之比为 183184/200704 = 0.9127，柱截面为 1000mm × 1000mm 时，当外箍直径为 6mm 时其核心区面积 $A_{cor} = (1000 - 20 × 2 - 6 × 2)^2 = 898704mm^2$，当外箍直径为 16mm 时其核心区面积 $A_{cor} = (1000 - 20 × 2 - 16 × 2)^2 = 861184mm^2$，二者之比为 861184/898704 = 0.95825，如柱主筋直径越大其混凝土保护层厚度越大则其核心区面积 A_{cor} 会越小，按龚思礼主编的《建筑抗震设计手册》[10]（1997 年 7 月第一版）第 307 页，核心区面积 A_{cor} 为从箍筋外边缘算起的箍筋包裹范围内的混凝土核心面积，这样是比较合理的，因此本书第一版就是按此计算箍筋体积配筋率的），这样得到的箍筋体积配筋率会大于本书第一版的数据。当柱主筋直径 $d = 28\text{mm}$ 而箍筋直径为 6mm、柱主筋直径 $d = 32\text{mm}$ 而箍筋直径 $\leqslant 10\text{mm}$、柱主筋直径 $d = 36\text{mm}$ 而箍筋直径 $\leqslant 14\text{mm}$ 或柱主筋直径 $d \geqslant 40\text{mm}$ 而箍筋直径 $\leqslant 16\text{mm}$ 时，因为主筋的混凝土保护层厚度不应小于其钢筋直径，故其核心区面积 A_{cor} 会更小而箍筋体积配筋率会更大，本柱配筋表中未予考虑，请读者注意。当环境类别为二 a、二 b、三 a、三 b 时，由于混凝土保护层需增大，其核心区面积 A_{cor} 也会更小，柱的箍筋体积配筋率将大于本表数据。

4．柱加密区箍筋间距均按 @100 编制，当箍筋间距为 $L_K \neq 100$ 时，则 $\rho_v = 100\rho_{vi}/L_K$。

5．柱非加密区箍筋间距可取 @200。

6．本表柱截面范围为：矩形截面柱 $b \times h = 300\text{mm} \times 300\text{mm} \sim 1300\text{mm} \times 1300\text{mm}$，圆形截面柱 $D = 350 \sim 1200\text{mm}$。本表适用于抗震设计及非抗震设计。本表另列出 $b \times h < 300\text{mm} \times 300\text{mm}$ 及 $D < 350\text{mm}$ 柱的配筋（矩形柱配筋表中序号 $1 \sim 23$，圆柱配筋表中序号 $1 \sim 16$），一般只可用于构造柱、小柱、装饰柱等。

7．如柱的内箍设为四边形（菱形）或六边形、八边形，箍筋的肢距和配箍率计算会更为繁杂，因此本柱配筋表全设为井字复合箍或拉筋，在本书柱配筋表中也没有本书图 12.2（e）所示的箍筋形式，读者如采用应按实际箍筋布置形式计算柱箍筋加密区的体积配箍率。

8．使用本表时，应由混凝土强度等级、抗震等级、轴压比、柱箍筋的体积配箍率、箍筋肢距、纵向钢筋计算配筋量、计算箍筋面积等要求选定截面形式。

9．讨论：抗震设计时，柱的箍筋要既符合规范的肢距规定又方便混凝土浇注，该如何布置？这是一个困惑全国各地广大结构设计人员及施工图审查人员的问题，因为何为"箍筋肢距"规范没有具体定义。中国建筑科学研究院建筑结构研究所、《高层建筑混凝土结构技术规程》编制组于 2002 年 8 月编写的《高层建筑混凝土结构技术规程 JGJ 3—2002 宣贯培训教材》[11]第 6-9 页指出："应该注意的是，由于规范中有一个柱箍筋肢距不大于 200mm 的规定（仅对抗震等级为一级或特一级的框架柱而言——笔者注），有不少设计人员在画图时，将箍筋肢距一律按均匀分布且不大于 200mm，如图 12.1（a）所示，这样将使浇捣混凝土发生困难。因为混凝土在浇捣时，是不允许从高处直接坠落的，必须使用导管，将混凝土引导到根部，然后逐渐向上浇灌。如果箍筋肢距全部不大于 200mm，将无法使用导管。国外设计单位在柱的横剖面中的箍筋布置，常如图 12.1（b）所示，这样既便于施工，对柱钢筋的拉结，也符合要求。当柱截面很大，且为矩

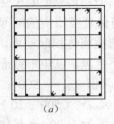
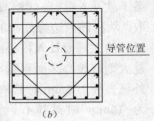

图 12.1

形时，例如 $1.2\text{m} \times 2.4\text{m}$ 等等，应考虑留 2 个导管的位置。"《高层建筑混凝土结构技术规程》JGJ 3—2010 第 6.4.3 条的条文说明中图 5 柱箍筋形式示例即本书图 12.2（其中图 12.2（e）"柱中宜留出 $300\text{mm} \times 300\text{mm}$ 的空间便于下导管"的形式是 2010 年版高规新增加的，即类似图 12.1（b）的箍筋形式，《建筑抗震设计规范》GB 50010—2010

第 6.3.7、6.3.8 条的条文说明中的图 17 也给出了柱箍筋形式示意图（仍同抗规 2001 年版），与高规图大部分是基本相同的，但抗规的图中没有图 12.2（e）的形式。全国各地广大结构设计人员和施工图审查人员几乎都把"箍筋肢距"按字面理解为"每肢箍筋之间的水平距离"，这样看图 12.1（b）和图 12.2，多数柱箍筋肢距有可能不满足规范的肢距规定。《全国民用建筑工程设计技术措施 2009 结构（混凝土结构）》[12]（按 2010 年版新规范编写）在第 29 页指出：柱箍筋"200mm 左右一根"满布是"错误"的（这个说法太过严厉了——笔者），"柱中心应留出不小于 300mm×300mm 浇灌混凝土的空间"。但笔者所在的四川省川建院工程咨询有限公司十余年来审查的数千个工程（设计单位遍布全国各地，包括香港）没有一个工程的箍筋采用图 12.1（b）和图 12.2（e）的形式。国内商品混凝土泵车的混凝土输出软管的直径大约为 125mm，笔者认为：只要"箍筋肢距"不小于 140mm 是可以满足混凝土浇注要求的。如异形柱截面厚度较小（仅 200～250mm），剪力墙厚度大部分也较小（一般仅 180～300mm），又怎么能"留出不小于 300mm×300mm 浇灌混凝土的空间"呢？笔者询问若干施工单位关于浇筑混凝土设置导管的问题，得到的回答是："现在箍筋肢距偏小，采用商品混凝土的流动性较好，一般都是在楼面标高处直接往下浇灌，实在不行就在半层高处将模板开一洞口浇灌"，这样的施工方法显然不符合施工验收规范的规定。

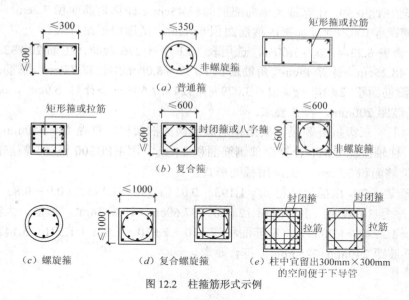

图 12.2　柱箍筋形式示例

　　看来，规范的编写者似乎是把"箍筋肢距"定义为"柱纵向钢筋及拉筋与外箍拉接点之间的距离"，那"箍筋肢距"则应改为"箍筋支距"。笔者再次吁请规范的编写者对"箍筋肢距"的定义给予具体说明，以统一全国广大建筑结构设计人员及施工图审查人员的认识。

　　10. 例题：

　　1）［例 1］　一级抗震等级框架结构的框架中柱，混凝土强度等级 C45，截面 $b \times h =$ 600mm×800mm，柱轴压比 0.63，计算最大单向配筋面积 18cm²，计算角筋面积 4.6cm²，用 HPB300 箍筋，箍筋间距@100，计算加密区箍筋面积 3.7cm²，试选用截面形式。

［解］ 查表 6.21-3，用插值法得 $\rho_v = 1.172 + 0.03（1.329-1.172）/（0.7-0.6) = 1.2191\%$，选用表 12.1 序号 173 截面，主筋 $14\phi25$，单向最小配筋面积 $4\phi25 = 19.64 \text{ cm}^2 > 18\text{cm}^2$，角筋面积 $1\phi25 = 4.91\text{cm}^2 > 4.6\text{cm}^2$，$\rho = 1.432\% > 1.0\%$，箍筋：大箍 $\phi12$、内箍 $\phi10$，$\rho_v = 1.394\% > 1.2191\%$，箍筋面积 $2\phi12 + 2\phi10 = 2.262 + 1.571 = 3.833 \text{ cm}^2 > 3.7\text{cm}^2$，最大箍筋肢距 190mm＜200mm，符合要求。

2）［例2］ 二级抗震等级框架-剪力墙结构的框架角柱，混凝土强度等级 C40，截面 $b \times h = 700\text{mm} \times 800\text{mm}$，柱轴压比 0.77，计算最大单向配筋面积 19cm^2，计算角筋面积 3.7cm^2，用 HPB300 箍筋，箍筋间距@100，计算加密区箍筋面积 4.93cm^2，试选用截面形式。

［解］ 查表 6.21-2，用插值法得 $\rho_v = 1.329 + 0.07（1.563-1.329）/（0.8-0.7) = 1.4928\%$，选用表 12.1 序号 214 截面，主筋 $24\phi22$，单向最小配筋面积 $7\phi22 = 26.61 \text{ cm}^2 >$ 计算 19cm^2，角筋面积 $1\phi22 = 3.80\text{cm}^2 >$ 计算 3.7cm^2（或角筋用 $1\phi22$，柱每边中部钢筋用 $5\phi18$，$A_s = 2\phi22 + 5\phi18 = 7.60 + 12.72 = 20.32 \text{ cm}^2 >$ 计算 19cm^2），箍筋：大箍 $\phi14$、内箍 $\phi12$，由表 11.1 序号 211 截面，得 $\rho_v = 1.639\% > 1.4928\%$，箍筋面积 $2\phi14 + 2\phi12 = 3.079 + 2.262 = 5.341 \text{ cm}^2 >$ 计算 4.93cm^2，箍筋肢距 190mm＜250mm，符合要求。

3）［例3］ 特一级抗震等级的框支柱，混凝土强度等级 C50，截面 $b \times h = 1000\text{mm} \times 1000\text{mm}$，柱轴压比 0.59，计算最大单向配筋面积 45cm^2，计算角筋面积 7.2cm^2，用 HRB400 箍筋，箍筋间距@100，计算加密区箍筋面积 6.9cm^2，试选用截面形式。

［解］ 查表 6.23-4，$\rho_v = 1.60\%$，选用表 12.1 序号 276 截面，主筋 $20\phi32$，单向配筋面积 $6\phi32 = 48.25\text{cm}^2 >$ 计算 45cm^2，角筋面积 $1\phi32 = 8.04\text{cm}^2 >$ 计算 7.2cm^2，箍筋：大箍 $\phi14$、内箍 $\phi12$，箍筋面积 $2\phi14 + 4\phi12 = 3.079 + 4.524 = 7.603\text{cm}^2 >$ 计算 6.9cm^2，$\rho_v = 1.680\% > 1.60\%$，箍筋肢距 200mm，符合要求。

4）［例4］ 三级抗震等级框架结构的圆形截面框架柱，直径 $D = 650\text{mm}$，混凝土强度等级 C30，柱轴压比 0.81，计算全部钢筋面积 34cm^2，用 HPB300 箍筋，箍筋间距@100，计算加密区箍筋面积 2.9cm^2，试选用截面形式。

［解］ 查表 6.20，用插值法得 $\rho_v = 1.193 + 0.01（1.352 - 1.193）/（0.9 - 0.8) = 1.2089\%$，选用表 12.2 序号 30 截面，主筋面积 $12\phi20 = 37.69\text{cm}^2 >$ 计算 34m^2，箍筋：大箍 $\phi10$、内箍 $\phi10$，$\rho_v = 1.223\% > 1.2089\%$，箍筋面积 $2\phi10 + 2\phi10 = 1.571 + 1.571 = 3.142 \text{ cm}^2 >$ 计算 2.9cm^2，箍筋肢距 240mm＜250mm，符合要求。

（二）柱配筋表

矩形截面柱配筋表

表 12.1

序号	$b \times h$ （mm）	截面形式 （最大箍筋肢距/mm）	主筋			箍筋	备注
			①	A_s （mm²）	$\rho = A_s/（bh）$ （%）	②	
1	100×100		4ϕ8	201.1	2.010		
			4ϕ10	314.2	3.141		
			4ϕ12	452.4	4.523		
2	120×120		4ϕ8	201.1	1.396		
			4ϕ10	314.2	2.180		
			4ϕ12	452.4	3.141		
3	150×150		4ϕ8	201.1	0.893		
			4ϕ10	314.2	1.395		
			4ϕ12	452.4	2.001		
			4ϕ14	615.8	2.733		
			4ϕ16	804.2	3.574		
4	150×200		4ϕ10	314.2	1.047		
			4ϕ12	452.4	1.507		
			4ϕ14	615.8	2.030		
			4ϕ16	804.2	2.680		
			4ϕ18	1017.9	3.393		
5	180×180		4ϕ10	314.2	0.969	ϕ6 或 ϕ6.5 或 ϕ8 @100～200	仅用于小柱、装饰柱、构造柱等
			4ϕ12	452.4	1.395		
			4ϕ14	615.8	1.896		
			4ϕ16	804.2	2.481		
			4ϕ18	1017.9	3.141		
6	180×240		4ϕ10	314.2	0.727		
			4ϕ12	452.4	1.046		
			4ϕ14	615.8	1.424		
			4ϕ16	804.2	1.861		
			4ϕ18	1017.9	2.354		
			4ϕ20	1256.6	2.907		
			4ϕ22	1520.5	3.520		
7	200×200		4ϕ10	314.2	0.785		
			4ϕ12	452.4	1.130		
			4ϕ14	615.8	1.538		
			4ϕ16	804.2	2.010		
			4ϕ18	1017.9	2.543		
			4ϕ20	1256.6	3.142		

序号	$b \times h$（mm）	截面形式（最大箍筋肢距/mm）	主筋			箍筋	备注
			①	A_s（mm²）	$\rho = A_s/(bh)$（%）	②	
8	200 × 250		4φ10	314.2	0.628		
			4φ12	452.4	0.904		
			4φ14	615.8	1.230		
			4φ16	804.2	1.608		
			4φ18	1017.9	2.034		
			4φ20	1256.6	2.512		
9	200 × 300		4φ12	452.4	0.753		
			4φ14	615.8	1.027		
			4φ16	804.2	1.340		
			4φ18	1017.9	1.697		
			4φ20	1256.6	2.093		
			4φ22	1520.5	2.533		
10	200 × 300		6φ10	471.2	0.785		
			6φ12	678.6	1.130		
			6φ14	923.6	1.538		
			6φ16	1206.4	2.010	φ6 或 φ6.5或 φ8@100～200	仅用于小柱、装饰柱、构造柱等
			6φ18	1526.8	2.543		
11	240 × 240		4φ10	314.2	0.785		
			4φ12	452.4	1.068		
			4φ14	615.8	1.396		
			4φ16	804.2	1.766		
			4φ18	1017.9	2.181		
			4φ20	1256.6	2.639		
12	240 × 300		4φ12	452.4	0.628		
			4φ14	615.8	0.854		
			4φ16	804.2	1.117		
			4φ18	1017.9	1.413		
			4φ20	1256.6	1.745		
			4φ22	1520.5	2.112		
			4φ25	1963.5	2.727		
13	240 × 360		6φ12	678.6	0.785		
			6φ14	923.6	1.068		
			6φ16	1206.4	1.396		
			6φ18	1526.8	1.759		
			6φ20	1885.0	2.181		
			6φ22	2280.8	2.640		

序号	$b \times h$ （mm）	截面形式 （最大箍筋肢距/mm）	主筋			箍筋	备注
			①	A_s （mm²）	$\rho = A_s/(bh)$ （%）	②	
14	240×500		6ϕ12	678.6	0.565		
			6ϕ14	923.6	0.770		
			6ϕ16	1206.4	1.005		
			6ϕ18	1526.8	1.273		
			6ϕ20	1885.0	1.571		
			6ϕ22	2280.8	1.901		
			6ϕ25	2945.2	2.454		
15	240×500		6ϕ12	678.6	0.565		
			6ϕ14	923.6	0.770		
			6ϕ16	1206.4	1.005		
			6ϕ18	1526.8	1.273		
			6ϕ20	1885.0	1.571		
			6ϕ22	2280.8	1.901		
			6ϕ25	2945.2	2.454		
16	240×600		8ϕ12	904.8	0.628	ϕ6 或 ϕ6.5 或 ϕ8@100～200	仅用于小柱、装饰柱、构造柱等
			8ϕ14	1231.5	0.855		
			8ϕ16	1608.5	1.117		
			8ϕ18	2035.8	1.414		
			8ϕ20	2513.3	1.745		
			8ϕ22	3041.1	2.112		
			8ϕ25	3927.0	2.727		
17	240×700		8ϕ12	904.8	0.539		
			8ϕ14	1231.5	0.733		
			8ϕ16	1608.5	0.957		
			8ϕ18	2035.8	1.212		
			8ϕ20	2513.3	1.496		
			8ϕ22	3041.1	1.810		
18	240×800		10ϕ12	1131.0	0.589		
			10ϕ14	1539.4	0.802		
			10ϕ16	2010.6	1.047		
			10ϕ18	2544.7	1.325		
			10ϕ20	3141.6	1.636		
			10ϕ22	3801.3	1.980		

序号	$b \times h$ （mm）	截面形式 （最大箍筋肢距/mm）	主筋 ①	A_s （mm²）	$\rho = A_s/(bh)$ （%）	箍筋 ②	备注
19	240×900		10ϕ12	1131.0	0.524		
			10ϕ14	1539.4	0.713		
			10ϕ16	2010.6	0.931		
			10ϕ18	2544.7	1.178		
			10ϕ20	3141.6	1.455		
			10ϕ22	3801.3	1.760		
20	240×1000		12ϕ12	1357.2	0.565		
			12ϕ14	1847.3	0.770		
			12ϕ16	2412.7	1.005		
			12ϕ18	3053.6	1.273		
			12ϕ20	3769.9	1.571		
			12ϕ22	4561.6	1.901		
21	250×250		4ϕ12	452.4	0.723	ϕ6 或 ϕ6.5 或 ϕ8@100～200	仅用于小柱、装饰柱、构造柱等
			4ϕ14	615.8	0.964		
			4ϕ16	804.2	1.286		
			4ϕ18	1017.9	1.627		
			4ϕ20	1256.6	2.010		
			4ϕ22	1520.5	2.432		
			4ϕ25	1963.5	3.142		
22	250×300		4ϕ12	452.4	0.603		
			4ϕ14	615.8	0.820		
			4ϕ16	804.2	1.072		
			4ϕ18	1017.9	1.356		
			4ϕ20	1256.6	1.675		
			4ϕ22	1520.5	2.027		
			4ϕ25	1963.5	2.619		
23	250×350		6ϕ12	678.6	0.775		
			6ϕ14	923.6	1.056		
			6ϕ16	1206.4	1.378		
			6ϕ18	1526.8	1.745		
			6ϕ20	1885.0	2.154		
			6ϕ22	2280.8	2.607		

序号	$b \times h$ （mm）	截面形式 （最大箍筋肢距/mm）	主筋			箍筋@100		
			①	A_s （mm²）	$\rho = A_s/(bh)$ （%）	②	③④	ρ_v （%）
24	300×300	（250）	4ϕ12	452.4	0.503	ϕ6		0.478
			4ϕ14	615.8	0.684	ϕ6.5		0.566
			4ϕ16	804.3	0.894	ϕ8		0.878
			4ϕ18	1017.9	1.131	ϕ10		1.418
			4ϕ20	1256.6	1.396	ϕ12		2.112
			4ϕ22	1520.5	1.689	ϕ14		2.974
			4ϕ25	1963.5	2.182	ϕ16		4.022
			4ϕ28	2463.0	2.737			
			4ϕ32	3217.0	3.574			
25	300×300	（130）	8ϕ12	904.8	1.005	ϕ6	ϕ6	0.717
			8ϕ14	1231.5	1.368	ϕ6.5	ϕ6.5	0.848
			8ϕ16	1608.5	1.787	ϕ8	ϕ6	1.125
			8ϕ18	2035.8	2.262	ϕ8	ϕ6.5	1.168
			8ϕ20	2513.3	2.793	ϕ8	ϕ8	1.317
			8ϕ22	3041.1	3.379	ϕ10	ϕ8	1.872
			8ϕ25	3927.0	4.363	ϕ10	ϕ10	2.127
						ϕ12	ϕ10	2.845
						ϕ12	ϕ12	3.168
						ϕ14	ϕ10	3.733
						ϕ14	ϕ12	4.067
26	300×350	（300）	4ϕ14	615.7	0.586	ϕ6		0.436
			4ϕ16	804.2	0.766	ϕ6.5		0.516
			4ϕ18	1017.9	0.969	ϕ8		0.799
			4ϕ20	1256.6	1.197	ϕ10		1.286
			4ϕ22	1520.5	1.448	ϕ12		1.910
			4ϕ25	1963.5	1.870	ϕ14		2.682
			4ϕ28	2463.0	2.346	ϕ16		3.616
27	300×350	（250）	6ϕ12	678.5	0.646	ϕ6	ϕ6	0.536
			6ϕ14	923.6	0.880	ϕ6.5	ϕ6.5	0.633
			6ϕ16	1206.4	1.149	ϕ8	ϕ6	0.901
			6ϕ18	1526.8	1.454	ϕ8	ϕ6.5	0.919
			6ϕ20	1885.0	1.795	ϕ8	ϕ8	0.981
			6ϕ22	2280.8	2.172	ϕ10	ϕ8	1.474

序号	$b \times h$（mm）	截面形式（最大箍筋肢距/mm）	主筋			箍筋@100		
			①	A_s（mm²）	$\rho = A_s/(bh)$（%）	②	③④	ρ_v（%）
27	300×350	（250）	6φ25	2945.2	2.805	φ10	φ10	1.580
			6φ28	3694.5	3.519	φ12	φ10	2.213
			6φ32	4825.5	4.596	φ12	φ12	2.346
						φ14	φ10	2.994
						φ14	φ12	3.266
						φ14	φ14	3.428
						φ16	φ10	4.077
28	300×350	（150）	8φ12	904.7	0.862	φ6	φ6	0.654
			8φ14	1231.5	1.173	φ6.5	φ6.5	0.773
			8φ16	1608.5	1.532	φ8	φ6	1.023
			8φ18	2035.8	1.939	φ8	φ6.5	1.062
			8φ20	2513.3	2.394	φ8	φ8	1.198
			8φ22	3041.1	2.896	φ10	φ8	1.698
			8φ25	3927.0	3.740	φ10	φ10	1.930
			8φ28	4926.0	4.691	φ12	φ10	2.573
						φ12	φ12	2.865
						φ14	φ10	3.367
						φ14	φ12	3.668
						φ14	φ14	4.024
29	300×400	（250）	6φ14	923.6	0.770	φ6	φ6	0.491
			6φ16	1206.4	1.005	φ6.5	φ6.5	0.581
			6φ18	1526.8	1.272	φ8	φ6	0.813
			6φ20	1885.0	1.571	φ8	φ6.5	0.845
			6φ22	2280.8	1.901	φ8	φ8	0.898
			6φ25	2945.2	2.454	φ10	φ8	1.316
			6φ28	3694.5	3.079	φ10	φ10	1.444
			6φ32	4825.5	4.021	φ12	φ10	1.969
						φ12	φ12	2.139
						φ14	φ10	2.665
						φ14	φ12	2.860
						φ14	φ14	2.998
						φ16	φ10	3.502
						φ16	φ12	3.727
						φ16	φ14	3.869
						φ16	φ16	4.033

序号	$b \times h$（mm）	截面形式（最大箍筋肢距/mm）	主筋			箍筋@100		
			①	A_s（mm²）	$\rho = A_s/(bh)$（%）	②	③④	ρ_v（%）
30	300×400	（250）	8φ12	904.7	0.754	同上		
			8φ14	1231.5	1.026			
			8φ16	1608.5	1.340			
			8φ18	2035.8	1.696			
			8φ20	2513.3	2.094			
			8φ22	3041.1	2.534			
			8φ25	3927.0	3.272			
			8φ28	4926.0	4.105			
31	300×400	（180）	8φ12	904.7	0.754	φ6	φ6	0.609
			8φ14	1231.5	1.026	φ6.5	φ6.5	0.720
			8φ16	1608.5	1.340	φ8	φ6	0.932
			8φ18	2035.8	1.696	φ8	φ6.5	0.988
			8φ20	2513.3	2.094	φ8	φ8	1.114
			8φ22	3041.1	2.534	φ10	φ8	1.532
			8φ25	3927.0	3.272	φ10	φ10	1.790
			8φ28	4926.0	4.105	φ12	φ10	2.315
						φ12	φ12	2.653
						φ14	φ10	3.021
						φ14	φ12	3.389
						φ14	φ14	3.717
						φ16	φ10	3.869
32	300×450	（250）	6φ14	923.6	0.684	φ6	φ6	0.458
			6φ16	1206.4	0.894	φ6.5	φ6.5	0.541
			6φ18	1526.8	1.131	φ8	φ6	0.777
			6φ20	1885.0	1.396	φ8	φ6.5	0.790
			6φ22	2280.8	1.689	φ8	φ8	0.837
			6φ25	2945.2	2.182	φ10	φ8	1.264
			6φ28	3694.5	2.737	φ10	φ10	1.343
			6φ32	4825.5	3.574	φ12	φ10	1.888
			6φ36	6107.3	4.524	φ12	φ12	1.986
						φ14	φ10	2.558
						φ14	φ12	2.659
						φ14	φ14	2.779
						φ16	φ10	3.363
						φ16	φ12	3.467
						φ16	φ14	3.591
						φ16	φ16	3.733

序号	$b \times h$（mm）	截面形式（最大箍筋肢距/mm）	主筋			箍筋@100		
			①	A_s（mm²）	$\rho = A_s/(bh)$（%）	②	③④	ρ_v（%）
33	300×450	（250）	8φ12	904.7	0.670	同上		
			8φ14	1231.5	0.912			
			8φ16	1608.5	1.191			
			8φ18	2035.8	1.508			
			8φ20	2513.3	1.862			
			8φ22	3041.1	2.253			
			8φ25	3927.0	2.909			
			8φ28	4926.0	3.649			
			8φ32	6434.0	4.766			
34	300×450	（200）	8φ12	904.7	0.670	φ6	φ6	0.576
			8φ14	1231.5	0.912	φ6.5	φ6.5	0.680
			8φ16	1608.5	1.191	φ8	φ6	0.898
			8φ18	2035.8	1.508	φ8	φ6.5	0.932
			8φ20	2513.3	1.862	φ8	φ8	1.051
			8φ22	3041.1	2.253	φ10	φ8	1.484
			8φ25	3927.0	2.909	φ10	φ10	1.687
			8φ28	4926.0	3.649	φ12	φ10	2.241
			8φ32	6434.0	4.766	φ12	φ12	2.495
						φ14	φ10	2.921
						φ14	φ12	3.183
						φ14	φ14	3.491
						φ16	φ10	3.737
						φ16	φ12	4.005
35	300×500	（300）	8φ14	1231.5	0.821	φ6	φ6	0.433
			8φ16	1608.5	1.072	φ6.5	φ6.5	0.511
			8φ18	2035.8	1.357	φ8	φ6	0.736
			8φ20	2513.3	1.676	φ8	φ6.5	0.748
			8φ22	3041.1	2.027	φ8	φ8	0.789
			8φ25	3927.0	2.618	φ10	φ8	1.195
			8φ28	4926.0	3.284	φ10	φ10	1.264
			8φ32	6434.0	4.289	φ12	φ10	1.781
						φ12	φ12	1.869
						φ14	φ10	2.415
						φ14	φ12	2.505
						φ14	φ14	2.611

序号	$b \times h$（mm）	截面形式（最大箍筋肢距/mm）	主筋			箍筋@100		
			①	A_s（mm²）	$\rho = A_s/(bh)$（%）	②	③④	ρ_v（%）
35	300×500	（300）				$\phi16$	$\phi10$	3.176
						$\phi16$	$\phi12$	3.268
						$\phi16$	$\phi14$	3.377
						$\phi16$	$\phi16$	3.503
36	300×500	（250）	$12\phi12$	1357.2	0.905	同上		
			$12\phi14$	1847.3	1.232			
			$12\phi16$	2412.7	1.608			
			$12\phi18$	3053.6	2.036			
			$12\phi20$	3769.9	2.513			
			$12\phi22$	4561.6	3.041			
			$12\phi25$	5890.5	3.927			
			$12\phi28$	7389.0	4.926			
37	300×500	（300）	$10\phi12$	1131.0	0.754	$\phi6$	$\phi6$	0.550
			$10\phi14$	1539.4	1.026	$\phi6.5$	$\phi6.5$	0.649
			$10\phi16$	2010.6	1.340	$\phi8$	$\phi6$	0.856
			$10\phi18$	2544.7	1.696	$\phi8$	$\phi6.5$	0.889
			$10\phi20$	3141.6	2.094	$\phi8$	$\phi8$	1.002
			$10\phi22$	3801.3	2.534	$\phi10$	$\phi8$	1.414
			$10\phi25$	4908.7	3.272	$\phi10$	$\phi10$	1.606
			$10\phi28$	6157.5	4.105	$\phi12$	$\phi10$	2.132
			$10\phi32$	8042.5	5.362	$\phi12$	$\phi12$	2.374
						$\phi14$	$\phi10$	2.776
						$\phi14$	$\phi12$	3.024
						$\phi14$	$\phi14$	3.318
						$\phi16$	$\phi10$	3.546
						$\phi16$	$\phi12$	3.801
						$\phi16$	$\phi14$	4.103
38	300×500	（150）	$10\phi12$	1131.0	0.754	$\phi6$	$\phi6$	0.616
			$10\phi14$	1539.4	1.026	$\phi6.5$	$\phi6.5$	0.727
			$10\phi16$	2010.6	1.340	$\phi8$	$\phi6$	0.924
			$10\phi18$	2544.7	1.696	$\phi8$	$\phi6.5$	0.968
			$10\phi20$	3141.6	2.094	$\phi8$	$\phi8$	1.123
			$10\phi22$	3801.3	2.534	$\phi10$	$\phi8$	1.537
			$10\phi25$	4908.7	3.272	$\phi10$	$\phi10$	1.800
			$10\phi28$	6157.5	4.105	$\phi12$	$\phi10$	2.331

序号	$b \times h$ (mm)	截面形式 (最大箍筋肢距/mm)	主筋			箍筋@100		
			①	A_s (mm²)	$\rho = A_s/(bh)$ (%)	②	③④	ρ_v (%)
38	300×500	(150)				$\phi 12$	$\phi 12$	2.660
						$\phi 14$	$\phi 10$	2.980
						$\phi 14$	$\phi 12$	3.318
						$\phi 14$	$\phi 14$	3.717
						$\phi 16$	$\phi 10$	3.756
						$\phi 16$	$\phi 12$	4.103
39	350×350	(300)	$4\phi 14$	615.75	0.503	$\phi 6.5$		0.466
			$4\phi 16$	804.25	0.657	$\phi 8$		0.721
			$4\phi 18$	1017.9	0.831	$\phi 10$		1.158
			$4\phi 20$	1256.6	1.026	$\phi 12$		1.715
			$4\phi 22$	1520.5	1.241	$\phi 14$		2.400
			$4\phi 25$	1963.5	1.603	$\phi 16$		3.226
			$4\phi 28$	2463.0	2.011			
			$4\phi 32$	3217.0	2.626			
40	350×350	(150)	$8\phi 12$	904.7	0.739	$\phi 6$	$\phi 6$	0.592
			$8\phi 14$	1231.5	1.005	$\phi 6.5$	$\phi 6.5$	0.700
			$8\phi 16$	1608.5	1.313	$\phi 8$	$\phi 6$	0.924
			$8\phi 18$	2035.8	1.662	$\phi 8$	$\phi 6.5$	0.959
			$8\phi 20$	2513.3	2.052	$\phi 8$	$\phi 8$	1.082
			$8\phi 22$	3041.1	2.482	$\phi 10$	$\phi 8$	1.529
			$8\phi 25$	3927.0	3.206	$\phi 10$	$\phi 10$	1.737
			$8\phi 28$	4926.0	4.021	$\phi 12$	$\phi 10$	2.310
						$\phi 12$	$\phi 12$	2.572
						$\phi 14$	$\phi 10$	3.013
						$\phi 14$	$\phi 12$	3.282
						$\phi 14$	$\phi 14$	3.600
						$\phi 16$	$\phi 10$	3.856
41	350×400	(300)	$6\phi 14$	923.63	0.660	$\phi 6.5$	$\phi 6.5$	0.450
			$6\phi 16$	1206.4	0.862	$\phi 8$	$\phi 6$	0.531
			$6\phi 18$	1526.8	1.091	$\phi 8$	$\phi 6$	0.753
			$6\phi 20$	1885	1.346	$\phi 8$	$\phi 6.5$	0.768
			$6\phi 22$	2280.8	1.629	$\phi 8$	$\phi 8$	0.820
			$6\phi 25$	2945.2	2.104	$\phi 10$	$\phi 8$	1.225
			$6\phi 28$	3694.5	2.639	$\phi 10$	$\phi 10$	1.314
			$6\phi 32$	4825.5	3.447	$\phi 12$	$\phi 10$	1.830

序号	$b \times h$（mm）	截面形式（最大箍筋肢距/mm）	主筋			箍筋@100		
			①	A_s（mm²）	$\rho = A_s/(bh)$（%）	②	③④	ρ_v（%）
41	350×400	（300）	6ϕ36	6107.3	4.362	ϕ12	ϕ12	1.942
						ϕ14	ϕ10	2.463
						ϕ14	ϕ12	2.578
						ϕ14	ϕ14	2.713
						ϕ16	ϕ10	3.222
						ϕ16	ϕ12	3.339
						ϕ16	ϕ14	3.478
						ϕ16	ϕ16	3.638
42	350×400	（250）	10ϕ12	1131.0	0.808	ϕ6	ϕ6	0.548
			10ϕ14	1539.4	1.100	ϕ6.5	ϕ6.5	0.647
			10ϕ16	2010.6	1.436	ϕ8	ϕ6	0.853
			10ϕ18	2544.7	1.818	ϕ8	ϕ6.5	0.886
			10ϕ20	3141.6	2.244	ϕ8	ϕ8	0.999
			10ϕ22	3801.3	2.715	ϕ10	ϕ8	1.409
			10ϕ25	4908.7	3.506	ϕ10	ϕ10	1.601
			10ϕ28	6157.5	4.398	ϕ12	ϕ10	2.125
						ϕ12	ϕ12	2.366
						ϕ14	ϕ10	2.765
						ϕ14	ϕ12	3.013
						ϕ14	ϕ14	3.305
						ϕ16	ϕ10	3.532
						ϕ16	ϕ12	3.786
						ϕ16	ϕ14	4.086
43	350×400	（180）	8ϕ12	904.7	0.646	同上		
			8ϕ14	1231.5	0.880			
			8ϕ16	1608.5	1.149			
			8ϕ18	2035.8	1.454			
			8ϕ20	2513.3	1.795			
			8ϕ22	3041.1	2.172			
			8ϕ25	3927.0	2.805			
			8ϕ28	4926.0	3.519			
			8ϕ32	6434.0	4.596			
44	350×450	（300）	8ϕ16	1206.4	0.766	ϕ6	ϕ6	0.417
			8ϕ18	1526.8	0.969	ϕ6.5	ϕ6.5	0.493
			8ϕ20	1885.0	1.197	ϕ8	ϕ6	0.701
			8ϕ22	2280.8	1.448	ϕ8	ϕ6.5	0.714

序号	$b \times h$（mm）	截面形式（最大箍筋肢距/mm）	主筋			箍筋@100		
			①	A_s（mm²）	$\rho = A_s/(bh)$（%）	②	③④	ρ_v（%）
44	350×450	（300）	8φ25	2945.2	1.870	φ8	φ8	0.759
			8φ28	3694.5	2.346	φ10	φ8	1.138
			8φ32	4825.5	3.064	φ10	φ10	1.215
			8φ36	6107.3	3.878	φ12	φ10	1.696
			8φ40	7539.8	4.787	φ12	φ12	1.793
						φ14	φ10	2.284
						φ14	φ12	2.383
						φ14	φ14	2.501
						φ16	φ10	2.987
						φ16	φ12	3.089
						φ16	φ14	3.209
						φ16	φ16	3.348
45	350×450	（270）	10φ12	1131.0	0.718	φ6	φ6	0.515
			10φ14	1539.4	0.977	φ6.5	φ6.5	0.608
			10φ16	2010.6	1.277	φ8	φ6	0.801
			10φ18	2544.7	1.616	φ8	φ6.5	0.831
			10φ20	3141.6	1.995	φ8	φ8	0.937
			10φ22	3801.3	2.414	φ10	φ8	1.320
			10φ25	4908.7	3.117	φ10	φ10	1.500
			10φ28	6157.5	3.910	φ12	φ10	1.987
						φ12	φ12	2.213
						φ14	φ10	2.583
						φ14	φ12	2.814
						φ14	φ14	3.087
						φ16	φ10	3.293
						φ16	φ12	3.530
						φ16	φ14	3.810
46	350×450	（200）	8φ12	904.7	0.574	同上		
			8φ14	1231.5	0.782			
			8φ16	1608.5	1.021			
			8φ18	2035.8	1.293			
			8φ20	2513.3	1.596			
			8φ22	3041.1	1.931			
			8φ25	3927.0	2.493			
			8φ28	4926.0	3.128			
			8φ32	6434.0	4.085			

序号	$b \times h$（mm）	截面形式（最大箍筋肢距/mm）	主筋			箍筋@100		
			①	A_s（mm²）	$\rho = A_s/(bh)$（%）	②	③④	ρ_v（%）
47	350×500	（300）	10φ14	1539.4	0.880	φ6.5	φ6.5	0.462
			10φ16	2010.6	1.149	φ8	φ6	0.660
			10φ18	2544.7	1.454	φ8	φ6.5	0.672
			10φ20	3141.6	1.795	φ8	φ8	0.712
			10φ22	3801.3	2.172	φ10	φ8	1.070
			10φ25	4908.7	2.805	φ10	φ10	1.139
			10φ28	6157.5	3.519	φ12	φ10	1.592
			10φ32	8042.5	4.596	φ12	φ12	1.678
						φ14	φ10	2.146
						φ14	φ12	2.234
						φ14	φ14	2.338
						φ16	φ10	2.807
						φ16	φ12	2.897
						φ16	φ14	3.003
						φ16	φ16	3.126
48	350×500	（300）	10φ14	1539.4	0.880	φ6	φ6	0.489
			10φ16	2010.6	1.149	φ6.5	φ6.5	0.577
			10φ18	2544.7	1.454	φ8	φ6	0.760
			10φ20	3141.6	1.795	φ8	φ6.5	0.789
			10φ22	3801.3	2.172	φ8	φ8	0.890
			10φ25	4908.7	2.805	φ10	φ8	1.251
			10φ28	6157.5	3.519	φ10	φ10	1.422
			10φ32	8042.5	4.596	φ12	φ10	1.882
						φ12	φ12	2.095
						φ14	φ10	2.442
						φ14	φ12	2.661
						φ14	φ14	2.919
						φ16	φ10	3.111
						φ16	φ12	3.334
						φ16	φ14	3.599
						φ16	φ16	3.903
49	350×500	（300）	10φ14	1539.4	0.880	φ6	φ6	0.457
			10φ16	2010.6	1.149	φ6.5	φ6.5	0.540
			10φ18	2544.7	1.454	φ8	φ6	0.727
			10φ20	3141.6	1.795	φ8	φ6.5	0.751
			10φ22	3801.3	2.172	φ8	φ8	0.832

序号	$b \times h$ (mm)	截面形式（最大箍筋肢距/mm）	主筋			箍筋@100		
			①	A_s (mm²)	$\rho = A_s/(bh)$ (%)	②	③④	ρ_v (%)
49	350×500	（300）	10φ25	4908.7	2.805	φ10	φ8	1.192
			10φ28	6157.5	3.519	φ10	φ10	1.330
			10φ32	8042.5	4.596	φ12	φ10	1.787
						φ12	φ12	1.959
						φ14	φ10	2.346
						φ14	φ12	2.522
						φ14	φ14	2.729
						φ16	φ10	3.012
						φ16	φ12	3.192
						φ16	φ14	3.404
						φ16	φ16	3.650
50	350×500	（150）	10φ14	1539.4	0.880	φ6	φ6	0.555
			10φ16	2010.6	1.149	φ6.5	φ6.5	0.655
			10φ18	2544.7	1.454	φ8	φ6	0.827
			10φ20	3141.6	1.795	φ8	φ6.5	0.868
			10φ22	3801.3	2.172	φ8	φ8	1.009
			10φ25	4908.7	2.805	φ10	φ8	1.373
			10φ28	6157.5	3.519	φ10	φ10	1.613
			10φ32	8042.5	4.596	φ12	φ10	2.077
						φ12	φ12	2.376
						φ14	φ10	2.642
						φ14	φ12	2.949
						φ14	φ14	3.311
						φ16	φ10	3.315
						φ16	φ12	3.629
						φ16	φ14	4.000
						φ16	φ16	4.427
51	350×550	（300）	12φ14	1847.3	0.960	φ6.5	φ6.5	0.438
			12φ16	2412.7	1.253	φ8	φ6	0.628
			12φ18	3053.6	1.586	φ8	φ6.5	0.638
			12φ20	3769.9	1.958	φ8	φ8	0.675
			12φ22	4561.6	2.370	φ10	φ8	1.016
			12φ25	5890.5	3.060	φ10	φ10	1.078
			12φ28	7389.0	3.838	φ12	φ10	1.510
						φ12	φ12	1.587

序号	$b \times h$ (mm)	截面形式 (最大箍筋肢距/mm)	主筋			箍筋@100		
			①	A_s (mm²)	$\rho = A_s/(bh)$ (%)	②	③④	ρ_v (%)
51	350×550	（300）				$\phi 14$	$\phi 10$	2.036
						$\phi 14$	$\phi 12$	2.115
						$\phi 14$	$\phi 14$	2.208
						$\phi 16$	$\phi 10$	2.665
						$\phi 16$	$\phi 12$	2.745
						$\phi 16$	$\phi 14$	2.841
						$\phi 16$	$\phi 16$	2.950
52	350×550	（300）	$10\phi 14$	1539.4	0.800	$\phi 6$	$\phi 6$	0.431
			$10\phi 16$	2010.6	1.044	$\phi 6.5$	$\phi 6.5$	0.508
			$10\phi 18$	2544.7	1.322	$\phi 8$	$\phi 6$	0.688
			$10\phi 20$	3141.6	1.632	$\phi 8$	$\phi 6.5$	0.709
			$10\phi 22$	3801.3	1.975	$\phi 8$	$\phi 8$	0.782
			$10\phi 25$	4908.7	2.550	$\phi 10$	$\phi 8$	1.126
			$10\phi 28$	6157.5	3.199	$\phi 10$	$\phi 10$	1.249
			$10\phi 32$	8042.5	4.178	$\phi 12$	$\phi 10$	1.685
						$\phi 12$	$\phi 12$	1.839
						$\phi 14$	$\phi 10$	2.216
						$\phi 14$	$\phi 12$	2.373
						$\phi 14$	$\phi 14$	2.560
						$\phi 16$	$\phi 10$	2.848
						$\phi 16$	$\phi 12$	3.009
						$\phi 16$	$\phi 14$	3.200
						$\phi 16$	$\phi 16$	3.420
53	350×550	（250）	$12\phi 14$	1847.3	0.96	$\phi 6$	$\phi 6$	0.469
			$12\phi 16$	2412.7	1.253	$\phi 6.5$	$\phi 6.5$	0.553
			$12\phi 18$	3053.6	1.586	$\phi 8$	$\phi 6$	0.727
			$12\phi 20$	3769.9	1.958	$\phi 8$	$\phi 6.5$	0.755
			$12\phi 22$	4561.6	2.370	$\phi 8$	$\phi 8$	0.851
			$12\phi 25$	5890.5	3.060	$\phi 10$	$\phi 8$	1.197
			$12\phi 28$	7389.0	3.838	$\phi 10$	$\phi 10$	1.360
						$\phi 12$	$\phi 10$	1.798
						$\phi 12$	$\phi 12$	2.002
						$\phi 14$	$\phi 10$	2.331
						$\phi 14$	$\phi 12$	2.540
						$\phi 14$	$\phi 14$	2.786

序号	$b \times h$ （mm）	截面形式 （最大箍筋肢距/mm）	主筋			箍筋@100		
			①	A_s （mm²）	$\rho = A_s/(bh)$ （%）	②	③④	ρ_v（%）
53	350 × 550	 （250）				$\phi 16$	$\phi 10$	2.966
						$\phi 16$	$\phi 12$	3.179
						$\phi 16$	$\phi 14$	3.431
						$\phi 16$	$\phi 16$	3.722
54	350 × 550	 （170）	10ϕ14	1539.4	0.799	$\phi 6$	$\phi 6$	0.528
			10ϕ16	2010.6	1.044	$\phi 6.5$	$\phi 6.5$	0.623
			10ϕ18	2544.7	1.321	$\phi 8$	$\phi 6$	0.788
			10ϕ20	3141.6	1.632	$\phi 8$	$\phi 6.5$	0.826
			10ϕ22	3801.3	1.974	$\phi 8$	$\phi 8$	0.959
			10ϕ25	4908.7	2.550	$\phi 10$	$\phi 8$	1.306
			10ϕ28	6157.5	3.798	$\phi 10$	$\phi 10$	1.531
			10ϕ32	8042.5	4.178	$\phi 12$	$\phi 10$	1.973
						$\phi 12$	$\phi 12$	2.254
						$\phi 14$	$\phi 10$	2.510
						$\phi 14$	$\phi 12$	2.798
						$\phi 14$	$\phi 14$	3.137
						$\phi 16$	$\phi 10$	3.149
						$\phi 16$	$\phi 12$	3.443
						$\phi 16$	$\phi 14$	3.790
						$\phi 16$	$\phi 16$	4.191
55	400 × 400	 （250）	12ϕ12	1357.2	0.848	$\phi 6$	$\phi 6$	0.504
			12ϕ14	1847.3	1.155	$\phi 6.5$	$\phi 6.5$	0.595
			12ϕ16	2412.7	1.508	$\phi 8$	$\phi 6$	0.784
			12ϕ18	3053.6	1.909	$\phi 8$	$\phi 6.5$	0.814
			12ϕ20	3769.9	2.356	$\phi 8$	$\phi 8$	0.918
			12ϕ22	4561.6	2.851	$\phi 10$	$\phi 8$	1.291
			12ϕ25	5890.5	3.682	$\phi 10$	$\phi 10$	1.468
			12ϕ28	7389.0	4.618	$\phi 12$	$\phi 10$	1.943
						$\phi 12$	$\phi 12$	2.164
						$\phi 14$	$\phi 10$	2.524
						$\phi 14$	$\phi 12$	2.750
						$\phi 14$	$\phi 14$	3.017
						$\phi 16$	$\phi 10$	3.217
						$\phi 16$	$\phi 12$	3.448
						$\phi 16$	$\phi 14$	3.721
						$\phi 16$	$\phi 16$	4.037

序号	$b \times h$（mm）	截面形式（最大箍筋肢距/mm）	主筋			箍筋@100		
			①	A_s（mm²）	$\rho = A_s/(bh)$（%）	②	③④	ρ_v（%）
56	400×400	（180）	8ϕ12	904.7	0.565	同上		
			8ϕ14	1231.5	0.770			
			8ϕ16	1608.5	1.005			
			8ϕ18	2035.8	1.272			
			8ϕ20	2513.3	1.571			
			8ϕ22	3041.1	1.901			
			8ϕ25	3927.0	2.454			
			8ϕ28	4926.0	3.079			
			8ϕ32	6434.0	4.021			
57	400×450	（270）	12ϕ12	1357.2	0.754	ϕ6	ϕ6	0.472
			12ϕ14	1847.3	1.026	ϕ6.5	ϕ6.5	0.556
			12ϕ16	2412.7	1.340	ϕ8	ϕ6	0.732
			12ϕ18	3053.6	1.696	ϕ8	ϕ6.5	0.760
			12ϕ20	3769.9	2.094	ϕ8	ϕ8	0.857
			12ϕ22	4561.6	2.534	ϕ10	ϕ8	1.204
			12ϕ25	5890.5	3.272	ϕ10	ϕ10	1.368
			12ϕ28	7389.0	4.105	ϕ12	ϕ10	1.809
						ϕ12	ϕ12	2.014
						ϕ14	ϕ10	2.346
						ϕ14	ϕ12	2.556
						ϕ14	ϕ14	2.804
						ϕ16	ϕ10	2.985
						ϕ16	ϕ12	3.200
						ϕ16	ϕ14	3.453
						ϕ16	ϕ16	3.746
58	400×450	（250）	14ϕ12	1583.4	0.880	同上		
			14ϕ14	2155.1	1.197			
			14ϕ16	2814.9	1.564			
			14ϕ18	3562.6	1.979			
			14ϕ20	4398.2	2.443			
			14ϕ22	5321.9	2.957			
			14ϕ25	6872.2	3.818			
			14ϕ28	8620.5	4.789			

序号	$b \times h$ (mm)	截面形式（最大箍筋肢距/mm）	主筋			箍筋@100		
			①	A_s (mm²)	$\rho = A_s/(bh)$ (%)	②	③④	ρ_v (%)
59	400×450	（200）	8ϕ14	1231.5	0.684	同上		
			8ϕ16	1608.5	0.894			
			8ϕ18	2035.8	1.131			
			8ϕ20	2513.3	1.396			
			8ϕ22	3041.1	1.689			
			8ϕ25	3927.0	2.182			
			8ϕ28	4926.0	2.737			
			8ϕ32	6434.0	3.574			
			8ϕ36	8143.0	4.524			
60	400×500	（300）	10ϕ14	1539.4	0.770	ϕ6	ϕ6	0.446
			10ϕ16	2010.6	1.005	ϕ6.5	ϕ6.5	0.526
			10ϕ18	2544.7	1.272	ϕ8	ϕ6	0.692
			10ϕ20	3141.6	1.571	ϕ8	ϕ6.5	0.718
			10ϕ22	3801.3	1.901	ϕ8	ϕ8	0.810
			10ϕ25	4908.7	2.454	ϕ10	ϕ8	1.137
			10ϕ28	6157.5	3.079	ϕ10	ϕ10	1.291
			10ϕ32	8042.5	4.021	ϕ12	ϕ10	1.706
						ϕ12	ϕ12	1.899
						ϕ14	ϕ10	2.209
						ϕ14	ϕ12	2.407
						ϕ14	ϕ14	2.640
						ϕ16	ϕ10	2.808
						ϕ16	ϕ12	3.009
						ϕ16	ϕ14	3.248
						ϕ16	ϕ16	3.523
61	400×500	（240）	14ϕ12	1583.4	0.792	同上		
			14ϕ14	2155.1	1.078			
			14ϕ16	2814.9	1.407			
			14ϕ18	3562.6	1.781			
			14ϕ20	4398.2	2.199			
			14ϕ22	5321.9	2.661			
			14ϕ25	6872.2	3.436			
			14ϕ28	8620.5	4.310			

序号	$b \times h$ （mm）	截面形式 （最大箍筋肢距/mm）	主筋			箍筋@100		
			①	A_s （mm²）	$\rho = A_s/(bh)$ （%）	②	③④	ρ_v（%）
62	400×500	（180）	10ϕ14	1539.4	0.770	ϕ6	ϕ6	0.511
			10ϕ16	2010.6	1.005	ϕ6.5	ϕ6.5	0.603
			10ϕ18	2544.7	1.272	ϕ8	ϕ6	0.758
			10ϕ20	3141.6	1.571	ϕ8	ϕ6.5	0.796
			10ϕ22	3801.3	1.901	ϕ8	ϕ8	0.928
			10ϕ25	4908.7	2.454	ϕ10	ϕ8	1.257
			10ϕ28	6157.5	3.079	ϕ10	ϕ10	1.480
			10ϕ32	8042.5	4.021	ϕ12	ϕ10	1.899
						ϕ12	ϕ12	2.177
						ϕ14	ϕ10	2.406
						ϕ14	ϕ12	2.691
						ϕ14	ϕ14	3.027
						ϕ16	ϕ10	3.009
						ϕ16	ϕ12	3.299
						ϕ16	ϕ14	3.643
						ϕ16	ϕ16	4.039
63	400×550	（250）	12ϕ14	1847.3	0.840	ϕ6	ϕ6	0.426
			12ϕ16	2412.7	1.097	ϕ6.5	ϕ6.5	0.502
			12ϕ18	3053.6	1.388	ϕ8	ϕ6	0.659
			12ϕ20	3769.9	1.714	ϕ8	ϕ6.5	0.685
			12ϕ22	4561.6	2.073	ϕ8	ϕ8	0.772
			12ϕ25	5890.5	2.677	ϕ10	ϕ8	1.083
			12ϕ28	7389.0	3.359	ϕ10	ϕ10	1.230
			12ϕ32	9651.0	4.387	ϕ12	ϕ10	1.624
						ϕ12	ϕ12	1.808
						ϕ14	ϕ10	2.101
						ϕ14	ϕ12	2.289
						ϕ14	ϕ14	2.511
						ϕ16	ϕ10	2.667
						ϕ16	ϕ12	2.859
						ϕ16	ϕ14	3.086
						ϕ16	ϕ16	3.347
64	400×550	（250）	14ϕ12	1583.4	0.720	同上		
			14ϕ14	2155.1	0.980			
			14ϕ16	2814.9	1.279			
			14ϕ18	3562.6	1.619			

序号	$b \times h$ (mm)	截面形式 (最大箍筋肢距/mm)	主筋			箍筋@100		
			①	A_s (mm²)	$\rho = A_s/(bh)$ (%)	②	③④	ρ_v (%)
64	400×550	(250)	14φ20	4398.2	1.999	同上		
			14φ22	5321.9	2.419			
			14φ25	6872.2	3.124			
			14φ28	8620.5	3.918			
65	400×550	(180)	10φ14	1539.4	0.700	φ6	φ6	0.485
			10φ16	2010.6	0.914	φ6.5	φ6.5	0.571
			10φ18	2544.7	1.157	φ8	φ6	0.719
			10φ20	3141.6	1.428	φ8	φ6.5	0.755
			10φ22	3801.3	1.728	φ8	φ8	0.878
			10φ25	4908.7	2.231	φ10	φ8	1.191
			10φ28	6157.5	2.799	φ10	φ10	1.400
			10φ32	8042.5	3.656	φ12	φ10	1.797
			10φ36	10179	4.627	φ12	φ12	2.057
						φ14	φ10	2.278
						φ14	φ12	2.543
						φ14	φ14	2.857
						φ16	φ10	2.848
						φ16	φ12	3.119
						φ16	φ14	3.439
						φ16	φ16	3.809
66	400×600	(280)	12φ16	2412.7	1.005	φ6	φ6	0.409
			12φ18	3053.6	1.272	φ6.5	φ6.5	0.483
			12φ20	3769.9	1.571	φ8	φ6	0.633
			12φ22	4561.6	1.901	φ8	φ6.5	0.657
			12φ25	5890.5	2.454	φ8	φ8	0.741
			12φ28	7389.0	3.079	φ10	φ8	1.039
			12φ32	9651.0	4.021	φ10	φ10	1.181
						φ12	φ10	1.557
						φ12	φ12	1.733
						φ14	φ10	2.013
						φ14	φ12	2.193
						φ14	φ14	2.405
						φ16	φ10	2.553
						φ16	φ12	2.737
						φ16	φ14	2.954
						φ16	φ16	3.204

序号	$b \times h$（mm）	截面形式（最大箍筋肢距/mm）	主筋			箍筋@100		
			①	A_s（mm²）	$\rho = A_s / (bh)$（%）	②	③④	ρ_v（%）
67	400×600	（280）	14ϕ14	2155.1	0.898			
			14ϕ16	2814.9	1.173			
			14ϕ18	3562.6	1.484			
			14ϕ20	4398.2	1.833		同上	
			14ϕ22	5321.9	2.217			
			14ϕ25	6872.2	2.863			
			14ϕ28	8620.5	3.592			
			14ϕ32	11259	4.691			
68	400×600	（180）	10ϕ16	2010.6	0.838	ϕ6	ϕ6	0.463
			10ϕ18	2544.7	1.060	ϕ6.5	ϕ6.5	0.545
			10ϕ20	3141.6	1.309	ϕ8	ϕ6	0.688
			10ϕ22	3801.3	1.584	ϕ8	ϕ6.5	0.721
			10ϕ25	4908.7	2.045	ϕ8	ϕ8	0.838
			10ϕ28	6157.5	2.566	ϕ10	ϕ8	1.138
			10ϕ32	8042.5	3.351	ϕ10	ϕ10	1.335
			10ϕ36	10179	4.241	ϕ12	ϕ10	1.714
						ϕ12	ϕ12	1.959
						ϕ14	ϕ10	2.173
						ϕ14	ϕ12	2.423
						ϕ14	ϕ14	2.719
						ϕ16	ϕ10	2.717
						ϕ16	ϕ12	2.972
						ϕ16	ϕ14	3.274
						ϕ16	ϕ16	3.622
69	450×450	（270）	12ϕ12	1357.2	0.670	ϕ6	ϕ6	0.439
			12ϕ14	1847.3	0.912	ϕ6.5	ϕ6.5	0.518
			12ϕ16	2412.7	1.191	ϕ8	ϕ6	0.680
			12ϕ18	3053.6	1.508	ϕ8	ϕ6.5	0.706
			12ϕ20	3769.9	1.862	ϕ8	ϕ8	0.797
			12ϕ22	4561.6	2.253	ϕ10	ϕ8	1.118
			12ϕ25	5890.5	2.909	ϕ10	ϕ10	1.270
			12ϕ28	7389.0	3.649	ϕ12	ϕ10	1.677
			12ϕ32	9651.0	4.766	ϕ12	ϕ12	1.867
						ϕ14	ϕ10	2.171
						ϕ14	ϕ12	2.366

序号	$b \times h$ (mm)	截面形式 (最大箍筋肢距/mm)	主筋			箍筋@100		
			①	A_s (mm²)	$\rho = A_s/(bh)$ (%)	②	③④	ρ_v (%)
69	450×450	（270）				$\phi14$	$\phi14$	2.595
						$\phi16$	$\phi10$	2.758
						$\phi16$	$\phi12$	2.957
						$\phi16$	$\phi14$	3.191
						$\phi16$	$\phi16$	3.462
70	450×450	（200）	$8\phi14$	1231.5	0.608	同上		
			$8\phi16$	1608.5	0.794			
			$8\phi18$	2035.8	1.005			
			$8\phi20$	2513.3	1.241			
			$8\phi22$	3041.1	1.502			
			$8\phi25$	3927.0	1.939			
			$8\phi28$	4926.0	2.433			
			$8\phi32$	6434.0	3.177			
			$8\phi36$	8143.0	4.021			
			$8\phi40$	10053	4.964			
71	450×450	（200）	$16\phi12$	1809.6	0.894	同上		
			$16\phi14$	2463.0	1.216			
			$16\phi16$	3217.0	1.589			
			$16\phi18$	4071.5	2.011			
			$16\phi20$	5026.5	2.482			
			$16\phi22$	6082.1	3.004			
			$16\phi25$	7854.0	3.879			
			$16\phi28$	9852.0	4.865			
72	450×450	（150）	$12\phi12$	1357.2	0.670	$\phi6$	$\phi6$	0.585
			$12\phi14$	1847.3	0.912	$\phi6.5$	$\phi6.5$	0.691
			$12\phi16$	2412.7	1.191	$\phi8$	$\phi6$	0.830
			$12\phi18$	3053.6	1.508	$\phi8$	$\phi6.5$	0.882
			$12\phi20$	3769.9	1.862	$\phi8$	$\phi8$	1.062
			$12\phi22$	4561.6	2.253	$\phi10$	$\phi8$	1.389
			$12\phi25$	5890.5	2.909	$\phi10$	$\phi10$	1.694
			$12\phi28$	7389.0	3.649	$\phi12$	$\phi10$	2.109
			$12\phi32$	9651.0	4.766	$\phi12$	$\phi12$	2.490
						$\phi14$	$\phi10$	2.613
						$\phi14$	$\phi12$	3.001
						$\phi14$	$\phi14$	3.460

序号	$b \times h$（mm）	截面形式（最大箍筋肢距/mm）	主筋			箍筋@100		
			①	A_s（mm²）	$\rho = A_s/(bh)$（%）	②	③④	ρ_v（%）
72	450×450	（150）				$\phi16$	$\phi10$	3.209
						$\phi16$	$\phi12$	3.606
						$\phi16$	$\phi14$	4.075
						$\phi16$	$\phi16$	4.616
73	450×500	（300）	10ϕ14	1539.4	0.684	$\phi6$	$\phi6$	0.414
			10ϕ16	2010.6	0.894	$\phi6.5$	$\phi6.5$	0.488
			10ϕ18	2544.7	1.131	$\phi8$	$\phi6$	0.641
			10ϕ20	3141.6	1.396	$\phi8$	$\phi6.5$	0.665
			10ϕ22	3801.3	1.689	$\phi8$	$\phi8$	0.750
			10ϕ25	4908.7	2.182	$\phi10$	$\phi8$	1.051
			10ϕ28	6157.5	2.737	$\phi10$	$\phi10$	1.195
			10ϕ32	8042.5	3.574	$\phi12$	$\phi10$	1.575
			10ϕ36	10179	4.524	$\phi12$	$\phi12$	1.754
						$\phi14$	$\phi10$	2.037
						$\phi14$	$\phi12$	2.219
						$\phi14$	$\phi14$	2.435
						$\phi16$	$\phi10$	2.585
						$\phi16$	$\phi12$	2.771
						$\phi16$	$\phi14$	2.99
						$\phi16$	$\phi16$	3.244
74	450×500	（300）	12ϕ12	1357.2	0.603			
			12ϕ14	1847.3	0.821			
			12ϕ16	2412.7	1.072			
			12ϕ18	3053.6	1.357			
			12ϕ20	3769.9	1.676		同上	
			12ϕ22	4561.6	2.027			
			12ϕ25	5890.5	2.618			
			12ϕ28	7389.0	3.284			
			12ϕ32	9651.0	4.289			
75	450×500	（200）	10ϕ14	1539.4	0.684	$\phi6$	$\phi6$	0.479
			10ϕ16	2010.6	0.894	$\phi6.5$	$\phi6.5$	0.565
			10ϕ18	2544.7	1.131	$\phi8$	$\phi6$	0.707
			10ϕ20	3141.6	1.396	$\phi8$	$\phi6.5$	0.743
			10ϕ22	3801.3	1.689	$\phi8$	$\phi8$	0.868
			10ϕ25	4908.7	2.182	$\phi10$	$\phi8$	1.171

序号	$b \times h$（mm）	截面形式（最大箍筋肢距/mm）	主筋			箍筋@100		
			①	A_s（mm²）	$\rho = A_s/(bh)$（%）	②	③④	ρ_v（%）
75	450×500	（200）	$10\phi28$	6157.5	2.737	$\phi10$	$\phi10$	1.382
			$10\phi32$	8042.5	3.574	$\phi12$	$\phi10$	1.767
			$10\phi36$	10179	4.524	$\phi12$	$\phi12$	2.029
						$\phi14$	$\phi10$	2.232
						$\phi14$	$\phi12$	2.500
						$\phi14$	$\phi14$	2.817
						$\phi16$	$\phi10$	2.784
						$\phi16$	$\phi12$	3.057
						$\phi16$	$\phi14$	3.380
						$\phi16$	$\phi16$	3.753
76	450×500	（150）	$12\phi12$	1357.2	0.603	$\phi6$	$\phi6$	0.552
			$12\phi14$	1847.3	0.821	$\phi6.5$	$\phi6.5$	0.651
			$12\phi16$	2412.7	1.072	$\phi8$	$\phi6$	0.781
			$12\phi18$	3053.6	1.357	$\phi8$	$\phi6.5$	0.830
			$12\phi20$	3769.9	1.676	$\phi8$	$\phi8$	1.000
			$12\phi22$	4561.6	2.027	$\phi10$	$\phi8$	1.306
			$12\phi25$	5890.5	2.618	$\phi10$	$\phi10$	1.593
			$12\phi28$	7389.0	3.284	$\phi12$	$\phi10$	1.981
			$12\phi32$	9651.0	4.289	$\phi12$	$\phi12$	2.339
						$\phi14$	$\phi10$	2.451
						$\phi14$	$\phi12$	2.816
						$\phi14$	$\phi14$	3.246
						$\phi16$	$\phi10$	3.007
						$\phi16$	$\phi12$	3.379
						$\phi16$	$\phi14$	3.818
77	450×550	（280）	$14\phi14$	2155.1	0.871	$\phi6.5$	$\phi6.5$	0.464
			$14\phi16$	2814.9	1.137	$\phi8$	$\phi6$	0.609
			$14\phi18$	3562.6	1.439	$\phi8$	$\phi6.5$	0.632
			$14\phi20$	4398.2	1.777	$\phi8$	$\phi8$	0.713
			$14\phi22$	5321.9	2.150	$\phi10$	$\phi8$	0.998
			$14\phi25$	6872.2	2.777	$\phi10$	$\phi10$	1.134
			$14\phi28$	8620.5	3.483	$\phi12$	$\phi10$	1.494
			$14\phi32$	11259	4.549	$\phi12$	$\phi12$	1.664
						$\phi14$	$\phi10$	1.931
						$\phi14$	$\phi12$	2.103

序号	$b \times h$（mm）	截面形式（最大箍筋肢距/mm）	主筋			箍筋@100		
			①	A_s（mm²）	$\rho = A_s/(bh)$（%）	②	③④	ρ_v（%）
77	450×550	（280）				$\phi 14$	$\phi 14$	2.308
						$\phi 16$	$\phi 10$	2.447
						$\phi 16$	$\phi 12$	2.623
						$\phi 16$	$\phi 14$	2.831
						$\phi 16$	$\phi 16$	3.071
78	450×550	（280）	$12\phi 14$	1847.3	0.746	$\phi 6$	$\phi 6$	0.452
			$12\phi 16$	2412.7	0.975	$\phi 6.5$	$\phi 6.5$	0.533
			$12\phi 18$	3053.6	1.234	$\phi 8$	$\phi 6$	0.668
			$12\phi 20$	3769.9	1.523	$\phi 8$	$\phi 6.5$	0.702
			$12\phi 22$	4561.6	1.843	$\phi 8$	$\phi 8$	0.819
			$12\phi 25$	5890.5	2.380	$\phi 10$	$\phi 8$	1.106
			$12\phi 28$	7389.0	2.985	$\phi 10$	$\phi 10$	1.303
			$12\phi 32$	9651.0	3.899	$\phi 12$	$\phi 10$	1.666
			$12\phi 36$	12215	4.935	$\phi 12$	$\phi 12$	1.911
						$\phi 14$	$\phi 10$	2.106
						$\phi 14$	$\phi 12$	2.355
						$\phi 14$	$\phi 14$	2.650
						$\phi 16$	$\phi 10$	2.626
						$\phi 16$	$\phi 12$	2.880
						$\phi 16$	$\phi 14$	3.181
						$\phi 16$	$\phi 16$	3.528
79	450×550	（200）	$10\phi 16$	2010.6	0.812			
			$10\phi 18$	2544.7	1.028			
			$10\phi 20$	3141.6	1.269			
			$10\phi 22$	3801.3	1.536		同上	
			$10\phi 25$	4908.7	1.983			
			$10\phi 28$	6157.5	2.488			
			$10\phi 32$	8042.5	3.249			
			$10\phi 36$	10179	4.113			
80	450×550	（200）	$12\phi 14$	1847.3	0.746	$\phi 6$	$\phi 6$	0.525
			$12\phi 16$	2412.7	0.975	$\phi 6.5$	$\phi 6.5$	0.619
			$12\phi 18$	3053.6	1.234	$\phi 8$	$\phi 6$	0.742
			$12\phi 20$	3769.9	1.523	$\phi 8$	$\phi 6.5$	0.789
			$12\phi 22$	4561.6	1.843	$\phi 8$	$\phi 8$	0.950

序号	b×h (mm)	截面形式 (最大箍筋肢距/mm)	主筋			箍筋@100		
			①	A_s (mm²)	$\rho = A_s/(bh)$ (%)	②	③④	ρ_v (%)
80	450×550	(200)	12ϕ25	5890.5	2.380	ϕ10	ϕ8	1.240
			12ϕ28	7389.0	2.985	ϕ10	ϕ10	1.512
			12ϕ32	9651.0	3.899	ϕ12	ϕ10	1.880
			12ϕ36	12215	4.935	ϕ12	ϕ12	2.219
						ϕ14	ϕ10	2.323
						ϕ14	ϕ12	2.669
						ϕ14	ϕ14	3.077
						ϕ16	ϕ10	2.847
						ϕ16	ϕ12	3.199
						ϕ16	ϕ14	3.615
						ϕ16	ϕ16	4.095
81	450×600	(280)	14ϕ14	2155.1	0.798	ϕ6.5	ϕ6.5	0.445
			14ϕ16	2814.9	1.043	ϕ8	ϕ6	0.583
			14ϕ18	3562.6	1.319	ϕ8	ϕ6.5	0.605
			14ϕ20	4398.2	1.629	ϕ8	ϕ8	0.682
			14ϕ22	5321.9	1.971	ϕ10	ϕ8	0.955
			14ϕ25	6872.2	2.545	ϕ10	ϕ10	1.085
			14ϕ28	8620.5	3.193	ϕ12	ϕ10	1.429
			14ϕ32	11259	4.17	ϕ12	ϕ12	1.591
						ϕ14	ϕ10	1.844
						ϕ14	ϕ12	2.009
						ϕ14	ϕ14	2.204
						ϕ16	ϕ10	2.336
						ϕ16	ϕ12	2.504
						ϕ16	ϕ14	2.703
						ϕ16	ϕ16	2.932
82	450×600	(280)	12ϕ14	1847.3	0.684	ϕ6	ϕ6	0.430
			12ϕ16	2412.7	0.894	ϕ6.5	ϕ6.5	0.507
			12ϕ18	3053.6	1.131	ϕ8	ϕ6	0.637
			12ϕ20	3769.9	1.396	ϕ8	ϕ6.5	0.669
			12ϕ22	4561.6	1.689	ϕ8	ϕ8	0.779
			12ϕ25	5890.5	2.182	ϕ10	ϕ8	1.053
			12ϕ28	7389.0	2.737	ϕ10	ϕ10	1.238
			12ϕ32	9651.0	3.574	ϕ12	ϕ10	1.584
			12ϕ36	12215	4.524	ϕ12	ϕ12	1.815

序号	$b \times h$（mm）	截面形式（最大箍筋肢距/mm）	主筋			箍筋@100		
			①	A_s（mm²）	$\rho = A_s/(bh)$（%）	②	③④	ρ_v（%）
82	450×600	（280）				$\phi 14$	$\phi 10$	2.003
						$\phi 14$	$\phi 12$	2.238
						$\phi 14$	$\phi 14$	2.515
						$\phi 16$	$\phi 10$	2.497
						$\phi 16$	$\phi 12$	2.736
						$\phi 16$	$\phi 14$	3.019
						$\phi 16$	$\phi 16$	3.345
83	450×600	（200）	$10\phi 16$	2010.6	0.745	同上		
			$10\phi 18$	2544.7	0.942			
			$10\phi 20$	3141.6	1.164			
			$10\phi 22$	3801.3	1.408			
			$10\phi 25$	4908.7	1.818			
			$10\phi 28$	6157.5	2.281			
			$10\phi 32$	8042.5	2.979			
			$10\phi 36$	10179	3.770			
			$10\phi 40$	12566	4.654			
84	450×600	（190）	$12\phi 14$	1847.3	0.684	$\phi 6$	$\phi 6$	0.503
			$12\phi 16$	2412.7	0.894	$\phi 6.5$	$\phi 6.5$	0.593
			$12\phi 18$	3053.6	1.131	$\phi 8$	$\phi 6$	0.711
			$12\phi 20$	3769.9	1.396	$\phi 8$	$\phi 6.5$	0.755
			$12\phi 22$	4561.6	1.689	$\phi 8$	$\phi 8$	0.910
			$12\phi 25$	5890.5	2.182	$\phi 10$	$\phi 8$	1.187
			$12\phi 28$	7389.0	2.737	$\phi 10$	$\phi 10$	1.447
			$12\phi 32$	9651.0	3.574	$\phi 12$	$\phi 10$	1.797
			$12\phi 36$	12215	4.524	$\phi 12$	$\phi 12$	2.121
						$\phi 14$	$\phi 10$	2.219
						$\phi 14$	$\phi 12$	2.549
						$\phi 14$	$\phi 14$	2.939
						$\phi 16$	$\phi 10$	2.718
						$\phi 16$	$\phi 12$	3.054
						$\phi 16$	$\phi 14$	3.451
						$\phi 16$	$\phi 16$	3.909

序号	$b \times h$ (mm)	截面形式 (最大箍筋肢距/mm)	主筋			箍筋@100		
			①	A_s (mm²)	$\rho = A_s/(bh)$ (%)	②	③④	ρ_v (%)
85	450×650	(300)	12φ16	2412.7	0.825	φ6.5	φ6.5	0.428
			12φ18	3053.6	1.044	φ8	φ6	0.561
			12φ20	3769.9	1.289	φ8	φ6.5	0.583
			12φ22	4561.6	1.560	φ8	φ8	0.657
			12φ25	5890.5	2.014	φ10	φ8	0.919
			12φ28	7389.0	2.526	φ10	φ10	1.044
			12φ32	9651.0	3.299	φ12	φ10	1.374
			12φ36	12215	4.176	φ12	φ12	1.530
						φ14	φ10	1.773
						φ14	φ12	1.931
						φ14	φ14	2.119
						φ16	φ10	2.244
						φ16	φ12	2.405
						φ16	φ14	2.596
						φ16	φ16	2.816
86	450×650	(280)	12φ14	1847.3	0.632	φ6	φ6	0.412
			12φ16	2412.7	0.825	φ6.5	φ6.5	0.486
			12φ18	3053.6	1.044	φ8	φ6	0.611
			12φ20	3769.9	1.289	φ8	φ6.5	0.641
			12φ22	4561.6	1.560	φ8	φ8	0.745
			12φ25	5890.5	2.014	φ10	φ8	1.009
			12φ28	7389.0	2.526	φ10	φ10	1.184
			12φ32	9651.0	3.299	φ12	φ10	1.517
			12φ36	12215	4.176	φ12	φ12	1.735
						φ14	φ10	1.918
						φ14	φ12	2.140
						φ14	φ14	2.403
						φ16	φ10	2.391
						φ16	φ12	2.618
						φ16	φ14	2.885
						φ16	φ16	3.193
87	450×650	(200)	10φ16	2010.6	0.687	同上		
			10φ18	2544.7	0.870			
			10φ20	3141.6	1.074			
			10φ22	3801.3	1.300			
			10φ25	4908.7	1.678			

序号	$b \times h$（mm）	截面形式（最大箍筋肢距/mm）	主筋			箍筋@100		
			①	A_s（mm²）	$\rho = A_s/(bh)$（%）	②	③④	ρ_v（%）
87	450×650	（200）	10φ28	6157.5	2.105	同上		
			10φ32	8042.5	2.750			
			10φ36	10179	3.480			
			10φ40	12566	4.296			
88	450×650	（300，250）	14φ14	2155.1	0.737	φ6	φ6	0.485
			14φ16	2814.9	0.962	φ6.5	φ6.5	0.571
			14φ18	3562.6	1.218	φ8	φ6	0.685
			14φ20	4398.2	1.504	φ8	φ6.5	0.727
			14φ22	5321.9	1.819	φ8	φ8	0.876
			14φ25	6872.2	2.349	φ10	φ8	1.142
			14φ28	8620.5	2.947	φ10	φ10	1.393
			14φ32	11259	3.849	φ12	φ10	1.728
			14φ36	14250	4.872	φ12	φ12	2.040
						φ14	φ10	2.133
						φ14	φ12	2.450
						φ14	φ14	2.825
						φ16	φ10	2.611
						φ16	φ12	2.933
						φ16	φ14	3.315
						φ16	φ16	3.755
89	450×650	（200）	12φ14	1847.3	0.632	同上		
			12φ16	2412.7	0.825			
			12φ18	3053.6	1.044			
			12φ20	3769.9	1.289			
			12φ22	4561.6	1.560			
			12φ25	5890.5	2.014			
			12φ28	7389.0	2.526			
			12φ32	9651.0	3.299			
			12φ36	12215	4.176			
90	500×500	（300）	12φ14	1847.3	0.739	φ6.5	φ6.5	0.458
			12φ16	2412.7	0.965	φ8	φ6	0.601
			12φ18	3053.6	1.221	φ8	φ6.5	0.624
			12φ20	3769.9	1.508	φ8	φ8	0.704
			12φ22	4561.6	1.825	φ10	φ8	0.985
			12φ25	5890.5	2.356	φ10	φ10	1.120
						φ12	φ10	1.475

序号	$b \times h$ (mm)	截面形式（最大箍筋肢距/mm）	主筋			箍筋@100		
			①	A_s (mm²)	$\rho = A_s/(bh)$ (%)	②	③④	ρ_v (%)
90	500×500	（300）	12φ28	7389.0	2.956	φ12	φ12	1.642
			12φ32	9651.0	3.860	φ14	φ10	1.905
			12φ36	12215	4.886	φ14	φ12	2.075
						φ14	φ14	2.277
						φ16	φ10	2.414
						φ16	φ12	2.588
						φ16	φ14	2.793
						φ16	φ16	3.029
91	500×500	（230）	16φ12	1809.6	0.724			
			16φ14	2463.0	0.985			
			16φ16	3217.0	1.287			
			16φ18	4071.5	1.629		同上	
			16φ20	5026.5	2.011			
			16φ22	6082.1	2.433			
			16φ25	7854.0	3.142			
			16φ28	9852.0	3.941			
92	500×500	（160）	12φ14	1847.3	0.739	φ6	φ6	0.518
			12φ16	2412.7	0.965	φ6.5	φ6.5	0.611
			12φ18	3053.6	1.221	φ8	φ6	0.733
			12φ20	3769.9	1.508	φ8	φ6.5	0.779
			12φ22	4561.6	1.825	φ8	φ8	0.938
			12φ25	5890.5	2.356	φ10	φ8	1.224
			12φ28	7389.0	2.956	φ10	φ10	1.493
			12φ32	9651.0	3.860	φ12	φ10	1.855
			12φ36	12215	4.886	φ12	φ12	2.189
						φ14	φ10	2.292
						φ14	φ12	2.633
						φ14	φ14	3.035
						φ16	φ10	2.808
						φ16	φ12	3.156
						φ16	φ14	3.566
						φ16	φ16	4.039
93	500×550	（300）	14φ12	1583.4	0.576	φ6.5	φ6.5	0.435
			14φ14	2155.1	0.784	φ8	φ6	0.570
			14φ16	2814.9	1.024	φ8	φ6.5	0.591
			14φ18	3562.6	1.295	φ8	φ8	0.667
			14φ20	4398.2	1.599	φ10	φ8	0.933

序号	b×h（mm）	截面形式（最大箍筋肢距/mm）	主筋			箍筋@100		
			①	A_s（mm²）	$\rho = A_s/(bh)$（%）	②	③④	ρ_v（%）
93	500×550	（300）	14φ22	5321.9	1.935	φ10	φ10	1.060
			14φ25	6872.2	2.499	φ12	φ10	1.395
			14φ28	8620.5	3.135	φ12	φ12	1.553
			14φ32	11259	4.094	φ14	φ10	1.800
						φ14	φ12	1.961
						φ14	φ14	2.151
						φ16	φ10	2.279
						φ16	φ12	2.443
						φ16	φ14	2.636
						φ16	φ16	2.860
94	500×550	（250）	16φ12	1809.6	0.658			
			16φ14	2463.0	0.896			
			16φ16	3217.0	1.170			
			16φ18	4071.5	1.481			
			16φ20	5026.5	1.828		同上	
			16φ22	6082.1	2.212			
			16φ25	7854.0	2.856			
			16φ28	9852.0	3.583			
			16φ32	12868	4.679			
95	500×550	（250，200）	16φ12	1809.6	0.658	φ6	φ6	0.492
			16φ14	2463.0	0.896	φ6.5	φ6.5	0.580
			16φ16	3217.0	1.170	φ8	φ6	0.695
			16φ18	4071.5	1.481	φ8	φ6.5	0.738
			16φ20	5026.5	1.828	φ8	φ8	0.889
			16φ22	6082.1	2.212	φ10	φ8	1.159
			16φ25	7854.0	2.856	φ10	φ10	1.413
			16φ28	9852.0	3.583	φ12	φ10	1.755
			16φ32	12868	4.679	φ12	φ12	2.071
						φ14	φ10	2.166
						φ14	φ12	2.488
						φ14	φ14	2.868
						φ16	φ10	2.651
						φ16	φ12	2.979
						φ16	φ14	3.366
						φ16	φ16	3.813

序号	$b \times h$ (mm)	截面形式 (最大箍筋肢距/mm)	主筋			箍筋@100		
			①	A_s (mm²)	$\rho = A_s / (bh)$ (%)	②	③④	ρ_v (%)
96	500×550	（180）	$12\phi14$	1847.3	0.672	同上		
			$12\phi16$	2412.7	0.877			
			$12\phi18$	3053.6	1.110			
			$12\phi20$	3769.9	1.371			
			$12\phi22$	4561.6	1.659			
			$12\phi25$	5890.5	2.142			
			$12\phi28$	7389.0	2.687			
			$12\phi32$	9651.0	3.509			
			$12\phi36$	12215	4.442			
97	500×600	（300）	$14\phi14$	2155.1	0.718	$\phi6.5$	$\phi6.5$	0.415
			$14\phi16$	2814.9	0.938	$\phi8$	$\phi6$	0.544
			$14\phi18$	3562.6	1.188	$\phi8$	$\phi6.5$	0.565
			$14\phi20$	4398.2	1.466	$\phi8$	$\phi8$	0.637
			$14\phi22$	5321.9	1.774	$\phi10$	$\phi8$	0.890
			$14\phi25$	6872.2	2.291	$\phi10$	$\phi10$	1.011
			$14\phi28$	8620.5	2.874	$\phi12$	$\phi10$	1.330
			$14\phi32$	11259	3.753	$\phi12$	$\phi12$	1.481
			$14\phi36$	14250	4.750	$\phi14$	$\phi10$	1.715
						$\phi14$	$\phi12$	1.868
						$\phi14$	$\phi14$	2.050
						$\phi16$	$\phi10$	2.170
						$\phi16$	$\phi12$	2.325
						$\phi16$	$\phi14$	2.510
						$\phi16$	$\phi16$	2.723
98	500×600	（280）	$16\phi14$	2463.0	0.821	同上		
			$16\phi16$	3217.0	1.072			
			$16\phi18$	4071.5	1.357			
			$16\phi20$	5026.5	1.676			
			$16\phi22$	6082.1	2.027			
			$16\phi25$	7854.0	2.618			
			$16\phi28$	9852.0	3.284			
			$16\phi32$	12868	4.289			
99	500×600	（230）	$16\phi14$	2463.0	0.821	$\phi6$	$\phi6$	0.405
			$16\phi16$	3217.0	1.072	$\phi6.5$	$\phi6.5$	0.478
			$16\phi18$	4071.5	1.357	$\phi8$	$\phi6$	0.598
			$16\phi20$	5026.5	1.676	$\phi8$	$\phi6.5$	0.628
			$16\phi22$	6082.1	2.027	$\phi8$	$\phi8$	0.733

序号	$b \times h$ （mm）	截面形式 （最大箍筋肢距/mm）	主筋			箍筋@100		
			①	A_s （mm²）	$\rho = A_s/(bh)$ （%）	②	③④	ρ_v （%）
99	500×600	（230）	16φ25	7854.0	2.618	φ10	φ8	0.987
			16φ28	9852.0	3.284	φ10	φ10	1.164
			16φ32	12868	4.289	φ12	φ10	1.485
						φ12	φ12	1.704
						φ14	φ10	1.872
						φ14	φ12	2.095
						φ14	φ14	2.358
						φ16	φ10	2.329
						φ16	φ12	2.556
						φ16	φ14	2.823
						φ16	φ16	3.132
100	500×600	（300，250，200）	14φ14	2155.1	0.718	φ6	φ6	0.470
			14φ16	2814.9	0.938	φ6.5	φ6.5	0.554
			14φ18	3562.6	1.188	φ8	φ6	0.663
			14φ20	4398.2	1.466	φ8	φ6.5	0.705
			14φ22	5321.9	1.774	φ8	φ8	0.849
			14φ25	6872.2	2.291	φ10	φ8	1.106
			14φ28	8620.5	2.874	φ10	φ10	1.349
			14φ32	11259	3.753	φ12	φ10	1.673
			14φ36	14250	4.750	φ12	φ12	1.975
						φ14	φ10	2.064
						φ14	φ12	2.370
						φ14	φ14	2.733
						φ16	φ10	2.524
						φ16	φ12	2.836
						φ16	φ14	3.205
						φ16	φ16	3.630
101	500×600	（200）	12φ14	1847.3	0.616		同上	
			12φ16	2412.7	0.804			
			12φ18	3053.6	1.018			
			12φ20	3769.9	1.257			
			12φ22	4561.6	1.521			
			12φ25	5890.5	1.963			
			12φ28	7389.0	2.463			
			12φ32	9651.0	3.217			
			12φ36	12215	4.072			

序号	$b \times h$（mm）	截面形式（最大箍筋肢距/mm）	主筋			箍筋@100		
			①	A_s（mm²）	$\rho = A_s/(bh)$（%）	②	③④	ρ_v（%）
102	500×600	（200）	16φ14	2463.0	0.821			
			16φ16	3217.0	1.072			
			16φ18	4071.5	1.357			
			16φ20	5026.5	1.676	同上		
			16φ22	6082.1	2.027			
			16φ25	7854.0	2.618			
			16φ28	9852.0	3.284			
			16φ32	12868	4.289			
103	500×650	（300）	14φ16	2814.9	0.866	φ8	φ6	0.523
			14φ18	3562.6	1.096	φ8	φ6.5	0.542
			14φ20	4398.2	1.353	φ8	φ8	0.612
			14φ22	5321.9	1.637	φ10	φ8	0.855
			14φ25	6872.2	2.115	φ10	φ10	0.971
			14φ28	8620.5	2.652	φ12	φ10	1.276
			14φ32	11259	3.464	φ12	φ12	1.421
			14φ36	14250	4.385	φ14	φ10	1.644
						φ14	φ12	1.792
						φ14	φ14	1.965
						φ16	φ10	2.079
						φ16	φ12	2.228
						φ16	φ14	2.405
						φ16	φ16	2.609
104	500×650	（300）	16φ14	2463.0	0.758			
			16φ16	3217.0	0.990			
			16φ18	4071.5	1.253			
			16φ20	5026.5	1.547	同上		
			16φ22	6082.1	1.871			
			16φ25	7854.0	2.417			
			16φ28	9852.0	3.031			
			16φ32	12868	3.959			
105	500×650	（230）	20φ14	3078.8	0.947	φ6.5	φ6.5	0.456
			20φ16	4021.2	1.237	φ8	φ6	0.572
			20φ18	5089.4	1.566	φ8	φ6.5	0.600
			20φ20	6283.2	1.933	φ8	φ8	0.699
			20φ22	7602.7	2.339	φ10	φ8	0.944

序号	$b \times h$（mm）	截面形式（最大箍筋肢距/mm）	主筋			箍筋@100		
			①	A_s（mm²）	$\rho = A_s/(bh)$（%）	②	③④	ρ_v（%）
105	500×650	（230）	20ϕ25	9817.5	3.021	ϕ10	ϕ10	1.110
			20ϕ28	12315	3.789	ϕ12	ϕ10	1.418
			20ϕ32	16085	4.949	ϕ12	ϕ12	1.625
						ϕ14	ϕ10	1.788
						ϕ14	ϕ12	1.998
						ϕ14	ϕ14	2.247
						ϕ16	ϕ10	2.225
						ϕ16	ϕ12	2.439
						ϕ16	ϕ14	2.691
						ϕ16	ϕ16	2.983
106	500×650	（230）	16ϕ16	3217.0	0.990	ϕ6	ϕ6	0.452
			16ϕ18	4071.5	1.253	ϕ6.5	ϕ6.5	0.532
			16ϕ20	5026.5	1.547	ϕ8	ϕ6	0.637
			16ϕ22	6082.1	1.871	ϕ8	ϕ6.5	0.677
			16ϕ25	7854.0	2.417	ϕ8	ϕ8	0.816
			16ϕ28	9852.0	3.031	ϕ10	ϕ8	1.062
			16ϕ32	12868	3.959	ϕ10	ϕ10	1.295
						ϕ12	ϕ10	1.605
						ϕ12	ϕ12	1.895
						ϕ14	ϕ10	1.979
						ϕ14	ϕ12	2.273
						ϕ14	ϕ14	2.620
						ϕ16	ϕ10	2.419
						ϕ16	ϕ12	2.718
						ϕ16	ϕ14	3.071
						ϕ16	ϕ16	3.479
107	500×650	（200）	12ϕ16	2412.7	0.742	同上		
			12ϕ18	3053.6	0.940			
			12ϕ20	3769.9	1.160			
			12ϕ22	4561.6	1.404			
			12ϕ25	5890.5	1.812			
			12ϕ28	7389.0	2.274			
			12ϕ32	9651.0	2.970			
			12ϕ36	12215	3.758			
			12ϕ40	15080	4.640			

序号	$b \times h$ （mm）	截面形式 （最大箍筋肢距/mm）	主筋			箍筋@100		
			①	A_s （mm^2）	$\rho = A_s/（bh）$ （%）	②	③④	ρ_v（%）
108	500×650	（200）	$14\phi16$	2814.9	0.866	同上		
			$14\phi18$	3562.6	1.096			
			$14\phi20$	4398.2	1.353			
			$14\phi22$	5321.9	1.637			
			$14\phi25$	6872.2	2.115			
			$14\phi28$	8620.5	2.652			
			$14\phi32$	11259	3.464			
			$14\phi36$	14250	4.385			
109	500×700	（300，250）	$14\phi16$	2814.9	0.804	$\phi6.5$	$\phi6.5$	0.438
			$14\phi18$	3562.6	1.018	$\phi8$	$\phi6$	0.550
			$14\phi20$	4398.2	1.257	$\phi8$	$\phi6.5$	0.577
			$14\phi22$	5321.9	1.521	$\phi8$	$\phi8$	0.672
			$14\phi25$	6872.2	1.963	$\phi10$	$\phi8$	0.907
			$14\phi28$	8620.5	2.463	$\phi10$	$\phi10$	1.065
			$14\phi32$	11259	3.217	$\phi12$	$\phi10$	1.361
			$14\phi36$	14250	4.072	$\phi12$	$\phi12$	1.558
						$\phi14$	$\phi10$	1.717
						$\phi14$	$\phi12$	1.917
						$\phi14$	$\phi14$	2.154
						$\phi16$	$\phi10$	2.137
						$\phi16$	$\phi12$	2.340
						$\phi16$	$\phi14$	2.581
						$\phi16$	$\phi16$	2.858
110	500×700	（300，250）	$16\phi14$	2463.0	0.704	同上		
			$16\phi16$	3217.0	0.919			
			$16\phi18$	4071.5	1.163			
			$16\phi20$	5026.5	1.436			
			$16\phi22$	6082.1	1.738			
			$16\phi25$	7854.0	2.244			
			$16\phi28$	9852.0	2.815			
			$16\phi32$	12868	3.677			
			$16\phi36$	16286	4.653			

序号	$b \times h$ （mm）	截面形式 （最大箍筋肢距/mm）	主筋			箍筋@100		
			①	A_s （mm²）	$\rho = A_s/(bh)$ （%）	②	③④	ρ_v（%）
111	500×700	 （250）	16φ16	3217.0	0.919	φ6	φ6	0.436
			16φ18	4071.5	1.163	φ6.5	φ6.5	0.514
			16φ20	5026.5	1.436	φ8	φ6	0.615
			16φ22	6082.1	1.738	φ8	φ6.5	0.654
			16φ25	7854.0	2.244	φ8	φ8	0.788
			16φ28	9852.0	2.815	φ10	φ8	1.025
			16φ32	12868	3.677	φ10	φ10	1.249
			16φ36	16286	4.653	φ12	φ10	1.548
						φ12	φ12	1.827
						φ14	φ10	1.907
						φ14	φ12	2.191
						φ14	φ14	2.526
						φ16	φ10	2.330
						φ16	φ12	2.618
						φ16	φ14	2.959
						φ16	φ16	3.351
112	500×700	 （300，250）	14φ16	2814.9	0.804	同上		
			14φ18	3562.6	1.018			
			14φ20	4398.2	1.257			
			14φ22	5321.9	1.521			
			14φ25	6872.2	1.963			
			14φ28	8620.5	2.463			
			14φ32	11259	3.217			
			14φ36	14250	4.072			
113	500×700	 （220）	20φ14	3078.8	0.880	同上		
			20φ16	4021.2	1.149			
			20φ18	5089.4	1.454			
			20φ20	6283.2	1.795			
			20φ22	7602.7	2.172			
			20φ25	9817.5	2.805			
			20φ28	12315	3.519			
			20φ32	16085	4.596			
114	500×700	 （170）	14φ16	2814.9	0.804	φ6	φ6	0.481
			14φ18	3562.6	1.018	φ6.5	φ6.5	0.567
			14φ20	4398.2	1.257	φ8	φ6	0.661
			14φ22	5321.9	1.521	φ8	φ6.5	0.707
						φ8	φ8	0.868

序号	$b \times h$（mm）	截面形式（最大箍筋肢距/mm）	主筋			箍筋@100		
			①	A_s（mm²）	$\rho = A_s/(bh)$（%）	②	③④	ρ_v（%）
114	500×700	 （170）	14φ25	6872.2	1.963	φ10	φ8	1.107
			14φ28	8620.5	2.463	φ10	φ10	1.378
			14φ32	11259	3.217	φ12	φ10	1.678
			14φ36	14250	4.072	φ12	φ12	2.015
						φ14	φ10	2.040
						φ14	φ12	2.381
						φ14	φ14	2.785
						φ16	φ10	2.465
						φ16	φ12	2.812
						φ16	φ14	3.222
						φ16	φ16	3.695
115	550×550	 （250）	16φ14	2463.0	0.814	φ6.5	φ6.5	0.411
			16φ16	3217.0	1.063	φ8	φ6	0.538
			16φ18	4071.5	1.346	φ8	φ6.5	0.559
			16φ20	5026.5	1.662	φ8	φ8	0.630
			16φ22	6082.1	2.011	φ10	φ8	0.881
			16φ25	7854.0	2.596	φ10	φ10	1.001
			16φ28	9852.0	3.257	φ12	φ10	1.316
			16φ32	12868	4.254	φ12	φ12	1.465
						φ14	φ10	1.697
						φ14	φ12	1.848
						φ14	φ14	2.028
						φ16	φ10	2.146
						φ16	φ12	2.300
						φ16	φ14	2.482
						φ16	φ16	2.693
116	550×550	 （250）	16φ14	2463.0	0.814	φ6	φ6	0.465
			16φ16	3217.0	1.063	φ6.5	φ6.5	0.548
			16φ18	4071.5	1.346	φ8	φ6	0.657
			16φ20	5026.5	1.662	φ8	φ6.5	0.698
			16φ22	6082.1	2.011	φ8	φ8	0.840
			16φ25	7854.0	2.596	φ10	φ8	1.094
			16φ28	9852.0	3.257	φ10	φ10	1.335
			16φ32	12868	4.254	φ12	φ10	1.655
						φ12	φ12	1.954
						φ14	φ10	2.041
						φ14	φ12	2.345

序号	$b \times h$（mm）	截面形式（最大箍筋肢距/mm）	主筋			箍筋@100		
			①	A_s（mm²）	$\rho = A_s/(bh)$（%）	②	③④	ρ_v（%）
116	550 × 550	（250）				$\phi 14$	$\phi 14$	2.703
						$\phi 16$	$\phi 10$	2.496
						$\phi 16$	$\phi 12$	2.805
						$\phi 16$	$\phi 14$	3.170
						$\phi 16$	$\phi 16$	3.590
117	550 × 550	（180）	$12\phi 14$	1847.3	0.611	同上		
			$12\phi 16$	2412.7	0.798			
			$12\phi 18$	3053.6	1.009			
			$12\phi 20$	3769.9	1.246			
			$12\phi 22$	4561.6	1.508			
			$12\phi 25$	5890.5	1.947			
			$12\phi 28$	7389.0	2.443			
			$12\phi 32$	9651.0	3.190			
			$12\phi 36$	12215	4.038			
			$12\phi 40$	15080	4.985			
118	550 × 600	（280）	$16\phi 14$	2463.0	0.746	$\phi 8$	$\phi 6$	0.513
			$16\phi 16$	3217.0	0.975	$\phi 8$	$\phi 6.5$	0.532
			$16\phi 18$	4071.5	1.234	$\phi 8$	$\phi 8$	0.600
			$16\phi 20$	5026.5	1.523	$\phi 10$	$\phi 8$	0.838
			$16\phi 22$	6082.1	1.843	$\phi 10$	$\phi 10$	0.953
			$16\phi 25$	7854.0	2.380	$\phi 12$	$\phi 10$	1.252
			$16\phi 28$	9852.0	2.985	$\phi 12$	$\phi 12$	1.394
			$16\phi 32$	12868	3.899	$\phi 14$	$\phi 10$	1.612
			$16\phi 36$	16286	4.935	$\phi 14$	$\phi 12$	1.757
						$\phi 14$	$\phi 14$	1.927
						$\phi 16$	$\phi 10$	2.038
						$\phi 16$	$\phi 12$	2.184
						$\phi 16$	$\phi 14$	2.357
						$\phi 16$	$\phi 16$	2.557
119	550 × 600	（250）	$18\phi 14$	2770.9	0.840	$\phi 6.5$	$\phi 6.5$	0.454
			$18\phi 16$	3619.1	1.097	$\phi 8$	$\phi 6$	0.567
			$18\phi 18$	4580.4	1.388	$\phi 8$	$\phi 6.5$	0.595
			$18\phi 20$	5654.9	1.714	$\phi 8$	$\phi 8$	0.696
			$18\phi 22$	6842.4	2.073	$\phi 10$	$\phi 8$	0.935
			$18\phi 25$	8835.7	2.677	$\phi 10$	$\phi 10$	1.104

序号	$b \times h$ （mm）	截面形式 （最大箍筋肢距/mm）	主筋			箍筋@100		
			①	A_s （mm²）	$\rho = A_s/(bh)$ （%）	②	③④	ρ_v（%）
119	550×600	（250）	$18\phi28$	11084	3.359	$\phi12$	$\phi10$	1.405
			$18\phi32$	14476	4.387	$\phi12$	$\phi12$	1.615
						$\phi14$	$\phi10$	1.769
						$\phi14$	$\phi12$	1.982
						$\phi14$	$\phi14$	2.233
						$\phi16$	$\phi10$	2.197
						$\phi16$	$\phi12$	2.413
						$\phi16$	$\phi14$	2.669
						$\phi16$	$\phi16$	2.964
120	550×600	（280）	$16\phi14$	2463.0	0.746	$\phi6$	$\phi6$	0.443
			$16\phi16$	3217.0	0.975	$\phi6.5$	$\phi6.5$	0.522
			$16\phi18$	4071.5	1.234	$\phi8$	$\phi6$	0.625
			$16\phi20$	5026.5	1.523	$\phi8$	$\phi6.5$	0.665
			$16\phi22$	6082.1	1.843	$\phi8$	$\phi8$	0.801
			$16\phi25$	7854.0	2.380	$\phi10$	$\phi8$	1.042
			$16\phi28$	9852.0	2.985	$\phi10$	$\phi10$	1.270
			$16\phi32$	12868	3.899	$\phi12$	$\phi10$	1.574
			$16\phi36$	16286	4.935	$\phi12$	$\phi12$	1.858
						$\phi14$	$\phi10$	1.940
						$\phi14$	$\phi12$	2.229
						$\phi14$	$\phi14$	2.569
						$\phi16$	$\phi10$	2.371
						$\phi16$	$\phi12$	2.664
						$\phi16$	$\phi14$	3.010
						$\phi16$	$\phi16$	3.410
121	550×600	（280）	$14\phi16$	2814.9	0.853	同上		
			$14\phi18$	3562.6	1.080			
			$14\phi20$	4398.2	1.333			
			$14\phi22$	5321.9	1.613			
			$14\phi25$	6872.2	2.082			
			$14\phi28$	8620.5	2.612			
			$14\phi32$	11259	3.412			
			$14\phi36$	14250	4.318			

序号	$b \times h$（mm）	截面形式（最大箍筋肢距/mm）	主筋			箍筋@100		
			①	A_s（mm²）	$\rho = A_s/(bh)$（%）	②	③④	ρ_v（%）
122	550×600	（220）	20φ12	2261.9	0.685	同上		
			20φ14	3078.8	0.933			
			20φ16	4021.2	1.219			
			20φ18	5089.4	1.542			
			20φ20	6283.2	1.904			
			20φ22	7602.7	2.304			
			20φ25	9817.5	2.975			
			20φ28	12315	3.732			
			20φ32	16085	4.874			
123	550×600	（190）	12φ16	2412.7	0.731	同上		
			12φ18	3053.6	0.925			
			12φ20	3769.9	1.142			
			12φ22	4561.6	1.382			
			12φ25	5890.5	1.785			
			12φ28	7389.0	2.239			
			12φ32	9651.0	2.925			
			12φ36	12215	3.701			
			12φ40	15080	4.570			
124	550×650	（300）	16φ14	2463.0	0.689	φ8	φ6	0.492
			16φ16	3217.0	0.900	φ8	φ6.5	0.510
			16φ18	4071.5	1.139	φ8	φ8	0.576
			16φ20	5026.5	1.406	φ10	φ8	0.803
			16φ22	6082.1	1.701	φ10	φ10	0.913
			16φ25	7854.0	2.197	φ12	φ10	1.198
			16φ28	9852.0	2.756	φ12	φ12	1.334
			16φ32	12868	3.599	φ14	φ10	1.543
			16φ36	16286	4.556	φ14	φ12	1.681
						φ14	φ14	1.844
						φ16	φ10	1.949
						φ16	φ12	2.089
						φ16	φ14	2.254
						φ16	φ16	2.445
125	550×650	（250）	18φ14	2770.9	0.775	φ6.5	φ6.5	0.433
			18φ16	3619.1	1.012	φ8	φ6	0.541
			18φ18	4580.4	1.281	φ8	φ6.5	0.568
			18φ20	5654.9	1.582	φ8	φ8	0.663
			18φ22	6842.4	1.914	φ10	φ8	0.892

序号	$b \times h$ (mm)	截面形式 （最大箍筋肢距/mm）	主筋			箍筋@100		
			①	A_s (mm²)	$\rho = A_s/(bh)$ (%)	②	③④	ρ_v (%)
125	550 × 650	（250）	18ϕ25	8835.7	2.472	ϕ10	ϕ10	1.051
			18ϕ28	11084	3.100	ϕ12	ϕ10	1.339
			18ϕ32	14476	4.049	ϕ12	ϕ12	1.537
						ϕ14	ϕ10	1.686
						ϕ14	ϕ12	1.886
						ϕ14	ϕ14	2.124
						ϕ16	ϕ10	2.093
						ϕ16	ϕ12	2.297
						ϕ16	ϕ14	2.538
						ϕ16	ϕ16	2.816
126	550 × 650	（200）	12ϕ16	2412.7	0.675	ϕ6	ϕ6	0.425
			12ϕ18	3053.6	0.854	ϕ6.5	ϕ6.5	0.501
			12ϕ20	3769.9	1.055	ϕ8	ϕ6	0.600
			12ϕ22	4561.6	1.276	ϕ8	ϕ6.5	0.637
			12ϕ25	5890.5	1.648	ϕ8	ϕ8	0.767
			12ϕ28	7389.0	2.067	ϕ10	ϕ8	0.998
			12ϕ32	9651.0	2.700	ϕ10	ϕ10	1.217
			12ϕ36	12215	3.417	ϕ12	ϕ10	1.507
			12ϕ40	15080	4.218	ϕ12	ϕ12	1.779
						ϕ14	ϕ10	1.856
						ϕ14	ϕ12	2.132
						ϕ14	ϕ14	2.458
						ϕ16	ϕ10	2.267
						ϕ16	ϕ12	2.547
						ϕ16	ϕ14	2.878
						ϕ16	ϕ16	3.260
127	550 × 650	（250）	18ϕ14	2770.9	0.775	同上		
			18ϕ16	3619.1	1.012			
			18ϕ18	4580.4	1.281			
			18ϕ20	5654.9	1.582			
			18ϕ22	6842.4	1.914			
			18ϕ25	8835.7	2.472			
			18ϕ28	11084	3.100			
			18ϕ32	14476	4.049			

序号	$b \times h$ (mm)	截面形式 (最大箍筋肢距/mm)	主筋			箍筋@100		
			①	A_s (mm²)	$\rho = A_s /(bh)$ (%)	②	③④	ρ_v (%)
128	550×650	（300，250，200）	14ϕ16	2814.9	0.787	同上		
			14ϕ18	3562.6	0.997			
			14ϕ20	4398.2	1.230			
			14ϕ22	5321.9	1.489			
			14ϕ25	6872.2	1.922			
			14ϕ28	8620.5	2.411			
			14ϕ32	11259	3.150			
			14ϕ36	14250	3.986			
			14ϕ40	17593	4.921			
129	550×700	（300，250）	16ϕ16	3217.0	0.836	ϕ6.5	ϕ6.5	0.415
			16ϕ18	4071.5	1.058	ϕ8	ϕ6	0.519
			16ϕ20	5026.5	1.306	ϕ8	ϕ6.5	0.545
			16ϕ22	6082.1	1.580	ϕ8	ϕ8	0.635
			16ϕ25	7854.0	2.040	ϕ10	ϕ8	0.855
			16ϕ28	9852.0	2.559	ϕ10	ϕ10	1.007
			16ϕ32	12868	3.342	ϕ12	ϕ10	1.283
			16ϕ36	16286	4.230	ϕ12	ϕ12	1.471
						ϕ14	ϕ10	1.616
						ϕ14	ϕ12	1.806
						ϕ14	ϕ14	2.031
						ϕ16	ϕ10	2.007
						ϕ16	ϕ12	2.200
						ϕ16	ϕ14	2.429
						ϕ16	ϕ16	2.693
130	550×700	（250）	18ϕ16	3619.1	0.940	同上		
			18ϕ18	4580.4	1.190			
			18ϕ20	5654.9	1.469			
			18ϕ22	6842.4	1.777			
			18ϕ25	8835.7	2.295			
			18ϕ28	11084	2.879			
			18ϕ32	14476	3.760			
			18ϕ36	18322	4.759			
131	550×700	（250）	20ϕ16	4021.2	1.044	同上		
			20ϕ18	5089.4	1.322			
			20ϕ20	6283.2	1.632			
			20ϕ22	7602.7	1.975			

序号	b×h (mm)	截面形式（最大箍筋肢距/mm）	主筋			箍筋@100		
			①	As （mm²）	ρ=As/（bh）（%）	②	③④	ρv（%）
131	550×700	（250）	20φ25	9817.5	2.550	同上		
			20φ28	12315	3.199			
			20φ32	16085	4.178			
132	550×700	（300，250）	14φ16	2814.9	0.731	φ6	φ6	0.410
			14φ18	3562.6	0.925	φ6.5	φ6.5	0.483
			14φ20	4398.2	1.142	φ8	φ6	0.578
			14φ22	5321.9	1.382	φ8	φ6.5	0.614
			14φ25	6872.2	1.785	φ8	φ8	0.739
			14φ28	8620.5	2.239	φ10	φ8	0.961
			14φ32	11259	2.925	φ10	φ10	1.172
			14φ36	14250	3.701	φ12	φ10	1.451
			14φ40	17593	4.570	φ12	φ12	1.712
						φ14	φ10	1.786
						φ14	φ12	2.051
						φ14	φ14	2.365
						φ16	φ10	2.180
						φ16	φ12	2.449
						φ16	φ14	2.767
						φ16	φ16	3.135
133	550×700	（300，250）	16φ16	3217.0	0.836	同上		
			16φ18	4071.5	1.058			
			16φ20	5026.5	1.306			
			16φ22	6082.1	1.580			
			16φ25	7854.0	2.040			
			16φ28	9852.0	2.559			
			16φ32	12868	3.342			
			16φ36	16286	4.230			
134	550×700	（250）	18φ16	3619.1	0.940	同上		
			18φ18	4580.4	1.190			
			18φ20	5654.9	1.469			
			18φ22	6842.4	1.777			
			18φ25	8835.7	2.295			
			18φ28	11084	2.879			
			18φ32	14476	3.760			
			18φ36	18322	4.759			

序号	$b \times h$ （mm）	截面形式 （最大箍筋肢距/mm）	主筋			箍筋@100		
			①	A_s （mm²）	$\rho = A_s/(bh)$ （%）	②	③④	ρ_v（%）
135	550×700	（250）	20ϕ16	4021.2	1.044	同上		
			20ϕ18	5089.4	1.322			
			20ϕ20	6283.2	1.632			
			20ϕ22	7602.7	1.975			
			20ϕ25	9817.5	2.550			
			20ϕ28	12315	3.199			
			20ϕ32	16085	4.178			
136	550×700	（180）	14ϕ16	2814.9	0.731	ϕ6	ϕ6	0.455
			14ϕ18	3562.6	0.925	ϕ6.5	ϕ6.5	0.536
			14ϕ20	4398.2	1.142	ϕ8	ϕ6	0.623
			14ϕ22	5321.9	1.382	ϕ8	ϕ6.5	0.667
			14ϕ25	6872.2	1.785	ϕ8	ϕ8	0.820
			14ϕ28	8620.5	2.239	ϕ10	ϕ8	1.043
			14ϕ32	11259	2.925	ϕ10	ϕ10	1.300
			14ϕ36	14250	3.701	ϕ12	ϕ10	1.580
			14ϕ40	17593	4.570	ϕ12	ϕ12	1.899
						ϕ14	ϕ10	1.917
						ϕ14	ϕ12	2.241
						ϕ14	ϕ14	2.623
						ϕ16	ϕ10	2.313
						ϕ16	ϕ12	2.641
						ϕ16	ϕ14	3.029
						ϕ16	ϕ16	3.476
137	550×750	（300）	16ϕ16	3217.0	0.780	ϕ8	ϕ6	0.500
			16ϕ18	4071.5	0.987	ϕ8	ϕ6.5	0.525
			16ϕ20	5026.5	1.219	ϕ8	ϕ8	0.611
			16ϕ22	6082.1	1.474	ϕ10	ϕ8	0.824
			16ϕ25	7854.0	1.904	ϕ10	ϕ10	0.969
			16ϕ28	9852.0	2.388	ϕ12	ϕ10	1.235
			16ϕ32	12868	3.120	ϕ12	ϕ12	1.415
			16ϕ36	16286	3.948	ϕ14	ϕ10	1.556
			16ϕ40	20106	4.874	ϕ14	ϕ12	1.738
						ϕ14	ϕ14	1.953
						ϕ16	ϕ10	1.933
						ϕ16	ϕ12	2.118
						ϕ16	ϕ14	2.336
						ϕ16	ϕ16	2.587

序号	$b \times h$ (mm)	截面形式（最大箍筋肢距/mm）	主筋 ①	A_s (mm²)	$\rho = A_s/(bh)$ (%)	箍筋@100 ②	③④	ρ_v (%)
138	550×750	（280）	18φ16	3619.1	0.877	同上		
			18φ18	4580.4	1.110			
			18φ20	5654.9	1.371			
			18φ22	6842.4	1.659			
			18φ25	8835.7	2.142			
			18φ28	11084	2.687			
			18φ32	14476	3.509			
			18φ36	18322	4.442			
139	550×750	（250）	20φ16	4021.2	0.975	同上		
			20φ18	5089.4	1.234			
			20φ20	6283.2	1.523			
			20φ22	7602.7	1.843			
			20φ25	9817.5	2.380			
			20φ28	12315	2.985			
			20φ32	16085	3.899			
			20φ36	20358	4.935			
140	550×750	（300）	14φ18	3562.6	0.864	φ6.5	φ6.5	0.467
			14φ20	4398.2	1.066	φ8	φ6	0.559
			14φ22	5321.9	1.290	φ8	φ6.5	0.594
			14φ25	6872.2	1.666	φ8	φ8	0.715
			14φ28	8620.5	2.090	φ10	φ8	0.930
			14φ32	11259	2.730	φ10	φ10	1.134
			14φ36	14250	3.455	φ12	φ10	1.403
			14φ40	17593	4.265	φ12	φ12	1.655
						φ14	φ10	1.726
						φ14	φ12	1.982
						φ14	φ14	2.285
						φ16	φ10	2.105
						φ16	φ12	2.365
						φ16	φ14	2.673
						φ16	φ16	3.028
141	550×750	（280）	16φ18	4071.5	0.987	同上		
			16φ20	5026.5	1.219			
			16φ22	6082.1	1.474			
			16φ25	7854.0	1.904			

序号	b×h（mm）	截面形式（最大箍筋肢距/mm）	主筋			箍筋@100		
			①	A_s（mm²）	ρ = A_s/（bh）（%）	②	③④	ρ_v（%）
141	550 × 750	（280）	16φ28	9852.0	2.388	同上		
			16φ32	12868	3.120			
			16φ36	16286	3.948			
			16φ40	20106	4.874			
142	550 × 750	（280）	18φ16	3619.1	0.877	同上		
			18φ18	4580.4	1.110			
			18φ20	5654.9	1.371			
			18φ22	6842.4	1.659			
			18φ25	8835.7	2.142			
			18φ28	11084	2.687			
			18φ32	14476	3.509			
			18φ36	18322	4.442			
143	550 × 750	（240）	20φ16	4021.2	0.975	同上		
			20φ18	5089.4	1.234			
			20φ20	6283.2	1.523			
			20φ22	7602.7	1.843			
			20φ25	9817.5	2.380			
			20φ28	12315	2.985			
			20φ32	16085	3.899			
			20φ36	20358	4.935			
144	550 × 750	（180）	14φ18	3562.6	0.864	φ6	φ6	0.438
			14φ20	4398.2	1.066	φ6.5	φ6.5	0.516
			14φ22	5321.9	1.290	φ8	φ6	0.601
			14φ25	6872.2	1.666	φ8	φ6.5	0.643
			14φ28	8620.5	2.090	φ8	φ8	0.790
			14φ32	11259	2.730	φ10	φ8	1.005
			14φ36	14250	3.455	φ10	φ10	1.252
			14φ40	17593	4.265	φ12	φ10	1.523
						φ12	φ12	1.828
						φ14	φ10	1.847
						φ14	φ12	2.158
						φ14	φ14	2.524
						φ16	φ10	2.229
						φ16	φ12	2.543
						φ16	φ14	2.915
						φ16	φ16	3.344

序号	$b \times h$ （mm）	截面形式 （最大箍筋肢距/mm）	主筋			箍筋@100		
			①	A_s （mm²）	$\rho = A_s/(bh)$ （%）	②	③④	ρ_v（%）
145	600×600	 （280）	16ϕ14	2463.0	0.684	ϕ8	ϕ6	0.487
			16ϕ16	3217.0	0.894	ϕ8	ϕ6.5	0.506
			16ϕ18	4071.5	1.131	ϕ8	ϕ8	0.571
			16ϕ20	5026.5	1.396	ϕ10	ϕ8	0.796
			16ϕ22	6082.1	1.689	ϕ10	ϕ10	0.905
			16ϕ25	7854.0	2.182	ϕ12	ϕ10	1.188
			16ϕ28	9852.0	2.737	ϕ12	ϕ12	1.323
			16ϕ32	12868	3.574	ϕ14	ϕ10	1.529
			16ϕ36	16286	4.524	ϕ14	ϕ12	1.666
						ϕ14	ϕ14	1.828
						ϕ16	ϕ10	1.931
						ϕ16	ϕ12	2.070
						ϕ16	ϕ14	2.234
						ϕ16	ϕ16	2.423
146	600×600	 （280）	16ϕ14	2463.0	0.684	ϕ6	ϕ6	0.422
			16ϕ16	3217.0	0.894	ϕ6.5	ϕ6.5	0.497
			16ϕ18	4071.5	1.131	ϕ8	ϕ6	0.594
			16ϕ20	5026.5	1.396	ϕ8	ϕ6.5	0.632
			16ϕ22	6082.1	1.689	ϕ8	ϕ8	0.761
			16ϕ25	7854.0	2.182	ϕ10	ϕ8	0.989
			16ϕ28	9852.0	2.737	ϕ10	ϕ10	1.207
			16ϕ32	12868	3.574	ϕ12	ϕ10	1.494
			16ϕ36	16286	4.524	ϕ12	ϕ12	1.764
						ϕ14	ϕ10	1.840
						ϕ14	ϕ12	2.113
						ϕ14	ϕ14	2.437
						ϕ16	ϕ10	2.247
						ϕ16	ϕ12	2.524
						ϕ16	ϕ14	2.852
						ϕ16	ϕ16	3.231
147	600×600	 （220）	20ϕ14	3078.8	0.855	同上		
			20ϕ16	4021.2	1.117			
			20ϕ18	5089.4	1.414			
			20ϕ20	6283.2	1.745			
			20ϕ22	7602.7	2.112			
			20ϕ25	9817.5	2.727			
			20ϕ28	12315	3.421			
			20ϕ32	16085	4.468			

序号	$b \times h$（mm）	截面形式（最大箍筋肢距/mm）	主筋			箍筋@100		
			①	A_s（mm²）	$\rho = A_s/(bh)$（%）	②	③④	ρ_v（%）
148	600×600	（190）	12ϕ16	2412.7	0.670	同上		
			12ϕ18	3053.6	0.848			
			12ϕ20	3769.9	1.047			
			12ϕ22	4561.6	1.267			
			12ϕ25	5890.5	1.636			
			12ϕ28	7389.0	2.053			
			12ϕ32	9651.0	2.681			
			12ϕ36	12215	3.393			
			12ϕ40	15080	4.189			
149	600×600	（190）	24ϕ12	2714.3	0.754	同上		
			24ϕ14	3694.5	1.026			
			24ϕ16	4825.5	1.340			
			24ϕ18	6107.3	1.696			
			24ϕ20	7539.8	2.094			
			24ϕ22	9123.2	2.534			
			24ϕ25	11781	3.272			
			24ϕ28	14778	4.105			
150	600×650	（300）	16ϕ16	3217.0	0.825	ϕ8	ϕ6	0.466
			16ϕ18	4071.5	1.044	ϕ8	ϕ6.5	0.484
			16ϕ20	5026.5	1.289	ϕ8	ϕ8	0.546
			16ϕ22	6082.1	1.560	ϕ10	ϕ8	0.761
			16ϕ25	7854.0	2.014	ϕ10	ϕ10	0.865
			16ϕ28	9852.0	2.526	ϕ12	ϕ10	1.135
			16ϕ32	12868	3.299	ϕ12	ϕ12	1.264
			16ϕ36	16286	4.176	ϕ14	ϕ10	1.460
						ϕ14	ϕ12	1.591
						ϕ14	ϕ14	1.745
						ϕ16	ϕ10	1.843
						ϕ16	ϕ12	1.975
						ϕ16	ϕ14	2.132
						ϕ16	ϕ16	2.312
151	600×650	（250）	16ϕ16	3217.0	0.825	ϕ6	ϕ6	0.404
			16ϕ18	4071.5	1.044	ϕ6.5	ϕ6.5	0.476
			16ϕ20	5026.5	1.289	ϕ8	ϕ6	0.569
			16ϕ22	6082.1	1.560	ϕ8	ϕ6.5	0.604

序号	$b \times h$（mm）	截面形式（最大箍筋肢距/mm）	主筋			箍筋@100		
			①	A_s（mm²）	$\rho = A_s/(bh)$（%）	②	③④	ρ_v（%）
151	600×650	（250）	16φ25	7854.0	2.014	φ8	φ8	0.728
			16φ28	9852.0	2.526	φ10	φ8	0.946
			16φ32	12868	3.299	φ10	φ10	1.154
			16φ36	16286	4.176	φ12	φ10	1.428
						φ12	φ12	1.685
						φ14	φ10	1.757
						φ14	φ12	2.018
						φ14	φ14	2.327
						φ16	φ10	2.144
						φ16	φ12	2.409
						φ16	φ14	2.722
						φ16	φ16	3.083
152	600×650	（300，250，200）	16φ16	3217.0	0.825	同上		
			16φ18	4071.5	1.044			
			16φ20	5026.5	1.289			
			16φ22	6082.1	1.560			
			16φ25	7854.0	2.014			
			16φ28	9852.0	2.526			
			16φ32	12868	3.299			
			16φ36	16286	4.176			
153	600×650	（300）	18φ16	3619.1	0.928	同上		
			18φ18	4580.4	1.174			
			18φ20	5654.9	1.450			
			18φ22	6842.4	1.754			
			18φ25	8835.7	2.266			
			18φ28	11084	2.842			
			18φ32	14476	3.712			
			18φ36	18322	4.698			
154	600×650	（200）	12φ16	2412.7	0.619	同上		
			12φ18	3053.6	0.783			
			12φ20	3769.9	0.967			
			12φ22	4561.6	1.170			

序号	$b \times h$ (mm)	截面形式（最大箍筋肢距/mm）	主筋			箍筋@100		
			①	A_s （mm²）	$\rho = A_s/(bh)$ （%）	②	③④	ρ_v （%）
154	600×650	(200)	12φ25	5890.5	1.510	同上		
			12φ28	7389.0	1.895			
			12φ32	9651.0	2.475			
			12φ36	12215	3.132			
			12φ40	15080	3.867			
155	600×650	(200)	24φ12	2714.3	0.696	同上		
			24φ14	3694.5	0.947			
			24φ16	4825.5	1.237			
			24φ18	6107.3	1.566			
			24φ20	7539.8	1.933			
			24φ22	9123.2	2.339			
			24φ25	11781	3.021			
			24φ28	14778	3.789			
			24φ32	19302	4.949			
156	600×650	(190)	14φ16	2814.9	0.722	φ6	φ6	0.452
			14φ18	3562.6	0.913	φ6.5	φ6.5	0.532
			14φ20	4398.2	1.128	φ8	φ6	0.618
			14φ22	5321.9	1.365	φ8	φ6.5	0.662
			14φ25	6872.2	1.762	φ8	φ8	0.815
			14φ28	8620.5	2.210	φ10	φ8	1.034
			14φ32	11259	2.887	φ10	φ10	1.292
			14φ36	14250	3.654	φ12	φ10	1.568
			14φ40	17593	4.511	φ12	φ12	1.887
						φ14	φ10	1.899
						φ14	φ12	2.223
						φ14	φ14	2.605
						φ16	φ10	2.288
						φ16	φ12	2.616
						φ16	φ14	3.004
						φ16	φ16	3.452
157	600×700	(300, 280)	16φ16	3217.0	0.766	φ8	φ6	0.494
			16φ18	4071.5	0.969	φ8	φ6.5	0.519
			16φ20	5026.5	1.197	φ8	φ8	0.605
			16φ22	6082.1	1.448	φ10	φ8	0.813
			16φ25	7854.0	1.870	φ10	φ10	0.959
			16φ28	9852.0	2.346	φ12	φ10	1.220
						φ12	φ12	1.400

序号	$b \times h$ （mm）	截面形式 （最大箍筋肢距/mm）	主筋			箍筋@100		
			①	A_s （mm²）	$\rho = A_s/(bh)$ （%）	②	③④	ρ_v（%）
157	600×700	（300，280）	16φ32	12868	3.064	φ14	φ10	1.533
			16φ36	16286	3.878	φ14	φ12	1.716
			16φ40	20106	4.787	φ14	φ14	1.932
						φ16	φ10	1.901
						φ16	φ12	2.087
						φ16	φ14	2.306
						φ16	φ16	2.559
158	600×700	（300，250）	14φ18	3562.6	0.848	φ6.5	φ6.5	0.458
			14φ20	4398.2	1.047	φ8	φ6	0.547
			14φ22	5321.9	1.267	φ8	φ6.5	0.581
			14φ25	6872.2	1.636	φ8	φ8	0.700
			14φ28	8620.5	2.053	φ10	φ8	0.909
			14φ32	11259	2.681	φ10	φ10	1.109
			14φ36	14250	3.393	φ12	φ10	1.372
			14φ40	17593	4.189	φ12	φ12	1.619
						φ14	φ10	1.687
						φ14	φ12	1.938
						φ14	φ14	2.234
						φ16	φ10	2.057
						φ16	φ12	2.312
						φ16	φ14	2.612
						φ16	φ16	2.959
159	600×700	（300，250）	16φ16	3217.0	0.766	同上		
			16φ18	4071.5	0.969			
			16φ20	5026.5	1.197			
			16φ22	6082.1	1.448			
			16φ25	7854.0	1.870			
			16φ28	9852.0	2.346			
			16φ32	12868	3.064			
			16φ36	16286	3.878			
			16φ40	20106	4.787			
160	600×700	（300）	18φ16	3619.1	0.862	同上		
			18φ18	4580.4	1.091			
			18φ20	5654.9	1.346			
			18φ22	6842.4	1.629			

序号	$b \times h$ (mm)	截面形式 （最大箍筋肢距/mm）	主筋			箍筋@100		
			①	A_s （mm^2）	$\rho = A_s/(bh)$ （%）	②	③④	ρ_v（%）
160	600×700	（300）	18ϕ25	8835.7	2.104	同上		
			18ϕ28	11084	2.639			
			18ϕ32	14476	3.447			
			18ϕ36	18322	4.362			
161	600×700	（190）	14ϕ18	3562.6	0.848	ϕ6	ϕ6	0.433
			14ϕ20	4398.2	1.047	ϕ6.5	ϕ6.5	0.510
			14ϕ22	5321.9	1.267	ϕ8	ϕ6	0.592
			14ϕ25	6872.2	1.636	ϕ8	ϕ6.5	0.634
			14ϕ28	8620.5	2.053	ϕ8	ϕ8	0.781
			14ϕ32	11259	2.681	ϕ10	ϕ8	0.991
			14ϕ36	14250	3.393	ϕ10	ϕ10	1.236
			14ϕ40	17593	4.189	ϕ12	ϕ10	1.501
						ϕ12	ϕ12	1.805
						ϕ14	ϕ10	1.818
						ϕ14	ϕ12	2.126
						ϕ14	ϕ14	2.491
						ϕ16	ϕ10	2.190
						ϕ16	ϕ12	2.503
						ϕ16	ϕ14	2.872
						ϕ16	ϕ16	3.299
162	600×750	（280）	18ϕ16	3619.1	0.804	ϕ8	ϕ6	0.475
			18ϕ18	4580.4	1.018	ϕ8	ϕ6.5	0.499
			18ϕ20	5654.9	1.257	ϕ8	ϕ8	0.582
			18ϕ22	6842.4	1.521	ϕ10	ϕ8	0.782
			18ϕ25	8835.7	1.963	ϕ10	ϕ10	0.921
			18ϕ28	11084	2.463	ϕ12	ϕ10	1.172
			18ϕ32	14476	3.217	ϕ12	ϕ12	1.344
			18ϕ36	18322	4.072	ϕ14	ϕ10	1.474
						ϕ14	ϕ12	1.648
						ϕ14	ϕ14	1.854
						ϕ16	ϕ10	1.828
						ϕ16	ϕ12	2.005
						ϕ16	ϕ14	2.214
						ϕ16	ϕ16	2.454

序号	$b \times h$ （mm）	截面形式 （最大箍筋肢距/mm）	主筋			箍筋@100		
			①	A_s （mm²）	$\rho = A_s/(bh)$ （%）	②	③④	ρ_v（%）
163	600×750	（300）	$14\phi18$	3562.6	0.792	$\phi6.5$	$\phi6.5$	0.442
			$14\phi20$	4398.2	0.977	$\phi8$	$\phi6$	0.528
			$14\phi22$	5321.9	1.183	$\phi8$	$\phi6.5$	0.561
			$14\phi25$	6872.2	1.527	$\phi8$	$\phi8$	0.676
			$14\phi28$	8620.5	1.916	$\phi10$	$\phi8$	0.878
			$14\phi32$	11259	2.502	$\phi10$	$\phi10$	1.071
			$14\phi36$	14250	3.167	$\phi12$	$\phi10$	1.324
			$14\phi40$	17593	3.910	$\phi12$	$\phi12$	1.563
						$\phi14$	$\phi10$	1.627
						$\phi14$	$\phi12$	1.869
						$\phi14$	$\phi14$	2.155
						$\phi16$	$\phi10$	1.984
						$\phi16$	$\phi12$	2.229
						$\phi16$	$\phi14$	2.519
						$\phi16$	$\phi16$	2.853
164	600×750	（280）	$16\phi18$	4071.5	0.905	同上		
			$16\phi20$	5026.5	1.117			
			$16\phi22$	6082.1	1.352			
			$16\phi25$	7854.0	1.745			
			$16\phi28$	9852.0	2.189			
			$16\phi32$	12868	2.860			
			$16\phi36$	16286	3.619			
			$16\phi40$	20106	4.468			
165	600×750	（280）	$18\phi16$	3619.1	0.804	同上		
			$18\phi18$	4580.4	1.018			
			$18\phi20$	5654.9	1.257			
			$18\phi22$	6842.4	1.521			
			$18\phi25$	8835.7	1.963			
			$18\phi28$	11084	2.463			
			$18\phi32$	14476	3.217			
			$18\phi36$	18322	4.072			
166	600×750	（280）	$20\phi16$	4021.2	0.894	同上		
			$20\phi18$	5089.4	1.131			
			$20\phi20$	6283.2	1.396			
			$20\phi22$	7602.7	1.689			

序号	$b \times h$ （mm）	截面形式 （最大箍筋肢距/mm）	主筋			箍筋@100		
			①	A_s （mm²）	$\rho = A_s/(bh)$ （%）	②	③④	ρ_v（%）
166	600 × 750	 （280）	20φ25	9817.5	2.182	同上		
			20φ28	12315	2.737			
			20φ32	16085	3.574			
			20φ36	20358	4.524			
167	600 × 750	 （200）	14φ18	3562.6	0.792	φ6	φ6	0.417
			14φ20	4398.2	0.977	φ6.5	φ6.5	0.491
			14φ22	5321.9	1.183	φ8	φ6	0.570
			14φ25	6872.2	1.527	φ8	φ6.5	0.611
			14φ28	8620.5	1.916	φ8	φ8	0.751
			14φ32	11259	2.502	φ10	φ8	0.954
			14φ36	14250	3.167	φ10	φ10	1.189
			14φ40	17593	3.910	φ12	φ10	1.443
						φ12	φ12	1.735
						φ14	φ10	1.749
						φ14	φ12	2.044
						φ14	φ14	2.393
						φ16	φ10	2.107
						φ16	φ12	2.406
						φ16	φ14	2.760
						φ16	φ16	3.168
168	600 × 800	 （300）	18φ16	3619.1	0.754	φ8	φ6	0.459
			18φ18	4580.4	0.954	φ8	φ6.5	0.482
			18φ20	5654.9	1.178	φ8	φ8	0.561
			18φ22	6842.4	1.425	φ10	φ8	0.755
			18φ25	8835.7	1.841	φ10	φ10	0.888
			18φ28	11084	2.309	φ12	φ10	1.131
			18φ32	14476	3.016	φ12	φ12	1.296
			18φ36	18322	3.817	φ14	φ10	1.423
			18φ40	22619	4.712	φ14	φ12	1.590
						φ14	φ14	1.787
						φ16	φ10	1.765
						φ16	φ12	1.934
						φ16	φ14	2.134
						φ16	φ16	2.364

序号	$b \times h$（mm）	截面形式（最大箍筋肢距/mm）	主筋			箍筋@100		
			①	A_s（mm²）	$\rho = A_s/(bh)$（%）	②	③④	ρ_v（%）
169	600×800	（300）	14ϕ18	3562.6	0.742	ϕ6.5	ϕ6.5	0.429
			14ϕ20	4398.2	0.916	ϕ8	ϕ6	0.512
			14ϕ22	5321.9	1.109	ϕ8	ϕ6.5	0.544
			14ϕ25	6872.2	1.432	ϕ8	ϕ8	0.656
			14ϕ28	8620.5	1.796	ϕ10	ϕ8	0.851
			14ϕ32	11259	2.346	ϕ10	ϕ10	1.038
			14ϕ36	14250	2.969	ϕ12	ϕ10	1.282
			14ϕ40	17593	3.665	ϕ12	ϕ12	1.514
						ϕ14	ϕ10	1.576
						ϕ14	ϕ12	1.810
						ϕ14	ϕ14	2.087
						ϕ16	ϕ10	1.920
						ϕ16	ϕ12	2.158
						ϕ16	ϕ14	2.438
						ϕ16	ϕ16	2.762
170	600×800	（300）	16ϕ18	4071.5	0.848			
			16ϕ20	5026.5	1.047			
			16ϕ22	6082.1	1.267			
			16ϕ25	7854.0	1.636			
			16ϕ28	9852.0	2.053	同上		
			16ϕ32	12868	2.681			
			16ϕ36	16286	3.393			
			16ϕ40	20106	4.189			
171	600×800	（300）	18ϕ16	3619.1	0.754			
			18ϕ18	4580.4	0.954			
			18ϕ20	5654.9	1.178			
			18ϕ22	6842.4	1.425			
			18ϕ25	8835.7	1.841	同上		
			18ϕ28	11084	2.309			
			18ϕ32	14476	3.016			
			18ϕ36	18322	3.817			
			18ϕ40	22619	4.712			

序号	$b \times h$（mm）	截面形式（最大箍筋肢距/mm）	①	A_s（mm²）	$\rho = A_s/(bh)$（%）	②	③④	ρ_v（%）
						箍筋@100		
172	600×800	（250）	20φ16	4021.2	0.838	同上		
			20φ18	5089.4	1.060			
			20φ20	6283.2	1.309			
			20φ22	7602.7	1.584			
			20φ25	9817.5	2.045			
			20φ28	12315	2.566			
			20φ32	16085	3.351			
			20φ36	20358	4.241			
173	600×800	（190）	14φ18	3562.6	0.742	φ6	φ6	0.403
			14φ20	4398.2	0.916	φ6.5	φ6.5	0.474
			14φ22	5321.9	1.109	φ8	φ6	0.551
			14φ25	6872.2	1.432	φ8	φ6.5	0.590
			14φ28	8620.5	1.796	φ8	φ8	0.725
			14φ32	11259	2.346	φ10	φ8	0.921
			14φ36	14250	2.969	φ10	φ10	1.148
			14φ40	17593	3.665	φ12	φ10	1.394
						φ12	φ12	1.674
						φ14	φ10	1.689
						φ14	φ12	1.973
						φ14	φ14	2.309
						φ16	φ10	2.035
						φ16	φ12	2.322
						φ16	φ14	2.662
						φ16	φ16	3.055
174	650×650	（300）	16φ16	3217.0	0.761	φ8	φ6	0.445
			16φ18	4071.5	0.964	φ8	φ6.5	0.462
			16φ20	5026.5	1.190	φ8	φ8	0.521
			16φ22	6082.1	1.440	φ10	φ8	0.727
			16φ25	7854.0	1.859	φ10	φ10	0.826
			16φ28	9852.0	2.332	φ12	φ10	1.083
			16φ32	12868	3.046	φ12	φ12	1.205
			16φ36	16286	3.855	φ14	φ10	1.392
			16φ40	20106	4.759	φ14	φ12	1.516
						φ14	φ14	1.663

序号	$b \times h$ (mm)	截面形式（最大箍筋肢距/mm）	主筋			箍筋@100		
			①	A_s (mm²)	$\rho = A_s/(bh)$ （%）	②	③④	ρ_v （%）
174	650×650	（300）				$\phi 16$	$\phi 10$	1.755
						$\phi 16$	$\phi 12$	1.881
						$\phi 16$	$\phi 14$	2.031
						$\phi 16$	$\phi 16$	2.203
175	650×650	（300，250）	$16\phi 16$	3217.0	0.761	$\phi 6.5$	$\phi 6.5$	0.454
			$16\phi 18$	4071.5	0.964	$\phi 8$	$\phi 6$	0.543
			$16\phi 20$	5026.5	1.190	$\phi 8$	$\phi 6.5$	0.577
			$16\phi 22$	6082.1	1.440	$\phi 8$	$\phi 8$	0.695
			$16\phi 25$	7854.0	1.859	$\phi 10$	$\phi 8$	0.903
			$16\phi 28$	9852.0	2.332	$\phi 10$	$\phi 10$	1.101
			$16\phi 32$	12868	3.046	$\phi 12$	$\phi 10$	1.362
			$16\phi 36$	16286	3.855	$\phi 12$	$\phi 12$	1.607
			$16\phi 40$	20106	4.759	$\phi 14$	$\phi 10$	1.675
						$\phi 14$	$\phi 12$	1.924
						$\phi 14$	$\phi 14$	2.218
						$\phi 16$	$\phi 10$	2.042
						$\phi 16$	$\phi 12$	2.294
						$\phi 16$	$\phi 14$	2.593
						$\phi 16$	$\phi 16$	2.937
176	650×650	（250）	$20\phi 14$	3078.8	0.729			
			$20\phi 16$	4021.2	0.952			
			$20\phi 18$	5089.4	1.205			
			$20\phi 20$	6283.2	1.487			
			$20\phi 22$	7602.7	1.799	同上		
			$20\phi 25$	9817.5	2.324			
			$20\phi 28$	12315	2.915			
			$20\phi 32$	16085	3.807			
			$20\phi 36$	20358	4.818			
177	650×650	（200）	$12\phi 18$	3053.6	0.723			
			$12\phi 20$	3769.9	0.892			
			$12\phi 22$	4561.6	1.080			
			$12\phi 25$	5890.5	1.394	同上		
			$12\phi 28$	7389.0	1.749			
			$12\phi 32$	9651.0	2.284			
			$12\phi 36$	12215	2.891			
			$12\phi 40$	15080	3.569			

序号	$b \times h$（mm）	截面形式（最大箍筋肢距/mm）	主筋			箍筋@100		
			①	A_s（mm²）	$\rho = A_s/(bh)$（%）	②	③④	ρ_v（%）
178	650×700	（300）	18ϕ16	3619.1	0.795	ϕ8	ϕ6	0.473
			18ϕ18	4580.4	1.007	ϕ8	ϕ6.5	0.497
			18ϕ20	5654.9	1.243	ϕ8	ϕ8	0.581
			18ϕ22	6842.4	1.504	ϕ10	ϕ8	0.779
			18ϕ25	8835.7	1.942	ϕ10	ϕ10	0.919
			18ϕ28	11084	2.436	ϕ12	ϕ10	1.167
			18ϕ32	14476	3.182	ϕ12	ϕ12	1.341
			18ϕ36	18322	4.027	ϕ14	ϕ10	1.464
			18ϕ40	22619	4.971	ϕ14	ϕ12	1.641
						ϕ14	ϕ14	1.850
						ϕ16	ϕ10	1.814
						ϕ16	ϕ12	1.993
						ϕ16	ϕ14	2.204
						ϕ16	ϕ16	2.448
179	650×700	（300，250）	14ϕ18	3562.6	0.783	ϕ6.5	ϕ6.5	0.436
			14ϕ20	4398.2	0.967	ϕ8	ϕ6	0.521
			14ϕ22	5321.9	1.170	ϕ8	ϕ6.5	0.554
			14ϕ25	6872.2	1.510	ϕ8	ϕ8	0.668
			14ϕ28	8620.5	1.895	ϕ10	ϕ8	0.866
			14ϕ32	11259	2.475	ϕ10	ϕ10	1.057
			14ϕ36	14250	3.132	ϕ12	ϕ10	1.306
			14ϕ40	17593	3.867	ϕ12	ϕ12	1.542
						ϕ14	ϕ10	1.605
						ϕ14	ϕ12	1.844
						ϕ14	ϕ14	2.126
						ϕ16	ϕ10	1.957
						ϕ16	ϕ12	2.198
						ϕ16	ϕ14	2.484
						ϕ16	ϕ16	2.814
180	650×700	（300，250）	16ϕ16	3217.0	0.707	同上		
			16ϕ18	4071.5	0.895			
			16ϕ20	5026.5	1.105			
			16ϕ22	6082.1	1.337			
			16ϕ25	7854.0	1.726			
			16ϕ28	9852.0	2.165			
			16ϕ32	12868	2.828			
			16ϕ36	16286	3.579			
			16ϕ40	20106	4.419			

序号	$b \times h$（mm）	截面形式（最大箍筋肢距/mm）	主筋			箍筋@100		
			①	A_s（mm²）	$\rho = A_s/(bh)$（%）	②	③④	ρ_v（%）
181	650×700	(250)	20φ14	3078.8	0.677			
			20φ16	4021.2	0.884			
			20φ18	5089.4	1.119			
			20φ20	6283.2	1.381		同上	
			20φ22	7602.7	1.671			
			20φ25	9817.5	2.158			
			20φ28	12315	2.707			
			20φ32	16085	3.535			
			20φ36	20358	4.474			
182	650×700	(200)	14φ18	3562.6	0.783	φ6	φ6	0.415
			14φ20	4398.2	0.967	φ6.5	φ6.5	0.489
			14φ22	5321.9	1.170	φ8	φ6	0.567
			14φ25	6872.2	1.510	φ8	φ6.5	0.607
			14φ28	8620.5	1.895	φ8	φ8	0.748
			14φ32	11259	2.475	φ10	φ8	0.948
			14φ36	14250	3.132	φ10	φ10	1.184
			14φ40	17593	3.867	φ12	φ10	1.435
						φ12	φ12	1.727
						φ14	φ10	1.736
						φ14	φ12	2.032
						φ14	φ14	2.381
						φ16	φ10	2.089
						φ16	φ12	2.388
						φ16	φ14	2.743
						φ16	φ16	3.152
183	650×750	(300)	18φ16	3619.1	0.742	φ8	φ6	0.454
			18φ18	4580.4	0.940	φ8	φ6.5	0.477
			18φ20	5654.9	1.160	φ8	φ8	0.557
			18φ22	6842.4	1.404	φ10	φ8	0.748
			18φ25	8835.7	1.812	φ10	φ10	0.882
			18φ28	11084	2.274	φ12	φ10	1.120
			18φ32	14476	2.970	φ12	φ12	1.286
			18φ36	18322	3.758	φ14	φ10	1.406
			18φ40	22619	4.640	φ14	φ12	1.574
						φ14	φ14	1.772
						φ16	φ10	1.741

序号	$b \times h$（mm）	截面形式（最大箍筋肢距/mm）	主筋			箍筋@100		
			①	A_s（mm²）	$\rho = A_s/(bh)$（%）	②	③④	ρ_v（%）
183	650×750	（300）				$\phi16$	$\phi12$	1.911
						$\phi16$	$\phi14$	2.113
						$\phi16$	$\phi16$	2.345
184	650×750	（300）	14ϕ18	3562.6	0.731	$\phi6.5$	$\phi6.5$	0.421
			14ϕ20	4398.2	0.902	$\phi8$	$\phi6$	0.503
			14ϕ22	5321.9	1.092	$\phi8$	$\phi6.5$	0.534
			14ϕ25	6872.2	1.410	$\phi8$	$\phi8$	0.644
			14ϕ28	8620.5	1.768	$\phi10$	$\phi8$	0.835
			14ϕ32	11259	2.310	$\phi10$	$\phi10$	1.019
			14ϕ36	14250	2.923	$\phi12$	$\phi10$	1.259
			14ϕ40	17593	3.609	$\phi12$	$\phi12$	1.485
						$\phi14$	$\phi10$	1.546
						$\phi14$	$\phi12$	1.776
						$\phi14$	$\phi14$	2.048
						$\phi16$	$\phi10$	1.884
						$\phi16$	$\phi12$	2.116
						$\phi16$	$\phi14$	2.392
						$\phi16$	$\phi16$	2.709
185	650×750	（300）	16ϕ16	3217.0	0.660		同上	
			16ϕ18	4071.5	0.835			
			16ϕ20	5026.5	1.031			
			16ϕ22	6082.1	1.248			
			16ϕ25	7854.0	1.611			
			16ϕ28	9852.0	2.021			
			16ϕ32	12868	2.640			
			16ϕ36	16286	3.341			
			16ϕ40	20106	4.124			
186	650×750	（300）	18ϕ16	3619.1	0.742		同上	
			18ϕ18	4580.4	0.940			
			18ϕ20	5654.9	1.160			
			18ϕ22	6842.4	1.404			
			18ϕ25	8835.7	1.812			
			18ϕ28	11084	2.274			
			18ϕ32	14476	2.970			
			18ϕ36	18322	3.758			
			18ϕ40	22619	4.640			

序号	b×h (mm)	截面形式 (最大箍筋肢距/mm)	主筋			箍筋@100		
			①	A_s (mm²)	$\rho = A_s/(bh)$ (%)	②	③④	ρ_v (%)
187	650×750	(280)	20φ16	4021.2	0.825			
			20φ18	5089.4	1.044			
			20φ20	6283.2	1.289			
			20φ22	7602.7	1.560		同上	
			20φ25	9817.5	2.014			
			20φ28	12315	2.526			
			20φ32	16085	3.299			
			20φ36	20358	4.176			
188	650×750	(250)	24φ14	3694.5	0.758			
			24φ16	4825.5	0.990			
			24φ18	6107.3	1.253			
			24φ20	7539.8	1.547		同上	
			24φ22	9123.2	1.871			
			24φ25	11781	2.417			
			24φ28	14778	3.031			
			24φ32	19302	3.959			
189	650×750	(200)	14φ18	3562.6	0.731	φ6.5	φ6.5	0.470
			14φ20	4398.2	0.902	φ8	φ6	0.545
			14φ22	5321.9	1.092	φ8	φ6.5	0.584
			14φ25	6872.2	1.410	φ8	φ8	0.718
			14φ28	8620.5	1.768	φ10	φ8	0.911
			14φ32	11259	2.310	φ10	φ10	1.136
			14φ36	14250	2.923	φ12	φ10	1.378
			14φ40	17593	3.609	φ12	φ12	1.657
						φ14	φ10	1.667
						φ14	φ12	1.950
						φ14	φ14	2.284
						φ16	φ10	2.006
						φ16	φ12	2.292
						φ16	φ14	2.631
						φ16	φ16	3.022
190	650×800	(300)	18φ18	4580.4	0.881	φ8	φ6	0.438
			18φ20	5654.9	1.087	φ8	φ6.5	0.460
			18φ22	6842.4	1.316	φ8	φ8	0.537
			18φ25	8835.7	1.699	φ10	φ8	0.721

序号	$b \times h$ （mm）	截面形式 （最大箍筋肢距/mm）	主筋				箍筋@100		
			①	A_s （mm²）	$\rho = A_s/(bh)$ （%）		②	③④	ρ_v （%）
190	650×800	（300）	18ϕ28	11084	2.131		ϕ10	ϕ10	0.849
			18ϕ32	14476	2.784		ϕ12	ϕ10	1.079
			18ϕ36	18322	3.523		ϕ12	ϕ12	1.238
			18ϕ40	22619	4.350		ϕ14	ϕ10	1.355
							ϕ14	ϕ12	1.516
							ϕ14	ϕ14	1.706
							ϕ16	ϕ10	1.679
							ϕ16	ϕ12	1.841
							ϕ16	ϕ14	2.034
							ϕ16	ϕ16	2.618
191	650×800	（300）	18ϕ18	4580.4	0.881		ϕ6.5	ϕ6.5	0.408
			18ϕ20	5654.9	1.087		ϕ8	ϕ6	0.487
			18ϕ22	6842.4	1.316		ϕ8	ϕ6.5	0.517
			18ϕ25	8835.7	1.699		ϕ8	ϕ8	0.623
			18ϕ28	11084	2.131		ϕ10	ϕ8	0.808
			18ϕ32	14476	2.784		ϕ10	ϕ10	0.986
			18ϕ36	18322	3.523		ϕ12	ϕ10	1.217
			18ϕ40	22619	4.350		ϕ12	ϕ12	1.437
							ϕ14	ϕ10	1.495
							ϕ14	ϕ12	1.717
							ϕ14	ϕ14	1.980
							ϕ16	ϕ10	1.821
							ϕ16	ϕ12	2.046
							ϕ16	ϕ14	2.312
							ϕ16	ϕ16	2.618
192	650×800	（250）	22ϕ16	4423.4	0.851		同上		
			22ϕ18	5598.3	1.077				
			22ϕ20	6911.5	1.329				
			22ϕ22	8362.9	1.608				
			22ϕ25	10799	2.077				
			22ϕ28	13547	2.605				
			22ϕ32	17693	3.403				
			22ϕ36	22393	4.306				

序号	b×h（mm）	截面形式（最大箍筋肢距/mm）	主筋			箍筋@100		
			①	As（mm²）	ρ=As/（bh）（%）	②	③④	ρv（%）
193	650×800	（200）	14φ20	4398.2	0.846	φ6.5	φ6.5	0.453
			14φ22	5321.9	1.023	φ8	φ6	0.526
			14φ25	6872.2	1.322	φ8	φ6.5	0.563
			14φ28	8620.5	1.658	φ8	φ8	0.693
			14φ32	11259	2.165	φ10	φ8	0.879
			14φ36	14250	2.740	φ10	φ10	1.096
			14φ40	17593	3.383	φ12	φ10	1.329
						φ12	φ12	1.597
						φ14	φ10	1.608
						φ14	φ12	1.879
						φ14	φ14	2.201
						φ16	φ10	1.935
						φ16	φ12	2.210
						φ16	φ14	2.535
						φ16	φ16	2.910
194	650×850	（300）	20φ18	5089.4	0.921	φ8	φ6	0.424
			20φ20	6283.2	1.137	φ8	φ6.5	0.446
			20φ22	7602.7	1.376	φ8	φ8	0.519
			20φ25	9817.5	1.777	φ10	φ8	0.697
			20φ28	12315	2.229	φ10	φ10	0.821
			20φ32	16085	2.911	φ12	φ10	1.043
			20φ36	20358	3.685	φ12	φ12	1.196
			20φ40	25133	4.549	φ14	φ10	1.311
						φ14	φ12	1.465
						φ14	φ14	1.647
						φ16	φ10	1.624
						φ16	φ12	1.780
						φ16	φ14	1.965
						φ16	φ16	2.177
195	650×850	（300）	20φ18	5089.4	0.921	φ8	φ6	0.473
			20φ20	6283.2	1.137	φ8	φ6.5	0.502
			20φ22	7602.7	1.376	φ8	φ8	0.605
			20φ25	9817.5	1.777	φ10	φ8	0.785
			20φ28	12315	2.229	φ10	φ10	0.957
			20φ32	16085	2.911	φ12	φ10	1.182

序号	$b \times h$（mm）	截面形式（最大箍筋肢距/mm）	主筋			箍筋@100		
			①	A_s（mm²）	$\rho = A_s / (bh)$（%）	②	③④	ρ_v（%）
195	650 × 850	 （300）	20ϕ36 20ϕ40	20358 25133	3.685 4.549	ϕ12 ϕ14 ϕ14 ϕ14 ϕ16 ϕ16 ϕ16 ϕ16	ϕ12 ϕ10 ϕ12 ϕ14 ϕ10 ϕ12 ϕ14 ϕ16	1.395 1.451 1.666 1.921 1.766 1.984 2.242 2.540
196	650 × 850	 （280）	22ϕ16 22ϕ18 22ϕ20 22ϕ22 22ϕ25 22ϕ28 22ϕ32 22ϕ36	4423.4 5598.3 6911.5 8362.9 10799 13547 17693 22393	0.801 1.013 1.251 1.514 1.955 2.452 3.202 4.053	同上		
197	650 × 850	 （200）	14ϕ20 14ϕ22 14ϕ25 14ϕ28 14ϕ32 14ϕ36 14ϕ40 14ϕ50	4398.2 5321.9 6872.2 8620.5 11259 14250 17593 27489	0.796 0.963 1.244 1.560 2.038 2.579 3.184 4.975	ϕ6.5 ϕ8 ϕ8 ϕ8 ϕ10 ϕ10 ϕ12 ϕ12 ϕ14 ϕ14 ϕ14 ϕ16 ϕ16 ϕ16 ϕ16	ϕ6.5 ϕ6 ϕ6.5 ϕ8 ϕ8 ϕ10 ϕ10 ϕ12 ϕ10 ϕ12 ϕ14 ϕ10 ϕ12 ϕ14 ϕ16	0.439 0.510 0.545 0.670 0.851 1.060 1.286 1.544 1.556 1.818 2.127 1.872 2.138 2.451 2.812
198	650 × 900	 （300）	20ϕ18 20ϕ20 20ϕ22 20ϕ25 20ϕ28	5089.4 6283.2 7602.7 9817.5 12315	0.870 1.074 1.300 1.678 2.105	ϕ8 ϕ8 ϕ8 ϕ10 ϕ10	ϕ6 ϕ6.5 ϕ8 ϕ8 ϕ10	0.412 0.432 0.503 0.677 0.796

序号	$b \times h$（mm）	截面形式（最大箍筋肢距/mm）	主筋			箍筋@100		
			①	A_s（mm²）	$\rho = A_s/(bh)$（%）	②	③④	ρ_v（%）
198	650×900	（300）	20φ32	16085	2.750	φ12	φ10	1.012
			20φ36	20358	3.480	φ12	φ12	1.159
			20φ40	25133	4.296	φ14	φ10	1.272
						φ14	φ12	1.420
						φ14	φ14	1.596
						φ16	φ10	1.576
						φ16	φ12	1.727
						φ16	φ14	1.904
						φ16	φ16	2.109
199	650×900	（300）	18φ20	5654.9	0.967	φ8	φ6	0.461
			18φ22	6842.4	1.170	φ8	φ6.5	0.489
			18φ25	8835.7	1.510	φ8	φ8	0.590
			18φ28	11084	1.895	φ10	φ8	0.764
			18φ32	14476	2.475	φ10	φ10	0.932
			18φ36	18322	3.132	φ12	φ10	1.150
			18φ40	22619	3.867	φ12	φ12	1.357
						φ14	φ10	1.412
						φ14	φ12	1.621
						φ14	φ14	1.869
						φ16	φ10	1.718
						φ16	φ12	1.930
						φ16	φ14	2.181
						φ16	φ16	2.470
200	650×900	（300）	20φ18	5089.4	0.870		同上	
			20φ20	6283.2	1.074			
			20φ22	7602.7	1.300			
			20φ25	9817.5	1.678			
			20φ28	12315	2.105			
			20φ32	16085	2.750			
			20φ36	20358	3.480			
			20φ40	25133	4.296			
201	650×900	（220）	28φ16	5629.7	0.962	φ6.5	φ6.5	0.426
			28φ18	7125.1	1.218	φ8	φ6	0.495
			28φ20	8796.5	1.504	φ8	φ6.5	0.530
			28φ22	10644	1.819	φ8	φ8	0.651
			28φ25	13744	2.349	φ10	φ8	0.826

序号	$b \times h$（mm）	截面形式（最大箍筋肢距/mm）	主筋			箍筋@100		
			①	A_s（mm²）	$\rho = A_s /(bh)$（%）	②	③④	ρ_v（%）
201	650×900	（220）	$28\phi28$	17241	2.947	$\phi10$	$\phi10$	1.028
			$28\phi32$	22519	3.849	$\phi12$	$\phi10$	1.248
			$28\phi36$	28501	4.872	$\phi12$	$\phi12$	1.498
						$\phi14$	$\phi10$	1.510
						$\phi14$	$\phi12$	1.764
						$\phi14$	$\phi14$	2.063
						$\phi16$	$\phi10$	1.818
						$\phi16$	$\phi12$	2.074
						$\phi16$	$\phi14$	2.377
						$\phi16$	$\phi16$	2.727
202	650×900	（200）	$16\phi20$	5026.5	0.859	$\phi6.5$	$\phi6.5$	0.466
			$16\phi22$	6082.1	1.040	$\phi8$	$\phi6$	0.529
			$16\phi25$	7854.0	1.343	$\phi8$	$\phi6.5$	0.570
			$16\phi28$	9852.0	1.684	$\phi8$	$\phi8$	0.712
			$16\phi32$	12868	2.200	$\phi10$	$\phi8$	0.888
			$16\phi36$	16286	2.784	$\phi10$	$\phi10$	1.125
			$16\phi40$	20106	3.437	$\phi12$	$\phi10$	1.346
						$\phi12$	$\phi12$	1.639
						$\phi14$	$\phi10$	1.609
						$\phi14$	$\phi12$	1.906
						$\phi14$	$\phi14$	2.257
						$\phi16$	$\phi10$	1.918
						$\phi16$	$\phi12$	2.218
						$\phi16$	$\phi14$	2.573
						$\phi16$	$\phi16$	2.983
203	700×700	（300，250）	$16\phi16$	3217.0	0.657	$\phi6.5$	$\phi6.5$	0.419
			$16\phi18$	4071.5	0.831	$\phi8$	$\phi6$	0.500
			$16\phi20$	5026.5	1.026	$\phi8$	$\phi6.5$	0.531
			$16\phi22$	6082.1	1.241	$\phi8$	$\phi8$	0.640
			$16\phi25$	7854.0	1.603	$\phi10$	$\phi8$	0.830
			$16\phi28$	9852.0	2.011	$\phi10$	$\phi10$	1.012
			$16\phi32$	12868	2.626	$\phi12$	$\phi10$	1.251
			$16\phi36$	16286	3.324	$\phi12$	$\phi12$	1.476
			$16\phi40$	20106	4.103	$\phi14$	$\phi10$	1.537
						$\phi14$	$\phi12$	1.765

序号	$b \times h$ （mm）	截面形式 （最大箍筋肢距/mm）	主筋			箍筋@100		
			①	A_s （mm²）	$\rho = A_s/(bh)$ （%）	②	③④	ρ_v（%）
203	700×700	 （300，250）				$\phi 14$	$\phi 14$	2.035
						$\phi 16$	$\phi 10$	1.872
						$\phi 16$	$\phi 12$	2.103
						$\phi 16$	$\phi 14$	2.376
						$\phi 16$	$\phi 16$	2.692
204	700×700	 （250）	$20\phi 16$	4021.2	0.821	同上		
			$20\phi 18$	5089.4	1.039			
			$20\phi 20$	6283.2	1.282			
			$20\phi 22$	7602.7	1.552			
			$20\phi 25$	9817.5	2.004			
			$20\phi 28$	12315	2.513			
			$20\phi 32$	16085	3.283			
			$20\phi 36$	20358	4.155			
205	700×700	 （220）	$24\phi 14$	3694.5	0.754	同上		
			$24\phi 16$	4825.5	0.985			
			$24\phi 18$	6107.3	1.246			
			$24\phi 20$	7539.8	1.539			
			$24\phi 22$	9123.2	1.862			
			$24\phi 25$	11781	2.404			
			$24\phi 28$	14778	3.016			
			$24\phi 32$	19302	3.939			
			$24\phi 36$	24429	4.986			
206	700×700	 （170）	$16\phi 16$	3217.0	0.657	$\phi 6$	$\phi 6$	0.444
			$16\phi 18$	4071.5	0.831	$\phi 6.5$	$\phi 6.5$	0.523
			$16\phi 20$	5026.5	1.026	$\phi 8$	$\phi 6$	0.590
			$16\phi 22$	6082.1	1.241	$\phi 8$	$\phi 6.5$	0.637
			$16\phi 25$	7854.0	1.603	$\phi 8$	$\phi 8$	0.800
			$16\phi 28$	9852.0	2.011	$\phi 10$	$\phi 8$	0.992
			$16\phi 32$	12868	2.626	$\phi 10$	$\phi 10$	1.266
			$16\phi 36$	16286	3.324	$\phi 12$	$\phi 10$	1.507
			$16\phi 40$	20106	4.103	$\phi 12$	$\phi 12$	1.845
						$\phi 14$	$\phi 10$	1.796
						$\phi 14$	$\phi 12$	2.139
						$\phi 14$	$\phi 14$	2.544
						$\phi 16$	$\phi 10$	2.135

序号	$b \times h$（mm）	截面形式（最大箍筋肢距/mm）	主筋			箍筋@100		
			①	A_s（mm²）	$\rho = A_s/(bh)$（%）	②	③④	ρ_v（%）
206	700×700	 （170）				$\phi 16$	$\phi 12$	2.482
						$\phi 16$	$\phi 14$	2.892
						$\phi 16$	$\phi 16$	3.365
207	700×750	300 300 （300）	$16\phi 18$	4071.5	0.776	$\phi 6.5$	$\phi 6.5$	0.403
			$16\phi 20$	5026.5	0.957	$\phi 8$	$\phi 6$	0.481
			$16\phi 22$	6082.1	1.158	$\phi 8$	$\phi 6.5$	0.512
			$16\phi 25$	7854.0	1.496	$\phi 8$	$\phi 8$	0.616
			$16\phi 28$	9852.0	1.877	$\phi 10$	$\phi 8$	0.799
			$16\phi 32$	12868	2.451	$\phi 10$	$\phi 10$	0.975
			$16\phi 36$	16286	3.102	$\phi 12$	$\phi 10$	1.204
			$16\phi 40$	20106	3.830	$\phi 12$	$\phi 12$	1.421
						$\phi 14$	$\phi 10$	1.478
						$\phi 14$	$\phi 12$	1.698
						$\phi 14$	$\phi 14$	1.957
						$\phi 16$	$\phi 10$	1.799
						$\phi 16$	$\phi 12$	2.022
						$\phi 16$	$\phi 14$	2.284
						$\phi 16$	$\phi 16$	2.588
208	700×750	 （280）	$20\phi 16$	4021.2	0.766	同上		
			$20\phi 18$	5089.4	0.969			
			$20\phi 20$	6283.2	1.197			
			$20\phi 22$	7602.7	1.448			
			$20\phi 25$	9817.5	1.870			
			$20\phi 28$	12315	2.346			
			$20\phi 32$	16085	3.064			
			$20\phi 36$	20358	3.878			
			$20\phi 40$	25133	4.787			
209	700×750	 （250）	$24\phi 14$	3694.5	0.704	同上		
			$24\phi 16$	4825.5	0.919			
			$24\phi 18$	6107.3	1.163			
			$24\phi 20$	7539.8	1.436			
			$24\phi 22$	9123.2	1.738			
			$24\phi 25$	11781	2.244			
			$24\phi 28$	14778	2.815			
			$24\phi 32$	19302	3.677			
			$24\phi 36$	24429	4.653			

序号	$b \times h$ （mm）	截面形式 （最大箍筋肢距/mm）	主筋			箍筋@100		
			①	A_s （mm²）	$\rho = A_s/(bh)$ （%）	②	③④	ρ_v （%）
210	700×750	（180）	16φ18	4071.5	0.776	φ6	φ6	0.428
			16φ20	5026.5	0.957	φ6.5	φ6.5	0.504
			16φ22	6082.1	1.158	φ8	φ6	0.568
			16φ25	7854.0	1.496	φ8	φ6.5	0.613
			16φ28	9852.0	1.877	φ8	φ8	0.770
			16φ32	12868	2.451	φ10	φ8	0.955
			16φ36	16286	3.102	φ10	φ10	1.218
			16φ40	20106	3.830	φ12	φ10	1.450
						φ12	φ12	1.776
						φ14	φ10	1.727
						φ14	φ12	2.057
						φ14	φ14	2.446
						φ16	φ10	2.052
						φ16	φ12	2.386
						φ16	φ14	2.780
						φ16	φ16	3.235
211	700×800	（300）	18φ18	4580.4	0.818	φ8	φ6	0.466
			18φ20	5654.9	1.010	φ8	φ6.5	0.495
			18φ22	6842.4	1.222	φ8	φ8	0.596
			18φ25	8835.7	1.578	φ10	φ8	0.772
			18φ28	11084	1.979	φ10	φ10	0.942
			18φ32	14476	2.585	φ12	φ10	1.163
			18φ36	18322	3.272	φ12	φ12	1.372
			18φ40	22619	4.039	φ14	φ10	1.427
						φ14	φ12	1.639
						φ14	φ14	1.890
						φ16	φ10	1.737
						φ16	φ12	1.952
						φ16	φ14	2.205
						φ16	φ16	2.498
212	700×800	（300）	20φ16	4021.2	0.718	同上		
			20φ18	5089.4	0.909			
			20φ20	6283.2	1.122			
			20φ22	7602.7	1.358			
			20φ25	9817.5	1.753			
			20φ28	12315	2.199			

序号	$b \times h$ （mm）	截面形式 （最大箍筋肢距/mm）	主筋			箍筋@100		
			①	A_s （mm²）	$\rho = A_s/(bh)$ （%）	②	③④	ρ_v（%）
212	700×800	（300）	$20\phi32$	16085	2.872	同上		
			$20\phi36$	20358	3.635			
			$20\phi40$	25133	4.488			
213	700×800	（250）	$22\phi16$	4423.4	0.790	同上		
			$22\phi18$	5598.3	1.000			
			$22\phi20$	6911.5	1.234			
			$22\phi22$	8362.9	1.493			
			$22\phi25$	10799	1.928			
			$22\phi28$	13547	2.419			
			$22\phi32$	17693	3.160			
			$22\phi36$	22393	3.999			
			$22\phi40$	27646	4.937			
214	700×800	（250）	$24\phi16$	4825.5	0.862	同上		
			$24\phi18$	6107.3	1.091			
			$24\phi20$	7539.8	1.346			
			$24\phi22$	9123.2	1.629			
			$24\phi25$	11781	2.104			
			$24\phi28$	14778	2.639			
			$24\phi32$	19302	3.447			
			$24\phi36$	24429	4.362			
215	700×800	（190）	$16\phi18$	4071.5	0.727	$\phi6$	$\phi6$	0.414
			$16\phi20$	5026.5	0.898	$\phi6.5$	$\phi6.5$	0.487
			$16\phi22$	6082.1	1.086	$\phi8$	$\phi6$	0.549
			$16\phi25$	7854.0	1.402	$\phi8$	$\phi6.5$	0.593
			$16\phi28$	9852.0	1.759	$\phi8$	$\phi8$	0.745
			$16\phi32$	12868	2.298	$\phi10$	$\phi8$	0.923
			$16\phi36$	16286	2.908	$\phi10$	$\phi10$	1.177
			$16\phi40$	20106	3.590	$\phi12$	$\phi10$	1.401
						$\phi12$	$\phi12$	1.715
						$\phi14$	$\phi10$	1.668
						$\phi14$	$\phi12$	1.986
						$\phi14$	$\phi14$	2.363
						$\phi16$	$\phi10$	1.981
						$\phi16$	$\phi12$	2.303
						$\phi16$	$\phi14$	2.683
						$\phi16$	$\phi16$	3.122

序号	$b \times h$ (mm)	截面形式 （最大箍筋肢距/mm）	主筋			箍筋@100		
			①	A_s （mm²）	$\rho = A_s/(bh)$ （%）	②	③④	ρ_v （%）
216	700×850	（300）	18ϕ18	4580.4	0.770	ϕ8	ϕ6	0.452
			18ϕ20	5654.9	0.950	ϕ8	ϕ6.5	0.480
			18ϕ22	6842.4	1.150	ϕ8	ϕ8	0.578
			18ϕ25	8835.7	1.485	ϕ10	ϕ8	0.749
			18ϕ28	11084	1.863	ϕ10	ϕ10	0.913
			18ϕ32	14476	2.433	ϕ12	ϕ10	1.127
			18ϕ36	18322	3.079	ϕ12	ϕ12	1.330
			18ϕ40	22619	3.802	ϕ14	ϕ10	1.383
						ϕ14	ϕ12	1.589
						ϕ14	ϕ14	1.831
						ϕ16	ϕ10	1.682
						ϕ16	ϕ12	1.890
						ϕ16	ϕ14	2.136
						ϕ16	ϕ16	2.420
217	700×850	（300）	20ϕ16	4021.2	0.676	同上		
			20ϕ18	5089.4	0.855			
			20ϕ20	6283.2	1.056			
			20ϕ22	7602.7	1.278			
			20ϕ25	9817.5	1.650			
			20ϕ28	12315	2.070			
			20ϕ32	16085	2.703			
			20ϕ36	20358	3.421			
			20ϕ40	25133	4.224			
218	700×850	（270）	22ϕ16	4423.4	0.743	同上		
			22ϕ18	5598.3	0.941			
			22ϕ20	6911.5	1.162			
			22ϕ22	8362.9	1.406			
			22ϕ25	10799	1.815			
			22ϕ28	13547	2.277			
			22ϕ32	17693	2.974			
			22ϕ36	22393	3.764			
			22ϕ40	27646	4.646			
219	700×850	（220）	26ϕ16	5227.6	0.879	ϕ6.5	ϕ6.5	0.421
			26ϕ18	6616.2	1.112	ϕ8	ϕ6	0.488
			26ϕ20	8168.1	1.373	ϕ8	ϕ6.5	0.523
			26ϕ22	9883.5	1.661	ϕ8	ϕ8	0.643
			26ϕ25	12763	2.145	ϕ10	ϕ8	0.815

序号	$b \times h$（mm）	截面形式（最大箍筋肢距/mm）	主筋 ①	A_s（mm²）	$\rho = A_s /（bh）$（%）	箍筋@100 ②	③④	ρ_v（%）
219	700×850	（220）	26φ28	16010	2.691	φ10	φ10	1.016
			26φ32	20910	3.514	φ12	φ10	1.231
			26φ36	26465	4.448	φ12	φ12	1.480
						φ14	φ10	1.488
						φ14	φ12	1.740
						φ14	φ14	2.037
						φ16	φ10	1.789
						φ16	φ12	2.043
						φ16	φ14	2.344
						φ16	φ16	2.691
220	700×850	（200）	16φ18	4071.5	0.684	φ6	φ6	0.402
			16φ20	5026.5	0.845	φ6.5	φ6.5	0.473
			16φ22	6082.1	1.022	φ8	φ6	0.533
			16φ25	7854.0	1.320	φ8	φ6.5	0.575
			16φ28	9852.0	1.656	φ8	φ8	0.723
			16φ32	12868	2.163	φ10	φ8	0.895
			16φ36	16286	2.737	φ10	φ10	1.142
			16φ40	20106	3.379	φ12	φ10	1.358
						φ12	φ12	1.663
						φ14	φ10	1.617
						φ14	φ12	1.925
						φ14	φ14	2.289
						φ16	φ10	1.919
						φ16	φ12	2.231
						φ16	φ14	2.599
						φ16	φ16	3.025
221	700×900	300 （300）	20φ18	5089.4	0.808	φ8	φ6	0.439
			20φ20	6283.2	0.997	φ8	φ6.5	0.467
			20φ22	7602.7	1.207	φ8	φ8	0.562
			20φ25	9817.5	1.558	φ10	φ8	0.728
			20φ28	12315	1.955	φ10	φ10	0.888
			20φ32	16085	2.553	φ12	φ10	1.096
			20φ36	20358	3.231	φ12	φ12	1.293
			20φ40	25133	3.989	φ14	φ10	1.344
						φ14	φ12	1.544

序号	$b \times h$（mm）	截面形式（最大箍筋肢距/mm）	主筋			箍筋@100		
			①	A_s（mm²）	$\rho = A_s/(bh)$（%）	②	③④	ρ_v（%）
221	700×900	**300** （300）				$\phi 14$	$\phi 14$	1.780
						$\phi 16$	$\phi 10$	1.635
						$\phi 16$	$\phi 12$	1.837
						$\phi 16$	$\phi 14$	2.075
						$\phi 16$	$\phi 16$	2.351
222	700×900	（290）	22ϕ18	5598.3	0.889	同上		
			22ϕ20	6911.5	1.097			
			22ϕ22	8362.9	1.327			
			22ϕ25	10799	1.714			
			22ϕ28	13547	2.150			
			22ϕ32	17693	2.808			
			22ϕ36	22393	3.554			
			22ϕ40	27646	4.388			
223	700×900	（250）	26ϕ16	5227.6	0.830	$\phi 6.5$	$\phi 6.5$	0.408
			26ϕ18	6616.2	1.050	$\phi 8$	$\phi 6$	0.474
			26ϕ20	8168.1	1.297	$\phi 8$	$\phi 6.5$	0.507
			26ϕ22	9883.5	1.569	$\phi 8$	$\phi 8$	0.623
			26ϕ25	12763	2.026	$\phi 10$	$\phi 8$	0.790
			26ϕ28	16010	2.541	$\phi 10$	$\phi 10$	0.985
			26ϕ32	20910	3.319	$\phi 12$	$\phi 10$	1.193
			26ϕ36	26465	4.201	$\phi 12$	$\phi 12$	1.434
						$\phi 14$	$\phi 10$	1.443
						$\phi 14$	$\phi 12$	1.686
						$\phi 14$	$\phi 14$	1.973
						$\phi 16$	$\phi 10$	1.734
						$\phi 16$	$\phi 12$	1.980
						$\phi 16$	$\phi 14$	2.271
						$\phi 16$	$\phi 16$	2.606
224	700×900	（180）	18ϕ18	4580.4	0.727	$\phi 6$	$\phi 6$	0.425
			18ϕ20	5654.9	0.898	$\phi 6.5$	$\phi 6.5$	0.500
			18ϕ22	6842.4	1.086	$\phi 8$	$\phi 6$	0.553
			18ϕ25	8835.7	1.402	$\phi 8$	$\phi 6.5$	0.600
			18ϕ28	11084	1.759	$\phi 8$	$\phi 8$	0.764
			18ϕ32	14476	2.298	$\phi 10$	$\phi 8$	0.932
						$\phi 10$	$\phi 10$	1.207

序号	$b \times h$ （mm）	截面形式 （最大箍筋肢距/mm）	主筋			箍筋@100		
			①	A_s （mm^2）	$\rho = A_s/(bh)$ （%）	②	③④	ρ_v（%）
224	700×900	（180）	18ϕ36	18322	2.908	ϕ12	ϕ10	1.418
			18ϕ40	22619	3.590	ϕ12	ϕ12	1.757
						ϕ14	ϕ10	1.670
						ϕ14	ϕ12	2.013
						ϕ14	ϕ14	2.418
						ϕ16	ϕ10	1.964
						ϕ16	ϕ12	2.311
						ϕ16	ϕ14	2.721
						ϕ16	ϕ16	3.194
225	750×750	（300）	16ϕ18	4071.5	0.724	ϕ8	ϕ6	0.463
			16ϕ20	5026.5	0.894	ϕ8	ϕ6.5	0.492
			16ϕ22	6082.1	1.081	ϕ8	ϕ8	0.593
			16ϕ25	7854.0	1.396	ϕ10	ϕ8	0.768
			16ϕ28	9852.0	1.751	ϕ10	ϕ10	0.937
			16ϕ32	12868	2.288	ϕ12	ϕ10	1.157
			16ϕ36	16286	2.895	ϕ12	ϕ12	1.365
			16ϕ40	20106	3.574	ϕ14	ϕ10	1.419
						ϕ14	ϕ12	1.630
						ϕ14	ϕ14	1.880
						ϕ16	ϕ10	1.727
						ϕ16	ϕ12	1.941
						ϕ16	ϕ14	2.193
						ϕ16	ϕ16	2.484
226	750×750	（280）	20ϕ18	5089.4	0.905	同上		
			20ϕ20	6283.2	1.117			
			20ϕ22	7602.7	1.352			
			20ϕ25	9817.5	1.745			
			20ϕ28	12315	2.189			
			20ϕ32	16085	2.86			
			20ϕ36	20358	3.619			
			20ϕ40	25133	4.468			
227	750×750	（240）	24ϕ16	4825.5	0.858	同上		
			24ϕ18	6107.3	1.086			
			24ϕ20	7539.8	1.340			
			24ϕ22	9123.2	1.622			

序号	$b \times h$ （mm）	截面形式 （最大箍筋肢距/mm）	主筋			箍筋@100		
			①	A_s （mm²）	$\rho = A_s/(bh)$ （%）	②	③④	ρ_v （%）
227	750×750	（240）	$24\phi25$	11781	2.094	同上		
			$24\phi28$	14778	2.627			
			$24\phi32$	19302	3.431			
			$24\phi36$	24429	4.343			
228	750×750	（180）	$16\phi18$	4071.5	0.724	$\phi6$	$\phi6$	0.412
			$16\phi20$	5026.5	0.894	$\phi6.5$	$\phi6.5$	0.485
			$16\phi22$	6082.1	1.081	$\phi8$	$\phi6$	0.546
			$16\phi25$	7854.0	1.396	$\phi8$	$\phi6.5$	0.590
			$16\phi28$	9852.0	1.751	$\phi8$	$\phi8$	0.741
			$16\phi32$	12868	2.288	$\phi10$	$\phi8$	0.918
			$16\phi36$	16286	2.895	$\phi10$	$\phi10$	1.171
			$16\phi40$	20106	3.574	$\phi12$	$\phi10$	1.393
						$\phi12$	$\phi12$	1.706
						$\phi14$	$\phi10$	1.659
						$\phi14$	$\phi12$	1.976
						$\phi14$	$\phi14$	2.350
						$\phi16$	$\phi10$	1.970
						$\phi16$	$\phi12$	2.290
						$\phi16$	$\phi14$	2.669
						$\phi16$	$\phi16$	3.105
229	750×800	300 （300）	$18\phi18$	4580.4	0.763	$\phi8$	$\phi6$	0.447
			$18\phi20$	5654.9	0.942	$\phi8$	$\phi6.5$	0.475
			$18\phi22$	6842.4	1.140	$\phi8$	$\phi8$	0.572
			$18\phi25$	8835.7	1.473	$\phi10$	$\phi8$	0.742
			$18\phi28$	11084	1.847	$\phi10$	$\phi10$	0.904
			$18\phi32$	14476	2.413	$\phi12$	$\phi10$	1.116
			$18\phi36$	18322	3.054	$\phi12$	$\phi12$	1.317
			$18\phi40$	22619	3.770	$\phi14$	$\phi10$	1.369
						$\phi14$	$\phi12$	1.573
						$\phi14$	$\phi14$	1.813
						$\phi16$	$\phi10$	1.665
						$\phi16$	$\phi12$	1.871
						$\phi16$	$\phi14$	2.115
						$\phi16$	$\phi16$	2.395

序号	$b \times h$ （mm）	截面形式 （最大箍筋肢距/mm）	主筋			箍筋@100		
			①	A_s （mm^2）	$\rho = A_s/(bh)$ （%）	②	③④	ρ_v（%）
230	750×800	（300）	20ϕ16	4021.2	0.670	同上		
			20ϕ18	5089.4	0.848			
			20ϕ20	6283.2	1.047			
			20ϕ22	7602.7	1.267			
			20ϕ25	9817.5	1.636			
			20ϕ28	12315	2.053			
			20ϕ32	16085	2.681			
			20ϕ36	20358	3.393			
			20ϕ40	25133	4.189			
231	750×800	（250）	24ϕ16	4825.5	0.804	同上		
			24ϕ18	6107.3	1.018			
			24ϕ20	7539.8	1.257			
			24ϕ22	9123.2	1.521			
			24ϕ25	11781	1.963			
			24ϕ28	14778	2.463			
			24ϕ32	19302	3.217			
			24ϕ36	24429	4.072			
232	750×800	（190）	16ϕ18	4071.5	0.679	ϕ6.5	ϕ6.5	0.468
			16ϕ20	5026.5	0.838	ϕ8	ϕ6	0.528
			16ϕ22	6082.1	1.014	ϕ8	ϕ6.5	0.570
			16ϕ25	7854.0	1.309	ϕ8	ϕ8	0.716
			16ϕ28	9852.0	1.642	ϕ10	ϕ8	0.886
			16ϕ32	12868	2.145	ϕ10	ϕ10	1.131
			16ϕ36	16286	2.714	ϕ12	ϕ10	1.345
			16ϕ40	20106	3.351	ϕ12	ϕ12	1.646
						ϕ14	ϕ10	1.600
						ϕ14	ϕ12	1.906
						ϕ14	ϕ14	2.266
						ϕ16	ϕ10	1.899
						ϕ16	ϕ12	2.208
						ϕ16	ϕ14	2.573
						ϕ16	ϕ16	2.994

序号	$b \times h$（mm）	截面形式（最大箍筋肢距/mm）	主筋			箍筋@100		
			①	A_s（mm²）	$\rho = A_s/(bh)$（%）	②	③④	ρ_v（%）
233	750×850	(300)	18φ20	5654.9	0.887	φ8	φ6	0.433
			18φ22	6842.4	1.073	φ8	φ6.5	0.460
			18φ25	8835.7	1.386	φ8	φ8	0.555
			18φ28	11084	1.739	φ10	φ8	0.718
			18φ32	14476	2.271	φ10	φ10	0.876
			18φ36	18322	2.874	φ12	φ10	1.080
			18φ40	22619	3.548	φ12	φ12	1.275
						φ14	φ10	1.325
						φ14	φ12	1.522
						φ14	φ14	1.755
						φ16	φ10	1.611
						φ16	φ12	1.811
						φ16	φ14	2.046
						φ16	φ16	2.318
234	750×850	(300)	20φ18	5089.4	0.798	同上		
			20φ20	6283.2	0.986			
			20φ22	7602.7	1.193			
			20φ25	9817.5	1.540			
			20φ28	12315	1.932			
			20φ32	16085	2.523			
			20φ36	20358	3.193			
			20φ40	25133	3.942			
235	750×850	(280)	22φ18	5598.3	0.878	同上		
			22φ20	6911.5	1.084			
			22φ22	8362.9	1.312			
			22φ25	10799	1.694			
			22φ28	13547	2.125			
			22φ32	17693	2.775			
			22φ36	22393	3.513			
			22φ40	27646	4.337			
236	750×850	(250)	26φ16	5227.6	0.820	φ6.5	φ6.5	0.406
			26φ18	6616.2	1.038	φ8	φ6	0.470
			26φ20	8168.1	1.281	φ8	φ6.5	0.503
			26φ22	9883.5	1.55	φ8	φ8	0.619
			26φ25	12763	2.002	φ10	φ8	0.784

序号	$b \times h$（mm）	截面形式（最大箍筋肢距/mm）	主筋			箍筋@100		
			①	A_s（mm²）	$\rho = A_s/(bh)$（%）	②	③④	ρ_v（%）
236	750×850	 （250）	26ϕ28	16010	2.511	ϕ10	ϕ10	0.978
			26ϕ32	20910	3.280	ϕ12	ϕ10	1.184
			26ϕ36	26465	4.151	ϕ12	ϕ12	1.424
						ϕ14	ϕ10	1.430
						ϕ14	ϕ12	1.673
						ϕ14	ϕ14	1.960
						ϕ16	ϕ10	1.717
						ϕ16	ϕ12	1.963
						ϕ16	ϕ14	2.253
						ϕ16	ϕ16	2.588
237	750×850	 （200）	16ϕ20	5026.5	0.788	ϕ6.5	ϕ6.5	0.454
			16ϕ22	6082.1	0.954	ϕ8	ϕ6	0.511
			16ϕ25	7854.0	1.232	ϕ8	ϕ6.5	0.552
			16ϕ28	9852.0	1.545	ϕ8	ϕ8	0.693
			16ϕ32	12868	2.019	ϕ10	ϕ8	0.859
			16ϕ36	16286	2.555	ϕ10	ϕ10	1.095
			16ϕ40	20106	3.154	ϕ12	ϕ10	1.302
			16ϕ50	31416	4.928	ϕ12	ϕ12	1.594
						ϕ14	ϕ10	1.549
						ϕ14	ϕ12	1.844
						ϕ14	ϕ14	2.194
						ϕ16	ϕ10	1.838
						ϕ16	ϕ12	2.136
						ϕ16	ϕ14	2.490
						ϕ16	ϕ16	2.897
238	750×900	300 （300）	20ϕ20	6283.2	0.931	ϕ8	ϕ6	0.421
			20ϕ22	7602.7	1.126	ϕ8	ϕ6.5	0.447
			20ϕ25	9817.5	1.454	ϕ8	ϕ8	0.539
			20ϕ28	12315	1.824	ϕ10	ϕ8	0.698
			20ϕ32	16085	2.383	ϕ10	ϕ10	0.851
			20ϕ36	20358	3.016	ϕ12	ϕ10	1.049
			20ϕ40	25133	3.723	ϕ12	ϕ12	1.238
						ϕ14	ϕ10	1.286
						ϕ14	ϕ12	1.478

序号	$b \times h$（mm）	截面形式（最大箍筋肢距/mm）	主筋			箍筋@100		
			①	A_s（mm²）	$\rho = A_s/(bh)$（%）	②	③④	ρ_v（%）
238	750×900	300 （300）				$\phi14$	$\phi14$	1.704
						$\phi16$	$\phi10$	1.564
						$\phi16$	$\phi12$	1.757
						$\phi16$	$\phi14$	1.986
						$\phi16$	$\phi16$	2.249
239	750×900	（300）	22ϕ18	5598.3	0.829			
			22ϕ20	6911.5	1.024			
			22ϕ22	8362.9	1.239			
			22ϕ25	10799	1.600	同上		
			22ϕ28	13547	2.007			
			22ϕ32	17693	2.621			
			22ϕ36	22393	3.318			
			22ϕ40	27646	4.096			
240	750×900	（250）	26ϕ16	5227.6	0.774	$\phi8$	$\phi6$	0.455
			26ϕ18	6616.2	0.980	$\phi8$	$\phi6.5$	0.488
			26ϕ20	8168.1	1.210	$\phi8$	$\phi8$	0.600
			26ϕ22	9883.5	1.464	$\phi10$	$\phi8$	0.759
			26ϕ25	12763	1.891	$\phi10$	$\phi10$	0.947
			26ϕ28	16010	2.372	$\phi12$	$\phi10$	1.146
			26ϕ32	20910	3.098	$\phi12$	$\phi12$	1.378
			26ϕ36	26465	3.921	$\phi14$	$\phi10$	1.385
			26ϕ40	32673	4.840	$\phi14$	$\phi12$	1.619
						$\phi14$	$\phi14$	1.896
						$\phi16$	$\phi10$	1.663
						$\phi16$	$\phi12$	1.900
						$\phi16$	$\phi14$	2.180
						$\phi16$	$\phi16$	2.503
241	750×900	（180）	18ϕ20	5654.9	0.838	$\phi6$	$\phi6$	0.409
			18ϕ22	6842.4	1.014	$\phi6.5$	$\phi6.5$	0.481
			18ϕ25	8835.7	1.309	$\phi8$	$\phi6$	0.531
			18ϕ28	11084	1.642	$\phi8$	$\phi6.5$	0.577
			18ϕ32	14476	2.145	$\phi8$	$\phi8$	0.735
			18ϕ36	18322	2.714	$\phi10$	$\phi8$	0.896
			18ϕ40	22619	3.351	$\phi10$	$\phi10$	1.160
						$\phi12$	$\phi10$	1.361

序号	$b \times h$ (mm)	截面形式 (最大箍筋肢距/mm)	主筋 ①	A_s (mm²)	$\rho = A_s/(bh)$ (%)	箍筋@100 ②	③④	ρ_v (%)
241	750×900	（180）				$\phi 12$	$\phi 12$	1.688
						$\phi 14$	$\phi 10$	1.602
						$\phi 14$	$\phi 12$	1.932
						$\phi 14$	$\phi 14$	2.322
						$\phi 16$	$\phi 10$	1.883
						$\phi 16$	$\phi 12$	2.217
						$\phi 16$	$\phi 14$	2.611
						$\phi 16$	$\phi 16$	3.066
242	750×950	（300）	$22\phi 20$	6911.5	0.970	$\phi 8$	$\phi 6$	0.410
			$22\phi 22$	8362.9	1.174	$\phi 8$	$\phi 6.5$	0.436
			$22\phi 25$	10799	1.516	$\phi 8$	$\phi 8$	0.525
			$22\phi 28$	13547	1.901	$\phi 10$	$\phi 8$	0.680
			$22\phi 32$	17693	2.483	$\phi 10$	$\phi 10$	0.829
			$22\phi 36$	22393	3.143	$\phi 12$	$\phi 10$	1.022
			$22\phi 40$	27646	3.880	$\phi 12$	$\phi 12$	1.206
						$\phi 14$	$\phi 10$	1.252
						$\phi 14$	$\phi 12$	1.438
						$\phi 14$	$\phi 14$	1.658
						$\phi 16$	$\phi 10$	1.522
						$\phi 16$	$\phi 12$	1.710
						$\phi 16$	$\phi 14$	1.932
						$\phi 16$	$\phi 16$	2.189
243	750×950	（240）	$26\phi 18$	6616.2	0.929	$\phi 8$	$\phi 6$	0.443
			$26\phi 20$	8168.1	1.146	$\phi 8$	$\phi 6.5$	0.474
			$26\phi 22$	9883.5	1.387	$\phi 8$	$\phi 8$	0.583
			$26\phi 25$	12763	1.791	$\phi 10$	$\phi 8$	0.738
			$26\phi 28$	16010	2.247	$\phi 10$	$\phi 10$	0.920
			$26\phi 32$	20910	2.935	$\phi 12$	$\phi 10$	1.113
			$26\phi 36$	26465	3.714	$\phi 12$	$\phi 12$	1.338
			$26\phi 40$	32673	4.586	$\phi 14$	$\phi 10$	1.345
						$\phi 14$	$\phi 12$	1.572
						$\phi 14$	$\phi 14$	1.840
						$\phi 16$	$\phi 10$	1.615
						$\phi 16$	$\phi 12$	1.845
						$\phi 16$	$\phi 14$	2.116
						$\phi 16$	$\phi 16$	2.428

序号	$b \times h$ （mm）	截面形式 （最大箍筋肢距/mm）	主筋			箍筋@100		
			①	A_s （mm²）	$\rho = A_s/(bh)$ （%）	②	③④	ρ_v（%）
244	750×950	（180）	18φ20	5654.9	0.794	φ6.5	φ6.5	0.468
			18φ22	6842.4	0.960	φ8	φ6	0.516
			18φ25	8835.7	1.240	φ8	φ6.5	0.560
			18φ28	11084	1.556	φ8	φ8	0.714
			18φ32	14476	2.032	φ10	φ8	0.870
			18φ36	18322	2.571	φ10	φ10	1.127
			18φ40	22619	3.175	φ12	φ10	1.323
			18φ50	35343	4.960	φ12	φ12	1.639
						φ14	φ10	1.556
						φ14	φ12	1.876
						φ14	φ14	2.255
						φ16	φ10	1.829
						φ16	φ12	2.153
						φ16	φ14	2.535
						φ16	φ16	2.976
245	800×800	（300）	20φ18	5089.4	0.795	φ8	φ6	0.431
			20φ20	6283.2	0.982	φ8	φ6.5	0.458
			20φ22	7602.7	1.188	φ8	φ8	0.552
			20φ25	9817.5	1.534	φ10	φ8	0.715
			20φ28	12315	1.924	φ10	φ10	0.872
			20φ32	16085	2.513	φ12	φ10	1.075
			20φ36	20358	3.181	φ12	φ12	1.269
			20φ40	25133	3.927	φ14	φ10	1.319
						φ14	φ12	1.515
						φ14	φ14	1.747
						φ16	φ10	1.604
						φ16	φ12	1.802
						φ16	φ14	2.036
						φ16	φ16	2.307
246	800×800	（250）	24φ16	4825.5	0.754		同上	
			24φ18	6107.3	0.954			
			24φ20	7539.8	1.178			
			24φ22	9123.2	1.425			
			24φ25	11781	1.841			
			24φ28	14778	2.309			
			24φ32	19302	3.016			
			24φ36	24429	3.817			
			24φ40	30159	4.712			

序号	$b \times h$ （mm）	截面形式 （最大箍筋肢距/mm）	主筋			箍筋@100		
			①	A_s （mm²）	$\rho = A_s/(bh)$ （%）	②	③④	ρ_v （%）
247	800×800	（220）	28ϕ16	5629.7	0.880	ϕ6.5	ϕ6.5	0.452
			28ϕ18	7125.1	1.113	ϕ8	ϕ6	0.509
			28ϕ20	8796.5	1.374	ϕ8	ϕ6.5	0.549
			28ϕ22	10644	1.663	ϕ8	ϕ8	0.690
			28ϕ25	13744	2.148	ϕ10	ϕ8	0.855
			28ϕ28	17241	2.694	ϕ10	ϕ10	1.090
			28ϕ32	22519	3.519	ϕ12	ϕ10	1.296
			28ϕ36	28501	4.453	ϕ12	ϕ12	1.587
						ϕ14	ϕ10	1.542
						ϕ14	ϕ12	1.836
						ϕ14	ϕ14	2.183
						ϕ16	ϕ10	1.829
						ϕ16	ϕ12	2.126
						ϕ16	ϕ14	2.478
						ϕ16	ϕ16	2.883
248	800×800	（190）	16ϕ20	5026.5	0.785			
			16ϕ22	6082.1	0.950			
			16ϕ25	7854.0	1.227			
			16ϕ28	9852.0	1.539	同上		
			16ϕ32	12868	2.011			
			16ϕ36	16286	2.545			
			16ϕ40	20106	3.142			
			16ϕ50	31416	4.909			
249	800×850	（300）	20ϕ18	5089.4	0.748	ϕ8	ϕ6	0.417
			20ϕ20	6283.2	0.924	ϕ8	ϕ6.5	0.444
			20ϕ22	7602.7	1.118	ϕ8	ϕ8	0.534
			20ϕ25	9817.5	1.444	ϕ10	ϕ8	0.692
			20ϕ28	12315	1.811	ϕ10	ϕ10	0.844
			20ϕ32	16085	2.365	ϕ12	ϕ10	1.040
			20ϕ36	20358	2.994	ϕ12	ϕ12	1.228
			20ϕ40	25133	3.696	ϕ14	ϕ10	1.275
						ϕ14	ϕ12	1.465
						ϕ14	ϕ14	1.689
						ϕ16	ϕ10	1.550
						ϕ16	ϕ12	1.742
						ϕ16	ϕ14	1.968
						ϕ16	ϕ16	2.229

序号	$b \times h$（mm）	截面形式（最大箍筋肢距/mm）	主筋			箍筋@100		
			①	A_s（mm²）	$\rho = A_s/(bh)$（%）	②	③④	ρ_v（%）
250	800×850	（280）	24ϕ16	4825.5	0.710	同上		
			24ϕ18	6107.3	0.898			
			24ϕ20	7539.8	1.109			
			24ϕ22	9123.2	1.342			
			24ϕ25	11781	1.732			
			24ϕ28	14778	2.173			
			24ϕ32	19302	2.839			
			24ϕ36	24429	3.593			
			24ϕ40	30159	4.435			
251	800×850	（250）	28ϕ16	5629.7	0.828	ϕ6.5	ϕ6.5	0.438
			28ϕ18	7125.1	1.048	ϕ8	ϕ6	0.493
			28ϕ20	8796.5	1.294	ϕ8	ϕ6.5	0.532
			28ϕ22	10644	1.565	ϕ8	ϕ8	0.668
			28ϕ25	13744	2.021	ϕ10	ϕ8	0.827
			28ϕ28	17241	2.535	ϕ10	ϕ10	1.055
			28ϕ32	22519	3.312	ϕ12	ϕ10	1.253
			28ϕ36	28501	4.191	ϕ12	ϕ12	1.535
						ϕ14	ϕ10	1.491
						ϕ14	ϕ12	1.775
						ϕ14	ϕ14	2.111
						ϕ16	ϕ10	1.768
						ϕ16	ϕ12	2.055
						ϕ16	ϕ14	2.395
						ϕ16	ϕ16	2.787
252	800×850	（200）	16ϕ20	5026.5	0.739	同上		
			16ϕ22	6082.1	0.894			
			16ϕ25	7854.0	1.155			
			16ϕ28	9852.0	1.449			
			16ϕ32	12868	1.892			
			16ϕ36	16286	2.395			
			16ϕ40	20106	2.957			
			16ϕ50	31416	4.620			
253	800×900	（300）	22ϕ18	5598.3	0.778	ϕ8	ϕ6	0.405
			22ϕ20	6911.5	0.960	ϕ8	ϕ6.5	0.431
			22ϕ22	8362.9	1.162	ϕ8	ϕ8	0.519
			22ϕ25	10799	1.500	ϕ10	ϕ8	0.671

序号	$b \times h$（mm）	截面形式（最大箍筋肢距/mm）	主筋			箍筋@100		
			①	A_s（mm²）	$\rho = A_s/(bh)$（%）	②	③④	ρ_v（%）
253	800×900	（300）	22φ28	13547	1.881	φ10	φ10	0.819
			22φ32	17693	2.457	φ12	φ10	1.009
			22φ36	22393	3.110	φ12	φ12	1.191
			22φ40	27646	3.840	φ14	φ10	1.237
						φ14	φ12	1.421
						φ14	φ14	1.638
						φ16	φ10	1.503
						φ16	φ12	1.689
						φ16	φ14	1.908
						φ16	φ16	2.161
254	800×900	（290）	24φ18	6107.3	0.848	同上		
			24φ20	7539.8	1.047			
			24φ22	9123.2	1.267			
			24φ25	11781	1.636			
			24φ28	14778	2.053			
			24φ32	19302	2.681			
			24φ36	24429	3.393			
			24φ40	30159	4.189			
255	800×900	（250）	26φ18	6616.2	0.919	φ8	φ6	0.439
			26φ20	8168.1	1.134	φ8	φ6.5	0.471
			26φ22	9883.5	1.373	φ8	φ8	0.580
			26φ25	12763	1.773	φ10	φ8	0.733
			26φ28	16010	2.224	φ10	φ10	0.915
			26φ32	20910	2.904	φ12	φ10	1.106
			26φ36	26465	3.676	φ12	φ12	1.331
			26φ40	32673	4.538	φ14	φ10	1.335
						φ14	φ12	1.562
						φ14	φ14	1.830
						φ16	φ10	1.602
						φ16	φ12	1.831
						φ16	φ14	2.102
						φ16	φ16	2.415

序号	$b \times h$ （mm）	截面形式 （最大箍筋肢距/mm）	主筋			箍筋@100		
			①	A_s （mm^2）	$\rho = A_s/（bh）$ （%）	②	③④	ρ_v（%）
256	800×900	 （190）	18ϕ20	5654.9	0.785	ϕ6.5	ϕ6.5	0.465
			18ϕ22	6842.4	0.950	ϕ8	ϕ6	0.512
			18ϕ25	8835.7	1.227	ϕ8	ϕ6.5	0.556
			18ϕ28	11084	1.539	ϕ8	ϕ8	0.709
			18ϕ32	14476	2.011	ϕ10	ϕ8	0.864
			18ϕ36	18322	2.545	ϕ10	ϕ10	1.119
			18ϕ40	22619	3.142	ϕ12	ϕ10	1.313
			18ϕ50	35343	4.909	ϕ12	ϕ12	1.629
						ϕ14	ϕ10	1.544
						ϕ14	ϕ12	1.863
						ϕ14	ϕ14	2.239
						ϕ16	ϕ10	1.813
						ϕ16	ϕ12	2.135
						ϕ16	ϕ14	2.516
						ϕ16	ϕ16	2.955
257	800×950	 （300）	22ϕ18	5598.3	0.737	ϕ8	ϕ6.5	0.419
			22ϕ20	6911.5	0.909	ϕ8	ϕ8	0.505
			22ϕ22	8362.9	1.100	ϕ10	ϕ8	0.653
			22ϕ25	10799	1.421	ϕ10	ϕ10	0.797
			22ϕ28	13547	1.782	ϕ12	ϕ10	0.982
			22ϕ32	17693	2.328	ϕ12	ϕ12	1.159
			22ϕ36	22393	2.946	ϕ14	ϕ10	1.203
			22ϕ40	27646	3.638	ϕ14	ϕ12	1.381
						ϕ14	ϕ14	1.593
						ϕ16	ϕ10	1.461
						ϕ16	ϕ12	1.642
						ϕ16	ϕ14	1.855
						ϕ16	ϕ16	2.101
258	800×950	 （300）	24ϕ18	6107.3	0.804	同上		
			24ϕ20	7539.8	0.992			
			24ϕ22	9123.2	1.200			
			24ϕ25	11781	1.550			
			24ϕ28	14778	1.944			
			24ϕ32	19302	2.540			
			24ϕ36	24429	3.214			
			24ϕ40	30159	3.968			

序号	$b \times h$ （mm）	截面形式 （最大箍筋肢距/mm）	主筋			箍筋@100		
			①	A_s （mm²）	$\rho = A_s/(bh)$ （%）	②	③④	ρ_v（%）
259	800 × 950	（250）	26ϕ18	6616.2	0.871	ϕ8	ϕ6	0.427
			26ϕ20	8168.1	1.075	ϕ8	ϕ6.5	0.457
			26ϕ22	9883.5	1.300	ϕ8	ϕ8	0.562
			26ϕ25	12763	1.679	ϕ10	ϕ8	0.711
			26ϕ28	16010	2.107	ϕ10	ϕ10	0.887
			26ϕ32	20910	2.751	ϕ12	ϕ10	1.073
			26ϕ36	26465	3.482	ϕ12	ϕ12	1.290
			26ϕ40	32673	4.299	ϕ14	ϕ10	1.295
						ϕ14	ϕ12	1.515
						ϕ14	ϕ14	1.774
						ϕ16	ϕ10	1.554
						ϕ16	ϕ12	1.776
						ϕ16	ϕ14	2.038
						ϕ16	ϕ16	2.340
260	800 × 950	（190）	18ϕ20	5654.9	0.744	ϕ6.5	ϕ6.5	0.451
			18ϕ22	6842.4	0.900	ϕ8	ϕ6	0.498
			18ϕ25	8835.7	1.163	ϕ8	ϕ6.5	0.540
			18ϕ28	11084	1.458	ϕ8	ϕ8	0.688
			18ϕ32	14476	1.905	ϕ10	ϕ8	0.839
			18ϕ36	18322	2.411	ϕ10	ϕ10	1.086
			18ϕ40	22619	2.976	ϕ12	ϕ10	1.274
			18ϕ50	35343	4.650	ϕ12	ϕ12	1.580
						ϕ14	ϕ10	1.498
						ϕ14	ϕ12	1.807
						ϕ14	ϕ14	2.172
						ϕ16	ϕ10	1.760
						ϕ16	ϕ12	2.072
						ϕ16	ϕ14	2.440
						ϕ16	ϕ16	2.866
261	800 × 1000	（300）	22ϕ20	6911.5	0.864	ϕ8	ϕ6	0.415
			22ϕ22	8362.9	1.045	ϕ8	ϕ6.5	0.445
			22ϕ25	10799	1.350	ϕ8	ϕ8	0.547
			22ϕ28	13547	1.693	ϕ10	ϕ8	0.692
			22ϕ32	17693	2.212	ϕ10	ϕ10	0.863
			22ϕ36	22393	2.799	ϕ12	ϕ10	1.044
			22ϕ40	27646	3.456	ϕ12	ϕ12	1.254

序号	$b \times h$ (mm)	截面形式 (最大箍筋肢距/mm)	主筋			箍筋@100		
			①	A_s (mm²)	$\rho = A_s/(bh)$ (%)	②	③④	ρ_v (%)
261	800×1000	（300）				$\phi14$	$\phi10$	1.260
						$\phi14$	$\phi12$	1.472
						$\phi14$	$\phi14$	1.724
						$\phi16$	$\phi10$	1.512
						$\phi16$	$\phi12$	1.727
						$\phi16$	$\phi14$	1.981
						$\phi16$	$\phi16$	2.274
262	800×1000	（250）	28ϕ18	7125.1	0.891	同上		
			28ϕ20	8796.5	1.100			
			28ϕ22	10644	1.330			
			28ϕ25	13744	1.718			
			28ϕ28	17241	2.155			
			28ϕ32	22519	2.815			
			28ϕ36	28501	3.563			
			28ϕ40	35186	4.398			
263	800×1000	（190）	18ϕ22	6842.4	0.855	$\phi6.5$	$\phi6.5$	0.439
			18ϕ25	8835.7	1.104	$\phi8$	$\phi6$	0.485
			18ϕ28	11084	1.385	$\phi8$	$\phi6.5$	0.526
			18ϕ32	14476	1.810	$\phi8$	$\phi8$	0.670
			18ϕ36	18322	2.290	$\phi10$	$\phi8$	0.816
			18ϕ40	22619	2.827	$\phi10$	$\phi10$	1.057
			18ϕ50	35343	4.418	$\phi12$	$\phi10$	1.240
						$\phi12$	$\phi12$	1.537
						$\phi14$	$\phi10$	1.458
						$\phi14$	$\phi12$	1.758
						$\phi14$	$\phi14$	2.112
						$\phi16$	$\phi10$	1.712
						$\phi16$	$\phi12$	2.015
						$\phi16$	③14	2.373
						$\phi16$	$\phi16$	2.786
264	850×850	300 200 300 （300）	20ϕ18	5089.4	0.704	$\phi8$	$\phi6$	0.404
			20ϕ20	6283.2	0.870	$\phi8$	$\phi6.5$	0.429
			20ϕ22	7602.7	1.052	$\phi8$	$\phi8$	0.517
			20ϕ25	9817.5	1.359	$\phi10$	$\phi8$	0.669
			20ϕ28	12315	1.705	$\phi10$	$\phi10$	0.815
			20ϕ32	16085	2.226	$\phi12$	$\phi10$	1.005

序号	$b \times h$（mm）	截面形式（最大箍筋肢距/mm）	主筋			箍筋@100		
			①	A_s（mm²）	$\rho = A_s/(bh)$（%）	②	③④	ρ_v（%）
264	850 × 850	300 200 300 300 300 200 （300）	20ϕ36	20358	2.818	ϕ12	ϕ12	1.186
			20ϕ40	25133	3.479	ϕ14	ϕ10	1.232
						ϕ14	ϕ12	1.415
						ϕ14	ϕ14	1.631
						ϕ16	ϕ10	1.497
						ϕ16	ϕ12	1.682
						ϕ16	ϕ14	1.900
						ϕ16	ϕ16	2.153
265	850 × 850	（270）	24ϕ18	6107.3	0.845	同上		
			24ϕ20	7539.8	1.044			
			24ϕ22	9123.2	1.263			
			24ϕ25	11781	1.631			
			24ϕ28	14778	2.045			
			24ϕ32	19302	2.672			
			24ϕ36	24429	3.381			
			24ϕ40	30159	4.174			
266	850 × 850	（200）	16ϕ20	5026.5	0.696	ϕ6.5	ϕ6.5	0.423
			16ϕ22	6082.1	0.842	ϕ8	ϕ6	0.476
			16ϕ25	7854.0	1.087	ϕ8	ϕ6.5	0.514
			16ϕ28	9852.0	1.364	ϕ8	ϕ8	0.646
			16ϕ32	12868	1.781	ϕ10	ϕ8	0.799
			16ϕ36	16286	2.254	ϕ10	ϕ10	1.019
			16ϕ40	20106	2.783	ϕ12	ϕ10	1.211
			16ϕ50	31416	4.348	ϕ12	ϕ12	1.483
						ϕ14	ϕ10	1.440
						ϕ14	ϕ12	1.714
						ϕ14	ϕ14	2.039
						ϕ16	ϕ10	1.707
						ϕ16	ϕ12	1.984
						ϕ16	ϕ14	2.312
						ϕ16	ϕ16	2.691
267	850 × 850	（200）	28ϕ16	5629.7	0.779	同上		
			28ϕ18	7125.1	0.986			
			28ϕ20	8796.5	1.218			
			28ϕ22	10644	1.473			
			28ϕ25	13744	1.902			

序号	$b \times h$（mm）	截面形式（最大箍筋肢距/mm）	主筋			箍筋@100		
			①	A_s（mm²）	$\rho = A_s/(bh)$（%）	②	③④	ρ_v（%）
267	850×850	（200）	28ϕ28	17241	2.386	同上		
			28ϕ32	22519	3.117			
			28ϕ36	28501	3.945			
			28ϕ40	35186	4.870			
268	900×900	（290）	24ϕ18	6107.3	0.754	ϕ8	ϕ6.5	0.403
			24ϕ20	7539.8	0.931	ϕ8	ϕ8	0.485
			24ϕ22	9123.2	1.126	ϕ10	ϕ8	0.628
			24ϕ25	11781	1.454	ϕ10	ϕ10	0.766
			24ϕ28	14778	1.824	ϕ12	ϕ10	0.943
			24ϕ32	19302	2.383	ϕ12	ϕ12	1.113
			24ϕ36	24429	3.016	ϕ14	ϕ10	1.155
			24ϕ40	30159	3.723	ϕ14	ϕ12	1.327
						ϕ14	ϕ14	1.530
						ϕ16	ϕ10	1.403
						ϕ16	ϕ12	1.576
						ϕ16	ϕ14	1.781
						ϕ16	ϕ16	2.018
269	900×900	（220）	32ϕ18	8143	1.005	ϕ8	ϕ6	0.448
			32ϕ20	10053	1.241	ϕ8	ϕ6.5	0.483
			32ϕ22	12164	1.502	ϕ8	ϕ8	0.607
			32ϕ25	15708	1.939	ϕ10	ϕ8	0.750
			32ϕ28	19704	2.433	ϕ10	ϕ10	0.957
			32ϕ32	25736	3.177	ϕ12	ϕ10	1.137
			32ϕ36	32572	4.021	ϕ12	ϕ12	1.392
			32ϕ40	40212	4.964	ϕ14	ϕ10	1.350
						ϕ14	ϕ12	1.608
						ϕ14	ϕ14	1.912
						ϕ16	ϕ10	1.600
						ϕ16	ϕ12	1.860
						ϕ16	ϕ14	2.167
						ϕ16	ϕ16	2.522
270	900×900	（190）	20ϕ20	6283.2	0.776	ϕ6	ϕ6	0.406
			20ϕ22	7602.7	0.939	ϕ6.5	ϕ6.5	0.477
			20ϕ25	9817.5	1.212	ϕ8	ϕ6	0.516
			20ϕ28	12315	1.520	ϕ8	ϕ6.5	0.563
			20ϕ32	16085	1.986	ϕ8	ϕ8	0.728
			20ϕ36	20358	2.513	ϕ10	ϕ8	0.873

序号	$b \times h$ (mm)	截面形式 （最大箍筋肢距/mm）	主筋			箍筋@100		
			①	A_s （mm²）	$\rho = A_s/(bh)$ （%）	②	③④	ρ_v（%）
270	900×900	（190）	20ϕ40	25133	3.103	ϕ10	ϕ10	1.149
			20ϕ50	39270	4.848	ϕ12	ϕ10	1.330
						ϕ12	ϕ12	1.670
						ϕ14	ϕ10	1.546
						ϕ14	ϕ12	1.889
						ϕ14	ϕ14	2.295
						ϕ16	ϕ10	1.797
						ϕ16	ϕ12	2.144
						ϕ16	ϕ14	2.554
						ϕ16	ϕ16	3.027
271	950×950	（300）	24ϕ20	7539.8	0.835	ϕ8	ϕ8	0.458
			24ϕ22	9123.2	1.011	ϕ10	ϕ8	0.592
			24ϕ25	11781	1.305	ϕ10	ϕ10	0.722
			24ϕ28	14778	1.637	ϕ12	ϕ10	0.889
			24ϕ32	19302	2.139	ϕ12	ϕ12	1.049
			24ϕ36	24429	2.707	ϕ14	ϕ10	1.088
			24ϕ40	30159	3.342	ϕ14	ϕ12	1.249
						ϕ14	ϕ14	1.441
						ϕ16	ϕ10	1.320
						ϕ16	ϕ12	1.483
						ϕ16	ϕ14	1.676
						ϕ16	ϕ16	1.899
272	950×950	（230）	32ϕ16	6434	0.713	ϕ8	ϕ6	0.422
			32ϕ18	8143	0.902	ϕ8	ϕ6.5	0.456
			32ϕ20	10053	1.114	ϕ8	ϕ8	0.572
			32ϕ22	12164	1.348	ϕ10	ϕ8	0.707
			32ϕ25	15708	1.740	ϕ10	ϕ10	0.902
			32ϕ28	19704	2.183	ϕ12	ϕ10	1.071
			32ϕ32	25736	2.852	ϕ12	ϕ12	1.311
			32ϕ36	32572	3.609	ϕ14	ϕ10	1.272
			32ϕ40	40212	4.456	ϕ14	ϕ12	1.514
						ϕ14	ϕ14	1.801
						ϕ16	ϕ10	1.506
						ϕ16	ϕ12	1.750
						ϕ16	ϕ14	2.040
						ϕ16	ϕ16	2.373

序号	$b \times h$ (mm)	截面形式（最大箍筋肢距/mm）	主筋			箍筋@100		
			①	A_s (mm²)	$\rho = A_s/(bh)$ (%)	②	③④	ρ_v (%)
273	950×950	（200）	20ϕ20	6283.2	0.696	ϕ6.5	ϕ6.5	0.450
			20ϕ22	7602.7	0.842	ϕ8	ϕ6	0.486
			20ϕ25	9817.5	1.088	ϕ8	ϕ6.5	0.531
			20ϕ28	12315	1.365	ϕ8	ϕ8	0.687
			20ϕ32	16085	1.782	ϕ10	ϕ8	0.823
			20ϕ36	20358	2.256	ϕ10	ϕ10	1.083
			20ϕ40	25133	2.785	ϕ12	ϕ10	1.253
			20ϕ50	39270	4.351	ϕ12	ϕ12	1.573
						ϕ14	ϕ10	1.455
						ϕ14	ϕ12	1.779
						ϕ14	ϕ14	2.161
						ϕ16	ϕ10	1.691
						ϕ16	ϕ12	2.017
						ϕ16	ϕ14	2.403
						ϕ16	ϕ16	2.848
274	1000×1000	（290）	28ϕ18	7125.1	0.713	ϕ8	ϕ6.5	0.431
			28ϕ20	8796.5	0.880	ϕ8	ϕ8	0.541
			28ϕ22	10644	1.064	ϕ10	ϕ8	0.669
			28ϕ25	13744	1.374	ϕ10	ϕ10	0.853
			28ϕ28	17241	1.724	ϕ12	ϕ10	1.012
			28ϕ32	22519	2.252	ϕ12	ϕ12	1.239
			28ϕ36	28501	2.850	ϕ14	ϕ10	1.201
			28ϕ40	35186	3.519	ϕ14	ϕ12	1.430
						ϕ14	ϕ14	1.701
						ϕ16	ϕ10	1.422
						ϕ16	ϕ12	1.653
						ϕ16	ϕ14	1.926
						ϕ16	ϕ16	2.241
275	1000×1000	（250）	32ϕ18	8143	0.814	同上		
			32ϕ20	10053	1.005			
			32ϕ22	12164	1.216			
			32ϕ25	15708	1.571			
			32ϕ28	19704	1.970			
			32ϕ32	25736	2.574			
			32ϕ36	32572	3.257			
			32ϕ40	40212	4.021			

序号	$b \times h$（mm）	截面形式（最大箍筋肢距/mm）	主筋			箍筋@100		
			①	A_s（mm²）	$\rho = A_s/(bh)$（%）	②	③④	ρ_v（%）
276	1000×1000	（190）	20ϕ22	7602.7	0.760	ϕ6.5	ϕ6.5	0.426
			20ϕ25	9817.5	0.982	ϕ8	ϕ6	0.460
			20ϕ28	12315	1.232	ϕ8	ϕ6.5	0.503
			20ϕ32	16085	1.608	ϕ8	ϕ8	0.650
			20ϕ36	20358	2.036	ϕ10	ϕ8	0.778
			20ϕ40	25133	2.513	ϕ10	ϕ10	1.024
			20ϕ50	39270	3.927	ϕ12	ϕ10	1.184
						ϕ12	ϕ12	1.487
						ϕ14	ϕ10	1.375
						ϕ14	ϕ12	1.680
						ϕ14	ϕ14	2.042
						ϕ16	ϕ10	1.597
						ϕ16	ϕ12	1.905
						ϕ16	ϕ14	2.269
						ϕ16	ϕ16	2.690
277	1050×1050	（290）	28ϕ20	8796.5	0.798	ϕ8	ϕ6.5	0.409
			28ϕ22	10644	0.965	ϕ8	ϕ8	0.514
			28ϕ25	13744	1.247	ϕ10	ϕ8	0.635
			28ϕ28	17241	1.564	ϕ10	ϕ10	0.809
			28ϕ32	22519	2.043	ϕ12	ϕ10	0.960
			28ϕ36	28501	2.585	ϕ12	ϕ12	1.175
			28ϕ40	35186	3.191	ϕ14	ϕ10	1.138
			28ϕ50	54978	4.987	ϕ14	ϕ12	1.356
						ϕ14	ϕ14	1.612
						ϕ16	ϕ10	1.347
						ϕ16	ϕ12	1.566
						ϕ16	ϕ14	1.825
						ϕ16	ϕ16	2.123
278	1050×1050	（250）	32ϕ18	8143	0.739	同上		
			32ϕ20	10053	0.912			
			32ϕ22	12164	1.103			
			32ϕ25	15708	1.425			
			32ϕ28	19704	1.787			
			32ϕ32	25736	2.334			
			32ϕ36	32572	2.954			
			32ϕ40	40212	3.647			

序号	$b \times h$ (mm)	截面形式 (最大箍筋肢距/mm)	主筋			箍筋@100		
			①	A_s (mm²)	$\rho = A_s/(bh)$ (%)	②	③④	ρ_v (%)
279	1050 × 1050	(200)	20φ22	7602.7	0.690	φ6.5	φ6.5	0.405
			20φ25	9817.5	0.890	φ8	φ6	0.437
			20φ28	12315	1.117	φ8	φ6.5	0.477
			20φ32	16085	1.459	φ8	φ8	0.617
			20φ36	20358	1.846	φ10	φ8	0.738
			20φ40	25133	2.280	φ10	φ10	0.971
			20φ50	39270	3.562	φ12	φ10	1.123
						φ12	φ12	1.410
						φ14	φ10	1.303
						φ14	φ12	1.593
						φ14	φ14	1.935
						φ16	φ10	1.513
						φ16	φ12	1.805
						φ16	φ14	2.150
						φ16	φ16	2.548
280	1100 × 1100	(300)	28φ20	8796.5	0.727	φ8	φ8	0.489
			28φ22	10644	0.880	φ10	φ8	0.603
			28φ25	13744	1.136	φ10	φ10	0.770
			28φ28	17241	1.425	φ12	φ10	0.912
			28φ32	22519	1.861	φ12	φ12	1.117
			28φ36	28501	2.355	φ14	φ10	1.082
			28φ40	35186	2.908	φ14	φ12	1.288
			28φ50	54978	4.544	φ14	φ14	1.532
						φ16	φ10	1.279
						φ16	φ12	1.487
						φ16	φ14	1.733
						φ16	φ16	2.017
281	1100 × 1100	(270)	32φ20	10053	0.831	同上		
			32φ22	12164	1.005			
			32φ25	15708	1.298			
			32φ28	19704	1.628			
			32φ32	25736	2.127			
			32φ36	32572	2.692			
			32φ40	40212	3.323			

序号	$b \times h$ (mm)	截面形式（最大箍筋肢距/mm）	主筋			箍筋@100		
			①	A_s (mm²)	$\rho = A_s/(bh)$ (%)	②	③④	ρ_v (%)
282	1100 × 1100	（220）	40ϕ18	10179	0.841	ϕ8	ϕ6	0.416
			40ϕ20	12566	1.039	ϕ8	ϕ6.5	0.454
			40ϕ22	15205	1.257	ϕ8	ϕ8	0.587
			40ϕ25	19635	1.623	ϕ10	ϕ8	0.702
			40ϕ28	24630	2.036	ϕ10	ϕ10	0.924
			40ϕ32	32170	2.659	ϕ12	ϕ10	1.067
			40ϕ36	40715	3.365	ϕ12	ϕ12	1.340
			40ϕ40	50265	4.154	ϕ14	ϕ10	1.238
						ϕ14	ϕ12	1.513
						ϕ14	ϕ14	1.839
						ϕ16	ϕ10	1.437
						ϕ16	ϕ12	1.714
						ϕ16	ϕ14	2.042
						ϕ16	ϕ16	2.420
283	1100 × 1100	（190）	24ϕ22	9123.2	0.754	ϕ6.5	ϕ6.5	0.449
			24ϕ25	11781	0.974	ϕ8	ϕ6	0.471
			24ϕ28	14778	1.221	ϕ8	ϕ6.5	0.518
			24ϕ32	19302	1.595	ϕ8	ϕ8	0.684
			24ϕ36	24429	2.019	ϕ10	ϕ8	0.801
			24ϕ40	30159	2.493	ϕ10	ϕ10	1.078
			24ϕ50	47124	3.895	ϕ12	ϕ10	1.222
						ϕ12	ϕ12	1.564
						ϕ14	ϕ10	1.395
						ϕ14	ϕ12	1.738
						ϕ14	ϕ14	2.145
						ϕ16	ϕ10	1.594
						ϕ16	ϕ12	1.941
						ϕ16	ϕ14	2.351
						ϕ16	ϕ16	2.823
284	1150 × 1150	（290）	32ϕ20	10053	0.760	ϕ8	ϕ8	0.466
			32ϕ22	12164	0.920	ϕ10	ϕ8	0.575
			32ϕ25	15708	1.188	ϕ10	ϕ10	0.734
			32ϕ28	19704	1.490	ϕ12	ϕ10	0.869
			32ϕ32	25736	1.946	ϕ12	ϕ12	1.064
			32ϕ36	32572	2.463	ϕ14	ϕ10	1.031

序号	$b \times h$ （mm）	截面形式 （最大箍筋肢距/mm）	主筋			箍筋@100		
			①	A_s （mm²）	$\rho = A_s/(bh)$ （%）	②	③④	ρ_v （%）
284	1150 × 1150	（290）	32ϕ40	40212	3.041	ϕ14	ϕ12	1.227
			32ϕ50	62832	4.751	ϕ14	ϕ14	1.460
						ϕ16	ϕ10	1.218
						ϕ16	ϕ12	1.416
						ϕ16	ϕ14	1.650
						ϕ16	ϕ16	1.921
285	1150 × 1150	（240）	40ϕ18	10179	0.770	ϕ8	ϕ6.5	0.433
			40ϕ20	12566	0.950	ϕ8	ϕ8	0.559
			40ϕ22	15205	1.150	ϕ10	ϕ8	0.669
			40ϕ25	19635	1.485	ϕ10	ϕ10	0.881
			40ϕ28	24630	1.862	ϕ12	ϕ10	1.017
			40ϕ32	32170	2.433	ϕ12	ϕ12	1.277
			40ϕ36	40715	3.079	ϕ14	ϕ10	1.180
			40ϕ40	50265	3.801	ϕ14	ϕ12	1.442
						ϕ14	ϕ14	1.751
						ϕ16	ϕ10	1.368
						ϕ16	ϕ12	1.632
						ϕ16	ϕ14	1.945
						ϕ16	ϕ16	2.305
286	1150 × 1150	（200）	24ϕ22	9123.2	0.690	ϕ6.5	ϕ6.5	0.429
			24ϕ25	11781	0.891	ϕ8	ϕ6	0.449
			24ϕ28	14778	1.117	ϕ8	ϕ6.5	0.494
			24ϕ32	19302	1.460	ϕ8	ϕ8	0.653
			24ϕ36	24429	1.847	ϕ10	ϕ8	0.763
			24ϕ40	30159	2.280	ϕ10	ϕ10	1.027
			24ϕ50	47124	3.563	ϕ12	ϕ10	1.165
						ϕ12	ϕ12	1.490
						ϕ14	ϕ10	1.328
						ϕ14	ϕ12	1.656
						ϕ14	ϕ14	2.043
						ϕ16	ϕ10	1.518
						ϕ16	ϕ12	1.848
						ϕ16	ϕ14	2.239
						ϕ16	ϕ16	2.689

序号	$b \times h$ (mm)	截面形式（最大箍筋肢距/mm）	主筋			箍筋@100		
			①	A_s (mm²)	$\rho = A_s/(bh)$ (%)	②	③④	ρ_v (%)
287	1200 × 1200	（300）	$32\phi22$	12164	0.845	$\phi8$	$\phi8$	0.446
			$32\phi25$	15708	1.091	$\phi10$	$\phi8$	0.550
			$32\phi28$	19704	1.368	$\phi10$	$\phi10$	0.701
			$32\phi32$	25736	1.787	$\phi12$	$\phi10$	0.830
			$32\phi36$	32572	2.262	$\phi12$	$\phi12$	1.017
			$32\phi40$	40212	2.793	$\phi14$	$\phi10$	0.984
			$32\phi50$	62832	4.363	$\phi14$	$\phi12$	1.172
						$\phi14$	$\phi14$	1.394
						$\phi16$	$\phi10$	1.163
						$\phi16$	$\phi12$	1.352
						$\phi16$	$\phi14$	1.575
						$\phi16$	$\phi16$	1.833
288	1200 × 1200	（250）	$40\phi20$	12566	0.873	$\phi8$	$\phi6.5$	0.414
			$40\phi22$	15205	1.056	$\phi8$	$\phi8$	0.535
			$40\phi25$	19635	1.364	$\phi10$	$\phi8$	0.639
			$40\phi28$	24630	1.710	$\phi10$	$\phi10$	0.841
			$40\phi32$	32170	2.234	$\phi12$	$\phi10$	0.971
			$40\phi36$	40715	2.827	$\phi12$	$\phi12$	1.220
			$40\phi40$	50265	3.491	$\phi14$	$\phi10$	1.126
						$\phi14$	$\phi12$	1.376
						$\phi14$	$\phi14$	1.672
						$\phi16$	$\phi10$	1.306
						$\phi16$	$\phi12$	1.558
						$\phi16$	$\phi14$	1.856
						$\phi16$	$\phi16$	2.200
289	1200 × 1200	（200）	$24\phi25$	11781	0.818	$\phi6.5$	$\phi6.5$	0.410
			$24\phi28$	14778	1.026	$\phi8$	$\phi6$	0.429
			$24\phi32$	19302	1.340	$\phi8$	$\phi6.5$	0.472
			$24\phi36$	24429	1.696	$\phi8$	$\phi8$	0.624
			$24\phi40$	30159	2.094	$\phi10$	$\phi8$	0.729
			$24\phi50$	47124	3.272	$\phi10$	$\phi10$	0.981
						$\phi12$	$\phi10$	1.113
						$\phi12$	$\phi12$	1.423
						$\phi14$	$\phi10$	1.268
						$\phi14$	$\phi12$	1.581

序号	$b \times h$ (mm)	截面形式（最大箍筋肢距/mm）	主筋 ①	A_s (mm²)	$\rho = A_s/(bh)$ （%）	箍筋@100 ②	③④	ρ_v（%）
289	1200 × 1200	（200）				$\phi14$	$\phi14$	1.951
						$\phi16$	$\phi10$	1.449
						$\phi16$	$\phi12$	1.764
						$\phi16$	$\phi14$	2.137
						$\phi16$	$\phi16$	2.566
290	1250 × 1250	（300）	$32\phi22$	12164	0.779	$\phi8$	$\phi8$	0.427
			$32\phi25$	15708	1.005	$\phi10$	$\phi8$	0.526
			$32\phi28$	19704	1.261	$\phi10$	$\phi10$	0.671
			$32\phi32$	25736	1.647	$\phi12$	$\phi10$	0.795
			$32\phi36$	32572	2.085	$\phi12$	$\phi12$	0.973
			$32\phi40$	40212	2.574	$\phi14$	$\phi10$	0.941
			$32\phi50$	62832	4.021	$\phi14$	$\phi12$	1.121
						$\phi14$	$\phi14$	1.333
						$\phi16$	$\phi10$	1.112
						$\phi16$	$\phi12$	1.293
						$\phi16$	$\phi14$	1.507
						$\phi16$	$\phi16$	1.753
291	1250 × 1250	（250）	$40\phi20$	12566	0.804	$\phi8$	$\phi8$	0.512
			$40\phi22$	15205	0.973	$\phi10$	$\phi8$	0.612
			$40\phi25$	19635	1.257	$\phi10$	$\phi10$	0.805
			$40\phi28$	24630	1.576	$\phi12$	$\phi10$	0.93
			$40\phi32$	32170	2.059	$\phi12$	$\phi12$	1.167
			$40\phi36$	40715	2.606	$\phi14$	$\phi10$	1.077
			$40\phi40$	50265	3.217	$\phi14$	$\phi12$	1.317
						$\phi14$	$\phi14$	1.600
						$\phi16$	$\phi10$	1.249
						$\phi16$	$\phi12$	1.490
						$\phi16$	③$\phi14$	1.775
						$\phi16$	$\phi16$	2.104
292	1250 × 1250	（200）	$24\phi25$	11781	0.754	$\phi6.5$	$\phi6.5$	0.411
			$24\phi28$	14778	0.946	$\phi8$	$\phi6.5$	0.452
			$24\phi32$	19302	1.235	$\phi8$	$\phi8$	0.597
			$24\phi36$	24429	1.563	$\phi10$	$\phi8$	0.698
			$24\phi40$	30159	1.930	$\phi10$	$\phi10$	0.940
			$24\phi50$	47124	3.016	$\phi12$	$\phi10$	1.065

序号	$b \times h$ （mm）	截面形式 （最大箍筋肢距/mm）	主筋			箍筋@100		
			①	A_s （mm²）	$\rho = A_s/（bh）$ （%）	②	③④	ρ_v（%）
292	1250 × 1250	（200）				$\phi 12$	$\phi 12$	1.362
						$\phi 14$	$\phi 10$	1.213
						$\phi 14$	$\phi 12$	1.513
						$\phi 14$	$\phi 14$	1.866
						$\phi 16$	$\phi 10$	1.386
						$\phi 16$	$\phi 12$	1.687
						$\phi 16$	$\phi 14$	2.044
						$\phi 16$	$\phi 16$	2.454
293	1300 × 1300	（250）	$40\phi 20$	12566	0.744	$\phi 8$	$\phi 8$	0.491
			$40\phi 22$	15205	0.900	$\phi 10$	$\phi 8$	0.587
			$40\phi 25$	19635	1.162	$\phi 10$	$\phi 10$	0.772
			$40\phi 28$	24630	1.457	$\phi 12$	$\phi 10$	0.891
			$40\phi 32$	32170	1.904	$\phi 12$	$\phi 12$	1.119
			$40\phi 36$	40715	2.409	$\phi 14$	$\phi 10$	1.033
			$40\phi 40$	50265	2.974	$\phi 14$	$\phi 12$	1.262
			$40\phi 50$	78540	4.647	$\phi 14$	$\phi 14$	1.533
						$\phi 16$	$\phi 10$	1.197
						$\phi 16$	$\phi 12$	1.428
						$\phi 16$	$\phi 14$	1.701
						$\phi 16$	$\phi 16$	2.016
294	1300 × 1300	（190）	$28\phi 25$	13744	0.813	$\phi 6.5$	$\phi 6.5$	0.430
			$28\phi 28$	17241	1.020	$\phi 8$	$\phi 6$	0.440
			$28\phi 32$	22519	1.332	$\phi 8$	$\phi 6.5$	0.488
			$28\phi 36$	28501	1.686	$\phi 8$	$\phi 8$	0.655
			$28\phi 40$	35186	2.082	$\phi 10$	$\phi 8$	0.752
			$28\phi 50$	54978	3.253	$\phi 10$	$\phi 10$	1.030
						$\phi 12$	$\phi 10$	1.150
						$\phi 12$	$\phi 12$	1.492
						$\phi 14$	$\phi 10$	1.294
						$\phi 14$	$\phi 12$	1.638
						$\phi 14$	$\phi 14$	2.045
						$\phi 16$	$\phi 10$	1.459
						$\phi 16$	$\phi 12$	1.806
						$\phi 16$	$\phi 14$	2.215
						$\phi 16$	$\phi 16$	2.688

圆形截面柱配筋表

表 12.2

序号	圆柱直径 D（mm）	截面形式（最大箍筋肢距/mm）	主筋 ①	A_s（mm²）	ρ（%）	箍筋 ②	备注
1	100		3φ6	84.8	1.082		
			3φ6.5	99.5	1.273		
			3φ8	150.8	1.923		
			3φ10	235.6	3.005		
			3φ12	339.3	4.316		
2	100		4φ6	113.1	1.439		
			4φ6.5	132.7	1.693		
			4φ8	201.1	2.559		
			4φ10	314.2	3.998		
3	120		3φ6	84.8	0.752		
			3φ6.5	99.5	0.884		
			3φ8	150.8	1.335		
			3φ10	235.6	2.087		
			3φ12	339.3	2.997		
			3φ14	461.8	4.085		
4	120		4φ6	113.1	0.999		
			4φ6.5	132.7	1.176		
			4φ8	201.1	1.777	φ6 或 φ6.5 或 φ8 @100～200	仅用于小柱、装饰柱、构造柱
			4φ10	314.2	2.776		
			4φ12	452.4	3.997		
5	150		3φ8	150.8	0.854		
			3φ10	235.6	1.335		
			3φ12	339.3	1.918		
			3φ14	461.8	2.614		
			3φ16	603.2	3.412		
			3φ18	763.4	4.318		
6	150		4φ8	201.1	1.137		
			4φ10	314.2	1.777		
			4φ12	452.4	2.558		
			4φ14	615.8	3.486		
			4φ16	804.2	4.550		
7	180		3φ10	235.6	0.927		
			3φ12	339.3	1.332		
			3φ14	461.8	1.815		
			3φ16	603.2	2.370		
			3φ18	763.4	2.998		
			3φ20	942.5	3.702		
			3φ22	1140.4	4.484		

序号	圆柱直径 D（mm）	截面形式（最大箍筋肢距/mm）	主筋			箍筋	备注
			①	A_s（mm²）	ρ（%）	②	
8	180		4ϕ8	201.1	0.790		
			4ϕ10	314.2	1.234		
			4ϕ12	452.4	1.776		
			4ϕ14	615.8	2.421		
			4ϕ16	804.2	3.160		
			4ϕ18	1017.9	4.001		
			4ϕ20	1256.6	4.936		
9	200		4ϕ10	314.2	0.999		
			4ϕ12	452.4	1.439		
			4ϕ14	615.8	1.961		
			4ϕ16	804.2	2.559		
			4ϕ18	1017.9	3.240		
			4ϕ20	1256.6	3.998		
10	240		4ϕ10	314.2	0.694	ϕ6 或 ϕ6.5 或 ϕ8 @100～200	仅用于小柱、装饰柱、构造柱
			4ϕ12	452.4	0.999		
			4ϕ14	615.8	1.362		
			4ϕ16	804.2	1.777		
			4ϕ18	1017.9	2.250		
			4ϕ20	1256.6	2.776		
			4ϕ22	1520.5	3.360		
			4ϕ25	1963.5	4.340		
11	240		5ϕ10	392.7	0.869		
			5ϕ12	565.5	1.247		
			5ϕ14	769.7	1.702		
			5ϕ16	1005.3	2.222		
			5ϕ18	1272.3	2.812		
			5ϕ20	1570.8	3.473		
			5ϕ22	1900.7	4.202		
12	250		4ϕ10	314.2	0.640		
			4ϕ12	452.4	0.921		
			4ϕ14	615.8	1.255		
			4ϕ16	804.2	1.638		
			4ϕ18	1017.9	2.074		
			4ϕ20	1256.6	2.558		
			4ϕ22	1520.5	3.097		
			4ϕ25	1963.5	3.999		

序号	圆柱直径 D（mm）	截面形式（最大箍筋肢距/mm）	主筋 ①	A_s（mm²）	ρ（%）	箍筋 ②		备注
13	250		5φ10	392.7	0.801			
			5φ12	565.5	1.149			
			5φ14	769.7	1.569			
			5φ16	1005.3	2.047			
			5φ18	1272.3	2.591			
			5φ20	1570.8	3.200			
			5φ22	1900.7	3.873	φ6 或 φ6.5 或 φ8 @100～200		仅用于小柱、装饰柱、构造柱
			5φ25	2454.4	4.999			
14	300		4φ12	452.4	0.639			
			4φ14	615.8	0.870			
			4φ16	804.2	1.137			
			4φ18	1017.9	1.439			
			4φ20	1256.6	1.777			
			4φ22	1520.5	2.150			
			4φ25	1963.5	2.777			
			4φ28	2463.0	3.484			
15	300	（250）	6φ12	678.58	0.960	φ6		0.473
			6φ14	923.63	1.307	φ6.5		0.559
			6φ16	1206.4	1.707	φ8		0.865
			6φ18	1526.8	2.160	φ10		1.391
			6φ20	1885.0	2.667	φ12		2.063
			6φ22	2280.8	3.227	φ14		2.894
			6φ25	2945.2	4.167	φ16		3.899
16	300	（130）	8φ12	904.8	1.280	φ6	φ6	0.777
			8φ14	1231.5	1.742	φ6.5	φ6.5	0.919
			8φ16	1608.5	2.276	φ8	φ6	1.179
			8φ18	2035.8	2.880	φ8	φ6.5	1.234
			8φ20	2513.3	3.556	φ8	φ8	1.424
			8φ22	3041.1	4.302	φ10	φ8	1.969
						φ10	φ10	2.294
						φ12	φ10	2.997
						φ12	φ12	3.408
						φ14	φ10	3.860
						φ14	φ12	4.286

序号	圆柱直径 D（mm）	截面形式（最大箍筋肢距/mm）	主筋			箍筋@100		
			①	A_s（mm²）	ρ（%）	②	③④	ρ_v（%）
17	350	（300）	6φ12	678.58	0.705	φ6.5		0.462
			6φ14	923.63	0.960	φ8		0.712
			6φ16	1206.4	1.254	φ10		1.139
			6φ18	1526.8	1.587	φ12		1.681
			6φ20	1885.0	1.959	φ14		2.346
			6φ22	2280.8	2.371	φ16		3.143
			6φ25	2945.2	3.061			
			6φ28	3694.5	3.840			
18	350	（150）	8φ12	904.78	0.940	φ6	φ6	0.642
			8φ14	1231.5	1.280	φ6.5	φ6.5	0.759
			8φ16	1608.5	1.672	φ8	φ6	0.970
			8φ18	2035.8	2.116	φ8	φ6.5	1.015
			8φ20	2513.3	2.612	φ8	φ8	1.171
			8φ22	3041.1	3.161	φ10	φ8	1.611
			8φ25	3927.0	4.082	φ10	φ10	1.877
						φ12	φ10	2.439
						φ12	φ12	2.773
						φ14	φ10	3.126
						φ14	φ12	3.469
						φ14	φ14	3.874
						φ16	φ10	3.945
						φ16	φ12	4.298
19	400	（175）	8φ12	904.78	0.720	φ6	φ6	0.547
			8φ14	1231.5	0.980	φ6.5	φ6.5	0.646
			8φ16	1608.5	1.280	φ8	φ6	0.824
			8φ18	2035.8	1.620	φ8	φ6.5	0.862
			8φ20	2513.3	2.000	φ8	φ8	0.994
			8φ22	3041.1	2.420	φ10	φ8	1.363
			8φ25	3927	3.125	φ10	φ10	1.588
			8φ28	4926	3.920	φ12	φ10	2.056
						φ12	φ12	2.337
						φ14	φ10	2.625
						φ14	φ12	2.913
						φ14	φ14	3.252
						φ16	φ10	3.301
						φ16	φ12	3.595
						φ16	φ14	3.943

序号	圆柱直径 D（mm）	截面形式（最大箍筋肢距/mm）	主筋			箍筋@100		
			①	A_s（mm²）	ρ（%）	②	③④	ρ_v（%）
20	450	（200）	8φ12	904.78	0.569	φ6	φ6	0.477
			8φ14	1231.5	0.774	φ6.5	φ6.5	0.562
			8φ16	1608.5	1.011	φ8	φ6	0.716
			8φ18	2035.8	1.280	φ8	φ6.5	0.749
			8φ20	2513.3	1.580	φ8	φ8	0.864
			8φ22	3041.1	1.912	φ10	φ8	1.182
			8φ25	3927	2.469	φ10	φ10	1.376
			8φ28	4926	3.097	φ12	φ10	1.777
			8φ32	6434	4.045	φ12	φ12	2.019
						φ14	φ10	2.262
						φ14	φ12	2.510
						φ14	φ14	2.802
						φ16	φ10	2.837
						φ16	φ12	3.089
						φ16	φ14	3.388
						φ16	φ16	3.732
21	500	（230）	8φ14	1231.5	0.627	φ6	φ6	0.423
			8φ16	1608.5	0.819	φ6.5	φ6.5	0.498
			8φ18	2035.8	1.037	φ8	φ6	0.633
			8φ20	2513.3	1.280	φ8	φ6.5	0.662
			8φ22	3041.1	1.549	φ8	φ8	0.764
			8φ25	3927.0	2.000	φ10	φ8	1.042
			8φ28	4926.0	2.509	φ10	φ10	1.214
			8φ32	6434.0	3.277	φ12	φ10	1.564
			8φ36	8143.0	4.147	φ12	φ12	1.777
						φ14	φ10	1.988
						φ14	φ12	2.205
						φ14	φ14	2.461
						φ16	φ10	2.487
						φ16	φ12	2.708
						φ16	φ14	2.969
						φ16	φ16	3.270
22	500	（160）	8φ14	1231.5	0.627	φ6	φ6	0.562
			8φ16	1608.5	0.819	φ6.5	φ6.5	0.663
			8φ18	2035.8	1.037	φ8	φ6	0.776
			8φ20	2513.3	1.280	φ8	φ6.5	0.829

序号	圆柱直径 D（mm）	截面形式（最大箍筋肢距/mm）	主筋			箍筋@100		
			①	A_s（mm²）	ρ（%）	②	③④	ρ_v（%）
22	500	（160）	8φ22	3041.1	1.549	φ8	φ8	1.017
			8φ25	3927.0	2.000	φ10	φ8	1.300
			8φ28	4926.0	2.509	φ10	φ10	1.616
			8φ32	6434.0	3.277	φ12	φ10	1.975
			8φ36	8143.0	4.147	φ12	φ12	2.368
						φ14	φ10	2.406
						φ14	φ12	2.806
						φ14	φ14	3.280
						φ16	φ10	2.912
						φ16	φ12	3.321
						φ16	φ14	3.803
						φ16	φ16	4.360
23	550	（250）	8φ14	1231.5	0.518	φ6.5	φ6.5	0.447
			8φ16	1608.5	0.677	φ8	φ6	0.567
			8φ18	2035.8	0.857	φ8	φ6.5	0.593
			8φ20	2513.3	1.058	φ8	φ8	0.684
			8φ22	3041.1	1.280	φ10	φ8	0.933
			8φ25	3927.0	1.653	φ10	φ10	1.086
			8φ28	4926.0	2.073	φ12	φ10	1.397
			8φ32	6434.0	2.708	φ12	φ12	1.587
			8φ36	8143.0	3.427	φ14	φ10	1.772
			8φ40	10053	4.231	φ14	φ12	1.965
						φ14	φ14	2.194
						φ16	φ10	2.213
						φ16	φ12	2.410
						φ16	φ14	2.642
						φ16	φ16	2.910
24	550	（170）	8φ14	1231.5	0.518	φ6	φ6	0.505
			8φ16	1608.5	0.677	φ6.5	φ6.5	0.595
			8φ18	2035.8	0.857	φ8	φ6	0.695
			8φ20	2513.3	1.058	φ8	φ6.5	0.743
			8φ22	3041.1	1.280	φ8	φ8	0.911
			8φ25	3927.0	1.653	φ10	φ8	1.163
			8φ28	4926.0	2.073	φ10	φ10	1.446
			8φ32	6434.0	2.708	φ12	φ10	1.763

序号	圆柱直径 D（mm）	截面形式（最大箍筋肢距/mm）	主筋			箍筋@100		
			①	A_s（mm²）	ρ（%）	②	③④	ρ_v（%）
24	550	（170）	$8\phi36$	8143.0	3.427	$\phi12$	$\phi12$	2.114
			$8\phi40$	10053	4.231	$\phi14$	$\phi10$	2.144
						$\phi14$	$\phi12$	2.501
						$\phi14$	$\phi14$	2.923
						$\phi16$	$\phi10$	2.592
						$\phi16$	$\phi12$	2.955
						$\phi16$	$\phi14$	3.384
						$\phi16$	$\phi16$	3.879
25	600	（280）	$10\phi14$	1539.4	0.544	$\phi6$	$\phi6$	0.405
			$10\phi16$	2010.6	0.711	$\phi6.5$	$\phi6.5$	0.476
			$10\phi18$	2544.7	0.900	$\phi8$	$\phi6$	0.575
			$10\phi20$	3141.6	1.111	$\phi8$	$\phi6.5$	0.610
			$10\phi22$	3801.3	1.344	$\phi8$	$\phi8$	0.729
			$10\phi25$	4908.7	1.736	$\phi10$	$\phi8$	0.955
			$10\phi28$	6157.5	2.178	$\phi10$	$\phi10$	1.155
			$10\phi32$	8042.5	2.844	$\phi12$	$\phi10$	1.438
			$10\phi36$	10179	3.600	$\phi12$	$\phi12$	1.687
			$10\phi40$	12566	4.444	$\phi14$	$\phi10$	1.777
						$\phi14$	$\phi12$	2.030
						$\phi14$	$\phi14$	2.329
						$\phi16$	$\phi10$	2.175
						$\phi16$	$\phi12$	2.432
						$\phi16$	$\phi14$	2.735
						$\phi16$	$\phi16$	3.085
26	600	（280）	$12\phi14$	1847.3	0.653	$\phi6.5$	$\phi6.5$	0.463
			$12\phi16$	2412.7	0.853	$\phi8$	$\phi6$	0.564
			$12\phi18$	3053.6	1.080	$\phi8$	$\phi6.5$	0.596
			$12\phi20$	3769.9	1.333	$\phi8$	$\phi8$	0.709
			$12\phi22$	4561.6	1.613	$\phi10$	$\phi8$	0.934
			$12\phi25$	5890.5	2.083	$\phi10$	$\phi10$	1.123
			$12\phi28$	7389.0	2.613	$\phi12$	$\phi10$	1.405
			$12\phi32$	9651.0	3.413	$\phi12$	$\phi12$	1.639
			$12\phi36$	12215	4.320	$\phi14$	$\phi10$	1.744
						$\phi14$	$\phi12$	1.982
						$\phi14$	$\phi14$	2.263

序号	圆柱直径 D（mm）	截面形式（最大箍筋肢距/mm）	主筋			箍筋@100		
			①	A$_s$（mm²）	ρ（%）	②	③④	ρ$_v$（%）
26	600	（280）				φ16	φ10	2.141
						φ16	φ12	2.383
						φ16	φ14	2.668
						φ16	φ16	2.997
27	600	（190）	16φ12	1809.6	0.640	φ6	φ6	0.458
			16φ14	2463.0	0.871	φ6.5	φ6.5	0.539
			16φ16	3217.0	1.138	φ8	φ6	0.630
			16φ18	4071.5	1.440	φ8	φ6.5	0.673
			16φ20	5026.5	1.778	φ8	φ8	0.825
			16φ22	6082.1	2.151	φ10	φ8	1.052
			16φ25	7854.0	2.778	φ10	φ10	1.308
			16φ30	9852.0	3.484	φ12	φ10	1.593
			16φ32	12868	4.551	φ12	φ12	1.910
						φ14	φ10	1.934
						φ14	φ12	2.256
						φ14	φ14	2.636
						φ16	φ10	2.335
						φ16	φ12	2.661
						φ16	φ14	3.047
						φ16	φ16	3.493
28	650	（300）	10φ16	2010.6	0.606	φ6.5	φ6.5	0.436
			10φ18	2544.7	0.767	φ8	φ6	0.526
			10φ20	3141.6	0.947	φ8	φ6.5	0.557
			10φ22	3801.3	1.146	φ8	φ8	0.666
			10φ25	4908.7	1.479	φ10	φ8	0.871
			10φ28	6157.5	1.856	φ10	φ10	1.055
			10φ32	8042.5	2.424	φ12	φ10	1.311
			10φ36	10179	3.067	φ12	φ12	1.538
			10φ40	12566	3.787	φ14	φ10	1.619
						φ14	φ12	1.849
						φ14	φ14	2.121
						φ16	φ10	1.979
						φ16	φ12	2.212
						φ16	φ14	2.488
						φ16	φ16	2.806

序号	圆柱直径 D（mm）	截面形式（最大箍筋肢距/mm）	主筋			箍筋@100		
			①	A A_s （mm²）	ρ（%）	②	③④	ρ_v（%）
29	650	（300）	12φ14	1847.3	0.557	φ6.5	φ6.5	0.424
			12φ16	2412.7	0.727	φ8	φ6	0.515
			12φ18	3053.6	0.920	φ8	φ6.5	0.545
			12φ20	3769.9	1.136	φ8	φ8	0.648
			12φ22	4561.6	1.375	φ10	φ8	0.852
			12φ25	5890.5	1.775	φ10	φ10	1.025
			12φ28	7389.0	2.227	φ12	φ10	1.281
			12φ32	9651.0	2.908	φ12	φ12	1.495
			12φ36	12215	3.681	φ14	φ10	1.588
			12φ40	15080	4.544	φ14	φ12	1.805
						φ14	φ14	2.061
						φ16	φ10	1.948
						φ16	φ12	2.168
						φ16	φ14	2.427
						φ16	φ16	2.726
30	650	（240）	12φ14	1847.3	0.557	φ6	φ6	0.429
			12φ16	2412.7	0.727	φ6.5	φ6.5	0.505
			12φ18	3053.6	0.920	φ8	φ6	0.586
			12φ20	3769.9	1.136	φ8	φ6.5	0.628
			12φ22	4561.6	1.375	φ8	φ8	0.773
			12φ25	5890.5	1.775	φ10	φ8	0.979
			12φ28	7389.0	2.227	φ10	φ10	1.223
			12φ32	9651.0	2.908	φ12	φ10	1.482
			12φ36	12215	3.681	φ12	φ12	1.784
			12φ40	15080	4.544	φ14	φ10	1.792
						φ14	φ12	2.098
						φ14	φ14	2.460
						φ16	φ10	2.155
						φ16	φ12	2.465
						φ16	φ14	2.832
						φ16	φ16	3.255
31	650	（220）	16φ11	1809.6	0.545	φ6	φ6	0.419
			16φ14	2463.0	0.742	φ6.5	φ6.5	0.493
			16φ16	3217.0	0.969	φ8	φ6	0.575
			16φ18	4071.5	1.227	φ8	φ6.5	0.615
			16φ20	5026.5	1.515	φ8	φ8	0.754

序号	圆柱直径 D（mm）	截面形式（最大箍筋肢距/mm）	主筋			箍筋@100		
			①	A_s（mm²）	ρ（%）	②	③④	ρ_v（%）
31	650	（220）	16φ22	6082.1	1.833	φ10	φ8	0.960
			16φ25	7854.0	2.367	φ10	φ10	1.194
			16φ28	9852.0	2.969	φ12	φ10	1.452
			16φ32	12868	3.878	φ12	φ12	1.741
			16φ36	16286	4.908	φ14	φ10	1.762
						φ14	φ12	2.055
						φ14	φ14	2.401
						φ16	φ10	2.124
						φ16	φ12	2.421
						φ16	φ14	2.772
						φ16	φ16	3.177
32	650	（170）	12φ14	1847.3	0.557	φ6	φ6	0.466
			12φ16	2412.7	0.727	φ6.5	φ6.5	0.549
			12φ18	3053.6	0.920	φ8	φ6	0.623
			12φ20	3769.9	1.136	φ8	φ6.5	0.671
			12φ22	4561.6	1.375	φ8	φ8	0.839
			12φ25	5890.5	1.775	φ10	φ8	1.047
			12φ28	7389.0	2.227	φ10	φ10	1.328
			12φ32	9651.0	2.908	φ12	φ10	1.589
			12φ36	12215	3.681	φ12	φ12	1.938
			2φ40	15080	4.544	φ14	φ10	1.900
						φ14	φ12	2.254
						φ14	φ14	2.672
						φ16	φ10	2.264
						φ16	φ12	2.623
						φ16	φ14	3.047
						φ16	φ16	3.536
33	700	（260）	12φ16	2412.7	0.627	φ6.5	φ6.5	0.466
			12φ18	3053.6	0.793	φ8	φ6	0.539
			12φ20	3769.9	0.980	φ8	φ6.5	0.578
			12φ22	4561.6	1.185	φ8	φ8	0.712
			12φ25	5890.5	1.531	φ10	φ8	0.901
			12φ28	7389.0	1.920	φ10	φ10	1.125
			12φ32	9651.0	2.508	φ12	φ10	1.362
			12φ36	12215	3.174	φ12	φ12	1.639
			12φ40	15080	3.918	φ14	φ10	1.645

续表

序号	圆柱直径 D（mm）	截面形式 （最大箍筋肢距/mm）	主筋			箍筋@100		
			①	A_s （mm^2）	ρ（%）	②	③④	ρ_v（%）
33	700	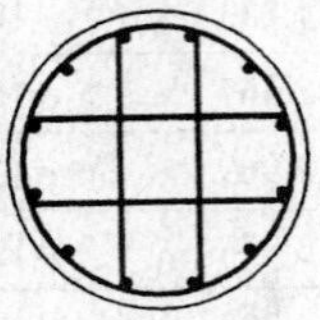 （260）				ϕ14	ϕ12	1.926
						ϕ14	ϕ14	2.258
						ϕ16	ϕ10	1.976
						ϕ16	ϕ12	2.261
						ϕ16	ϕ14	2.597
						ϕ16	ϕ16	2.985
34	700	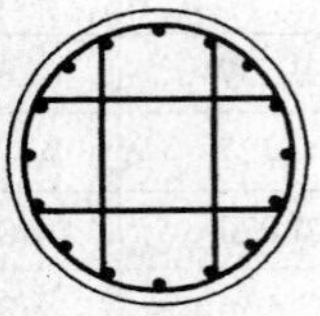 （250）	16ϕ14	2463.0	0.640	ϕ6.5	ϕ6.5	0.454
			16ϕ16	3217.0	0.836	ϕ8	ϕ6	0.530
			16ϕ18	4071.5	1.058	ϕ8	ϕ6.5	0.566
			16ϕ20	5026.5	1.306	ϕ8	ϕ8	0.694
			16ϕ22	6082.1	1.580	ϕ10	ϕ8	0.883
			16ϕ25	7854.0	2.041	ϕ10	ϕ10	1.098
			16ϕ30	9852.0	2.560	ϕ12	ϕ10	1.334
			16ϕ32	12868	3.344	ϕ12	ϕ12	1.600
			16ϕ36	16286	4.232	ϕ14	ϕ10	1.617
						ϕ14	ϕ12	1.886
						ϕ14	ϕ14	2.204
						ϕ16	ϕ10	1.948
						ϕ16	ϕ12	2.220
						ϕ16	ϕ14	2.542
						ϕ16	ϕ16	2.913
35	700	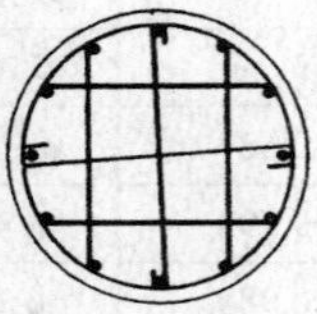 （170）	12ϕ16	2412.7	0.627	ϕ6	ϕ6	0.486
			12ϕ18	3053.6	0.793	ϕ6.5	ϕ6.5	0.572
			12ϕ20	3769.9	0.980	ϕ8	ϕ6	0.631
			12ϕ22	4561.6	1.185	ϕ8	ϕ6.5	0.685
			12ϕ25	5890.5	1.531	ϕ8	ϕ8	0.875
			12ϕ28	7389.0	1.920	ϕ10	ϕ8	1.066
			12ϕ32	9651.0	2.508	ϕ10	ϕ10	1.383
			12ϕ36	12215	3.174	ϕ12	ϕ10	1.623
			12ϕ40	15080	3.918	ϕ12	ϕ12	2.015
						ϕ14	ϕ10	1.910
						ϕ14	ϕ12	2.307
						ϕ14	ϕ14	2.776
						ϕ16	ϕ10	2.244
						ϕ16	ϕ12	2.646
						ϕ16	ϕ14	3.122
						ϕ16	ϕ16	3.670

序号	圆柱直径 D（mm）	截面形式（最大箍筋肢距/mm）	主筋			箍筋@100		
			①	A_s（mm²）	ρ（%）	②	③④	ρ_v（%）
36	750	（260）	$12\phi16$	2412.7	0.546	$\phi6.5$	$\phi6.5$	0.432
			$12\phi18$	3053.6	0.691	$\phi8$	$\phi6$	0.500
			$12\phi20$	3769.9	0.853	$\phi8$	$\phi6.5$	0.535
			$12\phi22$	4561.6	1.033	$\phi8$	$\phi8$	0.659
			$12\phi25$	5890.5	1.333	$\phi10$	$\phi8$	0.834
			$12\phi28$	7389.0	1.673	$\phi10$	$\phi10$	1.041
			$12\phi32$	9651.0	2.185	$\phi12$	$\phi10$	1.260
			$12\phi36$	12215	2.765	$\phi12$	$\phi12$	1.516
			$12\phi40$	15080	3.413	$\phi14$	$\phi10$	1.520
						$\phi14$	$\phi12$	1.780
						$\phi14$	$\phi14$	2.087
						$\phi16$	$\phi10$	1.825
						$\phi16$	$\phi12$	2.088
						$\phi16$	$\phi14$	2.398
						$\phi16$	$\phi16$	2.756
37	750	（180）	$12\phi16$	2412.7	0.546	$\phi6$	$\phi6$	0.451
			$12\phi18$	3053.6	0.691	$\phi6.5$	$\phi6.5$	0.530
			$12\phi20$	3769.9	0.853	$\phi8$	$\phi6$	0.585
			$12\phi22$	4561.6	1.033	$\phi8$	$\phi6.5$	0.635
			$12\phi25$	5890.5	1.333	$\phi8$	$\phi8$	0.810
			$12\phi28$	7389.0	1.673	$\phi10$	$\phi8$	0.987
			$12\phi32$	9651.0	2.185	$\phi10$	$\phi10$	1.280
			$12\phi36$	12215	2.765	$\phi12$	$\phi10$	1.501
			$12\phi40$	15080	3.413	$\phi12$	$\phi12$	1.864
						$\phi14$	$\phi10$	1.765
						$\phi14$	$\phi12$	2.132
						$\phi14$	$\phi14$	2.565
						$\phi16$	$\phi10$	2.072
						$\phi16$	$\phi12$	2.443
						$\phi16$	$\phi14$	2.882
						$\phi16$	$\phi16$	3.389
38	800	（280）	$12\phi18$	3053.6	0.608	$\phi6.5$	$\phi6.5$	0.402
			$12\phi20$	3769.9	0.750	$\phi8$	$\phi6$	0.466
			$12\phi22$	4561.6	0.908	$\phi8$	$\phi6.5$	0.499
			$12\phi25$	5890.5	1.172	$\phi8$	$\phi8$	0.614
			$12\phi28$	7389.0	1.470	$\phi10$	$\phi8$	0.776

序号	圆柱直径 D（mm）	截面形式（最大箍筋肢距/mm）	主筋			箍筋@100		
			①	A_s （mm²）	ρ（%）	②	③④	ρ_v（%）
38	800	（280）	12ϕ32	9651.0	1.920	ϕ10	ϕ10	0.969
			12ϕ36	12215	2.430	ϕ12	ϕ10	1.172
			12ϕ40	15080	3.000	ϕ12	ϕ12	1.410
			12ϕ50	23562	4.688	ϕ14	ϕ10	1.413
						ϕ14	ϕ12	1.654
						ϕ14	ϕ14	1.939
						ϕ16	ϕ10	1.695
						ϕ16	ϕ12	1.939
						ϕ16	ϕ14	2.227
						ϕ16	ϕ16	2.560
39	800	（290）	16ϕ16	3217.0	0.640	ϕ8	ϕ6	0.457
			16ϕ18	4071.5	0.810	ϕ8	ϕ6.5	0.489
			16ϕ20	5026.5	1.000	ϕ8	ϕ8	0.599
			16ϕ22	6082.1	1.210	ϕ10	ϕ8	0.761
			16ϕ25	7854.0	1.563	ϕ10	ϕ10	0.946
			16ϕ28	9852.0	1.960	ϕ12	ϕ10	1.148
			16ϕ32	12868	2.560	ϕ12	ϕ12	1.376
			16ϕ36	16286	3.240	ϕ14	ϕ10	1.389
			16ϕ40	20106	4.000	ϕ14	ϕ12	1.620
						ϕ14	ϕ14	1.893
						ϕ16	ϕ10	1.671
						ϕ16	ϕ12	1.904
						ϕ16	ϕ14	2.180
						ϕ16	ϕ16	2.498
40	800	（190）	12ϕ18	3053.6	0.608	ϕ6	ϕ6	0.420
			12ϕ20	3769.9	0.750	ϕ6.5	ϕ6.5	0.494
			12ϕ22	4561.6	0.908	ϕ8	ϕ6	0.545
			12ϕ25	5890.5	1.172	ϕ8	ϕ6.5	0.592
			12ϕ28	7389.0	1.470	ϕ8	ϕ8	0.755
			12ϕ32	9651.0	1.920	ϕ10	ϕ8	0.918
			12ϕ36	12215	2.430	ϕ10	ϕ10	1.191
			12ϕ40	15080	3.000	ϕ12	ϕ10	1.396
			12ϕ50	23562	4.688	ϕ12	ϕ12	1.734
			12ϕ50	23562	4.688	ϕ14	ϕ10	1.640
						ϕ14	ϕ12	1.981

序号	圆柱直径 D（mm）	截面形式 （最大箍筋肢距/mm）	主筋			箍筋@100		
			①	A_s （mm²）	ρ（%）	②	③④	ρ_v（%）
40	800	（190）				φ14	φ14	2.384
						φ16	φ10	1.925
						φ16	φ12	2.269
						φ16	φ14	2.677
						φ16	φ16	3.147
41	800	（190）	24φ12	2714.3	0.540			
			24φ14	3694.5	0.735			
			24φ16	4825.5	0.960			
			24φ18	6107.3	1.215			
			24φ20	7539.8	1.500	同上		
			24φ22	9123.2	1.815			
			24φ25	11781	2.344			
			24φ28	14778	2.940			
			24φ32	19302	3.840			
			24φ36	24429	4.860			
42	850	（300）	16φ16	3217.0	0.567	φ8	φ6	0.428
			16φ18	4071.5	0.718	φ8	φ6.5	0.458
			16φ20	5026.5	0.886	φ8	φ8	0.561
			16φ22	6082.1	1.072	φ10	φ8	0.712
			16φ25	7854.0	1.384	φ10	φ10	0.885
			16φ28	9852.0	1.736	φ12	φ10	1.073
			16φ32	12868	2.268	φ12	φ12	1.286
			16φ36	16286	2.870	φ14	φ10	1.298
			16φ40	20106	3.543	φ14	φ12	1.513
						φ14	φ14	1.768
						φ16	φ10	1.560
						φ16	φ12	1.778
						φ16	φ14	2.035
						φ16	φ16	2.332
43	850	（200）	24φ14	3694.5	0.651	φ6.5	φ6.5	0.463
			24φ16	4825.5	0.850	φ8	φ6	0.510
			24φ18	6107.3	1.076	φ8	φ6.5	0.554
			24φ20	7539.8	1.329	φ8	φ8	0.706
			24φ22	9123.2	1.608	φ10	φ8	0.859
			24φ25	11781	2.076	φ10	φ10	1.114

序号	圆柱直径 D（mm）	截面形式（最大箍筋肢距/mm）	主筋			箍筋@100		
			①	A_s（mm²）	ρ（%）	②	③④	ρ_v（%）
43	850	（200）	24φ28	14778	2.604	φ12	φ10	1.305
			24φ32	19302	3.402	φ12	φ12	1.620
			24φ36	24429	4.305	φ14	φ10	1.532
						φ14	φ12	1.851
						φ14	φ14	2.227
						φ16	φ10	1.797
						φ16	φ12	2.119
						φ16	φ14	2.499
						φ16	φ16	2.938
44	900	（220）	24φ14	3694.5	0.581	φ6.5	φ6.5	0.435
			24φ16	4825.5	0.759	φ8	φ6	0.479
			24φ18	6107.3	0.960	φ8	φ6.5	0.520
			24φ20	7539.8	1.185	φ8	φ8	0.664
			24φ22	9123.2	1.434	φ10	φ8	0.807
			24φ25	11781	1.852	φ10	φ10	1.047
			24φ28	14778	2.323	φ12	φ10	1.225
			24φ32	19302	3.034	φ12	φ12	1.521
			24φ36	24429	3.840	φ14	φ10	1.438
			24φ40	30159	4.741	φ14	φ12	1.736
						φ14	φ14	2.089
						φ16	φ10	1.685
						φ16	φ12	1.986
						φ16	φ14	2.343
						φ16	φ16	2.754
45	900	（180）	16φ16	3217.0	0.506	φ6	φ6	0.447
			16φ18	4071.5	0.640	φ6.5	φ6.5	0.526
			16φ20	5026.5	0.790	φ8	φ6	0.557
			16φ22	6082.1	0.956	φ8	φ6.5	0.611
			16φ25	7854.0	1.235	φ8	φ8	0.802
			16φ28	9852.0	1.549	φ10	φ8	0.946
			16φ32	12868	2.023	φ10	φ10	1.264
			16φ36	16286	2.560	φ12	φ10	1.445
			16φ40	20106	3.160	φ12	φ12	1.837
			16φ50	31416	4.938	φ14	φ10	1.659
						φ14	φ12	2.056

序号	圆柱直径 D（mm）	截面形式（最大箍筋肢距/mm）	主筋			箍筋@100		
			①	A_s（mm²）	ρ（%）	②	③④	ρ_v（%）
45	900	（180）				$\phi 14$	$\phi 14$	2.524
						$\phi 16$	$\phi 10$	1.909
						$\phi 16$	$\phi 12$	2.309
						$\phi 16$	$\phi 14$	2.782
						$\phi 16$	$\phi 16$	3.327
46	950	（250）	$24\phi 14$	3694.5	0.521	$\phi 6.5$	$\phi 6.5$	0.411
			$24\phi 16$	4825.5	0.681	$\phi 8$	$\phi 6$	0.452
			$24\phi 18$	6107.3	0.862	$\phi 8$	$\phi 6.5$	0.491
			$24\phi 20$	7539.8	1.064	$\phi 8$	$\phi 8$	0.626
			$24\phi 22$	9123.2	1.287	$\phi 10$	$\phi 8$	0.761
			$24\phi 25$	11781	1.662	$\phi 10$	$\phi 10$	0.987
			$24\phi 28$	14778	2.085	$\phi 12$	$\phi 10$	1.154
			$24\phi 32$	19302	2.723	$\phi 12$	$\phi 12$	1.433
			$24\phi 36$	24429	3.446	$\phi 14$	$\phi 10$	1.354
			$24\phi 40$	30159	4.255	$\phi 14$	$\phi 12$	1.635
						$\phi 14$	$\phi 14$	1.968
						$\phi 16$	$\phi 10$	1.586
						$\phi 16$	$\phi 12$	1.870
						$\phi 16$	$\phi 14$	2.205
						$\phi 16$	$\phi 16$	2.592
47	950	（200）	$16\phi 16$	3217.0	0.454	$\phi 6$	$\phi 6$	0.422
			$16\phi 18$	4071.5	0.574	$\phi 6.5$	$\phi 6.5$	0.496
			$16\phi 20$	5026.5	0.709	$\phi 8$	$\phi 6$	0.525
			$16\phi 22$	6082.1	0.858	$\phi 8$	$\phi 6.5$	0.577
			$16\phi 25$	7854.0	1.108	$\phi 8$	$\phi 8$	0.756
			$16\phi 28$	9852.0	1.390	$\phi 10$	$\phi 8$	0.892
			$16\phi 32$	12868	1.815	$\phi 10$	$\phi 10$	1.192
			$16\phi 36$	16286	2.298	$\phi 12$	$\phi 10$	1.361
			$16\phi 40$	20106	2.837	$\phi 12$	$\phi 12$	1.731
			$16\phi 50$	31416	4.432	$\phi 14$	$\phi 10$	1.563
						$\phi 14$	$\phi 12$	1.936
						$\phi 14$	$\phi 14$	2.377
						$\phi 16$	$\phi 10$	1.797
						$\phi 16$	$\phi 12$	2.173
						$\phi 16$	$\phi 14$	2.618
						$\phi 16$	$\phi 16$	3.132

序号	圆柱直径 D（mm）	截面形式（最大箍筋肢距/mm）	主筋			箍筋@100		
			①	A_s（mm²）	ρ（%）	②	③④	ρ_v（%）
48	1000	（250）	24φ16	4825.5	0.614	φ8	φ6	0.428
			24φ18	6107.3	0.778	φ8	φ6.5	0.464
			24φ20	7539.8	0.960	φ8	φ8	0.592
			24φ22	9123.2	1.162	φ10	φ8	0.719
			24φ25	11781	1.500	φ10	φ10	0.933
			24φ28	14778	1.882	φ12	φ10	1.091
			24φ32	19302	2.458	φ12	φ12	1.355
			24φ36	24429	3.110	φ14	φ10	1.279
			24φ40	30159	3.840	φ14	φ12	1.545
						φ14	φ14	1.859
						φ16	φ10	1.498
						φ16	φ12	1.766
						φ16	φ14	2.083
						φ16	φ16	2.448
49	1000	（200）	16φ18	4071.5	0.518	φ6.5	φ6.5	0.469
			16φ20	5026.5	0.640	φ8	φ6	0.497
			16φ22	6082.1	0.774	φ8	φ6.5	0.546
			16φ25	7854.0	1.000	φ8	φ8	0.715
			16φ28	9852.0	1.254	φ10	φ8	0.844
			16φ32	12868	1.638	φ10	φ10	1.127
			16φ36	16286	2.074	φ12	φ10	1.287
			16φ40	20106	2.560	φ12	φ12	1.636
			16φ50	31416	4.000	φ14	φ10	1.477
						φ14	φ12	1.829
						φ14	φ14	2.246
						φ16	φ10	1.697
						φ16	φ12	2.053
						φ16	φ14	2.473
						φ16	φ16	2.958
50	1000	（200）	32φ14	4926.0	0.627	同上		
			32φ16	6434.0	0.819			
			32φ18	8143.0	1.037			
			32φ20	10053	1.280			
			32φ22	12164	1.549			
			32φ25	15708	2.000			
			32φ28	19704	2.509			
			32φ32	25736	3.277			
			32φ36	32572	4.147			

序号	圆柱直径 D（mm）	截面形式（最大箍筋肢距/mm）	主筋			箍筋@100		
			①	A_s（mm²）	ρ（%）	②	③④	ρ_v（%）
51	1050	（260）	24ϕ16	4825.5	0.557	ϕ8	ϕ6	0.406
			24ϕ18	6107.3	0.705	ϕ8	ϕ6.5	0.441
			24ϕ20	7539.8	0.871	ϕ8	ϕ8	0.562
			24ϕ22	9123.2	1.054	ϕ10	ϕ8	0.683
			24ϕ25	11781	1.361	ϕ10	ϕ10	0.885
			24ϕ28	14778	1.707	ϕ12	ϕ10	1.035
			24ϕ32	19302	2.229	ϕ12	ϕ12	1.285
			24ϕ36	24429	2.821	ϕ14	ϕ10	1.213
			24ϕ40	30159	3.483	ϕ14	ϕ12	1.465
						ϕ14	ϕ14	1.762
						ϕ16	ϕ10	1.420
						ϕ16	ϕ12	1.673
						ϕ16	ϕ14	1.973
						ϕ16	ϕ16	2.320
52	1050	（200）	28ϕ16	5629.7	0.650	ϕ6.5	ϕ6.5	0.436
			28ϕ18	7125.1	0.823	ϕ8	ϕ6	0.463
			28ϕ20	8796.5	1.016	ϕ8	ϕ6.5	0.508
			28ϕ22	10644	1.229	ϕ8	ϕ8	0.664
			28ϕ25	13744	1.587	ϕ10	ϕ8	0.786
			28ϕ28	17241	1.991	ϕ10	ϕ10	1.046
			28ϕ32	22519	2.601	ϕ12	ϕ10	1.197
			28ϕ36	28501	3.291	ϕ12	ϕ12	1.518
			28ϕ40	35186	4.063	ϕ14	ϕ10	1.376
						ϕ14	ϕ12	1.700
						ϕ14	ϕ14	2.083
						ϕ16	ϕ10	1.585
						ϕ16	ϕ12	1.911
						ϕ16	ϕ14	2.297
						ϕ16	ϕ16	2.742
53	1050	（180）	16ϕ20	5026.5	0.580	ϕ6	ϕ6	0.426
			16ϕ22	6082.1	0.702	ϕ6.5	ϕ6.5	0.500
			16ϕ25	7854.0	0.907	ϕ8	ϕ6	0.518
			16ϕ28	9852.0	1.138	ϕ8	ϕ6.5	0.573
			16ϕ32	12868	1.486	ϕ8	ϕ8	0.762
			16ϕ36	16286	1.881	ϕ10	ϕ8	0.884
			16ϕ40	20106	2.322	ϕ10	ϕ10	1.201
			16ϕ50	31416	3.628	ϕ12	ϕ10	1.353

序号	圆柱直径 D（mm）	截面形式 （最大箍筋肢距/mm）	主筋			箍筋@100		
			①	A_s （mm²）	ρ（%）	②	③④	ρ_v（%）
53	1050	（180）				$\phi12$	$\phi12$	1.742
						$\phi14$	$\phi10$	1.533
						$\phi14$	$\phi12$	1.926
						$\phi14$	$\phi14$	2.390
						$\phi16$	$\phi10$	1.743
						$\phi16$	$\phi12$	2.139
						$\phi16$	$\phi14$	2.607
						$\phi16$	$\phi16$	3.147
54	1050	（180）	32ϕ14	4926.0	0.569			
			32ϕ16	6434.0	0.743			
			32ϕ18	8143.0	0.940			
			32ϕ20	10053	1.161			
			32ϕ22	12164	1.405	同上		
			32ϕ25	15708	1.814			
			32ϕ28	19704	2.276			
			32ϕ32	25736	2.972			
			32ϕ36	32572	3.762			
			32ϕ40	40212	4.644			
55	1100	（270）	24ϕ16	4825.5	0.508	$\phi8$	$\phi6.5$	0.419
			24ϕ18	6107.3	0.643	$\phi8$	$\phi8$	0.535
			24ϕ20	7539.8	0.793	$\phi10$	$\phi8$	0.649
			24ϕ22	9123.2	0.960	$\phi10$	$\phi10$	0.842
			24ϕ25	11781	1.240	$\phi12$	$\phi10$	0.984
			24ϕ28	14778	1.555	$\phi12$	$\phi12$	1.221
			24ϕ32	19302	2.031	$\phi14$	$\phi10$	1.153
			24ϕ36	24429	2.571	$\phi14$	$\phi12$	1.392
			24ϕ40	30159	3.174	$\phi14$	$\phi14$	1.675
			24ϕ50	47124	4.959	$\phi16$	$\phi10$	1.349
						$\phi16$	$\phi12$	1.590
						$\phi16$	$\phi14$	1.875
						$\phi16$	$\phi16$	2.204
56	1100	（230）	28ϕ16	5629.7	0.592	$\phi6.5$	$\phi6.5$	0.415
			28ϕ18	7125.1	0.750	$\phi8$	$\phi6$	0.441
			28ϕ20	8796.5	0.926	$\phi8$	$\phi6.5$	0.484
			28ϕ22	10644	1.120	$\phi8$	$\phi8$	0.632
			28ϕ25	13744	1.446	$\phi10$	$\phi8$	0.747
			28ϕ28	17241	1.814	$\phi10$	$\phi10$	0.995

序号	圆柱直径 D（mm）	截面形式（最大箍筋肢距/mm）	主筋 ①	As（mm²）	ρ（%）	箍筋@100 ②	③④	ρ_v（%）
56	1100	（230）	28φ32	22519	2.370	φ12	φ10	1.138
			28φ36	28501	2.999	φ12	φ12	1.444
			28φ40	35186	3.702	φ14	φ10	1.308
						φ14	φ12	1.616
						φ14	φ14	1.980
						φ16	φ10	1.505
						φ16	φ12	1.816
						φ16	φ14	2.182
						φ16	φ16	2.605
57	1100	（190）	32φ14	4926.0	0.518	φ6	φ6	0.405
			32φ16	6434.0	0.677	φ6.5	φ6.5	0.476
			32φ18	8143.0	0.857	φ8	φ6	0.493
			32φ20	10053	1.058	φ8	φ6.5	0.545
			32φ22	12164	1.280	φ8	φ8	0.725
			32φ25	15708	1.653	φ10	φ8	0.841
			32φ28	19704	2.073	φ10	φ10	1.142
			32φ32	25736	2.708	φ12	φ10	1.286
			32φ36	32572	3.427	φ12	φ12	1.656
			32φ40	40212	4.231	φ14	φ10	1.457
						φ14	φ12	1.830
						φ14	φ14	2.272
						φ16	φ10	1.656
						φ16	φ12	2.032
						φ16	φ14	2.476
						φ16	φ16	2.989
58	1150	（290）	24φ18	6107.3	0.588	φ8	φ6.5	0.400
			24φ20	7539.8	0.726	φ8	φ8	0.510
			24φ22	9123.2	0.878	φ10	φ8	0.619
			24φ25	11781	1.134	φ10	φ10	0.803
			24φ28	14778	1.423	φ12	φ10	0.938
			24φ32	19302	1.858	φ12	φ12	1.164
			24φ36	24429	2.352	φ14	φ10	1.098
			24φ40	30159	2.904	φ14	φ12	1.326
			24φ50	47124	4.537	φ14	φ14	1.596
						φ16	φ10	1.285
						φ16	φ12	1.514
						φ16	φ14	1.786
						φ16	φ16	2.099

序号	圆柱直径 D（mm）	截面形式（最大箍筋肢距/mm）	主筋			箍筋@100		
			①	A_s（mm²）	ρ（%）	②	③④	ρ_v（%）
59	1150	（220）	28ϕ16	5629.7	0.542	ϕ8	ϕ6	0.420
			28ϕ18	7125.1	0.686	ϕ8	ϕ6.5	0.461
			28ϕ20	8796.5	0.847	ϕ8	ϕ8	0.603
			28ϕ22	10644	1.025	ϕ10	ϕ8	0.712
			28ϕ25	13744	1.323	ϕ10	ϕ10	0.949
			28ϕ28	17241	1.660	ϕ12	ϕ10	1.085
			28ϕ32	22519	2.168	ϕ12	ϕ12	1.376
			28ϕ36	28501	2.744	ϕ14	ϕ10	1.246
			28ϕ40	35186	3.388	ϕ14	ϕ12	1.540
						ϕ14	ϕ14	1.886
						ϕ16	ϕ10	1.434
						ϕ16	ϕ12	1.729
						ϕ16	ϕ14	2.078
						ϕ16	ϕ16	2.481
60	1150	（180）	32ϕ16	6434.0	0.619	ϕ6.5	ϕ6.5	0.454
			32ϕ18	8143.0	0.784	ϕ8	ϕ6	0.470
			32ϕ20	10053	0.968	ϕ8	ϕ6.5	0.520
			32ϕ22	12164	1.171	ϕ8	ϕ8	0.692
			32ϕ25	15708	1.512	ϕ10	ϕ8	0.802
			32ϕ28	19704	1.897	ϕ10	ϕ10	1.089
			32ϕ32	25736	2.478	ϕ12	ϕ10	1.226
			32ϕ36	32572	3.136	ϕ12	ϕ12	1.579
			32ϕ40	40212	3.871	ϕ14	ϕ10	1.388
						ϕ14	ϕ12	1.744
						ϕ14	ϕ14	2.164
						ϕ16	ϕ10	1.577
						ϕ16	ϕ12	1.935
						ϕ16	ϕ14	2.358
						ϕ16	ϕ16	2.847
61	1200	（300）	24ϕ18	6107.3	0.540	ϕ8	ϕ8	0.488
			24ϕ20	7539.8	0.667	ϕ10	ϕ8	0.591
			24ϕ22	9123.2	0.807	ϕ10	ϕ10	0.767
			24ϕ25	11781	1.042	ϕ12	ϕ10	0.896
			24ϕ28	14778	1.307	ϕ12	ϕ12	1.112
			24ϕ32	19302	1.707	ϕ14	ϕ10	1.049
			24ϕ36	24429	2.160	ϕ14	ϕ12	1.266

序号	圆柱直径 D（mm）	截面形式（最大箍筋肢距/mm）	主筋			箍筋@100		
			①	A_s（mm²）	ρ（%）	②	③④	ρ_v（%）
61	1200	（300）	24φ40	30159	2.667	φ14	φ14	1.524
			24φ50	47124	4.167	φ16	φ10	1.226
						φ16	φ12	1.445
						φ16	φ14	1.705
						φ16	φ16	2.003
62	1200	（230）	28φ18	7125.1	0.630	φ8	φ6.5	0.428
			28φ20	8796.5	0.778	φ8	φ8	0.557
			28φ22	10644	0.941	φ10	φ8	0.661
			28φ25	13744	1.215	φ10	φ10	0.877
			28φ28	17241	1.524	φ12	φ10	1.006
			28φ32	22519	1.991	φ12	φ12	1.271
			28φ36	28501	2.520	φ14	φ10	1.160
			28φ40	35186	3.111	φ14	φ12	1.426
			28φ50	54978	4.861	φ14	φ14	1.741
						φ16	φ10	1.338
						φ16	φ12	1.607
						φ16	φ14	1.924
						φ16	φ16	2.290
63	1200	（200）	32φ16	6434.0	0.569	φ6.5	φ6.5	0.441
			32φ18	8143.0	0.720	φ8	φ6	0.455
			32φ20	10053	0.889	φ8	φ6.5	0.503
			32φ22	12164	1.076	φ8	φ8	0.671
			32φ25	15708	1.389	φ10	φ8	0.776
			32φ28	19704	1.742	φ10	φ10	1.055
			32φ30	25736	2.276	φ12	φ10	1.186
			32φ32	32572	2.880	φ12	φ12	1.530
			32φ36	40212	3.556	φ14	φ10	1.341
			32φ40	62832	5.556	φ14	φ12	1.687
						φ14	φ14	2.096
						φ16	φ10	1.521
						φ16	φ12	1.869
						φ16	φ14	2.281
						φ16	φ16	2.757

十三、异形柱及剪力墙边缘构件配筋表

（一）编制说明及例题

1. 表中纵向受力钢筋（对异形柱而言）按一种直径（截面图形中以实心圆点"·"表示）、全部纵向受力钢筋的配筋率 $\rho = 0.4\% \sim 4.0\%$、纵向构造纵筋均为 $\phi 12$（对异形柱而言）（截面图形中以空心圆点"○"表示）、纵向钢筋净间距 ≥ 50mm、加密区箍筋间距均按 @100、加密区的箍筋配箍率按 $\rho_v = 0.40\% \sim 4.0\%$ 编制。表中①号钢筋为纵向受力钢筋（对异形柱而言），②号箍筋为外箍（大箍），③号箍筋为拉筋。表中 ϕ 仅代表钢筋直径而不代表钢筋种类。表中①号钢筋直径在 14～25mm（见《混凝土异形柱结构技术规程》JGJ 149—2006 第 6.2.3 条 1 款）且配筋率 $\rho \geq 0.8\%$（角柱用 335 级钢筋时需 $\rho \geq 0.9\%$）时可用于 L 形异形柱（全部纵向受力钢筋为 8 根）及一字形异形柱（全部纵向受力钢筋为 4 根）、配筋率 $\rho \geq 1.0\%$ 时可用于 T 形异形柱（全部纵向受力钢筋为 10 根）、配筋率 $\rho \geq 1.2\%$ 时可用于十字形异形柱（全部纵向受力钢筋为 12 根），各肢端纵向受力钢筋均为 2 根。异形柱的**最小配筋率**及加密区的最小配箍率见本书表 6.12 及表 6.25、表 6.26。表中"计入 $\phi 12$ 构造纵筋的配筋率"即为"纵向受力钢筋"与"$\phi 12$ 纵向构造纵筋"之和的配筋率，仅可用于剪力墙边缘构件，剪力墙边缘构件的最小配筋率及最小配箍率见本书表 6.14～表 6.18。

2. 计算配箍率时，重叠部分的箍筋体积不予计入，核心区面积 A_{cor} 按《混凝土结构设计规范》GB 50010—2010 第 11.4.17 条 1 款及 6.6.3 条取"从箍筋内边缘算起的箍筋包裹范围内的混凝土核心面积"。

3. 当箍筋间距 $L_K \neq 100$ 时，则 $\rho_v = 100\rho_{vi}/L_K$。

4. 柱非加密区箍筋间距可取 @200。

5. 使用本表时，应由混凝土强度等级、抗震等级、轴压比、箍筋加密区的体积配箍率、箍筋肢距、纵向钢筋计算配筋量、计算箍筋面积等要求选定截面形式，笔者建议：所有异形柱及剪力墙边缘构件的纵向钢筋间距不宜大于 200mm（对防裂亦有好处）。

6. 《混凝土异形柱结构技术规程》JGJ 149—2006 关于异形柱截面与配筋的规定：异形柱截面的肢厚不应小于 200mm，肢高不应小于 500mm（6.1.4 条）；截面各肢的肢高肢厚之比不大于 4（2.2.1 条）；在同一截面内，纵向受力钢筋宜采用相同直径，其直径不应小于 14mm，且不应大于 25mm，内折角处应设置纵向受力钢筋，纵向钢筋间距：二、三级抗震等级不宜大于 200mm，四级不宜大于 250mm，非抗震设计不宜大于 300mm，当纵向受力钢筋的间距不能满足上述要求时应设置纵向构造钢筋，其直径不应小于 12mm，并应设置拉筋，拉筋间距应与箍筋间距相同（6.2.3 条）；**异形柱柱肢各肢端纵向受力钢筋的配筋率不应小于按异形柱全截面面积计算的 0.2%（6.2.5 条）**；异形柱全部纵向受力钢筋的配筋率，非抗震设计时不应大于 4%，抗震设计时不应大于 3%（6.2.6 条）；对抗震等级为二、三、四级的框架柱，箍筋加密区的箍筋体积配箍率分别不应小于 0.8%、0.6%、

0.5%，当剪跨比 $\lambda \leqslant 2$ 时，二、三级抗震等级的柱，箍筋加密区的箍筋体积配箍率不应小于 1.2%（6.2.9 条）；异形柱箍筋加密区的箍筋的肢距：二、三级抗震等级不宜大于 200mm，四级抗震等级不宜大于 250mm，此外，每隔一根纵向钢筋宜在两个方向均有箍筋或拉筋约束（6.2.11 条）；异形柱箍筋加密的范围应按下列规定采用：柱端取截面长边尺寸、柱净高的 1/6 和 500mm 三者中的最大值，底层柱根不小于柱净高的 1/3，当有刚性地面时，除柱端外尚应取刚性地面上、下各 500mm，剪跨比不大于 2 的柱以及因设置填充墙等形成的柱净高与柱肢截面高度之比不大于 4 的柱取全高，二、三级抗震等级的角柱取全高（6.2.12 条）。

7. 例题：

1）［例 1］ 二级抗震等级的 L 形异形柱，混凝土强度等级 C45，柱肢厚度 200mm，柱肢长度两向均为 600mm，柱轴压比 0.48，计算纵向受力钢筋面积 29cm²，计算纵向构造纵筋（有些计算软件称为"分布钢筋"）面积 4.2cm²，用 HPB300 箍筋，计算箍筋面积 1.4cm²（箍筋间距@100），试选用截面形式。

［解］ 查本书表 6.25，用插值法得 $\rho_v = 1.000 + 0.03（1.200 - 1.000）/（0.50 - 0.45）=$ 1.12%，选用本书表 13.1 序号 9 截面，纵向受力钢筋 $8\phi22$，$A_s = 3041.1mm² = 30.41cm² >$ 计算 29cm²，$\rho = 1.521\% > 0.8\%$ 或 0.9%（角柱），纵向构造纵筋 $4\phi12 = 4.52cm² >$ 计算 4.2cm²，箍筋：外箍 $\phi10$、拉筋 $\phi8$，$\rho_v = 1.650\% > 1.12\%$，箍筋面积 $2\phi10 = 1.57 cm² >$ 计算 1.4cm²，最大箍筋肢距 200mm，纵向钢筋间距 200mm，符合要求。

2）［例 2］ 三级抗震等级的 T 形异形柱，混凝土强度等级 C35，柱肢厚度 200mm，柱肢长度 X 向 500mm、Y 向总长度 800mm，柱轴压比 0.66，计算纵向受力钢筋面积 24cm²，计算纵向构造纵筋（有些计算软件称为"分布钢筋"）面积 4.4cm²，用 HPB300 箍筋，计算箍筋面积 1.3cm²（箍筋间距@100），试选用截面形式。

［解］ 查本书表 6.25，用插值法得 $\rho_v = 1.203 + 0.01（1.330 - 1.203）/（0.70 - 0.65）$ = 1.2284%，选用本书表 13.2 序号 365 截面，纵向受力钢筋 $10\phi18$，$A_s = 25.45 cm² >$ 计算 24cm²，$\rho = 1.157\% > 1.0\%$，纵向构造纵筋 $4\phi12 = 4.52cm² >$ 计算 4.4cm²，箍筋：外箍 $\phi10$、拉筋 $\phi8$，$\rho_v = 1.686\% > 1.2284\%$，箍筋面积 $2\phi10 = 1.57cm² >$ 计算 1.3cm²，箍筋肢距 200mm，纵向钢筋间距 200mm，符合要求。

3）［例 3］ 四级抗震等级的十字形异形柱，柱肢厚度 250mm，混凝土强度等级 C30，柱肢长度 X 向 650mm、Y 向长度 850mm，柱轴压比 0.77，计算纵向受力钢筋面积 27cm²，计算纵向构造纵筋（有些计算软件称为"分布钢筋"）面积 4.0cm²，用 HRB400 箍筋，计算箍筋面积 0.9cm²（箍筋间距@100），试选用截面形式。

［解］ 查本书表 6.27，用插值法得 $\rho_v = 0.785 + 0.02（0.872 - 0.785）/（0.80 - 0.75）$ = 0.8198%，选用本书表 13.3 序号 663 截面，纵向受力钢筋 $12\phi20$，$A_s = 37.699cm² >$ 计算 27cm²，$\rho = 1.206\% > 1.2\%$，纵向构造纵筋 $4\phi12 = 4.52cm² >$ 计算 4.0cm²，箍筋：外箍 $\phi8$、拉筋 $\phi8$，$\rho_v = 0.890\% > 0.8196\%$，箍筋面积 $2\phi8 = 1.01cm² >$ 计算 0.9cm²，最大箍筋肢距 200mm，最大纵向钢筋间距 200mm，符合要求。

4）［例 4］ 三级抗震等级的一字形异形柱，柱肢厚度 250mm，混凝土强度等级 C30，柱肢长度 800mm，柱轴压比 0.45，计算纵向受力钢筋面积 9cm²（单侧），用 HPB300 箍筋，计算箍筋面积 1.0cm²（箍筋间距@100），试选用截面形式。

[解]　由于异形规范没有一字形异形柱的 λ_v 值，L 形异形柱的 λ_v 值最大，故查本书表 6.25 的 L 形异形柱，得 $\rho_v = 0.698\%$，选用本书表 13.4 序号 715 截面，纵向受力钢筋 $4\phi25$，$\rho = 0.982\% > 0.8\%$，单侧纵向受力钢筋 $2\phi25$，$A_s = 9.82\text{cm}^2 >$ 计算 9cm^2，$\rho = 0.982\% \div 2 = 0.491\% > 0.2\%$，箍筋：外箍 $\phi8$、拉筋 $\phi8$，$\rho_v = 0.895\% > 0.698\%$，箍筋面积 $2\phi8 = 1.01\text{cm}^2 >$ 计算 1.0cm^2，最大箍筋肢距 200mm，最大纵向钢筋间距 200mm，符合要求。

5）[例 5]　二级抗震等级的剪力墙厚度 200，混凝土强度等级 C40，约束边缘构件为 L 形，X 向总长度 700mm、Y 向总长度 800mm，轴压比 0.42，用 HPB300 箍筋，计算肢端纵向受力钢筋 8cm^2，计算剪力墙水平钢筋 2.6cm^2（用 HPB300 钢筋，水平筋间距@200），试选用截面形式。

[解]　查本书表 6.16，得 $\rho_v = 1.415\%$，选用本书表 13.1 序号 126 截面，纵向受力钢筋 $8\phi25$，$A_s = 3927\text{mm}^2 = 39.27\text{cm}^2$，$\rho = 1.454\%$（计入纵向构造纵筋 $8\phi12$ 的 $\rho = 1.858\%$）$> 1.0\%$（二级抗震等级最小配筋率，见本书表 6.14），肢端纵向受力钢筋 $2\phi25 = 9.81\text{cm}^2 >$ 计算 8cm^2，箍筋：外箍 $\phi10$、拉筋 $\phi8$，$\rho_v = 1.615\% > 1.415\%$，箍筋面积 $2\phi10 = 1.57\text{cm}^2 >$ 计算剪力墙水平钢筋 $2.6/2 = 1.3\text{cm}^2$，箍筋间距@100$<$150mm（见本书表 6.15 说明 3），最大箍筋肢距 200mm，最大纵向钢筋间距 200mm，符合要求。

6）[例 6]　三级抗震等级的剪力墙厚度 250，混凝土强度等级 C35，约束造边缘构件为 T 形，X 向总长度 850mm、Y 向总长度 650mm，轴压比 0.5，用 HPB300 箍筋，计算肢端纵向受力钢筋 6cm^2，计算剪力墙水平钢筋 2.4cm^2（用 HPB300 钢筋，水平筋间距@200），试选用截面形式。

[解]　查本书表 6.16，得 $\rho v = 1.235\%$，选用本书表 13.3 序号 550 截面，纵向受力钢筋 $10\phi20$，$A_s = 3141.6\text{mm}^2 = 31.416\text{cm}^2$，$\rho = 1.005\%$（计入纵向构造纵筋 $6\phi12$ 的 $\rho = 1.222\%$）$> 1.0\%$（三级抗震等级最小配筋率，见本书表 6.14），肢端纵向受力钢筋 $2\phi20 = 6.28\text{cm}^2 >$ 计算 6cm^2，箍筋：外箍 $\phi12$、拉筋 $\phi10$，$\rho_v = 1.680\% > 1.235\%$，箍筋面积 $2\phi12 = 2.26\text{cm}^2 >$ 计算剪力墙水平钢筋 $2.4/2 = 1.2\text{cm}^2$，箍筋间距@100$<$150 mm（见本书表 6.15 说明 3），最大箍筋肢距 200mm，最大纵向钢筋间距 200mm，符合要求。

（二）异形柱（剪力墙边缘构件）配筋表

L 形异形柱（剪力墙边缘构件）配筋表　　　　表 13.1

序号	截面形式（最大箍筋肢距、纵筋间距/mm）	纵向受力钢筋			计入 $\phi12$ 构造纵筋的配筋率 ρ_1（%）	箍筋@100		
		①	A_s（mm²）	ρ（%）		②	③	ρ_v（%）
1	200 100 （150）	$8\phi12$	904.8	1.131		$\phi6$		0.747
		$8\phi14$	1231.5	1.539		$\phi6.5$		0.885
		$8\phi16$	1608.5	2.011		$\phi8$		1.380
		$8\phi18$	2035.8	2.545		$\phi10$		2.244
		$8\phi20$	2513.3	3.142		$\phi12$		3.366
		$8\phi22$	3041.1	3.801				
2	200 150 （150）	$8\phi12$	904.8	0.905		$\phi6$		0.665
		$8\phi14$	1231.5	1.232		$\phi6.5$		0.788
		$8\phi16$	1608.5	1.608		$\phi8$		1.226
		$8\phi18$	2035.8	2.036		$\phi10$		1.989
		$8\phi20$	2513.3	2.513		$\phi12$		2.975
		$8\phi22$	3041.1	3.041		$\phi14$		4.211
		$8\phi25$	3927.0	3.927				
3	200 200 （200）	$8\phi12$	904.8	0.754		$\phi6$		0.614
		$8\phi14$	1231.5	1.026		$\phi6.5$		0.726
		$8\phi16$	1608.5	1.340		$\phi8$		1.129
		$8\phi18$	2035.8	1.696		$\phi10$		1.828
		$8\phi20$	2513.3	2.094		$\phi12$		2.731
		$8\phi22$	3041.1	2.534		$\phi14$		3.858
		$8\phi25$	3927.0	3.272				
		$4\phi28$	4926.0	4.105				
4	200 250 （250）	$8\phi12$	904.8	0.646		$\phi6$		0.578
		$8\phi14$	1231.5	0.880		$\phi6.5$		0.684
		$8\phi16$	1608.5	1.149		$\phi8$		1.062
		$8\phi18$	2035.8	1.454		$\phi10$		1.718
		$8\phi20$	2513.3	1.795		$\phi12$		2.563
		$8\phi22$	3041.1	2.172		$\phi14$		3.617
		$8\phi25$	3927.0	2.805				
		$4\phi28$	4926.0	3.519				
5	200 250 （150）	同上			0.969	$\phi6$	$\phi6$	0.672
					1.203	$\phi6.5$	$\phi6.5$	0.795
					1.472	$\phi8$	$\phi6$	1.160
					1.777	$\phi8$	$\phi6.5$	1.177
					2.118	$\phi8$	$\phi8$	1.236
					2.495	$\phi10$	$\phi8$	1.898
					3.128	$\phi10$	$\phi10$	1.999
					3.842	$\phi12$	$\phi10$	2.853
						$\phi12$	$\phi12$	2.981
						$\phi14$	$\phi10$	3.918
						$\phi14$	$\phi12$	4.051

序号	截面形式（最大箍筋肢距、纵筋间距/mm）	纵向受力钢筋			计入φ12构造纵筋的配筋率 ρ_1（%）	箍筋@100		
		①	A_s（mm²）	ρ（%）		②	③	ρ_v（%）
6	（300）	8φ12	904.8	0.565		φ6		0.552
		8φ14	1231.5	0.770		φ6.5		0.653
		8φ16	1608.5	1.005		φ8		1.013
		8φ18	2035.8	1.272		φ10		1.638
		8φ20	2513.3	1.571		φ12		2.441
		8φ22	3041.1	1.901		φ14		3.441
		8φ25	3927.0	2.454				
		4φ28	4926.0	3.079				
		8φ32	6434.0	4.021				
7	（150）	同上			0.848	φ6	φ6	0.633
					1.052	φ6.5	φ6.5	0.749
					1.288	φ8	φ6	1.098
					1.555	φ8	φ6.5	1.113
					1.854	φ8	φ8	1.164
					2.183	φ10	φ8	1.793
					2.737	φ10	φ10	1.880
					3.362	φ12	φ10	2.692
					4.304	φ12	φ12	2.802
						φ14	φ10	3.701
						φ14	φ12	3.816
						φ14	φ14	3.951
8	（175）	8φ12	904.8	0.503	0.754	φ6	φ6	0.604
		8φ14	1231.5	0.684	0.935	φ6.5	φ6.5	0.714
		8φ16	1608.5	0.894	1.145	φ8	φ6	1.051
		8φ18	2035.8	1.131	1.382	φ8	φ6.5	1.063
		8φ20	2513.3	1.396	1.648	φ8	φ8	1.108
		8φ22	3041.1	1.689	1.941	φ10	φ8	1.713
		8φ25	3927.0	2.182	2.433	φ10	φ10	1.790
		4φ28	4926.0	2.737	2.988	φ12	φ10	2.569
		8φ32	6434.0	3.574	3.826	φ12	φ12	2.666
						φ14	φ10	3.537
						φ14	φ12	3.637
						φ14	φ14	3.756
9	（200）	8φ12	904.8	0.452	0.679	φ6	φ6	0.580
		8φ14	1231.5	0.616	0.842	φ6.5	φ6.5	0.687
		8φ16	1608.5	0.804	1.030	φ8	φ6	1.013
		8φ18	2035.8	1.018	1.244	φ8	φ6.5	1.025
		8φ20	2513.3	1.257	1.483	φ8	φ8	1.065
		8φ22	3041.1	1.521	1.747	φ10	φ8	1.650
		8φ25	3927.0	1.963	2.190	φ10	φ10	1.719
		4φ28	4926.0	2.463	2.689	φ12	φ10	2.472
		8φ32	6434.0	3.217	3.443	φ12	φ12	2.559
		8φ36	8143.0	4.072	4.298	φ14	φ10	3.408
						φ14	φ12	3.497
						φ14	φ14	3.604

序号	截面形式（最大箍筋肢距、纵筋间距/mm）	纵向受力钢筋			计入 φ12 构造纵筋的配筋率 ρ₁（%）	箍筋@100		
		①	A_s(mm²)	ρ（%）		②	③	$ρ_v$（%）
10	200 450 / 450 / 200 （225）	8φ12	904.8	0.411	0.617	φ6	φ6	0.561
		8φ14	1231.5	0.560	0.765	φ6.5	φ6.5	0.664
		8φ16	1608.5	0.731	0.937	φ8	φ6	0.983
		8φ18	2035.8	0.925	1.131	φ8	φ6.5	0.993
		8φ20	2513.3	1.142	1.348	φ8	φ8	1.030
		8φ22	3041.1	1.382	1.588	φ10	φ8	1.599
		8φ25	3927.0	1.785	1.991	φ10	φ10	1.661
		4φ28	4926.0	2.239	2.445	φ12	φ10	2.394
		8φ32	6434.0	2.925	3.130	φ12	φ12	2.472
		8φ36	8143.0	3.701	3.907	φ14	φ10	3.303
						φ14	φ12	3.385
						φ14	φ14	3.481
11	200 450 / 450 / 200 （150）	同上			0.823	φ6	φ6	0.620
					0.971	φ6.5	φ6.5	0.733
					1.142	φ8	φ6	1.043
					1.337	φ8	φ6.5	1.064
					1.554	φ8	φ8	1.137
					1.794	φ10	φ8	1.710
					2.196	φ10	φ10	1.834
					2.650	φ12	φ10	2.572
					3.336	φ12	φ12	2.729
					4.113	φ14	φ10	3.488
						φ14	φ12	3.650
12	200 500 / 500 / 200 （250）	8φ14	1231.5	0.513	0.702	φ6	φ6	0.546
		8φ16	1608.5	0.670	0.859	φ6.5	φ6.5	0.646
		8φ18	2035.8	0.848	1.037	φ8	φ6	0.958
		8φ20	2513.3	1.047	1.236	φ8	φ6.5	0.968
		8φ22	3041.1	1.267	1.456	φ8	φ8	1.001
		8φ25	3927.0	1.636	1.825	φ10	φ8	1.557
		4φ28	4926.0	2.053	2.241	φ10	φ10	1.614
		8φ32	6434.0	2.681	2.869	φ12	φ10	2.330
		8φ36	8143.0	3.393	3.581	φ12	φ12	2.401
		8φ40	10053	4.189	4.377	φ14	φ10	3.218
						φ14	φ12	3.292
						φ14	φ14	3.379
						φ16	φ10	4.296

序号	截面形式（最大箍筋肢距、纵筋间距/mm）	纵向受力钢筋			计入φ12构造纵筋的配筋率 ρl（%）	箍筋@100		
		①	As（mm²）	ρ（%）		②	③	ρv（%）
13	（170）同上	同上			0.890	φ6	φ6	0.599
					1.047	φ6.5	φ6.5	0.708
					1.225	φ8	φ6	1.013
					1.424	φ8	φ6.5	1.032
					1.644	φ8	φ8	1.098
					2.013	φ10	φ8	1.658
					2.429	φ10	φ10	1.772
					3.058	φ12	φ10	2.492
					3.770	φ12	φ12	2.635
					4.566	φ14	φ10	3.386
						φ14	φ12	3.534
						φ14	φ14	3.709
14	（275）	8φ14	1231.5	0.474	0.648	φ6	φ6	0.533
		8φ16	1608.5	0.619	0.793	φ6.5	φ6.5	0.630
		8φ18	2035.8	0.783	0.957	φ8	φ6	0.937
		8φ20	2513.3	0.967	1.141	φ8	φ6.5	0.946
		8φ22	3041.1	1.170	1.344	φ8	φ8	0.976
		8φ25	3927.0	1.510	1.684	φ10	φ8	1.522
		4φ28	4926.0	1.895	2.069	φ10	φ10	1.574
		8φ32	6434.0	2.475	2.649	φ12	φ10	2.276
		8φ36	8143.0	3.132	3.306	φ12	φ12	2.341
		8φ40	10053	3.867	4.041	φ14	φ10	3.146
						φ14	φ12	3.214
						φ14	φ14	3.294
15	（185）同上	同上			0.822	φ6	φ6	0.582
					0.967	φ6.5	φ6.5	0.688
					1.131	φ8	φ6	0.988
					1.315	φ8	φ6.5	1.005
					1.518	φ8	φ8	1.066
					1.858	φ10	φ8	1.615
					2.243	φ10	φ10	1.719
					2.823	φ12	φ10	2.425
					3.480	φ12	φ12	2.557
					4.215	φ14	φ10	3.300
						φ14	φ12	3.436
						φ14	φ14	3.597
						φ16	φ10	4.362

序号	截面形式（最大箍筋肢距、纵筋间距/mm）	纵向受力钢筋			计入φ12构造纵筋的配筋率 ρl（%）	箍筋@100		
		①	As(mm²)	ρ（%）		②	③	ρv（%）
16	200 600 600 200 （300）	8φ14	1231.5	0.440	0.601	φ6	φ6	0.522
		8φ16	1608.5	0.574	0.736	φ6.5	φ6.5	0.617
		8φ18	2035.8	0.727	0.889	φ8	φ6	0.919
		8φ20	2513.3	0.898	1.059	φ8	φ6.5	0.928
		8φ22	3041.1	1.086	1.248	φ8	φ8	0.956
		8φ25	3927.0	1.402	1.564	φ10	φ8	1.492
		4φ28	4926.0	1.759	1.921	φ10	φ10	1.541
		8φ32	6434.0	2.298	2.459	φ12	φ10	2.230
		8φ36	8143.0	2.908	3.070	φ12	φ12	2.291
		8φ40	10053	3.590	3.752	φ14	φ10	3.085
						φ14	φ12	3.148
						φ14	φ14	3.222
						φ16	φ10	4.122
17	200 600 600 200 （200）	同上			0.763	φ6	φ6	0.670
					0.898	φ6.5	φ6.5	0.966
					1.050	φ8	φ6	0.982
					1.221	φ8	φ6.5	1.039
					1.409	φ8	φ8	1.578
					1.726	φ10	φ8	1.675
					2.082	φ10	φ10	2.368
					2.621	φ12	φ10	2.490
					3.231	φ12	φ12	3.228
					3.914	φ14	φ10	3.353
						φ14	φ12	3.502
						φ14	φ14	4.270
18	200 100 150 200 （150）	8φ12	904.8	1.005		φ6		0.701
		8φ14	1231.5	1.368		φ6.5		0.830
		8φ16	1608.5	1.787		φ8		1.293
		8φ18	2035.8	2.262		φ10		2.100
		8φ20	2513.3	2.793		φ12		3.145
		8φ22	3041.1	3.379				
		8φ25	3927.0	4.363				
19	200 100 200 200 （200）	8φ12	904.8	0.905		φ6		0.665
		8φ14	1231.5	1.232		φ6.5		0.788
		8φ16	1608.5	1.608		φ8		1.226
		8φ18	2035.8	2.036		φ10		1.989
		8φ20	2513.3	2.513		φ12		2.975
		8φ22	3041.1	3.041				
		8φ25	3927	3.927				

序号	截面形式（最大箍筋肢距、纵筋间距/mm）	纵向受力钢筋			计入φ12构造纵筋的配筋率 ρ₁（%）	箍筋@100		
		①	A_s（mm²）	ρ（%）	ρ_1（%）	②	③	ρ_v（%）
20	200 100 / 250 / 200 （250）	8φ12	904.8	0.823		φ6		0.637
		8φ14	1231.5	1.120		φ6.5		0.754
		8φ16	1608.5	1.462		φ8		1.173
		8φ18	2035.8	1.851		φ10		1.901
		8φ20	2513.3	2.285		φ12		2.840
		8φ22	3041.1	2.765		φ14		4.016
		8φ25	3927.0	3.570				
21	200 100 / 250 / 200 （150）	8φ12	904.8	0.823	1.028	φ6	φ6	0.698
		8φ14	1231.5	1.120	1.325	φ6.5	φ6.5	0.827
		8φ16	1608.5	1.462	1.668	φ8	φ6	1.237
		8φ18	2035.8	1.851	2.056	φ8	φ6.5	1.248
		8φ20	2513.3	2.285	2.490	φ8	φ8	1.286
		8φ22	3041.1	2.765	2.970	φ10	φ8	2.018
		8φ25	3927.0	3.570	3.776	φ10	φ10	2.084
						φ12	φ10	3.031
						φ12	φ12	3.114
						φ14	φ10	4.214
22	200 100 / 300 / 200 （300）	8φ12	904.8	0.754		φ6		0.614
		8φ14	1231.5	1.026		φ6.5		0.726
		8φ16	1608.5	1.340		φ8		1.129
		8φ18	2035.8	1.696		φ10		1.828
		8φ20	2513.3	2.094		φ12		2.731
		8φ22	3041.1	2.534		φ14		3.858
		8φ25	3927.0	3.272				
		8φ28	4926.0	4.105				
23	200 100 / 300 / 200 （150）	同上			0.942	φ6	φ6	0.669
					1.215	φ6.5	φ6.5	0.792
					1.529	φ8	φ6	1.187
					1.885	φ8	φ6.5	1.197
					2.283	φ8	φ8	1.232
					2.723	φ10	φ8	1.935
					3.461	φ10	φ10	1.995
					4.294	φ12	φ10	2.903
						φ12	φ12	2.979
						φ14	φ10	4.037

序号	截面形式（最大箍筋肢距、纵筋间距/mm）	纵向受力钢筋			计入 $\phi 12$ 构造纵筋的配筋率 ρ_1（%）	箍筋@100		
		①	A_s（mm²）	ρ（%）		②	③	ρ_v（%）
24	200 100 / 350 / 200 （175）	$8\phi 12$	904.8	0.696	0.870	$\phi 6$	$\phi 6$	0.645
		$8\phi 14$	1231.5	0.947	1.121	$\phi 6.5$	$\phi 6.5$	0.764
		$8\phi 16$	1608.5	1.237	1.411	$\phi 8$	$\phi 6$	1.146
		$8\phi 18$	2035.8	1.566	1.740	$\phi 8$	$\phi 6.5$	1.155
		$8\phi 20$	2513.3	1.933	2.107	$\phi 8$	$\phi 8$	1.187
		$8\phi 22$	3041.1	2.339	2.513	$\phi 10$	$\phi 8$	1.866
		$8\phi 25$	3927.0	3.021	3.195	$\phi 10$	$\phi 10$	1.921
		$8\phi 28$	4926.0	3.789	3.963	$\phi 12$	$\phi 10$	2.797
						$\phi 12$	$\phi 12$	2.867
						$\phi 14$	$\phi 10$	3.891
						$\phi 14$	$\phi 12$	3.963
						$\phi 14$	$\phi 14$	4.048
25	200 100 / 400 / 200 （200）	$8\phi 12$	904.8	0.646	0.808	$\phi 6$	$\phi 6$	0.625
		$8\phi 14$	1231.5	0.880	1.041	$\phi 6.5$	$\phi 6.5$	0.740
		$8\phi 16$	1608.5	1.149	1.310	$\phi 8$	$\phi 6$	1.111
		$8\phi 18$	2035.8	1.454	1.616	$\phi 8$	$\phi 6.5$	1.120
		$8\phi 20$	2513.3	1.795	1.957	$\phi 8$	$\phi 8$	1.149
		$8\phi 22$	3041.1	2.172	2.334	$\phi 10$	$\phi 8$	1.808
		$8\phi 25$	3927.0	2.805	2.967	$\phi 10$	$\phi 10$	1.858
		$8\phi 28$	4926.0	3.519	3.680	$\phi 12$	$\phi 10$	2.708
		$8\phi 32$	6434.0	4.596	4.757	$\phi 12$	$\phi 12$	2.772
						$\phi 14$	$\phi 10$	3.767
						$\phi 14$	$\phi 12$	3.834
						$\phi 14$	$\phi 14$	3.912
26	200 100 / 450 / 200 （225）	$8\phi 12$	904.8	0.603	0.754	$\phi 6$	$\phi 6$	0.608
		$8\phi 14$	1231.5	0.821	0.972	$\phi 6.5$	$\phi 6.5$	0.719
		$8\phi 16$	1608.5	1.072	1.223	$\phi 8$	$\phi 6$	1.081
		$8\phi 18$	2035.8	1.357	1.508	$\phi 8$	$\phi 6.5$	1.089
		$8\phi 20$	2513.3	1.676	1.826	$\phi 8$	$\phi 8$	1.117
		$8\phi 22$	3041.1	2.027	2.178	$\phi 10$	$\phi 8$	1.758
		$8\phi 25$	3927.0	2.618	2.769	$\phi 10$	$\phi 10$	1.805
		$8\phi 28$	4926.0	3.284	3.435	$\phi 12$	$\phi 10$	2.632
		$8\phi 32$	6434.0	4.289	4.440	$\phi 12$	$\phi 12$	2.691
						$\phi 14$	$\phi 10$	3.662
						$\phi 14$	$\phi 12$	3.724
						$\phi 14$	$\phi 14$	3.796

序号	截面形式 （最大箍筋肢距、 纵筋间距/mm）	纵向受力钢筋			计入 $\phi 12$ 构造 纵筋的配筋率 ρ_1（%）	箍筋@100		
		①	A_s（mm²）	ρ（%）		②	③	ρ_v（%）
27	 200 100 450 200 （150）	同上			0.905	$\phi 6$	$\phi 6$	0.651
					1.123	$\phi 6.5$	$\phi 6.5$	0.771
					1.374	$\phi 8$	$\phi 6$	1.127
					1.659	$\phi 8$	$\phi 6.5$	1.142
					1.977	$\phi 8$	$\phi 8$	1.197
					2.329	$\phi 10$	$\phi 8$	1.841
					2.920	$\phi 10$	$\phi 10$	1.935
					3.586	$\phi 12$	$\phi 10$	2.767
					4.591	$\phi 12$	$\phi 12$	2.885
						$\phi 14$	$\phi 10$	3.802
						$\phi 14$	$\phi 12$	3.925
						$\phi 14$	$\phi 14$	4.070
28	 200 100 500 200 （250）	$8\phi 12$	904.8	0.565	0.707	$\phi 6$	$\phi 6$	0.593
		$8\phi 14$	1231.5	0.770	0.911	$\phi 6.5$	$\phi 6.5$	0.701
		$8\phi 16$	1608.5	1.005	1.147	$\phi 8$	$\phi 6$	1.056
		$8\phi 18$	2035.8	1.272	1.414	$\phi 8$	$\phi 6.5$	1.063
		$8\phi 20$	2513.3	1.571	1.712	$\phi 8$	$\phi 8$	1.088
		$8\phi 22$	3041.1	1.901	2.042	$\phi 10$	$\phi 8$	1.715
		$8\phi 25$	3927.0	2.454	2.596	$\phi 10$	$\phi 10$	1.759
		$8\phi 28$	4926.0	3.079	3.220	$\phi 12$	$\phi 10$	2.566
		$8\phi 32$	6434.0	4.021	4.163	$\phi 12$	$\phi 12$	2.621
						$\phi 14$	$\phi 10$	3.571
						$\phi 14$	$\phi 12$	3.629
						$\phi 14$	$\phi 14$	3.696
29	 200 100 500 200 （175）	同上			0.848	$\phi 6$	$\phi 6$	0.633
					1.052	$\phi 6.5$	$\phi 6.5$	0.749
					1.288	$\phi 8$	$\phi 6$	1.098
					1.555	$\phi 8$	$\phi 6.5$	1.113
					1.854	$\phi 8$	$\phi 8$	1.164
					2.183	$\phi 10$	$\phi 8$	1.793
					2.737	$\phi 10$	$\phi 10$	1.880
					3.362	$\phi 12$	$\phi 12$	2.692
					4.304	$\phi 12$	$\phi 10$	2.802
						$\phi 14$	$\phi 10$	3.701
						$\phi 14$	$\phi 12$	3.816
						$\phi 14$	$\phi 14$	3.951

序号	截面形式（最大箍筋肢距、纵筋间距/mm）	纵向受力钢筋			计入φ12构造纵筋的配筋率 ρ₁（%）	箍筋@100		
		①	A_s(mm²)	ρ（%）	ρ_l（%）	②	③	ρ_v（%）
30	（275）	8φ12	904.8	0.532	0.665	φ6	φ6	0.579
		8φ14	1231.5	0.724	0.857	φ6.5	φ6.5	0.685
		8φ16	1608.5	0.946	1.079	φ8	φ6	1.033
		8φ18	2035.8	1.198	1.331	φ8	φ6.5	1.040
		8φ20	2513.3	1.478	1.611	φ8	φ8	1.064
		8φ22	3041.1	1.789	1.922	φ10	φ8	1.678
		8φ25	3927.0	2.310	2.443	φ10	φ10	1.719
		8φ28	4926.0	2.898	3.031	φ12	φ10	2.509
		8φ32	6434.0	3.785	3.918	φ12	φ12	2.560
						φ14	φ10	3.492
						φ14	φ12	3.546
						φ14	φ14	3.609
31	（185）		同上		0.798	φ6	φ6	0.618
					0.991	φ6.5	φ6.5	0.731
					1.212	φ8	φ6	1.073
					1.464	φ8	φ6.5	1.086
					1.745	φ8	φ8	1.134
					2.055	φ10	φ8	1.750
					2.576	φ10	φ10	1.832
					3.164	φ12	φ10	2.626
					4.051	φ12	φ12	2.730
						φ14	φ10	3.614
						φ14	φ12	3.721
						φ14	φ14	3.848
32	（300）	8φ12	904.8	0.503	0.628	φ6	φ6	0.568
		8φ14	1231.5	0.684	0.810	φ6.5	φ6.5	0.672
		8φ16	1608.5	0.894	1.019	φ8	φ6	1.013
		8φ18	2035.8	1.131	1.257	φ8	φ6.5	1.020
		8φ20	2513.3	1.396	1.522	φ8	φ8	1.042
		8φ22	3041.1	1.689	1.815	φ10	φ8	1.645
		8φ25	3927.0	2.182	2.307	φ10	φ10	1.683
		8φ28	4926.0	2.737	2.862	φ12	φ10	2.458
		8φ32	6434.0	3.574	3.700	φ12	φ12	2.507
		8φ36	8143.0	4.524	4.650	φ14	φ10	3.422
						φ14	φ12	3.473
						φ14	φ14	3.532
						φ16	φ10	3.989

序号	截面形式（最大箍筋肢距、纵筋间距/mm）	纵向受力钢筋			计入 φ12 构造纵筋的配筋率 ρ₁（%）	箍筋@100		
		①	A$_s$(mm^2)	ρ（%）		②	③	ρ$_v$（%）
33	200 100 / 600 / 200 （200）	同上			0.754	φ6	φ6	0.604
					0.935	φ6.5	φ6.5	0.714
					1.145	φ8	φ6	1.051
					1.382	φ8	φ6.5	1.063
					1.648	φ8	φ8	1.108
					1.941	φ10	φ8	1.713
					2.433	φ10	φ10	1.790
					2.988	φ12	φ10	2.569
					3.826	φ12	φ12	2.666
					4.775	φ14	φ10	3.537
						φ14	φ12	3.637
						φ14	φ14	3.756
						φ16	φ10	4.107
34	200 150 / 200 200 （200）	8φ12	904.8	0.823		φ6		0.637
		8φ14	1231.5	1.120		φ6.5		0.754
		8φ16	1608.5	1.462		φ8		1.173
		8φ18	2035.8	1.851		φ10		1.901
		8φ20	2513.3	2.285		φ12		2.840
		8φ22	3041.1	2.765		φ14		4.016
		8φ25	3927.0	3.570				
35	200 150 / 250 200 （250）	8φ12	904.8	0.754		φ6		0.614
		8φ14	1231.5	1.026		φ6.5		0.726
		8φ16	1608.5	1.340		φ8		1.129
		8φ18	2035.8	1.696		φ10		1.828
		8φ20	2513.3	2.094		φ12		2.731
		8φ22	3041.1	2.534		φ14		3.858
		8φ25	3927.0	3.272				
		8φ28	4926.0	4.105				
36	200 150 / 250 200 （150）	同上			0.942	φ6	φ6	0.669
					1.215	φ6.5	φ6.5	0.792
					1.529	φ8	φ6	1.187
					1.885	φ8	φ6.5	1.197
					2.283	φ8	φ8	1.232
					2.723	φ10	φ8	1.935

序号	截面形式（最大箍筋肢距、纵筋间距/mm）	纵向受力钢筋			计入 φ12 构造纵筋的配筋率 ρ_l（%）	箍筋@100		
		①	A_s(mm²)	ρ（%）		②	③	ρ_v（%）
36	（150）	同上			3.461	φ10	φ10	1.995
					4.294	φ12	φ10	2.903
						φ12	φ12	2.979
						φ14	φ10	4.037
37	（300）	8φ12	904.8	0.696		φ6		0.594
		8φ14	1231.5	0.947		φ6.5		0.703
		8φ16	1608.5	1.237		φ8		1.093
		8φ18	2035.8	1.566		φ10		1.769
		8φ20	2513.3	1.933		φ12		2.640
		8φ22	3041.1	2.339		φ14		3.727
		8φ25	3927.0	3.021				
		8φ28	4926.0	3.789				
38	（150）	同上			0.870	φ6	φ6	0.645
					1.121	φ6.5	φ6.5	0.764
					1.411	φ8	φ6	1.146
					1.740	φ8	φ6.5	1.155
					2.107	φ8	φ8	1.187
					2.513	φ10	φ8	1.866
					3.195	φ10	φ10	1.921
					3.963	φ12	φ10	2.797
						φ12	φ12	2.867
						φ14	φ10	3.891
						φ14	φ12	3.963
						φ14	φ14	4.048
39	（175）	8φ12	904.8	0.646	0.808	φ6	φ6	0.625
		8φ14	1231.5	0.880	1.041	φ6.5	φ6.5	0.740
		8φ16	1608.5	1.149	1.310	φ8	φ6	1.111
		8φ18	2035.8	1.454	1.616	φ8	φ6.5	1.120
		8φ20	2513.3	1.795	1.957	φ8	φ8	1.149
		8φ22	3041.1	2.172	2.334	φ10	φ8	1.808
		8φ25	3927.0	2.805	2.967	φ10	φ10	1.858
		8φ28	4926.0	3.519	3.680	φ12	φ10	2.708
						φ12	φ12	2.772
						φ14	φ10	3.767
						φ14	φ12	3.834
						φ14	φ14	3.912

序号	截面形式 （最大箍筋肢距、 纵筋间距/mm）	纵向受力钢筋			计入 ϕ12 构造 纵筋的配筋率 ρ_1（%）	箍筋@100		
		①	A_s(mm²)	ρ（%）		②	③	ρ_v（%）
40	 200 150 400 200 （200）	8ϕ12	904.8	0.603	0.754	ϕ6	ϕ6	0.608
		8ϕ14	1231.5	0.821	0.972	ϕ6.5	ϕ6.5	0.719
		8ϕ16	1608.5	1.072	1.223	ϕ8	ϕ6	1.081
		8ϕ18	2035.8	1.357	1.508	ϕ8	ϕ6.5	1.089
		8ϕ20	2513.3	1.676	1.826	ϕ8	ϕ8	1.117
		8ϕ22	3041.1	2.027	2.178	ϕ10	ϕ8	1.758
		8ϕ25	3927.0	2.618	2.769	ϕ10	ϕ10	1.805
		8ϕ28	4926.0	3.284	3.435	ϕ12	ϕ10	2.632
						ϕ12	ϕ12	2.691
						ϕ14	ϕ10	3.662
						ϕ14	ϕ12	3.724
						ϕ14	ϕ14	3.796
41	 200 150 450 200 （225）	8ϕ12	904.8	0.565	0.707	ϕ6.5	ϕ6.5	0.593
		8ϕ14	1231.5	0.770	0.911	ϕ8	ϕ6	0.701
		8ϕ16	1608.5	1.005	1.147	ϕ8	ϕ6.5	1.056
		8ϕ18	2035.8	1.272	1.414	ϕ8	ϕ8	1.063
		8ϕ20	2513.3	1.571	1.712	ϕ10	ϕ8	1.088
		8ϕ22	3041.1	1.901	2.042	ϕ10	ϕ10	1.715
		8ϕ25	3927.0	2.454	2.596	ϕ12	ϕ10	1.759
		8ϕ28	4926.0	3.079	3.220	ϕ12	ϕ12	2.566
		8ϕ32	6434.0	4.021	4.163	ϕ14	ϕ10	2.621
						ϕ14	ϕ12	3.571
						ϕ14	ϕ14	3.629
						ϕ16	ϕ10	3.696
42	 200 150 450 200 （150）	同上			0.848	ϕ6	ϕ6	0.633
					1.052	ϕ6.5	ϕ6.5	0.749
					1.288	ϕ8	ϕ6	1.098
					1.555	ϕ8	ϕ6.5	1.113
					1.854	ϕ8	ϕ8	1.164
					2.183	ϕ10	ϕ8	1.793
					2.737	ϕ10	ϕ10	1.880
					3.362	ϕ12	ϕ10	2.692
					4.304	ϕ12	ϕ12	2.802
						ϕ14	ϕ10	3.701
						ϕ14	ϕ12	3.816
						ϕ14	ϕ14	3.951

序号	截面形式（最大箍筋肢距、纵筋间距/mm）	纵向受力钢筋			计入ϕ12构造纵筋的配筋率 ρ_1（%）	箍筋@100		
		①	A_s(mm²)	ρ（%）		②	③	ρ_v（%）
43	200 150 500 200 （250）	$8\phi 12$	904.8	0.532	0.665	$\phi 6$	$\phi 6$	0.579
		$8\phi 14$	1231.5	0.724	0.857	$\phi 6.5$	$\phi 6.5$	0.685
		$8\phi 16$	1608.5	0.946	1.079	$\phi 8$	$\phi 6$	1.033
		$8\phi 18$	2035.8	1.198	1.331	$\phi 8$	$\phi 6.5$	1.040
		$8\phi 20$	2513.3	1.478	1.611	$\phi 8$	$\phi 8$	1.064
		$8\phi 22$	3041.1	1.789	1.922	$\phi 10$	$\phi 8$	1.678
		$8\phi 25$	3927.0	2.310	2.443	$\phi 10$	$\phi 10$	1.719
		$8\phi 28$	4926.0	2.898	3.031	$\phi 12$	$\phi 10$	2.509
		$8\phi 32$	6434.0	3.785	3.918	$\phi 12$	$\phi 12$	2.560
						$\phi 14$	$\phi 10$	3.492
						$\phi 14$	$\phi 12$	3.546
						$\phi 14$	$\phi 14$	3.609
44	200 150 500 200 （175）	同上			0.798	$\phi 6$	$\phi 6$	0.618
					0.991	$\phi 6.5$	$\phi 6.5$	0.731
					1.212	$\phi 8$	$\phi 6$	1.073
					1.464	$\phi 8$	$\phi 6.5$	1.086
					1.745	$\phi 8$	$\phi 8$	1.134
					2.055	$\phi 10$	$\phi 8$	1.750
					2.576	$\phi 10$	$\phi 10$	1.832
					3.164	$\phi 12$	$\phi 10$	2.626
					4.051	$\phi 12$	$\phi 12$	2.730
						$\phi 14$	$\phi 10$	3.614
						$\phi 14$	$\phi 12$	3.721
						$\phi 14$	$\phi 14$	3.848
45	200 150 550 200 （275）	$8\phi 12$	904.8	0.503	0.628	$\phi 6$	$\phi 6$	0.568
		$8\phi 14$	1231.5	0.684	0.810	$\phi 6.5$	$\phi 6.5$	0.672
		$8\phi 16$	1608.5	0.894	1.019	$\phi 8$	$\phi 6$	1.013
		$8\phi 18$	2035.8	1.131	1.257	$\phi 8$	$\phi 6.5$	1.020
		$8\phi 20$	2513.3	1.396	1.522	$\phi 8$	$\phi 8$	1.042
		$8\phi 22$	3041.1	1.689	1.815	$\phi 10$	$\phi 8$	1.645
		$8\phi 25$	3927.0	2.182	2.307	$\phi 10$	$\phi 10$	1.683
		$8\phi 28$	4926.0	2.737	2.862	$\phi 12$	$\phi 10$	2.458
		$8\phi 32$	6434.0	3.574	3.700	$\phi 12$	$\phi 12$	2.507
						$\phi 14$	$\phi 10$	3.422
						$\phi 14$	$\phi 12$	3.473
						$\phi 14$	$\phi 14$	3.532

序号	截面形式（最大箍筋肢距、纵筋间距/mm）	纵向受力钢筋			计入 φ12 构造纵筋的配筋率 ρ_1（%）	箍筋@100		
		①	A_s(mm²)	ρ（%）		②	③	ρ_v（%）
46	200 150 550 200（185）	同上			0.754	φ6	φ6	0.604
					0.935	φ6.5	φ6.5	0.714
					1.145	φ8	φ6	1.051
					1.382	φ8	φ6.5	1.063
					1.648	φ8	φ8	1.108
					1.941	φ10	φ8	1.713
					2.433	φ10	φ10	1.790
					2.988	φ12	φ10	2.569
					3.826	φ12	φ12	2.666
						φ14	φ10	3.537
						φ14	φ12	3.637
						φ14	φ14	3.756
47	200 150 600 200（300）	8φ12	904.8	0.476	0.595	φ6	φ6	0.557
		8φ14	1231.5	0.648	0.767	φ6.5	φ6.5	0.659
		8φ16	1608.5	0.847	0.966	φ8	φ6	0.996
		8φ18	2035.8	1.071	1.190	φ8	φ6.5	1.002
		8φ20	2513.3	1.323	1.442	φ8	φ8	1.023
		8φ22	3041.1	1.601	1.720	φ10	φ8	1.615
		8φ25	3927.0	2.067	2.186	φ10	φ10	1.651
		8φ28	4926.0	2.593	2.712	φ12	φ10	2.413
		8φ32	6434.0	3.386	3.505	φ12	φ12	2.459
						φ14	φ10	3.361
						φ14	φ12	3.408
						φ14	φ14	3.464
48	200 150 600 200（200）	同上			0.714	φ6	φ6	0.591
					0.886	φ6.5	φ6.5	0.700
					1.085	φ8	φ6	1.031
					1.310	φ8	φ6.5	1.043
					1.561	φ8	φ8	1.085
					1.839	φ10	φ8	1.680
					2.305	φ10	φ10	1.752
					2.831	φ12	φ10	2.518
					3.624	φ12	φ12	2.609
						φ14	φ10	3.469
						φ14	φ12	3.564
						φ14	φ14	3.676

序号	截面形式（最大箍筋肢距、纵筋间距/mm）	纵向受力钢筋			计入φ12构造纵筋的配筋率 ρ₁（%）	箍筋@100		
		①	As(mm²)	ρ（%）		②	③	ρv（%）
49	（250）	8φ12	904.8	0.696		φ6		0.594
		8φ14	1231.5	0.947		φ6.5		0.703
		8φ16	1608.5	1.237		φ8		1.093
		8φ18	2035.8	1.566		φ10		1.769
		8φ20	2513.3	1.933		φ12		2.640
		8φ22	3041.1	2.339		φ14		3.727
		8φ25	3927	3.021				
		8φ28	4926	3.789				
50	（150）	同上			0.870	φ6	φ6	0.645
					1.121	φ6.5	φ6.5	0.764
					1.411	φ8	φ6	1.146
					1.740	φ8	φ6.5	1.155
					2.107	φ8	φ8	1.187
					2.513	φ10	φ8	1.866
					3.195	φ10	φ10	1.921
					3.963	φ12	φ10	2.797
						φ12	φ12	2.867
						φ14	φ10	3.891
						φ14	φ12	3.963
						φ14	φ14	4.048
51	（300）	8φ12	904.8	0.646		φ6		0.578
		8φ14	1231.5	0.880		φ6.5		0.684
		8φ16	1608.5	1.149		φ8		1.062
		8φ18	2035.8	1.454		φ10		1.718
		8φ20	2513.3	1.795		φ12		2.563
		8φ22	3041.1	2.172		φ14		3.617
		8φ25	3927.0	2.805				
		8φ28	4926.0	3.519				
52	（200）	同上			0.808	φ6	φ6	0.625
					1.041	φ6.5	φ6.5	0.740
					1.310	φ8	φ6	1.111
					1.616	φ8	φ6.5	1.120
					1.957	φ8	φ8	1.149
					2.334	φ10	φ8	1.808
					2.967	φ10	φ10	1.858

序号	截面形式（最大箍筋肢距、纵筋间距/mm）	纵向受力钢筋			计入φ12构造纵筋的配筋率 ρl（%）	箍筋@100		
		①	As(mm²)	ρ（%）		②	③	ρv（%）
52	（200）	同上			3.680	φ12	φ10	2.708
						φ12	φ12	2.772
						φ14	φ10	3.767
						φ14	φ12	3.834
						φ14	φ14	3.912
53	（175）	8φ12	904.8	0.603	0.754	φ6	φ6	0.608
		8φ14	1231.5	0.821	0.972	φ6.5	φ6.5	0.719
		8φ16	1608.5	1.072	1.223	φ8	φ6	1.081
		8φ18	2035.8	1.357	1.508	φ8	φ6.5	1.089
		8φ20	2513.3	1.676	1.826	φ8	φ8	1.117
		8φ22	3041.1	2.027	2.178	φ10	φ8	1.758
		8φ25	3927.0	2.618	2.769	φ10	φ10	1.805
		8φ28	4926.0	3.284	3.435	φ12	φ10	2.632
		8φ32	6434.0	4.289	4.440	φ12	φ12	2.691
						φ14	φ10	3.662
						φ14	φ12	3.724
						φ14	φ14	3.796
54	（200）	8φ12	904.8	0.565	0.707	φ6	φ6	0.593
		8φ14	1231.5	0.770	0.911	φ6.5	φ6.5	0.701
		8φ16	1608.5	1.005	1.147	φ8	φ6	1.056
		8φ18	2035.8	1.272	1.414	φ8	φ6.5	1.063
		8φ20	2513.3	1.571	1.712	φ8	φ8	1.088
		8φ22	3041.1	1.901	2.042	φ10	φ8	1.715
		8φ25	3927.0	2.454	2.596	φ10	φ10	1.759
		8φ28	4926.0	3.079	3.220	φ12	φ10	2.566
		8φ32	6434.0	4.021	4.163	φ12	φ12	2.621
						φ14	φ10	3.571
						φ14	φ12	3.629
						φ14	φ14	3.696
55	（225）	8φ12	904.8	0.532	0.665	φ6	φ6	0.579
		8φ14	1231.5	0.724	0.857	φ6.5	φ6.5	0.685
		8φ16	1608.5	0.946	1.079	φ8	φ6	1.033
		8φ18	2035.8	1.198	1.331	φ8	φ6.5	1.040
		8φ20	2513.3	1.478	1.611	φ8	φ8	1.064
		8φ22	3041.1	1.789	1.922	φ10	φ8	1.678

序号	截面形式 （最大箍筋肢距、 纵筋间距/mm）	纵向受力钢筋			计入φ12构造 纵筋的配筋率 ρ_l（%）	箍筋@100		
		①	A_s（mm²）	ρ（%）		②	③	ρ_v（%）
55	（225）	8φ25	3927.0	2.310	2.443	φ10	φ10	1.719
		8φ28	4926.0	2.898	3.031	φ12	φ10	2.509
		8φ32	6434.0	3.785	3.918	φ12	φ12	2.560
						φ14	φ10	3.492
						φ14	φ12	3.546
						φ14	φ14	3.609
56	（150）	同上			0.798	φ6	φ6	0.541
					0.991	φ6.5	φ6.5	0.640
					1.212	φ8	φ6	0.932
					1.464	φ8	φ6.5	0.946
					1.745	φ8	φ8	0.994
					2.055	φ10	φ8	1.523
					2.576	φ10	φ10	1.605
					3.164	φ12	φ10	2.288
					4.051	φ12	φ12	2.391
						φ14	φ10	3.137
						φ14	φ12	3.419
						φ14	φ14	3.370
						φ16	φ10	4.169
57	（250）	8φ12	904.8	0.503	0.628	φ6	φ6	0.568
		8φ14	1231.5	0.684	0.810	φ6.5	φ6.5	0.672
		8φ16	1608.5	0.894	1.019	φ8	φ6	1.013
		8φ18	2035.8	1.131	1.257	φ8	φ6.5	1.020
		8φ20	2513.3	1.396	1.522	φ8	φ8	1.042
		8φ22	3041.1	1.689	1.815	φ10	φ8	1.645
		8φ25	3927.0	2.182	2.307	φ10	φ10	1.683
		8φ28	4926.0	2.737	2.862	φ12	φ10	2.458
		8φ32	6434.0	3.574	3.700	φ12	φ12	2.507
						φ14	φ10	3.422
						φ14	φ12	3.473
						φ14	φ14	3.532
58	（200）	同上			0.754	φ6	φ6	0.604
					0.935	φ6.5	φ6.5	0.714
					1.145	φ8	φ6	1.051
					1.382	φ8	φ6.5	1.063
					1.648	φ8	φ8	1.108
					1.941	φ10	φ8	1.713

序号	截面形式（最大箍筋肢距、纵筋间距/mm）	纵向受力钢筋			计入φ12构造纵筋的配筋率 ρ₁（%）	箍筋@100		
		①	A_s（mm²）	ρ（%）		②	③	ρ_v（%）
58	（200）	同上			2.433	φ10	φ10	1.790
					2.988	φ12	φ10	2.569
					3.826	φ12	φ12	2.666
						φ14	φ10	3.537
						φ14	φ12	3.637
						φ14	φ14	3.756
59	（275）	8φ12	904.8	0.476	0.595	φ6	φ6	0.557
		8φ14	1231.5	0.648	0.767	φ6.5	φ6.5	0.659
		8φ16	1608.5	0.847	0.966	φ8	φ6	0.996
		8φ18	2035.8	1.071	1.190	φ8	φ6.5	1.002
		8φ20	2513.3	1.323	1.442	φ8	φ8	1.023
		8φ22	3041.1	1.601	1.720	φ10	φ8	1.615
		8φ25	3927.0	2.067	2.186	φ10	φ10	1.651
		8φ28	4926.0	2.593	2.712	φ12	φ10	2.413
		8φ32	6434.0	3.386	3.505	φ12	φ12	2.459
						φ14	φ10	3.361
						φ14	φ12	3.408
						φ14	φ14	3.464
60	（200）	同上			0.714	φ6	φ6	0.591
					0.886	φ6.5	φ6.5	0.700
					1.085	φ8	φ6	1.031
					1.310	φ8	φ6.5	1.043
					1.561	φ8	φ8	1.085
					1.839	φ10	φ8	1.680
					2.305	φ10	φ10	1.752
					2.831	φ12	φ10	2.518
					3.624	φ12	φ12	2.609
						φ14	φ10	3.469
						φ14	φ12	3.564
						φ14	φ14	3.676
61	（300）	8φ12	904.8	0.452	0.565	φ6	φ6	0.548
		8φ14	1231.5	0.616	0.729	φ6.5	φ6.5	0.648
		8φ16	1608.5	0.804	0.917	φ8	φ6	0.980
		8φ18	2035.8	1.018	1.131	φ8	φ6.5	0.986
		8φ20	2513.3	1.257	1.370	φ8	φ8	1.006
		8φ22	3041.1	1.521	1.634	φ10	φ8	1.589

序号	截面形式（最大箍筋肢距、纵筋间距/mm）	纵向受力钢筋			计入 $\phi12$ 构造纵筋的配筋率 ρ_1（%）	箍筋@100		
		①	A_s（mm²）	ρ（%）		②	③	ρ_v（%）
61	（300）	$8\phi25$	3927.0	1.963	2.077	$\phi10$	$\phi10$	1.623
		$8\phi28$	4926.0	2.463	2.576	$\phi12$	$\phi10$	2.373
		$8\phi32$	6434.0	3.217	3.330	$\phi12$	$\phi12$	2.417
		$8\phi36$	8143	4.072	4.185	$\phi14$	$\phi10$	3.305
						$\phi14$	$\phi12$	3.350
						$\phi14$	$\phi14$	3.403
62	（200）	同上			0.679	$\phi6$	$\phi6$	0.580
					0.842	$\phi6.5$	$\phi6.5$	0.687
					1.030	$\phi8$	$\phi6$	1.013
					1.244	$\phi8$	$\phi6.5$	1.025
					1.483	$\phi8$	$\phi8$	1.065
					1.747	$\phi10$	$\phi8$	1.650
					2.190	$\phi10$	$\phi10$	1.719
					2.689	$\phi12$	$\phi10$	2.472
					3.443	$\phi12$	$\phi12$	2.559
					4.298	$\phi14$	$\phi10$	3.408
						$\phi14$	$\phi12$	3.497
						$\phi14$	$\phi14$	3.604
63	（300）	$8\phi12$	904.8	0.603		$\phi6$		0.564
		$8\phi14$	1231.5	0.821		$\phi6.5$		0.667
		$8\phi16$	1608.5	1.072		$\phi8$		1.036
		$8\phi18$	2035.8	1.357		$\phi10$		1.675
		$8\phi20$	2513.3	1.676		$\phi12$		2.497
		$8\phi22$	3041.1	2.027		$\phi14$		3.523
		$8\phi25$	3927.0	2.618				
		$8\phi28$	4926.0	3.284				
64	（250）	同上			0.754	$\phi6$	$\phi6$	0.608
					0.972	$\phi6.5$	$\phi6.5$	0.719
					1.223	$\phi8$	$\phi6$	1.081
					1.508	$\phi8$	$\phi6.5$	1.089
					1.826	$\phi8$	$\phi8$	1.117
					2.178	$\phi10$	$\phi8$	1.758
					2.769	$\phi10$	$\phi10$	1.805
					3.435	$\phi12$	$\phi10$	2.632
						$\phi12$	$\phi12$	2.691
						$\phi14$	$\phi10$	3.662
						$\phi14$	$\phi12$	3.724
						$\phi14$	$\phi14$	3.796

序号	截面形式 （最大箍筋肢距、 纵筋间距/mm）	纵向受力钢筋			计入 $\phi 12$ 构造 纵筋的配筋率 ρ_l（%）	箍筋@100		
		①	A_s（mm²）	ρ（%）		②	③	ρ_v（%）
65	（150）	同上			0.905	$\phi 6$	$\phi 6$	0.651
					1.123	$\phi 6.5$	$\phi 6.5$	0.771
					1.374	$\phi 8$	$\phi 6$	1.127
					1.659	$\phi 8$	$\phi 6.5$	1.142
					1.977	$\phi 8$	$\phi 8$	1.197
					2.329	$\phi 10$	$\phi 8$	1.841
					2.920	$\phi 10$	$\phi 10$	1.935
					3.586	$\phi 12$	$\phi 10$	2.767
						$\phi 12$	$\phi 12$	2.885
						$\phi 14$	$\phi 10$	3.802
						$\phi 14$	$\phi 12$	3.925
						$\phi 14$	$\phi 14$	4.070
66	（250）	$8\phi 12$	904.8	0.565	0.707	$\phi 6$	$\phi 6$	0.593
		$8\phi 14$	1231.5	0.77	0.911	$\phi 6.5$	$\phi 6.5$	0.701
		$8\phi 16$	1608.5	1.005	1.147	$\phi 8$	$\phi 6$	1.056
		$8\phi 18$	2035.8	1.272	1.414	$\phi 8$	$\phi 6.5$	1.063
		$8\phi 20$	2513.3	1.571	1.712	$\phi 8$	$\phi 8$	1.088
		$8\phi 22$	3041.1	1.901	2.042	$\phi 10$	$\phi 8$	1.715
		$8\phi 25$	3927.0	2.454	2.596	$\phi 10$	$\phi 10$	1.759
		$8\phi 28$	4926.0	3.079	3.220	$\phi 12$	$\phi 10$	2.566
		$8\phi 32$	6434.0	4.021	4.163	$\phi 12$	$\phi 12$	2.621
						$\phi 14$	$\phi 10$	3.571
						$\phi 14$	$\phi 12$	3.629
						$\phi 14$	$\phi 14$	3.696
67	（175）	同上			0.848	$\phi 6$	$\phi 6$	0.633
					1.052	$\phi 6.5$	$\phi 6.5$	0.749
					1.288	$\phi 8$	$\phi 6$	1.098
					1.555	$\phi 8$	$\phi 6.5$	1.113
					1.854	$\phi 8$	$\phi 8$	1.164
					2.183	$\phi 10$	$\phi 8$	1.793
					2.737	$\phi 10$	$\phi 10$	1.880
					3.362	$\phi 12$	$\phi 10$	2.692
					4.304	$\phi 12$	$\phi 12$	2.802
						$\phi 14$	$\phi 10$	3.701
						$\phi 14$	$\phi 12$	3.816
						$\phi 14$	$\phi 14$	3.951

序号	截面形式（最大箍筋肢距、纵筋间距/mm）	纵向受力钢筋			计入φ12构造纵筋的配筋率 ρ₁（%）	箍筋@100		
		①	A_s(mm²)	ρ（%）		②	③	ρ_v（%）
68	200 250 400 200 （250）	8φ12	904.8	0.532	0.665	φ6	φ6	0.579
		8φ14	1231.5	0.724	0.857	φ6.5	φ6.5	0.685
		8φ16	1608.5	0.946	1.079	φ8	φ6	1.033
		8φ18	2035.8	1.198	1.331	φ8	φ6.5	1.040
		8φ20	2513.3	1.478	1.611	φ8	φ8	1.064
		8φ22	3041.1	1.789	1.922	φ10	φ8	1.678
		8φ25	3927.0	2.310	2.443	φ10	φ10	1.719
		8φ28	4926.0	2.898	3.031	φ12	φ10	2.509
		8φ32	6434.0	3.785	3.918	φ12	φ12	2.560
						φ14	φ10	3.492
						φ14	φ12	3.546
						φ14	φ14	3.609
69	200 250 400 200 （200）	同上			0.798	φ6	φ6	0.618
					0.991	φ6.5	φ6.5	0.731
					1.212	φ8	φ6	1.073
					1.464	φ8	φ6.5	1.086
					1.745	φ8	φ8	1.134
					2.055	φ10	φ8	1.750
					2.576	φ10	φ10	1.832
					3.164	φ12	φ10	2.626
					4.051	φ12	φ12	2.730
						φ14	φ10	3.614
						φ14	φ12	3.721
						φ14	φ14	3.848
70	200 250 450 200 （250）	8φ12	904.8	0.503	0.628	φ6	φ6	0.568
		8φ14	1231.5	0.684	0.810	φ6.5	φ6.5	0.672
		8φ16	1608.5	0.894	1.019	φ8	φ6	1.013
		8φ18	2035.8	1.131	1.257	φ8	φ6.5	1.020
		8φ20	2513.3	1.396	1.522	φ8	φ8	1.042
		8φ22	3041.1	1.689	1.815	φ10	φ8	1.645
		8φ25	3927.0	2.182	2.307	φ10	φ10	1.683
		8φ28	4926.0	2.737	2.862	φ12	φ10	2.458
		8φ32	6434.0	3.574	3.700	φ12	φ12	2.507
						φ14	φ10	3.422
						φ14	φ12	3.473
						φ14	φ14	3.532

序号	截面形式（最大箍筋肢距、纵筋间距/mm）	纵向受力钢筋			计入φ12构造纵筋的配筋率 ρ₁（%）	箍筋@100		
		①	A_s（mm²）	ρ（%）		②	③	ρ_v（%）
71	200 250 / 450 / 200 （225）	同上			0.754	φ6	φ6	0.604
					0.935	φ6.5	φ6.5	0.714
					1.145	φ8	φ6	1.051
					1.382	φ8	φ6.5	1.063
					1.648	φ8	φ8	1.108
					1.941	φ10	φ8	1.713
					2.433	φ10	φ10	1.790
					2.988	φ12	φ10	2.569
					3.826	φ12	φ12	2.666
						φ14	φ10	3.537
						φ14	φ12	3.637
						φ14	φ14	3.756
72	200 250 / 450 / 200 （150）	同上			0.880	φ6	φ6	0.640
					1.061	φ6.5	φ6.5	0.757
					1.271	φ8	φ6	1.088
					1.508	φ8	φ6.5	1.107
					1.773	φ8	φ8	1.175
					2.066	φ10	φ8	1.781
					2.559	φ10	φ10	1.897
					3.114	φ12	φ10	2.679
					3.951	φ12	φ12	2.825
						φ14	φ10	3.651
						φ14	φ12	3.802
						φ14	φ14	3.981
73	200 250 / 500 / 200 （250）	8φ12	904.8	0.476	0.595	φ6	φ6	0.557
		8φ14	1231.5	0.648	0.767	φ6.5	φ6.5	0.659
		8φ16	1608.5	0.847	0.966	φ8	φ6	0.996
		8φ18	2035.8	1.071	1.190	φ8	φ6.5	1.002
		8φ20	2513.3	1.323	1.442	φ8	φ8	1.023
		8φ22	3041.1	1.601	1.720	φ10	φ8	1.615
		8φ25	3927.0	2.067	2.186	φ10	φ10	1.651
		8φ28	4926.0	2.593	2.712	φ12	φ10	2.413
		8φ32	6434.0	3.386	3.505	φ12	φ12	2.459
						φ14	φ10	3.361
						φ14	φ12	3.408
						φ14	φ14	3.464

序号	截面形式（最大箍筋肢距、纵筋间距/mm）	纵向受力钢筋			计入φ12构造纵筋的配筋率 ρ₁（%）	箍筋@100		
		①	$A_s(mm^2)$	ρ（%）		②	③	$ρ_v$（%）
74	（170）	同上			0.833	φ6	φ6	0.625
					1.005	φ6.5	φ6.5	0.740
					1.204	φ8	φ6	1.066
					1.429	φ8	φ6.5	1.084
					1.680	φ8	φ8	1.148
					1.958	φ10	φ8	1.744
					2.424	φ10	φ10	1.853
					2.950	φ12	φ10	2.622
					3.743	φ12	φ12	2.759
						φ14	φ10	3.576
						φ14	φ12	3.719
						φ14	φ14	3.887
75	（275）	8φ12	904.8	0.452	0.565	φ6	φ6	0.548
		8φ14	1231.5	0.616	0.729	φ6.5	φ6.5	0.648
		8φ16	1608.5	0.804	0.917	φ8	φ6	0.980
		8φ18	2035.8	1.018	1.131	φ8	φ6.5	0.986
		8φ20	2513.3	1.257	1.370	φ8	φ8	1.006
		8φ22	3041.1	1.521	1.634	φ10	φ8	1.589
		8φ25	3927.0	1.963	2.077	φ10	φ10	1.623
		8φ28	4926.0	2.463	2.576	φ12	φ10	2.373
		8φ32	6434.0	3.217	3.330	φ12	φ12	2.417
		8φ36	8143.0	4.072	4.185	φ14	φ10	3.305
						φ14	φ12	3.350
						φ14	φ14	3.403
76	（250）	同上			0.679	φ6	φ6	0.580
					0.842	φ6.5	φ6.5	0.687
					1.030	φ8	φ6	1.013
					1.244	φ8	φ6.5	1.025
					1.483	φ8	φ8	1.065
					1.747	φ10	φ8	1.650
					2.190	φ10	φ10	1.719
					2.689	φ12	φ10	2.472
					3.443	φ12	φ12	2.559
					4.298	φ14	φ10	3.408
						φ14	φ12	3.497
						φ14	φ14	3.604

序号	截面形式（最大箍筋肢距、纵筋间距/mm）	纵向受力钢筋			计入φ12构造纵筋的配筋率 ρ₁（%）	箍筋@100		
		①	A$_s$（mm²）	ρ（%）		②	③	ρ$_v$（%）
77	200 250 550 200 （185）	同上			0.792	φ6	φ6	0.613
					0.955	φ6.5	φ6.5	0.725
					1.144	φ8	φ6	1.046
					1.357	φ8	φ6.5	1.064
					1.596	φ8	φ8	1.124
					1.860	φ10	φ8	1.711
					2.303	φ10	φ10	1.814
					2.802	φ12	φ10	2.571
					3.556	φ12	φ12	2.701
					4.411	φ14	φ10	3.510
						φ14	φ12	3.645
						φ14	φ14	3.804
78	200 250 600 200 （300）	8φ12	904.8	0.431	0.539	φ6	φ6	0.540
		8φ14	1231.5	0.586	0.694	φ6.5	φ6.5	0.638
		8φ16	1608.5	0.766	0.874	φ8	φ6	0.966
		8φ18	2035.8	0.969	1.077	φ8	φ6.5	0.971
		8φ20	2513.3	1.197	1.305	φ8	φ8	0.990
		8φ22	3041.1	1.448	1.556	φ10	φ8	1.565
		8φ25	3927.0	1.870	1.978	φ10	φ10	1.598
		8φ28	4926.0	2.346	2.453	φ12	φ10	2.337
		8φ32	6434.0	3.064	3.172	φ12	φ12	2.378
		8φ36	8143.0	3.878	3.985	φ14	φ10	3.256
						φ14	φ12	3.299
						φ14	φ14	3.349
79	200 250 600 200 （250）	同上			0.646	φ6	φ6	0.570
					0.802	φ6.5	φ6.5	0.675
					0.981	φ8	φ6	0.997
					1.185	φ8	φ6.5	1.008
					1.412	φ8	φ8	1.046
					1.664	φ10	φ8	1.623
					2.085	φ10	φ10	1.689
					2.561	φ12	φ10	2.431
					3.279	φ12	φ12	2.513
					4.093	φ14	φ10	3.353
						φ14	φ12	3.438
						φ14	φ14	3.539

序号	截面形式（最大箍筋肢距、纵筋间距/mm）	纵向受力钢筋			计入φ12构造纵筋的配筋率 ρ₁（%）	箍筋@100		
		①	As(mm²)	ρ（%）		②	③	ρv（%）
80	200 250 / 600 / 200 （200）	同上			0.754	φ6	φ6	0.601
					0.910	φ6.5	φ6.5	0.711
					1.089	φ8	φ6	1.029
					1.293	φ8	φ6.5	1.045
					1.520	φ8	φ8	1.103
					1.771	φ10	φ8	1.681
					2.193	φ10	φ10	1.779
					2.669	φ12	φ10	2.525
					3.387	φ12	φ12	2.648
					4.201	φ14	φ10	3.450
						φ14	φ12	3.578
						φ14	φ14	3.729
81	200 300 / 350 / 200 （300）	8φ12	904.8	0.532	0.665	φ6	φ6	0.579
		8φ14	1231.5	0.724	0.857	φ6.5	φ6.5	0.685
		8φ16	1608.5	0.946	1.079	φ8	φ6	1.033
		8φ18	2035.8	1.198	1.331	φ8	φ6.5	1.040
		8φ20	2513.3	1.478	1.611	φ8	φ8	1.064
		8φ22	3041.1	1.789	1.922	φ10	φ8	1.678
		8φ25	3927.0	2.310	2.443	φ10	φ10	1.719
		8φ28	4926.0	2.898	3.031	φ12	φ10	2.509
		8φ32	6434.0	3.785	3.918	φ12	φ12	2.560
						φ14	φ10	3.492
						φ14	φ12	3.546
						φ14	φ14	3.609
82	200 300 / 350 / 200 （175）	同上			0.798	φ6	φ6	0.618
					0.991	φ6.5	φ6.5	0.731
					1.212	φ8	φ6	1.073
					1.464	φ8	φ6.5	1.086
					1.745	φ8	φ8	1.134
					2.055	φ10	φ8	1.750
					2.576	φ10	φ10	1.832
					3.164	φ12	φ10	2.626
					4.051	φ12	φ12	2.730
						φ14	φ10	3.614
						φ14	φ12	3.721
						φ14	φ14	3.848

序号	截面形式 (最大箍筋肢距、 纵筋间距/mm)	纵向受力钢筋			计入 $\phi 12$ 构造 纵筋的配筋率 ρ_1 (%)	箍筋@100		
		①	A_s(mm²)	ρ (%)		②	③	ρ_v (%)
83	200 300 400 200 (300)	$8\phi 12$	904.8	0.503	0.628	$\phi 6$	$\phi 6$	0.568
		$8\phi 14$	1231.5	0.684	0.810	$\phi 6.5$	$\phi 6.5$	0.672
		$8\phi 16$	1608.5	0.894	1.019	$\phi 8$	$\phi 6$	1.013
		$8\phi 18$	2035.8	1.131	1.257	$\phi 8$	$\phi 6.5$	1.020
		$8\phi 20$	2513.3	1.396	1.522	$\phi 8$	$\phi 8$	1.042
		$8\phi 22$	3041.1	1.689	1.815	$\phi 10$	$\phi 8$	1.645
		$8\phi 25$	3927.0	2.182	2.307	$\phi 10$	$\phi 10$	1.683
		$8\phi 28$	4926.0	2.737	2.862	$\phi 12$	$\phi 10$	2.458
		$8\phi 32$	6434.0	3.574	3.700	$\phi 12$	$\phi 12$	2.507
						$\phi 14$	$\phi 10$	3.422
						$\phi 14$	$\phi 12$	3.473
						$\phi 14$	$\phi 14$	3.532
84	200 300 400 200 (200)	同上			0.754	$\phi 6$	$\phi 6$	0.604
					0.935	$\phi 6.5$	$\phi 6.5$	0.714
					1.145	$\phi 8$	$\phi 6$	1.051
					1.382	$\phi 8$	$\phi 6.5$	1.063
					1.648	$\phi 8$	$\phi 8$	1.108
					1.941	$\phi 10$	$\phi 8$	1.713
					2.433	$\phi 10$	$\phi 10$	1.790
					2.988	$\phi 12$	$\phi 10$	2.569
					3.826	$\phi 12$	$\phi 12$	2.666
						$\phi 14$	$\phi 10$	3.537
						$\phi 14$	$\phi 12$	3.637
						$\phi 14$	$\phi 14$	3.756
85	200 300 450 200 (300)	$8\phi 12$	904.8	0.476	0.595	$\phi 6$	$\phi 6$	0.557
		$8\phi 14$	1231.5	0.648	0.767	$\phi 6.5$	$\phi 6.5$	0.659
		$8\phi 16$	1608.5	0.847	0.966	$\phi 8$	$\phi 6$	0.996
		$8\phi 18$	2035.8	1.071	1.190	$\phi 8$	$\phi 6.5$	1.002
		$8\phi 20$	2513.3	1.323	1.442	$\phi 8$	$\phi 8$	1.023
		$8\phi 22$	3041.1	1.601	1.720	$\phi 10$	$\phi 8$	1.615
		$8\phi 25$	3927.0	2.067	2.186	$\phi 10$	$\phi 10$	1.651
		$8\phi 28$	4926.0	2.593	2.712	$\phi 12$	$\phi 10$	2.413
		$8\phi 32$	6434.0	3.386	3.505	$\phi 12$	$\phi 12$	2.459
						$\phi 14$	$\phi 10$	3.361
						$\phi 14$	$\phi 12$	3.408
						$\phi 14$	$\phi 14$	3.464

序号	截面形式（最大箍筋肢距、纵筋间距/mm）	纵向受力钢筋			计入φ12构造纵筋的配筋率 ρ₁（%）	箍筋@100		
		①	A_s(mm²)	ρ（%）		②	③	ρ_v（%）
86	同上 (225)	同上			0.714	φ6	φ6	0.591
					0.886	φ6.5	φ6.5	0.700
					1.085	φ8	φ6	1.031
					1.310	φ8	φ6.5	1.043
					1.561	φ8	φ8	1.085
					1.839	φ10	φ8	1.680
					2.305	φ10	φ10	1.752
					2.831	φ12	φ10	2.518
					3.624	φ12	φ12	2.609
						φ14	φ10	3.469
						φ14	φ12	3.564
						φ14	φ14	3.676
87	同上 (150)	同上			0.833	φ6	φ6	0.625
					1.005	φ6.5	φ6.5	0.740
					1.204	φ8	φ6	1.066
					1.429	φ8	φ6.5	1.084
					1.680	φ8	φ8	1.148
					1.958	φ10	φ8	1.744
					2.424	φ10	φ10	1.853
					2.950	φ12	φ10	2.622
					3.743	φ12	φ12	2.759
						φ14	φ10	3.576
						φ14	φ12	3.719
						φ14	φ14	3.887
88	(300)	8φ12	904.8	0.452	0.565	φ6	φ6	0.548
		8φ14	1231.5	0.616	0.729	φ6.5	φ6.5	0.648
		8φ16	1608.5	0.804	0.917	φ8	φ6	0.980
		8φ18	2035.8	1.018	1.131	φ8	φ6.5	0.986
		8φ20	2513.3	1.257	1.370	φ8	φ8	1.006
		8φ22	3041.1	1.521	1.634	φ10	φ8	1.589
		8φ25	3927.0	1.963	2.077	φ10	φ10	1.623
		8φ28	4926.0	2.463	2.576	φ12	φ10	2.373
		8φ32	6434.0	3.217	3.330	φ12	φ12	2.417
		8φ36	8143.0	4.072	4.185	φ14	φ10	3.305
						φ14	φ12	3.350
						φ14	φ14	3.403

序号	截面形式 （最大箍筋肢距、 纵筋间距/mm）	纵向受力钢筋			计入φ12构造 纵筋的配筋率 ρ₁（%）	箍筋@100		
		①	A_s(mm²)	ρ（%）		②	③	ρ_v（%）
89	 （250）	同上			0.679	φ6	φ6	0.580
					0.842	φ6.5	φ6.5	0.687
					1.030	φ8	φ6	1.013
					1.244	φ8	φ6.5	1.025
					1.483	φ8	φ8	1.065
					1.747	φ10	φ8	1.650
					2.190	φ10	φ10	1.719
					2.689	φ12	φ10	2.472
					3.443	φ12	φ12	2.559
					4.298	φ14	φ10	3.408
						φ14	φ12	3.497
						φ14	φ14	3.604
90	 （170）	同上			0.792	φ6	φ6	0.613
					0.955	φ6.5	φ6.5	0.725
					1.144	φ8	φ6	1.046
					1.357	φ8	φ6.5	1.064
					1.596	φ8	φ8	1.124
					1.860	φ10	φ8	1.711
					2.303	φ10	φ10	1.814
					2.802	φ12	φ10	2.571
					3.556	φ12	φ12	2.701
					4.411	φ14	φ10	3.510
						φ14	φ12	3.645
						φ14	φ14	3.804
91	 （300）	8φ12	904.8	0.431	0.539	φ6	φ6	0.540
		8φ14	1231.5	0.586	0.694	φ6.5	φ6.5	0.638
		8φ16	1608.5	0.766	0.874	φ8	φ6	0.966
		8φ18	2035.8	0.969	1.077	φ8	φ6.5	0.971
		8φ20	2513.3	1.197	1.305	φ8	φ8	0.990
		8φ22	3041.1	1.448	1.556	φ10	φ8	1.565
		8φ25	3927.0	1.870	1.978	φ10	φ10	1.598
		8φ28	4926.0	2.346	2.453	φ12	φ10	2.337
		8φ32	6434.0	3.064	3.172	φ12	φ12	2.378
		8φ36	8143.0	3.878	3.985	φ14	φ10	3.256
						φ14	φ12	3.299
						φ14	φ14	3.349

序号	截面形式（最大箍筋肢距、纵筋间距/mm）	纵向受力钢筋			计入φ12构造纵筋的配筋率 ρl(%)	箍筋@100		
		①	As(mm²)	ρ(%)		②	③	ρv(%)
92	（275）	同上			0.646	φ6	φ6	0.570
					0.802	φ6.5	φ6.5	0.675
					0.981	φ8	φ6	0.997
					1.185	φ8	φ6.5	1.008
					1.412	φ8	φ8	1.046
					1.664	φ10	φ8	1.623
					2.085	φ10	φ10	1.689
					2.561	φ12	φ10	2.431
					3.279	φ12	φ12	2.513
					4.093	φ14	φ10	3.353
						φ14	φ12	3.438
						φ14	φ14	3.539
93	（185）	同上			0.754	φ6	φ6	0.601
					0.910	φ6.5	φ6.5	0.711
					1.089	φ8	φ6	1.029
					1.293	φ8	φ6.5	1.045
					1.520	φ8	φ8	1.103
					1.771	φ10	φ8	1.681
					2.193	φ10	φ10	1.779
					2.669	φ12	φ10	2.525
					3.387	φ12	φ12	2.648
					4.201	φ14	φ10	3.450
						φ14	φ12	3.578
						φ14	φ14	3.729
94	（300）	8φ12	904.8	0.411	0.514	φ6	φ6	0.532
		8φ14	1231.5	0.56	0.663	φ6.5	φ6.5	0.630
		8φ16	1608.5	0.731	0.834	φ8	φ6	0.953
		8φ18	2035.8	0.925	1.028	φ8	φ6.5	0.958
		8φ20	2513.3	1.142	1.245	φ8	φ8	0.976
		8φ22	3041.1	1.382	1.485	φ10	φ8	1.544
		8φ25	3927.0	1.785	1.888	φ10	φ10	1.575
		8φ28	4926.0	2.239	2.342	φ12	φ10	2.305
		8φ32	6434.0	2.925	3.027	φ12	φ12	2.344
		8φ36	8143.0	3.701	3.804	φ14	φ10	3.211
						φ14	φ12	3.252
						φ14	φ14	3.300

序号	截面形式（最大箍筋肢距、纵筋间距/mm）	纵向受力钢筋			计入 ϕ12 构造纵筋的配筋率 ρ_1（%）	箍筋@100		
		①	A_s（mm²）	ρ（%）		②	③	ρ_v（%）
95	200 300 600 200 （200）	同上			0.720	ϕ6	ϕ6	0.591
					0.868	ϕ6.5	ϕ6.5	0.699
					1.040	ϕ8	ϕ6	1.013
					1.234	ϕ8	ϕ6.5	1.029
					1.451	ϕ8	ϕ8	1.083
					1.691	ϕ10	ϕ8	1.655
					2.093	ϕ10	ϕ10	1.748
					2.548	ϕ12	ϕ10	2.483
					3.233	ϕ12	ϕ12	2.601
					4.010	ϕ14	ϕ10	3.396
						ϕ14	ϕ12	3.517
						ϕ14	ϕ14	3.661
96	200 350 400 200 （200）	8ϕ12	904.8	0.476	0.714	ϕ6	ϕ6	0.591
		8ϕ14	1231.5	0.648	0.886	ϕ6.5	ϕ6.5	0.700
		8ϕ16	1608.5	0.847	1.085	ϕ8	ϕ6	1.031
		8ϕ18	2035.8	1.071	1.310	ϕ8	ϕ6.5	1.043
		8ϕ20	2513.3	1.323	1.561	ϕ8	ϕ8	1.085
		8ϕ22	3041.1	1.601	1.839	ϕ10	ϕ8	1.680
		8ϕ25	3927.0	2.067	2.305	ϕ10	ϕ10	1.752
		8ϕ28	4926.0	2.593	2.831	ϕ12	ϕ10	2.518
		8ϕ32	6434.0	3.386	3.624	ϕ12	ϕ12	2.609
		8ϕ36	8143.0	4.286	4.524	ϕ14	ϕ10	3.469
						ϕ14	ϕ12	3.564
						ϕ14	ϕ14	3.676
97	200 350 450 200 （225）	8ϕ12	904.8	0.452	0.679	ϕ6	ϕ6	0.580
		8ϕ14	1231.5	0.616	0.842	ϕ6.5	ϕ6.5	0.687
		8ϕ16	1608.5	0.804	1.030	ϕ8	ϕ6	1.013
		8ϕ18	2035.8	1.018	1.244	ϕ8	ϕ6.5	1.025
		8ϕ20	2513.3	1.257	1.483	ϕ8	ϕ8	1.065
		8ϕ22	3041.1	1.521	1.747	ϕ10	ϕ8	1.650
		8ϕ25	3927.0	1.963	2.190	ϕ10	ϕ10	1.719
		8ϕ28	4926.0	2.463	2.689	ϕ12	ϕ10	2.472
		8ϕ32	6434.0	3.217	3.443	ϕ12	ϕ12	2.559
		8ϕ36	8143.0	4.072	4.298	ϕ14	ϕ10	3.408
						ϕ14	ϕ12	3.497
						ϕ14	ϕ14	3.604

序号	截面形式（最大箍筋肢距、纵筋间距/mm）	纵向受力钢筋 ①	A_s(mm²)	ρ（%）	计入$\phi 12$构造纵筋的配筋率 ρ_1（%）	箍筋@100 ②	③	ρ_v（%）
98	200 350 450 200 （175）	同上			0.792	$\phi 6$	$\phi 6$	0.613
					0.955	$\phi 6.5$	$\phi 6.5$	0.725
					1.144	$\phi 8$	$\phi 6$	1.046
					1.357	$\phi 8$	$\phi 6.5$	1.064
					1.596	$\phi 8$	$\phi 8$	1.124
					1.860	$\phi 10$	$\phi 8$	1.711
					2.303	$\phi 10$	$\phi 10$	1.814
					2.802	$\phi 12$	$\phi 10$	2.571
					3.556	$\phi 12$	$\phi 12$	2.701
					4.411	$\phi 14$	$\phi 10$	3.510
						$\phi 14$	$\phi 12$	3.645
						$\phi 14$	$\phi 14$	3.804
99	200 350 500 200 （250）	$8\phi 12$	904.8	0.431	0.646	$\phi 6$	$\phi 6$	0.570
		$8\phi 14$	1231.5	0.586	0.802	$\phi 6.5$	$\phi 6.5$	0.675
		$8\phi 16$	1608.5	0.766	0.981	$\phi 8$	$\phi 6$	0.997
		$8\phi 18$	2035.8	0.969	1.185	$\phi 8$	$\phi 6.5$	1.008
		$8\phi 20$	2513.3	1.197	1.412	$\phi 8$	$\phi 8$	1.046
		$8\phi 22$	3041.1	1.448	1.664	$\phi 10$	$\phi 8$	1.623
		$8\phi 25$	3927.0	1.87	2.085	$\phi 10$	$\phi 10$	1.689
		$8\phi 28$	4926.0	2.346	2.561	$\phi 12$	$\phi 10$	2.431
		$8\phi 32$	6434.0	3.064	3.279	$\phi 12$	$\phi 12$	2.513
		$8\phi 36$	8143.0	3.878	4.093	$\phi 14$	$\phi 10$	3.353
						$\phi 14$	$\phi 12$	3.438
						$\phi 14$	$\phi 14$	3.539
100	200 350 500 200 （175）	同上			0.754	$\phi 6$	$\phi 6$	0.601
					0.910	$\phi 6.5$	$\phi 6.5$	0.711
					1.089	$\phi 8$	$\phi 6$	1.029
					1.293	$\phi 8$	$\phi 6.5$	1.045
					1.520	$\phi 8$	$\phi 8$	1.103
					1.771	$\phi 10$	$\phi 8$	1.681
					2.193	$\phi 10$	$\phi 10$	1.779
					2.669	$\phi 12$	$\phi 10$	2.525
					3.387	$\phi 12$	$\phi 12$	2.648
					4.201	$\phi 14$	$\phi 10$	3.450
						$\phi 14$	$\phi 12$	3.578
						$\phi 14$	$\phi 14$	3.729

序号	截面形式（最大箍筋肢距、纵筋间距/mm）	纵向受力钢筋 ①	A_s(mm²)	ρ（%）	计入φ12构造纵筋的配筋率 ρ_1（%）	箍筋@100 ②	③	ρ_v（%）
101	200 350 550 200（275）	8φ12	904.8	0.411	0.617	φ6	φ6	0.561
		8φ14	1231.5	0.560	0.765	φ6.5	φ6.5	0.664
		8φ16	1608.5	0.731	0.937	φ8	φ6	0.983
		8φ18	2035.8	0.925	1.131	φ8	φ6.5	0.993
		8φ20	2513.3	1.142	1.348	φ8	φ8	1.030
		8φ22	3041.1	1.382	1.588	φ10	φ8	1.599
		8φ25	3927.0	1.785	1.991	φ10	φ10	1.661
		8φ28	4926.0	2.239	2.445	φ12	φ10	2.394
		8φ32	6434.0	2.925	3.130	φ12	φ12	2.472
		8φ36	8143.0	3.701	3.907	φ14	φ10	3.303
						φ14	φ12	3.385
						φ14	φ14	3.481
102	200 350 550 200（185）	同上			0.720	φ6	φ6	0.591
					0.868	φ6.5	φ6.5	0.699
					1.040	φ8	φ6	1.013
					1.234	φ8	φ6.5	1.029
					1.451	φ8	φ8	1.083
					1.691	φ10	φ8	1.655
					2.093	φ10	φ10	1.748
					2.548	φ12	φ10	2.483
					3.233	φ12	φ12	2.601
					4.010	φ14	φ10	3.396
						φ14	φ12	3.517
						φ14	φ14	3.661
103	200 350 600 200（300）	8φ14	1231.5	0.535	0.732	φ6	φ6	0.553
		8φ16	1608.5	0.699	0.896	φ6.5	φ6.5	0.654
		8φ18	2035.8	0.885	1.082	φ8	φ6	0.970
		8φ20	2513.3	1.093	1.289	φ8	φ6.5	0.980
		8φ22	3041.1	1.322	1.519	φ8	φ8	1.015
		8φ25	3927.0	1.707	1.904	φ10	φ8	1.577
		8φ28	4926.0	2.142	2.338	φ10	φ10	1.637
		8φ32	6434.0	2.797	2.994	φ12	φ10	2.360
		8φ36	8143.0	3.540	3.737	φ12	φ12	2.435
		8φ40	10053	4.371	4.568	φ14	φ10	3.259
						φ14	φ12	3.336
						φ14	φ14	3.427

序号	截面形式（最大箍筋肢距、纵筋间距/mm）	纵向受力钢筋			计入 φ12 构造纵筋的配筋率 ρ₁（%）	箍筋@100		
		①	A_s(mm²)	ρ（%）	ρ_1（%）	②	③	ρ_v（%）
104	(截面图 200 350 600 200)（200） 同上				0.830	φ6	φ6	0.581
					0.994	φ6.5	φ6.5	0.687
					1.180	φ8	φ6	0.999
					1.388	φ8	φ6.5	1.014
					1.617	φ8	φ8	1.066
					2.002	φ10	φ8	1.630
					2.437	φ10	φ10	1.719
					3.092	φ12	φ10	2.445
					3.835	φ12	φ12	2.558
					4.666	φ14	φ10	3.347
						φ14	φ12	3.463
						φ14	φ14	3.600
105	(截面图 200 400 450 200)（225）	8φ12	904.8	0.431	0.646	φ6	φ6	0.570
		8φ14	1231.5	0.586	0.802	φ6.5	φ6.5	0.675
		8φ16	1608.5	0.766	0.981	φ8	φ6	0.997
		8φ18	2035.8	0.969	1.185	φ8	φ6.5	1.008
		8φ20	2513.3	1.197	1.412	φ8	φ8	1.046
		8φ22	3041.1	1.448	1.664	φ10	φ8	1.623
		8φ25	3927.0	1.870	2.085	φ10	φ10	1.689
		8φ28	4926.0	2.346	2.561	φ12	φ10	2.431
		8φ32	6434.0	3.064	3.279	φ12	φ12	2.513
		8φ36	8143.0	3.878	4.093	φ14	φ10	3.353
						φ14	φ12	3.438
						φ14	φ14	3.539
106	(截面图 200 400 450 200)（200） 同上				0.754	φ6	φ6	0.601
					0.910	φ6.5	φ6.5	0.711
					1.089	φ8	φ6	1.029
					1.293	φ8	φ6.5	1.045
					1.520	φ8	φ8	1.103
					1.771	φ10	φ8	1.681
					2.193	φ10	φ10	1.779
					2.669	φ12	φ10	2.525
					3.387	φ12	φ12	2.648
					4.201	φ14	φ10	3.45
						φ14	φ12	3.578
						φ14	φ14	3.729

序号	截面形式（最大箍筋肢距、纵筋间距/mm）	纵向受力钢筋 ①	A_s(mm²)	ρ(%)	计入$\phi12$构造纵筋的配筋率 ρ_1(%)	箍筋@100 ②	③	ρ_v(%)
107	200 400 / 500 / 200 （250）	8ϕ12	904.8	0.411	0.617	ϕ6	ϕ6	0.561
		8ϕ14	1231.5	0.560	0.765	ϕ6.5	ϕ6.5	0.664
		8ϕ16	1608.5	0.731	0.937	ϕ8	ϕ6	0.983
		8ϕ18	2035.8	0.925	1.131	ϕ8	ϕ6.5	0.993
		8ϕ20	2513.3	1.142	1.348	ϕ8	ϕ8	1.030
		8ϕ22	3041.1	1.382	1.588	ϕ10	ϕ8	1.599
		8ϕ25	3927.0	1.785	1.991	ϕ10	ϕ10	1.661
		8ϕ28	4926.0	2.239	2.445	ϕ12	ϕ10	2.394
		8ϕ32	6434.0	2.925	3.130	ϕ12	ϕ12	2.472
		8ϕ36	8143.0	3.701	3.907	ϕ14	ϕ10	3.303
						ϕ14	ϕ12	3.385
						ϕ14	ϕ14	3.481
108	200 400 / 500 / 200 （200）	同上			0.720	ϕ6	ϕ6	0.591
					0.868	ϕ6.5	ϕ6.5	0.699
					1.040	ϕ8	ϕ6	1.013
					1.234	ϕ8	ϕ6.5	1.029
					1.451	ϕ8	ϕ8	1.083
					1.691	ϕ10	ϕ8	1.655
					2.093	ϕ10	ϕ10	1.748
					2.548	ϕ12	ϕ10	2.483
					3.233	ϕ12	ϕ12	2.601
					4.010	ϕ14	ϕ10	3.396
						ϕ14	ϕ12	3.517
						ϕ14	ϕ14	3.661
						ϕ16	ϕ10	4.015
109	200 400 / 550 / 200 （275）	8ϕ14	1231.5	0.535	0.732	ϕ6	ϕ6	0.553
		8ϕ16	1608.5	0.699	0.896	ϕ6.5	ϕ6.5	0.654
		8ϕ18	2035.8	0.885	1.082	ϕ8	ϕ6	0.970
		8ϕ20	2513.3	1.093	1.289	ϕ8	ϕ6.5	0.980
		8ϕ22	3041.1	1.322	1.519	ϕ8	ϕ8	1.015
		8ϕ25	3927.0	1.707	1.904	ϕ10	ϕ8	1.577
		8ϕ28	4926.0	2.142	2.338	ϕ10	ϕ10	1.637
		8ϕ32	6434.0	2.797	2.994	ϕ12	ϕ10	2.360
		8ϕ36	8143.0	3.540	3.737	ϕ12	ϕ12	2.435
						ϕ14	ϕ10	3.259
						ϕ14	ϕ12	3.336
						ϕ14	ϕ14	3.427

序号	截面形式（最大箍筋肢距、纵筋间距/mm）	纵向受力钢筋			计入φ12构造纵筋的配筋率 ρ₁（%）	箍筋@100		
		①	A_s(mm²)	ρ（%）	ρ_1（%）	②	③	ρ_v（%）
110	L形截面 200 400 550 200 （200）	同上			0.830	φ6	φ6	0.581
					0.994	φ6.5	φ6.5	0.687
					1.180	φ8	φ6	0.999
					1.388	φ8	φ6.5	1.014
					1.617	φ8	φ8	1.066
					2.002	φ10	φ8	1.630
					2.437	φ10	φ10	1.719
					3.092	φ12	φ10	2.445
					3.835	φ12	φ12	2.558
						φ14	φ10	3.347
						φ14	φ12	3.463
						φ14	φ14	3.600
111	L形截面 200 400 600 200 （300）	8φ14	1231.5	0.513	0.702	φ6	φ6	0.546
		8φ16	1608.5	0.670	0.859	φ6.5	φ6.5	0.646
		8φ18	2035.8	0.848	1.037	φ8	φ6	0.958
		8φ20	2513.3	1.047	1.236	φ8	φ6.5	0.968
		8φ22	3041.1	1.267	1.456	φ8	φ8	1.001
		8φ25	3927.0	1.636	1.825	φ10	φ8	1.557
		8φ28	4926.0	2.053	2.241	φ10	φ10	1.614
		8φ32	6434.0	2.681	2.869	φ12	φ10	2.330
		8φ36	8143.0	3.393	3.581	φ12	φ12	2.401
						φ14	φ10	3.218
						φ14	φ12	3.292
						φ14	φ14	3.379
112	L形截面 200 400 600 200 （200）	同上			0.796	φ6	φ6	0.572
					0.953	φ6.5	φ6.5	0.677
					1.131	φ8	φ6	0.986
					1.330	φ8	φ6.5	1.000
					1.550	φ8	φ8	1.050
					1.919	φ10	φ8	1.608
					2.335	φ10	φ10	1.693
					2.964	φ12	φ10	2.411
					3.676	φ12	φ12	2.518
						φ14	φ10	3.302
						φ14	φ12	3.413
						φ14	φ14	3.544

序号	截面形式（最大箍筋肢距、纵筋间距/mm）	纵向受力钢筋			计入φ12构造纵筋的配筋率 ρ₁(%)	箍筋@100		
		①	A_s(mm²)	ρ(%)		②	③	ρ_v(%)
113	200 450 / 500 200 （250）	8φ14	1231.5	0.535	0.732	φ6	φ6	0.553
		8φ16	1608.5	0.699	0.896	φ6.5	φ6.5	0.654
		8φ18	2035.8	0.885	1.082	φ8	φ6	0.970
		8φ20	2513.3	1.093	1.289	φ8	φ6.5	0.980
		8φ22	3041.1	1.322	1.519	φ8	φ8	1.015
		8φ25	3927.0	1.707	1.904	φ10	φ8	1.577
		8φ28	4926.0	2.142	2.338	φ10	φ10	1.637
		8φ32	6434.0	2.797	2.994	φ12	φ10	2.360
		8φ36	8143.0	3.540	3.737	φ12	φ12	2.435
						φ14	φ10	3.259
						φ14	φ12	3.336
						φ14	φ14	3.427
114	200 450 / 500 200 （170）	同上			0.929	φ6	φ6	0.609
					1.093	φ6.5	φ6.5	0.720
					1.278	φ8	φ6	1.027
					1.486	φ8	φ6.5	1.047
					1.716	φ8	φ8	1.117
					2.101	φ10	φ8	1.683
					2.535	φ10	φ10	1.801
					3.191	φ12	φ10	2.530
					3.934	φ12	φ12	2.680
						φ14	φ10	3.434
						φ14	φ12	3.589
						φ14	φ14	3.772
115	200 450 / 550 200 （275）	8φ14	1231.5	0.513	0.702	φ6	φ6	0.546
		8φ16	1608.5	0.670	0.859	φ6.5	φ6.5	0.646
		8φ18	2035.8	0.848	1.037	φ8	φ6	0.958
		8φ20	2513.3	1.047	1.236	φ8	φ6.5	0.968
		8φ22	3041.1	1.267	1.456	φ8	φ8	1.001
		8φ25	3927.0	1.636	1.825	φ10	φ8	1.557
		8φ28	4926.0	2.053	2.241	φ10	φ10	1.614
		8φ32	6434.0	2.681	2.869	φ12	φ10	2.330
		8φ36	8143.0	3.393	3.581	φ12	φ12	2.401
		8φ40	10053	4.189	4.377	φ14	φ10	3.218
						φ14	φ12	3.292
						φ14	φ14	3.379

序号	截面形式（最大箍筋肢距、纵筋间距/mm）	纵向受力钢筋			计入 φ12 构造纵筋的配筋率 ρ_l（%）	箍筋@100		
		①	A_s(mm²)	ρ（%）		②	③	ρ_v（%）
116	（225）	同上			0.830	$\phi 6$	$\phi 6$	0.572
					0.994	$\phi 6.5$	$\phi 6.5$	0.677
					1.180	$\phi 8$	$\phi 6$	0.986
					1.388	$\phi 8$	$\phi 6.5$	1.000
					1.617	$\phi 8$	$\phi 8$	1.050
					2.002	$\phi 10$	$\phi 8$	1.608
					2.437	$\phi 10$	$\phi 10$	1.693
					3.092	$\phi 12$	$\phi 10$	2.411
					3.835	$\phi 12$	$\phi 12$	2.518
						$\phi 14$	$\phi 10$	3.302
						$\phi 14$	$\phi 12$	3.413
						$\phi 14$	$\phi 14$	3.544
117	（185）	同上			0.929	$\phi 6$	$\phi 6$	0.599
					1.093	$\phi 6.5$	$\phi 6.5$	0.708
					1.278	$\phi 8$	$\phi 6$	1.013
					1.486	$\phi 8$	$\phi 6.5$	1.032
					1.716	$\phi 8$	$\phi 8$	1.098
					2.101	$\phi 10$	$\phi 8$	1.658
					2.535	$\phi 10$	$\phi 10$	1.772
					3.191	$\phi 12$	$\phi 10$	2.492
					3.934	$\phi 12$	$\phi 12$	2.635
					4.764	$\phi 14$	$\phi 10$	3.386
						$\phi 14$	$\phi 12$	3.534
						$\phi 14$	$\phi 14$	3.709
118	（300）	$8\phi 14$	1231.5	0.493	0.674	$\phi 6$	$\phi 6$	0.539
		$8\phi 16$	1608.5	0.643	0.824	$\phi 6.5$	$\phi 6.5$	0.637
		$8\phi 18$	2035.8	0.814	0.995	$\phi 8$	$\phi 6$	0.947
		$8\phi 20$	2513.3	1.005	1.186	$\phi 8$	$\phi 6.5$	0.956
		$8\phi 22$	3041.1	1.216	1.397	$\phi 8$	$\phi 8$	0.988
		$8\phi 25$	3927.0	1.571	1.752	$\phi 10$	$\phi 8$	1.539
		$8\phi 28$	4926.0	1.970	2.151	$\phi 10$	$\phi 10$	1.593
		$8\phi 32$	6434.0	2.574	2.755	$\phi 12$	$\phi 10$	2.301
		$8\phi 36$	8143.0	3.257	3.438	$\phi 12$	$\phi 12$	2.370
		$8\phi 40$	10053	4.021	4.202	$\phi 14$	$\phi 10$	3.180
						$\phi 14$	$\phi 12$	3.251
						$\phi 14$	$\phi 14$	3.335

序号	截面形式（最大箍筋肢距、纵筋间距/mm）	纵向受力钢筋			计入 $\phi 12$ 构造纵筋的配筋率 ρ_1（%）	箍筋@100		
		①	A_s（mm²）	ρ（%）		②	③	ρ_v（%）
119	（225）	同上			0.764	$\phi 6$	$\phi 6$	0.565
					0.915	$\phi 6.5$	$\phi 6.5$	0.668
					1.086	$\phi 8$	$\phi 6$	0.974
					1.277	$\phi 8$	$\phi 6.5$	0.987
					1.488	$\phi 8$	$\phi 8$	1.035
					1.842	$\phi 10$	$\phi 8$	1.587
					2.242	$\phi 10$	$\phi 10$	1.669
					2.845	$\phi 12$	$\phi 10$	2.379
					3.529	$\phi 12$	$\phi 12$	2.482
					4.293	$\phi 14$	$\phi 10$	3.261
						$\phi 14$	$\phi 12$	3.367
						$\phi 14$	$\phi 14$	3.493
120	（200）	同上			0.855	$\phi 6$	$\phi 6$	0.590
					1.005	$\phi 6.5$	$\phi 6.5$	0.698
					1.176	$\phi 8$	$\phi 6$	1.000
					1.367	$\phi 8$	$\phi 6.5$	1.018
					1.578	$\phi 8$	$\phi 8$	1.082
					1.933	$\phi 10$	$\phi 8$	1.636
					2.332	$\phi 10$	$\phi 10$	1.744
					2.936	$\phi 12$	$\phi 10$	2.457
					3.619	$\phi 12$	$\phi 12$	2.594
					4.383	$\phi 14$	$\phi 10$	3.341
						$\phi 14$	$\phi 12$	3.483
						$\phi 14$	$\phi 14$	3.651
121	（275）	$8\phi 14$	1231.5	0.493	0.674	$\phi 6$	$\phi 6$	0.539
		$8\phi 16$	1608.5	0.643	0.824	$\phi 6.5$	$\phi 6.5$	0.637
		$8\phi 18$	2035.8	0.814	0.995	$\phi 8$	$\phi 6$	0.947
		$8\phi 20$	2513.3	1.005	1.186	$\phi 8$	$\phi 6.5$	0.956
		$8\phi 22$	3041.1	1.216	1.397	$\phi 8$	$\phi 8$	0.988
		$8\phi 25$	3927.0	1.571	1.752	$\phi 10$	$\phi 8$	1.539
		$8\phi 28$	4926.0	1.970	2.151	$\phi 10$	$\phi 10$	1.593
		$8\phi 32$	6434.0	2.574	2.755	$\phi 12$	$\phi 10$	2.301
		$8\phi 36$	8143.0	3.257	3.438	$\phi 12$	$\phi 12$	2.370
		$8\phi 40$	10053	4.021	4.202	$\phi 14$	$\phi 10$	3.180
						$\phi 14$	$\phi 12$	3.251
						$\phi 14$	$\phi 14$	3.335

序号	截面形式（最大箍筋肢距、纵筋间距/mm）	纵向受力钢筋 ①	A_s(mm²)	ρ（%）	计入 ϕ12 构造纵筋的配筋率 ρ_1（%）	箍筋@100 ②	③	ρ_v（%）
122	（250）	同上			0.764	ϕ6	ϕ6	0.565
					0.915	ϕ6.5	ϕ6.5	0.668
					1.086	ϕ8	ϕ6	0.974
					1.277	ϕ8	ϕ6.5	0.987
					1.488	ϕ8	ϕ8	1.035
					1.842	ϕ10	ϕ8	1.587
					2.242	ϕ10	ϕ10	1.669
					2.845	ϕ12	ϕ10	2.379
					3.529	ϕ12	ϕ12	2.482
					4.293	ϕ14	ϕ10	3.261
						ϕ14	ϕ12	3.367
						ϕ14	ϕ14	3.493
123	（185）	同上			0.855	ϕ6	ϕ6	0.590
					1.005	ϕ6.5	ϕ6.5	0.698
					1.176	ϕ8	ϕ6	1.000
					1.367	ϕ8	ϕ6.5	1.018
					1.578	ϕ8	ϕ8	1.082
					1.933	ϕ10	ϕ8	1.636
					2.332	ϕ10	ϕ10	1.744
					2.936	ϕ12	ϕ10	2.457
					3.619	ϕ12	ϕ12	2.594
					4.383	ϕ14	ϕ10	3.341
						ϕ14	ϕ12	3.483
						ϕ14	ϕ14	3.651
124	（300）	8ϕ14	1231.5	0.474	0.648	ϕ6	ϕ6	0.533
		8ϕ16	1608.5	0.619	0.793	ϕ6.5	ϕ6.5	0.630
		8ϕ18	2035.8	0.783	0.957	ϕ8	ϕ6	0.937
		8ϕ20	2513.3	0.967	1.141	ϕ8	ϕ6.5	0.946
		8ϕ22	3041.1	1.170	1.344	ϕ8	ϕ8	0.976
		8ϕ25	3927.0	1.510	1.684	ϕ10	ϕ8	1.522
		8ϕ28	4926.0	1.895	2.069	ϕ10	ϕ10	1.574
		8ϕ32	6434.0	2.475	2.649	ϕ12	ϕ10	2.276
		8ϕ36	8143.0	3.132	3.306	ϕ12	ϕ12	2.341
		8ϕ40	10053	3.867	4.041	ϕ14	ϕ10	3.146
						ϕ14	ϕ12	3.214
						ϕ14	ϕ14	3.294

序号	截面形式（最大箍筋肢距、纵筋间距/mm）	纵向受力钢筋			计入φ12构造纵筋的配筋率 ρ_l（%）	箍筋@100		
		①	A_s(mm²)	ρ（%）		②	③	ρ_v（%）
125	[截面图] 200 500 600 200 （250）	同上			0.735	φ6	φ6	0.557
					0.880	φ6.5	φ6.5	0.659
					1.044	φ8	φ6	0.962
					1.228	φ8	φ6.5	0.976
					1.431	φ8	φ8	1.021
					1.771	φ10	φ8	1.569
					2.156	φ10	φ10	1.647
					2.736	φ12	φ10	2.350
					3.393	φ12	φ12	2.449
					4.128	φ14	φ10	3.223
						φ14	φ12	3.325
						φ14	φ14	3.446
126	[截面图] 200 500 600 200 （200）	同上			0.822	φ6	φ6	0.582
					0.967	φ6.5	φ6.5	0.688
					1.131	φ8	φ6	0.988
					1.315	φ8	φ6.5	1.005
					1.518	φ8	φ8	1.066
					1.858	φ10	φ8	1.615
					2.243	φ10	φ10	1.719
					2.823	φ12	φ10	2.425
					3.480	φ12	φ12	2.557
					4.215	φ14	φ10	3.300
						φ14	φ12	3.436
						φ14	φ14	3.597
127	[截面图] 200 550 600 200 （300）	8φ14	1231.5	0.456	0.624	φ6	φ6	0.527
		8φ16	1608.5	0.596	0.763	φ6.5	φ6.5	0.623
		8φ18	2035.8	0.754	0.922	φ8	φ6	0.928
		8φ20	2513.3	0.931	1.098	φ8	φ6.5	0.936
		8φ22	3041.1	1.126	1.294	φ8	φ8	0.966
		8φ25	3927.0	1.454	1.622	φ10	φ8	1.507
		8φ28	4926.0	1.824	1.992	φ10	φ10	1.557
		8φ32	6434.0	2.383	2.551	φ12	φ10	2.252
		8φ36	8143.0	3.016	3.183	φ12	φ12	2.315
		8φ40	10053	3.723	3.891	φ14	φ10	3.114
						φ14	φ12	3.179
						φ14	φ14	3.257

序号	截面形式 （最大箍筋肢距、 纵筋间距/mm）	纵向受力钢筋			计入 φ12 构造 纵筋的配筋率 ρ_l（%）	箍筋@100		
		①	A_s(mm²)	ρ（%）		②	③	ρ_v（%）
128	（275）	同上			0.707	φ6	φ6	0.550
					0.847	φ6.5	φ6.5	0.651
					1.005	φ8	φ6	0.952
					1.182	φ8	φ6.5	0.965
					1.378	φ8	φ8	1.009
					1.706	φ10	φ8	1.551
					2.076	φ10	φ10	1.626
					2.634	φ12	φ10	2.324
					3.267	φ12	φ12	2.418
					3.975	φ14	φ10	3.188
						φ14	φ12	3.286
						φ14	φ14	3.402
129	（200）	同上			0.791	φ6	φ6	0.574
					0.931	φ6.5	φ6.5	0.679
					1.089	φ8	φ6	0.977
					1.266	φ8	φ6.5	0.993
					1.461	φ8	φ8	1.052
					1.790	φ10	φ8	1.596
					2.160	φ10	φ10	1.696
					2.718	φ12	φ10	2.395
					3.351	φ12	φ12	2.522
					4.058	φ14	φ10	3.263
						φ14	φ12	3.393
						φ14	φ14	3.548
130	（200）	8φ12	904.8	0.804		φ6		0.596
		8φ14	1231.5	1.095		φ6.5		0.704
		8φ16	1608.5	1.430		φ8		1.092
		8φ18	2035.8	1.810		φ10		1.759
		8φ20	2513.3	2.234		φ12		2.615
		8φ22	3041.1	2.703		φ14		3.676
		8φ25	3927.0	3.491				
		8φ28	4926.0	4.379				
131	（200）	8φ12	904.8	0.658		φ6		0.533
		8φ14	1231.5	0.896		φ6.5		0.630
		8φ16	1608.5	1.170		φ8		0.976
		8φ18	2035.8	1.481		φ10		1.569

序号	截面形式（最大箍筋肢距、纵筋间距/mm）	纵向受力钢筋			计入φ12构造纵筋的配筋率 ρ₁（%）	箍筋@100		
		①	A_s(mm²)	ρ（%）		②	③	ρ_v（%）
131	250 150 / 150 / 250 （200）	8φ20	2513.3	1.828		φ12		2.327 -
		8φ22	3041.1	2.212		φ14		3.264
		8φ25	3927.0	2.856				
		8φ28	4926.0	3.583				
132	250 200 / 200 / 250 （200）	8φ12	904.8	0.557		φ6		0.492
		8φ14	1231.5	0.758		φ6.5		0.581
		8φ16	1608.5	0.990		φ8		0.899
		8φ18	2035.8	1.253		φ10		1.443
		8φ20	2513.3	1.547		φ12		2.138
		8φ22	3041.1	1.871		φ14		2.994
		8φ25	3927.0	2.417		φ16		4.026
		8φ28	4926.0	3.031				
		8φ32	6434.0	3.959				
133	250 250 / 250 / 250 （250）	8φ12	904.8	0.483		φ6		0.462
		8φ14	1231.5	0.657		φ6.5		0.546
		8φ16	1608.5	0.858		φ8		0.844
		8φ18	2035.8	1.086		φ10		1.354
		8φ20	2513.3	1.340		φ12		2.003
		8φ22	3041.1	1.622		φ14		2.803
		8φ25	3927.0	2.094		φ16		3.765
		8φ28	4926.0	2.627				
		8φ32	6434.0	3.431				
134	250 250 / 250 / 250 （200）	同上			0.724	φ6	φ6	0.548
					0.898	φ6.5	φ6.5	0.648
					1.099	φ8	φ6	0.932
					1.327	φ8	φ6.5	0.947
					1.582	φ8	φ8	1.001
					1.863	φ10	φ8	1.515
					2.336	φ10	φ10	1.606
					2.868	φ12	φ10	2.262
					3.673	φ12	φ12	2.375
						φ14	φ10	3.069
						φ14	φ12	3.186
						φ14	φ14	3.324
						φ16	φ10	4.039

序号	截面形式 （最大箍筋肢距、 纵筋间距/mm）	纵向受力钢筋			计入 $\phi 12$ 构造 纵筋的配筋率 ρ_1（%）	箍筋@100		
		①	A_s（mm²）	ρ（%）		②	③	ρ_v（%）
135	（300）	$8\phi 12$	904.8	0.426		$\phi 6$		0.440
		$8\phi 14$	1231.5	0.580		$\phi 6.5$		0.520
		$8\phi 16$	1608.5	0.757		$\phi 8$		0.803
		$8\phi 18$	2035.8	0.958		$\phi 10$		1.287
		$8\phi 20$	2513.3	1.183		$\phi 12$		1.903
		$8\phi 22$	3041.1	1.431		$\phi 14$		2.661
		$8\phi 25$	3927.0	1.848		$\phi 16$		3.572
		$8\phi 28$	4926.0	2.318				
		$8\phi 32$	6434.0	3.028				
		$8\phi 36$	8143.0	3.832				
136	（200）	同上			0.639	$\phi 6$	$\phi 6$	0.515
					0.792	$\phi 6.5$	$\phi 6.5$	0.609
					0.970	$\phi 8$	$\phi 6$	0.880
					1.171	$\phi 8$	$\phi 6.5$	0.893
					1.396	$\phi 8$	$\phi 8$	0.940
					1.644	$\phi 10$	$\phi 8$	1.428
					2.061	$\phi 10$	$\phi 10$	1.507
					2.531	$\phi 12$	$\phi 10$	2.129
					3.241	$\phi 12$	$\phi 12$	2.228
					4.045	$\phi 14$	$\phi 10$	2.893
						$\phi 14$	$\phi 12$	2.994
						$\phi 14$	$\phi 14$	3.115
						$\phi 16$	$\phi 10$	3.810
						$\phi 16$	$\phi 12$	3.915
						$\phi 16$	$\phi 14$	4.038
137	（200）	$8\phi 14$	1231.5	0.519	0.709	$\phi 6$	$\phi 6$	0.490
		$8\phi 16$	1608.5	0.677	0.868	$\phi 6.5$	$\phi 6.5$	0.578
		$8\phi 18$	2035.8	0.857	1.048	$\phi 8$	$\phi 6$	0.839
		$8\phi 20$	2513.3	1.058	1.249	$\phi 8$	$\phi 6.5$	0.851
		$8\phi 22$	3041.1	1.280	1.471	$\phi 8$	$\phi 8$	0.893
		$8\phi 25$	3927.0	1.653	1.844	$\phi 10$	$\phi 8$	1.360
		$8\phi 28$	4926.0	2.074	2.265	$\phi 10$	$\phi 10$	1.431
		$8\phi 32$	6434.0	2.709	2.900	$\phi 12$	$\phi 10$	2.026
		$8\phi 36$	8143.0	3.429	3.619	$\phi 12$	$\phi 12$	2.114
		$8\phi 40$	10053	4.233	4.423	$\phi 14$	$\phi 10$	2.756

序号	截面形式（最大箍筋肢距、纵筋间距/mm）	纵向受力钢筋			计入 $\phi12$ 构造纵筋的配筋率 ρ_1（%）	箍筋@100		
		①	A_s（mm²）	ρ（%）		②	③	ρ_v（%）
137	（200）					$\phi14$	$\phi12$	2.847
						$\phi14$	$\phi14$	2.954
						$\phi16$	$\phi10$	3.633
						$\phi16$	$\phi12$	3.726
						$\phi16$	$\phi14$	3.836
						$\phi16$	$\phi16$	3.962
138	（200）	$8\phi14$	1231.5	0.469	0.641	$\phi6$	$\phi6$	0.469
		$8\phi16$	1608.5	0.613	0.785	$\phi6.5$	$\phi6.5$	0.554
		$8\phi18$	2035.8	0.776	0.948	$\phi8$	$\phi6$	0.807
		$8\phi20$	2513.3	0.957	1.130	$\phi8$	$\phi6.5$	0.818
		$8\phi22$	3041.1	1.158	1.331	$\phi8$	$\phi8$	0.855
		$8\phi25$	3927.0	1.496	1.668	$\phi10$	$\phi8$	1.306
		$8\phi28$	4926.0	1.877	2.049	$\phi10$	$\phi10$	1.370
		$8\phi32$	6434.0	2.451	2.623	$\phi12$	$\phi10$	1.944
		$8\phi36$	8143.0	3.102	3.274	$\phi12$	$\phi12$	2.023
		$8\phi40$	10053	3.830	4.002	$\phi14$	$\phi10$	2.648
						$\phi14$	$\phi12$	2.729
						$\phi14$	$\phi14$	2.825
						$\phi16$	$\phi10$	3.493
						$\phi16$	$\phi12$	3.576
						$\phi16$	$\phi14$	3.675
						$\phi16$	$\phi16$	3.788
139	（225）	$8\phi14$	1231.5	0.428	0.586	$\phi6$	$\phi6$	0.453
		$8\phi16$	1608.5	0.559	0.717	$\phi6.5$	$\phi6.5$	0.534
		$8\phi18$	2035.8	0.708	0.865	$\phi8$	$\phi6$	0.781
		$8\phi20$	2513.3	0.874	1.032	$\phi8$	$\phi6.5$	0.790
		$8\phi22$	3041.1	1.058	1.215	$\phi8$	$\phi8$	0.824
		$8\phi25$	3927.0	1.366	1.523	$\phi10$	$\phi8$	1.262
		$8\phi28$	4926.0	1.713	1.871	$\phi10$	$\phi10$	1.320
		$8\phi32$	6434.0	2.238	2.395	$\phi12$	$\phi10$	1.877
		$8\phi36$	8143.0	2.832	2.990	$\phi12$	$\phi12$	1.948
		$8\phi40$	10053	3.497	3.654	$\phi14$	$\phi10$	2.560
						$\phi14$	$\phi12$	2.633
						$\phi14$	$\phi14$	2.720
						$\phi16$	$\phi10$	3.378
						$\phi16$	$\phi12$	3.454
						$\phi16$	$\phi14$	3.543
						$\phi16$	$\phi16$	3.646

序号	截面形式（最大箍筋肢距、纵筋间距/mm）	纵向受力钢筋			计入 $\phi12$ 构造纵筋的配筋率 ρ_1（%）	箍筋@100		
		①	A_s（mm²）	ρ（%）		②	③	ρ_v（%）
140	250 450 / 450 / 250 （200）	同上			0.743	$\phi6$	$\phi6$	0.507
					0.874	$\phi6.5$	$\phi6.5$	0.599
					1.023	$\phi8$	$\phi6$	0.837
					1.189	$\phi8$	$\phi6.5$	0.856
					1.372	$\phi8$	$\phi8$	0.924
					1.681	$\phi10$	$\phi8$	1.364
					2.028	$\phi10$	$\phi10$	1.479
					2.553	$\phi12$	$\phi10$	2.040
					3.147	$\phi12$	$\phi12$	2.184
					3.811	$\phi14$	$\phi10$	2.727
						$\phi14$	$\phi12$	2.874
						$\phi14$	$\phi14$	3.049
						$\phi16$	$\phi10$	3.550
						$\phi16$	$\phi12$	3.701
						$\phi16$	$\phi14$	3.880
						$\phi16$	$\phi16$	4.087
141	250 500 / 500 / 250 （250）	$8\phi16$	1608.5	0.515	0.659	$\phi6$	$\phi6$	0.439
		$8\phi18$	2035.8	0.651	0.796	$\phi6.5$	$\phi6.5$	0.518
		$8\phi20$	2513.3	0.804	0.949	$\phi8$	$\phi6$	0.759
		$8\phi22$	3041.1	0.973	1.118	$\phi8$	$\phi6.5$	0.768
		$8\phi25$	3927.0	1.257	1.401	$\phi8$	$\phi8$	0.799
		$8\phi28$	4926.0	1.576	1.721	$\phi10$	$\phi8$	1.226
		$8\phi32$	6434.0	2.059	2.204	$\phi10$	$\phi10$	1.278
		$8\phi36$	8143.0	2.606	2.751	$\phi12$	$\phi10$	1.821
		$8\phi40$	10053	3.217	3.362	$\phi12$	$\phi12$	1.887
						$\phi14$	$\phi10$	2.486
						$\phi14$	$\phi12$	2.554
						$\phi14$	$\phi14$	2.633
						$\phi16$	$\phi10$	3.283
						$\phi16$	$\phi12$	3.352
						$\phi16$	$\phi14$	3.434
						$\phi16$	$\phi16$	3.529
142	250 500 / 500 / 250 （200）	同上			0.804	$\phi6$	$\phi6$	0.489
					0.941	$\phi6.5$	$\phi6.5$	0.577
					1.094	$\phi8$	$\phi6$	0.810
					1.263	$\phi8$	$\phi6.5$	0.828
					1.546	$\phi8$	$\phi8$	0.890
					1.866	$\phi10$	$\phi8$	1.319

序号	截面形式（最大箍筋肢距、纵筋间距/mm）	纵向受力钢筋			计入 $\phi12$ 构造纵筋的配筋率 ρ_1（%）	箍筋@100		
		①	A_s(mm²)	ρ（%）		②	③	ρ_v（%）
142	250 500 / 500 / 250 （200）	同上			2.348	$\phi10$	$\phi10$	1.424
					2.895	$\phi12$	$\phi10$	1.970
					3.507	$\phi12$	$\phi12$	2.102
						$\phi14$	$\phi10$	2.639
						$\phi14$	$\phi12$	2.774
						$\phi14$	$\phi14$	2.934
						$\phi16$	$\phi10$	3.441
						$\phi16$	$\phi12$	3.579
						$\phi16$	$\phi14$	3.743
						$\phi16$	$\phi16$	3.931
143	250 550 / 550 / 250 （275）	$8\phi16$	1608.5	0.477	0.611	$\phi6$	$\phi6$	0.427
		$8\phi18$	2035.8	0.603	0.737	$\phi6.5$	$\phi6.5$	0.504
		$8\phi20$	2513.3	0.745	0.879	$\phi8$	$\phi6$	0.740
		$8\phi22$	3041.1	0.901	1.035	$\phi8$	$\phi6.5$	0.748
		$8\phi25$	3927.0	1.164	1.298	$\phi8$	$\phi8$	0.777
		$8\phi28$	4926.0	1.460	1.594	$\phi10$	$\phi8$	1.195
		$8\phi32$	6434.0	1.906	2.040	$\phi10$	$\phi10$	1.243
		$8\phi26$	8143.0	2.413	2.547	$\phi12$	$\phi10$	1.774
		$8\phi40$	10053	2.979	3.113	$\phi12$	$\phi12$	1.835
		$8\phi50$	15708	4.654	4.788	$\phi14$	$\phi10$	2.424
						$\phi14$	$\phi12$	2.486
						$\phi14$	$\phi14$	2.560
						$\phi16$	$\phi10$	3.203
						$\phi16$	$\phi12$	3.267
						$\phi16$	$\phi14$	3.342
						$\phi16$	$\phi16$	3.429
144	250 550 / 550 / 250 （200）	同上			0.745	$\phi6$	$\phi6$	0.473
					0.871	$\phi6.5$	$\phi6.5$	0.558
					1.013	$\phi8$	$\phi6$	0.787
					1.169	$\phi8$	$\phi6.5$	0.804
					1.432	$\phi8$	$\phi8$	0.861
					1.728	$\phi10$	$\phi8$	1.281
					2.174	$\phi10$	$\phi10$	1.378
					2.681	$\phi12$	$\phi10$	1.912
					3.247	$\phi12$	$\phi12$	2.033

序号	截面形式（最大箍筋肢距、纵筋间距/mm）	纵向受力钢筋			计入φ12构造纵筋的配筋率 ρl（%）	箍筋@100		
		①	As（mm²）	ρ（%）		②	③	ρv（%）
144	 （200）	同上			4.922	φ14	φ10	2.566
						φ14	φ12	2.690
						φ14	φ14	2.837
						φ16	φ10	3.348
						φ16	φ12	3.476
						φ16	φ14	3.627
						φ16	φ16	3.801
145	 （300）	8φ16	1608.5	0.444	0.569	φ6	φ6	0.417
		8φ18	2035.8	0.562	0.686	φ6.5	φ6.5	0.492
		8φ20	2513.3	0.693	0.818	φ8	φ6	0.724
		8φ22	3041.1	0.839	0.964	φ8	φ6.5	0.732
		8φ25	3927.0	1.083	1.208	φ8	φ8	0.758
		8φ28	4926.0	1.359	1.484	φ10	φ8	1.168
		8φ32	6434.0	1.775	1.900	φ10	φ10	1.213
		8φ26	8143.0	2.246	2.371	φ12	φ10	1.734
		8φ40	10053	2.773	2.898	φ12	φ12	1.790
		8φ50	15708	4.333	4.458	φ14	φ10	2.371
						φ14	φ12	2.429
						φ14	φ14	2.497
						φ16	φ10	3.135
						φ16	φ12	3.194
						φ16	φ14	3.264
						φ16	φ16	3.344
146	 （200）	同上			0.693	φ6	φ6	0.460
					0.811	φ6.5	φ6.5	0.543
					0.943	φ8	φ6	0.768
					1.089	φ8	φ6.5	0.783
					1.333	φ8	φ8	0.836
					1.608	φ10	φ8	1.248
					2.024	φ10	φ10	1.338
					2.496	φ12	φ10	1.862
					3.023	φ12	φ12	1.974
					4.583	φ14	φ10	2.502
						φ14	φ12	2.618

序号	截面形式（最大箍筋肢距、纵筋间距/mm）	纵向受力钢筋			计入φ12构造纵筋的配筋率 ρ_l（%）	箍筋@100		
		①	A_s(mm²)	ρ（%）		②	③	$ρ_v$（%）
146	250 / 600 / 600 / 250 (200)	同上				φ14	φ14	2.754
						φ16	φ10	3.269
						φ16	φ12	3.387
						φ16	φ14	3.527
						φ16	φ16	3.689
147	250 / 650 / 650 / 250 (220)	8φ16	1608.5	0.415	0.649	φ6	φ6	0.448
		8φ18	2035.8	0.525	0.759	φ6.5	φ6.5	0.529
		8φ20	2513.3	0.649	0.882	φ8	φ6	0.751
		8φ22	3041.1	0.785	1.018	φ8	φ6.5	0.766
		8φ25	3927.0	1.013	1.247	φ8	φ8	0.815
		8φ28	4926.0	1.271	1.505	φ10	φ8	1.220
		8φ32	6434.0	1.660	1.894	φ10	φ10	1.304
		8φ26	8143.0	2.101	2.335	φ12	φ10	1.818
		8φ40	10053	2.594	2.828	φ12	φ12	1.923
		8φ50	15708	4.054	4.287	φ14	φ10	2.448
						φ14	φ12	2.555
						φ14	φ14	2.682
						φ16	φ10	3.201
						φ16	φ12	3.311
						φ16	φ14	3.442
						φ16	φ16	3.592
148	250 / 650 / 650 / 250 (200)	同上			0.765	φ6	φ6	0.488
					0.876	φ6.5	φ6.5	0.576
					0.999	φ8	φ6	0.792
					1.135	φ8	φ6.5	0.814
					1.364	φ8	φ8	0.888
					1.621	φ10	φ8	1.295
					2.011	φ10	φ10	1.420
					2.452	φ12	φ10	1.937
					2.945	φ12	φ12	2.095
					4.404	φ14	φ10	2.570
						φ14	φ12	2.731
						φ14	φ14	2.922
						φ16	φ10	3.326
						φ16	φ12	3.492
						φ16	φ14	3.687
						φ16	φ16	3.913

序号	截面形式（最大箍筋肢距、纵筋间距/mm）	纵向受力钢筋			计入ϕ12构造纵筋的配筋率 ρ_1（%）	箍筋@100		
		①	A_s(mm²)	ρ（%）		②	③	ρ_v（%）
149	 250 700 700 250 （235）	8ϕ18	2035.8	0.494	0.713	ϕ6	ϕ6	0.438
		8ϕ20	2513.3	0.609	0.829	ϕ6.5	ϕ6.5	0.517
		8ϕ22	3041.1	0.737	0.957	ϕ8	ϕ6	0.737
		8ϕ25	3927.0	0.952	1.171	ϕ8	ϕ6.5	0.750
		8ϕ28	4926.0	1.194	1.414	ϕ8	ϕ8	0.796
		8ϕ32	6434.0	1.560	1.779	ϕ10	ϕ8	1.195
		8ϕ26	8143.0	1.974	2.193	ϕ10	ϕ10	1.274
		8ϕ40	10053	2.437	2.656	ϕ12	ϕ10	1.780
		8ϕ50	15708	3.808	4.027	ϕ12	ϕ12	1.879
						ϕ14	ϕ10	2.400
						ϕ14	ϕ12	2.501
						ϕ14	ϕ14	2.620
						ϕ16	ϕ10	3.141
						ϕ16	ϕ12	3.244
						ϕ16	ϕ14	3.367
						ϕ16	ϕ16	3.508
150	 250 700 700 250 （200）				0.823	ϕ6	ϕ6	0.475
					0.938	ϕ6.5	ϕ6.5	0.561
					1.066	ϕ8	ϕ6	0.775
					1.281	ϕ8	ϕ6.5	0.795
					1.523	ϕ8	ϕ8	0.865
					1.889	ϕ10	ϕ8	1.265
		同上			2.303	ϕ10	ϕ10	1.383
					2.766	ϕ12	ϕ10	1.892
					4.137	ϕ12	ϕ12	2.040
						ϕ14	ϕ10	2.514
						ϕ14	ϕ12	2.666
						ϕ14	ϕ14	2.844
						ϕ16	ϕ10	3.259
						ϕ16	ϕ12	3.414
						ϕ16	ϕ14	3.597
						ϕ16	ϕ16	3.808

序号	截面形式（最大箍筋肢距、纵筋间距/mm）	纵向受力钢筋			计入φ12构造纵筋的配筋率 ρ₁（%）	箍筋@100		
		①	Aₛ（mm²）	ρ（%）		②	③	ρᵥ（%）
151	250 750 / 750 250 （250）（L形截面）	8φ18	2035.8	0.465	0.672	φ6	φ6	0.429
		8φ20	2513.3	0.574	0.781	φ6.5	φ6.5	0.506
		8φ22	3041.1	0.695	0.902	φ8	φ6	0.724
		8φ25	3927.0	0.898	1.104	φ8	φ6.5	0.736
		8φ28	4926.0	1.126	1.333	φ8	φ8	0.780
		8φ32	6434.0	1.471	1.677	φ10	φ8	1.173
		8φ36	8143.0	1.861	2.068	φ10	φ10	1.247
		8φ40	10053	2.298	2.505	φ12	φ10	1.747
		8φ50	15708	3.590	3.797	φ12	φ12	1.839
						φ14	φ10	2.358
						φ14	φ12	2.453
						φ14	φ14	2.565
						φ16	φ10	3.089
						φ16	φ12	3.186
						φ16	φ14	3.301
						φ16	φ16	3.433
152	250 750 / 750 250 （200）（L形截面）	同上			0.776	φ6	φ6	0.464
					0.885	φ6.5	φ6.5	0.548
					1.005	φ8	φ6	0.760
					1.208	φ8	φ6.5	0.779
					1.436	φ8	φ8	0.844
					1.781	φ10	φ8	1.239
					2.171	φ10	φ10	1.350
					2.608	φ12	φ10	1.852
					3.901	φ12	φ12	1.991
						φ14	φ10	2.465
						φ14	φ12	2.608
						φ14	φ14	2.776
						φ16	φ10	3.199
						φ16	φ12	3.345
						φ16	φ14	3.517
						φ16	φ16	3.716

序号	截面形式（最大箍筋肢距、纵筋间距/mm）	纵向受力钢筋			计入 φ12 构造纵筋的配筋率 ρ₁（%）	箍筋@100		
		①	A_s（mm²）	ρ（%）	ρ_1（%）	②	③	ρ_v（%）
153	250 100 250 150 250 （200）	8φ12	904.8	0.724		φ6		0.561
		8φ14	1231.5	0.985		φ6.5		0.663
		8φ16	1608.5	1.287		φ8		1.027
		8φ18	2035.8	1.629		φ10		1.653
		8φ20	2513.3	2.011		φ12		2.455
		8φ22	3041.1	2.433		φ14		3.446
		8φ25	3927.0	3.142				
		8φ28	4926.0	3.941				
154	250 100 200 250 （200）	8φ12	904.8	0.658		φ6		0.533
		8φ14	1231.5	0.896		φ6.5		0.630
		8φ16	1608.5	1.170		φ8		0.976
		8φ18	2035.8	1.481		φ10		1.569
		8φ20	2513.3	1.828		φ12		2.327
		8φ22	3041.1	2.212		φ14		3.264
		8φ25	3927.0	2.856				
		8φ28	4926.0	3.583				
155	250 100 250 250 （250）	8φ12	904.8	0.603		φ6		0.511
		8φ14	1231.5	0.821		φ6.5		0.604
		8φ16	1608.5	1.072		φ8		0.934
		8φ18	2035.8	1.357		φ10		1.500
		8φ20	2513.3	1.676		φ12		2.223
		8φ22	3041.1	2.027		φ14		3.116
		8φ25	3927.0	2.618		φ16		4.193
		8φ28	4926.0	3.284				
		8φ32	6434.0	4.289				
156	250 100 250 250 （200）	同上			0.754	φ6	φ6	0.565
					0.972	φ6.5	φ6.5	0.668
					1.223	φ8	φ6	0.990
					1.508	φ8	φ6.5	1.000
					1.826	φ8	φ8	1.034
					2.178	φ10	φ8	1.603
					2.769	φ10	φ10	1.661
					3.435	φ12	φ10	2.389
					4.440	φ12	φ12	2.462
						φ14	φ10	3.286
						φ14	φ12	3.361
						φ14	φ14	3.450

序号	截面形式（最大箍筋肢距、纵筋间距/mm）	纵向受力钢筋			计入φ12构造纵筋的配筋率 ρ₁（%）	箍筋@100		
		①	A_s(mm²)	ρ（%）	ρ_1（%）	②	③	ρ_v（%）
157	250 100 / 300 / 250 （300）	8φ12	904.8	0.557		φ6		0.492
		8φ14	1231.5	0.758		φ6.5		0.581
		8φ16	1608.5	0.990		φ8		0.899
		8φ18	2035.8	1.253		φ10		1.443
		8φ20	2513.3	1.547		φ12		2.138
		8φ22	3041.1	1.871		φ14		2.994
		8φ25	3927.0	2.417		φ16		4.026
		8φ28	4926.0	3.031				
		8φ32	6434.0	3.959				
158	250 100 / 300 / 250 （200）	同上			0.696	φ6	φ6	0.542
					0.897	φ6.5	φ6.5	0.640
					1.129	φ8	φ6	0.950
					1.392	φ8	φ6.5	0.959
					1.686	φ8	φ8	0.990
					2.011	φ10	φ8	1.537
					2.556	φ10	φ10	1.590
					3.171	φ12	φ10	2.289
					4.099	φ12	φ12	2.355
						φ14	φ10	3.149
						φ14	φ12	3.218
						φ14	φ14	3.299
						φ16	φ10	4.186
159	250 100 / 350 / 250 （200）	8φ12	904.8	0.517	0.646	φ6	φ6	0.522
		8φ14	1231.5	0.704	0.833	φ6.5	φ6.5	0.617
		8φ16	1608.5	0.919	1.048	φ8	φ6	0.917
		8φ18	2035.8	1.163	1.293	φ8	φ6.5	0.925
		8φ20	2513.3	1.436	1.565	φ8	φ8	0.954
		8φ22	3041.1	1.738	1.867	φ10	φ8	1.482
		8φ25	3927.0	2.244	2.373	φ10	φ10	1.531
		8φ28	4926.0	2.815	2.944	φ12	φ10	2.204
		8φ32	6434.0	3.677	3.806	φ12	φ12	2.266
						φ14	φ10	3.034
						φ14	φ12	3.097
						φ14	φ14	3.172
						φ16	φ10	4.033

序号	截面形式（最大箍筋肢距、纵筋间距/mm）	纵向受力钢筋			计入 $\phi12$ 构造纵筋的配筋率 ρ_1（%）	箍筋@100		
		①	A_s（mm²）	ρ（%）		②	③	ρ_v（%）
160	250 100 400 250 （200）	$8\phi12$	904.8	0.483	0.603	$\phi6$	$\phi6$	0.505
		$8\phi14$	1231.5	0.657	0.777	$\phi6.5$	$\phi6.5$	0.597
		$8\phi16$	1608.5	0.858	0.979	$\phi8$	$\phi6$	0.888
		$8\phi18$	2035.8	1.086	1.206	$\phi8$	$\phi6.5$	0.896
		$8\phi20$	2513.3	1.340	1.461	$\phi8$	$\phi8$	0.922
		$8\phi22$	3041.1	1.622	1.743	$\phi10$	$\phi8$	1.434
		$8\phi25$	3927.0	2.094	2.215	$\phi10$	$\phi10$	1.480
		$8\phi28$	4926.0	2.627	2.748	$\phi12$	$\phi10$	2.132
		$8\phi32$	6434.0	3.431	3.552	$\phi12$	$\phi12$	2.189
						$\phi14$	$\phi10$	2.936
						$\phi14$	$\phi12$	2.994
						$\phi14$	$\phi14$	3.063
						$\phi16$	$\phi10$	3.902
						$\phi16$	$\phi12$	3.962
161	250 100 450 250 （225）	$8\phi12$	904.8	0.452	0.565	$\phi6$	$\phi6$	0.491
		$8\phi14$	1231.5	0.616	0.729	$\phi6.5$	$\phi6.5$	0.580
		$8\phi16$	1608.5	0.804	0.917	$\phi8$	$\phi6$	0.863
		$8\phi18$	2035.8	1.018	1.131	$\phi8$	$\phi6.5$	0.870
		$8\phi20$	2513.3	1.257	1.370	$\phi8$	$\phi8$	0.895
		$8\phi22$	3041.1	1.521	1.634	$\phi10$	$\phi8$	1.393
		$8\phi25$	3927.0	1.963	2.077	$\phi10$	$\phi10$	1.436
		$8\phi28$	4926.0	2.463	2.576	$\phi12$	$\phi10$	2.070
		$8\phi32$	6434.0	3.217	3.330	$\phi12$	$\phi12$	2.123
		$8\phi36$	8143.0	4.072	4.185	$\phi14$	$\phi10$	2.851
						$\phi14$	$\phi12$	2.905
						$\phi14$	$\phi14$	2.970
						$\phi16$	$\phi10$	3.789
						$\phi16$	$\phi12$	3.845
						$\phi16$	$\phi14$	3.911
						$\phi16$	$\phi16$	3.988
162	250 100 450 250 （200）	同上			0.679	$\phi6$	$\phi6$	0.531
					0.842	$\phi6.5$	$\phi6.5$	0.627
					1.030	$\phi8$	$\phi6$	0.904
					1.244	$\phi8$	$\phi6.5$	0.918
					1.483	$\phi8$	$\phi8$	0.968
					1.747	$\phi10$	$\phi8$	1.468
					2.190	$\phi10$	$\phi10$	1.553

序号	截面形式（最大箍筋肢距、纵筋间距/mm）	纵向受力钢筋 ①	A_s(mm²)	ρ（%）	计入φ12构造纵筋的配筋率 ρ_l（%）	箍筋@100 ②	③	ρ_v（%）
162	250 100 / 450 / 250 （200）	同上			2.689	φ12	φ10	2.191
					3.443	φ12	φ12	2.297
					4.298	φ14	φ10	2.975
						φ14	φ12	3.083
						φ14	φ14	3.212
						φ16	φ10	3.916
						φ16	φ12	4.028
163	250 100 / 500 / 250 （250）	8φ12	904.8	0.426	0.532	φ6	φ6	0.478
		8φ14	1231.5	0.580	0.686	φ6.5	φ6.5	0.564
		8φ16	1608.5	0.757	0.863	φ8	φ6	0.841
		8φ18	2035.8	0.958	1.064	φ8	φ6.5	0.848
		8φ20	2513.3	1.183	1.289	φ8	φ8	0.871
		8φ22	3041.1	1.431	1.538	φ10	φ8	1.358
		8φ25	3927.0	1.848	1.954	φ10	φ10	1.397
		8φ28	4926.0	2.318	2.425	φ12	φ10	2.016
		8φ32	6434.0	3.028	3.134	φ12	φ12	2.066
		8φ36	8143.0	3.832	3.938	φ14	φ10	2.777
						φ14	φ12	2.828
						φ14	φ14	2.888
						φ16	φ10	3.691
						φ16	φ12	3.743
						φ16	φ14	3.805
						φ16	φ16	3.877
164	250 100 / 500 / 250 （200）	同上			0.639	φ6	φ6	0.515
					0.792	φ6.5	φ6.5	0.609
					0.970	φ8	φ6	0.880
					1.171	φ8	φ6.5	0.893
					1.396	φ8	φ8	0.940
					1.644	φ10	φ8	1.428
					2.061	φ10	φ10	1.507
					2.531	φ12	φ10	2.129
					3.241	φ12	φ12	2.228
					4.045	φ14	φ10	2.893
						φ14	φ12	2.994
						φ14	φ14	3.115
						φ16	φ10	3.810
						φ16	φ12	3.915
						φ16	φ14	4.038

序号	截面形式（最大箍筋肢距、纵筋间距/mm）	纵向受力钢筋			计入φ12构造纵筋的配筋率 ρ₁（%）	箍筋@100		
		①	A_s(mm²)	ρ（%）	ρ_1（%）	②	③	ρ_v（%）
165	250 100 / 550 / 250 （275）	8φ12	904.8	0.402	0.503	φ6	φ6	0.466
		8φ14	1231.5	0.547	0.648	φ6.5	φ6.5	0.551
		8φ16	1608.5	0.715	0.815	φ8	φ6	0.822
		8φ18	2035.8	0.905	1.005	φ8	φ6.5	0.828
		8φ20	2513.3	1.117	1.218	φ8	φ8	0.850
		8φ22	3041.1	1.352	1.452	φ10	φ8	1.326
		8φ25	3927.0	1.745	1.846	φ10	φ10	1.363
		8φ28	4926.0	2.189	2.290	φ12	φ10	1.968
		8φ32	6434.0	2.860	2.960	φ12	φ12	2.015
		8φ36	8143.0	3.619	3.720	φ14	φ10	2.711
						φ14	φ12	2.759
						φ14	φ14	2.816
						φ16	φ10	3.604
						φ16	φ12	3.654
						φ16	φ14	3.712
						φ16	φ16	3.779
166	250 100 / 550 / 250 （200）	同上			0.603	φ6	φ6	0.502
					0.748	φ6.5	φ6.5	0.593
					0.916	φ8	φ6	0.858
					1.106	φ8	φ6.5	0.871
					1.318	φ8	φ8	0.915
					1.553	φ10	φ8	1.392
					1.946	φ10	φ10	1.466
					2.390	φ12	φ10	2.074
					3.061	φ12	φ12	2.167
					3.820	φ14	φ10	2.820
						φ14	φ12	2.916
						φ14	φ14	3.029
						φ16	φ10	3.716
						φ16	φ12	3.815
						φ16	φ14	3.931
167	250 100 / 600 / 250 （300）	8φ14	1231.5	0.519	0.614	φ6	φ6	0.456
		8φ16	1608.5	0.677	0.773	φ6.5	φ6.5	0.539
		8φ18	2035.8	0.857	0.952	φ8	φ6	0.805
		8φ20	2513.3	1.058	1.153	φ8	φ6.5	0.811
		8φ22	3041.1	1.280	1.376	φ8	φ8	0.832
		8φ25	3927.0	1.653	1.749	φ10	φ8	1.298
		8φ28	4926.0	2.074	2.169	φ10	φ10	1.333

序号	截面形式（最大箍筋肢距、纵筋间距/mm）	纵向受力钢筋			计入φ12构造纵筋的配筋率 ρ₁（%）	箍筋@100		
		①	A_s(mm²)	ρ（%）		②	③	ρ_v（%）
167	250 100 / 600 / 250 （300）	8φ32	6434.0	2.709	2.804	φ12	φ10	1.926
		8φ36	8143.0	3.429	3.524	φ12	φ12	1.970
		8φ40	10053	4.233	4.328	φ14	φ10	2.654
						φ14	φ12	2.699
						φ14	φ14	2.752
						φ16	φ10	3.528
						φ16	φ12	3.574
						φ16	φ14	3.629
						φ16	φ16	3.779
168	250 100 / 600 / 250 （200）	同上			0.709	φ6	φ6	0.490
					0.868	φ6.5	φ6.5	0.578
					1.048	φ8	φ6	0.839
					1.249	φ8	φ6.5	0.851
					1.471	φ8	φ8	0.893
					1.844	φ10	φ8	1.360
					2.265	φ10	φ10	1.431
					2.900	φ12	φ10	2.026
					3.619	φ12	φ12	2.114
					4.423	φ14	φ10	2.756
						φ14	φ12	2.847
						φ14	φ14	2.954
						φ16	φ10	3.633
						φ16	φ12	3.726
						φ16	φ14	3.836
						φ16	φ16	4.065
169	250 100 / 650 / 250 （220）	8φ14	1231.5	0.493	0.674	φ6	φ6	0.479
		8φ16	1608.5	0.643	0.824	φ6.5	φ6.5	0.566
		8φ18	2035.8	0.814	0.995	φ8	φ6	0.822
		8φ20	2513.3	1.005	1.186	φ8	φ6.5	0.834
		8φ22	3041.1	1.216	1.397	φ8	φ8	0.873
		8φ25	3927.0	1.571	1.752	φ10	φ8	1.332
		8φ28	4926.0	1.970	2.151	φ10	φ10	1.398
		8φ32	6434.0	2.574	2.755	φ12	φ10	1.982
		8φ36	8143.0	3.257	3.438	φ12	φ12	2.066
		8φ40	10053	4.021	4.202	φ14	φ10	2.699

序号	截面形式（最大箍筋肢距、纵筋间距/mm）	纵向受力钢筋			计入ϕ12构造纵筋的配筋率 ρ_1（%）	箍筋@100		
		①	A_s(mm²)	ρ（%）		②	③	ρ_v（%）
169	250 100 / 650 / 250 （220）					ϕ14	ϕ12	2.785
						ϕ14	ϕ14	2.886
						ϕ16	ϕ10	3.559
						ϕ16	ϕ12	3.647
						ϕ16	ϕ14	3.751
						ϕ16	ϕ16	3.871
170	250 100 / 650 / 250 （200）	同上			0.764	ϕ6	ϕ6	0.511
					0.915	ϕ6.5	ϕ6.5	0.603
					1.086	ϕ8	ϕ6	0.855
					1.277	ϕ8	ϕ6.5	0.872
					1.488	ϕ8	ϕ8	0.930
					1.842	ϕ10	ϕ8	1.391
					2.242	ϕ10	ϕ10	1.491
					2.845	ϕ12	ϕ10	2.077
					3.529	ϕ12	ϕ12	2.202
					4.293	ϕ14	ϕ10	2.796
						ϕ14	ϕ12	2.925
						ϕ14	ϕ14	3.077
						ϕ16	ϕ10	3.659
						ϕ16	ϕ12	3.791
						ϕ16	ϕ14	3.947
171	250 100 / 700 / 250 （235）	8ϕ14	1231.5	0.469	0.641	ϕ6	ϕ6	0.469
		8ϕ16	1608.5	0.613	0.785	ϕ6.5	ϕ6.5	0.554
		8ϕ18	2035.8	0.776	0.948	ϕ8	ϕ6	0.807
		8ϕ20	2513.3	0.957	1.130	ϕ8	ϕ6.5	0.818
		8ϕ22	3041.1	1.158	1.331	ϕ8	ϕ8	0.855
		8ϕ25	3927.0	1.496	1.668	ϕ10	ϕ8	1.306
		8ϕ28	4926.0	1.877	2.049	ϕ10	ϕ10	1.370
		8ϕ32	6434.0	2.451	2.623	ϕ12	ϕ10	1.944
		8ϕ36	8143.0	3.102	3.274	ϕ12	ϕ12	2.023
		8ϕ40	10053	3.830	4.002	ϕ14	ϕ10	2.648
						ϕ14	ϕ12	2.729
						ϕ14	ϕ14	2.825
						ϕ16	ϕ10	3.493
						ϕ16	ϕ12	3.576
						ϕ16	ϕ14	3.675
						ϕ16	ϕ16	3.788

序号	截面形式（最大箍筋肢距、纵筋间距/mm）	纵向受力钢筋			计入 $\phi12$ 构造纵筋的配筋率 ρ_1（%）	箍筋@100		
		①	A_s(mm²)	ρ（%）		②	③	ρ_v（%）
172	250 100 / 700 / 250 / （200）	同上			0.728	$\phi6$	$\phi6$	0.499
					0.871	$\phi6.5$	$\phi6.5$	0.590
					1.034	$\phi8$	$\phi6$	0.838
					1.216	$\phi8$	$\phi6.5$	0.854
					1.417	$\phi8$	$\phi8$	0.910
					1.755	$\phi10$	$\phi8$	1.363
					2.135	$\phi10$	$\phi10$	1.457
					2.710	$\phi12$	$\phi10$	2.034
					3.361	$\phi12$	$\phi12$	2.152
					4.088	$\phi14$	$\phi10$	2.740
						$\phi14$	$\phi12$	2.862
						$\phi14$	$\phi14$	3.006
						$\phi16$	$\phi10$	3.587
						$\phi16$	$\phi12$	3.713
						$\phi16$	$\phi14$	3.860
						$\phi16$	$\phi16$	4.031
173	250 100 / 750 / 250 / （250）	$8\phi14$	1231.5	0.448	0.612	$\phi6$	$\phi6$	0.461
		$8\phi16$	1608.5	0.585	0.749	$\phi6.5$	$\phi6.5$	0.544
		$8\phi18$	2035.8	0.740	0.905	$\phi8$	$\phi6$	0.793
		$8\phi20$	2513.3	0.914	1.078	$\phi8$	$\phi6.5$	0.803
		$8\phi22$	3041.1	1.106	1.270	$\phi8$	$\phi8$	0.839
		$8\phi25$	3927.0	1.428	1.593	$\phi10$	$\phi8$	1.283
		$8\phi28$	4926.0	1.791	1.956	$\phi10$	$\phi10$	1.343
		$8\phi32$	6434.0	2.340	2.504	$\phi12$	$\phi10$	1.908
		$8\phi36$	8143.0	2.961	3.126	$\phi12$	$\phi12$	1.984
		$8\phi40$	10053	3.656	3.820	$\phi14$	$\phi10$	2.602
						$\phi14$	$\phi12$	2.679
						$\phi14$	$\phi14$	2.770
						$\phi16$	$\phi10$	3.433
						$\phi16$	$\phi12$	3.512
						$\phi16$	$\phi14$	3.606
						$\phi16$	$\phi16$	3.714

序号	截面形式（最大箍筋肢距、纵筋间距/mm）	纵向受力钢筋			计入φ12构造纵筋的配筋率 ρ₁（%）	箍筋@100		
		①	A_s（mm²）	ρ（%）		②	③	ρ_v（%）
174	250 100 / 750 / 250 （200）	同上			0.695	φ6	φ6	0.489
					0.832	φ6.5	φ6.5	0.578
					0.987	φ8	φ6	0.823
					1.161	φ8	φ6.5	0.838
					1.353	φ8	φ8	0.891
					1.675	φ10	φ8	1.337
					2.038	φ10	φ10	1.427
					2.586	φ12	φ10	1.994
					3.208	φ12	φ12	2.107
					3.902	φ14	φ10	2.689
						φ14	φ12	2.805
						φ14	φ14	2.942
						φ16	φ10	3.523
						φ16	φ12	3.642
						φ16	φ14	3.782
						φ16	φ16	3.945
175	250 150 / 200 / 250 （200）	8φ12	904.8	0.603		φ6		0.511
		8φ14	1231.5	0.821		φ6.5		0.604
		8φ16	1608.5	1.072		φ8		0.934
		8φ18	2035.8	1.357		φ10		1.500
		8φ20	2513.3	1.676		φ12		2.223
		8φ22	3041.1	2.027		φ14		3.116
		8φ25	3927.0	2.618		φ16		4.193
		8φ28	4926.0	3.284				
		8φ32	6434.0	4.289				
176	250 150 / 250 / 250 （250）	8φ12	904.8	0.557		φ6		0.492
		8φ14	1231.5	0.758		φ6.5		0.581
		8φ16	1608.5	0.990		φ8		0.899
		8φ18	2035.8	1.253		φ10		1.443
		8φ20	2513.3	1.547		φ12		2.138
		8φ22	3041.1	1.871		φ14		2.994
		8φ25	3927.0	2.417		φ16		4.026
		8φ28	4926.0	3.031				
		8φ32	6434.0	3.959				

序号	截面形式（最大箍筋肢距、纵筋间距/mm）	纵向受力钢筋			计入φ12构造纵筋的配筋率 ρ₁（%）	箍筋@100		
		①	A_s(mm²)	ρ（%）		②	③	ρ_v（%）
177	250 150 250 250（200）	同上			0.696	φ6	φ6	0.542
					0.897	φ6.5	φ6.5	0.640
					1.129	φ8	φ6	0.950
					1.392	φ8	φ6.5	0.959
					1.686	φ8	φ8	0.990
					2.011	φ10	φ8	1.537
					2.556	φ10	φ10	1.590
					3.171	φ12	φ10	2.289
					4.099	φ12	φ12	2.355
						φ14	φ10	3.149
						φ14	φ12	3.218
						φ14	φ14	3.299
						φ16	φ10	4.186
178	250 150 300 250（300）	8φ12	904.8	0.517		φ6		0.476
		8φ14	1231.5	0.704		φ6.5		0.562
		8φ16	1608.5	0.919		φ8		0.869
		8φ18	2035.8	1.163		φ10		1.395
		8φ20	2513.3	1.436		φ12		2.065
		8φ22	3041.1	1.738		φ14		2.891
		8φ25	3927.0	2.244		φ16		3.885
		4φ28	4926.0	2.815				
		8φ32	6434.0	3.677				
179	250 150 300 250（200）	同上			0.646	φ6	φ6	0.522
					0.833	φ6.5	φ6.5	0.617
					1.048	φ8	φ6	0.917
					1.293	φ8	φ6.5	0.925
					1.565	φ8	φ8	0.954
					1.867	φ10	φ8	1.482
					2.373	φ10	φ10	1.531
					2.944	φ12	φ10	2.204
					3.806	φ12	φ12	2.266
						φ14	φ10	3.034
						φ14	φ12	3.097
						φ14	φ14	3.172
						φ16	φ10	4.033

序号	截面形式（最大箍筋肢距、纵筋间距/mm）	纵向受力钢筋 ①	A_s(mm²)	ρ（%）	计入 ϕ12 构造纵筋的配筋率 ρ_1（%）	箍筋@100 ②	③	ρ_v（%）
180	250 150 / 350 / 250 （200）	8ϕ12	904.8	0.483	0.603	ϕ6	ϕ6	0.505
		8ϕ14	1231.5	0.657	0.777	ϕ6.5	ϕ6.5	0.597
		8ϕ16	1608.5	0.858	0.979	ϕ8	ϕ6	0.888
		8ϕ18	2035.8	1.086	1.206	ϕ8	ϕ6.5	0.896
		8ϕ20	2513.3	1.340	1.461	ϕ8	ϕ8	0.922
		8ϕ22	3041.1	1.622	1.743	ϕ10	ϕ8	1.434
		8ϕ25	3927.0	2.094	2.215	ϕ10	ϕ10	1.480
		4ϕ28	4926.0	2.627	2.748	ϕ12	ϕ10	2.132
		8ϕ32	6434.0	3.431	3.552	ϕ12	ϕ12	2.189
						ϕ14	ϕ10	2.936
						ϕ14	ϕ12	2.994
						ϕ14	ϕ14	3.063
						ϕ16	ϕ10	3.902
						ϕ16	ϕ12	3.962
181	250 150 / 400 / 250 （200）	8ϕ12	904.8	0.452	0.565	ϕ6	ϕ6	0.491
		8ϕ14	1231.5	0.616	0.729	ϕ6.5	ϕ6.5	0.580
		8ϕ16	1608.5	0.804	0.917	ϕ8	ϕ6	0.863
		8ϕ18	2035.8	1.018	1.131	ϕ8	ϕ6.5	0.870
		8ϕ20	2513.3	1.257	1.370	ϕ8	ϕ8	0.895
		8ϕ22	3041.1	1.521	1.634	ϕ10	ϕ8	1.393
		8ϕ25	3927.0	1.963	2.077	ϕ10	ϕ10	1.436
		8ϕ28	4926.0	2.463	2.576	ϕ12	ϕ10	2.070
		8ϕ32	6434.0	3.217	3.330	ϕ12	ϕ12	2.123
		8ϕ36	8143.0	4.072	4.185	ϕ14	ϕ10	2.851
						ϕ14	ϕ12	2.905
						ϕ14	ϕ14	2.970
						ϕ16	ϕ10	3.789
						ϕ16	ϕ12	3.845
						ϕ16	ϕ14	3.911
						ϕ16	ϕ16	3.988
182	250 150 / 450 / 250 （225）	8ϕ12	904.8	0.426	0.532	ϕ6	ϕ6	0.478
		8ϕ14	1231.5	0.580	0.686	ϕ6.5	ϕ6.5	0.564
		8ϕ16	1608.5	0.757	0.863	ϕ8	ϕ6	0.841
		8ϕ18	2035.8	0.958	1.064	ϕ8	ϕ6.5	0.848
		8ϕ20	2513.3	1.183	1.289	ϕ8	ϕ8	0.871
		8ϕ22	3041.1	1.431	1.538	ϕ10	ϕ8	1.358
		8ϕ25	3927.0	1.848	1.954	ϕ10	ϕ10	1.397

序号	截面形式（最大箍筋肢距、纵筋间距/mm）	纵向受力钢筋			计入φ12构造纵筋的配筋率 ρ₁(%)	箍筋@100		
		①	A_s(mm²)	ρ(%)	ρ_1(%)	②	③	ρ_v(%)
182	（225）	4φ28	4926.0	2.318	2.425	φ12	φ10	2.016
		8φ32	6434.0	3.028	3.134	φ12	φ12	2.066
		8φ36	8143.0	3.832	3.938	φ14	φ10	2.777
						φ14	φ12	2.828
						φ14	φ14	2.888
						φ16	φ10	3.691
						φ16	φ12	3.743
						φ16	φ14	3.805
						φ16	φ16	3.877
183	（200）	同上			0.639	φ6	φ6	0.515
					0.792	φ6.5	φ6.5	0.609
					0.970	φ8	φ6	0.880
					1.171	φ8	φ6.5	0.893
					1.396	φ8	φ8	0.940
					1.644	φ10	φ8	1.428
					2.061	φ10	φ10	1.507
					2.531	φ12	φ10	2.129
					3.241	φ12	φ12	2.228
					4.045	φ14	φ10	2.893
						φ14	φ12	2.994
						φ14	φ14	3.115
						φ16	φ10	3.810
184	（250）	8φ12	904.8	0.402	0.503	φ6	φ6	0.466
		8φ14	1231.5	0.547	0.648	φ6.5	φ6.5	0.551
		8φ16	1608.5	0.715	0.815	φ8	φ6	0.822
		8φ18	2035.8	0.905	1.005	φ8	φ6.5	0.828
		8φ20	2513.3	1.117	1.218	φ8	φ8	0.850
		8φ22	3041.1	1.352	1.452	φ10	φ8	1.326
		8φ25	3927.0	1.745	1.846	φ10	φ10	1.363
		8φ28	4926.0	2.189	2.290	φ12	φ10	1.968
		8φ32	6434.0	2.860	2.960	φ12	φ12	2.015
		8φ36	8143.0	3.619	3.720	φ14	φ10	2.711
						φ14	φ12	2.759
						φ14	φ14	2.816
						φ16	φ10	3.604
						φ16	φ12	3.654
						φ16	φ14	3.712
						φ16	φ16	3.779

序号	截面形式（最大箍筋肢距、纵筋间距/mm）	①	A_s(mm²)	ρ（%）	计入 ϕ12 构造纵筋的配筋率 ρ_1（%）	②	③	ρ_v（%）
185	250 150 / 500 / 250 / （200）	同上			0.603	ϕ6	ϕ6	0.502
					0.748	ϕ6.5	ϕ6.5	0.593
					0.916	ϕ8	ϕ6	0.858
					1.106	ϕ8	ϕ6.5	0.871
					1.318	ϕ8	ϕ8	0.915
					1.553	ϕ10	ϕ8	1.392
					1.946	ϕ10	ϕ10	1.466
					2.390	ϕ12	ϕ10	2.074
					3.061	ϕ12	ϕ12	2.167
					3.820	ϕ14	ϕ10	2.820
						ϕ14	ϕ12	2.916
						ϕ14	ϕ14	3.029
						ϕ16	ϕ10	3.716
						ϕ16	ϕ12	3.815
						ϕ16	ϕ14	3.931
186	250 150 / 550 / 250 / （275）	8ϕ14	1231.5	0.519	0.614	ϕ6	ϕ6	0.456
		8ϕ16	1608.5	0.677	0.773	ϕ6.5	ϕ6.5	0.539
		8ϕ18	2035.8	0.857	0.952	ϕ8	ϕ6	0.805
		8ϕ20	2513.3	1.058	1.153	ϕ8	ϕ6.5	0.811
		8ϕ22	3041.1	1.280	1.376	ϕ8	ϕ8	0.832
		8ϕ25	3927.0	1.653	1.749	ϕ10	ϕ8	1.298
		4ϕ28	4926.0	2.074	2.169	ϕ10	ϕ10	1.333
		8ϕ32	6434.0	2.709	2.804	ϕ12	ϕ10	1.926
		8ϕ36	8143	3.429	3.524	ϕ12	ϕ12	1.970
		8ϕ40	10053	4.233	4.328	ϕ14	ϕ10	2.654
						ϕ14	ϕ12	2.699
						ϕ14	ϕ14	2.752
						ϕ16	ϕ10	3.528
						ϕ16	ϕ12	3.574
						ϕ16	ϕ14	3.629
						ϕ16	ϕ16	3.692
187	250 150 / 550 / 250 / （200）	同上			0.709	ϕ6	ϕ6	0.490
					0.868	ϕ6.5	ϕ6.5	0.578
					1.048	ϕ8	ϕ6	0.839
					1.249	ϕ8	ϕ6.5	0.851
					1.471	ϕ8	ϕ8	0.893
					1.844	ϕ10	ϕ8	1.360

序号	截面形式（最大箍筋肢距、纵筋间距/mm）	纵向受力钢筋			计入φ12构造纵筋的配筋率 ρ₁（%）	箍筋@100		
		①	A_s(mm²)	ρ（%）	ρ_1（%）	②	③	ρ_v（%）
187	250 150 / 550 / 250 （200）	同上			2.265	φ10	φ10	1.431
					2.900	φ12	φ10	2.026
					3.619	φ12	φ12	2.114
					4.423	φ14	φ10	2.756
						φ14	φ12	2.847
						φ14	φ14	2.954
						φ16	φ10	3.633
						φ16	φ12	3.726
						φ16	φ14	3.836
						φ16	φ16	3.962
188	250 150 / 600 / 250 （300）	8φ14	1231.5	0.493	0.583	φ6	φ6	0.447
		8φ16	1608.5	0.643	0.734	φ6.5	φ6.5	0.528
		8φ18	2035.8	0.814	0.905	φ8	φ6	0.790
		8φ20	2513.3	1.005	1.096	φ8	φ6.5	0.796
		8φ22	3041.1	1.216	1.307	φ8	φ8	0.815
		8φ25	3927.0	1.571	1.661	φ10	φ8	1.273
		4φ28	4926.0	1.970	2.061	φ10	φ10	1.306
		8φ32	6434.0	2.574	2.664	φ12	φ10	1.888
		8φ36	8143.0	3.257	3.348	φ12	φ12	1.929
		8φ40	10053	4.021	4.112	φ14	φ10	2.602
						φ14	φ12	2.645
						φ14	φ14	2.695
						φ16	φ10	3.459
						φ16	φ12	3.503
						φ16	φ14	3.555
						φ16	φ16	3.615
189	250 150 / 600 / 250 （200）	同上			0.674	φ6	φ6	0.479
					0.824	φ6.5	φ6.5	0.566
					0.995	φ8	φ6	0.822
					1.186	φ8	φ6.5	0.834
					1.397	φ8	φ8	0.873
					1.752	φ10	φ8	1.332
					2.151	φ10	φ10	1.398
					2.755	φ12	φ10	1.982
					3.438	φ12	φ12	2.066
					4.202	φ14	φ10	2.699
						φ14	φ12	2.785

序号	截面形式（最大箍筋肢距、纵筋间距/mm）	纵向受力钢筋			计入 $\phi12$ 构造纵筋的配筋率 ρ_1（%）	箍筋@100		
		①	A_s(mm²)	ρ（%）		②	③	ρ_v（%）
189	250 150 600 250 （200）	同上				$\phi14$	$\phi14$	2.886
						$\phi16$	$\phi10$	3.559
						$\phi16$	$\phi12$	3.647
						$\phi16$	$\phi14$	3.751
						$\phi16$	$\phi16$	3.871
190	250 150 650 250 （220）	$8\phi14$	1231.5	0.469	0.641	$\phi6$	$\phi6$	0.469
		$8\phi16$	1608.5	0.613	0.785	$\phi6.5$	$\phi6.5$	0.554
		$8\phi18$	2035.8	0.776	0.948	$\phi8$	$\phi6$	0.807
		$8\phi20$	2513.3	0.957	1.130	$\phi8$	$\phi6.5$	0.818
		$8\phi22$	3041.1	1.158	1.331	$\phi8$	$\phi8$	0.855
		$8\phi25$	3927.0	1.496	1.668	$\phi10$	$\phi8$	1.306
		$4\phi28$	4926.0	1.877	2.049	$\phi10$	$\phi10$	1.370
		$8\phi32$	6434.0	2.451	2.623	$\phi12$	$\phi10$	1.944
		$8\phi36$	8143.0	3.102	3.274	$\phi12$	$\phi12$	2.023
		$8\phi40$	10053	3.830	4.002	$\phi14$	$\phi10$	2.648
						$\phi14$	$\phi12$	2.729
						$\phi14$	$\phi14$	2.825
						$\phi16$	$\phi10$	3.493
						$\phi16$	$\phi12$	3.576
						$\phi16$	$\phi14$	3.675
						$\phi16$	$\phi16$	3.788
191	250 150 650 250 （200）	同上			0.728	$\phi6$	$\phi6$	0.499
					0.871	$\phi6.5$	$\phi6.5$	0.590
					1.034	$\phi8$	$\phi6$	0.838
					1.216	$\phi8$	$\phi6.5$	0.854
					1.417	$\phi8$	$\phi8$	0.910
					1.755	$\phi10$	$\phi8$	1.363
					2.135	$\phi10$	$\phi10$	1.457
					2.710	$\phi12$	$\phi10$	2.034
					3.361	$\phi12$	$\phi12$	2.152
					4.088	$\phi14$	$\phi10$	2.740
						$\phi14$	$\phi12$	2.862
						$\phi14$	$\phi14$	3.006
						$\phi16$	$\phi10$	3.587
						$\phi16$	$\phi12$	3.713
						$\phi16$	$\phi14$	3.860
						$\phi16$	$\phi16$	4.031

序号	截面形式（最大箍筋肢距、纵筋间距/mm）	纵向受力钢筋			计入 $\phi12$ 构造纵筋的配筋率 ρ_1（%）	箍筋@100		
		①	A_s（mm²）	ρ（%）		②	③	ρ_v（%）
192	 250 150 700 250 （235）	$8\phi14$	1231.5	0.448	0.612	$\phi6$	$\phi6$	0.461
		$8\phi16$	1608.5	0.585	0.749	$\phi6.5$	$\phi6.5$	0.544
		$8\phi18$	2035.8	0.740	0.905	$\phi8$	$\phi6$	0.793
		$8\phi20$	2513.3	0.914	1.078	$\phi8$	$\phi6.5$	0.803
		$8\phi22$	3041.1	1.106	1.270	$\phi8$	$\phi8$	0.839
		$8\phi25$	3927.0	1.428	1.593	$\phi10$	$\phi8$	1.283
		$4\phi28$	4926.0	1.791	1.956	$\phi10$	$\phi10$	1.343
		$8\phi32$	6434.0	2.340	2.504	$\phi12$	$\phi10$	1.908
		$8\phi36$	8143.0	2.961	3.126	$\phi12$	$\phi12$	1.984
		$8\phi40$	10053	3.656	3.820	$\phi14$	$\phi10$	2.602
						$\phi14$	$\phi12$	2.679
						$\phi14$	$\phi14$	2.770
						$\phi16$	$\phi10$	3.433
						$\phi16$	$\phi12$	3.512
						$\phi16$	$\phi14$	3.606
						$\phi16$	$\phi16$	3.714
193	 250 150 700 250 （200）	同上			0.695	$\phi6$	$\phi6$	0.489
					0.832	$\phi6.5$	$\phi6.5$	0.578
					0.987	$\phi8$	$\phi6$	0.823
					1.161	$\phi8$	$\phi6.5$	0.838
					1.353	$\phi8$	$\phi8$	0.891
					1.675	$\phi10$	$\phi8$	1.337
					2.038	$\phi10$	$\phi10$	1.427
					2.586	$\phi12$	$\phi10$	1.994
					3.208	$\phi12$	$\phi12$	2.107
					3.902	$\phi14$	$\phi10$	2.689
						$\phi14$	$\phi12$	2.805
						$\phi14$	$\phi14$	2.942
						$\phi16$	$\phi10$	3.523
						$\phi16$	$\phi12$	3.642
						$\phi16$	$\phi14$	3.782
						$\phi16$	$\phi16$	3.945
194	 250 150 750 250 （250）	$8\phi14$	1231.5	0.428	0.586	$\phi6$	$\phi6$	0.453
		$8\phi16$	1608.5	0.559	0.717	$\phi6.5$	$\phi6.5$	0.534
		$8\phi18$	2035.8	0.708	0.865	$\phi8$	$\phi6$	0.781
		$8\phi20$	2513.3	0.874	1.032	$\phi8$	$\phi6.5$	0.790
		$8\phi22$	3041.1	1.058	1.215	$\phi8$	$\phi8$	0.824
		$8\phi25$	3927.0	1.366	1.523	$\phi10$	$\phi8$	1.262
		$4\phi28$	4926.0	1.713	1.871	$\phi10$	$\phi10$	1.320

序号	截面形式 （最大箍筋肢距、纵筋间距/mm）	纵向受力钢筋			计入 φ12 构造纵筋的配筋率 ρ₁（%）	箍筋@100		
		①	A_s(mm²)	ρ（%）		②	③	ρ_v（%）
194	 250 150 750 250 （250）	8φ32	6434.0	2.238	2.395	φ12	φ10	1.877
		8φ36	8143.0	2.832	2.990	φ12	φ12	1.948
		8φ40	10053	3.497	3.654	φ14	φ10	2.560
						φ14	φ12	2.633
						φ14	φ14	2.720
						φ16	φ10	3.378
						φ16	φ12	3.454
						φ16	φ14	3.543
						φ16	φ16	3.646
195	 250 150 750 250 （200）	同上			0.664	φ6	φ6	0.480
					0.796	φ6.5	φ6.5	0.567
					0.944	φ8	φ6	0.809
					1.110	φ8	φ6.5	0.823
					1.294	φ8	φ8	0.874
					1.602	φ10	φ8	1.313
					1.949	φ10	φ10	1.399
					2.474	φ12	φ10	1.958
					3.068	φ12	φ12	2.066
					3.733	φ14	φ10	2.643
						φ14	φ12	2.754
						φ14	φ14	2.885
						φ16	φ10	3.464
						φ16	φ12	3.578
						φ16	φ14	3.712
						φ16	φ16	3.866
196	 250 200 250 250 （250）	8φ12	904.8	0.517		φ6		0.476
		8φ14	1231.5	0.704		φ6.5		0.562
		8φ16	1608.5	0.919		φ8		0.869
		8φ18	2035.8	1.163		φ10		1.395
		8φ20	2513.3	1.436		φ12		2.065
		8φ22	3041.1	1.738		φ14		2.891
		8φ25	3927.0	2.244		φ16		3.885
		4φ28	4926.0	2.815				
		8φ32	6434.0	3.677				

序号	截面形式（最大箍筋肢距、纵筋间距/mm）	纵向受力钢筋 ①	A_s(mm²)	ρ（%）	计入 φ12 构造纵筋的配筋率 ρ₁（%）	箍筋@100 ②	③	ρ_v（%）
197	250 200 / 250 / 250（200）	同上			0.646	φ6	φ6	0.522
					0.833	φ6.5	φ6.5	0.617
					1.048	φ8	φ6	0.917
					1.293	φ8	φ6.5	0.925
					1.565	φ8	φ8	0.954
					1.867	φ10	φ8	1.482
					2.373	φ10	φ10	1.531
					2.944	φ12	φ10	2.204
					3.806	φ12	φ12	2.266
						φ14	φ10	3.034
						φ14	φ12	3.097
						φ14	φ14	3.172
						φ16	φ10	4.033
198	250 200 / 300 / 250（300）	8φ12	904.8	0.483		φ6		0.462
		8φ14	1231.5	0.657		φ6.5		0.546
		8φ16	1608.5	0.858		φ8		0.844
		8φ18	2035.8	1.086		φ10		1.354
		8φ20	2513.3	1.340		φ12		2.003
		8φ22	3041.1	1.622		φ14		2.803
		8φ25	3927.0	2.094		φ16		3.765
		4φ28	4926.0	2.627				
		8φ32	6434.0	3.431				
		8φ36	8143.0	4.343				
199	250 200 / 300 / 250（200）	同上			0.603	φ6	φ6	0.505
					0.777	φ6.5	φ6.5	0.597
					0.979	φ8	φ6	0.888
					1.206	φ8	φ6.5	0.896
					1.461	φ8	φ8	0.922
					1.743	φ10	φ8	1.434
					2.215	φ10	φ10	1.480
					2.748	φ12	φ10	2.132
					3.552	φ12	φ12	2.189
					4.464	φ14	φ10	2.936
						φ14	φ12	2.994
						φ14	φ14	3.063
						φ16	φ10	3.902
						φ16	φ12	3.962
						φ16	φ14	4.033

序号	截面形式（最大箍筋肢距、纵筋间距/mm）	纵向受力钢筋			计入 φ12 构造纵筋的配筋率 ρ₁（%）	箍筋@100		
		①	A_s（mm²）	ρ（%）	ρ_1（%）	②	③	ρ_v（%）
200	250 200 350 250 (200)	8φ12	904.8	0.452	0.565	φ6	φ6	0.491
		8φ14	1231.5	0.616	0.729	φ6.5	φ6.5	0.580
		8φ16	1608.5	0.804	0.917	φ8	φ6	0.863
		8φ18	2035.8	1.018	1.131	φ8	φ6.5	0.870
		8φ20	2513.3	1.257	1.370	φ8	φ8	0.895
		8φ22	3041.1	1.521	1.634	φ10	φ8	1.393
		8φ25	3927.0	1.963	2.077	φ10	φ10	1.436
		4φ28	4926.0	2.463	2.576	φ12	φ10	2.070
		8φ32	6434.0	3.217	3.330	φ12	φ12	2.123
		8φ36	8143.0	4.072	4.185	φ14	φ10	2.851
						φ14	φ12	2.905
						φ14	φ14	2.970
						φ16	φ10	3.789
						φ16	φ12	3.845
						φ16	φ14	3.911
						φ16	φ16	3.988
201	250 200 400 250 (200)	8φ12	904.8	0.426	0.532	φ6	φ6	0.478
		8φ14	1231.5	0.580	0.686	φ6.5	φ6.5	0.564
		8φ16	1608.5	0.757	0.863	φ8	φ6	0.841
		8φ18	2035.8	0.958	1.064	φ8	φ6.5	0.848
		8φ20	2513.3	1.183	1.289	φ8	φ8	0.871
		8φ22	3041.1	1.431	1.538	φ10	φ8	1.358
		8φ25	3927.0	1.848	1.954	φ10	φ10	1.397
		4φ28	4926.0	2.318	2.425	φ12	φ10	2.016
		8φ32	6434.0	3.028	3.134	φ12	φ12	2.066
		8φ36	8143.0	3.832	3.938	φ14	φ10	2.777
						φ14	φ12	2.828
						φ14	φ14	2.888
						φ16	φ10	3.691
						φ16	φ12	3.743
						φ16	φ14	3.805
						φ16	φ16	3.877
202	250 200 450 250 (225)	8φ12	904.8	0.402	0.503	φ6	φ6	0.466
		8φ14	1231.5	0.547	0.648	φ6.5	φ6.5	0.551
		8φ16	1608.5	0.715	0.815	φ8	φ6	0.822
		8φ18	2035.8	0.905	1.005	φ8	φ6.5	0.828
		8φ20	2513.3	1.117	1.218	φ8	φ8	0.850
		8φ22	3041.1	1.352	1.452	φ10	φ8	1.326

序号	截面形式（最大箍筋肢距、纵筋间距/mm）	纵向受力钢筋			计入φ12构造纵筋的配筋率 ρ₁（%）	箍筋@100		
		①	A_s(mm²)	ρ（%）	ρ_1（%）	②	③	ρ_v（%）
202	250 200 / 450 / 250 （225）	8φ25	3927.0	1.745	1.846	φ10	φ10	1.363
		4φ28	4926.0	2.189	2.290	φ12	φ10	1.968
		8φ32	6434.0	2.860	2.960	φ12	φ12	2.015
		8φ36	8143.0	3.619	3.720	φ14	φ10	2.711
						φ14	φ12	2.759
						φ14	φ14	2.816
						φ16	φ10	3.604
						φ16	φ12	3.654
						φ16	φ14	3.712
						φ16	φ16	3.779
203	250 200 / 450 / 250 （200）	同上			0.603	φ6	φ6	0.502
					0.748	φ6.5	φ6.5	0.593
					0.916	φ8	φ6	0.858
					1.106	φ8	φ6.5	0.871
					1.318	φ8	φ8	0.915
					1.553	φ10	φ8	1.392
					1.946	φ10	φ10	1.466
					2.390	φ12	φ10	2.074
					3.061	φ12	φ12	2.167
					3.820	φ14	φ10	2.820
						φ14	φ12	2.916
						φ14	φ14	3.029
						φ16	φ10	3.716
						φ16	φ12	3.815
						φ16	φ14	3.931
						φ16	φ16	4.065
204	250 200 / 500 / 250 （250）	8φ14	1231.5	0.519	0.614	φ6	φ6	0.456
		8φ16	1608.5	0.677	0.773	φ6.5	φ6.5	0.539
		8φ18	2035.8	0.857	0.952	φ8	φ6	0.805
		8φ20	2513.3	1.058	1.153	φ8	φ6.5	0.811
		8φ22	3041.1	1.280	1.376	φ8	φ8	0.832
		8φ25	3927.0	1.653	1.749	φ10	φ8	1.298
		4φ28	4926.0	2.074	2.169	φ10	φ10	1.333
		8φ32	6434.0	2.709	2.804	φ12	φ10	1.926
		8φ36	8143.0	3.429	3.524	φ12	φ12	1.970
		8φ40	10053	4.233	4.328	φ14	φ10	2.654

序号	截面形式（最大箍筋肢距、纵筋间距/mm）	纵向受力钢筋 ①	A_s(mm²)	ρ（%）	计入ϕ12构造纵筋的配筋率 ρ_1（%）	箍筋@100 ②	③	ρ_v（%）
204	（250）					ϕ14	ϕ12	2.699
						ϕ14	ϕ14	2.752
						ϕ16	ϕ10	3.528
						ϕ16	ϕ12	3.574
						ϕ16	ϕ14	3.629
						ϕ16	ϕ16	3.692
205	（200）	同上			0.709	ϕ6	ϕ6	0.490
					0.868	ϕ6.5	ϕ6.5	0.578
					1.048	ϕ8	ϕ6	0.839
					1.249	ϕ8	ϕ6.5	0.851
					1.471	ϕ8	ϕ8	0.893
					1.844	ϕ10	ϕ8	1.360
					2.265	ϕ10	ϕ10	1.431
					2.900	ϕ12	ϕ10	2.026
					3.619	ϕ12	ϕ12	2.114
					4.423	ϕ14	ϕ10	2.756
						ϕ14	ϕ12	2.847
						ϕ14	ϕ14	2.954
						ϕ16	ϕ10	3.633
						ϕ16	ϕ12	3.726
						ϕ16	ϕ14	3.836
						ϕ16	ϕ16	3.962
206	（275）	8ϕ14	1231.5	0.493	0.583	ϕ6	ϕ6	0.447
		8ϕ16	1608.5	0.643	0.734	ϕ6.5	ϕ6.5	0.528
		8ϕ18	2035.8	0.814	0.905	ϕ8	ϕ6	0.790
		8ϕ20	2513.3	1.005	1.096	ϕ8	ϕ6.5	0.796
		8ϕ22	3041.1	1.216	1.307	ϕ8	ϕ8	0.815
		8ϕ25	3927.0	1.571	1.661	ϕ10	ϕ8	1.273
		4ϕ28	4926.0	1.970	2.061	ϕ10	ϕ10	1.306
		8ϕ32	6434.0	2.574	2.664	ϕ12	ϕ10	1.888
		8ϕ36	8143.0	3.257	3.348	ϕ12	ϕ12	1.929
		8ϕ40	10053	4.021	4.112	ϕ14	ϕ10	2.602
						ϕ14	ϕ12	2.645
						ϕ14	ϕ14	2.695
						ϕ16	ϕ10	3.459
						ϕ16	ϕ12	3.503
						ϕ16	ϕ14	3.555
						ϕ16	ϕ16	3.615

序号	截面形式（最大箍筋肢距、纵筋间距/mm）	纵向受力钢筋			计入 $\phi 12$ 构造纵筋的配筋率 ρ_1（%）	箍筋@100		
		①	A_s（mm²）	ρ（%）		②	③	ρ_v（%）
207	250 200 550 250（200）	同上			0.674	$\phi 6$	$\phi 6$	0.479
					0.824	$\phi 6.5$	$\phi 6.5$	0.566
					0.995	$\phi 8$	$\phi 6$	0.822
					1.186	$\phi 8$	$\phi 6.5$	0.834
					1.397	$\phi 8$	$\phi 8$	0.873
					1.752	$\phi 10$	$\phi 8$	1.332
					2.151	$\phi 10$	$\phi 10$	1.398
					2.755	$\phi 12$	$\phi 10$	1.982
					3.438	$\phi 12$	$\phi 12$	2.066
					4.202	$\phi 14$	$\phi 10$	2.699
						$\phi 14$	$\phi 12$	2.785
						$\phi 14$	$\phi 14$	2.886
						$\phi 16$	$\phi 10$	3.559
						$\phi 16$	$\phi 12$	3.647
						$\phi 16$	$\phi 14$	3.751
						$\phi 16$	$\phi 16$	3.871
208	250 200 600 250（300）	$8\phi 14$	1231.5	0.469	0.555	$\phi 6$	$\phi 6$	0.439
		$8\phi 16$	1608.5	0.613	0.699	$\phi 6.5$	$\phi 6.5$	0.519
		$8\phi 18$	2035.8	0.776	0.862	$\phi 8$	$\phi 6$	0.776
		$8\phi 20$	2513.3	0.957	1.044	$\phi 8$	$\phi 6.5$	0.782
		$8\phi 22$	3041.1	1.158	1.245	$\phi 8$	$\phi 8$	0.800
		$8\phi 25$	3927.0	1.496	1.582	$\phi 10$	$\phi 8$	1.250
		$4\phi 28$	4926.0	1.877	1.963	$\phi 10$	$\phi 10$	1.282
		$8\phi 32$	6434.0	2.451	2.537	$\phi 12$	$\phi 10$	1.854
		$8\phi 36$	8143.0	3.102	3.188	$\phi 12$	$\phi 12$	1.893
		$8\phi 40$	10053	3.830	3.916	$\phi 14$	$\phi 10$	2.556
						$\phi 14$	$\phi 12$	2.596
						$\phi 14$	$\phi 14$	2.644
						$\phi 16$	$\phi 10$	3.398
						$\phi 16$	$\phi 12$	3.440
						$\phi 16$	$\phi 14$	3.489
						$\phi 16$	$\phi 16$	3.546
209	250 200 600 250（200）	同上			0.641	$\phi 6$	$\phi 6$	0.469
					0.785	$\phi 6.5$	$\phi 6.5$	0.554
					0.948	$\phi 8$	$\phi 6$	0.807
					1.130	$\phi 8$	$\phi 6.5$	0.818
					1.331	$\phi 8$	$\phi 8$	0.855
					1.668	$\phi 10$	$\phi 8$	1.306
					2.049	$\phi 10$	$\phi 10$	1.370

序号	截面形式（最大箍筋肢距、纵筋间距/mm）	纵向受力钢筋			计入φ12构造纵筋的配筋率 ρ₁（%）	箍筋@100		
		①	A_s（mm²）	ρ（%）		②	③	ρ_v（%）
209	250 200 600 250 （200）	同上			2.623	φ12	φ10	1.944
					3.274	φ12	φ12	2.023
					4.002	φ14	φ10	2.648
						φ14	φ12	2.729
						φ14	φ14	2.825
						φ16	φ10	3.493
						φ16	φ12	3.576
						φ16	φ14	3.675
						φ16	φ16	3.788
210	250 200 650 250 （220）	8φ14	1231.5	0.448	0.612	φ6	φ6	0.461
		8φ16	1608.5	0.585	0.749	φ6.5	φ6.5	0.544
		8φ18	2035.8	0.740	0.905	φ8	φ6	0.793
		8φ20	2513.3	0.914	1.078	φ8	φ6.5	0.803
		8φ22	3041.1	1.106	1.270	φ8	φ8	0.839
		8φ25	3927.0	1.428	1.593	φ10	φ8	1.283
		4φ28	4926.0	1.791	1.956	φ10	φ10	1.343
		8φ32	6434.0	2.340	2.504	φ12	φ10	1.908
		8φ36	8143.0	2.961	3.126	φ12	φ12	1.984
		8φ40	10053	3.656	3.820	φ14	φ10	2.602
						φ14	φ12	2.679
						φ14	φ14	2.770
						φ16	φ10	3.433
						φ16	φ12	3.512
						φ16	φ14	3.606
						φ16	φ16	3.714
211	250 200 650 250 （200）	同上			0.695	φ6	φ6	0.489
					0.832	φ6.5	φ6.5	0.578
					0.987	φ8	φ6	0.823
					1.161	φ8	φ6.5	0.838
					1.353	φ8	φ8	0.891
					1.675	φ10	φ8	1.337
					2.038	φ10	φ10	1.427
					2.586	φ12	φ10	1.994
					3.208	φ12	φ12	2.107
					3.902	φ14	φ10	2.689
						φ14	φ12	2.805

序号	截面形式（最大箍筋肢距、纵筋间距/mm）	纵向受力钢筋			计入 $\phi 12$ 构造纵筋的配筋率 ρ_l（%）	箍筋@100		
		①	A_s（mm²）	ρ（%）		②	③	ρ_v（%）
211	250 200 650 250 （200） 同上		同上			$\phi 14$	$\phi 14$	2.942
						$\phi 16$	$\phi 10$	3.523
						$\phi 16$	$\phi 12$	3.642
						$\phi 16$	$\phi 14$	3.782
						$\phi 16$	$\phi 16$	3.945
212	250 200 700 250 （235）	$8\phi 14$	1231.5	0.428	0.586	$\phi 6$	$\phi 6$	0.453
		$8\phi 16$	1608.5	0.559	0.717	$\phi 6.5$	$\phi 6.5$	0.534
		$8\phi 18$	2035.8	0.708	0.865	$\phi 8$	$\phi 6$	0.781
		$8\phi 20$	2513.3	0.874	1.032	$\phi 8$	$\phi 6.5$	0.790
		$8\phi 22$	3041.1	1.058	1.215	$\phi 8$	$\phi 8$	0.824
		$8\phi 25$	3927.0	1.366	1.523	$\phi 10$	$\phi 8$	1.262
		$4\phi 28$	4926.0	1.713	1.871	$\phi 10$	$\phi 10$	1.320
		$8\phi 32$	6434.0	2.238	2.395	$\phi 12$	$\phi 10$	1.877
		$8\phi 36$	8143.0	2.832	2.990	$\phi 12$	$\phi 12$	1.948
		$8\phi 40$	10053	3.497	3.654	$\phi 14$	$\phi 10$	2.560
						$\phi 14$	$\phi 12$	2.633
						$\phi 14$	$\phi 14$	2.720
						$\phi 16$	$\phi 10$	3.378
						$\phi 16$	$\phi 12$	3.454
						$\phi 16$	$\phi 14$	3.543
						$\phi 16$	$\phi 16$	3.646
213	250 200 700 250 （200） 同上		同上		0.664	$\phi 6$	$\phi 6$	0.480
					0.796	$\phi 6.5$	$\phi 6.5$	0.567
					0.944	$\phi 8$	$\phi 6$	0.809
					1.110	$\phi 8$	$\phi 6.5$	0.823
					1.294	$\phi 8$	$\phi 8$	0.874
					1.602	$\phi 10$	$\phi 8$	1.313
					1.949	$\phi 10$	$\phi 10$	1.399
					2.474	$\phi 12$	$\phi 10$	1.958
					3.068	$\phi 12$	$\phi 12$	2.066
					3.733	$\phi 14$	$\phi 10$	2.643
						$\phi 14$	$\phi 12$	2.754
						$\phi 14$	$\phi 14$	2.885
						$\phi 16$	$\phi 10$	3.464
						$\phi 16$	$\phi 12$	3.578
						$\phi 16$	$\phi 14$	3.712
						$\phi 16$	$\phi 16$	3.866

序号	截面形式（最大箍筋肢距、纵筋间距/mm）	纵向受力钢筋 ①	A_s(mm²)	ρ（%）	计入ϕ12构造纵筋的配筋率 ρ_1（%）	箍筋@100 ②	③	ρ_v（%）
214	250 200 / 750 / 250 （250）	8ϕ14	1231.5	0.411	0.561	ϕ6	ϕ6	0.445
		8ϕ16	1608.5	0.536	0.687	ϕ6.5	ϕ6.5	0.526
		8ϕ18	2035.8	0.679	0.829	ϕ8	ϕ6	0.769
		8ϕ20	2513.3	0.838	0.989	ϕ8	ϕ6.5	0.778
		8ϕ22	3041.1	1.014	1.164	ϕ8	ϕ8	0.811
		8ϕ25	3927.0	1.309	1.460	ϕ10	ϕ8	1.243
		4ϕ28	4926.0	1.642	1.793	ϕ10	ϕ10	1.298
		8ϕ32	6434.0	2.145	2.295	ϕ12	ϕ10	1.848
		8ϕ36	8143.0	2.714	2.865	ϕ12	ϕ12	1.916
		8ϕ40	10053	3.351	3.502	ϕ14	ϕ10	2.521
						ϕ14	ϕ12	2.592
						ϕ14	ϕ14	2.675
						ϕ16	ϕ10	3.329
						ϕ16	ϕ12	3.401
						ϕ16	ϕ14	3.486
						ϕ16	ϕ16	3.585
215	250 200 / 750 / 250 （200）	同上			0.637	ϕ6	ϕ6	0.471
					0.762	ϕ6.5	ϕ6.5	0.557
					0.905	ϕ8	ϕ6	0.796
					1.064	ϕ8	ϕ6.5	0.810
					1.240	ϕ8	ϕ8	0.858
					1.535	ϕ10	ϕ8	1.292
					1.868	ϕ10	ϕ10	1.374
					2.371	ϕ12	ϕ10	1.926
					2.941	ϕ12	ϕ12	2.029
					3.577	ϕ14	ϕ10	2.601
						ϕ14	ϕ12	2.707
						ϕ14	ϕ14	2.832
						ϕ16	ϕ10	3.411
						ϕ16	ϕ12	3.519
						ϕ16	ϕ14	3.647
						ϕ16	ϕ16	3.795
216	250 250 / 300 / 250 （300）	8ϕ12	904.8	0.452		ϕ6		0.451
		8ϕ14	1231.5	0.616		ϕ6.5		0.532
		8ϕ16	1608.5	0.804		ϕ8		0.822
		8ϕ18	2035.8	1.018		ϕ10		1.318
		8ϕ20	2513.3	1.257		ϕ12		1.950

序号	截面形式（最大箍筋肢距、纵筋间距/mm）	纵向受力钢筋 ①	A_s(mm²)	ρ（%）	计入 $\phi12$ 构造纵筋的配筋率 ρ_l（%）	箍筋@100 ②	③	ρ_v（%）
216	（300）	8ϕ22	3041.1	1.521		ϕ14		2.727
		8ϕ25	3927.0	1.963		ϕ16		3.662
		8ϕ28	4926.0	2.463				
		8ϕ32	6434.0	3.217				
		8ϕ36	8143.0	4.072				
217	（250）	同上			0.565	ϕ6	ϕ6	0.491
					0.729	ϕ6.5	ϕ6.5	0.580
					0.917	ϕ8	ϕ6	0.863
					1.131	ϕ8	ϕ6.5	0.870
					1.370	ϕ8	ϕ8	0.895
					1.634	ϕ10	ϕ8	1.393
					2.077	ϕ10	ϕ10	1.436
					2.576	ϕ12	ϕ10	2.070
					3.330	ϕ12	ϕ12	2.123
					4.185	ϕ14	ϕ10	2.851
						ϕ14	ϕ12	2.905
						ϕ14	ϕ14	2.970
						ϕ16	ϕ10	3.789
						ϕ16	ϕ12	3.845
						ϕ16	ϕ14	3.911
						ϕ16	ϕ16	3.988
218	（200）	同上			0.679	ϕ6	ϕ6	0.531
					0.842	ϕ6.5	ϕ6.5	0.627
					1.030	ϕ8	ϕ6	0.904
					1.244	ϕ8	ϕ6.5	0.918
					1.483	ϕ8	ϕ8	0.968
					1.747	ϕ10	ϕ8	1.468
					2.190	ϕ10	ϕ10	1.553
					2.689	ϕ12	ϕ10	2.191
					3.443	ϕ12	ϕ12	2.297
					4.298	ϕ14	ϕ10	2.975
						ϕ14	ϕ12	3.083
						ϕ14	ϕ14	3.212
						ϕ16	ϕ10	3.916
						ϕ16	ϕ12	4.028

序号	截面形式（最大箍筋肢距、纵筋间距/mm）	纵向受力钢筋			计入φ12构造纵筋的配筋率 ρ₁（%）	箍筋@100		
		①	A_s(mm²)	ρ（%）		②	③	ρ_v（%）
219	（250） 250 250 / 350 / 250	8φ12	904.8	0.426	0.532	φ6	φ6	0.478
		8φ14	1231.5	0.580	0.686	φ6.5	φ6.5	0.564
		8φ16	1608.5	0.757	0.863	φ8	φ6	0.841
		8φ18	2035.8	0.958	1.064	φ8	φ6.5	0.848
		8φ20	2513.3	1.183	1.289	φ8	φ8	0.871
		8φ22	3041.1	1.431	1.538	φ10	φ8	1.358
		8φ25	3927.0	1.848	1.954	φ10	φ10	1.397
		8φ28	4926.0	2.318	2.425	φ12	φ10	2.016
		8φ32	6434.0	3.028	3.134	φ12	φ12	2.066
		8φ36	8143.0	3.832	3.938	φ14	φ10	2.777
						φ14	φ12	2.828
						φ14	φ14	2.888
						φ16	φ10	3.691
						φ16	φ12	3.743
						φ16	φ14	3.805
						φ16	φ16	3.877
220	（200） 250 250 / 350 / 250	同上			0.639	φ6	φ6	0.515
					0.792	φ6.5	φ6.5	0.609
					0.970	φ8	φ6	0.880
					1.171	φ8	φ6.5	0.893
					1.396	φ8	φ8	0.940
					1.644	φ10	φ8	1.428
					2.061	φ10	φ10	1.507
					2.531	φ12	φ10	2.129
					3.241	φ12	φ12	2.228
					4.045	φ14	φ10	2.893
						φ14	φ12	2.994
						φ14	φ14	3.115
						φ16	φ10	3.810
						φ16	φ12	3.915
						φ16	φ14	4.038
						φ16	φ16	4.181
221	（250） 250 250 / 400 / 250	8φ12	904.8	0.402	0.503	φ6	φ6	0.466
		8φ14	1231.5	0.547	0.648	φ6.5	φ6.5	0.551
		8φ16	1608.5	0.715	0.815	φ8	φ6	0.822
		8φ18	2035.8	0.905	1.005	φ8	φ6.5	0.828
		8φ20	2513.3	1.117	1.218	φ8	φ8	0.850
		8φ22	3041.1	1.352	1.452	φ10	φ8	1.326

序号	截面形式（最大箍筋肢距、纵筋间距/mm）	纵向受力钢筋			计入φ12构造纵筋的配筋率 ρ_1（%）	箍筋@100		
		①	A_s（mm²）	ρ（%）		②	③	$ρ_v$（%）
221	（250）	8φ25	3927.0	1.745	1.846	φ10	φ10	1.363
		8φ28	4926.0	2.189	2.290	φ12	φ10	1.968
		8φ32	6434.0	2.860	2.960	φ12	φ12	2.015
		8φ36	8143.0	3.619	3.720	φ14	φ10	2.711
						φ14	φ12	2.759
						φ14	φ14	2.816
						φ16	φ10	3.604
						φ16	φ12	3.654
						φ16	φ14	3.712
						φ16	φ16	3.779
222	（200）	同上			0.603	φ6	φ6	0.502
					0.748	φ6.5	φ6.5	0.593
					0.916	φ8	φ6	0.858
					1.106	φ8	φ6.5	0.871
					1.318	φ8	φ8	0.915
					1.553	φ10	φ8	1.392
					1.946	φ10	φ10	1.466
					2.390	φ12	φ10	2.074
					3.061	φ12	φ12	2.167
					3.820	φ14	φ10	2.820
						φ14	φ12	2.916
						φ14	φ14	3.029
						φ16	φ10	3.716
						φ16	φ12	3.815
						φ16	φ14	3.931
						φ16	φ16	4.065
223	（250）	8φ14	1231.5	0.519	0.614	φ6	φ6	0.456
		8φ16	1608.5	0.677	0.773	φ6.5	φ6.5	0.539
		8φ18	2035.8	0.857	0.952	φ8	φ6	0.805
		8φ20	2513.3	1.058	1.153	φ8	φ6.5	0.811
		8φ22	3041.1	1.280	1.376	φ8	φ8	0.832
		8φ25	3927.0	1.653	1.749	φ10	φ8	1.298
		8φ28	4926.0	2.074	2.169	φ10	φ10	1.333
		8φ32	6434.0	2.709	2.804	φ12	φ10	1.926
		8φ36	8143.0	3.429	3.524	φ12	φ12	1.970
						φ14	φ10	2.654

序号	截面形式（最大箍筋肢距、纵筋间距/mm）	纵向受力钢筋			计入 $\phi 12$ 构造纵筋的配筋率 ρ_1（%）	箍筋@100		
		①	A_s（mm²）	ρ（%）		②	③	ρ_v（%）
223	（250）					$\phi 14$	$\phi 12$	2.699
						$\phi 14$	$\phi 14$	2.752
						$\phi 16$	$\phi 10$	3.528
						$\phi 16$	$\phi 12$	3.574
						$\phi 16$	$\phi 14$	3.629
						$\phi 16$	$\phi 16$	3.692
224	（225）	同上			0.709	$\phi 6$	$\phi 6$	0.490
					0.868	$\phi 6.5$	$\phi 6.5$	0.578
					1.048	$\phi 8$	$\phi 6$	0.839
					1.249	$\phi 8$	$\phi 6.5$	0.851
					1.471	$\phi 8$	$\phi 8$	0.893
					1.844	$\phi 10$	$\phi 8$	1.360
					2.265	$\phi 10$	$\phi 10$	1.431
					2.900	$\phi 12$	$\phi 10$	2.026
					3.619	$\phi 12$	$\phi 12$	2.114
						$\phi 14$	$\phi 10$	2.756
						$\phi 14$	$\phi 12$	2.847
						$\phi 14$	$\phi 14$	2.954
						$\phi 16$	$\phi 10$	3.633
						$\phi 16$	$\phi 12$	3.726
						$\phi 16$	$\phi 14$	3.836
						$\phi 16$	$\phi 16$	3.962
225	（200）	同上			0.804	$\phi 6$	$\phi 6$	0.523
					0.963	$\phi 6.5$	$\phi 6.5$	0.618
					1.143	$\phi 8$	$\phi 6$	0.874
					1.344	$\phi 8$	$\phi 6.5$	0.891
					1.566	$\phi 8$	$\phi 8$	0.954
					1.939	$\phi 10$	$\phi 8$	1.423
					2.360	$\phi 10$	$\phi 10$	1.528
					2.995	$\phi 12$	$\phi 10$	2.126
					3.714	$\phi 12$	$\phi 12$	2.258
						$\phi 14$	$\phi 10$	2.859
						$\phi 14$	$\phi 12$	2.995
						$\phi 14$	$\phi 14$	3.155
						$\phi 16$	$\phi 10$	3.739
						$\phi 16$	$\phi 12$	3.878
						$\phi 16$	$\phi 14$	4.043

序号	截面形式（最大箍筋肢距、纵筋间距/mm）	纵向受力钢筋			计入 $\phi12$ 构造纵筋的配筋率 ρ_l（%）	箍筋@100		
		①	A_s(mm²)	ρ（%）		②	③	ρ_v（%）
226	250 250 500 250 （250）	$8\phi14$	1231.5	0.493	0.583	$\phi6$	$\phi6$	0.447
		$8\phi16$	1608.5	0.643	0.734	$\phi6.5$	$\phi6.5$	0.528
		$8\phi18$	2035.8	0.814	0.905	$\phi8$	$\phi6$	0.790
		$8\phi20$	2513.3	1.005	1.096	$\phi8$	$\phi6.5$	0.796
		$8\phi22$	3041.1	1.216	1.307	$\phi8$	$\phi8$	0.815
		$8\phi25$	3927.0	1.571	1.661	$\phi10$	$\phi8$	1.273
		$8\phi28$	4926.0	1.970	2.061	$\phi10$	$\phi10$	1.306
		$8\phi32$	6434.0	2.574	2.664	$\phi12$	$\phi10$	1.888
		$8\phi36$	8143.0	3.257	3.348	$\phi12$	$\phi12$	1.929
		$8\phi40$	10053	4.021	4.112	$\phi14$	$\phi10$	2.602
						$\phi14$	$\phi12$	2.645
						$\phi14$	$\phi14$	2.695
						$\phi16$	$\phi10$	3.459
						$\phi16$	$\phi12$	3.503
						$\phi16$	$\phi14$	3.555
						$\phi16$	$\phi16$	3.615
227	250 250 500 250 （200）	同上			0.764	$\phi6$	$\phi6$	0.511
					0.915	$\phi6.5$	$\phi6.5$	0.603
					1.086	$\phi8$	$\phi6$	0.855
					1.277	$\phi8$	$\phi6.5$	0.872
					1.488	$\phi8$	$\phi8$	0.930
					1.842	$\phi10$	$\phi8$	1.391
					2.242	$\phi10$	$\phi10$	1.491
					2.845	$\phi12$	$\phi10$	2.077
					3.529	$\phi12$	$\phi12$	2.202
					4.293	$\phi14$	$\phi10$	2.796
						$\phi14$	$\phi12$	2.925
						$\phi14$	$\phi14$	3.077
						$\phi16$	$\phi10$	3.659
						$\phi16$	$\phi12$	3.791
						$\phi16$	$\phi14$	3.947
						$\phi16$	$\phi16$	4.126
228	250 250 550 250 （275）	$8\phi14$	1231.5	0.469	0.555	$\phi6$	$\phi6$	0.439
		$8\phi16$	1608.5	0.613	0.699	$\phi6.5$	$\phi6.5$	0.519
		$8\phi18$	2035.8	0.776	0.862	$\phi8$	$\phi6$	0.776
		$8\phi20$	2513.3	0.957	1.044	$\phi8$	$\phi6.5$	0.782
		$8\phi22$	3041.1	1.158	1.245	$\phi8$	$\phi8$	0.800
		$8\phi25$	3927.0	1.496	1.582	$\phi10$	$\phi8$	1.250

序号	截面形式（最大箍筋肢距、纵筋间距/mm）	纵向受力钢筋			计入φ12构造纵筋的配筋率 ρ₁（%）	箍筋@100		
		①	A$_s$（mm²）	ρ（%）	ρ$_l$（%）	②	③	ρ$_v$（%）
228	(275)	8φ28	4926.0	1.877	1.963	φ10	φ10	1.282
		8φ32	6434.0	2.451	2.537	φ12	φ10	1.854
		8φ36	8143.0	3.102	3.188	φ12	φ12	1.893
		8φ40	10053	3.830	3.916	φ14	φ10	2.556
						φ14	φ12	2.596
						φ14	φ14	2.644
						φ16	φ10	3.398
						φ16	φ12	3.440
						φ16	φ14	3.489
						φ16	φ16	3.546
229	(250)		同上		0.641	φ6	φ6	0.469
					0.785	φ6.5	φ6.5	0.554
					0.948	φ8	φ6	0.807
					1.130	φ8	φ6.5	0.818
					1.331	φ8	φ8	0.855
					1.668	φ10	φ8	1.306
					2.049	φ10	φ10	1.370
					2.623	φ12	φ10	1.944
					3.274	φ12	φ12	2.023
					4.002	φ14	φ10	2.648
						φ14	φ12	2.729
						φ14	φ14	2.825
						φ16	φ10	3.493
						φ16	φ12	3.576
						φ16	φ14	3.675
						φ16	φ16	3.788
230	(200)		同上		0.728	φ6	φ6	0.499
					0.871	φ6.5	φ6.5	0.590
					1.034	φ8	φ6	0.838
					1.216	φ8	φ6.5	0.854
					1.417	φ8	φ8	0.910
					1.755	φ10	φ8	1.363
					2.135	φ10	φ10	1.457
					2.710	φ12	φ10	2.034
					3.361	φ12	φ12	2.152
					4.088	φ14	φ10	2.740

序号	截面形式（最大箍筋肢距、纵筋间距/mm）	纵向受力钢筋			计入φ12构造纵筋的配筋率 ρl（%）	箍筋@100		
		①	As（mm²）	ρ（%）		②	③	ρv（%）
230	（200）	同上				φ14	φ12	2.862
						φ14	φ14	3.006
						φ16	φ10	3.587
						φ16	φ12	3.713
						φ16	φ14	3.860
						φ16	φ16	4.031
231	（300）	8φ14	1231.5	0.448	0.530	φ6	φ6	0.432
		8φ16	1608.5	0.585	0.667	φ6.5	φ6.5	0.510
		8φ18	2035.8	0.740	0.823	φ8	φ6	0.764
		8φ20	2513.3	0.914	0.996	φ8	φ6.5	0.769
		8φ22	3041.1	1.106	1.188	φ8	φ8	0.787
		8φ25	3927.0	1.428	1.510	φ10	φ8	1.230
		8φ28	4926.0	1.791	1.874	φ10	φ10	1.260
		8φ32	6434.0	2.340	2.422	φ12	φ10	1.823
		8φ36	8143.0	2.961	3.043	φ12	φ12	1.861
		8φ40	10053	3.656	3.738	φ14	φ10	2.514
						φ14	φ12	2.552
						φ14	φ14	2.598
						φ16	φ10	3.343
						φ16	φ12	3.382
						φ16	φ14	3.429
						φ16	φ16	3.483
232	（250）	同上			0.612	φ6	φ6	0.461
					0.749	φ6.5	φ6.5	0.544
					0.905	φ8	φ6	0.793
					1.078	φ8	φ6.5	0.803
					1.270	φ8	φ8	0.839
					1.593	φ10	φ8	1.283
					1.956	φ10	φ10	1.343
					2.504	φ12	φ10	1.908
					3.126	φ12	φ12	1.984
					3.820	φ14	φ10	2.602
						φ14	φ12	2.679
						φ14	φ14	2.707
						φ16	φ10	3.433
						φ16	φ12	3.512
						φ16	φ14	3.606
						φ16	φ16	3.714

序号	截面形式（最大箍筋肢距、纵筋间距/mm）	纵向受力钢筋			计入φ12构造纵筋的配筋率 ρ₁（%）	箍筋@100		
		①	As（mm²）	ρ（%）		②	③	ρᵥ（%）
233	（200）	同上			0.695	φ6	φ6	0.489
					0.832	φ6.5	φ6.5	0.578
					0.987	φ8	φ6	0.823
					1.161	φ8	φ6.5	0.838
					1.353	φ8	φ8	0.891
					1.675	φ10	φ8	1.337
					2.038	φ10	φ10	1.427
					2.586	φ12	φ10	1.994
					3.208	φ12	φ12	2.107
					3.902	φ14	φ10	2.689
						φ14	φ12	2.805
						φ14	φ14	2.942
						φ16	φ10	3.523
						φ16	φ12	3.642
						φ16	φ14	3.782
						φ16	φ16	3.945
234	（250）	8φ14	1231.5	0.428	0.586	φ6	φ6	0.453
		8φ16	1608.5	0.559	0.717	φ6.5	φ6.5	0.534
		8φ18	2035.8	0.708	0.865	φ8	φ6	0.781
		8φ20	2513.3	0.874	1.032	φ8	φ6.5	0.790
		8φ22	3041.1	1.058	1.215	φ8	φ8	0.824
		8φ25	3927.0	1.366	1.523	φ10	φ8	1.262
		8φ28	4926.0	1.713	1.871	φ10	φ10	1.320
		8φ32	6434.0	2.238	2.395	φ12	φ10	1.877
		8φ36	8143.0	2.832	2.990	φ12	φ12	1.948
		8φ40	10053	3.497	3.654	φ14	φ10	2.560
						φ14	φ12	2.633
						φ14	φ14	2.720
						φ16	φ10	3.378
						φ16	φ12	3.454
						φ16	φ14	3.543
						φ16	φ16	3.646
235	（220）	同上			0.664	φ6	φ6	0.480
					0.796	φ6.5	φ6.5	0.567
					0.944	φ8	φ6	0.809
					1.110	φ8	φ6.5	0.823
					1.294	φ8	φ8	0.874
					1.602	φ10	φ8	1.313
					1.949	φ10	φ10	1.399

序号	截面形式（最大箍筋肢距、纵筋间距/mm）	①	A_s(mm²)	ρ（%）	计入$\phi12$构造纵筋的配筋率 ρ_1（%）	②	③	ρ_v（%）
235	250 250 650 250 （220）	同上			2.474	$\phi12$	$\phi10$	1.958
					3.068	$\phi12$	$\phi12$	2.066
					3.733	$\phi14$	$\phi10$	2.643
						$\phi14$	$\phi12$	2.754
						$\phi14$	$\phi14$	2.885
						$\phi16$	$\phi10$	3.464
						$\phi16$	$\phi12$	3.578
						$\phi16$	$\phi14$	3.712
						$\phi16$	$\phi16$	3.866
236	250 250 650 250 （200）	同上			0.743	$\phi6$	$\phi6$	0.507
					0.874	$\phi6.5$	$\phi6.5$	0.599
					1.023	$\phi8$	$\phi6$	0.837
					1.189	$\phi8$	$\phi6.5$	0.856
					1.372	$\phi8$	$\phi8$	0.924
					1.681	$\phi10$	$\phi8$	1.364
					2.028	$\phi10$	$\phi10$	1.479
					2.553	$\phi12$	$\phi10$	2.040
					3.147	$\phi12$	$\phi12$	2.184
					3.811	$\phi14$	$\phi10$	2.727
						$\phi14$	$\phi12$	2.874
						$\phi14$	$\phi14$	3.049
						$\phi16$	$\phi10$	3.550
						$\phi16$	$\phi12$	3.701
						$\phi16$	$\phi14$	3.880
						$\phi16$	$\phi16$	4.087
237	250 250 700 250 （250）	$8\phi14$	1231.5	0.411	0.561	$\phi6$	$\phi6$	0.445
		$8\phi16$	1608.5	0.536	0.687	$\phi6.5$	$\phi6.5$	0.526
		$8\phi18$	2035.8	0.679	0.829	$\phi8$	$\phi6$	0.769
		$8\phi20$	2513.3	0.838	0.989	$\phi8$	$\phi6.5$	0.778
		$8\phi22$	3041.1	1.014	1.164	$\phi8$	$\phi8$	0.811
		$8\phi25$	3927.0	1.309	1.460	$\phi10$	$\phi8$	1.243
		$8\phi28$	4926.0	1.642	1.793	$\phi10$	$\phi10$	1.298
		$8\phi32$	6434.0	2.145	2.295	$\phi12$	$\phi10$	1.848
		$8\phi36$	8143.0	2.714	2.865	$\phi12$	$\phi12$	1.916
		$8\phi40$	10053	3.351	3.502	$\phi14$	$\phi10$	2.521

序号	截面形式（最大箍筋肢距、纵筋间距/mm）	纵向受力钢筋			计入 $\phi12$ 构造纵筋的配筋率 ρ_1（%）	箍筋@100		
		①	A_s(mm²)	ρ（%）		②	③	ρ_v（%）
237	（250）					$\phi14$	$\phi12$	2.592
						$\phi14$	$\phi14$	2.675
						$\phi16$	$\phi10$	3.329
						$\phi16$	$\phi12$	3.401
						$\phi16$	$\phi14$	3.486
						$\phi16$	$\phi16$	3.585
238	（235）	同上			0.637	$\phi6$	$\phi6$	0.471
					0.762	$\phi6.5$	$\phi6.5$	0.557
					0.905	$\phi8$	$\phi6$	0.796
					1.064	$\phi8$	$\phi6.5$	0.810
					1.240	$\phi8$	$\phi8$	0.858
					1.535	$\phi10$	$\phi8$	1.292
					1.868	$\phi10$	$\phi10$	1.374
					2.371	$\phi12$	$\phi10$	1.926
					2.941	$\phi12$	$\phi12$	2.029
					3.577	$\phi14$	$\phi10$	2.601
						$\phi14$	$\phi12$	2.707
						$\phi14$	$\phi14$	2.832
						$\phi16$	$\phi10$	3.411
						$\phi16$	$\phi12$	3.519
						$\phi16$	$\phi14$	3.647
						$\phi16$	$\phi16$	3.795
239	（200）	同上			0.712	$\phi6$	$\phi6$	0.498
					0.838	$\phi6.5$	$\phi6.5$	0.587
					0.980	$\phi8$	$\phi6$	0.823
					1.139	$\phi8$	$\phi6.5$	0.841
					1.315	$\phi8$	$\phi8$	0.906
					1.611	$\phi10$	$\phi8$	1.341
					1.944	$\phi10$	$\phi10$	1.450
					2.446	$\phi12$	$\phi10$	2.004
					3.016	$\phi12$	$\phi12$	2.141
					3.653	$\phi14$	$\phi10$	2.681
						$\phi14$	$\phi12$	2.822
						$\phi14$	$\phi14$	2.989
						$\phi16$	$\phi10$	3.493
						$\phi16$	$\phi12$	3.638
						$\phi16$	$\phi14$	3.808
						$\phi16$	$\phi16$	4.006

序号	截面形式（最大箍筋肢距、纵筋间距/mm）	纵向受力钢筋			计入φ12构造纵筋的配筋率 ρ₁（%）	箍筋@100		
		①	As(mm²)	ρ（%）	ρ_1（%）	②	③	ρ_v（%）
240	（250） 250 / 250 / 750 / 250	8φ16	1608.5	0.515	0.659	φ6	φ6	0.439
		8φ18	2035.8	0.651	0.796	φ6.5	φ6.5	0.518
		8φ20	2513.3	0.804	0.949	φ8	φ6	0.759
		8φ22	3041.1	0.973	1.118	φ8	φ6.5	0.768
		8φ25	3927.0	1.257	1.401	φ8	φ8	0.799
		8φ28	4926.0	1.576	1.721	φ10	φ8	1.226
		8φ32	6434.0	2.059	2.204	φ10	φ10	1.278
		8φ36	8143.0	2.606	2.751	φ12	φ10	1.821
		8φ40	10053	3.217	3.362	φ12	φ12	1.887
						φ14	φ10	2.486
						φ14	φ12	2.554
						φ14	φ14	2.633
						φ16	φ10	3.283
						φ16	φ12	3.352
						φ16	φ14	3.434
						φ16	φ16	3.529
241	（200） 250 / 250 / 750 / 250	同上			0.804	φ6	φ6	0.489
					0.941	φ6.5	φ6.5	0.577
					1.094	φ8	φ6	0.810
					1.263	φ8	φ6.5	0.828
					1.546	φ8	φ8	0.890
					1.866	φ10	φ8	1.319
					2.348	φ10	φ10	1.424
					2.895	φ12	φ10	1.970
					3.507	φ12	φ12	2.102
						φ14	φ10	2.639
						φ14	φ12	2.774
						φ14	φ14	2.934
						φ16	φ10	3.441
						φ16	φ12	3.579
						φ16	φ14	3.743
						φ16	φ16	3.931
242	（300） 250 / 300 / 350 / 250	8φ12	904.8	0.402	0.503	φ6	φ6	0.466
		8φ14	1231.5	0.547	0.648	φ6.5	φ6.5	0.551
		8φ16	1608.5	0.715	0.815	φ8	φ6	0.822
		8φ18	2035.8	0.905	1.005	φ8	φ6.5	0.828
		8φ20	2513.3	1.117	1.218	φ8	φ8	0.850

序号	截面形式（最大箍筋肢距、纵筋间距/mm）	纵向受力钢筋			计入φ12构造纵筋的配筋率 ρ_l（%）	箍筋@100		
		①	A_s(mm²)	ρ（%）		②	③	ρ_v（%）
242	250 300 / 350 / 250 （300）	8φ22	3041.1	1.352	1.452	φ10	φ8	1.326
		8φ25	3927.0	1.745	1.846	φ10	φ10	1.363
		8φ28	4926.0	2.189	2.290	φ12	φ10	1.968
		8φ32	6434.0	2.860	2.960	φ12	φ12	2.015
		8φ36	8143.0	3.619	3.720	φ14	φ10	2.711
						φ14	φ12	2.759
						φ14	φ14	2.816
						φ16	φ10	3.604
						φ16	φ12	3.654
						φ16	φ14	3.712
						φ16	φ16	3.779
243	250 300 / 350 / 250 （200）	同上			0.603	φ6	φ6	0.502
					0.748	φ6.5	φ6.5	0.593
					0.916	φ8	φ6	0.858
					1.106	φ8	φ6.5	0.871
					1.318	φ8	φ8	0.915
					1.553	φ10	φ8	1.392
					1.946	φ10	φ10	1.466
					2.390	φ12	φ10	2.074
					3.061	φ12	φ12	2.167
					3.820	φ14	φ10	2.820
						φ14	φ12	2.916
						φ14	φ14	3.029
						φ16	φ10	3.716
						φ16	φ12	3.815
						φ16	φ14	3.931
						φ16	φ16	4.065
244	250 300 / 400 / 250 （300）	8φ14	1231.5	0.519	0.614	φ6	φ6	0.456
		8φ16	1608.5	0.677	0.773	φ6.5	φ6.5	0.539
		8φ18	2035.8	0.857	0.952	φ8	φ6	0.805
		8φ20	2513.3	1.058	1.153	φ8	φ6.5	0.811
		8φ22	3041.1	1.280	1.376	φ8	φ8	0.832
		8φ25	3927.0	1.653	1.749	φ10	φ8	1.298
		8φ28	4926.0	2.074	2.169	φ10	φ10	1.333
		8φ32	6434.0	2.709	2.804	φ12	φ10	1.926

序号	截面形式（最大箍筋肢距、纵筋间距/mm）	纵向受力钢筋			计入φ12构造纵筋的配筋率 ρ₁（%）	箍筋@100		
		①	A_s(mm²)	ρ（%）		②	③	ρ_v（%）
244	250 300 400 250（300）	8φ36	8143.0	3.429	3.524	φ12	φ12	1.970
						φ14	φ10	2.654
						φ14	φ12	2.699
						φ14	φ14	2.752
						φ16	φ10	3.528
						φ16	φ12	3.574
						φ16	φ14	3.629
						φ16	φ16	3.692
245	250 300 400 250（200）	同上			0.709	φ6	φ6	0.490
					0.868	φ6.5	φ6.5	0.578
					1.048	φ8	φ6	0.839
					1.249	φ8	φ6.5	0.851
					1.471	φ8	φ8	0.893
					1.844	φ10	φ8	1.360
					2.265	φ10	φ10	1.431
					2.900	φ12	φ10	2.026
					3.619	φ12	φ12	2.114
						φ14	φ10	2.756
						φ14	φ12	2.847
						φ14	φ14	2.954
						φ16	φ10	3.633
						φ16	φ12	3.726
						φ16	φ14	3.836
						φ16	φ16	3.962
246	250 300 450 250（300）	8φ14	1231.5	0.493	0.583	φ6	φ6	0.447
		8φ16	1608.5	0.643	0.734	φ6.5	φ6.5	0.528
		8φ18	2035.8	0.814	0.905	φ8	φ6	0.790
		8φ20	2513.3	1.005	1.096	φ8	φ6.5	0.796
		8φ22	3041.1	1.216	1.307	φ8	φ8	0.815
		8φ25	3927.0	1.571	1.661	φ10	φ8	1.273
		8φ28	4926.0	1.970	2.061	φ10	φ10	1.306
		8φ32	6434.0	2.574	2.664	φ12	φ10	1.888
		8φ36	8143.0	3.257	3.348	φ12	φ12	1.929
		8φ40	10053	4.021	4.112	φ14	φ10	2.602
						φ14	φ12	2.645

序号	截面形式（最大箍筋肢距、纵筋间距/mm）	纵向受力钢筋 ①	A_s(mm²)	ρ（%）	计入φ12构造纵筋的配筋率 ρ₁（%）	箍筋@100 ②	③	ρ_v（%）
246	（300）					φ14	φ14	2.695
						φ16	φ10	3.459
						φ16	φ12	3.503
						φ16	φ14	3.555
						φ16	φ16	3.615
247	（200）	同上			0.764	φ6	φ6	0.511
					0.915	φ6.5	φ6.5	0.603
					1.086	φ8	φ6	0.855
					1.277	φ8	φ6.5	0.872
					1.488	φ8	φ8	0.930
					1.842	φ10	φ8	1.391
					2.242	φ10	φ10	1.491
					2.845	φ12	φ10	2.077
					3.529	φ12	φ12	2.202
					4.293	φ14	φ10	2.796
						φ14	φ12	2.925
						φ14	φ14	3.077
						φ16	φ10	3.659
						φ16	φ12	3.791
						φ16	φ14	3.947
248	（300）	8φ14	1231.5	0.469	0.555	φ6	φ6	0.439
		8φ16	1608.5	0.613	0.699	φ6.5	φ6.5	0.519
		8φ18	2035.8	0.776	0.862	φ8	φ6	0.776
		8φ20	2513.3	0.957	1.044	φ8	φ6.5	0.782
		8φ22	3041.1	1.158	1.245	φ8	φ8	0.800
		8φ25	3927.0	1.496	1.582	φ10	φ8	1.250
		8φ28	4926.0	1.877	1.963	φ10	φ10	1.282
		8φ32	6434.0	2.451	2.537	φ12	φ10	1.854
		8φ36	8143.0	3.102	3.188	φ12	φ12	1.893
		8φ40	10053	3.830	3.916	φ14	φ10	2.556
						φ14	φ12	2.596
						φ14	φ14	2.644
						φ16	φ10	3.398
						φ16	φ12	3.440
						φ16	φ14	3.489
						φ16	φ16	3.546

序号	截面形式（最大箍筋肢距、纵筋间距/mm）	纵向受力钢筋			计入φ12构造纵筋的配筋率 ρ_1（%）	箍筋@100		
		①	A_s（mm²）	ρ（%）		②	③	ρ_v（%）
249	（200）	同上			0.728	$\phi6$	$\phi6$	0.499
					0.871	$\phi6.5$	$\phi6.5$	0.590
					1.034	$\phi8$	$\phi6$	0.838
					1.216	$\phi8$	$\phi6.5$	0.854
					1.417	$\phi8$	$\phi8$	0.910
					1.755	$\phi10$	$\phi8$	1.363
					2.135	$\phi10$	$\phi10$	1.457
					2.710	$\phi12$	$\phi10$	2.034
					3.361	$\phi12$	$\phi12$	2.152
					4.088	$\phi14$	$\phi10$	2.740
						$\phi14$	$\phi12$	2.862
						$\phi14$	$\phi14$	3.006
						$\phi16$	$\phi10$	3.587
						$\phi16$	$\phi12$	3.713
						$\phi16$	$\phi14$	3.860
						$\phi16$	$\phi16$	4.031
250	（300）	$8\phi14$	1231.5	0.448	0.530	$\phi6$	$\phi6$	0.432
		$8\phi16$	1608.5	0.585	0.667	$\phi6.5$	$\phi6.5$	0.510
		$8\phi18$	2035.8	0.740	0.823	$\phi8$	$\phi6$	0.764
		$8\phi20$	2513.3	0.914	0.996	$\phi8$	$\phi6.5$	0.769
		$8\phi22$	3041.1	1.106	1.188	$\phi8$	$\phi8$	0.787
		$8\phi25$	3927.0	1.428	1.510	$\phi10$	$\phi8$	1.230
		$8\phi28$	4926.0	1.791	1.874	$\phi10$	$\phi10$	1.260
		$8\phi32$	6434.0	2.340	2.422	$\phi12$	$\phi10$	1.823
		$8\phi36$	8143.0	2.961	3.043	$\phi12$	$\phi12$	1.861
		$8\phi40$	10053	3.656	3.738	$\phi14$	$\phi10$	2.514
						$\phi14$	$\phi12$	2.552
						$\phi14$	$\phi14$	2.598
						$\phi16$	$\phi10$	3.343
						$\phi16$	$\phi12$	3.382
						$\phi16$	$\phi14$	3.429
						$\phi16$	$\phi16$	3.483
251	（200）	同上			0.695	$\phi6$	$\phi6$	0.489
					0.832	$\phi6.5$	$\phi6.5$	0.578
					0.987	$\phi8$	$\phi6$	0.823
					1.161	$\phi8$	$\phi6.5$	0.838
					1.353	$\phi8$	$\phi8$	0.891
					1.675	$\phi10$	$\phi8$	1.337
					2.038	$\phi10$	$\phi10$	1.427

序号	截面形式（最大箍筋肢距、纵筋间距/mm）	纵向受力钢筋			计入φ12构造纵筋的配筋率 ρ₁（%）	箍筋@100		
		①	A$_s$(mm²)	ρ（%）	ρ_l（%）	②	③	ρ_v（%）
251	（200）	同上			2.586	φ12	φ10	1.994
					3.208	φ12	φ12	2.107
					3.902	φ14	φ10	2.689
						φ14	φ12	2.805
						φ14	φ14	2.942
						φ16	φ10	3.523
						φ16	φ12	3.642
						φ16	φ14	3.782
						φ16	φ16	3.945
252	（300）	8φ14	1231.5	0.428	0.507	φ6	φ6	0.425
		8φ16	1608.5	0.559	0.638	φ6.5	φ6.5	0.502
		8φ18	2035.8	0.708	0.787	φ8	φ6	0.753
		8φ20	2513.3	0.874	0.953	φ8	φ6.5	0.758
		8φ22	3041.1	1.058	1.136	φ8	φ8	0.774
		8φ25	3927.0	1.366	1.445	φ10	φ8	1.211
		8φ28	4926.0	1.713	1.792	φ10	φ10	1.240
		8φ32	6434.0	2.238	2.317	φ12	φ10	1.795
		8φ36	8143.0	2.832	2.911	φ12	φ12	1.831
		8φ40	10053	3.497	3.575	φ14	φ10	2.476
						φ14	φ12	2.513
						φ14	φ14	2.556
						φ16	φ10	3.292
						φ16	φ12	3.330
						φ16	φ14	3.375
						φ16	φ16	3.426
253	（200）	8φ14	1231.5	0.428	0.664	φ6	φ6	0.480
		8φ16	1608.5	0.559	0.796	φ6.5	φ6.5	0.567
		8φ18	2035.8	0.708	0.944	φ8	φ6	0.809
		8φ20	2513.3	0.874	1.110	φ8	φ6.5	0.823
		8φ22	3041.1	1.058	1.294	φ8	φ8	0.874
		8φ25	3927.0	1.366	1.602	φ10	φ8	1.313
		8φ28	4926.0	1.713	1.949	φ10	φ10	1.399
		8φ32	6434.0	2.238	2.474	φ12	φ10	1.958
		8φ36	8143.0	2.832	3.068	φ12	φ12	2.066
		8φ40	10053	3.497	3.733	φ14	φ10	2.643

序号	截面形式（最大箍筋肢距、纵筋间距/mm）	纵向受力钢筋			计入φ12构造纵筋的配筋率 ρ_l（%）	箍筋@100		
		①	A_s(mm²)	ρ（%）		②	③	ρ_v（%）
253	250 300 / 600 / 250 （200）					φ14	φ12	2.754
						φ14	φ14	2.885
						φ16	φ10	3.464
						φ16	φ12	3.578
						φ16	φ14	3.712
						φ16	φ16	3.866
254	250 300 / 650 / 250 （300）	8φ14	1231.5	0.411	0.561	φ6	φ6	0.445
		8φ16	1608.5	0.536	0.687	φ6.5	φ6.5	0.526
		8φ18	2035.8	0.679	0.829	φ8	φ6	0.769
		8φ20	2513.3	0.838	0.989	φ8	φ6.5	0.778
		8φ22	3041.1	1.014	1.164	φ8	φ8	0.811
		8φ25	3927.0	1.309	1.460	φ10	φ8	1.243
		8φ28	4926.0	1.642	1.793	φ10	φ10	1.298
		8φ32	6434.0	2.145	2.295	φ12	φ10	1.848
		8φ36	8143.0	2.714	2.865	φ12	φ12	1.916
		8φ40	10053	3.351	3.502	φ14	φ10	2.521
						φ14	φ12	2.592
						φ14	φ14	2.675
						φ16	φ10	3.329
						φ16	φ12	3.401
						φ16	φ14	3.486
						φ16	φ16	3.585
255	250 300 / 650 / 250 （200）	同上			0.712	φ6	φ6	0.498
					0.838	φ6.5	φ6.5	0.587
					0.980	φ8	φ6	0.823
					1.139	φ8	φ6.5	0.841
					1.315	φ8	φ8	0.906
					1.611	φ10	φ8	1.341
					1.944	φ10	φ10	1.450
					2.446	φ12	φ10	2.004
					3.016	φ12	φ12	2.141
					3.653	φ14	φ10	2.681
						φ14	φ12	2.822
						φ14	φ14	2.989
						φ16	φ10	3.493
						φ16	φ12	3.638
						φ16	φ14	3.808
						φ16	φ16	4.006

序号	截面形式（最大箍筋肢距、纵筋间距/mm）	纵向受力钢筋			计入φ12构造纵筋的配筋率 ρ₁（%）	箍筋@100		
		①	A_s（mm²）	ρ（%）	ρ_1（%）	②	③	ρ_v（%）
256	（L形 250 300 / 700 / 250）（300）	8φ16	1608.5	0.515	0.659	φ6	φ6	0.439
		8φ18	2035.8	0.651	0.796	φ6.5	φ6.5	0.518
		8φ20	2513.3	0.804	0.949	φ8	φ6	0.759
		8φ22	3041.1	0.973	1.118	φ8	φ6.5	0.768
		8φ25	3927.0	1.257	1.401	φ8	φ8	0.799
		8φ28	4926.0	1.576	1.721	φ10	φ8	1.226
		8φ32	6434.0	2.059	2.204	φ10	φ10	1.278
		8φ36	8143.0	2.606	2.751	φ12	φ10	1.821
		8φ40	10053	3.217	3.362	φ12	φ12	1.887
						φ14	φ10	2.486
						φ14	φ12	2.554
						φ14	φ14	2.633
						φ16	φ10	3.283
						φ16	φ12	3.352
						φ16	φ14	3.434
						φ16	φ16	3.529
257	（L形 250 300 / 700 / 250）（200）	同上			0.804	φ6	φ6	0.489
					0.941	φ6.5	φ6.5	0.577
					1.094	φ8	φ6	0.810
					1.263	φ8	φ6.5	0.828
					1.546	φ8	φ8	0.890
					1.866	φ10	φ8	1.319
					2.348	φ10	φ10	1.424
					2.895	φ12	φ10	1.970
					3.507	φ12	φ12	2.102
						φ14	φ10	2.639
						φ14	φ12	2.774
						φ14	φ14	2.934
						φ16	φ10	3.441
						φ16	φ12	3.579
						φ16	φ14	3.743
						φ16	φ16	3.931
258	（L形 250 300 / 750 / 250）（300）	8φ16	1608.5	0.495	0.634	φ6	φ6	0.433
		8φ18	2035.8	0.626	0.766	φ6.5	φ6.5	0.511
		8φ20	2513.3	0.773	0.913	φ8	φ6	0.749
		8φ22	3041.1	0.936	1.075	φ8	φ6.5	0.758
		8φ25	3927.0	1.208	1.348	φ8	φ8	0.787
		8φ28	4926.0	1.516	1.655	φ10	φ8	1.210
		8φ32	6434.0	1.980	2.119	φ10	φ10	1.260

序号	截面形式（最大箍筋肢距、纵筋间距/mm）	纵向受力钢筋			计入φ12构造纵筋的配筋率 ρ₁（%）	箍筋@100		
		①	A_s（mm²）	ρ（%）		②	③	ρ_v（%）
258	250 300 / 750 / 250 （300）	8φ36	8143.0	2.506	2.645	φ12	φ10	1.796
		8φ40	10053	3.093	3.232	φ12	φ12	1.860
						φ14	φ10	2.454
						φ14	φ12	2.519
						φ14	φ14	2.595
						φ16	φ10	3.242
						φ16	φ12	3.308
						φ16	φ14	3.386
						φ16	φ16	3.477
259	250 300 / 750 / 250 （250）	同上			0.704	φ6	φ6	0.457
					0.835	φ6.5	φ6.5	0.539
					0.982	φ8	φ6	0.774
					1.145	φ8	φ6.5	0.786
					1.417	φ8	φ8	0.831
					1.724	φ10	φ8	1.255
					2.188	φ10	φ10	1.330
					2.714	φ12	φ10	1.868
					3.302	φ12	φ12	1.963
						φ14	φ10	2.527
						φ14	φ12	2.625
						φ14	φ14	2.739
						φ16	φ10	3.317
						φ16	φ12	3.417
						φ16	φ14	3.534
						φ16	φ16	3.670
260	250 300 / 750 / 250 （200）	同上			0.773	φ6	φ6	0.481
					0.905	φ6.5	φ6.5	0.567
					1.052	φ8	φ6	0.798
					1.214	φ8	φ6.5	0.815
					1.487	φ8	φ8	0.875
					1.794	φ10	φ8	1.299
					2.258	φ10	φ10	1.400
					2.784	φ12	φ10	1.940
					3.372	φ12	φ12	2.066
						φ14	φ10	2.601

序号	截面形式 （最大箍筋肢距、 纵筋间距/mm）	纵向受力钢筋			计入 $\phi 12$ 构造 纵筋的配筋率 ρ_1（%）	箍筋@100		
		①	$A_s(mm^2)$	ρ（%）		②	③	ρ_v（%）
260	（200）	同上				$\phi 14$	$\phi 12$	2.730
						$\phi 14$	$\phi 14$	2.883
						$\phi 16$	$\phi 10$	3.392
						$\phi 16$	$\phi 12$	3.525
						$\phi 16$	$\phi 14$	3.682
						$\phi 16$	$\phi 16$	3.863
261	（200）	$8\phi 14$	1231.5	0.493	0.674	$\phi 6$	$\phi 6$	0.479
		$8\phi 16$	1608.5	0.643	0.824	$\phi 6.5$	$\phi 6.5$	0.566
		$8\phi 18$	2035.8	0.814	0.995	$\phi 8$	$\phi 6$	0.822
		$8\phi 20$	2513.3	1.005	1.186	$\phi 8$	$\phi 6.5$	0.834
		$8\phi 22$	3041.1	1.216	1.397	$\phi 8$	$\phi 8$	0.873
		$8\phi 25$	3927.0	1.571	1.752	$\phi 10$	$\phi 8$	1.332
		$8\phi 28$	4926.0	1.970	2.151	$\phi 10$	$\phi 10$	1.398
		$8\phi 32$	6434.0	2.574	2.755	$\phi 12$	$\phi 10$	1.982
		$8\phi 36$	8143.0	3.257	3.438	$\phi 12$	$\phi 12$	2.066
		$8\phi 40$	10053	4.021	4.202	$\phi 14$	$\phi 10$	2.699
						$\phi 14$	$\phi 12$	2.785
						$\phi 14$	$\phi 14$	2.886
						$\phi 16$	$\phi 10$	3.559
						$\phi 16$	$\phi 12$	3.647
						$\phi 16$	$\phi 14$	3.751
						$\phi 16$	$\phi 16$	3.871
262	（225）	$8\phi 14$	1231.5	0.469	0.641	$\phi 6$	$\phi 6$	0.469
		$8\phi 16$	1608.5	0.613	0.785	$\phi 6.5$	$\phi 6.5$	0.554
		$8\phi 18$	2035.8	0.776	0.948	$\phi 8$	$\phi 6$	0.807
		$8\phi 20$	2513.3	0.957	1.130	$\phi 8$	$\phi 6.5$	0.818
		$8\phi 22$	3041.1	1.158	1.331	$\phi 8$	$\phi 8$	0.855
		$8\phi 25$	3927.0	1.496	1.668	$\phi 10$	$\phi 8$	1.306
		$8\phi 28$	4926.0	1.877	2.049	$\phi 10$	$\phi 10$	1.370
		$8\phi 32$	6434.0	2.451	2.623	$\phi 12$	$\phi 10$	1.944
		$8\phi 36$	8143.0	3.102	3.274	$\phi 12$	$\phi 12$	2.023
		$8\phi 40$	10053	3.830	4.002	$\phi 14$	$\phi 10$	2.648
						$\phi 14$	$\phi 12$	2.729
						$\phi 14$	$\phi 14$	2.825
						$\phi 16$	$\phi 10$	3.493
						$\phi 16$	$\phi 12$	3.576
						$\phi 16$	$\phi 14$	3.675
						$\phi 16$	$\phi 16$	3.788

序号	截面形式（最大箍筋肢距、纵筋间距/mm）	纵向受力钢筋 ①	A_s(mm²)	ρ（%）	计入ϕ12构造纵筋的配筋率 ρ_1（%）	箍筋@100 ②	③	ρ_v（%）
263	250 350 / 450 250 （200） 同上				0.728	ϕ6	ϕ6	0.499
					0.871	ϕ6.5	ϕ6.5	0.590
					1.034	ϕ8	ϕ6	0.838
					1.216	ϕ8	ϕ6.5	0.854
					1.417	ϕ8	ϕ8	0.910
					1.755	ϕ10	ϕ8	1.363
					2.135	ϕ10	ϕ10	1.457
					2.710	ϕ12	ϕ10	2.034
					3.361	ϕ12	ϕ12	2.152
					4.088	ϕ14	ϕ10	2.740
						ϕ14	ϕ12	2.862
						ϕ14	ϕ14	3.006
						ϕ16	ϕ10	3.587
						ϕ16	ϕ12	3.713
						ϕ16	ϕ14	3.860
						ϕ16	ϕ16	4.031
264	250 350 / 500 250 （250）	8ϕ14	1231.5	0.448	0.612	ϕ6	ϕ6	0.461
		8ϕ16	1608.5	0.585	0.749	ϕ6.5	ϕ6.5	0.544
		8ϕ18	2035.8	0.740	0.905	ϕ8	ϕ6	0.793
		8ϕ20	2513.3	0.914	1.078	ϕ8	ϕ6.5	0.803
		8ϕ22	3041.1	1.106	1.270	ϕ8	ϕ8	0.839
		8ϕ25	3927.0	1.428	1.593	ϕ10	ϕ8	1.283
		8ϕ28	4926.0	1.791	1.956	ϕ10	ϕ10	1.343
		8ϕ32	6434.0	2.340	2.504	ϕ12	ϕ10	1.908
		8ϕ36	8143.0	2.961	3.126	ϕ12	ϕ12	1.984
		8ϕ40	10053	3.656	3.820	ϕ14	ϕ10	2.602
						ϕ14	ϕ12	2.679
						ϕ14	ϕ14	2.770
						ϕ16	ϕ10	3.433
						ϕ16	ϕ12	3.512
						ϕ16	ϕ14	3.606
						ϕ16	ϕ16	3.714
265	250 350 / 500 250 （200） 同上				0.695	ϕ6	ϕ6	0.489
					0.832	ϕ6.5	ϕ6.5	0.578
					0.987	ϕ8	ϕ6	0.823
					1.161	ϕ8	ϕ6.5	0.838
					1.353	ϕ8	ϕ8	0.891
					1.675	ϕ10	ϕ8	1.337

序号	截面形式（最大箍筋肢距、纵筋间距/mm）	纵向受力钢筋			计入 $\phi 12$ 构造纵筋的配筋率 ρ_1（%）	箍筋@100		
		①	A_s(mm²)	ρ（%）		②	③	ρ_v（%）
265	（200）	同上			2.038	$\phi 10$	$\phi 10$	1.427
					2.586	$\phi 12$	$\phi 10$	1.994
					3.208	$\phi 12$	$\phi 12$	2.107
					3.902	$\phi 14$	$\phi 10$	2.689
						$\phi 14$	$\phi 12$	2.805
						$\phi 14$	$\phi 14$	2.942
						$\phi 16$	$\phi 10$	3.523
						$\phi 16$	$\phi 12$	3.642
						$\phi 16$	$\phi 14$	3.782
						$\phi 16$	$\phi 16$	3.945
266	（275）	$8\phi 14$	1231.5	0.428	0.586	$\phi 6$	$\phi 6$	0.453
		$8\phi 16$	1608.5	0.559	0.717	$\phi 6.5$	$\phi 6.5$	0.534
		$8\phi 18$	2035.8	0.708	0.865	$\phi 8$	$\phi 6$	0.781
		$8\phi 20$	2513.3	0.874	1.032	$\phi 8$	$\phi 6.5$	0.790
		$8\phi 22$	3041.1	1.058	1.215	$\phi 8$	$\phi 8$	0.824
		$8\phi 25$	3927.0	1.366	1.523	$\phi 10$	$\phi 8$	1.262
		$8\phi 28$	4926.0	1.713	1.871	$\phi 10$	$\phi 10$	1.320
		$8\phi 32$	6434.0	2.238	2.395	$\phi 12$	$\phi 10$	1.877
		$8\phi 36$	8143.0	2.832	2.990	$\phi 12$	$\phi 12$	1.948
		$8\phi 40$	10053	3.497	3.654	$\phi 14$	$\phi 10$	2.560
						$\phi 14$	$\phi 12$	2.633
						$\phi 14$	$\phi 14$	2.720
						$\phi 16$	$\phi 10$	3.378
						$\phi 16$	$\phi 12$	3.454
						$\phi 16$	$\phi 14$	3.543
						$\phi 16$	$\phi 16$	3.646
267	（200）	同上			0.664	$\phi 6$	$\phi 6$	0.48
					0.796	$\phi 6.5$	$\phi 6.5$	0.567
					0.944	$\phi 8$	$\phi 6$	0.809
					1.110	$\phi 8$	$\phi 6.5$	0.823
					1.294	$\phi 8$	$\phi 8$	0.874
					1.602	$\phi 10$	$\phi 8$	1.313
					1.949	$\phi 10$	$\phi 10$	1.399
					2.474	$\phi 12$	$\phi 10$	1.958
					3.068	$\phi 12$	$\phi 12$	2.066
					3.733	$\phi 14$	$\phi 10$	2.643

序号	截面形式（最大箍筋肢距、纵筋间距/mm）	纵向受力钢筋			计入φ12构造纵筋的配筋率 ρ₁（%）	箍筋@100		
		①	A_s(mm²)	ρ（%）		②	③	ρ_v（%）
267	250 350 / 550 250 （200）	同上				φ14	φ12	2.754
						φ14	φ14	2.885
						φ16	φ10	3.464
						φ16	φ12	3.578
						φ16	φ14	3.712
						φ16	φ16	3.866
268	250 350 / 600 250 （300）	8φ14	1231.5	0.411	0.561	φ6	φ6	0.445
		8φ16	1608.5	0.536	0.687	φ6.5	φ6.5	0.526
		8φ18	2035.8	0.679	0.829	φ8	φ6	0.769
		8φ20	2513.3	0.838	0.989	φ8	φ6.5	0.778
		8φ22	3041.1	1.014	1.164	φ8	φ8	0.811
		8φ25	3927.0	1.309	1.460	φ10	φ8	1.243
		8φ28	4926.0	1.642	1.793	φ10	φ10	1.298
		8φ32	6434.0	2.145	2.295	φ12	φ10	1.848
		8φ36	8143.0	2.714	2.865	φ12	φ12	1.916
		8φ40	10053	3.351	3.502	φ14	φ10	2.521
						φ14	φ12	2.592
						φ14	φ14	2.675
						φ16	φ10	3.329
						φ16	φ12	3.401
						φ16	φ14	3.486
						φ16	φ16	3.585
269	250 350 / 600 250 （200）	同上			0.637	φ6	φ6	0.471
					0.762	φ6.5	φ6.5	0.557
					0.905	φ8	φ6	0.796
					1.064	φ8	φ6.5	0.810
					1.240	φ8	φ8	0.858
					1.535	φ10	φ8	1.292
					1.868	φ10	φ10	1.374
					2.371	φ12	φ10	1.926
					2.941	φ12	φ12	2.029
					3.577	φ14	φ10	2.601
						φ14	φ12	2.707
						φ14	φ14	2.832
						φ16	φ10	3.411
						φ16	φ12	3.519
						φ16	φ14	3.647
						φ16	φ16	3.795

序号	截面形式（最大箍筋肢距、纵筋间距/mm）	纵向受力钢筋			计入 $\phi12$ 构造纵筋的配筋率 ρ_1（%）	箍筋@100		
		①	A_s(mm^2)	ρ（%）		②	③	ρ_v（%）
270	（220）	$8\phi16$	1608.5	0.515	0.732	$\phi6$	$\phi6$	0.464
		$8\phi18$	2035.8	0.651	0.869	$\phi6.5$	$\phi6.5$	0.547
		$8\phi20$	2513.3	0.804	1.021	$\phi8$	$\phi6$	0.784
		$8\phi22$	3041.1	0.973	1.190	$\phi8$	$\phi6.5$	0.798
		$8\phi25$	3927.0	1.257	1.474	$\phi8$	$\phi8$	0.844
		$8\phi28$	4926.0	1.576	1.793	$\phi10$	$\phi8$	1.272
		$8\phi32$	6434.0	2.059	2.276	$\phi10$	$\phi10$	1.351
		$8\phi36$	8143.0	2.606	2.823	$\phi12$	$\phi10$	1.896
		$8\phi40$	10053	3.217	3.434	$\phi12$	$\phi12$	1.994
						$\phi14$	$\phi10$	2.563
						$\phi14$	$\phi12$	2.664
						$\phi14$	$\phi14$	2.784
						$\phi16$	$\phi10$	3.362
						$\phi16$	$\phi12$	3.466
						$\phi16$	$\phi14$	3.588
						$\phi16$	$\phi16$	3.730
271	（200）	同上			0.804	$\phi6$	$\phi6$	0.489
					0.941	$\phi6.5$	$\phi6.5$	0.577
					1.094	$\phi8$	$\phi6$	0.810
					1.263	$\phi8$	$\phi6.5$	0.828
					1.546	$\phi8$	$\phi8$	0.890
					1.866	$\phi10$	$\phi8$	1.319
					2.348	$\phi10$	$\phi10$	1.424
					2.895	$\phi12$	$\phi10$	1.970
					3.507	$\phi12$	$\phi12$	2.102
						$\phi14$	$\phi10$	2.639
						$\phi14$	$\phi12$	2.774
						$\phi14$	$\phi14$	2.934
						$\phi16$	$\phi10$	3.441
						$\phi16$	$\phi12$	3.579
						$\phi16$	$\phi14$	3.743
						$\phi16$	$\phi16$	3.931
272	（235）	$8\phi16$	1608.5	0.495	0.704	$\phi6$	$\phi6$	0.457
		$8\phi18$	2035.8	0.626	0.835	$\phi6.5$	$\phi6.5$	0.539
		$8\phi20$	2513.3	0.773	0.982	$\phi8$	$\phi6$	0.774
		$8\phi22$	3041.1	0.936	1.145	$\phi8$	$\phi6.5$	0.786
		$8\phi25$	3927.0	1.208	1.417	$\phi8$	$\phi8$	0.831
		$8\phi28$	4926.0	1.516	1.724	$\phi10$	$\phi8$	1.255
		$8\phi32$	6434.0	1.980	2.188	$\phi10$	$\phi10$	1.330

序号	截面形式（最大箍筋肢距、纵筋间距/mm）	纵向受力钢筋			计入φ12构造纵筋的配筋率 ρ_1（%）	箍筋@100		
		①	A_s(mm²)	ρ（%）		②	③	ρ_v（%）
272	250 350 700 250 （235）	8φ36	8143.0	2.506	2.714	φ12	φ10	1.868
		8φ40	10053	3.093	3.302	φ12	φ12	1.963
						φ14	φ10	2.527
						φ14	φ12	2.625
						φ14	φ14	2.739
						φ16	φ10	3.317
						φ16	φ12	3.417
						φ16	φ14	3.534
						φ16	φ16	3.670
273	250 350 700 250 （200）	同上			0.773	φ6	φ6	0.481
					0.905	φ6.5	φ6.5	0.567
					1.052	φ8	φ6	0.798
					1.214	φ8	φ6.5	0.815
					1.487	φ8	φ8	0.875
					1.794	φ10	φ8	1.299
					2.258	φ10	φ10	1.400
					2.784	φ12	φ10	1.940
					3.372	φ12	φ12	2.066
						φ14	φ10	2.601
						φ14	φ12	2.730
						φ14	φ14	2.883
						φ16	φ10	3.392
						φ16	φ12	3.525
						φ16	φ14	3.682
						φ16	φ16	3.863
274	250 350 750 250 （250）	8φ16	1608.5	0.477	0.678	φ6	φ6	0.450
		8φ18	2035.8	0.603	0.804	φ6.5	φ6.5	0.531
		8φ20	2513.3	0.745	0.946	φ8	φ6	0.764
		8φ22	3041.1	0.901	1.102	φ8	φ6.5	0.776
		8φ25	3927.0	1.164	1.365	φ8	φ8	0.819
		8φ28	4926.0	1.460	1.661	φ10	φ8	1.238
		8φ32	6434.0	1.906	2.107	φ10	φ10	1.311
		8φ36	8143.0	2.413	2.614	φ12	φ10	1.843
		8φ40	10053	2.979	3.180	φ12	φ12	1.934
						φ14	φ10	2.495

序号	截面形式（最大箍筋肢距、纵筋间距/mm）	纵向受力钢筋			计入φ12构造纵筋的配筋率 ρ₁（%）	箍筋@100		
		①	A_s（mm²）	ρ（%）	ρ₁（%）	②	③	ρ_v（%）
274	（250）					φ14	φ12	2.588
						φ14	φ14	2.698
						φ16	φ10	3.276
						φ16	φ12	3.371
						φ16	φ14	3.484
						φ16	φ16	3.615
275	（200）	同上			0.745	φ6	φ6	0.473
					0.871	φ6.5	φ6.5	0.558
					1.013	φ8	φ6	0.787
					1.169	φ8	φ6.5	0.804
					1.432	φ8	φ8	0.861
					1.728	φ10	φ8	1.281
					2.174	φ10	φ10	1.378
					2.681	φ12	φ10	1.912
					3.247	φ12	φ12	2.033
						φ14	φ10	2.566
						φ14	φ12	2.690
						φ14	φ14	2.837
						φ16	φ10	3.348
						φ16	φ12	3.476
						φ16	φ14	3.627
						φ16	φ16	3.801
276	（225）	8φ14	1231.5	0.448	0.612	φ6	φ6	0.461
		8φ16	1608.5	0.585	0.749	φ6.5	φ6.5	0.544
		8φ18	2035.8	0.740	0.905	φ8	φ6	0.793
		8φ20	2513.3	0.914	1.078	φ8	φ6.5	0.803
		8φ22	3041.1	1.106	1.270	φ8	φ8	0.839
		8φ25	3927.0	1.428	1.593	φ10	φ8	1.283
		8φ28	4926.0	1.791	1.956	φ10	φ10	1.343
		8φ32	6434.0	2.340	2.504	φ12	φ10	1.908
		8φ36	8143.0	2.961	3.126	φ12	φ12	1.984
		8φ40	10053	3.656	3.820	φ14	φ10	2.602
						φ14	φ12	2.679
						φ14	φ14	2.770

序号	截面形式（最大箍筋肢距、纵筋间距/mm）	纵向受力钢筋			计入φ12构造纵筋的配筋率 ρ₁（%）	箍筋@100		
		①	A_s（mm²）	ρ（%）		②	③	ρ_v（%）
276	（225）					φ16	φ10	3.433
						φ16	φ12	3.512
						φ16	φ14	3.606
						φ16	φ16	3.714
277	（200）	同上			0.695	φ6	φ6	0.489
					0.832	φ6.5	φ6.5	0.578
					0.987	φ8	φ6	0.823
					1.161	φ8	φ6.5	0.838
					1.353	φ8	φ8	0.891
					1.675	φ10	φ8	1.337
					2.038	φ10	φ10	1.427
					2.586	φ12	φ10	1.994
					3.208	φ12	φ12	2.107
					3.902	φ14	φ10	2.689
						φ14	φ12	2.805
						φ14	φ14	2.942
						φ16	φ10	3.523
						φ16	φ12	3.642
						φ16	φ14	3.782
						φ16	φ16	3.945
278	（250）	8φ14	1231.5	0.428	0.586	φ6.5	φ6.5	0.453
		8φ16	1608.5	0.559	0.717	φ8	φ6	0.534
		8φ18	2035.8	0.708	0.865	φ8	φ6.5	0.781
		8φ20	2513.3	0.874	1.032	φ8	φ8	0.790
		8φ22	3041.1	1.058	1.215	φ10	φ8	0.824
		8φ25	3927.0	1.366	1.523	φ10	φ10	1.262
		8φ28	4926.0	1.713	1.871	φ12	φ10	1.320
		8φ32	6434.0	2.238	2.395	φ12	φ12	1.877
		8φ36	8143.0	2.832	2.990	φ14	φ10	1.948
		8φ40	10053	3.497	3.654	φ14	φ12	2.560
						φ14	φ14	2.633
						φ16	φ10	2.720
						φ16	φ12	3.378
						φ16	φ14	3.454
						φ16	φ16	3.543

序号	截面形式（最大箍筋肢距、纵筋间距/mm）	纵向受力钢筋			计入φ12构造纵筋的配筋率 ρ₁（%）	箍筋@100		
		①	A_s(mm²)	ρ（%）	ρ_1（%）	②	③	ρ_v（%）
279	250 400 / 500 250 （200） 同上				0.664	φ6	φ6	3.646
					0.796	φ6.5	φ6.5	0.567
					0.944	φ8	φ6	0.809
					1.110	φ8	φ6.5	0.823
					1.294	φ8	φ8	0.874
					1.602	φ10	φ8	1.313
					1.949	φ10	φ10	1.399
					2.474	φ12	φ10	1.958
					3.068	φ12	φ12	2.066
					3.733	φ14	φ10	2.643
						φ14	φ12	2.754
						φ14	φ14	2.885
						φ16	φ10	3.464
						φ16	φ12	3.578
						φ16	φ14	3.712
						φ16	φ16	3.866
280	250 400 / 550 250 （275）	8φ14	1231.5	0.411	0.561	φ6	φ6	0.445
		8φ16	1608.5	0.536	0.687	φ6.5	φ6.5	0.526
		8φ18	2035.8	0.679	0.829	φ8	φ6	0.769
		8φ20	2513.3	0.838	0.989	φ8	φ6.5	0.778
		8φ22	3041.1	1.014	1.164	φ8	φ8	0.811
		8φ25	3927.0	1.309	1.460	φ10	φ8	1.243
		8φ28	4926.0	1.642	1.793	φ10	φ10	1.298
		8φ32	6434.0	2.145	2.295	φ12	φ10	1.848
		8φ36	8143.0	2.714	2.865	φ12	φ12	1.916
		8φ40	10053	3.351	3.502	φ14	φ10	2.521
						φ14	φ12	2.592
						φ14	φ14	2.675
						φ16	φ10	3.329
						φ16	φ12	3.401
						φ16	φ14	3.486
						φ16	φ16	3.585
281	250 400 / 550 250 （200） 同上				0.637	φ6	φ6	0.471
					0.762	φ6.5	φ6.5	0.557
					0.905	φ8	φ6	0.796
					1.064	φ8	φ6.5	0.810
					1.240	φ8	φ8	0.858
					1.535	φ10	φ8	1.292
					1.868	φ10	φ10	1.374

序号	截面形式（最大箍筋肢距、纵筋间距/mm）	纵向受力钢筋 ①	A_s(mm²)	ρ（%）	计入 ϕ12 构造纵筋的配筋率 ρ_1（%）	箍筋@100 ②	③	ρ_v（%）
281	250 400 550 250（200）	同上			2.371	ϕ12	ϕ10	1.926
					2.941	ϕ12	ϕ12	2.029
					3.577	ϕ14	ϕ10	2.601
						ϕ14	ϕ12	2.707
						ϕ14	ϕ14	2.832
						ϕ16	ϕ10	3.411
						ϕ16	ϕ12	3.519
						ϕ16	ϕ14	3.647
						ϕ16	ϕ16	3.795
282	250 400 600 250（300）	8ϕ16	1608.5	0.515	0.659	ϕ6	ϕ6	0.439
		8ϕ18	2035.8	0.651	0.796	ϕ6.5	ϕ6.5	0.518
		8ϕ20	2513.3	0.804	0.949	ϕ8	ϕ6	0.759
		8ϕ22	3041.1	0.973	1.118	ϕ8	ϕ6.5	0.768
		8ϕ25	3927.0	1.257	1.401	ϕ8	ϕ8	0.799
		8ϕ28	4926.0	1.576	1.721	ϕ10	ϕ8	1.226
		8ϕ32	6434.0	2.059	2.204	ϕ10	ϕ10	1.278
		8ϕ36	8143.0	2.606	2.751	ϕ12	ϕ10	1.821
		8ϕ40	10053	3.217	3.362	ϕ12	ϕ12	1.887
						ϕ14	ϕ10	2.486
						ϕ14	ϕ12	2.554
						ϕ14	ϕ14	2.633
						ϕ16	ϕ10	3.283
						ϕ16	ϕ12	3.352
						ϕ16	ϕ14	3.434
						ϕ16	ϕ16	3.529
283	250 400 600 250（200）	同上			0.732	ϕ6	ϕ6	0.464
					0.869	ϕ6.5	ϕ6.5	0.547
					1.021	ϕ8	ϕ6	0.784
					1.190	ϕ8	ϕ6.5	0.798
					1.474	ϕ8	ϕ8	0.844
					1.793	ϕ10	ϕ8	1.272
					2.276	ϕ10	ϕ10	1.351
					2.823	ϕ12	ϕ10	1.896
					3.434	ϕ12	ϕ12	1.994
						ϕ14	ϕ10	2.563

序号	截面形式（最大箍筋肢距、纵筋间距/mm）	纵向受力钢筋			计入φ12构造纵筋的配筋率 ρ₁（%）	箍筋@100		
		①	A_s(mm²)	ρ（%）		②	③	ρ_v（%）
283	250 400 600 250 （200）	同上				φ14	φ12	2.664
						φ14	φ14	2.784
						φ16	φ10	3.362
						φ16	φ12	3.466
						φ16	φ14	3.588
						φ16	φ16	3.730
284	250 400 650 250 （220）	8φ16	1608.5	0.495	0.704	φ6	φ6	0.457
		8φ18	2035.8	0.626	0.835	φ6.5	φ6.5	0.539
		8φ20	2513.3	0.773	0.982	φ8	φ6	0.774
		8φ22	3041.1	0.936	1.145	φ8	φ6.5	0.786
		8φ25	3927.0	1.208	1.417	φ8	φ8	0.831
		8φ28	4926.0	1.516	1.724	φ10	φ8	1.255
		8φ32	6434.0	1.980	2.188	φ10	φ10	1.330
		8φ36	8143.0	2.506	2.714	φ12	φ10	1.868
		8φ40	10053	3.093	3.302	φ12	φ12	1.963
						φ14	φ10	2.527
						φ14	φ12	2.625
						φ14	φ14	2.739
						φ16	φ10	3.317
						φ16	φ12	3.417
						φ16	φ14	3.534
						φ16	φ16	3.670
285	250 400 650 250 （200）	同上			0.773	φ6	φ6	0.481
					0.905	φ6.5	φ6.5	0.567
					1.052	φ8	φ6	0.798
					1.214	φ8	φ6.5	0.815
					1.487	φ8	φ8	0.875
					1.794	φ10	φ8	1.299
					2.258	φ10	φ10	1.400
					2.784	φ12	φ10	1.940
					3.372	φ12	φ12	2.066
						φ14	φ10	2.601
						φ14	φ12	2.730
						φ14	φ14	2.883
						φ16	φ10	3.392
						φ16	φ12	3.525
						φ16	φ14	3.682
						φ16	φ16	3.863

序号	截面形式（最大箍筋肢距、纵筋间距/mm）	纵向受力钢筋			计入 $\phi12$ 构造纵筋的配筋率 ρ_l（%）	箍筋@100		
		①	A_s（mm²）	ρ（%）		②	③	ρ_v（%）
286	（235）	$8\phi16$	1608.5	0.477	0.678	$\phi6$	$\phi6$	0.450
		$8\phi18$	2035.8	0.603	0.804	$\phi6.5$	$\phi6.5$	0.531
		$8\phi20$	2513.3	0.745	0.946	$\phi8$	$\phi6$	0.764
		$8\phi22$	3041.1	0.901	1.102	$\phi8$	$\phi6.5$	0.776
		$8\phi25$	3927.0	1.164	1.365	$\phi8$	$\phi8$	0.819
		$8\phi28$	4926.0	1.460	1.661	$\phi10$	$\phi8$	1.238
		$8\phi32$	6434.0	1.906	2.107	$\phi10$	$\phi10$	1.311
		$8\phi36$	8143.0	2.413	2.614	$\phi12$	$\phi10$	1.843
		$8\phi40$	10053	2.979	3.180	$\phi12$	$\phi12$	1.934
						$\phi14$	$\phi10$	2.495
						$\phi14$	$\phi12$	2.588
						$\phi14$	$\phi14$	2.698
						$\phi16$	$\phi10$	3.276
						$\phi16$	$\phi12$	3.371
						$\phi16$	$\phi14$	3.484
						$\phi16$	$\phi16$	3.615
287	（200）	同上			0.745	$\phi6$	$\phi6$	0.473
					0.871	$\phi6.5$	$\phi6.5$	0.558
					1.013	$\phi8$	$\phi6$	0.787
					1.169	$\phi8$	$\phi6.5$	0.804
					1.432	$\phi8$	$\phi8$	0.861
					1.728	$\phi10$	$\phi8$	1.281
					2.174	$\phi10$	$\phi10$	1.378
					2.681	$\phi12$	$\phi10$	1.912
					3.247	$\phi12$	$\phi12$	2.033
						$\phi14$	$\phi10$	2.566
						$\phi14$	$\phi12$	2.690
						$\phi14$	$\phi14$	2.837
						$\phi16$	$\phi10$	3.348
						$\phi16$	$\phi12$	3.476
						$\phi16$	$\phi14$	3.627
						$\phi16$	$\phi16$	3.801
288	（250）	$8\phi16$	1608.5	0.460	0.653	$\phi6$	$\phi6$	0.444
		$8\phi18$	2035.8	0.582	0.776	$\phi6.5$	$\phi6.5$	0.524
		$8\phi20$	2513.3	0.718	0.912	$\phi8$	$\phi6$	0.755
		$8\phi22$	3041.1	0.869	1.063	$\phi8$	$\phi6.5$	0.766
		$8\phi25$	3927.0	1.122	1.316	$\phi8$	$\phi8$	0.808
		$8\phi28$	4926.0	1.407	1.601	$\phi10$	$\phi8$	1.223
		$8\phi32$	6434.0	1.838	2.032	$\phi10$	$\phi10$	1.293
		$8\phi36$	8143.0	2.327	2.520	$\phi12$	$\phi10$	1.819

序号	截面形式（最大箍筋肢距、纵筋间距/mm）	纵向受力钢筋			计入$\phi 12$构造纵筋的配筋率 ρ_1（%）	箍筋@100		
		①	A_s（mm²）	ρ（%）		②	③	ρ_v（%）
288	250 400 750 250（200）	$8\phi 40$	10053	2.872	3.066	$\phi 12$	$\phi 12$	1.907
						$\phi 14$	$\phi 10$	2.465
						$\phi 14$	$\phi 12$	2.554
						$\phi 14$	$\phi 14$	2.661
						$\phi 16$	$\phi 10$	3.237
						$\phi 16$	$\phi 12$	3.329
						$\phi 16$	$\phi 14$	3.438
						$\phi 16$	$\phi 16$	3.564
289	250 400 750 250（200）	同上			0.718	$\phi 6$	$\phi 6$	0.466
					0.840	$\phi 6.5$	$\phi 6.5$	0.550
					0.977	$\phi 8$	$\phi 6$	0.777
					1.127	$\phi 8$	$\phi 6.5$	0.793
					1.381	$\phi 8$	$\phi 8$	0.848
					1.666	$\phi 10$	$\phi 8$	1.264
					2.097	$\phi 10$	$\phi 10$	1.357
					2.585	$\phi 12$	$\phi 10$	1.886
					3.131	$\phi 12$	$\phi 12$	2.003
						$\phi 14$	$\phi 10$	2.533
						$\phi 14$	$\phi 12$	2.652
						$\phi 14$	$\phi 14$	2.794
						$\phi 16$	$\phi 10$	3.307
						$\phi 16$	$\phi 12$	3.430
						$\phi 16$	$\phi 14$	3.575
						$\phi 16$	$\phi 16$	3.743
290	250 450 500 250（250）	$8\phi 14$	1231.5	0.411	0.561	$\phi 6$	$\phi 6$	0.445
		$8\phi 16$	1608.5	0.536	0.687	$\phi 6.5$	$\phi 6.5$	0.526
		$8\phi 18$	2035.8	0.679	0.829	$\phi 8$	$\phi 6$	0.769
		$8\phi 20$	2513.3	0.838	0.989	$\phi 8$	$\phi 6.5$	0.778
		$8\phi 22$	3041.1	1.014	1.164	$\phi 8$	$\phi 8$	0.811
		$8\phi 25$	3927.0	1.309	1.460	$\phi 10$	$\phi 8$	1.243
		$8\phi 28$	4926.0	1.642	1.793	$\phi 10$	$\phi 10$	1.298
		$8\phi 32$	6434.0	2.145	2.295	$\phi 12$	$\phi 10$	1.848
		$8\phi 36$	8143.0	2.714	2.865	$\phi 12$	$\phi 12$	1.916
		$8\phi 40$	10053	3.351	3.502	$\phi 14$	$\phi 10$	2.521
						$\phi 14$	$\phi 12$	2.592

序号	截面形式（最大箍筋肢距、纵筋间距/mm）	纵向受力钢筋 ①	A_s(mm²)	ρ(%)	计入 $\phi12$ 构造纵筋的配筋率 ρ_1(%)	箍筋@100 ②	③	ρ_v(%)
290	250/450, 500, 250（250）					$\phi14$	$\phi14$	2.675
						$\phi16$	$\phi10$	3.329
						$\phi16$	$\phi12$	3.401
						$\phi16$	$\phi14$	3.486
						$\phi16$	$\phi16$	3.585
291	250/450, 500, 250（200）	同上			0.712	$\phi6$	$\phi6$	0.498
					0.838	$\phi6.5$	$\phi6.5$	0.587
					0.980	$\phi8$	$\phi6$	0.823
					1.139	$\phi8$	$\phi6.5$	0.841
					1.315	$\phi8$	$\phi8$	0.906
					1.611	$\phi10$	$\phi8$	1.341
					1.944	$\phi10$	$\phi10$	1.450
					2.446	$\phi12$	$\phi10$	2.004
					3.016	$\phi12$	$\phi12$	2.141
					3.653	$\phi14$	$\phi10$	2.681
						$\phi14$	$\phi12$	2.822
						$\phi14$	$\phi14$	2.989
						$\phi16$	$\phi10$	3.493
						$\phi16$	$\phi12$	3.638
						$\phi16$	$\phi14$	3.808
						$\phi16$	$\phi16$	4.006
292	250/450, 550, 250（275）	$8\phi16$	1608.5	0.515	0.659	$\phi6$	$\phi6$	0.439
		$8\phi18$	2035.8	0.651	0.796	$\phi6.5$	$\phi6.5$	0.518
		$8\phi20$	2513.3	0.804	0.949	$\phi8$	$\phi6$	0.759
		$8\phi22$	3041.1	0.973	1.118	$\phi8$	$\phi6.5$	0.768
		$8\phi25$	3927.0	1.257	1.401	$\phi8$	$\phi8$	0.799
		$8\phi28$	4926.0	1.576	1.721	$\phi10$	$\phi8$	1.226
		$8\phi32$	6434.0	2.059	2.204	$\phi10$	$\phi10$	1.278
		$8\phi36$	8143.0	2.606	2.751	$\phi12$	$\phi10$	1.821
		$8\phi40$	10053	3.217	3.362	$\phi12$	$\phi12$	1.887
						$\phi14$	$\phi10$	2.486
						$\phi14$	$\phi12$	2.554
						$\phi14$	$\phi14$	2.633
						$\phi16$	$\phi10$	3.283
						$\phi16$	$\phi12$	3.352
						$\phi16$	$\phi14$	3.434
						$\phi16$	$\phi16$	3.529

序号	截面形式 （最大箍筋肢距、 纵筋间距/mm）	纵向受力钢筋			计入 $\phi12$ 构造 纵筋的配筋率 ρ_1（%）	箍筋@100		
		①	A_s（mm²）	ρ（%）		②	③	ρ_v（%）
293	 250 450 550 250 （200）	同上			0.804	$\phi6$	$\phi6$	0.489
					0.941	$\phi6.5$	$\phi6.5$	0.577
					1.094	$\phi8$	$\phi6$	0.810
					1.263	$\phi8$	$\phi6.5$	0.828
					1.546	$\phi8$	$\phi8$	0.890
					1.866	$\phi10$	$\phi8$	1.319
					2.348	$\phi10$	$\phi10$	1.424
					2.895	$\phi12$	$\phi10$	1.970
					3.507	$\phi12$	$\phi12$	2.102
						$\phi14$	$\phi10$	2.639
						$\phi14$	$\phi12$	2.774
						$\phi14$	$\phi14$	2.934
						$\phi16$	$\phi10$	3.441
						$\phi16$	$\phi12$	3.579
						$\phi16$	$\phi14$	3.743
						$\phi16$	$\phi16$	3.931
294	 250 450 600 250 （300）	$8\phi16$	1608.5	0.495	0.634	$\phi6$	$\phi6$	0.433
		$8\phi18$	2035.8	0.626	0.766	$\phi6.5$	$\phi6.5$	0.511
		$8\phi20$	2513.3	0.773	0.913	$\phi8$	$\phi6$	0.749
		$8\phi22$	3041.1	0.936	1.075	$\phi8$	$\phi6.5$	0.758
		$8\phi25$	3927.0	1.208	1.348	$\phi8$	$\phi8$	0.787
		$8\phi28$	4926.0	1.516	1.655	$\phi10$	$\phi8$	1.210
		$8\phi32$	6434.0	1.980	2.119	$\phi10$	$\phi10$	1.260
		$8\phi36$	8143.0	2.506	2.645	$\phi12$	$\phi10$	1.796
		$8\phi40$	10053	3.093	3.232	$\phi12$	$\phi12$	1.860
						$\phi14$	$\phi10$	2.454
						$\phi14$	$\phi12$	2.519
						$\phi14$	$\phi14$	2.595
						$\phi16$	$\phi10$	3.242
						$\phi16$	$\phi12$	3.308
						$\phi16$	$\phi14$	3.386
						$\phi16$	$\phi16$	3.477
295	 250 450 600 250 （200）	同上			0.773	$\phi6$	$\phi6$	0.481
					0.905	$\phi6.5$	$\phi6.5$	0.567
					1.052	$\phi8$	$\phi6$	0.798
					1.214	$\phi8$	$\phi6.5$	0.815
					1.487	$\phi8$	$\phi8$	0.875
					1.794	$\phi10$	$\phi8$	1.299
					2.258	$\phi10$	$\phi10$	1.400

序号	截面形式（最大箍筋肢距、纵筋间距/mm）	纵向受力钢筋 ①	A_s(mm²)	ρ（%）	计入 ϕ12 构造纵筋的配筋率 ρ_l（%）	箍筋@100 ②	③	ρ_v（%）
295	250 450 600 250 （200）	同上			2.784	ϕ12	ϕ10	1.940
					3.372	ϕ12	ϕ12	2.066
						ϕ14	ϕ10	2.601
						ϕ14	ϕ12	2.730
						ϕ14	ϕ14	2.883
						ϕ16	ϕ10	3.392
						ϕ16	ϕ12	3.525
						ϕ16	ϕ14	3.682
						ϕ16	ϕ16	3.863
296	250 450 650 250 （225）	8ϕ16	1608.5	0.477	0.678	ϕ6	ϕ6	0.450
		8ϕ18	2035.8	0.603	0.804	ϕ6.5	ϕ6.5	0.531
		8ϕ20	2513.3	0.745	0.946	ϕ8	ϕ6	0.764
		8ϕ22	3041.1	0.901	1.102	ϕ8	ϕ6.5	0.776
		8ϕ25	3927.0	1.164	1.365	ϕ8	ϕ8	0.819
		8ϕ28	4926.0	1.460	1.661	ϕ10	ϕ8	1.238
		8ϕ32	6434.0	1.906	2.107	ϕ10	ϕ10	1.311
		8ϕ36	8143.0	2.413	2.614	ϕ12	ϕ10	1.843
		8ϕ40	10053	2.979	3.180	ϕ12	ϕ12	1.934
						ϕ14	ϕ10	2.495
						ϕ14	ϕ12	2.588
						ϕ14	ϕ14	2.698
						ϕ16	ϕ10	3.276
						ϕ16	ϕ12	3.371
						ϕ16	ϕ14	3.484
						ϕ16	ϕ16	3.615
297	250 450 650 250 （200）	同上			0.812	ϕ6	ϕ6	0.496
					0.938	ϕ6.5	ϕ6.5	0.586
					1.080	ϕ8	ϕ6	0.811
					1.236	ϕ8	ϕ6.5	0.832
					1.499	ϕ8	ϕ8	0.903
					1.795	ϕ10	ϕ8	1.324
					2.241	ϕ10	ϕ10	1.445
					2.748	ϕ12	ϕ10	1.981
					3.314	ϕ12	ϕ12	2.132
						ϕ14	ϕ10	2.636

序号	截面形式（最大箍筋肢距、纵筋间距/mm）	纵向受力钢筋			计入φ12构造纵筋的配筋率 ρ₁（%）	箍筋@100		
		①	A_s(mm²)	ρ（%）	ρ_l（%）	②	③	ρ_v（%）
297	（200）					φ14	φ12	2.792
						φ14	φ14	2.976
						φ16	φ10	3.421
						φ16	φ12	3.580
						φ16	φ14	3.769
						φ16	φ16	3.986
298	（235）	8φ16	1608.5	0.460	0.653	φ6	φ6	0.444
		8φ18	2035.8	0.582	0.776	φ6.5	φ6.5	0.524
		8φ20	2513.3	0.718	0.912	φ8	φ6	0.755
		8φ22	3041.1	0.869	1.063	φ8	φ6.5	0.766
		8φ25	3927.0	1.122	1.316	φ8	φ8	0.808
		8φ28	4926.0	1.407	1.601	φ10	φ8	1.223
		8φ32	6434.0	1.838	2.032	φ10	φ10	1.293
		8φ36	8143.0	2.327	2.520	φ12	φ10	1.819
		8φ40	10053	2.872	3.066	φ12	φ12	1.907
						φ14	φ10	2.465
						φ14	φ12	2.554
						φ14	φ14	2.661
						φ16	φ10	3.237
						φ16	φ12	3.329
						φ16	φ14	3.438
						φ16	φ16	3.564
299	（200）	同上			0.783	φ6	φ6	0.488
					0.905	φ6.5	φ6.5	0.576
					1.041	φ8	φ6	0.800
					1.192	φ8	φ6.5	0.820
					1.445	φ8	φ8	0.889
					1.731	φ10	φ8	1.305
					2.161	φ10	φ10	1.422
					2.650	φ12	φ10	1.952
					3.195	φ12	φ12	2.098
						φ14	φ10	2.601
						φ14	φ12	2.750
						φ14	φ14	2.927
						φ16	φ10	3.377
						φ16	φ12	3.530
						φ16	φ14	3.712
						φ16	φ16	3.921

序号	截面形式（最大箍筋肢距、纵筋间距/mm）	纵向受力钢筋			计入φ12构造纵筋的配筋率 ρ₁（%）	箍筋@100		
		①	A_s(mm²)	ρ（%）		②	③	ρ_v（%）
300	250/450 750 250 （250）	8φ16	1608.5	0.444	0.631	φ6	φ6	0.438
		8φ18	2035.8	0.562	0.749	φ6.5	φ6.5	0.517
		8φ20	2513.3	0.693	0.881	φ8	φ6	0.746
		8φ22	3041.1	0.839	1.026	φ8	φ6.5	0.758
		8φ25	3927.0	1.083	1.271	φ8	φ8	0.797
		8φ28	4926.0	1.359	1.546	φ10	φ8	1.208
		8φ32	6434.0	1.775	1.962	φ10	φ10	1.276
		8φ36	8143.0	2.246	2.434	φ12	φ10	1.798
		8φ40	10053	2.773	2.960	φ12	φ12	1.882
						φ14	φ10	2.437
						φ14	φ12	2.523
						φ14	φ14	2.626
						φ16	φ10	3.202
						φ16	φ12	3.291
						φ16	φ14	3.396
						φ16	φ16	3.517
301	250/450 750 250 （200）	同上			0.756	φ6	φ6	0.481
					0.874	φ6.5	φ6.5	0.568
					1.005	φ8	φ6	0.790
					1.151	φ8	φ6.5	0.809
					1.395	φ8	φ8	0.875
					1.671	φ10	φ8	1.288
					2.087	φ10	φ10	1.401
					2.558	φ12	φ10	1.926
					3.085	φ12	φ12	2.066
						φ14	φ10	2.568
						φ14	φ12	2.712
						φ14	φ14	2.883
						φ16	φ10	3.336
						φ16	φ12	3.484
						φ16	φ14	3.659
						φ16	φ16	3.861
302	250/500 550 250 （275）	8φ16	1608.5	0.495	0.634	φ6	φ6	0.433
		8φ18	2035.8	0.626	0.766	φ6.5	φ6.5	0.511
		8φ20	2513.3	0.773	0.913	φ8	φ6	0.749
		8φ22	3041.1	0.936	1.075	φ8	φ6.5	0.758
		8φ25	3927.0	1.208	1.348	φ8	φ8	0.787
		8φ28	4926.0	1.516	1.655	φ10	φ8	1.210

序号	截面形式（最大箍筋肢距、纵筋间距/mm）	纵向受力钢筋			计入φ12构造纵筋的配筋率 ρ₁（%）	箍筋@100		
		①	A_s(mm²)	ρ（%）	ρ_l（%）	②	③	ρ_v（%）
302	 250 500 550 250 （275）	8φ32	6434.0	1.980	2.119	φ10	φ10	1.260
		8φ36	8143.0	2.506	2.645	φ12	φ10	1.796
		8φ40	10053	3.093	3.232	φ12	φ12	1.860
						φ14	φ10	2.454
						φ14	φ12	2.519
						φ14	φ14	2.595
						φ16	φ10	3.242
						φ16	φ12	3.308
						φ16	φ14	3.386
						φ16	φ16	3.477
303	 250 500 550 250 （200）	同上			0.773	φ6	φ6	0.481
					0.905	φ6.5	φ6.5	0.567
					1.052	φ8	φ6	0.798
					1.214	φ8	φ6.5	0.815
					1.487	φ8	φ8	0.875
					1.794	φ10	φ8	1.299
					2.258	φ10	φ10	1.400
					2.784	φ12	φ10	1.940
					3.372	φ12	φ12	2.066
						φ14	φ10	2.601
						φ14	φ12	2.730
						φ14	φ14	2.883
						φ16	φ10	3.392
						φ16	φ12	3.525
						φ16	φ14	3.682
						φ16	φ16	3.863
304	 250 500 600 250 （300）	8φ16	1608.5	0.477	0.611	φ6	φ6	0.427
		8φ18	2035.8	0.603	0.737	φ6.5	φ6.5	0.504
		8φ20	2513.3	0.745	0.879	φ8	φ6	0.740
		8φ22	3041.1	0.901	1.035	φ8	φ6.5	0.748
		8φ25	3927.0	1.164	1.298	φ8	φ8	0.777
		8φ28	4926.0	1.460	1.594	φ10	φ8	1.195
		8φ32	6434.0	1.906	2.040	φ10	φ10	1.243
		8φ36	8143.0	2.413	2.547	φ12	φ10	1.774
		8φ40	10053	2.979	3.113	φ12	φ12	1.835

序号	截面形式（最大箍筋肢距、纵筋间距/mm）	纵向受力钢筋			计入$\phi 12$构造纵筋的配筋率 ρ_1（%）	箍筋@100		
		①	A_s(mm²)	ρ（%）		②	③	ρ_v（%）
304	 250 500 / 600 / 250 （300）					$\phi 14$	$\phi 10$	2.424
						$\phi 14$	$\phi 12$	2.486
						$\phi 14$	$\phi 14$	2.56
						$\phi 16$	$\phi 10$	3.203
						$\phi 16$	$\phi 12$	3.267
						$\phi 16$	$\phi 14$	3.342
						$\phi 16$	$\phi 16$	3.429
305	 250 500 / 600 / 250 （200） 同上				0.745	$\phi 6$	$\phi 6$	0.473
					0.871	$\phi 6.5$	$\phi 6.5$	0.558
					1.013	$\phi 8$	$\phi 6$	0.787
					1.169	$\phi 8$	$\phi 6.5$	0.804
					1.432	$\phi 8$	$\phi 8$	0.861
					1.728	$\phi 10$	$\phi 8$	1.281
					2.174	$\phi 10$	$\phi 10$	1.378
					2.681	$\phi 12$	$\phi 10$	1.912
					3.247	$\phi 12$	$\phi 12$	2.033
						$\phi 14$	$\phi 10$	2.566
						$\phi 14$	$\phi 12$	2.690
						$\phi 14$	$\phi 14$	2.837
						$\phi 16$	$\phi 10$	3.348
						$\phi 16$	$\phi 12$	3.476
						$\phi 16$	$\phi 14$	3.627
						$\phi 16$	$\phi 16$	3.801
306	 250 500 / 650 / 250 （250）	$8\phi 16$	1608.5	0.460	0.653	$\phi 6$	$\phi 6$	0.444
		$8\phi 18$	2035.8	0.582	0.776	$\phi 6.5$	$\phi 6.5$	0.524
		$8\phi 20$	2513.3	0.718	0.912	$\phi 8$	$\phi 6$	0.755
		$8\phi 22$	3041.1	0.869	1.063	$\phi 8$	$\phi 6.5$	0.766
		$8\phi 25$	3927.0	1.122	1.316	$\phi 8$	$\phi 8$	0.808
		$8\phi 28$	4926.0	1.407	1.601	$\phi 10$	$\phi 8$	1.223
		$8\phi 32$	6434.0	1.838	2.032	$\phi 10$	$\phi 10$	1.293
		$8\phi 26$	8143.0	2.327	2.520	$\phi 12$	$\phi 10$	1.819
		$8\phi 40$	10053	2.872	3.066	$\phi 12$	$\phi 12$	1.907
						$\phi 14$	$\phi 10$	2.465
						$\phi 14$	$\phi 12$	2.554
						$\phi 14$	$\phi 14$	2.661

序号	截面形式（最大箍筋肢距、纵筋间距/mm）	纵向受力钢筋			计入 φ12 构造纵筋的配筋率 ρ₁（%）	箍筋@100		
		①	A_s(mm²)	ρ（%）		②	③	ρ_v（%）
306	（250）					$\phi16$	$\phi10$	3.237
						$\phi16$	$\phi12$	3.329
						$\phi16$	$\phi14$	3.438
						$\phi16$	$\phi16$	3.564
307	（200）	同上			0.783	$\phi6$	$\phi6$	0.488
					0.905	$\phi6.5$	$\phi6.5$	0.576
					1.041	$\phi8$	$\phi6$	0.800
					1.192	$\phi8$	$\phi6.5$	0.820
					1.445	$\phi8$	$\phi8$	0.889
					1.731	$\phi10$	$\phi8$	1.305
					2.161	$\phi10$	$\phi10$	1.422
					2.650	$\phi12$	$\phi10$	1.952
					3.195	$\phi12$	$\phi12$	2.098
						$\phi14$	$\phi10$	2.601
						$\phi14$	$\phi12$	2.750
						$\phi14$	$\phi14$	2.927
						$\phi16$	$\phi10$	3.377
						$\phi16$	$\phi12$	3.530
						$\phi16$	$\phi14$	3.712
						$\phi16$	$\phi16$	3.921
308	（250）	$8\phi16$	1608.5	0.444	0.522	$\phi6$	$\phi6$	0.438
		$8\phi18$	2035.8	0.562	0.640	$\phi6.5$	$\phi6.5$	0.517
		$8\phi20$	2513.3	0.693	0.771	$\phi8$	$\phi6$	0.746
		$8\phi22$	3041.1	0.839	0.917	$\phi8$	$\phi6.5$	0.758
		$8\phi25$	3927.0	1.083	1.161	$\phi8$	$\phi8$	0.797
		$8\phi28$	4926.0	1.359	1.437	$\phi10$	$\phi8$	1.208
		$8\phi32$	6434.0	1.775	1.853	$\phi10$	$\phi10$	1.276
		$8\phi26$	8143.0	2.246	2.324	$\phi12$	$\phi10$	1.798
		$8\phi40$	10053	2.773	2.851	$\phi12$	$\phi12$	1.882
						$\phi14$	$\phi10$	2.437
						$\phi14$	$\phi12$	2.523
						$\phi14$	$\phi14$	2.626
						$\phi16$	$\phi10$	3.202
						$\phi16$	$\phi12$	3.291
						$\phi16$	$\phi14$	3.396
						$\phi16$	$\phi16$	3.517

序号	截面形式（最大箍筋肢距、纵筋间距/mm）	纵向受力钢筋			计入 ϕ 12 构造纵筋的配筋率 ρ_1（%）	箍筋@100		
		①	A_s（mm²）	ρ（%）		②	③	ρ_v（%）
309	250 500 700 250 （200）	同上			0.756	ϕ 6	ϕ 6	0.481
					0.874	ϕ 6.5	ϕ 6.5	0.568
					1.005	ϕ 8	ϕ 6	0.790
					1.151	ϕ 8	ϕ 6.5	0.809
					1.395	ϕ 8	ϕ 8	0.875
					1.671	ϕ 10	ϕ 8	1.288
					2.087	ϕ 10	ϕ 10	1.401
					2.558	ϕ 12	ϕ 10	1.926
					3.085	ϕ 12	ϕ 12	2.066
						ϕ 14	ϕ 10	2.568
						ϕ 14	ϕ 12	2.712
						ϕ 14	ϕ 14	2.883
						ϕ 16	ϕ 10	3.336
						ϕ 16	ϕ 12	3.484
						ϕ 16	ϕ 14	3.659
						ϕ 16	ϕ 16	3.861
310	250 500 750 250 （250）	8ϕ16	1608.5	0.429	0.610	ϕ 6	ϕ 6	0.433
		8ϕ18	2035.8	0.543	0.724	ϕ 6.5	ϕ 6.5	0.511
		8ϕ20	2513.3	0.670	0.851	ϕ 8	ϕ 6	0.738
		8ϕ22	3041.1	0.811	0.992	ϕ 8	ϕ 6.5	0.749
		8ϕ25	3927.0	1.047	1.228	ϕ 8	ϕ 8	0.788
		8ϕ28	4926.0	1.314	1.495	ϕ 10	ϕ 8	1.195
		8ϕ32	6434.0	1.716	1.897	ϕ 10	ϕ 10	1.260
		8ϕ26	8143.0	2.171	2.352	ϕ 12	ϕ 10	1.777
		8ϕ40	10053	2.681	2.862	ϕ 12	ϕ 12	1.859
		8ϕ50	15708	4.189	4.370	ϕ 14	ϕ 10	2.411
						ϕ 14	ϕ 12	2.494
						ϕ 14	ϕ 14	2.593
						ϕ 16	ϕ 10	3.169
						ϕ 16	ϕ 12	3.255
						ϕ 16	ϕ 14	3.356
						ϕ 16	ϕ 16	3.473
311	250 500 750 250 （200）	同上			0.731	ϕ 6	ϕ 6	0.474
					0.844	ϕ 6.5	ϕ 6.5	0.560
					0.972	ϕ 8	ϕ 6	0.781
					1.113	ϕ 8	ϕ 6.5	0.799
					1.349	ϕ 8	ϕ 8	0.863
					1.615	ϕ 10	ϕ 8	1.272
					2.017	ϕ 10	ϕ 10	1.381
					2.473	ϕ 12	ϕ 10	1.901

序号	截面形式（最大箍筋肢距、纵筋间距/mm）	纵向受力钢筋			计入φ12构造纵筋的配筋率 ρ₁（%）	箍筋@100		
		①	A_s(mm²)	ρ（%）	ρ_1（%）	②	③	ρ_v（%）
311	250 500 750 250 （200）	同上			2.982	φ12	φ12	2.037
					4.490	φ14	φ10	2.537
						φ14	φ12	2.676
						φ14	φ14	2.841
						φ16	φ10	3.299
						φ16	φ12	3.441
						φ16	φ14	3.610
						φ16	φ16	3.805
312	250 550 600 250 （300）	8φ16	1608.5	0.460	0.589	φ6	φ6	0.422
		8φ18	2035.8	0.582	0.711	φ6.5	φ6.5	0.498
		8φ20	2513.3	0.718	0.847	φ8	φ6	0.732
		8φ22	3041.1	0.869	0.998	φ8	φ6.5	0.740
		8φ25	3927.0	1.122	1.251	φ8	φ8	0.767
		8φ28	4926.0	1.407	1.537	φ10	φ8	1.181
		8φ32	6434.0	1.838	1.968	φ10	φ10	1.228
		8φ26	8143.0	2.327	2.456	φ12	φ10	1.753
		8φ40	10053	2.872	3.002	φ12	φ12	1.811
						φ14	φ10	2.397
						φ14	φ12	2.457
						φ14	φ14	2.527
						φ16	φ10	3.168
						φ16	φ12	3.229
						φ16	φ14	3.302
						φ16	φ16	3.385
313	250 550 600 250 （200）	同上			0.718	φ6	φ6	0.466
					0.840	φ6.5	φ6.5	0.550
					0.977	φ8	φ6	0.777
					1.127	φ8	φ6.5	0.793
					1.381	φ8	φ8	0.848
					1.666	φ10	φ8	1.264
					2.097	φ10	φ10	1.357
					2.585	φ12	φ10	1.886
					3.131	φ12	φ12	2.003
						φ14	φ10	2.533
						φ14	φ12	2.652

序号	截面形式（最大箍筋肢距、纵筋间距/mm）	纵向受力钢筋			计入φ12构造纵筋的配筋率 ρ₁（%）	箍筋@100		
		①	A_s（mm²）	ρ（%）		②	③	ρ_v（%）
313	250 550 600 250 （200）	同上				φ14	φ14	2.794
						φ16	φ10	3.307
						φ16	φ12	3.430
						φ16	φ14	3.575
						φ16	φ16	3.743
314	250 550 650 250 （275）	8φ16	1608.5	0.444	0.631	φ6	φ6	0.438
		8φ18	2035.8	0.562	0.749	φ6.5	φ6.5	0.517
		8φ20	2513.3	0.693	0.881	φ8	φ6	0.746
		8φ22	3041.1	0.839	1.026	φ8	φ6.5	0.758
		8φ25	3927.0	1.083	1.271	φ8	φ8	0.797
		8φ28	4926.0	1.359	1.546	φ10	φ8	1.208
		8φ32	6434.0	1.775	1.962	φ10	φ10	1.276
		8φ26	8143.0	2.246	2.434	φ12	φ10	1.798
		8φ40	10053	2.773	2.960	φ12	φ12	1.882
						φ14	φ10	2.437
						φ14	φ12	2.523
						φ14	φ14	2.626
						φ16	φ10	3.202
						φ16	φ12	3.291
						φ16	φ14	3.396
						φ16	φ16	3.517
315	250 550 650 250 （200）	同上			0.756	φ6	φ6	0.481
					0.874	φ6.5	φ6.5	0.568
					1.005	φ8	φ6	0.790
					1.151	φ8	φ6.5	0.809
					1.395	φ8	φ8	0.875
					1.671	φ10	φ8	1.288
					2.087	φ10	φ10	1.401
					2.558	φ12	φ10	1.926
					3.085	φ12	φ12	2.066
						φ14	φ10	2.568
						φ14	φ12	2.712
						φ14	φ14	2.883
						φ16	φ10	3.336
						φ16	φ12	3.484
						φ16	φ14	3.659
						φ16	φ16	3.861

序号	截面形式（最大箍筋肢距、纵筋间距/mm）	纵向受力钢筋			计入 φ12 构造纵筋的配筋率 ρl（%）	箍筋@100		
		①	As(mm²)	ρ（%）		②	③	ρv（%）
316	（275）	8φ16	1608.5	0.429	0.610	φ6	φ6	0.433
		8φ18	2035.8	0.543	0.724	φ6.5	φ6.5	0.511
		8φ20	2513.3	0.670	0.851	φ8	φ6	0.738
		8φ22	3041.1	0.811	0.992	φ8	φ6.5	0.749
		8φ25	3927.0	1.047	1.228	φ8	φ8	0.788
		8φ28	4926.0	1.314	1.495	φ10	φ8	1.195
		8φ32	6434.0	1.716	1.897	φ10	φ10	1.260
		8φ26	8143.0	2.171	2.352	φ12	φ10	1.777
		8φ40	10053	2.681	2.862	φ12	φ12	1.859
		8φ50	15708	4.189	4.370	φ14	φ10	2.411
						φ14	φ12	2.494
						φ14	φ14	2.593
						φ16	φ10	3.169
						φ16	φ12	3.255
						φ16	φ14	3.356
						φ16	φ16	3.473
317	（200）	8φ16	1608.5	0.429	0.731	φ6	φ6	0.474
		8φ18	2035.8	0.543	0.844	φ6.5	φ6.5	0.560
		8φ20	2513.3	0.670	0.972	φ8	φ6	0.781
		8φ22	3041.1	0.811	1.113	φ8	φ6.5	0.799
		8φ25	3927.0	1.047	1.349	φ8	φ8	0.863
		8φ28	4926.0	1.314	1.615	φ10	φ8	1.272
		8φ32	6434.0	1.716	2.017	φ10	φ10	1.381
		8φ26	8143.0	2.171	2.473	φ12	φ10	1.901
		8φ40	10053	2.681	2.982	φ12	φ12	2.037
		8φ50	15708	4.189	4.490	φ14	φ10	2.537
						φ14	φ12	2.676
						φ14	φ14	2.841
						φ16	φ10	3.299
						φ16	φ12	3.441
						φ16	φ14	3.610
						φ16	φ16	3.805
318	（275）	8φ16	1608.5	0.415	0.590	φ6	φ6	0.428
		8φ18	2035.8	0.525	0.700	φ6.5	φ6.5	0.505
		8φ20	2513.3	0.649	0.824	φ8	φ6	0.731
		8φ22	3041.1	0.785	0.960	φ8	φ6.5	0.742
		8φ25	3927.0	1.013	1.189	φ8	φ8	0.779
		8φ28	4926.0	1.271	1.446	φ10	φ8	1.183
		8φ32	6434.0	1.660	1.836	φ10	φ10	1.246
		8φ26	8143.0	2.101	2.277	φ12	φ10	1.758

序号	截面形式（最大箍筋肢距、纵筋间距/mm）	纵向受力钢筋			计入φ12构造纵筋的配筋率 ρ₁（%）	箍筋@100		
		①	A_s(mm²)	ρ（%）		②	③	$ρ_v$（%）
318	250 550 750 250 （275）	8φ40	10053	2.594	2.769	φ12	φ12	1.837
		8φ50	15708	4.054	4.229	φ14	φ10	2.386
						φ14	φ12	2.467
						φ14	φ14	2.563
						φ16	φ10	3.138
						φ16	φ12	3.221
						φ16	φ14	3.319
						φ16	φ16	3.431
319	250 550 750 250 （200）	同上			0.707	φ6	φ6	0.468
					0.817	φ6.5	φ6.5	0.552
					0.940	φ8	φ6	0.772
					1.077	φ8	φ6.5	0.790
					1.305	φ8	φ8	0.852
					1.563	φ10	φ8	1.257
					1.952	φ10	φ10	1.362
					2.393	φ12	φ10	1.878
					2.886	φ12	φ12	2.009
					4.346	φ14	φ10	2.509
						φ14	φ12	2.643
						φ14	φ14	2.802
						φ16	φ10	3.263
						φ16	φ12	3.401
						φ16	φ14	3.564
						φ16	φ16	3.752
320	250 600 650 250 （300）	8φ16	1608.5	0.429	0.610	φ6	φ6	0.433
		8φ18	2035.8	0.543	0.724	φ6.5	φ6.5	0.511
		8φ20	2513.3	0.670	0.851	φ8	φ6	0.738
		8φ22	3041.1	0.811	0.992	φ8	φ6.5	0.749
		8φ25	3927.0	1.047	1.228	φ8	φ8	0.788
		8φ28	4926.0	1.314	1.495	φ10	φ8	1.195
		8φ32	6434.0	1.716	1.897	φ10	φ10	1.260
		8φ26	8143.0	2.171	2.352	φ12	φ10	1.777
		8φ40	10053	2.681	2.862	φ12	φ12	1.859
		8φ50	15708	4.189	4.370	φ14	φ10	2.411
						φ14	φ12	2.494

序号	截面形式（最大箍筋肢距、纵筋间距/mm）	纵向受力钢筋			计入 φ12 构造纵筋的配筋率 ρ_l（%）	箍筋@100		
		①	A_s(mm²)	ρ（%）		②	③	ρ_v（%）
320	250 600 650 250 （300）					φ14	φ14	2.593
						φ16	φ10	3.169
						φ16	φ12	3.255
						φ16	φ14	3.356
						φ16	φ16	3.473
321	250 600 650 250 （200）	同上			0.731	φ6	φ6	0.474
					0.844	φ6.5	φ6.5	0.560
					0.972	φ8	φ6	0.781
					1.113	φ8	φ6.5	0.799
					1.349	φ8	φ8	0.863
					1.615	φ10	φ8	1.272
					2.017	φ10	φ10	1.381
					2.473	φ12	φ10	1.901
					2.982	φ12	φ12	2.037
					4.490	φ14	φ10	2.537
						φ14	φ12	2.676
						φ14	φ14	2.841
						φ16	φ10	3.299
						φ16	φ12	3.441
						φ16	φ14	3.610
						φ16	φ16	3.805
322	250 600 700 250 （300）	8φ16	1608.5	0.415	0.590	φ6	φ6	0.428
		8φ18	2035.8	0.525	0.700	φ6.5	φ6.5	0.505
		8φ20	2513.3	0.649	0.824	φ8	φ6	0.731
		8φ22	3041.1	0.785	0.960	φ8	φ6.5	0.742
		8φ25	3927.0	1.013	1.189	φ8	φ8	0.779
		8φ28	4926.0	1.271	1.446	φ10	φ8	1.183
		8φ32	6434.0	1.660	1.836	φ10	φ10	1.246
		8φ26	8143.0	2.101	2.277	φ12	φ10	1.758
		8φ40	10053	2.594	2.769	φ12	φ12	1.837
		8φ50	15708	4.054	4.229	φ14	φ10	2.386
						φ14	φ12	2.467
						φ14	φ14	2.563
						φ16	φ10	3.138
						φ16	φ12	3.221
						φ16	φ14	3.319
						φ16	φ16	3.431

序号	截面形式（最大箍筋肢距、纵筋间距/mm）	纵向受力钢筋			计入φ12构造纵筋的配筋率 ρ_l（%）	箍筋@100		
		①	A_s（mm²）	ρ（%）		②	③	ρ_v（%）
323	250 600 700 250 （200）	同上			0.707	φ6	φ6	0.468
					0.817	φ6.5	φ6.5	0.552
					0.94	φ8	φ6	0.772
					1.077	φ8	φ6.5	0.790
					1.305	φ8	φ8	0.852
					1.563	φ10	φ8	1.257
					1.952	φ10	φ10	1.362
					2.393	φ12	φ10	1.878
					2.886	φ12	φ12	2.009
					4.346	φ14	φ10	2.509
						φ14	φ12	2.643
						φ14	φ14	2.802
						φ16	φ10	3.263
						φ16	φ12	3.401
						φ16	φ14	3.564
						φ16	φ16	3.752
324	250 600 750 250 （300）	8φ16	1608.5	0.402	0.572	φ6	φ6	0.423
		8φ18	2035.8	0.509	0.679	φ6.5	φ6.5	0.500
		8φ20	2513.3	0.628	0.798	φ8	φ6	0.724
		8φ22	3041.1	0.760	0.930	φ8	φ6.5	0.734
		8φ25	3927.0	0.982	1.151	φ8	φ8	0.770
		8φ28	4926.0	1.232	1.401	φ10	φ8	1.171
		8φ32	6434.0	1.608	1.778	φ10	φ10	1.232
		8φ26	8143.0	2.036	2.205	φ12	φ10	1.741
		8φ40	10053	2.513	2.683	φ12	φ12	1.817
		8φ50	15708	3.927	4.097	φ14	φ10	2.364
						φ14	φ12	2.442
						φ14	φ14	2.534
						φ16	φ10	3.109
						φ16	φ12	3.189
						φ16	φ14	3.284
						φ16	φ16	3.393
325	250 600 750 250 （200）	同上			0.685	φ6	φ6	0.462
					0.792	φ6.5	φ6.5	0.546
					0.911	φ8	φ6	0.764
					1.043	φ8	φ6.5	0.781
					1.264	φ8	φ8	0.841
					1.514	φ10	φ8	1.243
					1.891	φ10	φ10	1.345
					2.318	φ12	φ10	1.856

序号	截面形式 （最大箍筋肢距、 纵筋间距/mm）	纵向受力钢筋			计入 $\phi12$ 构造 纵筋的配筋率 ρ_1（%）	箍筋@100		
		①	A_s(mm²)	ρ（%）		②	③	ρ_v（%）
325	250 600 750 250 （200）	同上			2.796	$\phi12$	$\phi12$	1.983
					4.210	$\phi14$	$\phi10$	2.482
						$\phi14$	$\phi12$	2.612
						$\phi14$	$\phi14$	2.766
						$\phi16$	$\phi10$	3.231
						$\phi16$	$\phi12$	3.364
						$\phi16$	$\phi14$	3.522
						$\phi16$	$\phi16$	3.704
326	250 650 700 250 （235）	$8\phi16$	1608.5	0.402	0.628	$\phi6$	$\phi6$	0.443
		$8\phi18$	2035.8	0.509	0.735	$\phi6.5$	$\phi6.5$	0.523
		$8\phi20$	2513.3	0.628	0.855	$\phi8$	$\phi6$	0.744
		$8\phi22$	3041.1	0.760	0.986	$\phi8$	$\phi6.5$	0.758
		$8\phi25$	3927.0	0.982	1.208	$\phi8$	$\phi8$	0.805
		$8\phi28$	4926.0	1.232	1.458	$\phi10$	$\phi8$	1.207
		$8\phi32$	6434.0	1.608	1.835	$\phi10$	$\phi10$	1.288
		$8\phi26$	8143.0	2.036	2.262	$\phi12$	$\phi10$	1.799
		$8\phi40$	10053	2.513	2.739	$\phi12$	$\phi12$	1.900
		$8\phi50$	15708	3.927	4.153	$\phi14$	$\phi10$	2.423
						$\phi14$	$\phi12$	2.527
						$\phi14$	$\phi14$	2.650
						$\phi16$	$\phi10$	3.170
						$\phi16$	$\phi12$	3.277
						$\phi16$	$\phi14$	3.403
						$\phi16$	$\phi16$	3.548
327	250 650 700 250 （200）	同上			0.741	$\phi6$	$\phi6$	0.482
					0.848	$\phi6.5$	$\phi6.5$	0.568
					0.968	$\phi8$	$\phi6$	0.783
					1.100	$\phi8$	$\phi6.5$	0.804
					1.321	$\phi8$	$\phi8$	0.876
					1.571	$\phi10$	$\phi8$	1.279
					1.948	$\phi10$	$\phi10$	1.401
					2.375	$\phi12$	$\phi10$	1.914
					2.853	$\phi12$	$\phi12$	2.066
					4.266	$\phi14$	$\phi10$	2.541
						$\phi14$	$\phi12$	2.697

序号	截面形式（最大箍筋肢距、纵筋间距/mm）	纵向受力钢筋			计入φ12构造纵筋的配筋率 ρ₁（%）	箍筋@100		
		①	A_s（mm²）	ρ（%）		②	③	ρ_v（%）
327	250 650 700 250 （200） 同上					φ14	φ14	2.882
						φ16	φ10	3.291
						φ16	φ12	3.451
						φ16	φ14	3.641
						φ16	φ16	3.859
328	250 650 750 250 （250）	8φ18	2035.8	0.494	0.713	φ6	φ6	0.438
		8φ20	2513.3	0.609	0.829	φ6.5	φ6.5	0.517
		8φ22	3041.1	0.737	0.957	φ8	φ6	0.737
		8φ25	3927.0	0.952	1.171	φ8	φ6.5	0.750
		8φ28	4926.0	1.194	1.414	φ8	φ8	0.796
		8φ32	6434.0	1.560	1.779	φ10	φ8	1.195
		8φ26	8143.0	1.974	2.193	φ10	φ10	1.274
		8φ40	10053	2.437	2.656	φ12	φ10	1.780
		8φ50	15708	3.808	4.027	φ12	φ12	1.879
						φ14	φ10	2.400
						φ14	φ12	2.501
						φ14	φ14	2.620
						φ16	φ10	3.141
						φ16	φ12	3.244
						φ16	φ14	3.367
						φ16	φ16	3.508
329	250 650 750 250 （200） 同上				0.823	φ6	φ6	0.475
					0.938	φ6.5	φ6.5	0.561
					1.066	φ8	φ6	0.775
					1.281	φ8	φ6.5	0.795
					1.523	φ8	φ8	0.865
					1.889	φ10	φ8	1.265
					2.303	φ10	φ10	1.383
					2.766	φ12	φ10	1.892
					4.137	φ12	φ12	2.040
						φ14	φ10	2.514
						φ14	φ12	2.666
						φ14	φ14	2.844

序号	截面形式（最大箍筋肢距、纵筋间距/mm）	纵向受力钢筋			计入 φ12 构造纵筋的配筋率 ρ₁（%）	箍筋@100		
		①	A_s(mm²)	ρ（%）		②	③	ρ_v（%）
329	250 650 750 250 （200）	同上				$\phi16$	$\phi10$	3.259
						$\phi16$	$\phi12$	3.414
						$\phi16$	$\phi14$	3.597
						$\phi16$	$\phi16$	3.808
330	250 700 750 250 （250）	$8\phi18$	2035.8	0.479	0.692	$\phi6$	$\phi6$	0.433
		$8\phi20$	2513.3	0.591	0.804	$\phi6.5$	$\phi6.5$	0.511
		$8\phi22$	3041.1	0.716	0.928	$\phi8$	$\phi6$	0.730
		$8\phi25$	3927.0	0.924	1.137	$\phi8$	$\phi6.5$	0.743
		$8\phi28$	4926.0	1.159	1.372	$\phi8$	$\phi8$	0.788
		$8\phi32$	6434.0	1.514	1.727	$\phi10$	$\phi8$	1.184
		$8\phi26$	8143.0	1.916	2.129	$\phi10$	$\phi10$	1.260
		$8\phi40$	10053	2.365	2.578	$\phi12$	$\phi10$	1.763
		$8\phi50$	15708	3.696	3.909	$\phi12$	$\phi12$	1.858
						$\phi14$	$\phi10$	2.378
						$\phi14$	$\phi12$	2.476
						$\phi14$	$\phi14$	2.591
						$\phi16$	$\phi10$	3.114
						$\phi16$	$\phi12$	3.214
						$\phi16$	$\phi14$	3.333
						$\phi16$	$\phi16$	3.469
331	250 700 750 250 （200）	同上			0.798	$\phi6$	$\phi6$	0.470
					0.911	$\phi6.5$	$\phi6.5$	0.554
					1.035	$\phi8$	$\phi6$	0.767
					1.243	$\phi8$	$\phi6.5$	0.787
					1.478	$\phi8$	$\phi8$	0.854
					1.833	$\phi10$	$\phi8$	1.252
					2.235	$\phi10$	$\phi10$	1.366
					2.685	$\phi12$	$\phi10$	1.871
					4.015	$\phi12$	$\phi12$	2.014
						$\phi14$	$\phi10$	2.489
						$\phi14$	$\phi12$	2.636
						$\phi14$	$\phi14$	2.809
						$\phi16$	$\phi10$	3.228
						$\phi16$	$\phi12$	3.378
						$\phi16$	$\phi14$	3.556
						$\phi16$	$\phi16$	3.761

T 形异形柱（剪力墙边缘构件）配筋表　　　　表 13.2

序号	截面形式（最大箍筋肢距、纵筋间距/mm）	纵向受力钢筋			计入 φ12 构造纵筋的配筋率 ρ_1（%）	箍筋@100		
		①	A_s（mm²）	ρ（%）		②	③	ρ_v（%）
332	（150）	10φ12	1131.0	1.131		φ6		0.733
		10φ14	1539.4	1.539		φ6.5		0.869
		10φ16	2010.6	2.011		φ8		1.352
		10φ18	2544.7	2.545		φ10		2.193
		10φ20	3141.6	3.142		φ12		3.281
		10φ22	3801.3	3.801				
333	（150）	10φ12	1131.0	1.028		φ6		0.698
		10φ14	1539.4	1.399		φ6.5		0.827
		10φ16	2010.6	1.828		φ8		1.286
		10φ18	2544.7	2.313		φ10		2.084
		10φ20	3141.6	2.856		φ12		3.114
		10φ22	3801.3	3.456				
334	（200）	10φ12	1131.0	0.942		φ6		0.669
		10φ14	1539.4	1.283		φ6.5		0.792
		10φ16	2010.6	1.676		φ8		1.232
		10φ18	2544.7	2.121		φ10		1.995
		10φ20	3141.6	2.618		φ12		2.979
		10φ22	3801.3	3.168				
		10φ25	4908.7	4.091				
335	（250）	10φ12	1131.0	0.870		φ6		0.645
		10φ14	1539.4	1.184		φ6.5		0.764
		10φ16	2010.6	1.547		φ8		1.187
		10φ18	2544.7	1.957		φ10		1.921
		10φ20	3141.6	2.417		φ12		2.867
		10φ22	3801.3	2.924		φ14		4.048
		10φ25	4908.7	3.776				
336	（150）	同上			1.044	φ6	φ6	0.696
					1.358	φ6.5	φ6.5	0.824
					1.721	φ8	φ6	1.240
					2.131	φ8	φ6.5	1.249
					2.591	φ8	φ8	1.281
					3.098	φ10	φ8	2.018
					3.950	φ10	φ10	2.073
						φ12	φ10	3.024
						φ12	φ12	3.094

序号	截面形式（最大箍筋肢距、纵筋间距/mm）	纵向受力钢筋			计入φ12构造纵筋的配筋率 ρ₁（%）	箍筋@100		
		①	A$_s$（mm²）	ρ（%）		②	③	ρ$_v$（%）
337	（300）	10φ12	1131.0	0.808		φ6		0.625
		10φ14	1539.4	1.100		φ6.5		0.740
		10φ16	2010.6	1.436		φ8		1.149
		10φ18	2544.7	1.818		φ10		1.858
		10φ20	3141.6	2.244		φ12		2.772
		10φ22	3801.3	2.715		φ14		3.912
		10φ25	4908.7	3.506				
338	（150）	10φ12	1131.0	0.808	0.969	φ6	φ6	0.672
		10φ14	1539.4	1.100	1.261	φ6.5	φ6.5	0.795
		10φ16	2010.6	1.436	1.598	φ8	φ6	1.198
		10φ18	2544.7	1.818	1.979	φ8	φ6.5	1.206
		10φ20	3141.6	2.244	2.406	φ8	φ8	1.236
		10φ22	3801.3	2.715	2.877	φ10	φ8	1.948
		10φ25	4908.7	3.506	3.668	φ10	φ10	1.999
						φ12	φ10	2.917
						φ12	φ12	2.981
						φ14	φ10	4.063
339	（175）	10φ12	1131.0	0.754	0.905	φ6	φ6	0.651
		10φ14	1539.4	1.026	1.177	φ6.5	φ6.5	0.771
		10φ16	2010.6	1.340	1.491	φ8	φ6	1.162
		10φ18	2544.7	1.696	1.847	φ8	φ6.5	1.170
		10φ20	3141.6	2.094	2.245	φ8	φ8	1.197
		10φ22	3801.3	2.534	2.685	φ10	φ8	1.888
		10φ25	4908.7	3.272	3.423	φ10	φ10	1.935
		10φ28	6157.5	4.105	4.256	φ12	φ10	2.826
						φ12	φ12	2.885
						φ14	φ10	3.936
						φ14	φ12	3.997
						φ14	φ14	4.070
340	（200）	10φ12	1131.0	0.707	0.848	φ6	φ6	0.633
		10φ14	1539.4	0.962	1.103	φ6.5	φ6.5	0.749
		10φ16	2010.6	1.257	1.398	φ8	φ6	1.131
		10φ18	2544.7	1.590	1.732	φ8	φ6.5	1.138
		10φ20	3141.6	1.963	2.105	φ8	φ8	1.164
		10φ22	3801.3	2.376	2.517	φ10	φ8	1.836

序号	截面形式（最大箍筋肢距、纵筋间距/mm）	纵向受力钢筋 ①	A_s (mm²)	ρ (%)	计入φ12构造纵筋的配筋率 ρ_1 (%)	箍筋@100 ②	③	ρ_v (%)
340	（200）	10φ25	4908.7	3.068	3.209	φ10	φ10	1.880
		10φ28	6157.5	3.848	3.990	φ12	φ10	2.747
						φ12	φ12	2.802
						φ14	φ10	3.826
						φ14	φ12	3.883
						φ14	φ14	3.951
341	（225）	10φ12	1131.0	0.665	0.798	φ6	φ6	0.618
		10φ14	1539.4	0.906	1.039	φ6.5	φ6.5	0.731
		10φ16	2010.6	1.183	1.316	φ8	φ6	1.103
		10φ18	2544.7	1.497	1.630	φ8	φ6.5	1.110
		10φ20	3141.6	1.848	1.981	φ8	φ8	1.134
		10φ22	3801.3	2.236	2.369	φ10	φ8	1.791
		10φ25	4908.7	2.887	3.021	φ10	φ10	1.832
		10φ28	6157.5	3.622	3.755	φ12	φ10	2.678
						φ12	φ12	2.730
						φ14	φ10	3.731
						φ14	φ12	3.784
						φ14	φ14	3.848
342	（150）	同上			0.931	φ6	φ6	0.656
					1.172	φ6.5	φ6.5	0.776
					1.449	φ8	φ6	1.143
					1.763	φ8	φ6.5	1.157
					2.114	φ8	φ8	1.205
					2.502	φ10	φ8	1.864
					3.154	φ10	φ10	1.946
					3.888	φ12	φ10	2.796
						φ12	φ12	2.899
						φ14	φ10	3.852
						φ14	φ12	3.960
						φ14	φ14	4.086
343	（250）	10φ12	1131.0	0.628	0.754	φ6	φ6	0.604
		10φ14	1539.4	0.855	0.981	φ6.5	φ6.5	0.714
		10φ16	2010.6	1.117	1.243	φ8	φ6	1.079
		10φ18	2544.7	1.414	1.539	φ8	φ6.5	1.086
		10φ20	3141.6	1.745	1.871	φ8	φ8	1.108
		10φ22	3801.3	2.112	2.238	φ10	φ8	1.751

序号	截面形式（最大箍筋肢距、纵筋间距/mm）	纵向受力钢筋			计入 $\phi12$ 构造纵筋的配筋率 ρ_1（%）	箍筋@100		
		①	A_s（mm²）	ρ（%）		②	③	ρ_v（%）
343	 （250）	$10\phi25$	4908.7	2.727	2.853	$\phi10$	$\phi10$	1.790
		$10\phi28$	6157.5	3.421	3.547	$\phi12$	$\phi10$	2.617
						$\phi12$	$\phi12$	2.666
						$\phi14$	$\phi10$	3.647
						$\phi14$	$\phi12$	3.697
						$\phi14$	$\phi14$	3.756
344	 （170）	同上			0.880	$\phi6$	$\phi6$	0.640
					1.107	$\phi6.5$	$\phi6.5$	0.757
					1.368	$\phi8$	$\phi6$	1.117
					1.665	$\phi8$	$\phi6.5$	1.130
					1.997	$\phi8$	$\phi8$	1.175
					2.363	$\phi10$	$\phi8$	1.820
					2.978	$\phi10$	$\phi10$	1.897
					3.672	$\phi12$	$\phi10$	2.728
						$\phi12$	$\phi12$	2.825
						$\phi14$	$\phi10$	3.761
						$\phi14$	$\phi12$	3.862
						$\phi14$	$\phi14$	3.981
345	 （275）	$10\phi12$	1131.0	0.595	0.714	$\phi6$	$\phi6$	0.591
		$10\phi14$	1539.4	0.810	0.929	$\phi6.5$	$\phi6.5$	0.700
		$10\phi16$	2010.6	1.058	1.177	$\phi8$	$\phi6$	1.058
		$10\phi18$	2544.7	1.339	1.458	$\phi8$	$\phi6.5$	1.064
		$10\phi20$	3141.6	1.653	1.773	$\phi8$	$\phi8$	1.085
		$10\phi22$	3801.3	2.001	2.120	$\phi10$	$\phi8$	1.716
		$10\phi25$	4908.7	2.584	2.703	$\phi10$	$\phi10$	1.752
		$10\phi28$	6157.5	3.241	3.360	$\phi12$	$\phi10$	2.563
						$\phi12$	$\phi12$	2.609
						$\phi14$	$\phi10$	3.572
						$\phi14$	$\phi12$	3.620
						$\phi14$	$\phi14$	3.676
346	 （185）	同上			0.833	$\phi6$	$\phi6$	0.625
					1.048	$\phi6.5$	$\phi6.5$	0.740
					1.296	$\phi8$	$\phi6$	1.093
					1.577	$\phi8$	$\phi6.5$	1.105
					1.892	$\phi8$	$\phi8$	1.148
					2.239	$\phi10$	$\phi8$	1.781

序号	截面形式（最大箍筋肢距、纵筋间距/mm）	纵向受力钢筋 ①	As（mm²）	ρ（%）	计入φ12构造纵筋的配筋率 ρ1（%）	箍筋@100 ②	③	ρv（%）
346	(185)	同上			2.822	φ10	φ10	1.853
					3.479	φ12	φ10	2.668
						φ12	φ12	2.759
						φ14	φ10	3.680
						φ14	φ12	3.775
						φ14	φ14	3.887
347	(300)	10φ12	1131.0	0.565	0.679	φ6	φ6	0.58
		10φ14	1539.4	0.770	0.883	φ6.5	φ6.5	0.687
		10φ16	2010.6	1.005	1.118	φ8	φ6	1.039
		10φ18	2544.7	1.272	1.385	φ8	φ6.5	1.045
		10φ20	3141.6	1.571	1.684	φ8	φ8	1.065
		10φ22	3801.3	1.901	2.014	φ10	φ8	1.684
		10φ25	4908.7	2.454	2.567	φ10	φ10	1.719
		10φ28	6157.5	3.079	3.192	φ12	φ10	2.515
		10φ32	8042.5	4.021	4.134	φ12	φ12	2.559
						φ14	φ10	3.506
						φ14	φ12	3.551
						φ14	φ14	3.604
348	(200)	同上			0.792	φ6	φ6	0.613
					0.996	φ6.5	φ6.5	0.725
					1.232	φ8	φ6	1.072
					1.499	φ8	φ6.5	1.084
					1.797	φ8	φ8	1.124
					2.127	φ10	φ8	1.746
					2.681	φ10	φ10	1.814
					3.305	φ12	φ10	2.614
					4.247	φ12	φ12	2.701
						φ14	φ10	3.608
						φ14	φ12	3.698
						φ14	φ14	3.804
349	(150)	10φ12	1131.0	0.942		φ6		0.669
		10φ14	1539.4	1.283		φ6.5		0.792
		10φ16	2010.6	1.676		φ8		1.232
		10φ18	2544.7	2.121		φ10		1.995
		10φ20	3141.6	2.618		φ12		2.979
		10φ22	3801.3	3.168				
		10φ25	4908.7	4.091				

序号	截面形式 （最大箍筋肢距、纵筋间距/mm）	纵向受力钢筋			计入 φ12 构造纵筋的配筋率 ρ₁（%）	箍筋@100		
		①	A_s（mm²）	ρ（%）		②	③	ρ_v（%）
350	（150）	10φ12	1131.0	0.870		φ6		0.645
		10φ14	1539.4	1.184		φ6.5		0.764
		10φ16	2010.6	1.547		φ8		1.187
		10φ18	2544.7	1.957		φ10		1.921
		10φ20	3141.6	2.417		φ12		2.867
		10φ22	3801.3	2.924		φ14		4.048
		10φ25	4908.7	3.776				
351	（200）	10φ12	1131.0	0.808		φ6		0.625
		10φ14	1539.4	1.100		φ6.5		0.740
		10φ16	2010.6	1.436		φ8		1.149
		10φ18	2544.7	1.818		φ10		1.858
		10φ20	3141.6	2.244		φ12		2.772
		10φ22	3801.3	2.715		φ14		3.912
		10φ25	4908.7	3.506				
352	（250）	10φ12	1131.0	0.754		φ6		0.608
		10φ14	1539.4	1.026		φ6.5		0.719
		10φ16	2010.6	1.340		φ8		1.117
		10φ18	2544.7	1.696		φ10		1.805
		10φ20	3141.6	2.094		φ12		2.691
		10φ22	3801.3	2.534		φ14		3.796
		10φ25	4908.7	3.272				
		10φ28	6157.5	4.105				
353	（150）	同上			0.905	φ6	φ6	0.651
					1.177	φ6.5	φ6.5	0.771
					1.491	φ8	φ6	1.162
					1.847	φ8	φ6.5	1.170
					2.245	φ8	φ8	1.197
					2.685	φ10	φ8	1.888
					3.423	φ10	φ10	1.935
					4.256	φ12	φ10	2.826
						φ12	φ12	2.885
						φ14	φ10	3.936
						φ14	φ12	3.997
						φ14	φ14	4.070

序号	截面形式（最大箍筋肢距、纵筋间距/mm）	纵向受力钢筋			计入φ12构造纵筋的配筋率 ρ₁（%）	箍筋@100		
		①	Aₛ（mm²）	ρ（%）		②	③	ρᵥ（%）
354	 （300）	10φ12	1131.0	0.707		φ6		0.593
		10φ14	1539.4	0.962		φ6.5		0.701
		10φ16	2010.6	1.257		φ8		1.088
		10φ18	2544.7	1.590		φ10		1.759
		10φ20	3141.6	1.963		φ12		2.621
		10φ22	3801.3	2.376		φ14		3.696
		10φ25	4908.7	3.068				
		10φ28	6157.5	3.848				
355	 （150）	同上			0.848	φ6	φ6	0.633
					1.103	φ6.5	φ6.5	0.749
					1.398	φ8	φ6	1.131
					1.732	φ8	φ6.5	1.138
					2.105	φ8	φ8	1.164
					2.517	φ10	φ8	1.836
					3.209	φ10	φ10	1.880
					3.990	φ12	φ10	2.747
						φ12	φ12	2.802
						φ14	φ10	3.826
						φ14	φ12	3.883
						φ14	φ14	3.951
356	 （175）	10φ12	1131.0	0.665	0.798	φ6	φ6	0.618
		10φ14	1539.4	0.906	1.039	φ6.5	φ6.5	0.731
		10φ16	2010.6	1.183	1.316	φ8	φ6	1.103
		10φ18	2544.7	1.497	1.630	φ8	φ6.5	1.110
		10φ20	3141.6	1.848	1.981	φ8	φ8	1.134
		10φ22	3801.3	2.236	2.369	φ10	φ8	1.791
		10φ25	4908.7	2.887	3.021	φ10	φ10	1.832
		10φ28	6157.5	3.622	3.755	φ12	φ10	2.678
						φ12	φ12	2.730
						φ14	φ10	3.731
						φ14	φ12	3.784
						φ14	φ14	3.848
357	 （200）	10φ12	1131.0	0.628	0.754	φ6	φ6	0.604
		10φ14	1539.4	0.855	0.981	φ6.5	φ6.5	0.714
		10φ16	2010.6	1.117	1.243	φ8	φ6	1.079
		10φ18	2544.7	1.414	1.539	φ8	φ6.5	1.086
		10φ20	3141.6	1.745	1.871	φ8	φ8	1.108

序号	截面形式（最大箍筋肢距、纵筋间距/mm）	纵向受力钢筋			计入φ12构造纵筋的配筋率 ρ₁（%）	箍筋@100		
		①	A_s（mm²）	ρ（%）		②	③	ρ_v（%）
357	150 200 150 / 400 / 200 （200）	10φ22	3801.3	2.112	2.238	φ10	φ8	1.751
		10φ25	4908.7	2.727	2.853	φ10	φ10	1.790
		10φ28	6157.5	3.421	3.547	φ12	φ10	2.617
						φ12	φ12	2.666
						φ14	φ10	3.647
						φ14	φ12	3.697
						φ14	φ14	3.756
358	150 200 150 / 450 / 200 （225）	10φ12	1131.0	0.595	0.714	φ6	φ6	0.591
		10φ14	1539.4	0.810	0.929	φ6.5	φ6.5	0.700
		10φ16	2010.6	1.058	1.177	φ8	φ6	1.058
		10φ18	2544.7	1.339	1.458	φ8	φ6.5	1.064
		10φ20	3141.6	1.653	1.773	φ8	φ8	1.085
		10φ22	3801.3	2.001	2.120	φ10	φ8	1.716
		10φ25	4908.7	2.584	2.703	φ10	φ10	1.752
		10φ28	6157.5	3.241	3.360	φ12	φ10	2.563
						φ12	φ12	2.609
						φ14	φ10	3.572
						φ14	φ12	3.620
						φ14	φ14	3.676
359	150 200 150 / 450 / 200 （150）	同上			0.833	φ6	φ6	0.625
					1.048	φ6.5	φ6.5	0.740
					1.296	φ8	φ6	1.093
					1.577	φ8	φ6.5	1.105
					1.892	φ8	φ8	1.148
					2.239	φ10	φ8	1.781
					2.822	φ10	φ10	1.853
					3.479	φ12	φ10	2.668
						φ12	φ12	2.759
						φ14	φ10	3.680
						φ14	φ12	3.775
						φ14	φ14	3.887
360	150 200 150 / 500 / 200 （250）	10φ12	1131.0	0.565	0.679	φ6	φ6	0.580
		10φ14	1539.4	0.770	0.883	φ6.5	φ6.5	0.687
		10φ16	2010.6	1.005	1.118	φ8	φ6	1.039
		10φ18	2544.7	1.272	1.385	φ8	φ6.5	1.045
		10φ20	3141.6	1.571	1.684	φ8	φ8	1.065
		10φ22	3801.3	1.901	2.014	φ10	φ8	1.684

序号	截面形式（最大箍筋肢距、纵筋间距/mm）	纵向受力钢筋			计入φ12构造纵筋的配筋率 ρ₁（%）	箍筋@100		
		①	A$_s$（mm²）	ρ（%）		②	③	ρ$_v$（%）
360	150 200 150 / 500 / 200 （250）	10φ25	4908.7	2.454	2.567	φ10	φ10	1.719
		10φ28	6157.5	3.079	3.192	φ12	φ12	2.515
		10φ32	8042.5	4.021	4.134	φ12	φ10	2.559
						φ14	φ10	3.506
						φ14	φ12	3.551
						φ14	φ14	3.604
361	150 200 150 / 500 / 200 （170）	同上			0.792	φ6	φ6	0.613
					0.996	φ6.5	φ6.5	0.725
					1.232	φ8	φ6	1.072
					1.499	φ8	φ6.5	1.084
					1.797	φ8	φ8	1.124
					2.127	φ10	φ8	1.746
					2.681	φ10	φ10	1.814
					3.305	φ12	φ10	2.614
					4.247	φ12	φ12	2.701
						φ14	φ10	3.608
						φ14	φ12	3.698
						φ14	φ14	3.804
362	150 200 150 / 550 / 200 （275）	10φ12	1131.0	0.539	0.646	φ6	φ6	0.570
		10φ14	1539.4	0.733	0.841	φ6.5	φ6.5	0.675
		10φ16	2010.6	0.957	1.065	φ8	φ6	1.022
		10φ18	2544.7	1.212	1.319	φ8	φ6.5	1.027
		10φ20	3141.6	1.496	1.604	φ8	φ8	1.046
		10φ22	3801.3	1.810	1.918	φ10	φ8	1.656
		10φ25	4908.7	2.337	2.445	φ10	φ10	1.689
		10φ28	6157.5	2.932	3.040	φ12	φ10	2.472
		10φ32	8042.5	3.830	3.937	φ12	φ12	2.513
						φ14	φ10	3.446
						φ14	φ12	3.489
						φ14	φ14	3.539
363	150 200 150 / 550 / 200 （185）	同上			0.754	φ6	φ6	0.601
					0.948	φ6.5	φ6.5	0.711
					1.173	φ8	φ6	1.054
					1.427	φ8	φ6.5	1.064
					1.711	φ8	φ8	1.103
					2.026	φ10	φ8	1.714

序号	截面形式（最大箍筋肢距、纵筋间距/mm）	纵向受力钢筋			计入φ12构造纵筋的配筋率 ρ₁（%）	箍筋@100		
		①	A_s（mm²）	ρ（%）		②	③	ρ_v（%）
363	(185)	同上			2.553	φ10	φ10	1.779
					3.148	φ12	φ10	2.566
					4.045	φ12	φ12	2.648
						φ14	φ10	3.543
						φ14	φ12	3.628
						φ14	φ14	3.729
364	(300)	10φ12	1131.0	0.514	0.617	φ6	φ6	0.561
		10φ14	1539.4	0.700	0.803	φ6.5	φ6.5	0.664
		10φ16	2010.6	0.914	1.017	φ8	φ6	1.006
		10φ18	2544.7	1.157	1.259	φ8	φ6.5	1.012
		10φ20	3141.6	1.428	1.531	φ8	φ8	1.030
		10φ22	3801.3	1.728	1.831	φ10	φ8	1.630
		10φ25	4908.7	2.231	2.334	φ10	φ10	1.661
		10φ28	6157.5	2.799	2.902	φ12	φ10	2.433
		10φ32	8042.5	3.656	3.758	φ12	φ12	2.472
						φ14	φ10	3.392
						φ14	φ12	3.433
						φ14	φ14	3.481
365	(200)	同上			0.720	φ6	φ6	0.591
					0.905	φ6.5	φ6.5	0.699
					1.120	φ8	φ6	1.036
					1.362	φ8	φ6.5	1.047
					1.634	φ8	φ8	1.083
					1.934	φ10	φ8	1.686
					2.437	φ10	φ10	1.748
					3.005	φ12	φ10	2.522
					3.861	φ12	φ12	2.601
						φ14	φ10	3.484
						φ14	φ12	3.565
						φ14	φ14	3.661
366	(200)	10φ12	1131.0	0.808		φ6		0.625
		10φ14	1539.4	1.100		φ6.5		0.740
		10φ16	2010.6	1.436		φ8		1.149
		10φ18	2544.7	1.818		φ10		1.858
		10φ20	3141.6	2.244		φ12		2.772
		10φ22	3801.3	2.715		φ14		3.912
		10φ25	4908.7	3.506				

序号	截面形式（最大箍筋肢距、纵筋间距/mm）	纵向受力钢筋			计入φ12构造纵筋的配筋率 ρ₁（%）	箍筋@100		
		①	A_s（mm²）	ρ（%）		②	③	ρ_v（%）
367	（200）	10φ12	1131.0	0.754		φ6		0.608
		10φ14	1539.4	1.026		φ6.5		0.719
		10φ16	2010.6	1.340		φ8		1.117
		10φ18	2544.7	1.696		φ10		1.805
		10φ20	3141.6	2.094		φ12		2.691
		10φ22	3801.3	2.534		φ14		3.796
		10φ25	4908.7	3.272				
		10φ28	6157.5	4.105				
368	（200）	10φ12	1131.0	0.707		φ6		0.593
		10φ14	1539.4	0.962		φ6.5		0.701
		10φ16	2010.6	1.257		φ8		1.088
		10φ18	2544.7	1.590		φ10		1.759
		10φ20	3141.6	1.963		φ12		2.621
		10φ22	3801.3	2.376		φ14		3.696
		10φ25	4908.7	3.068				
		10φ28	6157.5	3.848				
369	（250）	10φ12	1131.0	0.665		φ6		0.579
		10φ14	1539.4	0.906		φ6.5		0.685
		10φ16	2010.6	1.183		φ8		1.064
		10φ18	2544.7	1.497		φ10		1.719
		10φ20	3141.6	1.848		φ12		3.609
		10φ22	3801.3	2.236				
		10φ25	4908.7	2.887				
		10φ28	6157.5	3.622				
370	（200）	同上			0.798	φ6	φ6	0.618
					1.039	φ6.5	φ6.5	0.731
					1.316	φ8	φ6	1.103
					1.630	φ8	φ6.5	1.110
					1.981	φ8	φ8	1.134
					2.369	φ10	φ8	1.791
					3.021	φ10	φ10	1.832
					3.755	φ12	φ10	2.678
						φ12	φ12	2.730
						φ14	φ10	3.731
						φ14	φ12	3.784
						φ14	φ14	3.848

序号	截面形式（最大箍筋肢距、纵筋间距/mm）	纵向受力钢筋			计入φ12构造纵筋的配筋率 ρ₁（%）	箍筋@100		
		①	A_s（mm²）	ρ（%）		②	③	ρ_v（%）
371	（300）	10φ12	1131.0	0.628		φ6		0.568
		10φ14	1539.4	0.855		φ6.5		0.672
		10φ16	2010.6	1.117		φ8		1.042
		10φ18	2544.7	1.414		φ10		1.683
		10φ20	3141.6	1.745		φ12		2.507
		10φ22	3801.3	2.112		φ14		3.532
		10φ25	4908.7	2.727				
		10φ28	6157.5	3.421				
372	（200）	同上			0.754	φ6	φ6	0.604
					0.981	φ6.5	φ6.5	0.714
					1.243	φ8	φ6	1.079
					1.539	φ8	φ6.5	1.086
					1.871	φ8	φ8	1.108
					2.238	φ10	φ8	1.751
					2.853	φ10	φ10	1.790
					3.547	φ12	φ10	2.617
						φ12	φ12	2.666
						φ14	φ10	3.647
						φ14	φ12	3.697
						φ14	φ14	3.756
373	（220）	10φ12	1131.0	0.595	0.714	φ6	φ6	0.591
		10φ14	1539.4	0.810	0.929	φ6.5	φ6.5	0.700
		10φ16	2010.6	1.058	1.177	φ8	φ6	1.058
		10φ18	2544.7	1.339	1.458	φ8	φ6.5	1.064
		10φ20	3141.6	1.653	1.773	φ8	φ8	1.085
		10φ22	3801.3	2.001	2.120	φ10	φ8	1.716
		10φ25	4908.7	2.584	2.703	φ10	φ10	1.752
		10φ28	6157.5	3.241	3.360	φ12	φ10	2.563
						φ12	φ12	2.609
						φ14	φ10	3.572
						φ14	φ12	3.620
						φ14	φ14	3.676
374	（200）	10φ12	1131.0	0.565	0.679	φ6	φ6	0.580
		10φ14	1539.4	0.770	0.883	φ6.5	φ6.5	0.687
		10φ16	2010.6	1.005	1.118	φ8	φ6	1.039
		10φ18	2544.7	1.272	1.385	φ8	φ6.5	1.045
		10φ20	3141.6	1.571	1.684	φ8	φ8	1.065
		10φ22	3801.3	1.901	2.014	φ10	φ8	1.684

序号	截面形式（最大箍筋肢距、纵筋间距/mm）	纵向受力钢筋			计入 φ12 构造纵筋的配筋率 ρ₁（%）	箍筋@100		
		①	A_s（mm²）	ρ（%）		②	③	ρ_v（%）
374	 （200）	10φ25	4908.7	2.454	2.567	φ10	φ10	1.719
		10φ28	6157.5	3.079	3.192	φ12	φ10	2.515
		10φ32	8042.5	4.021	4.134	φ12	φ12	2.559
						φ14	φ10	3.506
						φ14	φ12	3.551
						φ14	φ14	3.604
375	 （225）	10φ12	1131.0	0.539	0.646	φ6	φ6	0.570
		10φ14	1539.4	0.733	0.841	φ6.5	φ6.5	0.675
		10φ16	2010.6	0.957	1.065	φ8	φ6	1.022
		10φ18	2544.7	1.212	1.319	φ8	φ6.5	1.027
		10φ20	3141.6	1.496	1.604	φ8	φ8	1.046
		10φ22	3801.3	1.810	1.918	φ10	φ8	1.656
		10φ25	4908.7	2.337	2.445	φ10	φ10	1.689
		10φ28	6157.5	2.932	3.04	φ12	φ10	2.472
		10φ32	8042.5	3.830	3.937	φ12	φ12	2.513
						φ14	φ10	3.446
						φ14	φ12	3.489
						φ14	φ14	3.539
376	 （200）	同上			0.754	φ6	φ6	0.601
					0.948	φ6.5	φ6.5	0.711
					1.173	φ8	φ6	1.054
					1.427	φ8	φ6.5	1.064
					1.711	φ8	φ8	1.103
					2.026	φ10	φ8	1.714
					2.553	φ10	φ10	1.779
					3.148	φ12	φ10	2.566
					4.045	φ12	φ12	2.648
						φ14	φ10	3.543
						φ14	φ12	3.628
						φ14	φ14	3.729
377	 （250）	10φ12	1131.0	0.514	0.617	φ6	φ6	0.561
		10φ14	1539.4	0.700	0.803	φ6.5	φ6.5	0.664
		10φ16	2010.6	0.914	1.017	φ8	φ6	1.006
		10φ18	2544.7	1.157	1.259	φ8	φ6.5	1.012
		10φ20	3141.6	1.428	1.531	φ8	φ8	1.030
		10φ22	3801.3	1.728	1.831	φ10	φ8	1.630

序号	截面形式（最大箍筋肢距、纵筋间距/mm）	纵向受力钢筋			计入φ12构造纵筋的配筋率 ρl（%）	箍筋@100		
		①	As（mm²）	ρ（%）		②	③	ρv（%）
377	200 200 200 / 500 / 200 （250）	10φ25	4908.7	2.231	2.334	φ10	φ10	1.661
		10φ28	6157.5	2.799	2.902	φ12	φ10	2.433
		10φ32	8042.5	3.656	3.758	φ12	φ12	2.472
						φ14	φ10	3.392
						φ14	φ12	3.433
						φ14	φ14	3.481
378	200 200 200 / 500 / 200 （200）	同上			0.720	φ6	φ6	0.591
					0.905	φ6.5	φ6.5	0.699
					1.120	φ8	φ6	1.036
					1.362	φ8	φ6.5	1.047
					1.634	φ8	φ8	1.083
					1.934	φ10	φ8	1.686
					2.437	φ10	φ10	1.748
					3.005	φ12	φ10	2.522
					3.861	φ12	φ12	2.601
						φ14	φ10	3.484
						φ14	φ12	3.565
						φ14	φ14	3.661
379	200 200 200 / 550 / 200 （275）	10φ12	1131.0	0.492	0.590	φ6	φ6	0.553
		10φ14	1539.4	0.669	0.768	φ6.5	φ6.5	0.654
		10φ16	2010.6	0.874	0.973	φ8	φ6	0.992
		10φ18	2544.7	1.106	1.205	φ8	φ6.5	0.997
		10φ20	3141.6	1.366	1.464	φ8	φ8	1.015
		10φ22	3801.3	1.653	1.751	φ10	φ8	1.607
		10φ25	4908.7	2.134	2.233	φ10	φ10	1.637
		10φ28	6157.5	2.677	2.776	φ12	φ10	2.398
		10φ32	8042.5	3.497	3.595	φ12	φ12	2.435
						φ14	φ10	3.343
						φ14	φ12	3.382
						φ14	φ14	3.427
380	200 200 200 / 550 / 200 （200）	同上			0.688	φ6	φ6	0.581
					0.866	φ6.5	φ6.5	0.687
					1.071	φ8	φ6	1.021
					1.303	φ8	φ6.5	1.031
					1.563	φ8	φ8	1.066
					1.849	φ10	φ8	1.660

序号	截面形式（最大箍筋肢距、纵筋间距/mm）	纵向受力钢筋			计入 ϕ12 构造纵筋的配筋率 ρ_1（%）	箍筋@100		
		①	A_s（mm²）	ρ（%）		②	③	ρ_v（%）
380	（200）	同上			2.331	ϕ10	ϕ10	1.719
					2.874	ϕ12	ϕ10	2.483
					3.693	ϕ12	ϕ12	2.558
						ϕ14	ϕ10	3.431
						ϕ14	ϕ12	3.508
						ϕ14	ϕ14	3.600
381	（300）	10ϕ12	1131.0	0.471	0.565	ϕ6	ϕ6	0.546
		10ϕ14	1539.4	0.641	0.736	ϕ6.5	ϕ6.5	0.646
		10ϕ16	2010.6	0.838	0.932	ϕ8	ϕ6	0.979
		10ϕ18	2544.7	1.060	1.155	ϕ8	ϕ6.5	0.984
		10ϕ20	3141.6	1.309	1.403	ϕ8	ϕ8	1.001
		10ϕ22	3801.3	1.584	1.678	ϕ10	ϕ8	1.586
		10ϕ25	4908.7	2.045	2.140	ϕ10	ϕ10	1.614
		10ϕ28	6157.5	2.566	2.660	ϕ12	ϕ10	2.365
		10ϕ32	8042.5	3.351	3.445	ϕ12	ϕ12	2.401
						ϕ14	ϕ10	3.298
						ϕ14	ϕ12	3.335
						ϕ14	ϕ14	3.379
382	（200）	同上			0.660	ϕ6	ϕ6	0.572
					0.830	ϕ6.5	ϕ6.5	0.677
					1.026	ϕ8	ϕ6	1.007
					1.249	ϕ8	ϕ6.5	1.016
					1.497	ϕ8	ϕ8	1.050
					1.772	ϕ10	ϕ8	1.636
					2.234	ϕ10	ϕ10	1.693
					2.754	ϕ12	ϕ10	2.447
					3.540	ϕ12	ϕ12	2.518
						ϕ14	ϕ10	3.382
						ϕ14	ϕ12	3.456
						ϕ14	ϕ14	3.544
383	（250）	10ϕ12	1131.0	0.707		ϕ6		0.593
		10ϕ14	1539.4	0.962		ϕ6.5		0.701
		10ϕ16	2010.6	1.257		ϕ8		1.088
		10ϕ18	2544.7	1.590		ϕ10		1.759
		10ϕ20	3141.6	1.963		ϕ12		2.621
		10ϕ22	3801.3	2.376		ϕ14		3.696
		10ϕ25	4908.7	3.068				
		10ϕ28	6157.5	3.848				

序号	截面形式（最大箍筋肢距、纵筋间距/mm）	纵向受力钢筋			计入ϕ12构造纵筋的配筋率 ρ_1（%）	箍筋@100		
		①	A_s（mm²）	ρ（%）		②	③	ρ_v（%）
384	（150）	同上			0.990	ϕ6	ϕ6	0.674
					1.245	ϕ6.5	ϕ6.5	0.798
					1.539	ϕ8	ϕ6	1.173
					1.873	ϕ8	ϕ6.5	1.188
					2.246	ϕ8	ϕ8	1.239
					2.659	ϕ10	ϕ8	1.914
					3.351	ϕ10	ϕ10	2.001
					4.131	ϕ12	ϕ10	2.872
						ϕ12	ϕ12	2.983
						ϕ14	ϕ10	3.956
						ϕ14	ϕ12	4.071
385	（250）	10ϕ12	1131.0	0.665		ϕ6		0.579
		10ϕ14	1539.4	0.906		ϕ6.5		0.685
		10ϕ16	2010.6	1.183		ϕ8		1.064
		10ϕ18	2544.7	1.497		ϕ10		1.719
		10ϕ20	3141.6	1.848		ϕ12		2.560
		10ϕ22	3801.3	2.236		ϕ14		3.609
		10ϕ25	4908.7	2.887				
		10ϕ28	6157.5	3.622				
386	（150）	同上			0.931	ϕ6	ϕ6	0.656
					1.172	ϕ6.5	ϕ6.5	0.776
					1.449	ϕ8	ϕ6	1.143
					1.763	ϕ8	ϕ6.5	1.157
					2.114	ϕ8	ϕ8	1.205
					2.502	ϕ10	ϕ8	1.864
					3.154	ϕ10	ϕ10	1.946
					3.888	ϕ12	ϕ10	2.796
						ϕ12	ϕ12	2.899
						ϕ14	ϕ10	3.852
						ϕ14	ϕ12	3.960
387	（250）	10ϕ12	1131.0	0.628		ϕ6		0.568
		10ϕ14	1539.4	0.855		ϕ6.5		0.672
		10ϕ16	2010.6	1.117		ϕ8		1.042
		10ϕ18	2544.7	1.414		ϕ10		1.683
		10ϕ20	3141.6	1.745		ϕ12		2.507
		10ϕ22	3801.3	2.112		ϕ14		3.532
		10ϕ25	4908.7	2.727				
		10ϕ28	6157.5	3.421				

序号	截面形式（最大箍筋肢距、纵筋间距/mm）	纵向受力钢筋			计入φ12构造纵筋的配筋率 ρ₁（%）	箍筋@100		
		①	Aₛ（mm²）	ρ（%）		②	③	ρᵥ（%）
388	 250 200 250 （200）	同上			0.880	φ6	φ6	0.640
					1.107	φ6.5	φ6.5	0.757
					1.368	φ8	φ6	1.117
					1.665	φ8	φ6.5	1.130
					1.997	φ8	φ8	1.175
					2.363	φ10	φ8	1.820
					2.978	φ10	φ10	1.897
					3.672	φ12	φ10	2.728
						φ12	φ12	2.825
						φ14	φ10	3.761
						φ14	φ12	3.862
						φ14	φ14	3.981
389	 250 200 250 （250）	10φ12	1131.0	0.595		φ6		0.557
		10φ14	1539.4	0.810		φ6.5		0.659
		10φ16	2010.6	1.058		φ8		1.023
		10φ18	2544.7	1.339		φ10		1.651
		10φ20	3141.6	1.653		φ12		2.459
		10φ22	3801.3	2.001		φ14		3.464
		10φ25	4908.7	2.584				
		10φ28	6157.5	3.241				
390	 250 200 250 （150）	同上			0.952	φ6	φ6	0.660
					1.167	φ6.5	φ6.5	0.780
					1.415	φ8	φ6	1.128
					1.696	φ8	φ6.5	1.147
					2.011	φ8	φ8	1.210
					2.358	φ10	φ8	1.845
					2.941	φ10	φ10	1.954
					3.598	φ12	φ10	2.772
						φ12	φ12	2.910
						φ14	φ10	3.788
						φ14	φ12	3.930
						φ14	φ14	4.099
391	 250 200 250 （300）	10φ12	1131.0	0.565		φ6		0.548
		10φ14	1539.4	0.770		φ6.5		0.648
		10φ16	2010.6	1.005		φ8		1.006
		10φ18	2544.7	1.272		φ10		1.623
		10φ20	3141.6	1.571		φ12		2.417

序号	截面形式（最大箍筋肢距、纵筋间距/mm）	纵向受力钢筋			计入φ12构造纵筋的配筋率 ρ₁（%）	箍筋@100		
		①	A$_s$（mm²）	ρ（%）		②	③	ρ$_v$（%）
391	（300）	10φ22	3801.3	1.901		φ14		3.403
		10φ25	4908.7	2.454				
		10φ28	6157.5	3.079				
		10φ32	8042.5	4.021				
392	（250）	同上			0.679	φ6	φ6	0.580
					0.883	φ6.5	φ6.5	0.687
					1.118	φ8	φ6	1.039
					1.385	φ8	φ6.5	1.045
					1.684	φ8	φ8	1.065
					2.014	φ10	φ8	1.684
					2.567	φ10	φ10	1.719
					3.192	φ12	φ10	2.515
					4.134	φ12	φ12	2.559
						φ14	φ10	3.506
						φ14	φ12	3.551
						φ14	φ14	3.604
393	（150）	同上			0.905	φ6	φ6	0.645
					1.109	φ6.5	φ6.5	0.763
					1.345	φ8	φ6	1.106
					1.612	φ8	φ6.5	1.123
					1.910	φ8	φ8	1.183
					2.24	φ10	φ8	1.807
					2.794	φ10	φ10	1.910
					3.418	φ12	φ10	2.713
					4.361	φ12	φ12	2.843
						φ14	φ10	3.710
						φ14	φ12	3.845
						φ14	φ14	4.004
394	（250）	10φ12	1131.0	0.539	0.646	φ6	φ6	0.570
		10φ14	1539.4	0.733	0.841	φ6.5	φ6.5	0.675
		10φ16	2010.6	0.957	1.065	φ8	φ6	1.022
		10φ18	2544.7	1.212	1.319	φ8	φ6.5	1.027
		10φ20	3141.6	1.496	1.604	φ8	φ8	1.046
		10φ22	3801.3	1.810	1.918	φ10	φ8	1.656
		10φ25	4908.7	2.337	2.445	φ10	φ10	1.689

序号	截面形式（最大箍筋肢距、纵筋间距/mm）	纵向受力钢筋			计入φ12构造纵筋的配筋率 ρ₁（%）	箍筋@100		
		①	Aₛ（mm²）	ρ（%）		②	③	ρᵥ（%）
394	（250）	10φ28	6157.5	2.932	3.040	φ12	φ10	2.472
		10φ32	8042.5	3.830	3.937	φ12	φ12	2.513
						φ14	φ10	3.446
						φ14	φ12	3.489
						φ14	φ14	3.539
395	（175）	同上			0.862	φ6	φ6	0.632
					1.056	φ6.5	φ6.5	0.747
					1.281	φ8	φ6	1.085
					1.535	φ8	φ6.5	1.102
					1.819	φ8	φ8	1.159
					2.133	φ10	φ8	1.772
					2.661	φ10	φ10	1.870
					3.255	φ12	φ10	2.660
					4.153	φ12	φ12	2.783
						φ14	φ10	3.640
						φ14	φ12	3.768
						φ14	φ14	3.919
396	（250）	10φ12	1131.0	0.514	0.617	φ6	φ6	0.561
		10φ14	1539.4	0.700	0.803	φ6.5	φ6.5	0.664
		10φ16	2010.6	0.914	1.017	φ8	φ6	1.006
		10φ18	2544.7	1.157	1.259	φ8	φ6.5	1.012
		10φ20	3141.6	1.428	1.531	φ8	φ8	1.030
		10φ22	3801.3	1.728	1.831	φ10	φ8	1.630
		10φ25	4908.7	2.231	2.334	φ10	φ10	1.661
		10φ28	6157.5	2.799	2.902	φ12	φ10	2.433
		10φ32	8042.5	3.656	3.758	φ12	φ12	2.472
						φ14	φ10	3.392
						φ14	φ12	3.433
						φ14	φ14	3.481
397	（200）	同上			0.823	φ6	φ6	0.620
					1.008	φ6.5	φ6.5	0.733
					1.222	φ8	φ6	1.067
					1.465	φ8	φ6.5	1.082
					1.736	φ8	φ8	1.137
					2.036	φ10	φ8	1.741

序号	截面形式（最大箍筋肢距、纵筋间距/mm）	纵向受力钢筋			计入φ12构造纵筋的配筋率 ρ₁（%）	箍筋@100		
		①	A_s（mm²）	ρ（%）		②	③	ρ_v（%）
397	250 200 250 / 400 / 200 （200）	同上			2.540	φ10	φ10	1.834
					3.107	φ12	φ10	2.611
					3.964	φ12	φ12	2.729
						φ14	φ10	3.576
						φ14	φ12	3.698
						φ14	φ14	3.842
398	250 200 250 / 450 / 200 （250）	10φ12	1131.0	0.492	0.590	φ6	φ6	0.609
		10φ14	1539.4	0.669	0.768	φ6.5	φ6.5	0.720
		10φ16	2010.6	0.874	0.973	φ8	φ6	1.050
		10φ18	2544.7	1.106	1.205	φ8	φ6.5	1.065
		10φ20	3141.6	1.366	1.464	φ8	φ8	1.117
		10φ22	3801.3	1.653	1.751	φ10	φ8	1.712
		10φ25	4908.7	2.134	2.233	φ10	φ10	1.801
		10φ28	6157.5	2.677	2.776	φ12	φ10	2.568
		10φ32	8042.5	3.497	3.595	φ12	φ12	2.680
						φ14	φ10	3.519
						φ14	φ12	3.635
						φ14	φ14	3.772
399	250 200 250 / 450 / 200 （150）	同上			0.885	φ6	φ6	0.637
					1.063	φ6.5	φ6.5	0.753
					1.268	φ8	φ6	1.078
					1.500	φ8	φ6.5	1.098
					1.759	φ8	φ8	1.168
					2.046	φ10	φ8	1.765
					2.528	φ10	φ10	1.884
					3.071	φ12	φ10	2.653
					3.890	φ12	φ12	2.803
						φ14	φ10	3.607
						φ14	φ12	3.762
						φ14	φ14	3.945
400	250 200 250 / 500 / 200 （250）	10φ12	1131.0	0.471	0.565	φ6	φ6	0.546
		10φ14	1539.4	0.641	0.736	φ6.5	φ6.5	0.646
		10φ16	2010.6	0.838	0.932	φ8	φ6	0.979
		10φ18	2544.7	1.060	1.155	φ8	φ6.5	0.984
		10φ20	3141.6	1.309	1.403	φ8	φ8	1.001
		10φ22	3801.3	1.584	1.678	φ10	φ8	1.586

序号	截面形式（最大箍筋肢距、纵筋间距/mm）	纵向受力钢筋			计入φ12构造纵筋的配筋率 ρ_1（%）	箍筋@100		
		①	A_s（mm²）	ρ（%）		②	③	ρ_v（%）
400	（250）	10φ25	4908.7	2.045	2.140	φ10	φ10	1.614
		10φ28	6157.5	2.566	2.660	φ12	φ10	2.365
		10φ32	8042.5	3.351	3.445	φ12	φ12	2.401
						φ14	φ10	3.298
						φ14	φ12	3.335
						φ14	φ14	3.379
401	（150）	同上			0.848	φ6	φ6	0.626
					1.018	φ6.5	φ6.5	0.740
					1.215	φ8	φ6	1.062
					1.437	φ8	φ6.5	1.081
					1.686	φ8	φ8	1.147
					1.961	φ10	φ8	1.737
					2.422	φ10	φ10	1.850
					2.943	φ12	φ10	2.609
					3.728	φ12	φ12	2.752
						φ14	φ10	3.551
						φ14	φ12	3.699
						φ14	φ14	3.874
402	（275）	10φ12	1131.0	0.452	0.543	φ6	φ6	0.539
		10φ14	1539.4	0.616	0.706	φ6.5	φ6.5	0.637
		10φ16	2010.6	0.804	0.895	φ8	φ6	0.968
		10φ18	2544.7	1.018	1.108	φ8	φ6.5	0.972
		10φ20	3141.6	1.257	1.347	φ8	φ8	0.988
		10φ22	3801.3	1.521	1.611	φ10	φ8	1.566
		10φ25	4908.7	1.963	2.054	φ10	φ10	1.593
		10φ28	6157.5	2.463	2.553	φ12	φ10	2.336
		10φ32	8042.5	3.217	3.307	φ12	φ12	2.370
		10φ36	10179	4.072	4.162	φ14	φ10	3.257
						φ14	φ12	3.293
						φ14	φ14	3.335
403	（185）	同上			0.814	φ6	φ6	0.616
					0.978	φ6.5	φ6.5	0.728
					1.166	φ8	φ6	1.047
					1.380	φ8	φ6.5	1.065
					1.619	φ8	φ8	1.128
					1.882	φ10	φ8	1.711

序号	截面形式（最大箍筋肢距、纵筋间距/mm）	纵向受力钢筋 ①	A_s(mm²)	ρ（%）	计入 $\phi12$ 构造纵筋的配筋率 ρ_1（%）	箍筋@100 ②	③	ρ_v（%）
403	（185）550 200 250 200 250	同上			2.325	$\phi10$	$\phi10$	1.820
					2.825	$\phi12$	$\phi10$	2.569
					3.579	$\phi12$	$\phi12$	2.707
					4.433	$\phi14$	$\phi10$	3.499
						$\phi14$	$\phi12$	3.641
						$\phi14$	$\phi14$	3.808
404	（300）600 200 250 200 250	$10\phi12$	1131.0	0.435	0.522	$\phi6$	$\phi6$	0.533
		$10\phi14$	1539.4	0.592	0.679	$\phi6.5$	$\phi6.5$	0.630
		$10\phi16$	2010.6	0.773	0.860	$\phi8$	$\phi6$	0.957
		$10\phi18$	2544.7	0.979	1.066	$\phi8$	$\phi6.5$	0.961
		$10\phi20$	3141.6	1.208	1.295	$\phi8$	$\phi8$	0.976
		$10\phi22$	3801.3	1.462	1.549	$\phi10$	$\phi8$	1.548
		$10\phi25$	4908.7	1.888	1.975	$\phi10$	$\phi10$	1.574
		$10\phi28$	6157.5	2.368	2.455	$\phi12$	$\phi10$	2.308
		$10\phi32$	8042.5	3.093	3.180	$\phi12$	$\phi12$	2.341
		$10\phi36$	10179	3.915	4.002	$\phi14$	$\phi10$	3.220
						$\phi14$	$\phi12$	3.254
						$\phi14$	$\phi14$	3.294
405	（250）600 200 250 200 250	同上			0.609	$\phi6$	$\phi6$	0.557
					0.766	$\phi6.5$	$\phi6.5$	0.659
					0.947	$\phi8$	$\phi6$	0.982
					1.153	$\phi8$	$\phi6.5$	0.991
					1.382	$\phi8$	$\phi8$	1.021
					1.636	$\phi10$	$\phi8$	1.595
					2.062	$\phi10$	$\phi10$	1.647
					2.542	$\phi12$	$\phi10$	2.383
					3.267	$\phi12$	$\phi12$	2.449
					4.089	$\phi14$	$\phi10$	3.297
						$\phi14$	$\phi12$	3.365
						$\phi14$	$\phi14$	3.446
406	（200）600 200 250 200 250	同上			0.783	$\phi6$	$\phi6$	0.606
					0.940	$\phi6.5$	$\phi6.5$	0.717
					1.121	$\phi8$	$\phi6$	1.033
					1.327	$\phi8$	$\phi6.5$	1.050
					1.556	$\phi8$	$\phi8$	1.111
					1.810	$\phi10$	$\phi8$	1.687

序号	截面形式（最大箍筋肢距、纵筋间距/mm）	纵向受力钢筋			计入 $\phi 12$ 构造纵筋的配筋率 ρ_1（%）	箍筋@100		
		①	A_s（mm²）	ρ（%）		②	③	ρ_v（%）
406	250 200 250 / 600 / 200 （200） 同上				2.236	$\phi 10$	$\phi 10$	1.792
					2.716	$\phi 12$	$\phi 10$	2.533
					3.441	$\phi 12$	$\phi 12$	2.664
					4.263	$\phi 14$	$\phi 10$	3.452
						$\phi 14$	$\phi 12$	3.588
						$\phi 14$	$\phi 14$	3.748
407	300 200 300 / 200 / （300）	$10\phi 12$	1131.0	0.628		$\phi 6$		0.568
		$10\phi 14$	1539.4	0.855		$\phi 6.5$		0.672
		$10\phi 16$	2010.6	1.117		$\phi 8$		1.042
		$10\phi 18$	2544.7	1.414		$\phi 10$		1.683
		$10\phi 20$	3141.6	1.745		$\phi 12$		2.507
		$10\phi 22$	3801.3	2.112		$\phi 14$		3.532
		$10\phi 25$	4908.7	2.727				
		$10\phi 28$	6157.5	3.421				
408	300 200 300 / 200 / （150） 同上				0.880	$\phi 6$	$\phi 6$	0.640
					1.107	$\phi 6.5$	$\phi 6.5$	0.757
					1.368	$\phi 8$	$\phi 6$	1.117
					1.665	$\phi 8$	$\phi 6.5$	1.130
					1.997	$\phi 8$	$\phi 8$	1.175
					2.363	$\phi 10$	$\phi 8$	1.820
					2.978	$\phi 10$	$\phi 10$	1.897
					3.672	$\phi 12$	$\phi 10$	2.728
						$\phi 12$	$\phi 12$	2.825
						$\phi 14$	$\phi 10$	3.761
						$\phi 14$	$\phi 12$	3.862
						$\phi 14$	$\phi 14$	3.981
409	300 200 300 / 200 / 150 （300）	$10\phi 12$	1131.0	0.595		$\phi 6$		0.557
		$10\phi 14$	1539.4	0.810		$\phi 6.5$		0.659
		$10\phi 16$	2010.6	1.058		$\phi 8$		1.023
		$10\phi 18$	2544.7	1.339		$\phi 10$		1.651
		$10\phi 20$	3141.6	1.653		$\phi 12$		2.459
		$10\phi 22$	3801.3	2.001		$\phi 14$		3.464
		$10\phi 25$	4908.7	2.584				
		$10\phi 28$	6157.5	3.241				

序号	截面形式（最大箍筋肢距、纵筋间距/mm）	纵向受力钢筋 ①	As（mm²）	ρ（%）	计入φ12构造纵筋的配筋率 ρ₁（%）	箍筋@100 ②	③	ρᵥ（%）
410	（150）	同上			0.833	$\phi6$	$\phi6$	0.625
					1.048	$\phi6.5$	$\phi6.5$	0.740
					1.296	$\phi8$	$\phi6$	1.093
					1.577	$\phi8$	$\phi6.5$	1.105
					1.892	$\phi8$	$\phi8$	1.148
					2.239	$\phi10$	$\phi8$	1.781
					2.822	$\phi10$	$\phi10$	1.853
					3.479	$\phi12$	$\phi10$	2.668
						$\phi12$	$\phi12$	2.759
						$\phi14$	$\phi10$	3.680
						$\phi14$	$\phi12$	3.775
						$\phi14$	$\phi14$	3.887
411	（300）	$10\phi12$	1131.0	0.565		$\phi6$		0.548
		$10\phi14$	1539.4	0.770		$\phi6.5$		0.648
		$10\phi16$	2010.6	1.005		$\phi8$		1.006
		$10\phi18$	2544.7	1.272		$\phi10$		1.623
		$10\phi20$	3141.6	1.571		$\phi12$		2.417
		$10\phi22$	3801.3	1.901		$\phi14$		3.403
		$10\phi25$	4908.7	2.454				
		$10\phi28$	6157.5	3.079				
		$12\phi32$	8042.5	4.021				
412	（200）	同上			0.792	$\phi6$	$\phi6$	0.613
					0.996	$\phi6.5$	$\phi6.5$	0.725
					1.232	$\phi8$	$\phi6$	1.072
					1.499	$\phi8$	$\phi6.5$	1.084
					1.797	$\phi8$	$\phi8$	1.124
					2.127	$\phi10$	$\phi8$	1.746
					2.681	$\phi10$	$\phi10$	1.814
					3.305	$\phi12$	$\phi10$	2.614
					4.247	$\phi12$	$\phi12$	2.701
						$\phi14$	$\phi10$	3.608
						$\phi14$	$\phi12$	3.698
						$\phi14$	$\phi14$	3.804
413	（300）	$10\phi12$	1131.0	0.539		$\phi6$		0.540
		$10\phi14$	1539.4	0.733		$\phi6.5$		0.638
		$10\phi16$	2010.6	0.957		$\phi8$		0.990
		$10\phi18$	2544.7	1.212		$\phi10$		1.598
		$10\phi20$	3141.6	1.496		$\phi12$		2.378

序号	截面形式（最大箍筋肢距、纵筋间距/mm）	纵向受力钢筋 ①	As(mm²)	ρ(%)	计入φ12构造纵筋的配筋率 ρ₁(%)	箍筋@100 ②	③	ρv(%)
413	（300）	10φ22	3801.3	1.810		φ14		3.349
		10φ25	4908.7	2.337				
		10φ28	6157.5	2.932				
		12φ32	8042.5	3.830				
414	（250）	同上			0.754	φ6	φ6	0.601
					0.948	φ6.5	φ6.5	0.711
					1.173	φ8	φ6	1.054
					1.427	φ8	φ6.5	1.064
					1.711	φ8	φ8	1.103
					2.026	φ10	φ8	1.714
					2.553	φ10	φ10	1.779
					3.148	φ12	φ10	2.566
					4.045	φ12	φ12	2.648
						φ14	φ10	3.543
						φ14	φ12	3.628
						φ14	φ14	3.729
415	（150）	同上			0.862	φ6	φ6	0.632
					1.056	φ6.5	φ6.5	0.747
					1.281	φ8	φ6	1.085
					1.535	φ8	φ6.5	1.102
					1.819	φ8	φ8	1.159
					2.133	φ10	φ8	1.772
					2.661	φ10	φ10	1.870
					3.255	φ12	φ10	2.660
					4.153	φ12	φ12	2.783
						φ14	φ10	3.640
						φ14	φ12	3.768
						φ14	φ14	3.919
416	（300）	10φ12	1131.0	0.514		φ6		0.532
		10φ14	1539.4	0.700		φ6.5		0.630
		10φ16	2010.6	0.914		φ8		0.976
		10φ18	2544.7	1.157		φ10		1.575
		10φ20	3141.6	1.428		φ12		2.344
		10φ22	3801.3	1.728		φ14		3.300
		10φ25	4908.7	2.231				
		10φ28	6157.5	2.799				
		12φ32	8042.5	3.656				

序号	截面形式 （最大箍筋肢距、 纵筋间距/mm）	纵向受力钢筋			计入 $\phi 12$ 构造 纵筋的配筋率 ρ_1（%）	箍筋@100		
		①	A_s（mm²）	ρ（%）		②	③	ρ_v（%）
417	（150）	同上			0.823	$\phi 6$	$\phi 6$	0.620
					1.008	$\phi 6.5$	$\phi 6.5$	0.733
					1.222	$\phi 8$	$\phi 6$	1.067
					1.465	$\phi 8$	$\phi 6.5$	1.082
					1.736	$\phi 8$	$\phi 8$	1.137
					2.036	$\phi 10$	$\phi 8$	1.741
					2.540	$\phi 10$	$\phi 10$	1.834
					3.107	$\phi 12$	$\phi 10$	2.611
					3.964	$\phi 12$	$\phi 12$	2.729
						$\phi 14$	$\phi 10$	3.576
						$\phi 14$	$\phi 12$	3.698
						$\phi 14$	$\phi 14$	3.842
418	（300）	$10\phi 12$	1131.0	0.492	0.590	$\phi 6$	$\phi 6$	0.553
		$10\phi 14$	1539.4	0.669	0.768	$\phi 6.5$	$\phi 6.5$	0.654
		$10\phi 16$	2010.6	0.874	0.973	$\phi 8$	$\phi 6$	0.992
		$10\phi 18$	2544.7	1.106	1.205	$\phi 8$	$\phi 6.5$	0.997
		$10\phi 20$	3141.6	1.366	1.464	$\phi 8$	$\phi 8$	1.015
		$10\phi 22$	3801.3	1.653	1.751	$\phi 10$	$\phi 8$	1.607
		$10\phi 25$	4908.7	2.134	2.233	$\phi 10$	$\phi 10$	1.637
		$10\phi 28$	6157.5	2.677	2.776	$\phi 12$	$\phi 10$	2.398
		$12\phi 32$	8042.5	3.497	3.595	$\phi 12$	$\phi 12$	2.435
						$\phi 14$	$\phi 10$	3.343
						$\phi 14$	$\phi 12$	3.382
						$\phi 14$	$\phi 14$	3.427
419	（175）	同上			0.787	$\phi 6$	$\phi 6$	0.609
					0.964	$\phi 6.5$	$\phi 6.5$	0.720
					1.169	$\phi 8$	$\phi 6$	1.050
					1.401	$\phi 8$	$\phi 6.5$	1.065
					1.661	$\phi 8$	$\phi 8$	1.117
					1.948	$\phi 10$	$\phi 8$	1.712
					2.429	$\phi 10$	$\phi 10$	1.801
					2.972	$\phi 12$	$\phi 10$	2.568
					3.792	$\phi 12$	$\phi 12$	2.680
						$\phi 14$	$\phi 10$	3.519
						$\phi 14$	$\phi 12$	3.635
						$\phi 14$	$\phi 14$	3.772

| 序号 | 截面形式（最大箍筋肢距、纵筋间距/mm） | 纵向受力钢筋 | | | 计入 ϕ12 构造纵筋的配筋率 ρ_1（%） | 箍筋@100 | | |
		①	A_s（mm²）	ρ（%）		②	③	ρ_v（%）
420	（300）	10ϕ12	1131.0	0.471	0.565	ϕ6	ϕ6	0.546
		10ϕ14	1539.4	0.641	0.736	ϕ6.5	ϕ6.5	0.646
		10ϕ16	2010.6	0.838	0.932	ϕ8	ϕ6	0.979
		10ϕ18	2544.7	1.060	1.155	ϕ8	ϕ6.5	0.984
		10ϕ20	3141.6	1.309	1.403	ϕ8	ϕ8	1.001
		10ϕ22	3801.3	1.584	1.678	ϕ10	ϕ8	1.586
		10ϕ25	4908.7	2.045	2.140	ϕ10	ϕ10	1.614
		10ϕ28	6157.5	2.566	2.660	ϕ12	ϕ10	2.365
		12ϕ32	8042.5	3.351	3.445	ϕ12	ϕ12	2.401
						ϕ14	ϕ10	3.298
						ϕ14	ϕ12	3.335
						ϕ14	ϕ14	3.379
421	（200）	同上			0.754	ϕ6	ϕ6	0.599
					0.924	ϕ6.5	ϕ6.5	0.708
					1.121	ϕ8	ϕ6	1.034
					1.343	ϕ8	ϕ6.5	1.049
					1.592	ϕ8	ϕ8	1.098
					1.867	ϕ10	ϕ8	1.687
					2.328	ϕ10	ϕ10	1.772
					2.848	ϕ12	ϕ10	2.528
					3.634	ϕ12	ϕ12	2.635
						ϕ14	ϕ10	3.467
						ϕ14	ϕ12	3.578
						ϕ14	ϕ14	3.709
422	（300）	10ϕ12	1131.0	0.452	0.543	ϕ6	ϕ6	0.539
		10ϕ14	1539.4	0.616	0.706	ϕ6.5	ϕ6.5	0.637
		10ϕ16	2010.6	0.804	0.895	ϕ8	ϕ6	0.968
		10ϕ18	2544.7	1.018	1.108	ϕ8	ϕ6.5	0.972
		10ϕ20	3141.6	1.257	1.347	ϕ8	ϕ8	0.988
		10ϕ22	3801.3	1.521	1.611	ϕ10	ϕ8	1.566
		10ϕ25	4908.7	1.963	2.054	ϕ10	ϕ10	1.593
		10ϕ28	6157.5	2.463	2.553	ϕ12	ϕ10	2.336
		10ϕ32	8042.5	3.217	3.307	ϕ12	ϕ12	2.370
		10ϕ36	10179	4.072	4.162	ϕ14	ϕ10	3.257
						ϕ14	ϕ12	3.293
						ϕ14	ϕ14	3.335

序号	截面形式（最大箍筋肢距、纵筋间距/mm）	纵向受力钢筋			计入 $\phi 12$ 构造纵筋的配筋率 ρ_1（%）	箍筋@100		
		①	A_s（mm²）	ρ（%）		②	③	ρ_v（%）
423	（225）	同上			0.724	$\phi 6$	$\phi 6$	0.590
					0.887	$\phi 6.5$	$\phi 6.5$	0.698
					1.076	$\phi 8$	$\phi 6$	1.020
					1.289	$\phi 8$	$\phi 6.5$	1.034
					1.528	$\phi 8$	$\phi 8$	1.082
					1.792	$\phi 10$	$\phi 8$	1.663
					2.235	$\phi 10$	$\phi 10$	1.744
					2.734	$\phi 12$	$\phi 10$	2.492
					3.488	$\phi 12$	$\phi 12$	2.594
					4.343	$\phi 14$	$\phi 10$	3.419
						$\phi 14$	$\phi 12$	3.525
						$\phi 14$	$\phi 14$	3.651
424	（150）	同上			0.814	$\phi 6$	$\phi 6$	0.616
					0.978	$\phi 6.5$	$\phi 6.5$	0.728
					1.166	$\phi 8$	$\phi 6$	1.047
					1.380	$\phi 8$	$\phi 6.5$	1.065
					1.619	$\phi 8$	$\phi 8$	1.128
					1.882	$\phi 10$	$\phi 8$	1.711
					2.325	$\phi 10$	$\phi 10$	1.820
					2.825	$\phi 12$	$\phi 10$	2.569
					3.579	$\phi 12$	$\phi 12$	2.707
					4.433	$\phi 14$	$\phi 10$	3.499
						$\phi 14$	$\phi 12$	3.641
						$\phi 14$	$\phi 14$	3.808
425	（300）	$10\phi 12$	1131.0	0.435	0.522	$\phi 6$	$\phi 6$	0.533
		$10\phi 14$	1539.4	0.592	0.679	$\phi 6.5$	$\phi 6.5$	0.630
		$10\phi 16$	2010.6	0.773	0.860	$\phi 8$	$\phi 6$	0.957
		$10\phi 18$	2544.7	0.979	1.066	$\phi 8$	$\phi 6.5$	0.961
		$10\phi 20$	3141.6	1.208	1.295	$\phi 8$	$\phi 8$	0.976
		$10\phi 22$	3801.3	1.462	1.549	$\phi 10$	$\phi 8$	1.548
		$10\phi 25$	4908.7	1.888	1.975	$\phi 10$	$\phi 10$	1.574
		$10\phi 28$	6157.5	2.368	2.455	$\phi 12$	$\phi 10$	2.308
		$10\phi 32$	8042.5	3.093	3.180	$\phi 12$	$\phi 12$	2.341
		$10\phi 36$	10179	3.915	4.002	$\phi 14$	$\phi 10$	3.220
						$\phi 14$	$\phi 12$	3.254
						$\phi 14$	$\phi 14$	3.294

序号	截面形式（最大箍筋肢距、纵筋间距/mm）	纵向受力钢筋			计入 φ12 构造纵筋的配筋率 ρ₁（%）	箍筋@100		
		①	A_s（mm²）	ρ（%）		②	③	$ρ_v$（%）
426	（250）	同上			0.696	φ6	φ6	0.582
					0.853	φ6.5	φ6.5	0.688
					1.034	φ8	φ6	1.007
					1.240	φ8	φ6.5	1.021
					1.469	φ8	φ8	1.066
					1.723	φ10	φ8	1.641
					2.149	φ10	φ10	1.719
					2.629	φ12	φ10	2.458
					3.354	φ12	φ12	2.557
					4.176	φ14	φ10	3.374
						φ14	φ12	3.476
						φ14	φ14	3.597
427	（170）	同上			0.783	φ6	φ6	0.606
					0.940	φ6.5	φ6.5	0.717
					1.121	φ8	φ6	1.033
					1.327	φ8	φ6.5	1.050
					1.556	φ8	φ8	1.111
					1.810	φ10	φ8	1.687
					2.236	φ10	φ10	1.792
					2.716	φ12	φ10	2.533
					3.441	φ12	φ12	2.664
					4.263	φ14	φ10	3.452
						φ14	φ12	3.588
						φ14	φ14	3.748
428	（300）	10φ12	1131.0	0.419	0.503	φ6	φ6	0.527
		10φ14	1539.4	0.570	0.654	φ6.5	φ6.5	0.623
		10φ16	2010.6	0.745	0.828	φ8	φ6	0.947
		10φ18	2544.7	0.942	1.026	φ8	φ6.5	0.951
		10φ20	3141.6	1.164	1.247	φ8	φ8	0.966
		10φ22	3801.3	1.408	1.492	φ10	φ8	1.532
		10φ25	4908.7	1.818	1.902	φ10	φ10	1.557
		10φ28	6157.5	2.281	2.364	φ12	φ10	2.283
		10φ32	8042.5	2.979	3.062	φ12	φ12	2.315
		10φ36	10179	3.770	3.854	φ14	φ10	3.185
						φ14	φ12	3.218
						φ14	φ14	3.257

序号	截面形式（最大箍筋肢距、纵筋间距/mm）	纵向受力钢筋			计入φ12构造纵筋的配筋率 ρ₁（%）	箍筋@100		
		①	A_s（mm²）	ρ（%）		②	③	ρ_v（%）
429	（300）	同上			0.670	φ6	φ6	0.574
					0.821	φ6.5	φ6.5	0.679
					0.996	φ8	φ6	0.995
					1.194	φ8	φ6.5	1.008
					1.415	φ8	φ8	1.052
					1.659	φ10	φ8	1.621
					2.069	φ10	φ10	1.696
					2.532	φ12	φ10	2.427
					3.230	φ12	φ12	2.522
					4.021	φ14	φ10	3.334
						φ14	φ12	3.432
						φ14	φ14	3.548
430	（185）	同上			0.754	φ6	φ6	0.598
					0.905	φ6.5	φ6.5	0.707
					1.080	φ8	φ6	1.020
					1.278	φ8	φ6.5	1.037
					1.499	φ8	φ8	1.095
					1.743	φ10	φ8	1.665
					2.153	φ10	φ10	1.766
					2.616	φ12	φ10	2.499
					3.314	φ12	φ12	2.625
					4.105	φ14	φ10	3.408
						φ14	φ12	3.539
						φ14	φ14	3.693
431	（300）	10φ12	1131.0	0.404	0.485	φ6	φ6	0.522
		10φ14	1539.4	0.550	0.631	φ6.5	φ6.5	0.617
		10φ16	2010.6	0.718	0.799	φ8	φ6	0.938
		10φ18	2544.7	0.909	0.990	φ8	φ6.5	0.942
		10φ20	3141.6	1.122	1.203	φ8	φ8	0.956
		10φ22	3801.3	1.358	1.438	φ10	φ8	1.517
		10φ25	4908.7	1.753	1.834	φ10	φ10	1.541
		10φ28	6157.5	2.199	2.280	φ12	φ10	2.260
		10φ32	8042.5	2.872	2.953	φ12	φ12	2.291
		10φ36	10179	3.635	3.716	φ14	φ10	3.153
						φ14	φ12	3.185
						φ14	φ14	3.222

序号	截面形式（最大箍筋肢距、纵筋间距/mm）	纵向受力钢筋			计入ϕ12构造纵筋的配筋率 ρ_1（%）	箍筋@100		
		①	A_s（mm²）	ρ（%）		②	③	ρ_v（%）
432	300 200 300 / 600 / 200 （200） 同上				0.727	ϕ6	ϕ6	0.590
					0.873	ϕ6.5	ϕ6.5	0.697
					1.041	ϕ8	ϕ6	1.008
					1.232	ϕ8	ϕ6.5	1.024
					1.445	ϕ8	ϕ8	1.080
					1.681	ϕ10	ϕ8	1.645
					2.076	ϕ10	ϕ10	1.742
					2.522	ϕ12	ϕ10	2.468
					3.195	ϕ12	ϕ12	2.589
					3.958	ϕ14	ϕ10	3.368
						ϕ14	ϕ12	3.494
						ϕ14	ϕ14	3.642
433	125 250 125 / 250 100 （200）	10ϕ12	1131.0	0.754		ϕ6		0.565
		10ϕ14	1539.4	1.026		ϕ6.5		0.668
		10ϕ16	2010.6	1.340		ϕ8		1.034
		10ϕ18	2544.7	1.696		ϕ10		1.661
		10ϕ20	3141.6	2.094		ϕ12		2.462
		10ϕ22	3801.3	2.534		ϕ14		3.45
		10ϕ25	4908.7	3.272				
		10ϕ28	6157.5	4.105				
434	125 250 125 / 250 150 （200）	10ϕ12	1131.0	0.696		ϕ6		0.542
		10ϕ14	1539.4	0.947		ϕ6.5		0.640
		10ϕ16	2010.6	1.237		ϕ8		0.990
		10ϕ18	2544.7	1.566		ϕ10		1.590
		10ϕ20	3141.6	1.933		ϕ12		2.355
		10ϕ22	3801.3	2.339		ϕ14		3.299
		10ϕ25	4908.7	3.021				
		10ϕ28	6157.5	3.789				
435	125 250 125 / 200 250 （200）	10ϕ12	1131.0	0.646		ϕ6		0.522
		10ϕ14	1539.4	0.880		ϕ6.5		0.617
		10ϕ16	2010.6	1.149		ϕ8		0.954
		10ϕ18	2544.7	1.454		ϕ10		1.531
		10ϕ20	3141.6	1.795		ϕ12		2.266
		10ϕ22	3801.3	2.172		ϕ14		3.172
		10ϕ25	4908.7	2.805				
		10ϕ28	6157.5	3.519				

序号	截面形式 （最大箍筋肢距、纵筋间距/mm）	纵向受力钢筋			计入 $\phi 12$ 构造纵筋的配筋率 ρ_1（%）	箍筋@100		
		①	A_s（mm²）	ρ（%）		②	③	ρ_v（%）
436	 125 250 125 250 250 （250）	$10\phi12$	1131.0	0.603		$\phi6$		0.505
		$10\phi14$	1539.4	0.821		$\phi6.5$		0.597
		$10\phi16$	2010.6	1.072		$\phi8$		0.922
		$10\phi18$	2544.7	1.357		$\phi10$		1.480
		$10\phi20$	3141.6	1.676		$\phi12$		2.189
		$10\phi22$	3801.3	2.027		$\phi14$		3.063
		$10\phi25$	4908.7	2.618				
		$10\phi28$	6157.5	3.284				
437	 125 250 125 250 250 （200）	同上			0.724	$\phi6$	$\phi6$	0.548
					0.942	$\phi6.5$	$\phi6.5$	0.648
					1.193	$\phi8$	$\phi6$	0.966
					1.478	$\phi8$	$\phi6.5$	0.974
					1.796	$\phi8$	$\phi8$	1.001
					2.148	$\phi10$	$\phi8$	1.560
					2.739	$\phi10$	$\phi10$	1.606
					3.405	$\phi12$	$\phi10$	2.319
						$\phi12$	$\phi12$	2.375
						$\phi14$	$\phi10$	3.196
						$\phi14$	$\phi12$	3.255
						$\phi14$	$\phi14$	3.324
438	 125 250 125 300 250 （300）	$10\phi12$	1131.0	0.565		$\phi6$		0.491
		$10\phi14$	1539.4	0.770		$\phi6.5$		0.580
		$10\phi16$	2010.6	1.005		$\phi8$		0.895
		$10\phi18$	2544.7	1.272		$\phi10$		1.436
		$10\phi20$	3141.6	1.571		$\phi12$		2.123
		$10\phi22$	3801.3	1.901		$\phi14$		2.970
		$10\phi25$	4908.7	2.454		$\phi16$		3.988
		$10\phi28$	6157.5	3.079				
		$10\phi32$	8042.5	4.021				
439	 125 250 125 300 250 （200）	同上			0.679	$\phi6$	$\phi6$	0.531
					0.883	$\phi6.5$	$\phi6.5$	0.627
					1.118	$\phi8$	$\phi6$	0.936
					1.385	$\phi8$	$\phi6.5$	0.943
					1.684	$\phi8$	$\phi8$	0.968
					2.014	$\phi10$	$\phi8$	1.511
					2.567	$\phi10$	$\phi10$	1.553

序号	截面形式（最大箍筋肢距、纵筋间距/mm）	纵向受力钢筋			计入φ12构造纵筋的配筋率 ρ₁（%）	箍筋@100		
		①	A_s（mm²）	ρ（%）		②	③	ρ_v（%）
439	（200）	同上			3.192	φ12	φ10	2.244
					4.134	φ12	φ12	2.297
						φ14	φ10	3.093
						φ14	φ12	3.148
						φ14	φ14	3.212
						φ16	φ10	4.115
						φ16	φ12	4.171
440	（200）	10φ12	1131.0	0.532	0.639	φ6	φ6	0.515
		10φ14	1539.4	0.724	0.831	φ6.5	φ6.5	0.609
		10φ16	2010.6	0.946	1.053	φ8	φ6	0.910
		10φ18	2544.7	1.198	1.304	φ8	φ6.5	0.917
		10φ20	3141.6	1.478	1.585	φ8	φ8	0.940
		10φ22	3801.3	1.789	1.895	φ10	φ8	1.467
		10φ25	4908.7	2.310	2.416	φ10	φ10	1.507
		10φ28	6157.5	2.898	3.004	φ12	φ10	2.178
		10φ32	8042.5	3.785	3.891	φ12	φ12	2.228
						φ14	φ10	3.004
						φ14	φ12	3.055
						φ14	φ14	3.115
						φ16	φ10	3.996
						φ16	φ12	4.048
441	（200）	10φ12	1131.0	0.503	0.603	φ6	φ6	0.502
		10φ14	1539.4	0.684	0.785	φ6.5	φ6.5	0.593
		10φ16	2010.6	0.894	0.994	φ8	φ6	0.887
		10φ18	2544.7	1.131	1.232	φ8	φ6.5	0.893
		10φ20	3141.6	1.396	1.497	φ8	φ8	0.915
		10φ22	3801.3	1.689	1.790	φ10	φ8	1.429
		10φ25	4908.7	2.182	2.282	φ10	φ10	1.466
		10φ28	6157.5	2.737	2.837	φ12	φ10	2.121
		10φ32	8042.5	3.574	3.675	φ12	φ12	2.167
						φ14	φ10	2.925
						φ14	φ12	2.973
						φ14	φ14	3.029
						φ16	φ10	3.891
						φ16	φ12	3.940
						φ16	φ14	3.998
						φ16	φ16	4.065

序号	截面形式（最大箍筋肢距、纵筋间距/mm）	纵向受力钢筋			计入φ12构造纵筋的配筋率 ρ₁（%）	箍筋@100		
		①	A_s（mm²）	ρ（%）		②	③	ρ_v（%）
442	（225）	10φ12	1131.0	0.476	0.571	φ6	φ6	0.490
		10φ14	1539.4	0.648	0.743	φ6.5	φ6.5	0.578
		10φ16	2010.6	0.847	0.942	φ8	φ6	0.866
		10φ18	2544.7	1.071	1.167	φ8	φ6.5	0.872
		10φ20	3141.6	1.323	1.418	φ8	φ8	0.893
		10φ22	3801.3	1.601	1.696	φ10	φ8	1.395
		10φ25	4908.7	2.067	2.162	φ10	φ10	1.431
		10φ28	6157.5	2.593	2.688	φ12	φ10	2.070
		10φ32	8042.5	3.386	3.482	φ12	φ12	2.114
						φ14	φ10	2.855
						φ14	φ12	2.900
						φ14	φ14	2.954
						φ16	φ10	3.798
						φ16	φ12	3.844
						φ16	φ14	3.899
						φ16	φ16	3.962
443	（200）	同上			0.667	φ6	φ6	0.523
					0.839	φ6.5	φ6.5	0.618
					1.037	φ8	φ6	0.900
					1.262	φ8	φ6.5	0.912
					1.513	φ8	φ8	0.954
					1.791	φ10	φ8	1.458
					2.257	φ10	φ10	1.528
					2.783	φ12	φ10	2.170
					3.577	φ12	φ12	2.258
						φ14	φ10	2.958
						φ14	φ12	3.048
						φ14	φ14	3.155
						φ16	φ10	3.903
						φ16	φ12	3.996
444	（250）	10φ12	1131.0	0.452	0.543	φ6	φ6	0.479
		10φ14	1539.4	0.616	0.706	φ6.5	φ6.5	0.566
		10φ16	2010.6	0.804	0.895	φ8	φ6	0.848
		10φ18	2544.7	1.018	1.108	φ8	φ6.5	0.853
		10φ20	3141.6	1.257	1.347	φ8	φ8	0.873
		10φ22	3801.3	1.521	1.611	φ10	φ8	1.365

序号	截面形式（最大箍筋肢距、纵筋间距/mm）	纵向受力钢筋			计入φ12构造纵筋的配筋率 ρ₁（%）	箍筋@100		
		①	A_s（mm²）	ρ（%）		②	③	ρ_v（%）
444	125 250 125 / 500 / 250 /（250）	10φ25	4908.7	1.963	2.054	φ10	φ10	1.398
		10φ28	6157.5	2.463	2.553	φ12	φ10	2.024
		10φ32	8042.5	3.217	3.307	φ12	φ12	2.066
		10φ36	10179	4.072	4.162	φ14	φ10	2.793
						φ14	φ12	2.835
						φ14	φ14	2.886
						φ16	φ10	3.715
						φ16	φ12	3.759
						φ16	φ14	3.811
						φ16	φ16	3.871
445	125 250 125 / 500 / 250 /（200）	同上			0.633	φ6	φ6	0.511
					0.797	φ6.5	φ6.5	0.603
					0.985	φ8	φ6	0.880
					1.199	φ8	φ6.5	0.891
					1.438	φ8	φ8	0.930
					1.701	φ10	φ8	1.424
					2.144	φ10	φ10	1.491
					2.644	φ12	φ10	2.119
					3.398	φ12	φ12	2.202
					4.252	φ14	φ10	2.890
						φ14	φ12	2.975
						φ14	φ14	3.077
						φ16	φ10	3.815
						φ16	φ12	3.903
						φ16	φ14	4.006
446	125 250 125 / 550 / 250 /（275）	10φ12	1131.0	0.431	0.517	φ6	φ6	0.469
		10φ14	1539.4	0.586	0.673	φ6.5	φ6.5	0.554
		10φ16	2010.6	0.766	0.852	φ8	φ6	0.831
		10φ18	2544.7	0.969	1.056	φ8	φ6.5	0.836
		10φ20	3141.6	1.197	1.283	φ8	φ8	0.855
		10φ22	3801.3	1.448	1.534	φ10	φ8	1.338
		10φ25	4908.7	1.870	1.956	φ10	φ10	1.370
		10φ28	6157.5	2.346	2.432	φ12	φ10	1.983
		10φ32	8042.5	3.064	3.150	φ12	φ12	2.023
		10φ36	10179	3.878	3.964	φ14	φ10	2.737
						φ14	φ12	2.777

序号	截面形式（最大箍筋肢距、纵筋间距/mm）	纵向受力钢筋			计入φ12构造纵筋的配筋率 ρ₁（%）	箍筋@100		
		①	A_s（mm²）	ρ（%）		②	③	ρ_v（%）
446	（275）					φ14	φ14	2.825
						φ16	φ10	3.641
						φ16	φ12	3.682
						φ16	φ14	3.731
						φ16	φ16	3.788
447	（200）	同上			0.603	φ6	φ6	0.499
					0.759	φ6.5	φ6.5	0.590
					0.938	φ8	φ6	0.862
					1.142	φ8	φ6.5	0.873
					1.369	φ8	φ8	0.910
					1.620	φ10	φ8	1.394
					2.042	φ10	φ10	1.457
					2.518	φ12	φ10	2.073
					3.236	φ12	φ12	2.152
					4.050	φ14	φ10	2.829
						φ14	φ12	2.910
						φ14	φ14	3.006
						φ16	φ10	3.735
						φ16	φ12	3.819
						φ16	φ14	3.917
						φ16	φ16	4.031
448	（300）	10φ12	1131.0	0.411	0.494	φ6	φ6	0.461
		10φ14	1539.4	0.560	0.642	φ6.5	φ6.5	0.544
		10φ16	2010.6	0.731	0.813	φ8	φ6	0.816
		10φ18	2544.7	0.925	1.008	φ8	φ6.5	0.821
		10φ20	3141.6	1.142	1.225	φ8	φ8	0.839
		10φ22	3801.3	1.382	1.465	φ10	φ8	1.313
		10φ25	4908.7	1.785	1.867	φ10	φ10	1.343
		10φ28	6157.5	2.239	2.321	φ12	φ10	1.946
		10φ32	8042.5	2.925	3.007	φ12	φ12	1.984
		10φ36	10179	3.701	3.784	φ14	φ10	2.686
						φ14	φ12	2.725
						φ14	φ14	2.770
						φ16	φ10	3.573
						φ16	φ12	3.613
						φ16	φ14	3.660
						φ16	φ16	3.714

序号	截面形式（最大箍筋肢距、纵筋间距/mm）	纵向受力钢筋			计入φ12构造纵筋的配筋率 ρ₁ (%)	箍筋@100		
		①	A_s (mm²)	ρ (%)		②	③	ρ_v (%)
449	125 250 125 / 600 / 250 （200）	同上			0.576	φ6	φ6	0.489
					0.724	φ6.5	φ6.5	0.578
					0.896	φ8	φ6	0.845
					1.090	φ8	φ6.5	0.856
					1.307	φ8	φ8	0.891
					1.547	φ10	φ8	1.367
					1.950	φ10	φ10	1.427
					2.404	φ12	φ10	2.032
					3.089	φ12	φ12	2.107
					3.866	φ14	φ10	2.774
						φ14	φ12	2.851
						φ14	φ14	2.942
						φ16	φ10	3.663
						φ16	φ12	3.743
						φ16	φ14	3.837
						φ16	φ16	3.945
450	125 250 125 / 650 / 250 （220）	10φ14	1539.4	0.535	0.693	φ6	φ6	0.480
		10φ16	2010.6	0.699	0.857	φ6.5	φ6.5	0.567
		10φ18	2544.7	0.885	1.042	φ8	φ6	0.830
		10φ20	3141.6	1.093	1.250	φ8	φ6.5	0.840
		10φ22	3801.3	1.322	1.480	φ8	φ8	0.874
		10φ25	4908.7	1.707	1.865	φ10	φ8	1.342
		10φ28	6157.5	2.142	2.299	φ10	φ10	1.399
		10φ32	8042.5	2.797	2.955	φ12	φ10	1.994
		10φ36	10179	3.540	3.698	φ12	φ12	2.066
						φ14	φ10	2.724
						φ14	φ12	2.797
						φ14	φ14	2.885
						φ16	φ10	3.598
						φ16	φ12	3.674
						φ16	φ14	3.763
						φ16	φ16	3.866
451	125 250 125 / 650 / 250 （200）	同上			0.771	φ6	φ6	0.507
					0.935	φ6.5	φ6.5	0.599
					1.121	φ8	φ6	0.858
					1.329	φ8	φ6.5	0.873
					1.558	φ8	φ8	0.924
					1.943	φ10	φ8	1.393
					2.378	φ10	φ10	1.479

序号	截面形式（最大箍筋肢距、纵筋间距/mm）	纵向受力钢筋			计入φ12构造纵筋的配筋率 ρ₁（%）	箍筋@100		
		①	A_s（mm²）	ρ（%）	ρ_1（%）	②	③	ρ_v（%）
451	（200）	同上			3.033	φ12	φ10	2.076
					3.776	φ12	φ12	2.184
						φ14	φ10	2.807
						φ14	φ12	2.918
						φ14	φ14	3.049
						φ16	φ10	3.684
						φ16	φ12	3.798
						φ16	φ14	3.932
						φ16	φ16	4.087
452	（235）	10φ14	1539.4	0.513	0.664	φ6.5	φ6.5	0.664
		10φ16	2010.6	0.670	0.821	φ8	φ6	0.821
		10φ18	2544.7	0.848	0.999	φ8	φ6.5	0.999
		10φ20	3141.6	1.047	1.198	φ8	φ8	1.198
		10φ22	3801.3	1.267	1.418	φ10	φ8	1.418
		10φ25	4908.7	1.636	1.787	φ10	φ10	1.787
		10φ28	6157.5	2.053	2.203	φ12	φ10	2.203
		10φ32	8042.5	2.681	2.832	φ12	φ12	2.832
		10φ36	10179	3.393	3.544	φ14	φ10	3.544
		10φ40	12566	4.189	4.340	φ14	φ12	4.340
453	（200）	同上			0.739	φ6	φ6	0.739
					0.896	φ6.5	φ6.5	0.896
					1.074	φ8	φ6	1.074
					1.273	φ8	φ6.5	1.273
					1.493	φ8	φ8	1.493
					1.862	φ10	φ8	1.862
					2.279	φ10	φ10	2.279
					2.907	φ12	φ10	2.907
					3.619	φ12	φ12	3.619
					4.415	φ14	φ10	4.415
454	（250）	10φ14	1539.4	0.493	0.637	φ6.5	φ6.5	0.637
		10φ16	2010.6	0.643	0.788	φ8	φ6	0.788
		10φ18	2544.7	0.814	0.959	φ8	φ6.5	0.959
		10φ20	3141.6	1.005	1.150	φ8	φ8	1.150
		10φ22	3801.3	1.216	1.361	φ10	φ8	1.361
		10φ25	4908.7	1.571	1.716	φ10	φ10	1.716
		10φ28	6157.5	1.970	2.115	φ12	φ10	2.115
		10φ32	8042.5	2.574	2.718	φ12	φ12	2.718
		10φ36	10179	3.257	3.402	φ14	φ10	3.402
		10φ40	12566	4.021	4.166	φ14	φ12	4.166

序号	截面形式（最大箍筋肢距、纵筋间距/mm）	纵向受力钢筋			计入φ12构造纵筋的配筋率 ρ₁（%）	箍筋@100		
		①	A_s（mm²）	ρ（%）	ρ₁（%）	②	③	ρ_v（%）
455	125 250 125 / 750 / 250 （200）	同上			0.710	φ6	φ6	0.710
					0.861	φ6.5	φ6.5	0.861
					1.031	φ8	φ6	1.031
					1.222	φ8	φ6.5	1.222
					1.434	φ8	φ8	1.434
					1.788	φ10	φ8	1.788
					2.188	φ10	φ10	2.188
					2.791	φ12	φ10	2.791
					3.474	φ12	φ12	3.474
					4.238	φ14	φ10	4.238
456	150 250 150 / 250 （200）	10φ12	1131.0	0.696		φ6		0.542
		10φ14	1539.4	0.947		φ6.5		0.640
		10φ16	2010.6	1.237		φ8		0.990
		10φ18	2544.7	1.566		φ10		1.590
		10φ20	3141.6	1.933		φ12		2.355
		10φ22	3801.3	2.339		φ14		3.299
		10φ25	4908.7	3.021				
		10φ28	6157.5	3.789				
457	150 250 150 / 250 （200）	10φ12	1131.0	0.646		φ6		0.522
		10φ14	1539.4	0.880		φ6.5		0.617
		10φ16	2010.6	1.149		φ8		0.954
		10φ18	2544.7	1.454		φ10		1.531
		10φ20	3141.6	1.795		φ12		2.266
		10φ22	3801.3	2.172		φ14		3.172
		10φ25	4908.7	2.805				
		10φ28	6157.5	3.519				
458	150 250 150 / 200 / 250 （200）	10φ12	1131.0	0.603		φ6		0.505
		10φ14	1539.4	0.821		φ6.5		0.597
		10φ16	2010.6	1.072		φ8		0.922
		10φ18	2544.7	1.357		φ10		1.480
		10φ20	3141.6	1.676		φ12		2.189
		10φ22	3801.3	2.027		φ14		3.063
		10φ25	4908.7	2.618		φ16		4.115
		10φ28	6157.5	3.284				
		10φ32	8042.5	4.289				

序号	截面形式 （最大箍筋肢距、纵筋间距/mm）	纵向受力钢筋			计入φ12构造纵筋的配筋率 ρ_1（%）	箍筋@100		
		①	A_s（mm²）	ρ（%）		②	③	ρ_v（%）
459	150 250 150 / 250 / 250 （250）	10φ12	1131.0	0.565		φ6.5		0.437
		10φ14	1539.4	0.770		φ8		0.676
		10φ16	2010.6	1.005		φ10		1.084
		10φ18	2544.7	1.272		φ12		1.603
		10φ20	3141.6	1.571		φ14		2.242
		10φ22	3801.3	1.901		φ16		3.010
		10φ25	4908.7	2.454				
		10φ28	6157.5	3.079				
		10φ32	8042.5	4.021				
460	150 250 150 / 250 / 250 （200）	同上			0.679	φ6	φ6	0.410
					0.883	φ6.5	φ6.5	0.485
					1.118	φ8	φ6	0.717
					1.385	φ8	φ6.5	0.724
					1.684	φ8	φ8	0.749
					2.014	φ10	φ8	1.159
					2.567	φ10	φ10	1.201
					3.192	φ12	φ10	1.723
					4.134	φ12	φ12	1.776
						φ14	φ10	2.365
						φ14	φ12	2.420
						φ14	φ14	2.484
						φ16	φ10	3.137
						φ16	φ12	3.193
						φ16	φ14	3.260
						φ16	φ16	3.336
461	150 250 150 / 300 / 250 （300）	10φ12	1131.0	0.532		φ6.5		0.431
		10φ14	1539.4	0.724		φ8		0.666
		10φ16	2010.6	0.946		φ10		1.067
		10φ18	2544.7	1.198		φ12		1.578
		10φ20	3141.6	1.478		φ14		2.206
		10φ22	3801.3	1.789		φ16		2.962
		10φ25	4908.7	2.310				
		10φ28	6157.5	2.898				
		10φ32	8042.5	3.785				

序号	截面形式（最大箍筋肢距、纵筋间距/mm）	纵向受力钢筋			计入 $\phi 12$ 构造纵筋的配筋率 ρ_1（%）	箍筋@100		
		①	A_s（mm²）	ρ（%）		②	③	ρ_v（%）
462	 150 250 150 300 250 （200）	同上			0.639	$\phi 6$	$\phi 6$	0.403
					0.831	$\phi 6.5$	$\phi 6.5$	0.476
					1.053	$\phi 8$	$\phi 6$	0.704
					1.304	$\phi 8$	$\phi 6.5$	0.711
					1.585	$\phi 8$	$\phi 8$	0.734
					1.895	$\phi 10$	$\phi 8$	1.138
					2.416	$\phi 10$	$\phi 10$	1.177
					3.004	$\phi 12$	$\phi 10$	1.691
					3.891	$\phi 12$	$\phi 12$	1.741
						$\phi 14$	$\phi 10$	2.322
						$\phi 14$	$\phi 12$	2.373
						$\phi 14$	$\phi 14$	2.434
						$\phi 16$	$\phi 10$	3.081
						$\phi 16$	$\phi 12$	3.133
						$\phi 16$	$\phi 14$	3.195
						$\phi 16$	$\phi 16$	3.267
463	 150 250 150 350 250 （200）	$10\phi 12$	1131.0	0.503	0.603	$\phi 6.5$	$\phi 6.5$	0.467
		$10\phi 14$	1539.4	0.684	0.785	$\phi 8$	$\phi 6$	0.693
		$10\phi 16$	2010.6	0.894	0.994	$\phi 8$	$\phi 6.5$	0.700
		$10\phi 18$	2544.7	1.131	1.232	$\phi 8$	$\phi 8$	0.721
		$10\phi 20$	3141.6	1.396	1.497	$\phi 10$	$\phi 8$	1.119
		$10\phi 22$	3801.3	1.689	1.790	$\phi 10$	$\phi 10$	1.156
		$10\phi 25$	4908.7	2.182	2.282	$\phi 12$	$\phi 10$	1.663
		$10\phi 28$	6157.5	2.737	2.837	$\phi 12$	$\phi 12$	1.709
		$10\phi 32$	8042.5	3.574	3.675	$\phi 14$	$\phi 10$	2.284
						$\phi 14$	$\phi 12$	2.332
						$\phi 14$	$\phi 14$	2.389
						$\phi 16$	$\phi 10$	3.031
						$\phi 16$	$\phi 12$	3.081
						$\phi 16$	$\phi 14$	3.139
						$\phi 16$	$\phi 16$	3.206
464	 150 250 150 400 250 （200）	$10\phi 12$	1131.0	0.476	0.571	$\phi 6.5$	$\phi 6.5$	0.460
		$10\phi 14$	1539.4	0.648	0.743	$\phi 8$	$\phi 6$	0.683
		$10\phi 16$	2010.6	0.847	0.942	$\phi 8$	$\phi 6.5$	0.689
		$10\phi 18$	2544.7	1.071	1.167	$\phi 8$	$\phi 8$	0.710
		$10\phi 20$	3141.6	1.323	1.418	$\phi 10$	$\phi 8$	1.103
		$10\phi 22$	3801.3	1.601	1.696	$\phi 10$	$\phi 10$	1.138

序号	截面形式 （最大箍筋肢距、纵筋间距/mm）	纵向受力钢筋			计入 $\phi12$ 构造纵筋的配筋率 ρ_1（%）	箍筋@100		
		①	A_s（mm²）	ρ（%）		②	③	ρ_v（%）
464	 150 250 150 400 250 （200）	10ϕ25	4908.7	2.067	2.162	ϕ12	ϕ10	1.637
		10ϕ28	6157.5	2.593	2.688	ϕ12	ϕ12	1.681
		10ϕ32	8042.5	3.386	3.482	ϕ14	ϕ10	2.251
						ϕ14	ϕ12	2.296
						ϕ14	ϕ14	2.349
						ϕ16	ϕ10	2.987
						ϕ16	ϕ12	3.034
						ϕ16	ϕ14	3.089
						ϕ16	ϕ16	3.152
465	 150 250 150 450 250 （225）	10ϕ12	1131.0	0.452	0.543	ϕ6.5	ϕ6.5	0.454
		10ϕ14	1539.4	0.616	0.706	ϕ8	ϕ6	0.675
		10ϕ16	2010.6	0.804	0.895	ϕ8	ϕ6.5	0.680
		10ϕ18	2544.7	1.018	1.108	ϕ8	ϕ8	0.700
		10ϕ20	3141.6	1.257	1.347	ϕ10	ϕ8	1.088
		10ϕ22	3801.3	1.521	1.611	ϕ10	ϕ10	1.121
		10ϕ25	4908.7	1.963	2.054	ϕ12	ϕ10	1.615
		10ϕ28	6157.5	2.463	2.553	ϕ12	ϕ12	1.657
		10ϕ32	8042.5	3.217	3.307	ϕ14	ϕ10	2.221
		10ϕ36	10179	4.072	4.162	ϕ14	ϕ12	2.264
						ϕ14	ϕ14	2.314
						ϕ16	ϕ10	2.948
						ϕ16	ϕ12	2.992
						ϕ16	ϕ14	3.044
						ϕ16	ϕ16	3.104
466	 150 250 150 450 250 （200）	同上			0.633	ϕ6	ϕ6	0.416
					0.797	ϕ6.5	ϕ6.5	0.491
					0.985	ϕ8	ϕ6	0.707
					1.199	ϕ8	ϕ6.5	0.718
					1.438	ϕ8	ϕ8	0.758
					1.701	ϕ10	ϕ8	1.147
					2.144	ϕ10	ϕ10	1.214
					2.644	ϕ12	ϕ10	1.710
					3.398	ϕ12	ϕ12	1.793
					4.252	ϕ14	ϕ10	2.318
						ϕ14	ϕ12	2.404

序号	截面形式（最大箍筋肢距、纵筋间距/mm）	纵向受力钢筋 ①	A_s（mm²）	ρ（%）	计入 φ12 构造纵筋的配筋率 ρ_1（%）	箍筋@100 ②	③	ρ_v（%）
466	150 250 150 / 450 / 250 （200）					φ14	φ14	2.505
						φ16	φ10	3.048
						φ16	φ12	3.136
						φ16	φ14	3.240
						φ16	φ16	3.359
467	150 250 150 / 500 / 250 （250）	10φ12	1131.0	0.431	0.517	φ6.5	φ6.5	0.448
		10φ14	1539.4	0.586	0.673	φ8	φ6	0.667
		10φ16	2010.6	0.766	0.852	φ8	φ6.5	0.672
		10φ18	2544.7	0.969	1.056	φ8	φ8	0.691
		10φ20	3141.6	1.197	1.283	φ10	φ8	1.075
		10φ22	3801.3	1.448	1.534	φ10	φ10	1.106
		10φ25	4908.7	1.870	1.956	φ12	φ10	1.595
		10φ28	6157.5	2.346	2.432	φ12	φ12	1.634
		10φ32	8042.5	3.064	3.150	φ14	φ10	2.194
		10φ36	10179	3.878	3.964	φ14	φ12	2.235
						φ14	φ14	2.282
						φ16	φ10	2.913
						φ16	φ12	2.955
						φ16	φ14	3.004
						φ16	φ16	3.061
468	150 250 150 / 500 / 250 （200）	同上			0.603	φ6	φ6	0.409
					0.759	φ6.5	φ6.5	0.483
					0.938	φ8	φ6	0.698
					1.142	φ8	φ6.5	0.708
					1.369	φ8	φ8	0.745
					1.620	φ10	φ8	1.131
					2.042	φ10	φ10	1.194
					2.518	φ12	φ10	1.685
					3.236	φ12	φ12	1.764
					4.050	φ14	φ10	2.286
						φ14	φ12	2.367
						φ14	φ14	2.463
						φ16	φ10	3.008
						φ16	φ12	3.091
						φ16	φ14	3.190
						φ16	φ16	3.303

序号	截面形式（最大箍筋肢距、纵筋间距/mm）	纵向受力钢筋			计入 φ12 构造纵筋的配筋率 ρ_l（%）	箍筋@100		
		①	A_s（mm²）	ρ（%）		②	③	ρ_v（%）
469	150 250 150 550 250 （275）	10φ12	1131.0	0.411	0.494	φ6.5	φ6.5	0.442
		10φ14	1539.4	0.560	0.642	φ8	φ6	0.660
		10φ16	2010.6	0.731	0.813	φ8	φ6.5	0.665
		10φ18	2544.7	0.925	1.008	φ8	φ8	0.682
		10φ20	3141.6	1.142	1.225	φ10	φ8	1.063
		10φ22	3801.3	1.382	1.465	φ10	φ10	1.093
		10φ25	4908.7	1.785	1.867	φ12	φ10	1.576
		10φ28	6157.5	2.239	2.321	φ12	φ12	1.614
		10φ32	8042.5	2.925	3.007	φ14	φ10	2.170
		10φ36	10179	3.701	3.784	φ14	φ12	2.208
						φ14	φ14	2.254
						φ16	φ10	2.881
						φ16	φ12	2.921
						φ16	φ14	2.968
						φ16	φ16	3.022
470	150 250 150 550 250 （200）	同上			0.576	φ6	φ6	0.403
					0.724	φ6.5	φ6.5	0.476
					0.896	φ8	φ6	0.689
					1.090	φ8	φ6.5	0.699
					1.307	φ8	φ8	0.735
					1.547	φ10	φ8	1.116
					1.950	φ10	φ10	1.177
					2.404	φ12	φ10	1.662
					3.089	φ12	φ12	1.737
					3.866	φ14	φ10	2.257
						φ14	φ12	2.335
						φ14	φ14	2.426
						φ16	φ10	2.971
						φ16	φ12	3.051
						φ16	φ14	3.144
						φ16	φ16	3.252
471	150 250 150 600 250 （300）	10φ14	1539.4	0.535	0.614	φ6.5	φ6.5	0.438
		10φ16	2010.6	0.699	0.778	φ8	φ6	0.653
		10φ18	2544.7	0.885	0.964	φ8	φ6.5	0.658
		10φ20	3141.6	1.093	1.171	φ8	φ8	0.675
		10φ22	3801.3	1.322	1.401	φ10	φ8	1.052
		10φ25	4908.7	1.707	1.786	φ10	φ10	1.081
		10φ28	6157.5	2.142	2.220	φ12	φ10	1.560

序号	截面形式（最大箍筋肢距、纵筋间距/mm）	纵向受力钢筋			计入 $\phi 12$ 构造纵筋的配筋率 ρ_1（%）	箍筋@100		
		①	A_s（mm²）	ρ（%）		②	③	ρ_v（%）
471	（300）	$10\phi 32$	8042.5	2.797	2.876	$\phi 12$	$\phi 12$	1.596
		$10\phi 36$	10179	3.540	3.619	$\phi 14$	$\phi 10$	2.147
						$\phi 14$	$\phi 12$	2.184
						$\phi 14$	$\phi 14$	2.228
						$\phi 16$	$\phi 10$	2.852
						$\phi 16$	$\phi 12$	2.890
						$\phi 16$	$\phi 14$	2.935
						$\phi 16$	$\phi 16$	2.986
472	（200）	同上			0.693	$\phi 6.5$	$\phi 6.5$	0.470
					0.857	$\phi 8$	$\phi 6$	0.681
					1.042	$\phi 8$	$\phi 6.5$	0.691
					1.250	$\phi 8$	$\phi 8$	0.725
					1.480	$\phi 10$	$\phi 8$	1.103
					1.865	$\phi 10$	$\phi 10$	1.160
					2.299	$\phi 12$	$\phi 10$	1.641
					2.955	$\phi 12$	$\phi 12$	1.713
					3.698	$\phi 14$	$\phi 10$	2.231
						$\phi 14$	$\phi 12$	2.305
						$\phi 14$	$\phi 14$	2.392
						$\phi 16$	$\phi 10$	2.938
						$\phi 16$	$\phi 12$	3.014
						$\phi 16$	$\phi 14$	3.103
						$\phi 16$	$\phi 16$	3.206
473	（220）	$10\phi 14$	1539.4	0.513	0.664	$\phi 6.5$	$\phi 6.5$	0.464
		$10\phi 16$	2010.6	0.670	0.821	$\phi 8$	$\phi 6$	0.674
		$10\phi 18$	2544.7	0.848	0.999	$\phi 8$	$\phi 6.5$	0.683
		$10\phi 20$	3141.6	1.047	1.198	$\phi 8$	$\phi 8$	0.716
		$10\phi 22$	3801.3	1.267	1.418	$\phi 10$	$\phi 8$	1.091
		$10\phi 25$	4908.7	1.636	1.787	$\phi 10$	$\phi 10$	1.146
		$10\phi 28$	6157.5	2.053	2.203	$\phi 12$	$\phi 10$	1.623
		$10\phi 32$	8042.5	2.681	2.832	$\phi 12$	$\phi 12$	1.691
		$10\phi 36$	10179	3.393	3.544	$\phi 14$	$\phi 10$	2.207
		$10\phi 40$	12566	4.189	4.340	$\phi 14$	$\phi 12$	2.278
						$\phi 14$	$\phi 14$	2.361
						$\phi 16$	$\phi 10$	2.908
						$\phi 16$	$\phi 12$	2.980
						$\phi 16$	$\phi 14$	3.066
						$\phi 16$	$\phi 16$	3.164

序号	截面形式（最大箍筋肢距、纵筋间距/mm）	纵向受力钢筋			计入ϕ12构造纵筋的配筋率 ρ_1（%）	箍筋@100		
		①	A_s（mm²）	ρ（%）		②	③	ρ_v（%）
474	150 250 150 / 650 / 250 （200）	同上			0.739	ϕ6	ϕ6	0.419
					0.896	ϕ6.5	ϕ6.5	0.495
					1.074	ϕ8	ϕ6	0.701
					1.273	ϕ8	ϕ6.5	0.715
					1.493	ϕ8	ϕ8	0.763
					1.862	ϕ10	ϕ8	1.140
					2.279	ϕ10	ϕ10	1.222
					2.907	ϕ12	ϕ10	1.701
					3.619	ϕ12	ϕ12	1.804
					4.415	ϕ14	ϕ10	2.287
						ϕ14	ϕ12	2.393
						ϕ14	ϕ14	2.518
						ϕ16	ϕ10	2.990
						ϕ16	ϕ12	3.099
						ϕ16	ϕ14	3.227
						ϕ16	ϕ16	3.375
475	150 250 150 / 700 / 250 （235）	10ϕ14	1539.4	0.493	0.637	ϕ6.5	ϕ6.5	0.459
		10ϕ16	2010.6	0.643	0.788	ϕ8	ϕ6	0.668
		10ϕ18	2544.7	0.814	0.959	ϕ8	ϕ6.5	0.676
		10ϕ20	3141.6	1.005	1.150	ϕ8	ϕ8	0.707
		10ϕ22	3801.3	1.216	1.361	ϕ10	ϕ8	1.080
		10ϕ25	4908.7	1.571	1.716	ϕ10	ϕ10	1.132
		10ϕ28	6157.5	1.970	2.115	ϕ12	ϕ10	1.606
		10ϕ32	8042.5	2.574	2.718	ϕ12	ϕ12	1.671
		10ϕ36	10179	3.257	3.402	ϕ14	ϕ10	2.186
		10ϕ40	12566	4.021	4.166	ϕ14	ϕ12	2.253
						ϕ14	ϕ14	2.333
						ϕ16	ϕ10	2.881
						ϕ16	ϕ12	2.950
						ϕ16	ϕ14	3.032
						ϕ16	ϕ16	3.126
476	150 250 150 / 700 / 250 （200）	同上			0.710	ϕ6	ϕ6	0.414
					0.861	ϕ6.5	ϕ6.5	0.488
					1.031	ϕ8	ϕ6	0.693
					1.222	ϕ8	ϕ6.5	0.707
					1.434	ϕ8	ϕ8	0.753
					1.788	ϕ10	ϕ8	1.127
					2.188	ϕ10	ϕ10	1.205

序号	截面形式（最大箍筋肢距、纵筋间距/mm）	纵向受力钢筋			计入φ12构造纵筋的配筋率 ρl (%)	箍筋@100		
		①	As (mm²)	ρ (%)		②	③	ρv (%)
476	 150 250 150 700 250 （200） 同上	同上			2.791	φ12	φ10	1.680
					3.474	φ12	φ12	1.779
					4.238	φ14	φ10	2.262
						φ14	φ12	2.363
						φ14	φ14	2.483
						φ16	φ10	2.959
						φ16	φ12	3.063
						φ16	φ14	3.186
						φ16	φ16	3.327
477	 150 250 150 750 250 （250）	10φ14	1539.4	0.474	0.613	φ6.5	φ6.5	0.454
		10φ16	2010.6	0.619	0.758	φ8	φ6	0.662
		10φ18	2544.7	0.783	0.922	φ8	φ6.5	0.670
		10φ20	3141.6	0.967	1.106	φ8	φ8	0.700
		10φ22	3801.3	1.170	1.309	φ10	φ8	1.070
		10φ25	4908.7	1.510	1.650	φ10	φ10	1.120
		10φ28	6157.5	1.895	2.034	φ12	φ10	1.590
		10φ32	8042.5	2.475	2.614	φ12	φ12	1.653
		10φ36	10179	3.132	3.271	φ14	φ10	2.166
		10φ40	12566	3.867	4.006	φ14	φ12	2.230
						φ14	φ14	2.307
						φ16	φ10	2.855
						φ16	φ12	2.922
						φ16	φ14	3.000
						φ16	φ16	3.091
478	 150 250 150 750 250 （200） 同上	同上			0.682	φ6	φ6	0.408
					0.827	φ6.5	φ6.5	0.482
					0.992	φ8	φ6	0.686
					1.175	φ8	φ6.5	0.699
					1.378	φ8	φ8	0.744
					1.719	φ10	φ8	1.114
					2.103	φ10	φ10	1.190
					2.683	φ12	φ10	1.662
					3.341	φ12	φ12	1.756
					4.075	φ14	φ10	2.239
						φ14	φ12	2.336

序号	截面形式（最大箍筋肢距、纵筋间距/mm）	纵向受力钢筋			计入 φ12 构造纵筋的配筋率 ρ₁（%）	箍筋@100		
		①	A_s（mm²）	ρ（%）		②	③	$ρ_v$（%）
478	150 250 150 / 750 / 250 / （200）	同上				φ14	φ14	2.451
						φ16	φ10	2.931
						φ16	φ12	3.030
						φ16	φ14	3.148
						φ16	φ16	3.284
479	200 250 200 / 250 100 / （200）	10φ12	1131.0	0.603		φ6.5		0.445
		10φ14	1539.4	0.821		φ8		0.687
		10φ16	2010.6	1.072		φ10		1.102
		10φ18	2544.7	1.357		φ12		1.631
		10φ20	3141.6	1.676		φ14		2.282
		10φ22	3801.3	2.027		φ16		3.065
		10φ25	4908.7	2.618				
		10φ28	6157.5	3.284				
		10φ32	8042.5	4.289				
480	200 250 200 / 250 150 / （200）	10φ12	1131.0	0.565		φ6.5		0.437
		10φ14	1539.4	0.770		φ8		0.676
		10φ16	2010.6	1.005		φ10		1.084
		10φ18	2544.7	1.272		φ12		1.603
		10φ20	3141.6	1.571		φ14		2.242
		10φ22	3801.3	1.901		φ16		3.010
		10φ25	4908.7	2.454				
		10φ28	6157.5	3.079				
		10φ32	8042.5	4.021				
481	200 250 200 / 250 200 / （200）	10φ12	1131.0	0.532		φ6.5		0.431
		10φ14	1539.4	0.724		φ8		0.666
		10φ16	2010.6	0.946		φ10		1.067
		10φ18	2544.7	1.198		φ12		1.578
		10φ20	3141.6	1.478		φ14		2.206
		10φ22	3801.3	1.789		φ16		2.962
		10φ25	4908.7	2.310				
		10φ28	6157.5	2.898				
		10φ32	8042.5	3.785				
482	200 250 200 / 250 250 / （250）	10φ12	1131.0	0.503		φ6.5		0.426
		10φ14	1539.4	0.684		φ8		0.657
		10φ16	2010.6	0.894		φ10		1.053
		10φ18	2544.7	1.131		φ12		1.556
		10φ20	3141.6	1.396		φ14		2.176

序号	截面形式（最大箍筋肢距、纵筋间距/mm）	纵向受力钢筋			计入φ12构造纵筋的配筋率 ρ₁（%）	箍筋@100		
		①	A_s（mm²）	ρ（%）		②	③	ρ_v（%）
482	（250）	10φ22	3801.3	1.689		φ16		2.919
		10φ25	4908.7	2.182				
		10φ28	6157.5	2.737				
		10φ32	8042.5	3.574				
483	（200）	同上			0.603	φ6.5	φ6.5	0.467
					0.785	φ8	φ6	0.693
					0.994	φ8	φ6.5	0.700
					1.232	φ8	φ8	0.721
					1.497	φ10	φ8	1.119
					1.790	φ10	φ10	1.156
					2.282	φ12	φ10	1.663
					2.837	φ12	φ12	1.709
					3.675	φ14	φ10	2.284
						φ14	φ12	2.332
						φ14	φ14	2.389
						φ16	φ10	3.031
						φ16	φ12	3.081
						φ16	φ14	3.139
						φ16	φ16	3.206
484	（300）	10φ12	1131.0	0.476		φ6.5		0.421
		10φ14	1539.4	0.648		φ8		0.649
		10φ16	2010.6	0.847		φ10		1.040
		10φ18	2544.7	1.071		φ12		1.537
		10φ20	3141.6	1.323		φ14		2.148
		10φ22	3801.3	1.601		φ16		2.882
		10φ25	4908.7	2.067				
		10φ28	6157.5	2.593				
		10φ32	8042.5	3.386				
485	（200）	同上			0.571	φ6.5	φ6.5	0.460
					0.743	φ8	φ6	0.683
					0.942	φ8	φ6.5	0.689
					1.167	φ8	φ8	0.710
					1.418	φ10	φ8	1.103
					1.696	φ10	φ10	1.138
					2.162	φ12	φ10	1.637

序号	截面形式（最大箍筋肢距、纵筋间距/mm）	纵向受力钢筋			计入φ12构造纵筋的配筋率 ρ₁（%）	箍筋@100		
		①	A_s（mm²）	ρ（%）		②	③	ρ_v（%）
485	（200）	同上			2.688	φ12	φ12	1.681
					3.482	φ14	φ10	2.251
						φ14	φ12	2.296
						φ14	φ14	2.349
						φ16	φ10	2.987
						φ16	φ12	3.034
						φ16	φ14	3.089
						φ16	φ16	3.152
486	（200）	10φ12	1131.0	0.452	0.543	φ6.5	φ6.5	0.454
		10φ14	1539.4	0.616	0.706	φ8	φ6	0.675
		10φ16	2010.6	0.804	0.895	φ8	φ6.5	0.680
		10φ18	2544.7	1.018	1.108	φ8	φ8	0.700
		10φ20	3141.6	1.257	1.347	φ10	φ8	1.088
		10φ22	3801.3	1.521	1.611	φ10	φ10	1.121
		10φ25	4908.7	1.963	2.054	φ12	φ10	1.615
		10φ28	6157.5	2.463	2.553	φ12	φ12	1.657
		10φ32	8042.5	3.217	3.307	φ14	φ10	2.221
		10φ36	10179	4.072	4.162	φ14	φ12	2.264
						φ14	φ14	2.314
						φ16	φ10	2.948
						φ16	φ12	2.992
						φ16	φ14	3.044
						φ16	φ16	3.104
487	（200）	10φ12	1131.0	0.431	0.517	φ6.5	φ6.5	0.448
		10φ14	1539.4	0.586	0.673	φ8	φ6	0.667
		10φ16	2010.6	0.766	0.852	φ8	φ6.5	0.672
		10φ18	2544.7	0.969	1.056	φ8	φ8	0.691
		10φ20	3141.6	1.197	1.283	φ10	φ8	1.075
		10φ22	3801.3	1.448	1.534	φ10	φ10	1.106
		10φ25	4908.7	1.870	1.956	φ12	φ10	1.595
		10φ28	6157.5	2.346	2.432	φ12	φ12	1.634
		10φ32	8042.5	3.064	3.150	φ14	φ10	2.194
		10φ36	10179	3.878	3.964	φ14	φ12	2.235
						φ14	φ14	2.282
						φ16	φ10	2.913
						φ16	φ12	2.955
						φ16	φ14	3.004
						φ16	φ16	3.061

序号	截面形式（最大箍筋肢距、纵筋间距/mm）	纵向受力钢筋			计入φ12构造纵筋的配筋率 ρ_l（%）	箍筋@100		
		①	A_s（mm²）	ρ（%）		②	③	ρ_v（%）
488	（225）	10φ12	1131.0	0.411	0.494	φ6.5	φ6.5	0.442
		10φ14	1539.4	0.560	0.642	φ8	φ6	0.660
		10φ16	2010.6	0.731	0.813	φ8	φ6.5	0.665
		10φ18	2544.7	0.925	1.008	φ8	φ8	0.682
		10φ20	3141.6	1.142	1.225	φ10	φ8	1.063
		10φ22	3801.3	1.382	1.465	φ10	φ10	1.093
		10φ25	4908.7	1.785	1.867	φ12	φ10	1.576
		10φ28	6157.5	2.239	2.321	φ12	φ12	1.614
		10φ32	8042.5	2.925	3.007	φ14	φ10	2.170
		10φ36	10179	3.701	3.784	φ14	φ12	2.208
						φ14	φ14	2.254
						φ16	φ10	2.881
						φ16	φ12	2.921
						φ16	φ14	2.968
						φ16	φ16	3.022
489	（200）	同上			0.576	φ6	φ6	0.403
					0.724	φ6.5	φ6.5	0.476
					0.896	φ8	φ6	0.689
					1.090	φ8	φ6.5	0.699
					1.307	φ8	φ8	0.735
					1.547	φ10	φ8	1.116
					1.950	φ10	φ10	1.177
					2.404	φ12	φ10	1.662
					3.089	φ12	φ12	1.737
					3.866	φ14	φ10	2.257
						φ14	φ12	2.335
						φ14	φ14	2.426
						φ16	φ10	2.971
						φ16	φ12	3.051
						φ16	φ14	3.144
						φ16	φ16	3.252
490	（250）	10φ14	1539.4	0.535	0.614	φ6.5	φ6.5	0.438
		10φ16	2010.6	0.699	0.778	φ8	φ6	0.653
		10φ18	2544.7	0.885	0.964	φ8	φ6.5	0.658
		10φ20	3141.6	1.093	1.171	φ8	φ8	0.675
		10φ22	3801.3	1.322	1.401	φ10	φ8	1.052
		10φ25	4908.7	1.707	1.786	φ10	φ10	1.081

序号	截面形式（最大箍筋肢距、纵筋间距/mm）	纵向受力钢筋			计入 $\phi 12$ 构造纵筋的配筋率 ρ_1（%）	箍筋@100		
		①	A_s（mm²）	ρ（%）		②	③	ρ_v（%）
490	 （250）	$10\phi 28$	6157.5	2.142	2.220	$\phi 12$	$\phi 10$	1.560
		$10\phi 32$	8042.5	2.797	2.876	$\phi 12$	$\phi 12$	1.596
		$10\phi 36$	10179	3.540	3.619	$\phi 14$	$\phi 10$	2.147
						$\phi 14$	$\phi 12$	2.184
						$\phi 14$	$\phi 14$	2.228
						$\phi 16$	$\phi 10$	2.852
						$\phi 16$	$\phi 12$	2.890
						$\phi 16$	$\phi 14$	2.935
						$\phi 16$	$\phi 16$	2.986
491	 （200）	同上			0.693	$\phi 6.5$	$\phi 6.5$	0.470
					0.857	$\phi 8$	$\phi 6$	0.681
					1.042	$\phi 8$	$\phi 6.5$	0.691
					1.250	$\phi 8$	$\phi 8$	0.725
					1.480	$\phi 10$	$\phi 8$	1.103
					1.865	$\phi 10$	$\phi 10$	1.160
					2.299	$\phi 12$	$\phi 10$	1.641
					2.955	$\phi 12$	$\phi 12$	1.713
					3.698	$\phi 14$	$\phi 10$	2.231
						$\phi 14$	$\phi 12$	2.305
						$\phi 14$	$\phi 14$	2.392
						$\phi 16$	$\phi 10$	2.938
						$\phi 16$	$\phi 12$	3.014
						$\phi 16$	$\phi 14$	3.103
						$\phi 16$	$\phi 16$	3.206
492	 （275）	$10\phi 14$	1539.4	0.513	0.589	$\phi 6.5$	$\phi 6.5$	0.433
		$10\phi 16$	2010.6	0.670	0.746	$\phi 8$	$\phi 6$	0.647
		$10\phi 18$	2544.7	0.848	0.924	$\phi 8$	$\phi 6.5$	0.652
		$10\phi 20$	3141.6	1.047	1.123	$\phi 8$	$\phi 8$	0.668
		$10\phi 22$	3801.3	1.267	1.343	$\phi 10$	$\phi 8$	1.042
		$10\phi 25$	4908.7	1.636	1.712	$\phi 10$	$\phi 10$	1.070
		$10\phi 28$	6157.5	2.053	2.128	$\phi 12$	$\phi 10$	1.545
		$10\phi 32$	8042.5	2.681	2.756	$\phi 12$	$\phi 12$	1.579
		$10\phi 36$	10179	3.393	3.468	$\phi 14$	$\phi 10$	2.127
		$10\phi 40$	12566	4.189	4.264	$\phi 14$	$\phi 12$	2.163

序号	截面形式（最大箍筋肢距、纵筋间距/mm）	纵向受力钢筋			计入φ12构造纵筋的配筋率 ρ₁（%）	箍筋@100		
		①	A_s（mm²）	ρ（%）		②	③	ρ_v（%）
492	 （275）					φ14	φ14	2.204
						φ16	φ10	2.826
						φ16	φ12	2.862
						φ16	φ14	2.905
						φ16	φ16	2.954
493	 （200）	同上			0.664	φ6.5	φ6.5	0.464
					0.821	φ8	φ6	0.674
					0.999	φ8	φ6.5	0.683
					1.198	φ8	φ8	0.716
					1.418	φ10	φ8	1.091
					1.787	φ10	φ10	1.146
					2.203	φ12	φ10	1.623
					2.832	φ12	φ12	1.691
					3.544	φ14	φ10	2.207
					4.340	φ14	φ12	2.278
						φ14	φ14	2.361
						φ16	φ10	2.908
						φ16	φ12	2.980
						φ16	φ14	3.066
						φ16	φ16	3.164
494	 （300）	10φ14	1539.4	0.493	0.565	φ6.5	φ6.5	0.429
		10φ16	2010.6	0.643	0.716	φ8	φ6	0.642
		10φ18	2544.7	0.814	0.887	φ8	φ6.5	0.646
		10φ20	3141.6	1.005	1.078	φ8	φ8	0.662
		10φ22	3801.3	1.216	1.289	φ10	φ8	1.033
		10φ25	4908.7	1.571	1.643	φ10	φ10	1.059
		10φ28	6157.5	1.970	2.043	φ12	φ10	1.531
		10φ32	8042.5	2.574	2.646	φ12	φ12	1.564
		10φ36	10179	3.257	3.330	φ14	φ10	2.109
		10φ40	12566	4.021	4.094	φ14	φ12	2.143
						φ14	φ14	2.183
						φ16	φ10	2.802
						φ16	φ12	2.836
						φ16	φ14	2.877
						φ16	φ16	2.925

序号	截面形式（最大箍筋肢距、纵筋间距/mm）	纵向受力钢筋			计入φ12构造纵筋的配筋率 ρ₁（%）	箍筋@100		
		①	A_s（mm²）	ρ（%）		②	③	ρ_v（%）
495	200 250 200 600 250 （200） 同上	同上			0.637	φ6.5	φ6.5	0.459
					0.788	φ8	φ6	0.668
					0.959	φ8	φ6.5	0.676
					1.150	φ8	φ8	0.707
					1.361	φ10	φ8	1.080
					1.716	φ10	φ10	1.132
					2.115	φ12	φ10	1.606
					2.718	φ12	φ12	1.671
					3.402	φ14	φ10	2.186
					4.166	φ14	φ12	2.253
						φ14	φ14	2.333
						φ16	φ10	2.881
						φ16	φ12	2.950
						φ16	φ14	3.032
						φ16	φ16	3.126
496	200 250 200 650 250 （220）	10φ14	1539.4	0.474	0.613	φ6.5	φ6.5	0.454
		10φ16	2010.6	0.619	0.758	φ8	φ6	0.662
		10φ18	2544.7	0.783	0.922	φ8	φ6.5	0.670
		10φ20	3141.6	0.967	1.106	φ8	φ8	0.700
		10φ22	3801.3	1.170	1.309	φ10	φ8	1.070
		10φ25	4908.7	1.510	1.650	φ10	φ10	1.120
		10φ28	6157.5	1.895	2.034	φ12	φ10	1.590
		10φ32	8042.5	2.475	2.614	φ12	φ12	1.653
		10φ36	10179	3.132	3.271	φ14	φ10	2.166
		10φ40	12566	3.867	4.006	φ14	φ12	2.230
						φ14	φ14	2.307
						φ16	φ10	2.855
						φ16	φ12	2.922
						φ16	φ14	3.000
						φ16	φ16	3.091
497	200 250 200 650 250 （200） 同上	同上			0.682	φ6	φ6	0.408
					0.827	φ6.5	φ6.5	0.482
					0.992	φ8	φ6	0.686
					1.175	φ8	φ6.5	0.699
					1.378	φ8	φ8	0.744
					1.719	φ10	φ8	1.114

序号	截面形式（最大箍筋肢距、纵筋间距/mm）	纵向受力钢筋			计入φ12构造纵筋的配筋率 ρ₁（%）	箍筋@100		
		①	A_s（mm²）	ρ（%）	ρ_1（%）	②	③	ρ_v（%）
497	200 250 200 650 250 （200）	同上			2.103	φ10	φ10	1.190
					2.683	φ12	φ10	1.662
					3.341	φ12	φ12	1.756
					4.075	φ14	φ10	2.239
						φ14	φ12	2.336
						φ14	φ14	2.451
						φ16	φ10	2.931
						φ16	φ12	3.030
						φ16	φ14	3.148
						φ16	φ16	3.284
498	200 250 200 700 250 （235）	10φ14	1539.4	0.456	0.730	φ6.5	φ6.5	0.449
		10φ16	2010.6	0.596	0.888	φ8	φ6	0.656
		10φ18	2544.7	0.754	1.065	φ8	φ6.5	0.664
		10φ20	3141.6	0.931	1.260	φ8	φ8	0.693
		10φ22	3801.3	1.126	1.588	φ10	φ8	1.060
		10φ25	4908.7	1.454	1.958	φ10	φ10	1.109
		10φ28	6157.5	1.824	2.517	φ12	φ10	1.575
		10φ32	8042.5	2.383	3.150	φ12	φ12	1.636
		10φ36	10179	3.016	3.857	φ14	φ10	2.147
		10φ40	12566	3.723		φ14	φ12	2.209
						φ14	φ14	2.283
						φ16	φ10	2.832
						φ16	φ12	2.896
						φ16	φ14	2.971
						φ16	φ16	3.058
499	200 250 200 700 250 （200）	同上			0.657	φ6	φ6	0.404
					0.797	φ6.5	φ6.5	0.477
					0.955	φ8	φ6	0.680
					1.132	φ8	φ6.5	0.692
					1.327	φ8	φ8	0.735
					1.656	φ10	φ8	1.103
					2.026	φ10	φ10	1.176
					2.584	φ12	φ10	1.644
					3.217	φ12	φ12	1.735
					3.924	φ14	φ10	2.218

序号	截面形式 （最大箍筋肢距、 纵筋间距/mm）	纵向受力钢筋			计入 $\phi 12$ 构造 纵筋的配筋率 ρ_1（%）	箍筋@100		
		①	A_s（mm²）	ρ（%）		②	③	ρ_v（%）
499	（200）	同上				$\phi 14$	$\phi 12$	2.311
						$\phi 14$	$\phi 14$	2.421
						$\phi 16$	$\phi 10$	2.904
						$\phi 16$	$\phi 12$	3.000
						$\phi 16$	$\phi 14$	3.113
						$\phi 16$	$\phi 16$	3.244
500	（250）	$10\phi 14$	1539.4	0.440	0.569	$\phi 6.5$	$\phi 6.5$	0.445
		$10\phi 16$	2010.6	0.574	0.704	$\phi 8$	$\phi 6$	0.651
		$10\phi 18$	2544.7	0.727	0.856	$\phi 8$	$\phi 6.5$	0.659
		$10\phi 20$	3141.6	0.898	1.027	$\phi 8$	$\phi 8$	0.686
		$10\phi 22$	3801.3	1.086	1.215	$\phi 10$	$\phi 8$	1.052
		$10\phi 25$	4908.7	1.402	1.532	$\phi 10$	$\phi 10$	1.098
		$10\phi 28$	6157.5	1.759	1.889	$\phi 12$	$\phi 10$	1.562
		$10\phi 32$	8042.5	2.298	2.427	$\phi 12$	$\phi 12$	1.620
		$10\phi 36$	10179	2.908	3.037	$\phi 14$	$\phi 10$	2.130
		$10\phi 40$	12566	3.590	3.720	$\phi 14$	$\phi 12$	2.190
						$\phi 14$	$\phi 14$	2.261
						$\phi 16$	$\phi 10$	2.810
						$\phi 16$	$\phi 12$	2.872
						$\phi 16$	$\phi 14$	2.944
						$\phi 16$	$\phi 16$	3.028
501	（200）	同上			0.634	$\phi 6.5$	$\phi 6.5$	0.471
					0.768	$\phi 8$	$\phi 6$	0.674
					0.921	$\phi 8$	$\phi 6.5$	0.686
					1.091	$\phi 8$	$\phi 8$	0.727
					1.280	$\phi 10$	$\phi 8$	1.093
					1.596	$\phi 10$	$\phi 10$	1.163
					1.953	$\phi 12$	$\phi 10$	1.628
					2.492	$\phi 12$	$\phi 12$	1.716
					3.102	$\phi 14$	$\phi 10$	2.198
					3.784	$\phi 14$	$\phi 12$	2.288
						$\phi 14$	$\phi 14$	2.394
						$\phi 16$	$\phi 10$	2.880
						$\phi 16$	$\phi 12$	2.972
						$\phi 16$	$\phi 14$	3.081
						$\phi 16$	$\phi 16$	3.207

序号	截面形式（最大箍筋肢距、纵筋间距/mm）	纵向受力钢筋			计入 φ12 构造纵筋的配筋率 ρ₁（%）	箍筋@100		
		①	A_s（mm²）	ρ（%）	ρ_1（%）	②	③	ρ_v（%）
502	（200）	10φ12	1131.0	0.532		φ6.5		0.431
		10φ14	1539.4	0.724		φ8		0.666
		10φ16	2010.6	0.946		φ10		1.067
		10φ18	2544.7	1.198		φ12		1.578
		10φ20	3141.6	1.478		φ14		2.206
		10φ22	3801.3	1.789		φ16		2.962
		10φ25	4908.7	2.310				
		10φ28	6157.5	2.898				
		10φ32	8042.5	3.785				
503	（200）	同上			0.745	φ6	φ6	0.440
					0.937	φ6.5	φ6.5	0.520
					1.159	φ8	φ6	0.743
					1.410	φ8	φ6.5	0.756
					1.691	φ8	φ8	0.803
					2.002	φ10	φ8	1.208
					2.523	φ10	φ10	1.287
					3.111	φ12	φ10	1.804
					3.998	φ12	φ12	1.903
						φ14	φ10	2.438
						φ14	φ12	2.540
						φ14	φ14	2.661
						φ16	φ10	3.200
						φ16	φ12	3.305
						φ16	φ14	3.429
						φ16	φ16	3.572
504	（250）	10φ12	1131.0	0.503		φ6.5		0.426
		10φ14	1539.4	0.684		φ8		0.657
		10φ16	2010.6	0.894		φ10		1.053
		10φ18	2544.7	1.131		φ12		1.556
		10φ20	3141.6	1.396		φ14		2.176
		10φ22	3801.3	1.689		φ16		2.919
		10φ25	4908.7	2.182				
		10φ28	6157.5	2.737				
		10φ32	8042.5	3.574				

序号	截面形式（最大箍筋肢距、纵筋间距/mm）	纵向受力钢筋			计入φ12构造纵筋的配筋率 ρ₁（%）	箍筋@100		
		①	A$_s$（mm²）	ρ（%）		②	③	ρ$_v$（%）
505	（200）		同上		0.704	φ6	φ6	0.431
					0.885	φ6.5	φ6.5	0.509
					1.095	φ8	φ6	0.729
					1.332	φ8	φ6.5	0.742
					1.597	φ8	φ8	0.786
					1.891	φ10	φ8	1.185
					2.383	φ10	φ10	1.260
					2.938	φ12	φ10	1.769
					3.775	φ12	φ12	1.862
						φ14	φ10	2.393
						φ14	φ12	2.489
						φ14	φ14	2.603
						φ16	φ10	3.143
						φ16	φ12	3.242
						φ16	φ14	3.358
						φ16	φ16	3.492
506	（250）	10φ12	1131.0	0.476		φ6.5		0.421
		10φ14	1539.4	0.648		φ8		0.649
		10φ16	2010.6	0.847		φ10		1.040
		10φ18	2544.7	1.071		φ12		1.537
		10φ20	3141.6	1.323		φ14		2.148
		10φ22	3801.3	1.601		φ16		2.882
		10φ25	4908.7	2.067				
		10φ28	6157.5	2.593				
		10φ32	8042.5	3.386				
		10φ36	10179	4.286				
507	（200）		同上		0.667	φ6	φ6	0.423
					0.839	φ6.5	φ6.5	0.500
					1.037	φ8	φ6	0.718
					1.262	φ8	φ6.5	0.730
					1.513	φ8	φ8	0.771
					1.791	φ10	φ8	1.165
					2.257	φ10	φ10	1.235
					2.783	φ12	φ10	1.737
					3.577	φ12	φ12	1.826

序号	截面形式（最大箍筋肢距、纵筋间距/mm）	纵向受力钢筋			计入φ12构造纵筋的配筋率 ρ₁（%）	箍筋@100		
		①	A_s（mm²）	ρ（%）		②	③	ρ_v（%）
507	 250 250 250 （200）	同上			4.476	φ14	φ10	2.354
						φ14	φ12	2.444
						φ14	φ14	2.551
						φ16	φ10	3.093
						φ16	φ12	3.186
						φ16	φ14	3.295
						φ16	φ16	3.422
508	 250 250 250 （250）	10φ12	1131.0	0.452		φ6.5		0.416
		10φ14	1539.4	0.616		φ8		0.642
		10φ16	2010.6	0.804		φ10		1.029
		10φ18	2544.7	1.018		φ12		1.520
		10φ20	3141.6	1.257		φ14		2.124
		10φ22	3801.3	1.521		φ16		2.848
		10φ25	4908.7	1.963				
		10φ28	6157.5	2.463				
		10φ32	8042.5	3.217				
		10φ36	10179	4.072				
509	 250 250 250 （200）	同上			0.724	φ6	φ6	0.447
					0.887	φ6.5	φ6.5	0.528
					1.076	φ8	φ6	0.740
					1.289	φ8	φ6.5	0.756
					1.528	φ8	φ8	0.815
					1.792	φ10	φ8	1.206
					2.235	φ10	φ10	1.306
					2.734	φ12	φ10	1.804
					3.488	φ12	φ12	1.929
					4.343	φ14	φ10	2.415
						φ14	φ12	2.544
						φ14	φ14	2.695
						φ16	φ10	3.148
						φ16	φ12	3.280
						φ16	φ14	3.435
						φ16	φ16	3.615
510	 250 250 250 （300）	10φ12	1131.0	0.431		φ6.5		0.412
		10φ14	1539.4	0.586		φ8		0.636
		10φ16	2010.6	0.766		φ10		1.019
		10φ18	2544.7	0.969		φ12		1.505
		10φ20	3141.6	1.197		φ14		2.102

序号	截面形式（最大箍筋肢距、纵筋间距/mm）	纵向受力钢筋			计入 $\phi12$ 构造纵筋的配筋率 ρ_1（%）	箍筋@100		
		①	A_s（mm²）	ρ（%）		②	③	ρ_v（%）
510	（300）	$10\phi22$	3801.3	1.448		$\phi16$		2.818
		$10\phi25$	4908.7	1.870				
		$10\phi28$	6157.5	2.346				
		$10\phi32$	8042.5	3.064				
		$10\phi36$	10179	3.878				
511	（250）	同上			0.517	$\phi6.5$	$\phi6.5$	0.448
					0.673	$\phi8$	$\phi6$	0.667
					0.852	$\phi8$	$\phi6.5$	0.672
					1.056	$\phi8$	$\phi8$	0.691
					1.283	$\phi10$	$\phi8$	1.075
					1.534	$\phi10$	$\phi10$	1.106
					1.956	$\phi12$	$\phi10$	1.595
					2.432	$\phi12$	$\phi12$	1.634
					3.150	$\phi14$	$\phi10$	2.194
					3.964	$\phi14$	$\phi12$	2.235
						$\phi14$	$\phi14$	2.282
						$\phi16$	$\phi10$	2.913
						$\phi16$	$\phi12$	2.955
						$\phi16$	$\phi14$	3.004
						$\phi16$	$\phi16$	3.061
512	（200）	同上			0.689	$\phi6$	$\phi6$	0.439
					0.845	$\phi6.5$	$\phi6.5$	0.519
					1.024	$\phi8$	$\phi6$	0.728
					1.228	$\phi8$	$\phi6.5$	0.744
					1.455	$\phi8$	$\phi8$	0.800
					1.707	$\phi10$	$\phi8$	1.187
					2.129	$\phi10$	$\phi10$	1.282
					2.604	$\phi12$	$\phi10$	1.775
					3.322	$\phi12$	$\phi12$	1.893
					4.136	$\phi14$	$\phi10$	2.378
						$\phi14$	$\phi12$	2.500
						$\phi14$	$\phi14$	2.644
						$\phi16$	$\phi10$	3.102
						$\phi16$	$\phi12$	3.227
						$\phi16$	$\phi14$	3.375
						$\phi16$	$\phi16$	3.546

序号	截面形式（最大箍筋肢距、纵筋间距/mm）	纵向受力钢筋			计入φ12构造纵筋的配筋率 ρ₁（%）	箍筋@100		
		①	A_s（mm²）	ρ（%）		②	③	ρ_v（%）
513	 250 250 250 350 250 （250）	10φ12	1131.0	0.411	0.494	φ6.5	φ6.5	0.442
		10φ14	1539.4	0.560	0.642	φ8	φ6	0.660
		10φ16	2010.6	0.731	0.813	φ8	φ6.5	0.665
		10φ18	2544.7	0.925	1.008	φ8	φ8	0.682
		10φ20	3141.6	1.142	1.225	φ10	φ8	1.063
		10φ22	3801.3	1.382	1.465	φ10	φ10	1.093
		10φ25	4908.7	1.785	1.867	φ12	φ10	1.576
		10φ28	6157.5	2.239	2.321	φ12	φ12	1.614
		10φ32	8042.5	2.925	3.007	φ14	φ10	2.170
		10φ36	10179	3.701	3.784	φ14	φ12	2.208
						φ14	φ14	2.254
						φ16	φ10	2.881
						φ16	φ12	2.921
						φ16	φ14	2.968
						φ16	φ16	3.022
514	 250 250 250 350 250 （200）	同上			0.658	φ6	φ6	0.432
					0.807	φ6.5	φ6.5	0.510
					0.978	φ8	φ6	0.718
					1.172	φ8	φ6.5	0.734
					1.389	φ8	φ8	0.787
					1.629	φ10	φ8	1.170
					2.032	φ10	φ10	1.260
					2.486	φ12	φ10	1.748
					3.171	φ12	φ12	1.861
					3.948	φ14	φ10	2.345
						φ14	φ12	2.461
						φ14	φ14	2.598
						φ16	φ10	3.061
						φ16	φ12	3.180
						φ16	φ14	3.321
						φ16	φ16	3.483
515	 250 250 250 400 250 （250）	10φ14	1539.4	0.535	0.614	φ6.5	φ6.5	0.438
		10φ16	2010.6	0.699	0.778	φ8	φ6	0.653
		10φ18	2544.7	0.885	0.964	φ8	φ6.5	0.658
		10φ20	3141.6	1.093	1.171	φ8	φ8	0.675
		10φ22	3801.3	1.322	1.401	φ10	φ8	1.052
		10φ25	4908.7	1.707	1.786	φ10	φ10	1.081

序号	截面形式（最大箍筋肢距、纵筋间距/mm）	纵向受力钢筋			计入φ12构造纵筋的配筋率 ρ₁（%）	箍筋@100		
		①	A_s（mm²）	ρ（%）	ρ_1（%）	②	③	ρ_v（%）
515	250 250 250 / 400 / 250 （250）	10φ28	6157.5	2.142	2.220	φ12	φ10	1.560
		10φ32	8042.5	2.797	2.876	φ12	φ12	1.596
		10φ36	10179	3.540	3.619	φ14	φ10	2.147
						φ14	φ12	2.184
						φ14	φ14	2.228
						φ16	φ10	2.852
						φ16	φ12	2.890
						φ16	φ14	2.935
						φ16	φ16	2.986
516	250 250 250 / 400 / 250 （200）	同上			0.771	φ6	φ6	0.425
					0.935	φ6.5	φ6.5	0.502
					1.121	φ8	φ6	0.709
					1.329	φ8	φ6.5	0.724
					1.558	φ8	φ8	0.774
					1.943	φ10	φ8	1.154
					2.378	φ10	φ10	1.240
					3.033	φ12	φ10	1.723
					3.776	φ12	φ12	1.831
						φ14	φ10	2.315
						φ14	φ12	2.426
						φ14	φ14	2.556
						φ16	φ10	3.024
						φ16	φ12	3.138
						φ16	φ14	3.272
						φ16	φ16	3.426
517	250 250 250 / 450 / 250 （250）	10φ14	1539.4	0.513	0.589	φ6.5	φ6.5	0.433
		10φ16	2010.6	0.670	0.746	φ8	φ6	0.647
		10φ18	2544.7	0.848	0.924	φ8	φ6.5	0.652
		10φ20	3141.6	1.047	1.123	φ8	φ8	0.668
		10φ22	3801.3	1.267	1.343	φ10	φ8	1.042
		10φ25	4908.7	1.636	1.712	φ10	φ10	1.070
		10φ28	6157.5	2.053	2.128	φ12	φ10	1.545
		10φ32	8042.5	2.681	2.756	φ12	φ12	1.579
		10φ36	10179	3.393	3.468	φ14	φ10	2.127
		10φ40	12566	4.189	4.264	φ14	φ12	2.163

序号	截面形式 （最大箍筋肢距、 纵筋间距/mm）	纵向受力钢筋			计入 φ12 构造 纵筋的配筋率 ρ₁（%）	箍筋@100		
		①	A_s（mm²）	ρ（%）		②	③	$ρ_v$（%）
517	（250）					φ14	φ14	2.204
						φ16	φ10	2.826
						φ16	φ12	2.862
						φ16	φ14	2.905
						φ16	φ16	2.954
518	（225）	同上			0.739	φ6	φ6	0.419
					0.896	φ6.5	φ6.5	0.495
					1.074	φ8	φ6	0.701
					1.273	φ8	φ6.5	0.715
					1.493	φ8	φ8	0.763
					1.862	φ10	φ8	1.140
					2.279	φ10	φ10	1.222
					2.907	φ12	φ10	1.701
					3.619	φ12	φ12	1.804
					4.415	φ14	φ10	2.287
						φ14	φ12	2.393
						φ14	φ14	2.518
						φ16	φ10	2.990
						φ16	φ12	3.099
						φ16	φ14	3.227
						φ16	φ16	3.375
519	（200）	同上			0.815	φ6	φ6	0.445
					0.972	φ6.5	φ6.5	0.526
					1.150	φ8	φ6	0.728
					1.349	φ8	φ6.5	0.746
					1.569	φ8	φ8	0.811
					1.938	φ10	φ8	1.188
					2.354	φ10	φ10	1.298
					2.982	φ12	φ10	1.779
					3.695	φ12	φ12	1.916
					4.490	φ14	φ10	2.368
						φ14	φ12	2.508
						φ14	φ14	2.675
						φ16	φ10	3.072
						φ16	φ12	3.217
						φ16	φ14	3.388
						φ16	φ16	3.585

序号	截面形式（最大箍筋肢距、纵筋间距/mm）	纵向受力钢筋			计入ϕ12构造纵筋的配筋率 ρ_1（%）	箍筋@100		
		①	A_s（mm²）	ρ（%）		②	③	ρ_v（%）
520	（250）	10ϕ14	1539.4	0.493	0.565	ϕ6.5	ϕ6.5	0.429
		10ϕ16	2010.6	0.643	0.716	ϕ8	ϕ6	0.642
		10ϕ18	2544.7	0.814	0.887	ϕ8	ϕ6.5	0.646
		10ϕ20	3141.6	1.005	1.078	ϕ8	ϕ8	0.662
		10ϕ22	3801.3	1.216	1.289	ϕ10	ϕ8	1.033
		10ϕ25	4908.7	1.571	1.643	ϕ10	ϕ10	1.059
		10ϕ28	6157.5	1.970	2.043	ϕ12	ϕ10	1.531
		10ϕ32	8042.5	2.574	2.646	ϕ12	ϕ12	1.564
		10ϕ36	10179	3.257	3.330	ϕ14	ϕ10	2.109
		10ϕ40	12566	4.021	4.094	ϕ14	ϕ12	2.143
						ϕ14	ϕ14	2.183
						ϕ16	ϕ10	2.802
						ϕ16	ϕ12	2.836
						ϕ16	ϕ14	2.877
						ϕ16	ϕ16	2.925
521	（200）	同上			0.782	ϕ6	ϕ6	0.439
					0.933	ϕ6.5	ϕ6.5	0.518
					1.104	ϕ8	ϕ6	0.719
					1.295	ϕ8	ϕ6.5	0.737
					1.506	ϕ8	ϕ8	0.799
					1.860	ϕ10	ϕ8	1.173
					2.260	ϕ10	ϕ10	1.278
					2.863	ϕ12	ϕ10	1.755
					3.547	ϕ12	ϕ12	1.887
					4.311	ϕ14	ϕ10	2.339
						ϕ14	ϕ12	2.474
						ϕ14	ϕ14	2.633
						ϕ16	ϕ10	3.038
						ϕ16	ϕ12	3.176
						ϕ16	ϕ14	3.340
						ϕ16	ϕ16	3.529
522	（275）	10ϕ14	1539.4	0.474	0.543	ϕ6.5	ϕ6.5	0.425
		10ϕ16	2010.6	0.619	0.688	ϕ8	ϕ6	0.637
		10ϕ18	2544.7	0.783	0.853	ϕ8	ϕ6.5	0.641
		10ϕ20	3141.6	0.967	1.036	ϕ8	ϕ8	0.656
		10ϕ22	3801.3	1.170	1.239	ϕ10	ϕ8	1.025
		10ϕ25	4908.7	1.510	1.580	ϕ10	ϕ10	1.050

序号	截面形式（最大箍筋肢距、纵筋间距/mm）	纵向受力钢筋			计入 φ12 构造纵筋的配筋率 ρ_1（%）	箍筋@100		
		①	A_s（mm²）	ρ（%）		②	③	ρ_v（%）
522	250 250 250 550 250（275）	10φ28	6157.5	1.895	1.964	φ12	φ10	1.518
		10φ32	8042.5	2.475	2.544	φ12	φ12	1.550
		10φ36	10179	3.132	3.202	φ14	φ10	2.092
		10φ40	12566	3.867	3.936	φ14	φ12	2.124
						φ14	φ14	2.163
						φ16	φ10	2.780
						φ16	φ12	2.813
						φ16	φ14	2.852
						φ16	φ16	2.897
523	250 250 250 550 250（250）	同上			0.613	φ6.5	φ6.5	0.454
					0.758	φ8	φ6	0.662
					0.922	φ8	φ6.5	0.670
					1.106	φ8	φ8	0.700
					1.309	φ10	φ8	1.070
					1.650	φ10	φ10	1.120
					2.034	φ12	φ10	1.590
					2.614	φ12	φ12	1.653
					3.271	φ14	φ10	2.166
					4.006	φ14	φ12	2.230
						φ14	φ14	2.307
						φ16	φ10	2.855
						φ16	φ12	3.574
						φ16	φ14	3.000
						φ16	φ16	3.091
524	250 250 250 550 250（200）	同上			0.752	φ6	φ6	0.433
					0.897	φ6.5	φ6.5	0.511
					1.061	φ8	φ6	0.711
					1.245	φ8	φ6.5	0.728
					1.448	φ8	φ8	0.787
					1.789	φ10	φ8	1.159
					2.173	φ10	φ10	1.260
					2.753	φ12	φ10	1.733
					3.410	φ12	φ12	1.860
					4.145	φ14	φ10	2.313
						φ14	φ12	2.442

序号	截面形式（最大箍筋肢距、纵筋间距/mm）	纵向受力钢筋			计入 φ12 构造纵筋的配筋率 ρ₁（%）	箍筋@100		
		①	A_s（mm²）	ρ（%）		②	③	ρ_v（%）
524	 （200）	同上				φ14	φ14	2.595
						φ16	φ10	3.006
						φ16	φ12	3.139
						φ16	φ14	3.296
						φ16	φ16	3.477
525	 （300）	10φ14	1539.4	0.456	0.523	φ6.5	φ6.5	0.422
		10φ16	2010.6	0.596	0.663	φ8	φ6	0.632
		10φ18	2544.7	0.754	0.821	φ8	φ6.5	0.636
		10φ20	3141.6	0.931	0.998	φ8	φ8	0.651
		10φ22	3801.3	1.126	1.193	φ10	φ8	1.017
		10φ25	4908.7	1.454	1.521	φ10	φ10	1.041
		10φ28	6157.5	1.824	1.891	φ12	φ10	1.506
		10φ32	8042.5	2.383	2.450	φ12	φ12	1.537
		10φ36	10179	3.016	3.083	φ14	φ10	2.076
		10φ40	12566	3.723	3.790	φ14	φ12	2.107
						φ14	φ14	2.144
						φ16	φ10	2.759
						φ16	φ12	2.791
						φ16	φ14	2.829
						φ16	φ16	2.873
526	 （250）	同上			0.590	φ6.5	φ6.5	0.449
					0.730	φ8	φ6	0.656
					0.888	φ8	φ6.5	0.664
					1.065	φ8	φ8	0.693
					1.260	φ10	φ8	1.060
					1.588	φ10	φ10	1.109
					1.958	φ12	φ10	1.575
					2.517	φ12	φ12	1.636
					3.150	φ14	φ10	2.147
					3.857	φ14	φ12	2.209
						φ14	φ14	2.283
						φ16	φ10	2.832
						φ16	φ12	2.896
						φ16	φ14	2.971
						φ16	φ16	3.058

序号	截面形式（最大箍筋肢距、纵筋间距/mm）	纵向受力钢筋			计入φ12构造纵筋的配筋率 ρ₁（%）	箍筋@100		
		①	A_s（mm²）	ρ（%）		②	③	ρ_v（%）
527	（200）	同上			0.724	φ6	φ6	0.427
					0.864	φ6.5	φ6.5	0.504
					1.022	φ8	φ6	0.703
					1.199	φ8	φ6.5	0.720
					1.394	φ8	φ8	0.777
					1.723	φ10	φ8	1.146
					2.093	φ10	φ10	1.243
					2.651	φ12	φ10	1.713
					3.284	φ12	φ12	1.835
					3.991	φ14	φ10	2.288
						φ14	φ12	2.413
						φ14	φ14	2.560
						φ16	φ10	2.977
						φ16	φ12	3.105
						φ16	φ14	3.255
						φ16	φ16	3.429
528	（250）	10φ14	1539.4	0.440	0.569	φ6.5	φ6.5	0.445
		10φ16	2010.6	0.574	0.704	φ8	φ6	0.651
		10φ18	2544.7	0.727	0.856	φ8	φ6.5	0.659
		10φ20	3141.6	0.898	1.027	φ8	φ8	0.686
		10φ22	3801.3	1.086	1.215	φ10	φ8	1.052
		10φ25	4908.7	1.402	1.532	φ10	φ10	1.098
		10φ28	6157.5	1.759	1.889	φ12	φ10	1.562
		10φ32	8042.5	2.298	2.427	φ12	φ12	1.620
		10φ36	10179	2.908	3.037	φ14	φ10	2.130
		10φ40	12566	3.590	3.720	φ14	φ12	2.190
						φ14	φ14	2.261
						φ16	φ10	2.810
						φ16	φ12	2.872
						φ16	φ14	2.944
						φ16	φ16	3.028
529	（220）	同上			0.698	φ6	φ6	0.422
					0.833	φ6.5	φ6.5	0.498
					0.986	φ8	φ6	0.696
					1.156	φ8	φ6.5	0.712
					1.345	φ8	φ8	0.767
					1.661	φ10	φ8	1.134
					2.018	φ10	φ10	1.228

序号	截面形式（最大箍筋肢距、纵筋间距/mm）	纵向受力钢筋			计入 $\phi 12$ 构造纵筋的配筋率 ρ_1（%）	箍筋@100		
		①	A_s（mm²）	ρ（%）		②	③	ρ_v（%）
529	同上 (220)	同上			2.556	$\phi 12$	$\phi 10$	1.695
					3.167	$\phi 12$	$\phi 12$	1.811
					3.849	$\phi 14$	$\phi 10$	2.266
						$\phi 14$	$\phi 12$	2.386
						$\phi 14$	$\phi 14$	2.527
						$\phi 16$	$\phi 10$	2.950
						$\phi 16$	$\phi 12$	3.073
						$\phi 16$	$\phi 14$	3.218
						$\phi 16$	$\phi 16$	3.385
530	同上 (200)	同上			0.898	$\phi 6$	$\phi 6$	0.444
					1.050	$\phi 6.5$	$\phi 6.5$	0.524
					1.221	$\phi 8$	$\phi 6$	0.719
					1.409	$\phi 8$	$\phi 6.5$	0.739
					1.726	$\phi 8$	$\phi 8$	0.808
					2.082	$\phi 10$	$\phi 8$	1.176
					2.621	$\phi 10$	$\phi 10$	1.293
					3.231	$\phi 12$	$\phi 10$	1.761
					3.914	$\phi 12$	$\phi 12$	1.907
						$\phi 14$	$\phi 10$	2.334
						$\phi 14$	$\phi 12$	2.484
						$\phi 14$	$\phi 14$	2.661
						$\phi 16$	$\phi 10$	3.020
						$\phi 16$	$\phi 12$	3.173
						$\phi 16$	$\phi 14$	3.355
						$\phi 16$	$\phi 16$	3.564
531	(250)	$10\phi 14$	1539.4	0.425	0.549	$\phi 6.5$	$\phi 6.5$	0.441
		$10\phi 16$	2010.6	0.555	0.679	$\phi 8$	$\phi 6$	0.646
		$10\phi 18$	2544.7	0.702	0.827	$\phi 8$	$\phi 6.5$	0.654
		$10\phi 20$	3141.6	0.867	0.991	$\phi 8$	$\phi 8$	0.680
		$10\phi 22$	3801.3	1.049	1.173	$\phi 10$	$\phi 8$	1.043
		$10\phi 25$	4908.7	1.354	1.479	$\phi 10$	$\phi 10$	1.088
		$10\phi 28$	6157.5	1.699	1.823	$\phi 12$	$\phi 10$	1.549
		$10\phi 32$	8042.5	2.219	2.343	$\phi 12$	$\phi 12$	1.606
		$10\phi 36$	10179	2.808	2.933	$\phi 14$	$\phi 10$	2.114
		$10\phi 40$	12566	3.467	3.591	$\phi 14$	$\phi 12$	2.172

序号	截面形式（最大箍筋肢距、纵筋间距/mm）	纵向受力钢筋			计入φ12构造纵筋的配筋率 ρ₁(%)	箍筋@100		
		①	A_s(mm²)	ρ(%)	ρ_1(%)	②	③	ρ_v(%)
531	(250)					φ14	φ14	2.240
						φ16	φ10	2.790
						φ16	φ12	2.850
						φ16	φ14	2.919
						φ16	φ16	3.000
532	(235)	同上			0.674	φ6	φ6	0.417
					0.804	φ6.5	φ6.5	0.492
					0.952	φ8	φ6	0.690
					1.116	φ8	φ6.5	0.705
					1.298	φ8	φ8	0.758
					1.604	φ10	φ8	1.123
					1.948	φ10	φ10	1.213
					2.468	φ12	φ10	1.677
					3.058	φ12	φ12	1.790
					3.716	φ14	φ10	2.245
						φ14	φ12	2.361
						φ14	φ14	2.497
						φ16	φ10	2.925
						φ16	φ12	3.043
						φ16	φ14	3.183
						φ16	φ16	3.344
533	(200)	同上			0.737	φ6	φ6	0.438
					0.867	φ6.5	φ6.5	0.517
					1.014	φ8	φ6	0.712
					1.179	φ8	φ6.5	0.731
					1.361	φ8	φ8	0.797
					1.666	φ10	φ8	1.163
					2.011	φ10	φ10	1.276
					2.531	φ12	φ10	1.741
					3.120	φ12	φ12	1.882
					3.779	φ14	φ10	2.311
						φ14	φ12	2.455
						φ14	φ14	2.626
						φ16	φ10	2.992
						φ16	φ12	3.140
						φ16	φ14	3.315
						φ16	φ16	3.517

序号	截面形式（最大箍筋肢距、纵筋间距/mm）	①	A_s（mm²）	ρ（%）	计入ϕ12构造纵筋的配筋率 ρ_1（%）	②	③	ρ_v（%）
534	（250）	10ϕ14	1539.4	0.411	0.531	ϕ6.5	ϕ6.5	0.438
		10ϕ16	2010.6	0.536	0.657	ϕ8	ϕ6	0.642
		10ϕ18	2544.7	0.679	0.799	ϕ8	ϕ6.5	0.649
		10ϕ20	3141.6	0.838	0.958	ϕ8	ϕ8	0.675
		10ϕ22	3801.3	1.014	1.134	ϕ10	ϕ8	1.036
		10ϕ25	4908.7	1.309	1.430	ϕ10	ϕ10	1.079
		10ϕ28	6157.5	1.642	1.763	ϕ12	ϕ10	1.538
		10ϕ32	8042.5	2.145	2.265	ϕ12	ϕ12	1.592
		10ϕ36	10179	2.714	2.835	ϕ14	ϕ10	2.099
		10ϕ40	12566	3.351	3.472	ϕ14	ϕ12	2.155
						ϕ14	ϕ14	2.221
						ϕ16	ϕ10	2.772
						ϕ16	ϕ12	2.829
						ϕ16	ϕ14	2.896
						ϕ16	ϕ16	2.974
535	（200）	同上			0.712	ϕ6	ϕ6	0.433
					0.838	ϕ6.5	ϕ6.5	0.511
					0.980	ϕ8	ϕ6	0.705
					1.139	ϕ8	ϕ6.5	0.724
					1.315	ϕ8	ϕ8	0.788
					1.611	ϕ10	ϕ8	1.152
					1.944	ϕ10	ϕ10	1.260
					2.446	ϕ12	ϕ10	1.723
					3.016	ϕ12	ϕ12	1.859
					3.653	ϕ14	ϕ10	2.289
						ϕ14	ϕ12	2.428
						ϕ14	ϕ14	2.593
						ϕ16	ϕ10	2.966
						ϕ16	ϕ12	3.109
						ϕ16	ϕ14	3.278
						ϕ16	ϕ16	3.473
536	（300）	10ϕ12	1131.0	0.476		ϕ6.5		0.421
		10ϕ14	1539.4	0.648		ϕ8		0.649
		10ϕ16	2010.6	0.847		ϕ10		1.040
		10ϕ18	2544.7	1.071		ϕ12		1.537

序号	截面形式（最大箍筋肢距、纵筋间距/mm）	纵向受力钢筋 ①	As（mm²）	ρ（%）	计入φ12构造纵筋的配筋率 ρ₁（%）	箍筋@100 ②	③	ρᵥ（%）
536	（300）	10φ20	3141.6	1.323		φ14		2.148
		10φ22	3801.3	1.601		φ16		2.882
		10φ25	4908.7	2.067				
		10φ28	6157.5	2.593				
		10φ32	8042.5	3.386				
		10φ36	10179	4.286				
537	（200）	同上			0.667	φ6	φ6	0.423
					0.839	φ6.5	φ6.5	0.500
					1.037	φ8	φ6	0.718
					1.262	φ8	φ6.5	0.730
					1.513	φ8	φ8	0.771
					1.791	φ10	φ8	1.165
					2.257	φ10	φ10	1.235
					2.783	φ12	φ10	1.737
					3.577	φ12	φ12	1.826
					4.476	φ14	φ10	2.354
						φ14	φ12	2.444
						φ14	φ14	2.551
						φ16	φ10	3.093
						φ16	φ12	3.186
						φ16	φ14	3.295
						φ16	φ16	3.422
538	（300）	10φ12	1131.0	0.452		φ6.5		0.416
		10φ14	1539.4	0.616		φ8		0.642
		10φ16	2010.6	0.804		φ10		1.029
		10φ18	2544.7	1.018		φ12		1.520
		10φ20	3141.6	1.257		φ14		2.124
		10φ22	3801.3	1.521		φ16		2.848
		10φ25	4908.7	1.963				
		10φ28	6157.5	2.463				
		10φ32	8042.5	3.217				
		10φ36	10179	4.072				
539	（200）	同上			0.633	φ6	φ6	0.416
					0.797	φ6.5	φ6.5	0.491
					0.985	φ8	φ6	0.707
					1.199	φ8	φ6.5	0.718

序号	截面形式（最大箍筋肢距、纵筋间距/mm）	纵向受力钢筋			计入φ12构造纵筋的配筋率 ρ₁（%）	箍筋@100		
		①	A_s（mm²）	ρ（%）		②	③	ρ_v（%）
539	（200）	同上			1.438	φ8	φ8	0.758
					1.701	φ10	φ8	1.147
					2.144	φ10	φ10	1.214
					2.644	φ12	φ10	1.710
					3.398	φ12	φ12	1.793
					4.252	φ14	φ10	2.318
						φ14	φ12	2.404
						φ14	φ14	2.505
						φ16	φ10	3.048
						φ16	φ12	3.136
						φ16	φ14	3.240
						φ16	φ16	3.359
540	（300）	10φ12	1131.0	0.431		φ6.5		0.412
		10φ14	1539.4	0.586		φ8		0.636
		10φ16	2010.6	0.766		φ10		1.019
		10φ18	2544.7	0.969		φ12		1.505
		10φ20	3141.6	1.197		φ14		2.102
		10φ22	3801.3	1.448		φ16		2.818
		10φ25	4908.7	1.870				
		10φ28	6157.5	2.346				
		10φ32	8042.5	3.064				
		10φ36	10179	3.878				
541	（200）	同上			0.603	φ6	φ6	0.409
					0.759	φ6.5	φ6.5	0.483
					0.938	φ8	φ6	0.698
					1.142	φ8	φ6.5	0.708
					1.369	φ8	φ8	0.745
					1.620	φ10	φ8	1.131
					2.042	φ10	φ10	1.194
					2.518	φ12	φ10	1.685
					3.236	φ12	φ12	1.764
					4.050	φ14	φ10	2.286
						φ14	φ12	2.367
						φ14	φ14	2.463
						φ16	φ10	3.008
						φ16	φ12	3.091
						φ16	φ14	3.190
						φ16	φ16	3.303

序号	截面形式（最大箍筋肢距、纵筋间距/mm）	纵向受力钢筋			计入φ12构造纵筋的配筋率 ρ₁（%）	箍筋@100		
		①	A_s（mm²）	ρ（%）		②	③	ρ_v（%）
542	 （300）	10φ12	1131.0	0.411		φ6.5		0.409
		10φ14	1539.4	0.560		φ8		0.630
		10φ16	2010.6	0.731		φ10		1.010
		10φ18	2544.7	0.925		φ12		1.491
		10φ20	3141.6	1.142		φ14		2.082
		10φ22	3801.3	1.382		φ16		2.791
		10φ25	4908.7	1.785				
		10φ28	6157.5	2.239				
		10φ32	8042.5	2.925				
		10φ36	10179	3.701				
543	 （250）			同上	0.576	φ6	φ6	0.403
					0.724	φ6.5	φ6.5	0.476
					0.896	φ8	φ6	0.689
					1.090	φ8	φ6.5	0.699
					1.307	φ8	φ8	0.735
					1.547	φ10	φ8	1.116
					1.950	φ10	φ10	1.177
					2.404	φ12	φ10	1.662
					3.089	φ12	φ12	1.737
					3.866	φ14	φ10	2.257
						φ14	φ12	2.335
						φ14	φ14	2.426
						φ16	φ10	2.971
						φ16	φ12	3.051
						φ16	φ14	3.144
						φ16	φ16	3.252
544	 （200）			同上	0.658	φ6	φ6	0.432
					0.807	φ6.5	φ6.5	0.510
					0.978	φ8	φ6	0.718
					1.172	φ8	φ6.5	0.734
					1.389	φ8	φ8	0.787
					1.629	φ10	φ8	1.170
					2.032	φ10	φ10	1.260
					2.486	φ12	φ10	1.748
					3.171	φ12	φ12	1.861

序号	截面形式（最大箍筋肢距、纵筋间距/mm）	纵向受力钢筋			计入 $\phi 12$ 构造纵筋的配筋率 ρ_1（%）	箍筋@100		
		①	A_s（mm²）	ρ（%）		②	③	ρ_v（%）
544	（200）	同上			3.948	$\phi 14$	$\phi 10$	2.345
						$\phi 14$	$\phi 12$	2.461
						$\phi 14$	$\phi 14$	2.598
						$\phi 16$	$\phi 10$	3.061
						$\phi 16$	$\phi 12$	3.180
						$\phi 16$	$\phi 14$	3.321
						$\phi 16$	$\phi 16$	3.483
545	（300）	$10\phi 14$	1539.4	0.535		$\phi 6.5$		0.405
		$10\phi 16$	2010.6	0.699		$\phi 8$		0.625
		$10\phi 18$	2544.7	0.885		$\phi 10$		1.001
		$10\phi 20$	3141.6	1.093		$\phi 12$		1.478
		$10\phi 22$	3801.3	1.322		$\phi 14$		2.064
		$10\phi 25$	4908.7	1.707		$\phi 16$		2.766
		$10\phi 28$	6157.5	2.142				
		$10\phi 32$	8042.5	2.797				
		$10\phi 36$	10179	3.540				
546	（200）	同上			0.771	$\phi 6$	$\phi 6$	0.425
					0.935	$\phi 6.5$	$\phi 6.5$	0.502
					1.121	$\phi 8$	$\phi 6$	0.709
					1.329	$\phi 8$	$\phi 6.5$	0.724
					1.558	$\phi 8$	$\phi 8$	0.774
					1.943	$\phi 10$	$\phi 8$	1.154
					2.378	$\phi 10$	$\phi 10$	1.240
					3.033	$\phi 12$	$\phi 10$	1.723
					3.776	$\phi 12$	$\phi 12$	1.831
						$\phi 14$	$\phi 10$	2.315
						$\phi 14$	$\phi 12$	2.426
						$\phi 14$	$\phi 14$	2.556
						$\phi 16$	$\phi 10$	3.024
						$\phi 16$	$\phi 12$	3.138
						$\phi 16$	$\phi 14$	3.272
						$\phi 16$	$\phi 16$	3.426
547	（300）	$10\phi 14$	1539.4	0.513	0.589	$\phi 6.5$	$\phi 6.5$	0.433
		$10\phi 16$	2010.6	0.670	0.746	$\phi 8$	$\phi 6$	0.647
		$10\phi 18$	2544.7	0.848	0.924	$\phi 8$	$\phi 6.5$	0.652
		$10\phi 20$	3141.6	1.047	1.123	$\phi 8$	$\phi 8$	0.668
		$10\phi 22$	3801.3	1.267	1.343	$\phi 10$	$\phi 8$	1.042

序号	截面形式（最大箍筋肢距、纵筋间距/mm）	纵向受力钢筋			计入 $\phi12$ 构造纵筋的配筋率 ρ_1（%）	箍筋@100		
		①	A_s（mm^2）	ρ（%）		②	③	ρ_v（%）
547	300 250 300 350 250 （300）	$10\phi25$	4908.7	1.636	1.712	$\phi10$	$\phi10$	1.070
		$10\phi28$	6157.5	2.053	2.128	$\phi12$	$\phi10$	1.545
		$10\phi32$	8042.5	2.681	2.756	$\phi12$	$\phi12$	1.579
		$10\phi36$	10179	3.393	3.468	$\phi14$	$\phi10$	2.127
		$10\phi40$	12566	4.189	4.264	$\phi14$	$\phi12$	2.163
						$\phi14$	$\phi14$	2.204
						$\phi16$	$\phi10$	2.826
						$\phi16$	$\phi12$	2.862
						$\phi16$	$\phi14$	2.905
						$\phi16$	$\phi16$	2.954
548	300 250 300 350 250 （200）	同上			0.739	$\phi6$	$\phi6$	0.419
					0.896	$\phi6.5$	$\phi6.5$	0.495
					1.074	$\phi8$	$\phi6$	0.701
					1.273	$\phi8$	$\phi6.5$	0.715
					1.493	$\phi8$	$\phi8$	0.763
					1.862	$\phi10$	$\phi8$	1.140
					2.279	$\phi10$	$\phi10$	1.222
					2.907	$\phi12$	$\phi10$	1.701
					3.619	$\phi12$	$\phi12$	1.804
					4.415	$\phi14$	$\phi10$	2.287
						$\phi14$	$\phi12$	2.393
						$\phi14$	$\phi14$	2.518
						$\phi16$	$\phi10$	2.990
						$\phi16$	$\phi12$	3.099
						$\phi16$	$\phi14$	3.227
						$\phi16$	$\phi16$	3.375
549	300 250 300 400 250 （300）	$10\phi14$	1539.4	0.493	0.565	$\phi6.5$	$\phi6.5$	0.429
		$10\phi16$	2010.6	0.643	0.716	$\phi8$	$\phi6$	0.642
		$10\phi18$	2544.7	0.814	0.887	$\phi8$	$\phi6.5$	0.646
		$10\phi20$	3141.6	1.005	1.078	$\phi8$	$\phi8$	0.662
		$10\phi22$	3801.3	1.216	1.289	$\phi10$	$\phi8$	1.033
		$10\phi25$	4908.7	1.571	1.643	$\phi10$	$\phi10$	1.059
		$10\phi28$	6157.5	1.970	2.043	$\phi12$	$\phi10$	1.531
		$10\phi32$	8042.5	2.574	2.646	$\phi12$	$\phi12$	1.564
		$10\phi36$	10179	3.257	3.330	$\phi14$	$\phi10$	2.109

序号	截面形式（最大箍筋肢距、纵筋间距/mm）	纵向受力钢筋 ①	A_s（mm²）	ρ（%）	计入 $\phi12$ 构造纵筋的配筋率 ρ_l（%）	箍筋@100 ②	③	ρ_v（%）
549	（300）	10ϕ40	12566	4.021	4.094	ϕ14	ϕ12	2.143
						ϕ14	ϕ14	2.183
						ϕ16	ϕ10	2.802
						ϕ16	ϕ12	2.836
						ϕ16	ϕ14	2.877
						ϕ16	ϕ16	2.925
550	（200）	10ϕ14	1539.4	0.493	0.710	ϕ6	ϕ6	0.414
		10ϕ16	2010.6	0.643	0.861	ϕ6.5	ϕ6.5	0.488
		10ϕ18	2544.7	0.814	1.031	ϕ8	ϕ6	0.693
		10ϕ20	3141.6	1.005	1.222	ϕ8	ϕ6.5	0.707
		10ϕ22	3801.3	1.216	1.434	ϕ8	ϕ8	0.753
		10ϕ25	4908.7	1.571	1.788	ϕ10	ϕ8	1.127
		10ϕ28	6157.5	1.970	2.188	ϕ10	ϕ10	1.205
		10ϕ32	8042.5	2.574	2.791	ϕ12	ϕ10	1.680
		10ϕ36	10179	3.257	3.474	ϕ12	ϕ12	1.779
		10ϕ40	12566	4.021	4.238	ϕ14	ϕ10	2.262
						ϕ14	ϕ12	2.363
						ϕ14	ϕ14	2.483
						ϕ16	ϕ10	2.959
						ϕ16	ϕ12	3.063
						ϕ16	ϕ14	3.186
						ϕ16	ϕ16	3.327
551	（300）	10ϕ14	1539.4	0.474	0.543	ϕ6.5	ϕ6.5	0.425
		10ϕ16	2010.6	0.619	0.688	ϕ8	ϕ6	0.637
		10ϕ18	2544.7	0.783	0.853	ϕ8	ϕ6.5	0.641
		10ϕ20	3141.6	0.967	1.036	ϕ8	ϕ8	0.656
		10ϕ22	3801.3	1.170	1.239	ϕ10	ϕ8	1.025
		10ϕ25	4908.7	1.510	1.580	ϕ10	ϕ10	1.050
		10ϕ28	6157.5	1.895	1.964	ϕ12	ϕ10	1.518
		10ϕ32	8042.5	2.475	2.544	ϕ12	ϕ12	1.550
		10ϕ36	10179	3.132	3.202	ϕ14	ϕ10	2.092
		10ϕ40	12566	3.867	3.936	ϕ14	ϕ12	2.124
						ϕ14	ϕ14	2.163
						ϕ16	ϕ10	2.780
						ϕ16	ϕ12	2.813
						ϕ16	ϕ14	2.852
						ϕ16	ϕ16	2.897

序号	截面形式（最大箍筋肢距、纵筋间距/mm）	纵向受力钢筋 ①	A_s（mm²）	ρ（%）	计入 φ12 构造纵筋的配筋率 ρ₁（%）	箍筋@100 ②	③	ρ_v（%）
552	300 250 300 / 450 / 250 （225）	同上			0.682	φ6	φ6	0.408
					0.827	φ6.5	φ6.5	0.482
					0.992	φ8	φ6	0.686
					1.175	φ8	φ6.5	0.699
					1.378	φ8	φ8	0.744
					1.719	φ10	φ8	1.114
					2.103	φ10	φ10	1.190
					2.683	φ12	φ10	1.662
					3.341	φ12	φ12	1.756
					4.075	φ14	φ10	2.239
						φ14	φ12	2.336
						φ14	φ14	2.451
						φ16	φ10	2.931
						φ16	φ12	3.030
						φ16	φ14	3.148
						φ16	φ16	3.284
553	300 250 300 / 450 / 250 （200）	同上			0.752	φ6	φ6	0.433
					0.897	φ6.5	φ6.5	0.511
					1.061	φ8	φ6	0.711
					1.245	φ8	φ6.5	0.728
					1.448	φ8	φ8	0.787
					1.789	φ10	φ8	1.159
					2.173	φ10	φ10	1.260
					2.753	φ12	φ10	1.733
					3.410	φ12	φ12	1.860
					4.145	φ14	φ10	2.313
						φ14	φ12	2.442
						φ14	φ14	2.595
						φ16	φ10	3.006
						φ16	φ12	3.139
						φ16	φ14	3.296
						φ16	φ16	3.477
554	300 250 300 / 500 / 250 （300）	10φ14	1539.4	0.456	0.523	φ6.5	φ6.5	0.422
		10φ16	2010.6	0.596	0.663	φ8	φ6	0.632
		10φ18	2544.7	0.754	0.821	φ8	φ6.5	0.636
		10φ20	3141.6	0.931	0.998	φ8	φ8	0.651
		10φ22	3801.3	1.126	1.193	φ10	φ8	1.017
		10φ25	4908.7	1.454	1.521	φ10	φ10	1.041

序号	截面形式（最大箍筋肢距、纵筋间距/mm）	纵向受力钢筋			计入 φ12 构造纵筋的配筋率 ρ₁（%）	箍筋@100		
		①	A_s（mm²）	ρ（%）	ρ₁（%）	②	③	ρ_v（%）
554	300 250 300 / 500 / 250 （300）	10φ28	6157.5	1.824	1.891	φ12	φ10	1.506
		10φ32	8042.5	2.383	2.450	φ12	φ12	1.537
		10φ36	10179	3.016	3.083	φ14	φ10	2.076
		10φ40	12566	3.723	3.790	φ14	φ12	2.107
						φ14	φ14	2.144
						φ16	φ10	2.759
						φ16	φ12	2.791
						φ16	φ14	2.829
						φ16	φ16	2.873
555	300 250 300 / 500 / 250 （250）	同上			0.657	φ6	φ6	0.404
					0.797	φ6.5	φ6.5	0.477
					0.955	φ8	φ6	0.680
					1.132	φ8	φ6.5	0.692
					1.327	φ8	φ8	0.735
					1.656	φ10	φ8	1.103
					2.026	φ10	φ10	1.176
					2.584	φ12	φ10	1.644
					3.217	φ12	φ12	1.735
					3.924	φ14	φ10	2.218
						φ14	φ12	2.311
						φ14	φ14	2.421
						φ16	φ10	2.904
						φ16	φ12	3.000
						φ16	φ14	3.113
						φ16	φ16	3.244
556	300 250 300 / 500 / 250 （200）	同上			0.724	φ6	φ6	0.427
					0.864	φ6.5	φ6.5	0.504
					1.022	φ8	φ6	0.703
					1.199	φ8	φ6.5	0.720
					1.394	φ8	φ8	0.777
					1.723	φ10	φ8	1.146
					2.093	φ10	φ10	1.243
					2.651	φ12	φ10	1.713
					3.284	φ12	φ12	1.835
					3.991	φ14	φ10	2.288

序号	截面形式（最大箍筋肢距、纵筋间距/mm）	纵向受力钢筋			计入φ12构造纵筋的配筋率 ρ₁（%）	箍筋@100		
		①	A_s（mm²）	ρ（%）		②	③	ρ_v（%）
556	300 250 300 / 500 / 250 （200） 同上	同上				φ14	φ12	2.413
						φ14	φ14	2.560
						φ16	φ10	2.977
						φ16	φ12	3.105
						φ16	φ14	3.255
						φ16	φ16	3.429
557	300 250 300 / 550 / 250 （300）	10φ14	1539.4	0.440	0.504	φ6.5	φ6.5	0.419
		10φ16	2010.6	0.574	0.639	φ8	φ6	0.628
		10φ18	2544.7	0.727	0.792	φ8	φ6.5	0.632
		10φ20	3141.6	0.898	0.962	φ8	φ8	0.646
		10φ22	3801.3	1.086	1.151	φ10	φ8	1.010
		10φ25	4908.7	1.402	1.467	φ10	φ10	1.033
		10φ28	6157.5	1.759	1.824	φ12	φ10	1.495
		10φ32	8042.5	2.298	2.362	φ12	φ12	1.525
		10φ36	10179	2.908	2.973	φ14	φ10	2.062
		10φ40	12566	3.590	3.655	φ14	φ12	2.092
						φ14	φ14	2.127
						φ16	φ10	2.741
						φ16	φ12	2.771
						φ16	φ14	2.808
						φ16	φ16	2.849
558	300 250 300 / 550 / 250 （275） 同上	同上			0.634	φ6.5	φ6.5	0.471
					0.768	φ8	φ6	0.674
					0.921	φ8	φ6.5	0.686
					1.091	φ8	φ8	0.727
					1.280	φ10	φ8	1.093
					1.596	φ10	φ10	1.163
					1.953	φ12	φ10	1.628
					2.492	φ12	φ12	1.716
					3.102	φ14	φ10	2.198
					3.784	φ14	φ12	2.288
						φ14	φ14	2.394
						φ16	φ10	2.880
						φ16	φ12	2.972
						φ16	φ14	3.081
						φ16	φ16	3.207

序号	截面形式（最大箍筋肢距、纵筋间距/mm）	纵向受力钢筋			计入 $\phi12$ 构造纵筋的配筋率 ρ_1（%）	箍筋@100		
		①	A_s（mm²）	ρ（%）		②	③	ρ_v（%）
559	（200）	同上			0.698	$\phi6$	$\phi6$	0.422
					0.833	$\phi6.5$	$\phi6.5$	0.498
					0.986	$\phi8$	$\phi6$	0.696
					1.156	$\phi8$	$\phi6.5$	0.712
					1.345	$\phi8$	$\phi8$	0.767
					1.661	$\phi10$	$\phi8$	1.134
					2.018	$\phi10$	$\phi10$	1.228
					2.556	$\phi12$	$\phi10$	1.695
					3.167	$\phi12$	$\phi12$	1.811
					3.849	$\phi14$	$\phi10$	2.266
						$\phi14$	$\phi12$	2.386
						$\phi14$	$\phi14$	2.527
						$\phi16$	$\phi10$	2.950
						$\phi16$	$\phi12$	3.073
						$\phi16$	$\phi14$	3.218
						$\phi16$	$\phi16$	3.385
560	（300）	$10\phi14$	1539.4	0.425	0.487	$\phi6.5$	$\phi6.5$	0.416
		$10\phi16$	2010.6	0.555	0.617	$\phi8$	$\phi6$	0.624
		$10\phi18$	2544.7	0.702	0.764	$\phi8$	$\phi6.5$	0.628
		$10\phi20$	3141.6	0.867	0.929	$\phi8$	$\phi8$	0.641
		$10\phi22$	3801.3	1.049	1.111	$\phi10$	$\phi8$	1.004
		$10\phi25$	4908.7	1.354	1.417	$\phi10$	$\phi10$	1.026
		$10\phi28$	6157.5	1.699	1.761	$\phi12$	$\phi10$	1.485
		$10\phi32$	8042.5	2.219	2.281	$\phi12$	$\phi12$	1.514
		$10\phi36$	10179	2.808	2.870	$\phi14$	$\phi10$	2.049
		$10\phi40$	12566	3.467	3.529	$\phi14$	$\phi12$	2.077
						$\phi14$	$\phi14$	2.111
						$\phi16$	$\phi10$	2.723
						$\phi16$	$\phi12$	2.753
						$\phi16$	$\phi14$	2.788
						$\phi16$	$\phi16$	2.828
561	（200）	同上			0.674	$\phi6$	$\phi6$	0.417
					0.804	$\phi6.5$	$\phi6.5$	0.492
					0.952	$\phi8$	$\phi6$	0.69
					1.116	$\phi8$	$\phi6.5$	0.705
					1.298	$\phi8$	$\phi8$	0.758
					1.604	$\phi10$	$\phi8$	1.123

序号	截面形式（最大箍筋肢距、纵筋间距/mm）	纵向受力钢筋			计入φ12构造纵筋的配筋率 ρ₁（%）	箍筋@100		
		①	A_s（mm²）	ρ（%）		②	③	ρ_v（%）
561	（200） 300 250 300 600 250	同上			1.948	φ10	φ10	1.213
					2.468	φ12	φ10	1.677
					3.058	φ12	φ12	1.790
					3.716	φ14	φ10	2.245
						φ14	φ12	2.361
						φ14	φ14	2.497
						φ16	φ10	2.925
						φ16	φ12	3.043
						φ16	φ14	3.183
						φ16	φ16	3.344
562	（300） 300 250 300 650 250	10φ14	1539.4	0.411	0.531	φ6.5	φ6.5	0.438
		10φ16	2010.6	0.536	0.657	φ8	φ6	0.642
		10φ18	2544.7	0.679	0.799	φ8	φ6.5	0.649
		10φ20	3141.6	0.838	0.958	φ8	φ8	0.675
		10φ22	3801.3	1.014	1.134	φ10	φ8	1.036
		10φ25	4908.7	1.309	1.430	φ10	φ10	1.079
		10φ28	6157.5	1.642	1.763	φ12	φ10	1.538
		10φ32	8042.5	2.145	2.265	φ12	φ12	1.592
		10φ36	10179	2.714	2.835	φ14	φ10	2.099
		10φ40	12566	3.351	3.472	φ14	φ12	2.155
						φ14	φ14	2.221
						φ16	φ10	2.772
						φ16	φ12	2.829
						φ16	φ14	2.896
						φ16	φ16	2.974
563	（220） 300 250 300 650 250	同上			0.652	φ6	φ6	0.412
					0.777	φ6.5	φ6.5	0.487
					0.920	φ8	φ6	0.684
					1.079	φ8	φ6.5	0.699
					1.255	φ8	φ8	0.750
					1.550	φ10	φ8	1.113
					1.883	φ10	φ10	1.200
					2.386	φ12	φ10	1.661
					2.956	φ12	φ12	1.770
					3.592	φ14	φ10	2.226

序号	截面形式（最大箍筋肢距、纵筋间距/mm）	纵向受力钢筋 ①	As（mm²）	ρ（%）	计入φ12构造纵筋的配筋率 ρ₁（%）	箍筋@100 ②	③	ρv（%）
563	（220）	同上				φ14	φ12	2.337
						φ14	φ14	2.469
						φ16	φ10	2.902
						φ16	φ12	3.016
						φ16	φ14	3.151
						φ16	φ16	3.306
564	（200）	同上			0.712	φ6	φ6	0.433
					0.838	φ6.5	φ6.5	0.511
					0.980	φ8	φ6	0.705
					1.139	φ8	φ6.5	0.724
					1.315	φ8	φ8	0.788
					1.611	φ10	φ8	1.152
					1.944	φ10	φ10	1.260
					2.446	φ12	φ10	1.723
					3.016	φ12	φ12	1.859
					3.653	φ14	φ10	2.289
						φ14	φ12	2.428
						φ14	φ14	2.593
						φ16	φ10	2.966
						φ16	φ12	3.109
						φ16	φ14	3.278
						φ16	φ16	3.473
565	（300）	10φ16	2010.6	0.519	0.636	φ6.5	φ6.5	0.434
		10φ18	2544.7	0.657	0.773	φ8	φ6	0.638
		10φ20	3141.6	0.811	0.927	φ8	φ6.5	0.645
		10φ22	3801.3	0.981	1.098	φ8	φ8	0.669
		10φ25	4908.7	1.267	1.384	φ10	φ8	1.029
		10φ28	6157.5	1.589	1.706	φ10	φ10	1.071
		10φ32	8042.5	2.075	2.192	φ12	φ10	1.527
		10φ36	10179	2.627	2.744	φ12	φ12	1.579
		10φ40	12566	3.243	3.360	φ14	φ10	2.086
						φ14	φ12	2.139
						φ14	φ14	2.203
						φ16	φ10	2.754
						φ16	φ12	2.810
						φ16	φ14	2.875
						φ16	φ16	2.950

序号	截面形式（最大箍筋肢距、纵筋间距/mm）	纵向受力钢筋			计入 $\phi 12$ 构造纵筋的配筋率 ρ_l（%）	箍筋@100		
		①	A_s（mm²）	ρ（%）		②	③	ρ_v（%）
566	（235）	同上			0.752	$\phi 6$	$\phi 6$	0.408
					0.890	$\phi 6.5$	$\phi 6.5$	0.482
					1.044	$\phi 8$	$\phi 6$	0.679
					1.214	$\phi 8$	$\phi 6.5$	0.693
					1.500	$\phi 8$	$\phi 8$	0.742
					1.823	$\phi 10$	$\phi 8$	1.103
					2.309	$\phi 10$	$\phi 10$	1.187
					2.860	$\phi 12$	$\phi 10$	1.646
					3.476	$\phi 12$	$\phi 12$	1.751
						$\phi 14$	$\phi 10$	2.208
						$\phi 14$	$\phi 12$	2.316
						$\phi 14$	$\phi 14$	2.443
						$\phi 16$	$\phi 10$	2.880
						$\phi 16$	$\phi 12$	2.990
						$\phi 16$	$\phi 14$	3.121
						$\phi 16$	$\phi 16$	3.271
567	（200）	同上			0.811	$\phi 6$	$\phi 6$	0.428
					0.949	$\phi 6.5$	$\phi 6.5$	0.505
					1.103	$\phi 8$	$\phi 6$	0.699
					1.273	$\phi 8$	$\phi 6.5$	0.717
					1.559	$\phi 8$	$\phi 8$	0.779
					1.881	$\phi 10$	$\phi 8$	1.141
					2.367	$\phi 10$	$\phi 10$	1.246
					2.919	$\phi 12$	$\phi 10$	1.706
					3.535	$\phi 12$	$\phi 12$	1.837
						$\phi 14$	$\phi 10$	2.269
						$\phi 14$	$\phi 12$	2.404
						$\phi 14$	$\phi 14$	2.563
						$\phi 16$	$\phi 10$	2.942
						$\phi 16$	$\phi 12$	3.080
						$\phi 16$	$\phi 14$	3.243
						$\phi 16$	$\phi 16$	3.431

序号	截面形式（最大箍筋肢距、纵筋间距/mm）	纵向受力钢筋			计入 $\phi12$ 构造纵筋的配筋率 ρ_1（%）	箍筋@100		
		①	A_s（mm²）	ρ（%）		②	③	ρ_v（%）
568	（300）	$10\phi16$	2010.6	0.503	0.616	$\phi6.5$	$\phi6.5$	0.431
		$10\phi18$	2544.7	0.636	0.749	$\phi8$	$\phi6$	0.634
		$10\phi20$	3141.6	0.785	0.898	$\phi8$	$\phi6.5$	0.641
		$10\phi22$	3801.3	0.950	1.063	$\phi8$	$\phi8$	0.665
		$10\phi25$	4908.7	1.227	1.340	$\phi10$	$\phi8$	1.022
		$10\phi28$	6157.5	1.539	1.652	$\phi10$	$\phi10$	1.063
		$10\phi32$	8042.5	2.011	2.124	$\phi12$	$\phi10$	1.517
		$10\phi36$	10179	2.545	2.658	$\phi12$	$\phi12$	1.568
		$10\phi40$	12566	3.142	3.255	$\phi14$	$\phi10$	2.073
						$\phi14$	$\phi12$	2.125
						$\phi14$	$\phi14$	2.186
						$\phi16$	$\phi10$	2.738
						$\phi16$	$\phi12$	2.792
						$\phi16$	$\phi14$	2.855
						$\phi16$	$\phi16$	2.927
569	（250）	同上			0.729	$\phi6$	$\phi6$	0.404
					0.862	$\phi6.5$	$\phi6.5$	0.477
					1.012	$\phi8$	$\phi6$	0.673
					1.177	$\phi8$	$\phi6.5$	0.687
					1.453	$\phi8$	$\phi8$	0.735
					1.766	$\phi10$	$\phi8$	1.095
					2.237	$\phi10$	$\phi10$	1.176
					2.771	$\phi12$	$\phi10$	1.632
					3.368	$\phi12$	$\phi12$	1.734
						$\phi14$	$\phi10$	2.191
						$\phi14$	$\phi12$	2.295
						$\phi14$	$\phi14$	2.418
						$\phi16$	$\phi10$	2.859
						$\phi16$	$\phi12$	2.966
						$\phi16$	$\phi14$	3.092
						$\phi16$	$\phi16$	3.238
570	（200）	同上			0.785	$\phi6$	$\phi6$	0.423
					0.919	$\phi6.5$	$\phi6.5$	0.500
					1.068	$\phi8$	$\phi6$	0.693
					1.233	$\phi8$	$\phi6.5$	0.710
					1.510	$\phi8$	$\phi8$	0.770
					1.822	$\phi10$	$\phi8$	1.131
					2.293	$\phi10$	$\phi10$	1.232
					2.827	$\phi12$	$\phi10$	1.690

序号	截面形式（最大箍筋肢距、纵筋间距/mm）	纵向受力钢筋 ①	A_s（mm²）	ρ（%）	计入 $\phi 12$ 构造纵筋的配筋率 ρ_1（%）	箍筋@100 ②	③	ρ_v（%）
570	（200）	同上			3.424	$\phi 12$	$\phi 12$	1.817
						$\phi 14$	$\phi 10$	2.250
						$\phi 14$	$\phi 12$	2.380
						$\phi 14$	$\phi 14$	2.534
						$\phi 16$	$\phi 10$	2.920
						$\phi 16$	$\phi 12$	3.054
						$\phi 16$	$\phi 14$	3.211
						$\phi 16$	$\phi 16$	3.393
571	（200）	$10\phi 12$	1131.0	0.431	0.603	$\phi 6$	$\phi 6$	0.409
		$10\phi 14$	1539.4	0.586	0.759	$\phi 6.5$	$\phi 6.5$	0.483
		$10\phi 16$	2010.6	0.766	0.938	$\phi 8$	$\phi 6$	0.698
		$10\phi 18$	2544.7	0.969	1.142	$\phi 8$	$\phi 6.5$	0.708
		$10\phi 20$	3141.6	1.197	1.369	$\phi 8$	$\phi 8$	0.745
		$10\phi 22$	3801.3	1.448	1.620	$\phi 10$	$\phi 8$	1.131
		$10\phi 25$	4908.7	1.870	2.042	$\phi 10$	$\phi 10$	1.194
		$10\phi 28$	6157.5	2.346	2.518	$\phi 12$	$\phi 10$	1.685
		$10\phi 32$	8042.5	3.064	3.236	$\phi 12$	$\phi 12$	1.764
		$10\phi 36$	10179	3.878	4.050	$\phi 14$	$\phi 10$	2.286
						$\phi 14$	$\phi 12$	2.367
						$\phi 14$	$\phi 14$	2.463
						$\phi 16$	$\phi 10$	3.008
						$\phi 16$	$\phi 12$	3.091
						$\phi 16$	$\phi 14$	3.190
						$\phi 16$	$\phi 16$	3.303
572	（200）	$10\phi 12$	1131.0	0.411	0.576	$\phi 6$	$\phi 6$	0.403
		$10\phi 14$	1539.4	0.56	0.724	$\phi 6.5$	$\phi 6.5$	0.476
		$10\phi 16$	2010.6	0.731	0.896	$\phi 8$	$\phi 6$	0.689
		$10\phi 18$	2544.7	0.925	1.090	$\phi 8$	$\phi 6.5$	0.699
		$10\phi 20$	3141.6	1.142	1.307	$\phi 8$	$\phi 8$	0.735
		$10\phi 22$	3801.3	1.382	1.547	$\phi 10$	$\phi 8$	1.116
		$10\phi 25$	4908.7	1.785	1.950	$\phi 10$	$\phi 10$	1.177
		$10\phi 28$	6157.5	2.239	2.404	$\phi 12$	$\phi 10$	1.662
		$10\phi 32$	8042.5	2.925	3.089	$\phi 12$	$\phi 12$	1.737
		$10\phi 36$	10179	3.701	3.866	$\phi 14$	$\phi 10$	2.257
						$\phi 14$	$\phi 12$	2.335

序号	截面形式（最大箍筋肢距、纵筋间距/mm）	纵向受力钢筋			计入φ12构造纵筋的配筋率 ρ₁（%）	箍筋@100		
		①	A_s（mm²）	ρ（%）	ρ_1（%）	②	③	ρ_v（%）
572	350 250 350 / 150 250（200）					φ14	φ14	2.426
						φ16	φ10	2.971
						φ16	φ12	3.051
						φ16	φ14	3.144
						φ16	φ16	3.252
573	350 250 350 / 200 250（200）	10φ14	1539.4	0.535	0.693	φ6.5	φ6.5	0.470
		10φ16	2010.6	0.699	0.857	φ8	φ6	0.681
		10φ18	2544.7	0.885	1.042	φ8	φ6.5	0.691
		10φ20	3141.6	1.093	1.250	φ8	φ8	0.725
		10φ22	3801.3	1.322	1.480	φ10	φ8	1.103
		10φ25	4908.7	1.707	1.865	φ10	φ10	1.160
		10φ28	6157.5	2.142	2.299	φ12	φ10	1.641
		10φ32	8042.5	2.797	2.955	φ12	φ12	1.713
		10φ36	10179	3.540	3.698	φ14	φ10	2.231
						φ14	φ12	2.305
						φ14	φ14	2.392
						φ16	φ10	2.938
						φ16	φ12	3.014
						φ16	φ14	3.103
						φ16	φ16	3.206
574	350 250 350 / 250 250（250）	10φ14	1539.4	0.513	0.664	φ6.5	φ6.5	0.464
		10φ16	2010.6	0.670	0.821	φ8	φ6	0.674
		10φ18	2544.7	0.848	0.999	φ8	φ6.5	0.683
		10φ20	3141.6	1.047	1.198	φ8	φ8	0.716
		10φ22	3801.3	1.267	1.418	φ10	φ8	1.091
		10φ25	4908.7	1.636	1.787	φ10	φ10	1.146
		10φ28	6157.5	2.053	2.203	φ12	φ10	1.623
		10φ32	8042.5	2.681	2.832	φ12	φ12	1.691
		10φ36	10179	3.393	3.544	φ14	φ10	2.207
		10φ40	12566	4.189	4.340	φ14	φ12	2.278
						φ14	φ14	2.361
						φ16	φ10	2.908
						φ16	φ12	2.980
						φ16	φ14	3.066
						φ16	φ16	3.164

序号	截面形式（最大箍筋肢距、纵筋间距/mm）	纵向受力钢筋			计入φ12构造纵筋的配筋率 ρₗ（%）	箍筋@100		
		①	A_s（mm²）	ρ（%）		②	③	ρ_v（%）
575	350 250 350 250 250 250 （200）	同上			0.739	φ6	φ6	0.419
					0.896	φ6.5	φ6.5	0.495
					1.074	φ8	φ6	0.701
					1.273	φ8	φ6.5	0.715
					1.493	φ8	φ8	0.763
					1.862	φ10	φ8	1.140
					2.279	φ10	φ10	1.222
					2.907	φ12	φ10	1.701
					3.619	φ12	φ12	1.804
					4.415	φ14	φ10	2.287
						φ14	φ12	2.393
						φ14	φ14	2.518
						φ16	φ10	2.990
						φ16	φ12	3.099
						φ16	φ14	3.227
						φ16	φ16	3.375
576	350 250 350 300 250 （300）	10φ14	1539.4	0.493	0.637	φ6.5	φ6.5	0.459
		10φ16	2010.6	0.643	0.788	φ8	φ6	0.668
		10φ18	2544.7	0.814	0.959	φ8	φ6.5	0.676
		10φ20	3141.6	1.005	1.150	φ8	φ8	0.707
		10φ22	3801.3	1.216	1.361	φ10	φ8	1.080
		10φ25	4908.7	1.571	1.716	φ10	φ10	1.132
		10φ28	6157.5	1.970	2.115	φ12	φ10	1.606
		10φ32	8042.5	2.574	2.718	φ12	φ12	1.671
		10φ36	10179	3.257	3.402	φ14	φ10	2.186
		10φ40	12566	4.021	4.166	φ14	φ12	2.253
						φ14	φ14	2.333
						φ16	φ10	2.881
						φ16	φ12	2.950
						φ16	φ14	3.032
						φ16	φ16	3.126
577	350 250 350 300 250 （200）	同上			0.710	φ6	φ6	0.414
					0.861	φ6.5	φ6.5	0.488
					1.031	φ8	φ6	0.693
					1.222	φ8	φ6.5	0.707
					1.434	φ8	φ8	0.753

序号	截面形式（最大箍筋肢距、纵筋间距/mm）	纵向受力钢筋			计入φ12构造纵筋的配筋率 ρ₁（%）	箍筋@100		
		①	As（mm²）	ρ（%）		②	③	ρᵥ（%）
577	（200）	同上			1.788	φ10	φ8	1.127
					2.188	φ10	φ10	1.205
					2.791	φ12	φ10	1.680
					3.474	φ12	φ12	1.779
					4.238	φ14	φ10	2.262
						φ14	φ12	2.363
						φ14	φ14	2.483
						φ16	φ10	2.959
						φ16	φ12	3.063
						φ16	φ14	3.186
						φ16	φ16	3.327
578	（200）	10φ14	1539.4	0.474	0.682	φ6	φ6	0.408
		10φ16	2010.6	0.619	0.827	φ6.5	φ6.5	0.482
		10φ18	2544.7	0.783	0.992	φ8	φ6	0.686
		10φ20	3141.6	0.967	1.175	φ8	φ6.5	0.699
		10φ22	3801.3	1.170	1.378	φ8	φ8	0.744
		10φ25	4908.7	1.510	1.719	φ10	φ8	1.114
		10φ28	6157.5	1.895	2.103	φ10	φ10	1.190
		10φ32	8042.5	2.475	2.683	φ12	φ10	1.662
		10φ36	10179	3.132	3.341	φ12	φ12	1.756
		10φ40	12566	3.867	4.075	φ14	φ10	2.239
						φ14	φ12	2.336
						φ14	φ14	2.451
						φ16	φ10	2.931
						φ16	φ12	3.030
						φ16	φ14	3.148
						φ16	φ16	3.284
579	（200）	10φ14	1539.4	0.456	0.657	φ6	φ6	0.404
		10φ16	2010.6	0.596	0.797	φ6.5	φ6.5	0.477
		10φ18	2544.7	0.754	0.955	φ8	φ6	0.680
		10φ20	3141.6	0.931	1.132	φ8	φ6.5	0.692
		10φ22	3801.3	1.126	1.327	φ8	φ8	0.735
		10φ25	4908.7	1.454	1.656	φ10	φ8	1.103
		10φ28	6157.5	1.824	2.026	φ10	φ10	1.176
		10φ32	8042.5	2.383	2.584	φ12	φ10	1.644

序号	截面形式（最大箍筋肢距、纵筋间距/mm）	纵向受力钢筋			计入φ12构造纵筋的配筋率 ρ₁（%）	箍筋@100		
		①	Aₛ（mm²）	ρ（%）		②	③	ρᵥ（%）
579	350 250 350 / 400 / 250 （200）	10φ36	10179	3.016	3.217	φ12	φ12	1.735
		10φ40	12566	3.723	3.924	φ14	φ10	2.218
						φ14	φ12	2.311
						φ14	φ14	2.421
						φ16	φ10	2.904
						φ16	φ12	3.000
						φ16	φ14	3.113
						φ16	φ16	3.244
580	350 250 350 / 450 / 250 （225）	10φ14	1539.4	0.440	0.634	φ6.5	φ6.5	0.471
		10φ16	2010.6	0.574	0.768	φ8	φ6	0.674
		10φ18	2544.7	0.727	0.921	φ8	φ6.5	0.686
		10φ20	3141.6	0.898	1.091	φ8	φ8	0.727
		10φ22	3801.3	1.086	1.280	φ10	φ8	1.093
		10φ25	4908.7	1.402	1.596	φ10	φ10	1.163
		10φ28	6157.5	1.759	1.953	φ12	φ10	1.628
		10φ32	8042.5	2.298	2.492	φ12	φ12	1.716
		10φ36	10179	2.908	3.102	φ14	φ10	2.198
		10φ40	12566	3.590	3.784	φ14	φ12	2.288
						φ14	φ14	2.394
						φ16	φ10	2.880
						φ16	φ12	2.972
						φ16	φ14	3.081
						φ16	φ16	3.207
581	350 250 350 / 450 / 250 （200）	同上			0.698	φ6	φ6	0.422
					0.833	φ6.5	φ6.5	0.498
					0.986	φ8	φ6	0.696
					1.156	φ8	φ6.5	0.712
					1.345	φ8	φ8	0.767
					1.661	φ10	φ8	1.134
					2.018	φ10	φ10	1.228
					2.556	φ12	φ10	1.695
					3.167	φ12	φ12	1.811
					3.849	φ14	φ10	2.266
						φ14	φ12	2.386
						φ14	φ14	2.527

序号	截面形式（最大箍筋肢距、纵筋间距/mm）	纵向受力钢筋			计入φ12构造纵筋的配筋率 ρ₁（%）	箍筋@100		
		①	A_s（mm²）	ρ（%）	ρ_1（%）	②	③	ρ_v（%）
581	（200）	同上				$\phi16$	$\phi10$	2.950
						$\phi16$	$\phi12$	3.073
						$\phi16$	$\phi14$	3.218
						$\phi16$	$\phi16$	3.385
582	（250）	$10\phi14$	1539.4	0.425	0.612	$\phi6.5$	$\phi6.5$	0.467
		$10\phi16$	2010.6	0.555	0.742	$\phi8$	$\phi6$	0.668
		$10\phi18$	2544.7	0.702	0.889	$\phi8$	$\phi6.5$	0.680
		$10\phi20$	3141.6	0.867	1.054	$\phi8$	$\phi8$	0.719
		$10\phi22$	3801.3	1.049	1.236	$\phi10$	$\phi8$	1.083
		$10\phi25$	4908.7	1.354	1.541	$\phi10$	$\phi10$	1.151
		$10\phi28$	6157.5	1.699	1.886	$\phi12$	$\phi10$	1.613
		$10\phi32$	8042.5	2.219	2.406	$\phi12$	$\phi12$	1.698
		$10\phi36$	10179	2.808	2.995	$\phi14$	$\phi10$	2.180
		$10\phi40$	12566	3.467	3.654	$\phi14$	$\phi12$	2.266
						$\phi14$	$\phi14$	2.369
						$\phi16$	$\phi10$	2.858
						$\phi16$	$\phi12$	2.946
						$\phi16$	$\phi14$	3.051
						$\phi16$	$\phi16$	3.172
583	（200）	同上			0.674	$\phi6$	$\phi6$	0.417
					0.804	$\phi6.5$	$\phi6.5$	0.492
					0.952	$\phi8$	$\phi6$	0.690
					1.116	$\phi8$	$\phi6.5$	0.705
					1.298	$\phi8$	$\phi8$	0.758
					1.604	$\phi10$	$\phi8$	1.123
					1.948	$\phi10$	$\phi10$	1.213
					2.468	$\phi12$	$\phi10$	1.677
					3.058	$\phi12$	$\phi12$	1.790
					3.716	$\phi14$	$\phi10$	2.245
						$\phi14$	$\phi12$	2.361
						$\phi14$	$\phi14$	2.497
						$\phi16$	$\phi10$	2.925
						$\phi16$	$\phi12$	3.043
						$\phi16$	$\phi14$	3.183
						$\phi16$	$\phi16$	3.344

序号	截面形式（最大箍筋肢距、纵筋间距/mm）	纵向受力钢筋			计入φ12构造纵筋的配筋率 ρ1（%）	箍筋@100		
		①	As（mm²）	ρ（%）		②	③	ρv（%）
584	（图） （275）	10φ14	1539.4	0.411	0.591	φ6.5	φ6.5	0.462
		10φ16	2010.6	0.536	0.717	φ8	φ6	0.663
		10φ18	2544.7	0.679	0.860	φ8	φ6.5	0.674
		10φ20	3141.6	0.838	1.019	φ8	φ8	0.712
		10φ22	3801.3	1.014	1.195	φ10	φ8	1.075
		10φ25	4908.7	1.309	1.490	φ10	φ10	1.140
		10φ28	6157.5	1.642	1.823	φ12	φ10	1.600
		10φ32	8042.5	2.145	2.326	φ12	φ12	1.681
		10φ36	10179	2.714	2.895	φ14	φ10	2.163
		10φ40	12566	3.351	3.532	φ14	φ12	2.246
						φ14	φ14	2.345
						φ16	φ10	2.837
						φ16	φ12	2.922
						φ16	φ14	3.024
						φ16	φ16	3.140
585	（图） （200）	同上			0.652	φ6	φ6	0.412
					0.777	φ6.5	φ6.5	0.487
					0.920	φ8	φ6	0.684
					1.079	φ8	φ6.5	0.699
					1.255	φ8	φ8	0.750
					1.550	φ10	φ8	1.113
					1.883	φ10	φ10	1.200
					2.386	φ12	φ10	1.661
					2.956	φ12	φ12	1.770
					3.592	φ14	φ10	2.226
						φ14	φ12	2.337
						φ14	φ14	2.469
						φ16	φ10	2.902
						φ16	φ12	3.016
						φ16	φ14	3.151
						φ16	φ16	3.306
586	（图） （300）	10φ16	2010.6	0.519	0.694	φ6.5	φ6.5	0.458
		10φ18	2544.7	0.657	0.832	φ8	φ6	0.658
		10φ20	3141.6	0.811	0.986	φ8	φ6.5	0.669
		10φ22	3801.3	0.981	1.156	φ8	φ8	0.706
		10φ25	4908.7	1.267	1.442	φ10	φ8	1.066
		10φ28	6157.5	1.589	1.764	φ10	φ10	1.129
		10φ32	8042.5	2.075	2.251	φ12	φ10	1.587

序号	截面形式（最大箍筋肢距、纵筋间距/mm）	纵向受力钢筋			计入φ12构造纵筋的配筋率 ρ₁（%）	箍筋@100		
		①	A_s（mm²）	ρ（%）	ρ_1（%）	②	③	ρ_v（%）
586	 350 250 350 600 250 （300）	10φ36	10179	2.627	2.802	φ12	φ12	1.665
		10φ40	12566	3.243	3.418	φ14	φ10	2.147
						φ14	φ12	2.227
						φ14	φ14	2.323
						φ16	φ10	2.817
						φ16	φ12	2.900
						φ16	φ14	2.998
						φ16	φ16	3.110
587	 350 250 350 600 250 （200）	同上			0.752	φ6	φ6	0.408
					0.890	φ6.5	φ6.5	0.482
					1.044	φ8	φ6	0.679
					1.214	φ8	φ6.5	0.693
					1.500	φ8	φ8	0.742
					1.823	φ10	φ8	1.103
					2.309	φ10	φ10	1.187
					2.860	φ12	φ10	1.646
					3.476	φ12	φ12	1.751
						φ14	φ10	2.208
						φ14	φ12	2.316
						φ14	φ14	2.443
						φ16	φ10	2.880
						φ16	φ12	2.990
						φ16	φ14	3.121
						φ16	φ16	3.271
588	 350 250 350 650 250 （220）	10φ16	2010.6	0.503	0.729	φ6	φ6	0.404
		10φ18	2544.7	0.636	0.862	φ6.5	φ6.5	0.477
		10φ20	3141.6	0.785	1.012	φ8	φ6	0.673
		10φ22	3801.3	0.950	1.177	φ8	φ6.5	0.687
		10φ25	4908.7	1.227	1.453	φ8	φ8	0.735
		10φ28	6157.5	1.539	1.766	φ10	φ8	1.095
		10φ32	8042.5	2.011	2.237	φ10	φ10	1.176
		10φ36	10179	2.545	2.771	φ12	φ10	1.632
		10φ40	12566	3.142	3.368	φ12	φ12	1.734
						φ14	φ10	2.191
						φ14	φ12	2.295

序号	截面形式（最大箍筋肢距、纵筋间距/mm）	纵向受力钢筋 ①	A_s(mm²)	ρ（%）	计入 φ12 构造纵筋的配筋率 ρ_1（%）	箍筋@100 ②	③	ρ_v（%）
588	（220）					φ14	φ14	2.418
						φ16	φ10	2.859
						φ16	φ12	2.966
						φ16	φ14	3.092
						φ16	φ16	3.238
589	（200）	同上			0.785	φ6	φ6	0.423
					0.919	φ6.5	φ6.5	0.500
					1.068	φ8	φ6	0.693
					1.233	φ8	φ6.5	0.710
					1.510	φ8	φ8	0.770
					1.822	φ10	φ8	1.131
					2.293	φ10	φ10	1.232
					2.827	φ12	φ10	1.690
					3.424	φ12	φ12	1.817
						φ14	φ10	2.250
						φ14	φ12	2.380
						φ14	φ14	2.534
						φ16	φ10	2.920
						φ16	φ12	3.054
						φ16	φ14	3.211
						φ16	φ16	3.393
590	（235）	10φ16	2010.6	0.487	0.707	φ6	φ6	0.400
		10φ18	2544.7	0.617	0.836	φ6.5	φ6.5	0.473
		10φ20	3141.6	0.762	0.981	φ8	φ6	0.668
		10φ22	3801.3	0.922	1.141	φ8	φ6.5	0.682
		10φ25	4908.7	1.190	1.409	φ8	φ8	0.728
		10φ28	6157.5	1.493	1.712	φ10	φ8	1.086
		10φ32	8042.5	1.950	2.169	φ10	φ10	1.165
		10φ36	10179	2.468	2.687	φ12	φ10	1.619
		10φ40	12566	3.046	3.266	φ12	φ12	1.718
						φ14	φ10	2.175
						φ14	φ12	2.276
						φ14	φ14	2.395
						φ16	φ10	2.840
						φ16	φ12	2.944
						φ16	φ14	3.066
						φ16	φ16	3.207

序号	截面形式（最大箍筋肢距、纵筋间距/mm）	纵向受力钢筋 ①	As(mm²)	ρ(%)	计入φ12构造纵筋的配筋率 ρ₁(%)	箍筋@100 ②	③	ρ$_v$(%)
591	350 250 350 / 700 / 250 （200）	同上			0.762	φ6	φ6	0.419
					0.891	φ6.5	φ6.5	0.495
					1.036	φ8	φ6	0.688
					1.196	φ8	φ6.5	0.704
					1.464	φ8	φ8	0.762
					1.767	φ10	φ8	1.121
					2.224	φ10	φ10	1.219
					2.742	φ12	φ10	1.675
					3.321	φ12	φ12	1.798
						φ14	φ10	2.233
						φ14	φ12	2.359
						φ14	φ14	2.507
						φ16	φ10	2.899
						φ16	φ12	3.028
						φ16	φ14	3.181
						φ16	φ16	3.357
592	350 250 350 / 750 / 250 （250）	10φ16	2010.6	0.473	0.686	φ6.5	φ6.5	0.468
		10φ18	2544.7	0.599	0.812	φ8	φ6	0.664
		10φ20	3141.6	0.739	0.952	φ8	φ6.5	0.677
		10φ22	3801.3	0.894	1.107	φ8	φ8	0.722
		10φ25	4908.7	1.155	1.368	φ10	φ8	1.078
		10φ28	6157.5	1.449	1.662	φ10	φ10	1.154
		10φ32	8042.5	1.892	2.105	φ12	φ10	1.607
		10φ36	10179	2.395	2.608	φ12	φ12	1.702
		10φ40	12566	2.957	3.170	φ14	φ10	2.160
						φ14	φ12	2.258
						φ14	φ14	2.374
						φ16	φ10	2.823
						φ16	φ12	2.923
						φ16	φ14	3.041
						φ16	φ16	3.178
593	350 250 350 / 750 / 250 （200）	同上			0.739	φ6	φ6	0.415
					0.865	φ6.5	φ6.5	0.490
					1.005	φ8	φ6	0.683
					1.161	φ8	φ6.5	0.699
					1.421	φ8	φ8	0.755
					1.715	φ10	φ8	1.112
					2.158	φ10	φ10	1.207
					2.661	φ12	φ10	1.661

序号	截面形式（最大箍筋肢距、纵筋间距/mm）	纵向受力钢筋			计入ϕ12构造纵筋的配筋率 ρ_1（%）	箍筋@100		
		①	A_s（mm²）	ρ（%）		②	③	ρ_v（%）
593	350 250 350 / 750 / 250 （200）	同上			3.223	ϕ12	ϕ12	1.780
						ϕ14	ϕ10	2.216
						ϕ14	ϕ12	2.338
						ϕ14	ϕ14	2.483
						ϕ16	ϕ10	2.880
						ϕ16	ϕ12	3.005
						ϕ16	ϕ14	3.153
						ϕ16	ϕ16	3.323
594	375 250 375 / 250 （200）	10ϕ12	1131.0	0.411	0.576	ϕ6	ϕ6	0.403
		10ϕ14	1539.4	0.560	0.724	ϕ6.5	ϕ6.5	0.476
		10ϕ16	2010.6	0.731	0.896	ϕ8	ϕ6	0.689
		10ϕ18	2544.7	0.925	1.090	ϕ8	ϕ6.5	0.699
		10ϕ20	3141.6	1.142	1.307	ϕ8	ϕ8	0.735
		10ϕ22	3801.3	1.382	1.547	ϕ10	ϕ8	1.116
		10ϕ25	4908.7	1.785	1.950	ϕ10	ϕ10	1.177
		10ϕ28	6157.5	2.239	2.404	ϕ12	ϕ10	1.662
		10ϕ32	8042.5	2.925	3.089	ϕ12	ϕ12	1.737
		10ϕ36	10179	3.701	3.866	ϕ14	ϕ10	2.257
						ϕ14	ϕ12	2.335
						ϕ14	ϕ14	2.426
						ϕ16	ϕ10	2.971
						ϕ16	ϕ12	3.051
						ϕ16	ϕ14	3.144
						ϕ16	ϕ16	3.252
595	375 250 375 / 150 / 250 （200）	10ϕ14	1539.4	0.535	0.693	ϕ6.5	ϕ6.5	0.470
		10ϕ16	2010.6	0.699	0.857	ϕ8	ϕ6	0.681
		10ϕ18	2544.7	0.885	1.042	ϕ8	ϕ6.5	0.691
		10ϕ20	3141.6	1.093	1.250	ϕ8	ϕ8	0.725
		10ϕ22	3801.3	1.322	1.480	ϕ10	ϕ8	1.103
		10ϕ25	4908.7	1.707	1.865	ϕ10	ϕ10	1.160
		10ϕ28	6157.5	2.142	2.299	ϕ12	ϕ10	1.641
		10ϕ32	8042.5	2.797	2.955	ϕ12	ϕ12	1.713
		10ϕ36	10179	3.540	3.698	ϕ14	ϕ10	2.231
						ϕ14	ϕ12	2.305
						ϕ14	ϕ14	2.392

序号	截面形式（最大箍筋肢距、纵筋间距/mm）	纵向受力钢筋			计入φ12构造纵筋的配筋率 ρ₁(%)	箍筋@100		
		①	A$_s$(mm²)	ρ(%)	ρ₁(%)	②	③	ρ$_v$(%)
595	375 250 375 / 150 250 （200）					φ16	φ10	2.938
						φ16	φ12	3.014
						φ16	φ14	3.103
						φ16	φ16	3.206
596	375 250 375 / 200 250 （200）	10φ14	1539.4	0.513	0.664	φ6.5	φ6.5	0.464
		10φ16	2010.6	0.670	0.821	φ8	φ6	0.674
		10φ18	2544.7	0.848	0.999	φ8	φ6.5	0.683
		10φ20	3141.6	1.047	1.198	φ8	φ8	0.716
		10φ22	3801.3	1.267	1.418	φ10	φ8	1.091
		10φ25	4908.7	1.636	1.787	φ10	φ10	1.146
		10φ28	6157.5	2.053	2.203	φ12	φ10	1.623
		10φ32	8042.5	2.681	2.832	φ12	φ12	1.691
		10φ36	10179	3.393	3.544	φ14	φ10	2.207
		10φ40	12566	4.189	4.340	φ14	φ12	2.278
						φ14	φ14	2.361
						φ16	φ10	2.908
						φ16	φ12	2.980
						φ16	φ14	3.066
						φ16	φ16	3.164
597	375 250 375 / 250 250 （250）	10φ14	1539.4	0.493	0.637	φ6.5	φ6.5	0.459
		10φ16	2010.6	0.643	0.788	φ8	φ6	0.668
		10φ18	2544.7	0.814	0.959	φ8	φ6.5	0.676
		10φ20	3141.6	1.005	1.150	φ8	φ8	0.707
		10φ22	3801.3	1.216	1.361	φ10	φ8	1.080
		10φ25	4908.7	1.571	1.716	φ10	φ10	1.132
		10φ28	6157.5	1.970	2.115	φ12	φ10	1.606
		10φ32	8042.5	2.574	2.718	φ12	φ12	1.671
		10φ36	10179	3.257	3.402	φ14	φ10	2.186
		10φ40	12566	4.021	4.166	φ14	φ12	2.253
						φ14	φ14	2.333
						φ16	φ10	2.881
						φ16	φ12	2.950
						φ16	φ14	3.032
						φ16	φ16	3.126

序号	截面形式（最大箍筋肢距、纵筋间距/mm）	纵向受力钢筋			计入 $\phi 12$ 构造纵筋的配筋率 ρ_1（%）	箍筋@100		
		①	A_s（mm²）	ρ（%）		②	③	ρ_v（%）
598	 375 250 375 250 250 （200）	同上			0.710	$\phi 6$	$\phi 6$	0.414
					0.861	$\phi 6.5$	$\phi 6.5$	0.488
					1.031	$\phi 8$	$\phi 6$	0.693
					1.222	$\phi 8$	$\phi 6.5$	0.707
					1.434	$\phi 8$	$\phi 8$	0.753
					1.788	$\phi 10$	$\phi 8$	1.127
					2.188	$\phi 10$	$\phi 10$	1.205
					2.791	$\phi 12$	$\phi 10$	1.680
					3.474	$\phi 12$	$\phi 12$	1.779
					4.238	$\phi 14$	$\phi 10$	2.262
						$\phi 14$	$\phi 12$	2.363
						$\phi 14$	$\phi 14$	2.483
						$\phi 16$	$\phi 10$	2.959
						$\phi 16$	$\phi 12$	3.063
						$\phi 16$	$\phi 14$	3.186
						$\phi 16$	$\phi 16$	3.327
599	 375 250 375 300 250 （300）	$10\phi 14$	1539.4	0.474	0.613	$\phi 6$	$\phi 6$	0.454
		$10\phi 16$	2010.6	0.619	0.758	$\phi 6.5$	$\phi 6.5$	0.662
		$10\phi 18$	2544.7	0.783	0.922	$\phi 8$	$\phi 6$	0.670
		$10\phi 20$	3141.6	0.967	1.106	$\phi 8$	$\phi 6.5$	0.700
		$10\phi 22$	3801.3	1.170	1.309	$\phi 8$	$\phi 8$	1.070
		$10\phi 25$	4908.7	1.510	1.650	$\phi 10$	$\phi 8$	1.120
		$10\phi 28$	6157.5	1.895	2.034	$\phi 10$	$\phi 10$	1.590
		$10\phi 32$	8042.5	2.475	2.614	$\phi 12$	$\phi 10$	1.653
		$10\phi 36$	10179	3.132	3.271	$\phi 12$	$\phi 12$	2.166
		$10\phi 40$	12566	3.867	4.006	$\phi 14$	$\phi 10$	2.230
						$\phi 14$	$\phi 12$	2.307
						$\phi 14$	$\phi 14$	2.855
						$\phi 16$	$\phi 10$	2.922
						$\phi 16$	$\phi 12$	3.000
						$\phi 16$	$\phi 14$	3.091
600	 375 250 375 300 250 （200）	同上			0.682	$\phi 6$	$\phi 6$	0.408
					0.827	$\phi 6.5$	$\phi 6.5$	0.482
					0.992	$\phi 8$	$\phi 6$	0.686
					1.175	$\phi 8$	$\phi 6.5$	0.699
					1.378	$\phi 8$	$\phi 8$	0.744

序号	截面形式（最大箍筋肢距、纵筋间距/mm）	纵向受力钢筋			计入ϕ12构造纵筋的配筋率 ρ_1（%）	箍筋@100、		
		①	A_s（mm²）	ρ（%）		②	③	ρ_v（%）
600	375 250 375 / 300 / 250 （200）	同上			1.719	ϕ10	ϕ8	1.114
					2.103	ϕ10	ϕ10	1.190
					2.683	ϕ12	ϕ10	1.662
					3.341	ϕ12	ϕ12	1.756
					4.075	ϕ14	ϕ10	2.239
						ϕ14	ϕ12	2.336
						ϕ14	ϕ14	2.451
						ϕ16	ϕ10	2.931
						ϕ16	ϕ12	3.030
						ϕ16	ϕ14	3.148
						ϕ16	ϕ16	3.284
601	375 250 375 / 350 / 250 （200）	10ϕ14	1539.4	0.456	0.657	ϕ6	ϕ6	0.404
		10ϕ16	2010.6	0.596	0.797	ϕ6.5	ϕ6.5	0.477
		10ϕ18	2544.7	0.754	0.955	ϕ8	ϕ6	0.680
		10ϕ20	3141.6	0.931	1.132	ϕ8	ϕ6.5	0.692
		10ϕ22	3801.3	1.126	1.327	ϕ8	ϕ8	0.735
		10ϕ25	4908.7	1.454	1.656	ϕ10	ϕ8	1.103
		10ϕ28	6157.5	1.824	2.026	ϕ10	ϕ10	1.176
		10ϕ32	8042.5	2.383	2.584	ϕ12	ϕ10	1.644
		10ϕ36	10179	3.016	3.217	ϕ12	ϕ12	1.735
		10ϕ40	12566	3.723	3.924	ϕ14	ϕ10	2.218
						ϕ14	ϕ12	2.311
						ϕ14	ϕ14	2.421
						ϕ16	ϕ10	2.904
						ϕ16	ϕ12	3.000
						ϕ16	ϕ14	3.113
						ϕ16	ϕ16	3.244
602	375 250 375 / 400 / 250 （200）	10ϕ14	1539.4	0.440	0.634	ϕ6.5	ϕ6.5	0.471
		10ϕ16	2010.6	0.574	0.768	ϕ8	ϕ6	0.674
		10ϕ18	2544.7	0.727	0.921	ϕ8	ϕ6.5	0.686
		10ϕ20	3141.6	0.898	1.091	ϕ8	ϕ8	0.727
		10ϕ22	3801.3	1.086	1.280	ϕ10	ϕ8	1.093
		10ϕ25	4908.7	1.402	1.596	ϕ10	ϕ10	1.163
		10ϕ28	6157.5	1.759	1.953	ϕ12	ϕ10	1.628
		10ϕ32	8042.5	2.298	2.492	ϕ12	ϕ12	1.716

序号	截面形式（最大箍筋肢距、纵筋间距/mm）	纵向受力钢筋			计入φ12构造纵筋的配筋率 ρ1（%）	箍筋@100		
		①	As（mm²）	ρ（%）		②	③	ρv（%）
602	（200）	10φ36	10179	2.908	3.102	φ14	φ10	2.198
		10φ40	12566	3.590	3.784	φ14	φ12	2.288
						φ14	φ14	2.394
						φ16	φ10	2.880
						φ16	φ12	2.972
						φ16	φ14	3.081
						φ16	φ16	3.207
603	（225）	10φ14	1539.4	0.425	0.612	φ6.5	φ6.5	0.467
		10φ16	2010.6	0.555	0.742	φ8	φ6	0.668
		10φ18	2544.7	0.702	0.889	φ8	φ6.5	0.680
		10φ20	3141.6	0.867	1.054	φ8	φ8	0.719
		10φ22	3801.3	1.049	1.236	φ10	φ8	1.083
		10φ25	4908.7	1.354	1.541	φ10	φ10	1.151
		10φ28	6157.5	1.699	1.886	φ12	φ10	1.613
		10φ32	8042.5	2.219	2.406	φ12	φ12	1.698
		10φ36	10179	2.808	2.995	φ14	φ10	2.180
		10φ40	12566	3.467	3.654	φ14	φ12	2.266
						φ14	φ14	2.369
						φ16	φ10	2.858
						φ16	φ12	2.946
						φ16	φ14	3.051
						φ16	φ16	3.172
604	（200）	同上			0.674	φ6	φ6	0.417
					0.804	φ6.5	φ6.5	0.492
					0.952	φ8	φ6	0.69
					1.116	φ8	φ6.5	0.705
					1.298	φ8	φ8	0.758
					1.604	φ10	φ8	1.123
					1.948	φ10	φ10	1.213
					2.468	φ12	φ10	1.677
					3.058	φ12	φ12	1.790
					3.716	φ14	φ10	2.245
						φ14	φ12	2.361
						φ14	φ14	2.497
						φ16	φ10	2.925
						φ16	φ12	3.043
						φ16	φ14	3.183
						φ16	φ16	3.344

序号	截面形式（最大箍筋肢距、纵筋间距/mm）	纵向受力钢筋			计入φ12构造纵筋的配筋率 ρ₁(%)	箍筋@100		
		①	A_s(mm²)	ρ(%)		②	③	ρ_v(%)
605	375 250 375 / 500 / 250 （250）	10φ14	1539.4	0.411	0.591	φ6.5	φ6.5	0.462
		10φ16	2010.6	0.536	0.717	φ8	φ6	0.663
		10φ18	2544.7	0.679	0.860	φ8	φ6.5	0.674
		10φ20	3141.6	0.838	1.019	φ8	φ8	0.712
		10φ22	3801.3	1.014	1.195	φ10	φ8	1.075
		10φ25	4908.7	1.309	1.490	φ10	φ10	1.140
		10φ28	6157.5	1.642	1.823	φ12	φ10	1.600
		10φ32	8042.5	2.145	2.326	φ12	φ12	1.681
		10φ36	10179	2.714	2.895	φ14	φ10	2.163
		10φ40	12566	3.351	3.532	φ14	φ12	2.246
						φ14	φ14	2.345
						φ16	φ10	2.837
						φ16	φ12	2.922
						φ16	φ14	3.024
						φ16	φ16	3.140
606	375 250 375 / 500 / 250 （200）	同上			0.652	φ6	φ6	0.412
					0.777	φ6.5	φ6.5	0.487
					0.920	φ8	φ6	0.684
					1.079	φ8	φ6.5	0.699
					1.255	φ8	φ8	0.750
					1.550	φ10	φ8	1.113
					1.883	φ10	φ10	1.200
					2.386	φ12	φ10	1.661
					2.956	φ12	φ12	1.770
					3.592	φ14	φ10	2.226
						φ14	φ12	2.337
						φ14	φ14	2.469
						φ16	φ10	2.902
						φ16	φ12	3.016
						φ16	φ14	3.151
						φ16	φ16	3.306
607	375 250 375 / 550 / 250 （275）	10φ16	2010.6	0.519	0.694	φ6.5	φ6.5	0.458
		10φ18	2544.7	0.657	0.832	φ8	φ6	0.658
		10φ20	3141.6	0.811	0.986	φ8	φ6.5	0.669
		10φ22	3801.3	0.981	1.156	φ8	φ8	0.706
		10φ25	4908.7	1.267	1.442	φ10	φ8	1.066
		10φ28	6157.5	1.589	1.764	φ10	φ10	1.129

序号	截面形式（最大箍筋肢距、纵筋间距/mm）	纵向受力钢筋			计入 $\phi 12$ 构造纵筋的配筋率 ρ_1（%）	箍筋@100		
		①	A_s（mm²）	ρ（%）		②	③	ρ_v（%）
607	375 250 375 550 250 （275）	$10\phi 32$	8042.5	2.075	2.251	$\phi 12$	$\phi 10$	1.587
		$10\phi 36$	10179	2.627	2.802	$\phi 12$	$\phi 12$	1.665
		$10\phi 40$	12566	3.243	3.418	$\phi 14$	$\phi 10$	2.147
						$\phi 14$	$\phi 12$	2.227
						$\phi 14$	$\phi 14$	2.323
						$\phi 16$	$\phi 10$	2.817
						$\phi 16$	$\phi 12$	2.900
						$\phi 16$	$\phi 14$	2.998
						$\phi 16$	$\phi 16$	3.110
608	375 250 375 550 250 （200）	同上			0.752	$\phi 6$	$\phi 6$	0.408
					0.890	$\phi 6.5$	$\phi 6.5$	0.482
					1.044	$\phi 8$	$\phi 6$	0.679
					1.214	$\phi 8$	$\phi 6.5$	0.693
					1.500	$\phi 8$	$\phi 8$	0.742
					1.823	$\phi 10$	$\phi 8$	1.103
					2.309	$\phi 10$	$\phi 10$	1.187
					2.860	$\phi 12$	$\phi 10$	1.646
					3.476	$\phi 12$	$\phi 12$	1.751
						$\phi 14$	$\phi 10$	2.208
						$\phi 14$	$\phi 12$	2.316
						$\phi 14$	$\phi 14$	2.443
						$\phi 16$	$\phi 10$	2.880
						$\phi 16$	$\phi 12$	2.990
						$\phi 16$	$\phi 14$	3.121
						$\phi 16$	$\phi 16$	3.271
609	375 250 375 600 250 （300）	$10\phi 16$	2010.6	0.503	0.672	$\phi 6.5$	$\phi 6.5$	0.454
		$10\phi 18$	2544.7	0.636	0.806	$\phi 8$	$\phi 6$	0.654
		$10\phi 20$	3141.6	0.785	0.955	$\phi 8$	$\phi 6.5$	0.664
		$10\phi 22$	3801.3	0.950	1.120	$\phi 8$	$\phi 8$	0.700
		$10\phi 25$	4908.7	1.227	1.397	$\phi 10$	$\phi 8$	1.058
		$10\phi 28$	6157.5	1.539	1.709	$\phi 10$	$\phi 10$	1.119
		$10\phi 32$	8042.5	2.011	2.180	$\phi 12$	$\phi 10$	1.575
		$10\phi 36$	10179	2.545	2.714	$\phi 12$	$\phi 12$	1.651
		$10\phi 40$	12566	3.142	3.311	$\phi 14$	$\phi 10$	2.132
						$\phi 14$	$\phi 12$	2.210

序号	截面形式 （最大箍筋肢距、纵筋间距/mm）	纵向受力钢筋			计入 $\phi 12$ 构造纵筋的配筋率 ρ_1（%）	箍筋@100		
		①	A_s（mm²）	ρ（%）		②	③	ρ_v（%）
609	 （300）					$\phi 14$	$\phi 14$	2.302
						$\phi 16$	$\phi 10$	2.799
						$\phi 16$	$\phi 12$	2.879
						$\phi 16$	$\phi 14$	2.973
						$\phi 16$	$\phi 16$	3.083
610	 （200）	同上			0.729	$\phi 6$	$\phi 6$	0.404
					0.862	$\phi 6.5$	$\phi 6.5$	0.477
					1.012	$\phi 8$	$\phi 6$	0.673
					1.177	$\phi 8$	$\phi 6.5$	0.687
					1.453	$\phi 8$	$\phi 8$	0.735
					1.766	$\phi 10$	$\phi 8$	1.095
					2.237	$\phi 10$	$\phi 10$	1.176
					2.771	$\phi 12$	$\phi 10$	1.632
					3.368	$\phi 12$	$\phi 12$	1.734
						$\phi 14$	$\phi 10$	2.191
						$\phi 14$	$\phi 12$	2.295
						$\phi 14$	$\phi 14$	2.418
						$\phi 16$	$\phi 10$	2.859
						$\phi 16$	$\phi 12$	2.966
						$\phi 16$	$\phi 14$	3.092
						$\phi 16$	$\phi 16$	3.238
611	 （220）	$10\phi 16$	2010.6	0.487	0.707	$\phi 6$	$\phi 6$	0.400
		$10\phi 18$	2544.7	0.617	0.836	$\phi 6.5$	$\phi 6.5$	0.473
		$10\phi 20$	3141.6	0.762	0.981	$\phi 8$	$\phi 6$	0.668
		$10\phi 22$	3801.3	0.922	1.141	$\phi 8$	$\phi 6.5$	0.682
		$10\phi 25$	4908.7	1.190	1.409	$\phi 8$	$\phi 8$	0.728
		$10\phi 28$	6157.5	1.493	1.712	$\phi 10$	$\phi 8$	1.086
		$10\phi 32$	8042.5	1.950	2.169	$\phi 10$	$\phi 10$	1.165
		$10\phi 36$	10179	2.468	2.687	$\phi 12$	$\phi 10$	1.619
		$10\phi 40$	12566	3.046	3.266	$\phi 12$	$\phi 12$	1.718
						$\phi 14$	$\phi 10$	2.175
						$\phi 14$	$\phi 12$	2.276
						$\phi 14$	$\phi 14$	2.395
						$\phi 16$	$\phi 10$	2.840
						$\phi 16$	$\phi 12$	2.944
						$\phi 16$	$\phi 14$	3.066
						$\phi 16$	$\phi 16$	3.207

序号	截面形式（最大箍筋肢距、纵筋间距/mm）	纵向受力钢筋			计入φ12构造纵筋的配筋率 ρ₁（%）	箍筋@100		
		①	A_s（mm²）	ρ（%）		②	③	ρ_v（%）
612	375 250 375 / 650 250 （200）				0.762	φ6	φ6	0.419
					0.891	φ6.5	φ6.5	0.495
					1.036	φ8	φ6	0.688
					1.196	φ8	φ6.5	0.704
					1.464	φ8	φ8	0.762
					1.767	φ10	φ8	1.121
					2.224	φ10	φ10	1.219
					2.742	φ12	φ10	1.675
					3.321	φ12	φ12	1.798
						φ14	φ10	2.233
						φ14	φ12	2.359
						φ14	φ14	2.507
						φ16	φ10	2.899
						φ16	φ12	3.028
						φ16	φ14	3.181
						φ16	φ16	3.357
613	375 250 375 / 700 250 （235）	10φ16	2010.6	0.473	0.686	φ6.5	φ6.5	0.468
		10φ18	2544.7	0.599	0.812	φ8	φ6	0.664
		10φ20	3141.6	0.739	0.952	φ8	φ6.5	0.677
		10φ22	3801.3	0.894	1.107	φ8	φ8	0.722
		10φ25	4908.7	1.155	1.368	φ10	φ8	1.078
		10φ28	6157.5	1.449	1.662	φ10	φ10	1.154
		10φ32	8042.5	1.892	2.105	φ12	φ10	1.607
		10φ36	10179	2.395	2.608	φ12	φ12	1.702
		10φ40	12566	2.957	3.170	φ14	φ10	2.160
						φ14	φ12	2.258
						φ14	φ14	2.374
						φ16	φ10	2.823
						φ16	φ12	2.923
						φ16	φ14	3.041
						φ16	φ16	3.178
614	375 250 375 / 700 250 （200）	同上			0.473	φ6	φ6	0.415
					0.599	φ6.5	φ6.5	0.490
					0.739	φ8	φ6	0.683
					0.894	φ8	φ6.5	0.699
					1.155	φ8	φ8	0.755
					1.449	φ10	φ8	1.112
					1.892	φ10	φ10	1.207
					2.395	φ12	φ10	1.661

序号	截面形式（最大箍筋肢距、纵筋间距/mm）	纵向受力钢筋			计入φ12构造纵筋的配筋率 ρ₁（%）	箍筋@100		
		①	A_s（mm²）	ρ（%）	ρ_1（%）	②	③	ρ_v（%）
614	375 250 375，700，250，（200） 同上				2.957	φ12	φ12	1.780
						φ14	φ10	2.216
						φ14	φ12	2.338
						φ14	φ14	2.483
						φ16	φ10	2.880
						φ16	φ12	3.005
						φ16	φ14	3.153
						φ16	φ16	3.323
615	375 250 375，750，250，（250）	10φ16	2010.6	0.460	0.666	φ6.5	φ6.5	0.465
		10φ18	2544.7	0.582	0.788	φ8	φ6	0.660
		10φ20	3141.6	0.718	0.925	φ8	φ6.5	0.672
		10φ22	3801.3	0.869	1.076	φ8	φ8	0.716
		10φ25	4908.7	1.122	1.329	φ10	φ8	1.071
		10φ28	6157.5	1.407	1.614	φ10	φ10	1.145
		10φ32	8042.5	1.838	2.045	φ12	φ10	1.595
		10φ36	10179	2.327	2.533	φ12	φ12	1.688
		10φ40	12566	2.872	3.079	φ14	φ10	2.146
						φ14	φ12	2.241
						φ14	φ14	2.353
						φ16	φ10	2.806
						φ16	φ12	2.903
						φ16	φ14	3.018
						φ16	φ16	3.150
616	375 250 375，750，250，（200） 同上				0.718	φ6	φ6	0.411
					0.840	φ6.5	φ6.5	0.485
					0.977	φ8	φ6	0.678
					1.127	φ8	φ6.5	0.693
					1.381	φ8	φ8	0.748
					1.666	φ10	φ8	1.104
					2.097	φ10	φ10	1.196
					2.585	φ12	φ10	1.648
					3.131	φ12	φ12	1.764
						φ14	φ10	2.200
						φ14	φ12	2.319
						φ14	φ14	2.459
						φ16	φ10	2.861
						φ16	φ12	2.983
						φ16	φ14	3.126
						φ16	φ16	3.292

序号	截面形式（最大箍筋肢距、纵筋间距/mm）	纵向受力钢筋			计入 φ12 构造纵筋的配筋率 ρ₁（%）	箍筋@100		
		①	A_s（mm²）	ρ（%）	ρ₁（%）	②	③	ρ_v（%）
617	（150）	12φ12	1357.2	1.131		φ6		0.725
		12φ14	1847.3	1.539		φ6.5		0.858
		12φ16	2412.7	2.011		φ8		1.335
		12φ18	3053.6	2.545		φ10		2.161
		12φ20	3769.9	3.142		φ12		3.227
		12φ22	4561.6	3.801				
618	（150）	12φ12	1357.2	0.969		φ6		0.672
		12φ14	1847.3	1.319		φ6.5		0.795
		12φ16	2412.7	1.723		φ8		1.236
		12φ18	3053.6	2.181		φ10		1.999
		12φ20	3769.9	2.693		φ12		2.981
		12φ22	4561.6	3.258				
619	（200）	12φ12	1357.2	0.848		φ6		0.633
		12φ14	1847.3	1.155		φ6.5		0.749
		12φ16	2412.7	1.508		φ8		1.164
		12φ18	3053.6	1.909		φ10		1.880
		12φ20	3769.9	2.356		φ12		2.802
		12φ22	4561.6	2.851		φ14		3.951
		10φ25	5890.5	3.682				
620	（250）	12φ12	1357.2	0.754		φ6		0.604
		12φ14	1847.3	1.026		φ6.5		0.714
		12φ16	2412.7	1.340		φ8		1.108
		12φ18	3053.6	1.696		φ10		1.790
		12φ20	3769.9	2.094		φ12		2.666
		12φ22	4561.6	2.534		φ14		3.756
		12φ25	5890.5	3.272				
621	（150）	同上			1.005	φ6	φ6	0.676
					1.278	φ6.5	φ6.5	0.800
					1.592	φ8	φ6	1.183
					1.948	φ8	φ6.5	1.196
					2.346	φ8	φ8	1.241
					2.786	φ10	φ8	1.927
					3.524	φ10	φ10	2.004
						φ12	φ10	2.887
						φ12	φ12	2.984
						φ14	φ10	3.985
						φ14	φ12	4.086

序号	截面形式（最大箍筋肢距、纵筋间距/mm）	纵向受力钢筋 ①	A_s（mm²）	ρ（%）	计入$\phi 12$构造纵筋的配筋率 ρ_l（%）	箍筋@100 ②	③	ρ_v（%）
622	（300）	12ϕ12	1357.2	0.679		ϕ6		0.580
		12ϕ14	1847.3	0.924		ϕ6.5		0.687
		12ϕ16	2412.7	1.206		ϕ8		1.065
		12ϕ18	3053.6	1.527		ϕ10		1.719
		12ϕ20	3769.9	1.885		ϕ12		2.559
		12ϕ22	4561.6	2.281		ϕ14		3.604
		12ϕ25	5890.5	2.945				
		12ϕ28	7389.0	3.695				
623	（200）	同上			0.905	ϕ6	ϕ6	0.645
					1.150	ϕ6.5	ϕ6.5	0.763
					1.433	ϕ8	ϕ6	1.132
					1.753	ϕ8	ϕ6.5	1.143
					2.111	ϕ8	ϕ8	1.183
					2.507	ϕ10	ϕ8	1.841
					3.171	ϕ10	ϕ10	1.910
					3.921	ϕ12	ϕ10	2.756
						ϕ12	ϕ12	2.843
						ϕ14	ϕ10	3.808
						ϕ14	ϕ12	3.898
						ϕ14	ϕ14	4.004
624	（150）	12ϕ12	1357.2	0.848		ϕ6		0.633
		12ϕ14	1847.3	1.155		ϕ6.5		0.749
		12ϕ16	2412.7	1.508		ϕ8		1.164
		12ϕ18	3053.6	1.909		ϕ10		1.880
		12ϕ20	3769.9	2.356		ϕ12		2.802
		12ϕ22	4561.6	2.851		ϕ14		3.951
		12ϕ25	5890.5	3.682				
625	（200）	12ϕ12	1357.2	0.754		ϕ6		0.604
		12ϕ14	1847.3	1.026		ϕ6.5		0.714
		12ϕ16	2412.7	1.340		ϕ8		1.108
		12ϕ18	3053.6	1.696		ϕ10		1.790
		12ϕ20	3769.9	2.094		ϕ12		2.666
		12ϕ22	4561.6	2.534		ϕ14		3.756
		12ϕ25	5890.5	3.272				
		12ϕ28	7389.0	4.105				

序号	截面形式（最大箍筋肢距、纵筋间距/mm）	纵向受力钢筋			计入ϕ12构造纵筋的配筋率 ρ_1（%）	箍筋@100		
		①	A_s（mm²）	ρ（%）		②	③	ρ_v（%）
626	（250）	12ϕ12	1357.2	0.679		ϕ6		0.580
		12ϕ14	1847.3	0.924		ϕ6.5		0.687
		12ϕ16	2412.7	1.206		ϕ8		1.065
		12ϕ18	3053.6	1.527		ϕ10		1.719
		12ϕ20	3769.9	1.885		ϕ12		2.559
		12ϕ22	4561.6	2.281		ϕ14		3.604
		12ϕ25	5890.5	2.945				
		12ϕ28	7389.0	3.695				
627	（150）	同上			0.905	ϕ6	ϕ6	0.645
					1.150	ϕ6.5	ϕ6.5	0.763
					1.433	ϕ8	ϕ6	1.132
					1.753	ϕ8	ϕ6.5	1.143
					2.111	ϕ8	ϕ8	1.183
					2.507	ϕ10	ϕ8	1.841
					3.171	ϕ10	ϕ10	1.910
					3.921	ϕ12	ϕ10	2.756
						ϕ12	ϕ12	2.843
						ϕ14	ϕ10	3.808
						ϕ14	ϕ12	3.898
						ϕ14	ϕ14	4.004
628	（300）	12ϕ12	1357.2	0.617		ϕ6		0.561
		12ϕ14	1847.3	0.840		ϕ6.5		0.664
		12ϕ16	2412.7	1.097		ϕ8		1.030
		12ϕ18	3053.6	1.388		ϕ10		1.661
		12ϕ20	3769.9	1.714		ϕ12		2.472
		12ϕ22	4561.6	2.073		ϕ14		3.481
		12ϕ25	5890.5	2.677				
		12ϕ28	7389.0	3.359				
629	（150）	同上			0.823	ϕ6	ϕ6	0.620
					1.045	ϕ6.5	ϕ6.5	0.733
					1.302	ϕ8	ϕ6	1.090
					1.594	ϕ8	ϕ6.5	1.100
					1.919	ϕ8	ϕ8	1.137
					2.279	ϕ10	ϕ8	1.772

序号	截面形式（最大箍筋肢距、纵筋间距/mm）	纵向受力钢筋 ①	A_s（mm²）	ρ（%）	计入 $\phi 12$ 构造纵筋的配筋率 ρ_1（%）	箍筋@100 ②	③	ρ_v（%）
629	（150）	同上			2.883	$\phi 10$	$\phi 10$	1.834
					3.564	$\phi 12$	$\phi 10$	2.651
						$\phi 12$	$\phi 12$	2.729
						$\phi 14$	$\phi 10$	3.665
						$\phi 14$	$\phi 12$	3.746
						$\phi 14$	$\phi 14$	3.842
630	（200）	$12\phi 12$	1357.2	0.679		$\phi 6$		0.580
		$12\phi 14$	1847.3	0.924		$\phi 6.5$		0.687
		$12\phi 16$	2412.7	1.206		$\phi 8$		1.065
		$12\phi 18$	3053.6	1.527		$\phi 10$		1.719
		$12\phi 20$	3769.9	1.885		$\phi 12$		2.559
		$12\phi 22$	4561.6	2.281		$\phi 14$		3.604
		$12\phi 25$	5890.5	2.945				
		$12\phi 28$	7389.0	3.695				
631	（250）	$12\phi 12$	1357.2	0.617		$\phi 6$		0.561
		$12\phi 14$	1847.3	0.840		$\phi 6.5$		0.664
		$12\phi 16$	2412.7	1.097		$\phi 8$		1.030
		$12\phi 18$	3053.6	1.388		$\phi 10$		1.661
		$12\phi 20$	3769.9	1.714		$\phi 12$		2.472
		$12\phi 22$	4561.6	2.073		$\phi 14$		3.481
		$12\phi 25$	5890.5	2.677				
		$12\phi 28$	7389.0	3.359				
632	（200）	同上			0.823	$\phi 6$	$\phi 6$	0.620
					1.045	$\phi 6.5$	$\phi 6.5$	0.733
					1.302	$\phi 8$	$\phi 6$	1.090
					1.594	$\phi 8$	$\phi 6.5$	1.100
					1.919	$\phi 8$	$\phi 8$	1.137
					2.279	$\phi 10$	$\phi 8$	1.772
					2.883	$\phi 10$	$\phi 10$	1.834
					3.564	$\phi 12$	$\phi 10$	2.651
						$\phi 12$	$\phi 12$	2.729
						$\phi 14$	$\phi 10$	3.665
						$\phi 14$	$\phi 12$	3.746
						$\phi 14$	$\phi 14$	3.842

序号	截面形式（最大箍筋肢距、纵筋间距/mm）	纵向受力钢筋			计入 $\phi12$ 构造纵筋的配筋率 ρ_1（%）	箍筋@100		
		①	A_s（mm²）	ρ（%）		②	③	ρ_v（%）
633	（300）	$12\phi12$	1357.2	0.565		$\phi6$		0.546
		$12\phi14$	1847.3	0.770		$\phi6.5$		0.646
		$12\phi16$	2412.7	1.005		$\phi8$		1.001
		$12\phi18$	3053.6	1.272		$\phi10$		1.614
		$12\phi20$	3769.9	1.571		$\phi12$		2.401
		$12\phi22$	4561.6	1.901		$\phi14$		3.379
		$12\phi25$	5890.5	2.454				
		$12\phi28$	7389.0	3.079				
		$12\phi32$	9651.0	4.021				
634	（200）	同上			0.754	$\phi6$	$\phi6$	0.599
					0.958	$\phi6.5$	$\phi6.5$	0.708
					1.194	$\phi8$	$\phi6$	1.056
					1.461	$\phi8$	$\phi6.5$	1.065
					1.759	$\phi8$	$\phi8$	1.098
					2.089	$\phi10$	$\phi8$	1.715
					2.643	$\phi10$	$\phi10$	1.772
					3.267	$\phi12$	$\phi10$	2.564
					4.210	$\phi12$	$\phi12$	2.635
						$\phi14$	$\phi10$	3.547
						$\phi14$	$\phi12$	3.621
						$\phi14$	$\phi14$	3.709
635	（250）	$12\phi12$	1357.2	0.565		$\phi6$		0.546
		$12\phi14$	1847.3	0.770		$\phi6.5$		0.646
		$12\phi16$	2412.7	1.005		$\phi8$		1.001
		$12\phi18$	3053.6	1.272		$\phi10$		1.614
		$12\phi20$	3769.9	1.571		$\phi12$		2.401
		$12\phi22$	4561.6	1.901		$\phi14$		3.379
		$12\phi25$	5890.5	2.454				
		$12\phi28$	7389.0	3.079				
		$12\phi32$	9651.0	4.021				
636	（150）	同上			0.942	$\phi6$	$\phi6$	0.652
					1.147	$\phi6.5$	$\phi6.5$	0.771
					1.382	$\phi8$	$\phi6$	1.111
					1.649	$\phi8$	$\phi6.5$	1.130
					1.948	$\phi8$	$\phi8$	1.196
					2.278	$\phi10$	$\phi8$	1.816

序号	截面形式（最大箍筋肢距、纵筋间距/mm）	纵向受力钢筋 ①	As(mm²)	ρ(%)	计入φ12构造纵筋的配筋率 ρ₁(%)	箍筋@100 ②	③	ρv(%)
636	250 200 250 / 250 200 250 （150）	同上			2.831	φ10	φ10	1.929
					3.456	φ12	φ10	2.726
					4.398	φ12	φ12	2.870
						φ14	φ10	3.715
						φ14	φ12	3.863
						φ14	φ14	4.038
637	250 200 250 / 300 200 300 （300）	12φ12	1357.2	0.522		φ6		0.533
		12φ14	1847.3	0.710		φ6.5		0.630
		12φ16	2412.7	0.928		φ8		0.976
		12φ18	3053.6	1.174		φ10		1.574
		12φ20	3769.9	1.450		φ12		2.341
		12φ22	4561.6	1.754		φ14		3.294
		12φ25	5890.5	2.266				
		12φ28	7389.0	2.842				
		12φ32	9651.0	3.712				
638	250 200 250 / 300 200 300 （250）	同上			0.696	φ6	φ6	0.582
					0.884	φ6.5	φ6.5	0.688
					1.102	φ8	φ6	1.027
					1.348	φ8	φ6.5	1.036
					1.624	φ8	φ8	1.066
					1.928	φ10	φ8	1.667
					2.440	φ10	φ10	1.719
					3.016	φ12	φ10	2.491
					3.886	φ12	φ12	2.557
						φ14	φ10	3.449
						φ14	φ12	3.517
						φ14	φ14	3.597
639	250 200 250 / 300 200 300 （150）	同上			0.870	φ6	φ6	0.631
					1.058	φ6.5	φ6.5	0.746
					1.276	φ8	φ6	1.078
					1.522	φ8	φ6.5	1.095
					1.798	φ8	φ8	1.156
					2.102	φ10	φ8	1.760
					2.614	φ10	φ10	1.864

序号	截面形式 (最大箍筋肢距、 纵筋间距/mm)	纵向受力钢筋			计入 ϕ12 构造 纵筋的配筋率 ρ_1（%）	箍筋@100		
		①	A_s（mm²）	ρ（%）		②	③	ρ_v（%）
639	 （150）	同上			3.190	ϕ12	ϕ10	2.640
					4.060	ϕ12	ϕ12	2.772
						ϕ14	ϕ10	3.603
						ϕ14	ϕ12	3.739
						ϕ14	ϕ14	3.900
640	 （300）	12ϕ12	1357.2	0.485		ϕ6		0.522
		12ϕ14	1847.3	0.660		ϕ6.5		0.617
		12ϕ16	2412.7	0.862		ϕ8		0.956
		12ϕ18	3053.6	1.091		ϕ10		1.541
		12ϕ20	3769.9	1.346		ϕ12		2.291
		12ϕ22	4561.6	1.629		ϕ14		3.222
		12ϕ25	5890.5	2.104				
		12ϕ28	7389.0	2.639				
		12ϕ32	9651.0	3.447				
641	 （150）	同上			0.808	ϕ6	ϕ6	0.612
					0.983	ϕ6.5	ϕ6.5	0.724
					1.185	ϕ8	ϕ6	1.049
					1.414	ϕ8	ϕ6.5	1.066
					1.670	ϕ8	ϕ8	1.122
					1.952	ϕ10	ϕ8	1.712
					2.427	ϕ10	ϕ10	1.809
					2.962	ϕ12	ϕ10	2.567
					3.770	ϕ12	ϕ12	2.689
						ϕ14	ϕ10	3.508
						ϕ14	ϕ12	3.634
						ϕ14	ϕ14	3.782
642	 （200）	12ϕ12	1357.2	0.835		ϕ6		0.592
		12ϕ14	1847.3	1.137		ϕ6.5		0.700
		12ϕ16	2412.7	1.485		ϕ8		1.082
		12ϕ18	3053.6	1.879		ϕ10		1.738
		12ϕ20	3769.9	2.320		ϕ12		2.573
		12ϕ22	4561.6	2.807		ϕ14		3.604
		12ϕ25	5890.5	3.625				

序号	截面形式（最大箍筋肢距、纵筋间距/mm）	纵向受力钢筋			计入φ12构造纵筋的配筋率 ρ₁(%)	箍筋@100		
		①	As(mm²)	ρ(%)		②	③	ρᵥ(%)
643	 （200）	12φ12	1357.2	0.724		φ6		0.548
		12φ14	1847.3	0.985		φ6.5		0.648
		12φ16	2412.7	1.287		φ8		1.001
		12φ18	3053.6	1.629		φ10		1.606
		12φ20	3769.9	2.011		φ12		2.375
		12φ22	4561.6	2.433		φ14		3.324
		12φ25	5890.5	3.142				
		12φ28	7389.0	3.941				
644	 （200）	12φ12	1357.2	0.639		φ6		0.515
		12φ14	1847.3	0.869		φ6.5		0.609
		12φ16	2412.7	1.135		φ8		0.940
		12φ18	3053.6	1.437		φ10		1.507
		12φ20	3769.9	1.774		φ12		2.228
		12φ22	4561.6	2.147		φ14		3.115
		12φ25	5890.5	2.772		φ16		4.181
		12φ28	7389.0	3.477				
645	 （250）	12φ12	1357.2	0.571		φ6		0.490
		12φ14	1847.3	0.778		φ6.5		0.578
		12φ16	2412.7	1.016		φ8		0.893
		12φ18	3053.6	1.286		φ10		1.431
		12φ20	3769.9	1.587		φ12		2.114
		12φ22	4561.6	1.921		φ14		2.954
		12φ25	5890.5	2.480		φ16		3.962
		12φ28	7389.0	3.111				
		12φ32	9651.0	4.064				
646	 （200）	同上			0.762	φ6	φ6	0.557
					0.968	φ6.5	φ6.5	0.657
					1.206	φ8	φ6	0.961
					1.476	φ8	φ6.5	0.973
					1.778	φ8	φ8	1.014
					2.111	φ10	φ8	1.555
					2.671	φ10	φ10	1.626
					3.302	φ12	φ10	2.314
					4.254	φ12	φ12	2.402
						φ14	φ10	3.159
						φ14	φ12	3.250
						φ14	φ14	3.356
						φ16	φ10	4.174

序号	截面形式（最大箍筋肢距、纵筋间距/mm）	纵向受力钢筋			计入 φ12 构造纵筋的配筋率 ρ₁（%）	箍筋@100		
		①	A$_s$（mm²）	ρ（%）	ρ$_1$（%）	②	③	ρ$_v$（%）
647	（300）	12φ12	1357.2	0.517		φ6		0.469
		12φ14	1847.3	0.704		φ6.5		0.554
		12φ16	2412.7	0.919		φ8		0.855
		12φ18	3053.6	1.163		φ10		1.370
		12φ20	3769.9	1.436		φ12		2.023
		12φ22	4561.6	1.738		φ14		2.825
		12φ25	5890.5	2.244		φ16		3.788
		12φ28	7389.0	2.815				
		12φ32	9651.0	3.677				
648	（200）	同上			0.689	φ6	φ6	0.529
					0.876	φ6.5	φ6.5	0.625
					1.091	φ8	φ6	0.917
					1.336	φ8	φ6.5	0.927
					1.608	φ8	φ8	0.964
					1.910	φ10	φ8	1.482
					2.416	φ10	φ10	1.545
					2.987	φ12	φ10	2.203
					3.849	φ12	φ12	2.282
						φ14	φ10	3.010
						φ14	φ12	3.091
						φ14	φ14	3.187
						φ16	φ10	3.978
649	（200）	12φ12	1357.2	0.472	0.629	φ6	φ6	0.507
		12φ14	1847.3	0.643	0.800	φ6.5	φ6.5	0.599
		12φ16	2412.7	0.839	0.997	φ8	φ6	0.880
		12φ18	3053.6	1.062	1.219	φ8	φ6.5	0.890
		12φ20	3769.9	1.311	1.469	φ8	φ8	0.924
		12φ22	4561.6	1.587	1.744	φ10	φ8	1.422
		12φ25	5890.5	2.049	2.206	φ10	φ10	1.479
		12φ28	7389.0	2.570	2.727	φ12	φ10	2.112
		12φ32	9651.0	3.357	3.514	φ12	φ12	2.184
						φ14	φ10	2.888
						φ14	φ12	2.962
						φ14	φ14	3.049
						φ16	φ10	3.818
						φ16	φ12	3.894
						φ16	φ14	3.983
						φ16	φ16	4.087

序号	截面形式（最大箍筋肢距、纵筋间距/mm）	纵向受力钢筋			计入φ12构造纵筋的配筋率 ρ₁（%）	箍筋@100		
		①	A_s（mm²）	ρ（%）	ρ_1（%）	②	③	ρ_v（%）
650	100 250 100 / 375 250 375 （200）	12φ12	1357.2	0.452	0.603	φ6	φ6	0.498
		12φ14	1847.3	0.616	0.767	φ6.5	φ6.5	0.587
		12φ16	2412.7	0.804	0.955	φ8	φ6	0.864
		12φ18	3053.6	1.018	1.169	φ8	φ6.5	0.874
		12φ20	3769.9	1.257	1.407	φ8	φ8	0.906
		12φ22	4561.6	1.521	1.671	φ10	φ8	1.396
		12φ25	5890.5	1.963	2.114	φ10	φ10	1.450
		12φ28	7389.0	2.463	2.614	φ12	φ10	2.072
		12φ32	9651.0	3.217	3.368	φ12	φ12	2.141
		12φ36	12215	4.072	4.222	φ14	φ10	2.835
						φ14	φ12	2.905
						φ14	φ14	2.989
						φ16	φ10	3.749
						φ16	φ12	3.822
						φ16	φ14	3.907
651	150 250 150 / 150 250 150 （200）	12φ12	1357.2	0.639		φ6		0.515
		12φ14	1847.3	0.869		φ6.5		0.609
		12φ16	2412.7	1.135		φ8		0.940
		12φ18	3053.6	1.437		φ10		1.507
		12φ20	3769.9	1.774		φ12		2.228
		12φ22	4561.6	2.147		φ14		3.115
		12φ25	5890.5	2.772				
		12φ28	7389.0	3.477				
652	150 250 150 / 200 250 200 （200）	12φ12	1357.2	0.571		φ6		0.49
		12φ14	1847.3	0.778		φ6.5		0.578
		12φ16	2412.7	1.016		φ8		0.893
		12φ18	3053.6	1.286		φ10		1.431
		12φ20	3769.9	1.587		φ12		2.114
		12φ22	4561.6	1.921		φ14		2.954
		12φ25	5890.5	2.480		φ16		3.962
		12φ28	7389.0	3.111				
		12φ32	9651.0	4.064				

序号	截面形式（最大箍筋肢距、纵筋间距/mm）	纵向受力钢筋			计入φ12构造纵筋的配筋率 ρ₁(%)	箍筋@100		
		①	A_s (mm²)	ρ (%)		②	③	ρ_v (%)
653	 150 250 150 250 250 250 （250）	12φ12	1357.2	0.517		φ6		0.469
		12φ14	1847.3	0.704		φ6.5		0.554
		12φ16	2412.7	0.919		φ8		0.855
		12φ18	3053.6	1.163		φ10		1.370
		12φ20	3769.9	1.436		φ12		2.023
		12φ22	4561.6	1.738		φ14		2.825
		12φ25	5890.5	2.244		φ16		3.788
		12φ28	7389.0	2.815				
		12φ32	9651.0	3.677				
654	 150 250 150 250 250 250 （200）	同上			0.689	φ6	φ6	0.529
					0.876	φ6.5	φ6.5	0.625
					1.091	φ8	φ6	0.917
					1.336	φ8	φ6.5	0.927
					1.608	φ8	φ8	0.964
					1.910	φ10	φ8	1.482
					2.416	φ10	φ10	1.545
					2.987	φ12	φ10	2.203
					3.849	φ12	φ12	2.282
						φ14	φ10	3.010
						φ14	φ12	3.091
						φ14	φ14	3.187
						φ16	φ10	3.978
655	 150 250 150 300 250 300 （300）	12φ12	1357.2	0.472		φ6		0.453
		12φ14	1847.3	0.643		φ6.5		0.534
		12φ16	2412.7	0.839		φ8		0.824
		12φ18	3053.6	1.062		φ10		1.320
		12φ20	3769.9	1.311		φ12		1.948
		12φ22	4561.6	1.587		φ14		2.720
		12φ25	5890.5	2.049		φ16		3.646
		12φ28	7389.0	2.570				
		12φ32	9651.0	3.357				
656	 150 250 150 300 250 300 （200）	同上			0.629	φ6	φ6	0.507
					0.800	φ6.5	φ6.5	0.599
					0.997	φ8	φ6	0.880
					1.219	φ8	φ6.5	0.890
					1.469	φ8	φ8	0.924
					1.744	φ10	φ8	1.422
					2.206	φ10	φ10	1.479

序号	截面形式（最大箍筋肢距、纵筋间距/mm）	纵向受力钢筋			计入ϕ12构造纵筋的配筋率 ρ_l（%）	箍筋@100		
		①	A_s（mm²）	ρ（%）		②	③	ρ_v（%）
656	（200）	同上			2.727	ϕ12	ϕ10	2.112
					3.514	ϕ12	ϕ12	2.184
						ϕ14	ϕ10	2.888
						ϕ14	ϕ12	2.962
						ϕ14	ϕ14	3.049
						ϕ16	ϕ10	3.818
						ϕ16	ϕ12	3.894
						ϕ16	ϕ14	3.983
						ϕ16	ϕ16	4.087
657	（200）	12ϕ12	1357.2	0.434	0.579	ϕ6	ϕ6	0.489
		12ϕ14	1847.3	0.591	0.736	ϕ6.5	ϕ6.5	0.577
		12ϕ16	2412.7	0.772	0.917	ϕ8	ϕ6	0.850
		12ϕ18	3053.6	0.977	1.122	ϕ8	ϕ6.5	0.859
		12ϕ20	3769.9	1.206	1.351	ϕ8	ϕ8	0.890
		12ϕ22	4561.6	1.460	1.604	ϕ10	ϕ8	1.372
		12ϕ25	5890.5	1.885	2.030	ϕ10	ϕ10	1.424
		12ϕ28	7389.0	2.364	2.509	ϕ12	ϕ10	2.036
		12ϕ32	9651.0	3.088	3.233	ϕ12	ϕ12	2.102
		12ϕ36	12215	3.909	4.053	ϕ14	ϕ10	2.787
						ϕ14	ϕ12	2.854
						ϕ14	ϕ14	2.934
						ϕ16	ϕ10	3.686
						ϕ16	ϕ12	3.755
						ϕ16	ϕ14	3.837
						ϕ16	ϕ16	3.931
658	（200）	12ϕ12	1357.2	0.418	0.557	ϕ6	ϕ6	0.481
		12ϕ14	1847.3	0.568	0.708	ϕ6.5	ϕ6.5	0.567
		12ϕ16	2412.7	0.742	0.882	ϕ8	ϕ6	0.837
		12ϕ18	3053.6	0.940	1.079	ϕ8	ϕ6.5	0.845
		12ϕ20	3769.9	1.160	1.299	ϕ8	ϕ8	0.875
		12ϕ22	4561.6	1.404	1.543	ϕ10	ϕ8	1.350
		12ϕ25	5890.5	1.812	1.952	ϕ10	ϕ10	1.400
		12ϕ28	7389.0	2.274	2.413	ϕ12	ϕ10	2.003
		12ϕ32	9651.0	2.970	3.109	ϕ12	ϕ12	2.066
		12ϕ36	12215	3.758	3.898	ϕ14	ϕ10	2.742

序号	截面形式（最大箍筋肢距、纵筋间距/mm）	纵向受力钢筋			计入 φ12 构造纵筋的配筋率 ρ₁（%）	箍筋@100		
		①	A_s（mm²）	ρ（%）		②	③	ρ_v（%）
658	150 250 150 / 375 250 375 （200）					φ14	φ12	2.807
						φ14	φ14	2.883
						φ16	φ10	3.628
					（	φ16	φ12	3.694
						φ16	φ14	3.773
						φ16	φ16	3.863
659	200 250 200 / 200 250 200 （200）	12φ12	1357.2	0.517		φ6		0.469
		12φ14	1847.3	0.704		φ6.5		0.554
		12φ16	2412.7	0.919		φ8		0.855
		12φ18	3053.6	1.163		φ10		1.370
		12φ20	3769.9	1.436		φ12		2.023
		12φ22	4561.6	1.738		φ14		2.825
		12φ25	5890.5	2.244		φ16		3.788
		12φ28	7389.0	2.815				
		12φ32	9651.0	3.677				
660	200 250 200 / 250 250 （250）	12φ12	1357.2	0.472		φ6		0.453
		12φ14	1847.3	0.643		φ6.5		0.534
		12φ16	2412.7	0.839		φ8		0.824
		12φ18	3053.6	1.062		φ10		1.320
		12φ20	3769.9	1.311		φ12		1.948
		12φ22	4561.6	1.587		φ14		2.720
		12φ25	5890.5	2.049		φ16		3.646
		12φ28	7389.0	2.570				
		12φ32	9651.0	3.357				
661	200 250 200 / 250 250 250 （200）	同上			0.629	φ6	φ6	0.507
					0.800	φ6.5	φ6.5	0.599
					0.997	φ8	φ6	0.880
					1.219	φ8	φ6.5	0.890
					1.469	φ8	φ8	0.924
					1.744	φ10	φ8	1.422
					2.206	φ10	φ10	1.479
					2.727	φ12	φ10	2.112
					3.514	φ12	φ12	2.184
						φ14	φ10	2.888
						φ14	φ12	2.962
						φ14	φ14	3.049

序号	截面形式（最大箍筋肢距、纵筋间距/mm）	纵向受力钢筋 ①	As(mm²)	ρ(%)	计入φ12构造纵筋的配筋率 ρ₁(%)	箍筋@100 ②	③	ρᵥ(%)
661	（200）	同上				φ16	φ10	3.818
						φ16	φ12	3.894
						φ16	φ14	3.983
						φ16	φ16	4.087
662	（300）	12φ12	1357.2	0.434		φ6		0.439
		12φ14	1847.3	0.591		φ6.5		0.518
		12φ16	2412.7	0.772		φ8		0.799
		12φ18	3053.6	0.977		φ10		1.278
		12φ20	3769.9	1.206		φ12		1.887
		12φ22	4561.6	1.460		φ14		2.633
		12φ25	5890.5	1.885		φ16		3.529
		12φ28	7389.0	2.364				
		12φ32	9651.0	3.088				
		12φ36	12215	3.909				
663	（200）	同上			0.579	φ6	φ6	0.489
					0.736	φ6.5	φ6.5	0.577
					0.917	φ8	φ6	0.850
					1.122	φ8	φ6.5	0.859
					1.351	φ8	φ8	0.890
					1.604	φ10	φ8	1.372
					2.030	φ10	φ10	1.424
					2.509	φ12	φ10	2.036
					3.233	φ12	φ12	2.102
					4.053	φ14	φ10	2.787
						φ14	φ12	2.854
						φ14	φ14	2.934
						φ16	φ10	3.686
						φ16	φ12	3.755
						φ16	φ14	3.837
						φ16	φ16	3.931
664	（200）	12φ12	1357.2	0.402	0.536	φ6	φ6	0.473
		12φ14	1847.3	0.547	0.681	φ6.5	φ6.5	0.558
		12φ16	2412.7	0.715	0.849	φ8	φ6	0.824
		12φ18	3053.6	0.905	1.039	φ8	φ6.5	0.832
		12φ20	3769.9	1.117	1.251	φ8	φ8	0.861
		12φ22	4561.6	1.352	1.486	φ10	φ8	1.329
		12φ25	5890.5	1.745	1.879	φ10	φ10	1.378

序号	截面形式（最大箍筋肢距、纵筋间距/mm）	纵向受力钢筋			计入 φ12 构造纵筋的配筋率 ρ_1（%）	箍筋@100		
		①	A_s（mm²）	ρ（%）		②	③	ρ_v（%）
664	（200）	12φ28	7389.0	2.189	2.323	φ12	φ10	1.972
		12φ32	9651.0	2.860	2.994	φ12	φ12	2.033
		12φ36	12215	3.619	3.753	φ14	φ10	2.701
						φ14	φ12	2.763
						φ14	φ14	2.837
						φ16	φ10	3.574
						φ16	φ12	3.638
						φ16	φ14	3.714
						φ16	φ16	3.801
665	（200）	12φ14	1847.3	0.528	0.657	φ6	φ6	0.466
		12φ16	2412.7	0.689	0.819	φ6.5	φ6.5	0.550
		12φ18	3053.6	0.872	1.002	φ8	φ6	0.813
		12φ20	3769.9	1.077	1.206	φ8	φ6.5	0.821
		12φ22	4561.6	1.303	1.433	φ8	φ8	0.848
		12φ25	5890.5	1.683	1.812	φ10	φ8	1.311
		12φ28	7389.0	2.111	2.240	φ10	φ10	1.357
		12φ32	9651.0	2.757	2.887	φ12	φ10	1.944
		12φ36	12215	3.490	3.619	φ12	φ12	2.003
						φ14	φ10	2.663
						φ14	φ12	2.723
						φ14	φ14	2.794
						φ16	φ10	3.525
						φ16	φ12	3.586
						φ16	φ14	3.659
						φ16	φ16	3.743
666	（250）	12φ12	1357.2	0.434		φ6		0.439
		12φ14	1847.3	0.591		φ6.5		0.518
		12φ16	2412.7	0.772		φ8		0.799
		12φ18	3053.6	0.977		φ10		1.278
		12φ20	3769.9	1.206		φ12		1.887
		12φ22	4561.6	1.460		φ14		2.633
		12φ25	5890.5	1.885		φ16		3.529
		12φ28	7389.0	2.364				
		12φ32	9651.0	3.088				
		12φ36	12215	3.909				

序号	截面形式（最大箍筋肢距、纵筋间距/mm）	纵向受力钢筋			计入 $\phi 12$ 构造纵筋的配筋率 ρ_1（%）	箍筋@100		
		①	A_s（mm²）	ρ（%）		②	③	ρ_v（%）
667	（200）	同上			0.724	$\phi 6$	$\phi 6$	0.539
					0.881	$\phi 6.5$	$\phi 6.5$	0.636
					1.062	$\phi 8$	$\phi 6$	0.901
					1.267	$\phi 8$	$\phi 6.5$	0.919
					1.496	$\phi 8$	$\phi 8$	0.981
					1.749	$\phi 10$	$\phi 8$	1.465
					2.174	$\phi 10$	$\phi 10$	1.570
					2.654	$\phi 12$	$\phi 10$	2.186
					3.378	$\phi 12$	$\phi 12$	2.317
					4.198	$\phi 14$	$\phi 10$	2.940
						$\phi 14$	$\phi 12$	3.075
						$\phi 14$	$\phi 14$	3.234
						$\phi 16$	$\phi 10$	3.843
						$\phi 16$	$\phi 12$	3.982
668	（300）	$12\phi 12$	1357.2	0.402		$\phi 6$		0.427
		$12\phi 14$	1847.3	0.547		$\phi 6.5$		0.504
		$12\phi 16$	2412.7	0.715		$\phi 8$		0.777
		$12\phi 18$	3053.6	0.905		$\phi 10$		1.243
		$12\phi 20$	3769.9	1.117		$\phi 12$		1.835
		$12\phi 22$	4561.6	1.352		$\phi 14$		2.560
		$12\phi 25$	5890.5	1.745		$\phi 16$		3.429
		$12\phi 28$	7389.0	2.189				
		$12\phi 32$	9651.0	2.860				
		$12\phi 36$	12215	3.619				
669	（250）	同上			0.536	$\phi 6$	$\phi 6$	0.473
					0.681	$\phi 6.5$	$\phi 6.5$	0.558
					0.849	$\phi 8$	$\phi 6$	0.824
					1.039	$\phi 8$	$\phi 6.5$	0.832
					1.251	$\phi 8$	$\phi 8$	0.861
					1.486	$\phi 10$	$\phi 8$	1.329
					1.879	$\phi 10$	$\phi 10$	1.378
					2.323	$\phi 12$	$\phi 10$	1.972
					2.994	$\phi 12$	$\phi 12$	2.033
					3.753	$\phi 14$	$\phi 10$	2.701
						$\phi 14$	$\phi 12$	2.763

序号	截面形式（最大箍筋肢距、纵筋间距/mm）	纵向受力钢筋			计入ϕ12构造纵筋的配筋率 ρ_1（%）	箍筋@100		
		①	A_s（mm²）	ρ（%）		②	③	ρ_v（%）
669	（250）	同上				ϕ14	ϕ14	2.837
						ϕ16	ϕ10	3.574
						ϕ16	ϕ12	3.638
						ϕ16	ϕ14	3.714
						ϕ16	ϕ16	3.801
670	（200）	同上			0.670	ϕ6	ϕ6	0.519
					0.815	ϕ6.5	ϕ6.5	0.613
					0.983	ϕ8	ϕ6	0.872
					1.173	ϕ8	ϕ6.5	0.888
					1.385	ϕ8	ϕ8	0.945
					1.620	ϕ10	ϕ8	1.416
					2.013	ϕ10	ϕ10	1.512
					2.457	ϕ12	ϕ10	2.110
					3.128	ϕ12	ϕ12	2.232
					3.887	ϕ14	ϕ10	2.843
						ϕ14	ϕ12	2.967
						ϕ14	ϕ14	3.114
						ϕ16	ϕ10	3.719
						ϕ16	ϕ12	3.847
						ϕ16	ϕ14	3.998
671	（250）	12ϕ14	1847.3	0.510	0.634	ϕ6	ϕ6	0.460
		12ϕ16	2412.7	0.666	0.790	ϕ6.5	ϕ6.5	0.543
		12ϕ18	3053.6	0.842	0.967	ϕ8	ϕ6	0.802
		12ϕ20	3769.9	1.040	1.165	ϕ8	ϕ6.5	0.810
		12ϕ22	4561.6	1.258	1.383	ϕ8	ϕ8	0.836
		12ϕ25	5890.5	1.625	1.750	ϕ10	ϕ8	1.293
		12ϕ28	7389.0	2.038	2.163	ϕ10	ϕ10	1.338
		12ϕ32	9651.0	2.662	2.787	ϕ12	ϕ10	1.918
		12ϕ36	12215	3.370	3.494	ϕ12	ϕ12	1.974
						ϕ14	ϕ10	2.628
						ϕ14	ϕ12	2.686
						ϕ14	ϕ14	2.754
						ϕ16	ϕ10	3.479
						ϕ16	ϕ12	3.538
						ϕ16	ϕ14	3.608
						ϕ16	ϕ16	3.689

序号	截面形式（最大箍筋肢距、纵筋间距/mm）	纵向受力钢筋			计入φ12构造纵筋的配筋率 ρl（%）	箍筋@100		
		①	As（mm²）	ρ（%）		②	③	ρv（%）
672	250 250 250 / 350 250 350 / （200）	同上			0.759	φ6	φ6	0.503
					0.915	φ6.5	φ6.5	0.593
					1.092	φ8	φ6	0.846
					1.290	φ8	φ6.5	0.861
					1.508	φ8	φ8	0.914
					1.875	φ10	φ8	1.373
					2.288	φ10	φ10	1.463
					2.912	φ12	φ10	2.046
					3.619	φ12	φ12	2.158
						φ14	φ10	2.759
						φ14	φ12	2.875
						φ14	φ14	3.011
						φ16	φ10	3.613
						φ16	φ12	3.732
						φ16	φ14	3.872
						φ16	φ16	4.033
673	250 250 250 / 375 250 375 / （250）	12φ14	1847.3	0.493	0.613	φ6	φ6	0.454
		12φ16	2412.7	0.643	0.764	φ6.5	φ6.5	0.535
		12φ18	3053.6	0.814	0.935	φ8	φ6	0.792
		12φ20	3769.9	1.005	1.126	φ8	φ6.5	0.800
		12φ22	4561.6	1.216	1.337	φ8	φ8	0.825
		12φ25	5890.5	1.571	1.691	φ10	φ8	1.277
		12φ28	7389.0	1.970	2.091	φ10	φ10	1.320
		12φ32	9651.0	2.574	2.694	φ12	φ10	1.893
		12φ36	12215	3.257	3.378	φ12	φ12	1.948
		12φ40	15080	4.021	4.142	φ14	φ10	2.595
						φ14	φ12	2.651
						φ14	φ14	2.717
						φ16	φ10	3.436
						φ16	φ12	3.493
						φ16	φ14	3.561
						φ16	φ16	3.639
674	250 250 250 / 375 250 375 / （200）	同上			0.734	φ6	φ6	0.495
					0.885	φ6.5	φ6.5	0.584
					1.056	φ8	φ6	0.835
					1.247	φ8	φ6.5	0.850
					1.458	φ8	φ8	0.901
					1.812	φ10	φ8	1.354
					2.212	φ10	φ10	1.441
					2.815	φ12	φ10	2.017

序号	截面形式（最大箍筋肢距、纵筋间距/mm）	纵向受力钢筋			计入φ12构造纵筋的配筋率 ρ₁（%）	箍筋@100		
		①	A_s（mm²）	ρ（%）		②	③	ρ_v（%）
674	（200）	同上			3.498	φ12	φ12	2.126
					4.263	φ14	φ10	2.722
						φ14	φ12	2.833
						φ14	φ14	2.965
						φ16	φ10	3.566
						φ16	φ12	3.680
						φ16	φ14	3.815
						φ16	φ16	3.971
675	（300）	12φ14	1847.3	0.510		φ6		0.417
		12φ16	2412.7	0.666		φ6.5		0.492
		12φ18	3053.6	0.842		φ8		0.758
		12φ20	3769.9	1.040		φ10		1.213
		12φ22	4561.6	1.258		φ12		1.790
		12φ25	5890.5	1.625		φ14		2.497
		12φ28	7389.0	2.038		φ16		3.344
		12φ32	9651.0	2.662				
		12φ36	12215	3.370				
		12φ40	15080	4.160				
676	（200）	同上			0.624	φ6	φ6	0.503
					0.759	φ6.5	φ6.5	0.593
					0.915	φ8	φ6	0.846
					1.092	φ8	φ6.5	0.861
					1.290	φ8	φ8	0.914
					1.508	φ10	φ8	1.373
					1.875	φ10	φ10	1.463
					2.288	φ12	φ10	2.046
					2.912	φ12	φ12	2.158
					3.619	φ14	φ10	2.759
					4.409	φ14	φ12	2.875
						φ14	φ14	3.011
						φ16	φ10	3.613
						φ16	φ12	3.732
						φ16	φ14	3.872
						φ16	φ16	4.033

序号	截面形式（最大箍筋肢距、纵筋间距/mm）	纵向受力钢筋 ①	As（mm²）	ρ（%）	计入φ12构造纵筋的配筋率 ρ₁（%）	箍筋@100 ②	③	ρv（%）
677	300 250 300 / 350 250 350（300）	12φ14	1847.3	0.477	0.593	φ6	φ6	0.448
		12φ16	2412.7	0.623	0.739	φ6.5	φ6.5	0.529
		12φ18	3053.6	0.788	0.905	φ8	φ6	0.783
		12φ20	3769.9	0.973	1.090	φ8	φ6.5	0.790
		12φ22	4561.6	1.177	1.294	φ8	φ8	0.815
		12φ25	5890.5	1.520	1.637	φ10	φ8	1.262
		12φ28	7389.0	1.907	2.024	φ10	φ10	1.304
		12φ32	9651.0	2.491	2.607	φ12	φ10	1.871
		12φ36	12215	3.152	3.269	φ12	φ12	1.923
		12φ40	15080	3.892	4.008	φ14	φ10	2.565
						φ14	φ12	2.619
						φ14	φ14	2.682
						φ16	φ10	3.396
						φ16	φ12	3.452
						φ16	φ14	3.517
						φ16	φ16	3.592
678	300 250 300 / 350 250 350（200）	同上			0.710	φ6	φ6	0.488
					0.856	φ6.5	φ6.5	0.576
					1.022	φ8	φ6	0.824
					1.206	φ8	φ6.5	0.838
					1.411	φ8	φ8	0.888
					1.754	φ10	φ8	1.337
					2.140	φ10	φ10	1.420
					2.724	φ12	φ10	1.990
					3.386	φ12	φ12	2.095
					4.125	φ14	φ10	2.687
						φ14	φ12	2.795
						φ14	φ14	2.922
						φ16	φ10	3.522
						φ16	φ12	3.632
						φ16	φ14	3.762
						φ16	φ16	3.913
679	300 250 300 / 375 250 375（300）	12φ14	1847.3	0.462	0.575	φ6	φ6	0.443
		12φ16	2412.7	0.603	0.716	φ6.5	φ6.5	0.523
		12φ18	3053.6	0.763	0.877	φ8	φ6	0.775
		12φ20	3769.9	0.942	1.056	φ8	φ6.5	0.782
		12φ22	4561.6	1.140	1.253	φ8	φ8	0.805
		12φ25	5890.5	1.473	1.586	φ10	φ8	1.248
		12φ28	7389.0	1.847	1.960	φ10	φ10	1.288
		12φ32	9651.0	2.413	2.526	φ12	φ10	1.849

序号	截面形式（最大箍筋肢距、纵筋间距/mm）	纵向受力钢筋			计入φ12构造纵筋的配筋率 ρ₁（%）	箍筋@100		
		①	A_s（mm²）	ρ（%）	ρ_1（%）	②	③	ρ_v（%）
679	(300)	12φ36	12215	3.054	3.167	φ12	φ12	1.900
		12φ40	15080	3.770	3.883	φ14	φ10	2.536
						φ14	φ12	2.589
						φ14	φ14	2.650
						φ16	φ10	3.359
						φ16	φ12	3.413
						φ16	φ14	3.476
						φ16	φ16	3.548
680	(200)	同上			0.688	φ6	φ6	0.482
					0.829	φ6.5	φ6.5	0.568
					0.990	φ8	φ6	0.814
					1.169	φ8	φ6.5	0.828
					1.367	φ8	φ8	0.876
					1.699	φ10	φ8	1.320
					2.073	φ10	φ10	1.401
					2.639	φ12	φ10	1.965
					3.280	φ12	φ12	2.066
					3.996	φ14	φ10	2.655
						φ14	φ12	2.759
						φ14	φ14	2.882
						φ16	φ10	3.480
						φ16	φ12	3.587
						φ16	φ14	3.713
						φ16	φ16	3.859
681	(200)	12φ14	1847.3	0.448	0.667	φ6	φ6	0.475
		12φ16	2412.7	0.585	0.804	φ6.5	φ6.5	0.561
		12φ18	3053.6	0.740	0.960	φ8	φ6	0.805
		12φ20	3769.9	0.914	1.133	φ8	φ6.5	0.818
		12φ22	4561.6	1.106	1.325	φ8	φ8	0.865
		12φ25	5890.5	1.428	1.647	φ10	φ8	1.304
		12φ28	7389.0	1.791	2.011	φ10	φ10	1.383
		12φ32	9651.0	2.340	2.559	φ12	φ10	1.941
		12φ36	12215	2.961	3.180	φ12	φ12	2.040
		12φ40	15080	3.656	3.875	φ14	φ10	2.624
						φ14	φ12	2.725

序号	截面形式（最大箍筋肢距、纵筋间距/mm）	纵向受力钢筋			计入φ12构造纵筋的配筋率 ρ₁（%）	箍筋@100		
		①	A_s（mm²）	ρ（%）		②	③	ρ_v（%）
681	（200）					φ14	φ14	2.844
						φ16	φ10	3.442
						φ16	φ12	3.545
						φ16	φ14	3.667
						φ16	φ16	3.808
682	（200）	12φ14	1847.3	0.435	0.648	φ6	φ6	0.470
		12φ16	2412.7	0.568	0.781	φ6.5	φ6.5	0.554
		12φ18	3053.6	0.719	0.931	φ8	φ6	0.796
		12φ20	3769.9	0.887	1.100	φ8	φ6.5	0.809
		12φ22	4561.6	1.073	1.286	φ8	φ8	0.854
		12φ25	5890.5	1.386	1.599	φ10	φ8	1.290
		12φ28	7389.0	1.739	1.951	φ10	φ10	1.366
		12φ32	9651.0	2.271	2.484	φ12	φ10	1.919
		12φ36	12215	2.874	3.087	φ12	φ12	2.014
		12φ40	15080	3.548	3.761	φ14	φ10	2.596
						φ14	φ12	2.694
						φ14	φ14	2.809
						φ16	φ10	3.405
						φ16	φ12	3.506
						φ16	φ14	3.624
						φ16	φ16	3.761
683	（200）	12φ14	1847.3	0.422	0.629	φ6	φ6	0.464
		12φ16	2412.7	0.551	0.758	φ6.5	φ6.5	0.548
		12φ18	3053.6	0.698	0.905	φ8	φ6	0.788
		12φ20	3769.9	0.862	1.069	φ8	φ6.5	0.801
		12φ22	4561.6	1.043	1.249	φ8	φ8	0.844
		12φ25	5890.5	1.346	1.553	φ10	φ8	1.276
		12φ28	7389.0	1.689	1.896	φ10	φ10	1.350
		12φ32	9651.0	2.206	2.413	φ12	φ10	1.898
		12φ36	12215	2.792	2.999	φ12	φ12	1.991
		12φ40	15080	3.447	3.654	φ14	φ10	2.569
						φ14	φ12	2.664
						φ14	φ14	2.776
						φ16	φ10	3.371
						φ16	φ12	3.468
						φ16	φ14	3.583
						φ16	φ16	3.716

序号	截面形式（最大箍筋肢距、纵筋间距/mm）	纵向受力钢筋			计入 φ12 构造纵筋的配筋率 ρl（%）	箍筋@100		
		①	As（mm²）	ρ（%）		②	③	ρv（%）
684	200 × 400 （180）	4φ12	452.39	0.565	0.848	φ6	φ6	0.659
		4φ14	615.75	0.770	1.052	φ6.5	φ6.5	0.781
		4φ16	804.25	1.005	1.288	φ8	φ6	1.147
		4φ18	1017.9	1.272	1.555	φ8	φ6.5	1.162
		4φ20	1256.6	1.571	1.854	φ8	φ8	1.218
		4φ22	1520.5	1.901	2.183	φ10	φ8	1.885
		4φ25	1963.5	2.454	2.737	φ10	φ10	1.980
		4φ28	2463.0	3.079	3.362	φ12	φ10	2.849
		4φ32	3217.0	4.021	4.304	φ12	φ12	2.970
						φ14	φ10	3.940
						φ14	φ12	4.066
685	200 × 450 （200）	4φ12	452.39	0.503		φ6	φ6	0.624
		4φ14	615.75	0.684		φ6.5	φ6.5	0.739
		4φ16	804.25	0.894		φ8	φ6	1.090
		4φ18	1017.9	1.131		φ8	φ6.5	1.104
		4φ20	1256.6	1.396		φ8	φ8	1.152
		4φ22	1520.5	1.689		φ10	φ8	1.787
		4φ25	1963.5	2.182		φ10	φ10	1.870
		4φ28	2463.0	2.737		φ12	φ10	2.695
		4φ32	3217.0	3.574		φ12	φ12	2.801
						φ14	φ10	3.729
						φ14	φ12	3.839
						φ14	φ14	3.969
686	200 × 500 （230）	4φ12	452.39	0.452	0.679	φ6	φ6	0.597
		4φ14	615.75	0.616	0.842	φ6.5	φ6.5	0.707
		4φ16	804.25	0.804	1.030	φ8	φ6	1.046
		4φ18	1017.9	1.018	1.244	φ8	φ6.5	1.058
		4φ20	1256.6	1.257	1.483	φ8	φ8	1.101
		4φ22	1520.5	1.521	1.747	φ10	φ8	1.712
		4φ25	1963.5	1.963	2.190	φ10	φ10	1.785
		4φ28	2463.0	2.463	2.689	φ12	φ10	2.577
		4φ32	3217.0	3.217	3.443	φ12	φ12	2.670
		4φ36	4071.5	4.072	4.298	φ14	φ10	3.568
						φ14	φ12	3.665
						φ14	φ14	3.779

序号	截面形式（最大箍筋肢距、纵筋间距/mm）	纵向受力钢筋 ①	A_s (mm²)	ρ (%)	计入 φ12 构造纵筋的配筋率 ρ₁ (%)	箍筋@100 ②	③	ρ_v (%)
687	200 / 500 （150）	同上			0.905	φ6	φ6	0.665
					1.068	φ6.5	φ6.5	0.788
					1.257	φ8	φ6	1.116
					1.470	φ8	φ6.5	1.141
					1.709	φ8	φ8	1.226
					1.973	φ10	φ8	1.842
					2.416	φ10	φ10	1.989
					2.915	φ12	φ10	2.789
					3.669	φ12	φ12	2.975
					4.524	φ14	φ10	3.788
						φ14	φ12	3.982
688	200 / 550 （250）	4φ12	452.39	0.411	0.617	φ6	φ6	0.575
		4φ14	615.75	0.560	0.765	φ6.5	φ6.5	0.681
		4φ16	804.25	0.731	0.937	φ8	φ6	1.010
		4φ18	1017.9	0.925	1.131	φ8	φ6.5	1.021
		4φ20	1256.6	1.142	1.348	φ8	φ8	1.060
		4φ22	1520.5	1.382	1.588	φ10	φ8	1.651
		4φ25	1963.5	1.785	1.991	φ10	φ10	1.717
		4φ28	2463.0	2.239	2.445	φ12	φ10	2.483
		4φ32	3217.0	2.925	3.130	φ12	φ12	2.567
		4φ36	4071.5	3.701	3.907	φ14	φ10	3.440
						φ14	φ12	3.527
						φ14	φ14	3.629
689	200 / 550 （170）	同上			0.823	φ6	φ6	0.637
					0.971	φ6.5	φ6.5	0.754
					1.142	φ8	φ6	1.074
					1.337	φ8	φ6.5	1.096
					1.554	φ8	φ8	1.173
					1.794	φ10	φ8	1.769
					2.196	φ10	φ10	1.901
					2.650	φ12	φ10	2.673
					3.336	φ12	φ12	2.840
					4.113	φ14	φ10	3.637
						φ14	φ12	3.811
						φ14	φ14	4.016

序号	截面形式（最大箍筋肢距、纵筋间距/mm）	纵向受力钢筋			计入φ12构造纵筋的配筋率 ρ₁(%)	箍筋@100		
		①	A_s(mm²)	ρ(%)	ρ_1(%)	②	③	ρ_v(%)
690	200×600 （280）	4φ14	615.75	0.513	0.702	φ6	φ6	0.558
		4φ16	804.25	0.670	0.859	φ6.5	φ6.5	0.660
		4φ18	1017.9	0.848	1.037	φ8	φ6	0.982
		4φ20	1256.6	1.047	1.236	φ8	φ6.5	0.992
		4φ22	1520.5	1.267	1.456	φ8	φ8	1.027
		4φ25	1963.5	1.636	1.825	φ10	φ8	1.602
		4φ28	2463.0	2.053	2.241	φ10	φ10	1.662
		4φ32	3217.0	2.681	2.869	φ12	φ10	2.407
		4φ36	4071.5	3.393	3.581	φ12	φ12	2.482
						φ14	φ10	3.336
						φ14	φ12	3.414
						φ14	φ14	3.507
691	200×600 （200）	同上			0.890	φ6	φ6	0.614
					1.047	φ6.5	φ6.5	0.726
					1.225	φ8	φ6	1.039
					1.424	φ8	φ6.5	1.060
					1.644	φ8	φ8	1.129
					2.013	φ10	φ8	1.709
					2.429	φ10	φ10	1.828
					3.058	φ12	φ10	2.579
					3.770	φ12	φ12	2.731
						φ14	φ10	3.515
						φ14	φ12	3.672
						φ14	φ14	3.858
692	200×650 （300）	4φ14	615.75	0.474	0.648	φ6	φ6	0.543
		4φ16	804.25	0.619	0.793	φ6.5	φ6.5	0.643
		4φ18	1017.9	0.783	0.957	φ8	φ6	0.958
		4φ20	1256.6	0.967	1.141	φ8	φ6.5	0.967
		4φ22	1520.5	1.170	1.344	φ8	φ8	0.999
		4φ25	1963.5	1.510	1.684	φ10	φ8	1.562
		4φ28	2463.0	1.895	2.069	φ10	φ10	1.616
		4φ32	3217.0	2.475	2.649	φ12	φ10	2.343
		4φ36	4071.5	3.132	3.306	φ12	φ12	2.412
		4φ40	5026.5	3.867	4.041	φ14	φ10	3.249
						φ14	φ12	3.321
						φ14	φ14	3.406

序号	截面形式（最大箍筋肢距、纵筋间距/mm）	纵向受力钢筋			计入 $\phi12$ 构造纵筋的配筋率 ρ_1（%）	箍筋@100		
		①	A_s（mm²）	ρ（%）		②	③	ρ_v（%）
693	200 650 （200）	同上			0.822	$\phi6$	$\phi6$	0.594
					0.967	$\phi6.5$	$\phi6.5$	0.703
					1.131	$\phi8$	$\phi6$	1.011
					1.315	$\phi8$	$\phi6.5$	1.029
					1.518	$\phi8$	$\phi8$	1.093
					1.858	$\phi10$	$\phi8$	1.659
					2.243	$\phi10$	$\phi10$	1.769
					2.823	$\phi12$	$\phi10$	2.501
					3.480	$\phi12$	$\phi12$	2.640
					4.215	$\phi14$	$\phi10$	3.413
						$\phi14$	$\phi12$	3.557
						$\phi14$	$\phi14$	3.727
694	200 700 （220）	$4\phi14$	615.75	0.440	0.763	$\phi6$	$\phi6$	0.578
		$4\phi16$	804.25	0.574	0.898	$\phi6.5$	$\phi6.5$	0.684
		$4\phi18$	1017.9	0.727	1.050	$\phi8$	$\phi6$	0.986
		$4\phi20$	1256.6	0.898	1.221	$\phi8$	$\phi6.5$	1.003
		$4\phi22$	1520.5	1.086	1.409	$\phi8$	$\phi8$	1.062
		$4\phi25$	1963.5	1.402	1.726	$\phi10$	$\phi8$	1.617
		$4\phi28$	2463.0	1.759	2.082	$\phi10$	$\phi10$	1.718
		$4\phi32$	3217.0	2.298	2.621	$\phi12$	$\phi10$	2.435
		$4\phi36$	4071.5	2.908	3.231	$\phi12$	$\phi12$	2.563
		$4\phi40$	5026.5	3.590	3.914	$\phi14$	$\phi10$	3.327
						$\phi14$	$\phi12$	3.460
						$\phi14$	$\phi14$	3.617
695	200 700 （165）	同上			0.925	$\phi6$	$\phi6$	0.625
					1.059	$\phi6.5$	$\phi6.5$	0.740
					1.212	$\phi8$	$\phi6$	1.035
					1.382	$\phi8$	$\phi6.5$	1.061
					1.571	$\phi8$	$\phi8$	1.149
					1.887	$\phi10$	$\phi8$	1.707
					2.244	$\phi10$	$\phi10$	1.858
					2.783	$\phi12$	$\phi10$	2.580
					3.393	$\phi12$	$\phi12$	2.772
					4.075	$\phi14$	$\phi10$	3.478
						$\phi14$	$\phi12$	3.677
						$\phi14$	$\phi14$	3.912

序号	截面形式（最大箍筋肢距、纵筋间距/mm）	纵向受力钢筋			计入φ12构造纵筋的配筋率 ρl (%)	箍筋@100		
		①	As (mm²)	ρ (%)		②	③	ρv (%)
696	200×750 （235）	4φ14	615.75	0.411	0.712	φ6	φ6	0.564
		4φ16	804.25	0.536	0.838	φ6.5	φ6.5	0.667
		4φ18	1017.9	0.679	0.980	φ8	φ6	0.966
		4φ20	1256.6	0.838	1.139	φ8	φ6.5	0.981
		4φ22	1520.5	1.014	1.315	φ8	φ8	1.036
		4φ25	1963.5	1.309	1.611	φ10	φ8	1.581
		4φ28	2463.0	1.642	1.944	φ10	φ10	1.675
		4φ32	3217.0	2.145	2.446	φ12	φ10	2.379
		4φ36	4071.5	2.714	3.016	φ12	φ12	2.497
		4φ40	5026.5	3.351	3.653	φ14	φ10	3.255
						φ14	φ12	3.377
						φ14	φ14	3.523
697	200×750 （175）	同上			0.863	φ6	φ6	0.608
					0.989	φ6.5	φ6.5	0.719
					1.131	φ8	φ6	1.011
					1.290	φ8	φ6.5	1.035
					1.466	φ8	φ8	1.117
					1.761	φ10	φ8	1.664
					2.094	φ10	φ10	1.805
					2.597	φ12	φ10	2.513
					3.167	φ12	φ12	2.691
					3.803	φ14	φ10	3.394
						φ14	φ12	3.578
						φ14	φ14	3.796
698	200×800 （250）	4φ16	804.25	0.503	0.785	φ6	φ6	0.552
		4φ18	1017.9	0.636	0.919	φ6.5	φ6.5	0.653
		4φ20	1256.6	0.785	1.068	φ8	φ6	0.948
		4φ22	1520.5	0.950	1.233	φ8	φ6.5	0.962
		4φ25	1963.5	1.227	1.510	φ8	φ8	1.013
		4φ28	2463.0	1.539	1.822	φ10	φ8	1.550
		4φ32	3217.0	2.011	2.293	φ10	φ10	1.638
		4φ36	4071.5	2.545	2.827	φ12	φ10	2.330
		4φ40	5026.5	3.142	3.424	φ12	φ12	2.441
						φ14	φ10	3.192
						φ14	φ12	3.306
						φ14	φ14	3.441

序号	截面形式（最大箍筋肢距、纵筋间距/mm）	纵向受力钢筋 ①	A_s（mm²）	ρ（%）	计入φ12构造纵筋的配筋率 ρ_1（%）	箍筋@100 ②	③	ρ_v（%）
699	200 / 800 （190）	同上			0.927	φ6	φ6	0.593
					1.060	φ6.5	φ6.5	0.701
					1.210	φ8	φ6	0.990
					1.374	φ8	φ6.5	1.012
					1.651	φ8	φ8	1.088
					1.963	φ10	φ8	1.628
					2.435	φ10	φ10	1.759
					2.969	φ12	φ10	2.456
					3.566	φ12	φ12	2.621
						φ14	φ10	3.322
						φ14	φ12	3.493
						φ14	φ14	3.696
700	250 / 400 （200）	4φ12	452.39	0.452	0.679	φ6	φ6	0.554
		4φ14	615.75	0.616	0.842	φ6.5	φ6.5	0.655
		4φ16	804.25	0.804	1.030	φ8	φ6	0.948
		4φ18	1017.9	1.018	1.244	φ8	φ6.5	0.963
		4φ20	1256.6	1.257	1.483	φ8	φ8	1.017
		4φ22	1520.5	1.521	1.747	φ10	φ8	1.549
		4φ25	1963.5	1.963	2.190	φ10	φ10	1.641
		4φ28	2463.0	2.463	2.689	φ12	φ10	2.327
		4φ32	3217.0	3.217	3.443	φ12	φ12	2.443
		4φ36	4071.5	4.072	4.298	φ14	φ10	3.177
						φ14	φ12	3.297
						φ14	φ14	3.439
701	250 / 450 （200）	4φ12	452.39	0.402	0.603	φ6	φ6	0.520
		4φ14	615.75	0.547	0.748	φ6.5	φ6.5	0.615
		4φ16	804.25	0.715	0.916	φ8	φ6	0.893
		4φ18	1017.9	0.905	1.106	φ8	φ6.5	0.907
		4φ20	1256.6	1.117	1.318	φ8	φ8	0.954
		4φ22	1520.5	1.352	1.553	φ10	φ8	1.457
		4φ25	1963.5	1.745	1.946	φ10	φ10	1.537
		4φ28	2463.0	2.189	2.390	φ12	φ10	2.183
		4φ32	3217.0	2.860	3.061	φ12	φ12	2.284
		4φ36	4071.5	3.619	3.820	φ14	φ10	2.983
						φ14	φ12	3.087
						φ14	φ14	3.211
						φ16	φ10	3.951
						φ16	φ12	4.058

序号	截面形式（最大箍筋肢距、纵筋间距/mm）	纵向受力钢筋			计入 ϕ12 构造纵筋的配筋率 ρ_1（%）	箍筋@100		
		①	A_s（mm²）	ρ（%）		②	③	ρ_v（%）
702	250 × 500 (230)	4ϕ14	615.75	0.493	0.674	ϕ6	ϕ6	0.494
		4ϕ16	804.25	0.643	0.824	ϕ6.5	ϕ6.5	0.584
		4ϕ18	1017.9	0.814	0.995	ϕ8	ϕ6	0.851
		4ϕ20	1256.6	1.005	1.186	ϕ8	ϕ6.5	0.863
		4ϕ22	1520.5	1.216	1.397	ϕ8	ϕ8	0.905
		4ϕ25	1963.5	1.571	1.752	ϕ10	ϕ8	1.385
		4ϕ28	2463.0	1.970	2.151	ϕ10	ϕ10	1.456
		4ϕ32	3217.0	2.574	2.755	ϕ12	ϕ10	2.072
		4ϕ36	4071.5	3.257	3.438	ϕ12	ϕ12	2.162
		4ϕ40	5026.5	4.021	4.202	ϕ14	ϕ10	2.833
						ϕ14	ϕ12	2.926
						ϕ14	ϕ14	3.035
						ϕ16	ϕ10	3.753
						ϕ16	ϕ12	3.848
						ϕ16	ϕ14	3.961
						ϕ16	ϕ16	4.091
703	250 × 500 (200)	同上			0.855	ϕ6	ϕ6	0.561
					1.005	ϕ6.5	ϕ6.5	0.663
					1.176	ϕ8	ϕ6	0.920
					1.367	ϕ8	ϕ6.5	0.944
					1.578	ϕ8	ϕ8	1.027
					1.933	ϕ10	ϕ8	1.511
					2.332	ϕ10	ϕ10	1.653
					2.936	ϕ12	ϕ10	2.276
					3.619	ϕ12	ϕ12	2.455
					4.383	ϕ14	ϕ10	3.043
						ϕ14	ϕ12	3.228
						ϕ14	ϕ14	3.446
						ϕ16	ϕ10	3.969
704	250 × 550 (250)	4ϕ14	615.75	0.448	0.612	ϕ6	ϕ6	0.473
		4ϕ16	804.25	0.585	0.749	ϕ6.5	ϕ6.5	0.559
		4ϕ18	1017.9	0.740	0.905	ϕ8	ϕ6	0.817
		4ϕ20	1256.6	0.914	1.078	ϕ8	ϕ6.5	0.828
		4ϕ22	1520.5	1.106	1.270	ϕ8	ϕ8	0.865
		4ϕ25	1963.5	1.428	1.593	ϕ10	ϕ8	1.328
		4ϕ28	2463.0	1.791	1.956	ϕ10	ϕ10	1.392
		4ϕ32	3217.0	2.340	2.504	ϕ12	ϕ10	1.984

序号	截面形式（最大箍筋肢距、纵筋间距/mm）	纵向受力钢筋			计入φ12构造纵筋的配筋率 ρ_1（%）	箍筋@100		
		①	A_s（mm²）	ρ（%）		②	③	ρ_v（%）
704	250 × 550 （250）	4φ36	4071.5	2.961	3.126	φ12	φ12	2.064
		4φ40	5026.5	3.656	3.820	φ14	φ10	2.715
						φ14	φ12	2.798
						φ14	φ14	2.895
						φ16	φ10	3.597
						φ16	φ12	3.682
						φ16	φ14	3.783
						φ16	φ16	3.899
705	250 × 550 （200）	同上			0.777	φ6	φ6	0.533
					0.914	φ6.5	φ6.5	0.630
					1.069	φ8	φ6	0.879
					1.243	φ8	φ6.5	0.901
					1.435	φ8	φ8	0.976
					1.757	φ10	φ8	1.442
					2.120	φ10	φ10	1.569
					2.669	φ12	φ10	2.167
					3.290	φ12	φ12	2.327
					3.985	φ14	φ10	2.903
						φ14	φ12	3.068
						φ14	φ14	3.264
						φ16	φ10	3.791
						φ16	φ12	3.961
706	250 × 600 （280）	4φ14	615.75	0.411	0.561	φ6	φ6	0.456
		4φ16	804.25	0.536	0.687	φ6.5	φ6.5	0.539
		4φ18	1017.9	0.679	0.829	φ8	φ6	0.790
		4φ20	1256.6	0.838	0.989	φ8	φ6.5	0.800
		4φ22	1520.5	1.014	1.164	φ8	φ8	0.834
		4φ25	1963.5	1.309	1.460	φ10	φ8	1.282
		4φ28	2463.0	1.642	1.793	φ10	φ10	1.340
		4φ32	3217.0	2.145	2.295	φ12	φ10	1.912
		4φ36	4071.5	2.714	2.865	φ12	φ12	1.985
		4φ40	5026.5	3.351	3.502	φ14	φ10	2.619
						φ14	φ12	2.694
						φ14	φ14	2.782
						φ16	φ10	3.470
						φ16	φ12	3.547
						φ16	φ14	3.639
						φ16	φ16	3.744

序号	截面形式（最大箍筋肢距、纵筋间距/mm）	纵向受力钢筋			计入φ12构造纵筋的配筋率 ρ₁（%）	箍筋@100		
		①	Aₛ（mm²）	ρ（%）		②	③	ρᵥ（%）
707	250×600（200）	同上			0.712	φ6	φ6	0.511
					0.838	φ6.5	φ6.5	0.604
					0.980	φ8	φ6	0.846
					1.139	φ8	φ6.5	0.866
					1.315	φ8	φ8	0.934
					1.611	φ10	φ8	1.385
					1.944	φ10	φ10	1.500
					2.446	φ12	φ10	2.078
					3.016	φ12	φ12	2.223
					3.653	φ14	φ10	2.789
						φ14	φ12	2.939
						φ14	φ14	3.116
						φ16	φ10	3.646
						φ16	φ12	3.800
						φ16	φ14	3.982
708	250×650（300）	4φ16	804.25	0.495	0.773	φ6	φ6	0.442
		4φ18	1017.9	0.626	0.905	φ6.5	φ6.5	0.522
		4φ20	1256.6	0.773	1.052	φ8	φ6	0.767
		4φ22	1520.5	0.936	1.214	φ8	φ6.5	0.776
		4φ25	1963.5	1.208	1.487	φ8	φ8	0.807
		4φ28	2463.0	1.516	1.794	φ10	φ8	1.243
		4φ32	3217.0	1.980	2.258	φ10	φ10	1.296
		4φ36	4071.5	2.506	2.784	φ12	φ10	1.853
		4φ40	5026.5	3.093	3.372	φ12	φ12	1.920
						φ14	φ10	2.539
						φ14	φ12	2.608
						φ14	φ14	2.689
						φ16	φ10	3.365
						φ16	φ12	3.436
						φ16	φ14	3.519
						φ16	φ16	3.615
709	250×650（200）	同上			0.773	φ6	φ6	0.492
					0.905	φ6.5	φ6.5	0.581
					1.052	φ8	φ6	0.818
					1.214	φ8	φ6.5	0.836
					1.487	φ8	φ8	0.899
					1.794	φ10	φ8	1.337
					2.258	φ10	φ10	1.443
					2.784	φ12	φ10	2.004

序号	截面形式（最大箍筋肢距、纵筋间距/mm）	纵向受力钢筋			计入 $\phi12$ 构造纵筋的配筋率 ρ_1（%）	箍筋@100		
		①	A_s（mm²）	ρ（%）		②	③	ρ_v（%）
709	250 / 650 （200） 同上				3.372	$\phi12$	$\phi12$	2.138
						$\phi14$	$\phi10$	2.695
						$\phi14$	$\phi12$	2.832
						$\phi14$	$\phi14$	2.994
						$\phi16$	$\phi10$	3.526
						$\phi16$	$\phi12$	3.667
						$\phi16$	$\phi14$	3.833
						$\phi16$	$\phi16$	4.026
710	250 / 700 （220）	$4\phi16$	804.25	0.460	0.718	$\phi6$	$\phi6$	0.476
		$4\phi18$	1017.9	0.582	0.840	$\phi6.5$	$\phi6.5$	0.562
		$4\phi20$	1256.6	0.718	0.977	$\phi8$	$\phi6$	0.795
		$4\phi22$	1520.5	0.869	1.127	$\phi8$	$\phi6.5$	0.812
		$4\phi25$	1963.5	1.122	1.381	$\phi8$	$\phi8$	0.869
		$4\phi28$	2463.0	1.407	1.666	$\phi10$	$\phi8$	1.297
		$4\phi32$	3217.0	1.838	2.097	$\phi10$	$\phi10$	1.395
		$4\phi36$	4071.5	2.327	2.585	$\phi12$	$\phi10$	1.942
		$4\phi40$	5026.5	2.872	3.131	$\phi12$	$\phi12$	2.065
						$\phi14$	$\phi10$	2.615
						$\phi14$	$\phi12$	2.742
						$\phi14$	$\phi14$	2.891
						$\phi16$	$\phi10$	3.425
						$\phi16$	$\phi12$	3.555
						$\phi16$	$\phi14$	3.708
						$\phi16$	$\phi16$	3.885
711	250 / 700 （200） 同上				0.847	$\phi6$	$\phi6$	0.522
					0.969	$\phi6.5$	$\phi6.5$	0.617
					1.106	$\phi8$	$\phi6$	0.843
					1.257	$\phi8$	$\phi6.5$	0.867
					1.510	$\phi8$	$\phi8$	0.954
					1.795	$\phi10$	$\phi8$	1.384
					2.226	$\phi10$	$\phi10$	1.531
					2.714	$\phi12$	$\phi10$	2.082
					3.260	$\phi12$	$\phi12$	2.266
						$\phi14$	$\phi10$	2.759
						$\phi14$	$\phi12$	2.948
						$\phi14$	$\phi14$	3.172
						$\phi16$	$\phi10$	3.572
						$\phi16$	$\phi12$	3.767
						$\phi16$	$\phi14$	3.997

序号	截面形式（最大箍筋肢距、纵筋间距/mm）	纵向受力钢筋			计入 $\phi12$ 构造纵筋的配筋率 ρ_1（%）	箍筋@100		
		①	A_s（mm²）	ρ（%）		②	③	ρ_v（%）
712	250×750 （235）	$4\phi16$	804.25	0.429	0.670	$\phi6$	$\phi6$	0.462
		$4\phi18$	1017.9	0.543	0.784	$\phi6.5$	$\phi6.5$	0.546
		$4\phi20$	1256.6	0.670	0.911	$\phi8$	$\phi6$	0.775
		$4\phi22$	1520.5	0.811	1.052	$\phi8$	$\phi6.5$	0.790
		$4\phi25$	1963.5	1.047	1.288	$\phi8$	$\phi8$	0.844
		$4\phi28$	2463.0	1.314	1.555	$\phi10$	$\phi8$	1.263
		$4\phi32$	3217.0	1.716	1.957	$\phi10$	$\phi10$	1.354
		$4\phi36$	4071.5	2.171	2.413	$\phi12$	$\phi10$	1.889
		$4\phi40$	5026.5	2.681	2.922	$\phi12$	$\phi12$	2.003
						$\phi14$	$\phi10$	2.548
						$\phi14$	$\phi12$	2.665
						$\phi14$	$\phi14$	2.803
						$\phi16$	$\phi10$	3.339
						$\phi16$	$\phi12$	3.459
						$\phi16$	$\phi14$	3.601
						$\phi16$	$\phi16$	3.765
713	250×750 （200）	同上			0.791	$\phi6$	$\phi6$	0.505
					0.905	$\phi6.5$	$\phi6.5$	0.597
					1.032	$\phi8$	$\phi6$	0.819
					1.173	$\phi8$	$\phi6.5$	0.842
					1.409	$\phi8$	$\phi8$	0.922
					1.676	$\phi10$	$\phi8$	1.344
					2.078	$\phi10$	$\phi10$	1.480
					2.533	$\phi12$	$\phi10$	2.019
					3.043	$\phi12$	$\phi12$	2.189
						$\phi14$	$\phi10$	2.681
						$\phi14$	$\phi12$	2.856
						$\phi14$	$\phi14$	3.063
						$\phi16$	$\phi10$	3.475
						$\phi16$	$\phi12$	3.656
						$\phi16$	$\phi14$	3.869
714	250×800 （250）	$4\phi16$	804.25	0.402	0.628	$\phi6$	$\phi6$	0.451
		$4\phi18$	1017.9	0.509	0.735	$\phi6.5$	$\phi6.5$	0.532
		$4\phi20$	1256.6	0.628	0.855	$\phi8$	$\phi6$	0.758
		$4\phi22$	1520.5	0.760	0.986	$\phi8$	$\phi6.5$	0.772
		$4\phi25$	1963.5	0.982	1.208	$\phi8$	$\phi8$	0.822
		$4\phi28$	2463.0	1.232	1.458	$\phi10$	$\phi8$	1.234
		$4\phi32$	3217.0	1.608	1.835	$\phi10$	$\phi10$	1.318

序号	截面形式（最大箍筋肢距、纵筋间距/mm）	纵向受力钢筋			计入φ12构造纵筋的配筋率 ρ₁（%）	箍筋@100		
		①	A$_s$（mm²）	ρ（%）		②	③	ρ$_v$（%）
714	250×800 （250）	4φ36	4071.5	2.036	2.262	φ12	φ10	1.844
		4φ40	5026.5	2.513	2.739	φ12	φ12	1.950
		4φ50	7854.0	3.927	4.153	φ14	φ10	2.489
						φ14	φ12	2.598
						φ14	φ14	2.727
						φ16	φ10	3.265
						φ16	φ12	3.377
						φ16	φ14	3.509
						φ16	φ16	3.662
715	250×800 （200）	同上			0.741	φ6	φ6	0.491
					0.848	φ6.5	φ6.5	0.580
					0.968	φ8	φ6	0.799
					1.100	φ8	φ6.5	0.820
					1.321	φ8	φ8	0.895
					1.571	φ10	φ8	1.309
					1.948	φ10	φ10	1.436
					2.375	φ12	φ10	1.964
					2.853	φ12	φ12	2.123
					4.266	φ14	φ10	2.613
						φ14	φ12	2.776
						φ14	φ14	2.970
						φ16	φ10	3.392
						φ16	φ12	3.560
						φ16	φ14	3.758
						φ16	φ16	3.988
716	250×850 （270）	4φ18	1017.9	0.479	0.692	φ6	φ6	0.440
		4φ20	1256.6	0.591	0.804	φ6.5	φ6.5	0.520
		4φ22	1520.5	0.716	0.928	φ8	φ6	0.743
		4φ25	1963.5	0.924	1.137	φ8	φ6.5	0.756
		4φ28	2463.0	1.159	1.372	φ8	φ8	0.803
		4φ32	3217.0	1.514	1.727	φ10	φ8	1.208
		4φ36	4071.5	1.916	2.129	φ10	φ10	1.287
		4φ40	5026.5	2.365	2.578	φ12	φ10	1.804
		4φ50	7854.0	3.696	3.909	φ12	φ12	1.903
						φ14	φ10	2.438
						φ14	φ12	2.540

序号	截面形式（最大箍筋肢距、纵筋间距/mm）	纵向受力钢筋			计入φ12构造纵筋的配筋率 ρ₁(%)	箍筋@100		
		①	A_s (mm²)	ρ (%)	ρ_1 (%)	②	③	ρ_v (%)
716	250 850（270）					φ14	φ14	2.661
						φ16	φ10	3.200
						φ16	φ12	3.305
						φ16	φ14	3.429
						φ16	φ16	3.572
717	250 850（200）	同上			0.798	φ6	φ6	0.478
					0.911	φ6.5	φ6.5	0.564
					1.035	φ8	φ6	0.781
					1.243	φ8	φ6.5	0.801
					1.478	φ8	φ8	0.871
					1.833	φ10	φ8	1.278
					2.235	φ10	φ10	1.397
					2.685	φ12	φ10	1.917
					4.015	φ12	φ12	2.066
						φ14	φ10	2.554
						φ14	φ12	2.707
						φ14	φ14	2.888
						φ16	φ10	3.319
						φ16	φ12	3.476
						φ16	φ14	3.662
						φ16	φ16	3.877
718	250 900（285）	4φ18	1017.9	0.452	0.653	φ6	φ6	0.431
		4φ20	1256.6	0.559	0.76	φ6.5	φ6.5	0.509
		4φ22	1520.5	0.676	0.877	φ8	φ6	0.729
		4φ25	1963.5	0.873	1.074	φ8	φ6.5	0.742
		4φ28	2463.0	1.095	1.296	φ8	φ8	0.786
		4φ32	3217.0	1.430	1.631	φ10	φ8	1.185
		4φ36	4071.5	1.810	2.011	φ10	φ10	1.260
		4φ40	5026.5	2.234	2.435	φ12	φ10	1.769
		4φ50	7854.0	3.491	3.692	φ12	φ12	1.862
						φ14	φ10	2.393
						φ14	φ12	2.489
						φ14	φ14	2.603
						φ16	φ10	3.143
						φ16	φ12	3.242
						φ16	φ14	3.358
						φ16	φ16	3.492

序号	截面形式（最大箍筋肢距、纵筋间距/mm）	纵向受力钢筋 ①	A_s（mm²）	ρ（%）	计入 $\phi 12$ 构造纵筋的配筋率 ρ_l（%）	箍筋@100 ②	③	ρ_v（%）
719	250×900（215）	同上			0.754	$\phi 6$	$\phi 6$	0.466
					0.860	$\phi 6.5$	$\phi 6.5$	0.551
					0.977	$\phi 8$	$\phi 6$	0.766
					1.174	$\phi 8$	$\phi 6.5$	0.785
					1.396	$\phi 8$	$\phi 8$	0.850
					1.731	$\phi 10$	$\phi 8$	1.252
					2.111	$\phi 10$	$\phi 10$	1.363
					2.536	$\phi 12$	$\phi 10$	1.875
					3.792	$\phi 12$	$\phi 12$	2.015
						$\phi 14$	$\phi 10$	2.502
						$\phi 14$	$\phi 12$	2.646
						$\phi 14$	$\phi 14$	2.816
						$\phi 16$	$\phi 10$	3.255
						$\phi 16$	$\phi 12$	3.403
						$\phi 16$	$\phi 14$	3.577
						$\phi 16$	$\phi 16$	3.779
720	250×900（200）	同上			0.855	$\phi 6$	$\phi 6$	0.502
					0.961	$\phi 6.5$	$\phi 6.5$	0.593
					1.078	$\phi 8$	$\phi 6$	0.802
					1.275	$\phi 8$	$\phi 6.5$	0.827
					1.497	$\phi 8$	$\phi 8$	0.915
					1.832	$\phi 10$	$\phi 8$	1.318
					2.212	$\phi 10$	$\phi 10$	1.466
					2.636	$\phi 12$	$\phi 10$	1.981
					3.893	$\phi 12$	$\phi 12$	2.167
						$\phi 14$	$\phi 10$	2.611
						$\phi 14$	$\phi 12$	2.803
						$\phi 14$	$\phi 14$	3.029
						$\phi 16$	$\phi 10$	3.367
						$\phi 16$	$\phi 12$	3.564
						$\phi 16$	$\phi 14$	3.797
						$\phi 16$	$\phi 16$	4.065
721	250×950（300）	$4\phi 18$	1017.9	0.429	0.619	$\phi 6$	$\phi 6$	0.423
		$4\phi 20$	1256.6	0.529	0.720	$\phi 6.5$	$\phi 6.5$	0.500
		$4\phi 22$	1520.5	0.640	0.831	$\phi 8$	$\phi 6$	0.718
		$4\phi 25$	1963.5	0.827	1.017	$\phi 8$	$\phi 6.5$	0.730
		$4\phi 28$	2463.0	1.037	1.228	$\phi 8$	$\phi 8$	0.771
		$4\phi 32$	3217.0	1.355	1.545	$\phi 10$	$\phi 8$	1.165
		$4\phi 36$	4071.5	1.714	1.905	$\phi 10$	$\phi 10$	1.235

序号	截面形式（最大箍筋肢距、纵筋间距/mm）	纵向受力钢筋			计入φ12构造纵筋的配筋率 ρ₁（%）	箍筋@100		
		①	A_s（mm²）	ρ（%）		②	③	ρ_v（%）
721	250 / 950 （300）	4φ40	5026.5	2.116	2.307	φ12	φ10	1.737
		4φ50	7854.0	3.307	3.497	φ12	φ12	1.826
						φ14	φ10	2.354
						φ14	φ12	2.444
						φ14	φ14	2.551
						φ16	φ10	3.093
						φ16	φ12	3.186
						φ16	φ14	3.295
						φ16	φ16	3.422
722	250 / 950 （230）	同上			0.714	φ6	φ6	0.456
					0.815	φ6.5	φ6.5	0.539
					0.926	φ8	φ6	0.752
					1.112	φ8	φ6.5	0.770
					1.323	φ8	φ8	0.832
					1.640	φ10	φ8	1.228
					2.000	φ10	φ10	1.333
					2.402	φ12	φ10	1.838
					3.593	φ12	φ12	1.970
						φ14	φ10	2.456
						φ14	φ12	2.592
						φ14	φ14	2.752
						φ16	φ10	3.198
						φ16	φ12	3.338
						φ16	φ14	3.502
						φ16	φ16	3.692
723	250 / 950 （200）	同上			0.810	φ6	φ6	0.490
					0.910	φ6.5	φ6.5	0.578
					1.021	φ8	φ6	0.786
					1.208	φ8	φ6.5	0.810
					1.418	φ8	φ8	0.893
					1.735	φ10	φ8	1.290
					2.095	φ10	φ10	1.431
					2.497	φ12	φ10	1.938
					3.688	φ12	φ12	2.114
						φ14	φ10	2.559
						φ14	φ12	2.740
						φ14	φ14	2.954

序号	截面形式（最大箍筋肢距、纵筋间距/mm）	纵向受力钢筋			计入φ12构造纵筋的配筋率 ρ₁（%）	箍筋@100		
		①	As（mm²）	ρ（%）		②	③	ρv（%）
723	250×950 （200）	同上				φ16	φ10	3.304
						φ16	φ12	3.490
						φ16	φ14	3.709
						φ16	φ16	3.962
724	250×1000 （240）	4φ18	1017.9	0.407	0.679	φ6	φ6	0.447
		4φ20	1256.6	0.503	0.774	φ6.5	φ6.5	0.528
		4φ22	1520.5	0.608	0.88	φ8	φ6	0.740
		4φ25	1963.5	0.785	1.057	φ8	φ6.5	0.756
		4φ28	2463.0	0.985	1.257	φ8	φ8	0.815
		4φ32	3217.0	1.287	1.558	φ10	φ8	1.206
		4φ36	4071.5	1.629	1.900	φ10	φ10	1.306
		4φ40	5026.5	2.011	2.282	φ12	φ10	1.804
		4φ50	7854.0	3.142	3.413	φ12	φ12	1.929
						φ14	φ10	2.415
						φ14	φ12	2.544
						φ14	φ14	2.695
						φ16	φ10	3.148
						φ16	φ12	3.280
						φ16	φ14	3.435
						φ16	φ16	3.615
725	250×1000 （200）	同上			0.769	φ6	φ6	0.479
					0.865	φ6.5	φ6.5	0.566
					0.970	φ8	φ6	0.772
					1.147	φ8	φ6.5	0.794
					1.347	φ8	φ8	0.873
					1.649	φ10	φ8	1.265
					1.991	φ10	φ10	1.398
					2.373	φ12	φ10	1.899
					3.504	φ12	φ12	2.066
						φ14	φ10	2.513
						φ14	φ12	2.684
						φ14	φ14	2.886
						φ16	φ10	3.248
						φ16	φ12	3.423
						φ16	φ14	3.631
						φ16	φ16	3.871

参 考 文 献

[1] 中华人民共和国国家标准.《混凝土结构设计规范》GB 50010—2010. 北京：中国建筑工业出版社，2010

[2] 中华人民共和国国家标准.《建筑抗震设计规范》GB 50011—2010. 北京：中国建筑工业出版社，2010

[3] 中华人民共和国行业标准.《高层建筑混凝土结构技术规程》JGJ 3—2010. 北京：中国建筑工业出版社，2010

[4] 中华人民共和国行业标准.《混凝土异形柱结构技术规程》JGJ 149—2006. 北京：中国建筑工业出版社，2006

[5] 中华人民共和国国家标准.《人民防空地下室设计规范》GB 50038—2005（限内部发行）

[6] 中华人民共和国行业标准.《冷轧带肋钢筋混凝土结构技术规程》JGJ 95—2011. 北京：中国建筑工业出版社，2011

[7] 中华人民共和国行业标准.《底部框架-抗震墙砌体房屋抗震技术规程》JGJ 248—2012. 北京：中国建筑工业出版社，2012

[8] 中华人民共和国行业标准.《冷轧扭钢筋混凝土构件技术规程》JGJ 115—2006. 北京：中国建筑工业出版社，2006

[9] 中华人民共和国行业标准.《型钢混凝土组合结构技术规程》JGJ 138—2001. 北京：中国建筑工业出版社，2002

[10] 龚思礼主编.《建筑抗震设计手册》. 北京：中国建筑工业出版社，1994，第307页

[11] 中国建筑科学研究院建筑结构研究所、《高层建筑混凝土结构技术规程》编制组.《高层建筑混凝土结构技术规程》JGJ 3—2002 宣贯培训教材（内部资料）. 北京：2002，第6章第9页

[12] 住房和城乡建设部工程质量安全监管司、中国建筑标准设计研究院.《全国民用建筑工程设计技术措施2009 结构》（混凝土结构）（按2010年版新规范编写）. 北京：中国计划出版社，第29页

[13] 浙江大学建筑工程学院 唐锦春、郭鼎康主编.《简明建筑结构设计手册（第二版）》. 北京：中国建筑工业出版社，1992，第399页

[14] 胡允棒. 钢筋混凝土梁裂缝预防对策探讨. 见《成都建筑》1996 年第1期或《PKPM 新天地》2001 年第6期或《中国建设科技文库（建筑卷）》（中国建材工业出版社1998 年5月第一版）

[15] 中国建筑标准设计研究院. 国家建筑标准设计图集.《混凝土结构施工图平面整体表示方法制图规则和构造详图》11G101-1. 北京：中国计划出版社，2011，第61、66页

[16] 中国建筑标准设计研究所. 国家建筑标准设计图集.《混凝土结构施工图平面整体表示方法制图规则和构造详图》03G101-1. 北京：中国建筑标准设计研究所，2003，第39、45页

[17] 胡允棒. 从一个工程实例看温州地区"框混结构"民房的危险性. 见《浙江建筑》2000 年第6期或《现代结构工程技术研究应用与展望》（湖南科学技术出版社2000 年10月第一版）

[18] 杨金明、邱仓虎、秦玉康、修龙. 对新规范条文的理解及审图中常见问题的看法. 见《建筑科学》2003 年第1期